AF345157

FLORE

DU

DÉPARTEMENT DU GARD,

OU

DESCRIPTION DES PLANTES
QUI CROISSENT NATURELLEMENT DANS CE DÉPARTEMENT;

PAR

DE POUZOLZ,

Capitaine retraité,
Membre correspondant de la Société linnéenne de Paris
et de l'Académie du Gard.

Utile dulci...... H.

TOME SECOND.
Première partie.

A NIMES,

CHEZ TEISSIER, LIBRAIRE, | CHEZ B.-R. GARVE, LIBR.,
boulevard de l'Esplanade. | boulevard de la Comédie,

ET CHEZ L'AUTEUR,
rue de la Servie, vis-à-vis le viaduc du chemin de fer de Montpellier.

1857.

FLORE

DU

DÉPARTEMENT DU GARD

OU

DESCRIPTION DES PLANTES

QUI CROISSENT NATURELLEMENT DANS CE DÉPARTEMENT

PAR

DE POUZOLZ

Capitaine retraité
Membre correspondant de la Société linnéenne de Paris
et de l'Académie du Gard

Utile dulci...... **H.**

TOME SECOND
Seconde partie

A NIMES

WATON, LIBRAIRE-ÉDITEUR

1862

FLORE

DU

DÉPARTEMENT DU GARD.

MONTPELLIER. — J.-A. DUMAS, IMPRIMEUR,
place de l'Observatoire, 5.

FLORE

DU

DÉPARTEMENT DU GARD,

OU

DESCRIPTION DES PLANTES

QUI CROISSENT NATURELLEMENT DANS CE DÉPARTEMENT;

PAR

DE POUZOLZ,

Capitaine retraité,
Membre correspondant de la Société linnéenne de Paris
et de l'Académie du Gard.

Utile dulci...... H.

—

TOME SECOND.

Première partie.

—

A NIMES,

CHEZ TEISSIER, LIBRAIRE, | CHEZ B.-R. GARVE, LIBR.,
boulevard de l'Esplanade, | boulevard de la Comédie,
ET CHEZ L'AUTEUR,
rue de la Servie, vis-à-vis le viaduc du chemin de fer de Montpellier.

—

1857.

FLORE DU GARD.

LXIIe F_{AM}. **AMBROSIACÉES.**

AMBROSIACEÆ. (Link. handb. z. erkenn. d. gen. 1, p. 816).

Fleurs unisexuelles, monoïques ; *les mâles,* sessiles, réunies en capitules sphériques, sur un réceptacle *garni de paillettes* et muni, à sa base, d'un involucre à folioles sur un seul rang, libres ou soudées à la base. Fleurons *tubuleux,* à 5 dents. 5 étamines à filets libres ou soudés entre eux ; anthères libres, sans appendices à leur base. *Les femelles,* inférieures, solitaires ou géminées, placées dans un involucre oblong ou ovale, d'une seule pièce, très-coriace, *très-épineux,* à 2 fleurs, à 2 loges monospermes. Corolles et étamines nulles ; style filiforme, bifide, à divisions arquées-divergentes. Akènes comprimés, renfermés dans l'involucre indéhiscent. Aigrettes nulles. Graines glabres, dressées.

1er g^{re}. **LAMPOURDE.—XANTHIUM.** (Tournef. inst., p. 438, t. 252.)

Akènes glabres, oblongs, planes du côté interne, convexes du côté externe, recouverts d'une tunique assez ferme, non adhérente, luisante, munie de quelques côtes peu saillantes, terminée par une pointe qui entre dans l'intérieur des becs, droits ou crochus, qui prolongent l'involucre ligneux et épineux qui les recouvre.

1. { Tige dépourvue d'épines..... .... 2.
   { Tige munie d'épines longues, vulnérantes...... SPINOSUM.

2. { Fruit surmonté de 2 pointes droites........... STRUMARIUM.
   { Fruit surmonté de 2 pointes crochues.......... MACROCARPUM.

1. **X. STRUMARIUM** *Lin. sp.* 1400 ; *Dec. fl. fr.* 3, *p.* 326 ; *Lamk. ill. t.* 765, *fig.* 1 ; *Fuchs. hist.* 579, *ic.* — Racine simple ou rameuse, tortueuse. Tige de 2-5 décim., dressée, anguleuse, rameuse, pubescente, *inerme.* Feuilles d'un vert clair, plus pâles en dessous, pubescentes-scabres, toutes à pétiole plus long que le limbe, à 3 lobes inégalement crénelés ou dentés, peu profonds, *cordiformes* à la base, munies de 3 nervures principales, dont les

2 latérales prolongées en coin sur le pétiole. Fleurs verdâtres, réunies en capitules et disposées en grappes *axillaires et terminales*, pédonculées; les mâles terminant les grappes, les femelles situées au-dessous; toutes brièvement pédicellées. Involucre obovale, *rétréci à la base*, ordinairement *dressé*, pubescent, hérissé de pointes raides, étroites, *droites*, crochues au sommet; terminé par 2 pointes robustes, coniques, droites, *non crochues au sommet*.

Cette plante est connue sous les noms vulgaires de *petite bardane*, de *glouteron*; en patois, *lambourda*, ainsi que les deux suivantes. Elle est résolutive, diurétique, antiscrofuleuse, inusitée; ses fruits servent à teindre en jaune. Les chèvres et les vaches la mangent.

Hab. les bords des champs et des chemins, dans tout le département. (i) Fl. juin–septembre.

2. **X. MACROCARPUM** *Dec. fl. fr.* 5, *p.* 356; *Lamk. ill. t.* 765, *fig.* 3. — Racine comme la précédente. Tige de 3-8 décim., droite, un peu flexueuse, anguleuse, scabre, *inerme*, simple ou rameuse, souvent rougeâtre. Feuilles d'un vert clair sur les deux faces, scabres, à pétiole ordinairement plus long que le limbe, *triangulaires, cordiformes à la base*; le centre de l'échancrure prolongé en coin sur le pétiole, à lobes peu profonds, irrégulièrement dentés; munies de 3 nervures principales. Fleurs verdâtres, réunies en capitules disposés en grappes subsessiles ou en glomérules sessiles, axillaires et terminaux; les mâles occupant le sommet des grappes ou des glomérules. Involucre *oblong*, deux fois de la grosseur de l'espèce précédente, velu-glanduleux, hérissé de pointes robustes, *courbées vers le haut* et *crochues au sommet*, terminé par 2 cornes coniques, plus longues et plus grosses que les pointes divergentes, *courbées et crochues en dedans*. Akènes glabres, grisâtres, couverts d'une tunique noire.

Var. B, *Laciniatum*. Feuilles à 3 lobes profonds, laciniés. Même vertu que la précédente.

Hab. les bords des champs, très-commune dans les vignes, dans toute la plaine du département: remonte jusqu'au Vigan.

La var. B, rare dans les vignes, à Manduel. (i) Fl. juin–septembre.

3. **X. SPINOSUM** *Lin. sp.* 1400; *Dec. fl. fr.* 3, *p.* 327; *Lamk. ill. t.* 765, *fig.* 4; *Moris. hist. s.* 15, *t.* 2, *fig.* 3. — Racine rameuse-fibreuse. Tige de 4-8 décim., droite, cannelée, brièvement pubescente, rameuse dès la base, à rameaux nombreux, garnie, ainsi que les rameaux, *d'épines stipulaires, jaunâtres, ternées, longues*, brièvement pédicellées, placées de chaque côté de la base des feuilles, quelquefois d'un seul côté; alors l'autre côté est occupé par une fleur femelle. Feuilles nombreuses, brièvement pétiolées, vertes et parsemées de poils blancs raides, courts, couchés, avec les nervures cotonneuses blanches, couvertes en dessous d'un coton fin et serré, blanc, *atténuées en coin vers la base, à 3-5*

XANTHIUM MACROCARPUM, Var. laciniatum

Lith. Boehm, Montpelher.

lobes ascendants, le moyen lancéolé, très-long. Fleurs vertes ; les mâles réunies en capitules sessiles, agglomérés au sommet des tiges et des rameaux ; les femelles *solitaires*, sessiles, *axillaires, réfléchies à la maturité*. Involucre *oblong*, pubescent, couvert de pointes grêles, droites, étalées, dilatées à leur base, terminées par un crochet *épaissi à la courbure* ; cet involucre porte à son sommet 2 pointes très-inégales, droites, subulées, glabres ; souvent une d'elles ne paraît pas.

Hab. les champs en friche, le voisinage des habitations, aux environs de Nîmes et dans presque toute la plaine du département. ① Fl. juin-septembre.

LXIIIᵉ Fᴀᴍ. **LOBÉLIACÉES.**

Loʙᴇʟɪᴀᴄᴇ̨ᴇ. (Juss. ann. mus. par. 18, p. 1.)

Fleurs hermaphrodites, irrégulières. Calice à 5 sépales, soudés inférieurement en tube adhérent à l'ovaire. Corolle gamopétale, marcescente, tubuleuse inférieurement, insérée au sommet du tube du calice, à 5 divisions profondes, alternes avec les lobes du calice, disposées en une ou deux lèvres, non imbriquées dans le bouton, alternes avec les sépales. 5 étamines à filets et anthères soudés en tube libre, inséré au sommet du tube du calice ; anthères bilobées. Style filiforme, traversant le tube des étamines ; 2 stigmates, rarement 3, entourés d'une couronne ciliée, saillant après l'épanouissement. Ovaire adhérent au calice. Capsule couronnée par les dents du calice, persistantes, à 2-3 loges polyspermes, s'ouvrant au sommet. Graines ovoïdes très-petites. Plantes vivaces, herbacées, à feuilles alternes, dépourvues de stipules.

1ᵉʳ gʳᵉ. LOBÉLIE. — LOBELIA. (Lin. gen. 1006.)

Calice à 5 lobes. Corolle tubuleuse inférieurement, bilabiée, à lèvres inégales ; la supérieure bifide ; l'inférieure trifide. Capsule à 2-3 valves. Graines nombreuses. Fleurs bleues.

1. **L. ᴜʀᴇɴs** *Lin. sp.* 1321 ; *Dec. fl. fr.* 3, *p.* 715 ; *Bocc. sic.* *t.* 11, *fig.* 3 ; *Moris. hist. s.* 5, *t.* 5, *fig.* 56. — Racine courte, garnie de fibres nombreuses. Tige de 3-7 décim., dressée, faible, effilée, anguleuse, *feuillée* jusqu'à la grappe, ordinairement simple, glabre ou presque glabre, ainsi que les feuilles ; celles-ci *inégalement dentées*, minces ; les radicales obovales ou oblongues, pétiolées, souvent disposées en rosette peu fournie ; les caulinaires lancéolées-aiguës, rarement obtuses, sessiles, atténuées à la base. Fleurs d'un bleu clair, disposées en grappe lâche, allongée, terminale, brièvement pédicellées, munies de bractées *linéaires*, atteignant la longueur du calice. Calice à tube allongé,

muni de côtes longitudinales, à dents linéaires subulées, de moitié plus courtes que le tube de la corolle ; celle-ci pubérulente, ainsi que les anthères, à lobes aigus. Graines jaunâtres. Suc caustique et vénéneux.

Hab. les lieux humides parmi les broussailles, aux bords des ruisseaux, aux environs de Bourdezach. ♃ Fl. juillet–août.

LXIVᵉ Fam. **CAMPANULACÉES.**

CAMPANULACEÆ. (Juss. gen. 163, en partie.)

Fleurs hermaphrodites régulières. Calice à tube adhérent à l'ovaire, divisé, au sommet, en 5 sépales libres, persistan's. Corolle insérée au sommet du tube du calice, presque toujours marcescente, gamopétale, campanulée, rotacée ou tubuleuse, divisée en 5 lobes libres, ou le plus souvent soudés en tube au sommet, alternes avec les sépales, non imbriqués dans le bouton. Étamines 5, insérées à la gorge du calice, alternant avec les lobes de la corolle, à filets libres, souvent dilatés-membraneux à la base ; anthères bilobées, souvent libres, s'ouvrant longitudinalement. Ovaire infère. Style 1, filiforme, plus ou moins couvert de poils très-caducs ; stigmates 2-3, rarement 5, linéaires, enroulés en dehors, rarement 2, dressés et soudés presque dans toute leur longueur. Capsule à 2-3 loges, rarement à 5, polyspermes, s'ouvrant tantôt par le sommet, tantôt par les côtés, ou rarement par des fentes transversales. Graines nombreuses, très-petites. Plantes herbacées, annuelles, bisannuelles ou vivaces, à feuilles alternes ou éparses, dépourvues de stipules.

1. { Fleurs disposées en capitules globuleux ou en épis denses........................... 2.
Fleurs solitaires au sommet des tiges et des rameaux, ou disposées en panicule, en grappes lâches ou en glomérules latéraux........... 3.

2. { Fleurs pédicellées ; anthères soudées à la base ; stigmates courts, dressés........... 1ᵉʳ gʳᵉ. JASIONE.
Fleurs sessiles : anthères libres ; stigmates enroulés en dehors........... 2ᵉ gʳᵉ. PHYTEUMA.

3. { Calice à tube prismatique très-long ; corolle rotacée..................... 3ᵉ gʳᵉ. SPECULARIA.
Calice à tube court, ovoïde ou turbiné ; corolle campanulée........... 4.

4. { Capsule turbinée, s'ouvrant sur les côtés..................... 4ᵉ gʳʳ. CAMPANULA.
Capsule subglobuleuse ou ovoïde, s'ouvrant au sommet................. 5ᵉ gʳʳ. WAHLENBERGIA.

1ᵉʳ gʳᵉ. JASIONE. — JASIONE. (Lin. gen. 1005.)

Calice à 5 divisions. Corolle à 5 lobes linéaires, d'abord soudés, puis séparés jusqu'à la base et étalés en roue. Étamines 5, à filets

libres; anthères soudées à la base. Style filiforme; stigmate
bilobé, très-court. Capsule subglobuleuse, à 2 loges s'ouvrant au
sommet. Graines brunâtres, luisantes, obovales-comprimées.
Fleurs réunies en capitules globuleux, munis d'un involucre à la
base.

1. | Feuilles planes: racine stolonifère................... PEREMNIS.
   | Feuilles ondulées crépues; racine sans stolons....... MONTANA.

1. **J. MONTANA** *Lin. sp.* 1317; *Dec. fl. fr.* 3, *p.* 717; *J. undu-*
lata Lamk. dict. 3, *p.* 215, *et ill. t.* 724, *fig.* 1; *Col. ecphr.*
p. 227, *ic.*; *Dalech. hist. ed. franc.* 1, *p.* 751, *fig.* 1. — Racine
longue, pivotante, *sans stolons.* Tiges de 2-6 décim., solitaires
ou naissant plusieurs du collet de la racine, dressées ou ascendantes, striées, glabres et longuement nues supérieurement,
hispides inférieurement, rarement toutes glabres, rameuses vers
la base, à rameaux étalés ou ascendants, *nombreux*, allongés.
Feuilles radicales lancéolées, rétrécies vers la base, détruites ou
desséchées lors de la fleuraison; les caulinaires sessiles, *ondulées-*
crépues, rarement dentées, hérissées de longs poils blancs, raides,
quelquefois glabres. Fleurs d'un bleu clair, rarement blanches,
pédicellées, disposées en capitules globuleux, terminaux, munis
d'un involucre à la base, appliqué, plus court que les fleurs, à
folioles nombreuses, imbriquées, ovales-aiguës, entières ou peu
dentées. Lanières du calice linéaires-acuminées. Styles très-saillants, hors de la corolle, colorés en bleu. Capsule à 5 angles.
Graines munies, aux deux extrémités, d'une tache noire.

Var. B, *Major.* Plante plus grande, plus robuste, à capitules
très-gros.

Hab. les lieux secs, les garrigues et les hermes dans toute la plaine;
la var. B, à l'Espérou, dans les pacages. La var. A ①, la var. B ②. Fl. juin-
septembre.

Cette plante porte les noms vulgaires de *scabieuse fausse*, *d'herbe à midi*;
elle est astringente et vulnéraire. Inusitée.

2. **J. PEREMNIS** *Lamk. dict.* 3, *p.* 216, *et ill. t.* 724, *fig.* 2;
Dec. fl. fr. 3, *p.* 717. — Racine blanchâtre, rameuse, *stolonifère,*
à stolons terminés, les uns par une rosette de feuilles, les autres
par une tige de 2-8 décim., *simple*, dressée, feuillée dans sa moitié
inférieure, ordinairement glabre, striée surtout supérieurement.
Feuilles un peu raides, lancéolées ou linéaires, obtuses, entières
ou munies de quelques dents écartées, peu saillantes, *planes* ou
rarement un peu ondulées, glabres, ciliées surtout à la base,
rarement hérissées; les radicales atténuées à leur base; les caulinaires demi-embrassantes. Fleurs bleues plus ou moins foncées,
pédicellées, disposées en capitules globuleux, terminaux, munis,
à leur base, d'un involucre à folioles nombreuses, imbriquées,
appliquées, ovales ou oblongues, *ordinairement dentées en scie,*

ordinairement plus courtes que les fleurs. Calice glabre. Styles très-saillants hors de la corolle colorée en bleu. Capsule ovale-oblongue. Graines tachées de noir aux deux extrémités.

Var. B, *Major*. Tige de 6-8 décim. ; capitules de fleurs 2-3 fois plus grosses que dans la var. A. Feuilles jamais ondulées.

Hab., la var. A, dans les prairies de l'Espérou ; la var. B, entre Bourdezach et Bessége, à Peiremale et à Concoule. ♃ Fl. juin-septembre.

2ᵉ gʳᵉ. RAIPONCE. — PHYTEUMA. (Lin. gen. 220.)

Calice à 5 divisions. Corolle à 5 lobes linéaires, d'abord soudés en tube arqué, puis *séparés jusqu'à la base* et étalés en roue. Étamines à 5 filets, libres et dilatés à la base ; anthères non soudées. Style à 2-3 stigmates filiformes, roulés, divergents. Capsule *subglobuleuse*, à 2-3 loges, s'ouvrant latéralement par 2-3 trous. Graines roussâtres, obovales-comprimées, avec une bordure tranchante, blanchâtre du côté extérieur. Plantes vivaces, à fleurs bleues ou blanches, sessiles, disposées en capitules sphériques ou en épis serrés, plus ou moins allongés.

1. { Fleurs en capitule globuleux..................... 2.
  { Fleurs en capitule ovoïde, oblong ou cylindrique. 3.

2. { Feuilles étroites linéaires, entières : plante de
     2-12 centim........................... HEMISPHÆRICA.
  { Feuilles oblongues ou lancéolées, souvent cor-
     diformes, crénelées : plante de 2-5 décim..... ORBICULARE.

3. { Feuilles d'un tiers plus longues que larges ;
     fleurs d'un blanc jaunâtre, rarement bleues.. SPICATUM.
  { Feuilles de moitié plus longues que larges ;
     fleurs d'un beau bleu, jamais blanchâtres..... NIGRUM.

1. **Ph. hemisphæricum** *Lin. sp.* 241 ; *Dec. fl. fr.* 3, *p.* 710 ; *Lamk. ill. t.* 124, *fig.* 2 ; *Column. ecphr.* 2, *t.* 26, *fig.* 1. — Racine à 2-3 ramifications ; souche peu rameuse, garnie supérieurement des pétioles des anciennes feuilles, persistants. Tiges de 2-12 centim., solitaires ou au nombre de 2-3 sur la même souche, dressées, simples. Feuilles faibles, ordinairement très-entières, *étroites-linéaires ;* les inférieures nombreuses, longuement atténuées en pétiole grêle allongé ; les caulinaires rares, plus courtes, *un peu plus larges*, demi-embrassantes. Fleurs bleues, rarement blanches, en capitule globuleux ; bractées *ovales-acuminées*, dentées, velues-ciliées, de moitié plus courtes que le capitule. Lanières du calice courtes, linéaires-aiguës. Stigmates 2. Capsule à 3 loges. Plante ordinairement glabre.

Hab. les pacages de l'Espérou et de l'Aigual. ♃ Fl. juin-août.

2. **Ph. orbiculare** *Lin. sp.* 242 ; *Dec. fl. fr.* 3, *p.* 711 ; *Barr. ic. t.* 525 ; *Column. ecphr.* 1, *t.* 224. — Racine blanchâtre, un peu épaisse, à souche simple ou rameuse, donnant naissance

à une ou plusieurs tiges de 2-6 décim., plus ou moins fermes, simples, dressées, glabres ou pubescentes, ainsi que les feuilles ; celles-ci un peu fermes, crénelées ; les inférieures pétiolées, cordiformes, ovales, oblongues ou lancéolées ; les supérieures sessiles, linéaires ou linéaires-lancéolées. Fleurs bleues, rarement blanches, en capitule globuleux terminal, ovoïde à la maturité, muni à sa base de bractées *ovales-acuminées*, plus courtes que les fleurs, quelquefois les dépassant. Lanières du calice ciliées. Style pubescent, à 3 stigmates. Graines dépourvues de bordure. Vulgairement *herbe d'amour*.

Cette plante est vulnéraire, astringente, détersive, inusitée ; on mange les jeunes pousses. Elle fournit un bon fourrage pour les vaches et les brebis.

Hab. les prairies et les pacages montagneux des environs du Vigan, d'Alzon, et de toute la chaîne de l'Espérou. ♃ Fl. juin-août.

3. **Ph. spicatum** *Lin. sp.* 242 ; *Dec. fl. fr.* 3 , p. 714 ; *Fl. dan. t.* 362 ; *Lob. obs.* 178, *fig.* 3 ; *C. Bauh. prodr. t.* 32, *fig.* 1 ; *Barr. ic. t.* 892. — Racine blanchâtre, charnue, fusiforme. Tige de 3-6 décim., ordinairement solitaire, dressée, simple, droite. Feuilles glabres ou légèrement pubescentes ; les inférieures pétiolées, ovales-aiguës, *profondément cordiformes, très-larges à la base, doublement et inégalement dentées*, souvent tachées de brun vers leur milieu ; les supérieures lancéolées, sessiles ou brièvement pétiolées ; les plus supérieures linéaires, sessiles. Fleurs *d'un blanc jaunâtre*, rarement bleues, disposées en capitule terminal, oblong, s'allongeant beaucoup après la fleuraison et devenant cylindrique, muni à sa base de bractées linéaires-subulées, inégales, dépassant les fleurs. Calice et étamines *glabres*. Style pubescent ; stigmates 2. Capsule biloculaire.

Cette plante a les mêmes vertus que la précédente : elle porte les noms vulgaires de *raiponce sauvage*, de *rave sauvage*.

Hab. les prés montagneux et les bois, dans toute la partie élevée du département. ♃ Fl. juin-août.

4. **Ph. nigrum** *Sm. fl. boh.* 2 , n° 189 ; *Godr. et Gren. fl. fr.* 2 , p. 403 ; *Dec. prodr.* 7, p. 453 ; *Ph. persicœfolium Dec. prodr. l. c.* — Cette espèce diffère de la précédente : par ses feuilles moins larges, moins échancrées en cœur à la base ; par ses fleurs rugueuses avant l'épanouissement, constamment d'un bleu foncé, disposées en capitule *ovale*, à la fin *ovale-allongé*.

Hab. les bois et les prairies granitiques de l'Espérou et de Concoule. ♃ Fl. juin-juillet.

3ᵉ gʳᵉ. SPÉCULAIRE. — SPECULARIA. (Heist. syst. pl. gen. 8.)

Calice à 5 lobes rétrécis à la base, à tube allongé, prismatique, étranglé au sommet. Corolle rotacée, à 5 lobes peu profonds. Étamines 5 , libres, à filets dilatés, membraneux à la base. Style à 3 stigmates filiformes. Capsule adhérente au calice dans toute sa longueur, à 3 loges, s'ouvrant latéralement au-dessous du sommet. Graines petites, brunes, luisantes, ovoïdes, nombreuses. Plantes annuelles, à feuilles ondulées, à fleurs violacées, très-rarement blanches, disposées en panicule terminale, feuillée.

1
- Corolle ouverte, à peu près égale aux divisions du calice... SPECULUM.
- Corolle ordinairement fermée, de moitié plus courte que les divisions du calice........................... HYBRIDA.

1. Sp. SPECULUM *Alph. Dec. prodr.* 7, *p.* 490; *Godr. et Gren. fl. fr.* 2, *p.* 404; *Campanula speculum Lin. sp.* 238; *Prismatocarpus speculum Dec. fl. fr.* 3, *p.* 708; *Dod. pempt.* 168, *fig.* 1. — Racine pivotante. Tige de 2-4 décim., coudée à la base, dressée, anguleuse, rameuse supérieurement, à rameaux étalés, nombreux, d'autant plus longs qu'ils sont éloignés du sommet, donnant à la plante une forme pyramidale, quelquefois rameuse dès la base, à rameaux inférieurs étalés-ascendants, souvent aussi longs que la tige, glabre ou pubescente, ainsi que les feuilles et les calices. Feuilles faiblement crénelées, ondulées; les inférieures ovales-arrondies, atténuées en pétiole; les caulinaires oblongues, demi-embrassantes. Fleurs courtement pédicellées au sommet des rameaux, 2-5 flores. Lanières du calice linéaires-subulées, environ *de la longueur du tube*. Corolle assez grande, à lobes étalés, ovales, mucronulés, *égaux aux lanières du calice*, ou les dépassant peu. Capsule rude sur les angles.

Cette plante est connue sous les noms vulgaires de *doucette*, *mirette*, *miroir-de-Vénus:* elle est vulnéraire et astringente, inusitée. On mange les jeunes pousses en salade.

Hab. les champs, parmi les blés, dans tout le département. ⊙ Fl. mai-juillet.

2. Sp. HYBRIDA *Alph. Dec. prod.* 7, *p.* 490; *Godr. et Gren. fl. fr.* 2, *p.* 405; *Prismatocarpus hybridus Dec. fl. fr.* 3, *p.* 709; *Campanula hybrida Lin. sp.* 239; *Moris. hist. s.* 5, *t.* 2, *fig.* 22. — Racine pivotante, coudée à la base. Tige de 1-3 décim., dressée, anguleuse, raide, simple ou rameuse dès la base, à rameaux supérieurs dressés, les inférieurs ascendants, hérissée de poils courts, rarement glabre. Feuilles comme dans la précédente, pubescentes sur les bords, *ondulées-crénelées*. Fleurs presque sessiles, axillaires, solitaires ou réunies 2-3 au sommet des tiges et des rameaux. Calice rude, à divisions *lancéolées, dressées, deux fois de la longueur de la corolle et moitié plus courtes que le tube*. Corolle rougeâtre, petite, ordinairement fermée.

Hab. les champs cultivés dans toute la partie basse du département, à Anduze, St-Ambroix, Campestre, où elle est plus rare. ⊙ Fl. mai-juin.

4° gʳᵉ. **CAMPANULE. — CAMPANULA.** (Lin. gen. 218.)

Calice *turbiné*, à 5 divisions. Corolle *campanulée*, à 5 lobes. Étamines 5, libres, à filets dilatés, membraneux à la base. Style à 3, rarement à 5 stigmates filiformes, enroulés, divergents. Capsule adhérente au calice, à 3, rarement à 5 loges, s'ouvrant latéralement par 3 ou 5 trous. Graines nombreuses, très-petites, brunes ou jaunâtres, luisantes, ovoïdes ou ovales-comprimées. Plantes vivaces, rarement annuelles, à feuilles simples, alternes, à fleurs bleues, rarement blanches, disposées en grappes, en cimes ou en glomérules.

1. { Intervalles des lobes du calice munis, à leur base, d'un appendice réfléchi sur le tube.... 2.
{ Intervalles des lobes du calice dépourvus d'appendices........................... 3.

2. { Stigmates 5; capsule à 5 loges; feuilles ovales-lancéolées............................ MEDIUM.
{ Stigmates 3; capsule à 3 loges; feuilles très-longues, lancéolées-linéaires............. SPECIOSA.

3. { Fleurs sessiles, agrégées................. GLOMERATA.
{ Fleurs pédiculées solitaires, en grappes ou en panicule............................ 4.

4. { Capsule penchée, s'ouvrant vers la base....... 5.
{ Capsule dressée, s'ouvrant au-dessus de la base. 9.

5. { Calice à lobes lancéolés.................... 6.
{ Calice à lobes linéaires-subulés.............. 8.

6. { Lobes du calice dressés à la maturité........ TRACHELIUM.
{ Lobes du calice étalés ou réfléchis à la maturité. 7.

7. { Fleurs moyennes disposées en longues grappes unilatérales; plante raide, vivace......... RAPUNCULOIDES
{ Fleurs très-petites, disposées en petites grappes irrégulières; plante grêle, annuelle........ ERINUS.

8. { Feuilles caulinaires lancéolées ou lancéolées-linéaires.............................. LINIFOLIA.
{ Feuilles caulinaires linéaires-étroites........ ROTUNDIFOLIA.

9. { Rameaux dressés, courts, rapprochés........ 10.
{ Rameaux allongés, lâches, étalés............ PATULA.

10. { Rameaux uniflores; racine grêle, rampante.... PERSICIFOLIA.
{ Rameaux pluriflores; racine épaisse, fusiforme. RAPUNCULUS.

1. **C. MEDIUM** *Lin. sp.* 236; *Dec. fl. fr.* 3, *p.* 707; *Lob. ic. t.* 324; *Garid. aix. t.* 18. — Racine grosse, dure. Tige de 3-8 décim., dressée, cylindrique, feuillée, velue, rude, ordinairement simple. Feuilles ovales-lancéolées, dentées, à dents *peu profondes*, obtuses, rudes, hispides; les radicales *pétiolées;* les caulinaires sessiles. Fleurs bleues ou blanches, dressées ou penchées, solitaires au sommet de pédoncules courts, disposées en grappe plus ou moins allongée, quelquefois unilatérale; pédoncules munis de 2 bractées étroites, environ de la longueur des lobes du calice; celui-ci à appendices ovales ciliés, de la longueur du tube, à lobes

lancéolés, ciliés, de moitié plus courts que la corolle. Corolle très-grande, oblongue, un peu ventrue, ordinairement glabre, à 5 lobes peu profonds, subtriangulaires, mucronulés. Stigmates 5. Capsule hérissée, à gros plis sinueux, à 5 *loges.*

Cette plante porte le nom vulgaire de *carillon.*

Hab. les lieux pierreux, les bois, à Roquebrune, près le pont St-Esprit ; aux environs d'Aujac. à la Chartreuse de Valbonne, à la Grand'Combe, près Alais : aux bords de la Cèze, entre St-Ambroix et Bessége. ⁀1) Fl. juin-juillet.

2. **C. SPECIOSA** *Pourr. act. toul.* 3, *p.* 309; *Dec. fl. fr.* 3, *p.* 707; *C. longifolia Lap. fl. pyr. t.* 6. — Racine grosse, dure, un peu oblique. Tige de 2-4 décim., droite, épaisse, fistuleuse, anguleuse, hispide, souvent rougeâtre, simple, très-feuillée. Feuilles très-longues, lancéolées-linéaires, parsemées de poils raides, ciliées, à cils raides, dirigés vers la base; les unes entières, les autres sinuées, légèrement crénelées ; les radicales en rosette, rétrécies vers la base ; les caulinaires sessiles. Fleurs bleues, rarement blanches, dressées, solitaires au sommet de pédoncules plus ou moins allongés, commençant souvent de la base et formant une *panicule pyramidale,* portant 2 bractées alternes, linéaires, *de la longueur de la fleur ou la dépassant.* Calice à appendices lancéolés, ciliés, de la longueur du tube et 2-3 fois plus courts que les lobes lancéolés-linéaires, ciliés et poilus. Corolle très-grande, à 5 lobes courts, subtriangulaires, mucronulés, glabres ou munis de quelques poils longs et écartés sur les bords, à tube large, dépassant *d'un tiers ou d'un quart* les lobes du calice. Stigmates 3. Capsule hérissée, anguleuse, à 3 loges.

Hab. contre les rochers d'Anjeou, près de Montdardier et de Brama-Bioou. 2 Fl. juin-juillet.

3. **C. GLOMERATA** *Lin. sp.* 235 ; *Dec. fl. fr.* 3, *p.* 703 ; *Fl. dan. t.* 1328 ; *Barr. ic. t.* 523, *fig.* 3. — Racine courte, dure, un peu oblique, à souche donnant naissance à une ou plusieurs tiges de 2-5 décim., dressées, raides, simples, anguleuses, hérissées de poils réfléchis, grisâtres. Feuilles rudes, hérissées de poils courts, plus abondants à la face inférieure, finement crénelées, ordinairement vertes à la face supérieure et blanchâtres à l'inférieure ; les radicales et les inférieures ovales, oblongues ou lancéolées, souvent cordées à la base, *longuement pétiolées;* les supérieures ovales-acuminées, *embrassantes.* Fleurs bleues, rarement blanches, sessiles, réunies en glomérules axillaires, plus ou moins nombreux, ou seulement terminaux, et munis à leur base de bractées foliacées ; quelquefois les glomérules axillaires ne sont composés que d'une ou deux fleurs. Calice à lobes *lancéolés-linéaires, aigus.* Corolle médiocre pubescente, à lobes *profonds,* lancéolés. Style pubescent, bifide, presque aussi long que la

corolle. Capsule s'ouvrant vers la base par des trous. Graines jaunâtres.

Var. B, *Farinosa Koch. syn.* 542. Feuilles pubescentes, blanchâtres en dessous. *C. petræa Dec. fl. fr.* 3, *p.* 73.

Var. C, *Cervicarioides Alph. Dec. prodr.* 7, *p.* 468. Tige de 6-8 décim., flexueuse, velue.

Hab. les prés secs et montueux, les bois, dans tout le département; la var. C, aux environs d'Anduze. ♃ Fl. juin-septembre.

4. **C. TRACHELIUM** *Lin. sp.* 235 ; *Dec. fl. fr.* 3, *p.* 703 ; *Fl. dan., t.* 1026 ; *Dod. pempt.* 164, *fig.* 1 ; *Lob. ic., t.* 326, *fig.* 1. — Racine grosse, dure, blanchâtre, rameuse. Tiges solitaires ou naissant plusieurs de la même souche, hautes de 4-10 décim., droites, raides, anguleuses, simples ou peu rameuses, hispides, rudes, ordinairement rougeâtres. Feuilles hispides, scabres, brièvement ciliées, profondément et inégalement dentées ; les radicales ovales-aiguës ou triangulaires, *cordiformes* à la base, longuement pétiolées ; les caulinaires brièvement pétiolées, ovales-lancéolées, acuminées, les plus supérieures sessiles. Fleurs bleues, assez grandes, 1-3, dressées ou étalées au sommet de pédoncules axillaires et terminaux très-courts, disposés en grappe feuillée, munis, à leur base, de 2 petites bractées. Calice anguleux, hérissé de poils longs, raides, blanchâtres, à lobes lancéolés, dressés, de moitié plus courts que la corolle ; celle-ci à lobes lancéolés-aigus, ciliés, profonds. Style inclus.

Cette plante est connue sous les noms vulgaires de *gantelet,* de *gant-de-Notre-Dame ;* elle est détersive, astringente et vulnéraire. On mange la racine et les jeunes pousses.

Hab. les bois des montagnes, aux environs du Vigan, à la Chartreuse de Valbonne, etc. ♃ Fl. juin-août.

5. **C. RAPUNCULOIDES** *Lin. sp.* 234 ; *Dec. fl. fr.* 3, *p.* 702 ; *Fl. dan.* 1327 ; *Moris. hist. s.* 5, *t.* 3, *fig.* 32. — Racine stolonifère, à *stolons nombreux, rampants* et *allongés.* Tiges de 5-10 décim., sortant plusieurs de la même souche, quelquefois solitaires, droites, raides, robustes, simples ou peu rameuses, cylindriques ou anguleuses, pubescentes-rudes, presque toujours rougeâtres. Feuilles *scabres,* inégalement dentées, parsemées de poils courts, *raides* et couchés ; les radicales et les inférieures pétiolées, ovales-lancéolées, cordées à la base ; les caulinaires supérieures, lancéolées-acuminées, sessiles. Fleurs bleues, rarement blanches, moyennes, inclinées, ordinairement solitaires sur des pédoncules courts, pourvus, vers leur sommet, de 2 très-petites bractées, disposées *unilatéralement* en grappe spiciforme allongée. Calice scabre, à lobes lancéolés-linéaires, ciliés, étalés, à la fin réfléchis. Corolle *infundibuliforme,* à lobes profonds,

triangulaires, ciliés, 2-3 fois plus longue que les lobes du calice. Style pubescent, trifide, ordinairement saillant hors de la corolle.

Cette plante porte le nom vulgaire de *fausse raiponce*; elle fournit un assez bon fourrage.

Hab. les champs cultivés, les haies, aux environs de Lanuejols. ♃ Fl. juillet-août.

6. **C. ERINUS** *Lin. sp.* 240; *Dec. fl. fr.* 3, *p.* 705; *Moris. hist. s* 5, *t.* 3, *fig.* 25; *Col. phytob. t.* 37. — Racine grêle, blanchâtre, pivotante ou rameuse. Tige de 1-3 décim., dressée ou tombante, anguleuse, rameuse dès la base, dichotome supérieurement, souvent rougeâtre, rude, velue et un peu gluante, ainsi que les feuilles; celles-ci obovales-oblongues, obtuses, dentées en scie; les inférieures atténuées en court pétiole; les supérieures cunéiformes, sessiles, presque opposées. Fleurs lilacées, solitaires, inclinées, sessiles ou presque sessiles, axillaires et terminales, une d'elles naissant *un peu au-dessus des bifurcations*, sur un pédoncule arqué, un peu plus long que les autres. Calice hispide, *court*, turbiné, à lobes oblongs, plus longs que le tube, *étalés en étoile* à la maturité. Corolle *très-petite, tubuleuse-campanulée, un peu plus longue que les sépales*, à lobes munis de quelques poils rares à leur sommet. Capsule plus courte que la largeur du disque, s'ouvrant au sommet par 3-5 valves. Graines très-petites, obovales, luisantes, brunâtres, noires aux deux extrémités.

Hab. les lieux pierreux et sur les vieux murs, dans toute la plaine et aux environs du Vigan. ⚥ Fl. avril-juin.

7. **C. LINIFOLIA** *Lamk. dic.* 1, *p.* 579; *Dec. fl. fr.* 3, *p.* 698; *Ill. ped. t.* 17, *fig.* 2; *Barr. ic. t.* 487. — Racine épaisse, profonde. Tiges de 1-5 décim., ascendantes, ordinairement naissant plusieurs de la même souche, raides, feuillées, glabres. Feuilles ordinairement glabres, *lancéolées-linéaires, aiguës, entières ou très-légèrement dentées, sessiles;* les radicales détruites à la fleuraison, pétiolées, obovales, cordées à la base, sinuées ou dentées. Fleurs bleues moyennes, penchées, disposées en grappe terminale; pédoncules peu écartés de la tige. Calice glabre, à 5 lobes *étroits, linéaires-aigus*, de moitié plus courts que la corolle et deux fois de la longueur du tube. Corolle glabre. Style pubescent, de la longueur de la corolle.

Hab. les prairies de l'Espérou et de l'Aigual. ♃ Fl. juin-août.

8. **C. ROTUNDIFOLIA** *Lin. sp.* 232; *Dec. fl. fr.* 3, *p.* 697; *Lob. ic. t.* 321, *fig.* 1; *C. Bauh. prodr. p.* 31, *ic.; Drèves et Hayne, pl. d'Europ. t.* 42. — Racine dure, un peu stolonifère. Tiges de 1-5 décimet., naissant plus ou moins nombreuses de la même souche, ascendantes, grêles, simples, plus rarement

rameuses, glabres ou un peu pubescentes inférieurement. Feuilles ordinairement glabres; les radicales et celles des tiges stériles, orbiculaires ou ovales-réniformes, *profondément cordées* à la base, crénelées, à dents plus ou moins profondes, obtuses ou un peu aiguës, souvent étalées, portées par *un pétiole filiforme*, *4-5 fois plus long que leur limbe;* les caulinaires inférieures *lancéolées*-dentées; les supérieures *linéaires*, entières. Fleurs bleues, rarement blanches, penchées, disposées en grappes, peu fournies au sommet de la tige et des rameaux, formant ensemble une panicule *lâche*, multiflore ou pauciflore; pédoncules assez allongés, étalés-dressés. Calice glabre, à lobes linéaires-subulés, à peu près de moitié plus courts que la corolle; celle-ci *infundibuliforme*, glabre, à lobes subtriangulaires mucronulés. Étamines à filets plus courts que les anthères.

Cette plante porte le nom vulgaire de *clochette des murs.*

Hab. contre les rochers dans tout le département. ♃ Fl. juin–septembre.

9. **C. RAPUNCULUS** *Lin. sp.* 232; *Dec. fl. fr.* 3, *p.* 699; *Fl. dan. t.* 1326; *Fuchs. hist.* 214, *ic.; Math. comm.* 347, *ic.* — Racine fusiforme, blanchâtre, *charnue.* Tiges de 5-9 décim., solitaires ou naissant plusieurs de la même souche, droites, simples ou rameuses supérieurement, hispides et rudes sur les angles, rarement glabres. Feuilles finement crénelées ou entières, ondulées, glabres ou pubescentes; les radicales et les inférieures ovales-oblongues ou oblongues-lancéolées, rétrécies en pétiole; les caulinaires linéaires-lancéolées, sessiles. Fleurs bleues, rarement blanches, moyennes, disposées en panicule rameuse, étroite, très-allongée, à rameaux pluriflores *dressés;* pédoncules latéraux courts, munis *à leur base de* 2 *bractéoles* subulées. Calice glabre, quelquefois scabre, un peu conique, à lobes *linéaires-sétacés*, dressés, dépassant le milieu de la corolle. Corolle à lobes profonds, lancéolés. Capsule anguleuse, sillonnée, dressée, s'ouvrant latéralement près du sommet. Graines très-petites, brunâtres, luisantes.

Cette plante porte les noms vulgaires de *raiponce*, de *rave sauvage :* en patois, *repounchoun.* Elle passe pour apéritive et rafraîchissante; on mange, en salade, la racine avec les jeunes feuilles. Elle fournit un assez bon fourrage.

Hab. les bois et les pacages, dans tout le département. ♃ Fl. mai-août.

10. **C. PATULA** *Lin. sp.* 232; *Dec. fl. fr.* 3, *p.* 699; *Fl. dan. t.* 373; *Dill. elth. t.* 58, *fig.* 68. — Racine *grêle, perpendiculaire,* fibreuse. Tige de 3-6 décim., dressée, anguleuse, scabre sur les angles, pubescente vers la base, rameuse supérieurement, à rameaux *allongés, étalés,* pluriflores. Feuilles planes, presque glabres, superficiellement crénelées; les radicales oblongues-lancéolées, rétrécies à la base; les caulinaires sessiles, linéaires-

lancéolées. Fleurs bleues, rarement blanches, assez grandes, disposées en panicule *lâche*, *large*, *étalée*. Pédoncules allongés, grêles ; les latéraux munis *supérieurement* de 2 bractées linéaires. Calice glabre, anguleux, à lobes *lancéolés-linéaires*, *acuminés*, denticulés inférieurement, étalés, égalant les deux tiers de la corolle, dépassant le bouton. Corolle très-évasée, glabre, à lobes très-profonds, oblongs. Style trifide, inclus. Capsule dressée, s'ouvrant latéralement au-dessous du sommet. Graines brunâtres ou jaunâtres.

Hab. les bois, les haies, aux environs de l'Espérou et de Dourbie. ② Fl. mai–juillet.

11. C. PERSICIFOLIA *Lin. sp.* 232 ; *Dec. fl. fr.* 3, *p.* 700 ; *Fl. dan. t.* 1087 ; *Lob. ic. t.* 327, *fig.* 1. — Racine *grêle*, *rampante*. Tige de 4-8 décim., droite, simple, légèrement anguleuse, *glabre*, ainsi que les autres parties de la plante. Feuilles raides, luisantes, superficiellement dentées ; les radicales ovales-oblongues, *rétrécies en pétiole allongé* ; les caulinaires linéaires-lancéolées, sessiles. Fleurs bleues ou blanches, solitaires sur des pédoncules courts, munis, *à leur base*, de 2 petites bractées subulées, disposées en grappe *simple*, pauciflore, lâche, terminale. Calice à tube obovale, anguleux, glabre ou hispide, à lobes entiers, *lancéolés-linéaires*, dressés à la maturité, atteignant le tiers de la corolle ; celle-ci grande, très-ouverte, plus large que longue, à lobes subtriangulaires, mucronés. Capsule dressée, s'ouvrant latéralement au-dessous du sommet. Graines ovoïdes brunâtres, luisantes. Feuilles radicales souvent rougeâtres à la face inférieure.

On mange les jeunes pousses de cette plante. On en cultive, dans les parterres, une var. à fleurs doubles.

Hab. les bords des ruisseaux aux environs du Vigan, les bords du Gardon à la Beaume. ♃ Fl. juin–juillet.

5ᵉ gᵉ. **WAHLENBERGIE. — WAHLENBERGIA.** (Schrad. comm. gott. 6, p. 123.)

Calice à 5 lobes, à tube court, subconique. Corolle campanulée-tubuleuse, à 5 lobes peu profonds. Étamines 5, libres, à filets peu élargis à la base. Style à 3-5 stigmates courts. Capsule globuleuse, à 3-5 valves, s'ouvrant au-dessus du tube du calice.

1. W. HEDERACEA *Rchb. cent.* 5, *p.* 47, *t.* 380, *fig.* 673 ; *Godr. et Gren. fl. fr.* 2, *p.* 421 ; *Campanula hederacea Lin. sp.* 240 ; *Dec. fl. fr.* 3, *p.* 696 ; *Moris. hist. s.* 5, *t.* 2, *fig.* 18. — Racine grêle, rampante. Tiges 4-5, partant de la même souche, longues de 1-2 décim., *filiformes*, rameuses-dichotomes, *couchées*, *diffuses*, glabres, ainsi que les autres parties de la plante. Feuilles minces, pétiolées, arrondies-cordiformes, à 5-7 lobes triangulaires ; le supérieur plus grand. Fleurs d'un brun clair, *solitaires* au sommet de pédoncules allongés, filiformes, terminant la tige et les rameaux. Calice à lobes linéaires-subulés, deux fois de la longueur du tube et *deux tiers plus courts* que la corolle ; celle-ci oblongue, petite, dressée ou penchée, à tube subcylindrique, à 5 lobes assez profonds, ovales-lancéolés, mucronulés. Capsule dressée ; graines très-petites, oblongues, finement ridées en long. Plante molle, délicate.

Hab les haies humides et au pied des rochers, à l'Espérou. ♃ Fl. juin-août

LXVe Fam. VACCINIÉES.

VACCINIEÆ. (Dec. th. el. 216.)

Fleurs hermaphrodites régulières. Calice à 4-5 dents, persistantes ou caduques, à tube adhérent à l'ovaire. Corolle gamopétale, campanulée ou urcéolée, insérée au sommet du tube du calice, à 4-5 dents caduques, imbriquées avant la fleuraison. Étamines 8-10, libres, insérées au sommet du tube du calice, non adhérentes avec la corolle. Anthères à 2 lobes distincts supérieurement, prolongés en tubes étroits, perforés au sommet. Style 1. Stigmate en tête. Fruit bacciforme, à 4-5 loges polyspermes. Graines peu nombreuses, pendantes. Sous-arbrisseaux à feuilles alternes ou éparses, coriaces, caduques ou persistantes, sans stipules.

1er gre. AIRELLE. — VACCINIUM. (Lin. gen. 483.)

Baies globuleuses, ombiliquées au sommet. Tiges ligneuses, dressées ou ascendantes. Feuilles entières ou légèrement dentées.

1. { Fleurs solitaires axillaires...................... MYRTILLUS.
   { Fleurs réunies en grappe....................... 2.

2. { Feuilles caduques, glauques et pubescentes en dessous................................. ULIGINOSUM.
   { Feuilles persistantes, parsemées en dessous de points glanduleux noirs .... VITIS-IDÆA.

1. **V. MYRTILLUS** *Lin. sp.* 498 ; *Dec. fl. fr.* 3, *p.* 687 ; *Lamk. ill. t.* 286, *fig.* 1 ; *Math. comm. valg.* (1565) 231 *ic.* ; *Cam. epit.* 135, *ic.* — Racine traçante. Tige de 1-4 décim., glabre, dressée, anguleuse, très-rameuse, à rameaux à *angles saillants-ailés.* Feuilles ovales, finement *dentées*, presque sessiles, d'un vert pâle, glabres, veinées, *caduques.* Fleurs en *grelot*, d'un blanc verdâtre ou rougeâtre, *solitaires*, à l'extrémité de pédoncules réfléchis, plus courts que les feuilles. Calice à partie libre, courte. Corolle à lobes courts, recourbés. Étamines portant sur

le dos deux appendices sétiformes. Baies globuleuses, d'un noir bleuâtre, couvertes d'une efflorescence glauque, d'une saveur acidulée. Graines blanchâtres, ovoïdes.

Cette plante est connue sous les noms vulgaires de *myrtille*, *d'aradech*; en patois, *aires*. On nomme les baies: *bluet*, *brimbelles*, *raisins des bois*; on les mange crues. Elles peuvent servir à faire du vin, du sirop et des confitures; elles sont astringentes et antidysentériques. Les tiges et les feuilles peuvent servir pour le tannage.

Hab. les bois et les bruyères de toute la chaîne de l'Espérou, à **Alzon**, à Concoule. ♃ Fl. mai-juin: fr. juillet-août.

2. **V. ULIGINOSUM** *Lin. sp.* 499; *Dec. fl. fr.* 3, *p.* 687; *Fl. dan. t.* 231; *Clus. hist.* 1, *p.* 62, *fig.* 1. — Racine rampante. Tiges de 1-2 décim., dressées et étalées, très-rameuses, à rameaux serrés, rougeâtres, *cylindriques*, glabres, très-feuillés. Feuilles caduques, *ovales-obtuses*, *très-entières*, vertes, glabres en dessus, *blanchâtres*, un peu pubescentes et réticulées en dessous. Fleurs blanches ou rosées, solitaires sur des pédoncules courts, réfléchis, disposés *en grappe courte*, terminale, puis *latérale*. Calice à lobes peu profonds, larges et obtus. Corolle ovale, à lobes courts, obtus, réfléchis en dehors. Étamines portant sur le dos 2 appendices sétiformes. Baies globuleuses, d'un noir bleuâtre à la maturité, couvertes d'une efflorescence glauque, d'une saveur acidulée. Graines blanchâtres, ovoïdes.

Les baies de cette plante sont édules et rafraîchissantes; on en retire de l'alcool en Sibérie.

Hab. les pacages tourbeux de la Lozère, commune de Concoule. ♄ Fl. mai-juin: fr. août-septembre.

3. **V. VITIS-IDÆA** *Lin. sp.* 500; *Dec. fl. fr.* 3, *p.* 687; *Lamk. ill. t.* 286, *fig.* 2; *Drèves et Hayne*, *t.* 63; *Dod. pempt.* 770, *fig.* 1. — Racine rampante. Tiges de 1-2 décim., ascendantes ou dressées, cylindriques, ordinairement rameuses, brunes, à rameaux pubescents, dressés. Feuilles brièvement pétiolées, très-coriaces, persistantes, ovales-obtuses, souvent un peu échancrées au sommet, entières ou légèrement dentées supérieurement, glabres, luisantes en dessus, ciliées à la base, roulées en dessous par les bords, pâles et *parsemées en dessous de glandes noires*. Fleurs blanches ou rosées, disposées en grappes courtes, penchées au sommet des rameaux; pédoncules uniflores très-courts; bractées ciliolées. Calice à 5 lobes courts, élargis à la base, ciliolés. Corolle campanulée, à lobes profonds, ovales-obtus, roulés en dehors. Anthères dépourvues d'appendices sétiformes. Baie globuleuse, rouge à la maturité. Graines blanchâtres, ovoïdes.

Cette plante est connue sous les noms vulgaires de *myrtille rouge*, de *vigne du mont Ida*; ses baies sont acides, diurétiques et rafraîchissantes.

Hab. les bois entre Brama-Bioou et Meyrueis, par le Vialaret (Guan. herb.). ♄ Fl. mai-juin, fr. août-septembre.

LXVIᵉ Fᴀᴍ. **ÉRICINÉES**.

Eʀɪᴄɪɴᴇᴀᴇ (Desv. journ. de bot. 1813, p. 28.)

Fleurs hermaphrodites, régulières ou un peu irrégulières. Calice libre, persistant, à 4-5 lobes libres ou plus ou moins soudés. Corolle persistante ou caduque, campanulée ou urcéolée, insérée sur le réceptacle, à 4-5 lobes imbriqués avant la fleuraison. Étamines 4-5 ou 8-10, distinctes, non adhérentes à la corolle, insérées sur le réceptacle ; anthères à 2 lobes, s'ouvrant chacun par un pore terminal. Ovaire libre. Style 1 ; stigmate capité ou pelté. Fruit capsulaire, rarement bacciforme, à plusieurs valves polyspermes, rarement monospermes, s'ouvrant par les sutures ou par les valves. Graines petites, entourées d'un test scrobiculé, pendantes, insérées sur un placenta central. Arbrisseaux et sous-arbrisseaux à feuilles entières, persistantes, sans stipules.

1. { Fruit bacciforme ou drupacé.............. 2.
   { Fruit capsulaire... .... 3.

2. { Arbrisseau de 1-2 mètres, droit; baies
   {   grosses, tuberculeuses.......... 1ᵉʳ gʳᵉ. **ARBUTUS**.
   { Sous-arbrisseau de 5-10 centimèt.,
   {   couché ; baies moyennes, lisses... 2ᵉ gʳᵉ. **ARCTOSTAPHYLOS**.

3. { Corolle plus courte que le calice ; cap-
   {   sules s'ouvrant par les sutures... 3ᵉ gʳᵉ. **CALLUNA**.
   { Corolle beaucoup plus longue que le
   {   calice ; capsules s'ouvrant par les
   {   valves......................... 4ᵉ gʳᵉ. **ERICA**.

1ᵉʳ gʳᵉ. ARBOUSIER. — ARBUTUS. (Tournef. inst. p. 598, t. 368.)

Calice petit, à 5 divisions. Corolle en grelot, à 5 dents roulées en dehors, caduques. Étamines 10 ; anthères portant sur le dos 2 appendices filiformes, réfléchis. Baie indéhiscente, tuberculeuse, à 5 loges polyspermes.

1. **A. ᴜɴᴇᴅᴏ** *Lin. sp.* 566 ; *Dec. fl. fr.* 3, *p.* 682 ; *Lamk. ill. t.* 366, *fig.* 1 ; *Cam. epit.* 168, *ic.* ; *Dod. pempt.* 804, *ic.* — Arbrisseau de 1-2 mètres, droit, rameux, à bois dur, à écorce rude, gercée, grisâtre, à jeunes pousses rougeâtres, munies de poils écartés. Feuilles persistantes, coriaces, semblables à celles du laurier, oblongues-lancéolées, glabres, luisantes, dentées en scie, à pétiole court, triangulaire, quelquefois cilié, souvent rougeâtre. Fleurs blanchâtres, vertes au sommet, disposées en grappe courte, rameuse, dressée ou penchée, terminale. Pédoncules courts, anguleux, munis, à leur base, d'une petite bractée lancéolée-aiguë, souvent rougeâtre. Calice à 5 lobes courts, sub-triangulaires, pubescents sur les bords. Corolle obovale, resserrée sous les dents, au nombre de 5, courtes, réfléchies en dehors et

ciliolées. Étamines à filets velus à la base. Baies grosses, arrondies, pendantes, rouges à la maturité, hérissées de tubercules
pyramidaux. Graines petites, blanchâtres, osseuses.

Cet arbrisseau porte le nom vulgaire de *fraisier en arbre*. Ses baies, quoique fades, sont mangées par les gens du peuple; on les nomme *arbouses*.
On en tire de l'eau-de-vie par la fermentation. Il occupe une place distin-
guée dans les bosquets.

Hab. les bois, au Vigan, à **St-Ambroix**, Alais, Nîmes et tous ses environs
montagneux. ♄ Fl. octobre-février.

2° g^re. **BUSSEROLE. — ARCTOSTAPHYLOS**. (Adans. fam. 2, p. 165.)

Baie lisse, sphérique, à 5 loges monospermes. Les autres caractères comme dans le genre précédent.

4. **Arct. officinalis** *Wimm. et Grab. fl. sil.* 1, *p.* 391;
Godr. et Gren. fl. fr. 2, *p.* 426; *Arbutus uva-ursi Lin. sp.* 566;
Dec. fl. fr. 3, p. 683; *Fl. dan. t.* 33; *Lob. obs. p.* 199, *fig.* 2;
Drèves et Hayne, pl. d'Eur. t. 64; *Lin. fl. lapp. p.* 122, *t.* 6,
fig. 3. — Racine rampante. Tiges de 5-10 décim., couchées-
rampantes, glabres, rameuses; les jeunes rameaux pubescents,
souvent rougeâtres. Feuilles nombreuses, rapprochées, raides,
coriaces, épaisses, luisantes, très-glabres, oblongues-obtuses,
très-entières, brièvement pétiolées, persistantes; celles des jeunes
rameaux munies, sur leur bord et sur les pétioles, de quelques
poils laineux. Fleurs roses, réunies en grappe courte, penchée,
serrée, terminale; pédoncules très-courts, munis, à leur base,
de bractées lancéolées, épaisses, pubescentes-laineuses. Calice
à lobes ovales, ciliolés. Corolle à dents courtes, réfléchies.
Étamines à filets presque glabres; anthères non percées au sommet, mais terminées *par 2 appendices* filiformes, *de la longueur
du filet*. Baies d'un beau rouge à la maturité, d'une saveur âpre,
édules.

Cette plante est connue sous les noms vulgaires de *bousserol*, de *raisin
d'ours*, d'*arbousier traînant*; en patois, *bouisserola*. L'infusion des feuilles
est astringente, diurétique; elle est employée contre les anciennes gonor-
rhées. Les feuilles, en poudre ou en infusion, sont recommandées contre la
gravelle.

Hab. les lieux pierreux, à Trèves, au bout de la côte de la Marène, près
de Lanuejols, aux environs d'Anduze, à l'Espérou. (*Guan. herb.*) ♄ Fl. mai,
fr. juillet-août.

3° g^re **CALLUNE. — CALLUNA**. (Salisb. in trans. linn. 6, p. 317.)

Calice à 4 divisions colorées, *bien plus longues que la corolle*.
Corolle campanulée, à 4 divisions. Étamines 8. Capsule à 4 loges,
s'ouvrant en 4 valves *par les sutures*; cloisons fixées sur l'axe
central, non adhérentes aux sutures. Graines très-petites, nombreuses.

1. **C. VULGARIS** *Salisb. l. c.; C. erica Dec. fl. fr.* 3, *p.* 680 ;
Erica vulgaris Lin. sp. 501 ; *Lamk. ill. t.* 287, *fig.* 1 ; *Math.
comm. valg.* (1565) *p.* 152, *ic.; Camer. epit.* 75, *ic.* — Sous-
arbrisseau de 2-5 décim., à écorce rougeâtre, à tiges tortueuses,
nombreuses, touffues, droites ou étalées, à rameaux dressés,
glabres ou pubescents; les inférieurs nombreux, stériles. Feuilles
petites, courtes, presque trigones, obtuses, sessiles, prolongées
à la base en 2 pointes rapprochées, glabres ou brièvement ciliées,
opposées, étroitement imbriquées sur 4 rangs. Fleurs roses ou
blanches, nombreuses, petites, penchées, à pédoncules courts,
disposées en grappes spiciformes, nombreuses, unilatérales, terminales, formant, par leur réunion, un corymbe paniculé. Calice
luisant, scarieux, à sépales oblongs, obtus, munis, à leur base,
de petites bractées vertes, appliquées. Corolle campanulée, très-
petite, cachée par le calice, à divisions lancéolées, marcescente.
Anthères aristées. Stigmate saillant. Capsule arrondie, velues
Graines ovoïdes, brunâtres, transparentes.

On emploie cette plante dans la fabrication de la bière, en remplacement
du houblon; ses feuilles et ses fleurs passent pour diurétiques et anticalculeuses. Elle est connue sous le nom patois de *pitio bru.*

Hab. les terrains stériles dans tout le département. ♃ Fl. juillet-septembre.

4e g^{re}. BRUYÈRE. — ERICA. (Lin. gen. 484.)

Calice à 4 sépales herbacés ou colorés. Corolle campanulée ou
urcéolée, à 4 lobes, *beaucoup plus longue que le calice.* Étamines 8,
incluses ou saillantes. Capsule à 4 loges, *s'ouvrant par les valves.*
Cloisons opposées aux valves. Graines très-petites, ovoïdes-comprimées, ridées, luisantes, très-nombreuses.

1. { Rameaux poilus, lanugineux ou pubescents; fleurs
     blanches ou roses............................... 2.
   { Rameaux glabres: fleurs verdâtres................. SCOPARIA.

2. { Corolle petite, campanulée, non resserrée à la gorge;
     plante de 1-2 mètres............................. ARBOREA.
   { Corolle un peu grande, un peu resserrée à la gorge;
     plante de 3-5 décim .... CINEREA.

1. **E. CINEREA** *Lin. sp.* 501 ; *Dec. fl. fr.* 3, *p.* 676 ; *Fl. dan.
t.* 38 ; *Clus. hist.* 1, *p.* 43, *fig.* 2 ; *Lob. ic.* 2, *t.* 212, *fig.* 2. —
Sous-arbrisseau de 3-5 décim., à rameaux nombreux, ramifiés,
ligneux, dressés, à écorce glabre et rougeâtre inférieurement,
cendrée et pubérulente supérieurement. Feuilles *glabres,* luisantes, linéaires-étroites, obtuses, munies d'un sillon étroit en
dessous, canaliculées en dessus, bordées d'une membrane étroite,
verticillées par 3, souvent munies, à leur aisselle, de petits
fascicules de feuilles. Fleurs penchées; les supérieures dressées,
d'un rose violacé, rarement blanches, *portées au sommet de petits
rameaux axillaires, feuillés ordinairement à 3 fleurs,* dont les

pédoncules pubescents sont presque de la longueur de la corolle, disposés le long du rameau principal en *grappe plus ou moins allongée, étroite*, obtuse au sommet. Calice *glabre, scarieux aux bords*, environ de moitié plus court que la corolle, souvent coloré, à lobes linéaires-aigus. Corolle ovale-oblongue, urcéolée, à lobes peu profonds. Étamines incluses, à anthères *appendiculées*. Stigmate capité, ordinairement inclus. Capsule *glabre*, sphérique, sillonnée.

Cette plante porte le nom vulgaire de *bucane* : elle est diurétique et diaphorétique.

Hab. les lieux arides, les bois montagneux du département : elle est rare dans sa partie basse. ♄ Fl. juin-septembre.

2. E. ARBOREA *Lin. sp.* 502 ; *Dec. fl. fr.* 3 , *p.* 677 ; *Clus. hist.* 1, *p.* 41, *ic.* ; *Lob. ic.* 2, *t.* 214, *fig.* 1 ; *Tabern. ic., t.* 1114, *fig.* 1. — Arbrisseau de 1-2 mètres, droit, très-rameux, à rameaux dressés, couverts *d'un coton blanc serré*, dépassé par des poils étalés, *glochidiés*. Feuilles glabres, très-nombreuses, rapprochées, linéaires-étroites, un peu obtuses, munies d'un sillon en dessous, planes en dessus, disposées par verticille de 3-4. Fleurs très-odorantes, très-nombreuses, petites, blanches ou rosées, disposées 2-4 au sommet des petits rameaux le long des grappes, formant, par leur réunion, une *panicule pyramidale, ample et très-allongée*. Pédoncules munis de petites bractées. Calice glabre, blanchâtre, à sépales ovales, un peu aigus, de moitié plus courts que la corolle. Corolle *campanulée*, à lobes *profonds*, oblongs, obtus. Étamines incluses. Anthères à appendices *larges, dentés, plus courts qu'elles*. Stigmate capité, saillant. Capsule globuleuse, glabre.

Hab. les bois, à Nîmes, Manduel, aux bords du Gardon, à la Beaume, au Vigan, à St-Ambroix, St-Jean-du-Gard, Anduze, au pont de l'Hérault, entre Valleraugue et Ganges. Dans toutes les Cévennes, on s'en sert pour ramer les vers à soie. ♄ Fl. avril-juin.

3. E. SCOPARIA *Lin. sp.* 502 ; *Dec. fl. fr.* 3 , *p.* 678 ; *Clus. hist.* 1, *p.* 42, *fig.* 3 ; *Lob. ic.* 1. 215, *fig.* 2 ; *Tabern. ic.* 1115, *fig.* 2. — Arbrisseau de 4-12 décim., droit, très-rameux, à rameaux dressés, *glabres*, blanchâtres. Feuilles glabres, linéaires-étroites, un peu obtuses, roulées en dessous par les bords, brièvement pétiolées, dressées, rapprochées, verticillées par 3-4, dépourvues de fascicules de feuilles à leur aisselle. Fleurs d'un vert jaunâtre, très-petites, brièvement pédonculées, réunies 1-4 à l'aisselle des feuilles, disposées en grappes terminales, spiciformes, nombreuses. Calice glabre, à sépales atteignant la moitié de la corolle. Corolle campanulée-globuleuse, à lobes ovales, profonds. Étamines incluses, à anthères *mutiques*. Stigmate pelté, saillant. Capsule glabre, globuleuse.

Cette plante porte les noms vulgaires de *brande, brémate* : en patois, *bru.* On s'en sert pour faire des balais.

Hab. les bois et les garrigues dans toute la plaine ; elle est plus rare sur les montagnes élevées. ♄ Fl. mai-juin.

L'erica multiflora n'a pas encore été trouvée dans le Gard ; elle est abondante dans l'Hérault, sur la montagne de la Tessone, voisine de notre département.

LXVIIe FAM. **PYROLACÉES.**

PYROLACEÆ. (Lindl. syst. 283.)

Fleurs hermaphrodites régulières. Calice persistant, à 5 lobes, à tube libre. Corolle à 5 pétales insérés sur le réceptacle, caducs, imbriqués dans le bouton. Étamines 10, insérées sur le réceptacle, non adhérentes aux pétales ; anthères bilobées, s'ouvrant au sommet par 2 pores. Style fistuleux, droit ou réfléchi-arqué ; stigmate arrondi ou lobé. Capsule à 5 angles, à 5 loges polyspermes, s'ouvrant à la base vers les angles. Graines très-nombreuses, très-petites, prolongées aux 2 bouts par une membrane blanche réticulée. Plantes vivaces, herbacées, stolonifères, glabres, à feuilles radicales, à fleurs disposées en grappe, rarement solitaires au sommet d'une hampe nue.

1er g^{re}. PYROLE. — PYROLA. (Tournef. inst. p. 256, t. 132.)

Caractères de la famille.

1.	Style réfléchi....................................	2.
	Style dressé....................................	3.
2.	Style 2 fois de la longueur de la corolle ; feuilles assez grandes....................................	ROTUNDIFOLIA.
	Style environ de la longueur de la corolle ; feuilles petites....................................	CHLORANTHA.
3.	Hampe terminée par une seule fleur...........	UNIFLORA.
	Hampe terminée par une grappe de fleurs.......	4.
4.	Style ne dépassant pas la corolle ; feuilles arrondies..	MINOR.
	Style plus long que la corolle ; feuilles ovales-lancéolées....................................	SECUNDA.

1. P. ROTUNDIFOLIA *Lin. sp.* 567 ; *Dec. fl. fr.* 3, *p.* 684 ; *Lamk. ill. l.* 367, *fig.* 1 ; *Fuchs. hist.* 467, *ic.* — Racine grêle, allongée-rampante, à rejets feuillés. Hampe de 2-3 décim., dressée, simple, grêle, nue ou munie de quelques écailles écartées. Feuilles arrondies ou ovales, un peu décurrentes sur le pétiole, largement et superficiellement crénelées, coriaces, luisantes, persistantes, à pétiole plus long que le limbe, disposées en rosettes stériles et florifères. Fleurs blanches, odorantes, solitaires sur des pédicelles recourbés, munis, à leur base, d'une bractée linéaire, alternativement disposées en grappe terminale, *lâche*, plus ou moins allongée ; anthères jaunes. Calice à 5 divisions lancéolées-aiguës, *égales à la moitié de la corolle*. Pétales obovales, ouverts. Étamines penchées à filets arqués. Style *plus long que la corolle*, réfléchi dès la base, *arqué, dilaté au sommet*, entouré d'un anneau saillant à la base des stigmates *dressés, soudés en couronne*. Capsule pendante.

Les feuilles de cette plante sont vulnéraires, astringentes.

Hab. les bois de pins à St-Sauveur, près de Camprieux. ♃ Fl. juin-juillet.

2. **P. minor** *Lin. sp.* 567 ; *Dec. fl. fr.* 3, *p.* 684 ; *Fl. dan. t.* 55 ; *Radius mon. pyr. t.* 1-2. — Cette espèce diffère de la précédente : par sa hampe moins élevée ; par ses feuilles plus minces, moins grandes, moins luisantes, à crénelures plus prononcées, par ses fleurs plus petites, en grappe *serrée* ; par ses calices à lobes larges, *triangulaires, acuminés ;* par ses pétales moins ouverts, et enfin par son style droit, *non saillant hors de la corolle, sans anneau*, terminé et débordé par 5 stigmates *étalés en étoile*.

Hab. les mêmes lieux. ♃ Fl. juin-juillet.

3. **P. chlorantha** *Swartz, act. holm.* 1810, *p.* 190, *t.* 5 ; *P. azarifolia Rad. mon.* 23, *t.* 4. — Racine grêle, allongée-rampante. Hampe de 10-15 centim., droite, nue ou munie d'une écaille. Feuilles petites, arrondies, légèrement crénelées ou très-entières, un peu décurrentes sur le pétiole ; celui-ci de la longueur du limbe ou plus court que lui. Fleurs d'un blanc verdâtre, plus grandes que celles de l'espèce précédente, disposées 3-8 en grappe lâche. Calice à 5 lobes *largement ovales*, un peu aigus, 2-3 *fois plus courts* que la corolle. Pétales obovales, un peu ouverts. Étamines à filets arqués. Style dépassant un peu la corolle, *réfléchi dès la base*, arqué, dilaté au sommet, entouré d'un anneau saillant à la base des stigmates dressés, soudés en couronne. Capsule pendante.

Hab. les bois à Brama-Biourou, près de Camprieux. ♃ Fl. juin-juillet.

4. **P. secunda** *Lin. sp.* 567 ; *Dec. fl. fr.* 3, *p.* 685 ; *Fl. dan. t.* 402 ; *Moris. hist. s.* 12, *t.* 10, *fig.* 4 ; *J. Bauh. hist.* 3, *p.* 536, *fig.* 1. — Racine grêle, allongée-rampante. Tiges de 1-2 décim., grêles, portant quelques écailles écartées, garnies à la base de feuilles alternes, d'un vert clair, un peu raides, *ovales-pointues, dentelées*, à pétiole plus court qu'elle. Fleurs petites, blanchâtres, ordinairement nombreuses, serrées en grappe unilatérale. Pédoncules plus courts que la fleur, munis à leur base d'une bractée membraneuse aux bords, plus longue qu'eux, étalés, puis recourbés. Calice à lobes *triangulaires.* 4 fois plus courts que la corolle. Pétales obovales, un peu ouverts. Style *droit, saillant* hors de la corolle, *sans anneau* au sommet, surmonté et largement débordé par 5 stigmates *étalés en étoile*. Capsule réfléchie.

Hab. les buissons à Brama-Bioou et les bois de pins à St-Sauveur, près Camprieux. ♃ Fl. juin-juillet.

5. **P. UNIFLORA** *Lin. sp. 568; Dec. fl. fr. 3, p. 685; Fl. dan. t. 8; Drèves et Hayne, pl. d'Eur. t. 70; Clus. pann. 509, ic.* -- Racine grêle, allongée-rampante. Tige de 8-10 centim., ascendante, nue ou munie d'une écaille dans sa moitié supérieure, garnie à la base de quelques feuilles d'un vert clair, molles, arrondies ou ovales, décurrentes sur le pétiole plus court que le limbe, dentées en scie, opposées ou verticillées, nerviées-réticulées. Fleurs blanches, très-grandes en proportion des autres espèces, un peu inclinées, solitaires, terminales. Calice à lobes ovales-obtus, brièvement ciliés, environ 3 fois plus courts que la corolle. Pétales subtriangulaires-obtus, étalés en étoile. Style droit, plus court que les pétales, dépourvu d'anneau, surmonté et largement débordé par 5 stigmates dressés en couronne. Capsule dressée.

Les feuilles de cette plante ont été employées avec avantage contre l'ophthalmie.

Hab. les bois de pins à St-Sauveur, près de Camprieux. ♃ Fl. juin-juillet.

LXVIIIe Fam. **MONOTROPÉES.**

MONOTROPEÆ. (Nutt. gen. amer. 1 , p. 272.)

Fleurs hermaphrodites, presque régulières. Calice persistant, à 4-5 sépales inégaux, colorés, libres, non imbriqués. Corolle à 4-5 pétales persistants, imbriqués dans le bouton, insérés sur le réceptacle. Étamines 8-10, insérées sur le réceptacle, non adhérentes aux pétales; une moitié alternes avec les pétales, l'autre avec les glandes qui entourent la base de l'ovaire; anthères très-petites, à une seule loge, s'ouvrant, en 2 valves inégales, par une fente semi-lunaire. Ovaire libre. Style indivis; stigmate simple, crénelé. Capsule à 4-5 loges polyspermes, s'ouvrant en 4-5 valves, portant à leur milieu des cloisons membraneuses. Graines très-petites, très-nombreuses, couvertes par une membrane pellucide, prolongée en aile. Plantes parasites sur les racines des arbres, à tiges charnues, fragiles, blanchâtres, garnies d'écailles au lieu de feuilles, ayant l'aspect des orobanches.

1er gre. MONOTROPE. — MONOTROPA. (Lin. gen 536.)

Calice à 4-5 sépales. Corolle à 4-5 pétales, de la couleur des sépales, bossus et nectarifères à la base. Style fistuleux infundibuliforme; stigmate crénelé. Capsule à 4-5 loges. Calice et corolles terminaux à 5 divisions; les latéraux à 4.

1. **M. HYPOPITHYS** *Lin. sp. 555; Dec. fl. fr. 4, p. 921;*

Lamk. ill. t. 362 , *fig.* 1 ; *Fl. dan. t.* 232 ; *Moris. hist. s.* 12 , *t.* 16 , *fig.* 13. — Racine charnue , écailleuse , garnie de fibres radicales, épaisses, entre-croisées. Tige de 1-3 décim., dressée, très-simple, épaisse , garnie d'écailles entières , ovales-oblongues, appliquées, imbriquées dans le bas. Fleurs jaunâtres, à pédoncule court , disposées en grappe terminale , serrée , recourbée , lâche et dressée à la maturité. Calice à lobes étroits , lancéolés , plus courts et plus étroits que les pétales ; ceux-ci denticulés-ciliés , dressés, un peu ouverts. Capsule obovale, sillonnée à l'intérieur. Plante glabre , pubescente ou velue-glanduleuse.

Hab. . parasite , sur les racines des hêtres et d'autres arbres, au bois de Salbous , près de Campestre et de St-Sauveur, près de Camprieux. ♃ Fl. juillet–août.

C_L. 3e. **COROLLIFLORES.**

Calice à sépales plus ou moins soudés à la base. Corolle gamopétale , insérée sur le réceptacle , non adhérente au calice. Étamines insérées sur la corolle. Ovaire libre.

1.	Étamines opposées avec les divisions de la corolle régulière..................	LXXe f. **PRIMULACÉES.**
	Étamines alternes avec les divisions de la corolle..................	2.
2.	Corolle régulière.........................	3.
	Corolle irrégulière.......................	13.
3.	Un seul ovaire libre ou 2 ovaires soudés au sommet...............	4.
	4 ovaires libres...........	LXXVIIe f **BORAGINÉES.**
4.	5-9 étamines..............................	5.
	2-4 étamines..............................	12.
5.	Fruit formé de 1-2 follicules..............	6.
	Fruit en baie ou capsule.................	7.
6.	Graines pourvues d'une aigrette; étamines soudées en tube...............	LXXIVe f. **ASCLÉPIADÉES.**
	Graines nues, étamines libres.	LXXIIIe f. **APOCINÉES.**
7.	Corolle persistante..........	LXXVe f. **GENTIANÉES.**
	Corolle caduque.....	8.
8.	Fruit bacciforme........................	9.
	Fruit capsulaire.....	10.
9.	Baie à 1-2 graines..........	LXXIIe f. **JASMINÉES.**
	Baie à plus de 6 graines.....	LXXVIIIe f. **SOLANÉES.**

<table>
<tr><td>10.</td><td>Capsule déhiscente......................</td><td>11.</td></tr>
<tr><td></td><td>Capsule indéhiscente.......</td><td>LXXVIe f. CONVOLVULACÉES.</td></tr>
</table>

10. { Capsule déhiscente...................... 11.
    { Capsule indéhiscente....... LXXVIe f. CONVOLVULACÉES.

11. { 5 styles.............. LXXXVIe f. PLUMBAGINÉES.
    { 1 style.............. LXXVIIIe f. SOLANÉES.

12. { 2 étamines; fruit en baie ou
    {   samare.................. LXXIe f. OLÉACÉES.
    { 4 étamines; fruit capsulaire. LXXXVe f. PLANTAGINÉES.

13. { Fleurs réunies sur un récepta-
    {   cle commun............. LXXXVIIe f. GLOBULARIÉES.
    { Fleurs non réunies sur un ré-
    {   tacle commun...................... 14.

14. { 2-5 étamines...................... 15.
    { 4 étamines, rarement 2 avor-
    {   tées...................... 16.

15. { 5 étamines; corolle non épe-
    {   ronnée, capsule biloculaire. LXXIXe f. VERBASCÉES.
    { 2 étamines; corolle éperon-
    {   née; capsule uniloculaire.. LXIXe f. LENTIBULARIÉES.

16. { Anthères mutiques................ 17.
    { Anthères mucronées....... LXXXIe f. OROBANCHÉES.

17. { Fruit capsulaire déhiscent................ 18.
    { Fruit formé de 4 carpelles in-
    {   déhiscents...................... 19.

18. { Loges de la capsule mono ou
    {   bispermes; filets des étami-
    {   nes gros, contournés...... LXXXIIIe f. ACANTHACÉES.
    { Loges de la capsule polysper-
    {   mes; filets des étamines
    {   grêles, dressés........... LXXXe f. SCROPHULARIÉES.

19. { Style terminal............. LXXXIVe f. VERBÉNACÉES.
    { Style naissant entre les car-
    {   pelles.................. LXXXIIe f. LABIÉES.

LXIXe FAM. **LENTIBULARIÉES.**

LENTIBULARIEÆ. (Rich. fl. par. 1, p. 26.)

Fleurs hermaphrodites, irrégulières. Calice persistant, à 5 divisions ou bilabié. Corolle insérée sur le réceptacle, gamopétale, caduque, bilabiée ou personée. Étamines 2, insérées à la base de la corolle; anthères unilobées, s'ouvrant par une fente longitudinale. Ovaire libre, uniloculaire. Style 1, très-court; stigmate à 2 lèvres très-inégales; la supérieure presque nulle; l'inférieure plane, lamelliforme, recourbée au-dessus des anthères, entière ou frangée. Fruit capsulaire à une loge polysperme, indéhiscent, se déchirant irrégulièrement, ou bivalve à déhiscence longitudinale ou s'ouvrant circulairement vers son milieu. Graines nombreuses, très-petites, oblongues, rugueuses ou lenticulaires, anguleuses, dépourvues de périsperme. Plantes vivaces, herbacées, aquatiques ou des marais, à feuilles entières ou découpées en lanières capillaires.

1. { Calice à 5 lobes : feuilles aériennes, entiè-
    res... 1ᵉʳ gʳᵉ. **PINGUICULA**.
    Calice bilabié : feuilles submergées, décou-
    pées en lanières capillaires........... 2ᵉ gʳᵉ. **UTRICULARIA**.

1ᵉʳ gʳᵉ. GRASSETTE. — PINGUICULA. (Tournef. inst. p. 167, t. 74.)

Calice presque à 2 lèvres ; la supérieure à 3 lobes dirigés en
haut ; l'inférieure, un peu plus courte, à 2 lobes dirigés en bas.
Corolle à 2 lèvres très-ouvertes ; la supérieure à 2 lobes ; l'inférieure, plus grande, à 3 lobes, dont le moyen un peu plus grand ;
palais barbu, tube prolongé en éperon. Étamines 2, beaucoup
plus courtes que la corolle, à filets ascendants, presque droits ;
anthères unilobées, s'ouvrant par une fente transversale. Capsule
à une loge, à 2 valves. Graines oblongues, rugueuses. Plantes
aériennes, à feuilles entières, charnues, mucilagineuses, à hampes
uniflores.

1. P. VULGARIS Lin. sp. 25 ; *Dec. fl. fr. 3, p. 575 ; Lamk.
ill. t. 14, fig. 1 ; Poit. et Turp. fl. par. t. 29 ; Mut. fl. fr. t. 46,
fig. 340.* — Racine très-courte, garnie de fibres nombreuses
filiformes. Hampes de 5-12 centimèt., au nombre de 1-6,
droites, glabres, un peu glanduleuses au sommet, uniflores,
grêles, souvent rougeâtres. Feuilles toutes radicales, en rosette,
inégales, ovales-oblongues, obtuses, atténuées à la base, d'un
vert jaunâtre, glabres. Fleurs violettes, penchées. Calice à lobes
ovales-lancéolés, un peu glanduleux. Corolle plus longue que
large (sans l'éperon), à lobes *oblongs ;* ceux de la lèvre inférieure
écartés, à éperon étroit, obtus, égalant *la moitié ou les deux
tiers* de la corolle. Capsule dressée, ovale.

Cette plante est connue sous les noms vulgaires d'*herbe grasse, langue-
d'oie, tue-brebis :* elle est émétique et purgative. Ses feuilles sont vulnéraires
à l'extérieur : elles font cailler le lait.

Hab. les prairies humides et tourbeuses, contre les rochers humides, sur
la Tessone, à la Foux, près d'Alzon. ♃ Fl. mai–juillet.

2ᵉ gʳᵉ. UTRICULAIRE. — UTRICULARIA. (Lin. gen. 31.)

Calice à 2 lèvres *profondes*, presque égales. Corolle personée,
à tube très-court, prolongé en éperon ; lèvre supérieure dressée,
plus étroite et plus courte que l'inférieure ; celle-ci très-ample,
entière, dirigée en bas, à palais *renflé*, dressé, *bilobé*. Étamines
2, à filets dilatés, embrassant l'ovaire ; anthères unilobées, s'ouvrant *longitudinalement*. Capsule uniloculaire, indéhiscente ou
s'ouvrant en boîte à savonnette. Graines lenticulaires-anguleuses.
Plantes aquatiques, grêles, vivaces, à tige aérienne dépourvue
de feuilles, à feuilles submergées multifides, à divisions capillaires munies de vésicules remplies d'air.

1. **U. VULGARIS** *Lin. sp.* 26 , *Dec. fl. fr. 3 , p.* 574 ; *Lamk. ill. t.* 14, *fig.* 1 ; *Poit. et Turp. fl. par. t.* 30 ; *Drèves et Hayne, pl. d'Eur., t.* 88. — Plante flottante , à hampe de 2-3 décim. , aérienne, grêle, dressée, glabre, dépourvue de feuilles, à feuilles submergées, longuement *étalées en tous sens, multifides,* à lanières capillaires, finement denticulées-épineuses, parsemées de vésicules nombreuses, obovales, déprimées au sommet, où elles sont munies de 2 faisceaux de poils peu fournis, se remplissant d'air pour faire surnager la plante. Fleurs jaunes, à palais strié de lignes orangées, lâchement disposées en grappe terminale, à pédoncules environ de la longueur de la fleur, étalés, puis dressés, munis, à leur base, d'une bractée ovale, beaucoup plus courte qu'eux. Corolle assez grande, à lèvre supérieure entière au sommet, à bords ondulés, rejetés en arrière, à gorge fermée par le palais, à éperon conique, de moitié plus court que la corolle. Stigmate à lèvre inférieure velue-frangée.

Cette plante porte le nom vulgaire de *mille-feuille des marais;* les canards en sont avides.

Hab. les eaux tranquilles, dans les fossés, à Nimes, Manduel, St-Gilles, Franqueveau. ♃ Fl. mai-juillet.

LXX⁰ Fam. **PRIMULACÉES.**

PRIMULACE.E. (Vent. tabl. 2 , p. 285.)

Fleurs hermaphrodites régulières , très-rarement irrégulières. Calice persistant, à 4-5 sépales, soudés à la base ou très-rarement en tube adhérent à l'ovaire *(samolus)*. Corolle gamopétale insérée sur le réceptacle, régulière, caduque ou marcescente, à 4-5 lobes alternes avec les sépales. 4-5 étamines insérées au tube ou à la gorge de la corolle et opposées à ses lobes, quelquefois 8-10, dont les extérieures en forme d'écaille, sans anthères, alternant avec les lobes. Anthères bilobées, à déhiscence longitudinale. Ovaire libre, rarement adhérent. Style et stigmate simples. Capsule à une loge bi ou polysperme, s'ouvrant au sommet ou dans toute sa longueur en valves égalant le nombre des sépales, ou transversalement par un opercule. Graines petites, ordinairement verruqueuses, peltées, planes sur le dos, convexes sur le ventre, quelquefois anguleuses, sessiles et enfoncées dans les fossettes d'un placenta libre et central. Plantes vivaces ou annuelles, à tige courte ou élevée, à feuilles opposées, rarement alternes ou verticillées, quelquefois toutes radicales en rosette, à fleurs solitaires, axillaires ou terminales, ou en grappe terminale ou en ombelle, ou en panicule ou en épi, ou plus rarement verticillées au sommet de la tige.

1. { Feuilles pinnatifides à lobes pectinés ; plante aquatique.................... 1ʳᵉ gʳ. **HOTTONIA.**
{ Feuilles simples; plantes terrestres............ 2.

2. { Capsule adhérente au calice.............. 10e g^{re}. **SAMOLUS**.
   { Capsule non adhérente au calice............... 3.

3. { Capsule s'ouvrant longitudinalement par
      des valves ou par des dents.................. 4.
   { Capsule s'ouvrant circulairement par un
      opercule.................................... 9.

4. { Feuilles toutes radicales....................... 5.
   { Feuilles placées sur la tige................... 7.

5. { Divisions de la corolle réfléchies sur le
      pédoncule.............................. 4e g^{re}. **CYCLAMEN**.
   { Divisions de la corolle dressées ou éta-
      lées....................................... 6.

6. { Capsule s'ouvrant au sommet par 5-10
      dents.................................. 2e g^{re}. **PRIMULA**.
   { Capsule s'ouvrant par 5 valves dans toute
      sa longueur........................... 3e g^{re}. **ANDROSACE**.

7. { Corolle tubuleuse, bilabiée : fleurs en épi
      court, serré, épais.................... 7e g^{re}. **CORIS**.
   { Corolle campanulée ou rosacée : fleurs
      solitaires, en panicule ou en grappe
      grêle...................................... 8.

8. { Corolle jaune, plus longue que le calice.. 6e g^{re} **LYSIMACHIA**.
   { Corolle rosée, beaucoup plus courte que le
      calice................................... 5e g^{re}. **ASTEROLINUM**.

9. { Corolle persistante, à 4, rarement à 5
      lobes, plus petite que le calice........ 8e g^{re}. **CENTUNCULUS**.
   { Corolle caduque, plus grande que le calice,
      à 5 divisions...................... 9e g^{re}. **ANAGALLIS**.

1er g^{re}. HOTTONE. — HOTTONIA. (Lin. gen. 203.)

Calice à 5 divisions profondes. Corolle hypocratériforme, à tube court, à limbe à 5 lobes échancrés, glanduleux à la base. Capsule globuleuse, surmontée d'un style persistant, s'ouvrant en 5 valves cohérentes au sommet et à la base. Graines nombreuses, trigones, *réfléchies*, à ombilic *basilaire*. Plante aquatique, à feuilles pinnatifides-pectinées, submergées, à fleurs verticillées.

1. **H. PALUSTRIS** *Lin. sp.* 208; *Dec. fl. fr.* 3, *p.* 436; *Lamk. ill. t.* 100; *Math. (valg.)* 1168, *ic. Lob. ic.* 790. — Racine rampante au fond de l'eau. Tige submergée, oblique ou horizontale, feuillée; la partie supérieure de 2-3 décim., aérienne, fistuleuse, dressée, glabre, nue au-dessous des fleurs. Feuilles fragiles, pinnatifides-pectinées, à segments linéaires-aigus, disposées en verticilles rapprochés; les supérieures souvent pourvues de radicelles allongées, simples. Fleurs assez grandes, rosées ou blanchâtres, disposées par verticilles d'autant plus écartés qu'ils sont éloignés du sommet de la tige. Pédoncules glanduleux, plus courts que le calice, étalés, puis réfléchis, munis à leur base d'une bractée linéaire, les dépassant. Calice glanduleux, à divisions linéaires, calleuses au sommet, plus courtes que la corolle;

celle-ci à tube court, à lobes profonds, obtus, légèrement échancrés, jaunes à leur base. Étamines presque sessiles à la gorge de la corolle.

Cette plante porte les noms vulgaires de *mille-feuilles aquatique*, de *plumeau*.

Hab. dans les marais du Cayla (*Guan. fl. monspel.*) M. de Laveau me la communiqua comme provenant de cette localité. ♃ Fl. mai–juillet.

2° g^{re}. PRIMEVÈRE. — PRIMULA. (Lin. gen. 197.)

Calice tubuleux-anguleux ou campanulé, à 5 dents. Corolle infundibuliforme ou en soucoupe, à 5 lobes obtus plus ou moins échancrés, à tube cylindrique dilaté au-dessous de la gorge munie d'appendices. Étamines 5, incluses, insérées sur le tube de la corolle. Capsule s'ouvrant au sommet en 5 valves, souvent bifides. Graines anguleuses, chagrinées, très-nombreuses. Plantes vivaces, à feuilles en rosette, à fleurs jaunes, verdissant par la dessication, en ombelles ou solitaires au sommet de pédoncules radicaux.

1. { Fleurs en ombelle terminale................... 2.
   { Fleurs solitaires terminales .... GRANDIFLORA.

2. { Calice à divisions courtes subobtuses ; corolle
   {   concave, odorante....................... OFFICINALIS.
   { Calice à divisions acuminées ; corolle plane, ino-
   {   dore................................... ELALIOR.

1. P. GRANDIFLORA *Lamk. fl. fr.* 2, *p.* 248 ; *Dec. fl. fr.* 3, *p.* 445 ; *P. veris var. acaulis Lin. sp.* 205 ; *Fl. dan. t.* 194 ; *Dod. pempt.* 147, *fig.* 3. — Racine courte, épaisse, garnie de fibres blanchâtres. Hampe avortée. Feuilles ovales-oblongues, obtuses, atténuées à la base en pétiole ailé, dentées, ridées-réticulées, velues, blanchâtres en dessous, glabres et d'un vert pâle en dessus, disposées en rosette dressée, tantôt plus courtes, tantôt plus longues que les pédoncules radicaux, uniflores, velus-laineux, munis à leur base d'une bractée linéaire-subulée. Calice anguleux, velu, à dents *profondes, étroites, lancéolées, acuminées*. Corolle d'un jaune pâle, à limbe large, plane, plissé à la gorge, à lobes échancrés en cœur et marqués à la base d'une tache orangée. Capsule obovale, *de la longueur du tube du calice*. Graines brunes.

Hab. les prairies à Alais, St-Jean-du-Gard, Anduze, la Chartreuse de Valbonne. ♃ Fl. mars–mai.

2. P. OFFICINALIS *Jacq. misc.* 1, *p* 159 ; *Dec. fl. fr.* 3, *p.* 446 ; *P. veris A officinalis Lin. sp.* 205 ; *Cam. epit.* 883, *ic.* ; *Lob. ic. t.* 567, *fig.* 1 ; *Fuchs. hist.* 850 ; *Fl. dan. t.* 433. — Racine courte, épaisse, odorante, garnie de fibres charnues, blanchâtres. Hampes de 1-3 décim., droites, pubescentes, beaucoup plus longues que les feuilles ; celles-ci toutes radicales, ovales ou oblongues, *contractées en un pétiole ailé*, allongé, irrégulièrement dentées ou crénelées, ridées-réticulées, pubescentes ou tomenteuses en dessous, glabres ou presque glabres en dessus, d'un vert pâle. Fleurs d'un beau jaune, odorantes, penchées du même côté, solitaires au sommet de pédoncules, les uns plus courts, les autres plus longs que le calice, tomenteux ou pubescents, disposés en ombelle terminale, munie, à sa base, d'une collerette de folioles lancéolées-acuminées. Calice presque tomenteux, renflé, à lobes courts, ovales, *mucronulés*, étalés-dressés. Corolle plissée à la gorge, à limbe court, concave, plus court que le calice ou le dépassant peu, à lobes échancrés au sommet et tachés de jaune orangé à la base. Capsule obovale, plus courte que le tube du calice, dont elle est *lâchement séparée*. Graines brunes.

Cette plante est connue sous les noms vulgaires de *primerole, fleur de coucou, brayette*: ses racines sont sternutatoires: ses fleurs servent pour fortifier le vin, et sont employées comme cordiales. Les chèvres et les moutons mangent cette plante; quelques personnes mangent ses feuilles en salade.

Hab. les prairies et les lieux frais, dans tout le département. ♃ Fl. mars-mai.

3. **P. ELATIOR** *Jacq. misc.* 1, *p.* 158; *Dec. fl. fr.* 3, *p.* 445; *Fuchs. hist.* 851, *ic.*; *Camer. epit.* 884, *ic.*; *Moris. hist. s.* 5, *t.* 24, *fig.* 3. — Cette espèce diffère de la précédente : par ses fleurs d'un jaune pâle, inodore; par ses pédoncules ordinairement plus courts que le calice; par son calice velu-verdâtre sur les angles, blanchâtre dans les intervalles, *appliqué* sur le tube de la corolle, à lobes *plus étroits, plus profonds, acuminés;* par sa corolle non plissée à la gorge, à tube dépassant le calice, à limbe large, plane; par sa capsule *étroitement serrée* par le tube du calice, qu'elle *dépasse*.

Hab. les bois à Salbous, près de Campestre: à la Chartreuse de Valbonne. ♃ Fl. avril–juin.

Le *P. farinosa Lin. sp.*, indiqué dans les Cévennes par *Mutel, fl. fr.*, et le *P. integrifolia Lin. sp.*, indiqué aussi dans les Cévennes par *Duby, bot. gal.*, n'ont pas été trouvés par nous.

On cultive, dans les parterres, le *P. variabilis* (*Goupil, ann. sc. Lin.*), remarquable par ses couleurs variées: le *P. auricula Lin. sp.*, sous le nom vulgaire d'*oreille-d'ours*, qui se fait distinguer par ses feuilles épaisses, charnues, glauques, farineuses, et par ses corolles de différentes couleurs.

3ᵉ gᵉ. **ANDROSACE.** — ANDROSACE. (Tournef. inst. p. 123, t. 46.)

Calice persistant, à 5 lobes. Corolle en entonnoir ou en coupe, à 5 lobes le plus souvent entiers, à gorge resserrée, munie de 5 appendices courts, à tube ovale, plus court que le calice. Étamines 5, incluses; anthères obtuses. Style 1, très-court. Capsule globuleuse, s'ouvrant en 5 valves du sommet à la base. Graines

anguleuses , peu nombreuses (3-5). Petites plantes à feuilles en
rosette, à fleurs en ombelle.

1 . { Calice velu accrescent; corolle beaucoup plus
     courte que le calice...................... **MAXIMA**.
  { Calice glabre non accrescent; corolle un peu
     plus longue que le calice............... **SEPTENTRIONALIS**.

1. **A. SEPTENTRIONALIS** *Lin. sp.* 203 ; *Dec. fl. fr.* 3 , *p.* 444 ;
Lamk. ill. t. 98 , *fig.* 2 ; *A. brevifolia Vill. dauph. t.* 15. —
Racine très-grêle, pivotante. Hampes solitaires ou nombreuses,
de 5-15 centim. , pubescentes , à poils rameux très-courts , puis
glabres, droites, nues, grêles, terminées par une ombelle à rayons
nombreux. Feuilles en rosette , lancéolées-oblongues , un peu
aiguës, à dents petites, écartées. Fleurs blanches ou rosées, solitaires au sommet de pédoncules inégaux , très-grêles , *dressés* ,
couverts *de poils courts, rameux,* munis à leur base d'une collerette formée de 10-12 folioles petites , 6-8 fois plus courtes que
le pédoncule , linéaires-aiguës , étalées , un peu prolongées à la
base. Calice glabre, anguleux, *turbiné,* à tube blanchâtre, à dents
lancéolées-aiguës , vertes , *un peu plus courtes que la corolle;*
celle-ci jaune à la gorge, obovale, entière. Capsule presque égale
au calice. Graines petites, brunes.

Hab. les bois à l'Espérou. ① et ② Fl. mai–juin.

2. **A. MAXIMA** *Lin. sp.* 203 ; *Dec. fl. fr.* 3 , *p.* 444 ; *Camer.*
epil. 639, *ic.; Clus. hist.* 2, *p.* 134, *fig.* 2. — Racine grêle, pivotante. Hampes solitaires ou nombreuses, de 5-15 centim. ; celle
du centre droite ; les latérales étalées, toutes rougeâtres et couvertes de poils crépus , terminées par une ombelle composée de
3-8 rayons. Feuilles en rosette, un peu épaisses, glabres, ovales-
lancéolées , dentées supérieurement , souvent rougeâtres. Fleurs
blanches , solitaires au sommet de pédoncules presque égaux ,
velus-crépés , un peu plus longs que la collerette , rarement plus
courts ; celle-ci formée de 4-5 folioles obovales , obtuses , pubescentes, larges, étalées. Calice *velu, accrescent* après la fleuraison,
à tube *globuleux,* à 5 lobes étalés, ovales-aigus, entiers, rarement
dentelés , *dépassant beaucoup la corolle* , à gorge jaune , à limbe
concave, à 5 lobes obovales entiers. Capsule beaucoup plus courte
que le calice. Graines brunes, grosses, *velues, comme chagrinées,*
à angles très-prononcés.

Cette plante passe pour très-diurétique.

Hab. les champs cultivés à Campestre, près d'Alzon. ① Fl. mai–juin.

Nous n'avons pas rencontré , dans nos herborisations , *l'androsace lactea*
Lin. sp., indiqué dans les Cévennes *par Duby bot. gal.*

4° g⁰. **CYCLAME. — CYCLAMEN.** (Tournef. inst. p. 158, t. 68.)

Calice à 5 divisions. Corolle rotacée à 5 divisions, *allongées et réfléchies*, à tube court, ovale, à gorge dilatée. Étamines 5, incluses, insérées au sommet du tube, conniventes ; anthères cuspidées. Capsule globuleuse, polysperme, s'ouvrant longitudinalement jusqu'à la base, en 5 valves *réfléchies*.

1. **C. repandum** *Sibth. et Smith, fl. gr. t.* 186 ; *C. vernum Lob. ic.* 605, *fig.* 1 ; *Dec. prodr.* 8, *p.* 57 ; *C. hederæfolium Duby, bot.* 385 ; *Lois. gal.* 1, *p.* 163 ; *Moris. hist. s.* 13, *t.* 7, *fig.* 7. — Racine charnue, globuleuse ou un peu déprimée, de la grosseur d'une noisette, brune, nue ou munie à la base de quelques radicules, donnant, dans sa partie supérieure, naissance à une espèce de tige souterraine courte ou un peu allongée, garnie des débris des anciennes feuilles, portant les feuilles et les pédoncules. Feuilles glabres, ovales ou arrondies, un peu pointues, *anguleuses*, à angles inégaux, plus ou moins saillants, *mucronulés*, en cœur à la base, tachées de blanc en dessus, souvent violettes en dessous, à pétioles ordinairement plus courts que les pédoncules. Fleurs penchées, solitaires à l'extrémité d'un pédoncule de 1-2 décim., très-grêle, dressé, scabre-tuberculeux, se contournant en spirale après la floraison. Calice dépassant le tube de la corolle, à 5 lobes lancéolés-acuminés. Corolle blanche, à gorge entière, violacée, à lobes allongés, oblongs-lancéolés, aigus. Style inclus ou saillant.

Hab. les bois et les broussailles, dans un petit vallon, au midi du moulin de la Beaume, sur le Gardon, et à Anduze (*Lecoq et Lamotte*). ♃ Fl. avril-mai.

5ᵉ gʳᵉ. **ASTÉROLIN.**—ASTEROLINUM. (Link. et Hoffm. fl. port. 332.)

Calice à 5 divisions. Corolle rotacée-subcampanulée, 3-4 fois plus courte que le calice, à 5 lobes arrondis, à tube ovale, court. Étamines 5, plus longues que la corolle, insérées à la base des lobes. Capsule globuleuse, entourée par la corolle et le calice persistants, à 5 valves, à 2-3 graines réniformes, ombiliquées, plissées en travers.

1. **A. stellatum** *Link. et Hoffm. l. c.* ; *Lysimachia linum-stellatum Lin. sp.* 211 ; *Dec. fl. fr.* 3, *p.* 436 ; *Magn. bot.* 163, *ic.* — Racine grêle, pivotante. Tige grêle de 5-8 centim., dressée ou étalée, très-rameuse dès la base, glabre, ainsi que le reste de la plante. Feuilles opposées, sessiles, linéaires-lancéolées, acuminées, rudes sur les bords, à 3 nervures dont la médiane très-prononcée, plus longues que les pédoncules, disposées en grappes simples et terminales. Fleurs solitaires au sommet de pédoncules axillaires, courbés, environ de la longueur du calice, disposées en grappes simples et terminales. Calice à lobes linéaires-lancéolés, acuminés, aristés, un peu contracté à la base, bordés de petites

dents cartilagineuses, étalés en étoile. Corolle très-petite, verdâtre, ouverte. Capsule plus courte que le calice, s'ouvrant jusqu'à la base par 5 valves entières. Graines noirâtres.

Hab. les bois aux environs de Nîmes, aux bords du Gardon, au pont du Gard, aux environs du Vigan, d'Anduze, d'Alais. ⓧ Fl. avril-mai.

6° g^{re}. LYSIMAQUE. — LYSIMACHIA. (Lin. gen. 205.)

Calice à 5 divisions. Corolle rotacée ou subcampanulée, à tube court, à 5 lobes plus longs que le calice. Étamines 5, insérées à la gorge de la corolle, à filets alternant avec 5 autres filets stériles. Capsule globuleuse, s'ouvrant au sommet en 5-10 valves polyspermes ou en 2 valves, l'une bifide et l'autre trifide. Graines anguleuses.

1. { Fleurs en panicule terminale.................... **VULGARIS**.
{ Fleurs solitaires, axillaires.... .... 2.

2. { Lobes du calice larges, cordés à la base; feuilles
   arrondies..................................... **NUMMULARIA**.
{ Lobes du calice étroits, linéaires-subulés; feuilles
   ovales-aiguës............................... **NEMORUM**.

1. L. VULGARIS *Lin. sp.* 209; *Dec. fl. fr.* 3, *p.* 434; *Math. (valg.)* 949, *ic.*; *Fuchs. hist.* 492, *ic.*; *Drèves et Hayne, pl. d'Eur. t.* 59. — Racine rougeâtre, rampante. Tige de 6-10 décim., droite, glabre dans le bas, pubescente dans le haut, parcourue par des sillons qui partent de la base des feuilles, droite, simple ou rameuse. Feuilles presque sessiles, opposées ou verticillées par 3 ou par 4; les inférieures très-petites, squamiformes; les supérieures *ovales-lancéolées, aiguës*, glabres et ponctuées de noir en dessus, pubescentes et plus pâles en dessous. Fleurs d'un beau jaune, disposées en panicule rameuse et terminale. Pédicelles presque de la longueur de la fleur. Calice à lobes lancéolés-acuminés-subulés, brièvement cilié, entouré d'une bordure rouge. Corolle 2-3 fois plus grande que le calice, à lobes oblongs, obtus ou aigus, parsemés de petites glandes jaunâtres. Étamines à filets dilatés et soudés *inférieurement*. Capsule environ de la longueur du calice, surmontée par le style allongé, persistant. Graines de couleur nankin.

Cette plante, connue sous les noms vulgaires de *corneille, chasse-bosse*, est un peu astringente et vulnéraire; ses feuilles teignent les cheveux en blond.

Hat. les lieux frais et humides, les bords des fossés, dans tout le département. ♃ Fl. juin-juillet.

2. L. NUMMULARIA *Lin. sp.* 211; *Dec. fl. fr.* 3, *p.* 435; *Fl. dan. t.* 493; *Fuchs. hist.* 401, *ic.*; *Lob. ic. t.* 466, *fig.* 1; *Moris. hist. s.* 5, *t.* 26, *fig.* 5, *n°* 1. — Racine grêle, fibreuse. Tige de

1-6 décim., grêle, *couchée*, *rampante*, tétragone, simple, rarement rameuse, glabre, ainsi que toute la plante. Feuilles brièvement pétiolées, opposées, parsemées de points bruns écartés, *ovales-arrondies*, entières, quelquefois en cœur à la base. Fleurs jaunes, *axillaires*, *solitaires*, opposées, à pédoncule ordinairement plus court que la feuille. Calice à lobes larges, *cordiformes à la base*, aigus au sommet. Corolle environ 2 fois plus grande que le calice, à lobes ovales, parsemés de petites glandes jaunâtres. Étamines à filets très-brièvement soudés à la base.

Cette plante porte les noms vulgaires de *nummulaire, monnayère, herbe aux cent maux, herbe aux écus :* elle est astringente et vulnéraire : inusitée.

Hab. les prairies humides, les bords des fossés, dans tout le département. ♃ Fl. juin-juillet.

3. **L. NEMORUM** *Lin. sp.* 211 ; *Dec. fl. fr.* 3, *p.* 135 ; *Fl. dan. t.* 174 ; *Drèves et Hayne, pl. d'Eur., t.* 103 ; *Lob. obs. p.* 248 *fig. 2.* — Racine grêle. Tiges de 1-3 décim., couchées, radicantes à la base, redressées supérieurement, simples ou peu rameuses, grêles, glabres, ainsi que le reste de la plante. Feuilles brièvement pétiolées, opposées, *ovales-aiguës*, très-entières. Fleurs petites, jaunes, *axillaires*, *solitaires*, à pédoncules filiformes, opposés, plus longs que les feuilles, recourbés à la maturité. Calice à lobes *linéaires, subulés*. Corolle à lobes ovales, obtus, dépassant les sépales. Étamines à filets *libres*. Capsule un peu plus courte que les sépales, s'ouvrant en 2 valves en fendant le style à sa base ; plus tard, divisées, l'une en 2, l'autre en 3 valves. Graines noirâtres, rugueuses.

Hab. les bois aux environs de l'Espérou. ♃ Fl. juin-juillet.

7ᵉ gᵉ **CORIS.** — **CORIS.** (Tournef. inst. p. 652, t. 423.)

Calice *campanulé-tubuleux*, oblique, à limbe double, à dents spinescentes ; les externes inégales, étalées, alternes avec les internes ; celles-ci, au nombre de 5, triangulaires ; les 2 supérieures plus grandes, conniventes à la maturité. Corolle tubuleuse, bilabiée, à 5 divisions inégales, échancrées ; les 2 antérieures plus courtes. Étamines 5, inégales, à filets glanduleux à la base, insérées au tube de la corolle. Capsule globuleuse, à 5 valves et à 5 graines.

1. **C. MONSPELLIENSIS** *Lin. sp.* 252 ; *Dec. fl. fr.* 3, *p.* 437 ; *Lamk. ill. t.* 102 ; *Lob. ic. t.* 102 ; *Tabern. ic.* 840, *fig.* 1. — Racine dure, rougeâtre, rameuse inférieurement. Tiges de 1-2 décim., nombreuses, touffues, étalées, dressées ou ascendantes, rougeâtres et subligneuses à la base, simples ou rameuses, pubescentes supérieurement. Feuilles éparses, nombreuses, petites, linéaires-obtuses, un peu succulentes, entières, glabres, étalées ou réfléchies ; les supérieures souvent munies de dents épineuses.

Fleurs purpurines ou bleuâtres, rarement blanches, presque sessiles et disposées en grappes serrées, terminales, en forme d'épis courts. Calice ventru, muni de nervures longitudinales, à dents extérieures subulées; les intérieures plus courtes, triangulaires, ciliées, marquées sur les 2 faces d'une tache noirâtre; la partie supérieure du calice souvent rougeâtre. Corolle assez grande, à tube de la longueur du calice. Étamines plus longues que le tube et plus courtes que le limbe de la corolle. Capsule beaucoup plus courte que le calice. Graines petites, ovoïdes, noirâtres, rugueuses.

Toute la plante est regardée, par les Arabes, comme spécifique contre la syphilis; sa poudre, mise sur les plaies, a, dit-on, une vertu cicatrisante.

Hab. les lieux arides et sablonneux, à Nimes, Manduel, Tresques, Aigues-Mortes. (2) Fl. mai-juillet.

8° g^{re}. CENTENILLE. — CENTUNCULUS. (Lin. gen. 189.)

Calice à 4, rarement à 5 divisions. Corolle à tube *renflé-globuleux*, à limbe à 4 divisions, rarement à 5, marcescente, *plus petite que le calice.* Étamines 4-5, saillantes, opposées aux lobes de la corolle, insérées à la gorge. Capsule globuleuse, *s'ouvrant circulairement par un opercule.* Graines très-petites, nombreuses, courbées, à hile ventral.

1. **C. minimus** *Lin. sp.* 169; *Dec. fl. fr.* 3, *p.* 431; *Lamk. ill. t.* 83; *Vaill. bot. t.* 4, *fig.* 2. — Racine très-grêle. Tiges de 2-6 centim., dressées, fluettes, solitaires ou nombreuses, rameuses, à rameaux étalés, glabres, ainsi que le reste de la plante. Feuilles sessiles ou presque sessiles, ovales-aiguës, entières, étalées, alternes ou opposées dans le bas. Fleurs blanches ou rosées, très-petites, solitaires, axillaires, sessiles ou brièvement pédonculées. Calice à lobes linéaires-subulés, dépassant la corolle et la capsule; celle-ci apiculée. Graines noires, trigones, finement rugueuses.

Hab. les prairies humides, aux environs du Vigan (Diomède). Fl. juin-juillet.

9° g^{re}. MOURON. — ANAGALLIS. (Tournef. inst. p. 142, t. 59.)

Calice à 5 divisions. Corolle *rotacée, caduque*, à tube nul ou presque nul, à limbe à 5 lobes, dépassant le calice. Étamines 5, insérées à la base des lobes de la corolle. Capsule globuleuse, s'ouvrant circulairement par un opercule. Graines nombreuses, courbées, à hile ventral.

1. { Tige rampante à la base; feuilles arrondies, un peu pétiolées.. TENELLA.
{ Tige couchée à la base non rampante; feuilles ovales-lancéolées, sessiles.............................. ARVENSIS.

1. **A. ARVENSIS** *Lin. sp.* 211; *A. cœrulea et A. phœnicea*

Dec. fl. fr. 3 , p. 431 *et* 432 ; *A. repens Dec. l. c.* 5 , *p.* 381 ;
Lamk. ill. t. 101 ; *Lob. ic. t.* 465 ; *Fuchs. hist.* 19 *ic.; Drères et
Hayne, pl. d'Eur., t.* 32. — Racine grêle, tortueuse, à filaments
courts. Tiges de 1-3 décim., très-rameuses dès la base, étalées
ou ascendantes-diffuses, tétragones, glabres, ainsi que les feuilles;
celles-ci *sessiles,* opposées, rarement ternées, ovales ou oblongues-
lancéolées, ponctuées de noir en dessous, trinerviées, un peu
succulentes. Fleurs rouges ou bleues, solitaires au sommet de
pédoncules opposés, axillaires, filiformes, égalant ou dépassant
les feuilles, dressés, ensuite courbés-réfléchis. Calice à lobes
lancéolés-acuminés, aigus, à bords *membraneux.* Corolle très-
ouverte, à lobes oblongs, entiers ou un peu dentés au sommets
glabres ou ciliés-glanduleux, dépassant peu le calice. Étamine,
à filets libres, velus. Capsule plus courte que le calice ou le
dépassant peu. Graines noirâtres, trigones, finement rugueuses.

Cette plante porte les noms vulgaires de *morgeline d'été;* lorsque la fleur
est rouge, de *mouron mâle;* lorsqu'elle est bleue, de *mouron femelle.* Elle
est vulnéraire, astringente, antirabique : inusitée. Les graines sont vénéneuses pour les serins.

Hab. les vignes et les champs cultivés, dans tout le département. ① Fl.
mai-octobre.

   2. **A. TENELLA** *Lin. mant.* 335 ; *Dec. fl. fr.* 3 , *p.* 432 ; *C.
Bauh. prodr.* 136, *ic.; Moris. hist. s.* 5, *t.* 26, *fig.* 2. — Racine
grêle. Tiges de 5-12 centim., radicantes à la base, très-grêles,
redressées au sommet, simples ou rameuses, tétragones, glabres.
Feuilles *un peu pétiolées,* opposées, *arrondies* glabres. Fleurs
roses, marquées de lignes plus foncées, solitaires au sommet de
pédoncules opposés, axillaires, filiformes, beaucoup plus longs
que les feuilles, dressés, après, courbés-réfléchis. Calice à lobes
linéaires-acuminés, à bords *non membraneux.* Corolle à lobes
ouverts, oblongs, glabres et entiers au sommet, 2 fois plus longs
que le calice. Étamines à filets très-velus. Capsule environ de la
longueur des lobes du calice. Graines plus petites que celles de
l'espèce précédente.

Hab. les prairies humides, à Aigues-Mortes, à Anduze, à Genolhac, dans
les bois à la Calmette, à l'étang de Pujau. ♈ Fl. juin-août.

10° gr°. **SAMOLE. — SAMOLUS.** (Tournef. inst. 143, t. 60.)

Calice persistant, à tube soudé à l'ovaire, à 5 lobes. Corolle
caduque hypocratériforme, insérée au sommet du tube du calice,
munie à la gorge d'appendices filiformes, alternes avec ses lobes.
Étamines 5, opposées aux lobes de la corolle. Ovaire semi-infère.
Capsule polysperme, uniloculaire, s'ouvrant, dans sa partie
libre, en 5 valves. Graines un peu courbées, trigones, à hile
placé à la base de l'angle interne.

1. **S. Valerandi** *Lin. sp.* 243 ; *Dec. fl. fr. 3, p.* 454 ; *Lamk. ill. t.* 101 ; *Lob. obs. p.* 249, *fig.* 1, *et ic. t.* 467, *fig.* 1. — Racine courte, tronquée, garnie de fibres blanchâtres. Tiges de 2-7 décim., solitaires ou naissant plusieurs de la même souche, glabres, ainsi que toute la plante, cylindriques, fistuleuses, droites, simples ou rameuses supérieurement. Feuilles d'un vert pâle, glabres, lisses, entières, ovales-oblongues ; les radicales disposées en rosette, atténuées en pétiole ; les caulinaires alternes, brièvement pétiolées. Fleurs blanches, solitaires au sommet de pédoncules grêles, géniculés au-dessus de la moitié inférieure, où ils sont munis d'une bractée lancéolée, disposés au sommet de la tige et des rameaux en grappes dressées, lâches et allongées à la maturité. Calice à tube subglobuleux, à dents dressées, subtriangulaires. Corolle à lobes obovales crénelés, ouverts, dépassant peu le calice. Capsule dépassée par les dents du calice. Graines brunes, lisses, très-petites.

On connaît cette plante sous le nom vulgaire de *mouron d'eau;* elle passe pour vulnéraire, apéritive et antiscorbutique.

Hab. les lieux humides, les marais, les bords des fossés, dans tout le département. ♃ Fl. juin-août.

Le *styrax officinalis Lin. sp. (aliboufier)* n'a pas été trouvé, par nous, dans la pinède de Ste-Marie, où *Guan* l'indique dans ses herborisations.

LXXIe Fam. OLÉACÉES.

Oleaceæ. (Lindl. intr. ed. 2, p. 307.)

Fleurs hermaphrodites ou unisexuelles, complètes, régulières, ou dépourvues de calice et de corolle. Calice gamophylle, persistant, libre, à 4 lobes, rarement nul. Corolle gamopétale, insérée sur le réceptacle, caduque, rarement nulle, à 4 lobes quelquefois très-profonds, non imbriqués dans le bouton. Étamines 2, insérées sur le tube de la corolle et alternes avec ses lobes ; anthères bilobées, à déhiscence longitudinale. Ovaire libre. Style simple, très-court, à stigmate bilobé. Fruit très-variable, drupacé, bacciforme, capsulaire ou samaroïde, biloculaire ou uniloculaire par avortement, monosperme ou bisperme. Graines suspendues. Arbres ou arbrisseaux à rameaux et feuilles opposées, à feuilles simples ou pinnatifides, sans stipules, à fleurs en panicule.

1.	Fruits samaroïdes; feuilles imparipinnées... 1er g^re. **FRAXINUS**.	
	Fruits drupacés ou bacciformes; feuilles simples.. 2.	
2.	Fruits très-charnus, elliptiques ou subsphériques; feuilles blanchâtres en dessous..... 2e g^re. **OLEA**.	
	Fruits peu charnus, globuleux; feuilles vertes sur les 2 faces............................. 3.	
3.	Fleurs en grappes axillaires................. 3e g^re. **PHILLYREA**.	
	Fleurs en thyrses terminaux.................. 4e g^re. **LIGUSTRUM**.	

1ʳᵉ gʳᵉ. FRÊNE. — FRAXINUS. (Tournef. inst. 577, t. 343.)

Fleurs polygames ou dioïques. Calice et corolles nuls ou à 4 divisions. Fruit en *samare* biloculaire, comprimé, ailé au sommet, indéhiscent, uniloculaire et monosperme par avortement. Arbres à feuilles opposées, imparipinnées, à fleurs en grappes opposées, formant une panicule ou un thyrse terminal.

1. { Fleurs munies d'un calice et d'une corolle, paraissant avec les feuilles............................ ORNUS.
{ Fleurs dépourvues de calice et de corolle, paraissant avant les feuilles............................ 2.

2. { Samares oblongues, arrondies à la base, un peu échancrées au sommet......................... EXCELSIOR.
{ Samares allongées, lancéolées-linéaires, atténuées aux deux extrémités........................... OXYPHYLLA.

1. **F. EXCELSIOR** *Lin. sp.* 1509; *Dec. fl. fr.* 3, *p.* 496; *Lamk. ill. t.* 858, *fig.* 1; *Lob. ic.* 2, *t.* 107, *fig.* 2. — Arbre très-élevé, à écorce grisâtre, à rameaux opposés, fragiles, d'un vert luisant. Feuilles opposées, ailées avec impaire, à 9-15 folioles presque sessiles, opposées, lancéolées ou oblongues-lancéolées, acuminées, dentées en scie, glabres ou un peu velues en dessous, près de la côte dorsale. Fleurs brunâtres, dépourvues de calice et de corolle, paraissant avant les feuilles, disposées en grappes opposées et réunies en bouquet au sommet des rameaux, courtes et dressées, puis allongées et pendantes. Samares nombreuses, oblongues, arrondies à la base, entières ou avec une *échancrure au sommet, oblique et peu profonde.* Style persistant. Graine oblongue-allongée, oléagineuse. Bourgeons *noirs.*

Cet arbre porte les noms vulgaires de *gayac des Allemands,* de *grand frêne*; en patois, de *frai* ou *fraïsse.* Son bois est d'un grand usage chez les charrons, les ébénistes, les armuriers, les tourneurs. C'est un de ceux qui fournissent la manne. Ses fleurs sont laxatives, adoucissantes, béchiques; son écorce et son bois sont apéritifs, diurétiques et fébrifuges; ses fruits passent pour aphrodisiaques et antinéphrétiques. On se sert, en Angleterre, de ses feuilles pour falsifier le thé. C'est cet arbre que les cantharides envahissent pour en ronger les feuilles.

Hab. les bois, les bords des rivières et des fossés, dans tout le département. ♄ Fl. avril, fr. septembre.

2. **F. OXYPHYLLA** *Bieb. taur.* 2, *p.* 450; *Dec. prodr.* 8, *p.* 276; *Godr. et Gren. fl. fr.* 2, *p.* 472, *var. rostrata;* F. *rostrata Guss. pl. rar.* 374, *t.* 64. — Cet arbre diffère du précédent: par sa taille bien moins élevée; par ses feuilles à folioles moins nombreuses, plus étroites, plus longuement acuminées, bordées de dents plus saillantes, étalées, un peu arquées en dehors; par ses samares *lancéolées-linéaires,* atténuées *vers la base et le sommet* aigu, *non échancré.*

Hab. les bords du Gardon, au pont du Gard, à la Beaume; ceux du contre-canal, à Bellegarde. ♄ Fl. mars-avril, fr. juin-août.

3. **F. ornus** *Lin. sp.* 1510 ; *Fr. florifera Dec. fl. fr.* 3, *p.* 496 ; *Lamk. ill. t.* 858, *fig.* 2 ; *Duham. arbr.* 1, *p.* 252, *t.* 101. — Arbre médiocrement élevé. Feuilles ailées avec impaire, à 7-9 folioles brièvement pétiolées, ovales-lancéolées, acuminées, dentées en scie, un peu inégales à leur base, velues à leur base, principalement sur leur pétiole et leur nervure dorsale. Fleurs blanches, odorantes, munies d'un calice très-court et d'une corolle à 4 pétales linéaires, allongés, se développant avec les feuilles, disposées en grappes latérales et terminales, formant, par leur réunion, une panicule *terminale*. Étamines presque aussi longues que les pétales. Samares étroits, cunéiformes, avec une échancrure oblique au sommet ; style souvent persistant. Graine linéaire, subcylindrique. Bourgeons cendrés, pubescents.

Cet arbre porte les noms vulgaires de *frêne à fleurs*, *fr. de Montpellier*, *d'orne* ; on en tire la manne en Italie.

Hab. les bois entre Brama-Bioou et Meyrueis (*Guan. herb.*) : cultivé dans les parcs et les bosquets, dans tout le département. ♄ Fl. avril-mai, fr. septembre.

On cultive fréquemment, dans les jardins et les bosquets, le *lilas vulgaris Lamk. fl. fr.*, abrisseau qui se distingue : par ses feuilles ovales acuminées, cordiformes à la base, et par ses fleurs lilas ou blanches, disposées en panicules thyrsoïdes, serrées, dressées, terminales, odorantes : par ses fruits capsulaires, un peu ligneux, biloculaires, bispermes dans chaque loge. On le connaît sous le nom vulgaire de *lilas* : ses fruits verts sont fébrifuges. On cultive aussi, mais moins communément, le *lilas persica Lamk.*, connu sous le nom de *jasmin de Perse. lilas de Perse*, remarquable par ses feuilles lancéolées, entières ou pinnatifides.

2ᵉ gʳᵉ. **OLIVIER. — OLEA.** (Tournef. inst. 598, t. 370.)

Calice court, à 4 dents peu prononcées. Corolle presque rotacée, à 4 lobes. Étamines 2, saillantes. Drupe charnue, ordinairement à un *noyau osseux*, à une graine.

1. **O. europæa** *Lin. sp.* 11 ; *Dec. fl. fr.* 3, *p.* 497 ; *Lamk. ill. t.* 8, *fig.* 1 ; *Dod. pempt.* 821. — Arbre de moyenne taille, très-rameux, à écorce grisâtre, lisse dans les jeunes sujets. Feuilles persistantes, opposées, ovales, oblongues ou lancéolées, entières, coriaces, vertes et parsemées de points blancs en dessus, blanches-soyeuses en dessous, où elle est munie d'une nervure longitudinale saillante. Fleurs blanchâtres, disposées en petites grappes axillaires. Calice en coupe. Corolle à lobes oblongs, profonds, étalés, beaucoup plus longs que le calice. Drupe (*olive*) plus ou moins charnue, oblongue ou arrondie, ordinairement noire à la maturité.

Les feuilles de l'olivier sont astringentes : son écorce est amère, tonique et fébrifuge : c'est de ses fruits que l'on retire l'huile d'olive. On confit les olives mûres dans l'huile : les vertes, appelées *caïacha*, se confisent dans l'eau-sel, après leur avoir fait subir une préparation pour leur faire perdre leur amertume et conserver leur couleur verte.

Hab., cultivé en grand et sous une foule de variétés, dans les parties basses ou peu élevées du département. ♄ Fl. mai, fr. septembre-octobre.

3° g^re. **PHILARIA. — PHILLYREA.** (Tournef. inst. 596, t. 367.)

Calice à 4 dents. Corolle à tube court, à 4 lobes. Étamines 2. Drupe charnue, globuleuse, à un noyau à une graine, recouvert d'une *coque mince et fragile.* Albumen presque farineux. Arbrisseaux à feuilles opposées, persistantes, presque sessiles, simples, glabres, coriaces, entières ou dentées, sans stipules, à fleurs blanchâtres, petites, odorantes, disposées en grappes courtes, axillaires, à fruit drupacé, de la grosseur d'un pois et d'un noir bleuâtre à la maturité.

1. { Feuilles linéaires-lancéolées, très-entières..... **ANGUSTIFOLIA**.
   { Feuilles ovales ou oblongues-lancéolées, crénelées ou dentées........................... **MEDIA**.

1 **Ph. ANGUSTIFOLIA** *Lin. sp.* 10 ; *Dec. fl. fr.* 3 , *p.* 500 ; *Lob. ic.* 2, *t.* 132, *fig.* 1 ; *Camer. epit.* 90, *fig. inf.*; *Dod. pempt.* 776, *fig.* 1. —Arbrisseau de 1-2 mètres, très-rameux, en buisson, à écorce cendrée, à feuilles *lancéolées-linéaires, très-entières*, parsemées de points noirs en dessous. Drupe surmonté du style persistant.

Cet arbrisseau est connu sous le nom patois de *dalader.*

Hab. les bois et les lieux pierreux aux environs de Nîmes, d'Alais, d'Anduze, d'Uzès, du Vigan. ♄ Fl. avril-mai, fr. août-septembre.

2. **Ph. MEDIA** *Lin. sp.* 10 ; *Godr. et Gren. fl. fr.* 2 , *p.* 474 ; *Ph. latifolia Dec. fl. fr.* 3, *p.* 499 ; *Duham. arb.* 2, *t.* 25 ; *Dod. pempt.* 776, *fig.* 2 ; *Camer. epit.* 90 , *fig. sup.* — Arbrisseau de 2-3 mètres, très-rameux, en buisson, à écorce cendrée, à feuilles *ovales* ou *oblongues-lancéolées*, entières ou dentées, parsemées de petits points noirs en dessous. Drupe surmonté du style persistant.

Cet abrisseau porte, comme le précédent , le nom patois de *dalader :* ses feuilles sont astringentes et rafraîchissantes.

Hab. les bois aux environs de Nîmes. ♄ Fl. avril-mai , fr. août-septembre.

4° g^re. **TROÈNE. — LIGUSTRUM.** (Tournef. inst. 596, t. 367.)

Calice petit, à 4 dents. Corolle à tube un peu *allongé,* à limbe, à 4 lobes étalés. Étamines 2, dépassant le tube. Fruit bacciforme, à 2 *loges bispermes ou monospermes* par avortement.

1. **L. VULGARE** *Lin. sp.* 10 ; *Dec. fl. fr.* 3, *p.* 501 ; *Lamk. ill.* *t.* 7; *Fl. dan.* 1141 ; *Camer. epit.* 89, *ic.*; *Fuchs. hist.* 480. — Arbrisseau de 1-2 mètres, à écorce cendrée, rameux dès la base, à rameaux flexibles. Feuilles souvent persistantes , opposées ,

oblongues-lancéolées, mucronulées, à pétiole court, un peu fermes, entières, glabres, luisantes en dessus. Fleurs blanches, odorantes, presque sessiles, disposées en panicule thyrsoïde, dense, terminale. Calice caduc, à dents très-courtes. Corolle à lobes ovales, concaves. Baies noires, de la grosseur d'un pois, persistantes. Graines noires, ponctuées.

Cet arbrisseau porte les noms vulgaires de *frezillon*, de *sauvillot*. Ses feuilles et ses fleurs sont astringentes ; ses baies servent à foncer la couleur des vins ; son bois sert pour les tourneurs. Les chèvres, les vaches et les moutons mangent ses feuilles ; mais elles répugnent aux chevaux.

Hab. les haies, les lisières des bois, dans tout le département. ♄ Fl. mai-juin, fr. septembre.

LXXIIe Fam. **JASMINÉES.**

JASMINEÆ (R. br. prod. 520.)

Fleurs hermaphrodites, régulières. Calice persistant, à 5-8 lobes. Corolle gamopétale, hypocratériforme, à 5-8 lobes imbriqués-contournés dans le bouton. Étamines 2, incluses, à filets courts, insérés sur le tube de la corolle. Ovaire libre. Style simple, très-court ; stigmate bilobé. Fruit bacciforme, monosperme, plus rarement bisperme. Graines à périsperme, presque nul à la maturité. Arbrisseaux droits ou grimpants.

1er g^{re}. JASMIN. — JASMINUM. (Tournef. inst. 597, t. 368.)

Calice campanulé, à 5 dents. Corolle à 5 lobes planes, étalés, à tube allongé. Baie globuleuse, à 2 loges monospermes.

1. **J. FRUTICANS** *Lin. sp.* 9 ; *Dec. fl. fr.* 3, *p.* 500 ; *Lamk. ill. t.* 7, *fig.* 2 ; *Dod. pempt.* 571, *fig.* 1 ; *Tab. ic.* 130, *fig.* 1, *et* 530, *fig.* 1.—Arbrisseau de 5-15 décim., droit, très-rameux, à rameaux grêles, flexibles, anguleux, verts. Feuilles alternes, simples et ternées, brièvement pétiolées, à folioles ovales ou oblongues, glabres, luisantes, coriaces, d'un vert foncé ; la médiane pétiolulée. Fleurs jaunes, odorantes, brièvement pédonculées, disposées 2-4, en petits bouquets terminant les rameaux. Calice à lobes allongés, subulés. Corolles à lobes ovales. Baies noires, de la grosseur d'un pois.

Hab. les lisières des bois, les bords des vignes, aux environs de Nîmes, du Vigan, d'Alais, d'Uzès, d'Anduze, etc. ♄ Fl. mai, fr. juin-juillet.

On cultive, presque dans tous les jardins, le *jasminum officinale Lin.*, connu sous le nom patois de *jaoussimen*, remarquable par ses fleurs blanches, très-odorantes, par ses feuilles opposées, imparipinnées, par ses tiges grimpantes. Ses fleurs servent à parfumer la pommade et fournissent l'huile essentielle de jasmin.

LXXIIIᵉ Fam. **APOCYNACÉES.**

APOCYNACEÆ. (Lindl. nat. syst. ed. 2, p. 299.)

Fleurs hermaphrodites, régulières. Calice persistant, gamosépale, à 5 divisions. Corolle gamopétale, caduque, à 5 lobes imbriqués-contournés dans le bouton. Étamines 5, insérées sur le tube de la corolle et alternant avec ses lobes, à filets libres, très-courts ; anthères bilobées, libres ou adhérentes au stigmate. Pollen granuleux. Ovaire composé de 2 carpelles, ordinairement distincts. Style 1 ; stigmate simple ou bilobé. Fruit formé de 1-2 follicules, uniloculaires, polyspermes, s'ouvrant longitudinalement du côté du ventre. Graines nombreuses, *nues*, pendantes.

1ʳᵉ gʳᵉ. PERVENCHE. — VINCA. (Lin. gen. ed. 1, n° 180.)

Calice à 5 divisions. Corolle hypocratériforme, à limbe à 5 lobes cunéiformes, tronqués obliquement, à tube allongé, renflé à la gorge ; celle-ci *nue, à 5 plis opposés aux lobes*. Étamines 5, incluses, insérées vers le milieu du tube de la corolle, à filets velus, *géniculés à la base*, dilatés supérieurement ; anthères plus longues que les filets, barbues au sommet. Style simple, terminé au sommet par un disque large, entouré à sa base par un *anneau prolongé en membrane réfléchie* ; stigmate au centre du disque, frangé. Fruit subcylindrique, allongé, formé de 2 follicules ou d'un seul par avortement. Graines oblongues, tuberculeuses. Plantes sous-frutescentes, à rhizome traçant, à feuilles d'un vert luisant, opposées, persistantes, à corolles bleues, rarement blanches, contournées à droite avant l'épanouissement.

1.
{ Divisions du calice beaucoup plus courtes que le tube de la
    corolle.. MINOR.
{ Divisions du calice égalant environ le tube de la corolle... MAJOR.

1. **V. MINOR** *Lin. sp.* 304 ; *Dec. fl. fr.* 3, *p.* 665 ; *Lamk. ill. t.* 172, *fig.* 2 ; *Lob. ic. t.* 635, *fig.* 2. — Tiges grêles, dures ; les fertiles de 10-12 cent., dressées ; les stériles de 2-3 décim., couchées, radicantes, glabres, ainsi que les feuilles ; celles-ci coriaces, garnies, à la face inférieure, de points verts saillants, oblongues ou ovales-lancéolées, obtuses, brièvement pétiolées, munies, au sommet de leur pétiole, de 2 glandes sessiles. Fleurs plus petites que celles de la suivante, solitaires au sommet d'un pédoncule filiforme, axillaire, *plus long* que les feuilles. Lobes du calice *glabres, lancéolés, beaucoup plus courts que le tube de la corolle.* Lobes de la corolle profonds.

Cette plante est connue sous les noms vulgaires de *petite pervenche*, de *violette des sorciers*, de *petit pucelage* : mêmes propriétés que la suivante.

Hab. les bois aux environs du Vigan, d'Alzon, de l'Espérou, à la Chartreuse de Valbonne. ♃ Fl. mars-mai.

2. V. major *Lin. sp.* 304 ; *Dec. fl. fr.* 3, *p.* 665 ; *Lamk. ill. t.* 172, *fig.* 1 ; *Garid. Aix, t.* 81 ; *Clus. hist.* 1, *p.* 121, *fig.* 2. — Tiges sous-frutescentes, cylindriques, glabres ou un peu pubescentes ; les fertiles dressées, de 2-3 décim. ; les stériles, de 4-8 décim., sarmenteuses, couchées. Feuilles assez grandes, molles, ovales ou ovales-lancéolées, obtuses, à faces glabres ; l'inférieure garnie de points verts, saillants, à bords *pubescents-ciliés, souvent cordiformes* à la base, à pétiole court, pubescent, muni, vers le sommet, de 2 petites glandes sessiles. Fleurs grandes, solitaires au sommet d'un pédoncule axillaire, *plus court* que les feuilles. Lobes du calice *linéaires, très-étroits, ciliés, à peu près de la longueur du tube de la corolle.*

Cette plante est connue sous les noms vulgaires de *grande pervenche, grand pucelage ;* elle est astringente, fébrifuge, un peu purgative, un peu vulnéraire. Ses fleurs sont recommandées pour restaurer les vins gâtés.

Hab. les bois frais, les haies, les bords des fossés, à Nîmes, Manduel, Valbonne, le Vigan, Alais, Anduze, St-Ambroix. 2 Fl. avril-juin.

On cultive fréquemment dans les jardins, en vase ou en pleine terre, le *nerium oleonder Lin. sp.,* vulgairement *laurier-rose,* spontané aux environs de Toulon. Cet arbrisseau élégant se fait distinguer : par ses feuilles lancéolées, opposées ou verticillées par 3 ; par ses fleurs roses ou blanches, disposées en corymbes terminaux ; par ses fruits longs, cylindriques, formés de 2 follicules, et par ses graines oblongues, à aigrette soyeuse. Toute la plante est vénéneuse ; ses feuilles sont astringentes, sternutatoires : leur décoction est employée contre la gale.

LXXIVe Fam. **ASCLÉPIADÉES.**

Asclépiadeæ. (R. br. prod. 458.)

Fleurs hermaphrodites, régulières. Calice persistant, à 5 divisions soudées inférieurement. Corolle monopétale, caduque, insérée sur le réceptacle, rotacée, à 5 divisions imbriquées-contournées dans le bouton, ou se touchant seulement par les bords. Étamines 5, insérées à la base de la corolle et alternes avec ses lobes, à filets ordinairement soudés en tube autour de l'ovaire, munis chacun, à leur sommet, d'un appendice charnu ou membraneux, recouvrant l'anthère ; anthères bilobées, ordinairement soudées en tube, entourant le style et le stigmate, et surmontées d'un prolongement membraneux, soudé et appliqué sur le stigmate. Styles 2, réunis au sommet et portant un seul stigmate. Fruit formé ordinairement de 2 follicules, à déhiscence longitudinale, ventrale, à placenta libre après la déhiscence. Graines nombreuses, comprimées, souvent entourées d'une bordure mince, fixées à la suture ventrale, imbriquées, suspendues, munies, vers l'ombilic, d'une aigrette soyeuse, dirigée en haut. Plantes vivaces, herbacées, quelquefois volubiles, à feuilles opposées, rarement verticillées par 3, à stipules nulles, à fleurs disposées en corymbes axillaires et terminaux ou extra-axillaires.

1. { Lobes de la corolle étalés; feuilles vertes
    et glabres sur les 2 faces.................... 2.
{ Lobes de la corolle réfléchis; feuilles
    blanchâtres-tomenteuses en dessous.. 3ᵉ gʳᵉ. ASCLEPIAS.

2. { Fruits étalés, renflés inférieurement; feuil-
    les glauques, très-échancrées en cœur. 1ᵉʳ gʳᵉ. CYNANCHUM.
{ Fruits cylindracés, divariqués; feuilles
    vertes, peu ou point échancrées en cœur. 2ᵉ gʳᵉ. VINCETOXICUM.

1ᵉʳ gʳᵉ. CYNANQUE. — CYNANCHUM. (Lin. gen. 301.)

Calice à 5 divisions. Corolle rotacée, à 5 lobes profonds. Couronne staminale d'une seule pièce, *tubuleuse*, enveloppant les étamines, terminée par 5-10 dents, sur un rang ou sur 2 opposés. Anthères terminées par une membrane. Masses de pollen renflées, pendantes. Stigmate bifide au sommet. Follicules cylindracés, divariqués.

1. **C. acutum** *Lin. sp.* 310; *Lois. gall.* 1, *p.* 177; *Jacq. misc.* 1, *t.* 1, *fig.* 4; *Clus. hist.* 1, *p.* 125, *fig.* 2; *Lob. ic., t.* 621. — Rhizome traçant. Tiges sarmenteuses, volubiles, de 5-15 décim., un peu rameuses au sommet, sortant plusieurs de la même souche, grêles, cylindriques, glabres dans le bas, pubescentes dans le haut. Feuilles molles, d'un vert glauque, pétiolées, pubescentes dans leur jeunesse, puis glabres, lancéolées, dilatées à la base et profondément cordiformes, à lobes arrondis. Fleurs blanches ou roses, odorantes, disposées en corymbes ombelliformes, axillaires et terminaux, à pédoncules plus courts que les feuilles; ceux du sommet plus longs qu'elles; pédicelles tomenteux, de la longueur des fleurs. Calice tomenteux, à lobes ovales-aigus, 3-4 fois plus courts que la corolle; celle-ci petite, à lobes profonds, oblongs, légèrement échancrés au sommet, glabres. Follicules lisses, peu allongés, atténués-obtus au sommet.

Var. B, *Monspelliaca*. Feuilles plus grandes, largement cordées à la base, obtuses, leur largeur égalant souvent leur longueur. *C. monspelliense Lin. sp.* 311; *Dec. fl. fr.* 3, *p.* 667; *Lois. gall.* 1, *p.* 177; *Clus. hist.* 1, *p.* 126, *fig.* 1; *Cam. epit. p.* 972, *ic.; Tabern. ic.* 878, *fig.* 1.

Le suc concret de cette plante est un purgatif énergique; il est connu sous le nom de *scammonée de Montpellier.*

Hab. les terrains sablonneux aux environs d'Aigues-Mortes. ♃ Fl. août-septembre.

2ᵉ gʳᵉ. DOMPTE-VENIN. —VINCETOXICUM. (Mœnch. meth. 717.)

Calice à 5 divisions. Corolle rotacée, à 5 lobes profonds. Couronne staminale d'une seule pièce, *scutelliforme*, charnue, à 5-10 lobes. Anthères et masses de pollen comme dans le genre précédent. Stigmate aigu. Follicules lisses, étalées, renflées au milieu, atténuées, vers le sommet, en pointe obtuse.

1. | Fleurs blanchâtres : tige dressée................. OFFICINALE.
   | Fleurs noirâtres ; tige dressée, souvent volubile..... NIGRUM.

1. **V. OFFICINALE** *Mœnch. meth.* 717 ; *Asclepias vincetoxicum Lin. sp.* 314 ; *Dec. fl. fr.* 3 , *p.* 668 ; *Cynanchum vincetoxicum Dub. bot.* 324 ; *Fuchs. hist. p.* 129 , *ic.* ; *Lob. ic.* 630 , *fig.* 1. — Racine blanche, rampante, à fibres épaisses, longues. Tiges de 3-6 décim., sortant plusieurs de la même souche, droites, simples, cylindriques, glabres ou pubescentes au sommet, très-feuillées. Feuilles brièvement pétiolées, un peu fermes, d'un vert luisant en dessus, pâles en dessous, ovales-acuminées ou ovales-lancéolées, souvent cordées à la base, décroissantes, finement pubescentes sur les bords et les nervures. Fleurs blanchâtres, odorantes, disposées en plusieurs petits bouquets pédonculés, extra-axillaires, plus courts que les feuilles, dépassant les supérieures ; pédicelles pubescents, environ de la longueur de la fleur. Calice à lobes lancéolés-aigus, ciliés, de la longueur du tube de la corolle. Corolle à lobes *ovales*, obtus, *étalés*, glabres, un peu épais. Appendices des filets des étamines, courts, jaunâtres, un peu obtus. Stigmate vert, déprimé. Follicules glabres, lisses.

Cette plante est vénéneuse, surtout la racine ; ses feuilles sont détersives.

Hab. les lieux pierreux et stériles, dans tout le département. ♃ Fl. juin-août.

2. **V. NIGRUM** *Mœnch. meth.* 717 ; *Asclepias nigra Dec. fl. fr.* 3, *p.* 668 ; *Cynanchum nigrum Dub. bot.* 324 ; *Lob. ic.* 630, *fig.* 2 ; *Cam. epit.* 560, *ic.* — Cette espèce diffère de la précédente : par sa tige presque toujours volubile ; par ses feuilles plus étroites et plus longuement acuminées, arrondies à la base ; par ses fleurs noirâtres, disposées en bouquets, moins fournis et plus brièvement pédonculés ; par sa corolle à lobes *pubescents* à la face interne.

Hab. les bois et les lieux incultes aux environs de Nîmes, d'Uzès, d'Anduze, du Vigan, d'Aigues-Mortes. ♃ Fl. mai-juillet.

3ᵉ gʳᵉ. **ASCLÉPIADE. — ASCLEPIAS.** (Lin. gen. 303.)

Calice à 5 divisions. Corolle à 5 lobes réfléchis. Étamines à filets soudés en tube, couronnés par 5 folioles en cornet, *du fond duquel sort un prolongement en forme de corne, courbé sur le stigmate.* Anthères membraneuses au sommet. Masses de pollen comprimées, pendantes, atténuées et fixées par *leur sommet.* Stigmate déprimé. Follicules renflés, couverts, surtout dans leur jeunesse, d'épines molles. Graines comprimées-ovoïdes, entourées d'une bordure, munies d'une aigrette soyeuse.

1. **A. CORNUTI** *Decaisne, prod.* 8 , *p.* 564 ; *A. syriaca Lin. sp.* 313 ; *Dec. fl. fr.* 3 , *p.* 669 ; *Spenn. in Nées, gen. fasc.* 21 ,

t. 1-3 ; *Blackw. t.* 521 ; *Corn. canad. p.* 90, *ic.* — Racine longuement traçante. Tiges herbacées, de 10-15 décim., droites,
simples, cylindriques, anguleuses au sommet, robustes, pubescentes, feuillées dans toute leur longueur. Feuilles amples, oblongues, mucronulées, entières, brièvement pétiolées, presque
glabres en dessus, blanchâtres-tomenteuses en dessous, à nervures
latérales, parallèles, produisant de petites nervures réticulées
dans les intervalles ; quelquefois les feuilles sont verticillées par 3.
Fleurs rosées, odorantes, disposées en ombelles simples, très-
fournies, penchées ou dressées au sommet de pédoncules tomenteux, terminaux et interpétiolaires, plus courts que les feuilles
et plus longs que les rayons. Follicules 1-3, ventrus-allongés,
ascendants, sur un pédicelle réfléchi, tomenteux, lisses ou garnis
d'épines molles, tomenteuses.

Plante originaire d'Orient, à suc laiteux, très-abondant, qui tue les animaux ; ses aigrettes servent à faire la *ouate.* On peut faire de la bonne filasse
avec l'écorce de ses tiges ; ses feuilles, en cataplasme, sont estimées pour
résoudre les humeurs froides. On tire du *caoutchouc* de son suc, qui est âcre
et caustique ; elle porte le nom vulgaire d'*herbe à la ouate.*

Hab. les bords et les îles du Rhône, à Vallabrègues, Beaucaire, Coudoulet.
♃ Fl. juin-août.

LXXVe Fam. GENTIANACÉES.

GENTIANACEÆ. (Lindl. syst. ed. 2, p. 296.)

Fleurs hermaphrodites, régulières ou peu irrégulières. Calice
persistant, à 5 sépales libres ou soudés inférieurement, rarement
à 4-12. Corolle régulière, gamopétale, insérée sur le réceptacle,
marcescente, rarement caduque, à 5 lobes, rarement à 4-12,
contournés ou indupliqués dans le bouton. Étamines insérées sur
le tube de la corolle, en nombre égal à ses lobes et alternes avec
eux, à filets le plus souvent libres, à anthères bilobées. Ovaire 1,
libre. Style et stigmates simples ou divisés. Fruit capsulaire,
uniloculaire ou à 2 loges plus ou moins complètes, polysperme,
à déhiscence par les cloisons ou rarement par les valves ; très-
rarement le fruit est bacciforme, presque indéhiscent. Graines
très-petites et très-nombreuses. Plantes herbacées, glabres, annuelles ou vivaces, amères, à feuilles opposées, rarement alternes
ou verticillées, simples, entières, plus rarement trifoliolées.
Stipules nulles.

1.	Feuilles trifoliolées : capsules globu- leuses . . . . 5e g^{re}. **MENYANTHES.** Feuilles simples : capsule non globu- leuse. . . . . 2.	
2.	Feuilles orbiculaires cordées, nagean- tes : plante aquatique. . . . . 6e g^{re}. **LIMNANTHEMUM.** Feuilles jamais orbiculaires : plante ter- restre. . . . . 3.	

3 . { Étamines 6–8 .... **3ᵉ gʳᵉ. CHLORA.**
    { Étamines 4–5 .... 4.

4 . { Anthères tordues en spirale, après la
       fécondation .... **1ᵉʳ gʳᵉ. ERYTHRÆA.**
    { Anthères non tordues en spirale, après
       la fécondation .... 5.

5 . { Plantes grêles, à tige ou rameaux fili-
       formes, à fleurs très-petites, à stig-
       mate capité .... **2ᵉ gʳᵉ. CICENDIA.**
    { Plantes plus ou moins robustes, à fleurs
       assez grandes, à stigmate non capité. **4ᵉ gʳᵉ. GENTIANA.**

1ᵉʳ gʳᵉ. ÉRYTHRÉE. — ERYTHRÆA. (Renealm. sp. 77, t. 76.)

Calice tubuleux, à 5 angles saillants, à 5 lobes linéaires.
Corolle infundibuliforme, à tube cylindrique allongé, contracté
au sommet, à limbe à 5 lobes, marcescente-contournée au-dessus
de la capsule. Étamines 5; anthères oblongues, tordues en spirale
après la fécondation. Style filiforme, caduc, à stigmate à 2 lobes
rapprochés. Capsule linéaire-allongée, semi-biloculaire ou semi-
uniloculaire. Graines très-nombreuses, très-petites, lisses ou
ridées ou réticulées, un peu arrondies-comprimées.

1 . { Fleurs jaunes....................... **MARITIMA.**
    { Fleurs roses ou blanches................... 2.

2 . { Fleurs disposées, le long des rameaux, en épis
       lâches........................... **SPICATA.**
    { Fleurs disposées en cime lâche ou en corymbe serré
       ou compacte........................... 3.

3 . { Lobes de la corolle obtus.................... **CENTAURIUM.**
    { Lobes de la corolle aigus.................... 4.

4 . { Fleurs assez longuement pédicellées, en cime lâche. **PULCHELLA.**
    { Fleurs presque sessiles, en cime serrée........... **LATIFOLIA.**

1. **E. PULCHELLA** *Horn. fl. dan. t.* 1637; *Chironia pulchella
Dec. fl. fr.* 3, *p.* 661; *Gentiana centorium B. Lin. sp* 333;
Vaill. bot. t. 6, *fig.* 1. — Racine grêle, pivotante. Tige grêle, de
1-3 décim., ordinairement à 4 angles saillants, rameuse-dichotome souvent dès la base, à rameaux nombreux, lâches. Feuilles
sessiles, ovales-oblongues ou oblongues, aiguës ou obtuses; celles
du milieu de la tige plus grandes; les radicales opposées, *non en
rosette.* Fleurs roses, rarement blanches, *pédonculées*, celles des
bifurcations plus longuement, *solitaires* au sommet des rameaux
et dans les bifurcations, *sans bractées* à la base. Calice à lobes
un peu plus courts que le tube de la corolle; celle-ci à lobes *lancéolés-aigus.* Capsule environ de la longueur du calice, presque
uniloculaire. Graines brunâtres.

Hab. les bords des fossés, les prairies humides, dans tout le département.
①–② Fl. juin-septembre.

2. **E. CENTAURIUM** *Pers. syn.* 1, *p.* 283; *Chironia centaurium Dec. fl. fr.* 3, *p.* 660; *Gentiana centaurium Lin. sp.* 332;

Lob. ic., t. 401, *fig.* 1 ; *Renealm. p.* 76, *fig.* 1. — Racine grêle, pivotante, coudée au sommet. Tiges de 1-5 décim., solitaires ou partant plusieurs de la même souche, droite, à 4 angles saillants, simples à la base, rameuses-dichotomes au sommet, à rameaux fastigiés. Feuilles sessiles, oblongues ou lancéolées, à 3-5 nervures; les radicales plus grandes, oblongues ou obovales, obtuses, rétrécies en pétiole court, disposées *en rosette.* Fleurs roses, rarement blanches, *sessiles ou très-brièvement pédonculées*, munies de petites *bractées* à la base, disposées, dans les bifurcations et au sommet des rameaux, par *bouquets serrés.* formant ensemble un corymbe *compacte*, plus ou moins ample, terminal. Lobes du calice subulés, plus courts que le tube de la corolle; celle-ci à lobes *ovales-obtus.* Capsule presque biloculaire, *dépassant* le calice.

Cette plante est connue sous les noms vulgaires de *petite centaurée* ; en patois, *d'herba d'aou kina.* de *trescalan rougé.* Elle est amère, tonique, stomachique, fébrifuge, vermifuge et détersive; à l'extérieur, elle est vulnéraire.

Hab. les champs herbeux, incultes, secs ou humides, dans tout le département. ♃ Fl. juin-septembre.

3. **E. LATIFOLIA** *Smith. engl.* 1, *p.* 321 ; *Dec. prod.* 9, *p.* 58; *Godr. et Gren. fl. fr.* 2, *p.* 484. — Cette espèce diffère de la précédente: par sa tige ordinairement rameuse dès la base, à angles plus prononcés, à rameaux plus dressés; par ses feuilles plus rapprochées; par ses fleurs *pédonculées* ou *presque sessiles, solitaires* dans les bifurcations et au sommet des rameaux, disposées en cime fastigiée, serrée, mais non compacte, souvent très-ample; par les lobes de son calice *égalant presque* le tube de la corolle, très-rarement plus courts; par sa corolle à lobes *lancéolés-aigus;* par sa capsule de la longueur du calice, *atténuée* au sommet.

Var. B, *Tenuiflora Link. port.* 1, *p.* 354, *t.* 67 ; *Dec. prod.* 9, *p.* 58. — Tige de 10-12 centim. Feuilles radicales, rarement en rosette. Fleurs blanches, à tube très-grêle.

Hab.: la var. **A**, les lieux humides, à St-Gilles, à Manduel; la var. **B**, dans les prés humides, à Bellegarde. ♄-♃ Fl. juillet-septembre.

4. **E. SPICATA** *Pers. syn.* 1, *p.* 383 ; *Chironia spicata Dec. fl. fr.* 3, *p.* 662 ; *Gentiana spicata Lin. sp.* 333 ; *Barrel. ic. t.* 1242 ; *G. Bauh. prod.* 130, *ic.* — Racine grêle, pivotante, coudée au sommet. Tige ordinairement solitaire, de 1-3 décim., tétragone, droite, rameuse supérieurement, souvent dès la base, à rameaux allongés, dressés, plus ou moins nombreux. Feuilles sessiles, oblongues, un peu aiguës, arrondies à la base, à 3 nervures rapprochées; les radicales non disposées en rosette. Fleurs roses, rarement blanches, *sessiles, solitaires,* alternativement et *lâchement* disposées; les unes dans les bifurcations, les autres le long

des rameaux spiciformes, munies d'une bractée à leur base. Lobes du calice aussi longs que le tube de la corolle dont les lobes sont lancéolés-aigus. Style simple; stigmate *en entonnoir, subbilobé*. Capsule de la longueur du calice. Graines brunâtres.

Hab. les prairies humides à Bellegarde, à Aigues-Mortes, à St-Gilles. ①-② Fl. juillet-septembre.

5. E. MARITIMA *Pers. syn.* 1, *p.* 283 ; *Chironia maritima Dec. fl. fr.* 3 , *p.* 662 ; *Ch. occidentalis Dec. fl. fr.* 5 , *p.* 428 ; *Barr. ic. t.* 468 ; *Col. ecphr.* 2 , *p.* 77, *fig.* 2. — Racine grêle, pivotante, un peu coudée au sommet. Tige de 5-20 centim., droite, raide, anguleuse, simple ou rameuse-dichotome au sommet, rarement dès la base. Feuilles sessiles ; les inférieures ovales-obtuses ; les caulinaires plus grandes, distantes, ovales-lancéolées, aiguës. Fleurs jaunes, à pédoncule allongé, solitaires au sommet des rameaux et dans les bifurcations, où elles sont brièvement pédonculées, munies ou dépourvues de bractées, disposées en cime lâche, pauciflore, 1-2 fois dichotome. Calice à lobes linéaires, subulés, longuement acuminés, atteignant les deux tiers du tube de la corolle et la moitié de la capsule. Corolle à lobes lancéolés-aigus. Style *bifurqué jusqu'à son milieu*.

Hab. les bois de Cygnan, près Nîmes, ceux des environs d'Aigues-Mortes. ① Fl. mai-juin.

2ᵉ gʳ. CICENDIE. — CICENDIA. (Adans. fam. 2, p. 503.)

Calice *à 4 dents* courtes ou *à 4 lobes* profonds. Corolle en entonnoir, *à tube court, renflé*, à limbe à 4 lobes, marcescente-contournée au-dessus de la capsule, après la fleuraison. Étamines 4, à anthères non roulées en spirale après la fécondation. Style simple, caduc; stigmate à 2 lobes capités. Capsule polysperme, uniloculaire ou complétement biloculaire.

1. ⎰ Calice à divisions courtes, triangulaires, appliquées... FILIFORMIS.
⎱ Calice à divisions profondes, linéaires, allongées,
   lâches... PUSILLA.

1. C. FILIFORMIS *Delarbre, fl. auv.* 1, *p.* 20 ; *Exacum filiforme Dec. fl. fr.* 3 , *p.* 663 ; *Gentiana filiformis Lin. sp.* 335 ; *Fl. dan. t.* 324 ; *Vaill. bot. par. t.* 6, *fig.* 3. — Racine très-grêle, annuelle. Tige de 4-8 centim., filiforme, droite, simple ou peu rameuse-dichotome, souvent dès la base. Feuilles radicales oblongues, disposées par 4 ; les caulinaires écartées, opposées, linéaires-subulées. Fleurs jaunes, solitaires au sommet de pédoncules *dressés*, nus, allongés. Calice campanulé, *à 4 dents lancéolées, triangulaires, appliquées*. Corolle à limbe étalé. Capsule plus longue que les dents du calice.

Hab. les lieux frais aux environs de **Brama-Bioou**, près Camprieux. ① Fl. juin-septembre.

2. C. PUSILLA *Griseb. gent.* (1839) *p.* 157 ; *Exacum pusillum*
Dec. fl. fr. 3 , *p.* 663 ; *Ex. pusillum b. Dec. ic. rar. t.* 16 ; *Ex.*
Candollii Dec. fl. fr. 5, *p.* 429 ; *Vaill. bot. par. t.* 6 , *fig.* 2. —
Racine grêle, pivotante. Tige de 2-8 centim. , grêle, souvent
rameuse dès la base, à rameaux nombreux, étalés ou dressés,
irrégulièrement dichotome. Feuilles opposées, oblongues-lancéolées, obtuses ou aiguës. Fleurs jaunâtres ou rosées, solitaires au
sommet de pédoncules filiformes plus ou moins allongés, dont
le central est souvent dépassé par les latéraux, *lâchement disposés*
en cime étalée ou divariquée. Calice à divisions *linéaires, très-*
étroites, lâches. Lobes de la corolle connivents, étalés au soleil.
Capsule environ de la longueur du calice.

Hab. les lieux inondés, pendant l'hiver, entre Beauvoisin et Vauvert.
⊤ Fl. juin-septembre.

3ᵉ gʳᵉ. CHLORE. — CHLORA. (Lin. gen. 1258.)

Calice à 6-8 *lanières linéaires, très-profondes.* Corolle hypocratériforme, à tube renflé-globuleux, à limbe à 6-8 lobes.
Étamines 6-8. Style simple , bifide , à stigmates bilobés. Capsule
uniloculaire , polysperme. Plantes annuelles, à feuilles connées,
à fleurs jaunes, en cime terminale, multiflore ou pauciflore.

1. Fleurs en cime multiflore : feuilles soudées à leur
base...... .... 2.
Fleurs en cime pauciflore , longuement pédoncu-
lées ; feuilles non soudées à leur base.. ..... **IMPERFOLIATA.**

2. Lobes de la corolle obtus : soudure aussi large
que les feuilles............................ **PERFOLIATA.**
Lobes de la corolle un peu aigus ; soudure moins
large que les feuilles..................... **SEROTINA.**

1. C. PERFOLIATA *Lin. mant.* 10 ; *Dec. fl. fr.* 3 , *p.* 649 ;
Gentiana perfoliata Lin. sp. 335 ; *Lamk. ill. t.* 296 , *fig.* 1 ;
Barrel. ic. 515. — Racine blanchâtre, pivotante ou rameuse.
Tige de 3-8 décim., dressée, lisse, cylindrique, glabre, glauque,
ainsi que les feuilles , simple ou rameuse, dichotome au sommet.
Feuilles *ovales-triangulaires, aiguës, soudées à la base dans toute*
leur largeur ; les radicales obovales, rétrécies à la base en pétiole
court, ailé. Fleurs d'un beau jaune, disposées en cime corym-
biforme. Calice à 8 lanières *linéaires, subulées,* non soudées à
la base , un peu plus courtes que la corolle et dépassant beaucoup la capsule. Corolle à lobes oblongs, *obtus,* marcescente,
caduque à la maturité. Capsule oblongue. Graines noirâtres, très-
petites , rugueuses.

Cette plante est connue sous le nom vulgaire de *centaurée jaune ;* elle est
très-amère et pourrait remplacer la *petite centaurée.*

Hab. les lieux humides , les bords des fossés , dans tout le département.
⊤ Fl. juin-août

2. C. SEROTINA *Koch. ap. Rchb. ic.* 3, *p.* 6, *fig.* 351; *Godr. et Gren. fl. fr.* 2, *p.* 487; *C. acuminata Koch et Ziz. cat. palat.* 20. — Racine grêle, blanchâtre. Tige grêle, de 2-4 décim., droite, simple ou peu rameuse, glabre, glauque, ainsi que les feuilles; celles-ci *oblongues-lancéolées,* à *soudure moindre que leur largeur;* les radicales obovales, un peu atténuées en pétiole. Fleurs d'un jaune pâle, disposées en cime peu fournie. Calice divisé, presque jusqu'à la base, en 8 lanières *linéaires-lancéolées,* obscurément 3 nerviées, plus larges que celles de la précédente, presque aussi longues que la corolle, dépassant beaucoup la capsule. Corolle à lobes *ovales-aigus,* quelquefois *acuminés.* Capsule oblongue. Pédoncules assez longs, nus. Cette espèce est intermédiaire entre la précédente et la suivante.

Hab. les bords des fossés, à Uzès, à Manduel. ① Fl. juillet-août.

3. C. IMPERFOLIATA *Lin. fil. suppl.* 218; *Gren. et Godr. fl. fr.* 2, *p.* 488; *C. sessilifol. Desv. mem. soc. scien. phys. p.* 74, *t.* 3, *fig.* 2; *Dec. fl. fr.* 5, *p.* 426; *Lamk. ill., t.* 296, *fig.* 2. — Racine grêle, blanchâtre. Tige de 1-4 décim., droite, glabre, glauque, ainsi que les feuilles, simple ou peu rameuse, à rameaux peu écartés de la tige. Feuilles caulinaires lancéolées-aiguës, sessiles, cordées à la base, *non soudées.* Fleurs solitaires au sommet de pédoncules assez forts, nus, allongés, disposés en forme de corymbe lâche et pauciflore; souvent la tige ne porte qu'une fleur. Calice à 6 lobes, *lancéolés,* obscurément 3 nerviés, *soudés à la base,* presque de la longueur de la fleur, dépassant beaucoup la capsule. Corolle d'un jaune peu foncé, à lobes étroits, presque aigus. Capsule oblongue.

Hab. les pacages sablonneux aux environs d'Aigues-Mortes. ① Fl. juin-juillet.

4ᵉ gʳᵉ. GENTIANE. — GENTIANA. (Tournef. inst. p. 80, t. 40.)

Calice à 4-10 divisions plus ou moins profondes. Corolle en cloche ou en entonnoir, à gorge nue ou frangée, à 4-5 lobes entiers ou ciliés à leur base. Étamines 4-5, à anthères non contournées après la fécondation. Style *nul ou formé de la pointe de la capsule;* stigmate à 2 lobes obtus, persistants. Capsule uniloculaire, polysperme. Graines très-petites, souvent comprimées.

1.	Fleurs jaunes: plante très-élevée.............	**LUTEA.**
	Fleurs jamais jaunes: plantes peu élevées.....	2.
2.	Corolle barbue à la gorge, ou à lobes frangés..	3.
	Corolle nue à la gorge, à lobes ni frangés ni ciliés..	4.
3.	Lobes de la corolle frangés; gorge nue.......	**CILIATA.**
	Lobes de la corolle non frangés: gorge barbue.	**CAMPESTRIS.**

Calice et corolle à 4 divisions : tiges robustes,
  couchées ou ascendantes..................... CRUCIATA,
Calice et corolle à 5 divisions : tige grêle,
  dressée............................... PNEUMONANTHE.

1. **G. LUTEA** *Lin. sp.* 329; *Dec. fl. fr.* 3, *p.* 650; *Lamk. ill. t.* 409, *fig.* 1; *Dod. pempt.* 342, *ic.*; *Camer epit.* 415, *ic.*; *Fuchs. hist. p.* 200, *ic.* — Racine brune, jaunâtre intérieurement, épaisse, allongée, rameuse. Tiges de 10-12 décim., droites, robustes, lisses, fistuleuses, cylindriques, simples, glabres et d'un vert glauque, ainsi que les feuilles; celles-ci amples, à 5-7 nervures; les radicales ovales-elliptiques, brièvement acuminées, pétiolées; les caulinaires inférieures presque sessiles; les supérieures sessiles-embrassantes. Fleurs jaunes, solitaires au sommet de pédoncules nombreux, disposés par verticilles axillaires et terminaux, occupant la moitié supérieure de la tige. Calice membraneux en forme de spathe, plus court que la fleur. Corolle à 5-9 lobes lancéolés-étroits, *étalés, très-profonds*. Anthères *libres*. Stigmates roulés en dehors. Capsule oblongue, acuminée. Graines nombreuses, ovales, comprimées, ailées.

Cette plante est connue sous le nom vulgaire de *grande gentiane*: en patois, *gensouna*. Sa racine, très-amère, est tonique, stomachique, fébrifuge, vermifuge, antiseptique; on en tire de l'eau-de-vie après l'avoir fait fermenter. Les bestiaux respectent la plante.

Hab. toutes les prairies de la chaîne de l'Espérou et celles des environs de Concoule. ♃ Fl. juin-août.

2. **G. CRUCIATA** *Lin. sp.* 334; *Dec. fl. fr.* 3, *p.* 653; *Jacq. austr. t.* 372; *Dod. pempt.* 343, *ic.* — Racine blanchâtre, assez épaisse, rameuse, à souche traçante, donnant naissance à plusieurs tiges de 2-4 décim., étalées circulairement, ascendantes, assez robustes, raides, fistuleuses, atténuées à la base, simples, glabres. Feuilles ovales-lancéolées, trinerviées, glabres, rapprochées, nombreuses, atténuées à la base et *soudées en gaine, plus allongée* dans les feuilles inférieures, qui sont beaucoup plus petites que les autres. Fleurs bleues, plus foncées en dedans, *sessiles*, en fascicules axillaires et terminaux, compactes. Calice membraneux, court, à 4 dents étroites, aiguës, quelquefois fendu d'un côté en forme de spathe. Corolle à tube renflé supérieurement, a gorge nue, à 4 plis, *à 4 lobes* ovales-aigus, dressés, munis ordinairement, sur un de leurs bords, de 1-2 petites dents aiguës. Anthères *libres*. Stigmates roulés en dehors. Capsule presque sessile au fond du calice. Feuilles croisées par paire.

Cette plante porte le nom vulgaire de *croisette*. Ses vertus sont les mêmes que celles de la précédente, mais moins énergiques.

Hab. les pacages pierreux aux environs d'Alzon, de l'Espérou, de Campestre. ♃ Fl. juin-septembre.

3. **G. PNEUMONANTHE** *Lin. sp.* 330; *Dec. fl. fr.* 3, *p.* 654;

Drèves et Hayne, pl. d'Eur. t. 79 ; *Barr. ic., t.* 51 ; *Tabern. ic.* 787, *fig.* 2. — Souche courte, garnie de fibres nombreuses, longues et épaisses. Tiges de 2-4 décim., solitaires ou sortant plusieurs de la même souche, dressées, raides, presque cylindriques, simple ou peu rameuse au sommet, souvent rougeâtre. Feuilles *lancéolées-linéaires*, obtuses, uninerviées, d'un vert foncé en dessus, plus pâles en dessous, à bords un peu enroulés en dessous, réunies à la base par une *gaine très-courte ;* les inférieures petites, *squamiformes,* à gaine plus longue. Fleurs d'un bleu azuré, très-grandes, solitaires, rarement géminées, axillaires et terminales; les inférieures *pédonculées.* Calice tubuleux-campanulé, à 5 divisions égales, linéaires-aiguës, très-longues. Corolle infundibuliforme-campanulée, à tube plissé, à gorge nue, à limbe divisé en 5 lobes triangulaires, aigus, dressés ou peu étalés, munis, au fond de leur séparation, d'une dent triangulaire très-aiguë. Anthères oblongues, rapprochées après la fécondation. Capsule elliptique, *stipitée.* Graines cendrées, réticulées, atténuées aux deux bouts.

Hab. les prairies tourbeuses du Lengas, près de l'Espérou. 2 Fl. juillet-octobre.

4. G. CAMPESTRIS *Lin. sp.* 334 ; *Dec. fl. fr. 3, p.* 658 ; *Fl. dan. t.* 367 ; *Barr. ic., t.* 97, *fig.* 2 ; *Column. ecphr. p.* 221, *fig. super. ; Moris. hist. s.* 12, *t.* 5, *fig.* 9. — Racine roussâtre, rameuse inférieurement. Tige de 1-2 décim., droite, anguleuse, ordinairement très-rameuse dès la base, à rameaux presque parallèles avec la tige. Feuilles ovales-lancéolées, aiguës, d'un vert foncé en dessus, plus pâles en dessous; les radicales spatulées ; les caulinaires sessiles, presque embrassantes. Fleurs d'un violet foncé, rarement blanches, solitaires au sommet de pédoncules axillaires et terminaux, d'autant plus longs qu'ils sont plus inférieurs. Calice *à* 4 *lobes profonds, très-inégaux ;* les deux extérieurs *très-amples, ovales-aigus ;* les deux intérieurs *linéaires-acuminés,* tous scabres sur les bords. Corolle à tube cylindrique, à gorge munie d'appendices incisés, divisée au sommet *en* 4 *lobes* ovales-obtus. Capsule *presque sessile,* subcylindrique, dépassant beaucoup le calice. Stigmates roulés en dehors.

Plante amère, tonique, fébrifuge.

Hab. les prairies humides de l'Espérou, de St-Guiral, de Concoule. Fl. juin-septembre.

5. G. CILIATA *Lin. sp.* 334 ; *Dec. fl. fr. 3, p.* 659 ; *Moris. hist. s.* 12, *t.* 5, *fig.* 10 ; *Barr. ic. t.* 121, *et t.* 97, *fig.* 1. — Racine grêle. Tige de 1-2 décim., dressée, anguleuse, flexueuse, ordinairement simple et uniflore. Feuilles lancéolées-linéaires ou linéaires-aiguës, peu étalées, à une nervure peu saillante, réunies à la base par une gaine très-courte; les inférieuresPetites, en forme d'écaille. Fleurs d'un bleu rougeâtre, solitaires au sommet de la tige et des rameaux, brièvement pédonculées. Calice campanulé, membraneux à la base des lobes, au nombre de 4, *linéaires-lancéolés*, *acuminés*, de la longueur du tube de la corolle ; celle-ci campanulée, à gorge nue, divisée en 4 lobes oblongs, rétrécis vers leur base, *denticulés supérieurement, fimbriés inférieurement*. Stigmates *ovales, rapprochés au sommet*. Capsule obovale, longuement stipitée.

Hab. les prés ombragés, les haies, aux environs du Vigan, à Alzon, à l'Espérou. (†) Fl. août-septembre.

Les quatre espèces de gentiane suivantes sont indiquées, dans les herborisations de *Guan.*, savoir : le *G. punctata Lin.* et le *G. verna Lin.*, aux environs de Brama-Bioou ; le *G. asclepiadea Lin.*, à l'Espérou ; et le *G. acaulis Lin.*, à Bellioc. Nous avons exploré plusieurs fois toutes ces localités, sans y avoir jamais rencontré aucune des espèces signalées.

5ᵉ gʳᵉ. MENYANTHE.—MENYANTHES. (Tournef. inst. p. 117, t. 15.)

Calice à 5 lobes. Corolle en entonnoir, à 5 lobes égaux, étalés, à face intérieure barbue, non imbriqués dans le bouton. Étamines 5. Style simple. Stigmate bilobé. Ovaire inséré sur un disque annulaire cilié. Capsule uniloculaire, polysperme, à 2 valves portant les graines fixées longitudinalement sur leur milieu. Graines non bordées. Plante aquatique.

1. **M. TRIFOLIATA** *Lin. sp.* 208 ; *Dec. fl. fr.* 3, *p.* 647 ; *Lamk. ill. t.* 100, *fig.* 1 ; *Fl. dan., t.* 541 ; *Dod. pempt.* 580, *ic.* — Tige rampante, articulée, épaisse, blanchâtre, garnie de fibres aux articulations, couverte par les gaines des anciennes feuilles devenues membraneuses, ascendante au sommet, où naissent des feuilles alternes longuement pétiolées ; à pétiole arrondi, dilaté, à la base, en une gaine allongée ; terminées par 3 folioles ovales-obtuses, entières ou subcrénelées. Fleurs blanches ou rosées, pédicellées, disposées en grappe spiciforme, au sommet d'un pédoncule axillaire aussi long que les feuilles ; pédicelles plus longs que la bractée qui est à leur base. Calice à 5 lobes ovales, profonds, plus courts que le tube de la corolle. Corolle à lobes lancéolés-aigus, couverts, à la face interne, de lanières filiformes, crépues. Style persistant, très-long. Capsule subglobuleuse. Graines assez grosses, ovoïdes-comprimées, roussâtres, lisses, luisantes.

Cette plante porte les noms vulgaires de *trèfle d'eau, trèfle de marais, trèfle de castor*. Sa racine et ses feuilles sont astringentes, antiscorbutiques, diurétiques : elles ont été employées avec succès dans les hydropisies commençantes. Les bestiaux la mangent.

Hab. les marais tourbeux, à la baraque de Michel, près de l'Espérou ; sur la Lozère, commune de Concoule. ♃ Fl. avril-juin.

6°g''. **LIMNANTHÈME.—LIMNANTHEMUM.** (Gmel. act. petrop. (1769),
p. 527.)

Calice à 5 lobes. Corolle *rotacée* à 5 lobes, barbue à la gorge.
Étamines 5. Style simple ; stigmate à 2 lobes laciniés. 5 glandes
insérées à la base de l'ovaire, alternes avec les étamines. Capsule
uniloculaire, polysperme, indéhiscente, bivalve. Graines *très-
comprimées, ciliées-membraneuses,* disposées sur 2 rangs, *au bord
intérieur des valves.* Plante aquatique.

1. **L. NYMPHOIDES** *Link. fl. port.* 1, *p.* 344 ; *Godr. et Gren.
fl. fr.* 2, *p.* 497 ; *Menyanthes nymphoides Lin. sp.* 207 ; *Villarsia
nymphoides Dec. fl. fr.* 3, *p.* 648; *Lamk. ill. t.* 100, *fig.* 2 ;
Drèves et Hayne, pl. d'Eur. t. 78. — Tiges plus ou moins allongées, cylindriques, rameuses, submergées, radicantes, garnies, à
leurs articulations, de fibres radicales qui les fixent sur la vase.
Feuilles cordiformes, suborbiculaires, un peu sinuées, coriaces,
d'un vert foncé et luisant en dessus, finement ponctuées-tuber-
culeuses et pâles en dessous, flottantes, à pétiole plus ou moins
allongé, dilaté, à la base, en une gaîne membraneuse, ponctuée
de brun. Fleurs grandes, d'un beau jaune, solitaires au sommet
de pédoncules allongés, réunis 5-10 à l'aisselle des feuilles. Calice
à 5 lobes très-profonds, lancéolés. Corolle à 5 lobes profonds,
largement obovales, obtus, ciliés sur les bords, à gorge très-barbue.
Capsule assez grosse, ovoïde-comprimée, acuminée. Graines jaunâtres, ovales, très-comprimées, entourées d'une large bordure
membraneuse, ciliée.

Cette plante porte les noms vulgaires de *nymphéau,* de *petit nénuphar.*
Ses feuilles, amères, sont fébrifuges.

Hab. les étangs, les eaux des roubines et des contre-canaux, à Bellegarde,
St-Gilles, Aigues-Mortes, et dans le Vistre, près de Nîmes. 2. Fl. juillet-
septembre.

On cultive dans les jardins, sous le nom de *valériane grecque,* le *pole-
monium cæruleum Lin. sp.,* de la famille des *polémoniacées,* remarquable
par ses fleurs d'un beau bleu ou blanches, et par ses feuilles ailées, à lobes
étroits.

LXXVI° FAM. **CONVOLVULACÉES.**

CONVOLVULACÆE. (Vent. tabl. 2, p. 394.)

Fleurs hermaphrodites, régulières. Calice à 5 sépales inégaux,
persistants, souvent accrus à la maturité. Corolle gamopétale, en
cloche, en entonnoir ou en coupe, insérée sur le réceptacle, à
limbe à 5 lobes ou à 5 plis, tordus dans le bouton. Étamines 5,
insérées à la base de la corolle et alternes avec ses lobes. Anthères
bilobées, souvent contournées en spirale après la fécondation.
Ovaire libre, entouré à sa base d'un disque annulaire, charnu.
Style indivis ou quelquefois partagé jusqu'à la base. Capsule

membraneuse, à 2-4 loges mono ou bispermes, indéhiscente ou déhiscente par la séparation des valves, laissant à découvert les cloisons persistantes sur le réceptacle, ou par une rupture circulaire. Graines anguleuses, dressées. Plantes annuelles ou vivaces, souvent volubiles, à feuilles nulles ou alternes, sans stipules.

1. { Plantes dépourvues de feuilles........... 3ᵉ gⁿ. CUSCUTA.
{ Plantes munies de feuilles..................... 2.

2 { Corolle grande, en cloche ; étamines inclu-
{   ses.................................. 1ᵉʳ gⁿ. CONVOLVULUS.
{ Corolle petite, en entonnoir ; étamines sail-
{   lantes............................... 2ᵉ gⁿ. CRESSA.

1ᵉʳ gⁿ. **LISERON. — CONVOLVULUS.** (Lin. gen. 218.)

Calice à 5 sépales. Corolle *infundibuliforme-campanulée*, à 5 angles et à 5 plis. Étamines incluses. Style *simple*; stigmates 2. Capsule indéhiscente, biloculaire ou subbiloculaire, à 1-2 graines dans chaque loge.

1. { Feuilles réniformes, hastées ou sagittées ; tige ram—
{   pante ou volubile............................ 2.
{ Feuilles lancéolées ; tiges étalées-ascendantes..... 4.

2. { Bractées très-larges, couvrant le calice......... ..., 3.
{ Bractées linéaires, distantes du calice............. ARVENSIS.

3. { Tiges courtes, rampantes, étalées sur la terre..... SOLDANELLA.
{ Tiges très-longues, volubiles................... SEPIUM.

4. { Plante velue-soyeuse, argentée................. LINEATUS.
{ Plante velue, ni soyeuse ni argentée............. CANTABRICA.

1. **C. SEPIUM** *Lin. sp.* 218 ; *Dec. fl. fr.* 3, *p.* 640 ; *Lamk. ill. t.* 104, *fig.* 1 ; *Math. (valgr.) p.* 1212, *ic.* ; *Fuchs. hist. p.* 720, *ic.* — Racine blanchâtre, longuement traçante. Tiges de 1-2 mètres, grêles, *volubiles*, anguleuses, glabres. Feuilles glabres, alternes, pétiolées, amples, *cordées-sagittées*, acuminées, à oreillettes obliquement tronquées ou anguleuses, plus longues que le pétiole. Fleurs grandes, très-blanches, solitaires au sommet de pédoncules axillaires, tétragones, plus longs que les pétioles ; bractées *larges, cordiformes, aiguës*, placées au-dessous du calice, qu'elles couvrent entièrement. Calice à lobes ovales-lancéolés. Capsule globuleuse, plus courte que le calice, munie d'une pointe au sommet, surmontée par le style, très-long. Graines brunes, assez grosses, non écailleuses.

Cette plante porte les noms vulgaires de *liseron des haies, boyaux-du-diable, manchette-de-la-Vierge*; en patois, *campanella*. Le suc de sa racine est purgatif.

Hab. les haies et les buissons voisins des eaux, dans tout le département ♃ Fl. juin-octobre.

2. **C. SOLDANELLA** *Lin. sp.* 226 ; *Dec. fl. fr.* 3, *p.* 641 ; *Math. (valg.) p.* 469, *ic.; Lob. ic.* 602, *fig.* 2 ; *Cam. epit.* 253, *ic.* — Racine blanchâtre, grêle, longuement rampante. Tiges de

1-3 décim., *couchées sur la terre*, glabres, ainsi que les feuilles; celles-ci *réniformes-arrondies*, entières ou un peu sinuées, quelquefois un peu échancrées au sommet, souvent plus larges que longues, à oreillettes *arrondies*, luisantes, un peu charnues-nerviées, quelquefois rougeâtres. Fleurs grandes, purpurines, solitaires au sommet de pédoncules axillaires, tétragones, plus longs que les pétioles. Calice à lobes *ovales-obtus*, mucronulés, entouré à sa base de 2 bractées grandes, *ovales*, qui le *couvrent presque en entier*. Capsule obovale, aiguë. Graines ovoïdes, noires, subchagrinées.

Cette plante est connue sous le nom vulgaire de *chou marin*; sa racine est purgative.

Hab. les sables maritimes, dans la pinède de Ste-Marie et aux environs d'Aigues-Mortes rare. ♃ Fl. mai-juin.

3. **C. arvensis** *Lin. sp.* 218; *Dec. fl. fr.* 3, *p.* 640; *Fuchs. hist. p.* 258, *ic. fl. dan., t.* 459; *Drèves et Hayne pl. d'eur., t.* 24. — Racine blanchâtre, grêle, très-profonde, longuement traçante, rameuse. Tiges de 3-12 décim., grêles, couchées ou volubiles, glabres ou pubescentes, rameuses, un peu anguleuses. Feuilles *hastées, à oreillettes aiguës*, rapprochées, ou divergentes, ordinairement dressées, quelquefois les feuilles sont linéaires-hastées; pétiole plus court que le limbe. Fleurs blanches ou roses ou panachées, médiocres, ordinairement solitaires au sommet de pédoncules axillaires plus longs que la feuille, munis, un peu audessus du milieu, de 2 petites bractées linéaires, ciliées, à partie inférieure anguleuse, la supérieure arrondie, renflée vers le sommet. Calice à lobes *courts, obtus*, profonds, scarieux aux bords. Capsule ovoïde-subglobuleuse, un peu pointue, glabre, plus longue que le calice. Graines noirâtres, écailleuses.

Cette plante est connue sous les noms vulgaires de *petit liseron*, de *liseron des champs*, de *clochette des blés*; en patois, *couréjola*. Toute la plante est purgative et très-vulnéraire. Les bestiaux la mangent; les lapins en sont friands.

Hab. les lieux cultivés, qu'elle infeste, dans tout le département; il est très-difficile de la détruire à cause de la profondeur de sa racine. ♃ Fl. juin-juillet.

4. **C. cantabrica** *Lin. sp.* 225; *Dec. fl. fr.* 3, *p.* 642; *Jacq. austr. t.* 296; *Lob. ic. t.* 622, *fig.*, 1. — Racine profonde, à souche rameuse, presque ligneuse, donnant naissance à plusieurs tiges de 2-4 décim., ascendantes, dures, très-rameuses souvent dès la base, couvertes de longs poils blancs étalés. Feuilles *linéaires-lancéolées*, aiguës, presque sessiles; les inférieures pétiolées, spatulées toutes velues, souvent blanchâtres. Fleurs moyennes, pédicellées, réunies 1-4 au sommet de pédoncules *allongés*, axillaires, ascendants, formant une panicule *ample et lâche*; munis, à la base des pédicelles, de 2 bractées *lancéolées-linéaires*. Calice

hérissé, à lobes acuminés, aigus, inégaux; les deux intérieurs membraneux inférieurement sur les bords. Corolle rose, rarement blanche, velue extérieurement sur les plis. Capsule *hérissée*, plus courte que le calice.

Hab. les lieux secs et pierreux dans toute la plaine, remonte jusqu'à Alzon. ♃ Fl. mai-juillet.

5. **C. lineatus** *Lin. sp.* 224; *Dec. fl. fr.* 3, *p.* 642; *C. intermedius lois. fl. gal.* 1, *p.* 166; *Barr. ic. t.* 311 *et t.* 1132. — Racine épaisse, dure, traçante, à souche rameuse, presque ligneuse, donnant naissance à plusieurs tiges de 3 centim. à 3 décim., étalées, ascendantes, peu rameuses, subanguleuses, couvertes de poils *soyeux, argentés*, ainsi que les autres parties de la plante. Feuilles lancéolées ou lancéolées-linéaires, nerviées, à nervures latérales parallèles, atténuées en pétiole court, ailé; les radicales nombreuses, plus longuement pétiolées. Fleurs moyennes, brièvement pédicellées, disposées 1-4 au sommet de pédoncules *plus courts que les feuilles,* formant une *panicule étroite,* plus ou moins allongée, munis, à la base des pédicelles, de 2 bractées linéaires dépassant les calices. Calice à lobes aigus, acuminés. Corolle rose, velue extérieurement sur les plis. Capsule subglobuleuse, *hérissée,* acuminée, plus courte que le calice.

Hab. les fentes des rochers, les lieux stériles et pierreux ou sablonneux, aux environs de Villeneuve-lez-Avignon, de St-Pons, de Fournès, de Laudun, de Tresques. ♃ Fl. juin-juillet.

2ᵉ gᵣₑ. **CRESSE.** — **CRESSA** (Lin. gen. 179.)

Calice à 5 sépales. Corolle en entonnoir, à 5 lobes. Étamines saillantes. Styles 2. Stigmate capité. Capsule à 1-2 loges, à 2 valves, ordinairement monosperme. Graine ovoïde-subanguleuse.

1. **C. cretìca** *Lin. sp.* 325; *Dec. fl. fr.* 3, *p.* 643; *Lamk. ill. t.* 183; *Lob. ic., t.* 383; *Alp. exot., p.* 156, *ic.* — Racine grisâtre, sinueuse, profonde, garnie de fibres grêles, blanchâtres. Tige de 6-15 centim., grêle, dressée ou couchée, très-rameuse; à rameaux tres-étalés, simples, les inférieurs rameux, disposés en panicule pyramidale. Feuilles petites, alternes, sessiles, rapprochées, ovales-aiguës, uninerviées, très-entières, arrondies à la base. Fleurs presque sessiles, axillaires et terminales, en grappes courtes ou en capitules. Calice à lobes ovales-lancéolés, plus courts que la corolle et la capsule. Corolle *blanche,* à lobes ovales-lancéolés, aigus, lilas au sommet, glabres à l'extérieur, réfléchis en forme de console. Anthères lilas, puis blanches. Capsule ovoïde, barbue au sommet, contenant une seule graine rousse. Plante pubescente, blanchâtre.

Hab. les terrains salants à Bellegarde, Aigues-Mortes. ♃ Fl. août-sep
tembre.

3ᵉ gʳ. CUCUSTE. — CUSCUTA. (Tournef. inst. p. 652, t. 422.)

Calice à 5 lobes, rarement à 4. Corolle campanulée ou urcéolée, à 5 lobes, rarement à 4. Étamines 5, rarement 4, insérées
vers la base de la corolle et munies, au-dessous de leur insertion,
d'écailles pétaloïdes très-petites. Styles 1-2. Stigmates linéaires
ou capités. Capsule à 2 loges bispermes, *à déhiscence circulaire.*
Plantes parasites, volubiles, à tiges filiformes, dépourvues de
feuilles, adhérentes par de petits suçoirs aux plantes voisines,
dont elles se nourrissent après la perte de leurs racines, à fleurs
en grappes ou en capitules globuleux.

1. { Styles plus longs que l'ovaire...................... 2.
{ Styles plus courts que l'ovaire..................... 4.

2. { Graines rugueuses............................. TRIFOLII.
{ Graines lisses................................. 3.

3. { Étamines saillantes............................. EPITHYMUM
{ Étamines plus courtes que la corolle.............. ALBA.

4. { Styles 2 ; fleurs en capitules globuleux ; plante para-
{   site sur l'*urtica dioica*....................... EUROPÆA.
{ Style 1 ; fleurs en grappes ; plante parasite sur la
{   vigne.................................... MONOGYNA.

1. **C. EUROPÆA** *Lin. sp.* 180 *(excl. var. b.)*; *Mut. fl. fr.*,
t. 36, *fig.* 282; *C. major Dec. fl. fr.* 3, *p.* 644; *Coss. et Germ.*
fl. par. 261, *t.* 14, *fig. C.* — Tiges filiformes, *rameuses*, jaunes-
verdâtres, rarement rougeâtres, entre-croisées et entortillées
autour des plantes voisines. Fleurs blanches ou rosées, sessiles,
disposées en glomérules globuleux, nombreux, sessiles, munis
d'une bractée à la base. Calice campanulé, à tube *charnu et*
prolongé inférieurement, à lobes courts, obtus, plus courts que
la corolle ; celle-ci campanulée, à tube renflé, à lobes ovales,
un peu aigus, de la longueur du tube, *étalés, redressés au som-*
met. Étamines plus courtes que la corolle. Écailles très-minces,
palmées, appliquées contre le tube de la corolle. Styles 2, plus
courts que l'ovaire et la corolle, à stigmates divergents. Capsule
subglobuleuse, terminée en pointe. Graines lisses.

Cette plante, ainsi que les suivantes, porte les noms vulgaires de *barbe-*
de-moine, cheveux-de-Vénus, cheveux-du-diable, rache, rogne; en patois,
rasqua. Elle est apéritive, antiscorbutique: son suc est purgatif: inusitée
On la dit bonne contre les rhumatismes.

Hab., parasite, sur l'*urtica dioica*, le *cannabis sativa*, etc., aux environs
du Vigan, de Lanuejols ; elle manque dans la plaine. ☉ Fl. juin-août.

2. **C. EPITHYMUM** *Murr. in Lin. syst. veg.* 167; *Mut. fl. fr.*
t. 36, *fig.* 283; *Coss. et Germ. fl. par.* 261, *t.* 14, *fig. A*; *C.*
minor Dec. fl. fr. 3, *p.* 661; *Lamk. ill. t.* 88. — Tiges capillaires, très-rameuses, très-nombreuses, rapprochées, entre-

croisées, souvent rougeâtres. Fleurs roses, plus rarement blanches, sessiles, disposées en glomérules globuleux, sessiles,
beaucoup plus petits que dans l'espèce précédente, souvent très-
rapprochés, munis à leur base d'une bractée. Calice campanulé,
à lobes lancéolés, *étalés au sommet*. Corolle campanulée, dépassant le calice, à lobes *ovales, acuminés, étalés, puis réfléchis,
aussi larges que longs*, égalant la longueur du tube. Étamines
saillantes hors du tube de la corolle. Écailles larges, presque
rondes, incisées, *convergentes*, fermant le tube de la corolle,
cachant entièrement l'ovaire. Styles beaucoup *plus longs* que
l'ovaire et *dépassant les etamines*, à stigmates rougeâtres, *non
divergents*. Graines brunes, lisses.

Hab., parasite, sur le *thymus serpillum, th. vulgaris, medicago sativa,
trifolium pratense, calluna erica, artemisia campestris*, etc., dans tout le
département. ① Fl. juillet-août.

3. **C. TRIFOLII** *Babingt. et Gips. phyt.* 1, *p.* 467; *Godr. et
Gren. fl. fr.* 2, *p.* 505; *C. minor. B. Dec. prodr.* 9, *p.* 453. —
Cette espèce se distingue de la précédente : par ses fleurs plus
grandes, disposées en glomérules plus gros et plus serrés ; par
les lobes de son calice dressés, appliqués sur le tube de la corolle;
par les lobes de sa corolle plus longs que larges ; par ses écailles
plus étroites, laissant l'ovaire à découvert à travers les intervalles;
par ses styles divergents, ne dépassant jamais les étamines ; par
ses graines plus grosses, *rugueuses*, et enfin par le développement
circulaire de sa végétation abondante, faisant périr les plantes
qu'elle envahit; tandis que, dans la *C. epithymum*, le développement est vague, moins abondant, et qu'elle ne fait pas périr
les plantes qu'elle attaque.

Hab., parasite, sur le *trifolium pratense*, et plus particulièrement sur le
medicago sativa, dans tout le département. ① Fl. août-septembre.

4. **C. ALBA** *Presl. del. prag.* 87; *Godr. et Gren. fl. fr.* 2,
p. 505. — Tiges très-grêles, capillaires. Fleurs blanches; sessiles,
disposées en glomérules globuleux, sessiles, plus petits que ceux
de l'espèce précédente. Calice et corolle à 5 lobes presque obtus.
Étamines incluses, à anthères arrondies, d'abord rougeâtres, puis
brunâtres. Écailles lancéolées, dentées. Styles courts, filiformes,
un peu divergents ; stigmates linéaires.

Hab., parasite, sur diverses plantes, dans tout le département. ① Fl.
juillet.

5. **C. MONOGYNA** *Vahl. symb.* 2, *p.* 32; *Dec. fl. fr.* 5, *p.* 425;
Rchb. ic. t. 691; *Mut. fl. fr. t.* 37, *fig.* 285. — Tiges rameuses,
entortillées, épaisses, de 2 milim., souvent rougeâtres, chargées
de petits tubercules saillants. Fleurs violacées ou jaunâtres,
disposées, par petits paquets, en *grappes* interrompues, tantôt

courtes, tantôt allongées, rarement en glomérules, sessiles ou pédonculés; une bractée à la base de chaque pédicelle *presque nul*. Calice à lobes ovales-obtus, membraneux au sommet, atteignant le tiers de la corolle; celle-ci à tube *subcylindrique* pendant la floraison, à 5 dents *très-courtes*. Écailles à 2 lobes trifides, appliquées contre le tube de la corolle. Étamines non saillantes. Styles *soudés*, inclus; *un seul* stigmate à tête globuleuse. Capsule très-grosse, obovale, à 2 loges monospermes ou dispermes. Graines brunes, lisses, *très-grosses*.

Hab , parasite, sur la vigne, aux environs de Nîmes, de Manduel, d Beaucaire, et dans tous les quartiers de vignobles. ⊕ Fl. juillet–août.

LXXVIIᵉ Fᴀᴍ. **BORRAGINÉES.**

BORRAGINEÆ. (Juss. gen. 128, part.)

Fleurs hermaphrodites, ordinairement régulières. Calice libre, persistant, à 5 sépales soudés à la base ou dans une plus grande partie de leur longueur, non imbriqués dans le bouton. Corolle gamopétale, caduque, insérée sur le réceptacle, à 5 lobes alternes avec les sépales, à gorge nue ou fermée par des écailles. Étamines 5, ordinairement égales, insérées sur le tube ou sur la gorge de la corolle et alternes avec ses lobes, incluses, rarement saillantes; anthères bilobées, à déhiscence longitudinale. Ovaire libre, à 2-4 lobes uniloculaires, monospermes, du centre desquels s'élève un style simple, persistant, épaissi à sa base et formant une colonne qui le supporte. Stigmate entier ou bifide. Fruit formé de 4 carpelles secs, monospermes, indéhiscents, placés au fond du calice, libres ou soudés deux à deux. Graines suspendues. Périsperme nul; embryon droit; cotylédon foliacé. Plantes ordinairement herbacées, à feuilles alternes, souvent hérissées de poils raides, dilatés à leur base, à fleurs presque toujours disposées en grappes unilatérales, sur deux rangs, enroulées en dehors avant l'épanouissement.

1. { Corolle à gorge glabre ou velue, dépourvue d'écailles............ 2.
   { Corolle à gorge garnie d'écailles................. 9.

2. { Corolle irrégulière.......... 9ᵉ gʳ. ECHIUM.
   { Corolle régulière................. 3.

3. { Une dent entre les lobes de la corolle................. 15ᵉ gʳ. HELIOTROPIUM
   { Point de dents entre les lobes de la corolle................. 4.

4. { Fleurs jaunes, au moins au sommet................. 5.
   { Fleurs purpurines, bleues ou blanches................. 7.

5. 	{ Anthères dépassant la corolle : feuilles ovales, embrassantes...........	1er g^{re}. CERINTHE.
	{ Anthères incluses : feuilles sessiles, linéaires ou lancéolées-linéaires...........	6.

6. 	{ Corolle petite, pubescente : style inclus ; plante annuelle...........	LITHOSPERMUM-APULUM.
	{ Corolle assez grande, glabre : style saillant : plantes vivaces...........	7e g^{re}. ONOSMA.

7. 	{ Calice à 5 lobes peu profonds.	10e g^{re} PULMONARIA
	{ Calice à 5 lobes prolongés jusqu'à la base...........	8.

8. 	{ Carpelles ovoïdes ou trigones : tiges dressées...........	8e g^{re}. LITHOSPERMUM
	{ Carpelles contractés en col à la base : tiges couchées ou ascendantes...........	6e g^{re}. ALKANNA.

9. 	{ Filets des étamines munis d'un appendice : anthères saillantes...........	2e g^{re}. BORRAGO.
	{ Filets des étamines dépourvus d'appendices : anthères incluses...........	10.

10. 	{ Calice accru à la maturité...........	11.
	{ Calice non accru à la maturité...........	12.

11. 	{ Fleurs blanches en grappe terminale : calice fructifère régulier...........	5e g^{re}. NONEA.
	{ Fleurs ordinairement bleues, fasciculées-axillaires : calice fructifère irrégulier...........	14e g^{re}. ASPERUGO.

12. 	{ Écailles de la corolle lancéolées-subulées...........	3e g^{re}. SYMPHYTUM.
	{ Écailles de la corolle obtuses.	13.

13. 	{ Carpelles lisses, luisants....	11e g^{re} MYOSOTIS.
	{ Carpelles tuberculeux ou hérissés de pointes raides...........	14.

14. 	{ Carpelles finement tuberculeux...........	4e g^{re}. ANCHUSA.
	{ Carpelles hérissés de pointes raides...........	15.

15. 	{ Carpelles triquètres, hérissés sur les angles...........	12e g^{re}. ECHINOSPERMUM.
	{ Carpelles obovés ou arrondis, déprimés, hérissés sur toute leur surface...........	13e g^{re}. CYNOGLOSSUM.

1er g^{re}. MÉLINET. — CERINTHE. (Tournef. inst. p. 79, t. 56.)

Calice à 5 lobes inégaux, profonds. Corolle subcylindrique, un peu renflée supérieurement, à 5 dents, à gorge nue. Anthères hastées. Fruit formé de 2 carpelles biloculaires, ovales, subosseux, insérés sur le réceptacle par une base plane.

1. **C. ASPERA** *Roth. cat.* 1 , *p.* 33 ; *Dec. fl. fr.* 3 , *p.* 618 ; *Rchb. ic. crit.* 8, *fig.* 983 ; *Mut. fl. fr. t.* 37, *fig.* 288. — Racine brune, grêle, pivotante. Tige de 2-4 décim. , dressée ou ascendante, cylindrique, glabre, fistuleuse, simple ou peu rameuse au sommet, feuillée dans toute sa longueur. Feuilles *ciliées*, parsemées en dessus de petits tubercules blancs, dont plusieurs terminés par une soie blanche, raide, caduque ; les inférieures ovales-spatulées, atténuées en pétiole, souvent échancrées au sommet ; les supérieures ovales-oblongues, contractées inférieurement, puis dilatées à la base en 2 oreillettes larges , arrondies, embrassantes. Fleurs grandes, disposées en grappes courtes, unilatérales, courbées au sommet ; pédicelles courts, *dressés et écartés à la maturité*, munis, à leur base , d'une bractée large, ciliée. Calice à lobes inégaux, oblongs, ciliés , une ou deux fois plus courts que la corolle ; celle-ci jaune, souvent purpurine vers le milieu, terminée par 5 dents *larges, courtes, acuminées, réfléchies*. Anthères très-aiguës, aussi longues que leur filet, dépassant un peu la corolle ; style un peu plus long que les anthères. Carpelles gros, ovales, tronqués à la base, fauves, marbrés et ponctués de brun, terminés par 2 pointes courtes, obtuses, accolées. Souvent les sommités de la plante prennent une teinte d'un bleu rougeâtre.

Hab. les terrains sablonneux à Sommières, les sables marins à Sylvéréal, à Aigues-Mortes. (†) Fl. mai-juillet.

2° g^{re}. **BOURRACHE. — BORRAGO.** (Tournef. inst. p. 133, t. 53.)

Calice à 5 lobes. Corolle rotacée , à gorge fermée par 5 écailles glabres, échancrées, à limbe à 5 lobes. Filets des étamines munis *d'un appendice oblong , dressé ;* anthères saillantes, rapprochées en forme de cône. Fruit formé de 4 carpelles uniloculaires , non soudés, insérés sur le réceptacle par une base creuse, à rebord saillant.

1. **B. OFFICINALIS** *Lin. sp.* 197 ; *Dec. fl. fr.* 3 , *p.* 638 ; *Blackw. t.* 36 ; *Lamk. ill. t.* 94 ; *Lob. ic. t.* 575, *fig.* 1. — Racine blanche , pivotante ou rameuse, tendre , épaisse , longue. Tige de 3-5 décim. , *épaisse*, fistuleuse , succulente, droite, rameuse, hérissée de longs poils raides, tuberculeux à la base, ainsi que les feuilles ; celles-ci ridées , ciliées ; les inférieures très-amples, ovales, longuement pétiolées ; les supérieures oblongues, contractées inférieurement, puis dilatées, embrassantes. Fleurs bleues ou roses, rarement blanches, disposées en grappes simples ou géminées, axillaires et terminales, formant un corymbe général, lâche. Pédicelles hérissés, allongés, courbés au sommet

après la floraison. Calice à lobes linéaires, très-hérissés, *connivents après la chute des fleurs*. Corolle assez grande, à lobes *étalés*, lancéolés-aigus. Carpelles noirâtres, oblongs, ridés-tuberculeux.

Cette plante, connue sous le nom patois de *bourrage*, est d'un très-grand usage comme émolliente, diurétique et diaphorétique, tant pour les hommes que pour les bestiaux. Les fleurs de bourrache servent à décorer les salades, conjointement avec celles de la capucine.

Hab., subspontanée, dans les champs cultivés, le long des murs, dans tout le département. ⊙ Fl. avril-juillet.

3e gre. CONSOUDE. — SYMPHYTUM. (Tournef. inst. p. 138, t. 56.)

Calice à 5 lobes profonds. Corolle tubuleuse-campanulée, à gorge garnie de 5 écailles lancéolées-subulées, conniventes, dentées-glanduleuses aux bords, à tube droit, allongé, terminée par 5 lobes courts. Étamines incluses, à filets sans appendices. Fruit formé de 4 carpelles uniloculaires, libres, insérés sur le réceptacle par une base creuse, à rebord épais, plissé, saillant.

1. { Tige rameuse : feuilles fortement décurrentes ; racine non tuberculeuse.............................. OFFICINALE.
Tige simple : feuilles peu ou point décurrentes ; racine tuberculeuse.............................. TUBEROSUM. }

1. **S. officinale** *Lin. sp.* 195 ; *Dec. fl. fr.* 3, *p.* 628 ; *Lamk. ill. t.* 93 ; *Fl. dan. t.* 664 ; *Fuchs. hist.* 695, *ic.* ; *Drèves et Hayne, pl. d'Eur. t.* 30. — Racine *épaisse*, *charnue*, *rameuse*, brune en dehors, blanche intérieurement. Tiges de 3-5 décim., droites, robustes, anguleuses-ailées, hérissées de poils dirigés en bas, rameuses supérieurement. Feuilles rudes, fermes, garnies de poils courts, plus longs sur les nervures ; les inférieures très-amples, oblongues-lancéolées, longuement pétiolées ; les supérieures lancéolées, acuminées, atténuées vers la base, sessiles, longuement décurrentes sur la tige. Fleurs blanchâtres ou purpurines, pédicellées, penchées, disposées en grappes courtes, pédonculées, terminales et latérales. Calice à lobes étroits, lancéolés, acuminés, hérissés. Corolle assez grande, à lobes courts, triangulaires, *réfléchis en dehors*, 2 fois plus longue que le calice. Écailles incluses. Filets des étamines de moitié plus courts que les anthères. Carpelles ovoïdes, un peu pointus, carénés à la face interne, noirs, *lisses et luisants*, à insertion oblique.

Cette plante porte le nom vulgaire de *grande consoude* ; en patois, *consola major*. Ses racines et ses feuilles sont mucilagineuses, astringentes et vulnéraires.

Hab. les prairies humides, les bords des fossés, à Lafoux, St-Gilles, Candilhac. ♃ Fl. avril-août.

2. **S. tuberosum** *Lin. sp.* 195 ; *Dec. fl. fr.* 3, *p.* 628 ; *Jacq. austr. t.* 225 ; *Clus. hist.* 2, *p.* 166, *fig.* 1 ; *Cam. epit. p.* 701, *ic.*

— Racine *blanchâtre* extérieurement, *oblique*, *charnue*, *tuber-culeuse, tronquée*, garnie de fibres. Tige de 2-4 décim., dressée, striée, grêle, un peu hérissée, simple ou bifide au sommet. Feuilles minces, un peu rudes, couvertes de poils courts; les inférieures ovales, atténuées en pétiole court, plus petites que les supérieures; celles-ci oblongues-lancéolées, sémi-décurrentes. Fleurs jaunâtres, pédicellées, penchées, disposées en grappes courtes, terminales, pédonculées, dépourvues de feuilles. Calice hérissé, à lobes linéaires-lancéolés-aigus, atteignant le tiers de la corolle; celle-ci comme dans la précédente, ainsi que les écailles et les anthères. Carpelles noirs, globuleux-trigones, obtus, *tuber-culeux*, à base couronnée par de petites pointes.

Hab. les bois et les prairies humides, au Vigan, à Alais, Anduze, aux bords du Gardon, près de St-Nicolas. 2ᶜ Fl. avril-juin.

4ᵉ gᵉ. BUGLOSSE. — ANCHUSA. (Lin. gen. 182.)

Calice à 5 lobes profonds. Corolle *en entonnoir ou en soucoupe*, à gorge garnie de 5 écailles obtuses, hérissées, conniventes, sail-lantes, à tube allongé, droit ou courbé, à 5 lobes. Étamines *incluses*, à filets *dépourvus d'appendices*. Fruit formé de 4 car-pelles libres, uniloculaires, insérés sur le réceptacle par une base creuse, à rebord plissé, saillant.

1. { Tube de la corolle droit, plus court que le calice. 2.
   { Tube de la corolle courbé, plus long que le calice. ARVENSIS.

2. { Feuilles lancéolées. allongées: lobes du calice
     linéaires, très-longs..................... ITALICA.
   { Feuilles ovales, larges, courtes; lobes du calice
     ovales-lancéolés..................... SEMPERVIRENS.

1. **A. ITALICA** *Retz. obs.* 1, *p.* 12; *Dec. fl. fr.* 3, *p.* 631; *Fuchs. hist., p.* 343, *ic.; Trag. stirp.* 232, *ic.* — Racine très-épaisse, très-profonde, souple, rameuse, brune à l'extérieur, blanche à l'intérieur. Tiges de 3-8 décim., solitaires ou partant plusieurs de la même souche, droites ou dressées, rameuses, hérissées de poils blancs, raides et piquants, tuberculeux, ainsi que les feuilles et les calices. Feuilles très-rudes, ovales-lancéo-lées, acuminées, ordinairement ondulées sur les bords; les infé-rieures insensiblement atténuées en pétiole; les supérieures sessi-les. Fleurs d'un beau bleu d'azur, rarement blanches ou rosées, assez grandes, solitaires au sommet de pédicelles épais, dilatés vers le sommet, égaux au calice ou plus longs que lui, tous dres-sés à la maturité, disposés unilatéralement en grappes allongées; souvent géminées; bractées linéaires-lancéolées, acuminées, ordi-nairement plus courtes qu'eux. Calice à 5 lobes linéaires, acumi-nés, *dépassant le tube de la corolle*; celle-ci à tube droit, dilaté, à 5 lobes ovales-arrondis. Carpelles gros, grisâtres, ventrus exté-rieurement, munis de petits tubercules et de plis irréguliers très-saillants.

Cette plante, connue sous les noms vulgaires de *bourrache bâtarde, fausse bourrache*, en patois *bourragé*, est émolliente, diurétique, expectorante; on la substitue à la *bourrache*.

Hab. les vignes et les champs cultivés, dans tout le département. ♃ Fl. mai–septembre.

2. **C. SEMPERVIRENS** *Lin. sp.* 192; *Dec. fl. fr.* 3, *p.* 633; *Lob. ic.* 575, *adv.* 247, *ic.*; *Tabern. ic.* 419, *fig.* 1. — Racine épaisse, profonde, rameuse, brune à l'extérieur, blanche à l'intérieur. Tiges de 3-6 décim., solitaires ou partant plusieurs de la même souche, dressées, hérissées, rameuses supérieurement. Feuilles minces, d'un vert foncé, un peu pâles en dessous, velues, légèrement rudes, ovales, acuminées, entières; les radicales très-amples, pétiolées, à limbe un peu décurrent sur le pétiole, souvent persistantes; les caulinaires inférieures brièvement pétiolées; les supérieures sessiles, presque cordées à la base. Fleurs bleues, petites, brièvement pédicellées, disposées en grappes courtes géminées, avec une fleur brièvement pédicellée, placée au fond de la bifurcation; pédoncules communs, nus, axillaires, presque aussi longs que les feuilles, munis à leur sommet de 2 grandes bractées lancéolées, et d'autres à la base des pédicelles plus petites et plus courtes que le calice; celui-ci à 5 lobes ovales-lancéolés, aigus, plus longs que le tube de la corolle dont le limbe est à 5 lobes courts, arrondis, et la gorge garnie d'écailles, brièvement poilue. Carpelles bruns, finement ponctués, irrégulièrement plissés, non courbés au sommet.

Hab. dans les haies, le long des murs au Vigan, à Galary, près d'Aulas. ♃ Fl. mai–juillet.

3. **A. ARVENSIS** *Biebr. taur.-cauc.* 1, *p.* 123; *Godr. et Gren. fl. fr.* 2, *p.* 515; *Hycopsis arvensis Lin. sp.* 199; *Dec. fl. fr.* 3, *p.* 634; *Fl. dan. t.* 435; *Fuchs. hist.* 269, *ic.*; *Dod. pempt.* 628, *fig.* 2; *Lamk. ill. t.* 92. — Racine pivotante. Tiges de 2-4 décim., droites, rameuses, hérissées de poils raides. Feuilles lancéolées, aiguës ou obtuses, hérissées, très-rudes, sinuées-ondulées; les inférieures rétrécies en pétioles; les supérieures sessiles, demi-embrassantes. Fleurs petites, bleues, rarement blanches, disposées en grappes bifurquées, axillaires et terminales, lâches et allongées à la maturité. Pédicelles plus courts que le calice, inclinés, puis dressés, munis à leur base d'une bractée lancéolée, plus longue que le calice dans les fleurs inférieures, plus courte que lui ou l'égalant dans les supérieures. Calice à 5 lobes lancéolés, accrus à la maturité très-hispides. Corolle à tube grêle, courbé supérieurement, dépassant les lobes du calice, à limbe oblique, à 5 lobes courts, arrondis, et à gorge garnie d'écailles poilues. Carpelles petits, bruns, finement ponctués, irrégulièrement plissés, courbés au sommet du côté interne.

Cette plante porte les noms vulgaires de *petite buglosse*, de *grippe des champs*, de *lycopside*; ses fleurs sont pectorales et un peu sudorifiques.

Hab. les terrains sablonneux, dans tout le département. (I) Fl. avril-septembre.

5° g^{re}. **NONÉE. — NONEA.** (Medik. phil. bot. 1, p. 31.)

Calice à 5 lobes profonds, accrus à la maturité. Corolle en entonnoir, à tube droit, plus long que le calice, à 5 lobes, munie, au-dessous de la gorge, de 5 petites écailles barbues. Étamines incluses, à filets dépourvus d'appendice. Fruit formé de 4 carpelles libres, uniloculaires, insérés sur le réceptacle par une base creuse, à rebord plissé, saillant.

1. **N. alba** *Dec. fl. fr. 5, p. 420; Godr. et Gren. fl. fr. 2, p. 515; Anchusa ventricosa Sibth et Sm. fl. gr. t.* 169. — Racine pivotante. Tiges de 1-4 décim., droites; les latérales ascendantes, simples ou peu rameuses. Feuilles oblongues-linéaires, ondulées sur les bords, hérissées, ainsi que la tige et les calices, de poils blancs raides; les inférieures rétrécies en pétiole; les supérieures sessiles, un peu élargies à la base, presque embrassantes. Fleurs petites, blanches, disposées, au sommet de la tige et des rameaux, en grappes courtes, lâches à la maturité, presque toujours bifurquées. Pédicelles courts, arqués ou dressés à la maturité, munis à leur base, du côté opposé, d'une bractée linéaire-lancéolée, dépassant la fleur ou l'égalant. Calice renflé à la base à la maturité, à lobes lancéolés, à la fin rapprochés au sommet. Corolle un peu plus longue que le calice. Carpelles ovoïdes, noirâtres, irrégulièrement plissés, réticulés, pointus au sommet, pubescents à l'ombilic.

Hab. les terrains sablonneux, à Beaucaire, au château de St-Roman, aux bords du Rhône à Vallabrègues, aux bords du Gardon, entre St-Nicolas et la Beaume. (I) Fl. mai-juin.

6° g^{re}. **ALKANNE. — ALKANNA.** (Tausch. in fl. od. bot. Zeit. (1824). p. 234.)

Calice à 5 lobes profonds. Corolle en *entonnoir* à 5 lobes, à tube velu intérieurement à la base, à gorge *ouverte, munie, au-dessous du milieu du tube, de 5 plis calleux, glabres*. Étamines incluses. Fruit formé de 4 carpelles libres, réniformes, uniloculaires, insérés, sur le réceptacle, par une base plane, séparée du carpelle par *un étranglement*.

1. **A. tinctoria** *Tausch. l. c. excl. syn. Lin.; Godr. et Gren. fl. fr. 2, p. 516; Lithospermum tinctorium Lin. sp. ed. 1, p. 132; Dec. fl. fr. 3, p. 624; Anchusa monspel. J. Bauh. hist. 3, p. 584, ic.* — Racine d'un pourpre brun à l'extérieur, épaisse, longue, cylindrique, peu rameuse, à souche rameuse, donnant

naissance à des tiges nombreuses de 1-3 décim., couchées ou ascendantes circulairement, très-feuillées, simples ou peu rameuses, couvertes de poils un peu raides, ainsi que les feuilles; celles-ci lancéolées, étroites, obtuses; les inférieures atténuées en pétioles; les supérieures sessiles-embrassantes. Fleurs bleues ou purpurines, très-rarement blanches, disposées en grappes bifurquées, terminales, lâches et allongées à la maturité. Pédicelles courts, munis, à leur base, d'une bractée lancéolée, dépassant les fleurs inférieures et égalant les supérieures. Calice à lobes linéaires-acuminés, accrus et étalés-dressés à la maturité. Corolle *à gorge pubescente*, à tube dépassant un peu le calice, à lobes arrondis. Carpelles grisâtres, fortement courbés en dedans, *tuberculeux-crevassés*. Plante d'un aspect vert blanchâtre.

Cette plante porte le nom vulgaire d'*orcanette*: sa racine est astringente. Elle est employée, par les pharmaciens, pour donner une couleur rose à leurs huiles et à leurs pommades, de même que les parfumeurs. Sa racine sert comme fard.

Hab. Les terrains sablonneux, dans les bois de Broussan, près de Nîmes; aux bords du Gardon, près de St-Nicolas, à Tresques, à Villeneuve-lez-Avignon. ♃ Fl. mai-juin.

7e g^{re}. ORCANETTE. — ONOSENA. (Lin. gen. 187.)

Calice à 5 lobes profonds. Corolle régulière, *tubuleuse*, *nue à la gorge*, à 5 dents courtes. Anthères incluses ou saillantes. Fruit formé de 4 carpelles libres, uniloculaires, ovoïdes-trigones, insérés sur le réceptacle par une base plane, sans étranglement au-dessus.

1. **O. ECHINOIDES** *Lin. sp.* 196; *Dec. fl. fr.* 3, *p.* 627; *Jacq. austr. t.* 295; *Lamk. ill. t.* 93; *Clus. hist.* 2, *p.* 165, *ic.*; *Cam. epit. p.* 736, *ic.*; *O. arenaria Waldst. et Kit. pl. hung.* 3, *p.* 308, *t.* 279. — Racine d'un rouge violet, épaisse, tortueuse, profonde, à souche rameuse, à rameaux courts, donnant naissance à des rosettes de feuilles et à des tiges fleuries de 2-4 décim., ascendantes, très-feuillées, simples ou peu rameuses au sommet, hérissées, ainsi que les feuilles, de longs poils blancs ou jaunâtres, raides, tuberculeux à la base. Feuilles radicales, longues, linéaires-lancéolées, souvent obtuses, rétrécies en pétiole; les supérieures sessiles. Fleurs d'un jaune blanchâtre, assez grandes, à pédicelles courts, munis, à leur base, d'une bractée lancéolée, acuminée, atteignant la longueur du calice, disposées en grappes terminales, simples ou bifurquées, allongées à la maturité. Calice à lobes linéaires, étroits. Corolle pubescente en dehors, élargie de la base au sommet, dépassant le calice d'un quart, terminée par 5 dents larges, triangulaires, obtuses, étalées. Étamines incluses ou saillantes, à anthères beaucoup plus longues que les filets, échancrées au sommet. Stigmate entier ou presque entier.

Carpelles luisants, verdâtres, tachetés de noir, à angle extérieur arrondi. Plante très-rude au toucher.

Même qualité que l'*alkanna tinctoria* : sa racine sert comme fard.

Hab. les terrains arides et sablonneux, dans tout le département. ♃ Fl. mai-juillet.

8ᵉ gʳᵉ. **GRÉMIL. — LITHOSPERMUM.** (Tournef. inst. p. 137, t. 55.)

Calice à 5 lobes profonds. Corolle en entonnoir, à tube droit, à gorge ouverte, nue ou à 5 plis, souvent pubescents, à limbe 5-lobé. Étamines incluses. Carpelles 4-5, ovoïdes ou trigones, insérés sur le réceptacle par une base plane, sans étranglement au-dessus, uniloculaires, libres, lisses ou rugueux.

1.	Corolle blanche ou jaune, dépassant peu le calice... 2. Corolle purpurine, bleue ou violette, dépassant beaucoup le calice... 4.	
2.	Corolle jaune ; plante de 8-12 centim.. **APULUM**. Corolle blanche ou blanchâtre ; plante de 3-6 décim... 3.	
3.	Carpelles fauves, tuberculeux......... **ARVENSE**. Carpelles blancs, lisses, luisants...... **OFFICINALE**.	
4.	Tige frutescente.................... **FRUTICOSUM**. Tiges herbacées.................... **PURPUREO-CÆRULEUM**	

1. **L. FRUTICOSUM** *Lin. sp.* 190 ; *Dec. fl. fr.* 3, *p.* 625 ; *Garid. aix. t.* 15 ; *Barr. ic. t.* 1168. —Racine noirâtre, ligneuse, rameuse, assez profonde. Tige de 1-2 décim., buissonnante, dressée, tortueuse, très-rameuse, nue et glabre dans le bas, à rameaux grisâtres, velus ou hérissés. Feuilles d'un vert tendre, de 1-1 1/2 centim., linéaires, hérissées, en dessus, de poils raides tuberculeux, couvertes en dessous de poils couchés, uninerviées, roulées en dessous par les bords. Fleurs assez grandes, passant du pourpre au violet, solitaires, axillaires, brièvement pédicellées, rapprochées au sommet des rameaux en grappes courtes pauciflores. Calice hérissé-tuberculeux, à lobes linéaires, un peu accrus à la maturité. Corolle 2 fois de la longueur du calice, *glabre en dehors et à la gorge*, à tube insensiblement élargi de la base au sommet, à lobes ovales plus ou moins obtus. Étamines incluses. Stigmate entier. Carpelles blanchâtres, oblongs, courbés du côté interne, amincis et obtus au sommet, très-finement chagrinés.

Hab. les terrains arides aux environs de Nimes, d'Uzès, de Tresques, d'Anduze, où il est très-rare. ♄ Fl. mai-juin.

2. **L. PURPUREO-CÆRULEUM** *Lin. sp.* 190 ; *Dec. fl. fr.* 3, *p.* 624 ; *Jacq. austr. t.* 11 ; *Clus. hist.* 2, *p.* 163, *fig.* 2. — Racine brune, dure, rameuse, à souche rameuse, donnant naissance à des tiges stériles, allongées, radicantes, et à des tiges fertiles de 3-5 décim., dressées, grêles, simples ou peu rameuses

supérieurement, feuillées dans toute son étendue, finement velues, ainsi que les feuilles; celles-ci d'un vert foncé en dessus, d'un vert pâle en dessous, lancéolées-aiguës, rétrécies à la base, un peu rudes, uninerviées; les inférieures très-petites, rétrécies en pétiole court et large, ordinairement détruites à la floraison. Fleurs grandes, purpurines, puis d'un beau bleu, brièvement pédicellées, disposées en petites grappes feuillées, ordinairement géminées, *allongées* à la maturité. Calice velu, à lobes étroits, linéaires-aigus, accrus à la maturité, beaucoup plus longs que les pédicelles. Corolle environ 2 fois de la longueur du calice, velue à l'extérieur, à gorge légèrement pubescente, à lobes ovales-obtus. Étamines incluses, insérées *au-dessous de la gorge;* anthères petites. Carpelles assez gros, ovoïdes, blancs, luisants.

Hab. les haies et les bois frais, dans tout le département. ♃ Fl. avril-juin.

3. **L. OFFICINALE** *Lin. sp.* 189 ; *Dec. fl. fr.* 3, *p.* 623 ; *Lamk. ill. t.* 91 ; *Fl. dan. t.* 1084 ; *Lob. ic.* 457. — Racine d'un brun rougeâtre, épaisse, dure, profonde, à souche rameuse, d'où sortent plusieurs tiges de 4-8 décim., droites, raides, *très-rameuses,* couvertes de poils appliqués, tuberculeux à la base, rudes au toucher. Feuilles lancéolées-acuminées, un peu fermes, d'un vert foncé en dessus, plus pâles en dessous, couvertes sur les deux faces de poils appliqués, glanduleux, rudes au toucher, à nervures principales et secondaires très-saillantes sur la face inférieure; les caulinaires sessiles, occupant toute la tige; les radicales détruites à la floraison. Fleurs petites, d'un blanc jaunâtre, presque sessiles, disposées en grappes courtes, géminées ou ternées au sommet de la tige et des rameaux, allongées à la maturité, portant une fleur isolée entres les bifurcations. Calice velu, à lobes linéaires-*obtus,* peu accrus à la maturité, presque aussi longs que le tube de la corolle; celle-ci pubescente à l'extérieur et à la gorge, à lobes petits, ovales-obtus. Étamines incluses, insérées vers le milieu de la corolle. Carpelles ovoïdes, *lisses, luisants,* d'un beau blanc, très-durs.

Cette plante porte les noms vulgaires de *perlière,* d'*herbe aux perles;* en patois, *grana-de-caia.* Ses graines passent pour diurétiques et anticalculeuses. quelques personnes prennent les feuilles et les sommités en guise de thé.

Hab. les haies, les bois, les bords des eaux, dans tout le département. ♃ Fl. mai-juillet.

4. **L. ARVENSE** *Lin. sp.* 190 ; *Dec. fl. fr.* 3, *p.* 623 ; *Fl. dan.* 456 ; *Col. ecphr.* 1, 185, *fig.* 2 ; *Cam. epit.* 660, *ic.; Tabern. ic., t.* 849, *fig.* 2. — Racine grêle, pivotante, d'un brun rougeâtre. Tige ordinairement droite, de 2-4 décim., plus ou moins rameuse, couverte, ainsi que les feuilles, de poils raides, glanduleux à leur base, appliqués. Feuilles lancéolées, sessiles, à une nervure saillante à la face inférieure; les inférieures oblongues, atténuées en

pétiole. Fleurs petites, blanches, brièvement pédicellées, disposées
en grappes terminales, géminées ou ternées, d'abord courtes, puis
très-longues, portant une fleur isolée entre les bifurcations. Calice hérissé, à lobes linéaires-aigus, accrus à la maturité. Corolle
velue extérieurement, à gorge glabre, à tube dépassant peu les
lobes du calice. Limbe à lobes ovales-obtus. Étamines incluses,
insérées sur la moitié inférieure du tube de la corolle. Carpelles
fauves, luisants, très-adhérents, ovoïdes-trigones, terminés en
pointe obtuse, couverts de *tubercules* saillants. Plante d'un vert
grisàtre, rude au toucher.

L'écorce de la racine de cette plante sert, dans le Nord, pour colorer le
beurre ; on la nomme *charée, nivelle sauvage.*

Hab. les champs cultivés, les vignes, dans tout le département. ① Fl.
avril–juin.

5. **L. APULUM** *Vahl. symb.* 2, *p.* 52 ; *Dec. fl. fr.* 3, *p.* 624 ;
Myosotis apula Lin. sp. 189 ; *Sibth et Sm. fl. Grœc., t.* 158 ;
Colum. ecphr. p. 185, *fig.* 1. — Racine brunâtre, grèle, pivotante. Tiges de 5-12 centim., tantôt solitaires, tantôt partant plusieurs du collet de la racine, simples ou rameuses souvent au
sommet, la centrale droite, les latérales ascendantes ; couvertes,
ainsi que les feuilles, de poils blancs, hérissés, glanduleux à
leur base. Feuilles linéaires-aiguës, peu étalées, à une nervure
longitudinale ; les inférieures atténuées en pétiole. Fleurs petites,
jaunes, presque sessiles, disposées unilatéralement en grappes
terminales, géminées ou ternées, ne s'allongeant pas trop après
la floraison. Bractées lancéolées, dépassant les fleurs. Calice
hérissé, à lobes linéaires-lancéolés, accrus à la maturité. Corolle
pubescente à la gorge et à l'extérieur, à lobes ovales-obtus, à
tube un peu plus long que les lobes du calice. Étamines insérées
sur la moitié inférieure du tube de la corolle. Anthères mutiques.
Carpelles petits, très-adhérents, fauves, souvent marbrés de
noir sur la face convexe ; luisants, ovoïdes-trigones, terminés
en pointe obtuse, tuberculeux sur les deux angles externes et
sur les deux faces internes.

Hab. les lieux arides et sablonneux, aux environs de Nimes, de S¹-Gilles,
de Bellegarde, d'Aigues-Mortes, dans le bois de Broussan. ① Fl. mai-juin

9ᵉ gʳᵉ **VIPÉRINE.** — **ECHIUM.** (Tournef. inst., p. 535, t. 54.)

Calice à 5 lobes profonds. Corolle *irrégulière, en entonnoir,*
à limbe oblique, presque labié, à 5 lobes arrondis, inégaux, *à
gorge dilatée, nue.* Étamines souvent saillantes hors de la corolle,
à filets inégaux, courbés, ascendants. Carpelles 4, libres, uniloculaires, rugueux, ovoïdes ou turbinés, insérés sur le réceptacle par une base plane, *sans étranglement* au-dessus.

1. { Filets des étamines glabres : feuilles à nervure
        dorsale seule apparente...................... 2.
     Filets des étamines velus vers le sommet ; feuilles
        à nervures latérales plus ou moins saillantes 3.

2. { Fleurs blanches ou rosées : rameaux ordinaire-
        ment disposés en pyramide.................... ITALICUM.
     Fleurs bleues : rameaux disposés en panicule
        allongée..................................... VULGARE.

3. { Feuilles inférieures insensiblement atténuées en
        pétioles , à nervures latérales peu saillantes :
        étamines égales à la corolle................. CRETICUM.
     Feuilles inférieures brusquement atténuées en
        pétioles , à nervures latérales très-saillantes ;
        étamines saillantes.......................... PLANTAGINEUM.

1. **E. ITALICUM** *Lin. sp.* 139 ; *Godr. et Gren. fl. fr.* 2, *p.* 521 ;
E. pyrenaicum Dec. fl. fr. 3, *p.* 621. — Racine d'un brun foncé,
dure, épaisse, pivotante. Tige de 5-10 décim., robuste, droite,
raide, rameuse dès la base, à rameaux nombreux, étalés-dressés,
décroissant en pyramide, les inférieurs très-longs, très-rude,
hérissée, ainsi que les feuilles, de poils longs, piquants, *très-
étalés*, blancs ou jaunâtres, tuberculeux ; quelquefois les rameaux sont très-courts et forment une panicule longue et étroite
(*E. altissimum Jacq. austr.* 5, *p.* 35, *t.* 161). Feuilles linéaires-
lancéolées-aiguës, *à une nervure longitudinale saillante ;* les
radicales très-longues, atténuées vers la base, étalées sur la terre
en rosette très-ample ; celles de la seconde année souvent détruites
à la floraison ; les caulinaires sessiles, *un peu atténuées à la base.*
Fleurs blanches ou rosées, presque sessiles, disposées en grappes
unilatérales, terminales et latérales, nombreuses, simples, géminées ou ternées. Calice très-hérissé, à lobes linéaires-aigus,
dressés, de moitié plus courts que la corolle ; celle-ci petite,
pubescente à l'extérieur avec quelques poils sur les angles, à
limbe obliquement tronqué, à lobes inégaux, obtus. Étamines
très-saillantes, à filets glabres. Carpelles bruns, trigones, terminés en pointe obtuse, renflés sur les deux angles extérieurs,
irrégulièrement tuberculeux, à insertion un peu concave.

Hab. les terrains incultes, dans toute la partie basse du département,
remonte jusqu'à St-Ambroix, Anduze, Bessége. ② Fl. mai-juillet

2. **E. VULGARE** *Lin. sp.* 200 ; *Dec. fl. fr.* 3, *p.* 621 ; *Fl. dan.,*
t. 445 ; *Lamk. ill., t.* 94, *fig.* 1 ; *Clus. hist.* 2, *p.* 163, *fig. inf.;*
Math. (valgr.), p. 996, *ic.* — Racine d'un brun noirâtre, épaisse,
pivotante, profonde. Tige de 3-8 décim., droite, raide, robuste,
simple ou rameuse, couverte de poils longs, blancs, *étalés,*
presque piquants, insérés sur des tubercules blancs ou noirâtres,
chargée en outre de petits poils dirigés en bas. Feuilles couvertes
de poils couchés, tuberculeux, à une nervure longitudinale,
saillante ; les radicales étroites, lancéolées-aiguës ou un peu

obtuses, atténuées inférieurement, étalées en rosette sur la terre ; les caulinaires lancéolées-linéaires, atténuées à la base, plus courtes et plus étroites, les supérieures sessiles. Fleurs bleues, rarement blanches ou rosées, presque sessiles, disposées en grappes unilatérales, axillaires et terminales, formant ensemble *une panicule étroite, allongée*. Calice hispide, à lobes linéaires-aigus, dressés, de moitié plus courts que la corolle, quelquefois presque de sa longueur. Corolle pubescente à l'extérieur, velue sur les angles, à limbe obliquement tronqué, à lobes inégaux, ovales-obtus. Étamines très-saillantes, à filets glabres. Carpelles petits, bruns, trigones, terminés en pointe, parsemés de tubercules.

Cette plante porte les noms vulgaires *d'herbe aux vipères, langue-d'oie* : ses feuilles et ses sommités sont émollientes, béchiques ; inusitées.

Hab. les lieux incultes et arides, dans tout le département. ♃ Fl. mai-juillet.

3. **E. CRETICUM** *Lin. sp.* 200 ; *Dec. prodr.* 10, *p.* 22 ; *E. australe Lamk. dict.* 8, *p.* 672 ; *Dec. fl. fr.* 3, *p.* 622 ; *Sibth. et Sm. fl. græc., t.* 183. — Racine brune. Tiges de 2-4 décim., nombreuses, dressées-ascendantes, rameuses dès la base, parsemées de poils blancs, raides, *étalés*, assez longs, tuberculeux à la base, couvertes en outre de petits poils fins, dirigés en bas. Feuilles garnies de poils courts, couchés, tuberculeux, débordant la feuille, à nervure principale saillante, les latérales *très-peu* ; les inférieures ovales ou lancéolées, rétrécies aux deux bouts ; les supérieures oblongues, aiguës, sessiles, *atténuées à la base*. Fleurs d'abord rougeâtres, puis bleues, disposées en grappes terminales, grêles, flexueuses, simples ou géminées, *allongées* à la maturité. Calice très-hispide, à lobes dressés, linéaires-aigus, de moitié plus courts que la corolle ; celle-ci *étroite*, un peu courbée supérieurement, pubescente à l'extérieur, mais plus fortement sur les angles, à limbe *peu dilaté*, obliquement tronqué, à lobes arrondis. Étamines ne dépassant pas la corolle, à filets portant quelques poils écartés au sommet. Carpelles trigones, terminés en pointe obtuse, *carénés sur le dos*, tuberculeux.

Hab. les lieux rocailleux, à Beaucaire. ♁ Fl. juin-juillet.

4. **E. PLANTAGINEUM** *Lin. mant.* 202 ; *Dec. fl. fr.* 3, *p.* 622 ; *E. violaceum Dec. l. c. ; Barr. ic. t.* 1026 ; *Sibth. et Sm. fl. græc. t.* 179. — Racine d'un brun rougeâtre, épaisse, pivotante ou rameuse, à souche donnant naissance à plusieurs tiges, rarement à une seule, de 2-5 décim. ; la centrale dressée ; les latérales ascendantes, un peu rameuses au sommet, couvertes de poils *fins, étalés*, souvent légèrement renflés à la base. Feuilles abondamment couvertes de poils mous, soyeux, appliqués, débordant la feuille, à peine tuberculeux à la base, munies à la face infé-

rieure *de nervures très-prononcées ;* les radicales ovales ou oblongues, obtuses, contractées en pétiole plus ou moins brusquement, disposées en rosette étalée sur la terre, ayant quelque ressemblance avec celles du *plantago major ;* les caulinaires lancéolées, sessiles ; les plus supérieures *dilatées-cordiformes à leur base, demi-embrassantes.* Fleurs violettes, grandes, disposées en grappes simples, formant une *panicule lâche.* Calice velu, à lobes lancéolés, acuminés, dressés. Corolle 2-3 fois de la longueur du calice, un peu courbée, munies, à l'extérieur et au sommet, de quelques poils longs, écartés, a limbe brusquement élargi, obliquement tronqué, à lobes arrondis. Étamines, 3 incluses, 2 exsertes, à filets munis de quelques poils écartés. Carpelles grisâtres, puis noirs, trigones, déprimés sur le dos, terminés en pointe comprimée, obtuse, couverts de *tubercules lamelleux,* blancs au sommet.

Hab. les terrains stériles, sablonneux, aux bords des chemins, à Garon, à Broussan, Cignan, Campagnes, près de Nîmes. ♃ Fl. juin-juillet.

10ᵉ gʳᵉ. **PULMONAIRE. — PULMONARIA.** (Tournef. inst. p. 136, t. 55.)

Calice tubuleux, puis campanulé, à 5 angles et à 5 lobes. Corolle en entonnoir, à 5 lobes égaux, à gorge garnie de 5 pinceaux de poils, à tube droit. Étamines incluses, égales. Carpelles 4, libres, lisses, subturbinés, insérés sur le réceptacle par une surface un peu excavée, avec un étranglement au-dessus. Plantes vivaces, herbacées, très-variables dans les feuilles et dans les fleurs.

1.	Tube de la corolle glabre intérieurement, au-dessous d'un cercle de poils : feuilles longuement lancéolées......................	ANGUSTIFOLIA.
	Tube de la corolle velu intérieurement, au-dessous d'un cercle de poils : feuilles brièvement lancéolées......................	2.
2.	Feuilles des jets non florifères contractées en pétiole, à taches très-grandes...............	SACCHARATA
	Feuilles des jets non florifères non contractées en pétiole, à taches moyennes................	TUBEROSA.

1. **P. ANGUSTIFOLIA** *Lin. fl. suec. ed.* 2, *p.* 58 ; *P. azurea Bess. prim. fl. galic.* 1, *p.* 150 ; *Dec. prodr.* 10, *p.* 93 ; *P.* 3 *austriaca Clus. hist.* 2, *p.* 169, *fig.* 2 ; *Moris. hist. s.* 11, *t.* 29, *fig.* 5. — Racine brune, épaisse, tronquée, garnie de fibres longues et charnues, à 2-3 divisions au collet, donnant naissance a des tiges florifères de 2-4 décim., dressées ou ascendantes, quelquefois flexueuses, simples ou peu rameuses au sommet, garnies de poils raides, étalés ou réfléchis, et à des tiges non florifères, composées de 5-6 feuilles inégales, *lancéolées ou linéaires-lancéolées,* plus ou moins allongées, *acuminées, rétrécies en pétiole allongé,* semblables aux radicales des tiges fleuries, dont les

caulinaires supérieures sont demi-embrassantes et beaucoup plus courtes, toutes souvent tachées de blanc et couvertes de poils un peu raides. Fleurs d'un beau bleu, disposées en grappes courtes, terminales. Calice également renflé à la maturité. Corolle assez grande, à tube dilaté vers le sommet, dépassant beaucoup le calice, muni à son orifice d'un cercle de poils, puis *glabre au-dessous*, à limbe à 5 lobes arrondis, peu étalés. Carpelles noirs, luisants, *plus longs que larges*.

Cette plante est connue sous les noms vulgaires de *coucou bleu*, de *petite pulmonaire*; ses feuilles et ses fleurs sont pectorales, émollientes, diurétiques; peu usitées.

Hab. les bois aux environs d'Alais, du Vigan, au Serre de Bouquet, à la Chartreuse de Valbonne. ♃ Fl. avril-juin.

2. P. TUBEROSA *Schrank, in ac. nat. cur. 9, p. 97; Godr. et Gren. fl. fr. 2, p. 527; P. 5, pannonica Clus. hist. 2, p. 170, fig. 1; Mut. fl. fr. t. 38, fig. 293.* — Racine brune, épaisse, tronquée, noueuse, garnie de fibres longues et charnues, à 2-3 divisions au collet, donnant naissance à des faisceaux de feuilles et à des tiges fleuries de 1-3 décim., dressées, simples ou peu rameuses au sommet, garnies de poils étalés ou réfléchis. Feuilles ordinairement sans taches, garnies de poils plus ou moins mous, un peu rudes dans leur vieillesse; les radicales et celles des tiges non fleuries assez longues, largement ou étroitement lancéolées, acuminées, rétrécies en pétiole allongé; les supérieures, plus courtes, lancéolées, sessiles, embrassantes, quelquefois un peu décurrentes. Fleurs rougeâtres et violettes, disposées en grappes courtes, terminales. Calice renflé inférieurement à la maturité. Corolle assez grande, à tube dilaté vers le sommet, dépassant beaucoup le calice, muni, à son orifice, d'un cercle de poils, puis velu au-dessous, à limbe à 5 lobes arrondis, peu étalés. Carpelles noirs, gros, luisants, aussi longs que larges.

Hab. les bois montueux et humides, à Salbous, près de Campestre. ♃ Fl. avril-mai.

3. P. SACCHARATA *Mill. dict. n° 3; Godr. et Gren. fl. fr. 2, p. 527; P. grandiflora Dec. cat. hort. monsp. 135; Rchb. ic. 6, t. 698; Moris. hist. s. 11, t. 29, fig. 9.* — Cette espèce diffère de la précédente : par les taches de ses feuilles plus grandes; par les feuilles des tiges non fleuries plus courtes, *largement ovales, brusquement contractées en pétiole et brièvement décurrentes à son sommet;* quelquefois, par ses fleurs plus petites.

Hab. les bois de Salbous et de l'Espérou. ♃ Fl. avril-mai.

IIᵉ gʳᵉ. MYOSOTE. — MYOSOTIS. (Lin. gen. 180.)

Calice à 5 lobes ou à 5 dents. Corolle *régulière, en soucoupe ou en entonnoir,* à tube droit, court ou plus long que le calice, à *gorge fermée par 5 écailles très-petites*, à limbe à 5 lobes obtus, planes ou concaves. Étamines égales, incluses. Carpelles 4, *ovoïdes-subtrigones*, lisses, luisants, insérés sur le réceptacle par une surface étroite, presque plane. Plantes annuelles ou vivaces, herbacées, terrestres ou aquatiques, ordinairement hérissées, à feuilles radicales, ordinairement en rosette, à fleurs disposées en grappes terminales, scorpioïdes, puis allongées.

1. — Poils du calice appliqués, non crochus............ 2.
     Poils inférieurs du calice crochus, étalés ou réflé-
        chis... 3.

2. — Corolle assez grande: style de la longueur du calice:
        tige anguleuse: carpelles noirs, ovales.......... **PALUSTRIS.**
     Corolle assez petite: style très-court: tige arrondie:
        carpelles bruns, largement ovales.............. **LINGULATA**

3. — Fleurs entièrement jaunes....................... **BALBISIANA**
     Fleurs bleues, rougeâtres ou rarement blanches.... 4.

4. — Pédicelles 1-2 fois plus longs que le calice........ 5.
     Pédicelles plus courts que le calice ou de sa longueur. 6.

5. — Corolle assez grande: carpelles noirs, ovales, un
        peu en pointe, non bordés.................... **SYLVATICA.**
     Corolle assez petite: carpelles bruns, ovales-obtus,
        bordés....................................... **INTERMEDIA**

6. — Pédicelles étalés à la maturité: feuilles caulinaires
        dépourvues de poils crochus à leur base....... 7.
     Pédicelles toujours dressés: feuilles caulinaires
        munies de poils crochus à leur base........... **STRICTA.**

7. — Tube de la corolle dépassant le calice fermé à la
        maturité..................................... **VERSICOLOR**
     Tube de la corolle plus court que le calice ouvert à
        la maturité.................................. **HISPIDA.**

1. **M. PALUSTRIS** *Wither. arr. brit.* 2, *p.* 225; *Coss. et Germ. fl. par. p.* 265, *t.* XV, *fig.* 1-2; *M. scorpioides B. palustris. Lin. sp.* 188; *M. perennis var.* A. *Dec. fl. fr.* 3, *p.* 629; *Fl. dan. t.* 583. — Racine roussâtre, *oblique, plus ou moins rampante.* Tiges garnies de fibres nombreuses, de 2-5 décim., anguleuses, faibles, dressées, non radicantes ou couchées radicantes, ordinairement très-rameuses, couvertes, ainsi que les feuilles, de poils plus ou moins abondants, étalés ou appliqués, quelquefois presque glabres. Feuilles oblongues ou oblongues-lancéolées, aiguës ou obtuses; les inférieures rétrécies en pétiole; les autres sessiles. Fleurs assez grandes, bleues ou roses, rarement blanches, jaunes à la gorge, disposées en grappes lâches et allongées à la maturité; pédicelles garnis de poils appliqués, étalés ou réfléchis après la floraison; les inférieurs *deux fois plus longs que le calice;* celui-ci campanulé, à 5 dents larges, ouvertes à la maturité, garni de petits poils appliqués. Corolle à limbe *plane*, à lobes un peu échancrés, à tube plus court que la largeur du limbe. Style *presque aussi long que le calice.* Carpelles noirs, luisants, ovales-obtus, à bordure étroite.

Var. A, *Genuina Godr. et Gren. fl. fr.* 2, *p.* 529. Corolle assez grande. Tige non rampante, poils étalés.

Var. B, *Strigulosa Mert. et Koch, deutsch. fl.* 2, *p.* 42. Plante plus grêle. Tige rougeâtre à la base, parsemée de poils appliqués, non rampants. Corolle un peu plus petite que dans la var. A.

Var. C, *Repens Mert. et Koch, l. c.* Tige robuste, à poils étalés, rampante à la base.

Ces plantes portent les noms vulgaires de *souvenez-vous-de-moi, vergiss-meinnicht.*

Hab., la var. A, les lieux humides, dans la partie élevée du département ; la var. B, dans les fossés de la plaine ; la var. C, aux environs du Vigan 2 Fl. avril-août.

2. **M. lingulata** *Lehm. asp.* 110 (1818) ; *Godr. et Gren. fl. fr.* 2, *p.* 529 ; *M. cæspitosa Schultz, fl. starg. supp. p.* 11 (1819) ; *M. palustris var. c. cæspitosa Coss. et Germ. fl. par. p.* 266, *t. XV, fig.* 5-4. — Racine brune, tronquée, *verticale* ou oblique, garnie *de fibres filiformes nombreuses.* Tiges de 1-5 décim., dressées, cylindriques, très-rameuses, à rameaux allongés-dressés, étalés ou diffus, chargées, ainsi que les feuilles, de quelques poils rares, appliqués. Feuilles oblongues-lancéolées, rétrécies à la base, d'un vert clair. Fleurs petites, d'un bleu pâle, en grappes lâches, très-allongées à la maturité ; pédicelles garnis de poils appliqués, très-étalés après la floraison ; *les inférieurs* 2-3 *fois plus longs que le calice* campanulé, à 5 dents larges, lancéolées, ouvertes à la maturité, garni de petits poils appliqués. Corolle à limbe *plane*, à lobes arrondis, non échancrés, à tube égal à la largeur du limbe et plus court que le calice. Style *très-court.* Carpelles bruns, luisants, largement ovales-obtus, tronqués à la base, à bordure très-étroite.

Hab. les fossés à Manduel, à Bellegarde, à Tresques ; les prairies aquatiques à l'Espérou. (2) Fl. juin-juillet.

3. **M. stricta** *Link. en her.* 1, *p.* 164 ; *Godr. et Gren. fl. fr.* 2, *p.* 530 ; *Coss. et Germ. fl. par.* 267, *t. XV, fig.* 10 *et* 9. — Racine annuelle, rameuse. Tiges de 1-2 décim., ordinairement nombreuses, partant du collet de la racine, raides, dressées, simples ou peu rameuses, à rameaux effilés, dressés, florifères presque dès la base, velues-hérissées. ainsi que le reste de la plante. Feuilles oblongues-obtuses ; les radicales rétrécies en pétiole et disposées en rosette ; les caulinaires sessiles, *garnies en dessous, à leur base, de poils crochus, descendant un peu sur la tige.* Fleurs très-petites, bleues, jaunes à la gorge, rapprochées en grappes raides, plus longues que la tige, dépourvues de feuilles ; celles du bas des grappes, axillaires ; pédicelles fructifères, *dressés, beaucoup plus courts que le calice,* hérissés de poils étalés. Calice à 5 lobes profonds, *connivents à la maturité,* garni,

dans sa moitié inférieure, de poils recourbés, crochus au sommet. Corolle à limbe *concave, à tube plus court que le calice.* Carpelles noirs, luisants, ovales-obtus et bordés au sommet, *carénés sur une face.*

Hab. les pacages à Bellegarde, les terrains sablonneux aux environs de Nimes, du Vigan, etc. ⚥ Fl. avril-mai.

4. **M. VERSICOLOR** *Pers. syn.* 1, *p.* 156; *Godr. et Gren. fl. fr.* 2, *p.* 531; *Coss. et Germ. fl. par.* 267, *t.* 15, *fig.* 11-12. — Racine fibreuse. Tiges de 1-2 décim., solitaires ou peu nombreuses, dressées ou ascendantes, un peu flexueuses, simples ou rameuses, à rameaux allongés, garnies de poils appliqués dans le haut, étalés dans le bas. Feuilles d'un vert clair, oblongues-lancéolées, velues, à poils étalés *non crochus,* longuement ciliées; les radicales rétrécies en pétiole, disposées en rosette; les caulinaires sessiles; les deux supérieures presque opposées, placées sous la bifurcation principale. Fleurs petites, d'un jaune clair, passant au bleu, puis au violet, disposées en grappes lâches, dépourvues de feuilles, plus courtes que les tiges; pédicelles *étalés à la maturité, beaucoup plus courts que le calice,* couverts de poils appliqués. Calice à 5 lobes profonds, étroits, dressés, un peu ouverts, hérissé, dans sa moitié inférieure, de poils recourbés, crochus au sommet. Corolle à limbe *concave,* à tube d'abord égal au calice, *puis le dépassant beaucoup.* Carpelles bruns, luisants, ovales, un peu obtus, avec une bordure étroite.

Hab. les terrains sablonneux aux environ du Vigan, à Aulas, à St-Jean-du-Bruel. ⚥ Fl. avril-juin.

5. **M. BALBISIANA** *Jord. pug. p.* 128; *Godr. et Gren. fl. fr.* 2, *p.* 351; *M. lutea Balb. fl. lyonn. p.* 495; *Dub. bot.* 335. — Racine fibreuse. Tiges de 5-15 centim., très-grêles, solitaires ou réunies en petit nombre, dressées, peu rameuses, divisées, au sommet, en deux rameaux inégaux. Feuilles comme dans l'espèce précédente. Fleurs *jaunes,* très-petites, disposées en grappes lâches à la maturité, dépourvues de feuilles, plus courtes que la tige; pédicelles *filiformes, étalés à la maturité, plus courts que le calice,* couverts de poils appliqués. Calice à 5 lobes profonds, *ouverts à la maturité,* hérissé, dans sa moitié inférieure, de poils recourbés, crochus au sommet. Corolle à limbe *concave, à tube d'abord égal au calice, puis le dépassant.* Carpelles bruns, luisants, ovales, atténués au sommet, avec une bordure étroite.

Hab. les champs sablonneux à Arphy, à Dourbie, au Vigan, à Aumessas. ⚥ Fl. mai-juin.

6. **M. HISPIDA** *Schlecht. mag. nat. berl.* 8, *p.* 229; *Godr. et Gren. fl. fr.* 2, *p.* 531; *Coss. et Germ. fl. par.* 266, *t. XV, fig.* 5-6-7; *M. collina fries, nov.* 66. — Racine grêle, fibreuse. Tiges

de 1-3 décim., solitaires ou plus ou moins nombreuses, grêles, dressées ou ascendantes, quelquefois un peu flexueuses, simples ou peu rameuses, à rameaux allongés, garnies de poils étalés dans leur partie inférieure. Feuilles d'un vert clair, ciliées et couvertes de poils droits, étalés, oblongues, toutes alternes; les radicales rétrécies en pétiole et disposées en rosette. Fleurs très-petites, bleues, jaune pâle à la gorge, disposées en grappes très-allongées, dépourvues de feuilles; pédicelles espacés, *étalés-arqués à la fructification, environ de la longueur du calice*, couverts de poils appliqués. Calice à 5 lobes profonds, linéaires, *ouverts à la maturité,* hérissé, dans sa moitié inférieure, de poils recourbés, crochus au sommet. Corolle à limbe *concave, à tube ne dépassant jamais les lobes du calice.* Style très-court. Carpelles bruns, luisants, ovales, un peu aigus au sommet, entourés d'une bordure étroite.

Hab. les bois dans tout le département. ① Fl. avril-juillet.

7. **M. INTERMEDIA** *Link. enum. hort. berol.* 1, *p.* 164; *Godr. et Gren. fl. fr.* 2, *p.* 532; *Coss. et Germ. fl. par.* 266, *t. XV, fig.* 8, 9; *M. scorpioides, A. arvensis Lin. fl. suec.*, 157; *Drèves et Hayn. pl. d'Eur. t.* 51. — Racine courte, oblique, tronquée, garnie de fibres. Tiges de 2-5 décim., assez robustes, solitaires ou partant plusieurs de la même souche, dressées ou ascendantes, simples ou rameuses, souvent dès la base, couvertes de poils étalés, surtout dans la partie inférieure. Feuilles velues-ciliées, oblongues-lancéolées; les radicales ovales ou oblongues, rétrécies en pétiole. Fleurs assez petites, bleues, à gorge jaune, disposées en grappes, plus courtes que la tige, espacées à la fructification, dépourvues de feuilles; pédicelles garnis de poils appliqués, étalés à la maturité; *les inférieurs environ deux fois plus longs que le calice;* celui-ci à 5 lobes profonds, *connivents à la maturité* (à l'état frais), hérissé, dans sa moitié inférieure, de poils recourbés et crochus au sommet. Corolle à limbe *concave, à tube ne dépassant pas les lobes du calice, souvent plus court qu'eux.* Carpelles bruns, luisants, ovales-obtus, munis, sur une face, *d'une carène légère,* entourés d'une bordure très-étroite.

Cette plante porte les noms vulgaires de *scorpione,* d'*oreille-de-souris.*

Hab. les bois, les champs incultes, les bords des fossés, dans tout le département. ② Fl. avril-septembre.

8. **M. SYLVATICA** *Hoffm. deutsch. fl. ed.* 1, *p.* 61; *Godr. et Gren. fl. fr.* 2, *p.* 533; *M. perennis, B. sylvatica Dec. fl. fr.* 3, *p.* 629; *Rchb. fl. exsicc.* 1176. — Racine courte, oblique, tronquée, garnie de fibres nombreuses, filiformes. Tiges de 3-5 décim., assez robustes, solitaires ou partant plusieurs de la même souche, dressées ou ascendantes, rameuses, à rameaux dressés ou étalés, couvertes, dans la partie inférieure, de poils étalés, mous. Feuilles

velues-ciliées, molles ; les radicales spatulées, longuement pétiolées ; les caulinaires sessiles, oblongues. Fleurs bleues, à gorge
jaune, rarement blanches, quelquefois entremêlées de fleurs rougeâtres, un peu odorantes, disposées en grappes terminales, lâches
et allongées à la maturité, dépourvues de feuilles jusqu'au dessous de leur base ; pédicelles plus ou moins étalés à la maturité,
couverts de poils appliqués, *environ deux fois plus longs que le
calice ;* celui-ci à 5 lobes profonds, dressés, hérissé, dans sa moitié
inférieure, de poils recourbés, presque tous crochus au sommet.
Corolle assez grande, à limbe *plane*, à lobes arrondis, *à tube de
la longueur du calice.* Carpelles noirs, luisants, ovales, presque
aigus, *carénés sur une face*, munis d'une bordure très-peu marquée, manquant quelquefois en entier ou en partie.

Hab. les bois humides, les prairies et les haies, dans toute la partie élevée
du département. (2) Fl. mai-juillet.

12ᵉ gʳᵉ. ÉCHINOSPERME. — ECHINOSPERMUM. (Swartz, ex lehm. asp.,
p. 113.)

Calice à 5 divisions. Corolle *en soucoupe*, à gorge *fermée par 5
petites écailles*, à 5 lobes obtus. Étamines incluses. Carpelles 4,
uniloculaires, *trigones, soudés à la colonne centrale, dans toute
la longueur des deux angles internes, à face dorsale bordée, sur
les angles, de 1-3 rangs d'aiguillons* glochidiés.

1. **E. LAPPULA** *Lehm. asp.* p. 121 ; *Godr. et Gren. fl. fr. 2,*
p. 535 ; *Myosotis lappula Lin. sp.* 189 ; *Dec. fl. fr. 3*, p. 630 ;
Lamk. ill. t. 91 ; *Fl. dan.* 692. — Racine brune, pivotante,
coudée au sommet. Tige de 2-5 décim., droite, raide, anguleuse,
velue, rameuse au sommet, souvent dès la base, à rameaux dressés
ou étalés. Feuilles velues, ciliées, tuberculeuses, rudes, dans leur
vieillesse, oblongues-lancéolées, sessiles, à une nervure dorsale ;
les caulinaires rétrécies en pétiole. Fleurs petites, bleues, extra-
axillaires, disposées en grappes étroites, lâches, feuillées, très-
allongées à la maturité. Calice hérissé de poils blancs, à 5 lobes
profonds, linéaires-lancéolés, très-ouverts à la maturité. Corolle à
limbe concave. Pédicelles épais, dressés, plus courts que le calice,
couverts de poils appliqués. Carpelles roussâtres, tuberculeux sur
les deux faces internes. Plante d'un aspect grisâtre.

Hab. les lieux incultes et sablonneux dans toute la plaine, aux environs
du Vigan, de Tresques. (2) Fl. juillet-août.

13ᵉ gʳᵉ. CYNOGLOSSE. — CYNOGLOSSUM. (Tournef. inst. 139, t. 57.)

Calice à 5 lobes profonds. Corolle *en entonnoir*, à 5 lobes obtus,
à gorge fermée par 5 écailles convexes et *conniventes*, à tube
presque de la longueur du calice. Étamines incluses. Stigmate
échancré. Carpelles 4, uniloculaires, *déprimés, hérissés, de tous
côtés, d'aiguillons glochidiés, fixés, à la base du style, par la*

partie supérieure de la face interne. Style robuste, allongé, persistant.

1. { Feuilles minces, verdâtres, presque glabres en dessus................................ **MONTANUM**.
{ Feuilles assez épaisses, couvertes d'une pubescence blanche ou grise..................... 2.

2. { Calice de moitié plus court que la corolle : pubescence blanche........................... **CHEIRIFOLIUM**.
{ Calice presque aussi long que la corolle ; pubescence grise............................. 3.

3. { Corolle bleue, veinée-réticulée : carpelles convexes..................................... **PICTUM**.
{ Corolle rougeâtre, non veinée : carpelles un peu déprimés.............................. **OFFICINALE**.

1. **C. CHEIRIFOLIUM** *Lin. sp.* 193 ; *Dec. fl. fr.* 3 , *p.* 636 ; *Column. ecphr.* 171, *ic.* — Racine brune, profonde, pivotante, à fibres rares. Tiges de 1-4 décim., solitaires ou partant plusieurs du collet de la racine, droites, anguleuses, rameuses supérieurement, couvertes, ainsi que les deux faces des feuilles, *d'un coton blanc, argenté, couché et épais.* Feuilles molles ; les inférieures oblongues-lancéolées, rétrécies en pétiole long et étroit, dilaté à la base ; les supérieures plus étroites, sessiles, *atténuées vers la base.* Fleurs d'un bleu rougeâtre, extra-axillaires, disposées en grappes *feuillées*, lâches à la fructification ; pédicelles fructifères, dressés, un peu plus longs que le calice ; celui-ci cotonneux, de moitié plus court que la corolle. Carpelles obovales, déprimés extérieurement, couverts d'aiguillons courts, papilleux, étoilés au sommet.

Les feuilles de cette plante sont estimées vulnéraires ; peu usitée.

Hab. les terrains incultes, les vignes, les bords des champs, aux environs de Nîmes, d'Uzès, d'Anduze, de Tresques, au pont du Gard. ① Fl. avril-juin.

2. **C. PICTUM** *Ait. hort. kew. ed.* 2 , *t.* 1, *p.* 291 ; *Dec. fl. fr.* 3 , *p.* 636 ; *Clus. hist.* 2 , *p.* 162 , *fig.* 2. — Racine brune, épaisse, pivotante, divisée inférieurement. Tige de 3-6 décim., droite, raide, rameuse au sommet, couverte de poils mous, étalés. Feuilles grisâtres, un peu épaisses, couvertes, des deux côtés, de poils étalés, d'abord mous, puis raides ; les radicales et les inférieures oblongues-lancéolées, rétrécies en pétiole allongé ; les supérieures lancéolées, sessiles, *cordiformes et semi-amplexicaules à la base.* Fleurs disposées en grappes terminales et latérales, lâches et allongées à la fructification, plus ou moins étalées, *sans feuilles florales, ou munies d'une ou de deux* à leur base ; pédicelles fructifères plus longs que le calice, arqués-penchés en dehors. Calice à lobes oblongs, obtus, couvert de poils couchés. Corolle d'un bleu clair, veinée-réticulée de violet, dépassant un peu le calice. Carpelles arrondis, à face supérieure un peu

convexe, couverts d'aiguillons courts, étoilés au sommet, *entremêlés de tubercules coniques*.

Hab. les lieux incultes, les bords des champs, des vignes, des fossés, dans tout le département. ⚥ Fl. mai-juin.

3. **C. officinale** *Lin. sp.* 192; *Dec. fl. fr.* 3, *p.* 635; *Lamk. ill. t.* 92, *fig.* 1; *Fl. dan. t.* 1147. — Racine noirâtre extérieurement, dure, fusiforme. Tige de 3-6 décim., droite, raide, très-feuillée, rameuse au sommet, couverte de poils mous, étalés. Feuilles molles et douces au toucher, couvertes d'un duvet court, grisâtre, couché, plus abondant à la face inférieure, exhalant une odeur fétide par le froissement; les radicales et les supérieures oblongues-lancéolées, rétrécies en pétiole allongé; les inférieures lancéolées-aiguës, quelquefois très-étroites, semi-amplexicaules à la base. Fleurs disposées en grappes terminales et latérales, lâches et allongées à la fructification, étalées-dressées, *ordinairement pourvues, à leur base, d'une ou de deux feuilles florales*; pédicelles fructifères, plus longs que le calice, arqués-penchés en dehors. Calice à lobes oblongs, obtus, couverts de poils soyeux, appliqués. Corolle d'un rouge foncé, non veinée, dépassant très-peu le calice. Carpelles obovales à la surface extérieure, *plane*, entourée d'une bordure relevée, garnie d'aiguillons courts, étoilés, très-rapprochés; ceux de la surface *espacés*.

Cette plante est connue sous les noms vulgaires de *langue-de-chien*; en patois, *herba dou tat, lenga-cana, lenga-de-chin*. Ses racines sont narcotiques et calmantes: ses feuilles, à l'extérieur, sont émollientes.

Hab. les lieux incultes dans la partie élevée du département, à **Campestre**, à **Lanuejols**, à **Alzon**, etc. ⚥ Fl. mai-juin.

4. **C. montanum** *Lamk. fl. fr.* 2, *p.* 277; *Dec. fl. fr.* 3, *p.* 635; *C. pellucidum Lapeyr. abr. pyr. suppl. p.* 28; *Engl. bot. t.* 1642; *Colum. cephr. p.* 175, *ic.* — Racine noirâtre, pivotante. Tige de 3-6 décim., droite, rameuse au sommet, couverte, dans sa jeunesse, de poils mous, étalés à la fin, presque glabre. Feuilles minces, *pellucides*, d'un vert clair, *glabres en dessus*, parsemées, en dessous, de poils courts, tuberculeux à la base, qui les rendent rudes au toucher; les radicales et les inférieures elliptiques, rétrécies en pétiole allongé, dilaté à la base; les supérieures oblongues-lancéolées, *cordiformes et amplexicaules à la base*, garnies, surtout à leur base, de cils longs, espacés. Fleurs bleues ou violettes, petites, lâchement disposées en grappes grêles, terminales, allongées à la fructification, *dépourvues de feuilles florales*; pédicelles fructifères, arqués en dehors, plus courts que le calice ou l'égalant. Calice à lobes oblongs-obtus, garni de poils souvent tuberculeux. Corolle non veinée, dépassant peu le calice. Carpelles obovales, à face extérieure plane, sans bordure, couverte d'aiguillons étoilés, assez longs, rapprochés, *entremêlés de*

petits tubercules coniques; les aiguillons de la face interne et du bord sont aussi rapprochés.

Hab. parmi les rochers, à Corconne, entre St-Bauzelly et Ganges (Diomède). ② Fl. mai-juillet.

On cultive fréquemment, en bordure, l'*omphalodes verna Mœnch.. cynoglossum omphalodes Lin. sp.,* connue sous le nom vulgaire de *petite bourrache.* Elle est caractérisée par ses carpelles déprimés, lisses. entourés d'une bordure membraneuse, infléchie; on la distingue à ses feuilles ovales-aiguës, cordiformes, à ses fleurs d'un bleu d'azur, en grappes lâches, pauciflores.—On cultive également l'*omphalodes linifolia Mœnch., cym. linifolium Lin. sp.,* remarquable par ses feuilles glauques, blanchâtres, oblongues ou lancéolées, et par ses fleurs blanches, en grappes allongées.

14ᵉ gʳᵉ. RAPETTE. — ASPERUGO. (Tournef. inst. p. 135, t. 54.)

Calice à 5 lobes inégaux, avec 2 dents interposées, plus courtes qu'eux, *accrus* à la maturité et formant *deux valves* presque foliacées, *appliquées l'une contre l'autre.* Corolle *presque en entonnoir,* à 5 lobes, fermée à la gorge *par 5 écailles obtuses.* Étamines incluses. Carpelles 4, *pyriformes-comprimés,* étroitement bordés, *fixés à la colonne centrale par la partie supérieure de leur bord interne.*

1. **As. procumbens** *Lin. sp.* 193; *Dec. fl. fr.* 3, *p.* 634; *Fl. dan. t.* 552; *Lamk. ill. t.* 94; *Garid. aix. t.* 9; *Colum. ecphr. p.* 183, *ic.; Moris. hist. s.* 11, *t.* 26, *fig.* 13. — Racine jaunâtre, pivotante, très-grêle. Tige de 3-6 décim., couchée ou ascendante à l'aide des plantes voisines, anguleuse, tendre, rameuse, presque dichotome dès la base, garnie, sur les angles, d'aiguillons blancs, réfléchis. Feuilles minces, d'un vert foncé, oblongues, rétrécies à la base, très-rudes, ciliées, ordinairement entières; les inférieures alternes; les supérieures rapprochées par 2 ou par 4. Fleurs petites, bleues, rarement blanches, brièvement pédonculées, axillaires, réunies 2-4, toutes dirigées du même côté opposé à la direction des feuilles; pédicelles fructifères, arqués-réfléchis. Calice nervié-réticulé, à lobes triangulaires, rudement ciliés. Carpelles jaunâtres, verruqueux, à bordure lisse.

Cette plante, connue sous le nom vulgaire de *porte-feuille,* a les mêmes propriétés que la bourrache.

Hab. les haies, les décombres, les bords des fossés aux environs de Nimes, de St-Gilles. et probablement dans toute la partie basse du département. ① Fl. avril-juin.

15ᵉ gʳᵉ. HÉLIOTROPE. — HELIOTROPIUM. (Lin. gen. 179.)

Calice à 5 lobes profonds ou à 5 dents. Corolle *en soucoupe,* à 5 lobes, *séparés par 5 plis intérieurs, longitudinaux,* quelquefois terminés par une petite dent, *à gorge nue,* rarement barbue. Étamines incluses. Style court, terminal. Carpelles 4, uniloculaires, *ovoïdes-triquètres, soudés, dans leur jeunesse, à la colonne centrale, renflée au-dessus d'eux.*

1. { Calice à 5 lobes profonds : carpelles 4, non bordés... EUROPÆUM.
{ Calice à 5 dents courtes : carpelles 2, bordés........ SUPINUM.

1. H. EUROPÆUM *Lin. sp.* 187 ; *Dec. fl. fr.* 3, *p.* 620 ; *Jacq. austr. t.* 207 ; *Clus. hist.* 2, *p.* 46, *fig. inf.* ; *Lob. ic. t.* 260, *fig.* 2 ; *Mut. fl. fr. t.* 37, *fig.* 290. — Racine blanchâtre, flexueuse, simple ou rameuse inférieurement, presque toujours coudée au sommet. Tige de 2-4 décim., *dressée*, rameuse dès la base, flexueuse, couverte, ainsi que les feuilles, *d'une pubescence courte, blanchâtre, un peu rude.* Feuilles oblongues ou ovales, entières, à nervures très-saillantes en dessous, toutes pétiolées. Fleurs blanches, jaunâtres à la gorge, sessiles, disposées sur 2 rangs, en grappes unilatérales, denses, simples ou géminées, terminales et latérales, axillaires ou opposées aux feuilles, dépourvues de bractées. Calice velu, *à 5 lobes profonds, lancéolés-obtus, étalés en étoile et persistant après la chute des carpelles.* Corolle petite, dépassant peu le calice. Fruit un peu plus court que le calice, formé de 4 carpelles rugueux, convexes à la face externe, caducs à la maturité en se séparant.

Cette plante porte les noms vulgaires de *girasol*, *d'herbe aux verrues*, de *tournesol*. On se servait autrefois de ses feuilles pour faire tomber les verrues par la friction : elles passent pour dessicatives, résolutives et détersives.

Hab. les champs cultivés dans tout le département. ⨀ Fl. juin-septembre.

2. H. SUPINUM *Lin. sp.* 187 ; *Dec. fl. fr.* 3, *p.* 620 ; *Mut. fl. fr. t.* 37, *fig.* 291 ; *Guan. fl. montpel. p.* 17, *t.* 1 ; *Clus. hist.* 2, *p.* 47, *fig.* 1. — Racine grêle, flexueuse, assez profonde. Tiges nombreuses, très-rameuses, couchées, longues de 1-4 décim., quelquefois la centrale dressée, hérissées de poils étalés, grisâtres. Feuilles *ovales-obtuses, pubescentes en dessus, tomenteuses, blanchâtres en dessous*, toutes pétiolées, à nervures saillantes à la face inférieure, creusées en sillon à la face supérieure. Fleurs blanches, verdâtres à la gorge, presque sessiles, disposées alternativement sur 2 rangs, en grappes moins serrées, à la maturité, que celles de l'espèce précédente, simples ou géminées, terminales et latérales, axillaires ou opposées aux feuilles, dépourvues de bractées. Calice velu, ovoïde, *à 5 dents courtes, entièrement appliqué sur le fruit qui l'entraîne dans sa chute, à la maturité.* Corolle très-petite, dépassant peu le calice. Fruit ordinairement formé de 2 carpelles semi-ovoïdes, aigus, appliqués l'un contre l'autre par la face interne plane ; l'externe convexe, glabre, un peu rude, entourée d'une bordure étroite.

Hab. les bords de l'étang de Jonquières, dans un marais desséché, à la tour d'Anglas, près du Caylar. ⨀ Fl. juillet-septembre.

LXXVIIIᵉ Fam. **SOLANÉES.**

Solaneæ. (Juss. gen. 124.)

Fleurs hermaphrodites régulières ou rarement irrégulières. Calice libre, persistant ou à partie supérieure caduque, ordinairement à 5 divisions, s'accroissant souvent après la floraison. Corolle gamopétale, insérée sur le réceptacle, en roue, en cloche ou en entonnoir, caduque, à 5 lobes, alternes avec les sépales, plissée ou imbriquée avant l'épanouissement. Étamines 5, alternes avec les lobes de la corolle, insérées sur son tube; anthères bilobées, à déhiscence longitudinale ou terminale. Ovaire libre. Style simple; stigmate simple ou bifide. Fruit capsulaire ou bacciforme, polysperme; capsule à 2 loges, s'ouvrant longitudinalement au sommet en 2 valves ou en 4, par le déchirement des cloisons, ou plus rarement par une séparation circulaire; baie indéhiscente, à placentas centraux. Graines nombreuses, réniformes ou lenticulaires. Plantes herbacées ou ligneuses, à feuilles alternes; les supérieures souvent géminées, à fleurs solitaires, agrégées ou en cime, souvent extra-axillaires.

1.	Fruit capsulaire		2.
	Fruit bacciforme		3.
2.	Capsule épineuse, s'ouvrant, au sommet, en 4 valves	5ᵉ grᵉ.	DATURA.
	Capsule lisse, s'ouvrant circulairement par un opercule	6ᵉ grᵉ.	HYOSCYAMUS.
3.	Baie renfermée, à la maturité, dans un calice renflé en vessie	3ᵉ grᵉ.	PHYSALIS.
	Baie non renfermée dans le calice, à la maturité		4.
4.	Arbrisseau épineux	1ᵉʳ grᵉ.	LYCIUM.
	Herbe ou arbrisseau non épineux		5.
5.	Corolle rotacée; anthères conniventes; fleurs en corymbe	2ᵉ grᵉ.	SOLANUM.
	Corolle campanulée; anthères non conniventes; fleurs solitaires ou géminée	4ᵉ grᵉ.	ATROPA.

*** Fruit bacciforme.**

Iᵉʳ grᵉ. LYCIET. — LYCIUM. (Lin. gen. 262.)

Calice court, urcéolé, *à 5 dents égales ou disposées en 2 lèvres, appliqué sur la baie, non accru à la maturité.* Corolle *en entonnoir,* à tube étroit, à limbe très-ouvert, à 5 lobes. Étamines 5, à anthères *non conniventes, à déhiscence longitudinale.* Baie oblongue ou globuleuse, à 2 loges.

1.	Tiges fermes, à rameaux dressés: baies globuleuses	MEDITERRANEUM.
	Tiges faibles, à rameaux pendants: baies oblongues	2.

2. { Calice bilabié ; feuilles lancéolées , vertes des
deux côtés......................... BARBARUM.
Calice à 5 dents , non disposées en 2 lèvres ;
feuilles ovales, un peu glauques en dessous. SINENSE.

1. L. BARBARUM *Lin. sp.* 192; *Dec. fl. fr.* 3, *p.* 616 ; *Godr. et Gren. fl. fr.* 2, *p.* 541. — Arbrisseau de 1-2 mètres, très-rameux, à rameaux grêles, anguleux, *pendants*, à écorce d'un gris blanchâtre, à rameaux stériles , épineux. Feuilles vertes sur les deux faces, glabres, *oblongues-lancéolées*, rétrécies en pétiole, entières, un peu épaisses, fasciculées sur les anciens rameaux. Fleurs d'un violet pâle, dressées, solitaires ou fasciculées, axillaires, à pédicelles grêles, plus courts que la feuille. Calice glabre, coriace, membraneux sur les bords des lobes, disposés en 2 lèvres entières ou l'une d'elles bidentée. Corolle à 5 lobes oblongs, très-ouverts, puis réfléchis, *aussi longs que le tube*. Étamines saillantes, à filets pubescents et renflés à la base. Baie *oblongue*, rouge ou d'un jaune rougeâtre. Graines jaunâtres, réniformes, très-comprimées, finement chagrinées.

Cet arbrisseau sert à faire des haies ; l'infusion des feuilles se prend en guise de thé.

Hab. les haies à Aigues-Mortes. ♃ Fl. juin-septembre

2. L. SINENSE *Lamk. dict.* 3, *p.* 509, *illustr., t.* 112, *fig.* 2; *L. europæum Dec. fl. fr.* 3, *p.* 616 *(en partie) (non Lin. non Gærn)*. — Arbrisseau à racine longuement traçante, différant du précédent : par son calice *à 5 dents, non bilabié*; par ses feuilles plus larges, *ovales*, atténuées en pétiole d'un vert clair, un peu glauques en dessous, un peu ondulées sur les bords.

Mêmes propriétés que le précédent.

Hab. les haies aux environs d'Aigues Mortes, de Nimes, de Manduel. ♃ Fl. juin-septembre.

3. L. MEDITERRANEUM *Dun. in Dec. prodr.* 13, *pars* 1, *p.* 523; *Godr. et Gren. fl. fr.* 2, *p.* 542; *L. europæum Lin. Mant.* 47; *Mich. nov. gen., t.* 105, *fig.* 1; *Lob. adv.* 438, *ic.*; *Dod. pempt.* 754, *fig.* 1. — Arbrisseau de 1-2 mètres, ferme, droit, à écorce blanchâtre, très-rameux; à rameaux raides, diffus, cylindriques, flexueux, *non pendants*, portant alternativement des rameaux courts, robustes, épineux, sur lesquels naissent 1-3 faisceaux de feuilles et de fleurs. Feuilles épaisses, succulentes, tendres, cassantes, glabres, *planes*, d'un vert blanchâtre, *oblongues-obtuses*, entières, *rétrécies vers leur base*, fasciculées sur les anciens rameaux, alternes sur les jeunes. Fleurs purpurines, veinées de blanc, dressées, solitaires, géminées ou ternées, à pédicelles naissant du centre des faisceaux de feuilles et beaucoup plus courts qu'elles. Calice *non bilabié*, à 5 *dents courtes*, pubescentes au sommet. Corolle à 5 lobes

très-ouverts, puis réfléchis, *de moitié plus courts que le tube.*
Étamines saillantes hors du tube. Baie *globuleuse,* d'un rouge
orangé. Graines réniformes, chagrinées.

Cet arbrisseau est connu sous le nom vulgaire de *jasmin bâtard;* on
l'emploie pour former des haies vives. On pense que c'est de cet arbrisseau
que la couronne de Jésus-Christ a été faite.

Hab., en haie ou isolé, à Aigues-Mortes, Aimargues, St-Gilles, Montfrin,
Villeneuve-lez-Avignon. ♄ Fl. mai-septembre.

2° g^re. MORELLE. — SOLANUM. (Lin. 251.)

Calice à 5 divisions, *rarement à 4 ou à 10, étalées, ne s'ac-*
croissant pas ou s'accroissant peu, après la floraison, appliquées
contre la baie ou réfléchies à la maturité. Corolle *rotacée.* Étamines 5, rarement 4-6, à filets courts, à anthères saillantes au-
dessus du tube, *conniventes en pyramide, s'ouvrant au sommet*
par 2 pores. Baie biloculaire, rarement pluriloculaire, arrondie
dans les espèces indigènes. Plantes herbacées ou ligneuses, annuelles ou vivaces, à feuilles simples ou pinnatifides, à fleurs en
corymbes. Pédoncules extra-axillaires ou terminaux.

1.	Feuilles pinnatifides ou à 3 segments...............	2.
	Feuilles simples...................................	3.
2.	Plante herbacée; feuilles pinnatifides.............	TUBEROSUM.
	Plante ligneuse; feuilles à 3 segments.............	DULCAMARA
3.	Corolle 3-4 fois plus longue que le calice; plante très-velue..................................	VILLOSUM.
	Corolle une fois plus longue que le calice; plante presque glabre...............................	NIGRUM.

1. **S. villosum** *Lamk. dict.* 1, *p.* 289; *Dec. fl. fr.* 3, *p.* 613;
S. nigrum villosum Lin. sp. 266; *Dill. Elth., t.* 274, *fig.* 353.
— Racine blanchâtre, sinueuse, rameuse. Tiges de 2-5 décim.,
herbacées, naissant plusieurs du collet de la racine, flexueuses,
anguleuses; la centrale dressée, les latérales ascendantes, couvertes de poils grisâtres, étalés, articulés, abondants. Feuilles
ovales, sinuées-dentées, pétiolées, velues, presque tomenteuses,
grisâtres. Fleurs blanches, réunies 4-5 en corymbes, à pédoncule
souvent plus court que les pédicelles, épaissis au sommet et réfléchis à la maturité. Calice à lobes ovales, très-velus, ainsi que
le pédoncule et les pédicelles. Corolle pubescente, à lobes oblongs-
aigus, étalés, puis réfléchis, 3-4 *fois plus longs que le calice.*
Étamines à anthères tronquées, échancrées au sommet. Baies
presque globuleuses, d'un rouge jaunâtre. Graines réniformes,
blanchâtres, très-finement chagrinées.

Cette plante exhale une odeur de musc très-forte; elle est employée en
fomentation contre les tumeurs et les ankyloses; à l'intérieur, c'est un poison
assoupissant.

Hab. les champs cultivés et les vignes, les décombres, dans toute la plaine
du département; remonte jusqu'au Vigan, à St-Ambroix, Bessége. ⚇ Fl.
juillet-septembre.

2. S. NIGRUM *Lin. sp.* 266 *excl. plur. var.)*; *Dec. fl. fr.* 3, *p.* 613; *Fl. dan.* 460; *Fuchs. hist.* 686, *ic.* — Racine blanchâtre, tortueuse, rameuse. Tige de 2-6 décim., herbacée, dressée, souvent très-rameuse dès la base, à rameaux très-étalés et diffus, presque glabres, anguleux, à angles plus ou moins saillants, dentelés. Feuilles d'un vert foncé, glabres ou presque glabres, pétiolées, ovales-aiguës, sinuées ou dentées, à dents obtuses, écartées ou rapprochées, rarement entières. Fleurs blanches, réunies 4-6 en corymbes, à pédoncule souvent plus court que les pédicelles, épaissis au sommet et réfléchis surtout à la maturité, pubescents ainsi que le pédoncule. Calice petit, à lobes obtus. Corolle plus petite, moins pubescente que celle de l'espèce précédente, à lobes lancéolés-étalés, puis réfléchis. Étamines et anthères comme dans la précédente. Baies globuleuses. Graines finement chagrinées.

Même vertu que la précédente.

VAR. A, *Genuinum Godr. et Gren. fl. fr.* 2, *p.* 543. Baies noires.

VAR. B, *Chlorocarpum Spenn. fl. frib.* 1074. Baies jaunes ou jaunes-verdâtres. *Sol. virescens Gmel. bad.* 4, *p.* 177. Lorsque cette variété est naine, elle constitue le *Sol. humile* de *Bernh., ap.;* de *Willd., Berol.,* de *Fries, herb. norm.*

VAR. C, *Miniatum Mert. et Koch., deutsch. fl.* 2, *p.* 234. Baies rouges. *Sol. miniatum Dec. fl. fr.* 5, *p.* 417.

Hab. les haies, les vignes, les décombres : la var. A, dans tout le département; la var. B, aux environs de Bellegarde; la var. C, dans les vignes à Manduel. ① Fl. juin-octobre.

3. S. TUBEROSUM *Lin. sp.* 265; *Dec. fl. fr.* 3, *p.* 613; *C. Bauh. prod.* 89, *ic.;Clus. hist.* 2, *p.* 79, *ic.* — Racines longues, à fibres nombreuses, *produisant des tubercules oblongs ou arrondis de diverses grosseurs,* jaunâtres ou rougeâtres, garnis de fossettes qui sont le siége des bourgeons. Tige de 4-6 décim., robuste, dressée ou ascendante, très-anguleuse, pubescente, un peu rude, herbacée, rameuse, souvent dès la base. Feuilles pubescentes, imparipinnées, à pinnules ovales-accuminées, entières, pétiolulées, alternant avec d'autres sessiles, plus petites; rachis de la feuille décurrent sur la tige. Fleurs assez grandes, blanches ou violettes, disposées en corymbes rameux, latéraux et terminaux, à pédoncules allongés, velus ainsi que les pédicelles, réfléchis à la fructification. Calice à 5 lobes lancéolés. Corolle pubescente, à lobes courts, triangulaires, 2 *fois de la longueur du calice.* Baies sphériques, assez grosses, jaunâtres ou verdâtres. Graines rousses, ovales, lisses, membraneuses au sommet.

Cette plante porte les noms vulgaires de *pomme de terre,* de *parmentière,* de *patate*, de *tartifle* : la pulpe de ses tubercules est un remède puissant pour arrêter les progrès des brûlures.

La pomme de terre est un aliment très-sain : on la sert sur toutes les tables, de plusieurs façons : on en retire de la fécule, du sucre, du sirop, de l'alcool. Les feuilles et la pulpe cuite fournissent un cataplasme très-émollient.

Hab., originaire du Pérou, cultivé en grand, dans tout le département, sous une foule de variétés. ♃ Fl. juin-septembre.

4. **S. DULCAMARA** *Lin. sp.* 266; *Dec. fl. fr.* 3, p. 612; *Fl. dan.*, t. 607; *Drèves et Hayne, pl. d'Eur.*, t. 60; *Lob. ic.* 266, fig. 1. — Tige *ligneuse, sarmenteuse, cylindrique*, s'élevant à 1-2 mètres, soutenue par les plantes voisines, rameuse, à écorce grisâtre, verdâtre et pubescente sur les rameaux. Feuilles d'un vert foncé, glabres ou légèrement pubescentes, quelquefois presque tomenteuses en dessous, pétiolées, *entières, ovales-aiguës ou acuminées*, souvent cordiformes; les supérieures *à 3 lobes*, le terminal très-grand, les deux latéraux plus petits, inégaux, étalés obliquement. Fleurs violettes, assez petites, disposées en cimes ou en corymbes rameux, extra-axillaires; pédoncules plus longs que les pétioles; pédicelles violets, divariqués, articulés à la base. Calice à 5 lobes courts, triangulaires. Corolles à lobes lancéolés, réfléchis, puis dressés-connivents un peu au-dessous du sommet, munis, à leur base, de deux taches glanduleuses, vertes, bordées de blanc, plus claires à la face externe. Baies *ovoïdes*, pendantes, écarlates à la maturité. Graines rousses, lenticulaires, très-finement chagrinées.

Cette plante est connue sous les noms vulgaires de *douce-amère, crève-chien, morelle grimpante*; en patois, *herba de la loqua, ponisoun*. Ses baies sont vénéneuses; ses feuilles, en cataplasme, sont résolutives; ses tiges sont sudorifiques, dépuratives, artivénériennes.

Hab. les haies, les bords des fossés, dans tout le département. ♄ Fl. juin-septembre.

On cultive fréquemment, comme plante alimentaire, le *sol. melongena Lin. sp.*, connu sous les noms vulgaires d'*aubergine*, de *melongène, merin-jeane*. Le fruit est un aliment recherché; les feuilles, en cataplasme, sont résolutives.

On cultive aussi plusieurs espèces du genre *capsicum*, caractérisé par ses baies enflées, peu succulentes. Entre autres, le *caps. annuum Lin. sp.*, vulgairement *poivre long, piment, corail*, distingué par sa tige herbacée, ses fleurs solitaires, ses baies grosses, rouges à la maturité. Ses fruits sont très-excitants; on les confit au vinaigre, pour être mangés en salade et pour donner du montant aux ragoûts.

Le *lycopersicum* est un genre caractérisé par ses baies succulentes; c'est le *lycop. esculentum Dun., Sol. lycopersicum Lin. sp.*, que l'on cultive dans les jardins sous les noms vulgaires de *tomate, pomme-d'amour*. Il se distingue par ses feuilles pinnatifides, par ses fleurs jaunes et par ses baies grosses, bosselées, d'un rouge vif. Ses feuilles, en cataplasme, sont anodines; ses baies sont employées dans les ragoûts, ou se mangent de différentes façons.

3ᵉ g͏ʳᵉ. **COQUERET. — PHYSALIS.** Lin. gen. 250.

Calice à 5 *dents*. Corolle *en roue*, à 5 lobes. Étamines 5, à anthères *conniventes, droites, s'ouvrant longitudinalement*. Baies globuleuses, biloculaires, renfermées dans le calice persistant, *renflé-vésiculeux* à la maturité.

1. PH. ALKEKENGI *Lin. sp.* 262 ; *Dec. fl. fr. 3, p.* 612 ; *Lamk. ill. t.* 116, *fig.* 1 ; *Lob. ic. t.* 262, *fig.* 2 ; *Math. com. valg. p.* 1070, *ic* — Racine blanchâtre, rameuse, longuement traçante. Tige de 3-5 décim., herbacée, dressée, anguleuse, simple ou rameuse dès la base, pubescente. Feuilles glabrescentes, pétiolées, ovales-acuminées ou deltoïdes, entières ou sinuées, souvent géminées vers le sommet de la tige. Fleurs d'un blanc verdâtre à la gorge, assez grandes, pédonculées, solitaires, axillaires, penchées : pédoncule réfléchi après la floraison. Calice florifère petit, très-velu, à lobes acuminés, étalés ; le fructifère très-ample, renflé-vésiculeux, veiné-réticulé, ombiliqué à la base, d'un rouge vif à la maturité. Baie globuleuse, luisante, d'un rouge vif, de la grosseur d'une cerise. Graines réniformes, chagrinées, roussâtres.

Cette plante est connue sous les noms vulgaires d'*alkekenge*, de *coquerelle*, d'*herbe à cloques*. Ses feuilles, ses fleurs et ses racines sont apéritives ; ses fruits sont un puissant diurétique. On mange les baies, dans quelques pays. sous le nom de *cerise d'hiver*.

Hab. les vignes, les haies, les champs cultivés. à Bouquet, **Lussan, Tresques, Alzon.** ♃ Fl. mai-juillet.

4e g^{re}. BELLADONE. — ATROPA. (Lin. gen. 249.)

Calice campanulé, persistant, à 5 lobes, *un peu accrus et étalés en étoile à la maturité*. Corolle *campanulée*, à 5 lobes peu profonds, à tube plissé, rétréci dans le calice. Étamines 5, inégales, rapprochées à la base, *écartées au sommet*, à anthères *à déhiscence longitudinale*, puis réfléchies. Baie globuleuse, biloculaire.

1. A. BELLADONA *Lin. sp.* 260, *Dec. fl. fr. 3, p.* 611 ; *Lamk. ill. t.* 114, *fig.* 1 ; *Bull. ven. t.* 29 ; *Clus. hist.* 2, *p.* 86, *fig.* 1. — Racine blanchâtre, épaisse, longue, rameuse. Tige de 6-10 décim., droite, robuste, dichotome ou trichotome au sommet. finement pubescente, glanduleuse supérieurement. Feuilles assez amples, ovales-acuminées, entières ou un peu sinuées, à limbe décurrent sur un pétiole court, souvent géminées, glabres ou légèrement pubescentes. Fleurs assez grandes, courtement pédonculées, axillaires, solitaires ou géminées, penchées. Calice à lobes ovales-acuminés. Corolle rougeâtre-livide, à tube nervié ; pédoncule épaissi au sommet. Baie noire et luisante à la maturité, de la grosseur d'une cerise. Graines nombreuses, brunes, réniformes, chagrinées.

Cette plante porte les noms vulgaires de *belle-dame*, de *bouton-noir* ; elle est très-vénéneuse. surtout ses baies, dont la saveur est douceâtre. La poudre de ses feuilles et de sa racine est narcotique; ses feuilles et ses fruits, appliqués extérieurement, sont adoucissants et résolutifs. On emploie les acides pour détruire l'effet de ce poison affreux.

Hab. les bois de Salbous et de Bouquet. ♃ Fl. juin–juillet.

**** Fruit capsulaire.**

5ᵉ gʳᵉ. STRAMOINE. — DATURA. (Lin. gen. 246.)

Calice *à 5 angles et à 5 plis longitudinaux*, tubuleux, allongé, renflé, à partie inférieure *persistante, accrue à la maturité; la supérieure s'étant séparée circulairement*. Corolle très-grande, en entonnoir, à 5 plis longitudinaux et à 5 lobes. Étamines 5, incluses. Stigmate à 2 lames. Capsule grosse, ovoïde, à 2 loges, subdivisées en 2 autres loges par une cloison incomplète, très-épaisse; *déhiscente, au sommet, en 4 valves.*

1. **D. STRAMONIUM** *Lin. sp.* 255; *Dec. fl. fr.* 3, *p.* 609; *Lamk. ill. t.* 113; *Fl. dan. t.* 436. — Racine blanchâtre, fibreuse. Tige de 4-16 décim., droite, robuste, rameuse supérieurement, souvent dichotome, cylindrique, glabre, ainsi que les feuilles; celles-ci d'un vert sombre, assez amples, longuement pétiolées, ovales-acuminées, sinuées-dentées, à dents larges, acuminées, un peu décurrentes sur le pétiole, d'un côté, à nervures blanches, très-saillantes en dessous. Fleurs solitaires, à pédoncule court, naissant entre les bifurcations des rameaux. Calice à dents lancéolées, acuminées, pliées en long. Corolle à lobes courts, brusquement et finement acuminés, à tube deux fois de la longueur du calice. Capsule dressée, couverte d'épines robustes, raides, droites, piquantes, dilatées et nerviées à leur base. Graines noires, blanchâtres à l'ombilic, réniformes, onduleuses, finement alvéolées. Odeur fétide.

Var. A, *Genuina*. Plante toute verte; corolle blanche.

Var. B, *Chalibea Koch, syn.* 586. Tige d'une teinte violette, parsemée de petites taches verdâtres; calice, corolle et nervures des feuilles violacées. *D. tatula Lin. sp.* 256.

Cette plante est connue sous les noms vulgaires de *pomme épineuse*, *d'herbe aux taupes*, *d'herbe aux magiciens*, *d'herbe du diable*: elle est très-vénéneuse. A l'extérieur, les feuilles sont anodines, résolutives; à l'intérieur, les graines sont narcotiques. Pour engraisser les cochons, on leur donne, chaque jour, plein un dé à coudre de ces graines.

Hab. dans le voisinage des habitations, dans tout le département. ①. Fl. juillet-août.

J'ai rencontré quelquefois, dans les champs cultivés, voisins des habitations, le *datura metel Lin. sp.*, distingué par la pubescence de sa tige, de ses feuilles et de son calice, par ses feuilles presque entièrement cordiformes, par sa fleur blanche, glabre, très-ample, et par sa capsule globuleuse, penchée, couverte d'épines molles, courtes.

Le genre *nicotiana* est caractérisé par son calice campanulé, persistant, à 5 lobe inégaux : par sa capsule membraneuse, embrassée par le calice. On cultive assez fréquemment, dans les jardins, le *nicotiana tabacum Lin. sp.*, connu sous les noms vulgaires de *nicotiane*, de *grand tabac*, d'*herbe à la reine*. On le distingue à ses feuilles très-amples, oblongues-lancéolées, sessiles : à sa corolle rougeâtre, dépassant longuement le calice. Ce sont ses feuilles qui servent à la préparation du tabac, que l'on distribue partout. Cette plante est très-vénéneuse à l'intérieur : on obtient la *nicotine* de ses feuilles.

Le *nicotiana rustica Lin. sp.*, connu sous les noms vulgaires de *petit tabac*, de *tabac sauvage*, de *priapée*, est aussi cultivé dans les jardins, mais plus rarement. On le distingue à ses feuilles ovales-obtuses, pétiolées ; à sa corolle d'une jaune verdâtre, 2-3 fois plus longue que le calice. Mêmes vertus que le précédent.

6ᵉ gʳᵉ. JUSQUIAME. — HYOSCYAMUS. (Lin. gen. 247.)

Calice campanulé, persistant, renflé à sa base, dilaté au sommet, s'accroissant après la floraison, appliqué contre la capsule et la dépassant beaucoup. Corolle en entonnoir, à limbe oblique, à 5 lobes obtus, inégaux. Capsule membraneuse, biloculaire, *s'ouvrant circulairement, au sommet, par un opercule* coriace, convexe, biloculaire. Graines nombreuses, réniformes, chagrinées.

1. { Feuilles sessiles.. **NIGER**.
   { Feuilles pétiolées.. 2.

2. { Filets des étamines blancs : gorge de la corolle d'un blanc
   {   verdâtre.. **ALBUS**.
   { Filets des étamines et gorge de la corolle d'un pourpre
   {   foncé.. **MAJOR**.

1. **H. NIGER** *Lin. sp.* 457 ; *Dec. fl. fr. 3, p.* 607 ; *Bull. ven. t.* 93 ; *Math. comm. vulg. p.* 1064, *ic.; Drères et Hayne, pl. d'Eur. t.* 47. — Racine blanchâtre, épaisse, pivotante ou rameuse. Tige de 3-8 décim., robuste, droite, cylindrique, fistuleuse, rameuse, très-feuillée, couverte de longs poils mous, visqueux, grisâtres, ainsi que le duvet des feuilles ; celles-ci molles, douces au toucher, assez amples, ovales-oblongues, sinuées-pinnatifides, à lobes inégaux, triangulaires-lancéolés, à nervure large, blanchâtre ; les radicales pétiolées, disposées en rosette ; les caulinaires plus profondément pinnatifides, *sessiles, semi-amplexicaules*. Fleurs d'un jaune sale, livide, presque sessiles, axillaires, unilatérales, formant un épi court, roulé en crosse, très-allongé à la maturité. Calice presque tomenteux ; le fructifère dressé, nervié-réticulé, raide, dépassant beaucoup la capsule, à 5 lobes ovales-lancéolés, acuminés, presque épineux. Corolle à limbe veiné-réticulé de violet, à tube rougeâtre intérieurement. Capsule renflée inférieurement. Graines grisâtres. Plante à odeur forte et désagréable, d'un vert sombre.

Cette plante porte les noms vulgaires d'*herbe aux engelures*, d'*herbe à la teigne*, d'*hanebane potelée* ; en patois, *couriada*. Elle est très-vénéneuse, surtout sa racine ; ses feuilles et ses graines, à l'intérieur, sont narcotiques ; à l'extérieur, les feuilles sont calmantes, résolutives. Les gens de la campagne se servent de la graine, en fumigation, pour calmer les maux de dents. Cinq moissonneurs sont devenus hydrophobes pour avoir mangé les feuilles en salade; trois furent victimes de cette imprudence. Le contre-poison de cette plante dangereuse est le vinaigre à grande dose, ou le vomissement provoqué.

Hab. les bords des champs, des chemins, les décombres, dans le voisinage des habitations, dans tout le département. ①-② Fl. mai-août.

2. **H. ALBUS** *Lin. sp.* 257 *(excl. var. B.)*; *Godr. et Gren. fl. fr.* 2, *p.* 546; *Lamk. ill. t.* 117, *fig.* 2. — Racine blanchâtre, pivotante ou rameuse. Tige droite, rameuse, velue-visqueuse, ainsi que les feuilles; celles-ci *pétiolées*, ovales, presque cordiformes, un peu décurrentes sur le pétiole, incisées, à lobes dentés. Fleurs sessiles ou presque sessiles, axillaires, unilatérales, formant un épi feuillé, court, roulé en crosse, très-allongé à la maturité; feuilles florales toutes petiolées, oblongues ou arrondies, entières ou sinuées-dentées. Calice très-velu; le fructifère dressé, plus faiblement nervié-réticulé que dans l'espèce précédente, à dents courtes, triangulaires, aiguës. Corolle plus ou moins pubescente, *d'un blanc jaunâtre, à gorge verdâtre, à lobes inférieurs plus petits et plus profonds que les supérieurs.* Filets des étamines blancs. Capsule peu renflée à la base. Graines grisâtres.

Cette plante a les mêmes propriétés que la précédente, avec moins d'énergie; on la regarde comme moins vénéneuse. Elle porte les noms vulgaires de *jusquiame blanche*; en patois, *couriada.*

Hab. contre les murs et les rochers aux environs de Nîmes: elle est commune dans les Arènes. ⓙ Fl. mai-août.

3. **H. MAJOR** *Mill. dict. n° 2*; *Godr. et Gren. fl. fr.* 2, *p.* 547; *H. albus var. B. Lin. sp.* 257; *H. aureus Dec. fl. fr.* 3, *p.* 608 *(non Lin.)*; *Bull. cen. t.* 99. — Cette espèce diffère de la précédente: par sa racine *vivace*; par ses tiges ligneuses à la base, partant plusieurs de la même souche; par sa corolle à gorge *d'un pourpre foncé, ainsi que les filets des étamines.*

Mêmes propriétés que la précédente.

Hab. sur les murs et les rochers à Clarensac, à Villeneuve-lez-Avignon (Palun). ♃ Fl. mai-août.

LXXIXe FAM. **VERBASCÉES.**

VERBASCEÆ (Bartl. ord. nat. p. 170.)

Fleurs hermaphrodites, peu irrégulières. Calice libre, persistant, à 5 divisions imbriquées avant la floraison. Corolle caduque, rotacée, gamopétale, insérée sur le réceptacle, à 5 lobes inégaux, imbriqués dans le bouton. Étamines 5, souvent barbues à la base, inégales, insérées sur le tube de la corolle, à filets dilatés au sommet; anthères uniloculaires, à déhiscence longitudinale, posées transversalement ou obliquement. Ovaire supère, à 2 carpelles, à 2 loges multiovulées. Placentas soudés à la cloison dans la partie moyenne. Style simple, filiforme ou dilaté-comprimé au sommet; stigmate capité ou décurrent sur le style. Fruit capsulaire, biloculaire, à loges polyspermes, s'ouvrant, en déchirant les cloisons, en 2 valves souvent bifides. Graines très-petites, nombreuses, oblongues ou conoïdes-tronquées, tuberculeuses ou ciselées. Plantes bisannuelles, rarement vivaces, à feuilles alternes, sans stipules, à fleurs ordinairement jaunes, disposées en grappe spiciforme, simple ou rameuse.

1er g^{re}. MOLÈNE.   VERBASCUM. (Lin. gen. 97.)

Caractères de la famille. Racine pivotante ou rameuse. Feuilles radicales en rosette.

1. { Poils des étamines blancs ou jaunâtres. 2.
   { Poils des étamines violets. . . . . 3.

2. { Feuilles plus ou moins décurrentes. . . 3.
   { Feuilles non décurrentes. 7

3. { Feuilles supérieures décurrentes dans toute la longueur de l'entre-nœud. . . 4.
   { Feuilles supérieures à peine décurrentes, ou décurrentes jusqu'au milieu de l'entre-nœud. . . . . 5.

4. { Corolle petite, concave; style filiforme; stigmate capité. . . . . THAPSUS.
   { Corolle grande, plane; style élargi au sommet; stigmate décurrent sur le style. . . . . THAPSIFORME

5. { Feuilles supérieures décurrentes jusqu'au milieu de l'entre-nœud. . . . . . . AUSTRALE.
   { Feuilles supérieures non décurrentes jusqu'au milieu de l'entre-nœud. . . . 6.

6. { Tige ordinairement simple; capsule assez grosse, fertile. . . . . PHLOMOIDES.
   { Tige rameuse; capsule petite, avortée. THAPSIFORMI-LYCNITIS

7. { Tige arrondie; feuilles supérieures ovales ou arrondies, embrassantes, brusquement acuminées. . . . . PULVERULENTUM.
   { Tige sillonnée-anguleuse dans le haut; feuilles supérieures lancéolées, non embrassantes. . . . . LYCNITIS.

8. { Feuilles supérieures très-brièvement décurrentes. . . . . 9.
   { Feuilles supérieures non décurrentes. . 10.

9. { Feuilles inférieures sinuées-pinnatifides, à lobes crénelés-incisés; stigmate capité. SINUATUM.
   { Feuilles inférieures simplement crénelées; stigmate décurrent sur le style. PHLOMO-BLATTARIA

10. { Feuilles glabres. . . . . BLATTARIA.
    { Feuilles velues ou tomenteuses. . . . . . 11.

11. { Corolle grande; capsule grosse. . . . . . BOERHAAVII.
    { Corolle petite; capsule petite ou avortée. 12.

12. {
Tige arrondie; feuilles oblongues-lancéolées; grappes lâches, effilées. . CHAIXII.
Tige anguleuse vers le haut; feuilles
radicales cordiformes à la base:
grappes serrées................. NIGRUM.

1. **V. THAPSUS** *Lin. fl. suec.* 69; *Godr. et Gren. fl. fr.* 2,
p. 548; *V. densiflorum Pollin. fl. ver.* 1, *p.* 243, *et* 3, *t.* 7;
Engl. bot. t. 540. — Tige de 6-15 décim., droite, robuste, raide,
simple, ailée par la décurrence des feuilles, couverte, ainsi que
les feuilles, d'un coton jaune verdâtre, étoilé, très-épais. Feuilles
crénelées; les inférieures amples, oblongues-lancéolées ou elliptiques, rétrécies en pétiole; les supérieures *décurrentes sur la
tige dans toute la longueur de l'entre-nœud.* Fleurs fasciculées,
très-brièvement pédicellées, disposées en épi droit, gros, serré,
ordinairement simple. Calice cotonneux, à divisions lancéolées.
Corolle moyenne, *concave*, d'un jaune pâle. Filets des 3 étamines
supérieures garnis de poils blancs, laineux, portant, à leur sommet non épaissi, les anthères réniformes, transverses; les deux
inférieurs plus grands, glabres ou munis de quelques poils écartés,
3-4 *fois plus longs que leurs anthères obliques.* Style filiforme;
stigmate *capité*, capsule ovoïde.

Cette plante est connue sous les noms vulgaires de *bouillon-blanc*, de *cierge-
de-Notre-Dame*, d'*herbe de St-Fiacre:* en patois, *lapas, fatarassa.* Ses fleurs
sont pectorales; ses feuilles sont émollientes, anodines, astringentes.

Hab. les bords des champs et les lieux incultes, aux environs d'Alais, du
Vigan, d'Anduze. ⚥ Fl. juillet-août.

2. **V. THAPSIFORME** *Schrad. monogr.* 1, *p.* 21; *Godr. et
Gren. fl. fr.* 2, *p.* 549. — Tige de 6-15 décim., droite, robuste,
raide, ordinairement simple, ailée par la décurrence des feuilles,
couverte, ainsi que les feuilles, d'un coton jaunâtre, étoilé, très-
épais. Feuilles à crénelures très-prononcées; les inférieures amples, oblongues-elliptiques, rétrécies en pétiole; les supérieures
lancéolées, acuminées, *décurrentes sur la tige, dans toute la
longueur de l'entre-nœud.* Fleurs fasciculées, très-brièvement
pédicellées, disposées en épi droit, gros, serré, souvent très-
allongé, ordinairement simple. Calice cotonneux, à divisions
lancéolées. Corolle grande, *plane*, d'un jaune peu foncé. Filets
des trois étamines supérieures très-épaissis au sommet, garnis de
poils blancs, laineux; les deux inférieurs plus grands, glabres, 2
fois plus longs que leurs anthères latérales. Style comprimé,
dilaté au sommet; stigmate *décurrent sur le style.* Capsule ovoïde.

Même propriété et mêmes noms vulgaires.

Hab. les mêmes lieux dans tout le département. ⚥ Fl. juillet-août.

3. **V. PHLOMOIDES** *Lin. sp.* 253; *Dec. fl. fr.* 3, *p.* 601; *V.
thapsoides all. ped.* 1, *p.* 105 (*non Lin.*). Tige de 3-12 décim.,

droite, robuste, raide, simple ou rameuse supérieurement, non ailée, couverte, ainsi que les feuilles, d'un coton épais, jaunâtre, étoilé. Feuilles épaisses, crénelées ; les inférieures ovales ou ovales-oblongues, brusquement retrécies en pétiole ; les supérieures sessiles, plus ou moins décurrentes sur la tige, *en 2 ailes souvent arrondies à leur base, ne dépassant jamais la moitié supérieure de l'entre-nœud ;* celles des rameaux sessiles, cordiformes. Fleurs fasciculées, très-brièvement pédicellées, disposées en épi droit, raide, lâche ou serré, interrompu à la base, ordinairement simple. Calice cotonneux, à divisions lancéolées, acuminées. Corolle grande, plane, jaune. Filets des étamines supérieures, très-épaissis au sommet, garnis de poils blancs, laineux ; les deux inférieurs plus grands, glabres, 2-3 *fois plus longs que leurs anthères placés sur le côté.* Style comprimé, dilaté au sommet ; stigmate *décurrent sur le style.* Capsule ovoïde.

Même propriété et mêmes noms vulgaires.

Hab. les mêmes lieux dans tout le département. Fl. ♃ juillet–septembre.

4. **V. AUSTRALE** *Schrad. monogr.* 1, *p.* 28, *t.* 2 ; *Dec. fl. fr.* 5, *p.* 413. — Cette espèce ne diffère de la précédente que par ses feuilles couvertes d'un coton moins épais et moins jaunâtre ; les radicales moins larges et plus allongées ; les caulinaires ovales, acuminées, *décurrentes jusqu'au milieu de l'entre-nœud, par 2 ailes cunéiformes.*

Hab. les terrains incultes aux environs de Pujau. ♃ Fl. juillet–août.

5. **V. SINUATUM** *Lin. sp.* 254 ; *Dec. fl. fr.* 3, *p.* 605 ; *Camer. epit. p.* 882, *ic.* ; *Tabern. ic.* 565, *fig.* 1 ; *Math. comm. valg. p.* 1148. *ic.* ; *Dalech. hist. ed. gall.* 2, *p.* 191, *fig. dex. infer.* — Tige de 5-8 décim., droite, *arrondie,* très-rameuse supérieurement, souvent rougeâtre après la chute du coton qui la couvre dans sa jeunesse. Feuilles couvertes d'un coton étoilé, jaunâtre et court à la face supérieure, blanchâtre et plus abondant à la face inférieure ; les radicales et les inférieures très-brièvement pétiolées, assez amples, oblongues-lancéolées, obtuses ou un peu pointues, *sinuées-pinnatifides, à lobes obtus, crénelés, ondulés ;* les supérieures oblongues-aiguës, élargies à la base, légèrement sinuées ou ondulées, *un peu décurrentes ;* les plus supérieures *cordiformes, embrassantes.* Fleurs fasciculées, inégalement pédicellées, lâchement disposées le long des rameaux grêles, effilés au sommet, *ascendants ou divariqués,* formant ensemble *une ample panicule pyramidale ;* pédicelles florifères, *plus courts que le calice.* Calice cotonneux, à divisions lancéolées, un peu plus courtes que la capsule mûre. Corolle petite, jaune ; filets des étamines garnis de poils violets ; *anthères toutes égales,* insérées transversalement sur les filets. Stigmate capité. Capsule petite, subglobuleuse, tomenteuse, puis presque glabre.

Même propriété et mêmes noms vulgaires.

Hab. les bords des chemins, les champs cultivés et incultes, dans tout le département. 2, Fl. juillet-septembre.

6. **V. Boerhaavii** *Lin. mant.* 45; *V. majale Dec. fl. fr.* 5, *p.* 415; *Godr. et Gren. fl. fr.* 2, *p.* 550. — Tige de 5-10 décim., droite, simple, *cylindrique*, raide, rougeâtre après la chute du coton floconneux qui la couvre. Feuilles moyennes, crénelées, couvertes, surtout en dessous, d'un coton blanc floconneux, caduc; les inférieures ovales-oblongues, pointues ou obtuses, rétrécies en pétiole; les supérieures sessiles, oblongues-aiguës, *cordiformes, embrassantes.* Fleurs solitaires, géminées ou ternées le long d'un épi *raide, allongé, interrompu à la base,* couvert d'un coton blanc abondant; pédicelles épais, *très-courts.* Bractées linéaires-cuspidées, bien plus longues que les fleurs. Calice presque glabre à la maturité, à divisions linéaires-aiguës, un peu plus courtes que la·capsule et marquées de 3 nervures saillantes. Corolle grande, jaune, violette à la gorge. Filets des trois étamines supérieures garnis de poils violets; ceux des deux inférieures plus grands, peu poilus; anthères *obliques.* Stigmate capité. Capsule grosse, ovoïde, obtuse, presque glabre à la maturité, munie de 2 nervures et de 2 sillons opposés, terminée par une pointe raide; base persistante du style.

Hab. les garrigues, les champs incultes et les bois, aux environs de Nîmes, Manduel, St-Gilles, Uzès, Villeneuve-lez-Avignon, le Vigan, Alzon, Anduze. 2, Fl. avril-juillet.

7. **V. Pulverulentum** *Vill. dauph.* 2, *p.* 490; *Dec. fl. fr.* 3, *p.* 602; *Verb. floccosum Waldst. et Kit. pl. rar. hung.* 1, *p.* 81, *t.* 79; *Dec. fl. fr.* 5, *p.* 414; *Engl. bot. t.* 487. — Tige de 5-10 décim., droite, *cylindracée*, ordinairement très-rameuse, verdâtre ou violette sous le coton blanc floconneux qui la couvre dans sa jeunesse. Feuilles un peu épaisses, légèrement crénelées, couvertes d'un coton épais, à la fin caduc, par flocons, d'un vert jaunâtre à la face supérieure, blanchâtre et plus abondant à la face inférieure; les radicales très-amples, oblongues-elliptiques, *rétrécies en pétiole court;* les caulinaires sessiles; les raméales suborbiculaires, *embrassantes,* brusquement rétrécies en pointe oblique, allongée. Fleurs fasciculées, à pédicelles florifères de la *longueur du calice,* cachés dans un coton blanc épais, lâchement disposées en grappes interrompues, allongées, étalées, formant ensemble une *panicule grande, pyramidale,* partant souvent de la base de la tige. Calice couvert d'un coton blanc; le fructifère presque glabre, à divisions linéaires plus courtes que la capsule. Corolles jaunes, petites ou moyennes. Étamines toutes garnies de poils blancs, *à anthères inégales.* Stigmate capité. Capsule petite, ovoïde, un peu comprimée, déprimée au

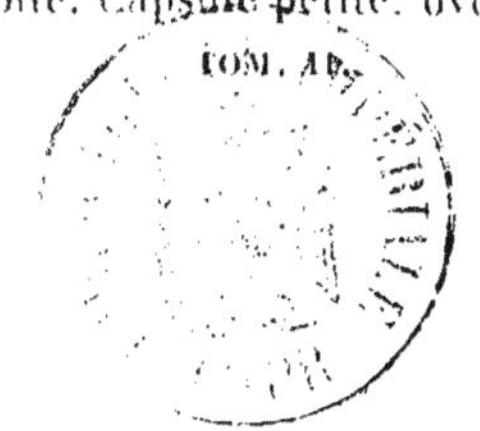

sommet et terminée par la base du style persistant en pointe d'abord cotonneuse, puis glabre.

Hab. les bords des champs, des chemins et les terrains incultes, dans tout le département. ⚥ Fl. juin–août.

8. V. LYCNITIS *Lin. sp.* 253 ; *Dec. fl. fr.* 3, *p.* 602 ; *Engl. bot. t.* 58. — Tige de 6-10 décim., droite, raide, robuste, *anguleuse dans le haut*, rougeâtre, couverte d'une pubescence grisâtre, pulvérulente, rameuse supérieurement, à rameaux *dressés*, rarement simple. Feuilles vertes et presque glabres en dessus, couvertes en dessous d'un coton blanchâtre, court, étoilé, non floconneux, munies, en dessous, de nervures saillantes ; les inférieures elliptiques-oblongues, un peu pointues, doublement crénelées, *rétrécies en pétiole* ; les supérieures lancéolées, sessiles ; les florales acuminées, *non embrassantes*, presque entières. Fleurs disposées par fascicules, en grappes interrompues, lâches ou serrées, formant ensemble *une panicule pyramidale, peu étalée* ; pédicelles florifères *deux fois de la longueur du calice*. Calice couvert d'un coton grisâtre, à divisions linéaires-lancéolées, atteignant la moitié de la capsule. Corolle assez petite, d'un jaune pâle ou rarement blanche, très-ouverte. Filets des étamines garnis de poils blancs ; *anthères égales*. Stigmate capité. Capsule assez petite, ovoïde, obtuse, terminée par la base du style persistant en pointe, couverte d'un coton qui se détache à la maturité.

Cette espèce porte le nom vulgaire de *bo uillon femelle :* elle a les mêmes propriétés que le N° 1.

Hab. les collines arides, aux environs du Vigan, d'Alzon, d'Alais, d'Uzès. ⚥ Fl. juin-août.

9. V. NIGRUM *Lin. sp.* 253 ; *Dec. fl. fr.* 3, *p.* 603 ; *Fl. dan. t.* 1088 ; *Math. comm. valg. p.* 1145, *ic.* ; *Dod. pempt.* 144 ; *Fuchs. hist. p.* 849, *ic.* — Tige de 5-10 décim., droite, raide, *anguleuse dans le haut*, rougeâtre, pubescente, simple ou peu rameuse. Feuilles d'un vert foncé, presque glabres en dessus, pubescentes en dessous, fortement crénelées ; les radicales et les inférieures longuement pétiolées, ovales-oblongues, *cordiformes à la base ;* les caulinaires à pétiole d'autant plus court qu'elles sont supérieures, à base arrondie, acuminées, ainsi que les florales ; celles-ci sessiles. Fleurs disposées par fascicules, *en une grappe allongée*, assez fournie, interrompue vers la base, ordinairement *simple ;* pédicelles florifères, *deux fois de la longueur du calice*. Calice pubescent, petit, à divisions linéaires-aiguës. Corolle assez petite, très-ouverte, jaune, violette à la gorge. Filets des étamines garnis de poils violets ; anthères égales. Stigmate semi-lunaire. Capsule petite, subglobuleuse, terminée par une pointe très-courte, glabre à la maturité, dépassant un peu le calice.

Mêmes propriétés.

Hab. les bois et les prairies, sur toute la chaîne de l'Espérou. ② Fl. juillet–septembre.

10. V. Chaixii *Vill. dauph.* 2, *p.* 491, *t.* 13; *Dec. fl. fr.* 3, *p.* 605; *V. dentatum Lapeyr. abr. pyr.* 114, *et fl. pyr. t.* 69. — Tige de 4-8 décim., droite, raide, rougeâtre, cylindrique, couverte d'un coton grisâtre, qui se détache par flocons dans sa vieillesse. Feuilles vertes et pubescentes en dessus, couvertes en dessous, surtout sur les nervures, d'un coton blanchâtre; les inférieures oblongues-lancéolées, *profondément dentées*, ordinairement *lobées, presque lyrées à la base, inégalement cordiformes* ou prolongées sur le pétiole, souvent d'un seul côté; les caulinaires oblongues, à pétiole d'autant plus court qu'elles sont supérieures, non lobées à leur base; les plus supérieures et les florales sessiles, *non embrassantes.* Fleurs petites, disposées, par fascicules, en grappes lâches, grêles, formant ensemble une *panicule pyramidale et terminale*, à rameaux *très-étalés, ascendants;* pédicelles florifères *de la longueur du calice.* Calice couvert d'un coton blanchâtre, à divisions linéaires-aiguës. Corolle très-ouverte, jaune, à gorge violette. Filets des étamines garnis de poils violets; *anthères inégales.* Stigmate capité. Capsule petite, oblongue, cotonneuse, dépassant le calice, terminée par une petite pointe.

Hab. les bois aux environs du Vigan, de Corconne, d'Anduze, de Candillac, du Serre de Bouquet, de Broussan. ♃ Fl. juin–août.

11. V. blattaria *Lin. sp.* 254; *Dec. fl. fr.* 3, *p.* 604; *Engl. bot. t.* 393; *Camer. epit.* 885, *ic.; Dalech. hist. ed. franc. p.* 195, *fig. infer.* — Tige de 5-9 décim., droite, raide, cylindrique inférieurement, un peu anguleuse vers le haut, glabre, pubescente-glanduleuse au sommet, souvent rougeâtre, simple ou peu rameuse. Feuilles *glabres, luisantes,* d'un vert gai, minces, oblongues, plus ou moins profondément sinuées-dentées-mucronées ou presque pinnatifides; les radicales rétrécies en pétiole; les caulinaires aiguës, sessiles, demi-embrassantes, *non décurrentes.* Fleurs solitaires, à pédicelles *deux fois plus longs que le calice et les bractées* qui sont à leur base, lâchement disposées en grappe très-longue, simple, rarement rameuse à la base. Calice pubescent-glanduleux, à divisions linéaires. Corolle assez grande, très-ouverte, jaune, à gorge violette. Filets des étamines garnis de poils violets; ceux des étamines inférieures à anthères latérales. Stigmate capité. Capsule assez grosse, arrondie, dépassant beaucoup le calice, terminée par la base du style, persistante en pointe.

Cette plante porte les noms vulgaires de *blattaire, d'herbe aux mites:* ses propriétés sont les mêmes que celles du N° 1.

Hab. les bords des fossés et les champs cultivés, dans tout le département.
☉ F. juin-août.

12. **V. PHLOMO-BLATTARIA** *Godr. et Gren. fl. fr. 2, p. 556.*
— Tige de 8-10 décim., droite, un peu anguleuse supérieurement, ordinairement rougeâtre, couverte de poils courts, étoilés, très-rameuse. Feuilles d'un vert sombre, pubescentes sur les deux faces; les radicales oblongues-lancéolées, à crénelures larges, profondes, rétrécies en pétiole court, ailé; les caulinaires iné-galement dentées, aiguës, sessiles, très-peu décurrentes, pro-longées *en 2 oreilles arrondies, embrassant la tige.* Fleurs fasci-culées, *lâchement disposées* en grappes grêles, plus ou moins allongées, étalées-dressées, ordinairement rameuses, garnies de poils courts, étoilés et simples, glanduleux; pédicelles inégaux : les plus longs environ de la longueur du calice. Calice velu-glan-duleux, à divisions lancéolées. Corolle moyenne, très-ouverte, jaune, à gorge violette. Filets des étamines garnis de poils *tous violets;* ceux des étamines longues, à antheres longues, *latérales.* Stigmate décurrent sur le style et représentant un V renversé. Capsule petite, avortée.

Hab. les terrains en friche au mas de Merle, près St-Gilles ☉ Fl. juillet août.

13. **V. THAPSIFORMI-LYCNITIS** *Schiede de pl. hybr., p. 38; Godr. et Gren. fl. fr. 2, p. 560;* V. *ramigerum Link, in Schrad. monogr. 1, p. 34, t. 4.* — Tige de 6-12 décim., droite, raide, robuste, rameuse supérieurement, souvent rougeâtre sous le coton qui la couvre. Feuilles crénelées, garnies, sur les deux faces, d'un coton court, étoilé; les inférieures oblongues-ellip-tiques, rétrécies en pétiole court, ailé, les caulinaires lancéolées, acuminées, un peu décurrentes sur la tige; les florales sessiles-embrassantes. Fleurs brièvement pédicellées, lâchement disposées par fascicules le long des rameaux *dressés;* le terminal plus long, formant *une panicule lâche.* Calice cotonneux, à divisions lan-céolées-aiguës. Corolle moyenne, *très-étalée,* jaune. Filets des étamines garnis de poils blancs; ceux des deux étamines infé-rieures garnis seulement sur une ligne et terminés par les *anthères obliques.* Stigmate *décurrent sur le style.* Capsule cotonneuse, avortée.

Hab. les lieux arides à Valbel, à Aulas (Dioméde). ☉ Fl. juillet-septembre.

LXXXᵉ FAM. SCROPHULARIACÉES.

SCROPHULARIACEÆ. (Benth. in Dec. prodr. 10, p. 186.)

Fleurs hermaphrodites plus ou moins irrégulières, imbriquées dans le bouton. Calice libre, persistant, à 4-5 divisions. Corolle

caduque, d'une seule pièce, insérée sur le réceptacle, a 4-5 divisions, tantôt rotacées à limbe presque régulier, tantôt bilabiées
ou en gueule, tantôt à tube régulier ou muni, à sa base, d'une
bosse ou d'un éperon. Lèvres ouvertes ou fermées ; la supérieure
a 2 lobes ; l'inférieure à 3. Étamines 4, dont 2 souvent plus courtes, rarement 2, insérées sur le tube de la corolle. Anthères bilobées, rarement unilobées, à déhiscence longitudinale ou transversale, s'il y a confluence des loges. Ovaire libre, à 2 loges.
Style simple ; stigmate simple ou bifide. Fruit capsulaire, biloculaire, rarement uniloculaire, à 2 valves entières ou bitrifides,
a déhiscence correspondant aux valves ou aux cloisons, souvent
déchirées, ou bien s'ouvrant, au sommet, par des trous mis a
découvert par l'écartement de petites valves ou par la chute
d'opercules ; placentas libres ou adhérents aux valves à la déhiscence. Graines nombreuses ou 1-2 dans chaque loge, horizontales,
ascendantes ou pendantes, à périsperme charnu ou corné. Embryon droit. Plantes herbacées, rarement sous-frutescentes, a
feuilles alternes, opposées, éparses ou verticillées.

1. Corolle rotacée, tubuleuse-campanulée ou à 2 lèvres peu distinctes.................. 2.
   Corolle bilabiée, à lèvres très-prononcées............................ 6.

2. Corolle rotacée ou campanulée, à tube peu apparent..................... 3.
   Corolle tubuleuse, à tube très-apparent......... 5.

3. Étamines 2 : corolle à 4 divisions...... 6° g^{re} VERONICA
   Étamines 4 : corolle à 5 divisions....... ...... 4.

4. Une ou plusieurs tiges : fleurs en grappe. 8° g^{re}. ERINUS.
   Point de tige : fleurs solitaires, radicales. 7° g^{re}. LIMOSELLA

5. Étamines 4, dont 2 stériles ou nulles : fleurs axillaires.................... 5° g^{re}. GRATIOLA.
   Étamines 4, fertiles : fleurs en grappe spiciforme.................... 9° g^{re}. DIGITALIS

6. Corolle éperonnée ou bossue à la base........... 7.
   Corolle ni éperonnée ni bossue à la base........ 9.

7. Corolle éperonnée à la base............ 8.
   Corolle bossue à la base........ 2° g^{re}. ANTIRRHINUM

8. Corolle à gorge ouverte ; éperon grêle, court, rarement nul.... 3° g^{re}. ANARRHINUM.
   Corolle à gorge fermée, éperon grêle, allongé........... 4° g^{re}. LINARIA.

9. Calice à 3-5 dents ou à 5 divisions........... 10.
   Calice à 4 dents ou à 4 divisions............... 11.

10. Calice à divisions entières........... 1er g^{re}. SCROPHULARIA.
    Calice à dents incisées-dentées ou foliacées................... 15° g^{re}. PEDICULARIS.

11. Graines très-nombreuses dans chaque loge.................. 12.
    Graines 1-2 dans chaque loge......... 16° g^{re}. MELAMPYRUM.

12. Calice renflé, comprimé ; lèvre supérieure de la corolle comprimée...... 14ᵉ gʳ. **RHINANTHUS.**
Calice tubuleux ou campanulé ; lèvre supérieure de la corolle non comprimée........ 13.

13. Lèvre inférieure de la corolle à 3 lobes émarginés ou bilobés................ 10ᵉ gʳ. **EUPHRASIA.**
Lèvre inférieure de la corolle à 3 lobes entiers................................ 14.

14. Calice à dents courtes, ovales-obtuses.. 12ᵉ gʳ. **TRIXAGO.**
Calice à dents profondes, lancéolées........... 15.

15. Capsule glabre, lancéolée, aiguë au sommet................................ 13ᵉ gʳ. **EUFRAGIA.**
Capsule velue, ovale-oblongue, obtuse au sommet...................... 11ᵉ gʳ. **ODONTITES.**

1ᵉʳ gʳ. **SCROPHULAIRE. — SCROPHULARIA.** (Tournef. inst. p. 166, t. 74.)

Calice à 5 divisions. Corolle à tube *ventru-globoseux*, à limbe *à 2 lèvres* ; la supérieure à 2 lobes plus longs que ceux de la lèvre inférieure, divisée en 3 lobes obtus, courts, planes ; celui du centre plus grand, étalé ou réfléchi ; les latéraux dressés. Étamines 5, dont 4 fertiles et une rudimentaire-squamiforme, insérée à la base de la lèvre supérieure ; anthères uniloculaires, à déhiscence transversale. Capsule à 2 loges polyspermes, s'ouvrant par 2 valves entières ou bifides ; placentas presque libres après la déhiscence. Graines petites, ovoïdes, rugueuses. Plantes ordinairement vivaces, à feuilles opposées, simples ou divisées.

1. Feuilles indivises ou munies, à la base, de 2 folioles.. 2.
Feuilles ailées pinnatifides...................... **CANINA.**

2. Lobes du calice largement scarieux sur les bords..... **AQUATICA.**
Lobes du calice entièrement herbacés ou étroitement scarieux sur les bords.......................... 3.

3. Plante pubescente-glanduleuse : fleurs jaunâtres..... **VERNALIS.**
Plantes glabres ; fleurs d'un brun rougeâtre.......... 4.

4. Fleurs en cimes axillaires, pauciflores, disposées en panicule feuillée.............................. **PEREGRINA.**
Fleurs en panicule terminale, allongée, non feuillée.. **NODOSA.**

1. **S. VERNALIS** *Lin. sp.* 864 ; *Dec. fl. fr.* 3, *p.* 579 ; *Fl. dan. t.* 411 ; *C. Bauh. prodr.* 112, *ic.* ; *Clus. hist.* 2, *p.* 38, *fig.* 1. — Racine fibreuse. Tige de 4-8 décim., droite, robuste, tétragone, fistuleuse, ordinairement simple, *velue-glanduleuse*. Feuilles d'un vert clair, minces, ridées, pubescentes, surtout en dessous, ovales-cordiformes, irrégulièrement incisées-dentées, à dents aiguës, à pétiole *velu*. Fleurs jaunâtres, en cimes axillaires, pédonculées, disposées le long du sommet de la tige et formant une panicule feuillée ; pédicelles *plus courts* que le calice, munis de petites bractées à leur base. Calice à lobes profonds, *ovales ou oblongs*, entièrement herbacés. Corolle à tube contracté au

sommet. Étamines cachées dans la lèvre supérieure de la corolle, puis *saillantes*. Étamine rudimentaire *nulle*. Capsule ovoïde, acuminée, velue-glanduleuse. Graines noires.

Hab. les lieux ombragés à l'Espérou (*Guan h. reg.*). ② Fl. mai-juillet.

2. S. PEREGRINA *Lin. sp.* 866; *Dec. fl. fr.* 3, *p.* 580; *Fl. gr.* 6, *t.* 597; *J. Bauh. hist.* 3, *p.* 422, *fig. sup. dext.*—Racine pivotante. Tige de 3-6 décim., dressée, fistuleuse, tétragone, simple, rarement rameuse, *glabre*, souvent rougeâtre. Feuilles *glabres*, minces, d'un vert clair, luisantes, fragiles, ovales-lancéolées-aiguës, cordiformes ou presque cordiformes, inégalement dentées en scie, toutes pétiolées, à limbe un peu décurrent sur le pétiole. Fleurs rougeâtres, en cimes pédonculées, lâches, pauci-flores, axillaires; souvent les pédoncules ne portent qu'une ou deux fleurs, disposées le long de la partie supérieure de la tige et formant ensemble une panicule allongée, feuillée; pédicelles 3-4 fois plus longs que le calice et munis de petites bractées aiguës. Calice à lobes profonds, *lancéolés-aigus*, entièrement herbacés. Corolle à gorge *non contractée*. Étamines *non saillantes*; rudiment de la cinquième étamine *orbiculaire*. Capsule *glabre*, arrondie, terminée en pointe. Graines noires.

Hab. les lieux pierreux aux environs de Franqueveau (Delaveau). ① Fl mai-juin.

3. S. NODOSA *Lin. sp.* 863; *Dec. fl. fr.* 3, *p.* 579; *Cam. epit. p.* 866, *ic.*; *Math. comm. ed. valgr. p.* 1130, *ic.*; *Moris. hist. s.* 5, *t.* 8, *fig.* 3. — Racine horizontale, renflée-noueuse, couverte de tubercules. Tige de 5-8 décim., *droite*, robuste, raide, lisse, tétragone, à angles aigus, *non ailés*, le plus souvent simple, *glabre*, ainsi que les feuilles; celles-ci pétiolées, ovales-aiguës ou ovales-lancéolées, presque cordiformes à la base, ner-viées, un peu décurrrentes sur le pétiole *non ailé*, doublement dentées en scie; les dents inférieures plus écartées, *plus longues*, plus aiguës. Fleurs assez petites, d'un brun rougeâtre en dehors, verdâtres en dedans, disposées en une panicule non feuillée, ter-minale, glanduleuse, à rameaux munis, à leur base, d'une bractée subulée. Calice glabre, à lobes profonds, *ovales-obtus*, denticulés au sommet, *légèrement membraneux* sur les bords, 2-3 fois plus courts que la corolle. Étamines à filets glanduleux; rudiment de la cinquième étamine oblong, presque échancré. Capsule ovoïde, acuminée. Graines brunes. Odeur forte et désagréable.

Cette plante porte les noms vulgaires de *grande scrophulaire*, *d'herbe aux ecrouelles*, *aux hémorrhoïdes*. Ses feuilles sont résolutives, vulnéraires; ses graines sont vermifuges. Il n'y a que la chèvre qui mange cette plante; elle ne plait pas aux autres animaux.

Hab. les bords des ruisseaux, les bois humides, dans toute la partie élevée du département. ♃ Fl. juin-septembre.

4. S. AQUATICA *Lin. sp.* 864 ; *Dec. fl. fr.* 3, *p.* 579 ; *S. auriculata Dec. fl. fr.* 3, *p.* 580 (*non Lin.) ; Fl. dan. t.* 507 ; *Lob. obs. p.* 288, *fig.* 1. — Racine fibreuse. Tiges de 6-12 décim., droites, raides, robustes, lisses, glabres, à 4 angles étroitement ailés, simple ou rameuse, partant plusieurs de la même souche. Feuilles glabres, pétiolées, ovales-oblongues, *obtuses, largement crénelées, cordiformes* à la base, nerviées, souvent munies, à la base, d'une ou de deux petites folioles en forme d'auricule ; pétiole ordinairement ailé, plus court que le limbe. Fleurs d'un brun rougeâtre, disposées en grappes pédonculées, formant ensemble une panicule allongée, non feuillée ; pédoncules et pédicelles munis, à leur base, de petites bractées, et garnis de poils courts, glanduleux. Calice à lobes profonds, arrondis, obtus, largement scarieux sur les bords. Étamines à filets glanduleux. Rudiment de la cinquième étamine *échancré ou bifide.* Capsule subglobuleuse-acuminée. Graines noirâtres. Odeur moins forte que celle de la précédente.

Cette plante est commune sous les noms vulgaires de *bétoine aquatique*, d'*herbe du siège* ; en patois, *herba d'dou sierge.* Elle est vulnéraire, détersive ; suspecte à l'intérieur.

Hab. les bords des fossés et des ruisseaux, dans tout le département. ♃ Fl. juin-août.

5. S. CANINA *Lin. sp.* 865 ; *Dec. fl. fr.* 3, *p.* 582 ; *Lob. ic.* 2, *p.* 55, *fig.* 2 ; *Clus. hist.* 2, *p.* 209, *fig.* 1 ; *Tabern. ic.* 136, *fig.* 2. — Racine pivotante, à souche rameuse, donnant naissance à des tiges nombreuses, buissonnantes, hautes de 3-6 décim., dressées, glabres, lisses, souvent rougeâtres, raides, subtétragones, simples ou un peu rameuses. Feuilles glabres, pétiolées, ailées-pinnatifides, à lobes distants, inégalement dentés ou incisés, décurrents sur le rachis ; les supérieurs confluents. Fleurs d'un rouge brun, blanches au bord, *en grappes bifides*, pédonculées, formant ensemble une panicule allongée, terminale, non feuillée ; pédicelles *très-courts*, glanduleux, ainsi que les pédoncules et le sommet de la panicule. Calice environ de moitié plus court que la corolle, à lobes ovales-arrondis, bordés d'une membrane blanche, large. Corolle petite, à lèvre supérieure, *de moitié plus courte que le tube.* Étamines saillantes, à filets glanduleux ; rudiment de la cinquième étamine lancéolé-aigu ou nul. Capsule arrondie, brusquement apiculée.

Hab. les lieux arides et pierreux, dans tout le département ; une variété. à feuilles larges, croît dans les sables à Aigues-Mortes. ♃ Fl. juin-août.

2ᵉ gʳᵉ. MUFLIER. — ANTIRRHINUM. (Tournef. inst. p. 467, t. 75.)

Calice à 5 divisions profondes. Corolle à tube large, un peu comprimé, *gibbeux, en dehors, à la base*, à lèvre supérieure bifide, à lobes redressés ; l'inférieure à 3 lobes, dont le médian plus petit, munie *d'un palais renflé*, bilobe, poilu en dedans, *fermant la gorge*. Étamines 4, incluses, dont 2 plus courtes: anthères à 2 lobes oblongs. Capsule oblique, endurcie, à 2 loges polyspermes; la supérieure s'ouvrant par une fente transversale; l'inférieure par 2 trous latéraux, formés par l'écartement de 3-4 petites valves. Graines oblongues-tronquées, rugueuses. Plantes herbacées, annuelles ou vivaces, à feuilles opposées inférieurement, à fleurs axillaires, solitaires ou disposées en grappes terminales.

1. { Lobes du calice linéaires, plus longs que la corolle... ORONTIUM
   { Lobes du calice ovales ou lancéolés, obtus ou aigus,
   { beaucoup plus courts que la corolle............... 2.

2. { Feuilles arrondies, échancrées en cœur à la base...... ASARINA.
   { Feuilles lancéolées ou linéaires, non échancrées en
   { cœur à la base.................................... MAJUS.

1. **A. ORONTIUM** *Lin. sp.* 860; *Dec. fl. fr. 3, p.* 593; *Lamk. ill. t.* 531, *fig.* 2 *(fruit*; *Lob. ic.* 405, *fig.* 2. — Racine pivotante ou rameuse. Tige de 2-5 décim., droite, cylindrique, glabre ou velue-glanduleuse supérieurement, simple ou rameuse. Feuilles opposées et alternes, lancéolées-linéaires ou linéaires, surtout les supérieures, atténuées en un pétiole très-court, obtuses, glabres, entières. Fleurs purpurines, presque sessiles, distantes le long de la tige et des rameaux. Calice poilu-glanduleux, à lobes linéaires inégaux, *dépassant la corolle et la capsule*. Corolle assez petite, striée. Capsule irrégulièrement ovoïde, hérissée. Graines oblongues, noires, *creusées longitudinalement* d'un côté, et munies *d'une côte de l'autre*.

Cette plante est soupçonnée vénéneuse.

Hab. les vignes et les champs cultivés, dans tout le département. ⊕ Fl. juillet-août.

2. **A. MAJUS** *Lin. sp.* 859; *Dec. fl. fr. 3, p.* 593; *Lamk. ill. t.* 531, *fig.* 1 *(analyse*; *Lob. ic.* 404, *fig.* 2. — Racine blanchâtre, rameuse, tortueuse. Tiges de 4-8 décim., solitaires ou partant plusieurs de la même souche, dressées, robustes, raides, cylindriques; glabres dans le bas, pubescentes et un peu glanduleuses dans le haut, simples ou rameuses. Feuilles opposées et alternes, lancéolées, plus ou moins étroites, un peu épaisses, d'un vert foncé, glabres, entières, atténuées en un court pétiole. Fleurs rouges ou roses, rarement blanches ou jaunes, brièvement pédicellées, disposées en grappes terminales, poilues-glanduleuses, munies de bractées. *Calice très-court*, pubescent-glanduleux, à divisions *ovales-obtuses*, peu inégales. Corolle grande, à tube pubescent-glanduleux, ordinairement tachée de jaune au sommet du palais Capsule irrégulièrement ovoïde, brièvement pubescente-glanduleuse, *dépassant le calice*. Graines brunâtres, alvéolées, *à alvéoles dentées sur le bord*.

Cette plante est connue sous les noms vulgaires de *mufle-de-veau, gueule-de-lion :* en patois, *pantoufletta.* On la cultive dans les jardins sous une foule de variétés.

Hab. contre les rochers et sur les vieux murs, dans tout le département. ♃ Fl. juin-septembre.

3. **A. ASARINA** *Lin. sp.* 860; *Dec. fl fr.* 3, *p.* 594; *Lob. ic.* 601, *fig.* 2. — Racine rameuse, à souche dure, rameuse, donnant naissance à des tiges nombreuses, diffuses, rameuses, *couchées, radicantes,* redressées au sommet, très-velues-glanduleuses. Feuilles grandes, *opposées, arrondies, cordiformes à la base, à nervures palmées, largement crénelées,* velues, environ de la longueur du pétiole ; celui-ci plus long que le pédoncule. Fleurs grandes, blanchâtres ou rougeâtres, distantes, *axillaires, ordinairement opposées ;* pédoncules 2-3 fois plus longs que le calice. Calice très-velu, glanduleux, à lobes lancéolés-aigus, 3-4 fois plus courts que la corolle. Capsule *glabre,* presque arrondie. Graines rousses ou brunes, sillonnées-ondulées.

Hab. contre les rochers à Alais, Anduze, le Vigan, l'Espérou, Concoule, Bourdezach. ♃ Fl. avril-juillet.

3ᵉ gre. **ANARRHINE.** — **ANARRHINUM.** (Desf. fl. atl. 2, p. 51.)

Calice à 5 divisions profondes. Corolle tubuleuse, ordinairement munie, à la base du tube, d'un éperon très-court, à 2 lèvres très-ouvertes ; la supérieure bilobée, dressée ; l'inférieure à 3 lobes arrondis, presque plane, *dépourvue de palais saillant.* Étamines 4, dont 2 plus courtes ; anthères *réniformes, uniloculaires* par la confluence des 2 loges. Capsule globuleuse, à 2 loges polyspermes, opposées, s'ouvrant sur les côtés par 2 pores oblongs. Graines très-petites, ovoïdes, tuberculeuses.

1. **A. BELLIDIFOLIUM** *Desf. l c.; Dec. fl. fr.* 3, *p.* 595; *Antirrhinum bellidifolium Lin. sp.* 860 ; *Bauh. prodr.* 106, *ic.; Lob. ic.* 872, *fig.* 2 ; *Clus. hist. p.* 320, *fig.* 1. — Racine rameuse, tortueuse. Tiges de 2-5 décim., solitaires ou partant plusieurs de la même souche, droites, grêles, rameuses supérieurement, rarement simples, glabres, ainsi que les autres parties de la plante. Feuilles radicales spatulées, obtuses, un peu raides, dentées en scie, disposées en rosette ; les caulinaires divisées, dès la base, en 3-5 lobes linéaires-aigus, entiers. Fleurs petites, subsessiles, rapprochées en grappes grêles, effilées, tantôt solitaires, tantôt réunies en panicule terminale. Calice à lobes lancéolés, mucronés, n'atteignant pas la moitié de la corolle. Corolle d'un bleu violet, blanche aux bords des lèvres, à tube cylindrique, à éperon court, grêle, recourbé, rarement nul. Capsule globuleuse, un peu plus longue que le calice. Graines brunes.

Hab. les bois, les chataigneraies, les terrains sablonneux, dans tout le département, mais plus rarement dans la plaine. ♃ Fl. juin-août.

4ᵉ gʳᵉ **LINAIRE. — LINARIA.** (Tournef. inst. p. 168, t. 76.)

Calice à 5 divisions profondes. Corolle *en gueule*, à tube renflé, muni *d'un éperon à la base*, à lèvre supérieure bifide, à lobes redressés ; la lèvre inférieure à 3 lobes, dont le médian plus petit, munie *d'un palais renflé*, bilobé, plus ou moins poilu en dedans, *fermant complétement la gorge*, ou dépourvue de renflement et laissant la gorge ouverte ou fermée incomplétement. Étamines 4, incluses, dont 2 plus courtes ; anthères à déhiscence longitudinale. Capsule à 2 loges polyspermes presque égales, s'ouvrant par des valves, ou par 2 ouvertures, ou par la chute d'un opercule. Graines ovoïdes, discoïdes ou triquètres, lisses ou rugueuses, bordées ou non bordées. Plantes herbacées, annuelles ou vivaces, à feuilles alternes ou opposées, à fleurs jaunes, blanches, bleues ou violettes, axillaires ou en grappes terminales.

1. { Feuilles pétiolées, suborbiculaires, ovales ou ovales-hastées........................ 2.
{ Feuilles sessiles ou presque sessiles, oblongues ou linéaires............................ 6.

2. { Pétioles plus longs que la feuille, plante glabre. CYMBALARIA.
{ Pétioles plus courts que la feuille ; plantes velues. 3.

3. { Feuilles toutes ovales-arrondies ; pédoncules très-velus........................... SPURIA.
{ Feuilles la plupart hastées ; pédoncules glabres ou peu velus............................. 4.

4. { Graines tuberculeuses......................... 5.
{ Graines réticulées et alvéolées............... ELATINE.

5. { Fleurs bleuâtres........................... CIRRHOSA
{ Fleurs jaunes.............................. GRÆCA.

6. { Corolle incomplétement fermée par le palais ; capsule s'ouvrant par 2 petites ouvertures........ 7.
{ Corolle exactement fermée par le palais ; capsule s'ouvrant par 4-10 lobes ou dents........... 10.

7. { Feuilles succulentes, courtes, ovales ou oblongues. 8.
{ Feuilles non succulentes, allongées, linéaires ou lancéolées............................. 9.

8. { Graines sillonnées, tuberculeuses entre les sillons ; plante annuelle......................... RUBRIFOLIA.
{ Graines ridées par des côtes anastomosées ; plante vivace............................... ORIGANIFOLIA

9. { Gorge de la corolle ouverte ; capsule poilue-glanduleuse................................ MINOR.
{ Gorge de la corolle presque fermée ; capsule glabre.................................. PRÆTERMISSA

10. { Fleurs jaunes............................. 11.
{ Fleurs blanches, bleues ou violettes........... 13.

11. { Fleurs d'environ un centim. ou davantage...... 12.
{ Fleurs très-petites........................ SIMPLEX.

12. { Tiges de 2-6 décim., droites, raides........... VULGARIS
{ Tiges de 10-15 centim., grêles, couchées circulairement................................ SUPINA.

13. { Capsule plus longue que le calice................... 14.
    { Capsule de moitié plus courte que le calice........ 15.

14. { Graines discoïdes, bordées et ciliées; fleurs vio-
    {   lettes .... **PELISSERIANA**.
    { Graines triquètres, ridées; fleurs blanches....... **CHALEPENSIS**.

15. { Fleurs très-petites, en tête serrée; graines dis-
    {   coïdes, verruqueuses, bordées.................... **ARVENSIS**
    { Fleurs moyennes, en grappes spiciformes; grai-
    {   nes triquètres, ridées.......................... **STRIATA**.

1. **L. CYMBALARIA** *Mill. dict. n° 17; Dec. fl. fr. 3, p. 583; Antirrhinum cymbalaria Lin. sp.* 851; *Bull. herb. t.* 395; *Lob. ic.* 615, *fig.* 1; *Cam. epit.* 860, *ic.* — Racine fibreuse. Tiges nombreuses, de 1-5 décim., grêles, très-rameuses, diffuses, étalées ou pendantes, radicantes, glabres, ainsi que les autres parties de la plante. Feuilles à nervures *palmées, longuement pétiolées, la plupart alternes*, succulentes, souvent rougeâtres en dessous, suborbiculaires, cordiformes à la base, à 5-7 lobes peu profonds, plus ou moins arrondis, mucronulés. Fleurs de moyenne grandeur, solitaires au sommet de pédoncules filiformes, axillaires, plus courts ou plus longs que le pétiole. Calice à lobes *lancéolés-aigus*. Corolle violacée, à palais jaune, fermant entièrement la gorge, à éperon court, un peu arqué. Capsule globuleuse, *plus longue que le calice*, s'ouvrant *par 3 valves*. Graines brunes, ovoïdes, sillonnées, à sillons ondulés, souvent interrompus.

Cette plante porte le nom vulgaire de *cymbalaire*: elle est astringente, vulnéraire, antiscorbutique: inusitée.

Hab. contre les rochers à Arbous, près de Valleraugue (Rouger) (*Guan. herb.*). 2⟃ Fl. mai-octobre.

2. **L. SPURIA** *Mill. dict. n° 15; Dec. fl. fr. 3, p.* 584; *Antirrhinum spurium Lin. sp.* 851; *Fl. dan. t.* 913; *Fuchs hist.* 167, *ic.; Math. comm. (vulg.)* 694, *ic.* — Racines rameuses-tortueuses et fibreuses. Tiges de 2-5 décimèt., nombreuses, grêles, très-rameuses, couchées, velues et glanduleuses. Feuilles à nervures pinnées, brièvement pétiolées, *toutes ovales ou orbiculaires*, très-souvent cordées à la base, velues. Fleurs moyennes, solitaires au sommet de pédoncules filiformes, axillaires, très-étalés, très-velus, plus longs que les feuilles. Calice velu, à lobes *ovales-aigus*. Corolle jaune, à lèvre supérieure d'un violet foncé, à gorge entièrement fermée par le palais, à éperon long, subulé-arqué. Capsule globuleuse plus courte que le calice, s'ouvrant par 2 trous latéraux que la chute des opercules laisse à découvert. Graines rousses, réticulées et alvéolées. On rencontre quelquefois, sur cette plante, des fleurs pelorinées.

Cette plante porte les noms vulgaires de *linaire bâtarde, de velvote*: elle est émolliente, résolutive et astringente.

Hab. les champs cultivés, dans tout le département. ⟃ Fl. juin-octobre.

3. **L. elatine** *Desf. all.* 2, *p.* 37; *Dec. fl. fr.* 3, *p.* 584; *Antirrhinum elatine Lin. sp.* 851; *Fl. dan., t.* 426; *Cam. epit.* 754, *ic.; Tabern. ic.* 715, *fig.* 2. — Racine pivotante, rameuse, tortueuse ou fibreuse. Tiges de 2-5 décim., nombreuses, grêles, très-rameuses, couchées, velues et glanduleuses. Feuilles à nervures pinnées, brièvement pétiolées, velues; les inférieures ovales ou arrondies, plus ou moins dentées à la partie inférieure; les autres *hastées;* les plus supérieures quelquefois entières. Fleurs plus petites que dans l'espèce précédente, solitaires au sommet de pédoncules filiformes, axillaires, très-étalés, glabres ou un peu velus, plus longs que les feuilles. Calice velu, à lobes *lancéolés-acuminés.* Corolle d'un jaune pâle, à lèvre supérieure d'un bleu violet en dedans, à gorge entièrement fermée par le palais, à éperon subulé, allongé, légèrement arqué. Capsule globuleuse, un peu plus courte que le calice, s'ouvrant par deux trous latéraux que la chute des opercules laisse à découvert. Graines rousses, couvertes de *crêtes anastomosées.*

Cette plante porte le nom vulgaire de *linaire auriculée.* Elle est détersive, vulnéraire, purgative, inusitée.

Hab. les champs cultivés dans tout le département. ① Fl. juin-octobre.

4. **L. græca** *Char. monogr.* 108; *Dec. prodr.* 10, *p.* 268; *L. commutata Rchb. ic.* 9, *t.* 815; *Antirrhinum græcum Bory et Chaub. exp. mor. bot.* 175, *t.* 21. — Racine grêle, fibreuse. Tiges de 2-4 décim., nombreuses, grêles, rameuses, couchées, garnies de longs poils blancs, étalés, et, à leur base, de racines automnales. Feuilles velues-ciliées; les inférieures *ovales-oblongues,* opposées; les supérieures *ovales-hastées,* alternes, toutes brièvement pétiolées et à nervures pinnées. Fleurs *plus grandes* que dans les deux espèces précédentes, solitaires au sommet de pédoncules filiformes, axillaires, entièrement glabres, très-étalés, plus longs que les feuilles. Calice velu, à lobes lancéolés-linéaires-aigus. Corolle *jaunâtre,* pubescente, à lèvre supérieure d'un bleu clair, tachée de pourpre au palais, qui ferme exactement la gorge; éperon subulé, très-arqué et très-élargi à la base, *plus long* que le tube de la corolle. Capsule globuleuse, un peu plus courte que le calice, s'ouvrant par deux trous latéraux que la chute des opercules laisse à découvert. Graines rousses, *fortement tuberculeuses.*

Hab. les champs cultivés à Aigues-Mortes, à Milhaud. 2 Fl. juin-août.

5. **L. cirrhosa** *Willd. en.* 639; *Dec. fl. fr.* 5, *p.* 407; *Antirrhinum cirrhosum Lin. mant.* 249; *Jacq. hort. vind., t.* 82; *Till., p. t.* 38, *fig.* 2. — Racine grêle, pivotante ou rameuse. Tiges de 2-5 décim., très-grêles, filiformes, nombreuses, très-rameuses, couchées, garnies de longs poils blancs, étalés. Feuilles glabres ou pubescentes inférieurement, à nervures pin-

nées ; les radicales *oblongues*, pétiolées, disposées en rosette ; les caulinaires alternes, *lancéolées-hastées*, souvent munies d'une petite dent au-dessus ou au-dessous des deux dents principales ; à pétiole hérissé, plus court que la feuille. Fleurs *très-petites*, solitaires au sommet de pédoncules capillaires, glabres, axillaires, très-étalés, souvent contournés au sommet, beaucoup plus longs que les feuilles. Calice pubescent, à lobes linéaires, très-aigus, plus courts que le tube de la corolle. Corolle bleuâtre, à palais blanchâtre, ponctué de pourpre, fermant exactement la gorge, à éperon très-aigu, élargi à la base, droit ou un peu arqué, presque aussi long que la corolle. Capsule globuleuse, petite, égale au calice ou un peu plus courte que lui. Graines blanchâtres, fortement tuberculeuses, s'échappant par deux trous latéraux, laissés ouverts par la chute des opercules.

Hab. les champs et les pacages sablonneux à Aigues-Mortes. ① Fl. mai-août.

6. **L. VULGARIS** *Mœnch. meth.* 524 ; *Dec. fl. fr.* 3, *p.* 592 ; *Antirrhinum linaria Lin. sp.* 858 ; *Lamk. ill., t.* 531, *fig.* 3 ; *Math. comm. ed. valg.* 1209, *ic.; Fuchs. hist.* 545, *ic.* — Racine rameuse, tortueuse, rampante. Tiges de 2-5 décim., dressées, simples ou rameuses supérieurement, raides, glabres ou un peu velues-glanduleuses au sommet, très-feuillées, solitaires ou naissant plusieurs de la même souche. Feuilles glabres, linéaires ou lancéolées-linéaires-aiguës, à trois nervures, dont la médiane très-distincte, toutes éparses, serrées. Fleurs grandes, serrées en grappe terminale, à pédoncules deux fois de la longueur du calice, munis à leur base d'une bractée linéaire, réfléchie. Calice glabre, à lobes *lancéolés-aigus*, *beaucoup plus courts* que le tube de la corolle. Corolle d'un jaune pâle, à palais orange, barbu, fermant exactement la gorge, à éperon très-long, droit, subulé, dirigé en bas. Capsule obovale, *dépassant beaucoup le calice*, s'ouvrant au sommet par 6-8 valves. Graines noires, lenticulaires, tuberculeuses, entourées d'une large bordure striée. Plante glaucescente.

Cette plante porte les noms vulgaires de *chasse-venin*, de *lin sauvage*. Elle est diurétique, émolliente et résolutive ; peu usitée. Dans quelques localités, on la suspend dans les appartements pour tuer les mouches.

Hab. les bords des fossés, des champs et des haies, dans tout le département. ♃ Fl. juillet-octobre.

7. **L. PELISSERIANA** *Dec. fl. fr.* 3, *p.* 589 ; *Antirrhinum pelisserianum Lin. sp.* 855 ; *Sibth. et sm. fl. grœc.* 6, *t.* 591 ; *Magn. bot.* 158, *ic.; Barr. ic.* 1162. — Racine grêle, rameuse. Tiges de 2-5 décim., solitaires ou naissant plusieurs du collet de la racine, émettant à leur base des rejets stériles, couchés, garnis de feuilles ovales-lancéolées, opposées ou verticillées par 3 ; droites, grêles, simples ou rameuses au sommet, à rameaux

dressés, glabres ainsi que le reste de la plante. Feuilles des tiges fertiles éparses, linéaires, appliquées contre la tige, un peu épaisses; les inférieures verticillées. Fleurs moyennes, peu nombreuses, disposées au sommet de la tige et des rameaux d'abord en grappes courtes, puis allongées; pédoncules aussi longs que le calice, munis à leur base d'une bractée linéaire, *presque appliquée.* Calice à lobes linéaires-acuminés. Corolle d'un bleu violet, à palais blanc rayé de pourpre, fermant exactement la gorge, à éperon droit, subulé, très-long. Capsule bilobée, *beaucoup plus courte* que le calice, s'ouvrant au sommet par 8-10 valves. Graines brunes, discoïdes, très-finement tuberculeuses, entourées *d'une bordure ciliée.*

Hab. les bois, les garrigues et les lieux pierreux, dans tout le département. ⚥ Fl. mai–juillet.

8. L. ARVENSIS *Desf. atl.* 2, *p.* 45; *Dec. fl. fr.* 3, *p.* 588; *Antirrhinum arvense, var. A, Lin. sp.* 855; *Dill. elth., t.* 163, *fig.* 198. — Racine grêle, rameuse. Tiges de 1-4 décim., solitaires ou naissant plusieurs du collet de la racine, glabres, glauques inférieurement, émettant à leur base des rejets stériles, étalés ou dressés, garnis de feuilles verticillées, simples, rarement rameuses. Feuilles glabres, glauques, succulentes, uninerviées, *toutes linéaires,* éparses; les inférieures verticillées par 4. Fleurs très-petites, disposées en grappes terminales, courtes, serrées, comme capitées, à la fin lâches et allongées; pédoncules très-courts, *poilus-glanduleux ainsi que l'axe de la grappe,* munis à leur base d'une bractée linéaire, recourbée, arquée. Calice poilu-glanduleux, à lobes lancéolés-linéaires. Corolle *bleue, à stries violettes,* à palais plus pâle, fermant exactement la gorge; à lèvre supérieure à 2 lobes obtus, étalés; à éperon subulé, un peu *arqué-ascendant,* plus court que la corolle. Capsule subglobuleuse, un peu plus longue que le calice, s'ouvrant en 6 valves profondes. Graines d'un gris foncé, discoïdes, lisses ou un peu tuberculeuses, entourées d'une bordure large, mince, plus pâle.

Cette plante est détersive; inusitée.

Hab. les champs cultivés, les vignes, dans tout le département. ⚥ Fl. avril–septembre.

9. L. SIMPLEX *Dec. fl. fr.* 3, *p.* 588; *Antirrhinum arvense, var. B, Lin. sp.* 855; *Ant. parviflorum Jacq. ic. rar.* 3, *t.* 499; *Colum. ecphr.* 1, *p.* 300, *ic.* — Cette espèce, très-voisine de la précédente, en diffère: par sa corolle jaune; par les lobes de la lèvre supérieure aigus, réfléchis sur les côtés, et par son éperon moins arqué. Les graines des exemplaires que nous avons sous les yeux sont toutes lisses.

Même vertu.

Hab. les mêmes lieux. ♃ Fl. mai-juin.

10. **L. CHALEPENSIS** *Mill. dict.*, N° 12; *Dec. fl. fr. 3, p. 589; Antirrhinum chalepense Lin. sp. 859; Sibth. et sm. fl. gr. 6, t. 592; Moris. hist. s. 5, t. 35, fig. infer. sinist.* — Racine grêle, rameuse, tortueuse. Tige de 2-4 décim., ordinairement solitaire, droite, simple ou rameuse, *glabre ainsi que toutes les autres parties de la plante*, émettant à sa base des rejets stériles peu nombreux, à feuilles opposées, lancéolées, plus courtes et plus larges que celles des tiges fertiles. Feuilles linéaires ou linéaires-lancéolées, longues de 4-8 centim., planes, uninerviées, verticillées par 3 inférieurement. Fleurs brièvement pédonculées, lâchement disposées en grappe spiciforme terminale; bractées linéaires, plus longues que les pédoncules, dressées, puis réfléchies. Calice à lobes linéaires-acuminés, étalés, dépassant la corolle. Corolle blanche, à gorge fermée par le palais, à éperon *très-grêle, subulé*, déjeté, 2 *fois plus long que la corolle*. Capsule globuleuse, *beaucoup plus courte* que le calice. Graines triquètres, fortement ridées, presque noires.

Hab. les champs cultivés, à Visseq, à Montdardier, à Campestre, à l'Esperou, sur la Tessone. ♃ Fl. mai-juin.

11. **L. STRIATA** *Dec. fl. fr. 3, p. 586; Antirrhinum monspessulanum et repens Lin. sp. 854; Dill. h. helth. t. 163, fig. 197.* — Racine longuement rampante. Tiges de 2-5 décim., redressées, simples ou rameuses, glabres, glaucescentes ainsi que les feuilles et le calice, émettant de leur base des rejets stériles. Feuilles toutes semblables, linéaires-aiguës, rapprochées, éparses; les inférieures verticillées. Fleurs brièvement pédonculées, disposées en grappes spiciformes, terminales. Calice à lobes lancéolés-linéaires-aigus, dressés. Corolle *d'un blanc bleuâtre, rayée de violet*, 2-3 fois plus longue que le calice, à palais quelquefois jaune, fermant exactement la gorge, à lèvre supérieure divisée en 2 lobes obtus, dressés; lobes de la lèvre inférieure arrondis, écartés; éperon *court*, conique, droit. Capsule subglobuleuse, à loges marquées par deux sillons, dépassant le calice *de moitié*. Graines noires, triquètres, à angles lisses, à faces profondément ridées-réticulées.

Var. B, *Conferta Benth. in Dec. prodr. 10, p. 278.* — Grappes serrées. *L. procera Dec. cat. monsp.* 124.

Var. C, *Minor.* Tiges de 10-15 centim. Fleurs plus grandes que dans la var. A. Grappes plus épaisses.

Hab. la var. A. dans les champs incultes, dans tout le département; la var. B. dans les sables à Aigues-Mortes; la var. C, dans les prairies de l'Espérou, à la baraque de Michel, et dans celles de Concoule. ♃ Fl. juillet-septembre.

12. **L. supina** *Desf. all.* 2, *p.* 44; *Dec. fl. fr.* 3, *p.* 588; *L. maritima Dec. ic. rar.*, *t.* 12; *Antirrhinum supinum Lin. sp.* 856; *Clus. hist.* 321, *ic.* — Racine grêle, rameuse, fibreuse. Tiges de 1-2 décim., nombreuses, étalées circulairement, redressées au sommet, simples, rarement rameuses, glabres inférieurement, glaucescentes ainsi que les feuilles; *pubescentes-glanduleuses* au sommet. Feuilles un peu succulentes, linéaires-étroites, uninerviées, rapprochées, éparses, souvent verticillées dans le bas, quelquefois déjetées d'un seul côté. Fleurs *brièvement pédonculées*, rapprochées en grappes terminales, courtes, s'allongeant un peu après la floraison; pédoncules et calices *pubescents-glanduleux*. Calice à lobes linéaires-obtus, beaucoup plus courts que la corolle. Corolle assez grande, jaune, à palais plus foncé, fermant exactement la gorge; à éperon presque droit, de la longueur de la corolle, souvent marqué de lignes verdâtres ou bleuâtres. Capsule subglobuleuse, dépassant le calice, s'ouvrant par six valves profondes. Graines noires, lisses, orbiculaires, concoïdes, entourées d'une bordure large et mince.

Var. B, *Pyrenaica*. Plante plus robuste et plus élevée, à pédoncules, calices et sommet de la tige plus fortement pubescentsglanduleux. *L. pyrenaica Dec. ic. rar.*, *t.* 11; *Antirrhinum Dubium Vill. Dauph.* 2, *p.* 437.

Hab. les lieux incultes et sablonneux aux bords du Gardon, parmi les rochers, à Corconne, au Vigan, Alzon, St-Ambroix, Anduze; la var. B, dans l'île de la Bartelasse, près d'Avignon (Palun). ① Fl. avril-septembre.

13. **L. minor** *Desf. all.* 2, *p.* 46; *Dec. fl. fr.* 3, *p.* 591; *Antirrhinum minus Lin. sp.* 852; *Cam. epit.* 922, *ic.; Lob. ic.* 406, *fig.* 1; *Math. comm.* 830, *fig.* 1. — Racine grêle, tortueuse. Tige de 1-3 décim., droite, très-rameuse presque dès la base, à rameaux dressés, alternes, opposés inférieurement; brièvement velue-glanduleuse, ainsi que toutes les autres parties de la plante. Feuilles linéaires-lanceolées-obtuses, rétrécies en pétiole, alternes; les inférieures opposées, *plus larges*. Fleurs petites, solitaires au sommet de pédoncules axillaires, environ de la longueur des feuilles, disposées en grappes très-lâches. Calice à lobes linéairesobtus, inégaux, *un peu plus courts que la corolle*, et 3-4 fois plus courts que le pédoncule. Corolle violacée, à palais jaune, *ne fermant pas la gorge*, à éperon court, obtus. Capsule ovoïde, presque égale au calice, s'ouvrant au sommet par 3 valves à chaque loge. Graines brunes, oblongues, munies de côtes longitudinales, minces, ondulées, souvent anastomosées.

Hab. les champs cultivés et incultes, dans tout le département. ① Fl. maiseptembre.

14. **L. prætermissa** *Delastre, in. Ann. sc. nat., ser.* 2, *v.* 18, *p.* 152; *Godr. et Gren. fl. fr.* 2, *p.* 582. — Cette espèce

diffère de la précédente : par sa tige plus grêle, glabre, très-
rarement pubescente-glanduleuse, ainsi que les rameaux et les
feuilles ; par sa corolle *glabre*, à palais *renflé*, *fermant presque
complétement la gorge*, et par sa capsule glabre.

Hab. les graviers du Vidourle, entre Sauve et Quissac (Touchy). ① Fl.
juin-octobre.

15. **L. RUBRIFOLIA** *Dec. fl. fr. 5, p. 410* ; *Chav. monogr. 95*;
Magn. bot., p. 25, t. 24. — Racine grêle, peu ramifiée, fibreuse.
Tige de 1-2 décim., grêle, dressée, pubescente-glanduleuse,
quelquefois glabre et rameuse inférieurement. Feuilles un peu
charnues, rougeâtres en dessous ; les inférieures glabres, ovales,
opposées, atténuées en pétiole, rapprochées presque en rosette ;
les supérieures oblongues ou linéaires-oblongues, espacées, alternes, pubescentes. Fleurs solitaires au sommet de pédoncules
axillaires, 3-4 fois plus longs que le calice et 2 fois plus longs
que la feuille, disposées en grappes lâches plus ou moins allongées. Calice à lobes inégaux, linéaires-obtus, poilus-glanduleux,
plus courts que la corolle et plus longs que la capsule. Corolle
d'un pourpre bleuâtre, subcylindrique, poilue-glanduleuse, à
gorge ouverte, à éperon *aigu*, droit, de moitié plus court
qu'elle. Capsule ovoïde, poilue-glanduleuse, s'ouvrant au sommet par 3 valves à chaque loge. Graines oblongues, *entourées
de côtes à intervalles hérissés-tuberculeux*.

Hab. les lieux rocailleux et arides entre St-Bauzely et Ganges (Diomède).
① Fl. avril-juin.

16. **L. ORIGANIFOLIA** *Dec. fl. fr. 3, p. 591* ; *Chav. monog.
94, t. 6* ; *Antirrhinum origanifolium Lin. sp. 852* ; *Barr. ic. 597,
598, 1102* ; *Chav. ic. 2, p 11, t. 139*. — Racine grêle, *dure*,
à souche presque ligneuse, donnant naissance à des tiges nombreuses de 10-15 centim., grêles, simples ou rameuses, *étalées*,
diffuses, puis redressées, glabres ou pubescentes-glanduleuses,
surtout au sommet. Feuilles *un peu charnues, ovales ou oblon-
ques*, atténuées en pétiole court ; les inférieures opposées,
glabres ; les supérieures alternes, pubescentes-glanduleuses,
plus ou moins distantes. Fleurs solitaires au sommet de pédoncules axillaires, 2-3 fois de la longueur du calice et des feuilles,
lâchement disposées en grappes courtes, terminales. Calice à
lobes linéaires inégaux, obtus, plus courts que la corolle, et
plus longs que la capsule. Corolle d'un pourpre bleuâtre, blanchâtre à la base, subcylindrique, poilue-glanduleuse, à gorge
ouverte, à éperon court, *obtus*. Capsule ovoïde, poilue-glanduleuse, s'ouvrant au sommet par trois valves à chaque loge.
Graines oblongues, entourées de *côtes minces, ondulées, souvent
anastomosées*.

Hab. contre les rochers aux environs du Vigan, de Campestre, à Anduze,
à Uzès, au pont du Gard, à St-Nicolas. ♃ Fl. avril-juillet.

3ᵉ gʳᵉ. GRATIOLE. — GRATIOLA. (Lin. gen. 29.)

Calice à 5 divisions profondes, *muni de 2 bractées à la base.*
Corolle tubuleuse à 2 lèvres peu distinctes ; la supérieure échancrée, l'inférieure à 3 lobes égaux, à palais non renflé. Étamines
4, *dont 2 stériles.* Capsule biloculaire, polysperme, s'ouvrant par
le sommet *en 2 valves bifides,* laissant les placentas presque
libres. Graines nombreuses, très-petites.

1. **G. officinalis** *Lin. sp.* 24 ; *Dec. fl. fr.* 3, *p.* 598 ; *Lamk.*
ill. t. 16, *fig.* 1 ; *Lob. ic.* 435, *fig.* 2 ; *Tabern. ic.* 367, *fig.* 1.
— Racine traçante, stolonifère. Tige de 2-3 décim., dressée,
lisse, fistuleuse, simple ou rameuse, glabre, ainsi que le reste
de la plante tétragone supérieurement. Feuilles sessiles, opposées,
embrassantes, un peu épaisses, trinerviées, ponctuées à la
face inférieure, lancéolées, dentées en scie dans la partie supérieure, plus longues que les entre-nœuds. Fleurs solitaires au
sommet de pédoncules axillaires, 2 fois plus longs que le calice
et plus courts que la feuille. Calice à lobes linéaires-acuminés,
muni, à sa base, de 2 bractées plus longues et plus larges qu'eux.
Corolles rosées ou blanches, à tube jaunâtre, velu intérieurement. Capsule ovoïde acuminée. Graines cristallines, oblongues, striées.

Cette plante est connue sous les noms vulgaires d'*herbe au pauvre homme,*
de *séné des prés* ; elle est très-amère, fortement purgative, hydragogue et
émétique. Les paysans s'en servent pour guérir les fièvres intermittentes.

Hab. les fossés et les marais, dans toute la partie basse du département,
jusqu'à Anduze. ♃ Fl. juin–septembre.

6ᵉ gʳᵉ VÉRONIQUE. — VERONICA. (Tournef. inst. p. 143, t. 60.)

Calice persistant, ordinairement comprimé, à 4-5 divisions.
Corolle *rotacée,* caduque, à tube très-court, à limbe à 4-5 lobes
imbriqués dans le bouton ; le supérieur plus grand ; l'inférieur
enveloppé par les autres. Étamines 2, *très-saillantes,* insérées à
la base de la division supérieure. Anthères mutiques, biloculaires.
Capsule ordinairement comprimée, ovale-elliptique, obcordée ou
échancrée, biloculaire, à un sillon sur chaque face, s'ouvrant en
2 valves ou en 4 par le déchirement de la cloison. Graines nombreuses ou rarement en petit nombre. Plantes herbacées ou fru-
ticuleuses, annuelles ou vivaces, à feuilles inférieures opposées,
à fleurs solitaires, axillaires, espacées ou en grappes axillaires ou
terminales, lâches ou serrées, quelquefois spiciformes.

1.
⎰ Fleurs solitaires axillaires, espacées en grap-
⎱   pes lâches ou compactes, terminales......... 2.
⎱ Fleurs en grappes axillaires, lâches ou serrées.. 15.

2.
⎰ Fleurs en grappes spiciformes, lâches ou serrées. 3.
⎱ Fleurs solitaires, axillaires, espacées.......... 11.

3. { Grappes en forme d'épi compacte............ SPICATA.
   { Grappes en forme d'épi lâche................ 4.

4. { Grappes très-courtes, pauciflores........... 5.
   { Grappes allongées, multiflores.............. 6.

5. { Plante ligneuse à la base; feuilles uninerviées. FRUTICULOSA.
   { Plante grêle, herbacée; feuilles subtrinerviées.. ALPINA.

6. { Feuilles glabres, luisantes; tiges radicantes à la
       base; plante vivace.................... SERPILIFOLIA.
   { Feuilles velues; tiges non radicantes; plantes
       annuelles.............................. 7.

7. { Pédoncules plus longs que le calice......... 8.
   { Pédoncules plus courts que le calice........ 9.

8. { Feuilles toutes simples, dentées en scie...... ARVENSIS.
   { Feuilles moyennes, à 5-7 lobes............. VERNA.

9. { Feuilles toutes entières ou crénelées......... 10.
   { Feuilles caulinaires à 3-5 lobes............ TRIPHYLLOS.

10. { Calice de moitié plus court que la capsule; brac-
       tées égales aux pédoncules............. ACINIFOLIA.
    { Calice presque aussi long que la capsule; brac-
       tées plus courtes que les pédoncules...... PRÆCOX.

11. { Divisions du calice cordées à la base......... HEDERÆFOLIA.
    { Divisions du calice non cordées à la base..... 12.

12. { Feuilles plus ou moins profondément dentées;
       fleurs bleues.......................... 13.
    { Feuilles à 5-9 lobes; fleurs blanches........ CYMBALARIA.

13. { Divisions du calice fortement nerviées........ 14.
    { Divisions du calice presque sans nervures..... AGRESTIS.

14. { Pédoncules 3-4 fois plus longs que les feuilles;
       capsule comprimée..................... PERSICA.
    { Pédoncules égalant ou dépassant peu les feuilles;
       capsule renflée........................ DIDYMA.

15. { Calice à 5 divisions....................... 16.
    { Calice à 4 divisions....................... 17.

16. { Lobes de la corolle tous arrondis au sommet;
       capsule glabre......................... PROSTRATA.
    { Lobes inférieurs de la corolle aigus; capsule
       velue ou un peu pubescente............. TEUCRIUM.

17. { Grappes de fleurs toutes opposées........... 18.
    { Grappes de fleurs alternes ou rarement 1-2 op-
       posées................................ 21.

18. { Lobes du calice d'un tiers plus longs que la cap-
       sule; corolle d'un beau bleu............ CHAMÆDRIS.
    { Lobes du calice dépassant peu la capsule; corolle
       d'un bleu pâle......................... 19.

19. { Feuilles pétiolées, ovales ou oblongues-obtuses. BECCABUNGA.
    { Feuilles sessiles, embrassantes, lancéolées-ai-
       guës.................................. 20.

20. { Pédoncules et pédicelles glabres ou presque gla-
       bres; capsule suborbiculaire............ ANAGALLIS.
    { Pédoncules et pédicelles poilus-glanduleux; cap-
       sule elliptique......................... ANAGALLOIDES.

21. { Grappes de fleurs très-lâches; feuilles linéaires-
       lancéolées............................. SCUTELLATA.
    { Grappes de fleurs compactes; feuilles ovales ou
       oblongues............................. OFFICINALIS.

1. **V. spicata** *Lin. sp.* 14; *Dec. fl. fr.* 3, *p.* 468; *Vaill. bot. t.* 33, *fig.* 4; *Lob. ic.* 472, *fig.* 1. — Racine dure, un peu rampante, émettant assez souvent des rejets stériles. Tiges solitaires ou plus ou moins nombreuses, de 2-3 décim., raides, ascendantes, simples ou rarement rameuses supérieurement, pubescentes-grisâtres, souvent un peu glanduleuses. Feuilles fermes, pubescentes, *crénelées, entières au sommet*, ovales ou oblongues-lancéolées, obtuses ou presque aiguës, surtout les supérieures, opposées, les supérieures alternes, toutes insensiblement atténuées vers la base. Fleurs d'un bleu plus ou moins vif, disposées en grappes spiciformes, compactes, allongées, terminant la tige et les rameaux; pédoncules *très-courts*, dépassés par les bractées. Calice hérissé, à lobes presque égaux, oblongs, presque aigus, de la longueur de la capsule. Corolle assez grande, dépassant longuement le calice, à lobes inférieurs oblongs-lancéolés-aigus, à tube plus long que large. Style très-long. Capsule petite, velue-glanduleuse, presque globuleuse, à peine échancrée au sommet, à loges polyspermes. Graines rousses très-petites, lisses, presque planes à la face interne.

Les sommités de cette plante sont stomachiques, excitantes; on les emploie en décoction. Les vaches et les moutons la mangent; les chèvres et les chevaux la dédaignent.

Hab. le bois de Jalès, dans une bruyère avant d'arriver à Bérias, à l'Espérou. (*Guan herb.*). ♃ Fl. juillet-août.

2. **V. teucrium** *Lin. sp.* 16; *Godr. et Gren. fl. fr.* 2, *p.* 586; *Coss. et Germ. fl. par.* 290 *(excl. var.* 1*)*. — Souche dure, rameuse, longuement traçante, produisant souvent des rejets stériles. Tiges de 1-4 décim., plus ou moins nombreuses, rarement solitaires, couchées à la base, dressées ou ascendantes, simples, plus ou moins pubescentes, ainsi que les feuilles sur les deux faces. Feuilles ovales-oblongues, lancéolées ou linéaires, ridées, à nervures saillantes en dessous, presque sessiles, opposées, plus ou moins profondément dentées ou incisées, à dents inégales; les supérieures quelquefois entières. Fleurs assez grandes, ordinairement d'un beau bleu, rarement blanches, solitaires au sommet de pédicelles dressés, dépassant ordinairement la bractée, disposées en grappes un peu serrées, allongées à la maturité, opposées, *axillaires*, pédonculées. Calice *à* 5 *lobes* très-inégaux, linéaires, hérissés, ciliés, plus longs ou plus courts que la capsule. — Corolles à lobes supérieurs ovales-arrondis, les inférieurs aigus. Style très-long. Capsule *pubescente, poilue vers le sommet*, un peu comprimée, *oblongue*, échancrée au sommet. Graines jaunâtres, presque lisses, planes sur les deux faces.

Var. *A, Latifolia.* Tiges dressées ou ascendantes, feuilles

ordinairement sessiles, ovales ou oblongues, un peu cordées à la
base, profondément dentées. *V. latifolia Lin. sp.* 18; *Dec. fl.
fr.* 5, p. 387; *V. pseudo-chamædrys Jacq. austr., t.* 60; *J. Bauh.
hist.* 73, p. 286, *fig.* 2-3.

Var. *B, Normalis*. Tiges couchées à la base; feuilles oblongues-lancéolées ou lancéolées, subpétiolées. *V. teucrium Lin.
sp.* 16; *Dec. fl. fr.* 3, p. 460; *Fuchs. hist.* 871, *ic.*

Var. *C, Vestita*. Plante pubescente blanchâtre. *V. pilosa
Lois. Gall.*, 1, p. 8.

Cette plante porte les noms vulgaires de *germandrée bâtarde*, de *véronique teucriette*, *véronique des prés*. Mêmes propriétés que la précédente.

Hab. les bois et les pacages, dans tout le département. ♃ Fl. mai-juillet.

3. **V. PROSTRATA** *Lin. sp.* 17; *Dec. fl. fr.* 3, p. 460;
J. Bauh. hist. 3, p. 287, *fig.* 1, *bona.* — Souche dure, rameuse,
donnant naissance à plusieurs tiges de 1 décim., grêles, *presque
ligneuses* à la base, couchées circulairement, redressées au
sommet, couvertes de poils courts, ondulés. Feuilles presque
sessiles, linéaires-lancéolées, dentées ou incisées, à bords réfléchis en dessous; les supérieures souvent entières, garnies de
poils courts, ondulés. Fleurs d'un bleu souvent rougeâtre, ou
plus rarement blanches, disposées en grappes courtes serrées,
pédonculées. Calice *glabre*, à 5 lobes très-inégaux. Corolle à
lobes tous obtus; capsule glabre, un peu renflée.

Hab. les pelouses sèches à Lannejols (Diomède). ♃ Fl. mai.

4. **V. CHAMÆDRIS** *Lin. sp.* 17; *Dec. fl. fr.* 3, p. 460; *Poit.
et Turp., fl. par. t.* 9; *Drèves et Hayne, pl. d'Eur., t.* 3; *Lob.
ic.* 490, *fig.* 2. — Souche grêle, rameuse, rampante. Tiges de
2-4 décim., solitaires ou nombreuses, faibles, couchées, radicantes à la base, puis ascendantes, simples ou peu rameuses,
munies de 2 lignes de poils opposés et alternant d'un entre-nœud
à l'autre. Feuilles molles, pubescentes, subsessiles, opposées,
ovales ou oblongues, aiguës ou obtuses, ridées à nervures
saillantes en dessous, profondément dentées, à dents inégales
subobtuses, ciliées. Fleurs bleues, veinées de violet, solitaires au sommet de pédicelles filiformes étalés-dressés, pubescents ainsi que le pédoncule, les bractées et les calices;
plus longs que les bractées et le calice; disposées en grappes
lâches opposées, axillaires, pédonculées. Calice à 4 lobes lancéolés, pubescents, ciliés, dépassant la capsule et divergents
par paires. Corolle assez grande, à 4 lobes arrondis, inégaux,
plus grande que le calice. Style allongé. Capsule pubescente-
ciliée, comprimée, plus large que longue, un peu rétrécie vers
la base, échancrée-cordiforme au sommet, souvent avortée

Graines peu nombreuses, jaunâtres, presque lisses, planes sur les deux faces.

Cette plante porte les noms vulgaires de *veronique des bois, fausse germandrée.* Mêmes propriétés que le n° 1.

Hab. les bois et les haies, dans tout le département. 2 Fl. avril-mai.

5. **V. BECCABUNGA** *Lin. sp.* 16; *Dec. fl. fr.* 3, *p.* 462; *Fl. dan. t.* 511; *Lob. ic.* 466, *fig.* 2. — Tiges de 2-4 décim., solitaires ou plus ou moins nombreuses, couchées, rampantes et radicantes à la base, puis ascendantes, *robustes*, cylindriques, *fistuleuses*, glabres, succulentes, simples ou rameuses, souvent rougeâtres. Feuilles glabres, *un peu épaisses*, opposées, *brièvement pétiolées, ovales ou oblongues-obtuses*, dentées en scie, ou légèrement sinuées. Fleurs d'un bleu pâle ou vif, rarement blanches ou roses, solitaires au sommet de pédicelles étalés, de la longueur des bractées et plus longs que le calice, disposés en grappes lâches, opposées, axillaires, pédonculées. Calice à 4 lobes oblongs-lancéolés-aigus, presque égaux, glabres, égalant ou dépassant peu la capsule. Corolle un peu plus longue que le calice. Style presque aussi long que la capsule. Capsule assez petite, glabre, arrondie, renflée, *légèrement* échancrée au sommet. Graines nombreuses, très-petites, jaunâtres, ovoïdes, presque planes à la face interne.

Cette plante porte les noms vulgaires de *beccabunga,* de *cresson de cheval;* elle est excitante, détersive, diurétique et un puissant antiscorbutique. On mange, en salade, les jeunes pousses au printemps.

Hab. les fossés, les ruisseaux, les fontaines, dans tout le département. 2 Fl. mai-octobre.

6. **V. ANAGALLIS** *Lin. sp.* 16; *Dec. fl. fr.* 3, *p.* 461; *Poit. et Turp. fl. par. t.* 12; *Fl. dan. t.* 903; *Tabern. ic.* 718, *fig.* 2, *et* 719, *fig.* 1.—Tiges de 2-6 décim., solitaires ou peu nombreuses, glabres, robustes, fistuleuses, subtétragones, *droites* ou ascendantes, simples ou rameuses, rampantes et radicantes à la base. Feuilles glabres, opposées, *sessiles, embrassantes-lancéolées-aiguës* ou *ovales-lancéolées,* dentées en scie, à dents assez écartées, quelquefois presque entières. Fleurs d'un bleu pâle, solitaires au sommet de pédicelles grêles, étalés, plus longs que le calice et les bractées, quelquefois garnis de quelques poils glanduleux, disposés en grappes lâches, opposées, axillaires, pédonculées. Calice glabre, à 4 lobes presque égaux, lancéolés-aigus, environ de la longueur de la capsule. Corolle un peu plus longue que le calice. Style égalant presque la hauteur de la capsule. Capsule assez petite, glabre, *arrondie, légèrement échancrée* au sommet, renflée. Graines nombreuses, très-petites, ovoïdes, presque planes à la face interne.

Cette plante porte les noms vulgaires de *mouron d'eau,* de *véronique-*

mouron. Mêmes propriétés que la précédente. On la croit nuisible aux moutons : les chèvres et les vaches la mangent.

Hab. les fossés et les lieux marécageux, dans tout le département. ♃ Fl. mai–septembre.

7. **V. ANAGALLOIDES** *Guss. ic. rar. p. 5, t. 3, et syn. sic. 1, p. 16; Dec. prod. 10, p. 468; Godr. et Gren. fl. fr. 2, p. 589.* — Cette espèce, très-voisine de la précédente, en diffère : par ses pédoncules et ses pédicelles garnis de poils glanduleux, par les lobes de ses calices étroitement lancéolés-aigus, *aussi longs que la corolle* et dépassés par la capsule ; par sa corolle *blanchâtre,* striée ; par sa capsule *oblongue-obtuse,* à peine échancrée au sommet, munie de quelques poils raides, courts.

Hab. les fossés à Manduel, et probablement dans toute la partie basse du département. ♃ Fl. mai–septembre.

8. **V. SCUTELLATA** *Lin. sp.* 16 ; *Dec. fl. fr.* 3, *p.* 461 ; *Poit. et Turp. fl. par. t.* 13 ; *Fl. dan. t.* 209 ; *J. Bauh.,* 3. *p.* 791, *f.* 2. — Tiges de 1–5 décim., plus ou moins nombreuses, grêles, faibles, couchées-radicantes à la base, redressées supérieurement, simples ou rameuses, glabres, plus rarement velues, glanduleuses, souvent rougeâtres. Feuilles opposées, *sessiles, demi-embrassantes, lancéolées-linéaires-aiguës,* uninerviées, entières ou *munies de petites dents espacées,* glabres, rarement velues, souvent rougeâtres en dessous. Fleurs solitaires au sommet de pédicelles filiformes, 3-4 *fois de la longueur du calice et de la bractée,* très-étalés et même réfléchis à la maturité, disposés en grappes très-lâches, axillaires, alternes, quelquefois opposées dans le haut de la tige, portées par des pédoncules très-grêles. Calice à 4 lobes égaux, lancéolés, plus courts que la capsule, glabres ou pubescents. Corolle d'un bleu pâle, veinée de rose sur les 3 lobes supérieurs, dépassant le calice. Style environ de la longueur de la cloison. Capsule comprimée, glabre ou pubescente-glanduleuse, plus large que haute, arrondie à la base, largement échancrée au sommet. Graines petites, brunâtres, lisses, planes sur les deux faces.

Cette plante porte le nom vulgaire de *véronique à écusson.* Mêmes vertus que le n° 1.

Hab. les marais tourbeux à l'Espérou, à Dourbie, à Concoule. ♃ Fl. juin–septembre.

9. **V. OFFICINALIS** *Lin. sp.* 14 ; *Dec. fl. fr.* 3, *p.* 463; *Lamk. ill. t.* 13, *fig.* 2 ; *Poit. et Turp. fl. par. t.* 8 ; *Cam. epist.* 461, *ic.* ; *Lob. ic.* 471, *fig.* 1. — Tiges de 1-3 décim., plus ou moins nombreuses, rameuses, couchées, radicantes, ascendantes, raides, *très-velues* ainsi que le reste de la plante. Feuilles fermes, opposées, ovales ou oblongues, un peu aiguës, crénelées ou

dentées en scie, rétrécies en pétiole court. Fleurs solitaires au sommet de pédicelles dressés, *plus courts* que le calice et la bractée, disposés en grappes *un peu serrées* et multiflores à l'extrémité de pédoncules raides, épais, alternes, très-rarement opposés, axillaires, quelquefois paraissant terminaux par le développement tardif du rameau terminal. Calice à 4 lobes presque égaux, lancéolés, beaucoup plus courts que la capsule. Corolle dépassant le calice, d'un bleu clair ou d'un blanc rosé, striée. Style environ de la longueur de la capsule. Capsule velue-glanduleuse, ciliée, *triangulaire*, comprimée, entière ou échancrée au sommet. Graines jaunâtres, presque planes à la face interne.

Cette plante porte les noms vulgaires de *véronique mâle. thé d'Europe, d'herbe aux ladres*. Mêmes propriétés que le n° 1.

Hab. les bois sur toute la chaîne de l'Aigual, aux environs de Concoule. 2̃ Fl. juin–juillet.

10. **V. FRUTICULOSA** *Lin. sp.* 15; *Dec. prodr.* 10, *p.* 180; *Var. B. pilosa Godr. et Gren. fl. fr.* 2, *p.* 593; *V. saxatilis Dec. fl. fr.* 3, *p.* 469; *J. Bauh. hist.* 3, *p.* 284; *Clus. hist.* 347, *fig.* 1; *Mut. fl. fr. t.* 46, *fig.* 336. — Racines dures, ligneuses, garnies de fibres. Tiges de 5-15 cent, plus ou moins nombreuses, *ligneuses, tortueuses* et très-rameuses à la base, à rameaux diffus, ascendants, feuillés dans toute leur longueur, glabres dans le bas, velus dans le haut par des poils articulés et onduiés. Feuilles opposées, oblongues ou ovales, plus larges au sommet, épaisses, glabres, luisantes, quelquefois ciliées, entières ou sub-crénelées, à une nervure dorsale, rétrécies vers la base; les inférieures *petites, rapprochées, spatulées;* les supérieures *oblongues, plus grandes, plus écartées.* Fleurs bleues ou roses, disposées en grappes courtes, pauciflores, terminales. lâches et allongées à la maturité, portées par des pédoncules alternes, uniflores; *le fructifère deux fois de la longueur du calice et de la bractée.* Calice à 4 lobes oblongs-obtus, couverts, ainsi que l'axe de la grappe, les pédoncules et la capsule, de poils courts crispés. Corolle grande, veinée, bien plus longue que le calice. Style environ de la longueur de la capsule. Capsule comprimée. ovale, atténuée et un peu échancrée au sommet, dépassant les lobes du calice. Graines nombreuses, jaunâtres, planes.

Hab. les fentes des rochers. au plus haut sommet de l'Aigual. 2̃ Fl. juin–août.

11. **V. ALPINA** *Lin. sp.* 15; *Fl. lapp.* 7, *t.* 9, *fig.* 4; *Dec. fl. fr.* 3, *p.* 471; *Hall. helv. t.* 15. *fig.* 2; *V. pumila All. ped. t.* 22, *fig.* 5. — Racine grêle, fibreuse. Tiges de 5-10 centim., solitaires, plus souvent nombreuses et gazonnantes, ascendantes, grêles, velues ou pubescentes, *très-feuillées.* Feuilles ovales ou

oblongues, obtuses ou un peu aiguës, entières ou dentées, à 3 nervures ; les deux latérales peu prononcées, sessiles, opposées, quelquefois alternes supérieurement, tantôt presque glabres, tantôt velues ou pubescentes ; les caulinaires intermédiaires *plus grandes* que les inférieures et les supérieures, distantes ou le plus souvent rapprochées. Fleurs bleuâtres, petites, solitaires au sommet de pédoncules plus courts que le calice et les bractées, réunis en grappe terminale, *courte*, pauciflore, garnie de poils articulés. Calice à 4 lobes lancéolés, hérissés, plus courts que la corolle et la capsule. Style *très-court*. Capsule ovale, hérissée, légèrement échancrée. Graines nombreuses, rousses, petites, *planes à la face interne.*

Hab. les bois à l'Espérou (*Gnan. herb. et hort. reg.*). ♃ Fl. juillet-août.

12. **V. SERPILLIFOLIA** *Lin. sp.* 15 ; *Dec. fl. fr.* 3, *p.* 471 ; *Fl. dan. t.* 492 ; *Lob. ic.* 472, *fig.* 2 ; *Moris. hist. s.* 3, *t.* 22, *fig.* 8. — Racine grêle, fibreuse, *un peu radicante.* Tiges ordinairement nombreuses, de 1-2 décim., ascendantes, simples ou rameuses inférieurement, glabres, plus souvent pubescentes. Feuilles ovales ou oblongues, obtuses, entières ou denticulées, un peu épaisses, *glabres* et luisantes, presque sessiles ; les inférieures opposées, les supérieures alternes, oblongues-linéaires. Fleurs solitaires au sommet de pédoncules dressés, glabres ou pubescents-glanduleux, plus courts que les bractées et plus longs que le calice à la maturité, disposés en grappes terminales *très-allongées, multiflores, assez lâches.* Calice à 4 lobes égaux, glabres, rarement ciliés-glanduleux, oblongs-obtus. Corolle petite, bleuâtre, rosée ou blanche veinée de bleu, à lobes arrondis, dépassant un peu le calice. Style à peu près de la hauteur de la capsule ; celle-ci glabre ou ciliée-glanduleuse, *plus large que haute, arrondie à la base*, comprimée, échancrée au sommet, dépassant peu les lobes du calice. Graines nombreuses, très-petites, jaunâtres, lisses, *planes* à la face interne, convexes à l'externe.

Hab. les bois et les pacages sur toute la chaîne de l'Aigual et de l'Espérou. ♃ Fl. mai-octobre.

13. **V. ARVENSIS** *Lin. sp.* 18 ; *Dec. fl. fr.* 3, *p.* 466 ; *Fl. dan. t.* 515 ; *Column. phyt. t.* 8 ; *J. Bauh. hist.* 3, *p.* 367, *fig. infer.* ; *Tabern. ic.* 712, *fig.* 1. — Racine grêle, rameuse, coudée supérieurement. Tiges de 5-20 centim., solitaires ou nombreuses, dressées ou ascendantes, simples ou rameuses, souvent rougeâtres, très-pubescentes, un peu glanduleuses supérieurement. Feuilles brièvement pubescentes, d'un vert pâle, souvent rougeâtres en dessous, trinerviées, *dentées en scie* ; les inférieures pétiolées, opposées, ovales, cordées ou tronquées à la base ; les supérieures *sessiles, ovales-cordées à la*

base; les florales alternes, oblongues ou lancéolées, entières, égalant ou dépassant les fleurs. Fleurs petites, d'un bleu pâle, blanches à la gorge, solitaires au sommet de pédoncules dressés, *bien plus courts* que le calice, disposés en grappes terminales, lâches et très-allongées à la maturité. Calice à 4 lobes inégaux, lancéolés, velus-glanduleux, dépassant la corolle et la capsule. Style *atteignant, environ, la hauteur des lobes de la capsule;* celle-ci comprimée, ciliée-glanduleuse, *en cœur renversé.* Graines nombreuses, petites, jaunâtres, très-finement rugueuses, *planes* à la face interne, convexe à l'externe.

Hab. les champs cultivés, les vignes et les pacages, dans tout le département. ① Fl. mars-octobre.

14. **V. verna** *Lin. sp.* 19; *Dec. fl. fr.* 3, *p.* 465; *Engl. bot.* *t.* 25; *Poit. et Turp. fl. par. t.* 22; *V. romana All. ped.* 1, *p.* 79, *t.* 85, *fig.* 2. — Racine grêle, rameuse, coudée supérieurement. Tiges de 5-15 centim., solitaires ou plus ou moins nombreuses, grêles, dressées ou ascendantes, simples ou rameuses, pubescentes inférieurement, glanduleuses supérieurement. Feuilles légèrement pubescentes, d'un vert pâle; les inférieures opposées, oblongues, entières ou dentées, brièvement pétiolées; les moyennes opposées, *un peu atténuées en pétiole,* oblongues, *pinnatifides à 5-7 lobes obtus; le terminal beaucoup plus grand;* les supérieures alternes, lancéolées ou linéaires, entières, en forme de bractées. Fleurs d'un bleu pâle, solitaires sur des pédoncules plus courts que les feuilles florales et le *calice,* dressés, disposés en grappes terminales étroites, lâches et allongées à la maturité. Calice à 4 lobes inégaux, velus-glanduleux, lancéolés ou linéaires, *égaux* avec la corolle et *dépassant* la capsule. Style *court,* égalant ou dépassant peu la hauteur des lobes de la capsule; celle-ci comprimée, ciliée-glanduleuse, *en cœur renversé,* à lobes arrondis. Graines jaunâtres, presque lisses, *planes* à la face interne, convexes à l'externe.

Hab. les coteaux arides et les champs sablonneux aux environs du Vigan, et dans toute la partie élevée du département, au cap de Coste, à l'Espérou ① Fl. avril-juin.

15. **V. acinifolia** *Lin. sp.* 19, *Dec. fl. fr.* 3, *p.* 464; *Poit. et Turp. fl. par. t.* 23; *Vaill. bot. t.* 33, *fig.* 3; *Bocc. mus. t.* 9, *fig.* 2. — Racine grêle, garnie de fibres capillaires, souvent tronquée, coudée supérieurement. Tiges de 5-10 centim., solitaires ou nombreuses, droite, simples ou munies, dès la base, de rameaux ascendants, pubescentes, un peu glanduleuses. Feuilles un peu épaisses, quelquefois rougeâtres, légèrement pubescentes; les inférieures ovales-obtuses, entières ou légèrement crénelées, opposées, brièvement pétiolées; les florales alternes, sessiles, lancéolées, entières. Fleurs très-petites.

solitaires au sommet de pédoncules grêles, étalés-ascendants, *plus longs que la feuille florale* et 3-4 *fois plus longs que le calice*, disposés en grappes terminales, lâches et très-allongées à la maturité, commençant presque dès le bas de la tige. Calice à 4 lobes *égaux*, oblongs, velus-glanduleux, un peu plus courts que la capsule. Corolle dépassant un peu le calice, d'un beau bleu, à lobe inférieur plus pâle, à gorge jaune. Style court, *égalant, à peu près, la hauteur des lobes de la capsule*. Celle-ci ciliée-glanduleuse, comprimée, 2 *fois aussi large que haute*, *profondément échancrée, à lobes arrondis*. Graines nombreuses, petites, d'un jaune blanchâtre, lisses, planes à la face interne, convexes à l'externe.

Hab. les champs cultivés à St-Jean-du-Bruel, dans les bois de Campagne, au trou du Perussas. ⊥) Fl. avril-juin.

16. **V. TRIPHYLLOS** *Lin. sp.* 19; *Dec. fl. fr.* 3, *p.* 467; *Fl. dan. t.* 627; *Poit. et Turp. fl. par. t.* 25; *Lob. ic.* 464, *fig.* 1. — Racine grêle, rameuse, coudée supérieurement. Tige de 5-15 centim., dressée, simple ou rameuse dès la base, à rameaux inférieurs ascendants, pubescente-glanduleuse ainsi que le reste de la plante. Feuilles un peu épaisses, d'un vert foncé, souvent rougeâtres à la face inférieure; les inférieures opposées, ovales, entières ou dentées, pétiolées, un peu cordées à la base; les caulinaires sessiles, *à* 3-5 *lobes* oblongs ou spatulés, obtus; les florales alternes, *à* 2-3 *lobes*, ou simplement lancéolées. Fleurs d'un beau bleu, solitaires au sommet de pédoncules étalés-ascendants, plus longs que le calice et la feuille florale, disposés en grappes lâches, terminales. Calice à 4 lobes un peu inégaux, oblongs-obtus, *dépassant* la corolle et égalant la capsule. Style dépassant les lobes de la capsule. Capsule assez grande, *arrondie*, renflée à la base, échancrée au sommet, à lobes arrondis, amincis supérieurement. Graines nombreuses assez grosses, brunes, concaves-cupuliformes du côté interne, convexes du côté externe. Plante noircissant souvent par la dessication.

Hab. les champs sablonneux entre Brama-Bioou et Meyrueis (*Guan. herb.*). ⊥) Fl. mars-mai.

17. **V. PRÆCOX** *All. auct. p.* 5, *t.* 1, *fig.* 1; *Dec. fl. fr.* 3, *p.* 465; *Poit. et Turp. fl. par. t.* 24.—Racine grêle, rameuse. Tiges de 1-2 décim., solitaires ou peu nombreuses, dressées ou ascendantes, ordinairement rameuses, à rameaux étalés, velues-glanduleuses. Feuilles d'un vert sombre, lâchement velues-glanduleuses; les inférieures opposées, brièvement pétiolées, ovales, un peu cordiformes, *irrégulièrement et profondément dentées*, *à dents obtuses*, souvent rougeâtres en dessous; les supérieures alternes, presque sessiles, oblongues, dentées, rarement entières. Fleurs bleues, rayées, solitaires au sommet de pédoncules

ascendants, velus-glanduleux, presque 2 fois de la longueur du calice et dépassant un peu la feuille florale, disposés en grappes lâche terminales, allongés à la maturité. Calice à lobes presque égaux, oblongs, velus-glanduleux, *plus courts* que la corolle et égalant environ la hauteur de la capsule. Capsule assez grosse, *oblongue*, échancrée au sommet, ciliée-glanduleuse, renflée, à lobes dépassés, assez longuement, par le style. Graines nombreuses, jaunâtres, *ovales-cupuliformes*, presque lisses en dehors. Plante noircissant plus ou moins par la dessication.

Hab. les champs cultivés, sablonneux, aux environs du Vigan, d'Alzon, de Campestre. (I) Fl. mars-juin.

18. **V. PERSICA** *Poir. Dict. enc.* 8, *p.* 542; *Godr. et Gren. fl. fr.* 2, *p.* 598; *V. filiformis Dec. fl. fr.* 5, *p.* 388; *Mut. fl. fr., t.* 45, *fig.* 331; *V. Buxbaumii Ten. napl.* 1, *p.* 7, *t.* 1; *Buxbaum. cent.* 1, *t.* 40, *fig.* 2. — Tiges de 1-4 décim., couchées, radicantes à la base, nombreuses ou solitaires, pubescentes, simples ou rameuses à la base. Feuilles toutes semblables, assez grandes, *ovales ou arrondies*, presque cordées à la base, pubescentes, brièvement pétiolées, grossement dentées ou crénelées; la dent terminale un peu plus large que les autres; les feuilles inférieures opposées, en petit nombre; les supérieures alternes. Fleurs assez grandes, bleuâtres, rayées, solitaires au sommet de pédoncules axillaires, *beaucoup plus longs que les feuilles*, étalés, courbés au sommet à la maturité, disposés en grappe lâche, allongée. Calice à 4 lobes *lancéolés*, assez grands, finement pubescents, divergents par paire, plus courts que la corolle, dépassant la capsule. Celle-ci *beaucoup plus large que haute*, pubescente, ciliée-glanduleuse, *à nervures saillantes, réticulées*, à 2 lobes obtus, *très-divergents*, renflés au centre, *comprimés sur les bords*. Style dépassant les lobes de la capsule. Graines assez grosses, roussâtres, oblongues, concaves-cupuliformes, fortement rugueuses en dehors.

Hab. les lieux cultivés, sablonneux, à Aigues-Mortes. (I) Fl. avril-mai.

19. **V. AGRESTIS** *Lin. sp.* 18; *Dec. fl. fr.* 3, *p.* 467; *V. pulchella Dec. fl. fr.* 5, *p.* 388; *Fuchs. hist.* 22, *ic.*; *Mut. fl. fr., t.* 45, *fig.* 328. — Racine grêle, rameuse, fibreuse. Tiges nombreuses, rarement solitaires, de 1-2 décim., grêles, étalées, diffuses, rameuses dès la base, pubescentes ainsi que les feuilles et les calices. Feuilles d'un vert jaunâtre, pétiolées, toutes semblables, ovales ou ovales-oblongues, un peu cordées à la base, dentées-crénelées; la dent terminale un peu plus large que les autres; alternes, les inférieures opposées. Fleurs *bleuâtres, veinées*, solitaires au sommet de pédoncules filiformes, axillaires, courbés, réfléchis à la maturité et *plus longs* que les feuilles, disposés en grappes lâches, allongées. Calice à 4 lobes

assez larges, oblongs, aigus ou obtus, ciliés, légèrement nerviés, plus courts que la corolle, un peu plus longs que la capsule. Style *court*. Capsule arrondie, *pubescente ou velue-glanduleuse*, échancrée au sommet en 2 lobes arrondis, non divergents,
renflés, *carénés sur les bords*. Graines peu nombreuses, jaunâtres, oblongues, concaves-cupuliformes, légèrement rugueuses
en dehors.

Hab. les champs cultivés, les vignes, dans tout le département. ① Fl.
mars-octobre.

　　20. **V. DIDYMA** *Ten. fl. nap. prod.* 6, *et syll., p.* 13; *Godr.
et Gren. fl. fr.* 2, *p.* 599; *V. polita Fries. nor. ed.* 2, *p.* 1; *Mut.
fl. fr., t.* 45, *fig.* 329; *Fl. dan., t.* 449; *Lob. ic.* 464, *fig.* 2. —
Cette espèce, très-voisine de la précédente, en diffère : par les
lobes de son calice, marqués de nervures *très-prononcées;* par
sa corolle, d'un *bleu foncé*, à lobe inférieur *de la même couleur*,
non blanc comme dans la précédente; par son style, plus long,
dépassant les lobes de la capsule; par sa capsule, beaucoup plus
renflée, à lobes *divergents*, et enfin par ses graines, plus nombreuses.

Hab. les champs cultivés, les vignes, dans tout le département. ① Fl.
mars-octobre.

　　21. **V. HEDERÆFOLIA** *Lin. sp.* 19; *Dec. fl. fr.* 3, *p.* 467;
Poit. et Turp. fl. par., t. 26; *Fl. dan. t.* 128; *Tabern. ic.* 711,
fig. 1; *Lob. ic.* 463, *fig.* 1. — Racine grêle, rameuse, fibreuse.
Tiges de 2-5 décim., ordinairement nombreuses, faibles, cou-
chées-étalées, rameuses à la base, poilues ou pubescentes ainsi
que les feuilles : celles-ci toutes semblables, pétiolées, alternes,
un peu succulentes, ovales-arrondies, subcordiformes, à 3-5-7
lobes presque obtus, entiers; le terminal 2-3 fois plus large, à
3-5 nervures à la face inférieure; les inférieures opposées. Fleurs
petites, d'un bleu clair, rarement blanches, solitaires au sommet de pédoncules filiformes, axillaires, *sillonnés*, de la longueur des feuilles ou plus longs qu'elles, étalés, courbés au
sommet à la maturité, lâchement disposés en grappes très-
allongées. Calice à 4 lobes très-larges, *ovales-acuminés, aigus,
cordés à la base, à bords saillants en dehors*, longuement ciliés,
plus longs que la corolle, environ de la longueur de la capsule.
Style très-court. Capsule glabre, *subglobuleuse, à 4 lobes, à
loges bispermes*. Graines très grosses, brunes ou jaunâtres,
réniformes, concaves cupuliformes, fortement ridées en travers
sur le dos.

Hab. les champs cultivés, les vignes et les haies, dans tout le département.
① Fl. mars-juillet et octobre.

　　22. **V. CYMBALARIA** *Bodard. diss.* 1798; *Dec. fl. fr.* 5,

p. 389; *V. cymbulariæfolia* civ. *fl. ital. fragm.*, *t.* 16, *fig.* 1; *Buxb. cent.* 1, *t.* 39, *fig.* 2. — Cette espèce diffère de la précédente : par sa surface, moins velue; par ses feuilles, plus arrondies, à lobes souvent plus nombreux, le terminal une fois plus large que les latéraux et non 2-3 fois; par ses pédoncules, plus allongés; par les lobes de son calice, *ovales-oblongs-obtus, rétrécis et non cordés* à la base; par sa corolle, constamment *blanche*, dépassant le calice; et enfin, par sa capsule, *hérissée*.

Hab. les vignes, au pied des oliviers, à Nîmes. ① Fl. mars-avril.

7ᵉ gʳᵉ. LIMOSELLE. — LIMOSELLA. (Lin. gen. 776.)

Calice à 5 lobes. Corolle très-petite, *campanulée-rotacée*, à limbe étalé, à 5 lobes presque égaux, à tube *large, égalant le calice*. Étamines 4, quelquefois 2, très-peu exsertes; anthères uniloculaires, à lobes confluents, s'ouvrant *par une fente transversale*. Stigmate capité. Capsule ovoïde, polysperme, uniloculaire au sommet et biloculaire à la base; à 2 valves, à placenta central, libre supérieurement.

1. **L. AQUATICA** *Lin. sp.* 881; *Dec. fl. fr.* 3, *p.* 576; *Lamk. ill. t.* 535; *Fl. dan.*, *t.* 60; *Moris. hist. s.* 15, *t.* 2, *fig.* 6; *Læs. pruss. nᵒ* 81, *ic.* — Racines à fibres nombreuses, émettant, de son collet, des rejets rampants qui donnent naissance, de distance en distance, à de nouvelles plantes qui forment un gazon assez étendu. Plante acaule de 3-8 centim. Feuilles glabres disposées en rosette, oblongues, entières, obtuses, un peu succulentes, longuement pétiolées, 4-6 fois plus courtes que leur pétiole. Fleurs nombreuses, petites, solitaires au sommet de pédoncules grêles, radicaux, beaucoup plus courts que les feuilles. Calice à lobes aigus, souvent violacés. Corolle blanchâtre ou rosée, à lobes ovales-obtus, dépassant le calice. Capsule subglobuleuse, un peu plus longue que le calice. Graines fauves, très-petites, oblongues, finement rugueuses.

Hab. les bords du Rhône, au pont St-Esprit (Garaiso). ① Fl. juin-août.

8ᵉ gʳᵉ. ÉRINE. — ERINUS. (Lin. gen. 318, en partie.)

Calice à 5 divisions profondes. Corolle *tubuleuse-cratériforme*, à tube *grêle, un peu plus long que le calice*, à limbe ouvert, à 5 lobes presque égaux, échancrés au sommet. Étamines 4, didynames, courtes, renfermées dans le tube. Anthères réniformes, uniloculaires. Capsule ovoïde, à 2 loges, à 2 valves bifides, à la fin à 2 lobes profonds; placentas soudés aux bords des valves. Graines très-petites, ovoïdes, rugueuses.

1. **E. ALPINUS** *Lin. sp.* 878; *Dec. fl. fr.* 3, *p.* 578; *Lamk. ill. t.* 521; *Barr. ic.* 1192; *Dalech. hist. ed. franc. p.* 82, *fig.* 2:

J. Bauh. hist. 3, *pars* 1, *p.* 144, *fig. sinist.*—Racine rougeâtre, à souche rameuse, à rameaux terminés par des rosettes de feuilles d'où prennent naissance une ou plusieurs tiges de 1-2 décim., simples, glabres ou plus ou moins pubescentes ou velues, ascendantes, gazonnantes. Feuilles oblongues, spatulées, obtuses, profondément dentées supérieurement, glabres, pubescentes ou velues ; les radicales en rosette fournie ; les caulinaires occupant toute la longueur de la tige, alternes, sessiles. Fleurs purpurines, assez grandes, disposées en grappes lâches peu allongées; pédoncules uniflores, de la longueur des feuilles florales. Calice hérissé, à lobes linéaires-lancéolés. Stigmate capité. Capsule ovoïde, aiguë, dépassée par les lobes du calice. Graines brunâtres.

Hab. les vieux murs et les rochers humides, aux environs du Vigan, à Lafoux, près d'Alzon : à l'Espérou. ♃ Fl. juin-août.

9ᵉ gʳᵉ. **DIGITALE.** — **DIGITALIS.** (Tournef. inst., p. 165, t. 73.)

Calice à 5 lobes profonds, imbriqués. Corolle *campanulée, tubuleuse ou ventrue*, pendante ou horizontale, à limbe court oblique, *presque à 2 lèvres* ; la supérieure ordinairement échancrée; l'inférieure à 3 lobes, dont le moyen plus grand et plus allongé. Étamines 4, didynames, plus courtes que le tube de la corolle. Anthères à 2 lobes, divergents, s'ouvrant chacun par une fente longitudinale. Capsule polysperme, biloculaire, à 2 valves adhérentes, par leurs bords rentrants, au placenta central, épais. Graines très-nombreuses, très-petites, oblongues, anguleuses, roussâtres. Plantes bisannuelles ou vivaces, à feuilles simples, alternes, à fleurs en grappe spiciforme, unilatérale.

1. { Corolle grande, ventrue, subcampanulée....... PURPUREA.
  { Corolle moyenne, tubuleuse, non ventrue ou
     très-peu............................... 2.

2. { Fleurs d'un jaune paille, longues de 2 centimèt.
     ou moins : plante glabre................... LUTEA.
  { Fleurs rougeâtres, longues de 3 centim.: plante
     pubescente............................ PURPURASCENS.

1. **D. PURPUREA** *Lin. sp.* 866; *Dec. fl. fr.* 3, *p.* 595; *Lamk. ill. t.* 525, *fig.* 1; *Fl. dan. t.* 74; *Drèves et Hayne, pl. d'Eur., t.* 46; *Fuchs. hist.* 893, *ic.* — Racine fibreuse. Tige de 4-8 décim., droite, cylindrique, anguleuse inférieurement, pubescente, ordinairement simple. Feuilles oblongues-lancéolées, *crénelées-dentelées*, pubescentes, vertes en dessus, cotonneuses-blanchâtres, ridées, à nervures réticulées, saillantes en dessous; les inférieures nombreuses, très-amples, rétrécies en pétiole allongé ; les supérieures sessiles. Fleurs très-grandes, pendantes, solitaires au sommet de pédoncules dressés, épaissis au sommet, tomenteux, environ de la longueur du calice, disposés en grappe spiciforme, dressée, unilatérale. Bractées lancéolées. Calice à lobes *oblongs, aigus*, mucronulés, dressés,

dépassant la capsule. Corolle d'un rose plus ou moins vif, rarement blanche, parsemée intérieurement de points rouge foncé, largement ventrue, glabre à l'extérieur, garnie de quelques poils en dedans, ciliée sur les bords des lobes. Capsule ovoïde-acuminée, velue-glanduleuse, surmontée par le style dilaté et bilobé au sommet, 2 fois de sa longueur.

Cette plante porte les noms vulgaires de *digitale pourprée*, de *gants-de-Notre-Dame*, de *gantelée*. Elle est amère, purgative, émétique, antihydropique, vénéneuse à haute dose; elle est employée aussi, avec avantage, dans les maladies scrofuleuses et le rachitis.

Hab. les terrains granitiques et schisteux aux environs du Vigan, et toute la partie élevée du département. ② Fl. juin-août.

2. **D. PURPURASCENS** *Roth. cat.* 2, *p.* 62; *Dec. fl. fr.* 5, *p.* 411; *D. hybrida Kœl. journ.* 1782, *t.* 1, *fig.* 1-2; *Dutour de Salvert, descript. d'une dig. particul., t.* 1. — Racine fibreuse. Tige de 3-6 décim., cylindrique, anguleuse inférieurement, droite, simple, presque glabre, souvent rougeâtre au sommet. Feuilles oblongues-lancéolées, *finement dentées en scie*, fermes, *glabres* en dessus, légèrement pubescentes en dessous, surtout sur les nervures, brièvement ciliées, veinées-réticulées; les inférieures rétrécies en pétiole allongé; les supérieures sessiles, presque embrassantes. Fleurs *étalées horizontalement*, solitaires au sommet de pédoncules, plus courts ou de la longueur du calice, rapprochés en grappe spiciforme unilatérale, très-allongée, dont l'axe est pubescent-glanduleux, ainsi que les pédoncules, les calices et les bractées lancéolées. Calice à lobes dressés, *lancéolés-aigus*. Corolle moyenne, d'environ 3 centim. de long, un peu ventrue, à lobes arrondis, *purpurine* ou *un peu jaunâtre*, parsemée ou dépourvue de points rougeâtres à l'intérieur, où elle est garnie de quelques poils. Capsule ovoïde, acuminée, velue-glanduleuse, de la longueur des lobes du calice, terminée par le style bilobé au sommet, 2 fois de sa longueur. Graines avortées.

Hab. les terrains secs et pierreux, granitiques, à Anduze, à Trèves. ② et ♃ Fl. juin-août.

3. **D. LUTEA** *Lin. sp.* 867; *D. parviflora Dec. fl. fr.* 3, *p.* 597; *J. Bauh. hist.* 2, *p.* 814, *fig.* 1; *Lob. ic. t.* 573, *fig.* 2; *Mut. fl. fr. t.* 44, *fig.* 322. — Racine rameuse, garnie de fibres. Tiges de 5-8 décim., droites, raides, ordinairement simples, glabres, un peu anguleuses par la décurrence de la nervure dorsale des feuilles. Feuilles lancéolées ou oblongues-lancéolées, dentées en scie, un peu raides, vertes et luisantes en dessus, pâles en dessous, *glabres*, quelquefois ciliées à la base, à nervure principale très-saillante en dessous; les inférieures rétrécies en pétiole, les supérieures acuminées, sessiles, presque embrassantes, occupant toute la longueur de la tige. Fleurs étalées horizontalement;

les inférieures un peu penchées, solitaires au sommet de pédoncules presque plus courts que le calice, très-rapprochés, en grappe spiciforme, unilatérale, très-allongée, à axe glabre ainsi que les pédoncules, les calices et les bractées lancéolées-acuminées. Calice à lobes *lancéolés-linéaires*-aigus, un peu ouverts, *brièvement ciliés-glanduleux sur les bords*. Corolle d'un jaune pâle, *tubuleuse*, *ventrue*, d'environ 2 centim. de long, glabre en dehors, velue en dedans, à lèvre supérieure échancrée; l'inférieure à lobes latéraux aigus, le moyen beaucoup plus long, obtus. Capsule glabre ou velue-glanduleuse, ovoïde-acuminée, dépassant le calice, terminée par le style bilobé, dépassant sa longueur. Mêmes propriétés que le N° 1.

Hab. les coteaux pierreux et les bois montagneux aux environs du Vigan, et toute la partie élevée du département, au Serre de Bouquet, à la Chartreuse de Valbonne. ② ou ♃ Fl. juin–juillet.

10° gᵉ. EUPHRAISE. — EUPHRASIA. (Tournef. inst. p. 174, t. 78.)

Calice tubuleux ou campanulé, à 4 divisions ou à 4 dents, rarement à 5, par l'augmentation d'une cinquième petite dent en arrière. Corolle à 2 lèvres; la supérieure en casque, large, peu concave, tronquée ou échancrée; l'inférieure étalée, *à 3 lobes entiers ou échancrés*; palais non plissé. Étamines 4, didynames, sous le casque, incluses ou saillantes; anthères à lobes munis à la base *d'appendices courts*, dans les étamines longues, *bien plus longs* dans les étamines courtes. Capsule oblongue, comprimée, polysperme, obtuse ou échancrée, à 2 valves entières ou bifides. Graines très-petites, pendantes, fusiformes, munies de côtes longitudinales, tranchantes, et en outre creusées d'un sillon. Plantes grêles, annuelles, à feuilles inférieures opposées, les autres éparses, à fleurs en épis terminaux, presque unilatéraux. Le port bas de ce genre, et sa lèvre supérieure faiblement creusée en casque, le font distinguer des suivants.

1.	Feuilles inférieures à dents obtuses; plante velue-glanduleuse supérieurement...... **OFFICINALIS**. Feuilles inférieures et supérieures à dents aiguës; plante glabre ou presque glabre.............. **NEMOROSA**.

1. **E. OFFICINALIS** *Lin.* sp. 841; *Dec. fl. fr.* 3, *p.* 472; *Lamk. ill. t.* 518, *fig.* 1; *Fuchs. hist.* 246, *ic.*; *Lob. ic.* 496, *fig.* 1; *Dod. pempt.* 54, *fig. infer.* — Racine brune, menue, tortueuse, rameuse, coudée au sommet. Tige de 5-20 centim., droite, cylindrique, très-rameuse dès la base, rarement simple, pubescente inférieurement, *velue-glanduleuse supérieurement* ainsi que les feuilles et les *calices*. Feuilles sessiles, ovales, pubescentes, à nervures très-saillantes à la face inférieure; les inférieures à dents courtes, *obtuses;* les supérieures à dents profondes, *aiguës*. Fleurs solitaires, axillaires, brièvement

pédicellées. Calice à 4 lobes dressés, lancéolés-acuminés, à 5 côtes saillantes sur le tube. Corolle plus ou moins grande, pubescente, blanche ou bleuâtre, à stries violettes, à palais jaune, à lèvre supérieure brièvement bilobée, à lobes crénelés; l'inférieure à 3 lobes bifides. Anthères brunes, barbues à la base. Capsule *ovale-oblongue*, comprimée, ciliée au sommet des valves tronquées, ou légèrement échancrée et mucronulée. Graines grisâtres, à côtes blanches, striées en travers sur les côtés.

Cette plante, connue sous les noms de *brise-lunette*, de *casse-lunette*, est amère, un peu astringente; elle passe pour ophthalmique, céphalique et incisive. Les paysans la fument en guise de tabac.

Hab. les prés, les pacages et les bois, au Vigan, à Alais, l'Espérou, Concoule. (I) Fl. juin-septembre.

2. **E. NEMOROSA** *Pers. syn.* 2, *p.* 149; *Godr. et Gren. fl. fr.* 2, *p.* 605; *E. alpina D. fl. fr.* 3, *p.* 473; *Lamk. ill. t.* 518, *fig.* 2. — Racine comme la précédente. Tige de 5-20 centim., raide, garnie de poils blancs, courts, réfléchis, appliqués, non glanduleux, glabre ou presque glabre supérieurement, très-rameuse, ordinairement à rameaux dressés. Feuilles sessiles, dressées, presque appliquées, épaisses, d'un vert sombre, luisantes, glabres ou pubescentes, non glanduleuses, à nervures saillantes à la face inférieure, incisées-dentées, à *dents aiguës* ou longuement *cuspidées*, surtout dans les feuilles supérieures et florales. Fleurs comme dans la précédente et disposées de même. Calice *glabre ou pubérulent*, non glanduleux, à 5 côtes saillantes sur letube, à 4 lobes dressés, lancéolés, longuement cuspidés. Feuilles florales glabres, à incisures un peu rudes sur les bords, longuement sétacées, cuspidées. Capsule *oblongue-linéaire*, comprimée, un peu velue et ciliée, tronquée et mucronée. Graines *allongées*, grisâtres ou jaunâtres, à côtes blanches, striées en travers, sur les côtés. Plante très-polymorphe. Mêmes vertus que la précédente.

Hab. les mêmes lieux que le n° 1. (I) Fl. mai-septembre.

II° g°. ODONTITE. — ODONTITES. (Hall. pers. sin. 2, p. 150.)

Les caractères de ce genre sont les mêmes que ceux du précédent, excepté que dans celui-ci les lobes de la lèvre inférieure sont entiers, et que les appendices des anthères sont tous égaux.

1. { Fleurs jaunes.................................... 2.
   { Fleurs rouges ou rosées......................... 3.

2. { Bractées et calices glanduleux: corolle d'un jaune pâle. VISCOSA.
   { Bractées et calices non glanduleux: corolle d'un beau
   {   jaune....................................... LUTEA.

3. { Bractées lancéolées, plus longues que les fleurs: rameaux
   {   ascendants.................................. RUBRA.
   { Bractées sublinéaires, plus courtes que les fleurs; ra-
   {   meaux étalés............................... SEROTINA.

1. O. RUBRA *Pers. syn.* 2, *p.* 150; *Godr. et Gren. fl. fr.* 2, *p.* 606; *Euphrasia odontites Lin. sp.* 841; *E. verna Dec. fl. fr.* 5, *p.* 390; *Fl. dan., t.* 625; *Lob. ic.* 496, *fig.* 2; *Dod. pempt., t.* 55. — Racine brune, rameuse, tortueuse, souvent coudée au sommet. Tige de 1-5 décim., droite, raide, rameuse, à rameaux ascendants, ordinairement simples, garnie ainsi que les rameaux de poils courts, réfléchis, qui la rendent rude au toucher. Feuilles scabres, étalées, sessiles, lancéolées ou lancéolées-linéaires, *larges à la base, rétrécies jusqu'au sommet*, fortement dentées, à dents écartées; les poils qui les couvrent sont dirigés vers le sommet. Fleurs solitaires, brièvement pédicellées, disposées en grappes spiciformes, feuillées, unilatérales, allongées à la maturité; feuilles florales *lancéolées, dentées, plus longues que les fleurs.* Calice velu, à lobes lancéolés. Corolle rougeâtre, pubescente, à lèvres très-ouvertes; la supérieure droite, tronquée, un peu comprimée, plus longue que l'inférieure; celle-ci dirigée en bas, à 3 lobes oblongs, étroits; celui du centre presque échancré. Étamines dépassant un peu la lèvre supérieure, sous laquelle elles sont placées; anthères jaunâtres, barbues en dessous, adhérentes entre elles par les poils glanduleux qui terminent leurs lobes. Style *dépassant* la lèvre supérieure. Capsule oblongue, velue, mucronulée. Graines roussâtres ou grisâtres, à côtes de la même couleur, striées en travers.

Hab. les champs cultivés aux environs du Vigan, d'Alzon, de Lanuejols, de St-Gilles, etc. ① Fl. juin-juillet.

2. O. SEROTINA *Rchb. fl. exc.* 2, *p.* 359; *Godr. et Gren. fl. fr.* 2, *p.* 606; *Euphrasia odontites Dec. fl. fr.* 3, *p.* 474; *Barrel. ic.* 276, *fig.* 2 (?); *Col. ecphr., p.* 202, *fig.* 1. — Cette espèce diffère de la précédente : par sa tige, ordinairement plus élevée, à rameaux assez courts, *étalés*, souvent presque à angle droit; par ses feuilles, *plus étroites, rétrécies à la base*, à dents moins saillantes; les florales linéaires, *ne dépassant pas les fleurs*, et enfin par son style, *moins saillant* hors de la lèvre supérieure. Plante d'un vert grisâtre.

Hab. les pacages, les lieux frais, les bords des fossés, dans tout le département. ① Fl. juillet-septembre.

3. O. VISCOSA *Rchb. fl. exc.* 360; *Godr. et Gren. fl. fr.* 2, *p.* 608; *Euphrasia viscosa Lin. mant.* 86; *Dec. fl. fr.* 3, *p.* 475; *Lamk. ill., t.* 518, *fig.* 3; *Garid. aix, t.* 80. — Racine brune, rameuse, tortueuse, coudée au sommet. Tige de 2-4 décim., droite, raide, rameuse, à rameaux assez courts, très-étalés; pubescente-glanduleuse, surtout supérieurement. Feuilles velues-glanduleuses, sessiles, linéaires-acuminées, ordinairement très-entières, trinerviées, d'un vert jaunâtre. Fleurs solitaires, brièvement pédicellées, disposées unilatéralement en grappes

spiciformes terminales, allongées à la maturité ; feuilles florales
linéaires ; les supérieures plus courtes que les fleurs. *Calices et
bractées velus-glanduleux.* Corolle *glabre, d'un jaune pâle,* peu
ouverte. Étamines *plus courtes* que le casque sous lequel elles
sont placées, à filets rudes et *glabres ;* anthères glabres ou pubérulentes, un peu cotonneuses à la base. Capsule ovale, aussi
longue que le calice, échancrée au sommet, garnie de quelques
poils blancs. Graines brunes, à côtes plus claires, striées en
travers. Plante exhalant une odeur de pomme.

Hab. les lieux stériles à Campestre, à Villeneuve-lez-Avignon. ① Fl.
août-septembre.

4. **O. LUTEA** *Rchb. fl. exc.* 360 ; *Godr. et Gren. fl. fr. 2, p.* 608,
Euphrasia lutea et linifolia Lin. sp. 842 *(excl. var. B) ; E. lutea
et linifolia Dec. fl. fr. 3, p.* 474 *et* 475 ; *E. lutea Coss. et Germ.
fl. par. p.* 302, *t.* 18, *fig. B ; Moris. hist. s.* 11, *t.* 24, *fig.* 16.
— Racine brune, rameuse, tortueuse, souvent coudée au sommet.
Tige de 1-5 décim., souvent rougeâtre, droite, raide, pubescente-
rude, rameuse souvent presque dès la base, à rameaux nombreux, étalés-ascendants. Feuilles linéaires-lancéolées, étroites,
sessiles, rudes ; les inférieures munies de 1-2 dents courtes, les
supérieures et les florales très-entières, quelquefois toutes entières.
Feuilles solitaires brièvement pédicellées, disposées en grappes
spiciformes, terminales, unilatérales, allongées à la maturité ;
feuilles florales un peu plus courtes que les fleurs. Calice *pubescent, non glanduleux,* à lobes courts triangulaires. Corolle d'un
beau jaune, à lèvres *très-ouvertes, barbues-ciliées,* la supérieure
comprimée, très-élargie et tronquée au sommet. Étamines et
style *très-saillants ;* anthères d'un jaune orangé, *glabres et
libres,* ne noircissant pas par la dessication. Style hérissé inférieurement. Capsule velue, un peu échancrée au sommet, ordinairement plus courte que le calice. Graines brunes, striées en
travers.

Hab. les bois et les lieux arides, dans tout le département. ① Fl. juillet-
septembre.

12ᵉ gʳʳ. **TRIXAGO. — TRIXAGO.** (Stev. mem. mosq. 6, p. 4.)

Calice enflé-campanulé, à 4 lobes peu profonds, divisés 2 à 2
presque jusqu'à la base. Corolle tubuleuse, à lèvre supérieure
en casque dressé, entier ; l'inférieure réfléchie, à 3 lobes,
égalant ou dépassant la longueur du casque ; palais muni de
2 bosses. Capsule *ovale-arrondie,* acuminée, à placenta *épais,
bifide.* Graines très-petites, très-nombreuses, oblongues, munies
de côtes fines et longitudinales. Les autres caractères sont comme
ceux du genre *euphrasia.*

1. **T. APULA** *Str. l. c. ; Godr. et Gren. fl. fr. 2, p.* 610 ;

Bartsia trixago Lin. sp. ed. 1, p. 602; *Dec. fl. fr.* 3, p. 476;
B. versicolor Dec. fl. fr. 3, p. 477; *B. bicolor Dec.* (!) ic. rar.
p. 4, et. 10, et fl. fr. 5, p. 391; *Barr. ic. t.* 774, fig. 2. — Racine
brune, rameuse, tortueuse, coudée au sommet. Tige de 1-4
décim., droite, raide, simple ou peu rameuse, rude, poilue-
glanduleuse ainsi que les feuilles; celles-ci sessiles ou demi-
embrassantes, oblongues-lancéolées ou lancéolées-linéaires,
ridées, grossièrement dentées en scie, à dents plus ou moins
profondes, écartées, obtuses. Fleurs presque sessiles, serrées en
épi feuillé, court ou peu allongé, plus ou moins poilu-visqueux,
ainsi que les calices et les feuilles florales, dont les supérieures
sont plus courtes que les fleurs. Calice à 2 divisions profondes,
terminées par 2 dents courtes, obtuses. Corolle blanchâtre-
purpurine, mêlée de jaune, pubescente extérieurement, 2-3 fois
plus longue que le calice, à lèvre inférieure plus longue que le
casque. Étamines plus courtes que le casque; anthères hérissées,
visqueuses. Capsule velue, un peu plus courte que le calice ou
l'égalant; style velu, très-long. Graines fauves.

Hab. le bois de St-Nicolas, près de la Grange. ⊤ Fl. juin-août.

13ᵉ gᵉ. EUFRAGIE. — EUFRAGIA. (Griseb. spic. rum. 2, p. 13.)

Calice tubuleux, à 4 lobes. Corolle à casque concave, à lèvre
inférieure étalée, à 3 lobes, à palais convexe. Capsule oblongue
ou lancéolée, un peu comprimée. Graines très-petites, très-nombreuses, *à test appliqué, presque lisses.* Les autres caractères
sont les mêmes que ceux du genre *trixago.*

1. E. **LATIFOLIA** *Griseb. spic. rum.* 2, p. 14; *Godr. et Gren.
fl. fr.* 2, p. 611; *Euphrasia latifolia Lin.* sp. 841; *Dec. fl. fr.* 3,
p. 473; *Col. ecphr.* 202, fig. dext.; *Barr. ic.* 276, fig. 3. —
Racine brune ou blanchâtre, très-menue, fibreuse. Tige de
5-15 centim., droite, simple ou rameuse à la base, souvent rougeâtre, velue-glanduleuse ainsi que les autres parties de la
plante. Feuilles sessiles, oblongues, profondément dentées; les
supérieures *incisées-palmées.* Fleurs sessiles, à l'aisselle des
feuilles florales *incisées-palmées,* plus courtes que le calice,
disposées en épi ovale, serré, interrompu à la base, un peu
allongé après la floraison. Calice à lobes lancéolés, *peu profonds.*
Corolle purpurine à tube blanchâtre, *dépassant d'un tiers* le
calice, à lèvre inférieure de la longueur du casque ou le dépassant
peu. Étamines non saillantes, à anthères presque glabres. Stigmate en disque. Capsule glabre, atténuée et aiguë au sommet,
presque de la longueur du calice. Graines roussâtres.

Hab. les bois et les garrigues aux environs de Nimes, et dans toute la
partie basse du département. ⊥ Fl. avril-mai.

14ᵉ gᵉ. **RHINANTHE.** — **RHINANTHUS.** (Lin. gen. 740, en partie).

Calice persistant, ovale-orbiculaire, *ventru-comprimé*, resserré à la gorge, à 4 dents. Corolle à lèvre supérieure comprimée en casque; l'inférieure à 3 lobes, plane. Anthères velues, *mutiques*. Capsule incluse, *suborbiculaire*, comprimée, à 2 loges polyspermes, s'ouvrant des deux côtés. Graines nombreuses, *très-comprimées*, suborbiculaires-réniformes, presque entièrement *bordées d'une membrane large*. Plantes annuelles, à feuilles opposées, à fleurs en grappes spiciformes terminales.

1. | Calice velu ou presque velu; graines rugueuses sur les faces. MAJOR
   | Calice glabre; graines non rugueuses...................... MINOR.

1. **R. MAJOR** *Ehrh. beitr.* 6, *p.* 144; *Godr. et Gren. fl. fr.* 2, *p.* 612; *Mut. fl. fr.* 1, *p.* 360, *t.* 44, *fig.* 319-320; *R. hirssuta Dec. fl. fr.* 3, *p.* 478; *R. crista-galli, c. Lin. sp.* 840; *Alectorolophus major et Hirsutus Rchb. ic.* 732-733. — Racine brune, rameuse, tortueuse, souvent coudée au sommet. Tige de 2-5 décim., droite, raide, simple ou rameuse, tétragone, pubescente, parsemée de petites taches noires oblongues. Feuilles oblongues-lancéolées, sessiles, un peu cordées à la base, fortement dentées en scie, scabres en dessus, ponctuées de blanc en dessous, à bords un peu roulés en dessous, à nervures latérales aboutissant au sinus des dents; les florales *submembraneuses*, *blanchâtres*, ovales-acuminées, incisées-dentées, à dents cuspidées. Fleurs solitaires, presque sessiles, disposées en grappes feuillées, courtes, serrées, à la fin lâches et allongées. Calice velu, pubescent ou glabre, membraneux, veiné-réticulé, à dents triangulaires aiguës, écartées. Corolle assez grande, d'un jaune pâle, comprimée, à tube *courbé*, dépassant assez longuement le calice, à lèvre supérieure portant, vers le sommet, 2 dents obtuses quelquefois bleuâtres. Style violet, glabre ou pubescent au sommet, dépassant la lèvre supérieure. Capsule un peu plus longue que large, obtuse, apiculée. Graines entourées d'une bordure large et membraneuse, interrompues vers l'ombilic où elles sont épaissies, à faces marquées de *rugosités concentriques;* rarement les graines sont dépourvues de bordure ailée.

Cette plante porte les noms vulgaires de *cocrète*, *crête-de coq;* en patois *tartaliège*.

Hab. les prairies et les champs cultivés aux environs du Vigan, de l'Espérou, d'Alzon, de Blauzac, à la Chartreuse de Valbonne. ① Fl. avril-juillet.

2. **R. MINOR** *Ehrh. l. c.; Godr. et Gren. fl. fr.* 2, *p.* 612; *Mut. fl. fr.* 1, *p.* 361, *t.* 44, *fig.* 321; *R. glaber Dec. fl. fr.* 3, *p.* 478; *R. crista-galli A. et B. Lin. sp.* 840; *Lob. obs. p.* 285, *fig. super. dext.* — Cette espèce diffère de la précédente: par sa

tige glabre, dépourvue de taches; par ses feuilles florales *her-bacées*, par son calice constamment glabre, tacheté de brun, à dents *conniventes*; par sa corolle d'un jaune foncé, 2 fois plus petite, à tube *droit*, à lèvre supérieure plus longue que l'inférieure, portant, vers le sommet, 2 dents *très-courtes*, ordinairement d'un bleu moins décidé; par son style *inclus*; par sa capsule plus arrondie; par ses graines *lisses* sur les faces, jamais dépourvues de bordure ailée. Mêmes noms vulgaires.

VAR. B, *Angustifolius Godr. et Gren. fl. fr. 2, p.* 613. Plante plus grêle, à feuilles beaucoup plus étroites.

Hab. les prés aux environs du Vigan ; la var. B, les champs cultivés à Concoule. ① Fl. mai–juin.

15ᵉ gʳᵉ. PEDICULAIRE. — PEDICULARIS. (Tournef. inst. p. 171, t. 77.)

Calice *renflé*, à 5 dents inégales ou à 2 lèvres ; la supérieure entière ou à 2 dents, l'inférieure à 3. Corolle à 2 lèvres; la supérieure comprimée en casque, allongée, obtuse ou prolongée en bec, souvent échancrée; l'inférieure plane, étalée, oblique, à 3 lobes. Étamines 4, dont 2 plus courtes, incluses; anthères *mutiques*. Capsule comprimée, *ovale ou lancéolée*, obliquement tronquée au sommet ou plus ou moins courbée en faux, mucronée, à 2 loges polyspermes. Graines assez grosses, *ovoïdes-trigones*, fixées latéralement au fond de la capsule. Plantes bisannuelles ou vivaces, à feuilles pinnatifides, à fleurs en grappes terminales.

1. { Tige solitaire très-rameuse : capsule tronquée obliquement.. PALUSTRIS.
{ Tiges partant plusieurs de la même souche : capsule terminée en bec................................... 2.

2. { Tiges grêles, de 5–15 centim. : les latérales étalées-diffuses; capsule à sommet arrondi-recourbé...... SYLVATICA.
{ Tiges fortes, de 2-3 décim., toutes dressées; capsule à sommet aigu, non recourbé..................... COMOSA.

1. P. PALUSTRIS *Lin. sp.* 845; *Dec. fl. fr.* 3, *p.* 479; *Lamk. ill., t.* 517, *fig.* 1; *Fl. dan., t.* 2055. — Racine assez épaisse, charnue, presque simple, oblique supérieurement, fibreuse. Tige de 2-5 décim., *solitaire*, dressée, fistuleuse, rougeâtre, glabre ou peu velue, *très-rameuse inférieurement*, à rameaux étalés-dressés. Feuilles ordinairement glabres, alternes ou opposées, pinnées, à pinnules opposées, un peu distantes, linéaires, plus ou moins profondément dentées, à dents calleuses et blanches au sommet; les inférieures bipinnées, pétiolées; les caulinaires sessiles. Fleurs presque sessiles, solitaires, axillaires, disposées en grappes feuillées; les latérales courtes, pauciflores; la centrale *très-allongée et très-lâche* à la maturité. Calice un peu velu, oblong, renflé après la floraison, *à 2 lobes foliacés, crispés en*

crête glabre sur les bords. Corolle purpurine, à tube étroit dépassant longuement le calice, à casque arqué, terminé par 2
dents acuminées, placées un peu au-dessous du sommet, tronqué
et portant vers le milieu 2 autres dents très-petites. Capsule
glabre, noirâtre, obovale, tronquée obliquement, environ de
la longueur du calice. Graines brunes — fauves, rugueuses-
réticulées.

Cette plante porte le nom vulgaire d'*herbe aux poux*; elle est vénéneuse.
Elle est employée pour déterger les vieux ulcères et pour détruire les poux.
Elle est nuisible dans les pâturages : il n'y a que la chèvre et le cochon qui la
mangent.

Hab. les prairies aquatiques et tourbeuses de l'Espérou et de Concoule.
② ou ♃ Fl. mai–juillet.

2. P. SYLVATICA *Lin. sp.* 845; *Dec. fl. fr.* 3, *p.* 479, *fl.
dan. t.* 225; *Dod. pempt.* 556, *fig. infer.* — Racine un peu
épaisse, charnue, roussâtre, presque simple, oblique. Tiges de
5-15 centim., *partant plusieurs* du même collet, ordinairement
simples et gazonnantes; la centrale dressée; les latérales plus
grêles, *étalées* ou *couchées*. Feuilles ordinairement alternes,
pinnées, à folioles oblongues, incisées-dentées, calleuses, blanches sur les bords. Fleurs presque sessiles; les inférieures pédicellées, à pédicelles dilatés-ailés au sommet, disposées en grappes
feuillées; celles qui terminent les tiges latérales courtes, pauciflores; celle de la tige centrale *plus fournie et plus allongée*.
Calice oblong, *à 5 lobes inégaux*, glabres ou pubescents; le
supérieur lancéolé, entier, plus petit; les autres foliacés au
sommet, incisés-dentés, à dents calleuses, blanches; le fructifère
renflé. Corolle rose, à tube étroit dépassant longuement le calice;
à casque arqué, bidenté au sommet, plus long que la lèvre
inférieure. Capsule oblongue, *incluse*, arrondie-recourbée au
sommet et *mucronée*. Graines fauves, rugueuses. Plante glabre.

Mêmes propriétés que la précédente.

Hab. les bois humides, les prés marécageux, sur toute la chaîne de l'Espérou. ② ou ♃ Fl. mai–juillet.

3. P. COMOSA *Lin. sp.* 847; *Dec. fl. fr.* 3, *p.* 484; *All. ped.
t.* 4, *fig.* 1. — Racine entourée de fibres *allongées*, *fusiformes*.
Tiges de 2-4 décim., solitaires ou partant 2-5 de la même souche,
dressées, assez robustes, simples, fistuleuses, pubescentes,
striées, rougeâtres. Feuilles alternes, pubescentes, surtout sur
leur pétiole, bipinnées, à pinnules du premier ordre très-étalées;
celles du second ordre étroites, à dents aiguës, blanches, calleuses; les inférieures pétiolées, les supérieures presque sessiles.
Fleurs sessiles, solitaires, disposées en grappe *serrée*, plus ou moins
allongée, garnie à sa base de feuilles rapprochées, quelquefois
dépassant la grappe; feuilles florales supérieures lancéolées,
presque entières, plus courtes que le calice. Calice campanulé .

velu, principalement sur les nervures ; celles-ci vertes, à intervalles membraneux jusqu'au sommet des dents ; renflé-vésiculeux
à la maturité, à 5 dents *courtes, très-entières, triangulaires.*
Corolle *jaunâtres,* à tube dépassant très-longuement le calice,
à casque courbé en faux, tronqué et muni au sommet de 2 dents
aiguës dirigées en bas. Deux filets des étamines velus. Capsule
glabre, oblongue, terminée en pointe un peu courbée, dépassant peu le calice. Graines fauves, petites.

Hab. les pacages et les prairies de l'Espérou, de l'Hort-de-Diou, de St-
Guiral. 2⸾ Fl. juin-août.

Le *pedicularis verticillata Lin. sp.* et le *P. rostrata Lin. sp.,* indiqués par
Guan herb. et hort. reg., dans les pacages et les prairies de l'Espérou et de
l'Aigual, n'ont pas été trouvés par nous ; non plus le *P. foliosa* indiqué par
Mutel, Fl. fr., dans le Languedoc.

16ᵉ gʳ. MÉLAMPYRE. — MELAMPYRUM. (Tournef. inst. 173, t. 78.)

Calice campanulé, à 4 lobes inégaux. Corolle tubuleuse, à
lèvre supérieure *en casque, comprimée,* à bords repliés en dehors,
à lèvre inférieure plane, trilobée, à 2 bosses. Étamines 4,
dont 2 plus courtes, cachées sous le casque ; anthères un peu
hérissées, mucronulées, à déhiscence longitudinale. Capsule comprimée, *ovale-acuminée,* oblique, à 2 valves, à 2 loges mono-
bispermes, s'ouvrant par le côté supérieur. Graines ovoïdes-
oblongues, subtrigones, lisses. Plantes annuelles, à feuilles
opposées, à fleurs disposées en épis terminaux, lâches ou serrés,
plus ou moins allongés, noircissant par la dessication.

1.	Fleurs éparses, rapprochées en épis cylindriques ou quadrangulaires..............................	2.
	Feurs géminées, disposées en grappes lâches, uni-latérales..............................	3.
2.	Fleurs en épis compactes, quadrangulaires : bractées pliées en deux, recourbées en dehors, dentées en crête..............................	CRISTATUM.
	Fleurs en épi un peu lâche, cylindrique : bractées planes, à dents profondes, subulées..............................	ARVENSE.
3.	Calice velu..............................	NEMOROSUM.
	Calice glabre..............................	4.
4.	Bractées entières ou à dents courtes : corolle à gorge ouverte..............................	SYLVATICUM.
	Bractées munies, à leur base, de dents longuement acuminées-subulées : corolle à gorge fermée......	PRATENSE.

1. **M. CRISTATUM** *Lin. sp.* 842 ; *Dec. fl. fr.* 3, *p.* 485 ; *Fl.
dan., t.* 1104 ; *Moris. hist. s.* 11, *t.* 23, *fig.* 3. — Racine brune,
grêle, perpendiculaire, presque simple, un peu tortueuse. Tige
de 2-3 décim., droite, raide, un peu rude, pubescente surtout
dans le haut, rameuse ; à rameaux très-étalés, dépassant quelquefois la tige. Feuilles sessiles, linéaires-lancéolées, étalées ou
réfléchies, rudes sur les faces, bordées de petites aspérités trans-

parentes. Fleurs disposées en épis *très-serrés*, *à 4 angles très-saillants*, concaves sur les faces, celui du centre plus gros et plus long, garnis de bractées souvent d'un pourpre verdâtre ; *étroitement imbriquées*, très-larges, *cordées* à la base, *acuminées*, très-longuement dans les inférieures ; *pliées de bas en haut et recourbées en dehors* le long des angles, *dentées en crête; à dents étroites, rapprochées, inégales, ciliées*. Calice à lobes linéaires-acuminés, *beaucoup plus courts que le tube de la corolle* et que la capsule ; à tube muni d'une ligne de poils sur chaque côté. Corolle peu ouverte, jaunâtre, à palais orangé, souvent mêlée de rouge. Capsule glabre, arrondie supérieurement, recourbée en dehors au sommet. Graines noirâtres, oblongues, assez grosses.

Hab. les bois aux environs de l'Espérou, à Salbous. ① Fl. mai-août.

2. **M. ARVENSE** *Lin. sp.* 842 ; *Dec. fl. fr.* 3, *p.* 485 ; *Fl. dan. t.* 911 ; *Moris. hist. s.* 11, *t.* 23, *fig.* 1 ; *Clus. hist.* 2. *p.* 45, *fig.* 1 ; *Tab. ic.* 241, *fig. dext.* — Racine brune presque simple, un peu tortueuse. Tige de 2-4 décim., droite, raide, simple ou plus ou moins rameuse, à rameaux étalés-dressés, couverte de poils courts et raides dirigés en bas, qui la rendent rude au toucher. Feuilles linéaires ou lancéolées, acuminées, sessiles, scabres, entières; les supérieures incisées à la base; les florales *d'un rouge vif*, ovales-lancéolées; les inférieures longuement acuminées, bordées de dents ou laciniures profondes, étroites, subulées. Fleurs dressées, rapprochées en *épis cylindriques*, assez allongés. Calice légèrement hérissé, à dents lancéolées, longuement acuminées-sétacées, plus longues que le tube du calice, *atteignant celui de la corolle*. Corolle ouverte, purpurine, à gorge jaune. Capsule pubescente, ovoïde-comprimée, brièvement acuminée, rétrécie vers la base, beaucoup plus courte que les dents du calice. Graines noirâtres, de la grosseur d'un grain de froment, solitaires dans chaque loge.

Cette plante porte les noms vulgaires de *blé de vache*, de *rougeole*, de *queue-de-renard*. Elle est une nourriture excellente pour les bœufs et les vaches.

Hab. dans les moissons, dans tout le département. ① Fl. mai-juillet.

3. **M. NEMOROSUM** *Lin. sp.* 843, *Dec. fl. fr.* 3, *p.* 486 ; *Fl. dan. t.* 305 ; *Clus. hist.* 2, *p.* 44, *fig.* 1. — Racine brune, peu rameuse, un peu tortueuse. Tige de 2-5 décim., pubescente, souvent rougeâtre, droite, plus ou moins rameuse, à rameaux étalés, souvent diffus et entre-croisés. Feuilles *larges, ovales-lancéolées*, acuminées, toutes *pétiolées*, un peu rudes au toucher, entières ou munies, à leur base presque cordiforme, de quelques dents subulées. Fleurs solitaires, opposées, axillaires, pédonculées, dirigées horizontalement deux à deux, le long des

grappes *lâches, unilatérales, interrompues* à la base, garnies de *bractées violettes, pétiolées, ovales-lancéolées, acuminées, cordiformes et profondément incisées-dentées à leur base;* les fleurs supérieures sont stériles. Calice campanulé-tubuleux, *hérissé* de poils blancs, à 4 dents lancéolées cuspidées, un peu plus longues que le tube du calice et environ de la longueur de celui de la corolle. Corole jaune à casque orangé, ainsi que le palais, à lèvres entr'ouvertes. Capsule glabre, ovoïde-comprimée, brusquement rétrécie à la base, plus courte que les dents du calice. Graines noirâtres assez grosses, solitaires dans chaque loge.

Hab. les bois de hêtres aux environs d'Alzon, dans les bois de Salbous, près de Campestre. ① Fl. juin-août.

4. **M. pratense** *Lin. sp.* 843; *Dec. fl. fr.* 3, *p.* 486; *Lamk. ill. t.* 518, *fig.* 2. — Racine brune, peu rameuse, un peu tortueuse. Tige de 2-5 décim., presque glabre, rameuse, à rameaux grêles, allongés, très-étalés, souvent entre-croisés. Feuilles *très-brièvement pétiolées, lancéolées ou lancéolées-linéaires,* rudes sur les bords, moins sur les faces, entières, les supérieures ordinairement munies de 2-4 dents à leur base. Fleurs pédonculées, solitaires, axillaires, opposées, dirigées horizontalement deux à deux le long des grappes, *très-lâches, unilatérales,* assez courtes, garnies de bractées vertes, *lancéolées,* incisées-dentées à leur base, à dents acuminées-subulées. Calice *glabre,* à dents linéaires, sétacées, inégales, *presque deux tiers plus courtes que le tube de la corolle et plus courtes que la capsule.* Corolle presque *fermée,* jaune, à tube souvent blanchâtre. Capsule glabre, ovale-comprimée, brusquement rétrécie à la base, réfléchie à la maturité. Graines noirâtres, 1-2 dans chaque loge.

Hab. les bois aux environs d'Alzon, dans le bois de Salbous. ① Fl. juin-août.

5. **M. sylvaticum** *Lin. sp.* 843; *Dec. fl. fr.* 3, *p.* 486; *Engl. bot. t.* 804; *Fl. dan. t.* 145. — Cette espèce diffère de la précédente: par sa tige plus grêle et moins élevée; par ses feuilles presque lisses, toutes entières; par ses fleurs *dressées,* disposées en grappes pauciflores, à bractées linéaires-lancéolées *très-entières, ou munies, à leur base, de quelques dents courtes;* par les dents du calice lancéolées, étalées, *de la longueur du tube de la corolle;* par ses corolles plus petites, ouvertes, d'un jaune pâle, à gorge roussâtre, et enfin par ses graines toujours solitaires dans chaque loge.

Hab. les bois de l'Aigual, celui de la Rougerie et de Peirebesse, près d'Alzon. ① Fl. juin-août.

LXXXIme Fam. **OROBANCHÉES.**

OROBANCHEÆ. (Juss. ann. mus. 12, p. 443.)

Fleurs hermaphrodites, irrégulières. Calice libre, persistant, à 4-5 sépales soudées en un calice à 4-5 divisions, ou divisé en deux pièces latérales bifides. Corolle d'une seule pièce, insérée sur le réceptacle, marcescente, se détachant du calice à la maturité, à tube tubuleux ou campanulé, plus ou moins arqué, à 2 lèvres; la supérieure voûtée, entière, échancrée ou à 2 lobes; l'inférieure à 3 lobes, à gorge munie de 2 plis gibbeux, glabres ou velus. Etamines 4, dont 2 plus courtes, insérées sur le tube de la corolle. Anthères bilobées, ordinairement mucronées, à déhiscence longitudinale. Ovaire libre, uniloculaire, polysperme. Style 1; stigmate bilobé, à lobes arrondis, assez gros. Capsule uniloculaire, polysperme, à 2 valves, s'ouvrant soit par le sommet, soit dans toute leur longueur, soit le plus souvent par leur milieu. Graines très-nombreuses, très-petites, subglobuleuse, ou oblongues, tuberculeuses ou alvéolées. Plantes vivaces, rarement annuelles, colorées, parasites sur les racines des autres plantes, dépourvues ou munies de fibres radicales, fragiles, à tiges épaisses, charnues, succulentes, ordinairement simples, rarement rameuses, dépourvues de feuilles, mais garnies d'écailles blanchâtres ou colorées, à fleurs solitaires, éparses, axillaires, disposées en épis terminaux, garnis de bractées, rarement disposées en corymbe.

1. | Calice à 4-5 lobes ou à 2 divisions bifides; stigmate bilobé.............................. 2.
| Calice à 4 lobes: stigmate simple.............. 3.

2. | Fleurs munies, à leur base, d'une bractée et de 2 bractéoles..................... 1er gre. PHELIPÆA.
| Fleurs munies, à leur base, d'une bractée sans bractéoles..................... 2e gre. OROBANCHE.

3. | Fleurs pendantes, serrées en épi au sommet d'une tige aérienne.............. 3e gre. LATHRÆA.
| Fleurs dressées en corymbe, comme fasciculées, sans tige apparente......... 4e gre. CLANDESTINA.

1er gre. PHELIPÉE. — PHELIPÆA. (C. A. Meyer, in ledeb. alt. 1, p. 459.)

Calice campanulé, presque régulier ou échancré supérieurement, à 4 lobes, rarement à 5, muni à sa base d'une bractée et de 2 *bractéoles latérales*. Corolle à 2 lèvres; la supérieure bifide ou échancrée. l'inférieure trifide. Capsule bivalve, s'ouvrant *seulement au sommet;* à 4 placentas linéaires, géminés, pariétaux.

1. | Tige simple: fleurs grandes...................... 2.
| Tige rameuse; fleurs petites................. 3.

et *Muteli :* par sa tige plus élevée ; par ses rameaux courts et appliqués contre la tige ; par ses fleurs en épi allongé et pyramidal ; par sa corolle beaucoup plus grande, plus dilatée dans sa partie supérieure et plus ouverte.

2ᵉ gʳᵉ. **OROBANCHE. — OROBANCHE.** (Lin. gen. 779, en partie).

Calice à 2 divisions distinctes ou à peine soudées à la base, bifides, plus rarement entières, à lobes plus ou moins inégaux ; muni, à sa base, d'une bractée, *dépourvu de bractéoles latérales.* Corolle à 2 lèvres ; la supérieure à 2 lobes ou échancrée, rarement entière, l'inférieure à 3 lobes étalés. Capsule bivalve, s'ouvrant *par le milieu ;* les deux extrémités restant *soudées.* Placentas 4, linéaires, géminés, pariétaux.

1.	Étamines insérées à la base ou vers la base de la corolle.	2.
	Étamines insérées un peu au-dessous du milieu de la corolle.	7.
2.	Étamines glabres.	RAPUM.
	Étamines velues.	3.
3.	Corolle ventrue à la base ; stigmate jaune.	4.
	Corolle non ventrue à la base ; stigmate pourpre ou violet.	5.
4.	Lèvre inférieure à lobes presque égaux.	CRUENTA.
	Lèvre inférieure à lobes latéraux, 2 fois plus petits que le central.	VARIEGATA.
5.	Sépales de moitié plus courts que le tube de la corolle ; lèvre inférieure à 3 lobes presque égaux.	GALII.
	Sépales aussi longs que le tube de la corolle ; lèvre inférieure à lobes latéraux, 2 fois plus petits que le central.	6.
6.	Corolle blanche violacée, très-ouverte, légèrement pubescente-glanduleuse ; plante sans odeur.	SPECIOSA.
	Corolle jaunâtre ou rougeâtre, peu ouverte, à poils glanduleux, tuberculeux à la base ; plante à odeur de girofle.	EPITHYMUM.
7.	Corolle à dos non courbé, non étranglée.	TEUCRII.
	Corolle étranglée ou à dos courbé.	7.
8.	Stigmate violacé ou purpurin.	8.
	Stigmate jaune ou blanchâtre.	10.
9.	Lèvre inférieure de la corolle à 3 lobes égaux ou presque égaux.	9.
	Lèvre inférieure de la corolle à 3 lobes ; le central trifide, une fois plus grand que les latéraux bifides.	AMETHYSTEA.
10.	Étamines glabres ou un peu pubescentes à la base.	MINOR.
	Étamines velues dans leur moitié inférieure.	ARTHEMISIÆ.
11.	Corolle pubescente-glanduleuse ; sépales plurinerviés.	11.
	Corolle glabre ou presque glabre ; sépales pauci-nerviés.	13.
12.	Corolle munie d'une carène sur le dos.	RUBENS.
	Corolle sans carène.	12.
13.	Filets des étamines laineux dans presque toute leur longueur.	MAJOR.
	Filets des étamines pubescents à la base.	CERVARIÆ.

14. { Style subglanduleux : stigmate d'un beau jaune... **HEDERÆ.**
{ Style glabre : stigmate blanchâtre............... **CERNUA.**

1. **O. ARPUM** *Thuill. fl. par. éd.* 2, *p.* 317; *Coss. et Germ. fl. par. t.* 19, *fig.* A; *O. major Lamk. dict.* 4, *p.* 621, *et ill. t.* 551; *Dec. fl. fr.* 3, *p.* 488; *O. du cytise à balais Vauch. mon.* 43; *Lob. ic.* 2, *p.* 89, *fig.* 1. — Tiges de 3-6 décim., solitaires ou réunies, droites, robustes, anguleuses, couvertes de poils crépus-glanduleux, d'un brun jaunâtre ou rougeâtre, renflées à la base, en forme de bulbe charnu, garnies d'écailles courtes, imbriquées sur le bulbe; celles de la tige plus longues, lancéolées, acuminées, écartées. Fleurs en épi serré, allongé; bractées nerviées, lancéolées-acuminées, poilues-glanduleuses, dépassant, plus ou moins, la corolle. Sépales nerviés, poilus-glanduleux, distincts, divisés en 2 lobes profonds, presque égaux, lancéolés-acuminés, environ de la longueur du tube de la corolle. Corolle rougeâtre ou d'un rose jaunâtre, large, courte, *campanulée*, à dos arqué, *renflée antérieurement à la base*, pubescente-glanduleuse, à lobes ondulés, *légèrement et irrégulièrement dentelés*, non fimbriés; lèvre supérieure échancrée, à lobes ouverts; l'inférieure à lobes latéraux *une fois plus petits que le central*. Etamines à filets élargis et glabres à la base, pubescents, glanduleux au sommet, *insérés à la base de la corolle*; anthères d'abord jaunâtres, puis blanchâtres. Style pubescents-glanduleux. Stigmate velouté, d'un jaune pâle, un peu rouge à la base. Plante dépourvue de fibres radicales, à fleurs exhalant une odeur fade très-fugace.

Hab., parasite, sur les racines du *genêt à balai* et du *genêt purgatif, sarothamnus scoparius* et *S. purgans*, aux environs du Vigan, de Concoule, etc. 2 Fl. mai-juin.

2. **O. CRUENTA** *Bertol. rar. ital. pl. Dec.* 3, *p.* 56; *Coss. et Germ. fl. par.* 308, *t.* 19, *fig.* B; *Godr. et Gren. fl. fr.* 2, *p.* 629; *Mut. fl. fr. t.* 42, *fig.* 308; *O. du genêt des teinturiers, Vaucher, mon.* 37, *fig.* 1; *du dorychnium ligneux, Vauch. mon. t.* 3. — Tige de 2-5 décim., un peu renflée à la base, anguleuse, pubescente-glanduleuse, surtout supérieurement, ordinairement rougeâtre, garnie d'écailles courtes, larges, ovales et rapprochées dans le bas, lancéolées-acuminées et écartées dans le haut. Fleurs en épi souvent très-long, lâche, un peu serré au sommet. Bractées égalant ou dépassant la corolle. Sépales nerviés, poilus-glanduleux, comme les bractées, distincts, divisés en 2 lobes presque égaux environ, de la longueur du tube de la corolle. Corolle jaunâtre à la base, rougeâtre au sommet, à gorge couleur de sang, large, courte, *campanulée, renflée antérieurement à la base*, à dos arqué, légèrement pubescente-glanduleuse, à lobes inégalement *denticulés-fimbriés-glanduleux*; celui de la lèvre supérieure entier ou échancré; ceux de l'inférieure *presque*

égaux. Étamines à filets *velus* dans leur moitié inférieure, glanduleux au sommet, *insérés à la base de la corolle*; anthères blanchâtres, à l'état sec. Style pubescent-glanduleux; stigmate velouté, d'un jaune citron entouré d'un rebord rougeâtre. Plante munie de fibres radicales nombreuses, à fleurs exhalant une odeur légère et fugace de girofle.

Var. B, *Citrina Coss. et Germ. fl. par.* 309. Plante d'un jaune citron dans toutes ses parties.

Hab., parasite, sur les racines du *coronilla emerus*, du *cytisus spinosus*, du *dorychnium frutescens*, au bois de Campagne, de Cygnan, au Serre de Bouquet, aux bords du Gardon, au Vigan, à la Chartreuse de Valbonne; la var. B, aux environs du Vigan (Diomède). ♃ Fl. avril-juillet.

3. **O. variegata** *Wallr. orob. diasc. p.* 40; *Godr. et Gren. fl. fr.* 2, *p.* 630; *O. fœtida Dec. fl. fr.* 5, *p.* 392 *(en partie)*: *O. du genêt cendré Vauch. mon.* 41; *Rchb. pl. crit.* 7, *fig.* 903, 904. — Cette espèce se distingue de la précédente, avec laquelle elle a beaucoup de ressemblance au premier aspect : par sa corolle, un peu plus large, plus arquée, d'une couleur jaunâtre à l'extérieur et d'un rouge moins vif à l'intérieur; par les lobes latéraux de sa lèvre inférieure, 2 *fois plus petits que le central*: par les filets de ses étamines, *très-élargis à la base*.

Hab., parasite, sur le *genêt à balai*, le *buis*, aux environs du Vigan (Diomède). ♃ Fl. mai-juillet.

4. **O. speciosa** *Dec. fl. fr.* 5, *p.* 393; *O. pruinosa lap. abr. des pl. des Pyr. suppl., p.* 87; *O. de la fève Vauch. mon.* 51, *t.* 5. — Tige de 2-5 décim., fistuleuse, souvent rougeâtre, médiocrement renflée en bulbe à la base, couverte de poils blancs crispés; écailles lancéolées, écartées. Fleurs en épi ordinairement allongé et un peu lâche; bractées ovales-lancéolées, plus courtes que le tube de la corolle. Sépales nerviés, lancéolés, entiers ou plus souvent à 2 lobes presque égaux, ciliés, lancéolés-acuminés, presque de la longueur du tube de la corolle, *écartés*, non soudés à leur base, pubescents-glanduleux ainsi que les écailles et les bractées. Corolle grande, campanulée, arquée, non ventrue, pubescente-glanduleuse extérieurement, *d'un blanc violacé, avec des nervures plus foncées*, à limbe très-ouvert, à lobes arrondis, étalés, denticulés, ridés-ondulés, souvent ciliés; lèvre supérieure à 2 lobes, l'inférieure à 3, dont les latéraux *de moitié plus petits que le central*. Étamines à filets *velus inférieurement*, glanduleux supérieurement, insérées vers la base de la corolle; anthères brunes. Style *glanduleux;* stigmate *violacé*.

Cette plante n'a point d'odeur; elle prend une couleur rousse en séchant, et les pétales deviennent papyracés.

Hab., parasite, sur le *faba vulgaris*, à Villeneuve-lez-Avignon, Manduel. ♃ Fl. juin.

4. O. GALII *Duby bot., p.* 349; *Mut. fl. fr.* 2, *p.* 343, *t.* 41, *fig.* 306; *Coss. et Germ. fl. par.* 309, *t.* 19, *fig. D; O. vulgaris Dec. fl. fr.* 3, *p.* 489; *O. du galium mollugo Vauch. mon.* 55, *t.* 7. — Tige de 1-5 décim., peu renflée à la base, pubescente-glanduleuse, rougeâtre, garnie d'écailles lancéolées. Fleurs en épi plus ou moins lâche, ordinairement peu allongé. Bractées ordinairement un peu plus courtes que la corolle, d'un rouge brun. Sépales nerviés, d'un rouge brun, pubescents-glanduleux comme les bractées, soudés par devant, divisés en 2 lobes inégaux, acuminés, ciliés, plus courts *de moitié* que le tube de la corolle. Corolle rosée ou d'un rouge violacé, arquée, à tube court, élargi supérieurement, non renflé à la base, pubescente-glanduleuse ; à lobes inégalement denticulés, ciliés-glanduleux ; celui de la lèvre supérieure *dressé*, entier ou échancré ; ceux de l'inférieure presque égaux, *non réfléchis*. Étamines à filets *velus inférieurement*, glanduleux supérieurement, insérées *vers la base* de la corolle. Style glanduleux ; stigmate d'un *rouge noirâtre*. Plante exhalant une odeur légère et fugace de girofle.

6. O. EPITHYMUM *Dec. fl. fr.* 3, *p.* 490; *O. du thym serpolet Vauch. mon.* 52, *t.* 6 *(mauvaise); Rchb. pl. crit.* 7, *fig.* 887-889, *Mut. fl. fr., t.* 40, *fig.* 305; *Coss. et Germ. fl. par.* 309, *t.* 19, *fig. C.* — Tiges de 1-4 décim., solitaires ou réunies, rougeâtres, pubescentes-glanduleuses, un peu visqueuses, surtout supérieurement, peu renflées à la base ; à écailles lancéolées, pubescentes-glanduleuses, ainsi que les bractées et les sépales. Fleurs en épi plus ou moins lâche, ordinairement *court et pauciflore*. Bractées lancéolées-acuminées, plus courtes que les fleurs ou les dépassant, surtout les supérieures. Sépales lancéolés-acuminés-subulés, nerviés, ciliés, *entiers ou munis* dans leur moitié inférieure *d'une petite dent* divariquée, dirigés en arrière *sur les côtés de la fleur*, non soudés à leur base, atteignant l'ouverture de la corolle ; celle-ci *campanulée*, arquée, un peu large, tantôt d'un blanc jaunâtre, tantôt rougeâtre avec des veines plus foncées, et d'un rouge ferrugineux intérieurement au sommet, pubescente-glanduleuse à l'extérieur ainsi qu'à l'intérieur, qui souvent se trouve glabre ; à lobes denticulés-ciliés ; celui de la lèvre supérieure échancré, redressé sur les bords ; ceux de la lèvre inférieure inégaux ; les deux latéraux *plus petits que le central presque de moitié*. Étamines à filets garnis *de quelques poils à la base* et de quelques poils glanduleux au sommet, insérées vers la base de la corolle. Style glanduleux et violacé supérieurement. Stigmate d'un rouge foncé. Plante exhalant, tout le temps de sa fraîcheur, une odeur de girofle très-prononcée.

Var. B, *Pallescens*. Plante jaunâtre ; stygmate jaune.

Hab., parasite, sur le *thymus serpillum* et le *Th. vulgaris*, sur le *satureia montana*, dans tout le département, et, sur le *calluna vulgaris*, dans le bois de Broussan, près de Nimes. ♃ Fl. mai–juillet

7. **O. TEUCRII** *Holl. fl. de la Moselle*, 322 ; *Godr. et Gren. fl. fr.* 2, *p.* 634 ; *Mut. fl. fr.* 2, *p.* 344, *t. suppl.* 3, *fig.* 6.—Tige de 1-3 décim., d'un jaune rougeâtre, pubescente-glanduleuse, un peu visqueuse, médiocrement renflé en bulbe à la base, garnie d'écailles lancéolées, distantes sur la tige, rapprochées sur le bulbe. Fleurs 8-12 en épi assez lâche ; bractées lancéolées, acuminées, presque aussi longues que la corolle. Sépales séparés ou légèrement soudés à la base, à nervures peu nombreuses, à 2 lobes peu inégaux, ciliés, *de moitié plus courts que le tube de la corolle*, pubescents-glanduleux ainsi que les écailles et les bractées. Corolle rougeâtre ou d'un rouge violacé, médiocre, pubescente-glanduleuse à l'extérieur, *cylindrique-campanulée, à tube droit*, a à lèvre supérieure *arquée*, entière ou échancrée ; l'inférieure à lobes *égaux*, étalés, arrondis, denticulés, ciliés-glanduleux comme ceux de la lèvre supérieure. Etamines insérées *au-dessus du quart inférieur* du tube de la corolle, à filets dilatés et velus inférieurement, glanduleux au sommet. Style glanduleux, violacé ; stigmate d'un rouge foncé violacé. Plante à odeur de girofle.

Hab., parasite, sur le *teucrium chamædris*, le *T. montanum*, le *T. scorodonia*, aux environs du Vigan (Diomède). ♃ Fl. juin.

8. **O. RUBENS** *Vallr. diagn. orob.* (1825) ; *Godr. et Gren. fl. fr.* 2, *p.* 635 ; *O. de la luzerne cultivée, Vauch. mon.* 45, *t.* 2 ; *O. medicagines Duby. bot.* 349. — Tiges de 2-4 décim., ordinairement nombreuses, légèrement renflées vers la base, rougeâtres, pubescentes-glanduleuses, garnies d'écailles lancéolées, rapprochées dans le bas, distantes dans le haut. Fleurs en épi un peu lâche, de 10-15 centim. ; bractées lancéolées, acuminées, environ de la longueur de la fleur ou la dépassant. Sépales soudés à la base, nerviés, *n'atteignant pas la longueur du tube* de la corolle, à 2 lobes inégaux, lancéolés-acuminés, ciliés ; souvent le plus court porte une dent vers sa base, pubescent-glanduleux, ainsi que les écailles et les bractées. Corolle un peu étroite, assez longue, d'un rouge violet foncé, jaunâtre à la base, *campanulée-tubuleuse, un peu bossue en avant* près de la base, *un peu courbée, carénée* sur le dos ; à gorge rétrécie, pubescente-glanduleuse en dehors ; à lèvre supérieure voûtée, *à 2 lobes profonds, étalés ;* l'inférieure à 3 lobes très-prononcés, écartés, étalés, presque égaux, arrondis, souvent terminés en pointe, tous irrégulièrement denticulés. Etamines à filets élargis et velus inférieurement, insérés *au-dessus de la base de la corolle et à la hauteur de sa courbure*. Style glanduleux vers le sommet, rou-

geâtre. Stigmate jaunâtre ou jaune rougeâtre. Plante exhalant le soir une légère odeur de girofle.

Hab., parasite, sur le *medicago sativa* et le *M. falcata*, à Cernach, Vallabrègues. ♃ Fl. mai–août.

9. **O. MAJOR** *Lin. fl. suec.* 561; *Godr. et Gren. fl. fr.* 2, p. 636; *O. elatior sutton, trans. Lin. soc.* 4, p. 178, t. 17; *Duby bot.*, 350; *O. de la centaurée scabieuse Vauch. mon.* 61, *fl. dan.*, t. 1838. — Tige de 2-5 décim., épaisse, un peu renflée au-dessus de la base, d'un jaune rougeâtre, pubescente-glanduleuse, garnie d'écailles lancéolées–acuminées d'autant plus rapprochées qu'elles sont inférieures. Fleurs en épi serré et très-garni, long de 1-2 décim.; bractées lancéolées, de la longueur de la corolle ou la dépassant, formant souvent une touffe au sommet de l'épi. Sépales à nervures peu nombreuses, *légèrement soudés à la base*, un peu plus longs que la moitié du tube de la corolle, à 2 lobes un peu inégaux, lancéolés-acuminés, ciliés, subulés, couverts, ainsi que les écailles et les bractées, d'une pubescence roussâtre. glanduleuse. Corolle moyenne, jaunâtre ou roussâtre-violacée. pubescente-jaunâtre, glanduleuse en dehors, glabre en dedans, tubuleuse-campanulée, *renflée* au-dessus de l'ovaire, courbée, à gorge ridée, à lobes inégalement dentés, légèrement ciliés ; lèvre supérieure voûtée, échancrée ou à 2 lobes ; l'inférieure à 3 lobes arrondis, *non étalés, presque égaux*. Étamines à filets velus inférieurement, insérés au-dessus de la base de la corolle. Style subglanduleux ; stigmate *jaune*.

Hab., parasite, sur le *centaurea scabiosa* et le *C. aspera*, à Tresques, à la Chartreuse de Valbonne. ♃ Fl. juin.

10. **O. CERVARIÆ** *Suard, in Godr. fl. lorr.* 2, p. 180; *Godr. et Gren. fl. fr.* 2, p. 637; *O. alsatica Schultz, arch.* p. 69 1844) *et exsicc. n°* 905. — Tige de 1-3 décim., d'un jaune rougeâtre, brièvement pubescente-glanduleuse, assez grêle, un peu renflée à la base, à écailles lancéolées, rapprochées vers la base. Fleurs rapprochées en épi ordinairement court ; bractées lancéolées-acuminées, environ de la longueur de la fleur. Sépales écartés, à 2 lobes courts, inégaux, *atteignant environ le milieu du tube de la corolle*, pubescents-glanduleux ainsi que les écailles et les bractées. Corolle moyenne, d'un jaune obscur, quelquefois violacé, tubuleuse-campanulée, *arquée de la base au sommet, plus fortement vers son milieu*, brièvement pubescente-glanduleuse à l'extérieur, à lobes irrégulièrement denticulés; celui de la lèvre supérieure bifide ou échancrée, ceux de l'inférieure inégaux, les latéraux un peu plus petits que le central. Étamines à filets pubescents à la base, insérés un peu au-dessous de la moitié inférieure de la corolle. Stigmate *jaune*.

Hab., parasite, sur le *peucedanum cervaria*, dans les bois, aux environs de Nimes. ♃ Fl. juin.

L'abondance de la plante mère, dans nos bois, m'a décidé à rapporter ici cette espèce, soit pour attirer sur elle l'attention des botanistes, soit par la présomption de son existence dans le département.

11. O. ARTEMISIÆ *O. de l'artemise des champs, Vauch. mon.* 62, *t.* 13; *Godr. et Gren. fl. fr.* 2, *p.* 638; *O. loricata Rchb. fl. exc.* 355 (*excl. syn. O. flavæ*). — Tige de 2-4 décim., plus ou moins robuste, un peu renflée à la base, d'un blanc rougeâtre, garnie d'écailles lancéolées, rapprochées vers la base, couvertes, ainsi que la tige et les bractées, d'une pubescence glanduleuse. Fleurs nombreuses, rapprochées en épi de 1-2 décim.; bractées ovales-lancéolées, acuminées, égalant la longueur de la corolle. Sépales à 3-5 nervures, à 2 lobes très-profonds, linéaires-lancéolés, acuminés, ciliés, peu inégaux, *de la longueur du tube de la corolle*. Corolle assez petite, tubuleuse-campanulée, fortement arquée dans sa moitié supérieure, d'un blanc jaunâtre, rayée de lignes rougeâtres; à lobes dentelés, à dents obtuses, étalés; lèvre supérieure *à 2 lobes;* l'inférieure à 3 arrondis, *égaux*. Etamines à filets velus inférieurement, glabres ou un peu glanduleux au sommet, insérés au-dessus de la base de la corolle. Style jaunâtre, stigmate *violacé* (Vauch.).

Hab., parasite, sur l'*artemisia campestris*, le *campanula rapunculus*, à Aigues-Mortes, à Tresques. ♃ Fl. mai-juin.

12. O. HEDERÆ (*O. du lierre*), *Vauch. mon.* 56, *t.* 8; *Duby. bot.* 350; *Eng. bot. t.* 2859, *oblime*!. — Tiges de 2-4 décim., solitaires ou réunies, violettes ou d'un jaune rougeâtre, *pubescentes-glanduleuses*, renflées à la base, à écailles lancéolées, lâches supérieurement, rapprochées vers la base. Fleurs nombreuses, en épi allongé, lâche ou un peu serré. Bractées lancéolées-acuminées, souvent réfléchies au sommet, dépourvues de nervures, un peu plus longues que la fleur, souvent réunies en touffe au sommet de l'épi. Sépales légèrement *soudés* en avant, à la base, entiers ou à 2 lobes plus ou moins profonds, lancéolés, subulés, *uninerviés*, ciliés, environ de la longueur du tube de la corolle, pubescents-glanduleux et d'un violet foncé, ainsi que les bractées. Corolle d'un jaune pâle, à veines et à lèvres supérieures violacées, petite, tubuleuse, courbée, *glabre*, ou presque glabre; à lobes denticulés, arrondis ou terminés en pointe; à lèvre supérieure *échancrée ou à 2 lobes;* l'inférieure à 3 inégaux, *les 2 latéraux plus petits* que le central. Etamines à filets *glabres ou un peu pubescents à la base*, dépassant quelquefois la corolle, insérés beaucoup au-dessus de la base de la corolle. Style glabre, violacé; stigmate *jaune*.

Hab., parasite, sur les racines du *lierre*, à Sommières, à Nimes, aux environs du Vigan. ♃ Fl. juin-juillet.

13. O. MINOR *Sutton trans. Lin.* 4, *p.* 178; *Dec. fl. fr.* 3, *p.* 489; *Coss. et Germ. fl. par.* 309, *t.* 19, *fig. F; O. du trèfle des prés*, *Vauch. mon.* 47, *t.* 4. — Cette espèce diffère de la précédente, à laquelle elle ressemble beaucoup : par ses bractées subnerviées ; par ses sépales à 2-3 nervures, *plus courts que la corolle;* par sa corolle *blanchâtre*, souvent lilacée, veinée de violet, *plus arquée*, pubescente-glanduleuse, à lèvre supérieure à 2 lobes dressés, l'inférieure à 3 presque égaux; par son stigmate *pourpre foncé ou violet*, et par sa durée annuelle.

Var. B, *Flavescens, Godr. et Gren fl. fr.* 2, *p.* 641. Fleurs jaunâtres. *O. carotæ Desmoul. ann. soc. nat.* 3, *p.* 78.

Hab., parasite, sur les racines du *trifolium sativum*, du *T. repens*, du *T. cherleri*, le *lactuca viminea*, et sur un *pelargonium*; la var. B, sur l'*hypochœris radicata*, dans tout le département. ♃ Fl. mai-juillet.

14. **O. amethystea** *Thuill. fl. par. ed.* 2, *p.* 317; *Dec. prodr.* 11, *p.* 29; *O. de l'eryngium des champs, Vauch. mon.* 58, *t.* 10; *O. eryngii Cos. et Germ. fl. par.* 310, *t.* 19. *fig. E; O. elatior Dec. fl. fr.* 3, *p.* 490 (*excl. le stigmate jaune*). — Tige de 2-5 décim., un peu renflée au-dessus de la base, rougeâtre ou violacée, pubescente-glanduleuse, munie d'écailles nombreuses, lancéolées, étroites. Fleurs nombreuses, en épi de 10-15 centim., serré au sommet, un peu lâche à la base; bractées *lancéolées-subulées*, subnerviées, dépassant les fleurs, courbées au sommet, réunies en touffe au sommet de l'épi. Sépales libres, nerviés, à 2 lobes inégaux, linéaires-acuminés-subulés, égalant ou dépassant la corolle, ciliés, pubescents-glanduleux ainsi que les écailles et les bractées. Corolle assez petite, tubuleuse, *subitement courbée au-dessus de sa base*, entièrement lilas ou blanche lilacée sur le dos, veinée de lignes plus foncées, pubescente-glanduleuse en dehors, glabre en dedans, à lobes grands, inégalement denticulés, *à dents aiguës*, à lèvre supérieure courbée, dirigée en avant, à 2 lobes quelquefois échancrés; l'inférieure à lobes latéraux *échancrés*, 2 *fois plus petits* que le central *à* 2-3 *lobes*. Etamines à filets *glabres* ou légèrement pubescents vers la base, ou munis de quelques poils épars, insérés sur la courbure de la corolle. Style glabre; stigmate *rougeâtre ou violet*.

Hab., parasite, sur les racines de l'*eryngium campestre* et de l'*E. maritimum*, à Aigues-Mortes, Alzou, Montdardier, Fournès. ♃ Fl. juin-juillet.

15. **O. cernua** *Læfl. it. hisp.* 152; *Lin. sp.* 882; *Dec. prodr.* 11, *p.* 32; *Godr. et Gren. fl. fr.* 2, *p.* 642; *O. cœrulescens de Pouz. cat. du Gard*, *p.* 30; *O. virginis Garreizo fl. anal. du Gard*, 199; *O. carciflora riv. pl. Ægypt. sec.* 22, *n°* 29, *t.* 2, *fig.* 17. — Tiges de 1-4 décim., simples, quelquefois rameuses dès la base, roussâtres, pubescentes, un peu glanduleuses, striées, médiocrement renflées à la base, garnies d'écailles lancéolées, rapprochées.

Fleurs nombreuses, en épi serré, court, puis lâche et allongé.
Bractées bleuâtres, ovales-lancéolées, nerviées, presque glabres,
plus courtes que la corolle. Sépales presque glabres, libres,
nerviés, lancéolés-acuminés, ordinairement entiers, rarement
à 2 lobes inégaux, *presque de la longueur du tube de la corolle.*
Corolle tubuleuse, *glabre* ou légèrement pubescente-glanduleuse,
petite, blanche, scarieuse et renflée à la base, contractée
au-dessus de l'ovaire, la partie supérieure *bleue*, fortement courbée en arc, élargie au sommet; à lobes crénelés ou denticulés,
munis de quelques cils glanduleux; à lèvre supérieure à 2 lobes
dirigés en avant, l'inférieure à 3 lobes presque égaux. Étamines à
filets *glabres*, insérés *au-dessus du quart inférieur du tube* de
la corolle. Style glabre; stigmate blanchâtre.

Hab., parasite, sur les racines de l'*artemisia gallica*, de l'*A. campestris*, du
lactuca viminea, du *galium erectum*, à Aigues-Mortes, à Rochefort, aux
environs de Bouquet, aux bords de l'étang de Pujaut. ♃ Fl. mai–juillet.

3ᵉ gʳᵉ. LATHRÉE — LATHRÆA. (Lin. gen. 743, en partie.)

Fleurs hermaphrodites. Calice *campanulé, à 4 lobes*, muni à
sa base d'une bractée et dépourvu de bractéoles latérales. Corolle
à lèvre supérieure entière, à lèvre inférieure trifide, plus courte.
Ovaire muni à sa base *d'une glande saillante*, semi-lunaire.
Capsule uniloculaire, bivalve, *s'ouvrant au sommet*, portant
chacune deux placentas *larges*, rapprochés, où sont attachées
plusieurs graines petites, globuleuses.

1. **L. squanaria** *Lin. sp.* 848; *Dec. fl. fr.* 3, *p.* 492; *Fl.
dan., t.* 136; *Math. comm.* 685, *fig.* 1; *Lob. ic.* 2, *p.* 270, *fig.* 2.
— Souche souterraine, rameuse, garnie d'écailles blanches,
épaisses, charnues, cordiformes, imbriquées; chaque rameau
produisant une tige de 1-2 décim., simple, dressée, garnie
d'écailles membraneuses, d'autant plus écartées qu'elles sont
supérieures, terminée par un épi compacte et penché au sommet,
puis redressé et allongé, composé de fleurs unilatérales, pendantes, à court pédicelle sortant de l'aisselle d'une bractée ample,
ovale-arrondie, rougeâtre. Calice légèrement velu-glanduleux,
à 4 lobes profonds, larges, aigus, un peu rougeâtre. Corolle
blanche ou pourprée, dépassant peu le calice. Étamines un peu
saillantes, à filets glabres, à anthères velues. Style courbé au
sommet. Capsule ovoïde, de la longueur du calice. Plante glabre,
d'abord blanche, noircissant en vieillissant ou par la dessication.

Hab., parasite, sur les racines des arbres, dans les bois frais et ombragés,
aux bords des ruisseaux, à Alzon. ♃ Fl. mars–mai.

4ᵉ gʳᵉ. CLANDESTINE. — CLANDESTINA. (Tournef. inst. p. 652, t. 425.)

Fleurs hermaphrodites. Calice campanulé-tubuleux, à 4 lobes,

muni à sa base d'une bractée et dépourvu de bractéoles latérales.
Corolle à lèvre supérieure en casque, l'inférieure à 3 lobes, plus
courte. Ovaire muni à sa base *d'une glande saillante*, semi-
lunaire. Capsule uniloculaire, bivalve, s'ouvrant au sommet,
portant chacune sur leur milieu *un placenta étroit*, où sont
attachées 4-5 graines anguleuses, lisses, assez grosses.

1. **C. RECTIFLORA** *Lamk. ill. t. 551. fig. 1; Lathræa clandestina Lin. sp.* 843; *Dec. fl. fr. 3, p. 491; Moris. hist. s. 12.
t. 16, fig. 15.* — Souche souterraine, rameuse, garnie d'écailles
blanchâtres, charnues, imbriquées; chaque rameau produisant
des fleurs disposées en faisceau ou en grappe courte, corymbi-
forme, dressées, à pédicelles tantôt de la longueur du calice,
tantôt 4-5 fois plus longs que lui, munis à leur base d'une bractée blanchâtre, arrondie, demi-embrassante. Calice ample, dont
la longueur égale à peu près la largeur, à dents peu profondes,
ovales-lancéolées. Corolle d'un pourpre violet, dressée, grande
4-5 centim.), environ deux fois plus longue que le calice. Étamines presque incluses; anthères velues supérieurement. Style
saillant, arqué au sommet. Capsule ovoïde, plus courte que le
calice. Plante entièrement glabre, naissant ordinairement en
touffe serrée, à fleur de terre.

Cette plante porte les noms vulgaires de *clandestine-de-lion*, *d'herbe cachée*,
d'herbe de la matrice.

Hab., parasite, sur les racines des arbres, à Salbous, près de Campestre.
♃ Fl. mars–juin.

LXXXII° FAM. LABIÉES

LABIATÆ (Juss. gen. p. 110.

Fleurs hermaphrodites, irrégulières. Calice gamosépale, libre,
persistant, tubuleux ou campanulé, à 5 dents, rarement à 4, ou
bilabié. Corolle insérée sur le réceptacle, caduque, gamopétale,
labiée, rarement en entonnoir; lèvre supérieure à 2 lobes, l'inférieure à 3. Étamines 4, dont 2 plus courtes, rarement 2 par
avortement, insérées sur le tube de la corolle; anthères à 2 loges
parallèles ou divergentes. Ovaire libre à 4 lobes, du centre desquels
s'élève un style simple, à stigmate ordinairement bifide. Fruit
composé de 4 carpelles secs, rarement charnus, uniloculaires,
monospermes, libres, indéhiscents, placés au fond du calice.
Graines dressées; périsperme nul ou très-mince; embryon droit.
Plantes annuelles ou vivaces, herbacées, plus rarement frutescentes, aromatiques, à tige tétragone, à rameaux opposés, à
feuilles opposées en croix, sans stipules, à fleurs opposées, solitaires ou réunies plusieurs à l'aisselle des feuilles ou des bractées
en forme de verticille, formant par leur réunion des épis, des
grappes ou des capitules.

1. { Étamines 2, fertiles.......................... 2.
    { Étamines 4, fertiles.......................... 4.

2. { Corolle en entonnoir, à 4 lobes presque
    {   égaux.................................. 4e gre. LYCOPUS.
    { Corolle à 2 lèvres bien caractérisées............ 3.

3. { Arbrisseau très-rameux, à feuilles coria-
    {   ces, linéaires.......................... 11e gre. ROSMARINUS.
    { Plantes vivaces, herbacées, à feuilles ova-
    {   les-lancéolées ou cordiformes........ 12e gre. SALVIA.

4. { Étamines fléchies sur la lèvre inférieure
    {   de la corolle ; dent supérieure du calice
    {   appendiculée......................... 1er gre. LAVANDULA.
    { Étamines non fléchies sur la lèvre infé-
    {   rieure de la corolle ; dent supérieure du
    {   calice non appendiculée.................. 5.

5. { Corolle à 2 lèvres très-caractérisées........... 6.
    { Corolle à lobes presque égaux ou à lèvre
    {   supérieure presque nulle ou très-petite...... 23.

6. { Étamines droites, écartées entre elles ou
    {   arquées-convergentes au sommet.......... 7
    { Étamines parallèles, rapprochées et pla-
    {   cées sous la lèvre supérieure............... 12.

7. { Étamines droites, écartées.................... 8.
    { Étamines arquées, convergentes au som-
    {   met. .... 10.

8. { Calice à 10-13 stries, à gorge barbue........... 9.
    { Calice à 15 stries, à gorge nue........... 7e gre. HYSSOPUS.

9. { Calice à 2 lèvres........................ 6e gre. THYMUS.
    { Calice à 5 dents presque égales, ne formant
    {   pas 2 lèvres....................... 3e gre. ORIGANUM.

10. { Tube du calice campanulé.................... 11.
    { Tube du calice étroit, cylindracé........ 9e gre. CALAMINTHA.

11. { Calice à 10 stries, à gorge nue.......... 8e gre. SATUREIA.
    { Calice à 13 stries, à gorge garnie de quel-
    {   ques poils........................ 10e gre. MELISSA.

12. { Étamines inférieures plus courtes que les
    {   supérieures.............................. 13.
    { Étamines inférieures plus longues que les
    {   supérieures.............................. 14.

13. { Fleurs en glomérules pauciflores, écartés,
    {   axillaires : tiges radicantes à la base... 14e gre. GLECHOMA.
    { Fleurs en glomérules multiflores, rappro-
    {   chés en épis dentés, terminaux : tiges
    {   non radicantes..................... 13e gre. NEPETA.

14. { Calice à 2 lèvres............................ 15.
    { Calice à dents étalées à la maturité, ne
    {   formant pas 2 lèvres..................... 17.

15. { Calice ouvert à la maturité............. 24e gre. MELITIS.
    { Calice fermé à la maturité................... 16.

16. { Lèvre supérieure du calice munie, sur le
    {   dos et à sa base, d'une bosse saillante.. 25e gre. SCUTELLARIA.
    { Lèvre supérieure du calice dépourvue de
    {   bosse................................ 26e gre. BRUNELLA.

17. { Étamines incluses........................... 18.
    { Étamines exsertes........................... 19.

18. { Calice à 5 dents épineuses; akènes arron-
         dis au sommet...................... 22ᵉ gʳᵉ. SIDERITIS.
     { Calice à 10 dents non épineuses; akènes
         tronqués au sommet.................. 23ᵉ gʳᵉ. MARRUBIUM.

19. { Lèvre inférieure de la corolle à lobes laté-
         raux, petits, dentiformes............. 15ᵉ gʳᵉ. LAMIUM.
     { Lèvre inférieure de la corolle à 3 lobes
         distincts............................. 20.

20. { Akènes trigones........................ 21.
     { Akènes ovoïdes........................ 23.

21. { Akènes tronqués au sommet........... 16ᵉ gʳᵉ. LEONURUS.
     { Akènes arrondis au sommet............ 22.

22. { Corolle grande, à lèvre supérieure voûtée
         en casque.......................... 21ᵉ gʳᵉ. PHLOMIS.
     { Corolle petite, à lèvre supérieure concave,
         non en casque...................... 20ᵉ gʳᵉ. BALLOTA.

23. { Lèvre inférieure de la corolle munie, à sa
         base, de 2 dents saillantes.......... 17ᵉ gʳᵉ. GALEOPSIS
     { Lèvre inférieure de la corolle dépourvue
         de dents saillantes.................. 24.

24. { Étamines déjetées en dehors, après la
         fécondation......................... 18ᵉ gʳᵉ. STACHYS.
     { Étamines non déjetées en dehors, après
         la fécondation...................... 19ᵉ gʳᵉ. BETONICA

25. { Corolle à lobes presque égaux........... 26.
     { Corolle à lèvre supérieure nulle ou très-
         petite.............................. 27.

26. { Calice à 5 dents planes................. 2ᵉ gʳᵉ. MENTHA.
     { Calice à 4 dents aristées au-dessous du
         sommet............................. 3ᵉ gʳᵉ. PRESLIA

27. { Tube de la corolle muni, intérieurement,
         d'un anneau de poils................ 27ᵉ gʳᵉ. AJUGA
     { Tube de la corolle dépourvu, intérieure-
         ment, d'un anneau de poils .... 28ᵉ gʳᵉ. TEUCRIUM

1ᵉʳ gʳᵉ. LAVANDE. — LAVANDULA. (Lin. gen. 711.)

Calice tubuleux à 13-15 nervures, à 5 dents courtes, dont la
supérieure un peu plus large ou terminée par un appendice, à
gorge nue. Corolle à tube saillant hors du calice, un peu élargi
au sommet, à 2 lèvres; la supérieure à 2 lobes, l'inférieure à 3
égaux, étalés, à gorge nue. Étamines 4, incluses; les 2 plus
longues portées sur la lèvre inférieure; anthères uniloculaires,
réniformes, s'ouvrant en forme de disque. Akènes oblongs, lisses,
arrondis au sommet.

1. { Fleurs en épi serré, ovale, surmonté d'une touffe de
         feuilles florales............................... STŒCHAS.
     { Fleurs en épi un peu lâche, dépourvu de feuilles flo-
         rales au sommet............................... 2.

2. { Bractées larges, membraneuses, brunes, beaucoup
         plus courtes que le calice, bleuâtre............ SPICA.
     { Bractées linéaires-étroites, herbacées, cendrées, pres-
         que aussi longues que le calice, cendré.......... LATIFOLIA

1. **L. STŒCHAS** *Lin. sp.* 800 *excl. var. B.*; *Dec. fl. fr. 3. p. 529*; *Stœcas purpurea Tournef. inst. p. 201, t. 95*; *Lob. ic. 429, fig. 2*; *Barr. ic. 301.* — Tige ligneuse de 3-6 décim., très-rameuse, dressée, à écorce brune, glabre; à rameaux peu allongés, dressés, tétragones, tomenteux-cendrés, feuillés presque jusqu'au sommet. Feuilles sessiles, *linéaires-étroites*, à bords repliés en dessous, couvertes sur les deux faces d'un coton court, grisâtre, portant souvent, à leur aisselle, des fascicules de jeunes feuilles. Fleurs disposées en épis ovales, assez gros, *anguleux*, très-serrés, au sommet de pédoncules courts, surmontés *d'un faisceau de bractées stériles, grandes*, spatulées, *d'un pourpre violet*, rarement blanches; bractées fertiles, larges, *presque à 3 lobes*, plus courtes que le calice, *membraneuses, veinées*, laineuses, souvent rougeâtres. Calice tomenteux, à 5 dents aiguës; la supérieure filiforme, surmontée d'un apprendice en cœur, membraneux, veiné. Corolle petite, d'un pourpre foncé, rarement blanche, à lobes arrondis; akènes bruns, luisants, ovales à 3 angles.

Cette plante porte le nom patois de *stacada*: elle répand une odeur aromatique agréable; elle est cordiale et céphalique. On emploie ses sommités fleuries, comme stimulant, dans l'asthme et le catarrhe.

Hab. les bois et les garrigues aux environs de Nîmes, Anduze, St-Jean-du-Gard, Tresques, la Capelle. ♄ Fl. avril-juin.

2. **L. SPICA** *Lin. sp.* 800 *(excl. var. B.)*; *L. vera et pyrenaica Dec. fl. fr. 3, p. 398*; *Lamk. ill. t. 504, fig. 1*; *Dod. pempt. 273, fig. inf. dext.*; *Math. valg. 32, ic.*; *Lob. ic. 431, fig. 2.* — Tige ligneuse et très-rameuse à la base, haute de 2-5 décim. à rameaux rapprochés en touffe; les florifères dressés, simples, grêles, tétragones, brièvement pubescents. Feuillés inférieurement, le reste nu jusque sous l'épi. Feuilles vertes, à pubescence courte, étoilée, glanduleuse en dessous, *linéaires-lancéolées* ou *linéaires*, un peu obtuses, à bords roulés en dessous; les plus jeunes cotonneuses-blanchâtres, souvent en faisceaux axillaires. Fleurs réunies par 3-5 en verticilles disposés en épi terminal, ordinairement un peu lâche, interrompu a la base; bractées *brunes, membraneuses, larges, ovales, brusquement acuminées*, ordinairement plus courtes que les calices; bractéoles *nulles*. Calice bleuâtre, tomenteux, à dents très-courtes, obtuses, conniventes; la supérieure prolongée en un appendice assez large, voûté, incliné sur l'ouverture du calice. Corolle bleue, pubescente, à lobes ovales. Akènes bruns, luisants, oblongs, un peu comprimés.

Cette plante est connue sous les noms vulgaires de *lavande commune, d'aspic*; en patois, *espi*. Elle est très-aromatique et a les mêmes vertus que la précédente; on en retire *l'huile* et *l'essence d'aspic, l'eau de lavande*. Ses tiges sèches, enfermées dans les armoires, chassent les mites; placées dans les nids des pigeons, elles en écartent les poux.

Hab. les lieux arides, dans tout le département, mais moins communément que la suivante. ♄ Fl. juin-août.

3. **L. LATIFOLIA** *Vill. Dauph.* 2, *p.* 363 ; *L. spica Dec. fl. fr.* 5, *p.* 397 ; *L. spica var. B. Lin. sp.* 800 ; *Dod. pempt.* 273, *fig. inf. sinist.* ; *Math. vulg.* 31, *ic.* ; *Lob. ic.* 431, *fig.* 1. — Tige de 3-6 décim., à partie ligneuse moins élevée que dans l'espèce précédente et moins rameuse, à rameaux florifères, rameux supérieurement. Feuilles *longuement rétrécies* vers la base, couvertes *d'un duvet cotonneux, blanchâtre*, surtout dans les jeunes. Fleurs en épis terminaux, étroits, pointus ; bractées *très-étroites*, *linéaires*, tomenteuses, *herbacées*, à bords roulés en dedans, accompagnées *de 2 petites bractéoles latérales ;* les unes et les autres un peu plus courtes que le calice ; le reste comme dans l'espèce précédente, excepté la corolle qui est plus petite et les calices cendrés.

Mêmes propriétés et mêmes vertus.

Hab. les lieux arides, dans tout le département. ♄ Fl. juin-août.

On cultive communément, en vase, plusieurs variétés de l'*ocymum basilicum Lin.* (vulg. *basili*), recherché par son odeur suave. On le distingue à sa tige annuelle, tès-rameuse, touffue, à ses feuilles ovales, un peu charnues. à la lèvre supérieure du calice foliacée, et aux filets des étamines appendiculés ou velus vers leur base. Cette plante est cordiale, céphalique ; ses graines sont rafraîchissantes et calmantes : ses feuilles sont employées comme condiment aromatique pour certains ragoûts : prises comme du thé elles calment les douleurs de tête.

2ᵉ gʳᵉ. MENTHE. — MENTHA. (Lin. gen. 291.)

Calice campanulé ou tubuleux, *à 5 dents* égales ou presque égales, à gorge nue, rarement velue. Corolle en entonnoir, à tube non saillant hors du calice, à limbe à 4 lobes ; le supérieur plus large, échancré, rarement entier. Étamines 4, égales droites, écartées, saillantes ou incluses ; anthères à loges parallèles, s'ouvrant par une fente longitudinale. Akènes lisses. ovoïdes, *arrondis* au sommet. Fleurs en verticilles fournis, espacés ou rapprochés en épis. Souche rampante ; tiges quelquefois radicantes.

1.	Calice fructifère à gorge fermée par des poils....	PULEGIUM.
	Calice fructifère à gorge nue......................	2.
2.	Verticilles rapprochés en épis terminaux, pointus.	3.
	Verticilles axillaires ou terminaux en tête obtuse.	5.
3.	Feuilles ovales-orbiculaires, obtuses ou ovales-oblongues, aiguës, ridées et bosselées.........	4.
	Feuilles étroitement lancéolées, aiguës. ni ridées ni bosselées..............................	VIRIDIS.
4.	Bractées larges, lancéolées, acuminées..........	ROTUNDIFOLIA.
	Bractées très-étroites, linéaires-subulées.......	SYLVESTRIS
5.	Verticille supérieur surmonté par un bouquet de feuilles................................	6.
	Verticille supérieur non surmonté par un bouquet de feuilles............................	AQUATICA.

6. { Calice presque globuleux, à dents courtes, trian-
gulaires, étalées après la floraison............ **ARVENSIS.**
{ Calice oblong, à dents lancéolées-subulées, dres-
sées après la floraison..................... **GENTILIS.**

1. **M. ROTUNDIFOLIA** *Lin. sp.* 805; *Dec. fl. fr.* 3, *p.* 534; *Coss. et Germ. fl. par.*, *t.* 20, *fig.* 1; *M. neglecta Ten. fl. nap.* 2, *p.* 379, *t.* 157, *fig.* 2; *Tabern. ic.* 349, *fig.* 2. — Tiges de 4-6 décim., dressées, raides, tomenteuses-laineuses, rameuses supérieurement, à rameaux ordinairement courts, étalés. Feuilles *sessiles*, *ovales* ou *arrondies*, obtuses, mucronées, cordées à la base, *épaisses*, crénelées, *fortement rugueuses*, verdâtres et velues en dessus, blanches, cotonneuses en dessous. Fleurs en verticilles disposés en épis terminaux, cylindriques, pointus, serrés, allongés, souvent interrompus à la base; pédicelles très-courts. Bractées *ovales-lancéolées*, garnies de poils *raides et courts*, aussi longues que la fleur. Calice hérissé, obscurément strié, presque globuleux, et *à dents lancéolées-subulées, conni-* *ventes à la maturité*, à gorge nue. Corolle petite, blanche ou rosée. Odeur forte.

Cette plante est connue sous les noms vulgaires de *baume sauvage*, de *bonhomme*, de *menthastre;* elle est tonique, antispasmodique, carminative et stomachique. Elle est employée par les vétérinaires.

Hab. les bords des fossés, des chemins et les lieux humides, dans tout le département. ♃ Fl. juillet-septembre.

2. **M. SYLVESTRIS** *Lin. sp.* 804; *Dec. fl. fr.* 3, *p.* 533; *Coss. et Germ. fl. par.*, *t.* 20, *fig.* 2; *Fuchs. hist.* 292, *ic.*; *Clus. hist.* 2, *p.* 32, *ic.*; *Moris. hist. s.* 11, *t.* 6, *fig.* 6. — Cette espèce diffère de la précédente : par ses feuilles, *ovales-oblongues-aiguës*, dentées en scie, à dents inégales, courbées en dehors au sommet; par ses bractées, *étroites, linéaires-subulées*, garnies de *poils mous et allongés*, égales aux fleurs et dépassant les boutons dans le haut de l'épi; par son calice, *contracté à la gorge* à la maturité, très-distinctement strié. Même odeur, mais plus faible. Quelquefois les feuilles sont tomenteuses sur les deux faces.

Mêmes propriétés.

Hab. les bords des ruisseaux, aux environs du Vigan, à St-Sauveur, à Sauclières. ♃ Fl. juillet-août.

3. **M. VIRIDIS** *Lin. sp.* 804; *Dec. fl. fr.* 3, *p.* 534; *Godr. et Gren. fl. fr.* 2, *p.* 649. — Tiges de 3-6 décim., dressées, raides, glabres ou tomenteuses, rameuses supérieurement. Feuilles *très-brièvement pétiolées, non rugueuses, lancéolées-aiguës*, dentées en scie, à dents écartées, aiguës, non courbées en dehors au sommet, glabres ou pubescentes sur les nervures inférieures, ou blanches, soyeuses en dessous, pubescentes en dessus. Fleurs en verticilles disposés en épis terminaux, cylindriques, quelquefois

interrompus à la base. Bractées linéaires-subulées, laineuses et de la longueur des fleurs dans la variété tomenteuse, ciliées et dépassant les fleurs en bouton au sommet des épis dans la variété glabre. Calice velu ou laineux, campanulé, *nu et contracté à la gorge à la maturité; à dents subulées*, ciliées ou laineuses, *convergentes* après la chute de la corolle. Corolle rose ou violette.

Var. A, *Genuina Godr. et Gren. fl. fr.* 2, *p.* 649. Feuilles vertes et glabres ou un peu velues sur les nervures inférieures; bractées ciliées; odeur suave, citronée. *M. sylvestris glabra Koch. syn.* 633; *Fuchs. hist.* 290, *ic.; Camer. epit.* 477, *ic.* C'est cette variété qui est généralement cultivée dans les jardins, connue sous les noms vulgaires de *baume vert*, de *menthe à épi*, *menthe de Notre-Dame*, *menthe romaine*. Mêmes propriétés; on en retire l'eau de menthe et l'essence de menthe employée en parfumerie.

Var. B, *Canescens fries, nov. mant.* 3, *p.* 56. Feuilles pubescentes à la face supérieure, blanches, soyeuses à l'inférieure; bractées laineuses. *M. candicans Crantz, austr.* 330; *Rchb. ic. bot.* 10, *t.* 982, 983. Odeur légère. Mêmes propriétés.

Hab.: la var. A, les bords des ruisseaux, à la Grandès-Basse, près de St-Guiral; la var. B, aux environs du Vigan, d'Alzon, de St-Sauveur, de Lanuejols. ♃ Fl. août-septembre.

4. **M. AQUATICA** *Lin. sp.* 805; *Godr et Gren. fl. fr.* 2, *p.* 651; *Coss. et Germ. fl. par.* 315, *t.* 20, *fig.* 3-4; *M. hirsuta Dec. fl. fr.* 3, *p.* 535; *Fusch. hist.* 722, *ic.; Lob. ic.* 509, *fig.* 1.— Tiges de 3-6 décim., dressées ou ascendantes, flexueuses, rameuses souvent dès la base, rarement simples; rameaux étalés, arrivant souvent à la hauteur de la tige, plus ou moins velus, à poils réfléchis. Feuilles pétiolées, ovales-aiguës, plus rarement obtuses, dentées en scie, velues ou presque glabres. Fleurs en verticilles peu nombreux; les supérieurs rapprochés, en tête terminale, *oblongue* ou *globuleuse, assez grosse;* les inférieurs souvent écartés, naissant à l'aisselle des feuilles florales, plus longues qu'eux; pédicelles hispides. Calice tubuleux-campanulé, nu à la gorge, sillonné, à dents *subulées*, dressées à la maturité. Fleurs roses, plus ou moins foncées. Odeur pénétrante.

Var. A, *Genuina Godr. et Gren. fl. fr. l. c.* Tiges et feuilles glabrescentes. *M. aquatica, v. B, nemorosa Fries, nov.* 183.

Var. B, *Hirsuta Koch, syn.* 634. Tiges et feuilles couvertes de poils grisâtres. *M. dubia Vill. dauph.* 2, *p.* 358.

Cette plante est connue sous les noms vulgaires de *baume d'eau*, de *menthe rouge*. Mêmes propriétés. Ses feuilles calment la douleur causée par la piqûre des guêpes et des abeilles.

Hab. les fossés et les bords des ruisseaux, dans tout le département. ♃ Fl. juin-septembre.

5. **M. GENTILIS** *Lin. sp.* 805; *Dec. fl. fr.* 3, *p.* 536; *M. rubra sole*, *Menth. brit.* 41, *t.* 18; *Fuchs. hist.* 291, *ic.*; *Tabern. ic.* 351, *fig.* 2. — Tiges de 3-6 décim., dressées ou ascendantes, pubescentes, souvent rougeâtres, simples ou rameuses, à rameaux ascendants. Feuilles toutes pétiolées, horizontales, quelquefois un peu réfléchies, minces, ovales ou elliptiques, un peu pointues ou obtuses, dentées en scie, pubescentes, souvent parsemées, ainsi que les calices, de glandes jaunâtres. Fleurs en verticilles nombreux assez petits, espacés inférieurement, rapprochés supérieurement, munis, à leur base, de 2 feuilles florales 3-4 fois plus longues qu'eux; les supérieures *sessiles*, plus petites, *rapprochées, en touffe au sommet de l'épi*; pédicelles hérissés. Calice tubuleux-campanulé, nu à la gorge, strié, hérissé, oblong, à dents subulées, dressées à la maturité. Corolle rose, dépassant à peine le calice, à lobe inférieur aigu. Odeur agréable.

Mêmes propriétés.

Hab. les bords des ruisseaux aux environs de Lanuejols. ♃ Fl. juillet-septembre.

6. **M. ARVENSIS** *Lin. sp.* 806; *Sole Menth. brit. p.* 29, *t.* 12; *Dec. fl. fr.* 3, *p.* 535; *Coss. et Germ. fl. par.* 316, *t.* 20, *fig.* 6-7; *Moris. hist. s.* 11, *t.* 7, *fig.* 5. — Cette espèce diffère de la précédente : par ses feuilles plus épaisses; par ses verticilles de fleurs plus nombreux et plus rapprochés; par ses feuilles florales toutes pétiolées; par son calice *plus court, campanulé-globuleux*, hérissé de poils longs horizontaux, *à dents ovales-triangulaires, aiguës, presque aussi larges que longues, étalées* à la maturité. Odeur fade peu agréable.

Cette plante porte les noms vulgaires de *baume-des-champs*, de *pouliot-thym*.

Mêmes propriétés.

Hab. les terrains humides aux bords de l'Ardèche, près le pont St-Esprit; les bords du Gardon, à St-Nicolas. ♃ Fl. juillet-septembre.

7. **M. PULEGIUM** *Lin. sp.* 807; *Sole Menth. brit. p.* 51, *t.* 23; *Dec. fl. fr.* 3, *p.* 587; *Coss. et Germ. fl. par.* 316, *t.* 20, *fig.* 10-11; *Lamk. ill. t.* 503, *fig.* 2; *Fuchs. hist.* 193, *ic.* — Tiges de 2-5 décim., ascendantes ou couchées-redressées, radicantes à la base, *un peu épaisses*, très-rameuses, souvent dès la base, très-rarement simples, à 4 angles obtus, finement pubescentes ainsi que les feuilles; celles-ci *brièvement pétiolées*, petites, ovales ou oblongues, à dents ou crénelures *écartées, peu saillantes*; les feuilles décroissantes jusqu'au sommet de la tige. Fleurs en verticilles globuleux, assez gros et compactes, nombreux, tous espacés, munis à leur base de 2 feuilles florales, ordinairement réfléchies, plus longues ou plus courtes qu'eux. Calice tubuleux-

campanulé, strié, hérissé, presque à 2 lèvres, à dents lancéolées-subulées, à gorge fermée par un anneau de poils connivents au sommet. Corolle rose, rarement blanche, à lobe supérieur ordinairement entier. Odeur agréable, très-prononcée.

Cette plante porte les noms vulgaires de *pouliot*, *d'herbe aux puces;* elle a les mêmes vertus que les précédentes. Elle a la propriété d'éloigner les puces.

Hab. les lieux humides, les bords des fossés, dans tout le département. ♃ Fl. juillet–octobre.

3ᵉ gʳᵉ. **PRESLIE. — PRESLIA.** (Opitz in bot. zeit. (1824), p. 322.)

Calice tubuleux, *à 4 dents égales, concaves, aristées au-dessous du sommet.* Corolle à tube inclus, à 4 lobes entiers, égaux. Étamines 4, égales, droites, séparées entre elles; anthères à 2 loges parallèles, s'ouvrant longitudinalement. Akènes lisses, oblongs, *arrondis* au sommet; le reste comme dans le genre précédent.

1. **P. cervina** *Fresen. in syll. soc. Ratisb.* 2, *p.* 238; *Godr. et Gren. fl. fr.* 2, *p.* 654; *Mentha cervina Lin. sp.* 807; *Dec. fl. fr.* 3, *p.* 537; *Pulegium angustifolium Riv. monop. irreg. t.* 23; *Math. com. p.* 521, *fig.* 2; *Tabern. ic.* 356, *fig.* 1. — Tiges de 2-5 décim., couchées et radicantes à la base, redressées supérieurement, à angles obtus, assez épaisses, fistuleuses, très-rameuses, glabres, lisses, souvent rougeâtres. Feuilles d'un vert foncé, glabres, marquées de points noirs à la face supérieure, linéaires, sessiles, entières, obtusiuscules, portant, à leurs aisselles, des petits rameaux garnis de feuilles très-étroites. Fleurs en verticilles gros et très-garnis, subglobuleux, axillaires, écartés, disposés en forme d'épi terminé par 2-3 paires de feuilles stériles; bractées palmées, à nervures saillantes; feuilles florales dépassant les fleurs; pédicelles très-courts, glabres. Calice glabre, strié, oblong-campanulé, à gorge velue intérieurement, à dents courtes, obtuses, avec une arête blanche, sétacée au-dessous de son sommet. Corolle rose, à lobes ovales-oblongs rétrécis à la base. Odeur forte et pénétrante.

Toute la plante est employée comme antispasmodique, tonique, carminative, stomachique; elle sert en médecine humaine et vétérinaire.

Hab. les lieux humides aux environs de Nîmes, et dans toute la partie basse du département. ♃ Fl. juillet–septembre.

4ᵉ gʳ. **LYCOPE. — LYCOPUS.** (Lin. gen. 33.)

Calice campanulé, *à 4-5 dents presque égales,* à gorge nue. Corolle en entonnoir, à tube dépassant à peine le calice, à lobes presque égaux; le supérieur plus large, souvent échancré. 2 étamines fertiles, inférieures, presque saillantes, écartées, à anthères à 2 lobes parallèles, s'ouvrant chacun par une fente longitudinale; 2 stériles supérieures, présentant des filets un peu capités au sommet, plus courts que la corolle. Akènes lisses, trigones, *tronqués* au sommet, à bord épaissi, calleux.

1. **L. EUROPÆUS** *Lin. sp.* 30; *Dec. fl. fr.* 3, *p.* 505; *Lamk. ill., t.* 18; *Math. comm. valgr.* 1002, *ic.; Camer. epit.* 746, *ic.; Dod. pempt.* 595, *fig. infer.* — Racine rampante. Tige de 4-8 décim., dressée, robuste, raide, à 4 faces profondément sillonnées, rameuse, rarement simple, pubescente. Feuilles ovales-oblongues, pointues, fortement dentées, incisées ou pinnatifides à la base, médiocrement pétiolées; les supérieures presque sessiles, dentées, toutes pubescentes, ponctuées en dessous. Fleurs en verticilles sessiles, axillaires, serrés, lâchement disposés le long de la tige et des rameaux. Bractées petites, subulées. Calice à tube court très-dilaté, à dents lancéolées-subulées, dressées, presque épineuses, deux fois de la longueur du tube. Corolle petite, blanche, ponctuée de rouge, velue à la gorge. Akènes fauves, dépassant le tube du calice.

Cette plante est connue sous les noms vulgaires de *chanvre d'eau, marrube d'eau, patte* ou *pied-de-loup;* elle est astringente.

Hab. les bords des ruisseaux et des fossés, dans tout le département. 2' Fl. juillet-septembre.

5° g^{re}. ORIGAN. — ORIGANUM. (Mœnch. meth. suppl. 137.)

Calice ovale-campanulé, strié, *à* 5 *dents presque égales,* velu à la gorge après la floraison. Corolle à tube égal au calice ou plus long que lui, à 2 lèvres; la supérieure droite, presque plane, échancrée; l'inférieure à 3 lobes égaux, étalés. Étamines 4, droites, écartées, divergentes, égalant ou dépassant la corolle, les inférieures un peu plus longues; anthères à 2 loges divergentes à la base, *distinctes au sommet.* Akènes très-petits, ovoïdes. Plante vivace, à fleurs en épis terminaux courts, subtétragones, munis de bractées étroitement imbriquées avec les fleurs.

1 . { Bractées violacées, dépassant un peu le calice; stigmates inégaux, l'un dressé, l'autre étalé.................... **VULGARE**.
Bractées vertes, 2 fois de la longueur du calice; stigmates fléchis en dehors........................ **VIRENS**.

1. **O. VULGARE** *Lin. sp.* 824; *Dec. fl. fr.* 3, *p.* 558; *Bull. herb., t.* 193; *Fuchs. hist.* 552, *ic.; Math. comm.* 519, *fig. inf. dext.* — Souche traçante, donnant naissance à des tiges fertiles de 3-5 décim., dressées, raides, velues ou pubescentes, souvent rougeàtres, rameuses supérieurement, et à des tiges stériles, ascendantes. Feuilles pétiolées, ovales, rétrécies en pointe obtuse, *larges et arrondies à la base,* obscurément denticulées, velues, vertes en dessus, plus pâles, nerviées et ponctuées en dessous, souvent rougeàtres. Fleurs en épis serrés, courts ou allongés,

rapprochés en corymbes arrondis au sommet de la tige et des rameaux, formant ensemble une panicule générale feuillée. Bractées ovales-aiguës, colorées, rarement vertes, dépassant et couvrant les calices. Calice à gorge garnie de poils, égalant les dents, dressées, courtes, ovales-aiguës. Corolle petite, rose, rarement blanche, à tube 2 *fois plus long que le calice*. Étamines saillantes. Stigmates inégaux, *le plus court dressé, le plus long étalé*.

Var. B, *Prismaticum Gaud. helv.* 4, *p.* 78. Épis fructifères allongés, prismatiques. *O. creticum Dec. fl. fr.* 3, *p.* 558 ; *Cam. epit.* 468, *ic.*

Cette plante porte les noms vulgaires de *grande marjolaine bâtarde*, de *pied-de-lit* ; elle est regardée comme tonique, stomachique, stimulante. Elle fournit un bon pâturage pour les bestiaux.

Hab. les lieux incultes et arides, dans tout le département ; la var. B, aux environs de Nîmes. ♃ Fl. juillet–octobre.

2. **O. virens** *Link. et Hoffm. fl. port.* 1, *p.* 119, *t.* 9 ; *Godr. et Gren. fl. fr.* 2, *p.* 656. — Cette espèce diffère de la précédente : par ses feuilles plus pâles et plus longuement ciliées ; par ses fleurs en épis oblongs, prismatiques, comme dans la var. B, mais beaucoup plus lâches ; par ses bractées constamment vertes, les unes aiguës, les autres apiculées, 2 fois de la longueur du calice ; par sa corolle blanche beaucoup plus petite, à tube grêle, de la longueur du calice ; par ses étamines incluses, et, enfin, par ses stigmates *très-divergents et fléchis en dehors*.

Hab. dans les chataigneraies, à la Combe, à Aulas (Diomède). ♃ Fl. juillet–septembre.

On cultive, comme plante aromatique, l'*orig. majorana Lin. sp.*, remarquable par le coton blanchâtre qui la couvre.

6ᵉ gʳ. **THYM. — THYMUS.** (Benth. lab. 340.)

Calice ovoïde, strié, poilu à la gorge après la floraison, à 2 lèvres ; la supérieure étalée, à 3 dents ; l'inférieure bifide, ascendante. Corolle à lèvre supérieure dressée, presque plane, échancrée ; l'inférieure à 3 lobes *presque égaux, etalés*. Étamines 4, droites, écartées, divergentes, ordinairement saillantes ; anthères à 2 loges un peu divergentes à la base, distinctes au sommet. Stigmates à 2 lobes égaux. Akènes très-petits, ovoïdes. Plantes vivaces, ligneuses à la base, à fleurs rapprochées en tête ou en épis terminaux.

1.	Tige droite, non radicante ; corolle dépassant peu le calice...	VULGARIS.
	Tiges couchées, radicantes ; corolle 2 fois de la longueur du calice..	2.
2.	Corolle à tube presque conique ; feuilles ciliées à la base...	SERPILLUM.
	Corolle à tube cylindrique ; feuilles non ciliées à la base...	CHAMÆDRIS

1. **Th. vulgaris** *Lin. sp.* 825 ; *Dec. fl. fr.* 3, *p.* 561 ; *Blakw. t.* 211 ; *Riv. monop. irr. t.* 11. — Sous-arbrisseau à racines tortueuses, brunâtres, à tige de 1-3 décimèt., ligneuse, presque cylindrique, grisâtre ou d'un brun rougeâtre, droite, *non radicante à la base*, très-rameuse, à rameaux dressés, velus, blanchâtres : les plus inférieurs *ascendants*. Feuilles très-petites, *linéaires* ou *lancéolées*, presque *obtuses*; les florales plus larges, aiguës, toutes à bords *roulés en dessous*, ponctuées de noir, pubescentes-blanchâtres, surtout en dessous, non ciliées, presque sessiles, fasciculées. Fleurs en verticilles disposés d'abord en capitules ovales ou arrondis, puis en épis lâches. Calice oblique, velu, ponctué, *un peu renflé antérieurement*, à dents inférieures subulées, ciliées. Corolle rose, rarement blanche, petite, dépassant peu le calice. Akènes fauves. Odeur aromatique très-agréable.

Cette plante est connue sous les noms vulgaires de *thym*, de *pote*, de *frigoule*; en patois, *férigoula*. Elle est tonique, cordiale, stimulante, incisive : on s'en sert pour assaisonner les ragoûts et aromatiser les fruits secs qu'on veut conserver. On en retire une huile essentielle, employée en parfumerie. Les herbivores en sont friands.

Hab. Les lieux secs et arides de toute la partie basse du département ; on le trouve aussi à Anduze, Bességc, St-Ambroix, le Vigan. ♭ Fl. juin-août.

2. **Th. serpillum** *Lin. sp.* 825 ; *Godr. et Gren. fl. fr.* 2, *p.* 657 ; *Fl. dan. t.* 1165 ; *Vaill. bot. t.* 31, *fig.* 40-41 ; *Fuchs. hist.* 251, *ic.* — Souche ligneuse. Tiges nombreuses, *radicantes*, couchées, gazonnantes, très-rameuses, redressées au sommet, à rameaux courts, plus ou moins pubescents. Feuilles glabres ou velues, longuement et lâchement ciliées à la base, ovales ou linéaires-oblongues, obtuses, *atténuées en pétiole*, ponctuées-glanduleuses et *à nervures très-prononcées* à la face inférieure. Fleurs en verticilles disposés en capitules ovales ou arrondis, ou en épis courts, interrompus. Calice oblique, à tube *non renflé à la base*, souvent rougeâtre, à dents inférieures subulées, ciliées. Corolle purpurine, quelquefois blanche, 2 fois de la longueur du calice, à tube presque conique. Akènes jaunâtres. Odeur agréable, pénétrante.

Var. A, *Linnœanus Godr. et Gren. fl. fr.* 2, *p.* 658 ; *Rchb. exsicc.* 187. Feuilles obovales-cunéiformes.

Var. B, *Angustifolius Godr. et Gren. l. c.* Feuilles linéaires-cunéiformes. *Th. angustifolius pers. syn.* 2, *p.* 130.

Cette plante porte les noms vulgaires de *serpolet*, de *thym sauvage*; en patois, *serpoule, serpoul*. Elle est tonique, céphalique, stimulante ; on s'en sert comme assaisonnement. Elle est un bon pâturage pour les lapins et les moutons.

Hab. les bords des champs et des chemins, les bois, les lieux secs et arides : la var. **A**, dans tout le département ; la var. **B**, les environs de Nimes, de Manduel, de St-Gilles, etc. ♃ Fl. juillet-septembre.

3. TH. CHAMEDRIS *Fries. nov.* 197 ; *Godr. et Gren. fl. fr.* 2, *p.* 658 ; *Th. serpillum pers. syn.* 2, *p.* 130 ; *Vaill. bot. par. t.* 32. *fig.* 7 *et* 9. — Cette espèce se distingue de la précédente : par ses tiges plus allongées, non radicantes ou seulement à la base, lâchement gazonnantes, à rameaux moins nombreux, couverts d'une pubescence plus abondante ; par ses feuilles ordinairement plus grandes, à pétiole distinct, non cilié, ou rarement munies de quelques poils rares, plus abondamment ponctuées-glanduleuses; par ses fleurs en verticilles plus distants inférieurement, et, enfin, par sa corolle à tube cylindrique.

Hab. les lieux secs et arides aux environs du Vigan, à Aulas, au valat de la Dauphine, près de l'Espérou. ♃ Fl. juin-septembre.

7° g^{re}. HYSOPE. — HYSSOPUS. (Lin. gen. 709.)

Calice tubuleux, dilaté supérieurement, strié, à gorge nue, a 5 dents presque égales. Corolle à 2 lèvres ; la supérieure petite, droite, plane, échancrée ; l'inférieure étalée, à 3 lobes ; les latéraux courts, ascendants ; le moyen plus grand, crénelé, échancré. Étamines droites, écartées et divergentes, très-saillantes hors de la corolle ; anthères à 2 lobes divergents par leur base, *soudés* au sommet. Akènes brunâtres, oblongs-trigones, presque lisses ou finement rugueux.

1. H. OFFICINALIS *Lin. sp.* 796 ; *Dec. fl. fr.* 3, *p.* 525, *et* 5. *p.* 396, *var. canescens; Lamk. ill. t.* 502, *fig.* 1; *Jacq. austr. t.* 254; *Lob. ic.* 433, *fig.* 2. — Tiges de 2-5 décim., ligneuses inférieurement, très-rameuses dès la base, à rameaux dressés, simples ou rameuses supérieurement, presque glabres ou très-velus-blanchâtres, ainsi que les feuilles ; celles-ci occupant toute la longueur des rameaux, linéaires ou lancéolées-obtuses, sessiles ou très-brièvement pétiolées, planes ou un peu roulées en dessous par les bords, uninerviées, *ponctuées-glanduleuses*, portant ordinairement à leur aisselle de petits rameaux stériles, feuillés. Fleurs en verticilles rapprochés en épis terminaux, unilatéraux, garnis de feuilles florales, dont les inférieures sont les plus longues ; bractéoles petites, linéaires, plus courtes que le calice. Calice souvent coloré, à dents raides, *étalées, triangulaires-acuminées*. Corolle d'un beau bleu, rarement blanche, à tube dilaté à la gorge, de la longueur du calice.

Var. A, *Vulgaris Dec. prodr.* 12, *p.* 252. Rameaux et feuilles glabres ou presque glabres.

Var. B, *Canescens Dec. l. c.* Rameaux et feuilles très-velus-blanchâtres. Odeur aromatique agréable.

Les feuilles et les sommités de cette plante sont stimulantes, béchiques, expectorantes et cordiales. Ce sont les tiges qui servent de goupillon dans les grandes cérémonies de l'Église.

Hab. : la var. **A**, à St-Ambroix, à Anduze; la var B, à Aramon, près du moulin à vent. ♄-♃ Fl. juillet-août: la var. B, octobre.

8ᵉ gʳᵉ. **SARIETTE. — SATUREIA.** (Lin. gen. 707.)

Calice tubuleux-campanulé, à 10 stries, à 5 dents presque égales, à gorge nue. Corolle à 2 lèvres ; la supérieure droite, *plane*, entière ou échancrée; l'inférieure à 3 lobes presque égaux, étalés. Étamines distantes, arquées, conniventes sous la lèvre supérieure de la corolle ; anthères à 2 lobes divergents par leur base, *non soudés au sommet*. Akènes brunâtres, petits, ovoïdes-subtrigones, lisses ou finement rugueux.

1. {
Plante annuelle, herbacée; feuilles molles, mutiques. **HORTENSIS**.
Plante vivace, ligneuse à la base; feuilles raides, mucronées .... **MONTANA**
}

1. **S. HORTENSIS** *Lin. sp.* 795 ; *Dec. fl. f. 3, p.* 523 ; *Lamk. ill. t.* 504, *fig.* 2 ; *Lob. obs.* 232, *ic.; Dod. pempt.* 289, *ic.* — Racine grêle, flexueuse. Tige de 1-3 décim., *herbacée*, droite, très-rameuse, pubérulente, souvent rougeâtre, principalement les rameaux. Feuilles *molles, d'un vert cendré,* brièvement pétiolées, distantes, linéaires ou linéaires-lancéolées, mutiques, uninerviées, légèrement pubescentes, fortement ponctuées; les plus jeunes presque pas. Fleurs réunies 2-5 sur des pédoncules courts, axillaires; bractéoles petites, aiguës, velues. Calice hérissé, glanduleux, à dents lancéolées, subulées, ciliées, plus longues que le tube. Corolle petite, rougeâtre, rarement blanche, à tube de la longueur du calice. Odeur agréable, pénétrante.

Cette plante est connue sous les noms vulgaires d'*herbe de St-Julien*, de *savourée*; en patois, de *sarieuje, saougriejha.* Elle est apéritive, incisive, fortifiante, atténuante; on l'emploie comme assaisonnement dans les préparations culinaires.

Hab. les champs cultivés, sablonneux, aux environs de Bagnols, St-Gervais, St-Michel, Sumène, St-Ambroix, le Vigan. ① Fl. juillet-septembre.

2. **S. MONTANA** *Lin. sp.* 794 ; *Dec. fl. fr.* 3, *p.* 523 ; *Sibth. et Sm. fl. græc. t.* 543 ; *Cam. epit.* 717, *ic.; Lob. ic.* 426, *fig.* 1. — Racine grosse, tortueuse. Tiges de 1-3 décim., nombreuses, *ligneuses à la base*, droites ou ascendantes, très-rameuses, à rameaux *raides*, dressés, pubérulents, souvent rougeâtres. Feuilles *raides*, glabres, *luisantes*, rudes sur les bords, brièvement ciliées inférieurement, uninerviées, très-entières, linéaires-lancéolées, mucronées ; les inférieures aiguës ou obtuses, toutes atténuées vers la base, ponctuées-glanduleuses sur les deux faces. Fleurs réunies 2-7 sur des pédoncules axillaires, disposées en grappes terminales, feuillées, formant par leur réunion une panicule générale, pyramidale ; bractéoles lancéolées-linéaires, subulées, ciliées, dépassant le calice. Calice hérissé, glanduleux, à dents raides, étalées, lancéolées-subulées, ciliées, environ de la lon-

gueur du tube. Corolle assez grande, blanche ou rosée , souvent ponctuée de rouge, à tube dépassant un peu le calice , à lèvre supérieure courte. Odeur agréable, pénétrante.

Cette plante porte les noms vulgaires de *sariette vivace, sariette de montagne ;* les feuilles et les jeunes rameaux sont toniques et stimulants.

Hab. les coteaux arides et pierreux, les fentes des rochers, aux environs de Nîmes , de Villeneuve-lez-Avignon , d'Anduze, du Vigan. ♄ Fl. juillet-août.

9ᵉ gʳᵉ. CALAMENT. — CALAMINTHA. (Mœnch. meth. 408.)

Calice tubuleux-cylindracé, strié, *à 2 lèvres ;* la supérieure à 3 dents étalées, l'inférieure bifide ; muni, à la gorge, de poils inclus ou saillants. Corolle à lèvre supérieure dressée, *presque plane,* entière ou échancrée ; l'inférieure étalée, à 3 lobes presque égaux. Étamines distantes, conniventes sous la lèvre supérieure de la corolle ; anthères à 2 lobes divergents par leur base, *non soudés au sommet.* Akènes ovoïdes ou subglobuleux, lisses.

1.	Fleurs portées sur des pédoncules dichotomes, axillaires.................	2.
	Fleurs portées sur des pédoncules simples, axillaires................	ACINOS.
2.	Fleurs en cimes lâches......................	3.
	Fleurs en cimes compactes, sphériques........	CLINOPODIUM.
3.	Calice renflé à la base, à la maturité...........	4.
	Calice non renflé............................	5.
4.	Calice muni, à la gorge, de poils inclus.........	MENTHÆFOLIA.
	Calice muni, à la gorge, de poils saillants.......	NEPETA.
5.	Corolle grande, à lobe moyen de la lèvre inférieure échancré..........	GRANDIFLORA.
	Corolle moyenne, à lobe moyen de la lèvre inférieure orbiculaire.......	OFFICINALIS.

1. **C. GRANDIFLORA** *Mœnch. meth.* 408; *Godr. et Gren. fl. fr. 2, p.* 662; *Melissa grandiflora Lin. sp.* 827; *Thymus grandiflorus Dec. fl. fr. 3, p.* 562; *Riv. monop. irreg., t.* 46; *Lob. ic.* 512, *fig.* 2; *J. Bauh. hist. 3, pars 2, p.* 229, *ic.* — Souche traçante, produisant des stolons courts et des tiges de 2-5 décim., droites ou ascendantes, ordinairement simples, plus ou moins garnies de poils étalés, souvent rougeâtres. Feuilles larges, minces, vertes, pâles en dessous, parsemées sur les deux faces de petits poils écartés, toutes pétiolées à pétioles velus, ovales-oblongues-aiguës, à dents profondes, ciliées, la terminale plus large, atténuées en coin à la base, nerviées ; les inférieures plus petites, ovales, cordiformes à la base. Fleurs peu nombreuses, en cimes axillaires, souvent unilatérales, à pédoncules d'autant plus courts qu'ils s'approchent du sommet, *plus courts que les feuilles florales,* brièvement pubescents, munis de bractéoles linéaires-lancéolées-subulées. Calice cylindrique, non renflé à la base, d'abord droit, puis réfléchi, à gorge garnie de

poils inclus; à dents supérieures ovales-acuminées, relevées, ciliées; les inférieures plus étroites et plus longues, un peu courbées en dedans, plus longuement ciliées. Corolle grande (2-3 centim.), rougeâtre, à tube *arqué-ascendant*, très-dilaté supérieurement, à lèvre inférieure velue sur le milieu, à lobe moyen *échancré*. Akènes *oroïdes*, noirâtres. Odeur aromatique.

Plante stimulante, emménagogue.

Hab. les bois de l'Aigual, de l'Espérou, au valat de la Dauphine, à la Céreirède, au bois de Peire-Besses, près d'Alzon. ♃ Fl. juillet-août.

2. **C. OFFICINALIS** *Mœnch. meth.* 409; *Jord. obs.* 4, *p.* 4. *t.* 1, *fig.* A; *Melissa calamintha Lin. sp.* 827; *Thymus calamintha Dec. fl. fr.* 3, *p.* 563; *Dod. pempt.* 98, *fig. super.* — Souche rameuse, donnant naissance à des stolons nombreux, allongés, radicants, florifères. Tiges de 3-5 décim., nombreuses, velues, dressées ou ascendantes, flexueuses, simples ou rameuses. Feuilles assez grandes, pétiolées, d'un vert clair, mollement pubescentes, légèrement ponctuées en dessous, ovales-aiguës; les inférieures plus petites, obtuses, toutes dentées en scie. Fleurs en cimes axillaires, rameuses, lâches, souvent unilatérales, occupant la partie supérieure de la tige, égalant ou dépassant les feuilles florales, à pédoncules et pédicelles velus, munis de bractéoles linéaires-aiguës. Calice tubuleux, ordinairement coloré, insensiblement élargi vers l'ouverture, dressé sur le pédicelle, puis un peu incliné, non renflé à la maturité, à gorge garnie de poils inclus; à dents supérieures lancéolées-acuminées, relevées, ciliées; les inférieures plus longues, plus étroites, un peu courbées en dedans, plus longuement ciliées. Corolle assez grande, rougeâtre, à tube *arqué-ascendant*, dépassant longuement le calice, dilatée du milieu vers le sommet, à lèvre inférieure étalée, à 3 lobes, dont le médian *arrondi*. Akènes *ovales-arrondis*, bruns avec 2 petites taches blanches à l'ombilic. Plante à odeur douce et agréable.

Cette plante est connue sous les noms vulgaires de *calament*, de *baume sauvage;* elle a les mêmes propriétés que la précédente.

Hab. les bois, les haies, aux bords du Gardon, au pont du Gard, à Corconne, à Sumène, au Vigan, à Alzou. ♃ Fl.

3. **C. MENTHÆFOLIA** *Host. austr.* 2, *p.* 129; *Godr. et Gren. fl. fr.* 2, *p.* 664; *C. ascendens Jord.! obs.* 4, *p.* 8, *t.* 1, *fig. B.* — Souche oblique, non rampante, produisant des jets courts, stériles, étalés, peu nombreux, et des tiges fertiles de 3-5 décim., très-velues, ascendantes, non flexueuses, à rameaux nombreux, dressés-étalés. Feuilles moyennes, pubescentes, d'un vert foncé, pétiolées, ovales-obtuses, *à dents peu profondes*, appliquées, quelquefois nulles. Fleurs en cimes ombelliformes, ordinairement unilatérales, brièvement pédonculées, *ne dépassant pas les feuilles*

florales, occupant la partie supérieure de la tige et des rameaux ; pédoncules et pédicelles brièvement velus, munis de bractéoles lancéolées-linéaires-aiguës, hispides. Calice tubuleux, renflé au-dessus de la base à la maturité, à gorge garnie de poils *inclus ;* à dents supérieures lancéolées-acuminées, relevées ; les inférieures plus longues, un peu courbées en dedans, toutes longuement ciliées. Corolle lilacée, plus petite que dans l'espèce précédente et plus grande que dans la suivante, à lobe médian de la lèvre inférieure échancré. Akènes *ovales-arrondis*, bruns, tachés de blanc à l'ombilic. Odeur forte, non agréable. Plante intermédiaire entre la précédente et la suivante.

Hab. les lieux secs et arides, aux environs du Vigan, à Aumessas, à Montdardier. ♃ Fl. juillet-septembre.

4. **C. NEPETA** *Link et Hoffm. fl. port.* 1, *p.* 141 ; *Godr. et Gren. fl. fr.* 2, *p.* 664 ; *Jord. obs.* 4, *p.* 12, *t.* 2, *fig. A ; Melissa nepeta Lin. sp.* 828 ; *Thymus nepeta Dec. fl. fr.* 3, *p.* 563. — Souche oblique, dure, radicante, produisant des jets courts, étalés, nombreux, stériles, et des tiges fertiles de 3-5 décim., ascendantes, raides, plus ou moins pubescentes-grisâtres, ordinairement très-rameuses, à rameaux très-ouverts, arqués-ascendants. Feuilles petites, brièvement pétiolées, *ovales-deltoïdes*, obtuses, légèrement *crénelées*, un peu raides, couvertes sur les deux faces d'une pubescence cendrée plus ou moins abondante. Fleurs en cimes serrées, ordinairement unilatérales, *dépassant les feuilles florales*, occupant la partie supérieure de la tige et des rameaux ; pédoncules et pédicelles courts, munis de bractéoles lancéolées-linéaires-aiguës, hispides. Calice dressé sur le pédicelle, rarement incliné, à tube cylindrique, renflé inférieurement à la maturité, à gorge garnie de poils *saillants*, à dents très-brièvement ciliées ; les supérieures courtes, lancéolées-aiguës, un peu relevées ; les inférieures plus longues, ovales, subitement acuminées-subulées, dressées. Corolle petite, bleuâtre ou rosée, deux fois de la longueur du calice, à tube *non arqué*, dilaté de la base au sommet, à lobe médian de la lèvre inférieure plus grand que les latéraux, *tronqué* ou presque échancré au sommet. Akènes brunâtres, lisses, *ovoïdes*. Odeur assez agréable, pénétrante.

Cette plante porte le nom vulgaire de *petit calament de montagne ;* elle a les mêmes propriétés que le N° 1.

Hab. les lieux arides, les bords des chemins, dans toute la partie basse du département, remonte jusqu'aux environs du Vigan. ♃ Fl. juillet-septembre.

5. **C. ACINOS** *Clairv. in gaud. helv.* 4, *p.* 84 ; *C. arvensis Lamk. fl. fr.* 2, *p.* 394 ; *Thymus acinos Lin. sp.* 826 ; *Dec. fl. fr.* 3, *p.* 561 ; *Melissa acinos Benth. lab.* 389 ; *Acinos vulgaris Pers. syn.* 2, *p.* 131 ; *Engl. bot. t.* 411 ; *Fuchs. hist.* 896, *ic. ;*

Dod. pempt. 28, *ic.*—Racine grêle, pivotante, fibreuse. Tige de 1-3 décim., dressée, souvent étalée, rameuse dès la base, à rameaux étalés, dressés ou ascendants, plus ou moins velus, à poils réfléchis. Feuilles petites, brièvement pétiolées, ovales ou oblongues, ordinairement aiguës, entières ou légèrement dentées dans leur partie supérieure, tantôt velues, tantôt presque glabres, à nervures saillantes à la face inférieure. Fleurs réunies 2-5 à l'aisselle des feuilles florales qui les dépassent, portées chacune sur un pédoncule simple, court, comprimé, disposées le long des tiges et des rameaux en épi lâche, feuillé. Calice incliné à la maturité, bossu vers la base, *resserré supérieurement,* hérissé de poils raides, étalés, à dents subulées-ciliées, peu inégales, ascendantes. Corolle rougeâtre, petite, dépassant peu le calice, un peu dilatée au sommet, à lobe médian de la lèvre inférieure échancré. Akènes fauves ou bruns, oblongs, subtrigones, lisses, tachés de blanc à l'ombilic.

Cette plante est connue sous les noms vulgaires de *petit basilic sauvage,* de *clinopode champêtre;* elle est astringente, résolutive. Les paysans s'en servent comme du thé.

Hab. les champs cultivés et incultes, les vignes, dans tout le département ☉ Fl. mai-août.

6. C. CLINOPODIUM *Dec. prodr.* 12, *p.* 233; *Clinopodium vulgare Lin. sp.* 821; *Dec. fl. fr.* 3, *p.* 557; *Lamk. ill. t.* 511, *fig.* 1; *Clus. hist. p.* 354, *fig.* 2; *Math. com. valgr.* 814, *ic.* — Racine fibreuse, à souche donnant naissance à plusieurs tiges de 3-5 décimèt., dressées ou ascendantes, ordinairement rameuses, mollement velues. Feuilles ovales ou ovales-lancéolées, obtuses, obtusément dentées, velues sur les deux faces, un peu grisâtres en dessous, brièvement pétiolées, beaucoup plus courtes que les entre-nœuds. Fleurs en cimes rameuses-dichotomes, brièvement pédonculées, rapprochées en glomérules compactes, axillaires et terminaux, assez gros, écartés, arrondis; bractéoles nombreuses, *en forme d'involucre, longues, sétacées,* hérissées de longs poils. Calice dressé, vert, quelquefois coloré, à tube allongé, un peu renflé inférieurement à la maturité, à dents longuement ciliées; les supérieures lancéolées, acuminées, étalées; les inférieures plus longues et plus étroites. Corolle rouge ou rose foncé, rarement blanche, 2 fois de la longueur du calice. Akènes bruns, ovoïdes, lisses, tachés de blanc à l'ombilic. Odeur légèrement aromatique.

Cette plante est connue sous les noms vulgaires de *clinopode,* de *grand basilic sauvage;* elle est céphalique, tonique.

Hab. les bords des champs, des bois et des chemins, dans tout le département. ♃ Fl. juillet-août.

10ᵉ gᵉ. MELISSE. — MELISSA. (Lin. gen. 728.)

Calice tubuleux-campanulé, à 13 nervures, à gorge presque

nue, *à 2 lèvres* ; la supérieure à 3 dents relevées, *presque apla-nies* ; l'inférieure bifide. Corolle à tube arqué-ascendant, *à gorge nue*, dépassant peu le calice, à lèvre supérieure *concave*, dressée, échancrée ; l'inférieure à 3 lobes presque égaux. Etamines distan-tes , arquées, conniventes sous la lèvre supérieure de la corolle ; anthères à 2 lobes très-divergents , *soudés au sommet*. Akènes oblongs, bruns, lisses.

1. **M. OFFICINALIS** *Lin. sp.* 827 ; *Dec. fl. fr.* 3, *p.* 564 ; *Lamk. ill.* 512, *fig.* 1 ; *Fuchs. hist.* 499, *ic.* — Souche traçante. Tiges de 3-8 décim. , nombreuses, très-rameuses, plus ou moins velues. Feuilles ovales, à grosses dents ou crénelures, longuement pétiolées ; les inférieures presque cordiformes, velues ou presque glabres. Fleurs en cimes pauciflores, axillaires, unilatérales, à pédoncules très-courts, à pédicelles plus courts que le calice , longuement dépassées par les feuilles florales ; bractées oblongues, mucronées. Calice velu, droit, penché à la maturité, un peu ample, à lèvre supérieure à 3 dents larges, courtes, mucronées ; l'infé-rieure à 2 dents plus longues, lancéolées, aristées. Corolle jaune en bouton , blanche à l'épanouissement, à tube arqué-ascendant. Odeur citronnée agréable, pénétrante.

Cette plante porte les noms vulgaires de *mélisse*, de *citronnelle*, d'*herbe de citron* ; en patois, de *limounetta*, d'*herba de l'abéia*. Elle est cordiale , stomachique, céphalique, nervine. C'est par la distillation qu'on obtient d'elle l'eau de mélisse.

Hab. les bois et les haies, à Trèves, aux environs du Vigan. 2 Fl. juin-septembre.

11ᵉ gᵉ. ROMARIN. — ROSMARINUS. (Lin. gen. 38.)

Calice ovale-campanulé, à gorge nue, à 2 lèvres ; la supérieure entière, l'inférieure bifide. Corolle à 2 lèvres ; la supérieure voûtée, comprimée, échancrée ; l'inférieure à 3 lobes étalés ; les latéraux oblongs, dressés, presque tortillés ; le médian très-grand, concave, pendant, à tube saillant, glabre à l'intérieur. Étamines 2, saillantes au-dessus de la lèvre supérieure, sous laquelle elles sont placées, à filets insérés sur la gorge de la corolle, portant *une petite dent vers la base* ; anthères *à 2 lobes confluents*. Akènes obovales.

1. **R. OFFICINALIS** *Lin. sp.* 33 ; *Dec. fl. fr.* 3, *p.* 506 ; *Lamk. ill. I.* 19 ; *Math. comm. ed. valgr.* 788 , *ic.* — Arbrisseau de 10-15 décim., droit, très-rameux, à rameaux allongés, tomenteux-cendrés. Feuilles nombreuses, rapprochées, persistantes, épaisses et raides, sessiles, linéaires-obtuses , vertes, rugueuses en dessus, cendrées-tomenteuses en dessous, à bords roulés en dessous. Fleurs brièvement pédicellées, rapprochées en grappes courtes, axillaires et terminales ; bractées très-petites, lancéolées, cadu-ques, tomenteuses. Calice cotonneux-pulvérulent, surtout au

bord des dents, à lèvre supérieure ovale, concave; l'inférieure a 2
lobes lancéolés. Corolle bleuâtre ou blanche, ponctuée de bleu,
2 fois et plus de la longueur du calice. Style arqué, un peu plus
long que les étamines, à stigmate bleuâtre, simple, court.
Akènes bruns, lisses. Odeur aromatique agréable, pénétrante.

Cette plante est connue sous les noms vulgaires d'*encensier*, d'*herbe aux
couronnes*; en patois, *roumanin*. Ses feuilles sont toniques, fortifiantes,
céphaliques, antiputrides; on retire de ses fleurs l'huile de romarin, employée en parfumerie.

Hab. les bois et les garrigues dans les environs de Nîmes, à Villeneuve-
lez-Avignon, aux environs du Vigan (Dioméde, elle est cultivée dans les
jardins comme plante aromatique et d'agrément. ♃ Fl. mars–mai.

12ᵉ gʳᵉ. SAUGE. — SALVIA. (Lin. gen. 39.)

Calice tubuleux ou campanulé, bilabié, à lèvre supérieure
entière ou à 3 dents; l'inférieure bifide, à gorge nue. Corolle à 2
lèvres; la supérieure ordinairement en casque, entière ou échancrée; l'inférieure à 3 lobes, à tube nu ou velu à la gorge.
Étamines supérieures nulles ou rudimentaires; les 2 inférieures
fertiles, insérées vers l'entrée du tube, à filets courts, *articulés
supérieurement, avec un connectif filiforme, arqué, portant a sa
partie supérieure, très-longue, le lobe fertile de l'anthère*, et à
sa partie inférieure, très-courte, le second lobe de l'anthère, plus
petit, souvent nul ou stérile. Akènes ovoïdes-trigones.

<pre>
1. | Gorge de la corolle velue...................... 2.
   | Gorge de la corolle nue.. .... 3.

   | Feuilles cordées à la base; fleurs petites, nom-
2. | breuses dans chaque verticille.............. VERTICILLATA
   | Feuilles oblongues-lancéolées; fleurs grandes,
   | 3-4 par verticille........................ OFFICINALIS.

   | Bractées amples, plus longues que le calice ou
3. | l'égalant..... .... 4.
   | Bractées moyennes, plus courtes que le calice... 5.

   | Bractées ciliées, violacées au sommet, dépassant
4. | le calice pubescent-glanduleux.............. SCLAREA
   | Bractées velues-laineuses, herbacées au sommet,
   | égalant le calice laineux.................. ÆTHIOPIS.

5. | Fleurs jaunes........................ GLUTINOSA.
   | Fleurs bleues ou rougeâtres .... 6.

   | Corolle 2-3 fois plus longue que le calice....... PRATENSIS.
6. | Corolle une fois plus longue que le calice ou le
   | dépassant peu............................ 7.

   | Lèvre supérieure de la corolle courte, non com-
7. | primée........................... VERBENACA.
   | Lèvre supérieure de la corolle assez longuement
   | arquée, comprimée.............. HORMINOIDES.
</pre>

1. **S. OFFICINALIS** *Lin. sp.* 34; *Dec. fl. fr.* 3, *p.* 507; *Lamk.
ill. t.* 20. *fig.* 1; *Lob. obs.* 299, *fig.* 1; *Cam. epit.* 475, *ic.*— Souche
radicante. Tiges *sous-frutescentes* de 2-3 décim., très-rameuses,
à rameaux florifères, dressés, simples, tomenteux-blanchâtres.

ainsi que les jeunes feuilles. Feuilles rugueuses, très-légèrement crénelées sur les bords, pubescentes ou presque glabres, d'un vert cendré, ovales-lancéolées, presque obtuses, pétiolées, rapprochées à la base des rameaux ; les caulinaires écartées, sessiles, lancéolées, acuminées, aiguës. Fleurs brièvement pédicellées en verticilles peu fournis, plus ou moins rapprochés en épis terminaux, interrompus ; bractées ovales-acuminées, foliacées, caduques à la maturité. Calice ordinairement coloré, pubescent, ponctué-glanduleux, à dents toutes aristées, laineuses sur les bords ; les 2 inférieures un peu plus longues. Corolle assez grande, d'un bleu violet, à tube muni d'un anneau de poils dans sa partie inférieure, à lèvre supérieure légèrement arquée-ascendante sur le dos, *non contractée à la base*, échancrée au sommet ; l'inférieure à 3 lobes, dont le médian plus grand, échancré. Style dépassant longuement la lèvre supérieure de la corolle. Stigmates inégaux. Odeur agréable, forte.

Cette plante porte les noms vulgaires de *grande sauge*, *d'herbe sacrée* ; en patois, *saouvia*. Elle est tonique, céphalique, cordiale, stomachique, astringente, nervine ; on en retire l'huile de sauge.

Hab. les terrains arides aux environs du Vigan, à Anduze, à Alais, à Bouquet, à la Chartreuse de Valbonne, à Tresques. ♄ Fl. avril-juillet.

2. S. VERTICILLATA *Lin. sp.* 37 ; *Dec. fl. fr. 3, p. 511 ; Poit. et Turp. fl. par. t.* 37 ; *Clus. hist.* 2, *p.* 29, *fig. infer.* — Racine épaisse, fibreuse. Tige de 3-6 décim., *herbacée*, dressée, rameuse supérieurement, pubescente, ainsi que les feuilles ; celles-ci molles, pâles en dessous, amples, ovales-cordées à la base, aiguës, crénelées, à pétioles d'autant plus courts qu'ils sont supérieurs ; les inférieures munies ordinairement de 2 oreillettes plus ou moins prononcées. Fleurs petites, à pédicelles environ de la longueur du calice, en verticilles très-fournis, espacés, occupant la partie supérieure de la tige et des rameaux ; bractées petites, ovales-lancéolées, brunes, réfléchies. Calice violet, pubescent, élargi supérieurement, à lèvre supérieure à 3 dents courtes, aiguës ; l'inférieure à 2, acuminées. Corolle d'un violet bleuâtre, à tube dépassant le calice, muni intérieurement d'un anneau de poils, à lèvre supérieure non comprimée, droite, échancrée, *contractée à la base*. Style arqué, couché sur la lèvre inférieure, qu'il dépasse longuement ; stigmates égaux. Odeur désagréable.

Hab. les terrains granitiques au Vigan, à Mandagout (Diomède). ♃ Fl. juillet-août.

3. S. SCLAREA *Lin. sp.* 38 ; *Dec. fl. fr. 3, p.* 508 ; *Poit. et Turp. fl. par. t.* 38 ; *Dod. pempt.* 292, *fig.* 1. — Racine épaisse, pivotante, fibreuse. Tiges de 4-8 décim., droites, robustes, très-rameuses supérieurement, velues-glanduleuses dans la partie supérieure. Feuilles amples, ovales ou oblongues, ordinairement cordées à la base, irrégulièrement crénelées ou dentées, épaisses, rugueuses, pubescentes ou laineuses, la plupart pétiolées; les inférieures obtuses; les supérieures acuminées. Fleurs presque sessiles, en verticilles peu fournis, disposés en épis tétragones, terminant la tige et les rameaux, formant ensemble une ample panicule pyramidale; bractées très-amples, *ovales en cœur*, brusquement acuminées-cuspidées, membraneuses, nerviées, blanchâtres, violacées au sommet, concaves, ciliées, *plus longues que le calice*, réfléchies après la floraison. Calice hérissé-glanduleux, à lèvre supérieure à 3 dents, *aristées, piquantes;* la médiane plus courte; l'inférieure à 2 dents profondes, lancéolées, aristées. Corolle assez grande, d'un bleu pâle, dépassant longuement le calice, pubescente-glanduleuse extérieurement, à tube nu intérieurement, de la longueur du calice, *dilaté au sommet et renflé en bosse antérieurement*, à lèvres très-ouvertes; la supérieure largement arquée, échancrée au sommet, comprimée, un peu plus longue que l'inférieure et longuement dépassée par le style; stigmates *inégaux*. Akènes lisses et luisants, fauves, veinés-réticulés. Odeur très-forte, pénétrante, un peu désagréable.

Cette plante est connue sous les noms vulgaires de *sclarée, orvale, toutebonne;* elle est stimulante, résolutive, stomachique, sternutatoire, antihystérique, antiulcéreuse. On l'emploie contre les rhumes invétérés.

Hab. les lieux pierreux, le long des murs, dans tout le département. ⚥ Fl. juin–août.

4. S. ÆTHIOPIS *Lin. sp.* 39; *Dec. fl. fr.* 3, *p.* 509; *Jacq. austr. t.* 211; *Barr. ic.* 188. — Racine épaisse, pivotante, brune. Tiges raides, robustes, de 3-6 décim., droites, très-rameuses supérieurement, à rameaux étalés, formant ensemble une ample panicule, couvertes, ainsi que les autres parties de la plante, d'un duvet laineux, blanc, abondant. Feuilles grandes, fortement rugueuses, épaisses, verdâtres et un peu laineuses en dessus, couvertes en dessous *d'un duvet blanc, très-abondant*, ovales ou oblongues, sinuées ou incisées, à incisures aiguës; les inférieures pétiolées; les supérieures sessiles-embrassantes, acuminées. Fleurs brièvement pédicellées, en verticilles de 4-6, un peu écartés, disposés en épis terminaux; bractées très-amples, *de la longueur du calice*, herbacées, souvent rougeâtres au sommet, *arrondies-cordiformes*, terminées par une longue pointe acérée, *arquée en dehors*. Calice très-laineux, à dents subulées, presque épineuses; la médiane de la lèvre supérieure plus courte que les latérales. Corolle blanche, à tube nu intérieurement, plus court que le calice, *dilaté au sommet et renflé en bosse antérieurement*, à lèvres très-ouvertes; la supérieure comprimée, fortement arquée, échancrée au sommet, velue sur le dos, marquée de points rougeâtres. Style et étamines peu saillants. Stigmates *un peu inégaux.* Akènes fauves, lisses et luisants, veinés-réticulés.

Cette plante, connue sous le nom vulgaire de *marum d'Égypte,* est stimulante, stomachique.

Hab. les pacages et les lieux arides, à Campestre, à Trèves, à Pradine, près de Lanuejols. ♃ Fl. juin–août.

5. S. GLUTINOSA *Lin. sp.* 37 ; *Dec. fl. fr.* 3 , *p.* 509 ; *Riv. monop. irreg. t.* 35 ; *Clus. hist.* 2, *p.* 29, *fig.* 1-2. — Racine tronquée, épaisse, oblique, garnie de fibres nombreuses. Tiges de 3-6 décim., velues, glutineuses, surtout supérieurement, simples ou rameuses au sommet, à rameaux dressés. Feuilles amples, *pubescentes,* vertes sur les deux faces, ovales, hastées, acuminées au sommet, dentées ou crénelées, toutes pétiolées. Fleurs pédicellées, en verticilles de 4-6, un peu écartés, disposés en épi lâche, allongé, terminal ; bractées herbacées, lancéolées, acuminées, *plus courtes que le calice, réfléchies après la floraison.* Calice velu-glanduleux, à lèvre supérieure *entière, à bords un peu recourbés en dedans ;* l'inférieure plus longue, à 2 dents lancéolées. Corolle ample, jaune, 2-3 fois de la longueur du calice, pubescente-glanduleuse, à tube nu intérieurement, très-saillant hors du calice, *très-dilaté au sommet, non renflé en bosse,* à lèvres très-ouvertes ; la supérieure largement arquée, échancrée au sommet. Étamines 4, dont 2 stériles, rudimentaires. Style très-saillant hors de la lèvre supérieure de la corolle ; stigmates très-inégaux. Akènes lisses, luisants, d'un brun verdâtre, marqués sur le dos de lignes longitudinales plus foncées. Odeur peu agréable.

Hab. les bois montagneux au Vigan, à Aumessas, à l'Espérou, à Bességes, à Anduze, à St-Ambroix. ♃ Fl. juin–août.

6. S. PRATENSIS *Lin. sp.* 35 ; *Dec. fl. fr.* 3 , *p.* 508 ; *Poit. et Turp. fl. par. t.* 33 ; *Fuchs. hist.* 569, *ic.* ; *Clus. hist.* 2, *p.* 30, *fig.* 2 ; *Tabern. ic.* 374, *fig.* 2. — Racine pivotante, noirâtre. Tige de 3-6 décim., ascendante, peu rameuse ou simple, velue, glanduleuse supérieurement. Feuilles ovales-oblongues ou ovales-lancéolées, crénelées ou incisées, rugueuses, *pubescentes* et pâles en dessous ; les inférieures pétiolées, cordiformes à la base, souvent disposées en rosette ; les supérieures rares, sessiles, embrassantes, acuminées. Fleurs presque sessiles, en verticilles de 4-6, peu écartés, disposés en épis terminaux ; celui de la tige très-allongé ; bractées ovales-acuminées, vertes, *plus courtes que le calice, embrassantes, réfléchies après la floraison.* Calice velu-glanduleux, souvent coloré, à lèvre supérieure ovale-arrondie, relevée, *à 3 dents très-courtes, conniventes ;* l'inférieure à 2 dents ovales-lancéolées, cuspidées. Corolle ordinairement grande, bleue, bleuâtre, rarement rose ou blanche, beaucoup plus longue que le calice, à tube nu intérieurement, plus long que le calice, *dilaté au sommet, non renflé en bosse,* à lèvres très-ouvertes ; la supérieure

largement arquée, échancrée au sommet, très-comprimée, velue-
glanduleuse, plus longue que l'inférieure. Style très-saillant hors
de la lèvre supérieure ; stigmates inégaux. Akènes bruns, lisses
et luisants.

Cette plante est connue sous le nom vulgaire d'*herbe au prud'homme ;*
elle est antispasmodique et tonique. Les gens de la campagne se servent de
ses feuilles triturées pour les coupures.

Hab. les pacages, les bords des champs et des chemins, dans tout le
département. ♃ Fl. mai-juillet.

7. **S. VERBENACA** *Lin. sp.* 35 ; *Dec. fl. fr.* 3, *p.* 511 ; *Godr.
et Gren. fl. fr.* 2, *p.* 672 ; *S. clandestina Mut. fl. fr.* 3, *p.* 62,
t. 52, *fig.* 390 ; *Barr. ic. t.* 208. — Racine épaisse, pivotante,
profonde, du collet de laquelle s'élèvent une ou plusieurs tiges de
2-4 décim., plus ou moins velues, dressées ou ascendantes, simples
ou rameuses. Feuilles plus ou moins rugueuses, glabres sur les deux
faces, ou *pubescentes sur les nervures inférieures,* oblongues,
obtuses ou aiguës, dentées, crénelées, incisées ou lobées-pinna-
tifides, à lobes obtus ou aigus ; les inférieures pétiolées, un peu
cordiformes à la base ; les supérieures sessiles, embrassantes ou
brièvement pétiolées. Fleurs brièvement pédicellées, en verticilles
de 4-6, assez espacés, disposés en épis obtus, terminaux ; celui
de la tige allongé ; bractées ovales-lancéolées, acuminées, cuspidées, plus ou moins brusquement *cordées à la base,* velues ou
pubescentes, ciliées, *plus courtes que le calice, réfléchies* après
la floraison. Calice pubescent, hérissé sur les nervures, souvent
coloré, à lèvre supérieure arrondie, *à 3 petites dents convergentes,
rapprochées ;* l'inférieure à 2 dents lancéolées, cuspidées. Corolle
d'un bleu violet ou rougeâtre, dépassant peu le calice, à tube nu
intérieurement, à lèvre supérieure courte, *droite, non comprimée,
voûtée* et échancrée au sommet. Style très-peu saillant ; stigmates
presque égaux. Akènes bruns, finement rugueux. Plante presque
inodore.

Hab. les bords des champs et des chemins, à Aulas, Uchaud, Nîmes,
Manduel, Anduze, Uzès, Vallabrègues. ♃ Fl. mars-juin.

8. **S. HORMINOIDES** *Pourr. act. toul.* 3, *p.* 327 ; *Godr. et Gren.
fl. fr.* 2, *p.* 675 ; *S. multifida Sibth. et Sm. fl. græc.* 1, *p.* 17,
t. 23 ; *S. clandestina Dec. fl. fr.* 5, *p.* 395 ; *S. verbenaca Mut.
fl. fr.* 3, *p.* 61, *t.* 52, *fig.* 388 ; *S. Sibthorpii Mut. l. c.* 3, *p.* 62,
t. 52, *fig.* 389. — Cette espèce diffère de la précédente : par ses
épis de fleurs pointus ; par les dents de la lèvre supérieure du
calice écartées et non conniventes ; par sa corolle plus grande,
2 fois de la longueur du calice, à lèvre supérieure bleue, comprimée, arquée, à lèvre inférieure dont le lobe médian est blanc,
concave, arrondi, plus grand que les latéraux ; par ses akènes
moins lisses.

Hab. les bois, les bords des champs et des chemins, à Nîmes, Manduel, Comps, Aigues-Mortes, Alais, Anduze, Uzès, au pont du Gard. ♃ Fl. mars-juin.

Les intermédiaires qui existent entre cette espèce et la précédente sont si multipliés, qu'il est impossible de bien établir les deux espèces, ce qui nous induirait à croire qu'un jour elles seront réunies, à moins que la découverte de caractères différentiels, plus constants, ne vienne s'opposer à cette réunion.

13ᵉ gᵉ. CHATAIRE. — NEPETA. (Lin. gen. 710.)

Calice tubuleux, un peu courbé, à 13-15 nervures, à 5 dents *presque égales,* un peu obliques, à gorge nue. Corolle à 2 lèvres; la supérieure *plane, dressée, échancrée;* l'inférieure à 3 lobes étalés; celui du centre *arrondi, concave,* plus grand que les latéraux, à tube très-étroit, saillant, arqué en dehors. Etamines 4, ascendantes, rapprochées et parallèles sous la lèvre supérieure de la corolle; les deux supérieures plus longues, rejetées en dehors après l'émission du pollen; anthères à 2 lobes divergents, puis rapprochés en un seul. Akènes ovoïdes, lisses, brunâtres, tachés de blanc à l'ombilic.

1. **N. CATARIA** *Lin. sp.* 796; *Dec. fl. fr.* 3, *p.* 526; *Lamk. ill.* 502, *fig.* 1; *Fl. dan. t.* 580; *Fuchs. hist.* 434, *ic.* — Racines dures, rameuses. Tiges de 6-10 décim., droites, finement pubescentes-blanchâtres, plus ou moins rameuses, souvent violacées. Feuilles pétiolées, ovales ou *ovales-triangulaires, cordiformes à la base,* un peu décurrentes sur le pétiole, aiguës, à grosses crénelures mucronées, pubescentes en dessus, *tomenteuses-blanchâtres en dessous.* Fleurs serrées, portées sur des pédoncules courts, rameux, formant, par leur rapprochement, des épis terminaux courts, obtus, compactes, interrompus inférieurement; bractéoles linéaires, subulées, plus courtes que le calice. Calice velu, blanchâtre, à tube renflé à la base à la maturité, à dents *acuminées-subulées.* Corolle blanche, marquée de points rouges, velue extérieurement, à tube dilaté à la gorge. Stigmates presque égaux. Odeur forte, un peu fétide.

Cette plante, connue sous les noms vulgaires de *cataire,* d'*herbe au chat* est antihystérique, carminative, emménagogue. Les chats se roulent sur elle avec ivresse, attirés par son odeur.

Hab. les terrains pierreux, les décombres, les bords des bois, dans tout le département. ♃ Fl. juin-août.

14ᵉ gᵉ. GLÉCHOME. — GLECHOMA. (Lin. gen. 714.)

Calice tubuleux, à 13-15 nervures, à 5 dents presque égales, à gorge nue. Corolle à 2 lèvres; la supérieure plane, dressée, échancrée ou à 2 lobes; l'inférieure étalée, à 3 lobes; celui du centre plus grand, *plane, échancré ou bilobé.* Étamines 4, ascendantes, rapprochées et parallèles sous la lèvre supérieure de la corolle ; les deux supérieures plus longues ; anthères à 2 lobes divergents, rapprochés par paire *en forme de croix*. Akènes ovoïdes, lisses, fauves, avec une petite tache blanche à l'ombilic.

1. **G. HEDERACEA** *Lin. sp.* 807 ; *Dec. fl. fr.* 3, *p.* 538 ; *Lamk. ill. t.* 505 ; *Drèves et Hayne, pl. d'Eur. t.* 21 ; *Fuchs. hist.* 876, *ic.; Vaill. bot. par. t.* 6, *fig.* 4, 5, 6. — Tiges couchées, radicantes, allongées, donnant naissance à des rameaux nombreux, dressés, fleuris, de 2-6 décim. ; les plus longs soutenus par les plantes voisines et à des rameaux non fleuris, couchés, très-longs, tous plus ou moins velus. Feuilles réniformes-suborbiculaires, molles, pétiolées, plus ou moins velues, à crénelures larges. Fleurs 2-4, axillaires, dirigées d'un seul côté, à pédoncules très-courts ; bractéoles petites, sétacées. Calice à dents ovales-lancéolées, cuspidées. Corolle à tube saillant hors du calice, à gorge très-dilatée.

Cette plante est connue sous les noms vulgaires de *lierre terrestre*, d'*herbe de St-Jean*, de *terrette*: elle est astringente, vulnéraire, vermifuge; son infusion est très-favorable dans les toux catarrhales. Sa poudre, mêlée avec l'avoine, fait rendre beaucoup de vers aux chevaux.

Hab. les lieux humides, les haies, dans tout le département. ♃ Fl. mars-mai.

15ᵉ gʳᵉ. LAMIER. — LAMIUM. (Lin. gen. 716.)

Calice tubuleux-campanulé, non renflé à la maturité, à 5-10 nervures, à 5 dents acuminées, presque égales, étalées à la maturité, à gorge nue. Corolle à 2 lèvres ; la supérieure *voûtée ou en casque*, non échancrée, rétrécie à la base ; l'inférieure à 3 lobes, dont les latéraux très-petits, réfléchis en forme de dents, placés au bord de la gorge, rarement oblongs, et celui du centre grand, échancré, rétréci à la base, à tube nu ou muni d'un anneau de poils. Étamines 4, saillantes, rapprochées et parallèles sous la lèvre supérieure de la corolle ; les deux inférieures plus longues ; anthères barbues ou glabres, à 2 lobes rapprochés, étalés horizontalement, puis divariqués. Akènes *trigones*, *à angles aigus*, lisses ou finement rugueux, *glabres et tronqués au sommet*.

1.	Tube de la corolle nu	2.
	Tube de la corolle présentant un anneau de poils.	3.
2.	Feuilles toutes pétiolées	HYBRIDUM.
	Feuilles supérieures sessiles, embrassantes	AMPLEXICAULE.
3.	Corolle purpurine ou blanche: anthères barbues.	4.
	Corolle jaune: anthères glabres	GALEOBDOLON.
4.	Corolle blanche, à tube égalant le calice	ALBUM.
	Corolle purpurine, rarement blanche, à tube plus long que le calice	5.
5.	Corolle grande, à tube courbé: feuilles supérieures lâches, non en pyramide	MACULATUM.
	Corolle petite, à tube droit: feuilles supérieures rapprochées en pyramide	PURPUREUM.

1. L. AMPLEXICAULE *Lin. sp.* 809; *Dec. fl. fr.* 3, *p.* 542; *Fl. dan. t.* 752; *Lob. ic.* 463, *fig.* 2; *Tabern. ic.* 714, *fig.* 2. — Racine grêle, oblique, fibreuse. Tiges de 1-3 décim., grêles, ordinairement ascendantes, rameuses à la base, à rameaux simples, à entre-nœuds écartés dans leur partie inférieure, glabres, souvent rougeâtres. Feuilles pubescentes ou glabres, *suborbiculaires, réniformes*, à larges crénelures; les inférieures petites, pétiolées, les supérieures plus grandes, *sessiles-embrassantes.* Fleurs 6-10, sessiles, en verticilles axillaires, disposés en grappe lâche, interrompue. Calice velu-hérissé, à dents presque égales, lancéolées-*acuminées-subulées*, ciliées, conniventes après la floraison, étalé après l'émission des graines. Corolle assez petite, purpurine, pubescente, à tube droit, beaucoup plus long que le calice, dilaté à la gorge, dépourvu d'un anneau de poils, à lèvre supérieure ovale, entière, très-velue en dehors. Anthères barbues. Akènes bruns, picotés de blanc.

Hab. les lieux cultivés, dans tout le département. ① Fl. mars–octobre.

2. L. HYBRIDUM *Vill. Dauph.* 1, *p.* 251; *Dec. fl. fr.* 3, *p.* 541; *Mut. fl. fr.* 3, *p.* 25, *t.* 49, *fig.* 363; *Engl. bot., t.* 1,933; *Dal. hist. ed. gal.* 2, *p.* 146, *fig. inf. dext.* — Racine grêle, pivotante. Tiges de 1-3 décim., dressées ou ascendantes, presque glabres, souvent rougeâtres, très-rameuses à la base; à rameaux étalés, ascendants, à entre-nœuds écartés dans leur partie inférieure. Feuilles finement pubescentes, pétiolées; les inférieures plus petites, plus longuement pétiolées, ovales-arrondies-cordiformes, crénelées; les supérieures *ovales-triangulaires-cordiformes, décurrentes sur un pétiole court, inégalement incisées-crénelées,* rapprochées *en pyramide* au sommet de la tige et des rameaux. Fleurs 6-10, sessiles, en verticilles axillaires, rapprochés au sommet des tiges et des rameaux en grappe courte, feuillée; bractéoles très-petites, subulées, ciliées. Calice pubescent, coloré sur les angles, à dents presque égales, lancéolées-subulées, ciliées, *étalées, divergentes à la maturité.* Corolle assez petite, purpurine, pubescente, à tube droit, dépassant le calice, brusquement dilaté à la gorge, dépourvu d'un anneau de poils, à lèvre supérieure ovale-convexe, *entière*, velue en dehors. Anthères barbues. Akènes bruns, picotés de blanc.

Hab. les lieux cultivés, les haies, à Nîmes, St-Gilles, Manduel, Remoulin. ① Fl. mars–mai.

3. L. PURPUREUM *Lin. sp.* 809; *Dec. fl. fr.* 3, *p.* 541; *Riv. monop. irr. t.* 62, *fig.* 2; *Dod. pempt.* 153, *fig.* 2; *Tabern. ic.* 545, *fig.* 1; *Drèves et Hayne pl. d'Eur. t.* 9. — Racine grêle, oblique ou pivotante, fibreuse. Tiges de 1-3 décim., dressées ou ascendantes, presque glabres, souvent rougeâtres, rameuses à la base; à rameaux ascendants, à entre-nœuds écartés dans leur

partie inférieure. Feuilles un peu rugueuses, pubescentes, pétiolées, inégalement crénelées; les inférieures ovales-arrondies,
cordiformes, longuement pétiolées; les supérieures ovales-trian·
gulaires-cordiformes, brièvement pétiolées, rapprochées en
pyramide au sommet de la tige et des rameaux, réfléchies, souvent rougeâtres au sommet. Fleurs 6-10, sessiles, en verticilles
axillaires, rapprochés en grappes courtes, terminales, l'inférieur
souvent un peu écarté; bractéoles très-petites, subulées, ciliées.
Calice glabre ou pubescent, ordinairement coloré, à dents presque égales, lancéolées-subulées, ciliées, étalées-divergentes à la
maturité. Corolle assez petite, purpurine, à tube grêle, *droit,
brusquement dilaté à la gorge*, plus long que le calice, muni
intérieurement d'un anneau de poils; à lèvre supérieure ovale,
entière, velue en dehors; l'inférieure munie à sa base, de chaque
côté, de 2 *petites dents*. Anthères barbues. Akènes fauves,
lisses. Odeur désagréable.

Cette plante porte les noms vulgaires d'*ortie morte, puante, d'ortie rouge.*

Hab. les lieux cultivés, les haies, dans tout le département. ⚥ Fl. mars-
mai-octobre.

4. **L. MACULATUM** *Lin. sp.* 809; *Dec. fl. fr.* 3, *p.* 540;
L. hirsutum Lamk. dict. 3, *p.* 410; *Mut. fl. fr. t.* 48, *fig.* 359;
Dreves et Hayne, pl. d'Eur. t. 110. — Racines fibreuses. Tiges
de 2-5 décim., couchées, radicantes à la base, puis redressées,
simples ou rameuses à la base, plus ou moins velues, ainsi que
les feuilles; celles-ci ovales-acuminées, cordiformes, un peu décurrentes sur le pétiole, souvent marquées à la face supérieure
d'une tache blanchâtre, allongée; les inférieures petites, ovales-
arrondies, cordées à la base, longuement pétiolées; celles du
milieu plus grandes; les supérieures petites, tronquées à la base,
brièvement pétiolées, toutes inégalement dentées ou incisées.
Fleurs 6-10, sessiles, en verticilles axillaires, disposés en grappe
lâche. Calice glabre ou hérissé, à dents inégales, lancéolées-
linéaires-subulées, ciliées, étalées-divergentes à la maturité.
Corolle assez grande, purpurine, très-rarement blanche, à tube
*arqué-ascendant, insensiblement dilaté à partir d'un étrangle-
ment au-dessus de la base, correspondant à un anneau de poils*
dont il est pourvu intérieurement; à lèvre supérieure arquée,
obtuse, crénelée, velue-ciliée en dehors, portant 2 *carènes sur
le dos :* l'inférieure munie à sa base, de chaque côté, *d'une
petite dent subulée.* Anthères barbues. Akènes fauves, finement
rugueux.

Hab. les bois et les haies aux environs du Vigan, à l'Espérou. ♃ Fl. avril-
octobre.

5. **L. ALBUM** *Lin. sp.* 809; *Dec. fl. fr.* 3, *p.* 540; *Lamk. ill.
t.* 506 : *Dreves et Hayne, pl. d'Eur. t.* 111; *Cam. epit.* 865, *ic.*

— Racines fibreuses. Tiges de 2-4 décim., couchées, radicantes a la base, puis redressées, velues, simples ou rameuses inférieurement. Feuilles ovales-acuminées, cordées à la base, un peu décurrentes sur le pétiole, largement et inégalement dentées en scie, la dent terminale allongée, d'un vert clair, un peu velues, un peu ridées, toutes pétiolées, les supérieures brièvement. Fleurs sessiles, en verticilles très-garnis, axillaires, disposés en grappe lâche ; bractéoles petites, subulées, ciliées. Calice glabre ou hérissé, ordinairement noirâtre à la base ; à dents presque égales, longues, linéaires-subulées, ciliées, étalées-divergentes à la maturité. Corolle assez grande, blanche, à lèvres un peu jaunâtres en dedans, marquées de points brunâtres, à tube un peu *arqué*, égal aux dents du calice, *insensiblement dilaté à partir du dessus d'un étranglement au-dessus de la base*, correspondant à un anneau de poils dont il est pourvu intérieurement ; à lèvre supérieure oblongue-allongée, arquée, obtuse, dentée, très-velue en dehors, portant 2 *carènes sur le dos* ; l'inférieure munie à sa base, de chaque côté, de 2 *dents*, dont la supérieure subulée. Anthères brunes, barbues. Akènes brunâtres, finement rugueux. Odeur désagréable.

Cette plante est connue sous les noms vulgaires d'*ortie blanche*, d'*archangélique* ; elle est vulnéraire, résolutive, un peu astringente. On la recommande dans les fleurs blanches.

Hab. les haies, les bords des prairies, à Montdardier, à l'Espérou. ♃ Fl. avril–juillet.

6. **L. GALEOBDOLON** *Crantz, austr.* 262 ; *Godr. et Gren. fl. fr.* 2, *p.* 682 ; *Galeopsis galeobdolon Lin. sp.* 810 ; *Galeobdolon luteum Dec. fl. fr.* 3, *p.* 555 ; *Riv. monop. irr. t.* 20, *fig.* 2 ; *Dreves et Hayne, pl. d'Eur. t.* 20 ; *Dod. pempt.* 153, *fig. inf. sinist.* — Racines fibreuses. Tiges de 2-4 décim., couchées, radicantes à la base, produisant des rejets stériles, allongés, radicants, puis redressés, ordinairement simples, un peu velues ainsi que les feuilles ; celles-ci ovales ou ovales-acuminées, cordées ou atténuées à la base, fortement et inégalement dentées en scie, pétiolées, un peu ridées, souvent tachées de blanc. Fleurs 6–10, sessiles, en verticilles axillaires, disposés en grappe lâche ; bractéoles linéaires-subulées, ciliées. Calice hérissé, à dents inégales, lancéolées, terminées en pointe subépineuse, ciliées, très-divergentes à la maturité. Corolle assez grande, d'un beau jaune, à tube égal aux dents du calice, courbe, rétréci inférieurement, dilaté vers la gorge, pourvu intérieurement d'un anneau de poils ; à lèvre supérieure oblongue, allongée, entière, arquée, rétrécie vers la base, velue au sommet en dehors ; l'inférieure à 3 *lobes aigus, inégaux*. Anthères *glabres*. Akènes noirs, légèrement rugueux.

Cette plante porte les noms vulgaires de *lamier jaune*, d'*ortie jaune* ; elle est diurétique, vulnéraire, astringente, fondante.

Hab. les bois frais, dans toute la partie élevée du département. ♃ Fl.
mai-juin.

Le *lamium longiflorum Ten, fl. nap., lævigatum Dec. fl. fr.,* indiqué par
Guan, herb., aux environs de Brama-Bioou, n'a pas encore, à notre connaissance, été trouvé dans le département.

16° g^{re}. AGRIPAUME. — LEONURUS. (Lin. gen. 722.)

Calice tubuleux-campanulé, non renflé à la maturité, anguleux,
à gorge nue, à 5 nervures, à 5 dents presque égales, *piquantes*, étalées. Corolle à 2 lèvres ; la supérieure velue, *un peu concave*,
entière ; l'inférieure à 3 lobes étalés, à tube muni, intérieurement,
d'un anneau de poils. Étamines 4, saillantes, rapprochées et
parallèles sous la lèvre supérieure de la corolle ; les deux inférieures
les plus longues, rejetées en dehors sur les côtés, après l'émission
du pollen ; anthères glabres, à 2 lobes rapprochés, étalés, puis
divariqués. Akènes *oblongs-trigones, à angles aigus,* lisses,
tronqués et velus au sommet.

1. **L. CARDIACA** *Lin. sp.* 817 ; *Dec. fl. fr.* 3, *p.* 553 ; *Lamk.
ill. t.* 509 ; *Fl. dan. t.* 727 ; *Dod. pempt.* 94, *ic.* — Racine
épaisse, tortueuse, garnie de fibres jaunâtres. Souche donnant
naissance à plusieurs tiges de 6-15 décim., robustes, droites,
raides, rameuses, pyramidales, quelquefois rougeâtres, feuillées
dans toute leur longueur, presque glabres. Feuilles pétiolées,
très-étalées, d'un vert sombre en dessus, pâles et pubescentes en
dessous ; les inférieures à 5-7 lobes profonds, aigus, incisés-dentés
inégalement, *cordiformes à la base ;* les supérieures lancéolées-
cunéiformes, à 3 lobes aigus, dentés ou entiers ; celles du sommet
souvent entières. Fleurs sessiles, en verticilles fournis, disposés en
épis lâches, feuillés, très-longs, terminant la tige et les rameaux ;
bractéoles petites, linéaires-sétacées. Calice glabre ou pubescent,
très-ouvert, à dents allongées, piquantes ; les deux inférieures
réfléchies. Corolle rosée, ponctuée de pourpre, très-velue, à tube
contracté sous le milieu. Akènes brunâtres. Odeur forte, fétide.

Cette plante est connue sous les noms vulgaires de *cardiaire, d'herbe aux
tonneliers ;* elle est tonique et incisive. Elle a été employée contre la car-
dialgie des enfants ; inusitée.

Hab. les haies, le long des murs, aux environs du Vigan, de St-Sauveur,
de Campestre, dans les bois de l'Espérou. ♃ Fl. juin-septembre.

17° g^{re}. GALÉOPE. — GALEOPSIS. (Lin. gen. 717.)

Calice tubuleux-campanulé, non renflé à la maturité, à 5-10
nervures, à 5 dents presque égales, spinescentes, ouvertes à la
maturité, à gorge nue. Corolle à 2 lèvres ; la supérieure *en casque*,
entière, à tube droit, égalant ou dépassant plus ou moins le calice ;
l'inférieure à 3 lobes ; celui du centre muni à sa base, de chaque
côté, d'une dent aiguë, conique. Étamines 4, saillantes, rapprochées et parallèles sous la lèvre supérieure de la corolle ; les deux

inférieures plus longues ; anthères *à 2 lobes opposés , s'ouvrant chacun, par une fente transversale*, en 2 valves inégales ; la plus courte ciliée. Akènes *obovales-trigones , arrondis au sommet , légèrement rugueux.*

1. { Tige hérissée de poils raides et piquants, renflée sous les nœuds............................... **TETRAHIT**.
{ Tige pubescente, non renflée sous les nœuds.... 2.

2. { Feuilles veloutées en dessous : corolle jaune ou un peu purpurine.............................. **DUBIA**.
{ Feuilles pubescentes : corolle purpurine, rarement blanche.................................... 3.

3. { Feuilles lancéolées-linéaires ; corolle très-dilatée à la gorge................................... **ANGUSTIFOLIA**.
{ Feuilles ovales-lancéolées : corolle peu dilatée à la gorge... .... **INTERMEDIA**.

1. **G. ANGUSTIFOLIA** *Ehrh. herb.* 137 ; *G. ladanum Vill. dauph.* 2 , *p.* 386 ; *Engl. bot. t.* 884 ; *Moris. hist. s.* 11, *t.* 12, *fig.* 18 ; *Tabern. ic.* 541, *fig.* 1. — Racine tortueuse. Tige de 2-5 décim., dressée, raide, plus ou moins rameuse, pyramidale, non renflée au-dessous des nœuds, pubescente, un peu rude, souvent rougeâtre. Feuilles garnies de poils couchés, plus ou moins abondants, oblongues-lancéolées ou linéaires, *longuement atténuées en pétiole, lâchement dentées vers leur milieu* ou presque entières, à nervures très-prononcées en dessous ; les florales très-étalées et même réfléchies. Fleurs sessiles, en verticilles fournis, lâchement disposés le long de la partie supérieure de la tige et des rameaux ; bractées linéaires-subulées, épineuses, arquées en dehors, plus longues que les calices ; ceux-ci velus, à dents inégales, lancéolées-subulées, piquantes, droites, puis étalées. Corolle rougeâtre, quelquefois blanche, à tube ordinairement droit, très-dilaté à la gorge, dépassant longuement le calice, quelquefois l'égalant, à lèvre supérieure denticulée. Akènes d'un brun grisâtre, ponctués de noir.

Hab. les champs cultivés, dans tout le département. ① Fl. juillet-octobre.

2. **G. INTERMEDIA** *Vill. dauph.* 2, *p.* 387, *t.* 9 ; *Mut. fl. fr. t.* 50, *fig.* 368 ; *G. parviflora Dec. fl. fr.* 3 , *p.* 544. — Racine tortueuse, oblique. Tige de 1-4 décim., dressée, non renflée au-dessous des nœuds, pubescente, souvent rougeâtre, plus ou moins rameuse, pyramidale, à rameaux ascendants. Feuilles garnies de poils couchés, plus ou moins abondants, *ovales ou ovales-lancéolées,* dentées en scie, rétrécies en pétiole, quelquefois *brusquement ;* les florales très-étalées et même réfléchies. Fleurs sessiles, en verticilles fournis, écartés ; les plus supérieurs rapprochés ; bractées lancéolées-linéaires, appliquées, prolongées en pointe courte, piquante, plus courtes ou plus longues que les calices. Calice visqueux, velu-glanduleux, à tube non élargi à la gorge a

la maturité, a dents presque égales, triangulaires, *brievement subulées*-piquantes, non étalées à la maturité. Corolle purpurine, rarement blanche, à tube droit, égalant ou dépassant plus ou moins le calice, moins étalé à la gorge que dans l'espèce précédente, à lèvre supérieure échancrée, peu concave. Akènes grisâtres, tachetés de noir.

Hab. les champs cultivés à Camprieux, St-Sauveur, Alzon, l'Espérou ⚥ Fl. juillet-septembre.

3. **G. DUBIA** *Leers herb. p.* 133; *Mut. fl. fr. t.* 50, *fig.* 369; *G. ochroleuca Dec. fl. fr.* 3, *p.* 543; *Riv. monop. irr. t.* 24, *fig.* 2. — Racine tortueuse. Tige de 1-1 décim., dressée, non renflée au dessous des nœuds, raide, un peu rude, pubescente, plus ou moins rameuse, pyramidale, à rameaux très-étalés. Feuilles pubescentes, presque veloutées, surtout en dessous, *ovales ou ovales-lancéolées*, atténuées en pétiole, *dentées en scie*; les florales très-étalées et même réfléchies, toutes à nervures très-prononcées en dessous. Fleurs sessiles, en verticilles fournis, écartés; les deux supérieurs quelquefois rapprochés: bractées linéaires, subulées-piquantes, non étalées, *plus courtes que les calices*. Calice velu-glanduleux, à dents triangulaires-lancéolées, à pointe courte, piquante, à tube dilaté à la gorge. Corolle grande, jaune, quelquefois mêlée de rose, à tube dépassant très-longuement le calice, très-dilaté à la gorge, à lèvre supérieure dentée, l'inférieure à 3 lobes, dont le médian ample, très-obtus. Akènes grisâtres, tachetés de noir.

Hab. les champs cultivés à l'Espérou, au pont St-Esprit. ⚥ Fl. juillet-septembre.

4. **G. TETRAHIT** *Lin. sp.* 810; *Dec. fl. fr.* 3, *p.* 544; *Riv. monop. irr. t.* 31; *Mut. fl. fr. t.* 50, *fig.* 371. — Racine tortueuse. Tige de 3-6 décim., dressée, raide, rameuse, renflée sous les nœuds, à l'état frais, hérissée de longs poils raides, articulés, presque piquants, très-étalés ou dirigés en bas, beaucoup plus abondants sous les nœuds. Feuilles *ovales-oblongues, acuminées*, pétiolées, *atténuées a la base*, dentées en scie, lâchement velues. Fleurs sessiles, en verticilles fournis, rapprochés, surtout les supérieurs. Calice hispide au sommet, à côtes saillantes, à dents inégales, allongées, linéaires, raides, piquantes; bractées subulées-épineuses, ciliées, plus courtes que les calices. Corolle rougeâtre ou blanche, à tube inclus ou dépassant peu le calice, à lobe moyen de la lèvre inférieure plane, presque carré, obtus ou un peu échancré. Akènes fauves, à rugosités grisâtres, plus gros que ceux des autres espèces.

Nommée vulgairement *herbe de Hongrie, ortie-chanvre, ortie épineuse, ortie royale.*

Hab. les champs cultivés, les bords des bois, les haies, à Camprieux, Lannejols, l'Espérou ⚥ Fl. juin-août.

18ᵉ gᵉ. EPIAIRE. — STACHYS. Lin. gen. 719

Calice tubuleux-campanulé, non renflé à la maturité, à 5-10 nervures, à 5 dents presque égales, spinescentes, ouvertes à la maturité. Corolle à 2 lèvres; la supérieure voûtée, entière: l'inférieure étalée, à 3 lobes obtus; le moyen plus grand, entier ou échancré, à tube muni d'un anneau de poils. Étamines 4, saillantes, rapprochées et parallèles sous la lèvre supérieure de la corolle; les deux inférieures plus longues, déjetées en dehors sur les côtés; anthères à 2 lobes rapprochés, étalés horizontalement, puis divariqués. Akènes ovales-trigones, glabres, arrondis au sommet.

1.	{ Fleurs blanchâtres ou jaunâtres...............	2.
	{ Fleurs rousses ou roses....................	3.
2.	{ Tiges et feuilles glabres ou presque glabres: plante annuelle...............	ANNUA
	{ Tiges et feuilles velues: plante vivace...........	RECTA
3.	{ Bractées égalant à peu près le calice muni d'un anneau de poils................	4.
	{ Bractées très-petites ou nulles: calice nu........	5.
4.	{ Feuilles épaisses, couvertes d'un coton blanc, soyeux: dents du calice aiguës................	GERMANICA
	{ Feuilles minces, velues, non cotonneuses-soyeuses: dents du calice obtuses, mucronées...........	ALPINA
5.	{ Feuilles ovales-cordiformes, longuement pétiolées, surtout les inférieures................	SYLVATICA
	{ Feuilles oblongues-lancéolées, sessiles ou presque sessiles................	PALUSTRIS

1. **ST. GERMANICA** *Lin. sp.* 812: *Dec. fl. fr.* 3, *p.* 549; *Fl. dan. t.* 684; *Riv. t.* 27; *Fuchs. hist.* 766, *ic.* — Racine pivotante ou oblique, fibreuse, à souche donnant naissance à une ou plusieurs tiges de 3-8 décim., dressées, robustes, simples ou peu rameuses, *abondamment couvertes d'un coton blanchâtre-laineux ou soyeux, ainsi que les feuilles, les calices et les bractéoles.* Feuilles épaisses, molles, ridées-réticulées, crénelées, plus blanches en dessous; les inférieures pétiolées, ovales-cordiformes: les florales sessiles, lancéolées. Fleurs presque sessiles, en verticilles très-fournis, axillaires, rapprochés en épis allongés, feuilles; les inférieurs espacés; bractéoles linéaires-lancéolées-aiguës, égalant à peu près le calice; celui-ci à dents inégales, triangulaires, mucronées, piquantes, à tube abondamment garni de poils à la gorge. Corolle rosée-purpurine, à tube de la longueur du calice, à lèvre supérieure dressée, entière, chargée extérieurement de longs poils laineux; l'inférieure *de la même longueur*, à lobe moyen échancré, plus grand que les latéraux. Akènes lisses, noirs, picotés de blanc.

Hab. les bords des champs et des chemins, dans toute la partie basse du département, remonte jusqu'au Vigan, Montdardier. ♃ Fl. juin-août

2. **St. alpina** *Lin. sp.* 812 ; *Dec. fl. fr.* 3 , *p.* 548 ; *Lapeyr. fl. pyr. t.* 8 ; *Moris. hist. s.* 11 , *t.* 10 , *fig.* 11. — Racine dure, rameuse, à souche donnant naissance à une ou plusieurs tiges de 3-6 décim., dressées, ordinairement simples, velues, jamais blanchâtres, souvent rougeâtres, ainsi que les feuilles du sommet, où elles sont un peu glanduleuses. Feuilles *velues sur les deux faces*, crénelées ; les inférieures pétiolées, *ovales-oblongues, cordiformes ;* les supérieures oblongues-lancéolées, sessiles. Fleurs presque sessiles, en verticilles fournis, axillaires, rapprochés en épis plus ou moins allongés, feuillés ; les inférieurs espacés. Bractées linéaires-aiguës, réfléchies, égalant à peu près le calice ; bractéoles filiformes, dressées, de la longueur du tube ; les unes et les autres longuement velues-ciliées. Calice souvent coloré, velu-glanduleux, campanulé, très-ample à la maturité, à dents ovales, mucronées, un peu piquantes, *presque égales,* étalées, à tube velu à la gorge. Corolle d'un rouge foncé, velue-laineuse extérieurement, à tube dépassant un peu le calice, à lèvre supérieure droite, obtuse, entière, poilue au sommet ; l'inférieure *plus longue,* à lobe moyen échancré, plus grand que les latéraux, taché de blanc. Akènes assez gros, lisses, bruns, avec des veines anastomosées, plus foncées.

Hab. les bords des bois et parmi les buissons, à Camprieux, à Brama-Biouu, à l'Espérou. ♃ Fl. juin-août.

3. **St. sylvatica** *Lin. sp.* 811 ; *Dec. fl. fr.* 3 , *p.* 547 ; *Riv. monop. irr. t.* 26 , *fig.* 1 ; *Tabern. ic.* 536 , *fig.* 1. — Souche rameuse, *longuement traçante.* Tiges de 3-8 décim., grêles, droites, simples, très-rarement rameuses, velues-glanduleuses au sommet. Feuilles molles, assez amples, *ovales-acuminées, cordiformes,* fortement dentées, *longuement pétiolées ;* les florales bractéiformes, sessiles, toutes velues sur les deux faces ; l'inférieure pâle. Fleurs 4-6, presque sessiles, en verticilles étalés, axillaires, rapprochés en épi pointu, terminal ; les inférieurs écartés ; bractéoles très-courtes. Calice hérissé de poils glanduleux, campanulé, à dents égales, étalées, lancéolées-subulées, subépineuses. Corolle d'un rouge foncé, avec des taches blanches à la gorge, beaucoup plus longue que le calice, à tube très-saillant, resserré à la base, un peu renflé sur le devant, à lèvre supérieure droite, obtuse, entière, velue-glanduleuse sur le dos, plus courte que l'inférieure, dont le lobe moyen est échancré et plus grand que les latéraux. Akènes petits, noirs, rugueux. Odeur des feuilles fétide.

Cette plante est connue sous les noms vulgaires d'*ortie puante*, d'*ortie à crapaud ;* elle est tonique, emménagogue, diurétique. L'écorce des tiges peut se préparer et se filer comme le chanvre : il n'y a que les moutons et les chèvres qui la broutent.

Hab. les bois et les haies, dans toute la partie élevée du département. ♃ Fl. mai-août.

4. **St. palustris** *Lin. sp.* 811 ; *Dec. fl. fr.* 3, *p.* 548 ; *Rivmonop. irr. t.* 26, *fig.* 2 ; *Moris. hist. s.* 11, *t.* 10, *fig.* 16 ; *Tabern. ic.* 377, *fig.* 1 ; *Loësel. pruss.* 156, *ic.* — Racine épaisse, charnue, noueuse, à souche *rampante.* Tiges de 4-10 décim., droites, ordinairement simples, rudes sur les angles, hérissées de poils raides, étalés ou réfléchis, plus ou moins longs. Feuilles velues-pubescentes, un peu tomenteuses et souvent grisâtres en dessous, *lancéolées* ou *oblongues-lancéolées*, ordinairement allongées, *cordées à la base*, *sessiles* ou les inférieures subsessiles, brièvement dentées en scie. Fleurs 6-12, presque sessiles, en verticilles très-étalés à l'aisselle des feuilles florales bractéiformes, rapprochés *en épi terminal*, quelquefois très-allongé ; les inférieurs espacés : bractéoles très-courtes. Calice velu, campanulé, à dents égales, étalées, lancéolées-linéaires, subulées-piquantes. Corolle rose ou d'un rouge clair, avec des taches blanches à la gorge, deux fois de la longueur du calice, à tube dépassant le calice, resserré à la base, un peu renflé sur le devant, à lèvre supérieure droite, obtuse, entière, pubescente sur le dos, plus courte que l'inférieure, dont le lobe moyen est entier et plus grand que les latéraux. Akènes noirs, rugueux.

Cette plante est connue sous le nom vulgaire d'*ortie morte des marais*; elle est fébrifuge, astringente, vulnéraire. Les cochons sont très-friands de sa racine.

Hab. les prés humides, les bords des eaux, à Bellegarde, à St-Gilles, à l'étang de Jonquières. ♃ Fl. juin-août.

5. **St. annua** *Lin. sp.* 813 ; *Dec. fl. fr.* 3, *p.* 551 ; *Jacq. austr. t.* 360 ; *Clus. hist.* 2, *p.* 39, *fig. infer.* : *Tabern. ic.* 541, *fig.* 2. — Racine pivotante, souvent coudée au sommet. Tige de 1-3 décim., rude-pubérulente, droite, rameuse dès la base, à rameaux étalés. Feuilles glabres ou presque glabres, crénelées ou dentées ; les inférieures pétiolées, oblongues ou ovales, obtuses, atténuées à la base ; les supérieures lancéolées-aiguës, brièvement pétiolées ; les florales sessiles, étroites-lancéolées-aiguës, réfléchies ; les plus supérieures entières. Fleurs 4-6, brièvement pédicellées, en verticilles très-étalés, axillaires, disposés en épis terminaux un peu lâches : bractéoles très-petites, subulées, hérissées. Calice velu-glanduleux, *à dents profondes, lancéolées-linéaires, arquées*, terminées en pointe subépineuse, *ciliée*. Corolle blanchâtre, à lèvre inférieure jaune, à tube dépassant le calice, à lèvre supérieure arquée-ascendante, oblongue, entière ou échancrée, *à bords ondulés*, pubescente sur le dos : l'inférieure à lobe moyen très-large, dentelé, ondulé. Akènes noirs, finement chagrinés.

Hab. les champs cultivés, dans tout le département. ⚊ Fl. juin-septembre.

6. **St. recta** *Lin. mans.* 82 ; *Godr. et Gren. fl. fr.* 2, *p.* 692 ;

St. sideritis Dec. fl. fr. 3, *p.* 550 ; *Jacq. austr. t.* 359 , *J. Bauh. hist.* 3, *p.* 425, *ic. ; Lob. ic.* 523, *fig.* 2. — Racine dure, rameuse, a souche presque ligneuse, rameuse, tortueuse, donnant naissance a des tiges nombreuses de 2-5 décim., ascendantes, rarement dressées, simples ou rameuses souvent dès la base, rudes, hérissées de poils ascendants. Feuilles velues, rudes, un peu rugueuses, lancéolées ou oblongues-lancéolées, dentées ou crénelées, rétrécies en pétiole ; les supérieures sessiles ; les florales entières, mucronées, souvent réfléchies. Fleurs 6-10, presque sessiles, en verticilles axillaires, un peu étalés, disposés en épi plus ou moins lâche, plus ou moins allongé ; bractéoles petites, sétacées. Calice hérissé, très-dilaté au sommet, à dents presque égales, dressées-étalées, lancéolées, terminées *par une pointe subépineuse, glabre.* Corolle d'un blanc jaunâtre, à lèvre inférieure tachée de brun, à tube un peu plus long ou un peu plus court que le calice, à lèvre supérieure droite, étroite, *entière,* hérissée sur le dos ; l'inférieure à lobe moyen, grand, échancré. Akènes bruns, finement chagrinés.

Vulgairement, *crapaudine ;* les gens de la campagne se servent de cette plante en guise de thé.

Hab. les lieux arides, les bois, dans tout le département. ♃ Fl. juin-septembre.

19e g^{re}. BÉTOINE. — BETONICA. (Lin. gen. 748.)

Calice et corolle comme dans le genre précédent. Étamines non déjetées en dehors, à anthères non divariquées.

1. **B. officinalis** *Lin. sp.* 810 ; *Dec. fl. fr.* 3, *p.* 545 ; *B. stricta ait. Kew.* 2, *p.* 299 ; *Dec. l. c. ; Lamk. ill. t.* 507, *fig.* 1 ; *Dod. pempt.* 40, *fig.* 1. — Racine brune, épaisse, courte, oblique, garnie de fibres, à souche produisant plusieurs tiges de 2-5 décim., dressées, raides, simples, très-rarement un peu rameuses, plus ou moins velues. Feuilles ovales ou ovales-oblongues, cordiformes a la base, crénelées, la plupart radicales, longuement pétiolées, plus ou moins velues, pâles en dessous ; les supérieures très-écartées, plus étroites, à pétiole court ; les florales inférieures sessiles, souvent réfléchies. Fleurs sessiles, en verticilles rapprochés en épi terminal, oblong, interrompu à la base ; bractéoles lancéolées-subulées, ciliées, de la longueur du calice ou plus courtes que lui. Calice pubescent ou hérissé, longuement cilié à la gorge, à dents lancéolées ou triangulaires, prolongées en pointe spinescente. Corolle purpurine ou rose, pubescente à l'extérieur, à tube dépassant longuement le calice et *dépourvu d'un anneau de poils,* à lèvre supérieure dressée, obtuse, *entière ;* l'inférieure à lobe moyen, échancré, plus grand que les latéraux. Étamines incluses, très-courtes.

Cette plante est tonique, apéritive, détersive, vulnéraire, sternutatoire; la racine est un peu amère : on la regarde comme émétique et purgative. Les paysans fument les feuilles en guise de tabac.

Hab. les bois et les pacages, dans tout le département : l'espèce à fleur purpurine, sur les montagnes élevées ; celle à fleur rose, dans la plaine. ♃ Fl. juin-septembre.

Le *betonica alopecuros Lin.*, indiqué par *Guan herb.*, à l'Hort-de-Diou, près de l'Espérou, n'a pas, à notre connaissance, été retrouvé dans le département.

20ᵉ gᵣ. BALLOTE. — BALLOTA. (Lin. gen. 720.)

Calice en entonnoir, à 10 nervures, à 5 dents égales, *pliées sur les angles* au nombre de 5. Corolle à 2 lèvres; la supérieure voûtée; l'inférieure à 3 lobes, à tube muni en dedans, au-dessus de sa base, d'un anneau de poils. Étamines 4, saillantes hors du tube, non déjetées en dehors, rapprochées et parallèles sous la lèvre supérieure de la corolle ; les deux inférieures plus longues ; anthères à lobes très-divergents, *s'ouvrant chacun par une fente longitudinale.* Akènes oblongs-trigones, *arrondis au sommet.*

1. **B. FŒTIDA** *Lamk. fl. fr. 2, p.* 381; *Dec. fl. fr. 3, p.* 552; *B. nigra Lin. sp.* 814; *Dec. prodr.* 12, *p.* 520; *Lamk. ill. t.* 508, *fig.* 1; *Mut. fl. fr. t.* 51, *fig.* 380; *Fuchs hist.* 154, *ic.* — Racine fibreuse produisant de son collet plusieurs tiges de 4-6 décim., dressées ou ascendantes, rameuses, pubescentes. Feuilles pétiolées, molles, ridées, pubescentes, d'un vert sombre, ovales-arrondies ou aiguës, presque cordiformes à la base, inégalement crénelées, à crénelures mucronées. Fleurs sessiles, fasciculées sur des pédoncules rameux, axillaires, formant des verticilles imparfaits, bien fournis, lâchement disposés sur la partie supérieure de la tige et des rameaux, souvent tournés d'un seul côté; bractéoles *filiformes, subulées,* hérissées. Calice pubescents, à nervures très-marquées, à gorge très-ample, à dents courtes, *arrondies, brusquement mucronées.* Corolle rougeâtre, rarement blanche, pubescente extérieurement. Akènes bruns, glabres. Plante fétide.

Cette plante est connue sous les noms vulgaires de *marrube noir, marrube puant;* en patois, *mariblé négré.* Elle est stimulante : elle passe pour antihystérique, résolutive, détersive.

Hab. les haies, les décombres, les bords des chemins et des murs, dans tout le département. ♃ Fl. mai-septembre.

21ᵉ gᵣ. PHLOMIDE. — PHLOMIS. (Lin. gen. 723.)

Calice tubuleux à 5 angles, à 10 nervures, à 5 dents égales. Corolle à 2 lèvres; la supérieure très-grande, *voûtée, courbée en avant, comprimée,* échancrée; l'inférieure à 3 lobes, à tube inclus ou très-peu saillant, muni en dedans d'un anneau de poils. Étamines 4, saillantes, rapprochées et parallèles sous la lèvre supérieure de la corolle; les deux inférieures plus longues Anthères à 2 lobes rapprochés, étalés horizontalement, puis divariqués. Akènes trigones, *arrondis au sommet.*

1. { Plante cotonneuse-blanchâtre : fleurs jaunes.... **LYCHNITIS.**
   { Plante velue, verte; fleurs purpurines.......... **HERBA-VENTI.**

1. **Ph. LYCHNITIS** *Lin. sp.* 819; *Dec. fl. fr.* 3, *p.* 555; *Bot. mag. t.* 999; *Clus. hist.* 2, *p.* 27, *fig. infer.* — Racine dure, noirâtre, rameuse, profonde. Tiges de 2-4 décim., *ligneuses et rameuses* à la base où elles sont dénuées de feuilles, à rameaux simples, très-longs, dressés, couverts d'un coton blanc, serré, très-abondant. Feuilles *très-entières*, vertes, pubescentes et rugueuses en dessus, ridées et cotonneuses-blanchâtres en dessous, *oblongues-linéaires*; les inférieures nombreuses et rapprochées à la base des rameaux, *atténuées en pétiole;* les supérieures espacées, sessiles; les florales *très-dilatées-embrassantes à la base, subitement et longuement acuminées.* Fleurs brièvement pédicellées, en verticilles axillaires espacés, occupant la partie supérieure des rameaux; bractéoles *molles*, filiformes, presque de la longueur du calice, *couvertes de longs poils soyeux appliqués*, ainsi que le calice; celui-ci à dents courtes, subulées, *molles, dressées*, très-velues. Corolle grande, d'un beau jaune, garnie, à l'extérieur, de poils courts, très-serrés, étoilés, à lèvre inférieure à lobe moyen très-large, échancré.

Cette plante est connue sous le nom vulgaire de *auvie sauvage;* en patois, de *saouria dé mountagna.* Ses feuilles et ses fleurs sont stimulantes, emménagogues : les femmes s'en servent en décoction pour calmer les nerfs.

Hab. les bois et les garrigues, aux environs de Nimes, à Anduze, à Montdardier. ♃ Fl. mai-juin.

2. **Ph. HERBA-VENTI** *Lin. sp.* 819; *Dec. fl. fr.* 3, *p.* 556; *Sibth. et Sm. fl. græc. t.* 564; *Lob. ic.* 532, *fig.* 1. — Racine grosse, brune, rameuse. Tiges de 2-6 décim., nombreuses, buissonnantes, dressées, raides, très-rameuses, à rameaux très-ouverts, ascendants, souvent rougeâtres, longuement hérissées. Feuilles coriaces, vertes, luisantes et rudes en dessus, pâles en dessous, *crénelées-dentées*, et garnies de poils étoilés; les inférieures, longuement pétiolées, *oblongues, subcordiformes à la base;* les caulinaires, oblongues-lancéolées, brièvement pétiolées; les florales, sessiles, toutes à nervures saillantes en dessous. Fleurs sessiles en verticilles axillaires espacés, occupant la partie supérieure de la tige et des rameaux, souvent terminés par 2 feuilles florales stériles; bractéoles filiformes-subulées, raides, spinescentes, dépassant le calice, *hérissées de longs poils tuberculeux à la base*, ainsi que le calice, celui-ci à dents égales, étalées, très-subitement *contractées en pointe subépineuse.* Corolle *purpurine*, grande, garnie à l'extérieur de poils courts, étoilés, à lèvre inférieure à lobe moyen ovale, échancré.

Cette plante est connue sous les noms patois de *saouvia bouscassa*, d'*herba batuda*.

Hab. les terrains arides, les bords des champs et des chemins, aux environs de Nimes, de Manduel, de Bouillargues, de St-Gilles, d'Alais, d'Anduze, de St-Ambroix, de Montdardier. ♃ Fl. mai-juillet.

22ᵉ gʳᵉ. CRAPAUDINE. — SIDERITIS. (Lin. gen. 712.)

Calice tubuleux, strié, à gorge poilue, à 5 dents *piquantes*. Corolle à 2 lèvres; la supérieure dressée, presque plane; l'inférieure à 3 lobes, dont le moyen le plus grand, à tube inclus, muni intérieurement, vers son milieu, d'un anneau de poils. Etamines 4, incluses, courtes, rapprochées et parallèles sous la lèvre supérieure de la corolle; les deux inférieures plus longues; anthères à 2 lobes divariqués. Akènes trigones, *arrondis au sommet*.

1. { Calice à 2 lèvres; fleurs en grappe, munie de feuilles florales plus longues qu'elle.................. 2.
{ Calice à 5 dents égales; fleurs en épi, munies de bractées environ de leur longueur............ 3.

2. { Lèvre supérieure du calice à une seule dent entière. ROMANA.
{ Lèvre supérieure du calice trifide............... MONTANA.

3. { Corolle à lèvre supérieure blanche, l'inférieure jaune; tige couverte de longs poils étalés............. HIRSUTA.
{ Corolle à lèvres supérieure et inférieure jaunes: tige couverte de poils courts, crépus, non étalés..... SCORDIOIDES.

1. S. ROMANA *Lin. sp.* 802; *Dec. fl. fr.* 3, *p.* 529: *Car. ic.* *t.* 187; *J. Bauh. hist.* 3, *p.* 428, *ic.*; *Clus. hist.* 2, *p.* 40, *fig. infer.* — Racine pivotante, souvent coudée au sommet. Tiges de 1-3 décim., très-velues, ordinairement simples, dressées, les latérales ascendantes. Feuilles ovales-oblongues; toutes dentées dès leur milieu, velues; les inférieures longuement atténuées en pétioles; les florales presque sessiles, *dépassant les fleurs*; celles-ci brièvement pédicellées, disposées par 6 en verticilles axillaires, non contigus, occupant souvent toute la longueur des tiges. Calice velu, à nervures très-saillantes, *renflé en bosse à la base, sur le devant*, à dents acuminées-épineuses; la supérieure plus grande, *ovale, entière*; les inférieures lancéolées. Corolle *blanche*, un peu rosée à la lèvre supérieure, dépassant peu le calice, à tube inclus, à lèvre supérieure *plane*, ovale, entière; l'inférieure à 3 lobes; le moyen, entier, arrondi. Akènes olivâtres, garnis de points saillants, rougeâtres.

Les gens de la campagne se servent de cette plante en guise de thé.

Hab. les lieux arides, les bords des champs et des chemins, dans tout le département. ♂ Fl. mai-août.

2. S. MONTANA *Lin. sp.* 802; *Dec. fl. fr.* 3, *p.* 530; *Jacq. austr. t.* 434. — Cette espèce diffère de la précédente : par ses feuilles, dont les inférieures sont dentées seulement au sommet et les florales entières ; par son calice à lèvre supérieure *trifide*, et l'inférieure bifide ; par sa corolle jaune, à lèvre supérieure *un peu concave ;* par ses akènes plus foncés, à points rougeâtres, moins nombreux.

Hab. le long du torrent, au bas du bois de Salbous, près Campestre, où je n'ai trouvé que deux exemplaires très-grêles. (1) Fl. septembre.

3. S. HIRSUTA *Lin. sp.* 803 ; *S. scordioides*, Δ *hirsuta Dec. fl. fr.* 3 , *p.* 532 ; *Car. ic. rar.* 4 , *t.* 302.—Racine dure, rameuse. Tiges de 2-4 décim., tombantes, *ligneuses* et nues à la base, d'où partent des rameaux nombreux, allongés, simple ou un peu rameux supérieurement, ascendants, couverts de *longs poils étalés.* Feuilles oblongues, atténuées inférieurement, *incisées-dentées,* poilues ; les inférieures pétiolées, les supérieures sessiles. Fleurs sessiles, disposées par 6-8, en verticilles *espacés,* formant un épi allongé, terminal ; bractées larges, cordiformes, presque aussi longues que les calices, à dents presque épineuses. Calice très-velu, à 5 dents presque égales, dressées, lancéolées, terminées en pointes subépineuses. Corolle à tube inclus, à lèvre supérieure blanche, dressée, étroite, échancrée au sommet ; l'inférieure jaune, à 3 lobes, le moyen échancré. Akènes bruns, très-finement chagrinés.

Hab. au bord des vignes, à Franquevaud, près St-Gilles. ♄ Fl. juillet-août. Très-rare.

4. S. SCORDIOIDES *Lin. sp.* 803 ; *Dec. fl.* 3 , *p.* 532 ; *Var.* B *et* Γ ; *Barr. ic.* 1160. — Racine dure, rameuse. Tiges de 2-4 décim., *ligneuses* et nues à la base, d'où partent des rameaux nombreux, raides, plus ou moins allongés, simples ou un peu rameux supérieurement, ascendants, couverts de poils crépus, plus ou moins étalés. Feuilles oblongues ou oblongues-linéaires, atténuées inférieurement, incisées-dentées, vertes, poilues ou tomenteuses-blanchâtres ; les inférieures pétiolées, les supérieures sessiles. Fleurs 6-8, sessiles, disposées en verticilles espacés dans le bas, *rapprochés au sommet* d'épis terminaux plus ou moins allongés ; bractées larges, cordiformes, de la longueur des calices, entourées de dents profondes, terminées par une pointe presque épineuse , *plus longues que dans l'espèce précédente.* Calice velu, à 5 dents *inégales, lancéolées,* terminées en pointe épineuse, *plus longues que celle du N° 3,* d'abord dressées, *puis étalées.* Corolle peu saillante hors du calice, *toute jaune,* à tube inclus, à lèvre supérieure étroite, échancrée au sommet ; l'inférieure à 3 lobes, le moyen échancré. Akènes bruns, très-finement cha-grinés.

Hab. les bois et les garrigues aux environs de Nimes, à Uzès, Manduel, Beaucaire, dans le bois de Broussan. ♄ Fl. mai-juillet

23ᵉ gʳᵉ. **MARRUBE. — MARRUBIUM.** (Lin. gen. 721.)

Calice tubuleux, à 10 nervures, à 10 dents, dont 5 plus petites, garni d'un anneau de poils à la gorge. Corolle à 2 lèvres ; la supérieure dressée, presque plane, bifide ; l'inférieure étalée, à 3 lobes, dont le moyen plus grand, à tube inclus, muni, intérieurement, d'un anneau de poils, à la hauteur de l'insertion des étamines. Étamines 4, parallèles, incluses, les deux inférieures un peu plus longues ; anthères à 2 lobes divariqués. Akènes ovoïdes-trigones, obliquement déprimés au sommet.

1. **M. VULGARE** *Lin. sp.* 816 ; *Dec. fl. fr.* 3, *p.* 552 ; *Coss. et Germ. fl. par. t.* 21, *fig. B ; Lamk. ill. t.* 508, *fig.* 1 ; *Tabern. ic.* 539, *fig.* 2. — Racine brune, épaisse, rameuse, profonde. Tiges de 3-6 décim., nombreuses, rameuses dès la base, à rameaux dressés, simples ou rameux, couverts d'un coton blanc très-épais, feuillés dans toute leur longueur. Feuilles *ovales-arrondies,* presque cordiformes à la base, pétiolées, *inégalement crénelées,* rugueuses, ridées-réticulées, couvertes, surtout en dessous, d'un coton blanchâtre ; les supérieures rétrécies, en pétiole court. Fleurs sessiles, en verticilles globuleux, fournis, axillaires, dépassés par les feuilles florales, disposés en épi très-lâche et très-allongé ; bractéoles subulées, hérissées, crochues au sommet. Calice velu-laineux, à dents sétacées, étalées, glabres, crochues au sommet. Corolle petite, blanche, pubescente extérieurement, à tube un peu étranglé vers son milieu, à lèvre supérieure à 2 lobes étroits, parallèles ; à lèvre inférieure à lobe moyen arrondi, crénelé. Akènes noirâtres, légèrement verruqueux et très-finement chagrinés ; saveur amère.

Cette plante est connue sous les noms vulgaires de *bonhomme,* d'*herbe vierge,* d'*herbe aux crocs,* de *marrube blanc ;* en patois, *mariblé.* Les feuilles et les sommités fleuries sont très-stimulantes, fébrifuges, emménagogues.

Hab. les bords des champs et des chemins, dans tout le département. ♃ Fl. mai–septembre.

24ᵉ gʳᵉ. **MÉLITE. — MELITIS.** (Lin. gen. 731.)

Calice campanulé, très-ample, membraneux, veiné, presque à 2 lèvres ; la supérieure un peu plus longue que l'inférieure, à 2-3 dents ou presque entière ; l'inférieure plus large, à 2 lobes arrondis. Corolle à 2 lèvres ; la supérieure arrondie, entière, un peu concave, droite ; l'inférieure à 3 lobes arrondis, étalés. Étamines 4, rapprochées et parallèles sous la lèvre supérieure de la corolle ; les deux inférieures plus longues ; anthères à lobes divergents, rapprochés par paires en forme de croix. Akènes ovoïdes-trigones, arrondis au sommet.

1. **M. MELISSOPHYLLUM** *Lin. sp.* 832 ; *Dec. fl. fr.* 3, *p.* 565 ;

Lamk. ill. t. 513 ; *Jacq. austr. t.* 26 ; *Fuchs. hist. t.* 498 ; *Lob. ic.* 515, *fig.* 1. — Racine épaisse, oblique, garnie de longues fibres. Tige de 2-4 décim., dressée, simple, plus rarement rameuse, plus ou moins velue. Feuilles assez amples, ovales-lancéolées, pétiolées, cordiformes, tronquées ou arrondies à la base, crénelées, pubescentes ou presque glabres. Fleurs 2-6, pédicellées, dirigées du même côté, disposées en verticilles axillaires, espacés, sur la partie supérieure de la tige. Calice d'un vert pâle, glabre, cilié sur les lobes, réfléchis à la maturité. Corolle rouge, rarement blanche, très-ample, glabre, à tube large, droit, dépassant longuement le calice. Akènes bruns, velus ; odeur un peu aromatique.

Cette plante est connue sous les noms vulgaires de *mélisse sauvage, bâtarde, de montagne* ou *des bois*, de *melissot*. Ses feuilles sont vulnéraires, diurétiques, très-stimulantes ; inusitée.

Hab. les bois montagneux aux environs du Vigan, d'Alzon, au Serre-de-Bouquet. ♃ Fl. juin-juillet.

25° g^re. **TOQUE. — SCUTELLARIA.** (Lin. gen. 734.)

Calice court, à 2 lèvres *entières*, fermées après la chute de la corolle ; la supérieure caduque à la maturité, portant sur le dos *une écaille saillante*, concave ; l'inférieure persistante. Corolle à 2 lèvres ; la supérieure voûtée, comprimée, entière ou échancrée, munie, à sa base, de deux lobes latéraux ; l'inférieure simple, échancrée, à tube nu intérieurement, droit ou un peu courbé-ascendant, très-saillant hors du calice. Etamines 4, rapprochées et parallèles sous la lèvre supérieure de la corolle ; les deux inférieures plus longues ; anthères ciliées, à lobes divergents, rapprochés par paires. Akènes subglobuleux.

1. { Fleurs en épi terminal, muni de bractées....... **ALPINA.**
   { Fleurs axillaires, non disposées en épi......... 2.

   { Calice glabre ; feuilles un peu grandes, crénelées. **GALERICULATA.**
2. { Calice hérissé de poils courts ; feuilles petites, à
   { 1-2 dents à la base, le reste entier.......... **MINOR.**

1. **Sc. alpina** *Lin. sp.* 834 ; *Dec. fl. fr.* 3, *p.* 572 ; *All. ped. t.* 26, *fig.* 3. — Racine blanchâtre, garnie de fibres filiformes, à souche ligneuse rameuse, produisant des tiges de 1-2 décim., plus ou moins nombreuses, couchées à la base, quelquefois un peu radicantes, ascendantes, à rameaux velus ou pubescents. Feuilles brièvement pétiolées, *ovales-cordiformes, obtuses, crénelées*, pubescentes ; les plus supérieures sessiles, un peu aiguës. Fleurs pédicellées, opposées, disposées en épi *tétragone terminal, court*, à la fin allongé ; bractées ovales-lancéolées, *membraneuses*, très-entières, *sessiles*, souvent rougeâtres, ciliées, beaucoup plus courtes que les fleurs. Calice hérissé-glanduleux, à lèvre inférieure persistante, réfléchie, de

la longueur du pédicelle. Corolle à lèvre supérieure d'un bleu violet; l'inférieure et le tube blanchâtres ; celui-ci insensiblement dilaté vers la gorge. Akènes grisâtres, verruqueux.

Cette plante passe pour fébrifuge.

Hab. dans les fentes des rochers, à l'Aigual (Requien), dans les Cévennes (Duby). ♃ Fl. juillet-août.

2. Sc. GALERICULATA *Lin. sp.* 835 , *Dec. fl. fr.* 3 , *p.* 572 ; *Lob. obs.* 186 , *fig. infer.; Tabern. ic.* 375 , *fig.* 2. — Racine fibreuse, à souche grêle, rameuse, radicante, produisant des tiges de 2-5 décim., dressées ou ascendantes, simples ou rameuses, glabres ou pubescentes. Feuilles brièvement pétiolées, *oblongues-lancéolées, cordiformes à la base,* lâchement crénelées, un peu rudes sur les bords, glabres ou pubescentes, pâles à la face inférieure. Fleurs brièvement pédicellées, axillaires, opposées, tournées du même côté, *non disposées en épi,* quelquefois plus longues que les feuilles florales. Calice glabre ou velu, réfléchi à la maturité, plus long que le pédicelle. Corolle bleue ou violacée, pubescente extérieurement, à tube grêle, insensiblement dilaté vers la gorge. Akènes fauves, tuberculeux.

Cette plante porte les noms vulgaires de *casside, centaurée bleue, grande toque, herbe judaïque, tertianaire;* elle est fébrifuge. Elle passe pour vermifuge, apéritive, stomachique.

Hab. les lieux humides, les bords des eaux à l'île de la Barandonne, près du Pont-St-Esprit; dans les prés du Contract, à Bellegarde. ♃ Fl. juin-août.

3. Sc. MINOR *Lin. sp.* 835 ; *Dec. fl. fr.* 3 , *p.* 572 ; *Lindern. hort. als. t.* 9 ; *Moris. hist. s.* 11 , *t.* 20 , *fig.* 8.—Cette espèce diffère de la précédente : par son port beaucoup moins élevé; par ses tiges plus grêles, presque toujours très-rameuses; par ses feuilles plus petites, presque sessiles, obtuses, *entières ou portant* 1-2 *dents de chaque côté, vers leur base;* par sa corolle beaucoup plus petite, à tube *droit,* un peu ventru à la base.

Hab. les champs marécageux à Gourdouze, non loin de Concoule. ♃ Fl. juillet-août.

26e g^re. **BRUNELLE. — BRUNELLA.** (Tournef. inst. 1, p. 182, t. 84.)

Calice tubuleux-campanulé, à 10 nervures, veiné-réticulé, à 2 lèvres ; la supérieure plane, large, tronquée, *à 3 dents courtes;* l'inférieure *à 2 lobes lancéolés.* Corolle à tube inclus ou peu saillant, garni en dedans *d'un anneau de poils;* à lèvre supérieure dressée, voûtée, entière, comprimée; l'inférieure étalée à 3 lobes; les latéraux oblongs, réfléchis; le moyen plus grand, arrondi, concave, crénelé. Étamines 4, rapprochées et parallèles sous la lèvre supérieure de la corolle; les deux inférieures plus longues, à filets divisés au sommet en 2 lobes, dont l'un portant l'anthère. Anthères rapprochées par paires, à lobes divergents. Akènes oblongs, subtrigones, fauves, lisses, glabres.

<table>
<tr><td rowspan="2">1.</td><td>Feuilles presque sessiles, linéaires, très-entières</td><td>HYSSOPIFOLIA.</td></tr>
<tr><td>Feuilles pétiolées, ovales ou oblongues, entières ou pinnatifides</td><td>2.</td></tr>
<tr><td rowspan="2">2.</td><td>Plante très-velue, grisâtre, à fleurs d'un blanc jaunâtre</td><td>ALBA.</td></tr>
<tr><td>Plantes médiocrement velues, à fleurs ordinairement purpurines</td><td>3.</td></tr>
<tr><td rowspan="2">3.</td><td>Corolle grande, 4 fois de la longueur du calice; dent moyenne de la lèvre supérieure du calice plus courte que les latérales</td><td>GRANDIFLORA.</td></tr>
<tr><td>Corolle moyenne, 1-3 fois de la longueur du calice; dent moyenne de la lèvre supérieure du calice égale aux latérales</td><td>VULGARIS.</td></tr>
</table>

1. **B. HYSSOPIFOLIA** *C. Bauh. pin.* 261; *Dec. fl. fr.* 3, *p.* 569; *Mut. fl. fr. t.* 52, *fig.* 386; *Moris. hist. s.* 11, *t.* 5, *fig.* 7. — Racine fibreuse, à souche rameuse, un peu radicante. Tiges de 1-3 décim., nombreuses, gazonnantes, ascendantes-dressées, simples ou rameuses, garnies, sur les angles, de poils ascendants. Feuilles sessiles ou presque sessiles, d'un vert foncé, un peu plus pâles en dessous, linéaires-lancéolées, glabres ou lâchement velues, très-entières, rudes, ciliées. Fleurs brièvement pédicellées, verticillées par 6 et disposées en épi serré, oblong ou ovale, terminal; bractées larges, arrondies, acuminées, blanchâtres-submembraneuses au centre, nerviées-ciliées, appliquées. Calice violet, glabre, hérissé inférieurement et sur les côtés, à lèvre supérieure à 3 dents écartées, mucronées, les latérales plus longues; à lèvre inférieure à 2 dents *très-profondes*, lancéolées, acuminées-mucronées, ciliées. Corolle violette, à lèvre supérieure hérissée sur le dos, à tube dilaté à la gorge. Étamines inférieures à filets, *portant vers leur sommet une pointe fine, subulée, arquée.*

Hab. les bords des vignes, des chemins, des torrents, aux environs de Nîmes, de Sauve, de Montpezat, de Blauzac, d'Alais, d'Anduze, de St-Ambroix, du Vigan, de Tresques. ♃ Fl. mai-juillet.

2. **B. VULGARIS** *Mœnch. meth.* 414; *Dec. fl. fr.* 3, *p.* 567; *Prunella vulgaris Lin. sp.* 837 *(excl. var.* B.*); Fl. dan. t.* 910; *Dod. pempt.* 136, *fig.* 1; *Tabern. ic.* 553, *fig.* 1. — Racine fibreuse. Tiges de 1-4 décim., couchées et radicantes à la base, ascendantes, rameuses, rarement simples, garnies sur les angles de poils ascendants. Feuilles écartées, un peu velues, plus pâles en dessous, ovales ou oblongues, entières, dentées ou quelquefois pinnatifides, *toutes pétiolées, excepté la paire supérieure* à la base de l'épi, qui est presque toujours sessile. Fleurs brièvement pédicellées, verticillées par 6 et disposées en épi serré, ovale ou oblong, terminal. Bractées larges, arrondies, acuminées, submembraneuses-blanchâtres au centre, nerviées, velues-ciliées. Calice souvent violet, glabre, hérissé inférieurement et sur les côtés; à lèvre supérieure à 3 dents *écartées*, mucronées, la

moyenne égalant ou dépassant les latérales ; à lèvre inférieure à 2 dents *très-profondes*, lancéolées, acuminées, mucronées, brièvement ciliées. Corolle violette, petite, à lèvre supérieure hérissée sur le dos. Étamines inférieures, à filets *portant vers leur sommet une pointe subulée, droite.*

VAR. A, *Genuina, Godr. fl. lorr.* 2, *p.* 211. Feuilles entières, sinuées ou dentées.

VAR. B, *Pinnatifida Godr. l. c.* Feuilles pinnatifides, surtout les supérieures. *Prunella laciniata, var.* Γ, *Lin. sp.* 837.

Cette plante porte les noms vulgaires de *brunette, petite consoude, charbonnière;* elle est astringente, vulnéraire, fébrifuge....................

Hab. les prés, les bois, les bords des fossés et des chemins, dans tout le département. ♃ Fl. juin-septembre.

3. **B. ALBA** *Pall. ap. Bieb. taur. cauc.* 2, *p.* 67; *B. laciniata Dec. fl. fr.* 3, *p.* 568; *Vaill. bot. par. t.* 5, *fig.* 1; *Lamk. ill. t.* 516, *fig.* 2; *Mut. fl. fr. t.* 52, *fig.* 385; *Clus. hist.* 2, *p.* 43, *fig.* 2. — Racine fibreuse. Tiges de 1-3 décim., couchées et un peu radicantes à la base, ascendantes, simples, plus rarement rameuses, abondamment couvertes, ainsi que les feuilles, de poils grisâtres. Feuilles ovales-oblongues, entières ou dentées ; les supérieures pinnatifides, quelquefois entières, toutes pétiolées, excepté la paire supérieure à la base de l'épi, qui est presque toujours sessile. Fleurs brièvement pédicellées, verticillées par 6 et disposées en épi serré, terminal, ovale ou oblong. Bractées larges, arrondies, acuminées, submembraneuses-blanchâtres au centre, nerviées, velues-ciliées. Calice rarement violet, glabre, hérissé inférieurement et sur les côtés ; à lèvre supérieure *repliée aux bords*, à dents écartées, mucronées, la moyenne dépassant les latérales ; à lèvre inférieure à 2 dents *très-profondes*, lancéolées-subulées, ciliées. Corolle d'un blanc jaunâtre, rarement purpurine, plus grande que dans l'espèce précédente, plus petite que dans la suivante. Étamines inférieures, à filets *portant vers leur sommet une pointe subulée-arquée.*

Hab. les terrains maigres, dans tout le département. ♃ Fl. juin-août.

4. **B. GRANDIFLORA** *Mœnch, meth.* 414; *Dec. fl. fr.* 3, *p.* 568; *Prunella vulgaris* B *Lin. sp.* 837; *P. grandiflora Jacq. austr.* 4, *p.* 40, *t.* 377; *Fl. dan. t.* 1,933; *Clus. hist.* 2, *p.* 43, *fig.* 1. — Racine fibreuse. Tiges de 1-4 décim., solitaires ou peu nombreuses, couchées et radicantes à la base, ascendantes, presque toujours simples, plus ou moins velues, un peu rudes. Feuilles pétiolées, écartées, ovales ou oblongues, quelquefois subcordiformes à la base, entières, sinuées-dentées ou rarement pinnatifides, légèrement velues, un peu pâles en dessous. Fleurs brièvement pédicellées, verticillées par 6 et disposées en épi

serré, oblong, terminal, très-rarement muni de 2 feuilles à sa
base. Bractées larges, arrondies-acuminées, submembraneuses-
blanchâtres au centre, nerviées, velues-ciliées. Calice violet,
glabre, hérissé inférieurement et sur les côtés; à lèvre supérieure
à dents *écartées*, mucronées, les latérales plus longues que la
moyenne; à lèvre inférieure *très-profonde;* lancéolées-subulées,
ciliées. Corolle d'un rouge violet, plus grande que dans les espèces précédentes, à lèvre supérieure légèrement hérissée sur le
dos. Étamines inférieures, à filets *portant vers leur sommet un
appendice obtus, très-court.*

Hab. les bois et les pacages à l'Espérou, au bois de Salbous, à Lanuejols,
au Vigan, à Concoule, à la Chartreuse de Valbonne. ♃ Fl. juin-août.

27° gre. BUGLE. — AJUGA. (Lin. sp. 785.)

Calice ovoïde-campanulé, à 5 dents presque égales. Corolle à
tube inclus ou saillant, *muni intérieurement d'un anneau de
poils;* à lèvre supérieure *très-courte, à 2 lobes ou à 2 dents;*
l'inférieure allongée, étalée, à 3 lobes; le moyen beaucoup plus
grand, échancré. Étamines 4, rapprochées et parallèles sous la
lèvre inférieure, qu'elles dépassent longuement; les deux inférieures plus longues. Anthères à 2 lobes divergents, à la fin
confluents. Akènes grisâtres, oblongs, un peu arqués en dedans,
glabres, réticulés-rugueux.

1. { Feuilles linéaires ou à 3 segments linéaires........ 2.
   { Feuilles ovales ou oblongues..................... 3.

2. { Feuilles toutes linéaires, velues-blanchâtres ...... **IVA.**
   { Feuilles supérieures à 3 segments linéaires, velues-
   {   verdàtres................................... **CHAMÆPITYS.**

3. { Souche pourvue de rejets rampants; tige velue sur
   {   deux faces................................. **REPTANS.**
   { Souche dépourvue de rejets rampants; tige velue
   {   sur les quatre faces....................... **GENEVENSIS.**

1. **A. REPTANS** *Lin. sp.* 785; *Dec. fl. fr.* 3, *p.* 512; *Lamk. ill.
t.* 501, *fig.* 2; *Drèves et Hayne, t.* 19; *Fuchs. hist.* 391, *ic.* —
Racine courte, tronquée, garnie de fibres, émettant de son collet
de nombreux rejets stériles, allongés, feuillés. Tige de 1-3 décim.,
dressée, simple, velue ou pubescente sur 2 faces opposées alternant d'un entre-nœud à l'autre. Feuilles glabres ou presque glabres, ovales ou oblongues, sinuées ou un peu crénelées; les radicales plus grandes, *persistantes,* étalées en rosette, longuement
atténuées en pétioles, les caulinaires presque sessiles, les florales
souvent colorées et entières. Fleurs brièvement pédicellées, verticillées par 6-12 et disposées en épi terminal *allongé,* feuillé,
interrompu à la base; les feuilles florales inférieures dépassant
les fleurs, *les supérieures plus courtes qu'elles.* Calice à dents
lancéolées-aiguës, longuement hérissées. Corolle bleue, rarement
rose ou blanche, à tube velu, un peu arquée en dehors,

égalant ou dépassant le calice ; lobe moyen de la lèvre inférieure plus long que les latéraux.

Cette plante porte les noms vulgaires de *consoude moyenne*, d'*herbe de St-Laurent* ; elle est très-vulnéraire et astringente.

Hab. les prés et les bords des fossés, dans tout le département. ♃ Fl. avril-juin.

2. **A. genevensis** *Lin. sp.* 785 ; *Dec. fl. fr.* 3, *p.* 513 ; *Riv. monop. irr. t.* 76. — Racine courte, tronquée, garnie de fibres. Tiges 2-4, de 1-4 décim., rarement solitaires, sans rejets stériles à leur base, simples, très-velues sur les quatre faces, dressées ou ascendantes. Feuilles velues ou pubescentes ; les radicales obovales ou oblongues, dressées, crénelées, atténuées en pétiole allongé, détruites au moment de la floraison dans la plante de la plaine, persistante dans celle des hautes montagnes où elle s'élève jusqu'à 4 décim. et porte des feuilles très-amples et d'un vert foncé ; les caulinaires moyennes plus grandes que les inférieures et les supérieures, toutes crénelées ou sinuées au sommet, quelquefois à 3 lobes, atténuées en coin à la base, mais plus longuement dans les inférieures, d'un vert clair, plus ou moins velues ; les florales sessiles, ordinairement colorées en bleu, crénelées, trilobées ou entières. Fleurs brièvement pédicellées, verticillées par 6-8, disposées en épi terminal, *allongé*, feuillé, *interrompu* à la base ou dans toute sa longueur. Calice hérissé-laineux, à dents inégales, lancéolées-aiguës. Corolle bleue, plus rarement rose ou blanche, velue extérieurement, à tube un peu arqué en dehors, plus long que le calice, à lèvre inférieure à lobe moyen plus long que les latéraux.

Mêmes propriétés que la précédente.

Hab. les prés, les bois, les haies, dans tout le département. ♃ Fl. avril-juin.

3. **A. chamæpitys** *Schreb. unilab. p.* 24 ; *Dec. fl. fr.* 3, *p.* 514 ; *Teucrium chamœpitys Lin. sp.* 787 ; *Fl. dan.* 733, *ic.* ; *Math. comm. ed. valg.* 940, *ic.* ; *Tabern. ic.* 385, *fig.* 1.—Racine pivotante. Tiges de 1-2 décim., nombreuses, herbacées, étalées-diffuses, simples ou rameuses dès la base, velues, un peu visqueuses, ainsi que les feuilles. Feuilles inférieures linéaires-oblongues, entières ou à trois lobes courts, rétrécies en pétiole, les supérieures sessiles, à 3 *lobes linéaires*-obtus, entiers, divergents. Fleurs presque sessiles, solitaires, opposées, axillaires, beaucoup plus courtes que les feuilles, disposées en grappe très-feuillée, un peu lâche, occupant toute la longueur des rameaux. Calice court, hérissé, à 5 dents inégales, lancéolées-aiguës. Corolle jaune, ponctuée de rouge sur la lèvre inférieure, velue extérieurement, à tube un peu plus long que le calice, à lèvre inférieure trilobée au sommet. Odeur aromatique résineuse.

Cette plante porte les noms vulgaires d'*ivette, petite ivette;* elle est apéritive, nervine, céphalique, tonique, fébrifuge.

Hab. les champs cultivés, les vignes, dans tout le département. (i) Fl. mai-octobre.

4. **A. iva** *Schreb. unilab. p.* 25; *Dec. fl. fr.* 3, *p.* 514; *Teucrium iva Lin. sp.* 787; *Cav. icon. t.* 120; *Clus. hist.* 2, *p.* 186, *fig.* 1; *Dod. pempt.* 47, *fig.* 1. — Racine épaisse, blanchâtre, rameuse, tortueuse. Tiges de 1-2 décim., nombreuses, la plupart couchées-ascendantes, ligneuses et très-rameuses à la base, très-velues-blanchâtres, ainsi que les feuilles et les calices. Feuilles nombreuses et rapprochées sur les rameaux, toutes sessiles, linéaires-lancéolées-obtuses, à dents *rares et écartées*, uninerviées; *les supérieures entières ou tridentées au sommet.* Fleurs presque sessiles, ordinairement solitaires, axillaires, opposées, beaucoup plus courtes que les feuilles ou les égalant, disposées en grappe très-feuillée, allongée, occupant en fruits et en fleurs presque toute de la longueur des rameaux. Calice à 5 dents peu inégales, brièvement lancéolées, un peu aiguës. Corolle assez grande, purpurine, ponctuée sur la lèvre inférieure ou d'un jaune blanchâtre, velue extérieurement, à tube en entonnoir saillant hors du calice, à lèvre inférieure à lobe moyen échancré, dépassant de beaucoup les latéraux et beaucoup plus grand qu'eux. Odeur musquée.

Vulgairement *ivette musquée;* mêmes propriétés que la précédente.

Hab. les lieux arides, contre les vieux murs, aux environs de Nimes, d'Uzès, de Montfrin; la var. à fleurs jaunes à Beaucaire. ♃ Fl. mai-juillet.

28ᵉ gʳᵉ. **GERMANDRÉE. — TEUCRIUM.** (Lin. gen. 706.)

Calice tubuleux ou campanulé, quelquefois renflé vers la base, à 5 dents presque égales ou la supérieure plus large en forme de lèvre. Corolle à tube très-court, *nu intérieurement*, à lèvre supérieure *à* 2 *lobes réfléchis* sur les côtés, vers la lèvre inférieure; celle-ci étalée, à 3 lobes dont le moyen beaucoup plus grand, concave, entier ou échancré. Étamines 4, saillantes avec le style, entre les deux lobes de la lèvre supérieure, les deux inférieures plus longues; anthères à 2 lobes divergents, à la fin confluents. Akènes ovoïdes-subglobuleux, glabres, réticulés-rugeux, rarement lisses.

1. { Fleurs axillaires ou en grappes.................... 2.
   { Fleurs en capitules terminaux.................... 6.

2. { Feuilles bipinnatifides........................... **BOTRYS.**
   { Feuilles simples, crénelées...................... 3.

3. { Fleurs disposées en grappes non feuillées, effilées,
   {   unilatérales, terminales; dent supérieure du calice
   {   très-large.................................... **SCORODONIA.**
   { Fleurs axillaires en grappes feuillées; dents du calice
   {   peu inégales................................. 4.

4. { Fleurs purpurines ou lilacées : tiges grêles . ascen-
    dantes........ .... 5.
   { Fleurs jaunâtres ; tige ligneuse, droite............ FLAVUM.

5. { Feuilles molles, sessiles ; plante herbacée-blanchâ-
    tre............................. .... SCORDIUM.
   { Feuilles un peu fermes, pétiolées ; plante verte,
    ligneuse à la base........................... CHAMÆDRYS.

6. { Feuilles très-entières, vertes en dessus, blanches-
    tomenteuses en dessous ; tiges couchées........ MONTANUM.
   { Feuilles crénelées, tomenteuses sur les deux faces ;
    tiges ascendantes.............................. 7.

7. { Sommité de la plante blanchâtre................. POLIUM.
   { Sommité de la plante d'un jaune doré............. AUREUM.

1. **T. BOTRYS** *Lin. sp.* 786 ; *Dec. fl. fr.* 3, *p.* 515 ; *Fusch.
hist.* 870, *ic.; Dod. pempt.* 46, *fig.* 2. -- Racine pivotante ou
rameuse, tortueuse. Tiges de 1-3 décim., rameuses, rarement
simples, ascendantes, velues ou pubescentes, la centrale droite.
Feuilles molles, *pétiolées*, pubescentes-glanduleuses, d'un vert
un peu pâle en dessous, *bipinnatifides*, à lobes courts, obtus.
Fleurs pédicellées, en demi-verticilles axillaires, de 4-6, souvent
déjetées d'un seul côté, disposées en grappes feuillées, terminales,
allongées. Calice pubescent, assez ample, veiné-réticulé, gibbeux
antérieurement, à la base, à 5 dents triangulaires-acuminées.
Corolle rougeâtre, à lobes latéraux acuminés. Akènes bruns,
alvéolés. Odeur forte, peu agréable.

Vulgairement *germandrée femelle ;* les feuilles et les sommités fleuries
sont toniques, incisives, fébrifuges.

Hab. les décombres, les champs cultivés, les vignes, dans tout le département. ① Fl. juillet-octobre.

2. **T. SCORDIUM** *Lin. sp.* 790 ; *Dec. fl. fr.* 3, *p.* 517 ; *Bull.
méd. t.* 205 ; *Fuchs. hist.* 776, *ic.; Dod. pempt.* 126, *fig. infér.;
Cam. épit.* 588, *ic.* — Souche *grêle, longuement traçante*, produisant un grand nombre *de stolons allongés, garnis de petites
feuilles peu développées.* Tiges de 1-4 décim., herbacées, faibles,
couchées et radicantes à la base, dressées ou ascendantes, très-
rameuses, souvent pyramidales, feuillées jusqu'au sommet,
mollement pubescentes, grisâtres ainsi que les feuilles et les
calices. Feuilles *sessiles*, molles, oblongues, dentées en scie, à
dents aiguës ou obtuses. Fleurs pédicellées, géminées, axillaires,
déjetées d'un seul côté. Calice petit, gibbeux antérieurement, à la
base, à dents lancéolées-aiguës. Corolle violacée, à lobes latéraux petits, lancéolés. Akènes petits, bruns, réticulés-rugueux.
Odeur forte, alliacée.

Vulgairement *chamarras, germandrée aquatique;* mêmes propriétés que
la précédente. C'est cette plante qui joue un grand rôle dans la confection
du *dioscordium.*

Hab. les marais et les fossés, à Jonquières, à Bellegarde, à St-Gilles, à la
Capelle. ♃ Fl. juin-septembre.

3. T. scorodonia *Lin. sp.* 789 ; *Dec. fl. fr.* 3 , *p.* 516 ; *Fl. dan. t.* 485 ; *Dod. pempt.* 291 , *ic.* — Racine fibreuse ; souche stolonifère, radicante. Tiges de 3-5 décim., nombreuses, prenant naissance sur la même souche, dressées, raides, velues ou pubescentes, rameuses au sommet, à rameaux ouverts, les supérieurs dressés. Feuilles ovales ou oblongues, cordiformes à la base, pubescentes, réticulées-rugueuses, blanchâtres en dessous, crénelées-dentées. Fleurs brièvement pédicellées, solitaires, à l'aisselle de petites bractées, ovales-acuminées, atténuées à la base, dépassant à peine les pédicelles, disposées unilatéralement en grappes grêles, allongées, terminales, plus ou moins nombreuses, rapprochées en panicule. Calice *pubescent*, incliné et veiné-réticulé à la maturité, gibbeux antérieurement, à la base, à lèvre supérieure formée d'une dent *large*, ovale, concave, brièvement mucronée ; l'inférieure à 4 dents aristées. Corolle jaunâtre, pubescente en dehors, à tube *saillant* hors du calice. Akènes petits, noirâtres, lisses. Odeur légèrement alliacée.

Vulgairement *baume sauvage, germandrée sauvage, sauge des bois.* Ses feuilles et ses sommités fleuries sont toniques, vulnéraires, fébrifuges, et bonnes dans l'hydropisie.

Hab. les bois, les châtaigneraies, les terrains incultes, dans toute la partie élevée du département. ♃ Fl. juin–septembre

4. T. chamædrys *Lin. sp.* 790 ; *Dec. fl. fr.* 3, *p.* 518 ; *Riv. monop. irr. t.* 10 , *fig.* 2 ; *Cam. epit.* 567, *ic.* ; *Tabern. ic.* 377 , *fig.* 2. — Souche ligneuse, très-rameuse, longuement traçante, produisant des stolons grèles, jaunâtres. Tiges de 1-2 décim., nues et couchées à la base, ascendantes, rameuses, à rameaux *velus* ou pubescents, formant de larges gazons. Feuilles un peu coriaces, ovales ou oblongues, décurrentes sur un pétiole court, presque *incisées-crénelées*, luisantes en dessus, pâles et *pubescentes* en dessous, ciliées souvent sur la décurrence. Fleurs pédicellées, ordinairement géminées, axillaires, rapprochées au sommet des rameaux en grappes *feuillées, peu allongées,* souvent unilatérales. Calice assez ample, un peu coloré, *pubescent*, un peu gibbeux antérieurement, à la base, à dents presque égales, lancéolées, acuminées, inégalement ciliées. Corolle rose ou purpurine, rarement blanche, velue en dehors, à lobes de la lèvre supérieure ciliés, à lobe moyen de la lèvre inférieure très-large, concave, *ovale-cunéiforme.* Akènes bruns, rugueux, papilleux au sommet ; saveur amère.

Vulgairement *petit chêne, herbe des fièvres :* en patois, *pichot chaîne, pichot roure.* Ses sommités sont toniques, stomachiques, fébrifuges.

Hab. les bois, les bords des champs, dans tout le département. ♃ Fl. juin-septembre.

5. T. flavum *Lin. sp.* 791 ; *Dec. fr.* 3, *p.* 519 ; *Riv. monop.*

irr. t. 10; *Fuchs. hist.* 829, *ic.*; *Moris. hist. s.* 11, *t.* 22, *fig.* 1.—
Racine rameuse, garnie de fibres nombreuses. Tiges de 2-5 décim.,
ligneuses et dégarnies à la base, rameuses à la base et souvent au
sommet des rameaux; ceux-ci dressés, couverts d'une *pubescence
grisâtre.* Feuilles pétiolées, ovales-obtuses ou un peu pointues,
fortement crénelées, entières et cunéiformes à la base; les inférieures *presque tronquées à la base;* toutes un peu épaisses,
pubescentes en dessus, *plus pâles et veloutées en dessous;* les
florales sessiles, lancéolées, concaves, entières. Fleurs assez
longuement pédicellées, géminées, ternées ou quaternées, axillaires, dépassant les feuilles florales, disposées en grappes terminales, feuillées, un peu lâches, plus ou moins allongées. Calice
assez ample, *velu, un peu glanduleux*, légèrement gibbeux
antérieurement, à la base, à dents très-peu inégales, lancéolées-
acuminées. Corolle jaunâtre, hérissée extérieurement, à lobe
moyen de la lèvre inférieure arrondi, concave, marqué, ainsi
que les lobes latéraux, de quelques points rouges. Akènes bruns,
presque lisses, un peu papilleux au sommet. Odeur forte.

Vulgairement *pouliot jaune;* mêmes propriétés que la précédente.

Hab. au bas des rochers, le long du Gardon, à St-Laurent-le-Minier, aux
environs d'Anduze. ♄ Fl. juillet-août.

6. **T. montanum** *Lin. sp.* 791; *Dec. fl. fr.* 3, *p.* 520; *Sm. et
Sibth. fl. gr. t.* 534; *Clus. hist.* 363, *fig.* 1-2. — Racine pivotante, à souche ligneuse, *brièvement rameuse*, donnant naissance à un grand nombre de tiges longues de 1-2 décim., dures,
couchées circulairement sur la terre, très-rameuses, à rameaux
grêles, pubescents, garnis de feuilles jusqu'au sommet. Feuilles
raides, *lancéolées-linéaires, brièvement pétiolées, atténuées à la
base, très-entières*, roulées en dessous par les bords, uninerviées,
vertes en dessus, *blanches-tomenteuses en dessous.* Fleurs brièvement pédicellées, rapprochées en têtes déprimées, terminales,
souvent très-fournies, munies, à leur base, de feuilles réunies.
Bractées linéaires-lancéolées, presque de la longueur du calice.
Celui-ci pubérulent, légèrement gibbeux à la base, à dents *lancéolées, acuminées-subulées.* Corolle blanchâtre ou jaunâtre, à
lobes de la lèvre supérieure *oblongs, obtus;* le moyen de la lèvre
inférieure *obovale*, concave. Akènes bruns, alvéolés.

Vulgairement *thym blanc;* mêmes propriétés.

Hab. les terrains maigres et pierreux, aux environs de Nîmes, de Bouquet,
d'Uzès, de Tresques, d'Alais, de St-Ambroix, d'Anduze. ♃ Fl. juin-août.

7. **T. aureum** *Schreb. unilab. p.* 43; *T. flavicans Dec. fl.
fr.* 3, *p.* 521 *(excl. var.);* *Cav. ic. rar. t.* 117; *Clus. hist.* 361,
fig. 2; *Dod. pempt.* 283, *fig.* 1. — Racine *rameuse, perpendiculaire.* Tiges de 1-2 décim., très-rameuses, couchées, nues
et ligneuses à la base, rarement dressées; à rameaux *ascendants*,

couverts d'un coton blanc très-épais. Feuilles *sessiles*, molles, épaisses, *oblongues-obtuses*, profondément *crénelées*, *entières à la base*, roulées en dessous par les bords, très-cotonneuses, verdâtres à la face supérieure, blanchâtres à l'inférieure; les supérieures d'un jaune plus ou moins foncé. Fleurs presque sessiles, rapprochées en capitules serrés, ovales ou oblongs, réunis au sommet des rameaux ou souvent solitaires, colorés en jaune plus ou moins doré. Bractées oblongues-obtuses, atténuées en pétiole très-court, plus courtes que les fleurs. Calice campanulé, *très-velu*, à dents *inégales*, *carénées; la supérieure large, aiguë, les autres plus étroites, acuminées.* Corolle jaune ou blanche, à lobes de la lèvre supérieure hérissés, *arrondis;* le moyen de la lèvre inférieure *ovale, échancré sur les côtés, tronqué et auriculé à la base.* Akènes bruns, réticulés-excavés, hérissés de quelques poils au sommet. Odeur forte, aromatique.

Hab. les terrains arides, à Nimes, Manduel, Montdardier, Alais, Saint-Ambroix, Anduze. ♄ Fl. juin-août.

8. **T. POLIUM** *Lin. sp.* 792 *(excl. var. A.); Dec. fl. fr.* 3, *p.* 521; *Sm. et Sibth. fl. gr. t.* 535; *Plenk. ic. pl. méd. t.* 481.— Racine et tige comme dans la précédente. Feuilles plus étroites et plus brièvement tomenteuses, les supérieures non colorées en jaune. Fleurs rapprochées en capitules très-serrés, ovales ou globuleux, pédonculés, médiocres, disposés en forme de panicule, *couverts d'un coton blanc, court, serré;* quelquefois les capitules sont solitaires au sommet des rameaux, alors ils sont d'une plus grande dimension; bractées oblongues-obtuses, atténuées en pétiole, plus courtes que les fleurs. Calice campanulé, cotonneux, à dents *inégales, courtes;* la supérieure *large,-obtuse*, les autres *plus étroites, aiguës.* Corolle blanche, à lobes de la lèvre supérieure pubescents, *ovales;* le moyen de la lèvre inférieure ovale, tronqué à la base, concave, hérissé en dessous. Akènes bruns, réticulés-excavés. Odeur forte, aromatique.

Hab. les lieux arides, sablonneux, dans tout le département ♄ Fl. mai-août.

LXXXIIIe Fam. **ACANTHACÉES.**

ACANTHACEÆ. (R. br. prod. p. 472.)

Fleurs hermaphrodites, irrégulières. Calice persistant, à 4-5 divisions. Corolle insérée sur le réceptacle, gamopétale, caduque, à une seule lèvre inférieure, trilobée. Étamines 4, dont 2 plus courtes, insérées sur le tube de la corolle, rapprochées par paire. Anthères uniloculaires, à déhiscence longitudinale. Ovaire libre, à 2 loges, mono ou dispermes, surmonté d'un style simple, filiforme; stigmate bifide. Capsule coriace, à 2 loges monospermes, à 2 valves élastiques, entières ou à 2 divisions, auxquelles sont soudées longitudinalement les moitiés de la cloison, entraînées par la déhiscence qui s'opère du sommet à la base. Graines subglobuleuses, sans périsperme. Cotylédons foliacés.

1er gre. ACANTHE. — ACANTHUS. (Tournef. inst. t. 80.)

Calice presque à 2 lèvres, à 4 divisions; les latérales très-petites, la supérieure et l'inférieure très-amples. Corolle à une seule lèvre inférieure à 3 lobes, à tube court, garni de poils. Anthères velues en avant.

1. **A. MOLLIS** *Lin. sp.* 891; *Dec. fl. fr.* 3, *p.* 493; *Lamk. ill. t.* 550, *fig.* 2; *Fuchs. hist.* 52, *ic.; Dod. pempt.* 719, *fig.* 1. — Racines rougeâtres, très-étendues horizontalement. Tige de 4-6 décim., robuste, ferme, simple, droite, glabre ou pubescente. Feuilles glabres, très-amples, oblongues, sinuées, pinnatifides, à 2 lobes larges, anguleux, dentés-mucronés, non épineux, ciliolés, confluents, mais distincts à la base de la feuille. Fleurs très-grandes, sessiles, alternes ou éparses sur la moitié supérieure de la tige. Calice divisé presque jusqu'à la base en 4 parties: les deux latérales très-petites; la supérieure très-grande, oblongue, concave, à 3 dents peu profondes au sommet, enveloppant les étamines, à nervures saillantes; l'inférieure bien plus courte que la supérieure, rétrécie vers son milieu, à 2 lobes, à 2 ou plusieurs dents mucronées, à 2 nervures longitudinales très-saillantes; bractées 3, à la base du calice; l'extérieure grande, blanche à la base, nerviée, oblongue, bordée de dents longues, épineuses, les deux latérales étroites, lancéolées, presque épineuses. Corolle très-grande, blanche, à tube court, prolongé par une lèvre inférieure dépassant le calice, élargie et à 3 lobes au sommet, rétrécie inférieurement. Étamines 4, plus courtes que la lèvre de la corolle, à filets épais, glabres, luisants, sinués; anthères oblongues, droites, comprimées, velues antérieurement. Capsule glabre, obovale.

Cette belle plante est connue sous les noms vulgaires de *branc-ursine, grande berce, patte-d'ours;* elle est émolliente, peu usitée. Elle est employée, en Italie, contre la morsure de la tarentule. Ce sont ses feuilles qui ont servi de modèle pour orner les chapiteaux des colonnes de l'ordre corinthien.

Hab. au pied des anciens remparts de Nîmes, au chemin d'Alais, aux bords du Gardon, à Anduze, dans le parc d'Uzès. ♃ Fl. mai-juillet.

LXXXIVᵉ Fam. **VERBÉNACÉES.**

VERBENACEÆ. (Juss. ann. mus. 7, p. 63.)

Fleurs hermaphrodites, ordinairement irrégulières. Calice tubuleux, persistant, à 4-5 divisions soudées. Corolle gamopétale, tubuleuse, caduque, insérée sur le réceptacle, subbilabiée, à 5 lobes. Étamines 4, dont 2 plus courtes, insérées sur le tube de la corolle, tantôt toutes fertiles, tantôt les deux supérieures dépourvues d'anthères. Anthères bilobées, à déhiscence longitudinale. Ovaire libre, à 2-4 loges, à ovules droits ou réfléchis, solitaires ou géminés. Style indivis, terminal; stigmate simple ou bifide. Fruit sec ou un peu charnu, à 4 loges monospermes. Graines dressées. Périsperme nul. Embryon droit, radicule infère. Feuilles opposées. Stipules nulles.

1ᵉʳ gʳᵉ. VERVEINE. — VERBENA. (Tournef. inst. t. 94.)

Calice à 5 dents, se fendant à la maturité par les soudures des sépales. Corolle à tube ordinairement courbé, à limbe à 5 divisions presque égales, formant presque 2 lèvres; la supérieure échancrée, l'inférieure à 3 lobes. Étamines renfermées dans le tube de la corolle. Capsule se séparant en 4 carpelles monospermes.

1. **V. officinalis** *Lin. sp.* 29; *Dec. fl. fr.* 3, *p.* 503; *Lamk. ill. t.* 17, *fig.* 1; *Drèves et Hayne*, *pl. d'Eur. t.* 45; *Clus. hist.* 2, *p.* 45, *fig.* 2; *Math. com. valg. p.* 1,052, *ic.* — Racine brunâtre, fibreuse, produisant de son collet une ou plusieurs tiges de 4-8 décim., droites, raides, rameuses supérieurement, glabres, souvent rougeâtres, tétragones, un peu rudes sur les angles, striées, canaliculées alternativement d'un entre-nœud à l'autre; rameaux dressés, effilés. Feuilles ovales ou oblongues, crénelées, incisées ou laciniées-pinnatifides, rétrécies en pétiole ailé, rudes-pubescentes, ridées, à nervures très-saillantes en dessous. Fleurs petites, violacées, sessiles à l'aisselle de bractées ciliées, plus courtes que le calice, disposées en épis lâches, effilés, interrompus vers la base. Calice dressé, pubescent-anguleux, à dents courtes, aiguës. Corolle plus longue que le calice, à tube cylindrique, à lobes obtus. Carpelles brunâtres, oblongs, striés-anastomosés à l'extérieur, à commissure blanchâtre, granuleuse. Saveur amère.

Cette plante est connue sous les noms vulgaires d'*herbe du foie*, d'*herbe sacrée*; en patois, *berbena*. Elle est astringente, résolutive, fébrifuge; inusitée.

Hab. les bords des chemins, les champs incultes, dans tout le département. ♃ Fl. juin-octobre.

Le *vitex agnus-castus Lin. sp.*, vulgairement *poivre sauvage, petit poivre,* de la famille des verbénacées, indiqué par Mutel, *Fl. fr.*, dans les environs de Bellegarde, et ayant été observé par nous sur les bords du Rhône, non loin de ce village, en 1808, aura probablement été détruit, puisque nos courses récentes et multipliées dans cette localité, pour y constater d'une manière sûre son existence, ont été infructueuses. Cet arbrisseau est cultivé dans quelques jardins.

On cultive dans les parterres le *lippia citriodora Kunth.*, vulgairement *verveine citronnelle,* de la même famille. Arbrisseau remarquable par ses

feuilles lancéolées, ternées, exhalant une odeur de citron très-forte. On se
sert des feuilles en guise de thé.

LXXXV⁰ Fam. **PLANTAGINÉES.**

PLANTAGINEÆ. (Juss. gen. 89.)

Fleurs hermaphrodites, *régulières*, rarement unisexuelles.
Calice persistant, à 4 sépales soudés à la base, à 3 sépales déjetés
d'un seul côté dans les fleurs femelles, imbriqués dans le bouton.
Corolle marcescente, insérée sur le réceptacle, monopétale,
tubuleuse, à 4 lobes réguliers, scarieux, imbriqués avant l'épanouissement. Étamines 4, alternes avec les lobes de la corolle,
très-saillantes, insérées sur le tube de la corolle ou sur le réceptacle. Anthères bilobées, à déhiscence longitudinale. 1 style capillaire; 1 stigmate subulé. Ovaire libre, supère. Capsule s'ouvrant
circulairement, à 2-4 loges formées par un placenta central, à 2
ou à 4 ailes, rarement uniloculaire, monosperme, indéhiscente,
osseuse. Graines solitaires ou plusieurs dans chaque loge, dressées, peltées. Embryon droit, au centre d'un périsperme corné ;
cotylédons convexes. Fleurs sessiles, en épis, rarement solitaires.

1ᵉʳ gʳᵒ. **PLANTAIN. — PLANTAGO.** (Lin. gen. 142.)

Fleurs *hermaphrodites*, disposées en épi. Calice à 4 divisions
profondes. Corolle *tubuleuse*, à 4 lobes réfléchis. Étamines insérées sur le tube de la corolle. Capsule membraneuse, à 2-4 loges.
Graines fixées au milieu de la cloison. Fleurs en épis plus ou
moins allongé.

1. Plantes à hampes nues; feuilles radicales......... 2.
   Plantes à tige rameuse, feuillée................. 16.

2. Feuilles entières ou peu dentées; capsule biloculaire.................................... 3.
   Feuilles pinnatifides ou bipinnatifides, rarement
   dentées ou entières; capsule triloculaire........ CORONOPUS.

3. Feuilles ovales ou ovales-lancéolées, n'étant pas
   4 fois plus longues que larges.................. 4.
   Feuilles lancéolées ou linéaires, plus de 4 fois plus
   longues que larges............................. 7.

4. Capsule à 2 loges monospermes.................... MEDIA.
   Capsule à 2 loges bispermes ou polyspermes....... 5.

5. 2 graines dans chaque loge....................... CORNUTI.
   4-8 graines dans chaque loge..................... 6.

6. Corolle à lobes ovales-obtus; feuilles très-amples.. MAJOR.
   Corolle à lobes lancéolés-aigus; feuilles moyennes. INTERMEDIA

7. Tube de la corolle velu; graines planes sur la face
   interne.................................... 8.
   Tube de la corolle glabre; graines canaliculées sur
   la face interne................................ 12.

8. Feuilles épaisses, charnues ou coriaces.......... 9.
   Feuilles ni épaisses ni charnues................. 11.

9. { Lobes latéraux du calice à carène membraneuse;
      capsule ovale-obtuse....................... CRASSIFOLIA.
   { Lobes latéraux du calice à carène tranchante, non
      membraneuse ; capsule oblongue, aiguë........ 10.

10. { Feuilles creusées en gouttière.................. MARITIMA.
    { Feuilles planes............................... SERPENTINA.

11. { Feuilles raides, filiformes-trigones.............. CARINATA.
    { Feuilles molles, lancéolées-linéaires............. ALPINA.

12. { Épi velu ou soyeux........................... 13.
    { Épi glabre.................................. 15.

13. { Bractées orbiculaires; graines rugueuses.......... MONTANA.
    { Bractées lancéolées-acuminées; graines lisses..... 14.

14. { Lobes latéraux du calice carénés; lobes de la corolle
       velus sur le dos : épis ovales, soyeux........... LAGOPUS.
    { Lobes latéraux du calice non carénés; lobes de la
       corolle glabres : épis oblongs, velus............. BELLARDI.

15. { Bractées très-colorées vers la base, glabres sur le
       dos; feuilles couvertes de longs poils soyeux,
       argentés.................................... ARGENTEA.
    { Bractées noirâtres et velues sur le dos : feuilles dé-
       pourvues de poils soyeux, argentés............. LANCEOLATA.

16. { Plante vivace, frutescente...................... CYNOPS.
    { Plantes annuelles, herbacées.................... 17.

17. { Bractées toutes semblables, ainsi que les divisions
       du calice.................................... PSYLLIUM.
    { Bractées de deux formes, ainsi que les divisions du
       calice....................................... ARENARIA.

1. **P. MAJOR** *Lin. sp.* 163 ; *Dec. fl. fr.* 3, *p.* 408 ; *Lamk. ill.
t.* 85 ; *Drèves et Hayne, pl. d'Eur. t.* 25 ; *Fuchs. hist.* 38, *ic.* —
Racine fibreuse, à souche épaisse, brune, courte. Hampes de 2-5
décim., dressées ou ascendantes, cylindriques ou un peu comprimées, pubescentes, un peu rudes, ordinairement beaucoup plus
longues que les feuilles ; celles-ci dressées ou étalées, ordinairement très-amples, ovales ou oblongues, entières, ondulées ou lâchement dentées, plus ou moins brusquement contractées en pétiole
élargi à la base, un peu *épaisses*, glabres ou un peu pubescentes,
un peu âpres en dessous, à 3-5-7 nervures saillantes en dessous, convergentes au sommet. Fleurs sessiles, en épi cylindrique, allongé, serré, lâche vers la base, atténué supérieurement.
Bractées ovales, concaves, carénées, membraneuses-blanchâtres
sur les bords. Calice à lobes obtus. Corolle blanchâtre, à tube
glabre, à lobes obtus. Capsule ovoïde, dépassant le calice, à 2
loges contenant chacune 4-8 *graines* roussâtres, oblongues, convexes extérieurement, planes sur la face interne.

Cette plante est connue sous les noms patois d'*herba dé cinq-costas*, de
plantajé. Ses racines et ses feuilles sont astringentes, vulnéraires, antiophthalmiques; ses graines émollientes. On applique les feuilles entières sur
les plaies et les ulcères. On donne les épis aux petits oiseaux.

Hab. les bords des chemins et des fossés, dans tout le département.
♃ Fl. mai-octobre.

2. P. intermedia *Gilib. pl. europ.* 1, *p.* 125 ; *Dec.! fl. fr.* 5, *p.* 376 ; *Godr. et Gren. fl. fr.* 2, *p.* 720. — Racine brune, pivotante, fibreuse. Hampes de 5-15 centim., couchées à la base, ascendantes supérieurement, cylindriques ou comprimées, grêles, velues, ordinairement plus longues que les feuilles ; celles-ci *molles*, velues, couchées, en rosette, ovales ou oblongues, irrégulièrement dentées, à 3-5 nervures saillantes en dessous, convergentes au sommet, rétrécies en pétiole court, élargi à la base. Fleurs presque sessiles, en épi grêle, médiocrement allongé, peu serré, interrompu à la base, cylindrique, presque obtus au sommet. Bractées ovales-obtuses, concaves, carénées, un peu membraneuses sur les bords, plus courtes que le calice, à lobes obtus. Corolle blanchâtre, à tube glabre, à lobes *aigus*. Capsule ovoïde, dépassant le calice, à 2 loges contenant chacune 4-8 *graines* roussâtres, ovoïdes, convexes extérieurement, planes sur la face interne.

Hab. les champs humides et sablonneux voisins de l'étang de Jonquières, à Bellegarde, sur les bords des ruisseaux et des rivières, à Alais. ♃ Fl. juillet-octobre.

3. P. Cornuti *Gouan, ill. p.* 6 ; *Dec. fl. fr.* 5, *p.* 376 ; *Godr. et Gren. fl. fr.* 2, *p.* 720 ; *Cornut. canad. p.* 163, *ic.* — Souche épaisse, courte, couverte de fibres. Hampes de 3-6 décim., raides, dressées, cylindriques, striées, glabres ou parsemées de quelques petits poils vers la base, deux fois et plus de la longueur des feuilles. Feuilles dressées, amples, ovales-lancéolées, charnues, glabres, luisantes, très-entières, atténuées en un long et étroit pétiole strié, élargi à la base, où il est garni de poils roux, touffus. Fleurs sessiles, en épi cylindrique, allongé, un peu écartées à la base, entremêlées de fleurs stériles. Bractées ovales-obtuses, noires, à bords scarieux-brunâtres. Calice à lobes obtus, dépassant la bractée. Corolle blanchâtre, à tube glabre, à lobes *acuminés-aigus*. Capsule ovoïde, à 2 loges contenant chacune 2 *graines brunes, ovales,* planes sur la face interne, convexes extérieurement, *séparées par une demi-cloison, naissant du milieu de la cloison principale.*

Hab. les prairies salines à Aigues-Mortes. ♃ Fl. juin-août.

4. P. media *Lin. sp.* 163 ; *Dec. fl. fr.* 3, *p.* 409 ; *Fl. dan.,* *t.* 581 ; *Clus. hist.* 2, *p.* 109, *fig.* 1 ; *Trag. stirp.* 126, *fig.* 1 ; *Dod. pempt.* 107, *fig. inf. dext.* — Souche brune, pivotante ou tronquée, garnie de fibres filiformes. Hampes de 2-4 décim., couchées à la base, puis brusquement redressées, cylindriques, légèrement striées, plus ou moins velues, 4-5 fois plus longues que les feuilles. Feuilles ovales-lancéolées, entières ou lâchement dentées, d'un vert blanchâtre, velues sur les deux faces, à 5-7 ou 9 nervures très-saillantes en dessous, convergentes au sommet,

atténuées en pétiole court, ailé, disposées en rosette appliquée
sur la terre. Fleurs un peu odorantes, sessiles, en épi oblong-
cylindrique, serré, obtus, blanchâtre. Bractées ovales-obtuses,
concaves, entourées d'une membrane large, blanchâtre, plus
courte que le calice; celui-ci à lobes obtus. Corolle à tube glabre,
à lobes *ovales-lancéolés-obtus*, blanche, à étamines violettes,
très-saillantes. Capsule ovoïde, à 2 loges contenant chacune *une
graine* roussâtre, *ovale*, convexe extérieurement, plane sur la
face interne.

Vulgairement *plantain blanc, langue-d'agneau ;* mêmes propriétés que le
N° 1

Hab. les prés secs, les bords des chemins, aux environs du Vigan, et toute
la partie élevée du département. ♃ Fl. mai-août.

5. **P. CORONOPUS** *Lin. sp.* 166 ; *Dec. fl. fr.* 3, *p.* 417 ; *Fl.
dan. t.* 272 ; *Dod. pempt.* 109, *fig.* 1; *Fuchs. hist.* 449, *ic.* —
Racine brune, *pivotante, profonde.* Hampes de 5-25 centim.,
étalées-ascendantes, rarement dressées, cylindriques, plus ou
moins velues, à poils appliqués, plus longues que les feuilles.
Feuilles ordinairement pinnatifides, à lobes linéaires ou lancéolés-acuminés, entiers ou dentés, quelquefois linéaires, entieres
ou dentées, hérissées sur les deux faces, plus rarement glabres
ou ciliées, disposées en rosette étalée, rarement dressée. Fleurs
presque sessiles, en épi grêle, cylindrique, un peu serré, long
de 2-5 centim. Bractées ovales-acuminées, membraneuses-
blanchâtres aux bords, ciliées au sommet. Calice à lobes latéraux
portant *une carène dorsale membraneuse, ciliée,* largement membraneux sur les bords. Corolle jaunâtre, à tube velu, à lobes
ovales-lancéolés-aigus. Capsule *ovoïde,* surmontée d'un reste du
style, égale au calice, à 3-4 loges monospermes. Graines brunâtres, *petites,* ovales, planes sur la face interne. Plante très-
variable, selon la localité ; quelquefois les épis sont rameux.

Vulgairement *corne-de-cerf, pied-de-corbeau;* mêmes propriétés.
Hab. les terrains sablonneux, dans tout le département. ② Fl. mai-
octobre.

6. **P. CRASSIFOLIA** *Forsk. fl. ægypt. p.* 31; *P. maritima
Dec. fl. fr.* 3, *p.* 412 ; *Godr. et Gren. fl. fr.* 2, *p.* 722 ; *J. Bauh.
hist.* 3, *p.* 511, *fig. infer.* — Racine brune, *courte, tronquée,
garnie de fibres allongées,* épaisses, simples, quelquefois fusiformes et fasciculées ; à souche écailleuse, souvent allongée en
forme de tige. Hampes de 1-3 centim., dressées ou étalées, cylindriques, garnies de poils courts, appliqués, environ 2 fois de la
longueur des feuilles. Feuilles linéaires, *demi-cylindriques,
charnues, presque planes en dessus,* brusquement et largement
dilatées à la base, où elles sont garnies de poils roussâtres, abondants ; entieres, glabres ou lâchement ciliées, dressées ou étalées,

droites ou courbées. Fleurs sessiles-appliquées, en épi cylindrique de 2-5 centim., assez serré. Bractées ovales-aiguës, membraneuses sur les bords, d'un brun rougeâtre, plus courtes que le calice ; celui-ci à lobes latéraux largement membraneux sur les bords, portant *une carène dorsale membraneuse, ciliée.* Corolle à tube velu, à lobes blanchâtres, hyalins, lancéolés-aigus. Capsule *ovale-obtuse, terminée en pointe,* à 2 loges monospermes. Graines brunâtres, oblongues, planes sur la face interne.

Hab. les pacages à Aigues-Mortes. 4 Fl. mai-septembre.

7. **P. maritima** *Lin. fl. suec. p.* 46 ; *P. graminea Lamk. ill. p.* 342 ; *Dec. fl. fr.* 3, *p.* 413 ; *Dod. pempt.* 108, *ic.* — Cette espèce diffère de la précédente : par ses feuilles, planes, canaliculées en dessus, atténuées vers leur sommet et entre leur base et leur milieu, entières ou le plus souvent pourvues de quelques dents linéaires, écartées, plus ou moins étalées et saillantes ; par ses bractées, brunes, mais non rougeâtres, lancéolées-aiguës, carénées, à bords moins largement membraneux, de la longueur du calice ; par les lobes latéraux de son calice, à carène non membraneuse ; par sa capsule, oblongue-aiguë.

Hab. les bords des chemins, à Sauve, à Serviers ; les bords du Vidourle, à Quissac. 4 Fl. juin-septembre.

8. **P. serpentina** *Vill. Dauph.* 2, *p.* 304 ; *Godr. et Gren. fl. fr.* 2, *p.* 724 ; *Pl. coronopus var. integralis Dec. fl. fr.* 5, *p.* 378. — Racine *dure, pivotante-sinueuse,* très-profonde, à souche épaisse, ligneuse, brune, rameuse, garnie d'écailles. Hampes cylindriques, dressées ou étalées, garnies de poils courts, appliqués, environ 2 fois de la longueur des feuilles. Feuilles linéaires-aiguës, *atténuées vers la base et le sommet,* épaisses, *raides, planes,* glabres, glauques, velues ou seulement brièvement ciliées, étroitement transparentes sur les bords, entières ou portant vers leur sommet 1-2 dents linéaires, étalées. Fleurs sessiles, en épi cylindrique de 2-6 centim., serré. Bractées concaves, lancéolées-acuminées, ordinairement plus longues que les fleurs, à carène dorsale non membraneuse, à bordure très-étroite, membraneuse, brièvement ciliée. Calice à lobes latéraux ovales-obtus, largement membraneux sur les bords, un peu ciliés vers le sommet, portant une carène dorsale tranchante, *herbacée,* dentelée. Corolle blanchâtre, à tube velu, à lobes lancéolés-apiculés. Capsule *oblongue-conique-aiguë,* à 2 loges *monospermes.* Graines brunes, oblongues, planes sur la face interne.

Hab. les fentes des rochers à l'Espérou, les graviers des rivières à Salazac, Quissac, Sauve, Fonsange. 4 Fl. juin-août.

9. **P. alpina** *Lin. sp.* 165 ; *Dec. fl. fr.* 3, *p.* 413 ; *Jacq. hort. vind. t.* 125 ; *Moris. hist. s.* 8, *t.* 16, *fig.* 30. — Racine *pivotante,*

profonde, à souche écailleuse, rameuse, à rameaux courts. Hampes de 5-10 centim., cylindriques, grêles, dressées ou ascendantes, deux fois de la longueur des feuilles ou les dépassant peu, finement pubescentes, à poils appliqués. Feuilles dressées ou étalées, lancéolées–linéaires ou linéaires, atténuées vers la base et le sommet, planes, *molles*, glabres ou poilues, très-étroitement bordées d'un liséré blanchâtre, transparent, entières ou rarement pourvues de 1-2 petites dents, munies de 3 nervures, dont les deux latérales plus fines, rapprochées des bords. Fleurs sessiles, en épi cylindrique, serré, de 1-2 centim.; bractées ovales-lancéolées, aiguës, herbacées, souvent purpurines, glabres ou un peu ciliées, membraneuses sur les bords, égalant le calice. Calice à lobes latéraux, carénés-pubescents. Corolle brunâtre, à tube velu, à lobes lancéolés-aigus. Capsule ovoïde, obtuse, à 2 loges *monospermes*. Graines brunâtres, oblongues, planes sur la face interne.

Hab. les pacages dans les Cévennes (Duby). ♃ Fl. juin-août.

10. **P. CARINATA** *Schrad. cat. hort. gœtt. P. subulata Dec. fl. fr.* 3, *p.* 415; *Lob. ic.* 439, *fig.* 1; *Dod. pempt.* 109, *fig.* 2; *Math. comm. ed. valg.* 494, *ic.* — Racine pivotante et profonde, à souche rameuse, dure, à rameaux courts, ordinairement nombreux, gazonnants, écailleux et rétrécis à la base, un peu élevés au-dessus du sol, terminés par *une touffe de feuilles* laineuses à la base, dans leur jeunesse. Hampes de 5-15 centim., grêles, cylindriques, dressées ou étalées-ascendantes, garnies de petits poils appliqués, dépassant, plus ou moins, les feuilles. Feuilles nombreuses, *raides*, dressées ou étalées, droites ou courbées, glabres ou pubescentes, ciliées par des poils courts, écartés, raides, *linéaires-étroites, trigones, planes en dessus, à carène obtuse en dessous, subulées-calleuses au sommet*, ne noircissant pas par la dessication. Fleurs sessiles, en épi un peu serré, ovale ou cylindrique, de 2-6 centim.; bractées lancéolées-acuminées, subulées, bossues à la base, à carène et bords finement denticulés, plus longues que le calice. Calice à lobes latéraux, très-largement membraneux sur les bords, obtus et ciliés au sommet, portant une carène dorsale herbacée, relevée *d'une membrane étroite-ciliée*. Corolle verdâtre, à tube velu, à lobes lancéolés, très-aigus, quelquefois ciliés à la base. Capsule oblongue-conique, terminée en pointe, dépassant le calice, à 2 loges *monospermes*. Graines brunes, ovales-oblongues, planes sur la face interne.

Hab. les pelouses sèches des terrains pierreux et sablonneux, à l'Espérou et sur toute la chaîne de l'Aigual, aux environs du Vigan, d'Alais, de Saint-Ambroix, d'Anduze, de Concoule. ♃ Fl. juin-septembre.

11. **P. LAGOPUS** *Lin. sp.* 165; *Dec. fl. fr.* 3, *p.* 410; *Moris. hist. s.* 8, *t.* 16, *fig.* 13. — Racine pivotante, garnie de fibres nombreuses. Hampes de 1-2 décim., grêles, dressées ou ascen.

dantes, plus longues que les feuilles, cylindriques, *striées*, ordinairement garnies de poils appliqués. Feuilles nombreuses, étalées-dressées, plus ou moins velues, ciliées, lancéolées, larges de 1-2 centim., mucronées, atténuées en pétiole, munies de petites dents écartées, à 3-7 nervures. Fleurs sessiles, en épi dense, ovale, puis oblong, rarement globuleux, couvert de poils longs, soyeux; bractées *ovales-lancéolées, acuminées*, velues-roussâtres ou blanchâtres, membraneuses, à l'exception d'une ligne dorsale brune. Calice à lobes latéraux, à bords membraneux-blanchâtres, à *carène* roussâtre, garnis de longs poils dans leur moitié supérieure. Corolle blanchâtre, à tube glabre, à lobes ovales-lancéolés, acuminés, munis d'une nervure dorsale, garnie de quelques poils. Capsule petite, ovoïde, obtuse, plus courte que le calice, à 2 loges monospermes. Graines *oblongues*, canaliculées sur la face interne.

Hab. les champs secs et pierreux aux environs de Nîmes, de St-Gilles, de Villeneuve-lez-Avignon. ♃ Fl. mai-juin.

12. **P. LANCEOLATA** *Lin. sp.* 164; *Dec. fl. fr.* 3, *p.* 409; *Dod. pempt.* 107, *fig.* 3; *Fuchs. hist.* 39, *ic.; Tabern. ic.* 735, *fig.* 1; *Cam. epit.* 263, *ic.* — Racine dure, un peu *épaisse*, peu profonde, garnie de fibres nombreuses, à souche brièvement rameuse. Hampes de 1-8 décim., dressées ou ascendantes, 2-3 fois de la longueur des feuilles, *à 5 angles fortement prononcés*, parsemées de poils appliqués, souvent étalés à la base. Feuilles lancéolées ou linéaires-lancéolées, longuement atténuées en pétiole canaliculé en dessus, munies de petites dents écartées et de 3-7 nervures, dressées ou étalées, glabres, pubescentes ou velues, surtout en dessous. Fleurs sessiles, en épi ovoïde, oblong ou globuleux, très-compacte, noirâtre au sommet; bractées ovales-acuminées, glabres ou pubescentes sur le dos, membraneuses aux bords, noirâtres supérieurement, plus longues que les boutons. Calice à lobes latéraux, terminés en *une pointe un peu obtuse, courte,* velus sur la moitié supérieure de la *carène*, largement membraneux-blanchâtres sur les bords. Corolle blanchâtre, à tube glabre, à lobes ovales-acuminés, glabres, munis d'une nervure dorsale brune. Capsule oblongue, obtuse, à 2 loges monospermes. Graines fauves, *oblongues*, canaliculées à la face interne. Plante très-variable.

VAR. A, *Genuina Godr. et Gren. fl. fr.* 2, *p.* 727. Feuilles glabres ou pubescentes, moyennes. Tige de 2-3 décimèt.; épis oblongs.

VAR. B, *Altissima*. Feuilles longues, lancéolées, larges de 3-4 centim. Hampes de 6-8 décim.; épis oblongs, simples, quelquefois digités ou agglomérés.

VAR. C, *Montana Godr. et Gren. fl. fr.* 2, *p.* 727. Plante grêle, à épis globuleux.

Le *plantain lancéolé* est connu sous les noms vulgaires de *bonne-femme*, *d'herbe à cinq côtes*, *d'oreille-de-lièvre*, *de plantain étroit*; en patois, *herba de cinq costas estrechas*. Il a les mêmes propriétés que le N° 1, et est un bon fourrage pour les chevaux et les mulets.

Hab. : la var. A, les lieux secs et les bords des chemins, dans tout le département: la var. B, dans les champs cultivés en esparcette, aux environs de Nîmes, etc.; la var. C, dans les prairies, à Arphy, à l'Hort-de-Diou. ♃ Fl. avril-octobre.

13. **P. ARGENTEA** *Vill. dauph.* 2, p. 302 ; *Pl. victorialis Dec. fl. fr.* 3, p. 410 ; *Gerard, gall. prov.* 333, t. 12. — Racine brune, *oblique, tronquée*, épaisse, *garnie de fibres simples, allongées*. Hampes de 2-4 décim., grêles, dressées, *légèrement striées*, couvertes de poils argentés, appliqués, 2-3 fois de la longueur des feuilles ; celles-ci lancéolées-linéaires, acuminées, terminées par une pointe obtuse, calleuse, longuement rétrécie en pétiole, entières ou munies de 1-2 petites dents obtuses, garnies sur les deux faces de poils soyeux, argentés, appliqués, munies de 3-5 nervures très-prononcées en dessous. Fleurs sessiles, en épi ovale ou globuleux, très-compacte ; bractées *ovales, longuement acuminées, aiguës*, membraneuses, brunâtres, plus foncées vers la base, velues sur le dos, dépassant les boutons. Calice à lobes latéraux, glabres, *obtus, à carène brune*, largement membraneux-blanchâtre. Corolle brunâtre, à tube glabre, à lobes lancéolés-acuminés, aigus, glabres, munis d'une nervure dorsale brune. Capsule ovoïde-oblongue, obtuse, à 2 loges monospermes. Graines fauves, *oblongues, étroites*, canaliculées à la face interne.

Hab. au bois de Salbous et dans les pacages de Campestre. ♃ Fl. mai-août·

14. **P. BELLARDI** *All. ped.* 1, p. 82, t. 85, *fig.* 3 ; *Pl. pilosa Dec. fl. fr.* 3, p. 412 ; *Pl. holostea Lamk. ill.* 1, p. 340, n° 1667; *Desf. atl.* 1, p. 137. — Racine grêle, pivotante. Hampes de 3-15 centim., cylindriques, couvertes de poils roux ou blanchâtres, étalés, dressées ou étalées, plus courtes que les feuilles, les égalant ou les dépassant peu. Feuilles dressées ; les inférieures étalées, plus courtes, linéaires-lancéolées, acuminées, obtusiuscules, rétrécies en pétiole un peu élargi à la base, planes, très-entières ou rarement pourvues, vers leur sommet, de quelques petites dents obtuses, écartées, velues-ciliées, à poils étalés, à 3 nervures. Fleurs sessiles, en épi ovale ou oblong, un peu serré ; bractées velues, concaves, ovales, *longuement acuminées,* à bords membraneux à la base, étalées en arc, égalant ou dépassant le calice ; celui-ci à lobes latéraux *acuminés*, velus, herbacés, obscurément striés, subcarénés, étroitement membraneux sur les bords. Corolle blanchâtre, à tube glabre, à lobes lancéolés-acuminés, aigus, glabres, munis d'une nervure dorsale roussâtre. Capsule ovoïde, obtuse, plus courte que le calice, à 2 loges monospermes. Graines roussâtres, *ovales*, très-finement alvéolées, canaliculées à la face interne.

Racines et feuilles astringentes, vulnéraires, antiophthalmiques ; graines
émollientes.

Hab. les terrains sablonneux, aux environs de Nîmes, au pont du Gard, à
Sylvéréal. ① Fl. mai–juin.

15. P. MONTANA *Lamk. ill.* 1, *p.* 341, *N*o 1670 ; *Dec. fl. fr.* 3,
p. 410 ; *Guss. pl. rar. p.* 71, *t.* 13, *fig.* 3 ; *Jord. obs. pl. nouv.*
t. 10, *fig. B.* — Racine brune, épaisse, garnie de fibres, à souche
écailleuse. Hampes de 5-10 centim., dressées ou étalées, striées,
ordinairement couvertes de poils roussâtres, longs, étalés,
plus abondants vers le sommet, 1-2 fois de la longueur des
feuilles. Feuilles planes, lancéolées-étroites, acuminées-obtuses,
rétrécies inférieurement, glabres ou peu velues, marquées de 3-5
nervures, entières ou légèrement dentées supérieurement. Fleurs
sessiles, en épi globuleux ou subglobuleux ; bractées largement
ovales-arrondies, brunes, poilues au sommet, *embrassant le*
calice et plus longues que lui, *surmontées d'une pointe courte,*
obtuse, membraneuses aux bords, à dos quelquefois verdâtre.
Calice à lobes latéraux obtus, poilus au sommet, membraneux,
dépourvu de carène. Corolle brunâtre, assez grande comparati-
vement, à tube glabre, à lobes oblongs-lancéolés-*aigus.* Capsule
oblongue, obtuse, plus courte que le calice, à 2 loges monospermes. Graine d'un brun clair, *oblongues-étroites,* légèrement
rugueuses, canaliculées à la face interne. Plante noircissant par
la dessication.

Hab. les bois et les pacages dans les Cévennes (Lois.), sur la Séraue,
montagne limitrophe du Gard (Godr. et Gren.) ♃ Fl. juin-août.

16. P. PSYLLIUM *Lin. sp.* 167 ; *Dec. fl. fr.* 5, *p.* 378 ; *Bocc.*
sic. t. 7, *fig. A, B; Moris. hist. s.* 8, *t.* 17, *fig.* 4. — Racine
pivotante. Tiges de 1-3 décim., herbacées, solitaires ou naissant
plusieurs du collet de la racine, dressées ou ascendantes, fistuleuses, simples ou rameuses, pubescentes-visqueuses. Feuilles
linéaires, légèrement rétrécies vers la base et le sommet obtus,
à 3 nervures, velues-glanduleuses, surtout vers la base, un peu
âpres au toucher, dressées, étalées ou courbées en dehors, planes,
entières ou marquées de dents rares et courtes, opposées, portant à leur aisselle de jeunes rameaux stériles, courts, feuillés.
Fleurs sessiles, en épis ovales ou globuleux, au sommet de pédoncules axillaires, grèles, 3-4 fois de la longueur de l'épi ; bractées
inférieures, comme les supérieures, *herbacées,* hérissées, *linéaires-*
lancéolées, terminées *en pointe obtuse,* étroitement membraneuses aux bords, jamais foliacées. Calice à lobes *tous lancéolés-*
aigus, largement membraneux aux bords, un peu plus court que
les bractées. Corolle blanchâtre, à tube glabre, ridé en travers, à
lobes lancéolés, finement acuminés. Capsule ovoïde, plus courte
que le calice, à 2 loges monospermes. Graines noirâtres, oblon-

gues, petites, lisses, canaliculées sur la face interne. Vulgairement *plantain pucier*.

Hab. les bords des champs et des chemins, à Bagnols ; les collines incultes, à Villeneuve-lez-Avignon. ① Fl. mai–juillet.

17. P. ARENARIA *Waldst. et Kit. pl. rar. hung.* 51, *t.* 51 ; *Dec. fl. fr.* 3, *p.* 416 ; *Dod. pempt.* 115, *fig.* 2 ; *Fuchs. hist.* 888, *ic.* — Racine pivotante, dure, souvent coudée au sommet. Tige de 1-5 décim., *herbacée*, dressée, simple ou rameuse, pubescente, un peu visqueuse, fistuleuse, très-feuillée. Feuilles opposées, longues, linéaires ou presque filiformes, obtusiuscules, ordinairement entières, dressées-étalées, souvent courbées en dehors, pubescentes, velues inférieurement, âpres au toucher, portant à leur aisselle de jeunes rameaux courts, stériles, feuillés. Fleurs sessiles, en épis ovales, serrés, au sommet de pédoncules grêles, axillaires, 2-3 fois de la longueur de l'épi ; bractées *ovales*, concaves, *obtuses*, plus courtes que les fleurs, plus ou moins velues ou hérissées, largement nombreuses aux bords ; les inférieures prolongées en une longue pointe herbacée, souvent plus longue que l'épi. Calice à lobes presque entièrement membraneux ; les deux intérieurs *spatulés, obtus ;* les extérieurs *lancéolés-aigus.* Corolle blanche, à tube glabre, ridé en travers, à lobes lancéolés-aigus. Capsule ovoïde, de la longueur du calice, à 2 loges monospermes. Graines brunâtres, luisantes, un peu grosses, oblongues, canaliculées à la face interne.

Cette plante est connue sous le nom vulgaire d'*herbe aux puces ;* ses graines sont émollientes, adoucissantes : peu usitée. On s'en sert pour gommer les mousselines.

Hab. les lieux sablonneux, dans tout le département. ① Fl. mai-août.

18. P. CYNOPS *Lin. sp.* 167 ; *Dec. fl. fr.* 3, *p.* 415 ; *P. genevensis Dec. fl. fr. p.* 416 ; *Lob. ic.* 437, *fig.* 1 ; *Moris. hist. s.* 8, *t.* 17, *fig.* 1. — Racine rameuse, ligneuse. Tige *frutescente*, très-rameuse dès la base, buissonnante, à rameaux ascendants, pubescents, rougeâtres. Feuilles un peu raides, opposées, linéaires-étroites, trigones, canaliculées, entières, ciliées, dilatées et connées à la base, un peu velues, rudes au sommet, dressées ou étalées, courbées en arc en dedans ou en dehors. Fleurs sessiles, en épis ovoïdes, serrés, pauciflores, au sommet de pédoncules raides, pubescents, axillaires, allongés, dépassant les feuilles ; bractées larges, ovales, membraneuses, ciliolées aux bords, *mucronées ;* les inférieures *lancéolées,* terminées en une pointe allongée, herbacée, obtuse. Calice à lobes largement membraneux aux bords ; les deux intérieurs lancéolés-aigus, à carène hérissée ; les extérieurs ovales, mucronés. Corolle blanchâtre, à tube glabre, ridé en travers, à lobes étroits, acuminés. Capsule ovoïde, de la longueur du calice, à 2 loges monospermes. Graines noirâtres, un peu grosses, oblongues, lisses, canaliculées à la face interne.

Mêmes propriétés que la précédente.

Hab. les coteaux secs et les lieux arides, dans tout le département. ♄ Fl. juin-août.

LXXXVIe Fam. **PLUMBAGINÉES.**

Plumbagineæ. (Endl. gen. 348.)

Fleurs hermaphrodites, régulières. Calice persistant, scarieux, rarement herbacé, tubuleux, plissé, à limbe tronqué-érodé ou à 5-10 lobes, à insertion droite ou oblique. Corolle insérée sur le réceptacle, tordue avant l'épanouissement, à 5 pétales libres et onguiculés, ou soudés en tube étroit, anguleux, divisé au sommet en 5 lobes. Étamines 5, insérées sur le réceptacle ou à la base des pétales, opposées aux lobes de la corolle ou aux pétales; anthères bilobées, à déhiscence longitudinale. Ovaire supère libre, uniloculaire, monosperme, terminé par 5 plis en étoile. Styles 5, libres ou soudés. Fruit utriculaire inclus, ordinairement membraneux, à 5 angles, tantôt indéhiscent, tantôt s'ouvrant circulairement ou en 5 valves, renfermant une graine renversée. Embryon droit, entouré d'un périsperme farineux; cotylédons planes. Feuilles simples. Fleurs en capitules ou en épis.

1. { Calice scarieux non glanduleux; styles libres ou soudés à la base; feuilles radicales............ 2.
{ Calice herbacé, glanduleux; styles soudés jusqu'au sommet; feuilles caulinaires.... 3e g^{re}. PLUMBAGO.

2. { Fleurs en capitule arrondi; style plumeux... 1er g^{re}. ARMERIA.
{ Fleurs en épis nombreux; styles glabres... 2e g^{re}. STATICE.

1er g^{re}. ARMÉRIE. — ARMERIE. (Wild. enum. hort. ber. 333.)

Calice scarieux, à tube à 5 plis, à 5 côtes, à 5 lobes. Corolle a 5 pétales soudés à la base, marcescents, tronqués ou arrondis. Étamines *insérées à la base de la corolle.* Styles plumeux, soudés à la base. Stigmates filiformes. Réceptacle *garni de paillettes.* Hampes simples; fleurs en capitules munis d'une graine membraneuse à leur base. Feuilles toutes radicales.

1. { Feuilles linéaires ou filiformes, à une nervure: plante de 5-10 centim...................... JUNCEA.
{ Feuilles lancéolées, à 3-7 nervures; plante de 2-4 décim............................... PLANTAGINEA.

1. **A. juncea** *Girard, an. sc. nat. ser. 3, v. 2, p.* 324; *Godr. et Gren. fl. fr. 2, p.* 734; *Statice armeria, var. tenuifolia, Dec. fl. fr. 5, p.* 379. — Racine brune, pivotante, à souche brune, rameuse, gazonnante. Hampes de 5-10 centim., nombreuses, dressées, grêles, glabres. Feuilles nombreuses, gazonnantes,

uninerviées, linéaires, presque *filiformes, aiguës, canaliculées inférieurement*, à bords transparents, un peu rudes; les inférieures plus courtes et un peu plus larges, *planes*. Fleurs roses ou blanches, brièvement pédicellées, en capitules terminaux, moyens, arrondis supérieurement, munis à leur base d'une gaine un peu plus longue qu'eux. Involucre à folioles extérieures *largement scarieuses*, lancéolées-acuminées; les intérieures obtuses, *de la même longueur* que les extérieures. Bractées entièrement scarieuses, très-larges, de la longueur du calice; celui-ci velu, atténué vers la base, deux fois de la longueur du pédicelle, à lobes ovales, scarieux, brusquement et finement terminés par une arête. Fruit (utricule) tronqué et apiculé au sommet, formé par 5 côtes en étoile, s'ouvrant à la base. Graine brune, oblongue, élargie vers le sommet aigu. Vulgairement *gazon d'Olympe, gazon d'Espagne*.

Hab. contre les rochers de Montdardier, à Blandas, aux environs du **Vigan**. ♃ Fl. juin-juillet.

2. **A. PLANTAGINEA** *Willd. hort. berold.* 1, *p.* 334; *Statice plantaginea Dec. fl. fr.* 3, *p.* 420; *Engl. bot. t.* 2928. — Racine pivotante, très-profonde, à souche roussâtre, brièvement rameuse, gazonnante. Hampes de 2-5 décim., plus ou moins nombreuses, dressées, raides, glabres, un peu rudes. Feuilles dressées ou étalées, droites ou arquées, gazonnantes, ordinairement glabres, coriaces, persistantes, *planes*, linéaires-lancéolées ou lancéolées, *acuminées*, aiguës, longuement rétrécies en pétiole, marquées de 3-7 nervures, à bords étroits, translucides. Fleurs roses ou blanches, brièvement pédicellées, réunies en capitules solitaires, terminaux, assez gros, subsphériques, entourés d'un involucre à folioles externes, *ovales-lancéolées, acuminées en pointe* plus ou moins longue, et à folioles internes très-obtuses, mucronées, largement scarieuses aux bords; graines 2-3 fois de la longueur des capitules. Bractées larges, obtuses, scarieuses au sommet, un peu plus longues que le fruit, mais dépassées par les lobes du calice; celui-ci à tube atténué vers la base, presque plus long que le pédicelle, velu sur les côtes et glabre dans les sillons, à lobes lancéolés, scarieux, brusquement ou insensiblement terminés par une arête assez longue. Fruit tronqué et apiculé au sommet, formé par 5 côtes en étoile. Graine brune, oblongue, élargie vers le sommet aigu.

Hab. les terrains sablonneux et montagneux, aux environs du **Vigan**, d'**Alzon**, de l'**Espérou**; la var. à fleurs blanches, sur les coteaux sablonneux, aux environs d'**Uzès**, à **Serviers**. ♃ Fl. juin-septembre.

2ᵉ gʳᵉ. **STATICE.** — STATICE. (Willd. hort. ber. p. 333.)

Calice obconique, à 5-10 dents, garni de 5 glandes. Corolle à 5 pétales, libres ou soudés à la base. Étamines *insérées à la base de la corolle*. Styles glabres , *libres ou soudés à la base ;* stigmates filiformes. Réceptacle dépourvu de paillettes. *Hampes rameuses,* en forme de tige. Fleurs 2-4, réunies en épillets entourés de 3 bractées, et disposés en épis nombreux. Feuilles toutes radicales.

1.
- Calice à lobes non aristés: feuilles non tuberculeuses en dessus ; plantes vivaces............ **2.**
- Calice à lobes aristés ; feuilles tuberculeuses en dessus ; plante annuelle.................... **ECHIOIDES.**

2.
- Bractée externe largement ou entièrement scarieuse....................................... **3.**
- Bractée externe étroitement scarieuse sur les bords........ .... **4.**

3.
- Bractée externe aiguë ; fleurs lilas; feuilles coriaces, longues de 10-12 centim.............. **SEROTINA.**
- Bractée externe obtuse; fleurs blanches; feuilles molles, longues de 2-4 centim............... **BELLIDIFOLIA.**

4.
- Rameaux inférieurs stériles ; fleurs en épis lâches. **VIRGATA.**
- Pas de rameaux stériles: fleurs en épis compactes. **GIRARDIANA.**

1. **S. SEROTINA** *Rchb. icon.* 8 , *p.* 21, *fig.* 998 ; *S. limonium Desf. atl.* 1, *p.* 273; *S. limonium var. A. Dec. prodr.* 12, *p.* 644; *Mut. fl. fr. t.* 54 , *fig.* 406 ; *Moris. hist. s.* 15 , *t.* 1, *fig.* 1. — Racine forte, dure, épaisse, profonde, rameuse, d'un brun rougeâtre, à souche brunâtre, à divisions courtes, garnies d'écailles. Hampes de 2-4 décim. , raides, *cylindriques*, striées, un peu fistuleuses, dressées, rameuses ; à rameaux étalés , munis , à leur base, d'une écaille roussâtre, membraneuse, ovale, acuminée, embrassante ; tous fertiles , glabres , ainsi que les autres parties de la plante. Feuilles toutes radicales, assez amples, *coriaces*, souvent d'un vert glauque, étalées, ovales-oblongues, entières, souvent ondulées sur les bords , plus ou moins obtuses, munies d'une petite pointe terminale, souvent placée un peu à côté du sommet, rétrécies en un pétiole ferme, strié, canaliculé supérieurement, dilaté et embrassant à la base. Fleurs dirigées en haut, rapprochées en épis nombreux, terminaux, unilatéraux, très-étalés, formant, par leur réunion, une panicule ample et large, tantôt lâche, tantôt serrée, munies de 3 bractées ; l'extérieure carénée, mucronée, scarieuse sur les bords, plus courte que l'intermédiaire et *deux fois plus courte* que l'intérieure ; celle-ci entièrement scarieuse, dépourvue de carène , toutes embrassantes. Calice à lobes lancéolés-aigus, blanchâtres, bleuâtres ou rougeâtres, plus courts que le tube, dont 2 côtes sont velues. Corolle lilas.

Cette plante est connue sous le nom vulgaire de *saladelle ;* en patois, *saladella.* Sa racine, à laquelle on attribue le nom de *behen rouge,* est astringente, tonique; inusitée.

Hab. les terrains salants de Bellegarde, de St-Gilles, d'Aigues-Mortes et de tout le littoral du Gard. ♃ Fl. août-octobre.

2. **S. GIRARDIANA** *Guss. syn.* 1, p. 368 ; *S. densiflora de Gir. ann. soc. nat. ser.* 2, *t.* 17, *p.* 25, *t.* 3, *B* (1842) ; *S. auriculæfolia Dec. fl. fr.* 3, *p.* 121 (*en partie*) ; *Mut. fl. fr. t.* 56, *fig.* 417. — Racine brune, grêle, simple ou un peu rameuse, à souche brune, à divisions courtes, peu nombreuses. Hampes de 1-4 décim., raides, cylindriques, obscurément striées, un peu rudes au toucher, glabres, dressées, flexueuses, munies, inférieurement et à la base des rameaux, d'écailles brunes, ovales, acuminées, membraneuses-blanchâtres sur les bords et au sommet, dépourvue de rameaux stériles. Feuilles toutes radicales, assez petites, nombreuses, étalées, gazonnantes, d'un vert glauque, épaisses, coriaces, *planes*, uninerviées, spatulées, obtuses ou un peu aiguës, mucronulées, entières ou légèrement ondulées sur les bords étroitement transparents, ponctuées sur les faces, rétrécies en un pétiole plus ou moins allongé, non canaliculé, dilaté et embrassant à la base. Fleurs imbriquées en épis *courts, ovales, épais, très-serrés, étalés,* unilatéraux, un peu arqués en dehors, ordinairement réunis 2-3 au sommet des rameaux ; ceux-ci d'autant plus courts qu'ils sont supérieurs, très-étalés, formant ensemble une panicule presque unilatérale, presque pyramidale, *occupant plus de la moitié de la hampe.* Bractée extérieure ovale, obtuse ou aiguë, étroitement scarieuse aux bords ; l'intérieure très-large, *une fois plus longue que l'extérieure,* obtuse ou échancrée, nerviée, d'un brun verdâtre, munie, sur les bords et au sommet, d'une bordure étroite, blanche-scarieuse. Calice à tube velu, à lobes *peu profonds*, blancs-scarieux, plus courts que le tube. Corolle bleuâtre.

Hab. les sables maritimes, sur tout le littoral du département. ♃ Fl. juillet-septembre.

3. **S. VIRGATA** *Willd. hort. berol.* 1, *p.* 336 ; *Godr. et Gren. fl. fr.* 2, *p.* 746 ; *S. oleifolia Dec. fl. fr.* 3, *p.* 422 ; *S. Smithii Ten. fl. neap.* 3, *p.* 350, *t.* 223 ; *J. Bauh. hist.* 3, *append. p.* 877, *ic.* ; *Barr. ic.* 790. — Racine noirâtre, dure, flexueuse, rameuse, à souche ligneuse, à divisions ascendantes, plus ou moins nombreuses, souvent élevées au-dessus du sol. Hampes de 1-4 décim., ordinairement nombreuses, dressées, grêles, raides, flexueuses, cylindriques ou un peu anguleuses, surtout dans les rameaux dont les inférieurs sont stériles, partant presque de la base. Feuilles petites, toutes radicales, nombreuses, dressées, gazonnantes, *étroitement spatulées,* insensiblement rétrécies en pétiole assez long, *arrondies* ou aiguës au sommet, coriaces, uninerviées, étroitement cartilagineuses aux bords. Fleurs *arquées,* en épis très-lâches, unilatéraux, étalés, formant une panicule lâche, à rameaux fertiles peu nombreux, tous munis, à leur base, d'une écaille lancéolée, brune, blanche-scarieuse aux bords. Bractée extérieure ovale, aiguë, carénée, très-étroi-

tement scarieuse aux bords; l'intérieur d'un brun verdâtre, confusément striée, *carénée*, obtuse, d'un brun clair sur les bords, 2-3 *fois plus longue que l'extérieure.* Calice à tube *courbé*, garni, sur les côtes, de poils courts et peu nombreux, à lobes ovales-obtus, blancs-scarieux, plus courts que le tube, marqués d'une nervure saillante, rougeâtre. Corolle lilas. Plante glabre.

Hab. les sables maritimes, à Aigues-Mortes. ♃ Fl. juillet-septembre.

4. **S. BELLIDIFOLIA** *Gouan. fl. monsp.* 231 ; *Dec. fl. fr.* 3, *p.* 421 ; *Godr. et Gren. fl. fr.* 2, *p.* 749 ; *Bocc. mus. t.* 103. — Racine brune, ligneuse, dure, pivotante, profonde, à souche écailleuse, à divisions courtes, quelquefois élevées au-dessus du sol. Hampes de 1-3 décim., ord^t nombreuses, *dressées*, quelquefois *étalées*, flexueuses, cylindriques, tuberculeuses, très-rameuses-diffuses, portant inférieurement quelques rameaux stériles, brièvement ramifiés, munis à leur base, ainsi que les fertiles, d'une écaille brune, ovale-acuminée, étroitement scarieuse-blanchâtre aux bords. Feuilles toutes radicales, à l'exception d'une, insérée à la base du premier rameau, disposées en rosettes lâches, molles, ovales, spatulées, obtuses, mucronulées ou mutiques, atténuées en pétiolé étroit, plane, assez long, dilaté à la base, souvent détruites à la floraison. Fleurs petites, en épis unilatéraux, *courts, serrés, rapprochés au sommet des rameaux,* formant ensemble une panicule large, peu élancée, dont les ramifications sont grêles, courtes et *divariquées.* Bractée extérieure suborbiculaire, entièrement blanche-scarieuse; l'intérieur d'un vert brunâtre, irrégulièrement striée, non carénée, *blanche-scarieuse presque dans la moitié supérieure* et sur les bords jusqu'à la base, environ deux fois plus longue que l'extérieure. Calice à tube court, à lobes ovales-obtus, apiculés, membraneux, blancs, dépourvus de nervures, plus courts que le tube. Corolle blanchâtre. Plante glabre.

Hab. les pacages sablonneux, à Bellegarde, à Aigues-Mortes, et sur tou le littoral du département. ♃ Fl. juin-août.

5. **S. ECHIOIDES** *Lin. sp.* 394 ; *Dec. fl. fr.* 3, *p.* 422 ; *Mut. fl. fr. t.* 56, *fig.* 416 ; *Gouan. ill. t.* 2, *fig.* 4 ; *Magn. bot. monspel.* 156, *ic.* — Racine d'un brun rougeâtre, grêle, pivotante ou rameuse. Hampes de 5-25 centim., solitaires ou nombreuses, dressées ou étalées, cylindriques, grêles, un peu raides, flexueuses, rudes-tuberculeuses, souvent rougeâtres, très-rameuses dès la base ou un peu au-dessus, dépourvues de rameaux stériles. Feuilles ovales-oblongues, cunéiformes-obtuses, mucronulées, rétrécies en pétiole court, plan, un peu raides, couvertes en dessus de petits tubercules, qui les rendent rudes au toucher, la face inférieure lisse et souvent rougeâtre; elles sont étalées sur la terre, en rosette lâche. Fleurs arquées, très-distantes, en

épis grêles, allongés, ordinairement unilatéraux, étalés, courbés
en dehors, raides, cassants, munis à leur base d'une petite écaille
brune, disposés en une panicule lâche, plus ou moins rameuse,
occupant, dans les grands individus, les deux tiers de la hampe.
Bractée extérieure ovale-obtuse, scarieuse-blanchâtre aux bords
et au sommet; l'intérieure tuberculeuse, un peu rougeâtre au
sommet, obtuse, étroitement scarieuse aux bords et au sommet, 3-4 fois plus longue que l'extérieure. Calice grêle, un
peu courbé, à tube presque glabre, à côtes rougeâtres, prolongées en arêtes étalées en étoile et crochues, en dehors, au sommet. Corolle bleuâtre, à pétales très-étroits, obtus. Plante
glabre.

Hab. les terrains sablonneux et salants, à Aigues-Mortes, Sylvéréal, dans
le bois de Broussan. ① Fl. mai-juillet.

3ᵉ gʳᵉ. DENTELAIRE. — PLUMBAGO. (Tournef. inst. p. 140.)

Calice hérissé, glanduleux, tubuleux *à 5 angles*, à 5 dents.
Corolle gamopétale, en entonnoir, à tube saillant hors du calice,
à 5 lobes étalés. Étamines 5, *libres*, *insérées sur le réceptacle*,
à filets dilatés à la base. Style simple; stigmates 5, filiformes,
à face interne couverte de glandes sériées. Plante herbacée,
vivace, *à tiges rameuses*, à feuilles alternes, à fleurs en épis, à
3 bractées.

1. P. EUROPÆA *Lin. sp.* 215; *Dec. fl. fr.* 3, *p.* 424; *Sibth.
fl. græc. t.* 191; *Colum. ecph. t* 165; *Clus. hist.* 2, *p.* 124,
fig. 1. — Racine blanchâtre, épaisse, pivotante, profonde, garnie
de fibres, rameuse à l'extrémité. Tiges de 4-10 décim., nombreuses, buissonnantes, dressées, très-rameuses, à rameaux allongés, étalés, cannelés-anguleux, glabres. Feuilles d'un vert sombre
en dessus, un peu pâles en dessous, un peu fermes, rudes en
dessus, dentelées-spinuleuses sur les bords; les inférieures ovales,
pétiolées; les moyennes ovales-oblongues, dilatées à la base en
2 oreillettes arrondies, embrassantes; les supérieures plus étroites,
plus aiguës, à oreillettes plus petites. Fleurs presque sessiles,
serrées en épis terminaux, courts, munies chacune de 3 bractées; les deux latérales ovales-aiguës, scarieuses sur les bords;
la moyenne herbacée, plus longue. Calice florifère, cylindrique,
le fructifère oblong, muni *d'une côte longitudinale secondaire*
entre les côtes principales, couvert de pointes courtes, glanduleuses au sommet, et terminé par 5 dents courtes. Corolle purpurine ou bleuâtre, à tube dilaté vers le sommet, très-saillant
hors du calice, à lobes ovales-obtus, profonds, marqués d'une
nervure longitudinale, d'un pourpre noirâtre. Graine pyriforme,
fauve, à sommet noir apiculé, couverte d'une enveloppe noire,
papyracée, s'ouvrant au sommet en 5 valves.

Cette plante est connue sous les noms vulgaires d'*herbe au cancer, herbe de la rache, malherbe ;* en patois, *herba d'ou diable.* Elle est très-âcre, corrosive, détersive, sa racine, bouillie avec l'huile d'olive, est un remède spécifique pour la gale. Une de ses feuilles suffit pour aigrir une dame-jeanne de vin.

Hab. les terrains arides, les bords des bois et des chemins, aux environs de Nîmes, de Manduel, à Vallescure, sur la montagne de Beaucaire, près Jonquières, à Tresques (Gonnet), à Villeneuve-lez-Avignon, à Montfrin, à Anduze, au Vigan. ♃ Fl. juillet-octobre.

LXXXVIIᵉ Fam. **GLOBULARIÉES.**

Globularieæ. (Dec. fl. fr. 3, p. 427.)

Fleurs hermaphrodites, irrégulières, sessiles, sur un réceptacle commun, convexe et garni de paillettes, serrées en capitule entouré, à sa base, d'un involucre à plusieurs folioles. Calice persistant, gamosépale, tubuleux, à 5 divisions égales ou inégales, ou bilabiées. Corolle insérée sur le réceptacle, gamopétale, tubuleuse, à 5 divisions inégales, formant 2 lèvres ; la supérieure simple ou à 2 lobes, rarement presque nulle ; l'inférieure à 3 lobes ou à 3 dents. Étamines 4, très-saillantes hors de la corolle, insérées au sommet du tube de la corolle, alternant avec ses lobes ; anthères à 2 lobes confluents, s'ouvrant par une seule fente longitudinale ; ovaire libre, à une loge, à un ovule pendant. Style filiforme, saillant ; stigmate simple ou bifide. Fruit sec (akène), monosperme, indéhiscent, mucroné par la base persistante du style, recouvert par le calice. Graine réfléchie, embryon droit, périsperme charnu, radicule supérieure. Plantes vivaces, herbacées ou frutescentes, noircissant plus ou moins par la dessication, à feuilles alternes, sans stipules.

1ᵉʳ gʳᵉ. GLOBULAIRE. — GLOBULARIA. (Lin. gen. 112.)

Caractère de la famille.

1. { Tiges simples herbacées : feuilles radicales en rosette. **VULGARIS.**
   { Tiges rameuses frutescentes ; feuilles toutes éparses.. **ALYPUM.**

G. vulgaris *Lin. sp.* 139 ; *Dec. fl. fr.* 3, *p.* 428 ; *Spenn. in ic. gen. fl. germ. fasc.* 21, *t.* 405 ; *Clus. hist.* 2, *p.* 6, *ic.; Tabern. ic.* 329, *fig.* 2.—Racine brune, pivotante ou rameuse, tortueuse, coudée supérieurement, à souche dure, brièvement rameuse, donnant naissance à une ou plusieurs tiges de 1-3 décim., herbacées, dressées, simples, feuillées, terminées par un capitule globuleux. Feuilles radicales, nombreuses, inégales, étalées en rosette, ovales-spatulées, très-entières, souvent tronquées ou tridentées au sommet, coriaces, étroitement transparentes sur les bords, munies de nervures très-saillantes en dessous, atténuées en pétiole étroit, plus ou moins allongé, canaliculé supérieurement ; les caulinaires beaucoup plus petites, *rapprochées, nombreuses, alternes, sessiles, lancéolées*-acuminées. Fleurs petites, disposées en un capitule compacte, globuleux, muni, à sa base, d'un involucre de plusieurs folioles imbriquées, lancéolées-acuminées, *striées*, *ciliées*, plus courtes que les fleurs. Réceptacle conique, *garni de poils*. Calice *velu* à 5 angles, garni, à la gorge, de faisceaux de poils, à divisions profondes, lancéolées-linéaires, subulées-ciliées. Corolle bleue, très-rarement blanche, à tube saillant hors du calice, à limbe bilabié ; lèvre supérieure bifide, l'inférieure à 3 lobes linéaires, *beaucoup plus longue que la supérieure*. Capsule luisante, fusiforme, acuminée, comprimée. Plante glabre, d'un vert foncé ; saveur amère.

Vulg. *marguerite bleue*.

Cette plante passe pour vulnéraire et détersive ; sa racine et ses feuilles sont purgatives.

Hab. les lieux secs et stériles, dans tout le département. ♃ Fl. avril–juin.

2. **G. alypum** *Lin. sp.* 139, *Dec. fl. fr.* 3, *p.* 427; *Garid. aix*, *t.* 42; *Clus. hist.* 1, *p.* 90, *fig. infer.* — Sous-arbrisseau de 3-5 décim., ligneux, à écorce brune ou rougeâtre, très-rameux, buissonnant, à rameaux *dressés*. Feuilles oblongues, épaisses, coriaces, à une nervure, entière, ou munies de 2-3 dents au sommet, mucronées, brièvement pétiolées, glabres, glauques ou d'un vert pâle ; couvertes sur les deux faces de petits points blancs, éparses sur les rameaux, fasciculées sur les tiges anciennes, persistantes pendant l'hiver. Fleur en capitules compactes, d'abord déprimés, à la fin globuleux, terminaux ; munis, à leur base, d'un involucre à folioles nombreuses, imbriquées, ovales ou oblongues, mucronées, scarieuses, légèrement striées, ciliées sur les bords ; les intérieures, les plus longues ; réceptacle *globuleux*, *hérissé*, garni de paillettes *caduques*, molles, *linéaires-subulées*, striées, bleuâtres supérieurement, blanchâtres inférieurement, *longuement ciliées dans la partie supérieure*. Calice petit, velu, à 5 lobes *linéaires-subulés*, plus courts que les poils abondants qui garnissent la gorge. Corolle d'un beau bleu, à lèvre supérieure *bifide*, *très-courte ; l'inférieure ligulée*, *très-longue, à 3 dents*, marquée de nervures longitudinales. Saveur amère.

Cette plante porte les noms vulgaires de *globulaire turbith*, *d'herbe terrible ;* sa racine et ses feuilles sont un violent purgatif.

Hab. les lieux pierreux à la Chartreuse de Valbonne, contre les rochers à la Beaume, aux bords du Gardon. ♄ Fl. avril–septembre.

Cl. 4ᵐᵉ. MONOCHLAMYDÉES.

Enveloppe florale nulle ou présentant un calice ou une corolle, ou rarement l'un et l'autre soudés ensemble.

1.	Fleurs hermaphrodites......................	2.
	Fleurs monoïques..........................	15.
	Fleurs dioïques...........................	30.
2.	Fruit bacciforme ou drupacé...............	3.
	Fruit capsulaire, utriculaire ou samaroïde...........................	8.
3.	Fruit pluriloculaire..........	LXXXVIIIe f. PHYTOLACCÉES.
	Fruit uniloculaire..........................	4.
4.	Arbres.................................	5.
	Plantes herbacées ou frutes-centes..............................	6.
5.	Fruit ellipsoïde; feuilles per-sistantes..................	LXXXXIIIe f. LAURINÉES.
	Fruit sphérique: feuilles ca-duques..................	C^e f. CELTIDÉES.
6.	Étamines 3-5....	7.
	Étamines 8-10....	LXXXXIIe f. DAPHNOIDÉES.
7.	Plante herbacée............	LXXXX^a f. SALSOLACÉES.
	Plante frutescente..	LXXXXIVe f. SANTALACÉES.
8.	Fruit capsulaire ou utricu-laire..................	9.
	Fruit samaroïde............	CI^e f. ULMACÉES.
9.	Styles 2-3, libres ou soudés..................	10.
	Style solitaire..................	12.
10.	Feuilles munies, à leur base, d'une gaine ou de stipules.	LXXXXIe f. POLYGONÉES.
	Feuilles adultes dépourvues de gaines ou de stipules..................	11.
11.	Sépales 4, accrus en tube à la maturité..................	LXXXXe f. SALSOLACÉES.
	Sépales 2-5, souvent accrus à la maturité, mais non en tube..................	CII^e f. URTICÉES.
12.	Étamines 6-12..........................	13.
	Étamines 4-5..................	14.
13.	Fruit pluriloculaire, polysper-me: stigmates étalés en étoile.	LXXXXVIIe f. ARISTOLOCHIÉES
	Fruit uniloculaire, ordinaire-ment monosperme: stig-mate capité............	LXXXXIIe f. DAPHNOIDÉES.
14.	Feuilles ovales ou cordifor-mes..................	CII^e f. URTICÉES.
	Feuilles linéaires-étroites...	LXXXXIVe f. SANTALACÉES.
15.	Fleurs disposées en chaton ou renfermées dans un récep-tacle commun..........	21.
	Fleurs non disposées en cha-ton, non renfermées dans un réceptacle commun..................	16.
16.	Fruit bacciforme..................	17.
	Fruit capsulaire..................	18.

17. Plante succulente, parasite, dépourvue de feuilles..... **LXXXXVIe f. CYTINÉES.**
Plantes ni succulentes, ni parasites, pourvues de feuilles.................... **LXXXXe f. SALSOLACÉES.**

18. Fruit couvert par le calice.................... 19.
Fruit non couvert par le calice. **LXXXXVIII^e f. EUPHORBIACÉES.**

19. Stigmate pénicillé ou rayonnant..................... **CII^e f. URTICÉES.**
Stigmate ni pénicillé, ni rayonnant.................... 20.

20. Style simple, quelquefois nul. **LXXXIXe f. AMARANTACÉES.**
Styles soudés ou distincts... **LXXXXe f. SALSOLACÉES.**

21. Fruit mou, succulent ou bacciforme.................... 22.
Fruit sec, dur ou couvert d'une enveloppe charnue.................... 24.

22. Fruit mou, succulent; arbre à suc laiteux............... **LXXXXIXe f. MORÉES.**
Fruit bacciforme; arbres ou arbustes sans suc laiteux.............. 23.

23. Fleurs mâles en chatons pédonculés, bifides; arbuste dépourvu de feuilles...... **CXI^e f. GNÉTACÉES.**
Fleurs mâles en chatons sessiles, simples; arbrisseaux à feuilles petites, verticillées ou imbriquées....... **CX^e f. CUPRESSINÉES.**

24. Fleurs mâles en chatons oblongs ou cylindriques.................... 26.
Fleurs mâles en chatons globuleux.................... 25.

25. Feuilles palmées............ **CVII^e f. PLATANÉES.**
Feuilles ovales ou oblongues. **CV^e f. CUPULIFÈRES.**

26. Fruit recouvert par l'involucre, en totalité ou en partie.............. 27.
Fruit strobiliforme, non recouvert par l'involucre.................... 28.

27. Feuilles imparipinnées...... **CIV^e f. JUGLANDÉES.**
Feuilles simples............ **CV^e f. CUPULIFÈRES.**

28. Chatons mâles allongés, cylindriques, pendants...... **CVIII^e f. BÉTULACÉES.**
Chatons mâles oblongs, dressés.................... 29.

29. Feuilles linéaires, éparses ou fasciculées............... **CIX^e f. ABIÉTINÉES.**
Feuilles squamiformes, imbriquées sur plusieurs rangs. **CX^e f. CUPRESSINÉES.**

30. Arbres ou arbustes produisant des chatons mâles.................... 31.
Arbres, arbrisseaux ou plantes ne produisant pas de chatons.................... 34.

31. Fruit strobiliforme......... **CX^e f. CUPRESSINÉES**
Fruit capsulaire ou bacciforme.................... 32.

<table>
<tr><td>32</td><td>Arbres produisant des capsu-
les en chaton..............</td><td>CVI^e f. SALICINÉES.</td></tr>
<tr><td></td><td>Arbrisseaux produisant des
baies..............................</td><td>. 33.</td></tr>
<tr><td>33.</td><td>Arbuste dépourvu de feuilles.
Arbrisseau pourvu de feuilles.</td><td>CXI^e f. GNÉTACÉES.
LXXXXVe f. ÉLÉAGNÉES.</td></tr>
<tr><td>34.</td><td>Fruit bacciforme ou drupacé.
Fruit capsulaire.................</td><td>35.
36.</td></tr>
<tr><td>35.</td><td>Étamines 8-12.............
Étamines 3-4.............</td><td>LXXXXIIIe f. LAURINÉES.
LXXXXIVe f. SANTALACÉES.</td></tr>
<tr><td>36.</td><td>Capsule déhiscente, à 2-3 co-
ques monospermes.......
Akène monosperme, indéhis-
cent.................................</td><td>LXXXXVIII^e f. EUPHORBIACÉES.

37.</td></tr>
<tr><td>37.</td><td>Feuilles simples, ovales ou
oblongues, souvent cordi-
formes...................
Feuilles palmées ou lobées..</td><td>CII^e f. URTICÉES.
CIII^e f. CANNABINÉES.</td></tr>
</table>

LXXXVIIIe Fam. PHYTOLACCÉES.

PHYTOLACCEÆ. (R. br. obs. herb. cong. p. 35.)

Fleurs hermaphrodites. Corolle souvent nulle, quelquefois à pétales libres, très-petits, onguiculés, insérés au fond du calice, égaux en nombre avec les sépales et alternes avec eux, ou moins nombreux qu'eux. Étamines indéfinies ou alternes avec les sépales, insérées sur le réceptable, sur un axe central ou sur un disque au fond du calice. Ovaire simple et un peu excentrique, ou formé de plusieurs carpelles libres ou soudés en verticilles, mais distincts; quelquefois uniloculaire par l'absence des cloisons. Styles latéraux libres, rarement soudés. Fruit bacciforme, utriculaire, cocciforme ou samaroïde dans les genres exotiques.

1er g^{re}. PHYTOLAQUE. — PHYTOLACCA. (Lin. gen. 588.)

Calice coloré, à 5 divisions persistantes, réfléchies à la maturité. Étamines 8-25, libres, insérées sur un disque charnu; les extérieures alternes, les intérieures opposées aux sépales. Styles 6-12, courts, distincts. Fruit bacciforme, à plusieurs loges monospermes.

1. PH. DECANDRA *Lin. sp.* 631; *Dec. fl. fr.* 3, *p.* 381; *Lamk. ill. t.* 39, *fig.* 1; *Dill. eltham. t.* 239, *fig.* 309. — Racine très-épaisse, charnue, succulente, très-profonde, fusiforme dans sa jeunesse, puis rameuse, brunâtre à l'extérieur, blanche à l'intérieur. Tiges de 1-2 mètres, herbacées, droites, striées, très-glabres, fistuleuses, souvent rougeâtres, rameuses supérieurement. Feuilles amples, molles, ovales-lancéolées, terminées par une pointe calleuse, très-entières, ondulées aux bords, alternes, brièvement pétiolées. Fleurs solitaires, pédicellées, disposées en grappes dressées, longues de 10-15 centim., opposées aux feuilles, à pédoncule fortement strié, 2-3 fois de la longueur du pétiole; pédicelles munis, à la base, d'une bractéole subulée. Calice coloré, à 5 sépales ovales-obtus, recourbés en dedans à leur sommet. Étamines 10, environ de la longueur du calice. Styles 10, très-courts. Baies d'un rouge noir à la maturité, déprimées, à 10 carpelles monospermes, soudés circulairement, présentant 10 sillons rayonnants. Graines noires, luisantes, lenticulaires, réniformes, fixées à une colonne centrale.

On connaît cette plante sous les noms vulgaires d'*herbe à la laque*, de *raisin d'Amérique, du Canada*; elle est très-caustique lorsqu'elle est vieille. Sa racine, ses feuilles et ses baies sont purgatives; elles ont produit de bons effets dans quelques cas de cancer ulcéré. Avec les baies on peut obtenir de l'encre rouge.

Hab., originaire de l'Amérique septentrionale, naturalisée dans la pinède d'Aigues-Mortes, dans les bois de la Chartreuse de Valbonne. 2́ Fl. juillet-septembre.

LXXXIXᵉ Fam. **AMARANTACÉES**.

AMARANTACEÆ. (R. b. prodr. 413.)

Fleurs polygames-monoïques, plus rarement hermaphrodites ou dioïques, munies de 3 bractées, l'inférieure plus grande, manquant quelquefois dans les fleurs solitaires, axillaires. Calice libre, persistant, à 3-5 sépales presque égaux, imbriqués dans le bouton, libres ou un peu soudés à la base, plus ou moins scarieux, herbacés ou colorés. Étamines 3-5, fertiles, insérées sur le réceptacle, opposées aux sépales, libres entre elles ou soudées à la base en tube ou en cupule, quelquefois alternes avec 5 autres stériles et dans les mêmes conditions. Un seul ovaire, libre, ovoïde-comprimé, uniloculaire. Style simple, terminal, un peu allongé ou plus ou moins court. Stigmate capité-lobé, ou 2-3 presque filiformes. Fruit capsulaire, monosperme, rarement polysperme, couvert ordinairement par le calice, à déhiscence irrégulière ou circulaire par un opercule (pixide). Graines lenticulaires-réniformes, noires ou brunes, luisantes. Embryon recourbé autour d'un périsperme farineux. Plantes annuelles, rarement vivaces, à feuilles simples, alternes, dépourvues de stipules.

1ᵉʳ gʳᵉ. AMARANTE. — AMARANTUS. (Lin. gen 1060.)

Fleurs polygames-monoïques, *glomérulées*, munies de *trois* bractées. Sépales 3-5, libres. Étamines 3-5, libres, à filets subulés. Anthères bilobées. Style très-court. Stigmates 2-3, étalés, filiformes-subulés. Ovaire uniloculaire, monosperme. Capsule monosperme, indéhiscente ou s'ouvrant circulairement par un opercule. Graine lenticulaire-réniforme, dressée, à test crustacé, dépourvue d'arille. Plantes herbacées.

<table>
<tr><td rowspan="2">1.</td><td>Fruit à péricarpe indéhiscent ou se déchirant irrégulièrement..........</td><td>2.</td></tr>
<tr><td>Fruit à périsperme s'ouvrant circulairement par un opercule..........</td><td>3.</td></tr>
<tr><td rowspan="2">2.</td><td>Fleurs en panicule non feuillée : capsule ellipsoïde ; plante vivace..........</td><td>DEFLEXUS.</td></tr>
<tr><td>Fleurs en panicule feuillée à la base : capsule sub-globuleuse : plante annuelle..........</td><td>BLITUM.</td></tr>
<tr><td rowspan="2">3.</td><td>Bractées raides, piquantes, plus longues que le calice..........</td><td>4.</td></tr>
<tr><td>Bractées non piquantes, de la longueur du calice..</td><td>SYLVESTRIS</td></tr>
<tr><td rowspan="2">4.</td><td>Fleurs en panicule non feuillée ; étamines 5.....</td><td>5.</td></tr>
<tr><td>Fleurs en glomérules axillaires, disposées en épi lâche, effilé : étamines 3..</td><td>LABUS.</td></tr>
<tr><td rowspan="2">5.</td><td>Plante presque glabre, d'un vert sombre : panicule un peu lâche, à grappe centrale allongée.......</td><td>PATULUS.</td></tr>
<tr><td>Plante pubescente, d'un vert pâle : panicule très-compacte, à grappe centrale courte..........</td><td>RETROFLEXUS</td></tr>
</table>

1. **A. DEFLEXUS** *Lin. mant.* 295 ; *Godr. et Gren. fl. fr.* 3, *p.* 3 ; *A. prostratus Balb. misc.* 44, *t.* 10 ; *Dec. fl. fr.* 3, *p.* 727 ; *Mut. fl. fr. t.* 56 *bis, fig.* 421. — Racine blanchâtre, épaisse, profonde, à souche *rameuse.* Tiges de 2-5 décim., nombreuses, couchées ou ascendantes, diffuses, rameuses, anguleuses, pubescentes. Feuilles assez longuement pétiolées, ovales-lancéolées, presque rhomboïdales, pointues ou obtuses, rarement échancrées au sommet, mucronulées, ondulées sur les bords, glabres en dessus, un peu pâles et poilues en dessous sur les nervures saillantes. Fleurs verdâtres, en glomérules espacés inférieurement, rapprochés supérieurement en panicule spiciforme, non feuillée. Bractées environ de la longueur du calice. Sépales 3, lancéolés-linéaires, mucronulés. Étamines 3. Capsule membraneuse, vésiculeuse, ellipsoïde, à déhiscence irrégulière. Graine très-petite, d'un beau noir luisant.

Hab. les lieux sablonneux, le long des murs, les bords des chemins, aux environs de Nîmes, de Manduel, d'Alais, d'Uzès, du Vigan. ♃ Fl. juillet-octobre.

2. **A. BLITUM** *Lin. sp.* 1405 ; *Dec. fl. fr.* 3, *p.* 401 ; *Mut. fl. fr. t.* 56 *bis, fig.* 419. — Racine blanchâtre, pivotante ou rameuse. Tige de 2-6 décim., épaisse, striée, *glabre*, rameuse dès la base ; à rameaux étalés, couchés ou ascendants, diffus. Feuilles *ovales-rhomboïdales*, obtuses ou échancrées au sommet, mucronulées, *glabres*, nerviées, souvent tachées de blanc ou de brun, à pétioles grêles, plus ou moins allongés. Fleurs verdâtres, en glomérules espacés inférieurement, rapprochés supérieurement en panicule étroite, feuillée vers la base, dépassant

rarement les feuilles. Bractées lancéolées, *plus courtes* que le calice. Sépales 3, lancéolés, mucronulés. Étamines 3. Capsule *arrondie-comprimée*, à déhiscence irrégulière. Graine petite, lenticulaire, d'un beau noir luisant.

Cette plante porte les noms vulgaires de *fleur d'amour, fleur de jalousie;* elle est rafraîchissante, émolliente. En Gascogne, on la mange en guise d'épinards.

Hab. les lieux cultivés, les décombres, dans tout le département ① Fl. juillet–octobre.

3. **A. SYLVESTRIS** *Desf. cat. hort. par.* 44; *Dec. fl. fr.* 5, *p.* 374; *Mut. fl. fr.* 3, *p.* 100, *t.* 56 *bis, fig.* 422 *bis; A. viridis Lin. sp.* 1405 (*en partie*).—Racine rougeâtre, pivotante ou rameuse. Tige de 2-5 décim., dressée, anguleuse, sillonnée, *glabre*, rameuse dès la base, à rameaux inférieurs étalés-ascendants, les supérieurs dressés. Feuilles ovales-rhomboïdales, obtuses ou un peu pointues, rarement echancrées au sommet, glabres. Fleurs verdâtres, en glomérules espacés, *tous axillaires;* bractées lancéolées-linéaires, *environ de la longueur du calice.* Sépales 3, linéaires, mucronulés. Étamines 3. Capsule ovale-arrondie, comprimée, à *déhiscence circulaire* vers son milieu, par un opercule portant à son sommet les 3 styles persistants. Graine lenticulaire, d'un beau noir luisant.

Hab. les lieux cultivés, près des habitations, dans tout le département. ① Fl. juillet–octobre.

4. **A. PATULUS** *Bertol. comm. it. neap.* 19, *t.* 2; *Godr. et Gren. fl. fr.* 3, *p.* 4. — Racine pivotante ou rameuse, rougeâtre supérieurement. Tige de 2-6 décim., presque glabre, dressée, simple ou peu rameuse, moins robuste que la suivante. Feuilles *d'un vert foncé*, glabres, ovales-rhomboïdales, à nervures blanchâtres et saillantes en dessous, à limbe un peu décurrent sur le pétiole et plus long que lui, obtus ou échancré au sommet, mucronulé. Fleurs vertes, en glomérules disposés en épis formant une panicule nue, dont l'épi supérieur *beaucoup plus long que les inférieurs;* quelques-uns de ceux-ci écartés et axillaires. Bractées linéaires, épineuses, munies d'une nervure dorsale verte, *un peu plus longue que la fleur.* Calice à 5 sépales ovales, mutiques ou mucronés. Étamines 5; styles dépassant *beaucoup* le calice. Capsule plus longue que les sépales, à déhiscence circulaire. Graines petites, lenticulaires, d'un noir rougeâtre luisant.

Hab. le voisinage des habitations, à Manduel. ① Fl. août–octobre.

5. **A. RETROFLEXUS** *Lin. sp.* 1407; *Dec. fl. fr.* 5, *p.* 374; *A. spicatus Dec. fl. fr.* 3, *p.* 401; *Willd. am. t.* 11, *fig.* 21; *Mut. fl. fr. t.* 56 *bis, fig.* 423. — Racine rougeâtre, pivotante ou rameuse. Tige de 2-8 décim., dressée, souvent flexueuse, robuste, sillonnée-anguleuse, rude, simple ou rameuse, couverte

d'une pubescence épaisse. Feuilles pétiolées, ovales, terminées en pointe obtuse ou un peu échancrée, mucronée, ondulées aux bords, nerviées, *d'un vert pâle*, souvent rougeâtre, plus pâle en dessous, ponctuées sur les deux faces. Fleurs verdâtres, en glomérules spiciformes, espacés et axillaires inférieurement, serrés supérieurement en panicule compacte, non feuillée; bractées longuement linéaires-subulées, raides, piquantes, *deux fois aussi longues que le calice*, munies d'une nervure dorsale pâle. Sépales 5, linéaires-oblongs, obtus ou tronqués, mucronulés. Etamines 5. Capsule environ de la longueur des sépales, à déhiscence circulaire par un opercule. Graines petites, lenticulaires, d'un beau noir luisant.

Vulgairement, en patois, *blé rouge*.

Hab. les champs cultivés, les vignes, les décombres, dans tout le département: plus rare dans la montagne. ① Fl. juillet–septembre.

6. **A. ALBUS** *Lin. sp.* 1404; *Dec. fl. fr.* 3, *p.* 726; *Willd. am. t.* 1, *fig.* 2.—Racine blanchâtre, pivotante. Tige de 2-6 décim., anguleuse, droite, raide, glabre, blanche, très-rameuse dès la base, à rameaux *effilés*, étalés, presque à angle droit, d'autant plus courts qu'ils sont plus supérieurs, donnant à la plante un aspect *pyramidal*. Feuilles assez petites, pétiolées, d'un vert blanchâtre, fermes, glabres, nerveuses, ovales-oblongues, obtuses ou tronquées-échancrées, mucronulées, ondulées aux bords. Fleurs verdâtres, en glomérules axillaires, courts, *bifides*, lâchement disposés le long de la tige et des rameaux. Bractées lancéolées-subulées, raides, piquantes, munies d'une nervure dorsale blanche. Sépales 3, *subulés*, plus longs que la capsule et plus courts que les bractées. Etamines 3. Capsule à déhiscence circulaire par un opercule. Graine très-petite, lenticulaire, d'un beau noir luisant.

Vulgairement, en patois, *blé rouge*.

Hab. les champs cultivés, les vignes, dans toute la partie basse du département; au Vigan (Diomède). ① Fl. juillet-octobre.

On cultive communément dans les jardins, comme plantes d'agrément, l'*amarantus caudatus Lin.*, l'*amarantus paniculatus Lin.*, *var. monstruosus*, remarquables par leurs fleurs rouges.

LXXXXᵉ Fam. SALSOLACÉES.

SALSOLACEÆ. (Moq. in Dec. prodr. 13, p. 41; Chenopodeæ vent. tab. 2. p. 253.)

Fleurs hermaphrodites, polygames, monoïques ou dioïques, munies ou dépourvues de bractées. Calice persistant, tantôt herbacé, tantôt sec ou charnu-succulent, ordinairement accru à la maturité, libre, rarement soudé à l'ovaire, à 3-5 sépales, rarement à 2 dans certaines fleurs femelles, libres ou soudes à la base, imbriqués dans le bouton. Étamines 5, rarement moins, opposées aux sépales, insérées sur le réceptacle ou sur un disque au fond du calice; à filets filiformes ou subulés, libres ou brièment soudés à la base; anthères bilobées, à déhiscence longitudinale. Ovaire libre, rarement soudé avec le calice, uniloculaire, monosperme. Style simple ou multiple; stigmates 2-4, libres. Fruit indéhiscent, uniloculaire, monosperme, renfermé dans le calice charnu, ou induré ou membraneux. Péricarpe mince, membraneux, rarement coriace ou bacciforme, libre ou soudé avec le calice, en totalité ou en partie. Graine lenticulaire ou réniforme, horizontale ou verticale, à 1-2 enveloppes. Périsperme farineux, plus ou moins abondant ou nul. Embryon courbé, ou annulaire ou roulé en spirale. Plantes annuelles, vivaces, ou frutescentes, feuillées ou dépourvues de feuilles, à feuilles alternes, rarement opposées, planes, entières, dentées, sinuées ou pinnatifides, quelquefois linéaires, subcylindriques, charnues; stipules nulles.

1.	Fleurs polygames ou monoïques, les mâles et les femelles dissemblables..........		2
	Fleurs dioïques................	3e gre.	SPINACIA
	Fleurs hermaphrodites, rarement polygames, toutes ou presque toutes semblables.............		3.
2.	Sépales herbacés, accrescents........	1er gre.	ATRIPLEX.
	Sépales indurés, gonflés..............	2e gre.	OBIONE.
3.	Tige articulée.....................		4.
	Tige continue.....................		6.
4.	Plantes dépourvues de feuilles........	10n gre.	SALICORNIA.
	Plantes munies de feuilles...............		5.
5.	Sépales ailés-membraneux: graine à tégument simple................ ..	12e gre.	SALSOLA.
	Sépales dépourvus d'ailes membraneuses; graine à tégument double......	11e gre.	SUEDA.
6.	Feuilles herbacées, subpinnatifides, rhomboïdales ou lancéolées; graine à tégument double............		7.
	Feuilles coriaces ou un peu charnues, linéaires ou subulées: graine à tégument simple................		9.
7.	Calice herbacé ou induré...............		8.
	Calice charnu ou bacciforme à la maturité........................	6e gre.	BLITUM
8.	Péricarpe induré, soudé inférieurement avec le calice....................	4e gre.	BETA.
	Péricarpe membraneux, libre.........	5e gre.	CHENOPODIUM.
9.	Calice à 4-5 lobes ou dents: étamines saillantes....................		10.
	Calice à 2-3 sépales; étamines incluses.	9e gre.	CORISPERMUM.
10.	Calice à 5 divisions; étamines 5: feuilles molles, linéaires..............	7e gre.	KOCHIA.
	Calice à 4 dents; étamines 4: feuilles raides, subuliformes..............	8e gre.	CAMPHOROSMA.

1re g^{re}. **AROCHE.** — **ATRIPLEX.** (Tournef. inst. p. 506, t. 288.)

Fleurs polygames ou monoïques, dépourvues de bractées. Calice des fleurs mâles ou hermaphrodites à 3-5 sépales soudés à la base. Étamines 3-5, insérées sur le réceptacle. Fruit nul ou déprimé, à graine horizontale. Calice des fleurs femelles *herbacé*, comprimé, à 2 sépales (bractées *Moq.*) libres ou soudés entre eux, persistants et accrescents. Styles 2, filiformes, soudés à la base. Fruit ovoïde, comprimé, recouvert par les sépales; péricarpe membraneux, très-mince. Graine verticale, comprimée-lenticulaire, à test crustacé. Plantes ① ou ♄, souvent couvertes d'une poussière farineuse. Feuilles alternes, rarement opposées. Fleurs verdâtres, en grappes spiciformes ou en panicule.

1.	Arbrisseau à tige ligneuse......................	HALIMUS.
	Plantes herbacées............................	2.
2.	Divisions du calice fructifère largement ovales-orbiculaires à la maturité..................	HORTENSIS.
	Divisions du calice fructifère anguleuses ou dentées.	3.
3.	Sépales coriaces, blanchâtres-argentés............	4.
	Sépales herbacés, verts à la maturité........ ...	5.
4.	Fleurs en grappes lâches, allongées, ordinairement feuillées............................	CRASSIFOLIA.
	Fleurs en grappes serrées, paniculées, non feuillées.	LACINIATA.
5.	Feuilles étroites, lancéolées ou linéaires, toutes atténuées en coin à la base................	6.
	Feuilles assez larges : les inférieures et les moyennes hastées, tronquées à la base............	HASTATA.
6.	Feuilles dilatées à la base : rameaux très-étalés...	PATULA.
	Feuilles non dilatées à la base : rameaux dressés..	LITTORALIS.

1. A. HORTENSIS *Lin. sp.* 1493; *Dec. fl. fr.* 3, *p.* 388; *Lamk. ill. t.* 853, *fig.* 1; *Fuchs. hist.* 118, *ic.*; *Lob. ic.* 253; *Math. comm. (valgr.)* 159, *ic.* — Racine blanchâtre, rameuse. Tige de 6-15 décim., dressée, rameuse, anguleuse, sillonnée, herbacée, glabre ainsi que le reste de la plante. Feuilles alternes, farineuses dans leur jeunesse, assez amples, pétiolées, *un peu glauques sur les deux faces*, quelquefois rougeâtres avec la tige, *triangulaires-hastées*; les inférieures cordiformes à la base, entières ou sinuées-dentées inférieurement; les supérieures oblongues ou lancéolées, mucronulées. Fleurs verdâtres, en grappes terminales et axillaires, formant une ample panicule par leur réunion. Calice des fleurs femelles herbacé, à 2 sépales libres (alors la graine est verticale), ou à 5 sépales à graine horizontale, ovales ou ovales-orbiculaires, mucronulés, entiers, membraneux, réticulés, très-accrus à la maturité. Graine rousse, plane, rostellée. Saveur fade.

Cette plante est connue sous le nom vulgaire de *bonne-dame*; en patois, de *blé d'Espagne*. Elle est émolliente, laxative, rafraîchissante; on dit son fruit purgatif et émétique; on emploie les feuilles pour les barbouillades.

Hab., originaire d'Asie, cultivée dans les jardins potagers, quelquefois subspontanée dans les décombres et le voisinage des habitations, dans tout le département. ① Fl. juillet-septembre.

2. **A. CRASSIFOLIA** *C. A. Mey. in led. fl. alt.* 4, *p.* 309 ; *Godr. et Gren. fl. fr.* 3, *p.* 10 ; *Led. ic. pl. fl. ross. t.* 42 ; *Fl. dan. t.* 1284. — Racine blanchâtre, pivotante, garnie de fibres. Tiges longues de 3-5 décim., *étalées circulairement sur la terre*, souvent redressées supérieurement, farineuses-argentées, très-rameuses, divariquées, anguleuses, à rameaux cylindriques. Feuilles moyennes, brièvement pétiolées, *subtriangulaires*, sinueuses aux bords, *très-charnues*, les supérieures plus petites, hastées, *toutes blanches-argentées, farineuses*. Fleurs en glomérules axillaires, lâches inférieurement, plus rapprochés au sommet, disposés en grappes allongées, feuillées ou non feuillées, longuement dépassées par les feuilles. Calice des fleurs femelles à 2 sépales farineux-argentés, coriaces, soudés et indurés à la base à la maturité, lisses, nerviés ou tuberculeux sur le dos ; la partie libre accrescente, *trilobée-hastée*, entière ou denticulée. Graine rousse, *plane-discoïde, rostellée*, subchagrinée ; péricarpe membraneux, non adhérent à la graine.

Hab. les sables maritimes et les lieux salants aux environs d'Aigues-Mortes. ① Fl. juillet-septembre.

3. **A. LACINIATA** *Lin. sp.* 1494 ; *Dec. fl. fr.* 3, *p.* 386 ; *A. Marina Dod. pempt.* 615, *fig.* 4 ; *Math. comm. (vulg.), p.* 463, *ic.* — Racine blanchâtre, pivotante, divisée à l'extrémité. Tiges de 6-10 décim., étalées ou dressées supérieurement, anguleuses, rameuses-diffuses, blanchâtres, glabres ou pulvérulentes. Feuilles alternes, brièvement pétiolées, *plus ou moins profondément sinuées-dentées*, d'un vert blanchâtre en dessus, pulvérulentes-argentées en dessous ; les inférieures opposées, assez grandes, *hastées-deltoïdes*, ainsi que les moyennes ; les supérieures plus petites, *hastées*. Fleurs verdâtres, en glomérules disposés en épis allongés, *serrés*, formant par leur réunion une panicule plus ou moins longue, *nue*, rarement feuillée vers la base. Calice des fleurs femelles à 2 sépales rhomboïdaux, *hastés-triangulaires*, blanchâtres-argentés, coriaces, soudés et indurés à la base, à la maturité, très-souvent dépourvus de nervures sur le dos. Graine rousse, plane-discoïde, *rostellée* ; péricarpe membraneux, non adhérent à la graine.

Hab. les bords des canaux, à Bellegarde, aux environs d'Aigues-Mortes. ① Fl. juillet-septembre.

4. **A. HALIMUS** *Lin. sp.* 1192 ; *Dec. fl. fr.* 3, *p.* 384 ; *Duham. arbr. t.* 32 ; *Clus. hist. p.* 53 ; *Dod. pempt.* 771, *fig.* 2. — Arbrisseau de 1-2 mètres, à tiges *ligneuses*, un peu anguleuses, pubérulentes, blanchâtres-argentées, ou violacées, à rameaux

effilés. Feuilles alternes, ovales, mucronulées, atténuées en pétiole court, très-entières, ou à peine dentées à la base, un peu raides, glauques, d'un blanc argenté sur les deux faces; les supérieures lancéolées-aiguës. Fleurs jaunâtres en glomérules disposés en grappes assez allongées, axillaires et terminales, étalées, formant, par leur réunion, une *panicule pyramidale* au sommet des rameaux, un peu feuillée vers la base. Calice des fleurs femelles à 2 sépales *réniformes*, *entiers*, *légèrement apiculés*, coriaces, blanchâtres-argentés, lisses, sans nervures. Graine petite, rousse, plane-discoïde; péricarpe membraneux, non adhérent à la graine.

Vulgairement *pourpier de mer*. Ses feuilles sont émollientes; on les mange en salade, confites dans la saumure. Sa racine est bonne pour exciter le lait aux nourrices.

Hab., en haies, aux environs d'Aigues-Mortes de Nîmes. ♃ Fl. août-septembre.

5. **A. HASTATA** *Lin. sp.* 1494; *Dec. fl. fr.* 3, *p.* 386; *A. patula Dec. fl. fr.* 5, *p.* 370, *non* 3, *p.* 387; *A. latifolia Wahlbg. fl. suec.* 2, *p.* 660; *Moris hist. s.* 5, *t.* 32, *fig.* 14; *J. Bauh.* 2, *p.* 974, *fig.* 2 — Racine blanchâtre, épaisse, rameuse. Tiges de 3-8 décim., nombreuses, dressées, ascendantes ou étalées, glabres ou puberulentes, souvent rayées de blanc et de vert, renflées aux entre-nœuds, anguleuses, souvent très-rameuses dès la base, à rameaux ordinairement très-divergents. Feuilles pétiolées, alternes, plus rarement opposées, vertes sur les deux faces, plus ou moins farineuses, minces ou épaisses, *triangulaires-hastées*, entières ou sinuées-dentées; les supérieures souvent lancéolées, entières. Fleurs verdâtres, en glomérules disposés en grappes axillaires et terminales, assez allongées, formant, par leur réunion, une panicule lâche, munie à la base de quelques feuilles étroites. Calice des fleurs femelles toujours vert et herbacé, à 2 sépales *triangulaires-rhomboïdaux*, plus ou moins accrus a la maturité, entiers ou denticulés inférieurement, lisses ou muriqués sur le dos. Graine rousse ou noire, luisante ou mate, lisse ou ponctuée.

Var. A. *Genuina Godr.* Graine grosse, ponctuée, mate, rarement lisse, entourée d'un sillon sur les deux faces; sépales amples, triangulaires; plante robuste. Feuilles minces. *A. deltoïdes Babingt. mar.* 253. Vulgairement *gosseline*. Cette variété peut remplacer l'*At. hortensis*.

Var. C. *Salina Wallr.* Graine petite, convexe, lisse, sans sillon; sépales rhomboïdaux; feuilles blanchâtres, farineuses, opposées (*A. oppositifol. Dec. fl. fr.* 5, *p.* 371), ou alternes (*A. prostrata Dec. fl. fr.* 3, *p.* 387), un peu épaisses et charnues.

Var. D. *Microsperma Waldst. et Kit.* Graine très-petite, convexe, lisse, sans sillon; sépales ovales-aigus, dépassant peu la

graine ; feuilles d'un vert clair, grandes, minces, toutes opposées.
dentées. *A. microsperma Waldst. et Kit. pl. rar. hung. t. 250;
Lois. gall. 1, p. 218.*

Hab. : les var. **A**, **D**, le bord des champs et des chemins, à Bellegarde,
Manduel, Villeneuve; la var. **C**, à Bellegarde, Jonquières, Aigues-Mortes,
Manduel. ① Fl. juillet–octobre.

6. **A. PATULA** *Lin. sp.* 1494; *Dec. fl. fr. 3, p. 387, non. 5,
p. 370; A. angustifolia Dec. fl. fr. 5, p. 371; Math. comm.
(valgr.) p. 460, ic.; J. Bauh hist. p. 973, fig. 3-4.* — Racine
blanchâtre, grêle, pivotante ou rameuse, souvent coudée supérieurement. Tige grêle, ordinairement dressée, à rameaux étalés
à angle droit, ou étalés-ascendants. Feuilles lancéolées-linéaires
ou linéaires ; les inférieures quelquefois hastées, entières ou
sinuées-dentées; les supérieures linéaires, entières, *toutes cunéiformes* à la base, *brièvement pétiolées*, peu farineuses. Calice
des fleurs à sépales *hastés-rhomboïdaux, cunéiformes* à la base,
entiers sur les bords, le reste comme dans l'espèce précédente.

Var. *A. Genuina Godr.* Sépales planes, presque lisses, dépassant la graine ; plante assez forte.

Var. *B. Muricata Ledeb.* Sépales très-tuberculeux, égalant la
graine ; plante grêle, dressée. *A. erecta Huds. fl. angl. 376; A.
campestris Mérat. fl. par. ed. 3, vol. 2, p. 124.*

Hab. les champs cultivés, dans tout le déppartement. ① Fl. juillet–septembre.

7. **A. LITTORALIS** *Lin. sp.* 1494; *Dec. fl. fr. 3, p. 387;
Fl. dan. 1287; Bocc. sic. t. 15, fig. 1; Moris. hist. s. 5, t. 32,
fig. 20.* — Cette espèce, voisine de la précédente, en diffère : par
ses rameaux, *tous dressés;* par ses feuilles, plus étroites, toutes
linéaires ou *lancéolées-linéaires*, très-entières, insensiblement
atténuées en pétiole court; par ses grappes de fleurs, plus raides
à la maturité ; par son calice, à sépales étalés-recourbés.

Hab. les pacages sablonneux, à Sylvéréal, à Aigues-Mortes, et aux bords
des champs, à St-Gilles. ① Fl. juillet–septembre.

2ᵉ gʳᵉ. OBIONE. — OBIONE. (Gærtn. fruct. 2, p. 198, t. 126.)

Fleurs monoïques ou dioïques. Fleurs mâles, à 4-5 sépales,
soudés à la base. Étamines 4-5, insérées sur le réceptacle.
Fleurs femelles, à calice formé de 2 sépales, plus ou moins *soudés, connivents;* styles 2. Fruit ovoïde-comprimé, couvert par
les sépales *subcapsuliformes, gonflés et indurés-subéreux.* Péricarpe *membraneux-pellucide.* Graine verticale, ovale-comprimée, rostellée, à tégument double, l'extérieur subcoriace. Ce
genre se distingue du précédent par le calice capsuliforme et
endurci, et l'embryon annulaire ascendant.

1. **O. PORTULACOIDES** *Moq. chenop. enum. p. 75, N° 17;
Atriplex portulacoïdes Lin. sp. 1493; Dec. fl. fr. 3, p. 385;
Clus. hist. p. 54; ic.; Dod. pempt. 771, fig. 1; Math. comm.
(valgr.) p. 160, ic.* — Racine blanchâtre, dure, rameuse. Sous-
arbrisseau à tiges grisâtres, subanguleuses, étalées sur la terre,
redressées au sommet, à rameaux nombreux, effilés. Feuilles
opposées, ovales-oblongues ou lancéolées, atténuées en pétiole
court, très-entières, épaisses, d'une consistance un peu charnue,
pulvérulentes–argentées; celles des rameaux non fleuris obtuses;
celles des rameaux fleuris plus étroites, aiguës. Fleurs jaunâtres,
en glomérules disposés en grappes spiciformes, formant, par leur
réunion, une panicule lâche, terminale, non feuillée. Calice
presque sessile, à la fin capsuliforme; à sépales *cordiformes, tri-
dentés* au sommet, lisses ou un peu verruqueux sur le dos,
soudés dans toute leur longueur. à la maturité. Graine petite,
rousse.

Vulgairement, en patois, *boutourlaiga dé mar, fraoume*.

Les jeunes pousses et les feuilles de cette plante, confites dans le vinaigre,
se mangent en guise de câpres.

Hab. les terrains salants, à Bellegarde, St-Gilles, Aigues–Mortes, et tout
le littoral du département. ♄ Fl. juillet–octobre.

3ᵉ gʳᵉ. ÉPINARD. — SPINACIA. (Tournef. inst. p. 533, t. 308.)

Fleurs dioïques; les mâles à 4-5 sépales. Étamines 4-5, insérées
sur le réceptacle; les femelles à calice bifide ou quadrifide, à
divisions plus ou moins profondes; *les deux intérieures plus
petites, opposées, à la fin soudées, formant une capsule endurcie,
enveloppant la graine.* Styles 4. très-longs, capillaires. Fruit
comprimé, renfermé dans le calice induré, tantôt globuleux
et inerme, tantôt subtrianglaire, armé d'épines divergentes.
Péricarpe soudé au calice. Graine verticale, à test membraneux.
Embryon annulaire, périphérique, à radicule *infère*.

1 . { Fruit épineux... **OLERACEA.**
{ Fruit non épineux... **GLABRA.**

1. **Sp. GLABRA** *Mill. dict. n° 2; Sp. inermis Dec. fl. fr. 3,
p. 384; Sp. oleracea var. B. Lin. sp. 1456; Moris. hist. s. 5,
t. 30, fig. 2.* — Racine pivotante, bi-trifurquée à l'extrémité.
Tige de 3-6 décim., coudée et rougeâtre à la base, droite, glabre,
sillonnée, rameuse, très-fistuleuse. Feuilles alternes, pétiolées,
glabres, *sagittées,* souvent munies, à leur base, de chaque côté,
de deux dents; quelquefois elles sont ovales-oblongues. Fleurs
verdâtres, en glomérules à l'aisselle des feuilles, et disposées
en grappes allongées, terminales. Calice fructifère, *subglobuleux*,
comprimé, inerme, subtuberculeux.

Cette plante est connue sous les noms vulgaires d'*épinard de Hollande*, de
gros épinard : ses feuilles sont émollientes et laxatives.

Hab., originaire d'Orient, cultivé en grand dans les champs et les potagers, pour l'usage de la cuisine: est souvent spontané dans les champs et le voisinage des habitations. ① Fl. juin–septembre.

2. Sp. OLERACEA *var. A. Lin. sp.* 1456; *Sp. spinosa Mœnch, meth.* 318; *Dec. fl. fr. 3, p.* 383; *Lamk. ill. t.* 814; *Fuchs. hist.* 669; *Moris. hist. s. 5, t. 30. fig. 1.* — Cette espèce diffère de la précédente par ses calices fructifères, comprimés-anguleux, munis *de 2-4 épines robustes, divergentes, canaliculées supérieurement.*

Vulgairement *épinard cornu, épinard d'hiver.* Mêmes propriétés que la précédente, et même origine.

Hab. les mêmes localités. ① Fl. juin–septembre

4ᵉ gʳᵉ. **BETTE. — BETA.** (Tournef. inst. p. 501, t. 286.)

Fleurs hermaphrodites, toutes semblables. Calice *urcéolé*, à 5 sépales soudés en tube anguleux, *adhérent* à la base de l'ovaire, devenant un peu charnu, puis endurci. Étamines 5, insérées sur l'anneau intermédiaire, entre le calice et l'ovaire. Style court; stigmates ordinairement 2. Fruit arrondi-déprimé, *ligneux*, recouvert par le calice. Péricarpe *épaissi, durci, adhérent au calice.* Graine horizontale, déprimée, à tégument double; l'extérieur crustacé.

1. { Tige ordinairement solitaire, dressée; nervures des feuilles charnues; plante annuelle ou bisannuelle........... **VULGARIS.** Tiges plusieurs, étalées sur la terre; nervures des feuilles non charnues; plante vivace............... **MARITIMA.**

1. B. VULGARIS *Lin. sp.* 322; *Dec. fl. fr. 3, p.* 383. — Racine *subcylindrique*, un peu dure, peu charnue, profonde, blanchâtre. Tige de 8-15 décim., droite, robuste, très anguleuse, glabre, rameuse, à rameaux dressés. Feuilles d'un vert clair, glabres et luisantes; les radicales très-amples, *ovales-obtuses, un peu cordées à la base*, ordinairement très-ondulées, longuement pétiolées; les caulinaires plus petites, ovales-rhomboïdales. Fleurs verdâtres, solitaires ou réunies 2-3 en glomérules axillaires, disposés en épis allongés, effilés. Calice verdâtre, rarement rougeâtre. Graine fauve, arrondie, comprimée, subrostellée.

VAR. A. Racine dure, peu charnue; nervures principales des feuilles verdâtres, étroites et peu charnues, ou très-blanches et très-larges, très-charnues (poirée verte, bette à carde). *Beta cycla Lin. sist. p.* 217; *Dod. pempt.* 620, *fig.* 1-2-3; *Fuchs. hist.* 805, *ic.*

VAR. B. Racine très-grosse, napiforme, très-succulente, rouge, blanchâtre ou jaunâtre (betterave). *Beta vulgaris, var. rapacea Koch, syn. fl. germ. ed.* 2, *p.* 699.

Les feuilles de cette plante sont émollientes, laxatives; on les emploie pour panser les vésicatoires. Les feuilles et les pétioles de la var. A sont alimentaires ; la racine de la var. B se mange cuite, en salade ; c'est la rouge qui est préférée. La jaune et la blanche sont employées pour la fabrication du sucre de betterave : elles fournissent une nourriture excellente pour les vaches.

Hab., cultivée en grand, dans les champs et dans les potagers, et, sub-spontanée, dans le voisinage des habitations. ① et ② Fl. juillet-septembre.

2. B. maritima *Lin. sp.* 322 : *Dec. fl. fr.* 3, *p.* 382 ; *Fl. dan. t.* 1571 ; *Sibth. fl. gr. t.* 254. — Racine grêle, rameuse. Tiges de 3-6 décim., *plus ou moins nombreuses*, rarement solitaires, *étalées circulairement* sur la terre, redressées supérieurement. Feuilles petites, rhomboïdales-ovales, obtuses ou aiguës ; les caulinaires lancéolées ou lancéolées-linéaires, le reste comme dans l'espèce précédente.

Var. B, *Erecta*. Tige solitaire, forte, dressée. *Beta carnulosa Gren. mss.*

Cette plante est regardée comme le type de la bette cultivée.

Hab. le bord du canal, à Bellegarde, St-Gilles, Aigues-Mortes, et tout le littoral du département. ♃ Fl. mai-septembre.

5ᵉ gᵉ. **ANSÉRINE — CHENOPODIUM.** (Lin. gen. 309.)

Fleurs hermaphrodites, dépourvues de bractées. Calice persistant, herbacé, à 5 sépales soudés à la base (quelquefois à 3-4 par avortement), souvent carénés à la maturité, ni accrescents, ni appendiculés, après la floraison. Étamines 5, rarement moins, insérées au fond du calice. Styles 2, rarement 3, soudés inférieurement, quelquefois libres. Fruit déprimé, couvert par le calice, *libre*, subglobuleux ou subpentagonal. Péricarpe mince, membraneux, ordinairement distinct. Graines lenticulaires, à test crustacé, fragile, placées horizontalement, rarement verticales, à tégument double. Plantes herbacées, à tige non articulée, à feuilles planes.

1	Plantes pubescentes, glanduleuses : odeur aromatique	2.
	Plantes ni pubescentes ni glanduleuses : odeur nulle ou fétide	3.
2	Feuilles oblongues-lancéolées, sinuées-dentées : panicule feuillée	AMBROSIOIDES.
	Feuilles pinnatifides : panicule presque dépourvue de feuilles	BOTRYS.
3	Feuilles entières	4.
	Feuilles dentées, sinuées ou incisées	5.
4	Plante très-fétide, très-farineuse	VULVARIA.
	Plante ni fétide, ni farineuse	POLYSPERMUM.
5	Sépales à carène plus ou moins saillante	6.
	Sépales sans carène	9.
6	Graines luisantes	7.
	Graines non luisantes	8.
7	Feuilles 2 fois plus longues que larges	ALBUM.
	Feuilles presque aussi longues que larges	OPULIFOLIUM.

8.	Feuilles étroites, hastées, à 3 lobes ; le terminal allongé, sinué-denté..................	FICIFOLIUM.
	Feuilles larges, ovales-rhomboïdales, à dents nombreuses, inégales, aiguës.............	MURALE.
9.	Feuilles triangulaires ou triangulaires-hastées.	10.
	Feuilles ovales-triangulaires ou rhomboïdales-triangulaires......................	11.
10.	Fleurs en panicule pyramidale ; tige à bandes vertes et blanches ; plante annuelle........	URBICUM.
	Fleurs en panicule spiciforme ; tige à bande verte et rougeâtre ; plante vivace..........	BONUS-HENRICUS
11.	Graines très-petites, verticales, brunes, lisses et luisantes......................	RUBRUM.
	Graines grosses, horizontales, noires, rugueuses, non luisantes....................	HYBRIDUM.

1. **Ch. AMBROSIOIDES** *Lin. sp.* 320 ; *Dec. fl. fr.* 3, *p.* 391 ; *Moris. hist. s.* 5, *t.* 31, *fig.* 8 ; *Barr. ic.* 1185. — Racine brune, oblongue, garnie de fibres capillaires. Tiges de 3-6 décim., solitaires ou peu nombreuses, verdâtres, dressées, cannelées, très-rameuses, feuillées dans toute leur longueur, à rameaux axillaires, disposés dès la base en panicule étroite, allongée. Feuilles d'un vert jaunâtre, lancéolées, rétrécies aux deux extrémités, *sinuées ou dentées*, pubérulentes, glanduleuses en dessous ; les supérieures et celles des rameaux fleuris entières et plus étroites. Fleurs verdâtres, en glomérules axillaires, le long des grappes, dressées et garnies de *feuilles beaucoup plus longues qu'eux*. Sépales non carénés, enveloppant entièrement le fruit. Graines très-petites, horizontales, noires, très-luisantes, à bord obtus. Odeur forte et agréable.

Cette plante est connue sous les noms vulgaires d'*ambroisie*, de *thé du Mexique*; elle est stomachique, sudorifique, diurétique : on la prend en guise de thé.

Hab. le long des murs de clôture, à Alais, à la Chartreuse de Valbonne, les bords des champs à Vallabris, près d'Uzès. ① Fl. juillet-septembre.

2. **Ch. BOTRYS** *Lin. sp.* 320 ; *Dec. fl. fr.* 3, *p.* 391 ; *Fuchs. hist.* 179, *ic.* ; *Math. comm. (valgr.)* 853, *ic.* ; *Tabern. ic.* 14, *fig.* 2. — Racine blanchâtre, pivotante-sinueuse ou rameuse. Tige de 2-4 décim., dressée, anguleuse, rameuse, à rameaux dressés, pubescente, un peu visqueuse. Feuilles pétiolées, d'un vert clair, rougeâtres dans leur jeunesse, jaunâtres à la floraison, oblongues, *sinuées-pinnatifides, à lobes obtus, pubescentes-glanduleuses*, surtout en dessous, à nervures très-saillantes en dessous, ne présentant que des enfoncements en dessus. Fleurs d'un vert jaunâtre, en petites grappes nombreuses, courbées en dehors, disposées en panicules terminales, spiciformes, feuillées à la base. Sépales *hérissés-glanduleux*, non carénés, enveloppant entièrement le fruit. Graines petites, horizontales, sphéroïdes, noires, presque luisantes. Odeur forte, agréable.

Cette plante porte le nom vulgaire de *piment;* elle est stomachique, pectorale, incisive, résolutive.

Hab. les terrains sablonneux, aux environs de Nîmes, d'Uzès, d'Anduze, d'Alais, du Vigan. etc. (T) Fl. juillet–septembre.

3. **CH. POLYSPERMUM** *Lin. sp.* 321 ; *Dec. fl. fr. 3, p.* 392 ; *Moris hist. s.* 5, *t.* 30, *fig.* 6; *Lob. ic.* 256, *fig.* 1; *Math. comm. (valgr.)* 453, *ic.* — Racine blanchâtre, pivotante, divisée à l'extrémité. Tiges de 2-5 décim., anguleuses, rameuses-diffuses, couchées ou ascendantes, glabres, souvent rougeâtres, à rameaux très-ouverts ou dressés. Feuilles pétiolées, *ovales* ou oblongues, obtuses ou pointues, très-entières, vertes et glabres sur les deux faces, souvent rougeâtres, décurrentes sur le pétiole, non pulvérulentes. Fleurs verdâtres, quelquefois rougeâtres, en glomérules disposés en grappes grêles, axillaires et terminales, formant ensemble une panicule étroite, *feuillée,* lâche inférieurement. Sépales non carénés, *ouverts* à la maturité, *laissant la face supérieure du fruit à découvert.* Graines horizontales, noires, à bords obtus, finement ponctuées.

Hab. les champs cultivés, les bords des rivières, dans toute la partie élevée du département (I) Fl. juillet-septembre.

4. **CH. VULVARIA** *Lin. sp.* 321 ; *Dec. fl. fr. 3, p.* 392 ; *Ch. fœtidium Lamk dic. p.* 196; *Blackw. t.* 100; *Dod. pempt.* 605, *fig.* 2; *Tabern. ic.* 128, *fig.* 2. — Racine blanchâtre, pivotante ou rameuse. Tiges de 2-5 décim., blanchâtres, couchées, un peu anguleuses, rameuses-divariquées, à rameaux étalés, presque à angle droit. Feuilles pétiolées, *ovales-rhomboïdales,* assez petites, très-entières, *abondamment farineuses-cendrées,* surtout en dessous. Fleurs d'un vert glauque, en glomérules disposés *en petites grappes, axillaires et terminales,* rapprochées en panicule courte, compacte, nue au sommet de la tige et des rameaux. Sépales non carénés, enveloppant entièrement le fruit. Graines horizontales, noirâtres, à bords presque obtus, lisses et luisantes. Plante exhalant, par le froissement, une odeur fétide.

Cette plante porte les noms vulgaires de *vulvaire,* d'*arroche puante;* elle passe pour antihystérique.

Hab. le long des murs, les décombres, dans tout le département. (I) Fl. juillet–septembre.

5. **CH. FICIFOLIUM** *Smith. brit.* 1, *p.* 276; *Dec. fl. fr.* 3, *p.* 390 ; *Ch. viride Curt. lond. fasc.* 2, *t.* 6. — Racine blanchâtre, pivotante. Tige de 3-5 décim., dressée, anguleuse, à bandes vertes, séparée par des bandes blanches, rameuse, rarement simple. Feuilles *oblongues-hastées,* pétiolées, entières et cunéiformes à la base, à 3 lobes; le terminal *allongé, obtus,* sinuédenté; les feuilles supérieures entières, lancéolées, toutes vertes, farineuses, surtout en dessous. Fleurs verdâtres, en glomérules

disposés en grappes étroites, lâches , formant ensemble une panicule pyramidale feuillée, au sommet de la tige et des rameaux. Sépales carénés, enveloppant entièrement le fruit. Graines horizontales , à bords arrondis, non luisantes, finement tuberculeuses.

Hab. les lieux incultes, aux environs de Nimes. de Beaucaire (de Laveau). ① Fl. août–septembre.

6. **Ch. album** *Lin. sp. p.* 319 ; *Ch. leiospermum Dec. fl. fr. p.* 390 ; *Fuchs. hist.* 119 , *ic.* — Racine blanchâtre, rameuse, coudée supérieurement. Tige de 3-15 décim., dressée, anguleuse, tantôt simple, tantôt très-rameuses, à bandes vertes, séparées par des bandes blanches, souvent rougeâtres vers la base. Feuilles pétiolées, vertes ou blanchâtres, plus ou moins farineuses, *ovales-rhomboïdales, inégalement dentées ou sinuées*, rarement entières, ordinairement *deux fois aussi longues que larges;* les supérieures lancéolées-aiguës, souvent entières, quelquefois toutes bordées de rouge. Fleurs blanchâtres ou verdâtres, ordinairement très-farineuses, en glomérules disposés en grappes axillaires et terminales, dressées, lâches ou compactes, formant ensemble une panicule pyramidale plus ou moins allongée, nue ou peu feuillée. Sépales carénés, enveloppant entièrement le fruit. Graines horizontales, à bords aigus, noires, *lisses*, luisantes.

Var A, *Commune Godr. et Gren. fl. fr.* 3, *p.* 19. Plante blanchâtre-farineuse; glomérules gros, en épis serrés. *Ch. album Lin. l. c.; Ch. candicans Lamk. fl. fr.* 3, *p.* 248.

Var. *B, Viride Godr. et Gren. fl. fr.* 3, *p.* 19. Feuilles vertes sur les deux faces, peu farineuses. *Ch. viride Lin. sp.* 319.

Cette plante est connue sous les noms vulgaires d'*herbe au vendangeur*. en patois, de *blé blan.* Elle est diurétique, rafraîchissante.

Hab. les champs cultivés, surtout les vignes, dans tout le département. ① Fl. juillet–septembre.

7. **Ch. opulifolium** *Dec. fl. fr.* 5, *p.* 372 ; *Godr. et Gren. fl. fr.* 3 , *p.* 20 ; *Vaill. bot. t.* 7 , *fig.* 1. — Racine blanchâtre, pivotante ou rameuse, coudée supérieurement. Tige de 3-6 décim., dressée, anguleuse, rameuse, à rameaux étalés-dressés, à bandes vertes, séparées par des bandes blanches. Feuilles pétiolées, *rhomboïdales ou ovales-rhomboïdales, presque trilobées*, sinuées-dentées, à lobe moyen, *large, obtus*, souvent *tronqué, un peu plus long que les latéraux;* les supérieures plus petites, quelquefois dépourvues de lobes latéraux; toutes très-glauques et très-farineuses en dessous, *leur longueur égalant presque leur largeur.* Fleurs blanchâtres ou verdâtres, ordinairement très-farineuses, en glomérules disposés en grappes axillaires et terminales, ordinairement lâches et nues, formant ensemble une

panicule pyramidale, lâche ou compacte, nue ou feuillée. Sépales *carénés*, enveloppant entièrement le fruit. Graines horizontales, à bord obtus, d'un noir mat, finement rugueuses.

Hab. les champs cultivés et les décombres, dans tout le département. ⓵ Fl. juillet-octobre.

8. **Ch. hybridum** *Lin. sp.* 316; *Dec. fl. fr.* 3, *p.* 391; *Vaill. bot. t. 7, fig.* 2; *Barr. ic.* 540. — Racine blanchâtre, pivotante. Tige de 3-7 décim., droite, glabre, anguleuse, ordinairement simple. Feuilles pétiolées, larges, molles, minces, glabres, vertes des deux côtés, *ovales-triangulaires*, longuement acuminées, plus ou moins cordées à la base, munies, de chaque côté, *de* 2-4 *dents* larges, écartées, aiguës, inégales, entières. Fleurs vertes, en glomérules disposés en grappes nues, *rameuses*, étalées, axillaires et terminales, formant ensemble *une panicule lâche*, feuillée inférieurement. Sépales obtus, *non carénés*, *laissant le fruit un peu à découvert*. Graines assez grosses, horizontales, *à bords obtus*, d'un noir mat, *ponctuées*, *rugueuses*. Odeur un peu fétide.

Hab. les lieux cultivés aux environs du Vigan, à l'Espérou, à Alzon; on ne le trouve pas dans la plaine. ⓵ Fl. juillet-septembre.

9. **Ch. urbicum** *Lin. sp.* 318; *Dec. fl. fr.* 3, *p.* 389; *Engl. bot. t.* 717; *Fl. dan. t.* 1148. — Racine blanchâtre, pivotante ou rameuse. Tige de 3-8 décim., raide, dressée, anguleuse, à bandes vertes séparées par des bandes blanches, quelquefois rouge, surtout à la base, ordinairement simple. Feuilles pétiolées, un peu épaisses, luisantes, d'un vert glauque, un peu pulvérulentes en dessous, *triangulaires*-aiguës, un peu décurrentes sur le pétiole, profondément et inégalement dentées; à dents triangulaires-aiguës, ouvertes, non dirigées vers le sommet; feuilles supérieures plus étroites, lancéolées-rhomboïdales, quelquefois entières. Fleurs vertes, petites, en glomérules disposés en grappes effilées, simples ou rameuses, axillaires et terminales, quelquefois feuillées à la base, *dressées contre la tige*, formant ensemble une panicule étroite, allongée, nue supérieurement. Sépales non carénés, laissant le sommet du fruit à découvert. Graines horizontales, à bords obtus, d'un noir mat, finement ponctuées-chagrinées.

Hab. les terrains sablonneux, dans le voisinage des habitations, au bois de la Devèze, près St-Vincent; à St-Laurent-d'Aigouze, aux environs du Vigan. ⓵ Fl. juillet-septembre.

10. **Ch. murale** *Lin. sp.* 318; *Dec. fl. fr.* 3, *p.* 389; *Tabern. ic.* 427, *fig.* 2; *Math. comm.* 362, *fig. inf. dext.* — Racine blanchâtre, pivotante ou rameuse. Tige de 3-6 décim., dressée ou un peu étalée à la base, anguleuse, ordinairement très-rameuse dès la base, rayée de vert et de rouge, farineuse ainsi que les

jeunes feuilles. Feuilles un peu épaisses, d'un vert foncé et luisantes en dessus, un peu plus pâles en dessous, pétiolées, *ovales-rhomboïdales*, aiguës ou acuminées, *cunéiformes à la base*, toutes dentées; à dents nombreuses, inégales, aiguës, dirigées vers le sommet. Fleurs vertes, en glomérules disposés en grappes nues, rameuses, *étalées*, axillaires et terminales, formant ensemble une *panicule lâche*. Sépales un peu carénés, enveloppant entièrement le fruit. Graines horizontales, *à bords tranchants*, noirâtres, non luisantes, légèrement rugueuses. Odeur un peu fétide.

Hab. les décombres, le long des murs, les bords des chemins, dans tout le département. ① Fl. juillet-septembre.

11. **Ch. rubrum** *Lin. sp.* 318; *Dec. fl. fr.* 3, *p.* 389; *Fuchs. hist.* 653, *ic.; Dod. pempt.* 616, *fig.* 1; *Dalech. hist. ed. gal.* 1, *p.* 457, *fig.* 1. — Racine blanchâtre, pivotante ou rameuse. Tige de 1-6 décim., dressée ou étalée, anguleuse, rayée de vert et de rouge, rameuse dès la base, rarement simple. Feuilles un peu charnues, d'abord vertes, puis rougeâtres, luisantes, non pulvérulentes, pétiolées, *ovales-rhomboïdales*, ou *triangulaires-rhomboïdales*, ou *triangulaires-hastées*, cunéiformes à la base, entières, largement et inégalement dentées, à dents non dirigées vers le sommet. Fleurs vertes ou rougeâtres, nombreuses, en glomérules disposés en grappes simples ou rameuses, nues ou feuillées, axillaires et terminales, dressées, formant ensemble une panicule *feuillée jusqu'au sommet*. Fleurs à 3 divisions, à 1-2 étamines, à graine verticale; la terminale de chaque glomérule à 5 divisions, à 5 étamines, à graine horizontale. Sépales non carénés, laissant le sommet du fruit un peu à découvert. Graines très-petites, à bords obtus, noires, luisantes, très-finement ponctuées. Plante rougeâtre dans sa vieillesse.

Var. B, *Crassifolium Moq.* Tige de 1-3 décim., rameuse dès la base, à rameaux couchés ou ascendants. Feuilles triangulaires ou rhomboïdales, charnues, sinuées ou largement dentées; les supérieures entières, lancéolées, quelquefois munies d'une dent de chaque côté; panicule spiciforme. Sépales un peu charnus, rougeâtres à la maturité. *Chenopodium crassifolium Hornm. hort. hafn. p.* 254.

On mange les feuilles de cette plante comme les épinards.

Hab. les lieux humides à Aigues-Mortes, à Franqueveau; la var. B, à Bellegarde. ① Fl. juillet-octobre.

12. **Ch. bonus-Henricus** *Lin. sp.* 318; *Dec. fl. fr.* 3, *p.* 388; *Fl. dan.* 579, *ic.; Fuchs. hist.* 463, *ic.; Math. comm. (vulgr.)* 598, *ic.; Tabern. ic.* 425, *fig.* 2. — Racine *épaisse*, blanchâtre, rameuse. Tiges de 2-6 décim., épaisses, anguleuses, dressées ou ascendantes, simples ou rameuses, rayées de vert et de rouge,

partant plusieurs de la même souche. Feuilles grandes, *triangu-laires-hastées*, aiguës, entières, ondulées sur les bords, longue-ment pétiolées, vertes, pulvérulentes en dessous. Fleurs vertes, en glomérules disposés en grappes courtes, serrées, axillaires; les supérieures rapprochées en panicule étroite, spiciforme, non feuillée. Fleurs à 2-3 étamines, à graine verticale; la terminale de chaque glomérule à 5 étamines, à graine horizontale. Sépales non carénés, laissant le sommet du fruit un peu à découvert. Graines noirâtres, subglobuleuses, assez grosses, finement ponctuées.

Cette plante porte les noms vulgaires de *bon-Henri*, d'*épinard sauvage*; elle est émolliente et vulnéraire. On mange les feuilles et les jeunes pousses.

Hab. le long des murs, les bords des chemins, dans le voisinage des habi-tations, dans toute la partie montagneuse élevée du département. ♃ Fl. juin-septembre.

6ᵉ ᵍʳᵉ. BLITE. — BLITUM. (Tournef. inst. p. 507, t. 288.)

Fleurs hermaphrodites, rarement polygames, dépourvues de bractées. Calice à 3-5 divisions, *à la fin enflées, succulentes*. Étamines 1-5, insérées au fond du calice, à filets filiformes. Styles 2. Fruit comprimé, enveloppé par le calice devenu *charnu* en forme de baie. Graine verticale, comprimée, à tégument double; l'extérieur crustacé, fragile. Plantes herbacées, annuelles, à feuilles hastées, alternes.

1. **BL. VIRGATUM** *Lin. sp.* 7; *Dec. fl. fr.* 3, *p.* 381; *Lamk. ill. t.* 5; *Poit. et Turp. fl. par. t.* 3; *Moris. hist. s.* 5, *t.* 32, *fig.* 10-11; *Clus. hist.* 2, *p.* 135, *ic.* — Racine pivotante. Tige de 2-4 décim., faible, glabre, anguleuse, *feuillée dans toute sa lon-gueur*, rameuse dès la base, à rameaux simples, effilés. Feuilles vertes, charnues et luisantes, brièvement pétiolées, décroissantes en s'approchant du sommet, triangulaires-lancéolées, acuminées, tronquées ou cunéiformes à la base, bordées de dents, d'autant plus saillantes qu'elles sont près de la base. Fleurs blanchâtres, herbacées, en glomérules arrondis, rouges à la maturité, *soli-taires, sessiles, axillaires*, lâchement disposés *en épi allongé, feuillé*. Calice fructifère, à sépales connivents, enveloppant presque entièrement le fruit. Graines petites, noirâtres, non lui-santes, presque lisses, caniculées au bord.

Hab. le long des murs, les décombres, à Anduze (Lecoq et Lamothe). ♁ Fl. juin-septembre.

7ᵉ ᵍʳᵉ. KOCHIE. — KOCHIA. (Roth. in Schrad. journ. 1800, p. 307, t. 2.)

Fleurs hermaphrodites ou polygames par avortement. Calice urcéolé, à 5 divisions *munies, sur le dos, à la maturité, d'une aile scarieuse, transversale, pétaloïde, rarement épineuse*. Éta-mines 5, souvent saillantes, insérées au fond du calice. Styles

2, filiformes, soudés à la base. Fruit (*utricule* coriace, déprimé, revêtu par le calice *ailé-membraneux ou épineux en étoile*. Graine à tégument simple, membraneux, horizontale, rostellée ou subombiliquée. Embryon annulaire ou subannulaire; plantes à feuilles linéaires, plus ou moins charnues, à fleurs dépourvues de bractées.

1. { Divisions du calice ailées-membraneuses : feuilles filiformes, pointues.. ARENARIA.
Divisions du calice épineuses en étoile: feuilles subcylindriques, obtuses..................................... HIRSUTA.

1. K. ARENARIA *Roth. in Schrad. journ.* 1, *p.* 307, *t.* 2; *Godr. et Gren. fl. fr.* 3, *p.* 25; *Salsola arenaria W. et Kit. hung.* 1, *p.* 80, *t.* 78.—Racine blanchâtre ou simple, rameuse, *grêle*, flexueuse. Tige de 2-5 décim., blanchâtre, raide, cylindrique, obscurément striée, *poilue*, rameuse souvent dès la base, à rameaux supérieurs étalés-dressés; les inférieurs nombreux, très-étalés-ascendants. Feuilles molles, *filiformes*, presque pointues, un peu charnues, *couvertes de poils appliqués, longuement ciliées* inférieurement. Fleurs blanchâtres, en glomérules sessiles, axillaires, *laineux*, lâchement disposés en épis grêles, très-allongés, terminant la tige et les rameaux. Calice campanulé à la floraison, à lobes *très-hérissés*, ovales, appliqués sur le fruit, portant chacun, au-dessous du sommet, un aile membraneuse, *oblongue-obtuse*, veinée de rouge, étalée, et formant l'étoile avec les autres. Graine subombiliquée, grisâtre. Embryon courbé en fer à cheval.

Hab. les lieux sablonneux, aux Angles, à Tresques (Gonnet). ①. Fl. juillet-octobre.

2. K. HIRSUTA *Nolte, nov. fl. hols.* 24; *Chenopodium hirsutum Lin. sp. ed.* 1, *p.* 221; *Dec. fl. fr.* 3, *p.* 394; *Salsola hirsuta Lin. sp. ed.* 2, *p.* 323; *Fl. dan. t.* 187; *Pall. ill. t.* 45.— Racine brunâtre, pivotante ou rameuse. Tige de 1-4 décim., dressée ou étalée, raide, cylindriques, striée-anguleuse, velue ou hérissée, très-rameuse, à rameaux inférieurs grands, étalés sur la terre. Feuilles linéaires, demi-cylindrique, molles, charnues, obtuses, velues, cendrées, à la fin roussâtres et presque glabres, étalées sur les rameaux stériles, appliquées sur les rameaux fleuris. Fleurs jaunâtres, presque solitaires, sessiles et axillaires le long des rameaux allongés, étroits, très-flexueux ou contournés en spirale. Calice hérissé-laineux, campanulé à la floraison, à lobes courts, obtus, 3-5, munis, à la maturité, d'appendice conique, spiniforme, crochu. Graine oblongue, subrostellée, d'un noir mat.

Hab. les bords du canal et des roubines, aux environs d'Aigues-Mortes. ①. Fl. août-septembre.

8ᵉ gʳᵉ. **CAMPHRÉE. — CAMPHOROSMA.** (Lin. gen. 164.)

Fleurs hermaphrodites, munies de bractées. Calice tubuleux, comprimé, à 4 dents ; les plus grandes opposées, carénées, et les deux autres planes. Etamines 4, saillantes, insérées au fond du calice. Styles 2-3, filiformes, inclus, soudés à la base. Fruit *(utricule)* comprimé, *renfermé dans le calice;* péricarpe membraneux distinct. Graine verticale, à tégument simple, membraneux. Embryon condupliqué, vert, épais.

1. **C. MONSPELIACA** *Lin. sp.* 178 ; *Dec. fl. fr.* 3, *p.* 398 ; *Lamk. ill. t.* 86; *Pall. ill. t.* 57; *Tabern. ic.* 17, *fig.* 2. — Sous-arbrisseau à racine brune, grosse, longue, ligneuse, à souche ligneuse, d'où naissent des tiges nombreuses, blanchâtres ou rougeâtres, velues ou pubescentes, étalées en gazon large et serré; les unes fertiles, hautes de 2-4 décim., ligneuses à la base, couchées-ascendantes, simples ou rameuses; les autres stériles, pérennantes, plus courtes, couchées sur la terre. Feuilles linéaires, presque aiguës, courtes, velues, un peu raides; les inférieures et celles des rameaux stériles, munies à leur aisselle de petits rameaux très-feuillés, non développés. Fleurs blanchâtres-herbacées, solitaires à l'aisselle des bractées linéaires, subaiguës, disposées en épis courts, denses, axillaires et terminaux, dressés, formant ensemble une panicule étroite, plus ou moins allongée, velue-cendrée. Calice urcéolé, à dents obtuses. Graine noire, orbiculaire, comprimée. Odeur camphrée par le froissement.

Cette plante est excitante, sudorifique, diurétique, vulnéraire, antihydropique; inusitée.

Hab. les bords des chemins et des champs, aux environs de Nîmes, à Montfrin, à Villeneuve-lez-Avignon. ♄ Fl. août-octobre.

9ᵉ gʳᵉ. **CORISPERME. — CORISPERMUM.** (Ant. Juss. act. acad. par. (1712) 185, t. 10.)

Fleurs hermaphrodites. Calice *monosépale ou nul, rarement à 2-3 sépales membraneux, déchirés.* 1-5 étamines *incluses,* insérées sur le réceptacle. Styles 2, très-courts, soudés à la base. Fruit elliptique, très-comprimé, *nu,* convexe à la face externe, concave à la face interne, bordé d'une *aile membraneuse.* Péricarpe *très-adhérent* à la graine. Graine verticale, à test crustacé. Embryon annulaire filiforme.

1. **C. HYSSOPIFOLIUM** *Lin. sp.* 6; *Dec. fl. fr.* 3, *p.* 397 ; *Lamk. ill. t.* 5; *Gærtn. fr. t.* 75, *fig.* 3; *Juss. l. c.* — Racine blanchâtre, pivotante, flexueuse. Tige de 1-4 décim., raide, dressée, flexueuse, cylindrique, largement striée, pubescente supérieurement, d'abord verdâtre, puis rougeâtre, très-rameuse dès la base, feuillée jusqu'au sommet, à rameaux effilés, ascendants, dressés. Feuilles alternes ou éparses, largement linéaires,

mucronées, uninerviées, presque glabres. Fleurs solitaires, sessiles à l'aisselle des feuilles florales, semblables aux autres feuilles, mais plus étroites ou plus courtes, élargies à la base et acuminées. Épis de fleurs grêles, allongés, lâches inférieurement, serrés au sommet. Calice blanc, très-court. Graine ovale, entourée d'une membrane blanche, tranchante, échancrée au sommet, souvent terminée par une petite pointe.

VAR. B, *Bracteosa Godr. et Gren. fl. fl. fr.* 3, *p.* 27. Fleurs en épi serré, ovoïde, à bractées courtes, ovales, acuminées. *C. bracteatum Viv. ann. sc. nat.* 2, *p.* 200.

Hab. les terrains sablonneux, à Aigues-Mortes, à Beaucaire, aux Angles, à Villeneuve, à Tresques, au pont du Gard. ⴲ Fl. juillet–août.

10ᵉ gʳᵉ. SALICORNE. — SALICORNIA. (Tournef. coroll. 51, t. 485.)

Fleurs hermaphrodites ou polygames, ternées-opposées, non saillantes, *enfoncées dans des excavations des articles des rameaux.* Calice utriculé, entier ou denticulé au sommet subéreux, dépourvu ou muni circulairement d'une aile membraneuse très-courte. Étamines 1-2, saillantes. Styles 2. Fruit *utriculé*, comprimé, recouvert par le calice charnu. Péricarpe membraneux, un peu adhérent à la graine. Graines verticales, à tégument double ou simple. Embryon conduplique, épais, vert. Tige *articulée;* feuilles nulles.

1. | Tige herbacée; plante annuelle............. **HERBACEA.**
     | Tige ligneuse; plante vivace................. 2.

2. | Épis fleuris médiocres: articles 2 fois aussi longs que larges; graines fauves, presque lisses... **FRUTICOSA.**
     | Épis fleuris gros et longs; articles aussi longs que larges; graines noires, tuberculeuses... **MACROSTACHYA.**

1. S. HERBACEA *Lin. sp.* 5; *Dec. fl. fr.* 3, *p.* 396; *Lamk. ill. t.* 4, *fig.* 1; *Math. comm.* 364, *fig.* 1; *Lob. adv.* 170, *fig. infér.; Barr. ic.* 192.—Racine grêle, pivotante, souvent coudée supérieurement. Tige de 1-2 décim., herbacée, charnue, presque ligneuse dans sa vieillesse, droite, glabre, articulée, rameuse dès la base, à rameaux nombreux, opposés, décussés, étalés; articulations plus longues que larges, atténuées vers la base, à sommet un peu comprimé, membraneux sur les bords, à côtés opposés, échancrés, les deux autres obtus; l'articulation inférieure de chaque rameau plus longue et plus étroite que les autres. Feuilles nulles. Fleurs en épis courts, brièvement pédonculés au sommet de la tige et des rameaux, opposés, se croisant d'une articulation à l'autre; articulations de l'épi courtes, renfermant, à leur base et de chaque côté, 3 fleurs dont l'empreinte y est marquée. Calice comprimé-anguleux, tronqué au sommet, contracté sous la gorge, avec une fente longitudinale, dont les bords sont garnis de lames scarieuses. Graines velues, blanchâtres, comprimées, sillonnées d'un côté, à tégument simple.

Cette plante donne de la soude, ainsi que les deux suivantes. Vulgairement *criste marine, passe-pierre.*

Hab. les marais salés et fangeux, aux environs d'Aigues-Mortes. ① Fl. août-septembre.

2. S. FRUTICOSA *Lin. sp.* 5; *Dec. fl. fr.* 3, *p.* 397; *Lamk. ill. t. 4, fig.* 2; *Camer. epit.* 246, *ic.* — Racine ligneuse, tortueuse. Tiges de 3-8 décim., ligneuses, buissonnantes, droites ou redressées, cylindriques, grisâtres, glabres, très-rameuses, à rameaux rapprochés, opposés, se croisant d'une articulation à l'autre; articles plus longs que larges, à 2 lobes obtus. Feuilles nulles. Fleurs en épis oblongs-obtus, au sommet de la tige et des rameaux, étagés en croix, plus brièvement articulés que les rameaux; articles à côtés opposés, échancrés, les deux autres *obtus* ou subaigus. Calice turbiné, charnu, non contracté sous la gorge, avec une fente longitudinale; les bords sont garnis de petites lames scarieuses, renfermant, de chaque côté de la base, 3 fleurs dont l'empreinte y est marquée. Graines brunes, oblongues, sillonnées d'un côté, lisses ou subponctuées. Plante d'un vert jaunâtre.

Cette plante porte les noms vulgaires de *corail de mer*; en patois, d'*engana*. Les bestiaux en sont friands. Ses sommités, confites dans le vinaigre, servent pour assaisonner les salades.

Hab. les terrains salants, à Bellegarde, St-Gilles, Aigues-Mortes, et tout le littoral du département. ♄ Fl. juillet-septembre.

3. S. MACROSTACHIA *Moric. fl. ven.* 1, *p.* 2; *Duby, bot.* 395; *Godr. et Gren. fl. fr.* 3, *p.* 29; *Guss. syn. sic.* 7, *et fl. sic. t.* 4. — Cette espèce diffère de la précédente : par ses épis de fleurs, plus gros et plus longs, à articles échancrés sur deux côtés opposés, les deux autres courts, aigus; par la base du calice, ne présentant qu'une seule empreinte au lieu de trois; par ses graines, ovoïdes ou subréniformes, comprimées, noires, brillantes, concentriques, striées-tuberculeuses sur les deux faces; et par l'époque de sa floraison, plus précoce.

Hab. les mêmes localités. ♄ Fl. mai-septembre.

11ᵉ gʳᵉ. SUÉDA. — SUÆDA. (Forsk. fl. ægypt. 69.

Fleurs hermaphrodites ou polygames, munies de bractées. Calice urcéolé, à 5 divisions égales, épaisses, charnues, à la fin renflées et bacciformes, quelquefois sans suc et subcarénées, *dépourvues d'ailes ou d'appendices.* Etamines 5, insérées à la base du calice ou sur un disque annulaire. Style *nul;* stigmate 3, rarement 4-5. Fruit *utricule* comprimé, couvert par le calice fermé; péricarpe pellucide, non adhérent. Graines verticales ou horizontales-lenticulaires, à tégument *double,* à test crustacé. Embryon cylindrique, contourné en spirale. Feuilles alternes, sessiles, charnues, subcylindriques.

1. { Plante vivace, à tige ligneuse, frutescente......... **FRUTICOSA.**
   { Plantes annuelles, à tige herbacée............... 2.

2. { Feuilles terminées par une soie assez longue....... **SPLENDENS.**
   { Feuilles non terminées par une soie............. **MARITIMUM.**

1. **S. FRUTICOSA** *Forsk. fl. ægypt. p.* 20; *Godr. et Gren. fl. fr.* 3, *p.* 29; *Chenopodium fruticosum Lin. sp. ed.* 1, *p.* 221; *Salsola fruticosa Lin. sp. ed.* 2, *p.* 324; *Dec. fl. fr.* 3, *p.* 393; *Lob. obs.* 207, *fig.* 1; *Munt. phyt. t.* 130. — Racine blanchâtre, ligneuse, rameuse. Tige de 3-10 décim., blanchâtre, ligneuse, cylindrique, striée, dressée, très-rameuse, à rameaux dressés, glabres ainsi que les feuilles; celles-ci nombreuses, éparses, très-rapprochées, étalées, sessiles, charnues, demi-cylindriques, courtes, linéaires-obtuses, atténuées à la base, persistantes, d'un vert glauque, noircissant par la dessication; les florales plus courtes et plus larges, souvent recourbées-ascendantes. Fleurs verdâtres, petites, solitaires, géminées ou ternées, sessiles, à l'aisselle des feuilles plus longues qu'elles, disposées en grappes un peu allongées, effilées, munies, à leur base, de 2-3 bractées blanches-scarieuses, concaves, courtes, aiguës, persistantes après la chute du fruit. Calice campanulé, à 5 divisions. Fruit recouvert par le calice renflé. Graines horizontales, renflées, pyriformes, rostellées, lisses, d'un noir brillant.

Cette plante est connue sous le nom vulgaire patois d'*oursé*; elle donne de la soude.

Hab. les bords des champs et des roubines, à Bellegarde, à St-Gilles, à Aigues-Mortes, et sur tout le littoral du département. ♃ Fl. mai-septembre.

2. **S. MARITIMA** *Dumort. fl. belg.* 22; *Godr. et Gren. fl. fr.* 3, *p.* 30; *Chenopodium maritimum Lin. sp.* 321; *Dec. fl. fr.* 3, *p.* 393; *Fl. dan.* 489, *ic.; Dod. pempt.* 81, *fig.* 2; *Lob. adv.* 170, *fig.* 1. — Racine pivotante ou tortueuse, blanchâtre. Tige de 1-4 décim., herbacée ou un peu ligneuse à la base, blanchâtre, striée, cylindrique, dressée ou étalée-diffuse, très-rameuse souvent dès la base, à rameaux dressés ou étalés; glabre ainsi que les feuilles; celles-ci linéaires, *demi-cylindriques, un peu aiguës*, charnues, molles, d'un vert glauque, souvent rougeâtres; les supérieures plus courtes. Fleurs verdâtres en glomérules de 2-3, sessiles, axillaires, disposés en grappes grêles, allongées, souvent paraissant dépourvues de feuilles, à cause de leur brièveté. Calice du fruit déprimé-urcéolé, à divisions obtuses, couvrant le fruit. Graines verticales, ovoïdes-comprimées, rostellées, lisses, d'un noir brillant.

Cette plante, connue sous le nom vulgaire de *blanchette*, en patois, de *blanquetta*, fournit de la soude.

Hab. les terrains salants, marécageux et sablonneux, à Bellegarde, à St-Gilles, à Aigues-Mortes, et tout le littoral du département. ① Fl. juillet-octobre.

3. S. SPLENDENS *Godr. et Gren. fl. fr. 3, p.* 30; *Chenopodium setigerum Dec. fl. fr. 5, p.* 372. — Cette espèce diffère de la précédente par ses feuilles, demi-transparentes, obtuses et terminées par une soie fine, droite, assez longue.

Hab. les mêmes lieux que la précédente et a les mêmes propriétés. ① Fl. juillet-octobre.

12ᵉ gʳᵉ. SOUDE. — SALSOLA. (Gærtn. fruct. p. 359, t. 75.)

Fleurs hermaphrodites. Calice à 5 sépales, munis, sur le dos, d'un appendice *transversal, scarieux.* Étamines 5, rarement 3, insérées sur un anneau fixé sur le réceptacle, à filets linéaires, souvent dilatés et brièvement soudés en cupule à la base. Style cylindrique souvent allongé; stigmates 2, rarement 3, comprimés. Fruit *utricule* déprimé, revêtu par le calice *capsuliforme, ailé en étoile;* péricarpe membraneux, rarement charnu et subbacciforme. Graine *horizontale,* subglobuleuse, à tégument *simple* et membraneux. Albumen nul; embryon vert, *contourné en spirale.*

1. | Feuilles épineuses ou terminées par une pointe......... 2.
   | Feuilles ni épineuses ni terminées par une pointe........ SODA.

2. | Feuilles lancéolées-linéaires raides : tige décombante.... KALI.
   | Feuilles linéaires très-allongées : tige dressée........... TRAGUS.

1. S. KALI *Lin. sp.* 322; *Dec. fl. fr. 3, p.* 396; *Lamk. ill. t.* 181, *fig.* 2; *Moris. hist. s. 5, t. 33, fig.* 11; *Camer. epit.* 779, *ic.; Tabern. ic.* 702, *fig.* 2. — Racine blanchâtre, pivotante ou rameuse. Tige de 2-5 décim., plus ou moins rameuse dès la base, diffuse ou dressée, glabre ou pubescente, marquée de lignes blanches et de lignes vertes ou rouges, à rameaux inférieurs les plus longs étalés sur la terre, relevés au sommet. Feuilles éparses, un peu charnues, lancéolées-linéaires ou trigones, *terminées en pointe épineuse,* glabres ou pubescentes-rudes. Fleurs solitaires ou en glomérules de 2-3, axillaires, serrés en épi sur des rameaux simples ou rameux, disposés en pyramide, munies à leur base de 3 bractées triangulaires, *épineuses au sommet,* blanchâtres et scarieuses sur les bords, recourbées en dehors, un peu plus longues que les fleurs et plus courtes que les feuilles. Calice à divisions obtuses ou aiguës, cartilagineuses et endurcies à la maturité, munies sur le dos d'une aile transversale, membraneuse, veinée, rouge ou blanche, très-étalée, plus ou moins grande, quelquefois *rudimentaire.*

Cette plante porte le nom vulgaire patois de *saouda bastarda;* elle donne de la soude par l'incinération.

Hab. les terrains sablonneux, aux environs d'Aigues-Mortes, de St-Gilles, Bellegarde, Manduel, Tresques. ♃ Fl. août-septembre

2. **S. TRAGUS** *Lin. sp.* 322 ; *S. Kali var.* Δ, *tenuifolia, Dec. prodr.* 13, *p.* 188. — Cette espèce diffère de la précédente : par sa tige, toujours dressée, plus élevée, à rameaux plus grêles et plus lâchement disposés, non diffus ; par ses fenilles, longues et étroites, lisses, non élargies à la base, terminées par une pointe moins raide ; par ses fleurs, plus écartées.

Ce n'est probablement qu'à une végétation rapide que ces différences sont dues ; si des recherches nouvelles ne fournissent pas des caractères plus importants, la plante que nous rapportons ici comme espèce, à l'exemple de plusieurs botanistes, ne pourra être considérée que comme une des nombreuses formes du *S. Kali.*

Mêmes noms vulgaires et même propriété.

Hab. les terrains sablonneux, à Manduel, à Beaucaire, à Aramou. ① Fl. août-septembre.

3. **S. SODA** *Lin. sp.* 323 ; *Dec. fl. fr.* 3, *p.* 395 ; *Jacq. hort. vind. t.* 68 ; *Lob. ic.* 394, *fig.* 1 ; *Dalech. hist. ed. fr., 2, p.* 262, *fig.* 1. — Racine simple ou rameuse. Tige de 2-6 décim., dressée, ascendante ou étalée, diffuse, glabre, lisse, quelquefois rougeàtre, rameuse dès la base ; à rameaux lâches ou rapprochés, allongés, très-étalés, redressés. Feuilles d'un vert foncé ou rougeàtres, lancéolées-linéaires, dilatées et demi-embrassantes à la base, charnues, très-glabres, demi-cylindriques, canaliculées supérieurement, obtuses ou subaiguës, *avec une petite pointe non piquante,* cartilagineuse. Fleurs ordinairement solitaires, axillaires, écartées, longuement dépassées par les feuilles, disposées alternativement le long de la tige et des rameaux, munies à leur base de 2 bractées lancéolées, à bords membraneux, dépassant les fleurs. Calice à 5 divisions larges, concaves, obtuses ou aiguës, membraneuses-coriaces à la maturité, persistantes avec le fruit, carénées transversalement.

Cette plante porte les noms vulgaires d'*herbe au verre,* de *salicor ;* en patois, *saouda.* Elle passe pour diurétique, apéritive, vermifuge et anti-ulcéreuse ; c'est celle qui donne le plus de soude. Les brebis la mangent avec avidité.

Hab. les terrains salants, aux environs d'Aigues-Mortes, de Bellegarde, et de tout notre littoral. ① Fl. août-septembre.

LXXXXIe FAM. **POLYGONÉES.**

POLYGONEÆ (Juss. gen. 82.)

Fleurs hermaphrodites, rarement unisexuelles. Calice souvent coloré, persistant, rarement caduc, accrescent ou marcescent, à 3-6 sépales disposés sur un ou deux rangs, libres ou soudés à la base, presque égaux ou les intérieurs plus grands, imbriqués avant l'épanouissement. Étamines 4-10, insérées à la base du calice, opposées aux sépales, plus rarement alternes avec eux, à filets filiformes, libres ou soudés à la base, souvent alternes avec des glandes; anthères bilobées, à déhiscence longitudinale. Ovaire libre, rarement soudé à la base du calice. Styles 2-3, quelquefois très-courts; stigmates capités ou multifides, pénicillés. Fruit (*akène* ou *cariopse* uniloculaire, monosperme, indéhiscent, plus ou moins recouvert par le calice accru ou marcescent. Graine dressée, lenticulaire ou trigone, rarement tétragone, libre ou soudée au péricarpe, à test membraneux; périsperme farineux. Embryon droit ou plus ou moins arqué, latéral ou central. Plantes annuelles ou vivaces, très-rarement sous-frutescentes, à tige articulée, à feuilles alternes, à pétiole engaînant ou muni d'une stipule engaînante, fermée ou fendue, souvent ciliée.

1. | Sépales intérieurs plus grands que les extérieurs; stigmates multifides-pénicillés.......... 1ᵉʳ gʳᵉ. **RUMEX**.
| Sépales presque égaux; stigmates capités... 2ᵉ gʳᵉ. **POLYGONUM**.

1ᵉʳ gʳᵉ. PATIENCE. — RUMEX. (Lin. gen. 451, en part.)

Fleurs hermaphrodites, rarement unisexuelles. Calice *à 6 divisions:* 3 extérieures, un peu soudées à la base; 3 intérieures, plus grandes, conniventes, accrues à la maturité, entourant le fruit en forme de valves, privées ou munies, sur le dos, d'un tubercule charnu. Étamines 6, opposées par paires aux divisions extérieures du calice. Styles 3, filiformes, libres ou soudés aux angles de l'ovaire; stigmates *multifides-pénicillés*. Fruit *trigone*, libres. Graine trigone, dressée. Embryon latéral. Plantes 1, 2 ou 2′, à suc fade ou acide, à fleurs verdâtres ou rougeâtres, pédicellées, en faux verticilles sur les rameaux.

1. | Styles libres............................... 2.
| Styles soudés aux angles de l'ovaire........ 12.

2. | Valves du calice fructifère fortement dentées à la base............................ 3.
| Valves du calice fructifère entières ou subdentées................................... 6.

3. | Feuilles atténuées à la base................ 4.
| Feuilles cordées à la base.................. 5.

4. | Pédicelles filiformes: feuilles de 15 centim., ondulées sur les bords...................... **PALUSTRIS**.
| Pédicelles renflés supérieurement; feuilles de 2-3 centim., non ondulées sur les bords. **BUCEPHALOPHORUS**.

5. | Feuilles échancrées sur les côtés comme les violons.................................. **PULCHER**.
| Feuilles non échancrées sur les côtés...... **FRIESII**.

6. | Valves du calice fructifère très-entières... 7.
| Valves du calice fructifère denticulées..... 10.

7. | Verticilles espacés à la maturité........... 8.
| Verticilles rapprochés et contigus à la maturité............................... 9.

8. { Valves du calice fructifère toutes munies
    d'une callosité saillante............... **CONGLOMERATUS.**
    Une seule valve du calice fructifère munie
    d'une callosité....................... **NEMOROSUS.**

9. { Valves du calice fructifère presque orbicu-
    laires: feuilles de 20-25 centim........ **CRISPUS.**
    Valves du calice fructifère ovales-triangulai-
    res, aiguës; feuilles de 3-6 décim...... **HYDROLAPATHUM.**

10. { Feuilles radicales tronquées ou atténuées en
    pétiole................................ 11.
    Feuilles radicales cordiformes à la base..... **ACUTUS**

11. { Feuilles de 20-25 centim., ondulées-crépues:
    valves presque orbiculaires............ **CRISPUS.**
    Feuilles de 3-6 décim.: valves ovales-trian-
    gulaires-aiguës....................... **HYDROLAPATHUM.**

12. { Feuilles presque aussi larges que longues.. 13.
    Feuilles 2-3 fois plus longues que larges.... 14.

13. { Tiges raides, très-rameuses, très-feuillées:
    feuilles ondulées, rongées-dentées aux
    bords................................. **TINGITANUS.**
    Tiges faibles, peu rameuses et peu feuillées:
    feuilles planes, non dentelées aux bords. **SCUTATUS**

14. { Divisions du calice dressées, toutes appli-
    quées sur le fruit et plus courtes que lui. **ACETOSELLA.**
    Divisions extérieures du calice réfléchies:
    les intérieures bien plus longues que le
    fruit................................. 15.

15. { Feuilles ovales ou oblongues, à oreillettes
    parallèles au pétiole.................. **ACETOSA.**
    Feuilles étroitement oblongues ou lancéo-
    lées-linéaires, à oreillettes divergentes... **THYRSOIDES.**

1. **R. PALUSTRIS** *Smith*, *fl. brit.* 1, *p.* 394; *Dec. fl. fr.* 5, *p.* 368; *R. maritimus*, *var. B. Dec. fl. fr.* 3, *p.* 375; *Lob. ic.* 286, *fig.* 1, *et obs.* 151, *fig.* 2. — Racine rougeâtre, dure, rameuse. Tige de 2-6 décim., dressée, anguleuse, rameuse, à rameaux étalés-dressés, glabre, souvent rougeâtre. Feuilles glabres, souvent rougeâtres, lancéolées ou lancéolées-linéaires-aiguës, atténuées en pétiole, entières, un peu ondulées sur les bords. Fleurs en verticilles épais, munis à leur base *d'une feuille florale* linéaire-lancéolée, disposés en épis feuillés, *un peu lâches, même à la maturité;* pédicelles grêles, courbés en dehors, articulés à la base. Calice fructifère à sépales intérieurs ovales-oblongs, allongés, tous munis, sur leur dos, d'une callosité oblongue et portant de chaque côté 2 *dents subulées, plus courtes que le diamètre du sépale;* sépales extérieurs *environ de la longueur des dents des valves.* Cette espèce diffère du *R. maritimus Lin.* par ses épis plus lâches, par les dents de ses valves plus courtes et par ses akènes plus gros.

Hab. les bords des étangs et des roubines, dans la Sylve, près de Sylvéréal. ♈ Fl. juin-septembre.

2. **R. PULCHER** *Lin. sp.* 477; *Dec. fl. fr.* 3, *p.* 374; *Mut. fl.*

fr. t. 57, fig. 436; *Moris. hist. s.* 5, *t.* 27, *fig.* 13; *J. Bauh. hist.* 2, *p.* 988, *fig.* 2. — Racine épaisse, noirâtre extérieurement, jaunâtre ou rougeâtre intérieurement, profonde, presque perpendiculaire, simple ou rameuse. Tige de 2-6 décim., dressée, flexueuse, surtout supérieurement, anguleuse, très-rameuse, à rameaux raides, effilés, *très-divergents ou divariqués*, ordinairement glabre, quelquefois poilue-écailleuse, surtout à la base, ainsi que sur les nervures des feuilles inférieures et radicales; celles-ci disposées en rosette, plus ou moins longuement pétiolées, oblongues-obtuses, *cordées à la base*, entières ou un peu ondulées sur les bords, échancrées sur les côtés, *en forme de violon*. Les plus supérieures petites, lancéolées-aiguës. Fleurs en verticilles *espacés* le long des rameaux, la plupart munis, à leur base, d'une petite feuille florale; pédicelles courts, courbés en dehors, articulés vers la base. Calice fructifère à sépales intérieurs fortement réticulés-rugueux, tous munis d'une callosité rugueuse, et bordés de plusieurs *dents subulées, raides, presque piquantes, plus courtes que la largeur de la valve*. Plante souvent rougeâtre dans sa vieillesse. Saveur fade.

Var. B, *Hirsutus Godr. et Gren. fl. fr.* 3, *p.* 35. Feuilles peu ou pas échancrées sur les côtés, couvertes, ainsi que la partie inférieure de la tige, de poils courts, papilleux-cartilagineux. *R. divaricatus Lin. sp.* 478.

Cette plante est connue sous le nom vulgaire patois de *lenga-dé-biou*, sa racine est apéritive, diurétique, un peu astringente. On mange les jeunes feuilles en barbouillade.

Hab. les bords des chemins et des fossés, dans tout le département. ⚇) Fl. juin-août.

3. **R. Friesii** *Gren. et Godr. fl. fr.* 3, *p.* 36; *R. obtusifolius Dec. fl. fr.* 3, *p.* 375; *R. divaricatus Fries mant.* 3, *p.* 25; *Lamk. ill. t.* 271, *fig.* 3. — Racine épaisse, brune, profonde, simple ou rameuse. Tige de 6-10 décim., droite, anguleuse-cannelée, ordinairement glabre, souvent rougeâtre, rameuse supérieurement, à rameaux *dressés*, allongés, simples ou ramifiés, disposés en une panicule ample, terminale. Feuilles ondulées, irrégulièrement crénelées aux bords, pubescentes-papilleuses sur les nervures inférieures; les radicales et les inférieures amples, *ovales ou oblongues*, *obtuses ou un peu aiguës*, portées sur des pétioles longs, striées, cordiformes à la base, à lobes arrondis; les supérieures lancéolées-aiguës, à pétiole assez court, atténuées vers la base. Fleurs en verticilles multiflores, disposés en grappes, lâches inférieurement, serrées et *dépourvues de feuilles florales dans la partie supérieure*; pédicelles filiformes, un peu longs, courbés en dehors, articulés à la base. Calice fructifère à sépales intérieurs réticulés, *ovales-triangulaires*, prolongés supérieurement en pointe entière, souvent obtuse, bordés de chaque

côté, dans la partie inférieure, de 3-5 dents triangulaires, longuement acuminées-subulées, mais plus courtes que la largeur de la valve; les sépales extérieurs munis *d'une callosité* ovoïde très-prononcée sur l'un d'eux, rarement sur les trois.

VAR. B, *Discolor Koch.* Nervures des feuilles plus ou moins rouges.

Mêmes propriétés et mêmes noms vulgaires que la précédente.

Hab. les prairies et les bords des ruisseaux, à l'Espérou, à Concoule, à Anduze; la var. B, dans toute la plaine du département. ♃ Fl. juin–août.

4. **R. CONGLOMERATUS** *Murr. prodr. goët.* 52; *Godr. et Gren. fl. fr.* 3, p. 37; *R. acutus Dec. fl. fr.* 3, p. 375; *Mut. fl. fr. t.* 57, *fig.* 430; *J. Bauh. hist.* 2, p. 985, *fig.* 2; *Lob. ic.* 284, *fig.* 2. — Racine brune, pivotante ou rameuse. Tige de 4-8 décim., dressée, anguleuse-sillonnée, glabre, souvent rougeâtre, très-rameuse, presque dès la base, à rameaux effilés, dressés, *étalés ou divariqués*, entièrement simples ou divisés inférieurement. Feuilles brièvement pétiolées, oblongues-lancéolées, ordinairement aiguës, entières ou légèrement ondulées ou crénelées sur les bords; les inférieures *arrondies ou obliquement cordées à la base;* les supérieures plus étroites, lancéolées-aiguës, décurrentes sur le pétiole, ordinairement réfléchies. Fleurs en verticilles multiflores, compactes, distants, munis, à leur base, *d'une feuille florale,* qui manque aux verticilles supérieurs; pédicelles recourbés en dehors, *articulés au tiers de leur longueur,* environ aussi longs que le calice fructifère; celui-ci à sépales intérieurs *lancéolés-oblongs-obtus, très-entiers, tous munis d'une callosité ovoïde* très-prononcée, souvent rougeâtre.

Hab. les bords des fossés et les lieux humides, dans tout le département. ♃ Fl. juillet–septembre.

5. **R. NEMOROSUS** *Schrad. ex Willd. en.* 1, p. 397; *Dec. fl. fr.* 5, p. 367; *R. nemolapathum Dec. fl. fr.* 3, p. 373. — Cette espèce ressemble à la précédente par son port; elle en diffère: par ses rameaux, n'occupant que la partie supérieure de la tige; par ses verticilles feuillés, *moins nombreux;* par ses pédicelles, articulés près de la base; par son calice fructifère, à sépales plus petits, plus étroits, dont *un seul est muni d'une callosité arrondie* très-saillante, les autres nus ou pourvus d'une callosité rudimentaire.

VAR. B, *Coloratus Godr. et Gren. fl. fr.* Tiges et nervures des feuilles plus ou moins rouges. *R. sanguineus Lin. sp.* 476; *Dec. fl. fr.* 3, p. 374; *Dod. pempt.* 650, *fig.* 2.

Cette variété porte les noms vulgaires de *patience rouge,* de *sang-dragon;* sa racine est apéritive, diurétique, un peu astringente.

Hab. les bois humides, les bords des ruisseaux, aux environs du Vigan, de Lanuejols, à Aulas, etc. ♃ Fl. juillet–août.

6. **R. acutus** *Lin. sp.* 478 ; *Godr. et Gren. fl. fr.* 3 , *p.* 38 ;
P. pratensis Mert. et Koch dtschl. fl. 2 , *p.* 609. — Racine roussâtre, épaisse, pivotante ou rameuse. Tige de 8-12 décim., droite,
anguleuse, striée, à rameaux dressés. Feuilles brièvement pétiolées, finement ondulées aux bords ; les radicales et les inférieures
oblongues-lancéolées-aiguës, irrégulièrement cordées à la base ;
les supérieures lancéolées-aiguës, un peu décurrentes sur le
pétiole. Fleurs en verticilles multiflores, nombreux, rapprochés
en grappes fournies, non feuillées ou très-peu vers leur origine ;
pédicelles filiformes, courbés en dehors, articulés au tiers de leur
longueur. Calice fructifère à sépales intérieurs nerviés-réticulés,
ovales, triangulaires, cordiformes à la base, entiers et obtus au
sommet ; munis, inférieurement et de chaque côté, de dents plus
ou moins courtes, aiguës ou acuminées ; tous chargés d'une callosité ovoïde, rougeâtre, ou l'un d'eux seulement.

Vulgairement *patience sauvage ordinaire;* ses feuilles jeunes sont alimentaires.

Hab. le long des ruisseaux, à l'Espérou (?) 2 Fl. juillet-août.

7. **R. crispus** *Lin. sp.* 476 ; *Dec. fl. fr.* 3 , *p.* 373 ; *Mut. fl.
fr. t.* 57, *fig.* 432 *(fleur)*; *Lamk. ill. t.* 271, *fig. H ; Munt. brit.
t.* 190. — Racine brune, grosse, profonde, simple ou rameuse.
Tige de 5-10 décim., cannelée, dressée, rameuse supérieurement,
quelquefois dès la base, à rameaux *dressés, courts,* rapprochés
en panicule terminale, *compacte,* allongée. Feuilles pétiolées,
oblongues-lancéolées-aiguës, *ondulées-crépues* sur les bords,
tronquées ou décurrentes sur le pétiole ; les supérieures plus
étroites et plus brièvement pétiolées. Fleurs en verticilles très-
fournis, presque toujours dépourvus de feuilles florales, confluents,
disposés en grappes formant ensemble une panicule étroite ; pédicelles filiformes, courbés en dehors, articulés au-dessous du milieu
de leur longueur. Calice fructifère, à sépales intérieurs veinés-
réticulés, *arrondis, cordiformes à la base, entiers,* rarement denticulés à la base ; l'extérieur chargé d'une callosité ovoïde, très-
développée, plus petite ou rudimentaire dans les deux autres,
rarement tous également calleux.

Vulgairement *parelle sauvage, reguette;* sa racine est apéritive, diurétique,
un peu astringente.

Hab. les prairies, les bords des fossés et des champs, dans tout le département. 2 Fl. juillet-août.

8. **R. hydrolapathum** *Huds. fl. angl.* 154; *Godr. et Gren.
fl. fr.* 3 , *p.* 38 ; *R. aquaticus Dec. fl. fr.* 3 , *p.* 373 ; *Mut. fl. fr.
t.* 57, *fig.* 429 ; *Munt. brit. t.* 1 , *fig.* 1. — Racine grosse, profonde, jaunâtre intérieurement. Tige de 1-2 mètres, dressée,
robuste, cannelée, glabre, souvent rougeâtre, rameuse supérieurement, à rameaux dressés, disposés en panicule très-grande,

serrée, terminale. Feuilles *très-grandes*, longues de 4-6 décim.,
lancéolées-acuminées, décurrentes sur le pétiole, planes, entières
ou *légèrement crénelées, ondulées* sur les bords ; les radicales à
pétiole *allongé, plane en dessus*, sillonné et arrondi en dessous ;
les supérieures plus petites et brièvement pétiolées. Fleurs en
verticilles multiflores, presque toujours dépourvus de feuilles
florales, très-peu espacés ou confluents, disposés en grappes,
formant ensemble la panicule la plus grande du genre ; pédicelles
filiformes, courbés en dehors, renflés et sillonnés sous le calice,
articulés vers le tiers inférieur de leur longueur. Calice fructifère
à sépales intérieurs, *ovales-triangulaires, aigus ou subaigus*,
veinés-réticulés, entiers ou denticulés à la base, ordinairement
tous chargés d'une callosité oblongue.

Cette plante porte les noms vulgaires de *grande parelle*, de *patience aquatique* ; sa racine est tonique, astringente. Employée contre le scorbut, en la
mâchant, elle calme les douleurs des dents.

Hab. les bords des rivières, des canaux, des fossés, à St-Gilles, Nimes,
Manduel, Aigues-Mortes. 2⸳ Fl. mai-août.

9. **R. BUCEPHALOPHORUS** *Lin. sp.* 479 ; *Dec. fl. fr.* 3, *p.* 376 ;
Mut. fl. fr. t. 57, *fig.* 426 *(fleur)*; *Cav. ic. t.* 41 ; *J. Bauh. hist.* 2,
p. 991, *fig. infer. dextr.* ; *Col. ecphr. p.* 150, *ic.* — Racine rougeâtre. grêle, pivotante. Tiges de 1-2 décim., simples ou rameuses
à la base, solitaires ou le plus souvent naissant plusieurs du
collet de la racine ; celle du centre dressée ; les latérales ascendantes, glabres, ainsi que le reste de la plante, souvent rougeâtres. Feuilles petites, ovales ou lancéolées-aiguës, *atténuées en
pétiole*, un peu épaisses, entières ; les caulinaires munies de
stipules grandes, scarieuses, blanches, divisées en 2 lobes aigus.
Fleurs hermaphrodites ou polygames, verticillées par 3, disposées,
le long des tiges et des rameaux, en grappes simples, allongées,
effilées, peu serrées, portant quelques feuilles florales dans la
partie inférieure ; pédicelles fructifères épaissis supérieurement,
arqués-réfléchis, ordinairement plus longs que le calice, articulés
à la base, comprimés et sillonnés en dessous. Calice fructifère
à sépales intérieurs *lancéolés-triangulaires*, veinés, entiers au
sommet, munis, vers leur base et de chaque côté, de 3 *dents fines*,
munis ou dépourvus de callosité. Styles soudés aux angles de
l'ovaire.

Hab. les pacages et les champs sablonneux, à Aigues-Mortes. ① Fl. mai-
juin.

10. **R. TINGITANUS** *Lin. sp.* 479 ; *Dec. fl. fr.* 5, *p.* 370 ;
Moris. hist. s. 5, *t.* 28, *fig.* 8 ; *C. Bauh. prodr.* 56, *fig.* 1. —
Racine fauve, rameuse, profonde, à souche grosse, rameuse,
donnant naissance à des tiges nombreuses, de 3-6 décim., dressées
ou ascendantes, raides, striées, très-rameuses dès la base, à

rameaux dressés, peu distants. Feuilles petites, pétiolées, épaisses, âpres au toucher, *ovales-aiguës, subhastées*, rongées-sinuées aux bords, à oreillettes ordinairement peu saillantes et divergentes. Fleurs hermaphrodites, verticillées par 3-5, disposées en grappes lâches, allongées, dépourvues de feuilles florales ; pédicelles filiformes, courbés en dehors, articulés un peu au-dessous de leur moitié inférieure. Calice fructifère à sépales intérieurs orbiculaires-cordiformes, très-larges, veinés, membraneux, entiers ou ondulés aux bords, tous dépourvus de callosité. Styles soudés aux angles de l'ovaire. Saveur acide.

Hab. les sables maritimes, aux environs d'Aigues-Mortes, dans la pinède des Saintes. ♃ Fl. mai–juillet.

11. **R. SCUTATUS** *Lin. sp.* 480 ; *Dec. fl. fr.* 3 , *p.* 378 ; *Dod. pempl.* 638 , *fig.* 2 ; *J. Bauh. hist.* 2 , *p.* 991 , *fig.* 2. — Racine grêle, *rampante*. Tiges de 2-5 décim., grêles, cylindriques, striées, couchées et presque ligneuses à la base, puis ascendantes, flexueuses, peu rameuses, glabres, *glauques, ainsi que les feuilles* ; celles-ci pétiolées, épaisses, tendres, *ovales-hastées, presque arrondies*, à oreillettes divergentes ; les caulinaires peu nombreuses. Fleurs polygames en verticilles pauciflores, disposés en grappes lâches, souvent unilatérales, dépourvues de feuilles florales ; pédicelles filiformes, courbés en dehors, articulés vers leur milieu. Calice fructifère à sépales intérieurs arrondis-cordiformes, très-larges, veinés, membraneux, à bords entiers, dépourvus de callosité ; les extérieurs *appliqués* sur les intérieurs. Styles soudés aux angles de l'ovaire. Saveur acide.

Vulgairement *oseille ronde*, sa racine est apéritive, rafraîchissante, ainsi que les feuilles, qui sont alimentaires.

Hab. contre les rochers, les vieux murs, parmi les débris de rocher, aux environs du Vigan, d'Alzon. et toute la partie élevée du département. ♃ Fl. mai–août.

12. **R. ACETOSA** *Lin. sp.* 481; *Dec. fl. fr.* 3 , *p.* 377 ; *Fuchs. hist.* 464, *ic.; J. Bauh. hist.* 2, *p.* 989-990, *ic.*—Racine d'un brun rougeâtre, fibreuse, profonde. Tiges de 4-8 décim., solitaires ou naissant plusieurs de la même souche, dressées, sillonnées, simples ou rameuses supérieurement, à rameaux dressés. Feuilles vertes, *un peu épaisses, ovales-oblongues, sagittées*, à bords ondulés, à oreillettes *longuement acuminées, parallèles au pétiole* ou un peu convergentes; les radicales nombreuses, à pétiole allongé, obtuses; les supérieures brièvement pétiolées ou sessiles-embrassantes, aiguës et plus étroites. Gaines plus ou moins allongées, sillonnées, dentées-laciniées au sommet. Fleurs dioïques, en verticilles de 3-6, disposés en grappes, lâches ou compactes, dépourvues de feuilles florales, formant ensemble une panicule terminale, lâche ou serrée; pédicelles filiformes, courbés en

dehors, articulés vers le milieu. Calice fructifère, à sépales extérieurs réfléchis sur le pédicelle; les intérieurs *ovales-arrondis*,
très-larges, veinés, membraneux, cordés ou tronqués à la base,
très-entiers sur les bords, souvent rougeâtres, tous pourvus à
leur base d'une petite écaille réfléchie. Styles soudés aux angles
de l'ovaire. Saveur acide.

Vulgairement *oseille des prés*; en patois, *vigretta*. Ses feuilles sont rafraîchissantes, alimentaires; les bestiaux recherchent cette plante. C'est d'elle
que l'on retire l'acide oxalique et le sel d'oseille, si utile pour ôter les taches
d'encre et de rouille.

Hab. les prairies aux environs du Vigan, de l'Espérou, d'Alais, à la Chartreuse de Valbonne, etc. ♃ Fl. mai–juin.

C'est cette espèce qui est ordinairement cultivée dans les potagers.

13. **R. THYRSOIDES** *Desf. atl.* 1, *p.* 321; *Godr. et Gren. fl.
fr.* 3, *p* 44; *R. intermedius Dec. fl. fr.* 5, *p.* 369; *Campd. mon.
t.* 2, *fig.* 3. — Racine cylindrique, ou fusiforme, pivotante, allongée. Tiges de 3-6 décim., solitaires ou naissant plusieurs de
la même souche, droites, cannelées, rameuses au sommet. Feuilles
vertes ou un peu glauques, *linéaires-oblongues ou linéaires-
lancéolées-aiguës*, sagittées, à oreillettes *longues*, *étroites*,
très-divergentes, souvent bi-trifides; les radicales *nombreuses*,
longuement pétiolées; les caulinaires *plus étroites* et brièvement
pétiolées; toutes ondulées sur les bords, souvent roulées en
dessous. Gaînes membraneuses plus ou moins allongées, sillonnées, incisées au sommet. Fleurs dioïques, en verticilles de 4-6,
disposés en grappes serrées, dépourvues de feuilles florales, formant ensemble une panicule terminale, compacte; pédicelles filiformes, courbés en dehors, articulés vers leur milieu. Calice
fructifère, à sépales extérieurs réfléchis sur le pédicelle; les intérieurs très-grands, *réniformes-arrondis*, *plus larges que longs*,
veinés, membraneux, entiers ou ondulés sur les bords, presque
toujours rougeâtres, pourvus à leur base d'une callosité *saillante*, comprimée, réfléchie. Styles soudés aux angles de l'ovaire.
Saveur acide.

Hab. les terrains incultes, dans toute la plaine du département. ♃ Fl
mai–juin.

14. **R. ACETOSELLA** *Lin. sp.* 481; *Dec. fl. fr.* 3, *p.* 378; *Mut. fl.
fr. t.* 57, *fig.* 425; *Fl. dan. t.* 1161; *Lob. obs.* 156, *fig.* 1.—Racine
ligneuse, rameuse, rampante, d'un brun rougeâtre. Tiges de 1-4
décim., solitaires ou naissant plusieurs de la même souche,
grêles, dressées ou ascendantes, glabres, sillonnées, simples ou
rameuses. Feuilles pétiolées, vertes, souvent un peu glauques, lancéolées ou linéaires-hastées, à oreillettes étroites, aiguës, *étalées
horizontalement ou arquées-ascendantes*; pétiole insensiblement
dilaté-ailé vers le sommet, quelquefois muni, de chaque côté,
de 1-2 dents inférieures aux oreillettes. Gaînes membraneuses,

blanches, acuminées, puis fimbriées. Fleurs dioïques, ordinairement rougeâtres, en verticilles plus ou moins fournis, plus ou moins rapprochés, disposés en grappes lâches ou serrées, formant ensemble une panicule terminale, dépourvue de feuilles florales ; pédicelles courts, courbés en dehors, non articulés ; les fleurs mâles ouvertes, les femelles à calices extérieurs, appliqués sur le fruit ; les intérieurs *très-petits*, ovales, *plus courts que lui*. Akène à face souvent rugueuse. Styles soudés aux angles de l'ovaire. Saveur acide.

Cette espèce porte les noms vulgaires de *surette*, de *petite oseille*, d'*oseille de brebis* ; ses feuilles sont rafraîchissantes, alimentaires. Lorsque les brebis mangent cette plante, dont elles sont friandes, elles sont préservées de la maladie qu'on nomme *pourriture*.

Hab. les champs sablonneux, les pacages, les clairières des bois, dans tout le département. ♃ Fl. mai-juin.

2ᵉ gʳᵉ **RENOUÉE. — POLYGONUM.** (Lin. gen. 495, en partie.)

Fleurs hermaphrodites. Calice persistant, à 5 sépales, quelquefois à 3-4, presque égaux, peu accrus à la maturité, ordinairement colorés. Étamines 5-8, rarement 4-9, opposées à chaque sépale ou opposées par paire aux sépales intérieurs. Glandes nulles ou alternes avec les étamines. Styles 2-3, soudés inférieurement ou dans toute leur longueur, quelquefois nuls ; stigmates *capités*. Fruit monosperme, indéhiscent, trigone ou suborbiculaire-comprimé souvent sur le même individu), enveloppé par le calice. Embryon arqué, latéral ou central. Cotylédons larges ou linéaires.

1.	Feuilles sagittées	2.
	Feuilles ovales-lancéolées ou lancéolées-linéaires.......................	5.
2.	Tige dressée...........................	3.
	Tiges couchées ou volubiles.............	4.
3.	Fleurs en corymbe ; akènes à faces lisses, à angles entiers....................	FAGOPYRUM.
	Fleurs en panicule : akènes à faces rugueuses, à angles sinués-dentés.............	TATARICUM.
4.	Fruits ailés-membraneux : akènes luisants.	DUMETORUM
	Fruits dépourvus d'ailes membraneuses : akènes mats.......................	CONVOLVULUS
5.	Fleurs en épis terminaux................	6.
	Fleurs fasciculées, axillaires ; les supérieures quelquefois manquant de feuilles...	11.
6.	Tige simple, terminée par un épi unique..	BISTORTA.
	Tige rameuse ; rameaux terminés par un ou plusieurs épis....................	7.
7.	Fleurs en épis filiformes, lâches, saveur des feuilles très-âcre..................	HYDROPIPER
	Fleurs en épis courts, serrés ; saveur des feuilles non piquante.................	8.
8.	Feuilles un peu cordées à la base........	AMPHIBIUM.
	Feuilles non cordées à la base...........	9.

9. — Gaînes très-brièvement ciliées; akènes comprimés sur les deux faces......... **LAPATHIFOLIUM.**
Gaînes longuement ciliées: akènes, les uns trigones, les autres convexes sur une face.................... 10.

10. — Feuilles assez larges, ovales-lancéolées ou obtuses; épis serrés........... **PERSICARIA.**
Feuilles petites, lancéolées-aiguës: épis lâches, interrompus à la base.......... **MINORI-PERSICARIA.**

11. — Tiges couchées, tombantes ou ascendantes. 12.
Tige dressée.................... **BELLARDI.**

12. — Tiges dénudées à la base ou feuillées jusqu'au sommet .... 13.
Tige à rameaux dépourvus de feuilles au sommet.................... **ARENARIUM**

13. — Tige dénudée à la base: rameaux feuillés seulement au sommet............ **FLAGELLARE.**
Tiges garnies de feuilles jusqu'au sommet. 14.

14. — Gaînes grandes; feuilles à bords roulés en dessous: akènes très-luisants....... **MARITIMUM**
Gaînes médiocres; feuilles planes: akènes non luisants.................... **AVICULARE.**

1. **P. BISTORTA** *Lin. sp.* 516; *Dec. fl. fr.* 3, *p.* 364; *Fl. dan. t.* 421; *Drèves et Hayne, pl. d'Eur. I.* 39 ; *Fuchs. hist.* 773, *ic.; Dod. pempt.* 331, *ic.*—Racine très-épaisse, repliée plusieurs fois sur elle-même. Tiges de 3-6 décim., solitaires ou naissant plusieurs de la même souche, dressées, très-simples, glabres, sillonnées. Feuilles ovales-oblongues ou lancéolées, luisantes et d'un vert clair en dessus, glaucescentes et légèrement *pubescentes en dessous,* ondulées et un peu rudes aux bords; les radicales et les inférieures longuement pétiolées, *presque cordées à la base, décurrentes* sur le pétiole; les supérieures sessiles, cordées à la base. Gaînes glabres, allongées, herbacées; la partie supérieure membraneuse, en languette lancéolée, allongée, dépourvue de cils. Fleurs roses, pédicellées, disposées en épi serré, unique, terminal, ovoïde ou oblong-cylindrique; bractées membraneuses, denticulées, acuminées-subulées. Étamines 8, saillantes. Styles 3, libres, inclus ou saillant; stigmates très-petits. Fruits *lisses, luisants,* acuminés, dépassant le calice, *à* 3 *angles tranchants.*

Cette plante porte les noms vulgaires de *bistorte,* de *feuillotte;* en patois, de *bandina,* de *serpentaire femelle, serpentaire mâle.* Sa racine est tonique, astringente et vulnéraire.

Hab. les prairies humides et tourbeuses aux environs de l'Espérou, de Concoule, et dans toute la partie élevée du département. ♃ Fl. mai-juillet.

2. **P. AMPHIBIUM** *Lin. sp.* 517; *Dec. fl. fr.* 3, *p.* 365; *Dod. pempt.* 572, *fig.* 1.—Souche *longuement traçante, rameuse,* garnie de fibres aux articulations. Tiges de longueur très-variable, ordinairement rameuses, submergées-nageantes ou terrestres. Feuilles pétiolées, un peu fermes, oblongues ou lancéolées,

aigues ou obtuses, arrondies ou inégalement cordiformes à la base, non décurrentes sur le pétiole, glabres, lisses, flottantes, ou rudes-pubescentes, terrestres, d'un vert blanchâtre en dessous. Gaines courtes ou allongées; la partie supérieure membraneuse, assez courte, tronquée, ciliée ou non. Fleurs roses, pédicellées, disposées en épis *serrés,* oblongs-cylindriques, dressés au-dessus de l'eau, solitaires au sommet des tiges et des rameaux, quelquefois géminés; bractées colorées, ovales; pédoncule environ de la longueur de l'épi, cannelé, *non glanduleux.* Calice à sépales *non glanduleux.* Étamines 5, *saillantes.* Style à 2 lobes. Akènes noirs, luisants, un peu rugueux, ovales-arrondis, comprimés, surmontés d'un petit mamelon.

Var. A, *Natans Mœnch.* Tige et feuilles flottantes; feuilles glabres et lisses; gaines non ciliées.

Var. B, *Terrestre Mœnch.* Tige de 3-6 décim., dressée, simple, rarement rameuse; feuilles pubescentes-rudes sur les deux faces, brièvement pétiolées, aiguës; gaines ciliées.

Hab.: la var. A, les fossés, les rivières, les étangs; la var. B, les lieux où l'eau a séjourné, dans tout le département. ♃ Fl. juin-septembre.

3. **P. LAPATHIFOLIUM** *Lin. sp.* 517; *Dec. fl. fr.* 3, *p.* 367; *Mut. fl. fr. t.* 58, *fig.* 439; *Lob. ic.* 315, *fig.* 1; *Moris. hist. s.* 5, *t.* 29, *fig.* 6. — Racine fibreuse. Tige de 4-8 décim., dressée ou étalée-ascendante, cylindrique, quelquefois renflée aux nœuds, glabre, striée, verte ou rougeâtre, rameuse supérieurement ou dès la base. Feuilles pétiolées, oblongues-lancéolées ou lancéolées-acuminées, lâchement ondulées, atténuées vers la base, rudes sur les bords, garnies, sur la nervure dorsale en dessous, de poils courts, appliqués, souvent marquées d'une tache noire au milieu; les plus jeunes glanduleuses-pubescentes en dessous. Gaines nerviées, tronquées, glabres ou pubescentes, *non ciliées ou bordées de quelques cils courts.* Fleurs pédicellées, rosées ou blanchâtres, disposées en épis *oblongs-cylindriques, obtus,* plus ou moins compactes, dressés ou penchés, au sommet de pédoncules *rudes, glanduleux.* Calice muni ou dépourvu de glandes, à sépales fortement nerviés. Étamines 6, égales aux sépales. Styles 2, *libres,* très-ouverts. Akènes bruns, orbiculaires, un peu aigus au sommet comprimé, *concaves sur les deux faces,* finement rugueux.

Var. B, *Nodosum.* Tiges à nœuds très-renflés. *P. nodosum Pers. syn.* 440.

Hab. les lieux humides, les bords du Gardon, au pont du Gard, à Bellegarde, aux environs du Vigan. ① Fl. juillet-octobre.

4. **P. PERSICARIA** *Lin. sp.* 518; *Dec. fl. fr.* 3, *p.* 366; *Mut. fl. fr. t.* 58, *fig.* 442; *J. Bauh. hist.* 3, 779, *fig. sup.* — Racine

rougeâtre, fibreuse. Tige de 3-6 décim., dressée ou étalée-ascendante, lisse, cylindrique, renflée aux articulations, rameuse souvent dès la base. Feuilles oblongues-lancéolées, subobtuses ou aiguës, glabres ou un peu velues, quelquefois pubescentes-blanchâtres en dessous, ordinairement marquées en dessus d'une tache noirâtre. Gaines nerviées, hispides, longuement ciliées. Fleurs roses, rarement blanchâtres, pédicellées, disposées en épis *courts, oblongs-cylindriques*, ordinairement serrés, dressés, au sommet de pédoncules plus ou moins courts, *lisses* ou garnis de poils couchés. Calice *ni glanduleux ni nervié*. Styles 2-3, divisés jusqu'au milieu. Étamines un peu plus courtes que le calice. Akènes noirs, luisants, lisses, les uns *suborbiculaires-comprimés*, convexes sur une face, gibbeux sur l'autre; les autres *trigones*, à faces concaves.

Cette plante porte les noms vulgaires de *curage*, de *persicaire douce* : elle est vulnéraire, détersive, un peu astringente.

Hab. les lieux humides, les fossés, les bords des eaux, dans tout le département. ① Fl. juillet-octobre.

5. **P. minori-persicaria** *Al. braun ; Godr. et Gren. fl. fr. 3, p. 50; P. strictum All. ped. 2, p. 207, t. 68, fig. 2.* — Cette espèce diffère de la précédente : par sa tige, très-grêle et très-peu rameuse; par ses feuilles, plus petites et plus étroites, *lancéolées-acuminées;* par ses fleurs, plus petites, et par ses épis, plus courts, interrompus à la base.

Hab. les champs aquatiques, à Dourbies. ① Fl. juillet-septembre.

6. **P. hydropiper** *Lin. s. 517; Dec. fl. fr. 3, p. 365; Mut. fl. fr. t. 59, fig. 444; Fl. dan. t. 1576; Fuchs. hist. 843, ic.* — Racine fibreuse. Tige de 3-6 décim., dressée ou étalée-ascendante, cylindrique, striée, rameuse souvent dès la base, rarement simple, glabre ainsi que les feuilles; celles-ci très-brièvement pétiolées, lancéolées ou oblongues-lancéolées, atténuées à la base, ondulées et rudes aux bords, luisantes, non tachées. Gaines lâches, membraneuses, inégalement ciliées. Fleurs d'un blanc verdâtre ou rosé, pédicellées, disposées en épis *grêles, filiformes, lâches, interrompus, arqués, pendants*, rarement dressés, un peu feuillés inférieurement; bractées *brièvement ciliées*, parsemées *de points glanduleux*. Calice *ponctué-glanduleux*, dépourvu de nervures saillantes. Étamines 6, quelquefois 8. Styles 2, divisés jusqu'au milieu. Akènes noirâtres, *non luisants, finement ponctués;* les uns ovales-aigus, comprimés, *relevés sur les deux faces, d'une saillie longitudinale;* les autres trigones. Saveur très-âcre.

Cette plante porte les noms vulgaires de *poivre d'eau, de curage, de piment aquatique, de persicaire brûlante*. Toute la plante est vénéneuse.

Hab les fossés et les mares, dans tout le département. ① Fl. juillet-octobre.

7. **P. MARITIMUM** *Lin. sp.* 519; *Dec. fl. fr.* 3, *p.* 368; *Moris. hist. s.* 5, *t.* 29, *fig.* 3 ; *Camer. epit.* 691, *ic.; Lob. ic.* 419. — Racine rougeâtre, dure. Tiges de 1-5 décim., *suffrutescentes à la base,* nombreuses, naissant de la même souche, cylindriques, striées, feuillées jusqu'au sommet, rameuses, étalées sur la terre, à entre-nœuds plus courts que les feuilles. Feuilles épaisses, ovales-lancéolées, obtuses ou un peu aiguës, à bords roulés en dessous, d'un vert cendré, à face inférieure munie de nervures très-saillantes. Gaines *nerviées,* verdâtres ou rougeâtres à la base, à partie supérieure blanche, scarieuse, grande, profondément laciniée. Fleurs pédicellées, fasciculées, axillaires, ordinairement blanches-rosées. Calice à sépales uninerviés. Étamines 8. Styles 3, libres, très-courts. Akènes gros, bruns, *lisses, très-luisants,* à 3 faces planes.

Hab. les sables maritimes, aux environs du Grau d'Aigues-Mortes. ♃ Fl. avril-octobre.

8. **P. FLAGELLARE** *Spreng. syst.* 2, *p.* 255; *Godr. et Gren. fl. fr.* 3, *p.* 52; *P. flagelliforme Lois. fl. gall.* 1, *p.* 283. — Racine rougeâtre, assez grosse, *ligneuse,* longue, oblique, sinueuse. Tiges de 3-8 décim., naissant plusieurs de la même souche, effilées, longuement étalées sur la terre, très-rameuses, striées, nues à la base, feuillées au sommet, à articulations d'autant plus écartées qu'elles sont inférieures. Feuilles vertes ou glauques, presque minces, presque sessiles, *linéaires-lancéolées-aiguës,* à bords non roulés en dessous, glabres, munies de nervures saillantes, à la face inférieure. Gaines courtes, brunâtres inférieurement, lâchement nerviées; la partie supérieure blanche, scarieuse, entière, puis longuement ciliée-déchirée. Fleurs petites, blanchâtres ou rosées, solitaires ou géminées, plus rarement 3-4, axillaires, à pédicelles inégaux. Étamines 8. Styles 3, libres, très-courts; stigmates très-petits. Akènes petits, trigones-étroits, ternes.

Hab. les pacages, à Aigues-Mortes. ♃ Fl. août-septembre.

9. **P. AVICULARE** *Lin. sp.* 519; *Dec. fl. fr.* 3, *p.* 368; *Lamk. ill. t.* 315, *fig.* 1; *Fuchs. hist.* 614, *ic.; Moris. hist. s.* 5, *t.* 29, *fig. inf.* — Racine rougeâtre, fibreuse. Tiges longues de 2-5 décim., plus ou moins nombreuses, grêles, étalées sur la terre ou ascendantes, rarement dressées, striées, très-rameuses dès la base, à rameaux *garnis de feuilles jusqu'au sommet.* Feuilles brièvement pétiolées, oblongues, lancéolées ou lancéolées-linéaires, obtuses ou aiguës, planes, un peu épaisses, vertes ou glaucescentes, glabres, finement nerviées en dessous. Gaines nerviées à la base, blanches-scarieuses supérieurement, à la fin laciniées. Fleurs rougeâtres ou blanches, plus longues que les pédicelles, solitaires ou disposées 2-4, en fascicules axillaires. Calice à sépales munis d'une nervure longitudinale saillante. Étamines 8,

Styles 3, libres, très-courts; stigmates très-petits. Akènes bruns, *ternes*, trigones, à faces un peu creuses et marquées de *stries courtes, rugueuses, longitudinales.*

VAR. B, *Erectum* Roth. Tige droite. Feuilles larges, ovales-lancéolées. *P. aviculare, B. erectum Roth. tent.* 2, *p.* 454; *P. monspeliense Pers. syn.* 1, *p.* 439.

VAR. C, *Arenarium Godr. et Gren. fl. fr.* 3, *p.* 53. Rameaux grêles, nombreux, allongés, ordinairement étalés. Feuilles étroites, linéaires-lancéolées, rares au sommet des rameaux. *P. arenariarum Lois. fl. gall.* 1, *p.* 284.

Cette plante porte les noms vulgaires de *centinode*, d'*herbe aux panaris*, de *traînasse*; en patois, de *tirassa*, de *lenga-dé-passéroun*. Ses graines sont émétiques et purgatives; les tiges sont un bon pâturage.

Hab. les champs cultivés, le long des murs, les terrains sablonneux, dans tout le département. ① Fl. mai-octobre.

1. **P. ARENARIUM** *Waldst. et Kit. pl. h.* 1, *t.* 67; *P. pulchellum Lois. fl. gall.* 1, *p.* 284, *t.* 26. — Racine rougeâtre, fibreuse. Tiges de 4-8 décim., nombreuses, décombantes, striées, très-rameuses, à rameaux *effilés, divariqués, dépourvus de feuilles dans toute leur longueur ou seulement dans leur partie supérieure.* Feuilles *étroites, lancéolées, longuement atténuées vers la base*, écartées, à pétiole court, marquées de nervures longitudinales sur les deux faces. Gaines courtes, brunes, nerviées, entières, bifides ou laciniées. Fleurs grandes, roses, brièvement pédicellées, *solitaires* ou *géminées*, munies à leur base *d'une très-petite feuille bractéale*, et disposées le long de grappes effilées, grêles. Calice à sépales munis d'une nervure dorsale peu saillante. Étamines 8. Styles 3, libres, très-courts; stigmates très-petits. Akènes brunâtres, légèrement rugueux, un peu luisants, à faces un peu creuses.

Hab. les bords de l'étang de Jonquières, dans les champs sablonneux. ① Fl. juin-novembre.

11. **P. BELLARDI** *All. ped.* 2, *p.* 207, *t.* 90, *fig.* 2; *Dec. fl. fr.* 3, *p.* 369; *P. virgatum Lois. fl. gall.* 1, *p.* 284. — Racine rougeâtre, sinueuse, fibreuse. Tige de 3-8 décim., solitaire, droite, raide, striée, plus ou moins rameuse, souvent dès la base, à rameaux dressés, grêles, dépourvus de feuilles supérieurement. Feuilles peu nombreuses, écartées, un peu larges, oblongues-lancéolées-aiguës; les supérieures plus étroites, toutes brièvement pétiolées, d'un vert jaunâtre, glabres, planes, marquées sur les deux faces de nervures peu saillantes. Gaines courtes, brunes à la base, nerviées, blanches-scarieuses et longuement laciniées dans leur partie supérieure. Fleurs d'un blanc rosé, pédicellées, réunies 1-3, à l'aisselle *d'une très-petite feuille bractéale,* disposées le long de *grappes effilées, grêles.* Calice à sépales munis, sur le dos et sur les côtés, d'une nervure *prononcée.*

Étamines 8. Styles 3, libres, très-courts; stigmates très-petits. Akènes fauves, assez gros, *très-luisants*, trigones, à face presque lisse, un peu creuse.

Hab. les champs cultivés, à Bellegarde, à St-Gilles. ① Fl. juillet-septembre.

12. **P. CONVOLVULUS** *Lin. sp.* 522; *Dec. fl. fr.* 3, *p.* 370; *Fl. dan. t.* 744; *Engl. bot. t.* 941.—Racine rougeâtre, grêle, divisée inférieurement. Tige de 2-8 décimètres, *sillonnée, anguleuse,* flexueuse, un peu âpre au toucher, étalée à terre ou un peu volubile, ordinairement très-rameuse, à rameaux presque filiformes, allongés, feuillés jusqu'au sommet. Feuilles pétiolées, cordiformes, sagittées, acuminées, glabres ou un peu pubescentes. Gaînes très-courtes, tronquées. Fleurs blanchâtres, brièvement pédicellées, réfléchies, disposées par fascicules pauciflores, axillaires, distants inférieurement, rapprochés en grappes, lâches au sommet des rameaux. Calice fructifère pubérulent, enveloppant étroitement le fruit, à sépales extérieurs a carène *peu saillante, non ailée.* Étamines 8. *Stigmate trilobée.* Akènes noirs, *ternes,* trigones, à faces un peu creuses, finement striées-ponctuées.

Vulgairement *vrillée bâtarde, faux liseron.*

Hab. les champs cultivés et les vignes, dans tout le département. ① Fl. juillet-octobre.

13. **P. DUMETORUM** *Lin. sp.* 522; *Dec. fl. fr.* 3, *p.* 371; *Fl. dan. t.* 756; *Lob. ic.* 624, *fig. 1; Dod. pempt.* 392, *fig.* 1.— Racine rougeâtre, grêle, divisée. Tiges de 1-2 mètres, volubiles, presque filiformes, un peu striées, ordinairement lisses, rameuses; feuilles et gaînes comme dans la précédente. Fleurs blanchâtres, pédicellées, réfléchies, disposées en grappes lâches, axillaires et terminales, très-rarement fasciculées, axillaires. Calice fructifère glabre, enveloppant étroitement le fruit, à sépales extérieurs, à carène très-saillante, *ailée-membraneuse.* Étamines 8. Stigmate trilobé. Akènes noirs, *luisants,* à faces *lisses.*

Vulgairement *grande vrillée bâtarde.*

Hab. les haies, le long des rivières, dans tout le département. ① Fl. juin-octobre.

14. **P. FAGOPYRUM** *Lin. sp.* 522; *Dec. fl. fr.* 3, *p.* 370; *P. pyramidatum Lois. fl. gall.* 1, *p.* 285; *Lob. obs.* 513, *fig.* 2; *Moris. hist. s.* 5, *t.* 29, *fig.* 1, *sup.* — Racine rougeâtre, tortueuse, simple ou peu divisée. Tige de 3-5 décim., dressée, striée, rameuse, souvent rougeâtre, glabre, ainsi que les feuilles; celles-ci un peu épaisses, longuement pétiolées, cordiformes-sagittées, brièvement acuminées, un peu pâles en dessous, à nervures palmées, pubescentes. Gaînes courtes, membraneuses.

Fleurs assez petites, blanches ou rosées, pédicellees, disposées en grappes nombreuses, longuement pédonculées, axillaires et terminales, réunies *en corymbes*, quelquefois les axillaires paniculées. Calice coloré, à sépales carénés. Étamines 8. Styles 3 ; stigmates capités. Akènes bruns, trigones, à faces lisses, à angles *aigus, entiers.*

Cette plante porte les noms vulgaires de *sarrasin*, *blé noir* ; en patois, *mil nègre*. On fait des cataplasmes maturatifs avec la farine de ses semences, qui servent aussi pour engraisser la volaille, les bœufs, les moutons et les cochons ; les bêtes à cornes mangent la plante en herbe. Brûlée et lessivée, elle fournit une grande quantité de potasse ; enterrée avant sa floraison, elle devient un très-bon engrais. Les abeilles aiment beaucoup ses fleurs.

Hab., originaire d'Asie, cultivée en grand, dans tout le département, quelquefois subspontanée. ① Fl. juillet-août.

15. **P. TATARICUM** *Lin. sp.* 521 ; *Dec. fl. fr.* 3, *p.* 370 ; *Gmel. sib.* 3, *t.* 13, *fig.* 1 ; *Fagopyrum tataricum Gœrtn. fruct.* 2, *p.* 182, *t.* 119, *fig.* 6 ; *Coss. et Gern. fl. par.* 468. — Cette espèce diffère de la précédente : par ses fleurs, de moitié plus petites, disposées *en grappes lâches, interrompues, axillaires, longuement pédonculées, formant ensemble une longue panicule;* par ses akènes, plus gros, trois fois de la longueur du calice, *oblongs-trigones*, à faces rugueuses, à angles sinués-dentés, épaissis.

Vulgairement *sarrasine, blé de Tartarie, sarrasin de Tartarie.* Les semences ont les mêmes propriétés.

Hab., cultivé dans le département avec plus d'avantage, parce qu'il craint moins le froid. ① Fl. juillet-août.

On cultive, comme plante d'ornement, le *P. orientale Lin.*, vulgairement *persicaire d'Orient, grande persicaire, bâton-de-St-Jean, cordon-de-cardinal,* remarquable par sa tige très-élevée (1-2 mètres), par ses feuilles larges, ovales, et par ses longues grappes purpurines, pendantes.

LXXXXIIe FAM. **DAPHNOÏDÉES.**

DAPHNOIDEÆ. (Vent. t. 2, p. 235.)

Fleurs hermaphrodites, rarement dioïques par avortement, ordinairement régulières. Calice simple, libre, caduc ou persistant, tubuleux ou infundibuliforme, à 4-5 lobes ordinairement égaux, imbriqués dans le bouton. Étamines 8-10, insérées sur le tube ou à la gorge du calice, en nombre égal à celui des lobes et alternes avec eux ou en nombre double; le rang externe alternant avec l'interne et les lobes du calice ; anthères bilobées, à déhiscence longitudinale. Ovaire non soudé avec le calice, uniloculaire, uniovulé, à 1 ovule suspendu, réfléchi. Style filiforme quelquefois nul, latéral ou presque terminal; stigmate capité. Fruit monosperme, sec ou drupacé, indéhiscent, nu ou recouvert par la base persistante du calice. Périsperme nul ou légèrement charnu. Embryon droit; cotylédons larges, planes, charnus. Sous-arbrisseaux ou plantes herbacées, annuelles, à feuilles simples, entières, alternes, éparses ou opposées, sans stipules, à fleurs axillaires ou terminales, fasciculées, en têtes ou en grappes munies d'un involucre ou de bractées.

1. | Fruit capsulaire........................ 2ᵉ gʳᵉ. **PASSERINA**.
 | Fruit drupacé.......................... 1ᵉʳ gʳᵉ. **DAPHNE**.

1ᵉʳ gʳᵉ. DAPHNÉ. — DAPHNE. (Lin. gen. 485.)

Fleurs hermaphrodites. Calice marcescent, puis caduc, infundibuliforme, à 4 lobes, dépourvu d'écailles à la gorge. Étamines 8, incluses, insérées vers le sommet du tube. Style très-court, presque terminal. Fruit *drupacé*, à noyau crustacé. Tige ligneuse.

1. | Fleurs axillaires ou latérales...... .... 2.
 | Fleurs terminales............................... 3.

2. | Fleurs jaunâtres, en grappes à l'aisselle des feuilles ; fruits noirs................................ **LAUREOLA**.
 | Fleurs roses, fasciculées le long des rameaux: fruits rouges.................................. **MEZEREUM**.

3. | Fleurs en grappes formant une panicule : tige de 6–10 décim.................................. **GNIDIUM**.
 | Fleurs en faisceaux au sommet des rameaux; tige de 2–3 décim.............................. 4.

4. | Fleurs toujours blanches; feuilles jeunes, pubescentes. **ALPINA**.
 | Fleurs ordinairement purpurines : feuilles glabres.... **CNEORUM**.

1. **D. MEZEREUM** *Lin. sp.* 509; *Dec. fl. fr.* 3, *p.* 356; *Lamk. ill. t.* 290, *fig.* 1; *Fl. dan. t.* 268; *Dod. pempt.* 360. — Sous-arbrisseau de 3-6 décim., dressé, simple ou rameux, à écorce brune ou grisâtre, ponctuée. Feuilles alternes, lancéolées ou oblongues-aiguës, atténuées en pétiole court, entières, minces, un peu glauques en dessous, glabres, ciliées aux bords dans leur jeunesse, *non persistantes, naissant après les fleurs.* Fleurs roses, odorantes, sessiles, disposées par 2 ou par 3 *le long des rameaux, en forme d'épi portant à son sommet un bouquet de jeunes feuilles;* bractées petites, scarieuses. Calice à tube *pubescent*, à lobes ovales-aigus, de la longueur du tube. Fruit rouge à la maturité.

Cette plante porte les noms vulgaires de *bois-gentil*, de *garou*, de *sainbois*, de *trintanelle;* en patois, *canta-perdris*. Toute la plante est vénéneuse ; ses fruits sont purgatifs; son écorce, comme celle des autres espèces, est vésicante.

Hab. le long du valat de Brama-Biooù, près Camprieux, dans les bois. ♄ Fl. février-avril.

2. **D. LAUREOLA** *Lin. sp.* 510; *Dec. fl. fr.* 3, *p.* 357; *Jacq. austr. t.* 183; *Bull. ven. t.* 37; *Dod. pempt.* 361, *ic.* — Sous-arbrisseau de 4-6 décim., dressé, rameux supérieurement, à

rameaux cylindriques, flexibles, à écorce d'un vert jaunâtre ou brunâtre. Feuilles éparses, ramassées au sommet des rameaux, persistantes, épaisses, coriaces, glabres, vertes, luisantes, oblongues-lancéolées, aiguës ou obtuses, entières, atténuées en pétiole très-court. Fleurs *d'un vert jaunâtre*, odorantes, presque sessiles, naissant avec les feuilles, *disposées en petites grappes axillaires, penchées, occupant le sommet des rameaux;* bractées caduques, jaunâtres. Calice à tube *glabre*, à lobes ovales-lancéolés, plus courts que le tube. Fruits pyriformes, noirs à la maturité.

Cette plante est connue sous les noms vulgaires de *lauréole, laurier des bois, laurier purgatif.* Toute la plante est vénéneuse; ses fruits sont purgatifs.

Hab. les bois, aux environs du Vigan, d'Alzon, d'Alais. ♄ Fl. février-avril.

3. **D. ALPINA** *Lin. sp.* 510; *Dec. fl. fr.* 3, *p.* 357; *Barr. ic. t.* 234; *Lob. ic. t.* 370, *fig.* 1, *et adv.* 158, *fig.* 1.— Sous-arbrisseau de 2-4 décim., à tige rameuse, noueuse, à rameaux *pubescents* à l'extrémité, à écorce cendrée, plissée. Feuilles oblongues-lancéolées, presque obtuses, *molles*, d'un vert blanchâtre, velues, soyeuses dans leur jeunesse, surtout en dessous, à nervure principale saillante, ramassées en petit nombre, au sommet des rameaux, à la fin caduques. Fleurs *blanches*, odorantes après le coucher du soleil, naissant après les feuilles, sessiles ou presque sessiles, réunies en petit bouquet au sommet des rameaux. Calice velu, à lobes lancéolés-aigus, plus courts que le tube renflé après la fécondation. Fruit ovoïde, couvert de poils couchés, rouge à la maturité, très-caustique.

Hab. les débris des rochers et dans leurs fentes, à Alzon, à Campestre, à Montdardier. ♄ Fl. avril-juin.

4. **D. CNEORUM** *Lin. sp.* 511; *Dec. fl. fr.* 3, *p.* 358; *Jacq. austr. t.* 426; *Bull. veu. t.* 121; *Clus. hist.* 90, *fig.* 1. — Sous-arbrisseau de 1-3 décim., à tiges plus ou moins nombreuses, dressées ou couchées, à écorce *d'un brun rougeâtre*, à rameaux diffus, dichotomes, pubescents et glanduleux au sommet. Feuilles ramassées au sommet des rameaux, sessiles, petites, *oblongues ou ovales-cunéiformes*, souvent mucronulées ou *échancrées* au sommet, glabres, marquées d'un sillon en dessus et d'une nervure saillante en dessous. Fleurs rouges, rarement blanches, très-odorantes, presque sessiles, en bouquets terminaux; bractées petites, *obtuses*. Calice soyeux en dehors, à lobes *ovales-lancéolés*, deux fois plus courts que le tube un peu renflé-gibbeux à la base. Fruits oblongs, orangés, puis bruns.

Toute la plante est vénéneuse.

Hab. les bois, aux environs du Vigan, à Salbous, à Bourdezac; il n'a jamais été trouvé à Nimes. ♄ Fl. mai-juillet.

5. D. GNIDIUM *Lin. sp.* 511 ; *Dec. fl. fr.* 3, *p.* 358 ; *Clus. hist.* 87 , *ic.; Lob. ic. t.* 369 , *fig.* 1 ; *Dod. pempt.* 360, *ic.* — Racine très-grosse, filandreuse. Arbrisseau à tiges nombreuses, nues inférieurement, naissant de la même souche, hautes de 6-10 décim., droites, d'abord simples, puis rameuses supérieurement, à rameaux simples, allongés, *feuillés dans toute leur longueur*, dressés, formant ensemble une ample panicule terminale, à écorce d'un brun rougeâtre. Feuilles très-nombreuses, *linéaires-lancéolées, acuminées-mucronées, dressées, serrées,* un peu épaisses et cassantes, très-glabres, munies en dessous d'une nervure longitudinale saillante, apparente en dessus. Fleurs blanches, odorantes, la plupart caduques, pédicellées, disposées *en panicules rameuses, terminant les rameaux;* pédoncules et pédicelles *tomenteux, grisâtres.* Calice cotonneux, soyeux, à 4 lobes ovales, plus courts que le tube. Fruits arrondis, rouges à la maturité.

Cette plante porte les noms vulgaires de *garou,* de *sain-bois,* de *thymelée de Montpellier;* en patois de *trintanella,* de *canta-perdris.* Toute la plante est vénéneuse ; ses fruits sont purgatifs. C'est principalement l'écorce de cette espèce qui est employée comme vésicatoire.

Hab. les bois, les garrigues et les terrains incultes, dans toute la partie basse du département, et à **Anduze**, où elle est très-rare. ♄ Fl. mars-octobre.

2ᵉ gᵉ. PASSERINE. — PASSERINA. (Lin. gen. 487.)

Fleurs hermaphrodites ou dioïques. Calice persistant, à tube cylindrique ou urcéolé, nu à la gorge, à limbe à 4 lobes. Étamines 8, incluses, sur deux rangs, insérées sur le tube. Style *filiforme*, latéral ; stigmate capité. Fruit capsulaire *enveloppé par le calice*, monosperme, indéhiscent. Graine à test ligneux.

1. { Plante herbacée annuelle......................... **ANNUA.**
   { Sous-arbrisseau.................................. 2.

2. { Tiges de 1-2 décim., très-simples ; plante glabre.... **THYMELÆA**
   { Tiges de 3-6 décim., très-rameuses : plante pubescente.. **TINCTORIA.**

1. **P. ANNUA** *Spreng. syst.* 2, *p.* 239 ; *Godr. et Gren. fl. fr.* 3, *p.* 60 ; *Stellera passerina Lin. sp.* 512 ; *Dec. fl. fr.* 3, *p.* 361 ; *Lamk. ill. t.* 293 ; *Gouan, fl. monsp. t.* 3 ; *Col. ecphr.* 1, *t.* 82. — Racine blanchâtre, pivotante. Tige de 2-5 décim., glabre, raide, dressée, rameuse supérieurement, à rameaux dressés, grêles, effilés. Feuilles éparses, manquant souvent dans le bas de la tige, sessiles, *linéaires ou lancéolées-linéaires*, planes, glaucescentes, glabres, légèrement ponctuées-glanduleuses. Fleurs blanchâtres, très-petites, sessiles, axillaires, solitaires ou réunies 2-5, en fascicules, *le long d'épis grêles, allongés, feuillés*, ordinairement dépassées par les feuilles florales ; 2 *petites bractées à la base de chaque fleur*. Calice velu, à lobes très-courts, conni-

vent à la maturité. Fruit pyriforme, noirâtre, *un peu plus court que le calice.*

Vulgairement *herbe de l'hirondelle, petit genêt des champs.* On emploie cette plante pour faire de petits balais; on donne ses graines aux petits oiseaux, qui les mangent volontiers.

Hab. les champs cultivés, après la moisson, dans toute la partie basse du département. ① Fl. juillet-septembre.

2. **P. THYMELÆA** *Dec. fl. fr.* 5, *p.* 366; *Daphne thymelæa Lin. sp.* 509; *Dec. fl. fr.* 3, *p.* 356; *Gerard, gall. prov. t.* 17, *fig.* 2. — Racine épaisse, profonde, à souche *grosse, ligneuse,* brièvement rameuse, donnant naissance à des *tiges nombreuses,* de 1-2 décim., ligneuses à la base, droites, *très-simples,* garnies de feuilles de la base au sommet, glabres ainsi que les autres parties de la plante. Feuilles *ovales-lancéolés-aiguës,* éparses, sessiles, dressées, serrées, imbriquées, épaisses, *un peu coriaces, luisantes,* d'un vert jaunâtre, un peu glauques. Fleurs dioïques, jaune verdâtre, axillaires, sessiles, solitaires dans le bas et beaucoup plus courtes que les feuilles, agrégées dans le haut et de la longueur des feuilles, les dépassant quelquefois, *occupant le tiers de la tige; bractées nulles.* Calice longuement tubuleux, glabre ou chargé de quelques poils couchés, à 4 lobes lancéolés, étalés, de la longueur de la moitié du tube. Fruits jaunâtres, pyriformes, glabres, légèrement rugueux, *atteignant le milieu du tube.*

Vulgairement *herbe du mont Serrat.* La poudre de ses feuilles est purgative.

Hab. les bois et les garrigues, au chemin d'Uzès, près Nîmes: à l'Hort-de-Dieu, près de l'Espérou (Gouan). ♄ Fl. mai-juin.

3. **P. TINCTORIA** *Pourr. act. toul.* 3, *p.* 323; *Lap. abr.* 213; *Sanamunda* 1; *Clus. hist.* 88, *fig. sin.; Barr. ic. fig.* 233; *Lob. obs.* 624, *fig. sin.* — Sous-arbrisseau de 2-5 décim., à souche très-grosse, ligneuse, donnant naissance à plusieurs tiges ligneuses inférieurement, buissonnantes, très-rameuses, à rameaux dressés, *serrés, tomenteux* au sommet; écorce grisâtre, lâchement plissée. Feuilles linéaires-obtuses, légèrement atténuées vers la base, épaisses, *concaves en dessus,* munies en dessous *d'une nervure peu saillante,* très-rapprochées et imbriquées au sommet des rameaux, tomenteuses, grisâtres dans leur jeunesse, à la fin pubérulentes. Fleurs jaunes, sessiles, solitaires, axillaires, beaucoup plus courtes que les feuilles florales; bractées 2, à la base des fleurs, très-petites, obtuses, *tomenteuses.* Calice court, *ovoïde-urcéolé* à la maturité, à 4 lobes arrondis, un peu plus courts que le tube. Fruits pyriformes, noirs, glabres, *finement striés, environ de la longueur du calice.*

Toute la plante est employée pour teindre en jaune.

Hab. les bois, à la Chartreuse de Valbonne, quartier des Cabreries, vis-à-vis la grange de Jean Camp, dans un espace de 80 mètres sur 50. ♄ Fl. février-avril.

LXXXXIIIe Fam. **LAURINÉES.**

Laurineæ. (Dec. fl. fr. 3, p. 361.)

Fleurs hermaphrodites ou dioïques par avortement, régulières. Périgone simple, à 4-6 divisions plus ou moins profondes, imbriquées dans le bouton. Étamines 6 sur un rang ou 12 sur deux rangs, insérées sur un disque charnu, placé au fond du périgone et opposées à la base de ses divisions; anthères adhérentes dans toute leur longueur aux filets libres, à 2-4 loges, s'ouvrant de la base au sommet par des valvules; ovaire libre. Style unique, épais; stigmate à 2-3 lobes. Fruit en drupe ou baie, uniloculaire, monosperme. Graine renversée, périsperme nul, embryon droit; cotylédons grands, plans, convexes. Arbres ou arbrisseaux aromatiques, à feuilles simples, sans stipules persistantes.

1er g^{re}. LAURIER. — LAURUS. (Tournef. inst. p. 597, t. 367.)

Fleurs dioïques ou hermaphrodites. Périgone caduc, à 4 lobes égaux. Étamines 8-12; les extérieures toutes fertiles; les intérieures alternativement stériles et fertiles; toutes ou seulement les intérieures portant, vers leur milieu, 2 appendices ou glandes. Anthères oblongues, bilobées. Dans les fleurs femelles, l'ovaire est entouré, par la base dilatée, de 2-4 étamines stériles, munies d'une glande à leur base. Style court, épais. Stigmate presque arrondi. Fruit drupacé, uniloculaire, monosperme, charnu.

1. **L. NOBILIS** *Lin. sp.* 529; *Dec. fl. fr.* 3, p. 362; *Lamk. ill. t.* 321, *fig.* 1; *Risso, hist. nat. europ. t.* 5; *Dod. pempt.* 837, *ic.* — Arbre de 4-8 mètres, à écorce grise, unie, à rameaux dressés, toujours verts. Feuilles brièvement pétiolées, alternes, oblongues-lancéolées, ordinairement aiguës, légèrement ondulées sur les bords, entières, coriaces, d'un vert luisant en dessus, un peu plus pâles en dessous. Fleurs dioïques, d'un blanc jaunâtre, disposées en ombelles composées, axillaires, brièvement pédonculées, munies d'écailles à leur base. Périgones des deux sexes semblables, à 4-5 lobes ovales-obtus, un peu charnus. Drupe oblong, assez gros, charnu, noir à la maturité. Odeur aromatique.

Cet arbre est connu sous les noms vulgaires de *laurier franc*, de *laurier commun*, de *laurier à jambon*, de *laurier sauce:* en patois, *lourié*. Ses feuilles et ses fruits sont stimulants, carminatifs. On retire des fruits une huile essentielle, employée comme stomachique et carminative; ses feuilles sont employées dans la cuisine. C'est avec ses jeunes rameaux que l'on fait des couronnes pour les guerriers et les savants.

Hab., cultivé, dans tous les jardins du département; subspontané, dans le voisinage des habitations. ♄ Fl. mars-avril; fr. octobre-novembre.

LXXXXIV⁰ FAM. **SANTALACÉES.**

SANTALACEÆ. (R. br. prodr. nov. holl. 350.)

Fleurs hermaphrodites ou dioïques. Calice gamosépale, persistant ou caduc, tubuleux, à tube soudé à l'ovaire, à 4-5 divisions égales, contiguës dans le bouton. Étamines 3-5, insérées à la base des lobes du calice et opposées avec eux; filets courts, subulés, glabres ou garnis d'un faisceau de poils à la base. Anthères à 2-4 lobes, à déhiscence longitudinale. Ovaire infère, à 2-4 ovules pendants du sommet d'un placenta central partant du fond de la loge. Fruit capsulaire ou drupacé, uniloculaire, monosperme par avortement, indéhiscent, surmonté du limbe du calice, renfermant un noyau crustacé ou osseux. Graine suspendue, à test membraneux, soudé avec le péricarpe. Périsperme charnu. Embryon droit. Cotylédons cylindriques. Feuilles entières, alternes, sans stipules.

1. { Étamines 5; fruit capsulaire.................. 1ᵉʳ gʳᵉ. THESIUM.
   { Étamines 3-4; fruit drupacé.................. 2ᵉ gʳᵉ. OSYRIS.

1ᵉʳ gʳᵉ. THÉSION. — THESIUM. (Lin. gen. 292.)

Fleurs hermaphrodites. Calice persistant, adhérent à l'ovaire, en entonnoir, à 4-5 *lobes* enroulés en dedans après la fécondation. Étamines 5, opposées aux lobes du calice, à filets subulés, ordinairement munis, à leur base, d'un faisceau de poils; anthères bilobées. Style 1; stigmate capité. Capsule monosperme, indéhiscente, enveloppée par la base du calice et surmontée par ses lobes plus ou moins profondément enroulés.

1. { Lobes du calice enroulés et formant, au-dessus de la capsule, un tube aussi long qu'elle.......... 2.
   { Lobes du calice enroulés et formant, au-dessus de la capsule, un nœud beaucoup plus court qu'elle. 3.

2. { Fleurs unilatérales; fruit simplement strié....... ALPINUM.
   { Fleurs non unilatérales; fruit fortement strié.... TENUIFOLIUM.

3. { Feuilles uninerviées......................... 4.
   { Feuilles trinerviées......................... INTERMEDIUM.

4. { Fruit subglobuleux, subsessile; souche grêle..... HUMIFUSUM.
   { Fruit oblong, pédicellé; souche grosse, subligneuse DIVARICATUM.

1. **TH. ALPINUM** *Lin. sp.* 301; *Dec. fl. fr.* 3, *p.* 352; *Ger. gallop. t.* 17, *fig.* 1; *Drèves et Hayne, pl. d'Eur. t.* 121. — Racine grêle, perpendiculaire, divisée à l'extrémité. Tiges de 1-2 décim., plus ou moins nombreuses, *dressées ou étalées, simples,* feuillées dans toute leur longueur. Feuilles linéaires-aiguës, uninerviées, glabres, un peu épaisses, souvent un peu glauques. Fleurs d'un blanc verdâtre, solitaires, brièvement pédonculées, *dressées, disposées unilatéralement en grappe* simple, non flexueuse, occu-

pant la moitié supérieure de la tige ; bractées très-inégales, deux
très-petites, une dépassant la fleur. Calice à lobes ovales, très-
étalés à la floraison, enroulés-connivents au sommet, à la maturité. Capsule subglobuleuse, nerviée, surmontée par le calice
formant une couronne aussi longue qu'elle.

Hab. la pelouse, à Brama-Bioou, près Camprieux ; à Concoule, sur la
Lozère ; dans les bois, à St-Guiral, à St-Sauveur. ♃ Fl. juin-juillet.

2. Th. tenuifolium *Sauter. app. Koch. syn.* 718 ; *Godr. et
Gren. fl. fr.* 3, *p.* 66 ; *Rchb. ic. cent.* 11, *fig.* 1156. — Cette
espèce diffère de la précédente : par ses tiges, rameuses dès leur
milieu, à rameaux inférieurs stériles ; par ses fleurs, en grappe
simple, non unilatérale, et par ses capsules, plus grosses et plus
fortement nerviées.

Hab. les bois de St-Sauveur et du Prunaret (Martin). ♃ Fl. juin-juillet.

3. Th. humifusum *Dec. fl. fr.* 5, *p.* 366 ; *Godr. et Gren. fl.
fr.* 3, *p.* 66 ; *Rchb. ic. cent.* 11, *fig.* 1153. — Racine grêle, dure,
pivotante ou rameuse, donnant naissance à des tiges de 2-3
décim., plus ou moins nombreuses, grêles, étalées circulairement
sur la terre ou un peu ascendantes, diffuses, rameuses dès leur
milieu. Feuilles d'un vert pâle, glabres, linéaires, très-étroites,
aiguës, à une nervure peu saillante. Fleurs d'un blanc verdâtre
ou jaunâtre, disposées en grappes simples, à rameaux uniflores,
courts, *étalés à angle droit*, chargés de *petites aspérités sur les
angles*, formant, par leur réunion, une panicule générale à axe
flexueux. Bractées inégales, subdenticulées ; les deux latérales égalant presque le fruit ; la moyenne plus longue que lui. Capsule
subglobuleuse ou ovale, brièvement pédicellée, marquée de côtes
saillantes, surmontées par le calice formant une couronne trois
fois plus courte qu'elle.

Hab. le bois de Salbous, près Camprestre ; les pelouses arides aux environs du Vigan. ♃ Fl. juin-juillet.

4. Th. divaricatum *Jan. ap. M. K. Dtsch. fl.* 2, *p.* 285 ;
Godr. et Gren. fl. fr. 3, *p.* 67 ; *Rchb. ic. cent.* 11, *fig.* 1155. —
Racine grosse, dure, rameuse, à souche *subligneuse, grosse*,
donnant naissance à des tiges de 2-4 décim., nombreuses, *assez
fortes, raides, dressées ou étalées-ascendantes*, rameuses. Feuilles
glabres, glaucescentes, linéaires-étroites, aiguës, *uninerviées*.
Fleurs d'un blanc verdâtre ou jaunâtre, disposées en grappes
presque simples, étroites, à rameaux lisses, à une ou plusieurs
fleurs, étalés ou ascendants, formant ensemble une *panicule
pyramidale*, terminale, à axe non flexueux ; bractées rudes aux
bords, *toutes plus courtes que la capsule* ; celle-ci *oblongue*, portée
sur un *pédicelle* de moitié plus court qu'elle, marquée de côtes
saillantes, surmontée par le calice, formant une couronne trois
fois plus courte qu'elle.

Hab. les bois, les garrigues et les terrains arides, aux environs du Vigan, d'Uzès, de Nîmes, de Mauduel, de Tresques. ♃ Fl. juin-juillet.

5. Th. intermedium *Schrad. spicil. fl. germ.* 27; *Godr. et Gren. fl. fr.* 3, *p.* 67; *Th. linophyllum Rchb. fl. exc.* 158 *(non Lin.).* — Cette espèce diffère de la précédente : par sa racine, grèle, à souche émettant des stolons grèles, radicants ; par ses feuilles, trinerviées ; par sa panicule, composée de rameaux à 2-3 divisions uniflores, lisses et striées ; par ses bractées, entières, dont 2 plus courtes que la capsule, la moyenne l'égalant ou plus souvent la dépassant ; enfin par sa capsule, un peu plus allongée.

Hab. les lieux arides, à Montdardier, à Aulas, etc. ♃ Fl. juillet-août.

2ᵉ gʳᵉ. OSYRIS. — OSYRIS. (Lin. gen. 1101.)

Fleurs dioïques. Fleurs *mâles* à 3-4 *lobes*, munies au fond du périgone d'un disque charnu, à 3-4 lobes. Étamines 3-4, courtes, insérées entre le disque et la base des lobes du périgone et opposées avec eux ; filets subulés ; anthères bilobées. Fleurs *femelles* à 3-4 lobes, à tube adhérent à l'ovaire. Étamines 3-4, stériles ; stigmates 3. Fruit en drupe monosperme, couronné par les restes du périgone. Graine à test crustacé.

1. O. alba *Lin. sp.* 1450 ; *Dec. fl. fr.* 3, *p.* 353 ; *Lamk. ill. t.* 802 ; *Clus. hist.* 91, *ic.; Cam. epit.* 26, *ic.* — Arbrisseau toujours vert, de 6-8 décim., à écorce rougeâtre ou verdâtre, à rameaux nombreux, dressés, anguleux. Feuilles persistantes, lancéolées-linéaires-aiguës, presque sessiles, très-entières, glabres. Fleurs jaunâtres, odorantes, disposées par petits rameaux le long de grappes étroites, allongées ; les mâles un peu nombreuses, pédicellées ; les femelles solitaires, sessiles. Drupes de la grosseur d'un pois, rouges à la maturité. Plante noircissant plus ou moins par la dessication. Vulgairement *rouvet.*

Hab. les terrains secs et arides, aux environs de Nîmes, du Vigan, d'Alais, d'Uzès. ♄ Fl. avril-mai ; fr. juillet.

LXXXXVᵉ Fam. ÉLÉAGNÉES.

Eleagneæ. (R. Br. prodr. 350)

Fleurs régulières, hermaphrodites, dioïques ou polygames. Fleurs mâles disposées en chaton ; périgone à 2 folioles libres, ou à 4 folioles soudées en tube court à la base, munies de 8 glandes intérieurement. Étamines 4-8, très-courtes ; anthères bilobées. Fleurs femelles ou hermaphrodites, à périgone tubuleux, persistant ; disque glanduleux en anneau à la gorge du périgone, nul dans l'*hippophae.* Étamines insérées à la gorge du tube. Ovaire libre, quoique recouvert par le tube du périgone, sessile, à une loge et à un ovule renversé. Style terminal, simple ;

stigmate en lame. Fruit bacciforme, uniloculaire, monosperme, recouvert par la base du périgone, charnue, non adhérente, ombiliquée au sommet. Graine dressée, à test coriace ou cartilagineux. Périsperme charnu. Embryon droit. Cotylédons plans, épais.

1ᵉʳ gⁱᵉ. ARGOUSIER. — HIPPOPHAE. (Lin. gen. 1106.)

Fleurs dioïques. Fleurs *mâles* en chaton, à périgone *à 2 divisions*, à 4 étamines. Fleurs *femelles* axillaires, solitaires, tubuleuses, *à 2 lobes* dressés, à disque nul. Akène recouvert par le périgone sans adhérence, devenu charnu en forme de baie.

1. **H. RHAMNOIDES** *Lin. sp.* 1452; *Dec. fl. fr. 3, p.* 353; *Lamk. ill. 1. 808; Duham. arbr. 2, 1. 49.* — Arbrisseau de 8-12 décim., à écorce cendrée ou brunâtre, à rameaux nombreux, épineux. Feuilles linéaires-lancéolées, un peu obtuses, entières, uninerviées, glabres et d'un vert grisâtre en dessus, argentées et écailleuses-roussâtres en dessous. Fleurs d'un vert jaunâtre, s'épanouissant avant le développement des feuilles, disposées le long de rameaux allongés en forme de grappe interrompue. Baies de la grosseur d'un pois, orangées à la maturité. Akènes ovoïdes-pyriformes, lisses, d'un noir un peu luisant.

Cet arbrisseau est connu sous les noms vulgaires d'*épine marante*, de *griset* ; ses baies sont vermifuges et bonnes pour les maladies cutanées des animaux. On s'en sert comme épice pour les sauces des poissons. Son bois est employé par les tourneurs et les ébénistes.

Hab. dans les îles du Rhône, à Beaucaire et à Vallabrègues. ♄ Fl. avril; fr. août.

On cultive, dans les bosquets et les jardins, l'*eleagnus angustifolia Lin.*, vulgairement *olivier de Bohême, arbre d'argent, arbre de paradis* ; arbre remarquable par ses feuilles lancéolées, d'un gris blanchâtre en dessus, squameuses-argentées, luisantes en dessous, et par son fruit de la grosseur d'une petite olive. Ses fleurs odorantes servent à faire des liqueurs de table.

LXXXXVIᵉ FAM. **CYTINÉES.**

CYTINEÆ. (A. Brogn. ann. soc. nat. 1, p. 29.).

Fleurs monoïques ou dioïques. Calice campanulé-tubuleux, libre ou adhérent, à 3-4-6 lobes imbriqués dans le bouton. Étamines 8-16, soudées à une colonne centrale, en nombre égal aux lobes du calice ou double ; anthères bilobées, à déhiscence longitudinale. Ovaire uniloculaire, placé au fond du calice, à 4-8 placentas pariétaux. Style très-court, simple, cylindrique ; stigmate discoïde ou peu divisé. Fruit sec ou bacciforme, uniloculaire, polysperme, indéhiscent, pulpeux intérieurement. Périsperme charnu. Embryon droit. Plantes parasites.

1ᵉʳ gʳᵉ. **CYTINET. — CYTINUS.** (Lin. gen. 1232.)

Fleurs monoïques, terminales et axillaires; les supérieures
mâles, les inférieures femelles; les premières à étamines en
nombre double de celui des lobes du calice, sessiles au sommet
d'une colonne centrale saillante, adhérente aux rudiments de
style, couronnée par les anthères soudées, bilobées, à lobes
opposés, égaux; les dernières à ovaire infère, uniloculaire, à 8
placentas pariétaux, à styles soudés en cylindre adhérent au
tube du calice par des membranes en forme de cloison. Baie
molle, à 8 loges, et couronnée par les restes du calice.

1. **C. HYPOCISTIS** *Lin. syst. veg.* 826; *Dec. fl. fr.* 3, *p.* 350;
Lamk. ill. t. 737; *Clus. hist.* 1, *p.* 68, *fig. infer. et* 79. — Tiges
de 5-12 centim., naissant plusieurs ensemble, dressées, épaisses,
charnues, jaunes et rouges, dans toutes leurs parties, couvertes
d'écailles oblongues-obtuses, imbriquées d'autant plus étroitement qu'elles sont supérieures. Fleurs la plupart réunies 5-10,
sessiles au sommet de la tige, un peu plus longues que les écailles
qui les entourent, quelques-unes axillaires, un peu au-dessous
d'elles. Cette plante a l'aspect des *monotropes* et des *orobanches*.

Vulgairement *hypociste*. C'est de cette plante que l'on retire le *suc d'hypociste*, qui entre dans la composition de la thériaque et qui est astringent
et tonique.

Hab., parasite, sur les racines des cistes, aux environs de Nimes, et dans
toute la partie peu élevée du département. ♃? Fl. avril-mai.

LXXXXVIIᵉ Fam. **ARISTOLOCHIÉES.**

ARISTOLOCHIEÆ. (Juss. gen. 72.)

Fleurs hermaphrodites. Périgone adhérent à l'ovaire, gamosépale, à limbe ventru ou tubuleux, irrégulier, évasé obliquement et prolongé en languette, la partie supérieure caduque
après la floraison, ou régulier, persistant, à 3 lobes contigus
dans le bouton. Étamines 6-12, à filets très-courts, tantôt soudés
avec le style, tantôt libres et insérés sur le disque qui couronne
l'ovaire; anthères bilobées, libres ou soudées au style par le dos,
à déhiscence longitudinale. Ovaire à 3-6 loges. Style court,
terminal; stigmates 6, disposés en étoile. Fruit capsulaire ou
bacciforme, à 3-6 loges polyspermes, ombiliqué au sommet,
couronné par le limbe persistant du périgone, s'ouvrant irrégulièrement ou en 6 valves, quelquefois indéhiscent. Graines horizontales, anguleuses, comprimées, à test membraneux, arrondies en dehors, échancrées en dedans pour recevoir l'axe central
des cloisons. Périsperme charnu ou presque corné. Embryon
très-petit. Cotylédons très-petits. Plantes vivaces, herbacées, à
feuilles simples, alternes, sans stipules.

1ᵉʳ gʳˢ. **ARISTOLOCHE.—ARISTOLOCHIA.** (Tournef. inst. p. 162, t. 71.)

Périgone tubuleux, *renflé à la base, au-dessus de l'ovaire*, qu'il enveloppe et auquel il adhère, *prolongé en une languette simple, entière, allongée* et assez large, se séparant circulairement, au-dessus de l'ovaire, après la floraison. Étamines 6 ; anthères *subsessiles, soudées au style par leur dos*. Capsule coriace, *ombiliquée*, à 6 loges longitudinales, renfermant des graines très-nombreuses, coriaces, triangulaires, aplaties, superposées dans chaque loge.

1. { Fleurs fasciculées, axillaires.................... CLEMATITIS
   { Fleurs solitaires, axillaires.................... 2.

2. { Feuilles dentelées, crispées aux bords ; racine en
   {   faisceau.. PISTOLOCHIA.
   { Feuilles lisses, non crispées aux bords ; racine à
   {   tubercule gros, arrondi......................... ROTUNDA.

1. **A. CLEMATITIS** *Lin. sp.* 1364 ; *Dec. fl. fr.* 3, *p.* 349 ; *Bull. herb. t.* 39 ; *Clus. hist.* 2, *p.* 71, *ic.* ; *Fuchs. hist.* 90, *ic.* — Racine cassante, profonde, atténuée vers l'extrémité ramifiée, à divisions grêles, horizontales; souche traçante. Tiges de 3-6 décim., dressées, simples, anguleuses, glabres, ainsi que les autres parties de la plante. Feuilles pétiolées, ovales-triangulaires, obtuses ou un peu échancrées au sommet, profondément cordées à la base, à pans arrondis, nerviées-réticulées, rudes aux bords. Fleurs jaunâtres, pédicellées, *fasciculées*, axillaires, *beaucoup plus courtes que les feuilles*. Capsule grosse, nuciforme, pendante. Plante très-fétide.

Cette plante porte les noms vulgaires de *pomerasse, ratalie ;* en patois, *fouterna*. Elle est vénéneuse ; sa racine est excitante, emménagogue. Ses tiges et ses feuilles sont une bonne nourriture pour les vaches.

Hab. les vignes et les haies, dans tout le département. ♃ Fl. mai-juin.

2. **A. PISTOLOCHIA** *Lin. sp.* 1364; *Dec. fl. fr.* 3, *p.* 348 ; *Clus. hist.* 2, *p.* 72, *ic.* ; *Moris. hist. s.* 12, *t.* 17, *fig.* 12. — Racine formée *d'un faisceau de fibres* cylindriques. Tiges de 2-4 décim., nombreuses, grêles, étalées-dressées, anguleuses, simples ou rameuses. Feuilles assez petites, d'un vert foncé, brièvement pétiolées, ovales-triangulaires, aiguës ou obtuses au sommet, quelquefois échancrées, mucronées, cordées à la base, *dentelées et crispées aux bords*, à face inférieure un peu pâle, fortement nerviée-réticulée, *rudes, ainsi que les pétioles*, par les poils raides et courts qui les couvrent. Fleurs brunes, pédonculées, *solitaires, axillaires, dépassant les feuilles*. Capsule moyenne pendante, arrondie.

Vulgairement *petite aristoloche*. Mêmes vertus que la précédente.

Hab. les garrigues et les terrains stériles aux environs de Nîmes, de Manduel, de Jonquières; rare aux environs du Vigan, d'Alais, d'Anduze, d'Uzès, de St-Ambroix. ♃ Fl. avril-mai.

3. **A. ROTUNDA** *Lin.* *sp.* 1364; *Dec. fl. fr.* 3, *p.* 348; *Blackw.*
t. 256; *Lob. ic. t.* 606, *fig.* 2; *Clus. hist.* 1, *p.* 70. — Racine
grosse, *tuberculeuse-globuleuse.* Tiges de 3-5 décim., faibles,
redressées, sillonnées, ordinairement simples. Feuilles d'un vert
foncé, ovales, un peu plus larges à la base, obtuses, quelquefois
échancrées au sommet, cordées à la base, à pans très-rapprochés,
à bords lisses ou faiblement rudes, à face inférieure pubescente,
munie de nervures réticulées, faibles; pétioles très-courts, légèrement ciliés. Fleurs jaunâtres, à languette brunâtre, pédonculées, *solitaires*, axillaires, un peu plus longues que les feuilles.
Capsule assez grosse, *arrondie*, pendante.

Vulgairement *aristoloche ronde:* mêmes vertus. Les paysans se servent
de la racine, pulvérisée, contre les coliques.

Hab. les prairies, les bords des fossés, les champs cultivés, aux environs
de Nimes, de St-Gilles, du Vigan, d'Alais, d'Anduze, de St-Ambroix, etc.
2f Fl. avril–juin.

LXXXXVIIIe Fam. EUPHORBIACÉES.

EUPHORBIACEÆ. (Juss. gen. 384.)

Fleurs unisexuelles, monoïques ou dioïques, quelquefois dépourvues d'enveloppe florale, alors réunies dans un involucre
commun, simulant une fleur hermaphrodite, par la réunion de
fleurs mâles à une étamine, autour d'une fleur femelle; les fleurs
sont disposées en glomérules, en épis ou en grappes, lorsqu'elles
sont pourvues d'une enveloppe. Calice libre ou nul, caduc ou
marcescent, à 4-6 sépales, rarement plus ou moins, contigus ou
imbriqués avant le développement. Étamines en nombre défini
ou indéfini, à filets libres ou soudés, insérés au centre de la fleur;
anthères bilobées, à déhiscence longitudinale. Ovaire libre,
sessile ou stipité, ordinairement à 3 loges uni-biovulées. Styles
ordinairement 3, libres ou soudés. Fruit capsulaire à 2-3 coques,
disposées autour d'un placenta central, s'ouvrant souvent avec
élasticité. Graines réfléchies, à test crustacé, ordinairement
munies, à l'ombilic, d'un arille épaissi en caroncule. Périsperme
charnu. Embryon droit, placé dans le périsperme. Cotylédons
planes ou un peu convexes. Plantes herbacées, annuelles ou
vivaces, rarement arbrisseau, à suc souvent laiteux, à feuilles
alternes, éparses ou opposées, à stipules nulles ou très-petites.

<pre>
1. (Arbrisseau toujours vert: capsule à 3
   (pointes...........•.............   4e gre. BUXUS.
   (Plantes herbacées ou frutescentes à la base:
        capsule sans corne.................... 2.

2. (Plantes à suc laiteux................... 1er gre. EUPHORBIA.
   (Plantes à suc non laiteux.............. .... 3.

3. (Fleurs monoïques: capsule à 3 coques... 3e gre. CROZOPHORA.
   (Fleurs dioïques, rarement monoïques:
        capsule ordinairement à 2 coques...... 2e gre. MERCURIALIS.
</pre>

1er g^{re}. EUPHORBE. — EUPHORBIA. (Lin. gen. 609.)

Fleurs monoïques, plusieurs mâles à une étamine, réunies autour d'une seule fleur femelle pédicellée, *dans un involucre commun, caliciforme*, à 4-5 dents petites, membraneuses, dressées ou incurvées, alternes avec d'autres lobes plus grands, épais, glanduleux, étalés, entiers ou à 2 cornes. Calice et corolle *nuls*. Fleurs *mâles*, 10-20 ou davantage, composées chacune d'une étamine à filet *articulé* sur un pédicelle, dont il se détache après la floraison, munie à sa base d'une écaille très-petite, laciniée ou ciliée; anthères à 2 lobes glanduleux. Fleur *femelle*, solitaire au centre des fleurs mâles, pédicellée, penchée. Styles 3. Capsule à 3 coques *monospermes*, s'ouvrant en 2 valves, qui se contournent avec élasticité. Graines lisses, rugueuses ou à fossettes, avec ou sans caroncule. Plantes à suc âcre, laiteux.

1.	Feuilles opposées............................	2.
	Feuilles éparses.............................	4.
2.	Plantes grêles, étalées sur la terre; feuilles petites, stipulées............................	3.
	Plante robuste, droite; feuilles grandes, non stipulées...............................	LATHYRIS.
3.	Feuilles suborbiculaires sans oreillettes; graines tétragones, ridées sur les faces..............	CHAMÆSICE.
	Feuilles oblongues, portant une oreillette sur un bord; graines ovoïdes, lisses...............	PEPLIS.
4.	Glandes calicinales entières.................	5.
	Glandes calicinales à 2 cornes...............	15.
5.	Graines alvéolées...........................	HELIOSCOPIA
	Graines lisses ou tuberculeuses..............	6.
6.	Graines légèrement tuberculeuses............	PUBESCENS.
	Graines entièrement lisses...................	7.
7.	Capsule à 3 sillons profonds.................	8.
	Capsule à 3 sillons superficiels ou peu profonds.	10.
8.	Plantes de 3-5 décim.: ombelle à 3-5 rayons...	9.
	Plante robuste de 8-12 décim.: ombelle à rayons nombreux.............................	PALUSTRIS
9.	Glandes calicinales d'un pourpre foncé: plante vivace..............................	DULCIS
	Glandes calicinales jaunes; plante annuelle....	STRICTA
10.	Ombelle à 3-5 rayons: feuilles finement dentelées.............................	11.
	Ombelle à rayons nombreux; feuilles très-entières................................	GERARDIANA
11.	Feuilles oblongues-lancéolées, de 4-5 centim...	12.
	Feuilles ovales ou oblongues, ne dépassant pas 3 centim................................	13.
12.	Feuilles larges, jamais réfléchies: plante vivace.	PILOSA.
	Feuilles moins larges, souvent réfléchies: plante annuelle............................	PLATYPHYLLA.
13.	Capsules couvertes de crêtes très-saillantes.....	PAPILLOSA.
	Capsules couvertes de tubercules cylindriques ou hémisphériques.........................	14

14. { Bractées obovées-denticulées : capsule à tuber
       cules arrondis, peu saillants............... FLAVICOMA.
     Bractées rhomboïdales entières ou à peine den-
       telées; capsule à tubercules saillants, cylin-
       driques............................ ...... VERRUCOSA

15. { Bractées soudées. .... 16.
     Bractées libres......................... 17.

16. { Feuilles de l'involucre obovées, mutiques, lar-
       gement arrondies au sommet; capsule glabre. AMYGDALOIDES
     Feuilles de l'involucre ovales ou oblongues,
       mucronulées ; capsule velue............... CHARACIAS.

17. { Graines lisses ou tuberculeuses............. 18.
     Graines marquées de fossettes ou de sillons.... 24.

18. { Graines tuberculeuses..................... EXIGUA.
     Graines lisses......................... 19.

19. { Feuilles à dentelures saillantes............... 20.
     Feuilles entières ou à peine dentelées......... 21.

20. { Feuilles de l'involucre grandes, cordiformes,
       acuminées-aiguës : capsule finement granu-
       leuse................................. SERRATA.
     Feuilles de l'involucre moyennes, elliptiques,
       obtuses, mucronulées; capsule lisse....... TERRACINA.

21. { Feuilles concaves, imbriquées.............. PARALIAS.
     Feuilles ni concaves ni imbriquées .... 22.

22. { Capsule trigone : souche rampante............ 23.
     Capsule globuleuse ; souche non rampante..... NICÆENSIS

23. { Feuilles oblongues-lancéolées, à peine dente-
       lées : bractées en cœur, mucronées.......... ESULA.
     Feuilles linéaires, très-entières : bractées réni-
       formes, mutiques...................... CYPARISSIAS.

24. { Glandes calicinales à pointes courtes........... FALCATA.
     Glandes calicinales à pointes allongées .... 25.

25. { Feuilles obovées ou oblongues-obovées, arron-
       dies ou un peu échancrées au sommet....... 26.
     Feuilles linéaires ou linéaires-oblongues....... 28.

26. { Capsule à coques munies sur le dos de 2 carènes
       minces .... 27.
     Capsule à coques finement granuleuses sur le
       dos............................... PORTLANDICA.

27. { Graines munies, sur les faces, de 4 et 3 trous... PEPLUS.
     Graines plus petites, munies, sur les faces, de
       3 et 2 trous........................... PEPLOIDES.

28. { Ombelle double ; feuilles trinerviées.......... BIUMBELLATA
     Ombelle simple : feuilles uninerviées......... 29.

29. { Feuilles lâches, réfléchies; plante annuelle .... SEGETALIS.
     Feuilles très-rapprochées, presque imbriquées,
       non réfléchies : plante vivace.............. PINEA.

1. **E. CHAMÆSICE** *Lin. sp.* 652; *Dec. fl. fr.* 3, *p.* 330; *E. massiliensis Dec. fl. fr.* 5, *p.* 357; *Sibth. et Sm. fl. græc. t.* 461; *Lob. ic.* 363, *fig.* 2; *Clus. hist.* 2, *p.* 187, *fig.* 1; *Moris. hist. s.* 10, *t.* 2, *fig.* 19. — Racine grêle, pivotante. Tiges de 5-20 centim., filiformes, glabres ou velues, rougeâtres, rameuses,

étalées en rosette sur la terre. Feuilles petites, presque sessiles, *presque arrondies*, obliquement cordées à la base, entières ou denticulées, quelquefois un peu échancrées au sommet, glabres ou velues, souvent rougeâtres, munies, à leur base, de petites stipules. Fleurs rougeâtres, presque sessiles, solitaires, axillaires. Glandes calicinales tridentées. Capsule glabre ou velue, à coques *carénées* sur le dos. Graines blanchâtres, *tétragones*, ridées, sans arille.

Vulgairement *euphorbe monnoyer*. Le suc est employé, comme sudorifique et comme caustique, contre la gale et les verrues.

Hab. les lieux cultivés de toute la plaine du département, remonte jusqu'à Anduze et le Vigan. ① Fl. juin–août.

2. **E. PEPLIS** *Lin. sp.* 652 ; *Dec. fl. fr.* 3, *p.* 330 ; *Lob. ic.* 363, *fig.* 1 ; *Clus. hist.* 2, *p.* 187, *fig.* 2 ; *Moris. hist. s.* 10, *t.* 2, *fig.* 18. — Racine grêle, ramifiée à l'extrémité. Tiges de 5-20 centim., un peu épaisses, glabres, souvent rougeâtres, rameuses, étalées sur la terre en rosette plus ou moins régulière. Feuilles glabres, un peu charnues, brièvement pétiolées, d'un vert glauque et souvent rougeâtre, plus pâles en dessous, oblongues, inégalement cordées à la base, obtuses ou échancrées au sommet, prolongées à la base, du côté extérieur, en une oreillette arrondie, munies de stipules filiformes, incisées au sommet. Fleurs jaunâtres, presque sessiles, solitaires, axillaires. Glandes calicinales rougeâtres, arrondies, entières. Capsule glabre, à 3 coques lisses et *arrondies* sur le dos. Graines blanchâtres, *lisses*, *ovoïdes*, marquées d'un léger sillon longitudinal, dépourvues d'arille.

Sa racine est purgative.

Hab. les sables maritimes aux environs d'Aigues-Mortes. ① Fl. mai-août

3. **E. HELIOSCOPIA** *Lin. sp.* 658 ; *Dec. fl. fr.* 3, *p.* 335 ; *Fl. dan. t.* 725 ; *Math. com.* 864, *ic. et ed. valg. p.* 1253, *ic.* — Racine pivotante, sinueuse. Tige de 1-3 décim., droite, simple, rarement rameuse dès la base. Feuilles éparses, assez lâches, obovales-cunéiformes, obtuses-arrondies ou échancrées au sommet, finement dentelées supérieurement ; les supérieures plus grandes que les inférieures, glabres, rarement chargées de quelques poils épars. Fleurs jaunâtres, en ombelles ordinairement à 5 rayons pubescents, à 3 rameaux bifides. Feuilles de l'involucre plus grandes que celles de la tige ; bractées libres, inégales ; glandes calicinales jaunes, entières, arrondies. Capsule lisse, à 3 coques glabres, *arrondies sur le dos*. Graines brunâtres ou rougeâtres, ovoïdes, alvéolées.

Vulgairement *réveille-matin*. Son suc est employé pour cautériser les verrues.

Hab. les lieux cultivés, dans tout le département. ① Fl. mai-septembre.

4. **E. PLATYPHYLLA** *Lin. sp.* 660 ; *Godr. et Gren. fl. fr.* 3,

p. 77 ; *Jacq. austr. t. 376.* — Racine pivotante. Tige de 5-10 décim., droite, simple inférieurement, munie ordinairement, au-dessous de l'ombelle, de rameaux florifères, glabre ou velue, ainsi que les feuilles ; celles-ci étalées, puis réfléchies, sessiles, à base un peu cordée, lancéolées-aiguës, dilatées et finement denticulées dans leur moitié supérieure ; les inférieures obovales, obtuses, rétrécies en pétiole. Fleurs verdâtres, puis jaunâtres, ainsi que toute la plante, en ombelle ordinairement à 5 rayons allongés, à 3 divisions bifurquées. Feuilles de l'involucre ovales ou oblongues-lancéolées, mucronulées ; bractées libres, ovales-triangulaires, mucronées, serrulées. Glandes calicinales jaunes, entières. Capsule *globuleuse*, assez grosse, à coques arrondies sur le dos et parsemées de *petites verrues arrondies*, peu saillantes ; séparations des loges *peu profondes*. Graines d'un brun verdâtre, ovoïdes-comprimées, très-lisses, luisantes, munies d'une petite caroncule.

Hab. les champs humides, les haies, les bords des fossés, dans tout le département. ⓣ Fl. juillet-septembre.

5. **E. STRICTA** *Lin. syst. nat. ed. 10, v. 2, p. 1049* ; *Godr. et Gren. fl. fr. 3, p. 78* ; *E. micrantha Bieb. taur. cauc. 1 ,p. 377* ; *E. coderiana Dec. fl. fr. 3, p. 365* ; *Engl. bot. t. 333.* — Cette espèce est très-voisine de la précédente, mais sa tige est moins élevée et plus grêle ; ses feuilles, ses fleurs et ses graines sont plus petites, ainsi que ses capsules ; celles-ci globuleuses-trigones, à coques couvertes de petites verrues cylindriques, saillantes, séparées par 3 sillons profonds.

Hab. les mêmes lieux et fleurit plus tôt. ⓣ Fl. mai-juin.

Nous n'avons pas hésité, quoique ne l'ayant pas encore rencontrée, pour rapporter ici cette plante, persuadé qu'elle doit croître dans notre départe-ment, puisque son existence est indiquée dans toute la France par les auteurs des flores françaises.

6. **E. PUBESCENS** *Desf. all. 1, p. 386* ; *Dec. fl. fr. 3, p. 344* ; *Godr. et Gren. fl. fr. 3, p. 79* ; *Jacq. ecl. pl. rar. 1, t. 66* ; *Rehb. cent. 15, t. 4769.* — Racine fibreuse, à souche produisant plu-sieurs tiges de 3-6 décim., dressées ou ascendantes, velues ou glabrescentes, simples, rarement rameuses, souvent munies de quelques rameaux grêles au-dessous de l'ombelle. Feuilles éparses, oblongues-lancéolées, obtuses-aiguës, un peu élargies supérieu-rement, à peine deux fois aussi longues que larges, sessiles, cordiformes à la base, très-finement dentées ; les inférieures plus petites, rétrécies en pétiole ; toutes plus ou moins velues-grisâtres. Fleurs jaunâtres, en ombelle ordinairement à 5 rayons bifides, à rameaux 1-2 fois bifurqués. Feuilles de l'involucre mucronées, un peu plus larges que celles de la tige ; bractées libres, ovales-rhomboïdales, mucronées, dentelées. Glandes calicinales jaunes, entières, arrondies. Capsule *globuleuse*, poilue, *verruqueuse*, à

coques arrondies sur le dos marqué d'une bande incrustée, lisse et glabre, séparées par 3 sillons *pas trop profonds*. Graines brunes, opaques, ovoïdes-comprimées, parsemées de petits tubercules arrondis ou oblongs, peu saillants, munies d'une très-petite caroncule.

Var. A, *Genuina*. Plante très-velue.

Var. B, *Subglabra Godr. et Gren. l. c.* Plante glabrescente.

Hab.: la var. A, les bords des champs et des chemins aux environs d'Aigues-Mortes ; la var. B, aux bords du Rhône près St-Gilles, au bord du canal à Bellegarde. ♃ Fl. mai-août.

7. **E. PILOSA** *Lin. sp.* 659 ; *Dec. fl. fr.* 3, *p.* 341, *et* 5, *p.* 364 ; *E. illyrica Lois. fl. gall.* 1, *p.* 345 ; *Mut. fl. fr. t.* 60, *fig.* 152 ; *Rchb. cent.* 2, *fig.* 269. — Souche *grosse*, produisant des tiges nombreuses de 3-6 décim., dressées, assez fortes, velues, souvent rougeâtres, garnies, au-dessous de l'ombelle, de rameaux axillaires ; les inférieurs feuillés, stériles ; les plus supérieurs florifères, non feuillés. Feuilles sessiles, largement oblongues-lancéolées, obtuses ou un peu aiguës, *obscurément dentées en scie*, velues sur les deux faces ; les inférieures rétrécies en pétiole. Fleurs jaunâtres, en ombelle ordinairement à 5 rayons trifides, à rameaux bifurqués. Feuilles de l'involucre jaunâtres, mucronulées, plus courtes et plus larges que celles de la tige ; bractées libres, jaunâtres, ovales-arrondies. Glandes calicinales jaunes, entières, arrondies. Capsule *globuleuse*, velue, tuberculeuse, quelquefois lisse et glabre, à coques arrondies sur le dos, séparées par 3 sillons *pas trop profonds*. Graines obovales, brunes, lisses, luisantes, munies d'une caroncule orbiculaire fendue.

Hab. sur les bords de la rivière, au pont de Malaygue, près Blauzac. ♃ Fl. avril-juillet.

8. **E. PALUSTRIS** *Lin. sp.* 662 ; *Dec. fl. fr.* 3, *p.* 344 ; *Mut. fl. fr. t.* 60, *fig.* 454 *(capsule); Fl. dan. t.* 886 ; *Dod. pempt.* 734, *ic.* - Souche *très-grosse*, produisant des tiges nombreuses, en touffe, robustes, épaisses, dressées, cylindriques, garnies au-dessous de l'ombelle de rameaux nombreux, axillaires, feuillés, stériles ; les supérieurs nus, florifères. Feuilles glabres ainsi que le reste de la plante, d'un vert clair, sessiles, oblongues ou lancéolées, obtuses ou un peu aiguës, munies d'une nervure longitudinale saillante, *entières ou très-finement dentées en scie*. Fleurs jaunâtres, en ombelle à rayons plus ou moins nombreux, trifides, à rameaux bifurqués. Feuilles de l'involucre largement ovales, entières, un peu rétrécies à la base ; bractées libres, ovales ou oblongues, entières, obtuses, jaunes pendant la floraison. Glandes calicinales entières, d'un jaune fauve. Capsule *globuleuse-trigone*, grosse, *couverte de tubercules inégaux, hémisphériques*, à coques arrondies sur le dos, séparées par 3

sillons très-prononcés. Graines brunes, *lisses* et luisantes, globuleuses, munies d'une caroncule plane, orbiculaire.

Vulgairement *turbith noir.*

Hab. les bords des roubines, des canaux, du Vistre, à Bellegarde, à St-Gilles, à Beaucaire, à Aigues-Mortes. ♃ Fl. mai-juillet.

9. **E. DULCIS** *Lin. sp.* 656; *Jacq. fl. austr.* 3, *p.* 8, *t.* 213; *E. carniolica Dec. fl. fr.* 3, *p.* 342 *(non Jacq.); Mut. t.* 60, *fig.* 455 *(fleur et fruit).* — Racine *charnue, horizontale,* jaunâtre, *brièvement et obliquement articulée,* garnie de fibres. Tige de 3-5 décim., dressée, *cylindrique,* souvent rougeâtre, écailleuse à la base, souvent pourvue au-dessous de l'ombelle d'un ou de plusieurs rameaux florifères, axillaires, non feuillés. Feuilles minces, espacées, d'un vert clair ou foncé, un peu pâles en dessous, glabres ou velues, surtout en dessous et sur les bords, *entières ou finement denticulées supérieurement,* oblongues ou lancéolées, obtuses ou échancrées, sessiles ou brièvement pétiolées; les inférieures plus petites, ovales-cunéiformes. Fleurs en ombelle à 5 rayons grêles, 1-2 fois bifides. Feuilles de l'involucre *brièvement ovales-lancéolées,* aiguës ou obtuses, souvent réfléchies, à peine denticulées; bractées libres, ovales-triangulaires, souvent un peu cordées à la base, entières ou denticulées. Glandes calicinales entières, d'abord jaunes, puis d'un pourpre foncé. Capsule glabre ou velue, parsemée *de tubercules un peu écartés, inégaux, obtus, saillants,* à coques arrondies sur le dos, séparées par 3 sillons profonds. Graines fauves, lisses, luisantes, ovoïdes-globuleuses, munies d'une petite caroncule stipitée.

Hab. les bois et les haies dans toute la partie élevée du département, à la Chartreuse de Valbonne. ♃ Fl. avril-juillet.

10. **E. PAPILLOSA** *de Pouzolz, cat. pl. Gard, p.* 18, *et vol.* 2 *t.* 7 *de la flore; Godr. et Gren. fl. fr.* 3, *p.* 81; *E. Duralii Lecoq et Lamotte, cat. pl. centr. de la France, p.* 327. — Souche dure, *épaisse, à rejets nombreux, traçants.* Tiges de 2-3 décim., nombreuses, dressées ou ascendantes, cylindriques, ordinairement simples, écailleuses à la base, finement striées, glabres, rarement pubescentes, souvent rougeâtres, portant souvent en dessous de l'ombelle des rameaux florifères, non feuillés. Feuilles glabres, fermes, vertes ou glaucescentes, ovales ou oblongues-lancéolées, obtuses ou aiguës, plus ou moins rapprochées, *presque entières,* sessiles; les supérieures un peu embrassantes. Fleurs en ombelle à 5 rayons, quelquefois moins, bifides, avec une fleur brièvement pédicellée à la base des bifurcations. Feuilles de l'involucre ovales ou oblongues-lancéolées, obtuses ou aiguës, finement dentelées vers le sommet; bractées libres, à 2 folioles ovales-triangulaires ou suborbiculaires, mucronulées, denticulées, quelquefois rougeâtres. Glandes calicinales arrondies,

EUPHORBIA PAPILLOSA, de Pouz.

Lith. de Boehm Montpellier

entières, orangées. Capsule glabre, assez grosse, *globuleuse*, couverte de tubercules inégaux, *en forme de crêtes saillantes*, à coques séparées par 3 sillons peu profonds. Graines assez grosses, lisses, d'un brun roussâtre, obovales, convexes d'un côté, un peu anguleuses de l'autre, munies d'une caroncule assez grande, réniforme.

Hab. les pacages pierreux, à **Alzon**, à **Campestre**, à **Blandas**, dans le bois de **Salbous**. ♃ Fl. mai–juillet.

11. **E. VERRUCOSA** *Lamk. dict.* 2, *p.* 434; *Dec. fl. fr.* 3, *p.* 343; *Moris. hist. s.* 10, *t.* 3, *fig.* 3. — Racine dure, brune, à souche ligneuse, brune, très-rameuse, produisant des tiges ordinairement nombreuses, de 1-3 décim., étalées-ascendantes, buissonnantes, simples ou munies au-dessous de l'ombelle de rameaux stériles, rarement florifères, glabres ou pubescentes ainsi que les feuilles; celles-ci d'un vert foncé, éparses, sessiles, ovales ou oblongues, obtuses ou aiguës, *très-finement dentées en scie*, souvent réfléchies, les inférieures plus petites. Fleurs en ombelle à 5 rayons, souvent plus courts que les feuilles de l'involucre, une ou deux fois bifides, rarement trifides. Feuilles de l'involucre ovales-obtuses, étalées ou réfléchies, jaunes à la floraison, vertes à la maturité ainsi que les bractées; celles-ci libres, obovales, atténuées à la base ou arrondies. Glandes calicinales jaunes, transversalement ovales, entières. Capsule glabre, *globuleuse*, *chargée de tubercules cylindriques*, à coques arrondies sur le dos, *séparées par 3 sillons peu profonds*. Graines *lisses*, d'un gris luisant, puis brunes, ovoïdes, un peu comprimées et marquées d'un sillon sur la face interne, munies d'une caroncule petite ou grande, presque sessile.

On emploie, dans le Dauphiné, la racine de cette plante contre les fièvres intermittentes.

Hab. les bois et les pacages, aux environs de **Nîmes**, de **Bagnols**, d'**Alzon**, au **Serre de Bouquet**. ♃ Fl. avril–juin.

12. **E. FLAVICOMA** *Dec. cat. hort. Monspel.* 110; *Godr. et Gren. fl. fr.* 3, *p.* 82; *E. suffruticulosa Lecoq et Lamotte, cat. des pl. du centre de la France, p.* 327. — Cette espèce diffère de la précédente, à laquelle elle ressemble beaucoup : par ses tiges, beaucoup plus courtes, plus *ligneuses*, mêlées avec les tiges anciennes, dénuées de feuilles; par ses feuilles, plus petites, plus étroites, plus rapprochées, toujours réfléchies, souvent couvertes de poils grisâtres très-abondants; par ses ombelles, à rayons plus courts; par ses bractées, rhomboïdales; par les divisions de ses styles, plus longues; par les *verrues arrondies, peu saillantes*, de sa capsule; et par ses graines, plus grosses, grisâtres, parsemées de petits points blancs.

Hab. les terrains secs, les pacages, à **Campestre**, au **Vigan**, à **St-Ambroix**, **Anduze**, **Alais**. ♄ Fl. mai–juin.

13. **E. GERARDIANA** *Jacq. fl. austr. 5, p. 17, t. 436; Dec. fl. fr. 3, p. 337; Godr. et Gren. fl. fr. 3, p. 83; Tabern. ic. 591, fig. 1.*—Racine dure, assez grosse, perpendiculaire, profonde, à souche grosse, *ligneuse*, produisant des tiges nombreuses, de 2-5 décim., raides, dressées ou ascendantes, simples ou munies, au-dessous de l'ombelle, de quelques rameaux florifères, nues à la base. Feuilles un peu raides, éparses, nombreuses, rapprochées, dressées, linéaires ou oblongues-linéaires, *très-entières*, mucronées, glabres, glaucescentes ou jaunâtres. Fleurs jaunes en ombelle, à rayons nombreux, dichotomes. Feuilles de l'involucre ovales-oblongues ou oblongues-linéaires, entières, mucronées; bractées libres, ovales-triangulaires, légèrement cordées ou tronquées à la base, mucronées, jaunâtres pendant la floraison, puis verdâtres. Glandes calicinales jaunes, arrondies, entières. Capsule glabre, *très-finement tuberculeuse*, à coques arrondies sur le dos, légèrement marqué d'un sillon longitudinal, séparées par trois sillons *peu profonds*. Graines blanchâtres, cylindracées, *lisses*, marquées d'un sillon sur la face interne, munies d'une petite caroncule réniforme, sessile.

Hab. les lieux secs et arides, dans tout le département. 2 Fl. avril-juin.

14. **E. PARALIAS** *Lin. sp. 657; Dec. fl. fr. 3, p. 331; Jacq. vind. t. 188; Dod. pempt. 370, fig. 1-2.* — Racine profonde, rameuse. Tiges nombreuses, de 3-5 décim., dressées ou ascendantes, pubescentes au sommet, souvent rougeâtres, simples ou rameuses, surtout à la base, à rameaux stériles, munies, au-dessous de l'ombelle, de quelques rameaux florifères non feuillés. Feuilles nombreuses, dressées, imbriquées, oblongues-lancéolées ou lancéolées-linéaires, d'autant plus petites et étroites qu'elles sont inférieures, épaisses, coriaces, très-glauques, entières, concaves, à bords roulés en dedans à l'état sec. Fleurs jaunâtres, en ombelle à 3-5 rayons courts, épais, pubescents-glanduleux, 1-2 fois bifides. Feuilles de l'involucre ovales ou lancéolées-aiguës; bractées libres, réniformes-cordées, mucronulées. Glandes calicinales jaunes, en forme de croissant, souvent comme rongées, à pointes courtes. Capsule un peu grosse, glabre, quelquefois pubescente-glanduleuse, *ruqueuse*, profondément divisée en 3 coques, marquées d'un sillon dorsal. Graines blanchâtres, ovoïdes-globuleuses, presque *lisses*, marquées d'une carène sur la face externe et d'un sillon sur la face interne, munies d'une petite caroncule réniforme.

Hab. les sables maritimes, sur toute la plage du département. 2 Fl. mai-août.

15. **E. NICÆENSIS** *All. ped. 1, p. 285, t. 69, fig. 1; Dec. fl. fr. 3, p. 338; E. amygdaloides Lamk. dict. 2, p. 439 (non Lin.); E. myrsinites Brot. lusit. 2, p. 317 (non Lin.); Jacq. ic. rar.*

t. 485 ; *Scop. carn.* 1, *l.* 20.—Racine brune, pivotante, à souche ligneuse, *rameuse*, donnant naissance à plusieurs tiges de 2-4 décim., ascendantes, épaisses, souvent rougeâtres, dénuées de feuilles inférieurement, simples ou munies, au-dessous de l'ombelle, de quelques rameaux florifères, non feuillés. Feuilles éparses, sessiles, *oblongues-lancéolées*, mucronées, un peu épaisses, fermes, glabres, *entières*, souvent réfléchies, d'un vert jaunâtre ou glauques ; les inférieures plus étroites et plus petites. Fleurs jaunâtres, en ombelle, à 5-13 rayons, plus ou moins allongés, glabres, bifides ; feuilles de l'involucre largement ovales ou oblongues, obtuses, mucronées ; bractées libres, arrondies-cordiformes, mucronulées, d'un beau jaune. Glandes calicinales jaunes, en forme de croissant, *à pointes courtes et obtuses*. Capsule glabre ou velue, subtrigone, finement rugueuse à l'état sec, à coques munies, sur le dos, d'une carène peu saillante, séparées par 3 sillons peu prononcés. Graines d'un gris brunâtre, mates, lisses, ovoïdes, munies d'une caroncule jaune, convexe, saillante.

Hab. les lieux arides et rocailleux, dans tous les environs de Nimes, à St-Ambroix, à Alais, à Anduze, au Vigan, à Montdardier, à Alzon. ⚥ Fl. mai-juillet.

16. **E. ESULA** *Lin. sp.* 660 ; *Godr. et Gren. fl. fr.* 3, *p.* 87 ; *E. salicifolia Dec. fl. fr.* 5, *p.* 362 *non Host.* — Racine brune, dure, simple ou rameuse, à souche presque ligneuse, *rameuse*, *traçante*, donnant naissance à plusieurs tiges de 3-8 décim., fertiles ou stériles, dressées ou ascendantes, cylindriques, dénuées de feuilles inférieurement, munies vers leur milieu de rameaux allongés, feuillés, stériles ; et, au-dessous de l'ombelle, de rameaux florifères, non feuillés. Feuilles d'un vert clair, glabres, souvent glaucescentes, éparses, sessiles, *oblongues-lancéolées* ou linéaires-lancéolées, obtuses ou aiguës, mucronées, *atténuées à la base*, *entières ou à peine denticulées*, à bords transparents, celles des rameaux plus étroites. Fleurs jaunes, puis verdâtres, en ombelle, à rayons ordinairement nombreux, dichotomes. Feuilles de l'involucre oblongues ou ovales-oblongues, inégales, mucronées, plus petites que les caulinaires ; bractées libres, ovales-triangulaires, cordées à la base, mucronées, plus larges que longues. Glandes calicinales jaunes, échancrées en croissant, *à cornes*, *courtes*. Capsule glabre, finement chagrinée, à coques munies, sur le dos, d'un sillon, séparées par 3 sillons très-prononcés. Graines brunes ou d'un blanc cendré, ovoïdes-subglobuleuses, *lisses*, munies d'un léger sillon sur la face interne, surmontées d'une caroncule suborbiculaire, presque sessile.

Vulgairement grande ésule. Le suc de cette plante est émétique et purgatif ; inusité.

Hab. les bords du Rhône, depuis Aramon jusqu'au grau d'Orgon ; les bords du Gardon, au pont du Gard : les bords des champs et des fossés, à Montfrin. ♃ Fl. mai-juin.

17. E. TERRACINA *Lin. sp.* 654 *(non Dec.)*; *E. provincialis Dub. bot.* 416; *E. affinis Dec. fl. fr.* 5, *p.* 363 ; *Barr. ic.* 833; *E. heterophylla Desf. all. t.* 102. — Racine brune, pivotante ou rameuse, sinueuse, à souche *ligneuse*, produisant des tiges de 2-4 décim., nombreuses, couchées, ascendantes ou diffuses, herbacées, nues à la base, simples ou rarement munies, au-dessous de l'ombelle, de 1-3 rameaux florifères, non feuillés, et quelquefois de rameaux stériles, feuillés, partant de la souche. Feuilles d'un vert ordinairement foncé, souvent un peu glauques, glabres, uninerviées, *légèrement dentelées supérieurement*, mucronulées, un peu espacées, sessiles ; les supérieures oblongues ou oblongues-lancéolées-obtuses ; les inférieures et celles des rameaux stériles plus petites, souvent cunéiformes et échancrées au sommet. Fleurs jaunâtres, en ombelle, à 3-5 rayons dichotomes. Feuilles de l'involucre plus grandes que les caulinaires supérieures ; bractées libres, ovales-triangulaires, cordées à la base, larges, denticulées, mucronulées. Glandes calicinales d'un vert jaunâtre, échancrées en croissant, à 2 cornes *allongées, sétacées*. Capsule glabre, lisse, trigone, à coques munies, sur le dos, d'une carène saillante, séparées par 3 sillons profonds et très-ouverts. Graines d'un blanc cendré, *lisses*, ovoïdes, obliquement tronquées au sommet, munies d'un léger sillon à la face interne et d'une carène à la face externe, surmontées d'une caroncule presque sessile, obovale, relevée en pointe du côté interne.

Hab. les sables maritimes au grau d'Orgon, vis-à-vis les Saintes-Marie et près du poste des Quatre-Marie, dans la pinède des Saintes. ♃ Fl. mai-septembre.

18. E. SERRATA *Lin. sp.* 658 ; *Dec. fl. fr.* 3, *p.* 336 ; *Jacq. ic. rar.* 3, *t.* 384 ; *Moris. hist. s.* 10, *t.* 1, *fig.* 6 ; *Clus. hist.* 2, *p.* 189, *fig.* 2 ; *Dod. pempt.* 369, *fig.* 1. — Racine blanchâtre, *très-profonde*, à souche *ligneuse*, produisant des tiges nombreuses, de 2-5 décim., dressées ou ascendantes, cylindriques, raides, glabres, striées, simples ou munies, inférieurement, de rameaux presque tous stériles, et sous l'ombelle d'un ou de deux fertiles, semblables aux rayons. Feuilles éparses, glabres, un peu coriaces, lâches, d'un vert clair et glauque, inégales, souvent rougeâtres lorsque la plante est jeune, *à dentelures écartées, très-prononcées*; les caulinaires supérieures *ovales-triangulaires, acuminées, un peu embrassantes*; les moyennes sessiles, *moins dilatées à la base*; les inférieures et celles des rameaux stériles, *linéaires*, toutes aiguës et mucronées. Fleurs jaunes, puis vertes, en ombelle, à 2-5 rayons dichotomes. Feuilles de l'involucre très-amples, arrondies-cordiformes, brièvement acuminées, mucronées, dentelées ; bractées libres, larges, cordées, dentelées, mucronulées; les supérieures plus petites. Glandes calicinales roussâtres, à peine en croissant, à 2 cornes *courtes, épaisses*. Capsule glabre, grosse, ovale-trigone, parsemée de petits points blanchâtres, un peu saillants, à coques arrondies sur le dos, quelquefois munies d'un léger sillon, séparées par 3 sillons ouverts. Graines noirâtres, *lisses*, cylindracées, munies d'une caroncule brièvement stipitée, très-convexe, échancrée du côté interne et dentée du coté externe.

Hab. les champs cultivés et les vignes, dans toute la partie basse du département; remonte jusqu'à Alais, Anduze et le Vigan. ♃ Fl. mai–juillet.

19. **E. CIPARISSIAS** *Lin. sp.* 661; *Dec. fl. fr.* 3, *p.* 337; *Jacq. austr.* 5, *t.* 435; *Moris. hist. s.* 10, *t.* 2, *fig.* 29; *Dod. pempt.* 371, *fig.* 2. — Racine brune, simple ou rameuse, tortueuse, à souche *traçante, stolonifère*, donnant naissance à des tiges nombreuses, de 2-4 décim., dressées, réunies en touffe, munies, au-dessous de l'ombelle, de rameaux fertiles, non feuillés, et plus inférieurement de rameaux stériles, persistant jusqu'à l'hiver, garnis de feuilles nombreuses, très-rapprochées, presque filiformes. Feuilles de la tige sessiles, éparses, d'un vert glauque, linéaires-obtuses ou presque aiguës, entières, étalées ou réfléchies. Fleurs jaunes, puis rougeâtres, en ombelle à rayons nombreux, grèles, simples ou dichotomes. Feuilles de l'involucre de même forme que celles de la tige; bractées libres, ovales, presque cordées, plus larges que longues, entières, un peu en pointe. Glandes calicinales jaunes, échancrées, *à* 2 *cornes courtes*. Capsule glabre, couverte de petits tubercules qui la rendent rude, à coques arrondies sur le dos marqué d'un léger sillon, séparées par 3 sillons profonds. Graines petites, ovales-cylindracées, grisâtres ou brunâtres, lisses, munies d'un sillon très-étroit du côté interne, et surmontées d'une caroncule sessile, orbiculaire, convexe. Plante glabre.

Cette plante s'étiole et reste stérile lorsqu'elle est attaquée par l'*æcidium euphorbiæ*, qui la couvre d'une poussière rubigineuse. Elle porte les noms vulgaires de *petite ésule*, de *petit cyprès*; sa racine est purgative.

Hab. les bords des champs et des chemins, dans tout le département. ♃ Fl. avril–mai.

20. **E. EXIGUA** *Lin. sp.* 654; *Dec. fl. fr.* 3, *p.* 332; *E. retusa* 5, *p.* 358; *E. rubra* 5, *p.* 359; *Fl. dan. t.* 592; *Lob. ic.* 357, *fig.* 2; *Tabern. ic.* 595, *fig.* 2; *Magn. bot. monsp. p.* 258, *ic.*; *Trag.* 296, *ic.*—Racine blanchâtre, *grèle, pivotante*. Tiges de 5-20 centim., grèles, dressées, ascendantes ou couchées, souvent très-nombreuses, et disposées en touffe; simples ou rameuses dès la base, munies, au-dessous de l'ombelle, de 1-3 rameaux fertiles, non feuillés, glabres, vertes ou rougeâtres, ainsi que les feuilles; celles-ci éparses, sessiles, *linéaires, aiguës ou tronquées mucronulées, entières*, étalées, dressées ou appliquées contre la tige.

Fleurs en ombelle, à 3-5 rayons dichotomes. Feuilles de l'involucre linéaires-lancéolées, à base élargie, cordée; bractées libres, semblables aux feuilles de l'involucre, mais plus petites. Glandes calicinales jaunes, échancrées en croissant, *à cornes allongées*. Capsule petite, glabre, lisse ou finement tuberculeuse, globuleuse, trigone, à coques arrondies sur le dos, séparées par 3 sillons très-prononcés. Graines petites, ovoïdes, subtétragones, *rugueuses-verruqueuses*, grisâtres, puis noirâtres, surmontées d'une caroncule réniforme, convexe.

Hab. les champs cultivés, dans tout le département. ⓣ Fl. mai-septembre.

21. **E. FALCATA** *Lin. sp.* 654; *Dec. fl. fr.* 3, *p.* 331; *E. mucronata Lamk. dict.* 2, *p.* 427; *E. obscura Lois. fl. gall. ed.* 2, *p.* 339, *t.* 29; *Barr. ic. t.* 751-752; *Bocc. sic. t.* 13, *fig.* 1; *Moris. hist. s.* 10, *t.* 2, *fig.* 3. — Racine grêle, pivotante-flexueuse. Tige solitaire, de 1-3 décim., dressée, simple ou rameuse à la base, et munie, au-dessous de l'ombelle, de rameaux fertiles, nombreux, très-étalés, très-rapprochés, nus ou feuillés; verte, puis rougeâtre, glabre, ainsi que le reste de la plante, dénuée de bonne heure. Feuilles *éparses*, sessiles, nombreuses, presque imbriquées, glauques, lancéolées, *longuement rétrécies vers la base*, aiguës ou acuminées, rudes sur les bords, munies de 3 nervures, dont les latérales peu saillantes; les inférieures petites, spatulées, obtuses ou tronquées. Fleurs en ombelle, à 3-5 rayons courts, di-trichotomes, ordinairement très-étalés. Feuilles de l'involucre comme celles de la tige; bractées libres, obliquement ovales, cordées ou tronquées à la base, mucronées, bordées de petites dents cartilagineuses. Glandes calicinales jaunes ou rougeâtres, légèrement échancrées en croissant, *à cornes courtes*. Capsule petite, conoïde-trigone, *lisse*, glabre, à coques *obscurément carénées* sur le dos, séparées par 3 sillons peu profonds. Graines petites, cendrées ou brunâtres, *ovoïdes*, *subtétragones-comprimées*, finement ponctuées et *profondément ridées en travers* sur les faces, dépourvues de caroncule.

Hab. les champs cultivés, dans tout le département. ⓣ Fl. juin-septembre

22. **E. PEPLUS** *Lin. sp.* 658; *Dec. fl. fr.* 3, *p.* 331; *Gærtn. fruct. t.* 107, *fig.* 9; *Moris. hist. s.* 10, *t.* 2, *fig.* 11; *Tabern. ic.* 597, *fig.* 1. — Racine grêle, fibreuse. Tige solitaire de 1-3 décim., dressée, simple ou rameuse, cylindrique, verte, puis rougeâtre, glabre ainsi que le reste de la plante, souvent munie, au-dessous de l'ombelle, de 1-2 rameaux fertiles. Feuilles pétiolées, molles, minces, éparses, *obovales-obtuses ou un peu échancrées*, très-entières; les inférieures plus petites, presque arrondies. Fleurs en ombelle, ordinairement à 3 rayons dichotomes. Feuilles de l'involucre semblables à celles de la tige, mais plus brièvement pétiolées; bractées libres, ovales, sessiles, à base inégale.

Glandes calicinales d'un vert jaunâtre, échancrées en croissant, *à cornes fines, allongées.* Capsule petite, glabre, *lisse*, trigone, à coques séparées par 3 sillons très-prononcés, relevées, sur le dos, *de 2 ailes onduleuses, rapprochées.* Graines petites, d'un gris blanchâtre, oblongues, *presque à 6 faces, marquées, sur les faces internes, de 2 sillons courts, profonds*, et, sur les faces opposées, *de points enfoncés, noirâtres*, disposés par lignes longitudinales, *de 3 sur les deux latérales, et de 4 sur les deux dorsales;* caroncule très-petite, arrondie.

Cette plante est connue sous les noms vulgaires d'*omblette*, de *petit réveille-matin;* son suc est employé contre les verrues.

Hab. les champs cultivés et les jardins, dans tout le département. ① Fl juin-octobre.

23. E. PEPLOIDES *Gouan. fl. monspel.* 174; *Dec. fl. fr.* 5, *p.* 358; *E. rotundifolia Lois. fl. gall. ed.* 2, *p.* 338, *t.* 29. — Cette espèce a de grands rapports avec la précédente, avec laquelle il serait facile de la confondre au premier aspect; mais un examen scrupuleux fournit les caractères qui la font distinguer : sa taille est souvent moins élevée; ses feuilles sont plus arrondies, surtout les inférieures; ses graines plus petites, marquées, sur les faces externes, de 2 trous sur les deux latérales, et de 3 sur les deux dorsales; sa floraison est plus précoce.

Hab. les terrains sablonneux, cultivés, aux environs d'Aigues-Mortes ① Fl. mars-avril.

24. E. BIUMBELLATA *Poir. voy. Barb.* 2, *p.* 174; *Dec. fl. fr.* 5, *p.* 360; *Mut. fl. fr.* 3, *p.* 161, *t.* 61, *fig.* 457; *E. segetalis* v. r. *Dec. fl. fr.* 3, *p.* 335. — Racine dure, rameuse, tortueuse, à souche produisant plusieurs tiges de 3-5 décim., droites, raides, simples à la base, souvent nues et rougeâtres inférieurement, munies, quelquefois, de rameaux fertiles, non feuillés, au-dessous de l'ombelle inférieure. Feuilles *éparses*, nombreuses, linéaires-lancéolées-obtuses, mucronulées, sessiles, entières, à 3 nervures, dont la médiane très-saillante, glabres ainsi que les autres parties de la plante. Fleurs en ombelle, à rayons nombreux, simples ou dichotomes, séparées d'*une deuxième ombelle inférieure* par un entre-nœud allongé, non feuillé. Feuilles de l'involucre inférieur oblongues-lancéolées, mucronées; celles de l'involucre supérieur ovales-lancéolées, mucronées, de moitié plus courtes; bractées libres, réniformes, tronquées à la base, mucronées. Glandes calicinales d'un jaune orangé, échancrées en croissant, à cornes allongées, *claviformes.* Capsule trigone, à coques *arrondies sur le dos* légèrement caréné, *finement ponctuées-verruqueuses*, séparées par 3 sillons profonds, ouverts. Graines cylindracées, *un peu comprimées du côté interne*, grisâtres ou brunâtres, *couvertes de rugosités irrégulières, très-prononcées.* Caroncule grande, brièvement stipitée, échancrée, ridée et relevée en crête

Hab. les bords des champs (à Villeneuve-lez-Avignon, à Aigues-Mortes)?
2¼ Fl. mai-juin.

25. E. SEGETALIS *Lin. sp.* 657; *Dec. fl. fr.* 3, *p.* 335, *var.*
A; *Jacq. austr. t.* 450; *St-Hill. fl. et pom. fr. t.* 189; *Moris. hist.*
s. 10, *t.* 2, *fig.* 3. — Racine simple ou rameuse inférieurement,
tortueuse. Tige solitaire, dressée, simple ou rameuse à la base,
souvent garnie, au-dessous de l'ombelle, de rameaux fertiles,
non feuillés, plus ou moins nombreux. Feuilles linéaires, mucronées, glabres, glauques, *éparses*, sessiles, entières, uninerviées, serrées, réfléchies ; les supérieures plus courtes, élargies
à la base. Fleurs en ombelle, à 5 rayons dichotomes. Feuilles
de l'involucre ovales-lancéolées-obtuses, mucronées ou aiguës ;
bractées libres, entières, arrondies-triangulaires, mucronulées ;
les supérieures concaves. Glandes calicinales d'un beau jaune,
échancrées en croissant, à 2 cornes *fines*, *allongées*. Capsule
glabre, à coques *arrondies sur le dos* muni d'un léger sillon, à
côtés lisses inférieurement et *finement verruqueux à la partie*
supérieure, séparées par 3 sillons, profonds et ouverts. Graines
grisâtres ou brunâtres, *obovales*, *couvertes de petites fossettes*
inégales, *brunes au fond ;* caroncule presque sessile, convexo-
conique, échancrée du côté interne.

Vulgairement, en patois, *verinada.*

Hab. les champs cultivés ; commune dans toute la partie basse du département, rare à Anduze, Alais, St-Ambroix et au Vigan. ① Fl. avril-septembre.

26. E. PINEA *Lin. syst. p.* 376; *Godr. et Gren. fl. fr.* 3,
p. 95; *E. artaudiana Dec. fl. fr.* 5, *p.* 360; *E. cæspitosa Ten. fl.*
napol. 1, *p.* 322, *t.* 143, *fig.* 2; *Riv., sic. man.* 4, *t.* 5; *Barr. ic.*
821. — Racine tortueuse, rameuse, à souche produisant plusieurs
tiges de 2-4 décim., dressées ou ascendantes, raides, cylindriques,
striées, glabres, souvent rougeâtres, dénuées inférieurement,
rameuses à la base et ordinairement munies, au-dessous de l'ombelle, de rameaux fertiles et de stériles. Feuilles sessiles, un peu
coriaces, glauques, *très-rapprochées*, linéaires, mucronées,
entières, uninerviées; les plus inférieures obtuses ou tronquées au
sommet ; les plus supérieures plus courtes et plus larges, mucronées. Fleurs en ombelle à 5-7 rayons ouverts, dichotomes. Feuilles
de l'involucre semblables aux feuilles supérieures ; bractées
libres, réniformes, cordées à la base, concaves, très-entières,
mucronulées; glandes calicinales jaune verdâtre, échancrées en
croissant, à cornes *sétacées*. Capsule glabre, trigone, à coques
arrondies sur le dos muni d'un léger sillon, à côtés lisses inférieurement et *finement verruqueux à la partie supérieure*, séparées par 3 sillons profonds et ouverts. Graines grisâtres, obovales
couvertes de *petites fossettes inégales, brunes au fond ;* caroncule presque sessile, convexo-conique, échancrée du côté
interne.

Hab. les bords du Rhône, à Fourques, et probablement dans les sables voisins. ♃ Fl. avril-mai.

27. E. PORTLANDICA *Lin. sp.* 655; *Godr. et Gren. fl. fr. 3, p.* 96; *Engl. bot. t.* 441; *Ray. syn. t.* 24, *fig.* 6; *Barr. ic.* 824. — Racine pivotante, tortueuse, rameuse à l'extrémité, à souche produisant plusieurs tiges de 1-2 décim., glabres ainsi que le reste de la plante, dressées et ascendantes, ligneuses et dénuées à la base, marquées des cicatrices rapprochées et saillantes des feuilles tombées, rameuses un peu au-dessus de la base, rougeâtre dans sa vieillesse. Feuilles glauques, un peu épaisses, éparses, *serrées*, obovales-oblongues, arrondies et mucronulées au sommet; les inférieures plus serrées, plus étroites, aiguës. Fleurs en ombelle à 5 rayons courts, inégaux, bifides. Feuilles de l'involucre semblables aux feuilles supérieures de la tige; bractées libres, arrondies-cordiformes, entières, mucronées. Glandes calicinales jaunâtres, échancrées en croissant, *à cornes allongées*. Capsule glabre, à coques arrondies sur le dos muni d'un léger sillon étroit, à côtés lisses inférieurement et *finement verruqueux à la partie supérieure*, séparées par 3 sillons profonds et ouverts. Graines grisâtres, *oroïdes-subcylindriques*, *couvertes de petites fossettes inégales*, *brunes au fond;* caroncule presque sessile, convexo-conique, échancrée du côté interne.

Hab. les bords des champs, aux environs de St-Jean-du-Gard, à Anduze, à la fontaine de Mme d'Anduze (Lecoq et Lamotte), et probablement aux environs d'Aigues-Mortes. ♃ Fl. mai-juillet.

28. E. AMYGDALOIDES *Lin. sp.* 662 (*non Lamk.*); *E. sylvatica Jacq. austr.* 4, *p.* 39, *t.* 375; *Dec. fl. fr.* 3, *p.* 339; *Col. ecphr.* 2, *p.* 57, *ic.; Barr. ic.* 829, 830; *Moris. hist. s.* 10, *t.* 1, *fig.* 3. — Racine rameuse, à souche subligneuse, produisant plusieurs tiges de 3-6 décim., presque ligneuses à la base, dressées ou ascendantes, souvent rougeâtres à la base, nues par la chute des feuilles dont il ne reste que les cicatrices saillantes, glabres ou plus ou moins velues ainsi que les feuilles, munies au-dessous de l'ombelle de nombreux rameaux courts, fertiles, non feuillés. Feuilles inférieures et celles des tiges stériles un peu fermes, souvent rougeâtres, obovales-oblongues-obtuses, mucronulées, entières, rétrécies en pétiole, rapprochées en rosette au sommet des tiges stériles et au-dessus de la base des tiges fertiles; les supérieures obovales, sessiles, molles, d'un vert jaunâtre, plus petites, plus espacées. Fleurs en ombelle à 5-8 rayons dichotomes. Feuilles de l'involucre obovales, élargies au sommet, quelques-unes échancrées; bractées suborbiculaires-réniformes, soudées à la base dans la plus grande partie de leur largeur, formant un plateau orbiculaire perfolié. Glandes calicinales jaunâtres ou rarement d'un rouge brun, échancrées en croissant, à 2 cornes *aiguës*. Capsule *glabre*, couverte de petits points blancs, à coques arrondies sur le dos muni d'un sillon, séparées par 3 sillons profonds et ouverts. Graines ovales-arrondies, *lisses*, noirâtres à la maturité ; caroncule orbiculaire, convexo-conique.

L'écorce de la racine de cette plante est émétique et purgative.

Hab. les bois, dans tout le département. 2 Fl. avril-juin.

29. E. CHARACIAS *Lin. sp.* 662 ; *Dec. fl. fr.* 3, *p.* 310 ; *Jacq. rar.* 1, *t.* 89 ; *Clus. hist.* 2, *p.* 188, *fig.* 1 ; *Math. comm. (valgr.), p.* 1250, *ic.* — Racine épaisse, dure, profonde, rameuse, à souche produisant des tiges fertiles et des tiges stériles réunies en bouquet ; les premières hautes de 3-8 décim., ligneuses et nues à la base, où sont marquées les cicatrices des anciennes feuilles, dressées, très-robustes, plus ou moins pubescentes, ordinairement simples et munies au-dessous de l'ombelle de rameaux courts, nombreux, fertiles, non feuillés ; les tiges stériles plus courtes et plus feuillées. Feuilles éparses, nombreuses, linéaires-lancéolées, entières, mucronées, fermes, persistantes, d'un vert foncé et pubescentes en dessus, blanchâtres et un peu tomenteuses en dessous, rétrécies vers leur base. Fleurs en ombelle à rayons nombreux, pubescents, bifides. Feuilles de l'involucre oblongues, mucronulées ; bractées verdâtres, arrondies, soudées à la base jusqu'au milieu de leur largeur en forme de cuvette. Glandes calicinales d'un brun rougeâtre, échancrées presque en croissant, à cornes *courtes et épaisses*. Capsule assez grosse, *velue* et ponctuée, à coques arrondies sur le dos, séparées par 3 sillons profonds. Graines ovales-oblongues, blanchâtres, puis brunes, lisses, luisantes ; caroncule stipitée, convexo-conique, échancrée du côté interne.

Cette plante porte le nom vulgaire patois de *lachusele*. Dans les environs du Vigan, on s'en sert, après l'avoir arrachée et fait sécher, pour faire monter les vers à soie.

Hab. les collines arides et les lieux pierreux, dans tout le département. ♭ Fl. avril-juin.

30. E. LATHYRIS *Lin. sp.* 655 ; *Dec. fl. fr.* 3, *p.* 333 ; *Blackw. t.* 123 ; *Math. comm. valgr.), 1259, ic. ; Lob. ic.* 362, *fig.* 1. — Racine pivotante ou rameuse. Tige solitaire, de 4-8 décim., raide, robuste, dressée, simple, fistuleuse, glauque, pulvérulente, ainsi que la face inférieure des feuilles, violacée à la base. Feuilles nombreuses, oblongues-linéaires ou oblongues-lancéolées-obtuses, mucronées, entières, glabres, vertes, luisantes en dessus ; les supérieures embrassantes, étalées ; les inférieures sessiles, réfléchies, toutes opposées et disposées sur 4 rangées longitudinales. Fleurs en ombelle très-grande, à 4 rayons allongés, inégaux, dichotomes. Feuilles de l'involucre semblables aux feuilles caulinaires supérieures, mais un peu plus larges ; bractées non soudées, largement ovales-oblongues-aiguës, obliquement subcordiformes à la base. Glandes calicinales échancrées, à 2 cornes

courtes, dilatées, obtuses. Capsule très-grosse, lisse, à coques
arrondies et sillonnées sur le dos, ridées par la dessication, séparées par 3 sillons profonds et ouverts. Graines grosses, obovales,
tronquées à la base, d'un brun mat, réticulées-rugueuses; caroncule stipitée, orbiculaire, convexo-conique, échancrée du côté
interne et du côté externe.

Cette plante porte les noms vulgaires d'*épurge*, de *catapuce*; en patois,
cacapuce. Ses graines et ses feuilles sont un émétique et un purgatif violents
et dangereux; les paysans en font usage, sans connaître le danger auquel
ils s'exposent. La graine donne une huile bonne à brûler, dite *huile d'euphorbe*; ses fruits et ses feuilles, jetés à l'eau, enivrent les poissons, qui
montent à la surface sans mouvement.

Hab. les lieux cultivés, dans le voisinage des habitations. à Cabrières, à
Lédenou, au Vigan, à Alzon. ⚀ Fl. mai–juillet.

2ᵉ gʳᵉ. MERCURIALE. — MERCURIALIS. (Tournef. inst. 308.)

Fleurs dioïques ou rarement monoïques. Calice à 3 sépales,
rarement à 4, soudés à la base, non imbriqués dans le bouton.
Corolle nulle. *Fleurs mâles* à 8-12 étamines, quelquefois plus, à
filets libres, assez longs; anthères à 2 lobes distincts, étalés,
presque globuleux. *Fleurs femelles* à 2-3 filets stériles, appliqués
contre l'ovaire; styles 2, rarement 3. Capsule ordinairement à 2
coques *monospermes*, s'ouvrant avec élasticité à la maturité, laissant persister l'axe de séparation. Graines ovoïdes-globuleuses,
rugueuses, munies d'une caroncule. Plantes herbacées, à feuilles
opposées, munies de très-petites stipules.

1. { Tige rameuse, feuilles lisses; plante annuelle........ ANNUA.
   { Tige simple: feuilles rudes: plante vivace.......... PEREMNIS.

1. **M. PEREMNIS** *Lin. sp.* 1465; *Dec. fl. fr.* 3, *p.* 328; *Fl.
dan. t.* 400; *Fuchs. hist. p.* 444, *ic. fœmina; J. Bauh. hist.* 2,
p. 979, *ic.* — Souche *longuement traçante*, à fibres allongées.
radicales à ses nœuds. Tiges de 2-3 décim., grêles, *simples*,
dressées, longuement nues inférieurement, glabres ou pubescentes, fistuleuses. Feuilles opposées, brièvement pétiolées, assez
largement ovales-lancéolées-aiguës, dentées, glabres ou velues,
rudes, d'un *vert sombre*, occupant le sommet de la tige, la paire
inférieure distante et plus petite; stipules membraneuses. Fleurs
verdâtres: les mâles en glomérules petits, sessiles, lâchement
disposés en épi sur un pédoncule grêle, axillaire; les femelles
1-2, au sommet d'un pédoncule axillaire, *allongé*. Capsule *pubescente*, assez grosse. Graines globuleuses, grisâtres, rugueuses.

Cette plante, connue sous les noms vulgaires de *chou de chien*, de *mercuriale sauvage*, de *mercuriale de montagne*, est purgative, mais suspecte. Elle
est nuisible aux moutons; les chèvres la mangent impunément.

Hab. les bois et les lieux ombragés, au Vigan, à l'Espérou, à Alzon, à
Bouquet, à Anduze, à Valbonne. ♃ Fl. avril–mai.

2. **M. ANNUA** *Lin. sp.* 1465; *Dec. fl. fr.* 3, *p.* 328; *Lamk.*

ill. t. 820; *Math. comm. (valgr.),* 1297, 1298, *ic.; Dod. pempt.* 658, *fig.* 1, 2. — Racine pivotante ou rameuse, blanchâtre, devenant rouge-violacée par la dessication. Tige de 1-4 décim., glabre, lisse, anguleuse, dressée, renflée aux articulations, *herbacée,* très-feuillée, *très-rameuse* dès la base, qui est souvent rougeâtre; à rameaux opposés, étalés-dressés. Feuilles brièvement pétiolées, glabres, lisses, *d'un vert pâle,* ovales-lancéolées-obtuses, dentées; à dents obtuses, un peu ciliées; stipules membraneuses. Fleurs verdâtres : les mâles en glomérules espacés ou rapprochés, disposés en épis grêles, axillaires, longuement pédonculés, dépassant les feuilles; les femelles solitaires, géminées ou ternées, *brièvement et inégalement pédonculées,* axillaires. Capsule *hispide,* à 2 coques. Graines brunes, subglobuleuses, rugueuses.

Cette plante, connue sous les noms vulgaires de *foirolle,* de *vignoble,* de *vignette,* en patois d'*herba cagarela,* est émolliente et laxative. On fait de l'encre rouge avec les fibres épaisses de la racine.

Hab. les champs cultivés, dans tout le département. ① Fl. mai-décembre.

3ᵉ gʳᵉ. TOURNESOL. — CROZOPHORA. (Neck. élém. Nᵒ 1127.)

Fleurs monoïques : les *mâles* présentant un calice à 5 divisions non imbriquées dans le bouton, une corolle à 5 pétales tordus, 5-8-10 étamines fasciculées, *soudées à leur base;* anthères placées un peu au-dessous du sommet du filet ; — les *femelles* présentant un calice à 10 divisions linéaires, sans corolle; styles 3, bifides. Capsule à 3 coques *monospermes.*

1. **C. TINCTORIA** *Juss. in spreng. syst.* 3, *p.* 850; *Godr. et Gren. fl. fr.* 3, *p.* 101; *Croton tinctorium Lin. sp.* 1425; *Dec. fl. fr.* 3, *p.* 347; *Lamk. ill. t.* 790, *fig.* 4; *Dod. pempt.* 71, *fig.* 1; *Clus. hist.* 2, *p.* 47, *fig.* 2. — Racine dure, pivotante, sinueuse. Tige de 1-4 décim., dressée, rameuse supérieurement, à rameaux très-étalés, étoilées-cotonneuse, blanchâtre ainsi que les feuilles; celles-ci à pétiole long, cotonneux, ovales-rhomboïdales, sinuées, entières à la base, nerviées, portant sur la face inférieure, et un peu en dessous du bord supérieur, 2-6 glandes cupuliformes, distantes. Fleurs mâles supérieures, brièvement pédicellées, disposées en grappe courte, dressée, assez serrée; sépales linéaires-lancéolés; pétales jaunes, linéaires. Fleurs femelles inférieures, 1-3 sur un pédoncule simple ou à 2-3 pédicelles, arqués en dehors après la fécondation; styles jaunes, étalés. Capsule grosse, d'un brun violet à la maturité, à 3 coques arrondies sur le dos, couvertes de tubercules saillants, blanchâtres au sommet. Graines grisâtres, rugueuses, grosses, obovales, tronquées à la base, aiguës-trigones au sommet.

Cette plante porte les noms vulgaires de *maurelle,* d'*herbe de Clytie.* C'est d'elle qu'au Grand-Gallargues on retire le *tournesol en drapeau,* employé pour colorer les vins pâles, teindre en bleu les grosses toiles, et principalement le papier à sucre.

Hab. les champs cultivés, dans toute la plaine du département, et les bords du Gardon, à Alais et Anduze. ① Fl. juin-octobre.

4ᵉ gʳᵉ. **BUIS. — BUXUS.** (Tournef. inst. 345.)

Fleurs monoïques, agglomérées. Calice à 4 sépales inégaux, opposés par paires, muni de bractées. Corolle nulle. Fleurs mâles à 4 étamines libres. Fleurs femelles à 3 styles libres, courts, épais, persistants, canaliculés à la face interne. Capsule coriace, oblongue-subglobuleuse, couronnée *par 3 pointes*, s'ouvrant en 3 valves bispermes, portant chacune à leur sommet 2 pointes qui résultent de la moitié des styles entraînés par la déhiscence; chaque valve renfermant 2 *coques coriaces*, soudées à la base, donnant chacune issue, par une fente longitudinale et interne, *à une graine* oblongue, trigone, noire, luisante. Arbrisseau à feuilles persistantes, opposées, à fleurs axillaires, en glomérules.

1. **B. sempervirens** *Lin. sp.* 1394; *Dec. fl. fr.* 3, *p.* 345; *Math. comm. (valg.),* 190, *ic.; Dod. pempt.* 782, *fig.* 1; *Camer. epit.* 101, *ic.*—Arbrisseau de 3 décim. à 3 mètres, à écorce brune ou roussâtre, à bois dur, jaunâtre, à tige dressée, souvent tortueuse, très-rameuse, à rameaux opposés, tétragones par la décurrence des pétioles. Feuilles brièvement pétiolées, ovales-oblongues, souvent un peu échancrées au sommet, très-entières, nombreuses et rapprochées, luisantes, coriaces, épaisses, un peu pâles en dessous, odorantes par le froissement, d'une saveur très-amère. Fleurs jaunâtres, petites, en glomérules globuleux, axillaires. Étamines saillantes; anthères sagittées. Capsule assez grosse, luisante, dure, verte, puis jaunâtre.

Cet arbrisseau, connu vulgairement sous les noms de *bois bénit*, en patois *boui*, est employé pour faire des bordures dans les parterres. Son bois sert aux tourneurs, aux tabletiers, aux graveurs, aux luthiers, etc. Ses feuilles, réduites en poudre, sont un violent purgatif et sont sudorifiques en décoction, ainsi que son bois et l'écorce de ses racines. Ses feuilles remplacent le houblon, dans la confection de la bière. Elles servent de litière aux bestiaux et deviennent un très-bon engrais.

Hab. les coteaux arides, dans tout le département. ♄ Fl. mars-mai.

On cultive, dans les champs, le *ricinus communis Lin. sp.*, connu sous les noms vulgaires de *ricin*, de *palma-Christi;* en patois, *cacapuce.* Cette plante, originaire de la Barbarie et de l'Orient, est un arbre dans son pays natal, tandis que, dans nos champs et nos jardins, elle n'est qu'une plante herbacée et annuelle, remarquable par sa tige glauque, robuste; par ses feuilles très-amples, palmées; par ses fleurs en grappes, dont les mâles occupent la partie inférieure; par ses capsules grosses, hérissées d'épines; et par ses graines grosses, presque ovales, convexes d'un côté, ombiliquées au sommet, luisantes, souvent marbrées. L'huile de ricin, que l'on retire des graines, est un purgatif très-usité et en même temps un excellent vermifuge; les feuilles sont émollientes, adoucissantes à l'extérieur.

LXXXXIXᵉ Fᴀᴍ. **MORÉES**.

Moreæ. (Endlich. prod. fl. norf. 40.)

Fleurs unisexuelles, ordinairement monoïques, quelquefois renfermées dans un réceptacle commun, charnu, creux, avec une petite ouverture au sommet. — Fleurs mâles : calice à 3-4 sépales, plus ou moins soudés à la base, imbriqués dans le bouton; étamines 3-4, opposées aux sépales, insérées au fond du calice, à filets filiformes, subulés, quelquefois rugueux transversalement, repliés en dedans, puis étalés, un peu plus longs que les sépales; anthères bilobées, à déhiscence *longitudinale*. — Fleurs femelles : calice marcescent, charnu à la maturité, à 4-5 sépales plus ou moins soudés à la base; ovaire libre, uniloculaire, monosperme ou rarement à 2 loges, dont une plus petite, stérile; styles 2, presque libres ou longuement soudés, stigmatifères à la face interne. Fruits (akènes ou drupes) uniloculaires, monospermes, indéhiscents, entourés par le calice marcescent ou charnu-succulent, libres ou soudés en un fruit unique, ou renfermés en grand nombre dans un réceptacle accru et devenu charnu. Graine suspendue, remplissant le péricarpe, à test ordinairement crustacé. Embryon courbé. Arbre à suc lactescent, à feuilles alternes, à stipules libres, caduques.

1. { Fleurs en chatons unisexuels : styles 2, filiformes. 1ᵉʳ gʳᵉ. **MORUS**.
{ Fleurs renfermées dans un réceptacle charnu, creux, pyriforme : style 1, bifide au sommet.... 2ᵉ gʳᵉ. **FICUS**.

1ᵉʳ gʳᵉ. MURIER.—MORUS. (Tournef. inst. 589. t. 362.)

Fleurs monoïques, *en chatons unisexuels*. — Fleurs *mâles :* calice à 4 sépales ovales, concaves, étalés à la floraison; étamines 4, opposées aux sépales, à filets filiformes subulés, rugueux en travers. — Fleurs *femelles :* calice à 4 sépales ovales, concaves, libres, dressés, opposés par paires; les extérieurs plus grands. Ovaire biloculaire, à loges inégales; styles 2, filiformes, allongés. Fruit à 2 loges monospermes, dont une plus petite, stérile, à péricarpe membraneux ou un peu charnu, couvert par le calice persistant, succulent. Graines petites, rousses.

1. { Feuilles minces, presque lisses : fruit blanc, rosé ou noir, à saveur douce, fade.................................... **ALBA**.
{ Feuilles un peu épaisses, rudes : fruit d'un pourpre noirâtre, à saveur douce, acidule........................ **NIGRA**.

1. **M. ALBA** *Lin. sp.* 1398; *Dec. fl. fr.* 3, *p.* 321; *Lamk. ill. t.* 762, *fig.* 2; *Lob. ic.* 2, *t.* 196, *fig.* 2; *Dod. pempt.* 810, *fig.* 2. — Arbre de moyenne grandeur, à écorce gercée, épaisse, rude, grisâtre, à branches longues, très-ouvertes, formant une tête touffue. Feuilles obliquement en cœur, simples ou lobées, minces,

lisses ou presque lisses, d'un vert luisant en dessus, inégalement dentées en scie. Fleurs mâles en chatons plus longs que les pédoncules, axillaires, caducs ; fleurs femelles en chatons ovales ou arrondis, *presque de la longueur des pédoncules*, caducs à la maturité. Sépales *glabres aux bords*. Stigmates glabres, papilleux. Fruits blancs, roses ou noirâtres à la maturité, réunis en têtes ovales ou arrondies par la soudure des calices, devenus charnus-succulents ; saveur douce, fade.

Le mûrier est connu sous le nom patois d'*amourié* ; ses feuilles servent de nourriture aux vers à soie ; on les donne aussi aux moutons, en automne et en hiver. Son fruit, nommé mûre, fournit un sirop rafraîchissant ; son bois est employé par les tonneliers et les tourneurs.

Hab., originaire de l'Orient, cultivé, dans tout le département. ♄ Fl. mai : fr. juillet-août.

2. **M. NIGRA** *Lin. sp.* 1398 ; *Dec. fl. fr.* 3, *p.* 320 ; *Lamk. ill. t.* 762, *fig.* 1 ; *Lob. ic.* 2, *t.* 196, *fig.* 1 ; *Dod. pempt.* 810, *fig.* 1. — Cette espèce diffère de la précédente : par sa taille, ordinairement plus élevée ; par ses feuilles, un peu épaisses et raides, profondément cordées à la base, pubescentes-rudes, d'un vert foncé ; par ses chatons femelles, *presque sessiles ou beaucoup plus longs que les pédoncules ;* par ses sépales, *hérissés aux bords ;* par ses stigmates, *hérissés ;* par ses fruits, plus gros et plus pulpeux, d'un pourpre noir, d'une saveur douce-acidulée, comestibles.

Le fruit de cet arbre est connu sous le nom vulgaire patois *d'amoura de présen* ; il est rafraîchissant et est employé pour faire des ratafias et des confitures.

Hab., originaire d'Asie, cultivé çà et là, dans tout le département. ♄ Fl. mai : fr. juillet-août.

Le *mûrier à papier, broussonetia papyrifera Duham.*, est souvent planté dans les parcs et les avenues ; il est originaire du Japon. On le reconnaît à ses feuilles ovales-suborbiculaires, simples, bi ou trilobées, rudes en dessus, un peu velues en dessous, molles : à ses fleurs dioïques sur 2 pieds différents ; les mâles en chatons cylindriques, pédonculés ; les femelles en chatons globuleux, charnus-gélatineux, assez gros. Avec son écorce, à Taïti, on fait de jolis chapeaux ; on en fait aussi du papier. Les Japonais en préparent un tissu pour faire des vêtements.

2° gᵣ°. **FIGUIER. — FICUS.** (Tournef. inst. 662, t. 420.)

Fleurs monoïques, pédicellées, renfermées, en grand nombre, *dans un réceptacle commun*, globuleux ou pyriforme, charnu, creux à l'intérieur, ombiliqué et étroitement perforé au sommet ; les supérieures mâles, les inférieures femelles. Fleurs mâles : calice à 3 sépales membraneux, lancéolés, soudés inférieurement. Étamines 3, à filets capillaires, opposés aux sépales. Fleurs femelles : calice à 5 sépales lancéolés, soudés à la base en un tube prolongé sur le pédicelle. Ovaire obliquement stipité, uniloculaire ; style filiforme, un peu latéral, bifurqué au sommet.

Akènes très-petits, très-nombreux, pariétaux, à test dur et fragile.

1. **F. carica** *Lin. sp.* 1513; *Dec. fl. fr.* 3 , *p.* 318; *Lamk. ill. t.* 861; *Dod. pempt.* 812, *fig.* 1; *Math. comm. (valg.), p.* 288, *ic.* — Arbre ou arbrisseau à bois tendre, à écorce unie, grise, à rameaux nombreux, étalés, moelleux. Feuilles amples, fermes, épaisses, pubescentes-rudes en dessus, garnies, en dessous, de poils un peu raides, à 3 ou 7 lobes obtus, lobés, sinués ou dentés. Fruits *(figues)* gros, pyriformes, ovales ou arrondis, glabres; ceux des individus sauvages sont stériles, puisqu'ils ne renferment que des fleurs mâles.

Cet arbre, cultivé dans la plus grande partie du département, sous un nombre considérable de variétés, nous produit des figues sucrées, succulentes, qui diffèrent par la grosseur, la forme, la couleur et l'époque de leur maturité. Desséchées, elles fournissent une branche de commerce assez étendue : elles sont employées, par la médecine, comme émollient, adoucissant et béchique. Le lait qui découle des feuilles et de l'écorce est caustique.

Hab. les fentes des rochers, aux bords du Gardon, depuis Alais jusqu'au pont du Gard, à Anduze, à St-Ambroix, contre l'amphithéâtre de Nîmes. ♄ Fl. juillet-août.

Ce Fam. **CELTIDÉES**

Celtideæ. (Endl. gen. 276 : Duby, bot. 421.)

Fleurs hermaphrodites, polygames ou monoïques, solitaires ou en grappes axillaires. Calice campanulé, persistant, à 5 sépales soudés à la base, imbriqués, puis étalés. Étamines 5, libres, insérées à la base du calice et opposées aux sépales, à filets courts, courbés au sommet, puis redressés; anthères bilobées, à déhiscence longitudinale. Ovaire uniloculaire, monosperme. Stigmate 2, au sommet de l'ovaire, allongés-subulés, arqués-divergents, entiers ou bifides, pubescents-glanduleux. Fruit *drupe*\ globuleux, peu charnu. Graine suspendue, courbée, osseuse. Embryon courbé. Cotylédons plissés. Arbres à feuilles alternes, simples, à stipules longues, linéaires, caduques.

1ᵉʳ gʳᵉ. MICOCOULIER. — CELTIS. (Tournef. inst. 612, t 383.)

Caractères de la famille.

1. **C. australis** *Lin. sp.* 1478; *Dec. fl. fr.* 3, *p.* 315; *Lamk. ill. t.* 844, *fig.* 1 ; *Duham. arb.* 2ᵉ *ed.* 2, *t.* 8 ; *Dod. pempt.* 847, *ic.* ; *Math. comm. (valgr.),* 255, *ic.* — Arbre de 10-15 mètres, à écorce grisâtre, unie, à rameaux nombreux, allongés, flexibles, pubescents au sommet, à feuilles pétiolées, oblongues-lancéolées, acuminées, dentées en scie, inégales à la base, rudes en dessus,

pubescentes et nerviées en dessous. Drupe noir à la maturité, de la grosseur d'un pois, à pédoncules pubescents, allongés; saveur douce.

Cet arbre est connu sous les noms vulgaires de *falabreguier*, de *bélico-quier*; on l'élève, à Sauve, pour en faire des fourches, des manches de fouet, des baguettes de fusil. Les feuilles servent à nourrir les moutons et les chèvres; les enfants mangent le fruit.

Hab. contre les rochers, aux bords du Gardon, à Alais, Anduze, Saint-Ambroix, au Vigan, à Sauve, à St-Hippolyte-du-Fort, etc.; il est souvent planté dans les avenues. ♄ Fl. avril; fr. août-octobre.

CI^e Fam. **ULMACÉES.**

ULMACEÆ. (Mirbel, elem. 905.)

Fleurs hermaphrodites, rarement polygames. Calice campanulé, marcescent, à 5 lobes dressés, égaux, soudés, plus rarement à 4-8, imbriqués avant l'épanouissement. Étamines 5, rarement 4-8, insérées à la base du calice et opposées à ses lobes, à filets libres, filiformes; anthères bilobées, à lobes s'ouvrant longitudinalement. Ovaire libre, à 2 loges monospermes, dont une stérile par avortement. Styles 2, divergents. Fruit (*samare*) sec, comprimé, coriace, lisse ou rugueux, entouré d'une aile très-large, membraneuse, à une loge et à une graine par avortement. Graine suspendue, à test membraneux. Périsperme nul. Embryon droit. Cotylédons larges, plans. Arbres à feuilles simples, alternes, à stipules caduques, à fleurs fasciculées, axillaires, paraissant avant les feuilles.

1er g^re. ORME ou ORMEAU. — ULMUS. (Lin. gen. 316.)

Fleurs hermaphrodites. Styles stigmatifères, à la face interne, dans toute leur longueur. Fruit indéhiscent. Les autres caractères sont ceux de la famille.

1. { Fruits presque sessiles, glabres.................... 2.
   { Fruits longuement pédicellés, velus-ciliés aux bords. EFFUSA.

2. { Graine placée ras de l'échancrure du fruit; feuilles
   {   petites, rarement un peu acuminées............ CAMPESTRIS.
   { Graine placée un peu au-dessous de l'échancrure du
   {   fruit; feuilles amples, brusquement acuminées... MONTANA.

1. **U. CAMPESTRIS** *Smith. engl. fl.* 2, *p.* 20; *Codr. et Gren. fl. fr.* 3, *p.* 105; *Lin. sp.* 327 *(en part.); Dec. fl. fr.* 3, *p.* 315 *(en part.).* — Arbre élevé, à tronc droit ou sinueux, à écorce brune, crevassée, rude, lisse et cendrée dans les jeunes sujets; à rameaux étalés-dressés, distiques, souvent très-rapprochés, ordinairement pubescents. Feuilles petites, brièvement pétiolées, âpres au toucher, pubescentes aux bords des nervures, *ovales-aiguës ou un peu acuminées*, quelquefois suborbiculaires, inégales à la base,

souvent cordées, doublement dentées, à dents obtuses ; stipules lancéolées, membraneuses, dépassant le pétiole. Fleurs rougeâtres, agglomérées le long des rameaux, à pédicelles courts, articulés un peu au-dessous de leur milieu, paraissant avant les feuilles. Étamines 4. Fruit obovale ou arrondi, atténué à la base, entouré d'une membrane large, *glabre*, veinée, blanchâtre. Graine placée *ras de l'échancrure* profonde du fruit.

VAR. A, *Nuda Koch*, *sym.* 637. Écorce des rameaux lisse. *U. glabra Engel. bot. t.* 2161.

VAR. B, *Suberosa Koch*, *l. c.* Écorce des rameaux ailée-subéreuse. *U. suberosa Engl. bot. t.* 2161.

Cet arbre est connu sous le nom vulgaire patois d'*oume*. Son bois, qui est très-dur, est employé utilement dans le charronnage ; son suc est vulnéraire et astringent ; ses feuilles sont bonnes pour les bestiaux. Les enfants mangent ses fruits.

Hab. les bords des champs et des fossés, dans tout le département. ♄ Fl. mars-avril.

2. **U. MONTANA** *Smith. engl. fl.* 2, *p.* 22, *et Engl. bot. t.* 1887; *Godr. et Gren. fl. fr.* 3, *p.* 106; *Lamk. ill. t.* 185; *Ul. pyrenaica Lap. fl. pyr. suppl. p.* 154. — Cet arbre diffère du précédent : par ses feuilles, 2-3 fois aussi grandes, très-peu pubescentes aux bords des nervures, ovales-oblongues, souvent élargies supérieurement, brusquement accuminées en pointe longue dentée en scie, comme le reste de la feuille, à dents d'autant plus larges et profondes qu'elles sont plus supérieures; par ses étamines, au nombre de 5-6; par ses samares, plus grandes ; par la position de la graine, *écartée de la base de l'échancrure*. Mêmes propriétés.

Hab. les bois, les bords des ruisseaux, à l'Espérou, à Dourbie, à Lanuéjols, et toute la partie élevée du département. ♄ Fl. mars-avril.

3. **U. EFFUSA** *Willd. prodr. fl. berol. n°* 296, *et sp.* 1, *p.* 1325; *Dec. fl. fr.* 3, *p.* 316; *U. octendra, Schk. handb.* 178, *t.* 57. — Cette espèce diffère des deux précédentes : par ses feuilles, moins raides, mollement pubescentes en dessous, plus longuement acuminées que celles du n° 1 et plus brièvement que celles du n° 2 ; par ses fleurs, *pendantes*, *longuement pédicellées*, à pédicelles inégaux, filiformes, articulés vers le sommet; par ses étamines, au nombre de 8 ; par ses samares, plus petites, *bordées de longs cils mous, très-rapprochés;* la position de sa graine comme dans le n° 2.

Hab., planté çà et là, aux bords des routes, des promenades et des bosquets, mêlé avec les deux autres espèces. ♄ Fl. mars-avril.

CII^e FAM. **URTICÉES.**

URTICEÆ. (Dec. fl. fr. 3, p. 317, en partie.)

Fleurs polygames, monoïques ou dioïques. — Fleurs mâles et hermaphrodites à 4-5 sépales, peu inégaux, concaves, libres ou soudés, imbriqués dans le bouton. Étamines 4-5, opposées aux sépales. Filets filiformes, repliés en dedans avant l'épanouissement, puis s'étalant avec élasticité. Anthères bilobées, à lobes souvent séparées au sommet et à la base, à déhiscence longitudinale. Ovaire complet dans les fleurs hermaphrodites, nul ou rudimentaire dans les fleurs mâles. Fleurs femelles à calice persistant, à 4 sépales très-inégaux, libres; les deux extérieurs très-petits, quelquefois avortés ou tubuleux, quadridentés; ovaire libre, uniloculaire, monosperme. Style très-court ou nul; stigmate ordinairement multifide, rarement simple. Fruit (akène) sec, petit, uniloculaire, monosperme, indéhiscent, renfermé dans le calice. Graine dressée, à test membraneux, ordinairement soudé avec le péricarpe: périsperme charnu. Embryon droit; cotylédons plans, ovales ou arrondis. Plantes annuelles ou vivaces, herbacées, succulentes, hérissées de poils piquants, ou pubescentes à feuilles alternes ou opposées, dentées ou entières, à stipules petites, à fleurs verdâtres, en gloméroles ou en grappes axillaires.

1. { Calice de la fleur femelle à 4 sépales libres, très-inégaux; feuilles dentées: plante hérissée de poils piquants............ 1er g^{re}. **URTICA**.
Calice de la fleur femelle à 4 dents: feuilles entières; plante pubescente........ .. 2e g^{re}. **PARIETARIA**.

1er g^{re} ORTIE. — URTICA. (Tournef. inst. p. 544, t. 308.)

Fleurs monoïques, rarement dioïques. Fleurs mâles à calice à 4 sépales, presque égaux, soudés à la base, étalés à la floraison. Étamines 4-5. Fleurs femelles à calice à 4 sépales dressés, opposés en croix; les extérieurs très-petits, quelquefois avortés; les intérieurs persistants, renfermant l'akène, s'accroissant et devenant parfois charnus-succulents. Akène oblong, comprimé, atténué au sommet, ordinairement lisse, luisant. Plantes herbacées, hérissées de poils raides, qui sécrètent une humeur caustique, irritante; à feuilles opposées.

1. { Fleurs en grappes simples................. 2.
Fleurs en grappes rameuses ou agglomérées en globule........................... 3.

2. { 4 stipules aux verticilles: grappes de fleurs ordinairement plus courtes que les pétioles..... URENS.
2 stipules aux verticilles: grappes de fleurs mâles égalant ou dépassant les pétioles........... MEMBRANACEA.

3. { Fleurs femelles agglomérées en globule : plante
      annuelle.............................. PILULIFERA.
    { Fleurs en grappes rameuses : plante vivace..... DIOICA.

1. U. URENS *Lin. sp.* 1396 ; *Dec. fl. fr.* 3, *p.* 323 ; *Fl. dan.*
t. 739 ; *Math. comm. (valgr.) p.* 1127 ; *Fusch. hist. p.* 108, *ic.* —
Racine blanchâtre, rameuse. Tige de 2-5 décim., dressée ou
étalée, rameuse dès la base. Feuilles petites, ovales-oblongues,
profondément dentées en scie, à 3 nervures, à limbe plus long
que le pétiole. *Stipules* 4, à la base des verticilles. Grappes
de fleurs petites, géminées, sessiles, axillaires, dressées ou étalées,
ordinairement plus courtes que les pétioles, composées de *fleurs*
mâles et du plus grand nombre de fleurs femelles. Akènes fauves,
couverts de très-petits points plus foncés.

Cette plante porte les noms vulgaires d'*ortie grièche*, de *petite ortie :* en
patois, d'*ourtiga menuda.* Sa racine est astringente et diurétique : la plante
entière a été employée contre le choléra en produisant l'urtication. Ses
feuilles, hachées, se donnent aux dindonneaux.

Hab. les décombres et le long des murs, dans tout le département. (1) Fl.
mai-novembre.

2. U. MEMBRANACEA *Poir. dict.* 4, *p.* 638 ; *Dec. fl. fr.* 5,
p. 355 ; *U. caudata Brot. fl. lusit.* 2, *t.* 151. — Racine grêle.
Tige de 3-6 décim., faible, dressée, rameuse, garnie de poils
peu abondants. Feuilles très-minces, *ovales-aiguës,* profondément dentées en scie, à limbe de la longueur du pétiole ou plus
long que lui ; *stipules* 2, à la base des verticilles. Grappes de
fleurs géminées, axillaires, dressées ou étalées ; les unes à rachis
non dilaté, entièrement garni de fleurs femelles, beaucoup plus
court que le pétiole ; les autres *dépassant les pétioles,* à rachis
nus et dilatés supérieurement, garnis de fleurs mâles sur la face
supérieure, ailée-membraneuse.

Hab. le long des murs, des habitations, aux environs de Sylvéréal. (1) Fl
avril-mai.

3. U. DIOICA *Lin. sp.* 1396 ; *Dec. fl. fr.* 3, *p.* 322 ; *Lamk.*
ill. t. 761, *fig.* 1 ; *Fl. dan. t.* 746 ; *Fuchs. hist. p.* 107, *ic. ; Math.*
comm. (valgr.) p. 1126, *ic. ; Lob. obs. p.* 281, *fig.* 1. — Racine
assez grosse, rampante, à stolons violets. Tiges nombreuses, de
4-12 décim., dressées, ordinairement simples. Feuilles ovales-
oblongues-acuminées, cordiformes à la base, largement dentées
en scie, 2 fois de la longueur du pétiole. Fleurs dioïques, en
grappes rameuses, axillaires, *garnies jusqu'à la base, plus*
longues que les pétioles ; les mâles dressées, les femelles réfléchies. Calice peu hérissé. Akènes très-petits, blanchâtres, légèrement tomenteux.

VAR. B, *Hispida Godr. et Gren. fl. fr.* 3, *p.* 108. Plante couverte de poils très-nombreux, plus forts, plus raides et plus longs

que dans le type. Stipules plus larges. *U. hispida* Dec. *fl. fr.* 5, *p.* 355.

Cette plante porte le nom vulgaire de *grande ortie*. Ses feuilles sont astringentes et détersives : avec ses tiges, on a obtenu des fils pour broder, avec lesquels on fait d'assez belles toiles.

Hab. le long des murs, sur les bords des haies, dans tout le département : la var. B, à Valleraugue, aux environs de l'Espérou. ♃ Fl. juin-septembre.

4. U. PILULIFERA *Lin. sp.* 1395; *Dec. fl. fr.* 3, *p.* 323; *Lamk. ill. t.* 761, *fig.* 2; *Fuchs. hist. p.* 106, *ic.; Math. comm. (valgr. p.* 1125, *ic.; Moris. hist. s.* 11, *t.* 25, *fig.* 5. — Racine blanchâtre, rameuse. Tige de 4-8 décim., dressée, ordinairement rameuse. Feuilles ovales-acuminées, tronquées à la base, environ de la longueur du pétiole, profondément dentées, presque incisées, à dents un peu obtuses. Fleurs monoïques, axillaires : les mâles en petites grappes rameuses, dressées, très-grêles ; les femelles en têtes globuleuses, hispides, pédonculées, étalées ou pendantes. Akènes bruns, luisants.

Vulgairement *ortie romaine.* Mêmes propriétés que le N° 1.

Hab. le long des murs, les décombres, dans toute la partie basse du département, remonte jusqu'à Anduze, où elle est très-rare. (1)-2) Fl. avril-octobre.

2ᵉ gʳᵉ. **PARIÉTAIRE. — PARIETARIA.** (Tournef. inst. p. 509, t. 289.)

Fleurs monoïques ou polygames, agglomérées aux aisselles des feuilles, entourées d'un involucre à plusieurs folioles. Fleurs hermaphrodites à 4-5 sépales, soudés à la base *en tube accru a la maturité* et caduc avec la graine. Étamines 4-5, opposées aux sépales, à filets repliés en dedans, se redressant avec élasticité à la floraison. Ovaire uniloculaire, monosperme, à style très-court ou nul, à stigmate pénicillé. Akène très-petit, comprimé.

<table>
<tr><td rowspan="2">1.</td><td>Tige et rameaux étalés, diffus : fleurs de deux sortes, les unes campanulées, les autres en tube allongé.........</td><td>DIFFUSA</td></tr>
<tr><td>Tige et rameaux dressés : fleurs peu différentes entre elles...</td><td>ERECTA</td></tr>
</table>

1. **P. ERECTA** *Mert. et Koch, Dtsch. fl.* 1. *p.* 825; *Godr. et Gren. fl. fr.* 3, *p.* 109 ; *P. officinalis Dec. fl. fr.* 3, *p.* 324; *Lamk. ill. t.* 853, *fig.* 1; *Bull. herb. t.* 199. — Racine rameuse, fibreuse. Tiges solitaires ou nombreuses, tendres, *dressées, simples ou à rameaux axillaires, dressés,* pubescentes, striées, souvent rougeâtres. Feuilles alternes, pétiolées, ovales ou oblongues, acuminées et atténuées à la base, entières sur les bords, minces, d'un vert clair, rudes-pubescentes, nerviées, ponctuées, translucides. Fleurs en glomérules géminés, sessiles, axillaires, dichotomes, plus courts que les pétioles ; involucre à folioles lancéolées, *libres, non décurrentes* sur le rameau, plus courtes que les fleurs. Fleurs hermaphrodites verdâtres, *campanulées,* à limbe étalé,

de la longueur des étamines. Akènes bruns, luisants, ovoïdes, un peu aigus.

Cette plante porte les noms vulgaires de *casse-pierre*, *d'herbe de Notre-Dame*; en patois, *parétage*. Elle est émolliente, diurétique : son suc et son infusion sont employés contre la gravelle. On assure que, mêlée avec le froment, elle en écarte les charançons.

Hab. aux pieds des murs et dans les fissures des rochers, à Anduze, au Vigan. ♃ Fl. juin–octobre.

2. P. DIFFUSA *Mert. et Koch, Dtsch. fl. 1, p. 827; Godr. et Gren. l. c.; P. judaïca Dec. fl. fr. 3, p. 824; Lamk. ill. t. 853, fig. 2.* — Cette espèce diffère de la précédente : par ses tiges, *très-rameuses, étalées-diffuses;* par ses feuilles, d'un vert plus foncé, moins longuement acuminées, souvent contractées à la base; par ses glomérules de fleurs, moins fournis; par les folioles de son involucre, *ovales-obtuses, soudées à leur base, décurrentes sur le rameau;* par ses fleurs hermaphrodites, *longuement allongées en tube;* par ses étamines, de *moitié plus courtes que le tube;* par ses akènes, oblongs.

Mêmes noms vulgaires et mêmes propriétés.

Hab. au pied des murs, dans les fissures des murs et des rochers, dans tout le département. ♃ Fl. juin–octobre.

CllI^e Fam. **CANNABINÉES.**

CANNABINEÆ. (Endl. gen. 286.)

Fleurs dioïques. Fleurs mâles, disposées en grappes ou en panicules, à calice à 5 sépales presque égaux, imbriqués avant l'épanouissement. Étamines 5, opposées aux sépales, insérées au fond du calice; filets très-courts : anthères bilobées, à déhiscence longitudinale. Fleurs femelles à calice persistant, accrescent, à 1 seul sépale embrassant l'ovaire libre, uniloculaire, monosperme, disposées en glomérules compactes, feuillés, ou en épis ovoïdes-coniques, imbriqués d'écailles membraneuses; style très-court ou nul; stigmates 2, filiformes, allongés. Fruit akène, sec, uniloculaire, monosperme, embrassé par le calice, glanduleux-résineux, indéhiscent, ou lisse, s'ouvrant en 2 valves par la pression. Graine suspendue, à test membraneux, à ombilic basilaire. Périsperme nul. Embryon plié ou en spirale. Plantes annuelles ou vivaces, dressées ou volubiles, à feuilles digitées ou lobées, à stipules persistantes ou caduques.

1. { Tige dressée; feuilles digitées; plante an-
  nuelle.. 1er g^re. **CANNABIS.**
  { Tige volubile; feuilles lobées-palmées; plante
  vivace... 2e g^re. **HUMULUS.**

1er g^re. **CHANVRE. — CANNABIS.** (Tournef. inst. p. 535, t. 309.)

Fleurs dioïques. Fleurs mâles à calice à 5 sépales presque

égaux ; étamines 5, à anthères pendantes. Fleurs femelles en *épis
feuillés*, courts, glomérulés, à calice monophylle, renflé à la
base, embrassant l'ovaire, fendu en long du côté interne ; style
court, à 2 stigmates allongés, filiformes. Akène subglobuleux,
s'ouvrant en 2 valves par la pression. Embryon *plié*.

1. **C. sativa** *Lin. sp.* 1457 ; *Dec. fl. fr.* 3, *p.* 325 ; *Lamk.
ill. 1.* 814 ; *Lob. ic. p.* 526, *fig.* 1-2. — Racine blanchâtre,
rameuse. Tige de 1-1 1/2 mètre, dressée, raide, effilée, rude,
pubescente, cannelée, ordinairement rameuse. Feuilles pétiolées,
opposées inférieurement, alternes dans leur partie supérieure, à
5-7 digitations, fortement dentées en scie, lancéolées-acuminées
ou linéaires-lancéolées, rudes sur les deux faces, pâles en dessous ;
les supérieures à 3 digitations, celles de l'extrémité à 1. Fleurs
verdâtres ou jaunâtres : les mâles pendantes, disposées en grappes
rameuses, opposées ou alternes, axillaires, formant ensemble
une longue panicule, nue au sommet ; les femelles en glomérules
sessiles, compactes, feuillés, axillaires, espacés inférieurement,
contigus-spiciformes au sommet de la tige et des rameaux. Akènes
grisâtres, subglobuleux, un peu comprimés, lisses, s'ouvrant en
2 valves par la pression. Plante exhalant une odeur forte.

Vulgairement *cambé, candé*. Toute la plante est narcotique, adoucissante,
apéritive et résolutive : ses graines servent pour la nourriture des oiseaux
de volière. Elle est connue sous le nom de *chèneris* ; on en retire une huile
employée pour la peinture ; les épiciers la réduisent en poudre pour falsifier
le poivre moulu. Les filaments que l'on retire de l'écorce de la tige, après
préparation, servent à faire des cordes et des toiles en grand usage dans le
commerce.

Hab., originaire d'Orient, cultivé en grand, dans le département, souvent
subspontané. ① Fl. juin-septembre.

2ᵉ gʳᵉ. HOUBLON. — HUMULUS. (*Lin. gen.* 1146.)

Fleurs dioïques. — Fleurs mâles à calice à 5 sépales presque
égaux. Étamines 5, à filets très-courts ; anthères longues, dressées, apiculées. Fleurs femelles *disposées par paires à l'aisselle
de bractées membraneuses-foliacées, imbriquées*, à calice à un
seul sépale squamiforme, embrassant l'ovaire ; stigmates 2, filiformes, très-longs. Fruit glanduleux-résineux, indéhiscent, ovoïde,
un peu comprimé. Cotylédons linéaires, en spirale.

1. **H. lupulus** *Lin. sp.* 1457 ; *Dec. fl. fr.* 3, *p.* 322 ; *Lamk.
ill. 1.* 815 ; *Fuchs. hist. p.* 164, *ic. fœm.* ; *Dod. pempt.* 109,
fig. 1, *fœm.* ; *Cam. epit.* 933-934. — Tige très-élevée, grêle,
dure, volubile, rameuse, grimpante, légèrement anguleuse, couverte d'aspérités. Feuilles opposées, pétiolées, cordiformes à la
base, simples, et la plupart à 3-5 lobes profonds, ovales, acuminés, dentés, à dents mucronées, d'un vert foncé et scabres en

dessus, glabres et plus pâles en dessous. Fleurs verdâtres ou jaunâtres; les mâles en grappes rameuses, axillaires et terminales. Fleurs femelles en cônes ovoïdes, écailleux, au sommet de pédoncules rameux, opposés ; écailles ovales, jaunâtres, membraneuses, réticulées, très-accrues à la maturité. Akène lisse, caréné sur les côtés, à péricarpe mince, jaunâtre, couvert de glandes jaunes, résineuses, odorantes et très-amères.

Vulgairement *salsepareille nationale, vigne du Nord*. Les cônes écailleux, les jeunes pousses et les racines sont toniques, apéritifs, dépuratifs, diurétiques et antiscorbutiques. Dans le Nord, on mange les jeunes pousses en guise d'asperges : les cônes sont un ingrédient pour la composition de la bière.

Hab. les haies, les lieux frais, dans tout le département. 2ᶜ Fl. juillet-août; fr. septembre.

CIVᵉ Fam. JUGLANDÉES.

JUGLANDEÆ. (Dec. th. élém. 215.)

Fleurs monoïques : les mâles en chatons cylindriques, à calice ou involucre à 5-6 divisions inégales, imbriquées avant le développement ; étamines indéfinies, insérées sur le réceptacle, à filets libres, très-courts ; anthères bilobées, acuminées, à déhiscence longitudinale : les femelles solitaires, géminées ou ternées au sommet des jeunes rameaux, à calice tubuleux, court, soudé avec l'ovaire, à limbe à 3-4 dents ou lobes; ovaire uniovulé, à 4 loges incomplètes. Styles 1-2, très-courts ; stigmates 2, filiformes, allongés, ou 4 courts et épais. Fruit (noix) renfermé dans l'involucre charnu, fibreux, très-accru, se rompant irrégulièrement et laissant la noix à nu ; celle-ci à 2 valves osseuses, ne s'ouvrant qu'avec un instrument tranchant ou par la germination, et ne renfermant qu'une graine à 4 lobes, à test mince, membraneux. Périsperme nul. Cotylédons charnus, bilobés, ondulés, plissés.

1ᵉʳ gʳ. NOYER. — JUGLANS. (Lin. gen. 1074, en partie.)

Mêmes caractères que ceux de la famille.

1. **J. REGIA** *Lin. sp.* 1415 ; *Dec. fl. fr.* 4, *p.* 618 ; *Lamk. ill. l.* 781, *fig.* 1; *Blackw. fig.* 247; *Math. comm. (vulgr.), p.* 276, *ic.* — Arbre élevé, à tronc droit, à tête arrondie et touffue, à écorce grise, gercée sur le tronc, lisse sur les jeunes branches. Feuilles glabres, amples, alternes, à 7-9 folioles ovales-aiguës ; les supérieures plus grandes, coriaces, d'un vert sombre. Fleurs mâles, en chatons pendants, allongés. Fruit oblong-subglobuleux, d'un vert luisant, noir et déliquescent à la maturité ; noix couverte de sillons sinueux, rugueux, anastomosés. Odeur des feuilles aromatique.

Les feuilles de cet arbre sont détersives et bonnes contre la gale ; placées dans un lit, entre la paillasse et le matelas, elles font fuir les punaises. On s'en sert pour préparer les fromages envinaigrés. Le brou est vanté comme anthelminthique; il est employé pour la peinture à l'eau; il donne une couleur foncée pour les meubles. La noix, jeune, sert pour la confiture et pour faire une liqueur particulière, nommée *eau de noix*; on la mange aussi sous le nom de *cerneau*. Lorsqu'elle est mûre, on mange l'amande, dont on tire *l'huile de noix*, employée pour la peinture et bonne à manger. Le bois est d'un grand usage chez les menuisiers, les ébénistes, les tourneurs, les armuriers, les sabotiers.

Hab., originaire de **Perse**, cultivé, dans tout le département. ♄ Fl. mai fr. août-septembre.

CV^e Fam. **CUPULIFÈRES.**

Cupulifereæ. (A. Rich. ann. fr. 32 et 92.)

Fleurs monoïques : les mâles en chatons cylindriques, très-rarement subglobuleux ; les femelles en épis, en chatons ou en fascicules, à calices solitaires ou groupés 2-3 dans un involucre foliacé ou cupuliforme, écailleux ou épineux, membraneux, coriace ou induré, très-rarement renfermant complétement le fruit. Fleurs mâles à écaille simple ou trifide, à la base de laquelle sont insérées les étamines, ou en forme de calice à 5-6 lobes non imbriqués, renfermant les étamines. Étamines 4-20, insérées, à diverses hauteurs, sur l'écaille ou unisériées au fond de l'involucre, à filets inégaux; anthères à 1-2 lobes, à déhiscence longitudinale. Fleurs femelles à calice tubuleux, soudé avec l'ovaire, à limbe court, denticulé, s'effaçant souvent sur le fruit; étamines nulles. Ovaire à 2-3, rarement à 4-6 loges, à 1-2 ovules suspendus à l'angle interne des loges, au sommet ou un peu au-dessous, réfléchis; styles filiformes, ou courts et épais, stigmatifères sur toute leur surface ou latéralement. Involucre fructifère très-accru à la maturité, foliacé, cupuliforme, écailleux, n'entourant que la base du fruit, ou capsuliforme-épineux, renfermant complétement le fruit. Fruit indéhiscent, uniloculaire, ordinairement monosperme, à péricarpe coriace ou ligneux, surmonté du limbe du calice ou marqué de la cicatrice restée après sa chute. Graine suspendue, à test mince, membraneux. Périsperme nul. Embryon droit, plan d'un côté, convexe de l'autre, à cotylédons épais, charnus-farineux, souterrains ou aériens. Arbrisseaux ou arbres très-élevés, à feuilles alternes, sinuées, dentées, lobées ou incisées, à stipules libres, caduques.

<table>
<tr><td rowspan="2">1.</td><td>Involucre fructifère épais, charnu ou ligneux, épineux, renfermant le fruit............................ 2.</td></tr>
<tr><td>Involucre fructifère induré ou foliacé, non épineux, ne renfermant pas le fruit................. 3.</td></tr>
<tr><td rowspan="2">2.</td><td>Chatons mâles subglobuleux : fruit trigone.. 1er g^{re}. FAGUS.</td></tr>
<tr><td>Chatons mâles filiformes-allongés: fruit plan d'un côté, convexe de l'autre............. 2e g^{re}. CASTANEA.</td></tr>
</table>

Étamines insérées au fond de l'involucre,
celui-ci cupuliforme, induré, entourant la
base du fruit...................... 3° g". QUERCUS
3. Étamines insérées à la base de l'écaille bractéale ou à diverses hauteurs sur une écaille
soudée à l'écaille bractéale; involucre fructifère foliacé.......................... 4.

Involucre fructifère irrégulièrement lacinié-
denté au sommet..................... 4° g". CORYLUS
4. Involucre fructifère à 3 lobes: le médian plus
long et plus large..................... 5° g". CARPINUS

1er g" HÊTRE. — FAGUS. (Tournef. inst. 584, t. 351.)

Fleurs mâles en chatons subglobuleux, longuement pédonculés,
à écailles très-petites, pénicillées au sommet, caduques; la bractéale à 5-6 lobes. Étamines 8-12, saillantes, insérées au fond de
l'involucre sur un disque glanduleux; anthères bilobées. Fleurs
femelles renfermées dans un involucre accrescent, urcéolé, à 4
lobes, soudé extérieurement avec un grand nombre de bractées
linéaires, inégales, Calice à tube soudé avec l'ovaire, à limbe
libre, allongé, lacinié. Ovaire trigone, à 3 loges, à un ou deux
ovules; styles 3, filiformes, stigmatifères latéralement. Involucre
fructifère capsuliforme, induré, s'ouvrant en 4 valves mollement
épineuses, renfermant entièrement 1-3 fruits. Fruit (faîne) trigone,
terminé par les divisions piliformes du calice, uniloculaire, ordinairement monosperme; péricarpe coriace, velu intérieurement.
Cotylédons irrégulièrement plissés en dedans, fortement cohérents. Arbre de haute futaie, à feuilles simples, à fleurs paraissant
avec les feuilles.

1. **F. SYLVATICA** *Lin. sp.* 1416; *Dec. fl. fr.* 3, *p.* 305; *Lamk.
ill. t.* 782, *fig.* 2; *Duham. arb.* 1, *p.* 231, *t.* 98; *Lob. obs.
p.* 587, *fig. infer.* — Arbre à écorce unie, blanchâtre ou grisâtre.
Feuilles nombreuses, brièvement pétiolées, ovales, aiguës ou un
peu acuminées, lâchement dentées ou sinuées, ciliées sur les
bords, coriaces, d'un beau vert, glabres et luisantes en dessus, à
nervures parallèles, pubescentes-soyeuses, saillantes en dessous,
glabres en vieillissant. Fleurs jaunâtres; les mâles à pédoncules
grêles, pendants; les femelles à pédoncules robustes, dressés, tous
pubescents, ainsi que les pétioles. Fruit brun, luisant, trigone, à
3 angles tranchants. Bourgeons lancéolés, glabres, luisants. Cotylédons aériens, larges, réniformes, un peu échancrés au sommet,
nacrés en dessous.

Cet arbre est connu sous les noms vulgaires de *jau*, de *fayard*; en patois,
faou. On retire de son fruit, connu sous le nom de *faîne*, une huile bonne
à manger et pour l'éclairage; ses feuilles sont une nourriture pour les animaux, excepté pour le cheval. Le charbon de son bois sert pour la poudre à
tirer; c'est de son bois qu'on fait les rames des bateaux. Les menuisiers,
les ébénistes, les charrons, les tourneurs, les formiers et les sabotiers en
font un grand usage. C'est un assez bon bois de chauffage.

Hab. sur les montagnes granitiques de l'Aigual, de l'Esperou, de Concoule. et à la Chartreuse de Valbonne. ♄ Fl. avril-mai ; fr. juillet-août.

2ᵉ gⁿᵉ. **CHATAIGNIER. — CASTANEA.** (Tournef. inst. 352.)

Fleurs mâles en chatons grêles, cylindriques, allongés, garnis jusqu'à la base de glomérules de fleurs sessiles, non contigus, munis d'un involucre à 5-6 divisions profondes. Étamines 8-15, insérées au fond de l'involucre sur un disque glanduleux, très-saillantes hors de l'involucre ; anthères bilobées. Fleurs femelles, ou rarement hermaphrodites, renfermées 1-3 dans un involucre soudé en dehors à un grand nombre de bractées linéaires, inégales, disposées en chatons interrompus, allongés. Calice supère, à 5-8 divisions, à tube allongé, soudé avec l'ovaire ; celui-ci à 3-6 loges monospermes ou bispermes. Style très-court ; stigmates 3-6. Involucre fructifère capsuliforme, épais, coriace, couvert d'épines longues, vulnérantes, fasciculées en étoile, renfermant complétement 1-3 fruits et s'ouvrant en 4 valves. Fruit *châtaigne*, plan du côté interne, convexe du côté externe, ou celui du milieu anguleux, lorsqu'ils sont renfermés 3, terminés en pointe, réunissant, en pinceau, les divisions du calice et les styles persistants. Graine ordinairement solitaire, à péricarpe coriace, fibreux, tomenteux intérieurement, à test membraneux. Cotylédons grands, charnus, farineux, plissés, fortement cohérents. Arbre élevé, à branche étalée.

1. **C. VULGARIS** *Lamk. dict.* 1, *p.* 708; *Dec. fl. fr.* 3, *p.* 306; *Fagus castanea Lin. sp.* 1416; *Lamk. ill. t.* 782, *fig.* 1; *Lob. obs.* 588, *fig.* 1; *Math. comm. (valgr.) p.* 211, *ic.* — Arbre élevé, à branches étalées, à écorce grisâtre, profondément fendillée sur le tronc, lisse sur les jeunes branches, à feuilles pétiolée, rapprochées, oblongues-lancéolées, acuminées, très-grandes, bordées de dents de scie larges, cuspidées, glabres, coriaces, luisantes, à nervures saillantes, les secondaires parallèles. Fleurs jaunâtres. Fruit assez gros, brun, luisant, à base large, pâle. Bourgeons ovoïdes, glabres.

Vulgairement, en patois, *castagnié*, et son fruit, *castagna*. Une variété est connue sous le nom de *marron*.

Les châtaignes sont une bonne nourriture pour les hommes et les animaux. On en fait un grand usage dans tout le département, surtout dans la montagne : on les mange bouillies, rôties ou confites au sucre ; on en fait des purées, des crèmes, du pain ; elles sont employées comme garniture dans les ragoûts ; on en retire du sucre ; on les conserve tout l'hiver, après les avoir dépouillées de leur peau au moyen d'une légère torréfaction. Le bois de châtaignier est très-employé pour cercles, douves, meubles et charpente ; son écorce est employée pour tanner le cuir.

Hab. les terrains granitiques et schisteux, dans toutes les montagnes de moyenne hauteur du département. ♄ Fl. mai-juin ; fr. septembre-octobre.

3ᵉ gᵉ. **CHÊNE. — QUERCUS**. (Tournef. inst. 852. t. 349.

Fleurs mâles en chatons filiformes, grêles, interrompus, pendants, dépourvus de bractées. Involucre à 6-8 divisions étroites, inégales, ciliées. Étamines 6-10, saillantes, insérées au fond de l'involucre sur un disque glanduleux. Anthères bilobées. Fleurs femelles solitaires, placées au centre d'un involucre accrescent, formé de petites folioles imbriquées et soudées ensemble, présentant une cupule indurée à la maturité, entourant la base du fruit. Calice à tube soudé avec l'ovaire, à limbe libre, denté ou presque entier. Ovaire à 3-4 loges, à 2 ovules. Style court, épais. Stigmates 3-4, courts, obtus. Involucre fructifère (cupule), formé de folioles soudées, libres et étalées au sommet, non épineuses. Fruit (gland ovoïde ou oblong, ombiliqué au sommet et mucroné par le limbe du calice et le style, uniloculaire, monosperme par avortement. Péricarpe coriace, luisant, d'un brun jaunâtre à la maturité. Cotylédons charnus, farineux, convexes en dehors, plans en dedans. Arbrisseaux ou arbres plus ou moins élevés, à feuilles caduques ou persistantes, à fleurs paraissant avec les feuilles.

1. (Feuilles caduques ou marcescentes................ 2.
   (Feuilles toujours vertes, persistantes............ 5.

2. (Fruit longuement pédonculé..................... PEDUNCULATA
   (Fruit sessile ou brièvement pédonculé............ 3.

3. (Feuilles adultes couvertes en dessus de poils
   (étoilés et en dessous d'un coton très-épais.... TOZZA.
   (Feuilles adultes glabres en dessus, pubescentes
   (ou légèrement tomenteuses en dessous........ 4.

4. (Feuilles jeunes glabres ou pubescentes : arbre de
   (haute taille...................................... SESSILIFLORA
   (Feuilles jeunes tomenteuses-laineuses : arbre
   (tortueux, rabougri............................... PUBESCENS

5. (Feuilles glabres et d'un vert obscur en dessus,
   (tomenteuses en dessous : arbre peu élevé..... ILEX.
   (Feuilles d'un vert clair, glabres sur les deux
   (faces : arbrisseau buissonnant................ COCCIFERA

1. **Q. SESSILIFLORA** *Smith. fl. brit. 3, p. 1026; Dec. fl. fr. 3, p. 310; Engl. bot. t. 1845; Rchb. cent. 12, nᵒ 1309.* — Arbre élevé, à écorce brune, crevassée, raboteuse, à branches étalées, souvent tortueuses, à feuilles pétiolées, marcescentes, glabres ou pubescentes dans leur jeunesse, fermes, obovales-oblongues, inégalement tronquées à la base ou rétrécies en pétiole, sinuées ou lobées, à lobes obtus, mutiques, inégaux. Fruits ovoïdes, ordinairement agglomérés, *sessiles ou à pédoncule plus court que le pétiole;* cupules à écailles courtes, apprimées.

Vulgairement *chêne rouvre, rouvre;* en patois, *chaîne.* L'écorce du chêne est très-astringente : elle est employée contre les fièvres intermittentes et l'hémorrhagie : elle sert pour le tannage. Ses fruits, connus sous le nom de *glands,* sont usités à l'intérieur comme astringents et toniques. Le bois est employé par les menuisiers, les tourneurs, les charrons, les charpentiers : c'est le meilleur pour la charpente des bâtiments.

Hab. les bois, dans tout le département ♄ Fl. avril-mai : fr. août-septembre.

2. Q. PUBESCENS *Willd. sp.* 4, *p.* 450; *Dec. fl. fr.* 5, *p.* 352; *Q. lanuginosa Thuill. fl. par. p.* 502; *Rchb. ic. cent.* 12, *n°* 1312. Cette espèce diffère de la précédente : par sa taille, peu élevée ; par sa tige, tortueuse; par ses feuilles, un peu en cœur à la base, couvertes en dessus, dans leur jeunesse, d'un coton épais, presque glabres dans un âge avancé, et d'un coton épais, persistant, en dessous ; par ses fruits, plus petits, agglomérés; par les écailles de ses cupules, pubescentes ou ciliées.

Vulgairement *chêne noir.*

Hab. les bois, au Vigan, à Alais, à Anduze, aux Angles, etc. ♄ Fl. avril-mai; fr. août-septembre.

Q. PEDUNCULATA *Ehrh. arb. n°* 77 ; *Q. racemosa Dec. fl. fr.* 3, *p.* 309; *Q. robur. Lin. fl. suec. ed.* 2, *p.* 340, *var. A; Fusch. hist.* 229, *ic.; Math. comm. (valgr.)* 213, *ic. Tabern.;* 962, *fig.* 1. — Arbre très-élevé, à branches étalées, à feuilles *brièvement pétiolées ou subsessiles,* glabres, oblongues-obovales, un peu glauques en dessous, sinuées-lobées, à lobes obtus, mutiques, inégaux. Fruits solitaires ou réunis vers le sommet d'un *pédoncule très-long;* cupule sessile, à écailles courtes, apprimées. Gland ordinairement oblong.

Vulgairement *chêne blanc.* Son bois est plus dur et plus estimé que celui du N° 1.

Hab. les bois, dans tout le département. ♄ Fl. avril-mai : fr. août-septembre.

4. Q. TOZZA *Bosc. Journ. hist. nat.* 2, *p.* 155, *t.* 32, *fig.* 3; *Dec. fl. fr.* 5, *p.* 352 ; *Q. humilis Dec. fl. fr.* 3, *p.* 312 *(non Lin.); Q. cerris var. C. Dec. fl. fr.* 3, *p.* 311; *Q. pyrenaica Lois. fl. fr. gall.* 2. *p.* 326.— Arbre *peu élevé,* souvent en touffe, à racine *traçante, stolonifère,* à écorce fendillée ou ridée. Feuilles pétiolées, obovales-oblongues, fermes, sinuées-lobées ou pinnatifides, à lobes obtus, entiers, ondulés, ou peu dentés, couvertes à la face supérieure de *poils roussâtres, rayonnants,* et à la face inférieure d'un *coton serré, très-abondant, roussâtre ou blanchâtre,* ainsi que les pétioles et les jeunes rameaux. Fruits sessiles, ou à court pédoncule. Capsules assez grosses, à écailles oblongues-acuminées, apprimées, un peu ouvertes au sommet.

Vulgairement *tauzin, brosse.* Son bois est employé pour faire des cercles.

Hab. les bois, à la Tessone, à Avèze (Diomède) ♄ Fl. mai-juin: fr. septembre.

5. Q. ILEX *Lin. sp.* 1412 ; *Dec. fl. fr.* 3, *p.* 313; *Clus. hist.* 1, *p.* 23, *ic.; J. Bauh. hist.* 1, *pars* 2, *p.* 95, *ic.* — Arbre peu élevé, très-branchu, à écorce unie, rarement fendillée. Feuilles coriaces, persistantes, d'un vert sombre, ovales ou oblongues-lancéolées, entières ou dentées-épineuses, glabres en dessus, *cotonneuses, blanchâtres en dessous*. Fruits oblongs, solitaires ou réunis 2-3, sur un pédoncule peu allongé. Cupule à écailles ovales, *apprimées*, tomenteuses.

Vulgairement *chêne vert, yeuse* : en patois, *éouse*. Son bois est très-dur et le meilleur pour le chauffage. Les menuisiers l'emploient pour faire des outils, les charrons pour les rais des roues. Son écorce sert pour le tannage: ses fruits servent pour nourrir les cochons.

Hab. les bois, dans toute la partie basse et peu élevée du département. ♄ Fl. avril-mai ; fr. août-septembre.

6. **Q. COCCIFERA** *Lin. sp.* 1413; *Dec. fl. fr.* 3, *p.* 313; *Garid. aix. t.* 53; *Lob. obs.* 581, *ic.; Dod. pempt.* 827, *ic.; Tabern. ic.* 969, *fig.* 2. — Arbrisseau d'environ 1 mètre de hauteur, très-rameux, buissonnant, à racines nombreuses, traçantes, à rameaux jeunes, pubescents. Feuilles d'un vert clair, *glabres sur les deux faces*, oblongues, un peu cordées à la base, dentées-épineuses. Fruits assez gros, presque sessiles. Cupules grisâtres, pubescentes, à écailles acuminées, *étalées au sommet*.

Vulgairement *chêne au kermès, au vermillon* ; en patois, *araoux.* C'est sur ses rameaux et ses feuilles que l'on recueille le kermès, *coccus ilicis Lin. syst.*, insecte d'une couleur écarlate, qui sert pour la teinture écarlate et cramoisie, et qui était employé autrefois, en médecine, comme astringent et cardiaque.

Hab. toute la plaine du département et remonte jusqu'à Alais, où il est très-rare : c'est de cet arbrisseau que sont composées nos garrigues, d'où on le retire pour chauffer les fours. ♄ Fl. avril-mai, fr. août-septembre.

1e g^{re}. **COUDRIER. — CORYLUS.** Tournef. inst. p. 22, t. 347.)

Fleurs mâles en chatons cylindriques allongés, pendants, à écailles bractéales, imbriquées. Étamines 8, insérées à diverses hauteurs, à l'aisselle d'une écaille *trilobée, soudée avec l'écaille bractéale correspondante;* filets très-courts; anthère *unilobée*, barbue au sommet, à déhiscence longitudinale. Fleurs femelles *incluses* 1-2 *dans un bourgeon écailleux;* involucre campanulé, entouré à sa base de bractées entières et composé de très-petites folioles laciniées, velues et soudées à la base. Calice soudé à l'ovaire, à limbe très-petit, denticulé. Ovaire à 2 loges monospermes; styles 2, filiformes, rouges, saillants. Fruit (noisette) ovoïde ou oblong, à une loge contenant une graine, très-rarement deux, renfermé solitairement dans un involucre (cupule accru, foliacé, un peu charnu à sa base, campanulé inférieurement, ouvert et *déchiré au sommet.* Péricarpe lisse, ligneux. Cotylédons plans d'un côté, convexes de l'autre.

7. **C. AVELLANA** *Lin. sp.* 1417; *Dec. fl. fr.* 3, *p.* 308; *Lamk. ill. t.* 780; *Fuchs. hist. p.* 398, *ic.; Dod. pempt.* 816, *fig.* 2. —

Arbrisseau de 2-4 mètres, à écorce grisâtre, à racine produisant un grand nombre de drageons, à rameaux dressés, effilés, flexibles; les jeunes pubescents, un peu glanduleux. Feuilles bièvement pétiolées, ovales-arrondies, acuminées, cordiformes à la base, doublement dentées, quelquefois lobées ou incisées au sommet, pubescentes et d'un vert pâle en dessous, à pétiole velu-glanduleux ; stipules oblongues-lancéolées ou obtuses. Chatons mâles, paraissant avant la chute des feuilles et se développant, l'année suivante, avant les feuilles. Bourgeons des fleurs femelles solitaires. Fruit renfermé dans un involucre très-ample, à lobes inégaux, dépassant ordinairement le fruit.

Vulgairement *noisetier*; en patois, *arelanié*. Le fruit, *noisette*, *aveline*; en patois, *arelana*. L'écorce des jeunes rameaux est fébrifuge On mange le fruit: on en fait des émulsions rafraîchissantes; on en retire une huile alimentaire. Le bois est employé pour les cercles et les fourches. L'histoire de la sorcellerie nous apprend que c'est cet arbrisseau qui fournit la baguette divinatoire.

Hab. les bois, les haies, dans tout le département, mais plus particulièrement dans sa partie élevée. ♄ Fl. février-avril; fr. août-septembre.

5ᵉ gʳᵉ CHARME. — CARPINUS. (Lin. gen. 1073.)

Fleurs mâles en chatons cylindriques, à écailles imbriquées. Étamines 8-14, quelquefois plus, *insérées à la base de l'écaille*, à filets très-courts; anthères unilobées, barbues au sommet, à déhiscence longitudinale. Fleurs femelles en grappes lâches. Involucre pédicellé, uniflore, à 3 lobes foliacés, accrus à la maturité; le médian beaucoup plus grand. Calice à tube soudé avec l'ovaire, à limbe denté. Ovaire à 2 loges monospermes; styles 2, filiformes, soudés à la base. Fruit ovoïde-comprimé, uniloculaire et monosperme par avortement, marqué de côtes longitudinales, surmonté du limbe du calice. Péricarpe ligneux. Cotylédons plans d'un côté, convexes de l'autre.

1. **C. BETULUS** *Lin. sp.* 1416; *Dec. fl. fr.* 3, *p.* 305; *Lamk. ill. 1.* 780; *Camer. epit.* 71, *ic.*; *Math. comm. valgr.* 145, *ic.* — Arbre médiocrement élevé, à branches étalées, à écorce grisâtre, unie. Feuilles pétiolées, ovales ou oblongues, acuminées, arrondies ou un peu cordées à la base, doublement dentées, plissées dans leur jeunesse, d'un vert pâle en dessous, à nervures saillantes, pubescentes, les secondaires parallèles. Chatons mâles sessiles, à écailles ovales-acuminées, ciliées à la base, rougeâtres au sommet. Fleurs femelles à involucre unilatéral, dépassant très-longuement le fruit, et l'embrassant en dehors, à 3 lobes lancéolés, ordinairement dentelés. Fruit marqué de 3-10 côtes saillantes, surmonté de dents du calice persistant, au nombre de 3-8.

C'est avec cet arbre que l'on forme des palissades connues sous le nom de *charmille*, des portiques et toutes les décorations de verdure qui peuvent embellir un jardin d'agrément. Ses feuilles plaisent à tous les bestiaux. Son bois est très-dur : il est d'un usage fréquent dans le charronnage ; il est employé pour montures d'outils ; les tourneurs s'en servent souvent. Son charbon sert pour les verreries et la poudre à canon.

Hab. les bois de l'Espérou, de l'Aigual. ♄. Fl. avril-mai ; fr. juillet-août.

CVIᵉ Fam. SALICINÉES.

SALICINEÆ. (Ach. Rich. elem. bot. ed. 6, p. 626.)

Fleurs dioïques ; les mâles et les femelles solitaires, à l'aisselle de bractées squamiformes et disposées en chatons cylindriques, rarement oblongs. Écailles entières ou laciniées, imbriquées. Disque persistant, formé de 1-2 glandes, placées à la base des organes sexuels (*salix*) ou d'une cupule entourant l'ovaire (*populus*). Fleurs mâles à 2-12 étamines ou plus, à filets filiformes libres, ou plus ou moins soudées, rarement dans toute leur longueur, insérées au fond de la cupule ; anthères bilobées, à lobes déhiscents longitudinalement. Fleurs femelles : calice nul ; ovaire sessile ou pédicellé, uniloculaire ou à 2 loges incomplètes ; ovules nombreux, pendants, fixés sur les placentas pariétaux, courts, linéaires ; styles 2, soudés ; stigmates 2, entiers ou échancrés ou bifides. Fruit petit, capsulaire, ovoïde-conique, polysperme, s'ouvrant par les loges, du sommet à la base, en 2 valves qui s'enroulent en dehors, portant les graines à leur base. Graines très-petites, ascendantes, à test membraneux, entourées de longs poils soyeux, ascendants, prenant naissance près de l'ombilic. Périsperme nul. Embryon droit, à cotylédons plans d'un côté, convexes de l'autre. Arbres ou arbrisseaux à feuilles caduques, simples, alternes ou éparses, entières, rarement lobées, avec ou sans stipules, à chatons naissant avant, avec ou après les feuilles.

1. { Étamines 2-5 ; écailles des chatons entières... 1ʳᵉ gʳᵉ. **SALIX**.
{ Étamines 8-30 ; écailles des chatons laciniées... 2ᵉ gʳᵉ. **POPULUS**.

1ʳ gʳᵉ. SAULE. — SALIX. (Tournef. inst. p. 590, t. 368.)

Écailles des chatons entières, velues-ciliées. Fleurs mâles et fleurs femelles à disque formé de 2 glandes placées à la base des étamines ou de l'ovaire. Fleurs mâles *à 2-5 étamines*, à filets libres ou soudés à la base, rarement à 2 étamines soudées dans toute leur longueur. Fleurs femelles : ovaire uniloculaire ; style plus ou moins allongé ou presque nul ; stigmates 2, entiers, échancrés ou bifides. Graines munies d'une aigrette.

1. { Écailles des chatons entièrement jaunâtres ou roussâtres.. 2.
{ Écailles des chatons brunes ou noires, au moins supérieurement................................ 6.

1. **S. FRAGILIS** *Lin. sp.* 1443 ; *Dec. fl. fr.* 3 , *p.* 288 ; *Coss. et Germ. fl. par. t.* 27, *fig. B* ; *S. decipiens Hoffm. sal.* 2, *p.* 2, *t.* 31 ; *Engl. bot. t.* 1807. — Arbre peu élevé , à rameaux fragiles à leur insertion. Feuilles brièvement pétiolées, *lancéolées* , acuminées, bordées de dents fines courbées en dedans, glanduleuses, glabres , vertes et luisantes en dessus , glauques en dessous , les jeunes un peu soyeuses ; stipules *assez larges* , *ovales en faux* , souvent caduques. Chatons portés sur un pédoncule feuillé, étalé, naissant avec les feuilles ; les mâles allongés , épais, à axe velu, à écailles velues, jaunâtres ou roussâtres ; étamines 2, à anthères jaunes ; les femelles allongées, très-lâches, à écailles caduques avant la maturité , à axe velu. Capsule ovale-conique , glabre, brièvement pédicellée. Style court, environ de la longueur des stigmates , épais, bifides en croix.

Hab. les bords des eaux à Alzon , les bords du Gardon à Anduze. ♄ Fl. avril-mai.

2. S. ALBA *Lin. sp.* 1449 ; *Dec. fl. fr.* 3, *p.* 283 ; *Lamk. ill.* *t.* 802 ; *Coss. et Germ. fl. par. t.* 27, *fig.* A ; *Hoffm. sal. t.* 7, 8 *et* 24, *fig.* 3 ; *Engl. bot. t.* 2430. — Arbre très-élevé dans son état naturel, à écorce des jeunes rameaux grisâtre, à rameaux dressés. Feuilles étroitement lancéolées, acuminées, atténuées vers la base, brièvement pétiolées, finement dentées en scie, glanduleuses, *blanches-soyeuses*, surtout à la face inférieure et dans leur jeunesse ; stipules petites, lancéolées, ordinairement caduques. Chatons portés sur un pédoncule feuillé-étalé, naissant avec les feuilles ; les mâles allongés, un peu arqués, à axe velu, à écailles velues, jaunâtres ou roussâtres ; étamines 2, à anthères jaunes ; les femelles étroits, allongés, un peu arqués et *serrés*, à écailles caduques avant la maturité, à axe velu. Capsule presque sessile, glabre, ovoïde, terminée en pointe obtuse. Style très-court, à stigmate bilobé.

VAR. B, *Vitellina.* Écorce des rameaux d'un beau jaune. *S. vitellina Lin. sp.* 1442 ; *Dec. l. c.* Vulgairement *osier jaune.*

Vulgairement, en patois, *saousé.* L'écorce des jeunes branches est employée avec succès comme tonique et fébrifuge. Les jeunes rameaux servent pour faire des paniers et des cercles ; avec le bois, on fait des sabots, du charbon pour la fabrication de la poudre à tirer.

Hab. les bords des eaux, des fossés, dans tout le département ; la var. B est souvent cultivée en oseraies. ♄ Fl. avril-mai

3. S. BABYLONICA *Lin. sp.* 1443 ; *Dec. fl. fr.* 3, *p.* 286 ; *Coss. et Germ. fl. par. t.* 27, *fig.* C. — Arbre assez élevé, à rameaux grêles, flexibles, *pendants.* Feuilles étroitement lancéolées, longuement acuminées, dentelées en scie, *glabres;* stipules obliquement lancéolées, recourbées, ordinairement caduques. Chatons portés sur un pédoncule feuillé-étalé, naissant avec les feuilles ; les femelles grêles, allongés, arqués, à axe poilu, à écailles jaunâtres ou roussâtres, caduques avant la maturité, à pédoncule portant des feuilles *aussi longues que le chaton, ou le dépassant.* Capsule glabre, sessile ; *glandes dépassant la base de la capsule.* Style court ; stigmate épais, échancré.

Hab., originaire d'Orient, fréquemment planté pour décorer les fontaines et les tombeaux, dans le département. ♄ Fl. avril-mai.

4. S. AMYGDALINA *Lin. sp.* 1443 ; *Dec. fl. fr.* 3, *p.* 285 ; *S. triandra Duby. bot. p.* 125 ; *Coss. et Germ. fl. par. t.* 28, *fig.* D. — Arbrisseau plus ou moins élevé, à rameaux lisses, effilés, souvent d'un brun rougeâtre. Feuilles oblongues ou oblongues-lancéolées, acuminées, dentelées en scie, à dents glanduleuses ; *glabres*, d'un vert foncé, luisantes en dessus, pâles et souvent glauques en dessous, à pétiole court ; stipules assez grandes, persistantes, semi-cordiformes, dentées. Chatons portés sur un pédoncule feuillé-dressé, un peu étalé, naissant avec les feuilles :

les mâles lâches, un peu allongés, à écailles d'un jaune verdâtre, *glabres au sommet*, velues à la base; étamines 3, à anthères jaunes; — les femelles peu allongés, un peu serrés, à écailles persistantes, un peu plus longues que le pédicelle. Capsule glabre, pédicellée, ovale-conique, un peu obtuse. Style *très-court*; stigmates échancrés, très-divergents.

Vulgairement *osier brun*.

Feuilles glauques en dessous. *S. amygdalina* Lin. sp. 1443.

Feuilles vertes des deux côtés, ou presque glauques en dessous. *Triandra Lin. sp.* 1442; *Dec. fl. fr. 3, p.* 285, *et 5, p.* 337.

Hab. les bords du Gardon, à Alais, Anduze, etc : les bords du Rhône, à Vallabrègues, etc. ♄ Fl. avril-mai

5. **S. INCANA** *Schrank. baier. fl. 1, p. 330; Dec. fl. 3, p. 284, et 5, p. 337; S. riparia Willd. sp. 4, p. 698; S. viminalis Vill. dauph. 4, p. 785, t. 51, N° 30.* — Arbrisseau de 1-3 mètres, à écorce d'un vert brun ou rougeâtre, lisse ou légèrement ponctuée, à rameaux allongés, glabres ou tomenteux supérieurement dans leur jeunesse. Feuilles *longues, étroites, linéaires ou lancéolées-linéaires*, acuminées, vertes, glabres en dessus, chargées en dessous *d'un coton blanc, épais*, à bords à peine denticulés, roulés en dessous. Chatons peu allongés, portés sur un pédoncule *court*, un peu feuillé à la base, dressés ou un peu étalés, à axe pubescent, naissant *avant* les feuilles : les mâles à écailles jaunâtres, *glabres au sommet, ciliées sur les bords*; étamines 2, soudées jusqu'au milieu; anthères jaunes; — les femelles lâches, un peu plus longs, à écailles persistantes, dépassant beaucoup le pédicelle. Capsule glabre, ovale-atténuée vers le sommet, brièvement pédicellée; style allongé; stigmate bilobé.

Hab. les bords du Gardon et des rivières, à Alais, Anduze, St-Ambroix, Comps, Montfrin, etc.; et les bords du Rhône, à Aramon, Beaucaire, etc. ♄ Fl. avril-mai.

6. **S. PURPUREA** *Lin. sp.* 1444; *S. monandra Dec. fl. fr. 3, p.* 297; *Hoffm. hist. sal. 18, t. 1, fig. 1-2; Coss. et Germ. fl. par. t. 29, fig. G.* — Arbrisseau de 2-3 mètres, à écorce grisâtre, à rameaux rougeâtres ou grisâtres, souvent d'un pourpre foncé ou violacé. Feuilles sessiles ou brièvement pétiolées, presque opposées, *oblongues-lancéolées, élargies supérieurement*, acuminées ou aiguës, *denticulées*, planes, coriaces, glabres, vertes et luisantes en dessus, glauques en dessous, souvent dépourvues de stipules. Chatons presque opposés : les mâles sessiles, épais, étalés-arqués, paraissant avant les feuilles, à écailles brunes, velues; étamines 2, entièrement soudées, *simulant une seule étamine à anthère quadrilobée, pourprée;* — les femelles brièvement pédonculés, à écailles persistantes, munis à leur base de quelques jeunes feuilles, paraissant avec les feuilles. Capsule sessile, ovale,

tomenteuse; style très-court; stigmates oblongs, entiers ou
échancrés, de couleur pourpre.

Var. B, *Helix.* Feuilles plus étroites que dans le type *S. helix
Lin. sp.* 1444.

Vulgairement *verdiau, osier rouge.*
Hab. les bords des rivières, dans tout le département. ♄ Fl. mars-avril.

7. **S. RUBRA** *Huds. fl. angl.* 423; *S. fissa Dec. fl. fr. 5, p.* 349;
Hoffm. hist. sal. t. 13, *fig.* 2, *t.* 14, *fig.* 3-4; *Coss. et Germ. fl.
par. t.* 29, *fig. H.* — Arbrisseau de 2-3 mètres, à rameaux verdâtres ou jaunâtres. Feuilles *lancéolées-linéaires ou lancéolées-
allongées,* souvent acuminées, lâchement denticulées, à bords un
peu roulés en dessous, pubescentes, soyeuses dans leur jeunesse,
surtout en dessous, d'un vert pâle en dessous, à la fin glabres;
stipules petites, subulées, souvent nulles. Chatons presque sessiles, munis de quelques jeunes feuilles à la base, paraissant avec
les feuilles : les mâles oblongs, obtus, étalés, à écailles ovales,
d'un brun rougeâtre supérieurement, couvertes de poils fins,
très-longs; étamines 2, à anthères pourprées, à filets *soudés inférieurement, souvent jusqu'au milieu* et même presque jusqu'au
sommet; — les femelles épais, cylindriques, dressés ou courbés,
à écailles persistantes. Capsule tomenteuse, sessile, ovale-aiguë;
style *allongé;* stigmates bruns, étalés, *linéaires,* entiers.

Hab. les bords du Gardon, aux environs de Comps, etc.; les bords du
Rhône, à Beaucaire, Vallabrègues. ♄ Fl. mars-avril.

8. **S. VIMINALIS** *Lin. sp.* 1448; *Dec. fl. fr. 3, p.* 297; *Hoffm.
hist. sal. t. 2-5 et t.* 21, *fig. E, F, G; Coss. et Germ. fl. par. t.* 29,
fig. K. — Arbrisseau de 2-3 mètres, à rameaux allongés, effilés,
flexibles, à la fin glabres, grisâtres ou verdâtres, rarement jaunâtres. Feuilles *très-longues, lancéolées ou lancéolées-linéaires,*
acuminées, entières, un peu ondulées, un peu roulées en dessous
par les bords, vertes et glabres en dessus, *soyeuses-argentées en
dessous;* stipules petites, lancéolées-linéaires. Chatons sessiles ou
presque sessiles, munis à leur base de petites feuilles ou bractées:
les mâles ovales ou oblongs, serrés, obtus, paraissant avant les
feuilles; écailles oblongues, brunes ou noirâtres, garnies de poils
fins très-longs; étamines 2, libres; anthères jaunes; — les femelles
plus longs que les mâles, paraissant avec les feuilles, à écailles
persistantes. Capsule ovale, atténuée vers le sommet, sessile,
tomenteuse; style allongé; stigmates allongés, divergents, linéaires, entiers, rarement bifides, dépassant les poils des écailles.

Vulgairement *osier blanc, osier vert.*
Hab. les bords du Gardon, les bords du Rhône, à Beaucaire, Vallabrègues,
les bords des rivières, aux environs du Vigan. ♄ Fl. mars-avril.

9. **S. CINEREA** *Lin. sp.* 1449; *S. acuminata Dec. fl. fr. 3,*

p. 291, *et* 5, *p.* 342 ; *Hoffm. hist. sal. t.* 6, *fig.* 1-2, *t.* 22, *fig.* 2 ; *Coss. et Germ. fl. par. t.* 30, *fig. M ; S. rufinervis Dec. l. c.* 5, *p.* 341. — Arbrisseau souvent élevé, à rameaux cendrés ou olivâtres, tomenteux dans leur jeunesse. Feuilles brièvement pétiolées, *ovales, ovales-lancéolées* ou *elliptiques,* obtuses ou terminées par une pointe droite ou oblique ; entières, ondulées, denticulées ou crénelées, souvent un peu roulées en dessous par les bords, rugueuses, glabres ou pubescentes en dessus, *tomenteuses et glauques ou cendrées en dessous,* à nervures saillantes, anastomosées-réticulées, blanchâtres, roussâtres ou ferrugineuses ; stipules réniformes, dentelées, plus ou moins grandes ; bourgeons *tomenteux-grisâtres.* Chatons sessiles, munis, à leur base, de bractées courtes, naissant avant les feuilles : les mâles ovales ou oblongs, serrés, à écailles ovoïdes, noirâtres, garnies de poils très-longs ; étamines 2, libres ; anthères jaunes ; — les femelles plus longs, à écailles persistantes. Capsule ovale, longuement atténuée vers le sommet, pédicellée, tomenteuse ; style très-court : stigmates oblongs, bifides.

Vulgairement *marceau.* Propriétés générales des saules, indiquées au N° 2.

Hab. les bords des eaux, dans tout le département. ♃ Fl. mars-avril.

10. **S. CAPREA** *Lin. sp.* 1448 ; *Dec. fl. fr.* 3, *p.* 290 ; *S. aurigerana Dec. l. c.* 5, *p.* 341 ; *Lin. fl. lapp. t.* 8, *fig.* 5 ; *Hoffm. hist. sal. t.* 3, *fig.* 1-2, *t.* 5, *fig.* 4, *t.* 21, *fig.* 1, *a, d ; Coss. et Germ. t.* 31, *fig. O.* — Arbrisseau ou arbre peu élevé, à écorce cendrée, un peu fendillée, ordinairement rameux dès la base, à rameaux brunâtres, cendrés, tomenteux dans leur jeunesse. Feuilles brièvement pétiolées, ordinairement *grandes, ovales ou oblongues-lancéolées,* obtuses ou *terminées en pointe oblique,* obscurément ondulées ou crénelées, rugueuses, glabres et luisantes en dessus, *blanchâtres-tomenteuses en dessous,* à nervures saillantes, anastomosées-réticulées ; stipules réniformes, dentelées, souvent nulles ; bourgeons *glabres,* rougeâtres. Chatons sessiles, munis de bractées courtes à la base, naissant avant les feuilles : les mâles ovales, gros, épais, à écailles brunes, garnies de poils très-longs ; étamines 2, libres ; anthères jaunes ; — les femelles allongés, lâches, à écailles persistantes. Capsule ovale, longuement atténuée vers le sommet, pédicellée, tomenteuse ; style très-court ; stigmates oblongs, bifides.

Vulgairement *saule marceau.* Propriétés générales des saules, indiquées au N° 2.

Hab. les bords des ruisseaux. aux environs du Vigan, de l'Espérou. ♃ Fl. mars-avril.

11. **S. AURITA** *Lin. sp.* 1446 ; *Dec. fl. fr.* 3, *p.* 291, *et* 5, *p.* 342; *S. rugosa Ser. ess.* 18 ; *S. ulmifolia Vill. dauph.* 3, *p.* 776 ; *Hoffm.*

hist. sal. t. 4, fig. 1-2. *t.* 22, *fig.* 1 ; *Coss. et Germ. fl. par. t.* 30, *fig. N.* — Arbrisseau de 3-6 décim., rarement plus élevé, à rameaux grêles, diffus, grisâtres ou rougeâtres, glabres ou pubescents, un peu tomenteux au sommet. Feuilles brièvement pétiolées, *obovales-oblongues, élargies au sommet, terminées par une pointe courte, recourbée obliquement*, plus rugueuses que dans les deux espèces précédentes, ondulées ou denticulées sur les bords souvent un peu roulés en dessous, pubescentes en dessus, blanchâtres-tomenteuses en dessous, à nervures saillantes, anastomosées-réticulées ; stipules réniformes, dentées ; bourgeons *glabres*, rarement pubescents. Chatons sessiles, puis pédonculés et feuillés, naissant avant les feuilles : les mâles oblongs, à écailles brunes au sommet, poilues ; étamines 2, libres ; anthères jaunes ; — les femelles oblongs, à écailles persistantes. Capsule étroitement ovale, longuement atténuée vers le sommet, pédicellée, tomenteuse ; style très-court ; stigmates ovales, échancrés.

Hab. les bords des ruisseaux, aux environs de l'Espérou, de St-Guiral, du Vigan, d'Alzon. ♄ Fl. mars-avril.

12. **S. REPENS** *Lin. sp.* 1447 ; *Coss. et Germ. fl. par. t.* 31, *fig. P* ; *Vill. dauph.* 3, *p.* 767, *t.* 50, *fig.* 10 ; *S. depressa Dec. fl. fr.* 5, *p.* 346 ; *Hoffm. hist. sal. t.* 15 *et* 16 ; *S. arenaria Dec. fl. fr.* 3, *p.* 293 *(non Lin.).* — Arbrisseau de 1-4 décim., à tige d'un brun rougeâtre, rampante entre deux terres, à rameaux dressés ou ascendants, simples ou très-rameux, pubescents ou glabres. Feuilles à pétiole très-court, petites, ovales ou arrondies, elliptiques ou lancéolées, obtuses ou terminées par une petite pointe droite ou recourbée, entières ou finement denticulées, à bords un peu rabattus en dessous, à face supérieure glabre, luisante ou pubescente, veinée-réticulée, à face inférieure *soyeuse-argentée*, rarement glabre et glauque. Stipules *lancéolées*-aiguës, souvent nulles. Chatons sessiles ou brièvement pédonculés, munis à leur base de petites feuilles, paraissant avant ou en même temps que les feuilles : les mâles à écailles brunes, velues ; étamines 2, libres, à filets portant quelques poils à la base ; anthères jaunes ; — les femelles un peu serrés, à écailles velues, persistantes. Capsule pédicellée, tomenteuse, rarement glabre, ovale-atténuée vers le sommet. Style court ; stigmates ovales, bifides.

Var. B. *Argentea Koch.* Feuilles soyeuses-argentées, surtout en dessous ; capsule tomenteuse. *S. argentea Smith. brit.* 1059 ; *S. arenaria Lin. fl. suec. ed.* 2, *p.* 351.

Hab. les prés aquatiques et tourbeux, à la baraque de Michel, près de l'Espérou ; au Lengas, sur la Lozère, commune de Concoule. ♄ Fl. avril-mai.

2ᵉ gʳᵉ **PEUPLIER. — POPULUS.** (Tournef. inst. 592, t. 363.)

Écailles des chatons *lacérées ou incisées* ; fleurs mâles à 8-22 étamines libres, insérées sur un disque *cupuliforme*, obliquement tronqué ; fleurs femelles à ovaire uniloculaire, à style très-court, à 2 stigmates profondément bifides. Capsule à 2 valves, non divergentes au sommet, renfermant des graines nombreuses, munies d'une aigrette soyeuse.

1.	Écailles des chatons velues-ciliées : bourgeons pubescents..............................	2.
	Écailles des chatons glabres : bourgeons glabres, glutineux..............................	4.
2.	Feuilles tomenteuses et d'un blanc brillant en dessous................................	ALBA.
	Feuilles pubescentes ou laineuses, et grisâtres en dessous..............................	3.
3.	Feuilles minces et d'un vert clair en dessus.....	TREMULA.
	Feuilles un peu épaisses et d'un vert assez foncé.	CANESCENS
4.	Branches et rameaux dressés, très-rapprochés du tronc et disposés en pyramide étroite.........	PYRAMIDALIS
	Branches et rameaux étalés, non disposés en pyramide étroite............................	5.
5.	Feuilles plus longues que larges.................	NIGRA.
	Feuilles plus larges que longues.................	VIRGINIANA

1. **P. TREMULA** *Lin. sp.* 1464 ; *Dec. fl. fr. 3, p.* 299 ; *Lob. ic. 2, p.* 194, *fig.* 2 ; *Math. comm. (valgr), p.* 138, *ic.* — Arbre médiocrement élevé, à écorce lisse, grisâtre, à branches étalées. Feuilles minces, presque orbiculaires, inégalement et grossement dentées, d'un vert clair, glabres sur les deux faces, à l'état adulte, ou un peu pubescentes en dessous, portées sur des pétioles grêles, allongés, comprimés, ce qui les rend très-mobiles à la moindre agitation ; feuilles des pousses radicales jeunes, brièvement pétiolées, ovales-aiguës, quelquefois arrondies, acuminées, finement dentées, *couvertes en dessous d'un duvet laineux, grisâtre*, que l'on retrouve sur les rameaux qui les portent. Écailles des chatons, soit mâles, soit femelles, brunes, *incisées-digitées*, chargées de *poils longs* ; les mâles à 8 étamines ; les femelles à stigmates moyens bifides ; tous allongés, cylindriques. Capsule glabre, brièvement pédicellée, ovale-acuminée vers le sommet.

Vulgairement *tremble*. Son écorce a été employée comme fébrifuge : on la donne aux chevaux comme vermifuge. Son bois, blanc et tendre, sert à faire des sabots : c'est la nourriture principale des castors. Les chèvres, les vaches et les moutons mangent la feuille sèche pendant l'hiver : les chevaux n'en veulent pas.

Hab. les bois, dans tous les environs du Vigan, dans le bois de Salbous, dans ceux de la Chartreuse de Valbonne. ♄ Fl. mars-avril.

2. **P. ALBA** *Lin. sp.* 1463 ; *Dec. fl. fr. 3, p.* 298 ; *Math. comm.* 129, *fig.* 1, *et ed. (valgr.)* 136, *ic.* ; *Camer. epit.* 65, *ic.* ; *Tabern. ic.* 977, *fig.* 1. — Arbre souvent très-élevé, à écorce grisâtre, crevassée sur le tronc, lisse sur les branches ; celles-ci étalées ; les jeunes pousses blanches-tomenteuses. Feuilles ovales, presque

arrondies, sinuées-anguleuses ou lobées et cordiformes à la base, très-blanches-cotonneuses en dessous, pubescentes en dessus dans leur jeunesse, puis glabres; pétiole épais, peu comprimé, très-cotonneux, égalant environ la moitié du limbe. Chatons cylindriques : les mâles à écailles *crénelées*, barbues au sommet; étamines 8 ; -- les femelles lancéolés, dentés, ciliés au sommet; stigmates *linéaires, bifides*, opposés en croix. Capsule glabre, ovoïde, brièvement pédicellée.

Vulgairement *peuplier blanc, peuplier de Hollande*; en patois, *aouba*. Les feuilles sont indiquées comme fébrifuges; les chèvres, les chevaux et les moutons les mangent. Le bois, nommé *bois blanc*, sert à faire des sabots; les menuisiers, les ébénistes et les layetiers en font un grand emploi; avec les copeaux, on fait les chapeaux de sparterie.

Hab. les bords des eaux et les lieux humides, dans tout le département. ♄ Fl. mars-avril.

3. **P. CANESCENS** *Smith. brit.* 1080; *Dec. fl. fr.* 3, *p.* 299; *Engl. bot. t.* 1619. --- Arbre de moyenne taille, à écorce lisse, grisâtre, à rameaux ascendants, les plus jeunes pubescents. Feuilles plus petites que dans l'espèce précédente, longuement pétiolées, ovales-arrondies, sinuées-anguleuses, glabres et d'un vert luisant en dessus, garnies en dessous d'*un duvet court, grisâtre*, disparaissant avec l'âge; jeunes rameaux à feuilles *cordiformes, non lobées*, quelquefois très-blanches en dessous. Chatons cylindriques, allongés, à écailles *laciniées et ciliées* au sommet. Étamines 8. Stigmates 2, à 3-4 lobes *en éventail*. Capsule glabre, ovoïde, brièvement pédicellée.

Vulgairement *grisaille*.

Hab. les bois humides et les bords des eaux, aux environs du Vigan, au bois de Campagne, près Nîmes; à la Chartreuse de Valbonne. ♄ Fl. mars-avril.

4. **P. VIRGINIANA** *Desf. cat.* 242; *Duby. bot. p.* 127; *P. monilifera Lois. gall.* 2, *p.* 349. --- Arbre de haute taille, à branches étalées. Feuilles longuement pétiolées, *plus larges que longues*, amples, deltoïdes-triangulaires, aiguës ou acuminées, tronquées à la base, glabres, glutineuses dans leur jeunesse, dentées; à dents *recourbées, brièvement ciliées*. Chatons pendants, à écailles glabres : les mâles à 12 étamines ou plus; les femelles très-longs, lâches, moniliformes. Bourgeons glabres, glutineux; jeunes rameaux glabres.

Vulgairement *peuplier suisse*.

Hab., originaire de Virginie, fréquemment planté dans les avenues, aux environs de Nîmes. ♄ Fl. mars-avril.

5. **P. NIGRA** *Lin. sp.* 1464; *Dec. fl. fr.* 3, *p.* 299; *Blackw. t.* 248; *Math. comm.* 129, *fig.* 2, *et ed. (valgr.)* 137, *ic.;* *Lob. ic.* 2, *p.* 194, *fig.* 1. --- Arbre élevé, à branches *étalées*, à écorce grisâtre. Feuilles ovales-triangulaires-acuminées, tronquées ou

un peu en coin, et munies de petites dents à la base ainsi que dans leur pourtour, glabres, glutineuses dans leur jeunesse, *plus longues que larges*. Bourgeons glabres, glutineux. Chatons pendants, allongés, à écailles glabres, naissant avant les feuilles : les mâles à 12 étamines et plus, à anthères rougeâtres; les femelles lâches, à capsules glabres, ovales, brièvement pédicellées.

Vulgairement *peuplier noir*. On le cultive souvent, en lui coupant la tête, pour en obtenir des rameaux effilés, que l'on emploie comme osier, d'où lui vient le nom d'*osier blanc*. Les bourgeons sont émollients et calmants; ils entrent dans la composition de l'onguent *populeum*. Le duvet des graines peut être employé pour faire du papier. Le bois sert à faire des planches et des sabots.

Hab. les terrains humides, les bords des eaux, souvent planté dans les avenues, dans tout le département. ♄ Fl. mars-avril.

6. **P. pyramidalis** *Rozier in Lamk. dict.* V, *p.* 235; *P. fastigiata Lamk. l. c.; Dec. fl. fr.* 3, *p.* 390. — Cet arbre diffère du précédent : par sa taille, plus élevée; par ses rameaux, effilés, dressés, très-rapprochés du tronc, présentant par leur ensemble une pyramide élancée et étroite; par ses feuilles, aussi larges que longues.

Vulgairement *peuplier d'italie, peuplier de Constantinople*; en patois, *pira*. Mêmes propriétés que le précédent.

Hab., originaire d'Orient, planté aux bords des fossés et des chemins, dans les avenues, dans tout le département. ♄ Fl. mars-avril.

CVII^e Fam. **PLATANÉES**.

PLATANEÆ. (Lestib. ex Mart. hort. monac. p. 46.)

Fleurs monoïques, en chatons compactes, globuleux; les mâles et les femelles sur des rameaux différents. Les mâles dépourvus d'involucres et de calices, à étamines très-nombreuses, très-courtes, entremêlées d'écailles un peu élargies au sommet, à anthères à 2 lobes distincts. Les femelles dépourvus d'involucres et de calices; ovaires très-nombreux, très-rapprochés, épaissis au sommet, entremêlés d'écailles courtes; style simple, stigmatifère latéralement et supérieurement. Fruit *capsule* coriace, subclaviforme, terminé par le style persistant, uniloculaire, monosperme, indéhiscent, entouré à la base de poils allongés, articulés. Graine suspendue, oblongue-cylindrique, à test mince, membraneux; périsperme mince ou charnu. Réceptacle globuleux, presque alvéolé. Embryon droit; cotylédons plans. Arbres élevés.

1er g^{re}. PLATANE. — PLATANUS. (Lin. gen. 1075.)

Caractères de la famille.

1. { Feuilles à lobes étroits et profonds.............. **ORIENTALIS**.
{ Feuilles à lobes larges à la base et peu profonds.. **OCCIDENTALIS**.

1. P. ORIENTALIS *Lin. sp.* 1417; *Dec. fl. fr.* 3, *p.* 314; *Lamk. ill. t.* 783; *Math. comm. (valgr.)* 133, *ic.*; *Camer. epit. p.* 63, *ic.: Clus. hist.* 1, *p.* 9, *ic.* — Arbre élevé, à écorce lisse, grisâtre, se détachant chaque année par plaques, à branches dressées ou étalées, formant une tête ample et touffue. Feuilles amples, un peu coriaces, glabres, pubescentes en dessous dans leur jeunesse, palmées, à lobes profonds, lancéolés-dentés, un peu cordées à la base, à pétiole allongé, dilaté à la base. Chatons sessiles, espacés sur des pédoncules rameux, allongés, pendants, naissant avec les feuilles.

Le bois de cet arbre est employé, ainsi que celui du suivant, par les carrossiers, les menuisiers et les ébénistes.

Hab., originaire d'Orient, planté le long des routes et dans les promenades publiques, dans tout le département. ♃ Fl. avril—mai; fr. août.

2. P. OCCIDENTALIS *Lin. sp.* 1418; *Duby. bot. p.* 430; *Catesb. carol.* 1, *t.* 56; *Duham. arbr. nouv. ed.* 2, *p.* 7, *t.* 2. — Cet arbre diffère du précédent, auquel il ressemble beaucoup : par sa taille, plus élevée; par ses feuilles, plus amples, cunéiformes à la base, à lobes dentés, peu profonds, pubescentes à la face inférieure.

Hab., originaire de Virginie, planté le long des routes et dans les promenades, dans tout le département. ♃ Fl. avril—mai; fr. août

CVIII^e FAM. BÉTULACÉES.

BÉTULACEÆ. (Endl. gen. 272: Betulineæ A. Rich. el. bot. ed. 6, p. 626.)

Fleurs monoïques, en chatons unisexuels, ovales-arrondis ou cylindriques. Fleurs mâles au nombre de 3, à l'aisselle de chaque écaille peltée et munie de plusieurs petites bractées squamiformes. Calice à 3-4 divisions, ou formé d'une bractée écailleuse. Étamines 4, insérées à la base du calice et opposées à ses divisions; anthères à 1-2 lobes, à déhiscence longitudinale. Fleurs femelles au nombre de 2-3, à l'aisselle de chaque bractée entière ou trilobée, accrescente, membraneuse, caduque, ou ligneuse, persistante, munie ou dépourvue de petites écailles. Calice nul. Ovaire à 2 loges monospermes; stigmates filiformes. Fruit petit, sec, indéhiscent, anguleux ou comprimé, à 2 ailes membraneuses, uniloculaire et monosperme par avortement, plus rarement biloculaire et bisperme. Graine suspendue, à test très-mince, membraneux. Périsperme nul. Embryon droit, à cotylédons plans. Arbres ou arbrisseaux à feuilles simples, alternes, à stipules libres, caduques.

<table>
<tr><td rowspan="2">1.</td><td>Chatons femelles cylindriques, solitaires, à écailles membraneuses, caduques à la maturité....</td><td>1er g^{re}. BETULA.</td></tr>
<tr><td>Chatons femelles ovales-arrondis, en grappes, à écailles ligneuses, persistantes............</td><td>2e g^{re}. ALNUS.</td></tr>
</table>

1er gr. **BOULEAU. — BETULA.** (Tournef. inst. p. 588, t. 360.

Chatons mâles cylindriques, allongés, à écailles pédicellées-peltées, munies de 2 petites bractées recouvrant 3 fleurs. Calice *monophylle, écailleux.* Étamines 4, courtes, *soudées par paire jusqu'au milieu de leur filet;* anthères *unilobées.* Chatons femelles oblongs, compactes, *à écailles membraneuses-scarieuses, bilobées, cunéiformes, caduques* à la maturité, portant 3 fleurs à leur aisselle, dépourvues de calice. Ovaire à 2 loges. Fruit biloculaire, bisperme ou uniloculaire-monosperme par avortement, comprimé, à 2 ailes membraneuses.

1. **B. alba** *Lin. sp.* 1393; *Dec. fl. fr.* 3, *p.* 301; *Lamk. ill.* 760, *fig.* 1; *Math. comm. (ratgr.)* 142, *ic.; Lob. ic.* 2, 190, *fig.* 2; *Camer. epit.* 69, *ic.* — Arbre droit, plus ou moins élevé, d'une grosseur médiocre, à épiderme papyracé, lisse, d'un blanc satiné, se détachant transversalement par lames, à rameaux jeunes rougeâtres, grèles, flexibles, *tombants,* ordinairement glabres. Feuilles pétiolées, deltoïdes, *acuminées,* presque tronquées à la base, *doublement dentées en scie, glabres sur les deux faces;* l'inférieure plus pâle; les jeunes feuilles souvent un peu pubescentes, glutineuses. Chatons femelles pédonculés, axillaires, dressés, cylindriques ou oblongs, à écailles ciliées, à lobes latéraux arrondis, étalés en croissant, ordinairement plus larges que l'intermédiaire; chatons mâles sessiles, terminaux, pendants, jaunâtres. Fruit fauve, *en navette,* à ailes plus larges que lui et presque aussi longues que les styles, rougeâtres, persistants.

Vulgairement *arbre de la sagesse.* Ses feuilles sont amères, résolutives, détersives, fébrifuges et diurétiques. Le suc qu'on retire de son trone, par incision, est acidule et vanté contre les calculs des reins et de la vessie; ses rameaux servent à faire des balais. Son bois est employé par les menuisiers, les sabotiers, les tourneurs: on en fait des cerceaux, des cercles pour les tonneaux, etc.

Hab. le bois de Longuesfeuilles, à Concoule; au valat de Valleraugue, sur l'Aigual. ♄ Fl. avril-mai; fr. août-septembre.

2e gr. **AULNE. — ALNUS.** (Tournef. inst. p. 587, t. 359.)

Chatons mâles cylindriques, allongés, à écailles pédicellées-peltées, munies de 4 petites bractées recouvrant 3 fleurs. Calice *à 4 divisions.* Étamines 4, courtes, *à filets libres;* anthères *bilobées.* Chatons femelles ovales-arrondis, à écailles épaisses, coriaces, ovales-arrondies, cunéiformes, *persistantes, écartées et ligneuses* à la maturité, munies de 2 fleurs à leur aisselle. Ovaires 2, à 2 loges monospermes. Fruit uniloculaire, monosperme par avortement, comprimé-anguleux, ailé ou non ailé.

1.
{ Feuilles ovales ou arrondies, poilues en dessous, seulement à l'angle des nervures................ **GLUTINOSA**.
{ Feuilles ovales-aiguës, pubescentes-tomenteuses sur toute la face inférieure................ **INCANA**

1. **A. GLUTINOSA** *Gærtn. fr. 2, t. 90, fig. 2 ; Dec. fl. fr. 3, p. 303 ; Betula alnus, var. 1, Lin. sp. 1314 ; Lamk. ill. t. 760, fig. 3 ; Math. comm. (valgr.) 110, ic.; Clus. hist. 1, p. 12, fig. 1 ; Camer. epit. 68, ic.* — Arbre de 12-15 mètres, à écorce brune, à bois rougeâtre, à jeunes rameaux glabres. Feuilles pétiolées, *arrondies, tronquées ou échancrées au sommet*, un peu cunéiformes à la base, sinuées-dentées ou doublement dentées en scie, glutineuses dans leur jeunesse, glabres et d'un vert sombre en dessus, velues en dessous aux angles des nervures. Chatons mâles en grappes rameuses, pendantes, naissant avant les feuilles ; chatons femelles en grappes rameuses, dressées. Akènes obovales, comprimés, terminés par la base des styles persistants, dépourvus d'ailes.

Vulgairement *verne, vergne*. Le suc et la décoction des feuilles sont vermifuges et diurétiques ; l'écorce est astringente et détersive en gargarisme. Elle sert à faire de l'encre, en remplacement de la noix de galle ; le fruit et l'écorce donnent une belle encre bleue. Le bois sert à faire des sabots, des échelles, des planches, des tuyaux pour la conduite des eaux ; il est en usage chez les tourneurs et les ébénistes.

Hab. les bords des rivières et des ruisseaux, dans tout le département. ♄ Fl. mars ; fr. août-septembre.

2. **A. INCANA** *Dec. fl. fr. 3, p. 304 ; Betula incana Lin. fil. suppl. 417 ; Math. comm. 133, ic.; Lob. ic. 2,191, fig. 1 ; J. Bauh. 1, pars. 2, p. 154, ic.* — Arbrisseau de 1-3 mètres, à écorce cendrée, à jeunes rameaux pubescents, réunis en buisson. Feuilles pétiolées, *ovales-aiguës ou un peu acuminées*, arrondies ou cunéiformes à la base, bordées *de grosses dents dentelées en scie*, glabres et d'un vert sombre en dessus, glutineuses dans leur jeunesse, couvertes en dessous d'*une pubescence cotonneuse, blanchâtre ou roussâtre*. Le reste comme dans le précédent.

Hab. les îles du Rhône, à Vallabrègues. ♄ Fl. février-mars ; fr. août.

CIX^e FAM. **ABIÉTINÉES.**

ABIETINEÆ. (L. c. Rich. conif. 145.)

Fleurs monoïques. Les chatons mâles oblongs, dressés, disposés en épis, composés d'écailles imbriquées, étroites à la base, dilatées-arrondies au sommet, portant chacune, inférieurement, 2 lobes d'anthères qu'elles séparent, dont la déhiscence est longitudinale. Chatons femelles en cônes sessiles ou brièvement pédonculés, plus ou moins gros, solitaires ou verticillés, formés d'écailles étroitement imbriquées, ouvertes à la maturité, épaisses, ligneuses, ou minces, coriaces, portant chacune intérieurement, à leur base, deux graines suspendues, osseuses à la maturité, munies supérieurement d'une aile membraneuse, caduque ou persistante. Périsperme charnu. Embryon droit ; plusieurs cotylédons verticillés.

1re g^{re}. PIN. — PINUS (Lin. gen. 1077.)

Caractères de la famille. Arbres ordinairement très-élevés, à branches ordinairement verticillées, à feuilles linéaires, persistantes, éparses ou fasciculées.

1.	Cônes à écailles ligneuses, épaissies au sommet; feuilles fasciculées.	2.
	Cônes à écailles minces, coriaces, non épaissies au sommet; feuilles solitaires.	PICEA.
2.	Feuilles n'atteignant pas un décim. de longueur.	3.
	Feuilles de 1-2 décim. de longueur.	4.
3	Feuilles de 5-6 centim. de longueur, raides, piquantes.	SYLVESTRIS
	Feuilles de 6-8 centim. de longueur, filiformes, non piquantes.	HALEPENSIS
4.	Cônes à écailles ombiliquées au sommet.	LARICIO.
	Cônes à écailles mamelonnées au sommet.	5.
5.	Cônes très-gros, ovales-obtus.	PINEA.
	Cônes gros, oblongs-coniques, aigus.	PINASTER.

1. **P. SYLVESTRIS** *Lin. sp.* 1418; *Dec. fl. fr.* 3, *p.* 271; *Lamb. pin.* 1, *t.* 1; *Lamk. ill.* 786, *fig.* 1; *Lois. nouv. Duham.* 5, *t.* 66; *Math. comm. (valgr.)* 98, *ic.* — Arbre élevé, à tronc nu, droit, rameux au sommet, à branches verticillées, très-étalées. Feuilles géminées, sortant d'une gaîne courte, membraneuse, rapprochées sur les rameaux, longues de 3-6 centim., étalées ou dressées, raides, piquantes, un peu glauques, rudes sur les bords, canaliculées à la face interne, convexes et striées à la face externe. Chatons mâles petits, oblongs, serrés en épis, égalant les feuilles supérieures ou les dépassant peu. Cônes petits, grisâtres, ovales-coniques, solitaires, géminés ou ternés, à pédoncules courts, *recourbés*; écailles oblongues, ligneuses, épaissies au sommet, à écusson *convexe*, relevé d'une carène transversale et d'un mamelon obtus, central. Aile environ *trois fois plus longue que la graine.*

Vulgairement *pin sylvestre, pin de Genève, pin du Nord, pin vulgaire, pin de Russie.* Le liber et les jeunes pousses passent pour diurétiques, antiscorbutiques et vermifuges. Cet arbre, ainsi que presque tous ses congénères, donne de la résine, de la térébenthine, du goudron : ses bourgeons sont diurétiques et antiscorbutiques. Son bois est employé pour mâtures, meubles, pilotis, canaux pour la conduite des eaux, corps de pompe, etc.

Hab. les bois des montagnes élevées du département. ♄ Fl. mai.

2. **P. LARICIO** *var. cebennensis Godr. et Gren. fl. fr.* 3, *p.* 153; *P. Salzmanni Dunal! mém. acad. des scienc. de Montp.* 2, *p.* 81, *ic.* — Arbre d'une taille moyenne dans cette variété, très-élevée dans le type, irrégulièrement rameux au sommet, à branches étalées à angle droit. Feuilles de 10-15 centim., dressées, rapprochées sur les rameaux, raides, coriaces, très-glabres, luisantes, canaliculées et striées à la face interne, convexes et striées

à la face externe, terminées par une petite pointe presque piquante, réunies deux à deux dans une gaine membraneuse, courte dans les feuilles inférieures. Chatons mâles oblongs-cylindriques, obtus, disposés en épis serrés, dépassés par les feuilles. Cônes médiocres, *ovales-coniques*, obtus ou aigus, d'un vert un peu glauque, rougeâtres à la base et au sommet, solitaires ou géminés, rarement ternés, à pédoncules courts, *presque horizontaux*; écailles ovales, ligneuses, épaissies au sommet, à écusson convexe, relevé d'une carène transversale et marqué d'un ombilic central. Graines petites, roussâtres, ovales-elliptiques, comprimées; ailes membraneuses, semi-lancéolées, *obtuses au sommet, 3-4 fois plus longues que les graines.*

C'est de l'arbre type, commun en Corse, que l'on retire les plus beaux mâts de la marine.

Hab. dans la vallée de Bessége, à Bourdezac. ♃ Fl. mai.

3. **P. HALEPENSIS** *Will. dict. n° 8; Dec. fl. fr. 3, p. 274; Lamb. pin. t. 10; Lois. nouv. Duham. 5, t. 70.* — Arbre de 10-20 mètres, à tête ordinairement arrondie au sommet, à branches étalées. Feuilles filiformes, dressées, raides, aiguës, de 4-8 centim. de longueur, lisses ou obscurément striées sur les deux faces, à face interne canaliculée, l'externe convexe, d'un vert gai, rapprochées au sommet des rameaux, un peu caduques, réunies deux à deux dans une gaine commune, membraneuse, assez courte. Chatons mâles oblongs, serrés en épis, dépassés par les feuilles. Cônes moyens, *oblongs-coniques*, *aigus* au sommet, arrondis à leur base, solitaires, *réfléchis*, à pédoncule court, épais; écailles obovales, à écusson large, peu saillant, relevé d'une carène transversale, faible, et d'un mamelon obtus, central. Graines petites, roussâtres, ovales; ailes membraneuses, semi-oblongues, *obtuses au sommet, 4-5 fois plus longues que les graines.*

Vulgairement *pin de Jérusalem*. Cet arbre fournit une excellente térébenthine; son bois est employé pour la menuiserie et pour le chauffage.

Hab. dans toute la partie inférieure du département, surtout lorsque le terrain est un peu montueux. ♃ Fl. mai.

4. **P. PINEA** *Lin. sp. 1419; Dec. fl. fr. 3, p. 273; Lamb. pin. t. 6, 7, 8; Lois. nouv. Duham. 5, t. 72 bis, fig. 3, et t. 73; Math. comm. valgr.) 96, ic.* — Arbre élevé, à tronc droit, à écorce un peu rougeâtre, à rameaux touffus, étalés à angle droit, formant une belle tête arrondie. Feuilles dressées ou étalées, étroites, aiguës, de 10-15 centim. de longueur, à face interne canaliculée, uninervée; l'externe convexe, finement striée; rapprochées au sommet des rameaux, réunies deux à deux dans une gaine commune, membraneuse, un peu allongée, puis courte. Chatons mâles oblongs, serrés en épis, dépassés par les feuilles. Cônes *très-gros*, *ovales-obtus*, *réfléchis ou horizontaux*, à

pédoncule très-court, très-épais; écailles grandes, ovales, cunéi-formes, à écusson *large, très-saillant, en mamelon émoussé*, faiblement marqué de 5-6 nervures écartées, relevé d'un mamelon obtus, central. Graines très-grosses, atténuées à la base, arrondies au sommet; ailes membraneuses, *obliquement tronquées au sommet, trois fois plus courtes que les graines.*

Vulgairement *pin cultivé, pin pignon.* Les amandes, nommées *pignons doux*, sont huileuses et d'une saveur douce; elles servent à faire une émulsion rafraîchissante; on en retire une huile alimentaire; elles servent aux confiseurs pour les dragées, les pralines et le nougat Le bois sert pour mâture, planches, gouttières.

Hab. dans les pinèdes des Saintes-Marie et d'Aigues-Mortes, et, planté çà et là, dans le département. ♄ Fl. mai.

5. **P. PINASTER** *Ait. hort. kew.* 3, *p.* 367; *P. maritima Dec. fl. fr.* 3, *p.* 237 *et* 5, *p.* 335; *Lamb. pin. t.* 4-5; *Lois. nouv. Duham.* 5, *t.* 72 *et* 72 *bis, fig.* 1; *Math. comm. (vulg.) p.* 99 *et* 100, *ic.* — Arbre élevé, à tronc droit, à écorce lisse, grisâtre, rougeâtre sur les jeunes pousses, à branches très-étalées, formant une tête pyramidale. Feuilles dressées, longues de 10-15 centim., raides, linéaires-aiguës, un peu piquantes, à face interne canaliculée, striée; l'externe convexe, lisse, finement striée; très-rapprochées au sommet des rameaux, réunies deux à deux dans une gaîne membraneuse, assez longue, puis plus courte. Chatons mâles ovales, serrés en épi épais allongé, longuement dépassé par les feuilles. Cônes *oblongs-coniques, allongés, aigus,* dressés, puis *réfléchis,* géminés ou verticillés, rarement solitaires, plus courts que les feuilles; pédoncules très-courts, très-épais; écailles obovales, à écusson *épais, élargi sur les côtés,* très-saillant, à carène transversale, tranchante, relevé au centre d'un mamelon pyramidal, un peu comprimé. Graines assez grosses, elliptiques; ailes membraneuses, larges, oblongues, *obliquement tronquées au sommet,* 4-5 *fois plus longues que les graines.*

Vulgairement *pin de Bordeaux, pin maritime.* On retire de cet arbre beaucoup de térébenthine et de résine; les moutons mangent les feuilles en hiver. Son bois sert pour les constructions navales, pour planches et douves.

Hab. les sables maritimes, à Aigues-Mortes, aux Quatre-Marie, les bords du chemin de fer, à Manduel, où il a été planté. ♄ Fl. mai.

6. **P. PICEA** *Lin. sp.* 1420; *Abies pectinata Dec. fl. fr.* 3 *p.* 276; *Lamb. pin. t.* 30; *Lois. nouv. Duham.* 5, *t.* 82; *Lamb. ill. t.* 785, *fig.* 1. — Arbre très-élevé, pyramidal, à écorce lisse et blanchâtre, à branches verticillées, étalées à angle droit, à rameaux la plupart opposés. Feuilles solitaires, éparses, *disposées sur 2 rangs,* rapprochées, en forme de dents de peigne, *persistantes,* linéaires-étroites, planes, longues de 2-3 centimètres, obtuses ou échancrées, coriaces, blanchâtres et marquées en dessous d'une nervure saillante, à bords un peu repliés, à face supérieure lisse, luisante, canaliculée. Chatons mâles oblongs,

jaunâtres, axillaires, nombreux , rapprochés vers le sommet des rameaux. Cônes oblongs-cylindriques , allongés , obtus , sessiles, dressés, terminant les rameaux; à écailles minces, coriaces, très-larges supérieurement, *presque sessiles*, *tronquées à la base*, étroitement imbriquées, *caduques à la maturité*, munies extérieurement, et un peu au-dessus du pétiole, d'une bractée linéaire-obtuse, acuminée, membraneuse, plus longue que l'écaille. Graines ovales-cunéiformes, irrégulières; ailes larges, membraneuses, *obliquement tronquées au sommet*, 2 fois plus longues que les graines.

Vulgairement *sapin, sapin blanc*. On retire de cet arbre la *térébenthine de Strasbourg*, la *poix de Bourgogne*, la *poix-résine*, le *galipot*; ce suc résineux produit la *colophane*, passe pour vulnéraire, balsamique, diurétique et purgatif. Ses bourgeons, nommés *bourgeons de sapin*, sont vantés pour les affections scorbutiques et catarrhales. Son bois sert pour les constructions navales et civiles, pour les ouvrages de menuiserie; quand il est vieux, on en fait le corps des violons.

Hab., dispersé çà et là, décimé, dans le bois de Longuesfeuilles, près Concoule. ♄ Fl. mai

CX^e Fam. CUPRESSINÉES.

CUPRESSINEÆ. (L. c. Rich. conif. 137, add. taxineæ.)

Fleurs monoïques ou dioïques. Chatons mâles très-petits, à écailles peltées, portant chacune à son bord inférieur 3-12 lobes d'anthères à déhiscence longitudinale. Chatons femelles à écailles peu nombreuses, imbriquées, dépourvues de bractées, portant chacune à leur base un ou plusieurs ovules dressés. Cônes courts, ordinairement subglobuleux, ligneux ou charnus, à écailles soudées ou séparées à la maturité. Graines nues ou à aile membraneuse. Embryon droit; cotylédons 2, ou plus rarement davantage. Arbres ou arbrisseaux à feuilles linéaires-subulées ou squamiformes imbriquées.

1.	Cônes subglobuleux, anguleux, à écailles ligneuses, soudées, puis ouvertes à la maturité....................................	1er g^{re}. CUPRESSUS.
	Cônes bacciformes, à écailles charnues, ne s'ouvrant pas à la maturité......................	2.
2.	Écaille solitaire, succulente, cupuliforme, ouverte au sommet; graine solitaire, oblongue...............................	3e g^{re}. TAXUS.
	Écailles 2-6, soudées, non ouvertes au sommet; graines 3, trigones ou anguleuses...	2e g^{re}. JUNIPERUS.

1er g^{re}. CYPRÈS.— CUPRESSUS. (Tournef. inst. 587, t. 358.)

Fleurs monoïques. Chatons mâles à écailles ovales, peltées, imbriquées sur 4 rangs, portant, à la base de la face interne, 4 anthères sessiles, uniloculaires. Cônes subglobuleux, anguleux, portant, à la base des écailles, 8 ovules et plus, sessiles, dressés;

écailles peltées, anguleuses, épaisses, d'abord soudées, puis ouvertes, ligneuses. Graines oblongues, anguleuses, bordées d'une aile étroite.

1. **C. SEMPERVIRENS** *Lin. sp.* 1422; *C. fastigiata Dec. fl. fr.* 5, *p.* 336; *Lamk. ill. t.* 787, *fig.* 1; *Duham. arb. ed.* 2, *vol.* 3, *t.* 1; *Camer. epit* 52, *ic.* — Arbre élevé, à tronc droit, à écorce brune, à branches dressées et rapprochées du tronc; rameaux tétragones. Feuilles petites, persistantes, presque triangulaires, obtuses, convexes, subcarénées, étroitement imbriquées sur 4 rangs. Chatons mâles, ovoïdes; cônes de la grosseur d'une noix, à écailles ridées en dessus.

Les cônes, connus sous le nom de *noix de cyprès*, sont stomachiques, vulnéraires, fébrifuges. Le bois est très-dur, compacte, pâle ou rougeâtre, d'une odeur pénétrante, n'est point sujet à la vermoulure: il est très-bon pour meubles et pour divers usages de tabletterie.

Hab., originaire d'Orient, fréquemment planté çà et là, et surtout dans les cimetières, dans tout le département. ♄ Fl. février-mars.

On cultive, dans les parcs et les jardins à l'anglaise, le *cyprès horizontal, cupressus horizontalis Mill. dict.*, qui se distingue par ses rameaux étalés à angle droit; et les *thuya occidentalis* et *orientalis Lin.*, remarquables par leurs rameaux aplanis.

2ᵉ gʳᵉ. **GENÉVRIER. — JUNIPERUS.** (Lin. gen. 1134.)

Fleurs dioïques, quelquefois monoïques. Chatons mâles petits, ovales, solitaires, axillaires ou terminaux, à écailles peltées, portant à leur bord inférieur 3-6 anthères unilobées, imbriquées autour de l'axe. Fleurs femelles ternées, axillaires, à pédicelles garnis d'écailles verticillées, imbriquées; *les six supérieures accrescentes, concaves, devenant charnues et soudées entièrement en forme de baie*, renfermant 3 graines anguleuses, ossiculées, dépourvues d'ailes, munies de chaque côté d'une fossette pleine de résine.

1. { Feuilles squamiformes, étroitement imbriquées..... **PHOENICEA**
{ Feuilles linéaires-subulées, raides, piquantes, non imbriquées.......................... 2

2. { Fruit noir, de la grosseur d'un pois............... **COMMUNIS**
{ Fruit rougeâtre, de la grosseur d'une petite cerise... **OXYCEDRUS**

1. **J. COMMUNIS** *Lin. sp.* 1470; *Dec. fl. fr.* 3, *p.* 278; *Lamk. ill. t.* 829; *Fl. dan. t.* 1119; *Fuchs. hist.* 78, *ic.*; *Math. comm. valgr.* 121, *ic.* — Arbrisseau de 1-2 mètres, très-rameux dès la base, dressé en rameaux rapprochés, diffus, anguleux, à écorce d'un brun rougeâtre. Feuilles persistantes, d'un vert un peu glauque, linéaires, subulées, raides, piquantes, nombreuses, étalées, rapprochées par verticille de 3, sessiles, articulées à la base, canaliculées en dessus, obtusément carénées en dessous. Chatons mâles, dressés, axillaires, occupant le sommet des rameaux. Cônes globuleux, de la grosseur d'un pois, axillaires,

persistant pendant l'hiver, *noirs, bleuâtres à la maturité, couverts d'une efflorescence glauque*, longuement dépassés par les feuilles. Le bois répand une odeur agréable, surtout étant sec.

Vulgairement, en patois, *genèbre*. Les sommités et les feuilles sont purgatives: le bois est sudorifique. Les cônes sont stomachiques, diurétiques, emménagogues: on en fait de la liqueur, l'eau-de-vie de genièvre et l'huile de genièvre, employée pour guérir la gale des moutons: on les brûle pour parfumer les salles des hôpitaux.

Hab. les bois, les garrigues et les lieux incultes, dans tout le département. ♄ Fl. avril; fr. août-octobre.

2. **J. OXYCEDRUS** *Lin. sp.* 1470; *Dec. fl. fr.* 3, *p.* 278; *Clus. hist.* 1, *p.* 39, *ic.*; *Dod. pempt.* 853, *fig.* 1; *Matth. comm. vulgr.* 127, *ic.* — Arbre ou arbrisseau de 1-4 mètres, *dressé*, très-rameux, à rameaux subanguleux, à écorce grisâtre ou rougeâtre. Feuilles persistantes, linéaires, subulées, raides, piquantes, nombreuses, étalées, rapprochées par verticilles de 3, sessiles, articulées à la base, à 2 sillons à la face supérieure et *relevées d'une carène tranchante à la face inférieure*. Chatons mâles dressés, axillaires, occupant le sommet des rameaux. Cônes globuleux, axillaires, persistant pendant l'hiver, plus courts que les feuilles, de la grosseur d'une petite cerise, *rougeâtres et luisants à la maturité*, marqués au sommet de 3 lignes saillantes, plus foncées, mates, divergentes.

Vulgairement *petit cèdre, cade*. Son bois, distillé, fournit l'*huile de cade*, employée pour guérir la gale et les ulcères des chevaux et des moutons.

Hab. les bois et les garrigues, dans tout le département, mais rare dans les environs du Vigan. ♄ Fl. mai.

3. **J. PHŒNICEA** *Lin. sp.* 1471; *Dec. fl. fr.* 3, *p.* 279; *J. lycia Lin. sp.* 1471 (*fruct. major.*); *Lois. nouv. Duham.* 6, *t.* 17; *Dod. pempt.* 853, *fig.* 2; *Clus. hist.* 1, 38, *fig.* 1. — Arbre ou arbrisseau monoïque, dressé dans la plaine, tortueux dans les lieux rocailleux, très-rameux, à écorce rude et roussâtre. Feuilles un peu charnues, d'un vert gai, squamiformes, courtes, ovales, un peu obtuses, embrassantes, appliquées-imbriquées, sur 6 rangs et sur 4, sur les petits rameaux, *marquées d'un sillon sur le dos;* on trouve quelquefois des feuilles carénées, entremêlées. Chatons mâles terminaux. Cônes globuleux, persistant pendant l'hiver, de la grosseur d'un gros pois, *jaunâtres, luisants à la maturité*, portés sur des pédoncules courts, latéraux, garnis de feuilles imbriquées, dressés ou un peu courbés.

Hab. les bois, aux environs de Nîmes et du Vigan, de Gaujac, contre les rochers le long du Gardon, à Laudun, à Roquecourbe. ♄ Fl. mai.

3ᵉ gᵉ. IF. — **TAXUS.** (Tournef. inst. t. 362.)

Fleurs dioïques, axillaires. Les mâles en petits chatons solitaires ou géminés, garnis inférieurement d'écailles imbriquées et supérieurement d'écailles peltées, portant, à leur face inférieure, 3-8 lobes d'anthères verticillés. Fleurs femelles *solitaires*, à pédoncule muni d'écailles, composées d'*un anneau s'accroissant en forme de tunique succulente, ouverte au sommet*, imitant une baie, renfermant, sans qu'elle y adhère, une graine ovoïde, osseuse, dépourvue d'aile.

1. **T. baccata** *Lin. sp.* 1472; *Dec. fl. fr.* 3, *p.* 280; *Lamk. ill. t.* 829, *fig.* 1; *A. Rich. conif. t.* 2; *Math. comm. (valgr)*, 1099, *ic.; Camer. epit.* 840, *ic.* — Arbre toujours vert, médiocrement élevé, à écorce d'un brun rougeâtre, à branches très-rapprochées, de la base au sommet. Feuilles d'un vert obscur, pâles en dessous, persistantes, presque sessiles, linéaires-aiguës, à bords un peu roulés en dessous, marquées d'une nervure sur chaque face, rapprochées et disposées sur 2 rangs opposés, étalés. Chatons mâles axillaires, brièvement pédonculés, disposés le long de la partie supérieure des jeunes rameaux. Fruit sessile, ovale, mou, d'un beau rouge à la maturité, de la grosseur d'un gros pois. Graine assez grosse, brunâtre, luisante, obovale.

Les feuilles sont vénéneuses; les moutons et les chèvres les mangent, elles sont mortelles pour le cheval. Le bois est rougeâtre, très-dur; il est employé par les menuisiers, les ébénistes et les tourneurs. Un seul morceau de ce bois, mis dans le vin, le transforme en vinaigre.

Hab. dans les bois de la Chartreuse de Valbonne. ♄ Fl avril.

CXIᵉ Fam. **GNÉTACÉES.**

GNETACEÆ. (Lindl. introd. ed. 2, p. 311.)

Fleurs monoïques ou dioïques; les mâles en petits chatons courts, munis de bractées. Calice membraneux, à 2 lobes. Étamines 1-8, à filets soudés en une colonne saillante. Anthères à 1-4 loges, s'ouvrant par un pore oblong ou par deux arrondis. Fleurs femelles solitaires ou géminées, munies d'écailles coriaces, concaves, disposées en croix; les inférieures beaucoup plus petites. Ovaire sessile, uniloculaire, monosperme. Fruit charnu, en forme de baie, à 2 graines obovales, dépourvues d'aile. Embryon droit; cotylédons 2, libres ou soudées.

1ᵉʳ gʳᵉ. **ÉPHÉDRA.** — **EPHEDRA.** (Lin. gen. 1136.)

Chatons mâles ovales ou arrondis. Fleurs femelles à écailles supérieures devenant charnues et représentant un fruit bacciforme. Graines ovales-aiguës, convexes du côté externe, planes du côté interne. Cotylédons libres. Arbrisseau sans feuilles, ressemblant aux prèles.

1. **E. distachya** *Lin. sp.* 1472; *Dec. fl. fr.* 3, *p.* 281; *A. Rich. conif.* 26, *t.* 4, *fig.* 1; *Lamk. ill. t.* 830, *fig.* 1; *Clus. hist.*

1, *p.* 92, *fig.* 1, 2; *Moris, hist. s.* 13, *t.* 5, *fig.* 5.—Arbrisseau de 5-10 décim., à tige médiocrement épaisse, dure, un peu tortueuse, à écorce grisâtre, à rameaux très-nombreux, simples ou rameux, opposés ou verticillés, dressés, allongés, grêles, cylindriques, *très-flexibles,* striés, *un peu rudes,* verts, articulés, articles de 2-4 centim., munis à leur sommet d'*une petite gaîne à lobes aigus,* qui entoure la base de l'article supérieur; les branches sont souvent couchées et parfois radicantes. Chatons pédonculés, sortant d'une gaîne courte, bilobée, à lobes arrondis: les mâles en 2 glomérules opposés; les femelles opposés, solitaires ou géminés, obovales, à écailles arrondies. Fruit rouge à la maturité, arrondi, de la grosseur d'un pois.

Vulgairement *uvette, raisin de mer.* Ses fruits sont employés pour les maladies aiguës et les fièvres putrides; ils sont astringents, ainsi que les sommités des tiges; on mange les fruits.

Hab. dans la pinède d'Aigues-Mortes, les bords de l'étang de Pujaut, contre les rochers à Villeneuve-lez-Avignon. ♄ Fl. mars-juin.

ERRATUM.

Page 68 ligne 21: ONOSEMA; *lisez;* ONOSMA.

TABLE

DES FAMILLES ET DES GENRES (1).

(1) Cette table devra être supprimée lorsque la table générale du second
volume aura paru avec le quatrième demi-volume.

Montpellier. — J.-A. DUMAS, imprimeur, pl. de l'Observatoire, 5.

ENDOGÈNES

Les endogènes ont la tige presque toujours herbacée, composée de faisceaux de fibres et de vaisseaux répandus dans le tissu cellulaire, dépourvue de moelle centrale et de couches concentriques, à croissance du dedans au dehors. Feuilles souvent engaînantes, simples, à nervures parallèles, rarement lobées et à nervures rameuses, jamais composées. Fleurs tantôt distinctes à l'œil nu, munies d'étamines et de pistils, formées ordinairement d'un périgone à 6 parties disposées par 3 sur 2 rangs, souvent nul ou remplacé par des bractées ; tantôt indistinctes à l'œil nu, dépourvues d'étamines et de pistils (*cryptogames*). Embryon à un seul cotylédon.

1.
- Fleurs distinctes, ou à organes sexuels visibles à l'œil nu.... **ENDOGÈNES PHANÉROGAMES** ou **MONOCOTYLÉDONÉES.**
- Fleurs indistinctes, ou à organes sexuels invisibles à l'œil nu ou renfermés............. **ENDOGÈNES CRYPTOGAMES** ou ACOTYLÉDONÉES VASCULAIRES.

ENDOGÈNES PHANÉROGAMES
OU MONOCOTYLÉDONÉES

Fleurs distinctes, munies d'étamines et de pistils, formées ordinairement d'un périgone à 6 parties, disposées par 3 sur 2 rangs, souvent remplacé par des bractées.

1.
- Ovaire soudé avec le périgone.............. 2.
- Ovaire non soudé avec le périgone........ 7.

2.
- Fruit bacciforme, globuleux, ovoïde ou cylindracé........................... 3.
- Fruit capsulaire ou carpellaire............ 4.

3.
- Plantes terrestres. .... CXVII° f. DIOSCORÉES.
- Plantes aquatiques............ CXXI° f. HYDROCHARIDÉES.

4.
- Étamines 6............................ 5.
- Étamines 1-3.......................... 6.

5.
- Fruit composé de carpelles disposés en étoile............. CXII° f. ALISMACÉES.
- Fruit capsulaire, s'ouvrant en 3 valves. .... CXIX° f. AMARYLLIDÉES

6. { Périgone à segment médian des 3 divisions internes très-diffé-rent des autres, souvent épe-ronné .... **CXX^e f. ORCHIDÉES.**
Périgone à segments semblables ou peu différents, jamais épe-ronnés. .... **CXVIII^e f. IRIDÉES.**

7. { Étamines 4-12............. .... 8.
Étamines 1-4............... 4.

8. { Fruit bacciforme. .... **CXVI^e f. SMILACÉES.**
Fruit capsulaire ou composé de carpelles. .... 9.

9. { Fruit composé de carpelles............. 10.
Fruit capsulaire............... . 11.

10. { Carpelles nombreux , libres.... **CXII^e f. ALISMACÉES.**
Carpelles 6 , libres ou plus ou moins soudés par la suture ven-trale .... **CXIII^e f. BUTOMÉES.**

11. { Périgone pétaloïde............... 12.
Périgone herbacé , scarieux ou glumacé............... 13.

12. { Styles libres............. **CXIV^e f. COLCHICACÉES.**
Styles soudés en un seul...... **CXV^e f. LILIACÉES.**

13. { Divisions du périgone herbacées. **CXXII^e f. JUNCAGINÉES**
Divisions du périgone scarieuses ou glumacées............. **CXXIX^e f. JUNCÉES.**

14. { Périgone pétaloïde ou herbacé............. 15.
Périgone nul ou remplacé par une spathe membraneuse, ou par des soies ou des écailles............. 16.

15. { Fruit bacciforme............. **CXVI^e f. SMILACÉES.**
Fruit carpellaire............. **CXXIII^e f. POTAMÉES.**

16. { Périgone nul ou formé d'une spathe membraneuse............. 17.
Périgone formé de soies ou d'é-cailles............. 20.

17. { Feuilles linéaires très-allongées. **CXXV^e f. ZOSTÉRACÉES.**
Feuilles nulles, sagittées ou li-néaires-oblongues , sinuées-dentées............. 18.

18. { Plantes terrestres; fruit succulent **CXXVII^e f. AROIDÉES.**
Plantes aquatiques ; fruit non suc-culent. .... 19.

19. { Feuilles nulles ; tiges articulées, à articles aplanis en forme de feuille; plantes flottantes..... **CXXVI^e f. LEMNACÉES.**
Feuilles sinuées-dentées ; tiges non articulées: plantes sub-mergées............. **CXXIV^e f. NAJADÉES.**

20. { Fleurs unisexuelles, monoïques, rarement dioïques............. 21.
Fleurs hermaphrodites............. 22.

21. { Fleurs disposées en épi cylindrique droit, solitaires ou en grappe for- mée de capitules globuleux,...... CXXVIIIe f. **TYPHACÉES**.
Feurs disposées en épillets oblongs ou cylindriques ; les femelles sou- vent pendant.................... CXXXe f. **CYPÉRACÉES**.

22. { Ordinairement 3 étamines ; fruit mo- nosperme......................... 23.
Ordinairement 6 étamines ; fruit tri- polysperme.................... CXXIXe f. **JONCÉES**.

23. { Chaume noueux ; gaîne des feuilles fendue, terminée intérieurement par une languette............... CXXXIe f, **GRAMINÉES**.
Chaume sans nœuds ; gaîne des feuil- les ni fendue, ni terminée intérieu- rement par une languette .... CXXXe f. **CYPÉRACÉES**.

CXIIe Fam. **ALISMACÉES**.

ALISMACEÆ. (R. Br. prodr. 342.)

Fleurs hermaphrodites, régulières, rarement monoïques. Péri- gone à 6 divisions entièrement libres et égales ; les 3 extérieures en forme de calice herbacé et persistant, les 3 intérieures pé- taloïdes, délicates, caduques, imbriquées ou enroulées avant l'épanouissement. Étamines 6-12 ou plus, insérées au-dessous de l'ovaire ou à la base des divisions intérieures du périgone ; anthères bilobées, à déhiscence longitudinale. Ovaires 3-6 ou plus, libres ou soudés par la suture ventrale. Styles courts, persis- tants. Fruit formé de 6-12 carpelles ou plus, secs, disposés en verticilles ou en têtes globuleuses, libres ou soudés par la suture ventrale, indéhiscents ou à déhiscence ventrale, renfermant 1-2 graines à test coriace ou membraneux. Embryon courbé ou plié. Périsperme nul.

1. { Fleurs monoïques ; feuilles sagittées.... 3e gre. **SAGITTARIA**.
Fleurs hermaphrodites ; feuilles non sa- gittées................................ 2.

2. { Carpelles libres, disposés en verticilles ou en têtes,.................... 1er gre. **ALISMA**.
Carpelles soudés, disposés en étoile.... 2e gre. **DAMASONIUM**.

1er gre. **FLUTEAU**. — **ALISMA**. (Lin. gen. 460.)

Fleurs hermaphrodites. 6 étamines à filets filiformes, opposés deux à deux aux divisions pétaloïdes du périgone. — Carpelles *verticillés ou en capitules, libres,* caducs, uniloculaires, mono- spermes. Graine à moitié supérieure, étroitement repliée jusqu'à la base, à test membraneux.

1. { Fleurs petites ; carpelles mutiques........... **PLANTAGO**.
Fleurs assez grandes ; carpelles mucronés..... **RANUNCULOIDES**

1. **A. PLANTAGO** *Lin. sp.* 486; *Dec. fl. fr.* 3, *p.* 188; *Lamk. ill. t.* 272; *Fuchs. hist. p.* 42, *ic.; Math. comm. (valgr.) p.* 482, *ic.; Tabern. ic.* 734, *fig.* 1. — Racine fibreuse, à collet renflé, arrondi, assez gros. Tiges de 2-10 décim., droites, glabres, dépourvues de feuilles, à rameaux verticillés, étagés par verticilles, munis à la base de bractées scarieuses, formant, par leur ensemble, une ample panicule lâche, souvent diffuse. Feuilles radicales, disposées en rosette, pétiolées, ordinairement grandes, ovales, oblongues, lancéolées ou lancéolées-linéaires, atténuées ou cordées à la base, munies de 5-7 nervures principales se réunissant au sommet, et de nervures latérales très-nombreuses, fines, étalées. Fleurs assez petites, blanches ou rosées, longuement pédonculées, verticillées au sommet de la tige et des rameaux. Divisions internes du périgone denticulées, 2-3 fois plus grandes que les extérieures. Carpelles nombreux, très-petits, comprimés, ovales ou oblongs, sillonnés extérieurement, mutiques, arrondis au sommet, disposés circulairement et sur un seul rang en tète déprimée, presque triangulaire, laissant, par leur inclinaison en dehors, un vide au centre en forme d'entonnoir. Style assez long, partant du milieu de la courbure interne. Graine fauve, finement ponctuée.

VAR. A, *Latifolium.* Feuilles grandes, ovales-lancéolées, arrondies ou cordées à la base.

VAR. B, *Lanceolatum.* Feuilles étroitement lancéolées, atténuées à la base. *A. lanceolatum Rchb. exsic.*

VAR. C, *Graminifolium.* Feuilles linéaires, allongées, submergées. *A. Graminifolium Ehrh.*

Vulgairement *plantain aquatique, plantain d'eau;* en patois, *herba de cinq-costas d'aiga.* Sa racine est apéritive ; mise en poudre, elle a été vantée contre la rage. La plante est âcre et peut être nuisible aux bestiaux qui la mangent.

Hab. les fossés, les bords des eaux et les lieux inondés, dans tout le département. ♃ Fl. juillet-août.

2. **A. RANUNCULOIDES** *Lin. sp.* 487, *Dec. fl. fr.* 3, *p.* 189; *Lob. ic.* 300, *fig.* 2. — Racine fibreuse. Tiges de 1-4 décim., dressées, courbées ou couchées, glabres, *dépourvues de feuilles.* Feuilles lancéolées ou lancéolées-linéaires, atténuées aux deux extrémités, à pétioles plus ou moins allongés, marquées de 3 nervures, disposées en faisceau radical, environ de la longueur des tiges. Fleurs assez grandes, rosées, longuement pédonculées, disposées en une *ombelle terminale* ou en deux superposées et distantes. Divisions internes du périgone 4-5 fois plus grandes que les extérieures, très-fugaces. Carpelles nombreux, très-petits, *obliquement elliptiques, à 5 angles saillants inégaux, mucronés*

au sommet par le style court, disposés *sur plusieurs rangs* en capitules sphériques. Graine fauve ou brune, finement chagrinée.

Hab. les fossés, les bords des étangs, les lieux inondés, l'hiver, à Sommières, Jonquières, Alais, Anduze, etc. ♃ Fl. mai-septembre.

2° g^re. DAMASONE. — DAMASONIUM. (Juss. gen. 46.)

Fleurs *hermaphrodites*. Étamines 6, à filets filiformes opposés deux à deux aux divisions pétaloïdes du périgone. Fruit composé de 6-8 carpelles *bispermes*, ou monospermes par avortement, *soudés par la suture ventrale*, disposés en étoile, à déhiscence ventrale. Graine dressée, la supérieure horizontale.

1. D. STELLATUM *Pers. syn.* 1, *p.* 400; *Alisma damasonium Lin. sp.* 486; *Dec. fl. fr.* 3, *p.* 188; *Lob. ic.* 301, *fig.* 1, *et obs.* 160, *fig.* 2. — Racine fibreuse. Tiges de 1-3 décim., glabres, plus ou moins nombreuses, rarement solitaires, étalées, rarement dressées. Feuilles oblongues, tronquées ou un peu cordées à la base, pétiolées, toutes radicales, munies de 3 nervures. Fleurs petites, rosées ou blanches, à pédoncules assez épais, disposés en ombelle terminale plus ou moins fournie, souvent surmontée d'une ou de deux autres ombelles, munies à la base de 3 bractées membraneuses. Carpelles comprimés, striés, allongés en pointe piquante, à bord supérieur tranchant. Graines noires, plissées-rugueuses transversalement.

Vulgairement *étoile d'eau, flûte de berger*; racine astringente, inusitée.
Hab. les bords des étangs, à Jonquières; les lieux inondés, à Bellegarde.

3° g^re. SAGITTAIRE. — SAGITTARIA. (Lin. gen. 1067.)

Fleurs *monoïques*. Périgone des fleurs mâles et des fleurs femelles à 6 divisions; les 3 extérieures vertes, persistantes; les 3 intérieures colorées, caduques; les fleurs mâles à étamines *indéfinies*, occupant la partie supérieure de la grappe, et les femelles la partie inférieure. Fruit formé de carpelles *très-nombreux, libres*, uniloculaires, monospermes, ailés, disposés en capsules sphériques, compactes, sur un réceptacle épais, charnu, *semi-globuleux*.

1. S. SAGITTÆFOLIA *Lin. sp.* 1410; *Dec fl. fr.* 3, *p.* 190; *Lamk. ill.* 776; *Dod. pempt.* 588, *fig.* 1-2; *Tabern. ic.* 743, *fig.* 1-2; *Math. comm. (valg.)* 1138-1139, *ic.* — Racine formée de fibres très-nombreuses, blanches, d'où sortent des rhizomes plus ou moins allongés, blancs, terminés par un bulbe charnu. Tige de 2-8 décim., dressée, fongueuse, ordinairement simple, renflée à la base, à 3 faces, dont une arrondie, terminée par une grappe de fleurs. Feuilles toutes radicales, à pétiole très-long, triquètre, à limbe sagitté, à lobes lancéolés-allongés, tantôt larges, tantôt étroits; les primitives linéaires-oblongues. Fleurs assez grandes, délicates, blanches, roses à la base, disposées en une grappe interrompue; pédoncules opposés ou ternés, munis de bractées membraneuses à leur base; fleurs femelles plus brièvement pédonculées, occupant la partie inférieure de la grappe. Carpelles très-comprimés, apiculés sur l'aile interne, caducs à la maturité, disposés en tête arrondie de la grosseur d'une petite noix.

Vulgairement *fléchière, flèche d'eau, sagette*. La racine est astringente, rafraîchissante; les feuilles sont recherchées par les chevaux, les chèvres, et les cochons.

Hab. les fossés et les lieux marécageux, aux environs de Nîmes, d'Uzès, d'Alais, du Pont-Saint-Esprit, de la Calmette, de Bellegarde, etc. ♃ Fl. juin-août.

CXIII^e Fam. **BUTOMÉES.**

BUTOMEÆ. (Rich. mem. mus. 2, p 365.)

Fleurs hermaphrodites. Périgone à 6 divisions colorées, imbriquées avant l'épanouissement; les 3 extérieures persistantes, les 3 intérieures plus grandes, caduques. Etamines 9, insérées sous l'ovaire; anthères bilobées. Ovaire composé de 6 carpelles polyspermes. Fruit composé de 6 carpelles capsulaires, verticillés, plus ou moins soudés entre eux par la base, du côté interne, s'ouvrant du même côté, terminés par un bec formé par les styles bifides persistants. Graines très-petites, très-nombreuses, fixées sur des placentas pariétaux. Embryon droit ou courbé.

1er g^{re}. BUTOME. — BUTOMUS. (Lin. gen. 507.)

Caractères de la famille.

1. **B. umbellatus** *Lin. sp.* 532; *Dec. fl. fr.* 3, *p.* 191; *Lamk. ill. t.* 324; *Drèves et Hayne pl. d'Eur. t.* 69; *Camer. epit.* 781 *ic.; Math. comm. (valgr.)* 1037, *ic; Tabern. ic.* 250, *fig.* 2. — Rhizome épais, horizontal, garni de fibres inférieurement et donnant naissance supérieurement aux feuilles et aux tiges. Tiges de 6-10 décim., cylindriques, dressées, simples, nues. Feuilles très-longues, dressées, linéaires, très-pointues, canaliculées, trigones à la base, rougeâtres inférieurement. Fleurs assez grandes, rosées, nombreuses, portées sur des pédoncules inégaux, longs et disposés en ombelle solitaire au sommet de la tige, munie à sa base d'un involucre à 3 folioles lancéolées-acuminées, membraneuses; pédoncules munis à leur base d'une bractéole lancéolée-linéaire. Carpelles dressés, terminés par un bec un peu courbé en dehors. Graines linéaires-oblongues, à côtes crénelées.

Vulgairement *jonc fleuri;* feuilles apéritives, peu usitées.

Hab. les marais, les étangs, les rivières et les canaux , à Saint-Gilles, Franquevaud, Bellegarde, Aigues-Mortes, Jonquières. ♃ Fl. juin-août,

CXIVᵉ Fᴀᴍ. **COLCHICACÉES.**

Cᴏʟᴄʜɪᴄᴀᴄᴇᴁ. (Dec., fl. fr. 3, p. 192.)

Fleurs hermaphrodites régulières, rarement unisexuelles par avortement. Périgone à 6 divisions colorées, presques égales, disposées sur deux rangs, soudées en un tube étroit, allongé, ou libres jusqu'à la base, ou soudées en tube très-court, imbriquées ou induppliquées avant l'épanouissement. Étamines 6, insérées à la base des divisions du périgone ou au sommet du tube. Anthères bilobées, extrorses, puis introrses. Ovaire libre ou presque libre, à 3 carpelles plus ou moins soudés. Styles 3, distincts, rarement soudés inférieurement. Fruit capsulaire, composé de 3 carpelles plus ou moins soudés entre eux, s'ouvrant par leur suture. Graines nombreuses, membraneuses, fixées au bord intérieur des valves. Périsperme charnu, très-épais. Embryon presque cylindrique, placé dans le périsperme. Plantes bulbeuses.

1.
   Fleurs à tube très-long, naissant d'un bulbe
     avant les feuilles.................... 1ᵉʳ gʳᵒ. COLCHICUM.
   Fleurs à tube très-court, portées sur une
     tige feuillée, dépourvue de bulbe......... .... 2.

2.
   Fleurs en grappes disposées en panicule
     ample; feuilles très-grandes.......... 2ᵉ gʳᵒ. VERATRUM.
   Fleurs en grappe petite, spiciforme; feuilles
     linéaires............................... 3ᵉ gʳᵒ. TOFIELDIA.

1ᵉʳ gʳᵒ COLCHIQUE. — COLCHICUM. (Tournef. inst., t. 181, 182.)

Périgone *en entonnoir*, à 6 divisions courbées en dedans, soudées inférieurement en tube étroit, très-long, naissant directement du bulbe. Étamines 6, insérées à la gorge du périgone, à filets filiformes, à anthères oblongues, *versatiles.* Styles *libres,* filiformes, allongés, épaissis supérieurement, à stigmates recourbés. Capsule renflée, à 3 carpelles libres au sommet à la déhiscence. Graines subglobuleuses, rugueuses, à raphé court, renflé, spongieux. Embryon très-petit, subcylindrique.

1.
   Fleur solitaire; étamines insérées à la même hauteur; capsule elliptique........................ ARENARIUM.
   Plusieurs fleurs; étamines insérées à deux hauteurs;
     capsule obovale............................ AUTUMNALE.

1. C. ᴀᴜᴛᴜᴍɴᴀʟᴇ *Lin. sp.* 485 ; *Dec. fl. fr.* 3, *p.* 195 ; *Lamk. ill.* 267 ; *Fuchs. hist.* 356, 357, *ic.; Math. comm. (valgr.) p.* 1106, 1107, *ic.—*Bulbe gros, solide, à tunique membraneuse, noirâtre;

produisant, au printemps, 3-4 feuilles de 3-2 décim., largement lancéolées et en gouttière, dressées, un peu pointues, presque planes, engaînantes à leur base, d'un vert noirâtre. Ces feuilles, détruites en automne, sont remplacées à cette époque par 2-3 fleurs grandes, d'un lilas clair, naissant du bulbe, hautes, y compris le tube, d'environ un décim.. Tube muni de gaines membraneuses et plus long que le limbe, divisé en 6 lobes inégaux, lancéolés-oblongs; les intérieurs lancéolés, plus courts. Etamines insérées, les 3 courtes à la base des lobes, et les 3 longues *un peu plus haut*; filets subulés, 2 fois de la longueur des anthères. Styles *courbés en crochet*. Stigmates pâles, *prolongés* sur les styles. Capsule assez grosse, *obovale-enflée*, paraissant au printemps avec les feuilles qui l'enveloppent. Graines brunes. Dans les prairies inondées, la plupart des fleurs ne paraissent qu'au printemps.

Cette plante, connue sous les noms vulgaires de *safran bâtard*, de *tue-chien*, de *veillotte*, est vénéneuse; les bulbes, les fleurs et les semences, sont très-usitées comme diurétique énergique et purgatif; c'est des semences que l'on extrait la *colchicine*, qui est très-vénéneuse.

Hab. les prairies, les pacages, à Manduel, à Nîmes, au Vigan et dans tout le département. ♃ Fl. août-septembre, fr. mai-juin.

2. **C. ARENARIUM** *Waldst. et Kit. pl. rar. Hung. t.* 179; *Col. longifolium Cast. cat. Marseille, p.* 135; *C. minus palun in herb.*; *Rchb. ic. fig.* 944-945. — Cette espèce diffère de la précédente: par son bulbe plus petit; par ses feuilles au nombre de 3, bien plus étroites, planes et ondulées, recourbées, étalées, obtuses; par sa fleur solitaire, très-rarement géminée, à tube 3-4 fois plus long que le limbe, divisé en lobes lancéolés-étroits; par ses étamines, toutes insérées *à la même hauteur;* par ses stigmates, *épaissis au sommet et recourbés;* par sa capsule elliptique, acuminée aux deux extrémités et un peu pédonculée, enveloppée par les feuilles.

Hab. les lieux secs, à Manduel, à Villeneuve-lez-Avignon, au bois de Fargues, près de Villeneuve. ♃ Fl. septembre-octobre, fr. mai.

2ᵉ gʳᵉ. **VARAIRE. — VERATRUM.** (Tournef. inst. p. 272, t. 145.)

Périgone à 6 divisions libres ou soudées à la base en un tube très-court, persistantes. Etamines 6, insérées à la base des divisions; anthères presque arrondies, s'ouvrant *transversalement* en 2 lobes étalés. Ovaire à 3 loges polyspermes, quelquefois avorté. Styles 3, courts, divergents. Capsule à 3 loges, formée de 3 carpelles polyspermes, séparés au sommet, s'ouvrant du côté intérieur. Graines nombreuses, petites, ovales-oblongues, *comprimées*, entourées d'un bord membraneux, attachées le long de la suture intérieure par un pédicelle très-court. Embryon linéaire. Plante à tige feuillée, à racine fibreuse.

1. **V. album** *Lin. sp.* 1479; *Dec. fl. fr.* 3, *p.* 194; *Lamk. ill. t.* 843; *Dod. pempt.* 383, *ic.*; *Math. comm.* (*Valgr.*) 1219, *ic.*; *Fuchs. hist.* 272, *ic.*— Racine à fibres épaisses. Tige de 9-10 décim., droite, cylindrique, simple, épaisse, ferme, pubescente supérieurement, très-feuillée. Feuilles alternes, fort grandes, très-entières, fortement nervées et plissées, ovales-elliptiques ou lancéolées, les supérieures acuminées; toutes engaînantes à la base et finement pubescentes en dessous. Fleurs pédicellées, disposées en grappes pubescentes, rameuses inférieurement ou simples, dressées, étalées ou courbées en dehors, formant, par leur réunion, une panicule de 4-6 décim. Bractées petites, ovales ou lancéolées, plus courtes ou plus longues que les pédicelles. Périgone à lobes oblongs-lancéolés, dentelés, ouverts, blanchâtres en dedans, verdâtres et pubescents en dehors, plus longs que le pédicelle. Capsule à 3 carpelles oblongs, aigus. Graines brunes.

Cette plante porte le nom vulgaire d'*ellébore blanc*, en patois *raraïre blanc*. Toute la plante est vénéneuse; sa racine en poudre est un purgatif drastique très-violent; elle est sternutatoire; elle empoisonne les mouches, les souris et les poules. La plante a été employée avec succès pour guérir la folie.

Hab. les prairies des montagnes, à l'Espérou, à Trèves, à Concoule. ♃ Fl. juin-août,

3° g^{re}. TOFIELDIE. — TOFIELDIA. (Huds. fl. angl. 157.)

Périgone à 6 divisions sessiles, égales, persistantes, entourées à leur base d'un petit involucre *persistant, à 3 lobes.* 6 étamines insérées à la base des divisions; filets glabres, filiformes, allongés; anthères presque arrondies, bilobées, à déhiscence *longitudinale.* Ovaire libre. Stigmates 3, presque sessiles. Capsule *oblongue-trigone* à 3 carpelles libres au sommet, soudés inférieurement, renfermant des graines nombreuses, *linéaires, sillonnées-anguleuses.* Souche non bulbeuse, tige feuillée.

1. **T. calyculata** *Wahlbg. helv.* 68 (1813); *T. palustris Dec. fl. fr.* 3, *p.* 193; *Anthericum calyculatum Lin. sp.* 447; *Helonias borealis Willd. sp.* 2, *p.* 274; *Lamk. ill. t.* 268, *sub narthecium; Lin. fl. lap. t.* 10, *fig.* 3; *Seg. ver.* 2, *p.* 61, *t.* 14; *Clus. pan.* 262, *ic. et hist.* 198, *ic.* — Racine divisée en fibres blanchâtres, simples, diffuses, un peu charnues, donnant naissance à une ou plusieurs tiges, dont les florifères s'élèvent de 1 à 3 décim., ordinairement simples, cylindriques, raides, glabres, dressées, garnies de 1 à 3 feuilles écartées et d'autant plus courtes qu'elles sont supérieures. Du collet de la racine il en pousse

un grand nombre réunies en gazon; toutes sont linéaires, graminiformes, glabres, coriaces, nervées, d'un vert clair, beaucoup
plus courtes que la tige. Fleurs petites, verdâtres, brièvement
pédicellées, réunies au sommet de la tige *en épi* plus ou moins
serré, souvent interrompu à la base; pédicelles glabres, plus
courts que les fleurs, munis à leur base d'une bractée scarieuse
environ de leur longueur. Involucre scarieux, beaucoup plus
court que le périgone. Périgone à divisions dressées, oblongues,
glabres. Capsule arrondie, entourée par le périgone, à carpelles
terminés par les styles. Graines fauves.

Hab. les prairies humides de l'Espérou (Gouan herb.) ⚥ Fl. juillet–août.

CXV^e Fam. **LILIACÉES.**

LILIACEÆ. (Déc. th. élem. 1re éd., p. 249.)

Fleurs hermaphrodites, régulières. Périgone pétaloïde, caduc
ou marcescent-persistant, à 6 divisions disposées sur deux rangs,
libres ou soudées à la base en tube cylindrique ou campanulé,
imbriquées avant l'épanouissement, portant souvent à leur base
une fossette ou un sillon nectarifère. Étamines 6, insérées sur le
réceptacle ou sur les divisions; anthères bilobées, insérées sur le
filet par la base ou par le dos, à déhiscence longitudinale. Ovaire
libre, à 3 loges polyspermes. Style 1, rarement nul; stigmates 3.
Capsule à 3 carpelles polyspermes, s'ouvrant en 3 valves portant
les cloisons au milieu. Graines fixées à l'angle des loges, à test
noir, crustacé et fragile, ou brunâtre ou roussâtre, alors membraneux ou spongieux. Embryon droit ou arqué, placé dans un
périsperme charnu. Plantes herbacées, souvent bulbeuses, à tige
simple, rarement rameuse; à feuilles toutes radicales ou alternes
sur la tige, sessiles ou engaînantes, à nervures parallèles.

1.	Racine bulbeuse; pédoncules non arti- culés...................................	2.
	Racine fibreuse; pédoncules articulés........	12.
2.	Graines planes...........................	3.
	Graines globuleuses ou onduleuses...........	6.
3.	Divisions du périgone grandes, libres, ou presque libres.....................	4.
	Divisions du périgone petites, soudées dans le quart inférieur.............	4e g^{re}. UROPETALUM
4.	Divisions munies, à leur base, d'une fossette nectarifère..................	5.
	Division dépourvue de fossette nectari- fère...............................	1er g^{re}. TULIPA.
5.	Divisions du périgone marquetées en damier, non roulées en dehors......	2e g^{re}. FRITILLARIA.
	Divisions du périgone ponctuées en pourpre, roulées en dehors........	3e g^{re}. LILIUM.

$$\begin{array}{ll} 6. & \left\{ \begin{array}{l} \text{Périgone en grelot , à 6 dents peu pro-} \\ \text{fondes}\dots\dots\dots\dots\dots\dots\dots \text{11}^e\text{ g}^{re}. \text{ MUSCARI.} \\ \text{Périgone à 6 divisions libres ou sou-} \\ \text{dées à la base}\dots\dots\dots\dots\dots\dots 7. \end{array} \right. \end{array}$$

6. {
Périgone en grelot , à 6 dents peu pro-
fondes. . . . . 11ᵉ gʳᵉ. MUSCARI.
Périgone à 6 divisions libres ou sou-
dées à la base . . . . 7.

7. {
Filets des étamines filiformes ou subulés . . . . . . 8.
Filets des étamines aplatis et dilatés ou
renflés inférieurement . . . . 10.

8. {
Fleurs jaunes . . . . 8ᵉ gʳᵒ. GAGEA.
Fleurs violettes ou blanches . . . . 9.

9. {
Graines à raphé saillant . . . . 5ᵉ gʳᵒ. SCILLA.
Graines à raphé non saillant . . . . 6ᵉ gʳᵉ. ADENOSCILLA.

10. {
Fleur solitaire . . . . 10ᵉ gʳᵒ. ERYTHRONIUM.
Fleurs en grappe ou en ombelle . . . . 11.

11. {
Fleurs renfermées, avant l'épanouissement , dans une spathe à une ou plu-
sieurs valves . . . . 9ᵉ gʳᵉ. ALLIUM.
Fleurs non renfermées dans une spathe
avant l'épanouissement . . . . 7ᵉ gʳᵉ. ORNITHOGALUM.

12. {
Étamines insérées vers la base des di-
visions du périgone . . . . 15ᵉ gʳᵒ. APHYLLANTHES.
Étamines insérées sur le réceptacle . . . . 13.

13. {
Filets des étamines velus ou ciliés . . . . 14.
Filets des étamines glabres . . . . 12ᵉ gʳᵒ. PHALANGIUM.

14. {
Filets des étamines dilatés à la base . . 14ᵉ gʳᵒ. ASPHODELUS.
Filets des étamines épais vers leur
milieu . . . . 13ᵉ gʳᵉ. SIMETHIS.

1ᵉʳ gʳᵉ. **TULIPE. — TULIPA.** (Tournef. inst. 373, t. 199 et 200.)

Périgone grand, *campanulé*, à 6 divisions colorées, libres, caduques, dépourvues de glandes à leur base. Étamines 6, insérées
sur le réceptacle ; anthères oblongues, droites. Style *nul* ; stigmate épais, *sessile* , à 3 lobes plans, étalés. Capsule oblongue
ou presque arrondie, trigone. Graines horizontales, comprimées-
planes. Souche bulbeuse.

1. {
Filets des étamines glabres . . . . 2.
Filets des étamines barbus à la base . . . . 3.

2. {
Divisions externes du périgone lancéolées, blan-
ches aux bords, roses sur le dos . . . . CLUSIANA.
Divisions du périgone acuminées, rouges, tachées
de violet à la base . . . . OCULUS-SOLIS.

3. {
Fleur penchée avant l'épanouissement , divi-
sions barbues au sommet . . . . SYLVESTRIS.
Fleur dressée avant l'épanouissement, divisions
glabres au sommet . . . . CELSIANA.

1. **T. CLUSIANA** *Dec. fl. fr.* 5, *p.* 314; *Red. lil.* 1, *t.* 37;
Clus. cur. post. 9, *ic.* — Bulbe stolonifère , laineux, de la grosseur d'une noisette, couvert d'une tunique brune. Tige de
2-4 décim., glabre, simple, cylindrique, nue supérieurement,

munie de 2-4 feuilles décroissantes de la base au sommet, lancéolées-linéaires, aiguës, d'un vert glauque, pliées en gouttière ; l'inférieure engaînante, presque aussi longue que la tige. Fleur dressée en bouton, solitaire et terminale, à divisions externes lancéolées, atténuées à la base, qui est glabre et marquée d'une tache violette ; pubérulentes au sommet, *rouges sur le dos*, *blanches sur les bords et à l'intérieur ;* les internes plus courtes, obtuses, glabres au sommet, *blanches* des deux côtés. Etamines beaucoup plus longues que l'ovaire, à filets glabres, d'un brun foncé, presque plus courts que les anthères, d'abord jaunes, puis noirâtres. Capsule trigone. Graines noires.

Hab. dans les vignes et les olivettes, près de la tour Magne et au chemin de Sauve. ♃ Fl mars-avril,

2. **T. OCULUS-SOLIS** *S^t-Am. Soc. agr. agen.* 1, *p.* 75, *et fl. agen.* 145, *t.* 3 ; *Dec. fl. fr.* 3, *p.* 200 ; *Jord. obs.* (1846), *p.* 37, *t.* 5, *fig.* B ; *Red. lil.* 1, *t.* 60. — Bulbe gros, laineux, stolonifère. Tige de 2-3 décim., glabre, dressée, cylindrique, garnie à sa partie inférieure de 2-3 feuilles vertes, molles, glabres, lancéolées, ondulées, dressées-étalées, souvent recourbées, dépassant la fleur ; les inférieures plus larges, engaînantes. Fleur dressée en bouton, solitaire et terminale, grande, ouverte, à divisions étroites, acuminées, glabres, d'un beau rouge pourpre, marquées à leur base d'une tache noirâtre, bordée de jaune ; les externes *atténuées du milieu à la base ;* les internes plus étroites et plus courtes. Etamines *plus longues que l'ovaire ;* filets glabres, d'un bleu noirâtre, plus courts que les anthères. Capsule oblongue-trigone, lisse. Graines noires.

Hab. les champs cultivés, à Manduel, à Nîmes, sur la route d'Arbs. ♃ Fl. avril.

3. **T. SYLVESTRIS** *Lin. sp.* 438 ; *Dec. fl. fr.* 3, *p.* 199 ; *Fl. dan.* 375 ; *Lob. ic.* 125, *fig.* 1 *et obs.* 63, *fig.* 2. — Bulbe ovoïde, médiocre, à tunique brunâtre, mince, *non stolonifère.* Tige de 2-4 décim., glabre, dressée, cylindrique, garnie, à sa partie inférieure, de 2-3 feuilles d'un vert glauque, linéaires-lancéolées, allongées, aiguës, pliées longitudinalement ; les plus inférieures vaginales, un peu plus courtes que la tige ; les autres plus courtes et plus étroites, embrassantes, étalées. Fleur d'un beau jaune, solitaire, terminale, *penchée en bouton,* à divisions acuminées et ciliées au sommet ; les extérieures verdâtres et glabres à la base ; les intérieures plus larges, ciliées à la base. Etamines à filets barbus à la base. Capsule oblongue-trigone. Graines brunâtres. Quelquefois la tige porte 2-3 fleurs.

Le bulbe de cette plante excite le vomissement.

Hab. les prairies, à Aramon, à Saint-Guiral ; dans les champs à blé, à Anduze. ♃ Fl. mai-juin.

4. T. CELSIANA *Red. lil.* 1, *t.* 38; *Dec. fl. fr.* 5, *p.* 313; *Lob. ic.* 124, *fig.* 2, *et obs.* 63, *fig.* 1; *Rchb. ic. fig.* 984. — Cette espèce diffère de la précédente : par son bulbe, stolonifère ; par sa tige, plus grêle ; par ses feuilles, plus étroites ; par sa fleur, dressée en bouton, plus petite, à divisions glabres au sommet ; les extérieures rougeâtres en dehors ; enfin par sa capsule, presque globuleuse.

Hab. les bois et les pacages sur toute la chaîne de l'Espérou, aux bords du Gardon, à la Baume, au pont du Gard, au chemin d'Uzès. ♃ Fl. avril-juin.

Cette plante est connue par les gens de la montagne sous le nom patois de *viaouletta*.

On cultive dans les jardins une grande quantité de variétés de la tulipe des jardins, *T. gesneriana Lin.*, remarquable par la grandeur et les panachures de la fleur, ainsi que par les divisions du périgone, obtuses et glabres, comme les étamines.

2ᵉ gʳᵉ. FRITILLAIRE. — FRITILLARIA. (Lin. gen. 411.)

Périgone *campanulé*, à 6 divisions colorées, libres, caduques, munies intérieurement à leur base *d'une fossette* oblongue, *nectarifère.* Etamines 6, insérées à la base des divisions. Style 1, allongé, un peu en massue. Stigmates 3. Capsule trigone. Graines comprimées, à bords membraneux. Souche bulbeuses, fleurs penchées.

1. F. MELEAGRIS *Lin sp.* 436; *Dec. fl. fr.* 3, *p.* 201; *Lamk. ill. t.* 245, *fig.* 1; *Moris. hist. s.* 4, *t.* 18, *fig.* 1; *Lob. obs.* 67. *ic.; Dod. pempt.* 233, *fig.* 1-2. — Bulbe petit, arrondi, à tunique roussâtre. Tige de 2-3 décim., dressée, grêle, simple, cylindrique, garnie de 3-5 feuilles écartées, linéaires-aiguës, canaliculées, d'un vert souvent glauque, dressées ou étalées, un peu courbées ; les radicales manquent souvent. Une seule fleur terminale, rarement 2, rougeâtre, ovoïde, penchée, à divisions *oblongues,* panachées de carreaux plus ou moins réguliers, blancs et violets, en forme de damier. Etamines environ de la longueur du style, plus long que l'ovaire. Capsule *dressée,* à angles obtus, *courte,* atténuée vers la base.

Vulgairement *damier, tulipe des prés, pintade.* Son bulbe est vénéneux ; on le croit diurétique, et à l'extérieur émollient et résolutif.

Hab. les pacages, aux environs de Campestre, à Saint-Guirol, à l'Espérou (Gouan ill.). ♃ Fl. avril.

On cultive communément dans les jardins le *Fritillaria imperialis Lin.,* sous le nom vulgaire de *couronne impériale,* remarquable par ses grandes et belles fleurs oranges, penchées et verticillées au-dessous d'un bouquet de feuilles.

3ᵉ gʳᵒ. LIS. — LILIUM. (Lin. gen. 410.)

Périgone à 6 divisions caduques, *droites en cloche* ou *roulées en dehors,* munies à la base, du côté interne, d'un sillon longi-

tudinal nectarifère. Étamines insérées à la base des divisions
Style 1. Stigmate trigone. Capsule trigone, à 6 sillons. Graines
planes, comprimées, à bords membraneux. Bulbe écailleux.

1. **L. MARTAGON** *Lin. sp.* 435; *Dec. fl. fr.* 3, *p.* 203;
Lamk. ill. t. 246, *fig.* 2; *Fuchs. hist.* 115, *ic.*; *Lob. ic.* 168,
fig. 1, *et obs.* 85, *fig.* 1; *Moris hist. s.* 4, *t.* 20, *fig.* 7-8. — Bulbe
de grosseur variable, jaune ou blanchâtre. Tige de 6-9 décim.,
glabre ou un peu velue, quelquefois tachetée à la base, dressée,
presque nue du dernier verticille à la base de la grappe. Feuilles
ovales-lancéolées, brièvement pétiolées, nerviées, à bords un peu
rudes, disposées *en verticilles écartés, composés de* 6-12 *feuilles
dans le bas;* feuilles supérieures petites, alternes. Fleurs rougeâtres, marquées de points plus foncés, penchées, velues extérieurement et au sommet, disposées 3-20 en grappes terminales
et pyramidales, à pédoncules courbés, munis à leur base de deux
feuilles florales, dont une linéaire et l'autre lancéolée-acuminée.
Périgone à divisions oblongues-lancéolées-obtuses, roulées en
dehors. Style allongé, épaissi au sommet. Capsule pyriforme ou
presque globuleuse, à 6 angles obtus.

Hab. les bois des montagnes, à l'Aigual, l'Espérou, Salbous, Concoule.
2. Fl. mai-juillet.

On cultive dans les jardins le *Lilium candidum Lin.*, sous le nom vulgaire de *lis blanc*, en patois *eli;* il se distingue par sa tige robuste, ses
feuilles ondulées; par ses fleurs, grandes, dressées, très-odorantes, d'un
beau blanc, à divisions non roulées en dehors. Ses bulbes sont **maturatifs**,
résolutifs et émollients.

4° gʳᵉ. UROPETALE. — UROPETALUM. (Gawl. bot. reg. 156.)

Périgone *tubuleux-campanulé*, à 6 divisions profondes, *soudées
à la base.* Étamines non saillantes, *insérées à la gorge du tube*,
à filets presque entièrement *soudés contre les divisions* du périgone. Style 1, stigmate trilobé. Capsule à 3 lobes obtus et à
3 valves polyspermes. Graines larges, très-minces, bordées, à
test membraneux, très-adhérent. Bulbe non écailleux.

1. **U. SEROTINUM** *Gawl. l. c.; Godr. et Gren. fl. fr.* 3, *p.* 183;
Hyacinthus serotinus Lin. sp. 453; *Dec. fl. fr.* 3, *p.* 207; *Cav.
ic. t.* 30; *Clus. hist.* 1, *p.* 177, *fig.* 2. — Bulbe ovoïde, deux fois
de la grosseur d'une noisette, à tunique membraneuse, blanchâtre. Tige de 1-3 décim., droite, glabre, glaucescente ainsi que
les feuilles; celles-ci linéaires, étroites, canaliculées, dressées ou
arquées, au nombre de 3-5, beaucoup plus courtes que la tige.
Fleurs d'un fauve roussâtre, penchées en grappe lâche, souvent disposées d'un même côté et portées sur des pédicelles
courts, munis à leur base d'une bractée lancéolée-linéaire, scarieuse aux bords, plus longue que le pédicelle. Périgone à lobes

lancéolés-linéaires-obtus et presque calleux au sommet; les 3 extérieurs plus profondément séparés et plus ouverts que les 3 intérieurs, dont la soudure dépasse la moitié de sa longueur. Etamines à filets très-courts; anthères sublinéaires. Style plus long que l'ovaire. Capsule glabre, assez grosse, à 3 lobes, aussi large que longue, un peu rétrécie à la base, ombiliquée au sommet. Graines noires, ridées et légèrement chagrinées, étroitement ailées sur les bords.

Hab. les bois et les garrigues, dans tous les environs de Nimes, au pont du Gard. ♃ Fl. mai–juillet.

5ᵉ gʳᵉ. SCILLE. SCILLA. (Lin. gen. 419.)

Périgone à 6 divisions étalées en étoiles, non soudées à la base, persistantes. Etamines 6, égales, à filets glabres, *filiformes*, insérés *à la base* des lobes du périgone; anthères *insérées sur le filet par le dos*. Capsule obovale-trigone, à 3 loges monospermes ou polyspermes. Graines subglobuleuses, à raphé saillant. Bulbe non écailleux.

1. **Sc. autumnalis** *Lin. sp.* 443; *Dec. fl. fr.* 3, *p.* 212; *Cav. ic.* 3, *t.* 274; *Dod. pempt.* 219, *fig.* 1; *Lob. ic.* 102, *et obs.* 53, *fig. inf.* — Bulbe ovoïde, à tunique brune. Tiges de 1-3 décim., solitaires ou naissant 2-3 du même bulbe, dressées, grêles, cylindriques, glabres supérieurement, pubérulentes inférieurement, non feuillées, fleurissant avant la naissance des feuilles; celles-ci peu nombreuses, *linéaires, très-étroites*, dressées ou étalées, nerviées, finement dentelées, cartilagineuses aux bords, bien plus courtes que la tige. Fleurs petites, d'un bleu lilas ou rougeâtre, rarement blanches, disposées en grappe allongée à la maturité; portées sur des pédoncules arqués, ascendants, dépourvus de bractées; les inférieurs plus longs que la fleur. Périgone à lobes oblongs-obtus, persistants. Capsule petite, ovoïde-déprimée, à 3 lobes peu prononcés, beaucoup plus courte que le pédoncule. Graines oblongues, arrondies sur le dos, noires, rugueuses.

Hab. les pelouses arides dans tout le département ♃ Fl. août–septembre, très-rarement avril.

6ᵉ gʳᵉ. ADENOSCILLE.—ADENOSCILLA. (Gren. et Godr. fl. fr. 3, p. 187.)

Filets des étamines *subulés*. Graines *à raphé non saillant*; le reste comme dans le genre précédent.

1. **A. bifolia** *Gren. et Godr. l. c.*; *Scilla bifolia Lin. sp.* 443; *Dec. fl. fr.* 3, *p.* 212; *Jacq. austr. t.* 117; *Dod. pempt.* 219, *fig.* 2; *Fuchs. hist.* 837-838, *ic.*; *Lob. ic.* 99, *fig.* 2 *et obs.* 53, *fig.* 1. — Bulbe assez petit, ovoïde, à tunique blanchâtre. Tige

ordinairement solitaire, de 1-2 décim., dressée, cylindrique, simple, glabre, ainsi que les feuilles; celles-ci au nombre de 2, rarement 3, lancéolées-linéaires, engaînant la partie inférieure de la tige, atteignant presque sa longueur lors de la floraison, dressées, étalées ou courbées en dedans, obtuses ou enroulées au sommet en pointe cylindrique. Fleurs assez petites, d'un beau bleu, rarement rosées ou blanches, disposées 4-10 en grappe lâche, souvent subcorymbiforme; pédoncules dressés, d'autant plus longs qu'ils sont inférieurs, dépourvus de bractées. Divisions du périgone ouvertes, oblongues-obtuses, portant une carène sur le dos. Capsule trigone-arrondie. Graines ovales, brunes ou noirâtres, d'abord lisses, puis chagrinées.

Hab. les bois et les prairies, aux environs du Vigan, d'Alzon, à l'Espérou et ses environs. ♃ Fl. avril-juin.

7° g^{re}. ORNITHOGALE. — ORNITHOGALUM. (Lin, gen. 418).

Périgone *marcescent*, à 6 divisions libres et étalées. Etamines 6, insérées sur le réceptacle ou à la base des divisions du périgone, à filets *subulés, dilatés à la base;* anthères *insérées sur le filet par le dos.* Style filiforme. Capsule ovale, à 3 loges oligospermes. Graines arrondies ou anguleuses. Fleurs jaunâtres ou blanchâtres.

1.	Fleurs en corymbe........................	2.
	Fleurs en grappe allongée............:........	3.
2.	Pédoncules fructifères dirigés en bas..........	DIVERGENS.
	Pédoncules fructifères étalés, jamais dirigés en bas..	UMBELLATUM.
3.	Fleurs grandes, peu nombreuses, unilatérales, penchées; pédoncules fructifères réfléchis,...	NUTANS.
	Fleurs petites, très-nombreuses, étalées; pédoncules fructifères dressés...................	4.
4.	Fleurs blanchâtres.........................	NARBONENSE.
	Fleurs jaunâtres..........................	PYRENAICUM.

1. O. NARBONENSE *Lin. sp.* 440; *Dec. fl. fr.* 3, *p.* 216; *Clus. hist. p.* 187, *fig.* 2; *Moris. hist. s.* 4, *t.* 13, *fig.* 6. — Bulbe de moyenne grosseur, ovoïde. Tige de 4-5 décim., droite, simple, nue, légèrement striée, glabre, ainsi que les feuilles; celles-ci linéaires ou ensiformes, canaliculées, un peu glauques, étalées, très-longues, mais plus courtes que la tige, conservées pendant la floraison. Fleurs d'un blanc de lait en dedans, munies d'une bande verte sur le dos de chaque division, disposées en grappe allongée, spiciforme, lâche inférieurement. Pédoncules florifères grêles, *étalés*, plus longs que la fleur; les fructifères *renforcés, redressés*, tous munis, à leur base, d'une bractée lancéolée, brusquement et longuement acuminée, presque entièrement scarieuse. Périgone à divisions oblongues-lancéolées, 2 fois de la longueur des étamines, dépassant la capsule; celle-ci ovale-trigone, à 3 sillons. Graines noires, obovales-anguleuses, rugueuses.

Hab. les pacages à Aigues-Mortes, les bords des champs à Nîmes, les champs cultivés à Vic-le-Feşc. ♃ Fl. mai-juin.

2. **O. PYRENAICUM** *Lin. sp.* 440; *Dec. fl. fr.* 3, *p.* 216; *O. flavescens Lamk. ill. t.* 242, *fig.* 2, *Jacq. austr. t.* 103; *Reneal. spec. p.* 90, *ic.* — Bulbe moyen, ovoïde, à tunique blanchâtre. Tige de 6-8 décim., droite, simple, effilée, nue, lisse, glabre, ainsi que les feuilles; celles-ci linéaires, un peu canaliculées, un peu glauques, très-longues, mais plus courtes que la tige, étalées, rarement conservées à l'époque de la floraison. Fleurs d'un jaune verdâtre, munies, sur le dos de chaque division, d'une ligne plus foncée; disposées en grappe allongée, spiciforme, lâche inférieurement, plus étroite que dans l'espèce précédente. Pédoncules grêles, étalés-ascendants; les fructifères redressés, tous munis, à leur base, d'une bractée scarieuse, lancéolée-acuminée, plus courte que le pédoncule dans la partie inférieure de la grappe, et plus longue dans sa partie supérieure. Périgone à divisions linéaires-oblongues-obtuses, plus longues que les étamines, égalant ou dépassant la capsule; celle-ci ovale-trigone, à 3 sillons, plus courte que celle du Nᵒ 1. Graines noires, obovales-anguleuses, rugueuses.

Cette plante porte les noms vulgaires de *houblon de montagne, d'aspergette.* Dans sa jeunesse, on mange les bulbes cuits à l'eau ou sous la cendre, ainsi que les jeunes pousses.

Hab. dans les prés et les broussailles, dans toute la partie élevée du département. ♃ Fl. mai-juin.

3. **O. NUTANS** *Lin. sp* 441; *Dec fl. fr.* 3, *p.* 218; *Jacq. austr. t.* 301; *Moris. hist. s.* 4, *t.* 13, *fig.* 9; *Clus exot. append. alt. p.* 9, *fig.* 1; *Colum. ecphr. t.* 322; *J. Bauh.* 2, *p.* 631, *fig,* 1. — Bulbe ovoïde, à tunique blanchâtre. Tige de 3-4 décim.. épaisse, molle, nue, droite, simple, glabre ainsi que les feuilles; celles-ci linéaires, canaliculées, plus longues que la tige. Fleurs grandes, peu nombreuses, subunilatérales, penchées, puis réfléchies; les supérieures dressées; blanches intérieurement, munies, sur le dos de chaque division, d'une large bande verte; disposées en grappe peu allongée, lâche inférieurement. Pédoncules assez épais, beaucoup plus courts que les fleurs, munis, à leur base, d'une bractée membraneuse, concave, *largement lancéolée-acuminée,* presque aussi longue que la fleur. Périgone à divisions largement oblongues-lancéolées. Etamines à filets *élargis au sommet, divisé en 2 pointes profondes, entre lesquelles est placée l'anthère.* Capsule assez grosse, ovoïde, à 6 sillons. Graines noires, grosses, rugueuses.

Hab. les champs cultivés, aux environs de Nîmes, de Marguerite. ♃ Fl. mars–mai.

4. **O. DIVERGENS** *Bor. fl. centr. ed.* 2, *p.* 507; *Gren. et Godr. fl. fr.* 3, *p.* 190. — Bulbe moyen, ovoïde, blanchâtre, portant, à sa base et sous ses tuniques, *de nombreux bulbilles*, ne produisant les feuilles qu'étant séparés de la plante mère. Tige de 2-3 décim., solitaire, droite, assez ferme. Feuilles linéaires, *dressées*, plus longues que la tige, canaliculées, munies, au fond de la gouttière, *d'une bande large, d'un blanc luisant et argenté.* Fleurs assez grandes, blanches intérieurement, munies, sur le dos de chaque division, d'une large bande verte; disposées en corymbe, portées sur des pédoncules très-longs, d'autant plus qu'ils sont inférieurs, étalés-dressés; les fructifères réfractés, ascendants au sommet, tous munis, à leur base, d'une bractée membraneuse, blanchâtre, *lancéolée-linéaire, longuement acuminée*, beaucoup plus courte qu'eux. Périgone à divisions lancéolées-elliptiques-aiguës. Capsule ovoïde, *à* 6 *angles saillants*, tronquée au sommet. Fleurs s'ouvrant au soleil.

Hab. les champs cultivés, aux environs de Nîmes. ♃ Fl. avril–mai.

5. **O. UMBELLATUM** *Lin. sp.* 441; *Dec. fl. fr.* 3, *p.* 217; *Dod. pempt.* 221, *fig.* 1; *Lob. ic., p.* 148, *fig.* 2, *et obs.* 72, *fig.* 2; *Reneal spec.* 87, *ic.* — Bulbe moyen, ovoïde, blanchâtre, *muni, à sa base, de caïeux produisant des feuilles et des tiges* sans être détachés de la plante mère. Tiges de 1-2 décim., solitaires ou *réunies* 2-3 *en touffe* dressée, simples, glabres ainsi que les feuilles; celles-ci linéaires, étalées, souvent enroulées, plus longues que la tige, canaliculées, munies, au fond de la gouttière, d'une *bande large, d'un blanc luisant et argenté.* Fleurs moins grandes que dans l'espèce précédente, blanches à l'intérieur, munies, sur le dos de chaque division, d'une large bande verte; disposées en corymbe, portées sur des pédoncules moins longs que ceux de l'espèce précédente, ascendants; les fructifères *étalés, jamais réfractés*, tous munis, à leur base, d'une bractée membraneuse, blanche, lancéolée-linéaire, longuement acuminée, plus courte qu'eux. Périgone à divisions oblongues-linéaires-obtuses. Capsule *ovoïde, à* 6 *angles saillants*, tronquée au sommet, un peu plus petite que celle du N° 4.

Cette plante est connue sous les noms vulgaires de *dame d'onze heures*, *d'étoile blanche.* Les bulbes sont doux et peuvent au besoin servir d'aliment, en les faisant torréfier ou cuire à l'eau.

Hab. les champs cultivés dans tout le département. ♃ Fl. avril–mai.

8° g^re. GAGÉE. — GAGEA. (*Salisb. ann. bot.* 2, p. 535.)

Périgone à 6 divisions libres jusqu'à la base, plus ou moins

étalées, *persistantes-marcescentes*. Etamines insérées sur le réceptacle ou à la base des divisions du périgone, à filets non dilatés
à la base; anthères insérées sur le filet par leur base. Style filiforme. Capsule trigone, à 3 loges oligospermes. Graines *arrondies*, à test jaunâtre.

1　〈 Pédoncules simples, glabres, nus; fleurs glabres; une
　　 seule feuille lancéolée-linéaire.................... LUTEA.
　　 Pédoncules souvent rameux, velus, munis de bractéo-
　　 les; fleurs pubescentes; au moins 2 feuilles linéaires. ARVENSIS.

1. **G. LUTEA** *Schult. syst.* 7, *p.* 538; *Ornithogalum luteum
Lin. sp.* 439; *Ornith. sylvaticum Pers. in ust. ann.* 5, *p.* 7, *t.* 1,
fig. 1; *Dec. fl.!fr.* 5, *p.* 315; *Lob. ic.* 149, *fig.* 1; *Clus. hist.* 188,
fig. 2; *Renealm. p.* 90, *ic.* — Bulbe ovoïde, de la grosseur d'une
noisette, *à tunique membraneuse*, blanchâtre ou brunâtre, couvrant souvent de nombreux bulbilles. Tige de 15-25 centim.,
comprimée, à 4 angles, pubescente supérieurement. Feuille radicale, *solitaire, lancéolée-linéaire, large de* 10-12 *millim.*,
presque plane, longuement atténuée inférieurement, subitement
acuminée et enroulée au sommet, un peu canaliculée en dessus
et légèrement carénée en dessous, *dressée*, dépassant la tige.
Fleurs jaunâtres, munies, sur le dos de chaque division, d'une
bande verdâtre; disposées presque en ombelle de 2-8 rayons.
Pédoncules grêles, nus, glabres ou pubescents, presque trigones,
munis, à la base, de deux feuilles florales inégales, presque opposées, lancéolées; l'inférieure plus large, un peu embrassante
à sa base. Périgone à divisions oblongues-obtuses, glabres.

Hab. les clairières des bois, à l'Espérou, l'Aigual, Saint-Guiral. ♃ Fl
avril–juin.

2. **G. ARVENSIS** *Schult sys.* 7, *p.* 547, *G. villosa Dub.
bot.* 467; *Ornithogalum arvense Pers. in ust. ann.* 11, *p.* 8, *t.* 1,
fig. 2; *Orn. minimum Dec. fl. fr.* 3, *p.* 215. *Fl. dan. t.* 1869;
Clus. pann., p. 190, *ic. et hist.* 189, *fig.* 1; *Colum. ecphr.* 323,
ic. — Bulbe petit, subglobuleux, composé *de* 2 *bulbes* inégaux,
dressés, *sous une tunique commune*, brune. Tige de 5-15 centim.,
dressée ou tombante, anguleuse, pubescente, ainsi que *les
feuilles florales, les pédoncules et les divisions du périgone en
dehors.* Feuilles radicales, ordinairement 2, glabres, linéaires,
canaliculées, étalées, recourbées, presque 2 fois de la longueur
de la tige. Fleurs jaunes, munies, en dehors des divisions, de
stries vertes; disposées en corymbe ombelliforme plus ou moins
fourni, portées sur des pédoncules cylindriques, simples ou rameux, munis de bractées lancéolées-linéaires et, à la base, de 2
feuilles florales presque opposées, inégales, l'inférieure plus
grande, lancéolées-acuminées, beaucoup plus larges que les radicales, quelquefois munies, à leur aisselle, de petits bulbilles

agglomérés. Périgone à divisions lancéolées-aiguës ou subobtuses.

Hab. les champs cultivés, dans tous les environs de Nîmes, de Beaucaire de Montfrein, de Manduel. ♃ Fl. mars-avril.

9ᵉ gʳᵉ. AIL. — ALLIUM. (Lin. gen. 409.)

Périgone à 6 divisions persistantes, libres ou soudées à la base, conniventes ou ouvertes, les intérieures quelquefois plus grandes que les extérieures. Etamines 6, saillantes ou incluses, insérées à la base des divisions du périgone ou au-dessus, à filets *dilatés et soudés à leur base,* tantôt tous simples, tantôt alternativement dilatés et trifides; anthères bilobées, *insérées par le dos à la dent du centre.* Style simple, persistant, au sommet d'un axe filiforme, après la déhiscence de la capsule ; stigmate ordinairement simple. Capsule petite, trigone, souvent déprimée, à 3 loges monospermes ou bispermes, quelquefois uniloculaire, les cloisons n'arrivant pas jusqu'à l'axe. Graines noires ou brunes, arrondies ou anguleuses, chagrinées. Plantes à odeur forte. Bulbes formés de plusieurs tuniques superposées. Tiges nues ou garnies de feuilles planes ou fistuleuses, dont les gaines les entourent de la base jusque vers leur milieu. Fleurs disposées en ombelle termiminale, tantôt toutes semblables, tantôt entremêlées de petits bulbes, *renfermées, avant le développement, dans une spathe* à une ou plusieurs valves. Pédicelles munis de petites bractées à leur base.

1.	Etamines à filets alternativement trifides..	2.
	Etamines à filets simples................	6.
2.	Ombelle bulbifère..	3.
	Ombelle capsulifère....	4.
3.	Divisions du périgone rudes sur le dos; étamines incluses.....................	SCORODOPRASUM.
	Divisions du périgone lisses sur le dos ; étamines saillantes.....	VINEALE,
4.	Etamines incluses ou peu saillantes ; feuilles planes......................	5.
	Etamines très-saillantes ; feuilles fistuleuses....	SPHÆROCEPHALUM.
5.	Fleurs rosées ; étamines à filets subciliés à la base ; anthères jaunes............	POLYANTHUM.
	Fleurs pourprées ; étamines à filets distinctement ciliés à la base : anthères purpurines....	ROTUNDUM.
6.	Feuilles fistuleuses....................	7.
	Feuilles non fistuleuses, planes ou filiformes............................	12.
7.	Spathe ne dépassant pas l'ombelle ; divisions du périgone aiguës..	SCHŒNOPRASUM
	Spathe plus longue que l'ombelle; divisions du périgone obtuses..................	8.

8.	Etamines très-saillantes....................	9.
	Etamines incluses..........................	10.
9.	Fleurs jaunes...............................	FLAVUM.
	Fleurs roses, violettes ou purpurines....	CARINATUM.
10.	Ombelle bulbifère..........................	11.
	Ombelle capsulifère........................	PANICULATUM.
11.	Feuilles canaliculées en dessus...........	OLERACEUM.
	Feuilles presque planes, non canaliculées.	COMPLANATUM.
12.	Fleurs blanches, verdâtres ou jaunâtres ; feuilles largement lancéolées-elliptiques.	13.
	Fleurs rosées ou purpurines ; feuilles linéaires ou filiformes..................	14.
13.	Bulbe couvert de tuniques réticulées ; ombelle serrée, globuleuse ; plante robuste, de 4-6 décimètres..................	VICTORIALE.
	Bulbe couvert de tuniques membraneuses ; ombelle lâche, presque nivelée ; plante presque grêle, de 1-3 décimètres.......	URSINUM.
14.	Feuilles largement linéaires ; périgone à divisions larges, oblongues-obtuses....	ROSEUM.
	Feuilles linéaires, étroites ou filiformes ; périgone à divisions étroites, aiguës.....	15.
15.	Ombelle pauciflore ; style inclus ; feuilles filiformes ; plante de 5-15 centimètres..	MOSCHATUM.
	Ombelle multiflore ; style très-saillant ; feuilles planes, linéaires ; plante de 2-3 décimètres.......................	FALLAX

1. AL. SCORODOPRASUM *Lin. sp.* 425 (*excl. var. B*); *Dec.
fl. fr. 3, p.* 220; *Fl. dan. t.* 290 *et* 1455; *Clus. hist.* 191, *fig.* 1.
— Bulbe portant, au-dessus de sa partie supérieure, plusieurs
petits bulbes ovoïdes, terminés en pointe, pédicellés, plus ou
moins espacés, enveloppés d'une tunique commune. Tige de
4-8 décim., droite, souvent robuste, cylindrique, glabre, ainsi que
les feuilles, qui occupent sa moitié inférieure. Feuilles *planes*,
assez larges, *dentelées-scabres* sur les bords. Fleurs purpurines,
disposées en ombelle lâche, pauciflore ; entremêlées de nombreux
bulbilles, rougeâtres, ovoïdes-aigus, souvent réunis en tête
serrée. Spathe à 2 valves *courtes*, ovales, brusquement acuminées. Périgone à divisions carénées, rudes. Etamines plus courtes
que le périgone ; les 3 intérieures à 3 pointes, dont la centrale
2 *fois plus courte* que les latérales et que la partie aplanie qui la
porte.

Cette plante porte le nom vulgaire de *rocambolle*, et ses bulbes reçoivent
celui d'*échalotte d'Espagne ;* ils sont employés pour l'usage de la cuisine.

Hab. les lieux sablonneux à Aigues-Mortes, les champs cultivés à Coucoule, à Manduel, ♃ Fl. juin-juillet.

2. AL. VINEALE *Lin. sp.* 428 ; *Dec. fl. fr.* 3, *p.* 228 ; *Moris.
hist. s.* 4, *t.* 15, *n°* 4 ; *Dod. pempt.* 683, *fig.* 1. — Bulbe assez

petit, portant plusieurs petits bulbes ovoïdes, pédicellés, enveloppés d'une tunique commune, membraneuse, brune ou blanchâtre. Tige de 3-6 décim., droite, grêle, cylindrique, glabre, ainsi que les feuilles ; celles-ci grêles, *presque cylindriques*, fistuleuses, canaliculées en dessus, occupant la moitié inférieure de la tige. Fleurs d'un rose pâle, peu nombreuses, disposées en ombelle lâche ; entremêlées de nombreux bulbilles, jaunâtres ou rougeâtres, ovoïdes ou oblongs, terminés en pointe recourbée, souvent réunis en tête petite, sphérique, germant quelquefois sur la plante, donnant alors un aspect chevelu à l'ombelle. Spathe courte, *univalve,* ovale, brusquement acuminée. Périgone à divisions lisses sur le dos. Etamines *saillantes ;* les 3 intérieures à 3 pointes, dont la centrale presque aussi longue que les latérales et *plus longue* que la partie aplanie qui la porte.

Hab. les champs sablonneux et les bois dans tout le département. ♃ Fl. juin–juillet.

3. **AL. POLYANTHUM** *Roem. et Schult. syst.* 7, *p.* 1016 ; *Gren. et Godr. fl. fr.* 3, *p.* 198 ; *Al. multiflorum Dec. fl. fr.* 5, *p.* 316. — Bulbe assez gros, ovoïde, portant, sous les tuniques, de petits bulbes nombreux, blancs, ovoïdes, brièvement pédicellés. Tige de 4-8 décim., droite, raide, cylindrique, glabre, ainsi que les feuilles ; celles-ci planes, largement linéaires-aiguës, occupant le tiers inférieur de la tige. Fleurs rosées, disposées en ombelle grande, très-fournie, globuleuse, dépourvue de bulbilles ; pédoncules inégaux, allongés. Spathe caduque, à 2 valves ovales, terminées en pointe plus courte que l'ombelle. Périgone à divisions oblongues, obtuses ou mucronulées, à carène *plus foncée* et denticulée. Etamines plus courtes ou un peu plus longues que le périgone, à filets pubescents à la base ; les 3 extérieures simples, *atténuées du milieu au sommet ;* les 3 intérieures à filets dilatés, terminés par 3 pointes, dont la centrale *plus courte environ de moitié que les 2 latérales,* subulées, enroulées, et que la partie aplanie qui la porte ; anthères *jaunes.* Style saillant. Capsule à 3 faces marquées d'un sillon, *échancrées* au sommet.

Cette espèce est connue sous le nom vulgaire de *poireau des champs ;* en patois, *pori de vigna.* Les paysans la mangent crue et la mettent comme garniture à la soupe.

Hab. les champs et les vignes, où elle abonde, à Manduel, à Nîmes, Tresques ; plus rare au Vigan, St-Ambroix, Alais, Anduze. ♃ Fl. juin–juillet.

4. **AL. ROTUNDUM** *Lin. sp.* 423 ; *Dec. fl. fr.* 5, *p.* 315 ; *Mut. fl. fr. t.* 74, *fig.* 554 ; *Clus. hist.* 196, *fig.* 1. — Bulbe ovoïde, de la grosseur d'une noisette, garni de plusieurs petits bulbes bruns, *pédicellés,* séparés par des membranes et recouverts par une tunique commune, brune. Tige de 4-8 décim., droite, raide,

cylindrique, glabre. Feuilles glabres, planes, linéaires-gramini-
formes, carénées, striées, ainsi que les gaines, occupant le tiers
inférieur de la tige. Fleurs d'un rouge ordinairement foncé, disposées en ombelle sphérique plus ou moins ample, dépourvue de
bulbilles ; pédoncules extérieurs *courts et réfléchis*. Spathe très-
courte, caduque. Périgone à divisions *oblongues*, obtuses ou aiguës,
à carène plus foncée, dentelée. Étamines non saillantes, à filets
ciliés à la base ; les 3 extérieures *linéaires-acuminées ;* les 3 intérieures à filets très-dilatés, terminés par 3 pointes, dont la centrale
de deux tiers plus courte que les latérales et que la partie aplanie
qui la porte ; anthères *purpurines*. Style non saillant. Capsule trigone, à 3 carènes.

Hab. les champs cultivés, à Castillon, près de Remoulin, à St-Gilles.
♃ Fl. juin-août.

5. Al. Sphærocephalum *Lin. sp.* 426 ; *Dec. fl. fr.* 3,
p. 228 ; *Red. lil.* 391, *ic ; Mut. fl. fr. t.* 74, *fig.* 548 ; *Moris. hist.
s.* 4, *t.* 14, *fig.* 4 ; *Clus. hist.* 195, *fig.* 1. — Bulbe assez petit,
ovoïde, irrégulier, garni de plusieurs petits bulbes ovoïdes-angu-
leux, acuminés, pédicellés, espacés, blanchâtres ou rougeâtres.
Tige de 4-6 décim., droite, grêle, cylindrique, glabre. Feuilles
glabres, fistuleuses, linéaires-aiguës, demi-cylindriques et *canaliculées dans les deux tiers inférieurs de leur longueur, le
reste entièrement cylindrique*, occupant la moitié inférieure de
la tige. Fleurs d'un pourpre foncé, très-nombreuses, brièvement
et inégalement pédonculées, disposées en ombelle compacte,
globuleuse, puis un peu conique, dépourvue de bulbilles. Spathe
membraneuse, à 1-2 valves ovales, terminées en une pointe courte,
n'atteignant pas la hauteur de l'ombelle. Périgone à divisions
ovales-lancéolées ; les extérieures lisses ou un peu rudes sur la
carène Etamines et pistil *très-saillants*. Etamines intérieures à
filets dilatés, terminés par 3 pointes, dont la médiane égale aux
latérales ou plus longue qu'elles, et beaucoup plus courte que
la partie aplanie qui la porte, quelquefois presque aussi longue
qu'elle. Ovaire subpyramidal.

Hab. les champs cultivés ou incultes, les vignes, dans tout le département. ♃ Fl. juin-août.

6. Al. Schœnoprasum *Lin. sp.* 432 ; *Dec. fl. fr.* 3,
p. 227 ; *Mut. fl. fr. t.* 74, *fig.* 555 ; *Moris. hist. s.* 4, *t.* 14,
fig. 4 ; *Lob. ic.* 154, *fig.* 1 ; *Tabern. ic.* 486, *fig.* 2. — Bulbes
petits, allongés, ordinairement réunis en paquets, donnant naissance à des tiges et à des feuilles formant un gazon épais. Tiges
de 1-3 décim., dressées, cylindriques, grêles, glabres. Feuilles
glabres, un peu glauques, filiformes, subulées, cylindriques,
fistuleuses, brièvement canaliculées à la base, striées surtout sur

la gaîne épaisse qui enveloppe la tige très-inférieurement. Fleurs d'un rose plus ou moins vif, brièvement pédonculées, disposées en ombelle serrée, globuleuse, dépourvue de bulbilles. Spathe membraneuse, rose ou blanche, à 2 valves ovales, mucronées, plus courte que l'ombelle. Périgone à divisions *étalées, lancéolées-acuminées*, traversées par une ligne violette longitudinale. Etamines *profondément incluses, toutes à filets simples;* anthères brunâtres ou jaunâtres; style de la longueur des étamines. Graines noires, oblongues-trigones.

Cette plante est connue sous les noms vulgaires de *civette, appétit, ciboulette*. Ses feuilles seulement sont en usage comme assaisonnement de la salade.

Hab. les bords du Gardon, au mas Charlot, la Beaume, le pont du Gard. ♃ Fl. juin–juillet.

7. **AL. ROSEUM** *Lin. sp. ed.* 1, *p.* 296; *Dec. fl. fr.* 3, *p.* 221; *Jacq. rar.* 265, *ic*; *Red lil.* 213, *ic*; *Mag. bot. p.* 10, *ic.* — Bulbe assez petit, ovoïde, entouré de petits bulbes blanchâtres, très-nombreux, pédicellés, recouverts par la tunique ancienne, régulièrement ponctuée. Tige de 3-8 décim., droite, ferme, cylindrique, glabre ainsi que les feuilles; celles-ci glaucescentes, largement linéaires-acuminées, striées, planes, un peu pliées en gouttière, *un peu rudes sur les bords,* occupant la partie inférieure de la tige, *plus longue* qu'elles. Fleurs grandes, roses, blanches-scarieuses en vieillissant, disposées en ombelle plus ou moins fournie, presque plane, puis étalée. Spathe à 3-4 *valves soudées et engainantes à la base,* plus courte que l'ombelle. Périgone *campanulé,* à divisions *dressées,* ovales-oblongues-obtuses, entières, échancrées ou denticulées au sommet. Etamines simples et style non saillants; anthères jaunes. Capsule trigone-arrondie, déprimée, longuement dépassée par le périgone.

VAR. B. *Bulbiferum Gren. et Godr. fl. fr.* 3, *p.* 205. Ombelle peu fournie, munie de bulbilles assez gros, ponctués, sessiles. *Al. carneum Bertol. rar. lig. dec.* 1, *p.* 7; *Moris. hist. s.* 4, *t.* 16, *fig.* 11.

Vulgairement, en patois, *aïé de ser*.

Hab. les bords des fossés, les champs cultivés, les vignes, aux environs de Nîmes, à Manduel, Alais, Anduze. St-Jean-du-Gard, St-Ambroix. le Vigan; la var. B, à Nîmes. ♃ Fl. avril-mai.

8. **AL. URSINUM** *Lin. sp.* 431; *Dec. fl. fr.* 3, *p.* 225; *Fl. dan. t.* 757; *Math. comm. (valgr.)* 560, *ic*; *Lob. ic* 159, *fig.* 1; *Fuchs. hist.* 739, *ic.* — Bulbe assez petit, oblong, recouvert d'une tunique membraneuse, très-mince, blanchâtre, transparente, muni à sa base de fibres charnues. Tige de 2-4 décim., droite, nue, grêle, subtrigone, glabre. Feuilles glabres, au nombre de

2, rarement 3, d'un vert luisant en dessus, glaucescentes en dessous, *largement lancéolées*, aiguës, plus ou moins brusquement rétrécies en pétiole, ordinairement plus long que le limbe, marqué de nervures fines, rapprochées, conniventes à son sommet ; pétiole extérieur muni d'une gaîne courte, d'où sortent la tige et la feuille, qui en est dépourvûe. Fleurs d'un beau blanc, à odeur alliacée très-forte, disposées en ombelle lâche, ordinairement assez fournie, presque nivelée, dépourvue de bulbilles. Spathe monophylle ou à 2-3 valves membraneuses, transparente, plus courte que l'ombelle. Périgone à divisions *linéaires-lancéolées-aiguës*, étalées, caduques à la maturité. Etamines simples, *de moitié plus courtes que la fleur*. Style plus long que la capsule ; celle-ci arrondie-trigone, déprimée, à 3 sillons profonds, à loges contenant chacune 1-2 graines arrondies, noires, rugueuses, dépourvues d'arille.

Le bulbe passe pour diurétique et vermifuge.

Hab. les bois à l'*hort de Diou*, près de l'Espérou, au *valat* de la Dauphine, et probablement tons ceux de la chaîne de l'Espérou. ♃ Fl. avril-juin.

9. **Al. victorialis** *Lin sp.* 424 ; *Dec. fl. fr.* 3, *p.* 224 ; *Jacq. austr. t.* 216 ; *Clus. pan.* 224, *ic* ; *Dod. pempt.* 684, *ic* ; *Tabern. ic.* 487. — Bulbe *oblique*, *très-allongé* en s'atténuant, d'une grosseur moyenne, couvert de tuniques *réticulées*, muni de fibres nombreuses à sa base et au-dessus. Tige de 4-6 décim., cylindrique, anguleuse au sommet, glabre, quelquefois tachée inférieurement. Feuilles 2-3, glabres, larges, elliptiques, planes, nerveuses, rétrécies en pétiole court, dilaté à sa base en une gaîne allongée, embrassant presque la moitié inférieure de la tige. Fleurs jaunâtres ou verdâtres, nombreuses, brièvement pédonculées, disposées en ombelle compacte, globuleuse, dépourvue de bulbilles. Spathe courte, membraneuse, à une seule valve, persistante, plus courte que l'ombelle. Périgone à divisions inégales, oblongues, *obtuses, dressées, campanulées*. Etamines simples, à filets dilatés à la base, *presque une fois plus longues que le périgone* ; anthères jaunâtres. Style dépassant les étamines Capsule arrondie-trigone, déprimée, à 3 sillons profonds. Graines noires, oblongues-trigones, chagrinées, à hile blanchâtre.

Vulgairement *ail serpentin, faux nard*. Le bulbe est un excitant général, inusité.

Hab. les bois et les prés ombrageux, au Prunaret, près de Dourbie, au *valat* de la Dauphine, près de l'Espérou. ♃ Fl. juin-juillet.

10. **Al. oleraceum** *Lin. sp.* 429 ; *Dec. fl. fr.* 3, *p.* 226 ; *Rchb. ic. n°* 1067. — Bulbe assez petit, simple, ovoïde, à tunique blanchâtre et à odeur fétide. Tige de 4-6 décim., droite,

cylindrique, glabre. Feuilles glabres, au nombre de 2-3, linéaires, *demi-cylindriques*, *fistuleuses*, *canaliculées*, rudes et *sillonnées* en dessous, occupant la moitié inférieure de la tige. Fleurs d'un blanc sale, souvent rosé, disposées en ombelle lâche, pauciflore; entremêlées de *bulbilles nombreux*, sessiles, ovoïdes, mucronés, souvent rougeâtres. Pédoncules un peu allongés, la plupart penchés. Spathe persistante, à 2 valves inégales, ventrues et nerviées à la base, ovales, prolongées en pointes très-longues, dépassant l'ombelle. Périgone à divisions obtuses, dressées, conniventes. Etamines *simples*, *incluses* ou très-peu saillantes. Style dépassant les étamines. Capsule prismatique, tronquée au sommet, à angles prononcés *dans toute sa longueur*, rudes supérieurement.

Hab. les champs et les vignes dans tout le département. ♃ Fl. juin-août.

11. **AL. COMPLANATUM** *Bor. fl. centr. ed.* 2, *p.* 512; *Gren. et Godr. fl. fr.* 3, *p.* 207; *Hall. t.* 2, *fig. dextr.* — Cette espèce diffère de la précédente: par sa tige ordinairement plus élevée; par ses feuilles *planes* supérieurement, *non canaliculées*, très-peu fistuleuses, presque lisses et à sillons peu profonds en dessous; par ses étamines toujours incluses; par sa capsule à angles *presque effacés* vers leur milieu.

Hab. les champs et les vignes dans tout le département. ♃ Fl juill.-août.

12. **AL. CARINATUM** *Lin. sp.* 426; *Dec. fl. fr.* 3, *p.* 220; *Al. flexum Waldst. et Kit. rar. hung. t.* 278; *Hall. All. t.* 2, *fig.* 2; *Lob. ic.* 156, *fig.* 1. — Bulbe ovale, moyen, dépourvu de bulbilles, à tuniques grisâtres. Tige de 4-6 décim., droite, quelquefois flexueuse, cylindrique, glabre, ainsi que les feuilles; celles-ci linéaires, un peu succulentes, fistuleuses, *planes en dessus* et canaliculées vers leur base, presque lisses et à stries légères en dessous, dépourvues de carène, dentelées-rudes sur les bords, occupant presque la moitié inférieure de la tige. Fleurs d'un rose violacé, disposées en ombelle plus ou moins fournie, entremêlées de bulbilles plus ou moins nombreux. Pédoncules un peu allongés, penchés avant l'épanouissement. — Spathe persistante, à 2 valves inégales, striées, lancéolées, longuement acuminées, plus longue que l'ombelle. Périgone à divisions oblongues-obtuses, conniventes; les extérieures concaves, carénées. Etamines simples, presque 2 fois de la longeur du périgone; anthères jaunes, dépassées par le style. Capsule trigone-pyriforme, à angles rudes dans toute leur longueur.

Hab. les champs arides et les vignes dans tout le département. ♃ Fl juillet-août.

13. **AL. FLAVUM** *Lin. sp.* 428; *Dec. fl. fr.* 3, *p.* 226; *Jacq. austr. t.* 141. — Bulbe ovoïde, assez petit, dépourvu de bul-

billes, à tunique brunâtre. Tige de 2-6 décimètres, droite,
cylindrique, striée, glabre, souvent un peu glauque. Feuilles
linéaires-étroites, *charnues, lisses*, striées sur la gaîne, arrondies en dessous, un peu canaliculées en dessus, glabres, glaucescentes, occupant un peu plus de la moitié inférieure de la tige.
Fleurs *d'un beau jaune*, disposées en ombelle, ordinairement
bien fournie, dépourvue de bulbilles ; pédoncules extérieurs penchés. Spathe à 2 valves inégales, persistantes, linéaires-lancéolées, très-longuement acuminées, 2-3 fois plus longue que
l'ombelle. Périgone à divisions oblongues-obtuses, dressées-con-
niventes. Etamines simples, 2 *fois de la longueur du périgone*
et plus courtes que le style. Capsule *obovale*, à côtes lisses.

Hab. les champs et les pacages, à Campestre près d'Alzon, aux environs
de Lanuéjols. ♃ Fl. juillet-août.

14. **AL. PANICULATUM** *Lin. sp.* 428 : *Gren. et Godr. fl. fr.*
3, *p.* 209 ; *All. pallens Dec. fl. fr.* 3, *p.* 227 ; *Al. intermedium.*
Dec. fl. fr. 5, *p.* 318 ; *All. longispathum. Red. lil. t.* 316 ; *Clus.*
hist. p 194, *fig.* 2.—Bulbe ovale-arrondi, assez petit, dépourvu
de bulbilles, à tunique grisâtre. Tige de 4-8 décim., droite,
cylindrique, presque lisse, glabre. Feuilles glabres, fistuleuses,
linéaires, striées sur les gaînes, arrondies en dessous et marquées
de 3-5 côtes saillantes, lisses ; le dessus est plane, mais un peu
canaliculé vers la base ; elles occupent la moitié inférieure de la
tige. Fleurs blanchâtres, *roses au sommet*, disposées en ombelle
multiflore, dépourvue de bulbilles ; pédoncules un peu allongés,
filiformes, très-inégaux, lâches, étalés, penchés avant l'épanouissement. Spathe persistante, à 2 valves inégales, oblongues-
lancéolées, sillonnées dans le bas, longuement acuminées en
pointe fistuleuse, beaucoup plus longue que l'ombelle. Périgone
campanulé, à divisions oblongues-obtuses, quelquefois un peu
mucronées, *plus longues que les étamines* ou dépassées par
les anthères. Etamines simples. Style plus court que le périgone
ou le dépassant longuement. Capsule oblongue, atténuée aux deux
extrémités, rude sur les angles.

VAR. B, *Pallens Godr. et Gren. l. c.*—Ombelle plus fournie ;
fleurs d'un blanc sale ; anthères un peu saillantes ; style très-
court. *Al. pallens Lin. sp.* 427 ? *Vill. dauph.* 2, *p.* 254.

Hab. les champs incultes et stériles, aux environs de Nîmes, de Manduel,
de Bességes, de Saint-Ambroix, d'Anduze, du Vigan. ♃ Fl. juin-août.

15. **AL. MOSCHATUM** *Lin. sp.* 427 ; *Dec. fl. fr.* 3, *p.* 226 ; *Al.*
setaceum Waldst. et Kit. pl. rar. hung. t. 68 ; *C. Bauh. prodr.*
p. 28, *ic.*; *J. Bauh. hist.* 2, *p.* 565, *ic.* — Bulbes assez petits,
ovales-oblongs, solitaires ou réunis 2-3, à tuniques roussâtres,

devenant *fibreuses* en vieillissant. Tige de 1-2 décim.; grêle, cylindrique, droite ou courbée, glabre. Feuilles non fistuleuses, filiformes, striées, ainsi que les gaînes; très-étroitement canaliculées en dessus, ordinairement glabres; occupant la base ou le tiers inférieur de la tige et plus courtes qu'elle. Fleurs odorantes, blanchâtres ou rosées, disposées en ombelle composée de 3-12 fleurs, lâche; presque nivelée; pédoncules filiformes, *dressés, inégaux.* Spathe à 2 valves étalées ou réfléchies, ovales-lancéolées, acuminées, plus courte que l'ombelle. Périgone à divisions étalées-dressées, lancéolées-aiguës, à carène d'un rose foncé, *plus longues que les étamines*; celles-ci à filets linéaires-subulés; anthères brunes. Style environ de la longueur des étamines. Capsule subglobuleuse, longuement dépassée par le périgone.

Hab. les pacages et les terrains arides, à Campestre, à Pouzilhac, à Villeneuve-lez-Avignon. ♃ Fl. juillet-août.

16. **AL. FALLAX** *Don. monogr. p.* 61; *Al. angulosum Dec. fl. fr.* 3, *p.* 222; *All. senescens Duby, bot.* 470, *en partie* (*non Lin.*); *Gmel. sib.* 1, *t.* 11, *fig.* 2. — Bulbe assez petit, allongé, étroit, prolongé en vieillissant en une racine épaisse, noueuse, dure, horizontale, rampante, garnie de fibres nombreuses, produisant de petits bulbes qui donnent des feuilles formant par leur réunion un gazon épais, d'où s'élèvent des tiges florifères de 2-4 décim., nues, glabres, à 2 angles tranchants. Feuilles d'un vert gai, glabres, planes, linéaires, légèrement nerviées en dessous, non carénées, torses ou un peu contournées, toutes radicales, ordinairement de moitié plus courtes que la tige. Fleurs purpurines, rarement blanches, disposées en ombelle hémisphérique assez compacte, dépourvue de bulbilles; pédoncules dressés. Spathe membraneuse, courte, persistante, à 2-3 valves soudées à la base, quelquefois acuminées. Périgone à divisions oblongues-lancéolées-aiguës, étalées en étoile, *un peu plus courtes que les étamines;* celles-ci à filets simples. Style saillant, allongé. Capsule trigone-arrondie, déprimée, de moitié plus courte que le périgone.

Vulgairement *ail des mulots.*

Hab. contre les rochers, aux environs du Vigan, d'Alzon, à St-Guiral, à Sumènes, à St-Jean-du-Gard, à Alais, à Anduze, à St-Ambroix. ♃ Fl. juillet-septembre.

L'*Al neapolitanum,* indiqué à Nîmes par Mutel, fl. fr., n'a pas été trouvé par nous dans cette localité.

On cultive dans les potagers, comme plantes condimentaires, l'*ail cultivé, Allium sativum Lin.*, connu sous le nom patois d'*aïé;* l'*échalotte, Al. ascalonicum Lin.;* l'ognon, en patois, *ceba, Al. cepa;* le poireau, en patois, *porri, Al. porrum Lin.* On cultive aussi, comme plante d'agrément, l'*ail doré, Al. molis Lin.*, remarquable par ses feuilles largement lancéolées et ses fleurs d'un beau jaune.

10ᵉ gᵉ. ERYTHRONE. — ERYTHRONIUM. (Lin. gen. 414.)

Périgone campanulé à la base, à 6 divisions colorées, *persistantes*, très-profondes, ouvertes, puis *réfléchies en dehors*, jusque
vers le tiers de leur longueur; les 3 intérieures munies, à leur
base interne, de 2 *callosités*. Etamines 6 ; les 3 extérieures insérées sur le réceptacle, les 3 intérieures à la base des divisions
du périgone. Style 1, à 3 *stigmates*. Capsule subglobuleuse, un
peu atténuée à la base, à 3 loges polyspermes. Graines oblongues,
munies d'une arille. Fleur pendante.

1. **E. DENS-CANIS** *Lin. sp.* 437 ; *Dec. fl. fr.* 3, *p.* 197;
Lamk. ill. t. 244, *fig.* 1 ; *Lob. obs. p.* 97, *ic.*, *et ic.* 196, *fig.* 1-2 ;
Dod. pempt. 203, *fig.* 1. — Bulbe oblong, rétréci vers le sommet,
garni en dessous de fibres simples, un peu charnues, d'où sortent
souvent 1-2 bulbilles blancs, aigus. Hampe de 1-2 décim., grêle,
cylindrique, un peu courbée au sommet, très-glabre, ainsi que
les feuilles; celles-ci, au nombre de 2, oblongues-lancéolées,
aiguës ou obtuses, très-entières, très-divergentes, marquées de
taches blanchâtres ou d'un brun rougeâtre, rétrécies eu pétiole,
engaînantes jusqu'au tiers inférieur de la hampe. Fleurs grandes,
d'un pourpre clair ou foncé, rarement blanches, solitaires, terminales, penchées, à divisions lancéolées. Etamines incluses, à filets
atténués supérieurement, renflés inférieurement ; anthères violettes, oblongues, presque aussi longues que les filets. Style
dépassant les anthères.

Vulgairement *vioulte, dent de chien.*

Hab. les bois à Lanuéjols, à l'*hort de Diou*, près de l'Espérou. ♃ Fl.
mars-mai.

11ᵉ gᵉ. MUSCARI. — MUSCARI. (Tournef. inst. t. 180.)

Périgone ovoïde-urcéolé ou subcylindrique, à limbe resserré,
à 6 dents courtes. Etamines incluses, insérées sur le tube; filets
filiformes, courts. Style simple, court; stigmate subtrigone.
Capsule à 3 angles tranchants, à 3 loges, ordinairement à 2 graines
noires, arrondies ou subanguleuses, dépourvues d'arille.

1. { Grappe très-allongée, terminée par une touffe de
  fleurs à pédicule allongé........ .... COMOSUM.
  { Grappe ovoïde ou oblongue; fleurs supérieures à
  pédicules courts............................... 2.

2. { Fleurs petites, ovoïdes ou subglobuleuses ; plantes
  grêles........ .... 3.
  { Fleurs assez grosses, ovales-oblongues ; plante
  robuste................................... ... . NEGLECTUM.

3. { Feuilles linéaires-étroites, étalées, ordinairement
  plus longues que la hampe................... RACEMOSUM.
  { Feuilles larges, dressées, plus courtes que la hampe. BOTRYOIDES.

1. **M. RACEMOSUM** *Dec. fl. fr.* 3, *p.* 208; *Hyacinthus racemosus Lin. sp.* 455; *Lob. obs.* 55, *fig.* 2, *et ic.* 107, *fig.* 2; *Dod. pempt.* 267, *fig.* 1; *Clus. hist. p.* 181, *fig.* 1. — Bulbe médiocre, ovoïde, à tunique membraneuse, brune. Hampe. de 1-2 décim., droite. Feuilles *linéaires-étroites*, *en gouttière étroite*, étalées, recourbées, quelquefois plus longues que la hampe, toutes radicales, au nombre de 2-5. Fleurs petites, d'un bleu foncé, pédicellées, penchées; les supérieures droites, stériles, très-brièvement pédicellées, disposées en grappe terminale, *courte, ovale*, serrée. Périgone *ovale-subglobuleux*, marqué au sommet d'une bordure étroite, blanche. Capsule à valves courtes, *échancrées* au sommet. Graines subglobuleuses, irrégulièrement ridées-rugueuses. Plante glabre; fleurs *odorantes*.

Vulgairement, en patois, *couguiou*.

Hab. les champs cultivés, les vignes, dans tout le département. ♃ Fl. mars-mai.

2. **M. NEGLECTUM** *Guss. syn.* 411; *Godr. et Gren. fl. fr.* 3, *p.* 218; *Clus. hist.* 178, *fig. infer.*; *Lob. obs. p.* 55, *fig. sin. infer.*, *et ic.* 109, *fig.* 1. — Cette espèce diffère de la précédente : par son bulbe plus gros; par sa hampe beaucoup plus robuste; par ses feuilles *plus larges*, *plus largement canaliculées*; par sa grappe plus allongée; par son périgone *cylindrico-conique*, 2 fois plus gros; par les valves de sa capsule plus larges, *non échancrées* au sommet, et par ses graines légérement ridées-rugueuses.

Hab. le versant oriental du Serre-de-Bouquet, près d'Uzès. ♃ Fl. mai.

3. **M. BOTRYOIDES** *Dec. fl. fr.* 3, *p.* 208; *Hyacinthus botryoides Lin. sp.* 455; *Clus. pan.* 205, *ic*; *Lob. ic.* 108, *fig.* 1; *Tabern. ic.* 628, *fig.* 2. — Bulbe médiocre, ovoïde-conique, à tunique membraneuse, brune. Hampe de 1-2 décim., droite, grêle, cylindrique, trigone au sommet, dépassant ordinairement les feuilles; celles-ci toutes radicales, au nombre de 2-4, *lancéolées-linéaires*, *canaliculées*, striées, rétrécies à la base, fermes, *dressées*, glaucescentes. Fleurs d'un bleu clair, petites, pédicellées, *penchées*, puis horizontales; les supérieures stériles, droites, subsessiles, diposées en grappe terminale, oblongue, d'abord *serrée et aiguë*, puis lâche, un peu allongée. Périgone subglobuleux, étroitement bordé de blanc. Capsule à 3 angles obtus, à valves ovales-arrondies, non échancrées. Graines ovales, pointues au sommet, finement rugueuses. Plante glabre, à fleurs presque inodores.

Hab. les prairies, à Alzon, le Vigan, Anduze; les pacages, à Campestre; les champs cultivés, à Nîmes, ♃ Fl. mars-avril.

4. M. comosum *Mill, dict. n° 2 ; Dec. fl. fr. 3 ; p. 208 ; Hyacinthus comosus Lin. sp. 455 ; Dod. pempt. 218, fig. 1 ; Fuchs.
hist. 835, ic. ; Cam. epit. 798 , ic. ; Moris. hist. s. 4, t. 11,
fig. 1.* — Bulbe gros, à tunique brune ou rougeâtre. Hampe de
3-5 décim., droite, cylindrique, violette au sommet, munie à la
base de 2-3 feuilles engaînantes, largement linéaires, *très-longues*, canaliculées, *rudes aux bords*, souvent plus longues que
la hampe. Fleurs d'un brun livide, pédicellées horizontalement,
disposées en grappe terminale, *très-allongée*, lâche inférieurement, compacte vers le sommet, terminée par *un bouquet de
fleurs stériles*, d'un bleu violet, dressées, à pédicelles très-longs,
violets. Périgone cylindrique-urcéolé, plus court que le pédicelle. Capsule à 3 angles tranchants, à valves ovales-obtuses,
nerviées. Graines assez grosses, subglobuleuses, rugueuses, d'une
saveur très-amère. Plante glabre.

Vulgairement, en patois, *couguiou, amarun.*

Hab. les champs cultivés. et les vignes, dans tout le département. ♃ Fl.
avril-juin.

On cultive dans les parterres, sous le nom de *lilas de terre*, le *Musc.
monstruosum Mill.* var. du précédent ; le *Musc. ambrosiaceum*, à cause de
son odeur suave ; l'*Hyacinthus orientalis Lin.*, sous les noms de *jacinthe*,
de *muguet*, pour la variété de ses couleurs et sa bonne odeur.

12ᵉ gʳᵉ. PHALANGÈRE.—PHALANGIUM, (Tournef. inst. p. 368, t. 193.)

Périgone à 6 divisions *libres, étalées*, resserrées au-dessus de
l'ovaire, qu'elles enveloppent à leur base. Etamines insérées sur
le réceptacle ; filets glabres, droits, filiformes. Capsule trigone
ou subglobuleuse, coriace. Graines noires, anguleuses, rugueuses. Racine à *fibres épaisses, fasciculées.* Fleurs en grappe
ou en panicule, *à pédicelles articulés.*

1.	Tige presque toujours simple ; style penché ; capsule assez grosse, trigone, aiguë.......................	LILIAGO.
	Tige toujours rameuse ; style droit ; capsule petite, subtrigone, obtuse, mucronée....................	RAMOSUM.

1. PH. liliago *Schreb. spicil. p. 36 ; Dec. fl. fr. 3, p. 210 ;
Anthericum liliago Lin. sp. 445 ; Lamk. ill. t. 240, fig. 2 ; Dod.
pempt. 106, fig. 2.* — Racine à fibres blanchâtres. Tige de
3-6 décim., presque nue, simple, droite, raide, très-rarement
rameuse, entourée à la base par des écailles membraneuses,
blanches, oblongues. Feuilles linéaires, étroites, accuminées,
légèrement canaliculées et striées, dilatées et engaînantes à leur
base, atteignant plus de la moitié de la longueur de la tige.
Fleurs blanches, assez grandes, en grappe terminale, *simple*,
lâche ; pédicelles ascendants, articulés vers la base. Bractées
membraneuses, lancéolées, longuement et finement acuminées,

plus courtes que les pédicelles. Périgone à divisions très-ouvertes, très-minces, à 3 nervures dorsales. Style *arqué*. Capsule assez grosse, trigone, *aiguë*. Plante glabre.

Hab. les bois et les garrigues, dans tout le département. ♃ Fl. mai-juillet.

2. **Ph. ramosum** *Lamk. dict,* 5, *p.* 250; *Dec. fl. fr.* 3, *p.* 210; *Jacq. austr.,* t. 161; *Camer. epit.* 580. *ic.* ; *Dalech. hist. ed. fr.* 1, *p.* 740, *fig. infer.* — Racine à fibres blanchâtres. Tige de 3-6 décim., droite, raide, nue ou portant rarement une seule feuille, courte, *rameuse supérieurement*, entourée à la base par des écailles membraneuses, blanches, oblongues. Feuilles linéaires, étroites, un peu canaliculées, striées, acuminées, dressées, plus ou moins allongées, mais plus courtes que la tige, dilatées et engaînantes à leur base. Fleurs blanches, assez petites, lâchement disposées sur les rameaux espacés de la panicule; pédicelles articulés vers la base, étalés-dressés. Bractées subulées, beaucoup plus courtes que les pédicelles. Périgone à divisions très-ouvertes, très-minces, à 3 nervures dorsales. Style *droit*. Capsule petite, *arrondie-trigone, obtuse*, brièvement mucronée. Plante glabre, moins robuste que la précédente.

Hab. les bois des montagnes, aux environs du Vigan, à Salbous près d'Alzon, à Concoule. ♃ Fl. juin-août.

13° g.º. SIMÈTHE. — SIMETHIS. (Kunth. enum. 4, p. 618)

Périgone à 6 divisions libres, étalées, resserrées au-dessus de l'ovaire, qu'elles enveloppent à leur base. Etamines insérées sur le réceptacle; filets *barbus vers la base*. Capsule arrondie, à loges bispermes ou monospermes. Graines noires, lisses, **non** anguleuses.

1. **S. planifolia** *Gren. et God. fl. fr.* 3, *p.* 222; *Anthericum planifolium Lin. mant.* 224; *Anth. bicolor Desf. atl.* 1, *p.* 304, *t.* 90; *Phalangium bicolor Dec. fl fr.* 3, *p.* 209. — Racine à fibres blanchâtres, simples, charnues, épaisses, allongées, cylindriques. Tige de 3-6 décim., dressée, presque nue, rameuse au sommet, à rameaux peu allongés, munis à leur base d'une bractée lancéolée, subulée, acuminée, plus courte que le pédoncule. Feuilles planes, striées, linéaires-étroites, acuminées, membraneuses et engaînantes à la base; souvent courbées et plus longues que la tige. Fleurs assez petites, blanches en dedans, purpurines en dehors, lâchement disposées en panicule, à pédicelles non articulés. Périgone à divisions oblongues, marquées de 5-7 nervures fines; style droit, ne dépassant pas les étamines. Capsule subtrigone-tronquée à la base, arrondie au sommet. Graines munies *d'une arille*.

Hab. dans un marécage à la Grand-Combe, près d'Alais (Lecoq et Lamotte). ♃ Fl. juin.

14° g^re. **ASPHODÈLE. — ASPHODELUS.** (Lin. gen. 421.)

Périgone à 6 divisions ouvertes. Étamines 6, dont 3 plus courtes, à filets *courbés-ascendants*, *dilatés* et ciliés à la base, couvrant l'ovaire. Style subulé; stigmate simple. Capsule subglobuleuse-trigone, charnue, coriace à la maturité, à 3 loges monospermes. Graines triangulaires, noirâtres-chagrinées. Fleurs en grappes simples ou rameuses, à pédicelles articulés.

1.
- Feuilles linéaires, fistuleuses; capsule de la grosseur d'un pois.................................... FISTULOSUS.
- Feuilles lancéolées – ensiformes; capsule de la grosseur d'une cerise..................... CERASIFERUS.

1. **As. fistulosus** *Lin. sp.* 444; *Dec. fl. fr.* 3, *p.* 204; *Dod. pempt.* 206, *fig.* 2; *Tabern. ic.* 245, *fig.* 2; *Lob. obs.* 27, *fig. infer.*, *et ic.* 48, *fig.* 2. — Souches à fibres charnues, *non renflées*. Tige de 3-5 décim., cylindrique, légèrement striée, *fistuleuse*, rameuse supérieurement. Feuilles toutes radicales, nombreuses, linéaires-subulées, finement striées, fistuleuses, demi-cylindriques, dressées, atteignant environ la moitié de la tige. Fleurs blanches, moins grandes que celles de l'espèce suivante, disposées en grappe lâche sur les rameaux ascendants. Bractées scarieuses, ovales-lancéolées, acuminées, un peu plus courtes que les pédicelles; ceux-ci striés, renflés supérieurement, plus courts que le périgone. Périgone à divisions oblongues-lancéolées, marquées d'une nervure purpurine, longitudinale. Étamines non saillantes. Capsule petite, presque globuleuse, à 6 angles peu saillants, un peu rétrécie à la base, à 3 valves légèrement échancrées au sommet, *plissées transversalement* en dehors sur les faces, ainsi que les graines. Plante glabre.

Hab. les terrains sablonneux, les pacages près les Quatre-Maries et sur les bords de la Pinède voisine, à 4 kilomètres d'Aigues-Mortes. ♃ Fl. mai-juin.

2. **As. cerasiferus** *Gay, inédit.; Asph. ramosus Lin. sp.* 444 (en partie); *Dec. fl. fr.*, *p.* 204; *Clus. hist. p.* 196, *fig. infer.*; *C. Bauh. theatr. p.* 539, *ic.*; *Lob. ic.* 2, *p.* 260, *fig.* 1. — Souche à fibres brunâtres, nombreuses, fasciculées, épaisses, fusiformes. Tige de 8-12 décim., droite, nue, cylindrique, robuste, plus ou moins rameuse supérieurement; rameaux divergents. Feuilles toutes radicales, nombreuses, très-longues, carénées, largement ensiformes, souvent glaucescentes, plus courtes que la tige. Fleurs blanches, nombreuses, assez grandes, disposées en grappes serrées au sommet, un peu lâches inférieurement sur les rameaux, étalés-ascendants; pédicelles du fruit striés, renflés su-

périeurement, munis à leur base d'une bractée lancéolée-acuminée les dépassant souvent. Périgone à divisions onvertes, elliptiques, contractées au-dessus de l'ovaire, marquées d'une nervure longitudinale purpurine. Filets des étamines dilatés et ciliés à la base. Capsule de la grosseur d'une cerise, subglobuleuse, lisse et ombiliquée au sommet, un peu charnue, coriace à la maturité, à valves un peu *échancrées* au sommet, munies de côtes transversales, ridées, *nombreuses*. Graines assez grosses. Plante glabre.

Cette plante porte les noms vulgaires de *nones, ninons, porreau de chien, bâton royal ;* en patois, *aleda*. On retire de l'alcool de ses fibres.

Hab. les lieux incultes, dans tout le département. ♃ Fl. mai–juin.

On cultive dans les jardins l'*asphodèle jaune, asphodelus luteus* Lin., remarquable par sa tige simple, garnie de feuilles linéaires subulées, disposées en spirale, et par ses fleurs jaunes ; on cultive aussi la *tubéreuse, polyanthes tuberosa Lin.* qui se distingue par ses fleurs sessiles, rosées ou blanches, très-suaves, disposées en grappe simple et terminale.

15ᵉ gʳᵉ.APHYLLANTHE.—APHYLLANTHES.(Tournef. inst. 657, t. 430.)

Périgone à 6 divisions rapprochées en tube à la base, à limbe étalé. Étamines 6, courtes, insérées *vers la base* des divisions du périgone; filets *filiformes*, glabres; anthères *peltées*. Style simple, stigmate à 3 lobes. Capsule à 3 loges, monosperme. Graines ovoïdes.

1. **A. monspeliensis** *Lin. sp.* 422 *; Dec. fl. fr.* 3, *p.* 170; *Lamk. ill. t.* 252; *Tabern. ic.* 284, *fig.* 2; *Moris hist. s.* 5, *t.* 25, *fig.* 12. —Souche rampante, à fibres dures, simples ou rameuses. Tiges de 1-2 décim., grêles, striées, jonciformes, réunies en faisceau, munies à leur base de gaînes brunâtres de 2-5 centim., scarieuses à la base, vertes au sommet, terminées par 1-2 fleurs un peu grandes, bleuâtres, rarement blanches, enveloppées à leur base par 4-5 écailles roussâtres, luisantes scarieuses, concaves, ovales-lancéolées, l'extérieure terminée brusquement en une pointe un peu raide. Capsule turbinée, trigone, acuminée. Graines noires, lisses à l'œil nu. Plante glabre.

Vulgairement *jonciole, nonfeuillée;* en patois, *bragaloun.*

Hab. les lieux pierreux, secs et stériles, dans tous les environs de Nîmes, à Aigues-Mortes, à Villeneuve-lez-Avignou, à Alais, Anduze, la Grand-Combe, le Vigan. ♃ Fl. avril-mai.

CXVIᵉ Fam. SMILACÉES.

SMILACÆE. (R. Brown, prodr. 292.)

Fleurs régulières, hermaphrodites ou dioïques. Périgone à 6 divisions pétaloïdes, rarement à 4, 8 ou 10, semblables, quelques fois distinctes, disposées sur 2 rangs, libres ou soudées en tube à la base. Étamines 6, rarement 4, 8 ou 10, insérées sur le réceptacle ou sur les divisions du périgone ; filets libres ou soudés à la base ; anthères bilobées, à déhiscence longitudinale ; ovaire libre. Styles ordinairement 3, quelquefois 2 ou 4, ordinairement soudés, rarement libres. Fruit (*baie*) charnu, indéhiscent, à 3, rarement à 2-4 loges monospermes ou polyspermes. Graines presque sphériques, à test membraneux, fixées à l'angle interne des loges. Embryon petit, dans un périsperme charnu ou corné. Plantes vivaces, herbacées ou ligneuses, rarement sarmenteuses.

1. { Fleurs hermaphrodites...................... 2.
{ Fleurs dioïques............................. 6.

2. { Périgone persistant ; étamines à filets
{   soudés à la base....................... 1er gre. **PARIS.**
{ Périgone caduc ; étamines libres jusqu'à la base. 3.

3. { Périgone à divisions profondes, étalées........ 4.
{ Périgone tubuleux ou globuleux, denté au
{   sommet..... .... 5.

4. { Périgone à 6 segments ; étamines 6 ; tige
{   de 3-5 décimètres, dichotome....... 2e gre. **STREPTOPUS.**
{ Périgone à 4 segments ; étamines 4 ; tige
{   de 6-12 centimètres, simple........ 5e gre. **MAIANTHEMUM**

5. { Fleurs tubuleuses, axillaires............ 3e gre. **POLYGONATUM.**
{ Fleurs globuleuses, en grappe terminale. 4e gre. **CONVALLARIA.**

6. { Périgone caduc ; étamines 6................ 7.
{ Périgone persistant ; étamines 3....... 7e gre. **RUSCUS.**

7. { Tige dressée, portant des ramuscules fo-
{   liformes............................. 6e gre. **ASPARAGUS.**
{ Tige grimpante, portant de véritables
{   feuilles........................... 8e gre. **SMILAX.**

1er gre. **PARISETTE. — PARIS.** (Lin. gen. 500.)

Fleurs hermaphrodites. Périgone ordinairement à 8 divisions persistantes, libres presque jusqu'à la base, disposées sur deux rangs ; les extérieures lancéolées, les intérieures linéaires, très-étroites. Étamines ordinairement 8, insérées à la base des divisions du périgone ; filets libres supérieurement, dilatés et soudés entre eux à leur base, subulés, prolongés au-dessus des anthères, qui en occupent le tiers moyen. Styles 4, libres, filiformes. Baie à 4 loges polyspermes.

1. **P. QUADRIFOLIA** *Lin. sp.* 527 ; *Dec. fl. fr.* 3, *p.* 175 ; *Lamk. ill. t.* 319 ; *Fuchs. hist.* 87, *ic.*; *Math. comm. (Valgr.)* 1093, *ic.* — Racine blanchâtre, rampante, noueuse, garnie de fibres. Tige de 2-4 décim., dressée, simple, glabre ainsi que les autres parties de la plante. Feuilles minces, entières, nerviées, assez grandes, ovales-acuminées, étalées, verticillées ordinaire-

ment par 4 au sommet de la tige. Fleur verdâtre, solitaire, assez grande, terminant un pédoncule dressé, allongé, strié, partant du centre du verticille. Périgone à divisions très-étalées ; les intérieures un peu plus courtes. Styles rougeâtres, arqués-divergents. Baie de la grosseur d'une petite cerise, d'un noir violacé. Graines brunes, ovales-trigones, chagrinées.

Cette plante porte les noms vulgaires d'*herbe à Paris*, de *raisin de renard*, d'*étrangle-loup*. Elle est vénéneuse ; sa racine et ses fruits sont purgatifs.

Hab. les bois dans toute la partie élevée du département, ♃ Fl. mai-juin.

2° g**re**. STREPTOPE.— STREPTOPUS. (Michx. fl. bor. am. 1, p. 200, t. 18.)

Fleurs *hermaphrodites*. Périgone à 6 divisions *libres jusqu'à la base*, *étalées*, caduques. Etamines 6, libres, *insérées à la base* des divisions du périgone ; filets plus courts que les anthères. Style simple ; stigmate obtus. Baie à 3 loges polyspermes.

1. **St. amplexifolius** *Dec. fl. fr.* 3, *p.* 174 ; *Uvularia amplexifolia Lin. sp.* 436 ; *Convallaria dichotoma Dec. fl. fr.* 5, *p.* 309 ; *Lamk. ill. t.* 247, *fig.* 1 ; *Clus. hist. p.* 276, *fig.* 2 ; *Moris. hist. s* 13, *t.* 4, *fig.* 11 ; *Tabern. ic.* 756, *fig.* 2. — Racine horizontale, noueuse, épaisse, garnie de fibres nombreuses, très-rapprochées. Tige de 4-6 décim., dressée, anguleuse supérieurement, flexueuse, fistuleuse, dichotome. Feuilles grandes, minces, glauques, ovales-lancéolées, acuminées, beaucoup plus longues que les entres-nœuds, alternes, à nervures arquées, profondément échancrées en cœur à la base et embrassantes. Fleurs blanchâtres, pendantes, solitaires, axillaires, à pédoncule filiforme, articulé, coudé et réfléchi au-dessus de son milieu. Périgone à divisions lancéolées, arquées supérieurement en dehors. Baies subglobuleuses, rouges à la maturité. Graines blanches, arquées, aiguës aux deux extrémités, striées longitudinalement. Plante glabre.

Vulgairement *sceau de Salomon rameux; laurier alexandrin des Alpes*.

Hab. contre le bas des rochers humides de l'Aigual, du valat de la Dauphine, près de l'Espérou; dans le bois de Longues-Feuilles, près de Concoule. ♃ Fl. juin-juillet.

3° g**re**. SCEAU DE SALOMON.— POLYGONATUM. (Tournef. inst. p. 78, t. 14.)

Fleurs hermaphrodites. Périgone tubuleux-cylindrique, caduc, à 6 dents. Etamines insérées au milieu du tube. Style filiforme; stigmate obtus, trigone. Baie à 3 loges bispermes.

1.	Feuilles larges, alternes........................	**2.**
	Feuilles étroites, verticillées................	**VERTICILLATUM.**
2.	Tige anguleuse ; pédoncule à 1-2 fleurs ; filets des étamines glabres......................	**VULGARE.**
	Tige cylindrique ; pédoncule à 3-5 fleurs ; filets des étamines poilus.......................	**MULTIFLORUM.**

1. **P. VULGARE** *Desf. ann. mus.* 9, *p.* 49; *Gren. et Godr.*
fl. fr. 3, *p.* 228; *Convallaria polygonatum Lin. sp.* 451; *Dec.*
fl. fr. 3. *p.* 176 *et fl. dan. t.* 377; *Clus. pann.* 264, *ic. et hist.*
276, *fig.* 1. — Souche blanchâtre, grosse, charnue, traçante,
horizontale, chargée de nœuds nombreux. Tige de 2-4 décim.,
dressée, arquée, *anguleuse*, striée, munie, dans le bas, de gaînes
membraneuses, embrassantes, lancéolées, d'autant plus longues
qu'elles sont supérieures. Feuilles alternes, rapprochées sur 2
rangs opposés, sessiles ou subsessiles, demi-embrassantes, ovales-
oblongues-obtuses, à nervures longitudinales, arquées, occupant
la moitié supérieure de la tige. Fleurs assez grosses, blanches,
vertes à la base et au sommet, axillaires, unilatérales, pendantes,
portées sur un pédoncule uniflore ou biflore très-court; pédicelles un peu plus courts que les fleurs. Périgone assez long,
évasé de la base au sommet, à 6 dents peu profondes, barbues
intérieurement au sommet. Filets des étamines *glabres*, insérés
au-dessus du milieu du tube. Baies rondes, un peu plus grosses
qu'un pois, d'un noir bleuâtre à la maturité. Graines jaunâtres
marquées de petits points brillants. Plante glabre, glaucescente.

La racine est astringente.

Hab. les bois des montagnes, dans tout le département. ♃ Fl. avril-juin.

2. **P. MULTIFLORUM** *All. ped.* 1. *p.* 131; *Gren. et Godr.*
fl. fr. 3, *p.* 229; *Convallaria multiflora Lin. sp.* 452; *Dec. fl.*
fr. 3, *p.* 176 *et fl. dan. t.* 152; *Drève et Hayne, t.* 52; *Clus. hist.*
275, *fig. inf.* — Cette espèce diffère de la précédente par sa
tige *cylindrique*, ordinairement plus élevée; par ses fleurs plus
petites, *un peu renflées à la base*, portées, au nombre de 3-7, sur
un pédoncule rameux; par ses étamines à filets *poilus*; par ses
baies un peu plus grosses, d'un rouge noirâtre à la maturité, et
par ses graines dépourvues de petits points brillants.

Mêmes propriétés.

Hab. les bois de l'Espérou, de Salbous, de Longues-Feuilles près Concoule, d'Alais. ♃ Fl. mai-juin.

3. **P. VERTICILLATUM** *All. ped.* 1, *p.* 131; *Gren. et Godr.*
fl. fr. 3, *p.* 229; *Convallaria verticillata. Lin. sp.* 451; *Dec.*
fl. fr. 3, *p.* 175 *et fl. dan. t.* 86; *Fuchs. hist.* 586, *ic.; Tabern.*
ic. 757, *fig.* 2. — Souche brunâtre, horizontale, traçante, épaisse.
Tige de 3-5 décim., simple, dressée, *anguleuse*, nue inférieurement. Feuilles *lancéolées-linéaires*, pointues, rétrécies à la base,
vertes en dessus, pâles et pubescentes en dessous sur les nervures, sessiles, disposées en *verticelles* par 3, 4 ou 5, beaucoup
plus longues que les entre-nœuds. Fleurs pendantes, petites,
blanches, vertes au sommet, portées sur des pédoncules *verticil-*

lés, axillaires, ordinairement biflores. Périgone *légèrement renflé à la base*, à dents pubescentes au sommet. Filets des étamines insérés au milieu du tube. Baies petites, sphériques, violettes. Graines jaunâtres, chagrinées. Plante glabre.

Hab. les bois de l'Espérou, en descendant de la Cereirède à Banachu, les bois de Longues-Feuilles à Concoule. ♃ Fl. mai-juin.

4ᵉ gʳᵉ. MUGUET.   CONVALARIA. (Lin. gen. 425, en part.)

Fleurs hermaphrodites. Périgone *globuleux-campanulé*, à 6 dents *arquées en dehors*. Etamines 6, *libres, insérées à la base du périgone;* style simple, un peu épais; stigmate obtus, subtrigone. Baie à 3 loges bispermes.

1. **C. majalis** *Lin. sp.* 451 ; *Dec. fl. fr.* 3, *p.* 177 ; *Lamk. ill. t.* 248; *Fuchs. hist.* 240, *ic.; Math. comm. (Vulgr.)* 875, *ic.; Tabern. ic.* 754, *fig.* 2. — Souche oblique, longuement traçante, garnie de fibres filiformes, rameuses. Hampe nue, latérale, grèle, dressée, demi-cylindrique, un peu courbée au sommet, souvent plus courtes que les feuilles, munie à sa base de quelques écailles membraneuses qui l'entourent ainsi que les pétioles. Feuilles au nombre de 2, luisantes, ovales ou elliptiques, un peu acuminées, à nervures très-rapprochées, à pétioles longs, l'extérieur un peu plus court que l'intérieur, qu'il enveloppe. Fleurs très-blanches, réfléchies, unilatérales, disposées en grappe simple, lâche, terminale. Pédoncules uniflores, arqués, munis à leur base d'une bractée membraneuse lancéolée, environ de leur longueur. Périgone à dents courtes, obtuses. Baies sphériques de la grosseur d'un pois, rouges à la maturité. Graines jaunâtres, chagrinées. Plante glabre, à fleurs très-odorantes.

Vulgairement *lis de mai*, *muguet des Parisiens*. Les fleurs et la racine sont sternutatoires ; les parfumeurs emploient les fleurs pour parfumer la pommade. On cultive une variété de cette plante à fleurs doubles et une autre à fleurs roses.

Hab. les bois, dans toute la partie élevée du département. ♃ Fl. avril-juin.

5ᵉ gʳᵉ. MAIANTHÈME.—MAIANTHEMUM. (Wiggers, prim, fl. holsat. 15)

Fleurs hermaphrodites. Périgone à 4 divisions profondes, étalées ou réfléchies, 4 étamines libres, insérées à la base des divisions du périgone. Style simple, un peu épais, à stigmate obtus à 2-3 lobes peu saillants. Baie à 2-3 loges à une ou deux graines. Graines globuleuses, un peu chagrinées.

1. **M. bifolium** *Dec. fl. fr.* 3, *p.* 177 ; *Convallaria bifolia, Lin. sp.* 452 *et fl. dan. t.* 291; *Cam. epit.* 744, *ic.; Math. comm.* 709, *fig.* 2; *Tabern. ic.* 754. *fig.* 1. — Souche grêle, articulée, rameuse, longuement traçante, garnie aux articulations de fibres

capillaires pubescentes. Tige de 6-15 centim., droite, anguleuse, flexueuse au sommet, garnie à sa base de 2-3 écailles membraneuses, souvent rougeâtres, engaînantes. Feuilles ovales, acuminées, profondément et largement cordées à la base, à lobes arrondis, vertes et luisantes en dessus, pâles et lâchement pubescentes en dessous, à nervures rapprochées, convergentes; 2 caulinaires alternes, distantes, brièvement pétiolées, placées vers le sommet de la tige, et une radicale longuement pétiolée, ordinairement détruite à la floraison. Fleurs petites, blanches, disposées en une grappe grêle, courte terminale, un peu lâche; pédicelles uniflores, peu divergents, plus longs que la fleur, géminés ou ternés, quelquefois quaternés, rarement solitaires, munis à leur base d'une très-petite bractée. Périgone à divisions ovales-obtuses, étalées, puis réfléchies. Etamines écartées, plus courtes que le périgone. Baie sphérique, de la grosseur d'un petit pois, rouge à la maturité. Graines jaunâtres.

Hab. les bois, dans toute la partie élevée du département, à l'Espérou, à Concoule. ♃ Fl. mai-juin.

6ᵉ gʳᵉ. ASPERGE. — ASPARAGUS. (Lin. gen. 458.)

Fleurs dioïques par avortement. Périgone *campanulé*, *à 6 divisions profondes*, *étalées au sommet*. Etamines 6, plus courtes que le périgone, *insérées à la base des divisions*. Style simple, très-court; stigmate à 3 lobes étalés ou recourbés. Baie à 3 loges, renfermant chacune 2 graines subtrigones, noires, luisantes; quelquefois une ou deux des loges avortent et la baie devient monosperme ou bisperme. Feuilles remplacées par des écailles, à l'aisselle desquelles naissent des fascicules de rameaux avortés, (*phyllodes*), simulant des feuilles filiformes.

1.	Tige ligneuse, flexueuse, presque grimpante; phyllodes raides, piquants...................	ACUTIFOLIUS.
	Tige herbacée, droite; phyllodes mous, non piquants.......................	2.
2.	Pédoncules articulés sous la fleur..............	TENUIFOLIUS.
	Pédoncules articulés vers le milieu.........	3.
3.	Ecailles prolongées, à la base, en une pointe herbacée............................	OFFICINALIS.
	Ecailles prolongées, à la base, en une pointe épineuse............................	SCABER.

1. Asp. acutifolius *Lamk. dict.* 1, *p.* 294; *Dec. fl. fr.* 3, *p.* 173; *Asp. sylvaticus Waldst. et Kit. hung., t.* 281; *Math. comm.* (*Valgr.*) 478, *ic. optima.* — Souche horizontale, garnie de fibres fasciculées, blanchâtres, épaisses, charnues, allongées. Tige de 3-6 décim., dressée, nue et cylindrique à la base, munie d'écailles membraneuses, très-minces, anguleuse et un peu flexueuse supérieurement, très-rameuse, à rameaux grêles, cylindriques, très-étalés. Phyllodes capillaires, mucronés, *mous*, *lisses*, plus longs que ceux des autres espèces, réunis 15-25 en faisceau aux aisselles des écailles, membraneuses, *non prolongées à leur base*. Fleurs blanchâtres, à nervure verte sur le dos des divisions, penchées, solitaires au sommet de pédoncules capil-- laires, géminés, allongés, arqués en dehors, articulés sous la fleur. Tube du périgone *très-court*. Etamines à anthères *mutiques*, environ de la longueur du *quart du filet*. Baies sphériques, assez grosses, pendantes, rougeâtres et luisantes à la maturité.

Hab. les bois de Salbous près Çampestre, à Alais, à St-Ambroix, à la Chartreuse-de-Valbonne. ♃ Fl. avril-juin.

2. **Asp. officinalis** *Lin. sp.* 448; *Dec. fl. fr.* 3, *p.* 173; *Engl. bot. t.* 339; *Blakw. t.* 332; *Fuchs hist.* 58, *ic.*; *Math. comm.* (*Valgr.*) 477, *ic.*; *Tabern. ic.* 138, *fig.* 1. — Souche garnie de fibres nombreuses, fasciculées, blanchâtres, épaisses, charnues, longues, horizontales. Tige de 6-12 décim., droite, herbacée, raide, cylindrique, finement triée, rameuse dans les trois quarts supérieurs de sa hauteur, à rameaux nombreux, étalés-ascendants, formant par leur disposition une ample pani- cule. Phyllodes filiformes, sétacés, *lisses*; mous, mucronés, *non piquants*, réunis 3-6 en faisceaux aux aisselles des écailles, mem- braneuses, prolongées à leur base en pointe courte, *non épineuse*. Fleurs d'un jaune verdâtre, à nervure verte sur le dos des divi- sions, penchées, solitaires au sommet de pédoncules filiformes, solitaires ou géminés, étalés, puis arqués en dehors, articulés vers leur quart supérieur. Tube du périgone *de moitié plus court que le limbe*. Etamines à anthères oblongues, *mutiques*, *égalant la longueur des filets ou un peu plus courtes qu'eux*. Baies de la grosseur d'un gros pois, rouges, luisantes à la maturité. Plante glabre.

Vulgairement, en patois, *esparga*. Les jeunes pousses (*asperges*), d'une saveur agréable, sont un aliment très-recherché ; les racines sont diurétiques et apéritives : on retire des baies un alcool très-pur, excellent pour les liqueurs de table.

Hab., spontanée, les lieux sablonneux à Tresques ; aux bords du Rhône, à Coudoulet, à Beaucaire; aux bords du Gardon, à St-Nicolas, au pont du Gard; les sables maritimes à Aigues-Mortes. Elle est cultivée pour l'usage de la cuisine.

3. **Asp. scaber** *Brign., fasc. pl. forojul.* 22; *Gren. et Godr. fl. fr.* 3, *p.* 231; *Asp. amarus Dec. fl. fr.* 5, *p.* 309; *Red. lil, t.* 446; *Clus. hist.* 2, *p.* 179, *ic.*; *Lob. ic.* 786, *fig.* 2, *et obs. p.* 458, *ic.*; *Math. comm.*, *p.* 373, *fig.* 2; *Tabern. ic.* 138, *fig.* 2. —Cette espèce diffère de la précédente : par sa tige et ses rameaux âpres au toucher; par ses phyllodes rudes, plus fermes et plus charnus, plus nombreux dans les faisceaux; par les

écailles à la base des rameaux, surtout des inférieurs, prolongées inférieurement en pointe dure, *épineuse;* par ses pédoncules fructifères, à article supérieur 2 *fois plus épais que l'inférieur;* par ses étamines à anthères *mucronées ,* de moitié plus courtes que leur filet; par ses baies plus grosses, et enfin par ses jeunes pousses, d'une saveur très-amère.

Hab. les sables maritimes à Aigues-Mortes. 2⸰ Fl. mai–juin.

4. **Asp. acutifolius** *Lin. sp.* 449 ; *Dec. fl. fr.* 3 ; *p.* 173 ; *Sibth. et Sm. fl. græc. t.* 337 ; *Math. comm.* 374, *ic.*; *Cam. epit.* 260, *ic. bona*; *Lob. ic.* 787, *fig.* 1 ; *Tabern. ic.* 139, *fig.* 1. — Souche garnie de fibres nombreuses, fasciculées, blanchâtres, épaisses, dures. Tige de 8-15 décim., dressée, sinueuse, flexueuse, presque grimpante, buissonnante, rude, raide, ligneuse, un peu anguleuse, blanchâtre, glabre inférieurement, pubescente supérieurement, très-rameuse, à rameaux pubescents, striés, rapprochés, étalés à angle droit, d'autant plus courts qu'ils sont supérieurs. Phyllodes courts, raides, mucronés, *piquants*, persistants, réunis 5-8 en faisceaux très-rapprochés aux aisselles des écailles, petites, membraneuses, prolongées à la base *en pointe courte, épineuse*. Fleurs jaunâtres, à nervure verte sur le dos des divisions, odorantes, solitaires au sommet de pédoncules courts, solitaires ou géminés, courbés ou dressés, articulés vers leur milieu ; pédoncules fructifères à article supérieur un peu plus épais que l'inférieur. Tube du périgone *de la longueur du limbe.* Étamines à anthères oblongues, *mucronulées*, à filets 2 *fois de leur longueur.* Baies sphériques, de la grosseur d'un pois, d'abord vertes, puis noires, à une ou deux graines par avortement ; la graine est sphérique lorsqu'elle est solitaire.

Vulgairement *asperge sauvage* ; en patois, *asperga de chin.* On mange les jeunes pousses, quoique un peu amères.

Hab. les haies et les lieux pierreux et arides, depuis Aigues-Mortes jusqu'au Vigan. ♄ Fl. juillet–septembre.

7ᵉ g^{re}. FRAGON.   RUSCUS. (Lin. gen. 1139.)

Fleurs dioïques. Périgone persistant, à 6 divisions *très-profondes*, étalées, les 3 internes plus étroites. Fleurs mâles à 3 étamines, à filets *soudés en tube et insérés à la base* des divisions; fleurs femelles à ovaire ovale, supère, entouré par le tube formé par la soudure des filets des étamines, dépourvues d'anthères; style court, simple ; stigmate obtus. Baie globuleuse, à 3 loges dispermes ; souvent à 1-2 loges monospermes, par l'avortement des cloisons.

1. **R. aculeatus** *Lin. sp.* 1174 ; *Dec. fl. fr.* 3, *p.* 180 ; *Lamk. ill. t.* 835 ; *Moris. hist. s.* 13 , *t.* 5 , *fig.* 1 ; *Dod. pempt.* 744, *ic.*; *Math. comm. (Valgr.)* 1214, *ic.*; *Tabern. ic.* 863,

fig. 2. — Souche épaisse, blanchâtre, noueuse, horizontale, garnie de fibres longues, un peu épaisses. Arbuste toujours vert, de 8-12 décim., à tige droite, ferme, très-flexible, difficile à rompre, cylindracée, striée, très-rameuse, à rameaux étalés, anguleux, cannelés. Phyllodes sessiles, nombreux, épars, tordus à la base, coriaces, très-entiers, nerviés, *ovales*, *acuminés en pointe raide*, *piquante*, munis à leur base d'une petite bractée membraneuse. Fleurs verdâtres, placées 1-2 sur la face supérieure et au dessous du milieu des phyllodes, munies à leur base d'une petite bractée *verte*, acuminée; pédoncule peu saillant au-dessus de petites bractées trifides, membraneuses. Périgone à divisions de deux sortes; les externes ovales, les internes étroites, lancéolées. Baies de la grosseur d'une petite cerise, rouges à la maturité. Graines grosses, blanchâtres, *cornées*.

Cet arbuste est connu sous les noms vulgaires de *petit houx*, de *houx frelon*, de *myrthe épineux*; en patois, *verbouïssé*, *bourbouïssé*. Sa racine et ses baies sont diurétiques, apéritives et emménagogues. On mange les jeunes pousses comme les asperges.

Hab. les bois et les garrigues dans tout le départem' nt. ♄ Fl. mars-avril.

8ᵉ gʳᵉ. SMILAX.— SMILAX. (Lin. gen. 1119.)

Fleurs dioïques. Périgone caduc, *à 6 divisions libres, ouvertes.* Fleurs mâles à 6 étamines *libres, inserées à la base des divisions du périgone;* fleurs femelles: styles à 3 stigmates étalés. Baie sphérique, à 3 loges monospermes.

1. **Sm. aspera** *Lin. sp.* 1458; *Dec. fl. fr.* 3, *p.* 178; *Clus. hist.* 1, *p.* 112, *fig.* 2; *Fuchs hist.* 118, *ic.* — Tige grêle, dure, anguleuse, flexueuse, grimpante, garnie d'épines éparses, robustes, brunes au sommet, rares ou nombreuses. Feuilles alternes, pétiolées, raides, fermes, persistantes, vertes, luisantes, quelquefois tachées de blanc, à 5-7 nervures, étroitement ou largement oblongues-lancéolées, élargies et cordées à la base, aiguës ou obtuses au sommet, mucronées, garnies, sur leurs bords et la nervure inférieure, d'épines raides, plus ou moins nombreuses; pétioles courts, anguleux, pubérulents, épineux, canaliculés supérieurement, munis vers leur base ordinairement de deux vrilles simples, opposées, accrochantes. Fleurs jaunes-blanchâtres, pédonculées, réunies 5-15 en faisceaux, munis ou dépourvus de feuilles florales à leur base, disposés alternativement en grappe lâche, flexueuse, allongée, simple ou rameuse. Périgone à divisions lancéolées, glabres, un peu charnues, munies d'une nervure dorsale. Étamines à anthères oblongues, beaucoup plus courtes que les filets. Baie petite, d'un rouge brun à la maturité. Graines sphériques, noirâtres, luisantes, cornées.

Var. B, *Mauritanica Gren. et Godr. fl. fr.* 3, *p.* 234. Plante plus grande, plus forte, à feuilles plus amples, plus élargies à la base, presque toujours dépourvues d'épines. *S. Mauritanica Desf. atl.* 2, *p.* 367; *Dec. fl. fr.* 3, *p.* 178.

Cette plante est connue sous les noms vulgaires de *salsepareille d'Europe*, de *liseron épineux;* en patois, *lenga-de-ca.* Sa racine, sudorifique actif, remplace la salsepareille.

Hab. les lieux pierreux, haies et buissons, aux environs de Nîmes, d'Uzès, d'Alais, de St-Jean-du-Gard, du Vigan. ♄ Fl. août-septembre.

CXVIIe Fam. **DIOSCORÉES.**
Discoreæ (R. Brown. prod. p. 294.)

Fleurs dioïques, régulières. Périgone à 6 divisions soudées en tube à la base. Fleurs mâles à 6 étamines libres, insérées à la base des divisions du périgone; anthères bilobées, à déhiscence longitudinale. Fleurs femelles : périgone marcescent, à 6 divisions, à tube un peu plus long que celui des fleurs mâles, et soudé avec l'ovaire infère. Styles 3, libres supérieurement. Stigmates bifides. Baie à 3 loges dispermes ou monospermes, quelquefois à une loge par avortement. Graines subglobuleuses, à test membraneux, attachées à l'angle interne des loges. Embryon placé dans le périsperme, épais. Plante volubile. Feuilles à nervures ramifiées; fleurs en grappes axillaires.

TAMIER. — TAMUS. (Lin. gen. 1119.)

Mêmes caractères que ceux de la famille.

1. T. communis *Lin. sp.* 1458 ; *Dec. fl. fr.* 3, *p.* 181 ; *Lamk. ill. t.* 817 ; *Dod. pempt.* 401 , *ic.* — Racine très-épaisse, tuberculeuse, noirâtre en dehors, blanche à l'intérieur. Tiges de 2-3 mètres, faibles, volubiles, striées, glabres, ainsi que les autres parties de la plante. Feuilles à pétiole allongé, grêle, strié, à limbe mince, d'un vert luisant, ovale, profondément et largement cordé, accuminé, mucroné. Fleurs d'un jaune verdâtre, petites, solitaires sur des pédoncules courts, solitaires ou géminés, disposés en grappes axillaires, grêles, lâches, allongés; fleurs femelles en grappes plus courtes. Baies sphériques, de la grosseur d'un pois, rouges à la maturité. Graines brunes, ridées.

Cette plante porte les noms vulgaires de *vigne noire*, de *sceau de la Vierge*, *sceau de Notre-Dame*, *d'herbe aux femmes battues.* Sa racine est diurétique, un peu purgative, résolutive à l'extérieur.

Hab. les haies et les buissons, les bois et les broussailles, dans tout le département. ♃ Fl. mars-juin.

CXVIIIe Fam. **IRIDÉES.**
Irideæ. (Juss. gen. p. 57.)

Fleurs hermaphrodites, ordinairement régulières, sortant d'une spathe membraneuse ou herbacée. Périgone pétaloïde, **adhérent** à l'ovaire par sa base tubuleuse, à 6 divisions disposées sur deux rangs. Etamines 3, insérées à la base des divisions extérieures du périgone ; anthères linéaires ou oblongues, bilobées, à déhiscence longitudinale. Style indivis ; stigmates 3, simples ou divisés, ou pétaloïdes. Ovaire infère. Capsule à 3 loges polyspermes, s'ouvrant par le milieu. Graines sur 2 rangs, attachées aux angles internes des loges. Embryon situé dans un périsperme charnu ou corné. Plantes bulbeuses ou à souche charnue.

1. Stigmates très-larges, pétaloïdes ; plantes à souche tubéreuse............ 2.
Stigmates ni larges ni pétaloïdes ; plantes bulbeuses..................... 3.

2. Divisions externes du périgone réfléchies en entier ; feuilles ensiformes. 3° g. IRIS.
Divisions externes du périgone réfléchies au sommet seulement ; feuilles linéaires tétragones.............. 4° g. HERMODACTYLUS.

3. Périgone régulier........................... 4.
Périgone irrégulier, presque bilabié. 5° g. GLADIOLUS.

4. Périgone à tube très-allongé........ 1er g. CROCUS.
Périgone à tube court.............. 2° g. TRICHONEMA.

1er g. SAFRAN. — CROCUS. (Lin. gen. N° 55.)

Périgone *régulier*, campanulé, à tube très-long, à 6 divisions ouvertes, dressées ; les extérieures plus longues que les intérieures. Etamines insérées sur le tube. Style allongé, filiforme ; stigmates dilatés, *denticulés*. Capsule trigone, graines arrondies.

1. **C. VERNUS** *All. ped.* 1, *p.* 84 ; *Dec. fl. fr.* 3, *p.* 242 ; *C. triphyllus Lois. fl. gall.* 1, *p.* 27 ; *C. sativus v. B. vernus*, *Lin. sp.* 50 ; *C. vernus v. B. albiflorus Mut. fl. fr. t.* 71, *fig.* 538 ; *Clus. hist.* 203, *fig.* 1-2 ; *Moris. hist. s.* 4, *t.* 2, *fig.* 3. — Bulbes arrondis, souvent géminés et superposés, couverts de tuniques formées de fibres recticulées. Hampe, y compris la fleur, de 6-12 centim., droite, munie inférieurement de plusieurs écailles membraneuses, engaînant la hampe et les feuilles ; celles-ci ordinairement au nombre de 3, *naissant avec la fleur,* plus courtes qu'elle, puis la dépassant, linéaires-obtuses ; parcourue dans sa longueur par une ligne blanche. Fleurs de diverses grandeurs, blanches ou panachées de violet. Périgone à divisions oblongues-obtuses, à gorge *pubescente*, à tube enveloppé d'une spathe membraneuse, argentée. Etamines à filets pubescents, à anthères linéaires-sagittées, *plus longues qu'eux.* Stigmates courts, orangés. Capsule membraneuse.

Hab. les prairies et les pacages sur toute la chaîne de l'Espérou, à Dourbies, à Cervillère, sur le Causse-Noir, près de Lanuéjols. ♃ Fl. mars-mai.

2° g^{re}. TRICHONEME. –TRICHONEMA. (Ker., in Ann. of bot. 1, p. 224.

Périgone *régulier,* en entonnoir, à tube court, à 6 divisions égales, un peu ouvertes. Etamines insérées sur le tube du périgone. Style simple ; stigmates à 3 branches filiformes, *bifides,* étalées. Capsule membraneuse, oblongue-trigone, à 3 loges polyspermes. Graines sphériques.

1. **T. COLUMNÆ** *Rchb. fl. excurs.* 1, *p.* 83 ; *Gren. et Godr. fl. fr.* 3, *p.* 238 ; *Ixia bulbocodium Dec. fl. fr.* 3, *p.* 241 (*non Lin.*); *Lob. ic.* 142, *et obs. p.* 69, *fig.* 1; *Col. ecphr. p.* 327, *ic.* — Bulbes petits, ovales, quelquefois géminés et superposés, couverts de tuniques brunâtres, luisantes, coriaces, incisées au sommet. Hampe de 5-15 centim., portant, à sa partie supérieure, 1-4 fleurs, cannelée, munie à la base de 2-3 écailles membraneuses, blanchâtres, engaînant la hampe et les feuilles; celles-ci linéaires ou filiformes, pliées en gouttière, sillonnées, arquées, souvent tortillées, beaucoup plus longues que les fleurs, à gaines scarieuses. Fleurs petites, blanches ou bleuâtres, dépassant peu la spathe, à 2 valves herbacées, lancéolées, inégales, appliquées contre la fleur et la capsule. Périgone à divisions lancéolées-aiguës, jaunâtres à leur base ; les 3 intérieures marquées de 3 *lignes rougeâtres.* Etamines *dépassant peu* le pistil. Capsule bosselée, à pédoncule allongé, arqué. Graines d'un brun rougeâtre, presque chagrinées. Plante glabre.

Hab. les sables maritimes aux graus d'Orgon et d'Aigues-Mortes. ♃ Fl. mars–avril.

3° g^{re}. IRIS. – IRIS. (Lin. gen. 59.)

Périgone *régulier,* à divisions pétaloïdes; les intérieures dressées, souvent conniventes, les extérieures plus larges, réfléchies. Style court, trigone, portant 3 stigmates larges, *pétaloïdes,* convexes et carénés en dessus, concaves et canaliculées en dessous, échancrés ou bifides au sommet, recouvrant les étamines, insérées à la base des divisions, réfléchies. Capsule oblongue, trigone, ou hexagone, *à* 3 *loges* polyspermes. Graines planes-déprimée sou subsphériques.

<table>
<tr><td rowspan="2">1.</td><td>Divisions extérieures du périgone barbues sur la face supérieure........................</td><td>2.</td></tr>
<tr><td>Divisions extérieures du périgone imberbes....</td><td>5.</td></tr>
<tr><td rowspan="2">2.</td><td>Tige de 4-6 décim., pluriflore...............</td><td>GERMANICA.</td></tr>
<tr><td>Tige de 1-3 décim. (à l'état sauvage) ; à une, rarement à deux fleurs...................</td><td>3.</td></tr>
<tr><td rowspan="2">3.</td><td>Spathe à feuilles subaiguës ou subobtuses......</td><td>4.</td></tr>
<tr><td>Spathe à feuilles acuminées, très-aiguës......</td><td>LUTESCENS.</td></tr>
<tr><td rowspan="2">4.</td><td>Tube du périgone saillant hors de la spathe ....</td><td>CHAMÆIRIS.</td></tr>
<tr><td>Tube du périgone plus court que la spathe ....</td><td>OLBIENSIS.</td></tr>
</table>

5. | Fleurs jaunes ; plante aquatique............... **PSEUDACORUS.**
   | Fleurs jamais jaunes ; plantes terrestres....... 6.

6. | Tige à angle saillant ; capsule trigone ; feuilles fétides.................................... **FOETIDISSIMA.**
   | Tige cylindrique ; capsule hexagone ; feuilles non fétides.................................... **SPURIA.**

1. **I. CHAMÆIRIS** *Bertol fl. fr. ital.* 3, *p.* 609 ; *Gren. et Godr. fl. fr.* 3, *p.* 239 ; *I. pumila Dec. fl. fr.* 3, *p.* 237 ; *Poit et Turp. fl. par. t.* 47 ; *Clus. hist.* 1, *p.* 225, *fig.* 2 ; *Lob. ic.* 63, *fig.* 1. — Souche courte, horizontale, assez petite. Tige de 1-2 décim., dressée, simple, uniflore, cylindrique, plus courte ou plus longue que les feuilles ; celles-ci toutes radicales, larges de 10-15 millim., aiguës, inégales, droites ou un peu arquées. Fleurs violettes, blanchâtres ou jaunâtres, assez grandes, à pédoncule plus court que l'ovaire ; spathe à 2 feuilles membraneuses, *scarieuses supérieurement*, lâches, lancéolées, subaiguës ou subobtuses. Périgone à tube grêle, saillant, *au moins 2 fois aussi long que l'ovaire*, à divisions extérieures ovales-oblongues, ondulées, onguiculées, réfléchies, munies, sur la face supérieure, d'une ligne de poils épais, jaunâtres ; les intérieures ovales, conniventes au sommet, brusquement et brièvement onguiculées, *plus longues et plus larges que les extérieures*. Stigmates bilabiés, à lèvre supérieure à 2 lobes aigus. Capsule grosse, subtrigone, oblongue, aiguë au sommet, bosselée. Graines fauves, subglobuleuses.

Hab. les garrigues, aux environs de Nîmes, de Villeneuve-lez-Avignon, dans les bois de Salbous. ♃ Fl. avril–mai.

2. **I. LUTESCENS** *Lamk. dict.* 3, *p.* 297 ; *Dec. fl. fr.* 3, *p.* 237 ; *Gren. et Godr. fl. fr.* 3, *p.* 240 ; *ital. fl. fr. t.* 68, *fig.* 528. — Souche de moyenne grosseur, horizontale, rameuse, noueuse. Tige de 2-3 décim., dressée, cylindrique, uniflore, rarement biflore, dépassant les feuilles ; celles-ci plus larges et plus longues que celles de l'espèce précédente, un peu glauques, ensiformes, un peu arquées, 1-2 caulinaires, les autres radicales. Fleurs d'un jaune verdâtre, à pédoncule *de la longueur de l'ovaire* ; spathe à feuilles *d'un vert* blanchâtre, légèrement enflées, un peu divergentes au sommet, lancéolées, *très-aiguës*, couvrant ordinairement en entier le tube du périgone, *beaucoup plus long que l'ovaire*. Périgone à divisions amples, *toutes aussi longues et aussi larges ;* les extérieures onguiculées, réfléchies, arrondies au sommet, quelquefois échancrées, munies, sur la face supérieure, d'une ligne de poils épais, jaunes ; les intérieures dressées, conniventes au sommet, subitement onguiculées, à onglet rayé de rouge-brun. Stigmates bilabiés, à lèvre supérieure à 2 lobes aigus, dentés extérieurement sur les bords. Nous n'avons pas vu

la capsule. Cette plante acquiert de grandes dimensions par la culture : sa tige devient plusieurs fois dichotome.

Hab. sur les rochers, à la Beaume, au mas de Seine près de Nîmes, au sommet du serre de Bouquet, à Valbonne. ♃ Fl. mars-avril.

3. I. OLBIENSIS *Henon, ann. soc. agr. de Lyon*, 8, *p.* 462, *ic.; Gren. et Godr. fl. fr.* 3, *p.* 240. — Cette espèce diffère de la précédente : par ses feuilles plus larges et plus longues; par ses fleurs moins grandes, le plus souvent violettes, à pédoncule plus court et plus gros; par sa spathe plus renflée et plus étroite; par le tube de son périgone plus court. Sa capsule est comme celle de l'*Iris chamœiris.*

Hab. sur les rochers humides, à Anduze, le long de l'ancienne route d'Alais (Lecoq et Lamotte). ♃ Fl. avril.

4. I. GERMANICA *Lin. sp.* 55; *Dec. fl. fr.* 3, *p.* 236; *Poit. et Turp. fl. par. t.* 48; *Mut. fl. fr, t.* 78, *fig.* 527; *Clus. hist.* 1, *p.* 219, *ic.* — Souche très-épaisse, horizontale, noueuse, blanchâtre. Tige de 5-6 décim., droite, lisse, cylindrique, fistuleuse, *rameuse*, feuillée dans sa partie inférieure, dépassant les feuilles; rameaux inférieurs plus longs que les supérieurs. Feuilles larges, longuement ensiformes, un peu arquées et un peu acuminées, d'un vert souvent un peu glauque. Fleurs très-grandes, d'un bleu violacé, solitaires, *presque sessiles;* spathe verdâtre inférieurement, *scarieuse*, roussâtre *dans sa partie supérieure*, légèrement colorée en pourpre ou en violet, à feuilles inégales, brièvement lancéolées obtuses. Périgone à tube *plus long* que l'ovaire et saillant hors de la spathe, à divisions extérieures onguiculées, réfléchies, arrondies au sommet, munies, sur la face supérieure, d'une ligne de poils épais, blancs et jaunâtres; les intérieures conniventes au sommet, *aussi longues* et plus pâles que les extérieures, ondulées aux bords, subitement onguiculées. Stigmate court, bilabié, à lèvre supérieure à 2 lobes larges-aigus, entiers ou dentés sur les bords. Capsule obovale, à 6 sillons. Graines subglobuleuses.

Cette plante est connue sous les noms de *flambe*, et, en patois, de *coutelle*, ainsi que les autres espèces de ce genre. Sa racine est purgative, diurétique et antihydropique; c'est avec ses fleurs que l'on fait le vert d'iris; on met dans les lessives une certaine quantité de la racine pour donner au linge une odeur de violette.

Hab. les lieux arides, contre les rochers, à Anduze, à Alais au Vigan, etc. ♃ Fl. avril-mai.

5. I. PSEUDACORUS *Lin. sp.* 56; *Dec. fl. fr.* 3, *p.* 237; *Poit. et Turp. fl. par. t.* 46; *Drèves, et Hayne. t.* 43; *Camer. epit. p.* 6, *ic.* — Souche épaisse horizontale, noueuse. Tige de 6-12 décim., droite, un peu flexueuse au sommet, subcylindrique, feuillée, *rameuse supérieurement.* Feuilles longuement ensi-

formes, acuminées, aiguës, presque aussi longues que la tige,
quelquefois la dépassant, d'un vert clair, presque glauque. Fleurs
d'un jaune brillant, à pédoncule plus long que l'ovaire, renfermé
dans la spathe. Spathe à feuilles vertes, inégales, lancéolées-
aiguës, renfermant 2-3 fleurs, s'épanouissant alternativement.
Périgone à tube très-court, entièrement saillant hors de la spathe,
à divisions extérieures obovales-spatulées, entières, ouvertes
ou réfléchies, imberbes, marquées de veines rougeâtres anastomosées ; les intérieures dressées, ouvertes, très-étroites,
linéaires-oblongues ou spatulées, *plus courtes que les stigmates*.
Stigmates courts, dilatés au sommet, bilabiés, à lèvre supérieure à 2 lobes aigus, incisés-dentés. Capsule oblongue, terminée en *pointe obtuse*, à 3 sillons et à 3 angles obtus, munie,
de chaque côté et près du sommet, d'une côte longitudinale.
Graines d'un brun rougeâtre, planes-déprimées, superposées
dans chaque loge.

Vulgairement *glaïeul des marais, faux acore, flambe bâtarde* ; en patois.
coutelle de vala. Sa racine est astringente et dessicative, âcre, et est un purgatif violent ; elle est réputée vénéneuse.

Hab. les fossés et les marais, dans tout le département. ♃ Fl. mai-
juillet.

6. **I. FŒTIDISSIMA** *Lin. sp.* 57 ; *Dec. fl. fr.* 3, *p.* 238 ; *Poit.
et Turp. fl. par. t.* 45 ; *Mut. fl. fr. t.* 69, *fig.* 531 ; *Lob. obs.* 37,
ic., et ic. 70, *fig.* 1, *Cam. epit.* 733, *ic.*; *Mat. comm. (Vulgr.)*
991, *ic. sine flore.* —Souche noueuse, moins épaisse que celle du
N° 4. Tige de 4-6 décim., droite, *simple*, comprimée, munie latéralement d'un angle saillant, feuillée, plus courte que les
feuilles ou les dépassant peu. Feuilles d'un vert foncé, coriaces,
à stries très-prononcées, assez larges, ensiformes, aiguës, fétides par le froissement. Fleurs médiocres, d'un bleu grisâtre-
pourpré ou plombé, marquées de veines noirâtres, à pédoncule
allongé, réunies 2-3 dans la spathe, à feuilles lancéolées, acuminées, étroitement scarieuses aux bords et au sommet, dépassant le pédoncule. Périgone à tube beaucoup plus court que
l'ovaire, à divisions extérieures oblongues, brièvement onguiculées, imberbes, étalées ou réfléchies ; les intérieures plus petites, mais *un peu plus longues que les stigmates*, jaunâtres,
dressées, ouvertes, oblongues-lancéolées, obtuses, rétrécies en
onglet. Stigmates jaunâtres, bilabiés, dilatés supérieurement, à
lèvre supérieure à 2 lobes aigus, courbés-divergents. Capsule
ovoïde-trigone, à 3 sillons, *atténuée au sommet, mais dépourvue
de pointe particulière*. Graines globuleuses, rouges, luisantes, à
spermoderme *charnu*, en forme de baie.

Vulgairement *glaïeul puant, iris gigot.* Sa racine est purgative.
Hab. les lieux humides, ombragés ; au mas Charlot, au bord du Gardon ;
contre les rochers à Lafoux, près du pont du Gard. ♃ Fl. mai-juin

7. I. SPURIA *Lin. sp.* 58 ; *Dec. fl. fr.* 3, *p.* 239; *Mut. fl. fr.* *t.* 69, *fig.* 530; *Jacq. austr. t.* 4; *Clus. hist.* 228, *ic.*; *Lob. ic.* 68, *fig.* 2.—Souche moyenne, brune. Tige de 3-6 décim., droite, simple, flexueuse, feuillée, *comprimée*. Feuilles étroitement ensiformes, acuminées-aiguës, coriaces, droites, rarement arquées, d'un vert foncé, *plus courtes que la tige*, un peu fétides par le froissement. Fleurs médiocres, à pédoncule environ de la longueur de l'ovaire, réunies 2-3 dans la spathe, un peu enflée, à folioles inégales, herbacées, lancéolées-aiguës, avec une bordure très-étroite, scarieuse, dépassant le tube du périgone; celui-ci à tube plus court que l'ovaire, à divisions extérieures imberbes, d'un blanc jaunâtre, veinées de bleu ou de violet, ouvertes horizontalement, ovales ou arrondies au sommet, quelquefois échancrées, puis brusquement rétrécies en onglet allongé, ailé, rétréci vers la partie inférieure et supérieure ; les intérieures plus courtes, violettes, oblongues, rétrécies vers la base, étalées-dressées, *plus longues que les stigmates* ; ceux-ci violets, cunéiformes, bilabiés, à lèvre supérieure à 2 lobes divergents, aigus. Capsule oblongue, *à 6 angles*, rapprochés deux à deux, terminée par une *pointe hexagone, allongée*. Graines rougeâtres, déprimées, superposées dans chaque loge.

Hab. les prairies marécageuses, les pacages et les bois, aux environs de St-Gilles, d'Aigues-Mortes, de Sylvéréal, de Barjac. ♃ Fl. mai-juin.

4ᵉ gᵉ **HERMODACTYLE.—HERMODACTYLUS.** (Tournef. coroll. p. 50.)

Fleurs hermaphrodites. Périgone *régulier*, à divisions inégales, pétaloïdes; les extérieures étalées, à sommet réfléchi, les intérieures plus petites, dressées, ouvertes. Etamines, style et stigmates, comme dans le genre précédent. Lèvre inférieure des stigmates *bilobée*. Capsule subtrigone, *uniloculaire*. Graines nombreuses, *subglobuleuses*.

1. **H. TUBEROSUS** *Salisb. intran. of. the hortic. soc.* 1, *p.* 304; *Iris tuberosa Lin. sp.* 58; *Dec. fl. fr.* 5, *p.* 328; *Dod. pempt.* 249, *fig.* 1; *Cam. epit.* 847, *ic.*; *J. Bauh. hist.* 2., *p.* 730, *ic.* — Souche à 2-3 tubercules cylindracés, courts, nus, mêlés avec des fibres radicales, filiformes, simple ou peu rameuse. Tige de 3-4 décim., droite, faible, cylindrique, simple, uniflore, cachée dans des gaînes simples. Feuilles glaucescentes, molles, fistuleuses, linéaires-tétragones, creusées d'un sillon sur les faces, tombantes, beaucoup plus longues que la tige. Fleur médiocre, solitaire au sommet d'un pédoncule allongé, renfermé dans la spathe. Spathe ordinairement à une feuille lancéolée-étroite-aiguë, étroitement scarieuse sur les bords, atteignant presque la hauteur de la fleur. Périgone à tube de moitié

plus court que l'ovaire, à divisions extérieures dressées-étalées, bleuâtres, marquées au milieu d'une bande jaunâtre, à sommet réfléchi, d'un brun violet; les intérieures d'un jaune verdâtre, très-courtes, subcunéiformes, acuminées-aiguës. Stigmates d'un vert jaunâtre, atténués en coin, à 2 lobes profonds, lancéolés-aigus, presque aussi longs que les divisions extérieures. Capsule oblongue, atténuée vers la base.

Vulgairement *faux hermodacte; sa racine est purgative.*

Hab. contre un rocher à Villeneuve-lez-Avignon (Palun). ♃ Fl. avril.

5ᵉ gʳᵉ. GLAÏEUL. — GLADIOLUS. (Lin. gen. n° 57.)

Périgone irrégulier, presque bilabié, à 6 divisions inégales, colorées, soudées en tube à la base. Étamines 3, ascendantes. Style 1, capillaire, allongé; stigmates 3, étalés, *dilatés au sommet.* Capsule ovale-trigone. Graines *ovales ou anguleuses,* munies ou dépourvues d'ailes.

1. { Anthères plus longues que les filets............... **SEGETUM**.
   { Anthères plus courtes que les filets................ 2.

2. (Oreillettes des anthères aiguës et divariquées; grai-
) nes étroitement ailées .... **ILLYRICUS**.
   (Oreillettes des anthères obtuses et parallèles; grai-
   (nes largement ailées........: .... **COMMUNIS**.

1. **G. ILLYRICUS** *Koch, ap. Gren. et Godr. fl. fr.* 3, *p.* 247; *G. communis, var. parviflorus, Dec. fl. fr.* 5, *p.* 329. — Bulbe couvert d'une tunique à fibres nombreuses, soudées entre elles, parallèles inférieurement, anastomosées vers le sommet, *à aréoles étroites, allongées.* Tige de 3-6 décim., droite, simple, grêle, cylindrique, feuillée. Feuilles étroitement ensiformes, acuminées, munies de nervures saillantes. Fleurs purpurines, disposées unilatéralement en grappe lâche. Spathe à 2 feuilles inégales, lancéolées-acuminées, plus courtes que la fleur, munies sur les bords d'une membrane étroite, scarieuse. Périgone à tube arqué, plus long que l'ovaire, à divisions oblongues, terminées en pointe molle; la supérieure plus grande, toutes onguiculées. Anthères *plus courtes* que les filets, à oreillettes aiguës, divergentes après la fécondation. Stigmates linéaires et *glabres* inférieurement, dilatés et papilleux aux bords, vers le sommet. Capsule coriace, *déprimée au sommet,* à angles *carénés supérieurement.* Graines rousses, comprimées, munies d'une *aile membraneuse, étroite.*

Hab. les champs cultivés, à Vaquerolle près Nîmes, à Sernhac, à Tresques. ♃ Fl. mai.

2. **G. COMMUNIS** *Lin. sp.* 52; *Gren. et Godr. fl. fr.* 3, *p.* 248; *Rchb. ic. fig.* 777; *Mut. fl. fr. t.* 70, *fig.* 532. — Cette espèce diffère de la précédente : par la tunique de son bulbe à

fibres anostomosées, vers le sommet, en aréoles plus étroites;
par les divisions de son périgone obtuses; par ses anthères à
oreillettes obtuses, non divergentes; par ses stigmates à partie
inférieure glabre dans une plus grande étendue; par sa capsule
à angles carénés dans toute leur longueur; par ses graines
plus largement ailées.

Vulgairement, *lis de la Saint-Jean, petite flambe;* en patois, *coutela de bla;*
son bulbe est vénéneux; il a été vanté contre les scrofules, appliqué en cataplasmes.

Hab. les champs cultivés, aux environs de Nîmes, de Sernhac; aux bords
du Rhône; près Saint-Gilles; les terrains sablonneux à Tresques, à Aigues-
Mortes. ♃ Fl. mai.

3. **G. segetum** *Gawl. bot. mag.* 719; *Gren. et Godr. fl.
fr.* 3, *p.* 248; *Mut. fl. fr. t.* 70, *fig.* 534; *Rchb. ic.*, *fig.* 781.
— Cette espèce se distingue : par son bulbe couvert d'une tunique
à fibres étroitement anastomosées, presque jusqu'à la base; par
ses fleurs nombreuses, disposées en grappe lâche, allongée, un
peu flexueuse au sommet, distique ou subunilatérale; par sa
spathe à feuilles très-inégales, celle de la base de la grappe
aussi longue que la fleur; par son périgone à tube très-peu
courbé, à divisions très-inégales, la supérieure plus longue et
plus large que les autres, dont elle est *écartée;* par ses anthères
plus longues que leurs filets, à oreillettes aiguës et divergentes;
par sa capsule *courte*, à angles *arrondis jusqu'au sommet;* et,
enfin, par ses graines subglobuleuses, dépourvues d'ailes.

Cette plante est connue, aux environs du Vigan, sous le nom patois de
lirgo. que l'on peut rapporter aussi aux deux autres espèces.

Hab. les champs cultivés à Saint-Ambroix, à Anduze, au Vigan, à Tresques. ♃ Fl. mai-juin.

CXIXᵉ Fam. **AMARYLLIDÉES.**

AMARYLLIDEÆ. (R. Brown, prodr. 296.)

Fleurs hermaphrodites, ordinairement régulières. Périgone
adhérent à l'ovaire infère, à 6 divisions pétaloïdes, libres ou
soudées à la base, ordinairement disposées sur 2 rangs, quelquefois portant à la gorge un godet pétaloïde plus ou moins
saillant. Étamines 6, à filets libres, rarement soudés; anthères
bilobées, s'ouvrant longitudinalement ou par le sommet. Style 1;
stigmate à 1 ou 3 lobes. Capsule triloculaire, polysperme, s'ouvrant en 3 valves, portant la cloison au milieu; rarement le fruit
est bacciforme, indéhiscent. Graines subglobuleuses, comprimées ou anguleuses, sur 2 rangs dans chaque loge, fixées à
l'angle interne, à test membraneux ou charnu. Périsperme
épais, charnu, couvrant l'embryon, très-petit. Plantes herbacées,
bulbeuses, à feuilles toutes radicales, munies d'une gaine à la

base, à hampe uniflore ou pluriflore, à fleurs renfermées avant l'épanouissement dans une spathe membraneuse.

1. { Périgone dépourvu de couronne à la gorge...... 2.
   { Périgone muni d'une couronne à la gorge....... 4.

2. { Périgone à divisions intérieures de moitié
   {   plus courtes que les extérieures....... 1er gre. GALANTHUS.
   { Périgone à divisions presque égales............ 3.

3. { Étamines insérées sur le réceptacle; fleurs
   {   médiocres, blanches................. 2e gre. LEUCOIUM.
   { Étamines insérées près de la gorge du pé-
   {   rigone; fleurs grandes, jaunes..... ... 3e gre. STERNBERGIA

4. { Étamines non saillantes, insérées au-des-
   {   sous de la couronne.................. 4e gre. NARCISSUS.
   { Étamines saillantes, insérées sur la gorge
   {   de la couronne...................... 5e gre. PANCRATIUM.

1er gre. GALANTINE. — GALANTHUS. (Lin. gen, 401.)

Périgone à gorge dépourvue de couronne, à tube court, ne dépassant pas l'ovaire, à 6 divisions; les 3 extérieures *à demi ouvertes*, d'un beau blanc; les 3 intérieures cunéiformes, *échancrées* au sommet, plus épaisses et de *moitié plus courtes*. Étamines incluses, à filets courts, insérées sur le disque épigyne ; anthères dressées, oblongues, subulées, s'ouvrant au sommet par 2 pores. Style de la longueur des étamines; stigmate simple. Capsule ovale, charnue. Graines ovales ou oblongues, cornées, roussâtres.

1. **G. NIVALIS** *Lin. sp.* 413; *Dec. fl. fr.* 3, *p.* 234, *Lamk. ill. t.* 230; *Drèves et Hayne pl. d'Eur. t.* 67; *Camer. epit.* 956, *ic.* — Bulbe à tuniques s'emboîtant les unes dans les autres; les extérieures désséchées, brunes. Hampe de 15-20 centim., dressée, grêle, fistuleuse, striée, un peu comprimée, dépassant les feuilles. Feuilles 2, radicales, linéaires-obtuses, planes, marquées en dessous de 3 côtes rapprochées, renfermées inférieurement, ainsi que la tige, dans une gaine membraneuse, allongée, tronquée. Fleur blanche, solitaire, pendante, pédonculée dans une spathe étroite, allongée, un peu courbée au sommet, souvent bifide, scarieuse aux bords. Périgone à divisions extérieures ovales-oblongues, concaves; les intérieures marquées en dehors d'une tache verte en croissant, et à l'intérieur de plusieurs lignes d'un vert jaunâtre. Plante un peu glauque.

Vulgairement *perce-neige, galant d'hiver* ; ses bulbes sont émétiques ; l'eau distillée des fleurs est employée pour blanchir la peau et enlever les taches de rousseur.

Hab. dans le bois de Salbous près de Campestre. ♃ Fl. février-avril.

2ᵉ gʳᵉ. NIVÉOLE. — LEUCOIUM. (Lin gen. 402.)

Périgone à gorge dépourvue de couronne, à tube court, ne dépassant pas l'ovaire, à 6 divisions *presque égales*, épaissies au
sommet. Étamines incluses, à filets courts, capillaires, insérés
sur le disque épigyne; anthères dressées, oblongues-obtuses, à
déhiscence *longitudinale*. Style en massue, un peu plus long
que les étamines; stigmate simple, aigu. Capsule pyriforme,
charnue. Graines sphériques, à spermoderme charnu.

1. **G. æstivum** *Lin. sp.* 414; *Dec. fl. fr.* 3, *p.* 233; *Lamk.
ill. t.* 230, *fig.* 2; *Rencal. spec. p.* 100, *fig. sinist; Lob. obs.*
64, *fig.* 1; *Clus. hist.* 170, *fig.* 1.— Bulbe médiocre, à tuniques
emboîtées les unes dans les autres; les extérieures membraneuses, blanchâtres. Hampe de 3-6 décim., droite, fistuleuse, un
peu comprimée, à 2 angles tranchants, rudes. Feuilles 3-5, radicales, largement linéaires-obtuses, environ de la longueur de la
hampe. Fleurs blanches, à demi-ouvertes, pendantes, au nombre
de 3-6 solitaires au sommet de pédoncules inégaux, réunis dans
une spathe membraneuse, lancéolée-linéaire-aiguë, plus courte
que les pédoncules les plus longs. Périgone à divisions assez largement ovales, vertes au sommet, avec une pointe courte, obtuse,
un peu courbée en dedans. Graines noires et luisantes à la maturité.

Vulgairement *perce-neige d'été*; ses bulbes sont vénéneux.

Hab les prés humides et les bords des fossés à Candilhac, à Milhaud, à
Manduel. ♃ Fl. avril–juin.

3° gʳᵉ. STERNBERGIE.   STERNBERGIA. (Waldst. et Kit. pl. rar.
Huug. 2, p. 172.)

Périgone à gorge dépourvue de couronne, à tube dépassant
l'ovaire, à 6 divisions égales. Étamines 6, inégales, incluses, *insérées près de la gorge du périgone*; anthères fixées sur le filet
par le milieu. Style trigone; stigmate capité-subtrilobé. Capsule
bacciforme, oblongue-trigone, *indéhiscente*. Graines sphériques,
noires et luisantes à la maturité, munies d'un raphé saillant,
denté.

1. **St. lutea** *Gawl. in schult. syst.* 7, *p.* 795; *Gren. et
Godr. fl. fr.* 3, *p.*252; *Amaryllis lutea Lin. sp.* 420; *Dec. fl. fr.* 3,
p. 229; *Red. lil.* 148, *ic; Dod. pempt.* 228, *fig.* 1; *Tabern.
ic.* 618, *fig.* 1.— Bulbe assez gros, ovoïde, à tuniques extérieures
brunes. Hampe de 15-25 centim., comprimée, bianguleuse,
sortant avec 5-6 feuilles d'une gaine membraneuse, tronquée.
Feuilles largement linéaires-obtuses, plus longues que la hampe.
Fleurs grandes, d'un beau jaune, non pendantes, solitaires, ses-

siles, dans une spathe membraneuse, ovale-lancéolée-obtuse, ouverte jusqu'au-dessus de l'ovaire, à sommet souvent fendu. Périgone à tube court, infundibuliforme, à divisions oblongues-obtuses, veinées, plus longues que la spathe.

Vulgairement *narcisse d'automne*, *faux safran*, la *vendangeuse*; son bulbe est purgatif.

Hab. les bois de Salbous, près de Campestre; au bord d'un fossé près du moulin, à Manduel. ♃ Fl. septembre-octobre.

4ᵉ gʳᵉ. NARCISSE. — NARCISSUS. (Lin gen. 403.).

Périgone muni à la gorge *d'une couronne colorée*, cylindrique ou campanulée, à tube dépassant l'ovaire, à 6 divisions en forme de soucoupe, entières et égales. Étamines incluses, insérées sur le tube du périgone, au-dessous de la couronne. Capsule subglobuleuse ou oblongue, à 3 angles obtus, à 3 loges polyspermes. Graines anguleuses ou subglobuleuses. Spathe simple, se fendant de côté. Plantes à bulbe formé de tuniques s'emboîtant les unes sur les autres.

1. Périgone et couronne jaunes............ 2.
   Périgone blanc, couronne blanche, jaune ou jaunâtre........................ 3.

2. Couronne presque aussi longue que les divisions du périgone; feuilles larges, planes.......... .... PSEUDO-NARCISSUS.
   Couronne au moins de moitié plus courte que les divisions du périgone; feuilles étroites, linéaires, demi-cylindriques... JUNCIFOLIUS.

3. Périgone et couronne blancs............. DUBIUS.
   Périgone blanc; couronne jaune ou jaunâtre................................ 4.

4. Couronne bordée de rouge............. POETICUS.
   Couronne d'une seule couleur.......... 5.

5. Fleur grande, solitaire; hampe sans angles tranchants..... .... INCOMPARABILIS.
   Fleurs petites, 2-8 en ombelle; hampe à deux angles tranchants.............. 6.

6. Couronne très-courte, en soucoupe, à bords crénelés-ondulés.. .... TAZETTO-POETICUS.
   Couronne en godet peu évasé, égalant le tiers ou la moitié des divisions, à bords ordinairement entiers............... TAZETTA.

1. **N. PSEUDO-NARCISSUS** *Lin. sp.* 414; *Dec. fl. fr.* 3, *p.* 231; *Lamk. ill. t.* 229, *fig.* 1; *Barr. ic.* 929, 930; *Lob. obs.* 61, *fig.* 1, *et ic.* 117, *fig.* 1-2; *Cam. épit.* 953, *ic*; *Tabern. ic.* 611, *fig.* 2 —Bulbe médiocre, ovoïde, à tuniques blanchâtres. Hampe de 2-4 décim., fistuleuse, striée, comprimée, ancipitée. Feuilles glaucescentes, un peu larges, linéaires-obtuses, légèrement canaliculées, presque toujours plus courtes que la hampe, avec la-

quelle elles sont renfermées, vers leur base, dans une gaine
membraneuse, tronquée. Fleur grande, presque sans odeur, solitaire, penchée, pédonculée plus ou moins brièvement, dans une
spathe membraneuse, dépassant l'ovaire, un peu engaînante à
la base. Périgone à tube, à partir des divisions jusqu'à l'ovaire,
en forme d'entonnoir, d'un jaune pâle ainsi que les divisions,
ovales-lancéolées; à couronne ample, lobée au sommet, à lobes
dentés-ondulés, plus foncés que les divisions, qu'ils égalent ordinairement en longueur. Plante très-variable.

Vulgairement *narcisse jaune, narcisse des prés, jeannette, coque lourde,
fleur de coucou;* son bulbe est émétique, vénéneux, à haute dose; les fleurs
ont été employées comme antispasmodiques; ou en retire une très-belle
couleur jaune.

Hab. les bois et les prairies, dans toute la partie élevée du département.
♃ Fl.

On cultive communément. sous le nom de *narcisse de Constantinople,* le
Narcissus major Curt., remarquable par sa tige élevée, robuste, et par
ses fleurs grandes, très-doubles.

2. **N. INCOMPARABILIS** *Mill. dict. n° 3; Dec. fl. fr. 5,
p. 321; Barr. ic* 931, 932, 965, 979, 980; *Moris. hist. s. 4, t.
8, fig.* 8. — Bulbe assez gros, ovoïde, à tuniques blanchâtres.
Hampe de 2-4 décim., fistuleuse, *presque cylindrique,* striée.
Feuilles largement linéaires-obtuses, plus courtes que la hampe
ou environ de sa longueur, un peu glauques et légèrement canaliculées. Fleur grande, *un peu inclinée,* peu odorante, solitaire,
pédonculée dans une spathe membraneuse, dépassant l'ovaire,
engaînante inférieurement. Périgone à tube allongé, assez étroit,
à divisions blanches, quelquefois d'un jaune pâle, oblongues-
aiguës, *imbriquées inférieurement;* couronne d'un beau jaune,
très-ouverte, ordinairement plus large que haute, un peu plissée,
crénelée-ondulée au bord, plus courte, au moins de moitié, que
les divisions.

On cultive une variété de cette espèce à fleurs doubles.

Hab. les prés, à Aulas, à la baraque de Michel, près de l'Espérou ♃ Fl.
mars-mai.

3. **N. POETICUS** *Lin. sp.* 414; *Dec. fl. fr. 3, p.* 230; *Bull.
herb. t.* 306; *Lob. ic.* 112, *fig.* 1, *et obs.* 60, *fig.* 1; *Tabern.
ic.* 609, *fig.* 1-2. — Bulbe médiocre, ovoïde-arrondi, à tuniques
blanchâtres. Hampe de 2-5 décim., fistuleuse, striée, un peu
comprimée, ancipitée. Feuilles glaucescentes, assez larges, ou
étroites-linéaires-obtuses, un peu carénées, presque de la longueur de la tige. Fleurs grandes, un peu inclinées, à odeur suave,
solitaires, rarement géminées. Périgone à tube verdâtre, étroit,
allongé, à divisions *très-blanches,* ovales-oblongues, apiculées,
étalées en étoile; à couronne *très-courte,* jaunâtre, évasée, à

bords crénelés et *écarlates*. Pédoncule allongé, dans une spathe membraneuse, dépassant l'ovaire.

On cultive une variété de cette espèce à fleurs doubles.

Vulgairement *jeannette, herbe à la vierge ;* en patois. *anéda-dei-doubla.*

Hab. les prairies, dans tout le département; une variété à deux fleurs à Candilhac, à Manduel. ♃ Fl. avril–juin.

4. **N. TAZETTO-POETICUS** *Gren. et Godr. fl. fr.* 3, *p.* 257; *N. biflorus B. Dec. fl. fr.* 5, *p.* 221.— Bulbe, hampe et feuilles, comme le précédent. Fleurs plus petites, au nombre de 3-5, inégalement pédonculées, dans une spathe large, d'un blanc sale, plus courte que les pédoncules ou de leur longueur. Périgone à tube grêle, allongé, à divisions d'un blanc plus ou moins pur, ovales ou ovales-oblongues, alternativement apiculées, étalées en étoile; couronne semblable ou un peu plus haute et moins évasée, mais sans bordure écarlate.

Hab. les prés, à Candilhac, près de Vauvert. ♃ Fl. avril.

5. **JUNCIFOLIUS** *Requien, in Lois. fl. gal. p.* 237; *Gren. et Godr. fl. fr.* 3, *p.* 257; *N. Jonquilla, var.* δ, *Dec. fl. fr.* 3, *p.* 232; *herb. amat. t.* 43, *fig.* 1.— Bulbe petit, ovoïde, à tuniques brunes. Hampe de 1-3 décim., *grêle, presque filiforme.* Feuilles non glaucescentes, *étroites, linéaires,* demi-cylindriques, non subulées, ordinairement plus courtes que la hampe, avec laquelle elles sont renfermées, vers leur base, dans une gaîne membraneuse, tronquée. Fleurs petites, jaunes, solitaires ou géminées, dressées ou un peu penchées, à pédoncule plus long que l'ovaire et plus court que le tube, placées dans une spathe membraneuse, dépassant ordinairement l'ovaire, engaînante inférieurement. Périgone à tube grêle, allongé, un peu dilaté vers le sommet, environ 2 fois de la longueur des divisions, ovales ou oblongues, alternativement un peu apiculées, étalées en étoiles; couronne largement évasée, ondulée au bord, environ *de moitié plus courte que les divisions* et d'un jaune plus foncé. Capsule dressée, ordinairement oblongue. Graines noires, anguleuses.

On cultive, sous le nom de *jonquille,* le *N. jonquilla Lin*, à fleurs doubles, très-odorantes.

Hab. les bois, à Valbonne, au Serre-de-Bouquet; le bois des Espèces à Nimes; les pacages pierreux à Campestre, à Alais, à Anduze. ♃ Fl. avril-mai.

6. **N. DUBIUS** *Gouan, ill.* 22 ; *Dec. fl. fr.* 5, *p.* 324; *Red. lil. t.* 429; *Bauh. prodr.* 27, *ic.* — Bulbe médiocre, ovoïde, à tuniques brunes. Hampe de 1-4 décim., *très-comprimée,* presque lisse, à angles obtus. Feuilles glauques, étroites, de 3-4 millim, presque planes, obtuses, un peu plus longues que la hampe. Fleurs petites, un peu penchées, inégalement pédonculées, réunies 2-6 dans une spathe membraneuse, d'un blanc sale, un peu

plus courte que les pédoncules les plus longs. Périgone à tube étroit,
allongé , un peu dilaté supérieurement, à divisions blanches ,
étalées en étoile, puis ovales ou oblongues, réfléchies, obtuses,
alternativement terminées en pointe courte, légèrement laineuse
à la base ; couronne blanche , crénelée, peu évasée, *presque de
moitié plus courte que les divisions.*

Hab. les garrigues et les lieux pierreux, à Lafoux , au pont du Gard, à la
Beaume, à Ledenon . à Villeneuve-lez-Avignon. ♃ Fl. mars–avril.

6. N. TAZETTA *Lin. sp.* 416; *Dec. fl. fr.* 5, *p.* 322 ; *Clus.
hist.* 1, *p.* 154, *ic., Lob. ic.* 114, *fig.* 2; *et obs.* 60, *fig.* 2; *Barr.
ic. t.* 918, 919, 943, 944.— Bulbe assez gros, ovoïde, à tuniques
brunes. Hampe de 2-5 décim., peu comprimée, lisse , fistuleuse,
à 2 angles saillants, égale aux feuilles ou les dépassant un peu.
Feuilles glauques, presque planes, larges d'environ un centim.,
ordinairement dressées, obtuses. Fleurs odorantes, inégalement
pédonculées, penchées., réunies 3-10 dans une spathe membraneuse, engaînante à la base, plus courte que les pédoncules
les plus longs. Périgone à tube étroit, allongé, légèrement dilaté
vers son sommet, à divisions ovales, étalées en étoile, puis réfléchies, ou lancéolées, blanches ou jaunâtres ; les 3 plus étroites
mutiques, alternes avec les 3 plus larges, terminées en pointe ;
couronne d'un jaune orangé , en coupe ordinairement serrée et
entière à son orifice , environ de moitié plus courte que les divisions.

Vulgairement *narcisse à bouquet;* en patois, *anéda , píssaouliech , maou
de testa.* Le bulbe est légèrement émétique.

Hab. les prés, les bords des fossés, parmi les gazons, dans toute la partie
basse du département. ♃ Fl. mars–avril.

5° g^re. PANCRACE. — PANCRATIUM. (Lin. gen. 404.)

Périgone en entonnoir , à tube très-long, enveloppant l'ovaire
jusqu'au-dessous de sa base, à 6 divisions étroites, égales; à couronne incisée ou dentée, *portant les étamines,* qui la dépassent
et dont les anthères sont vacillantes; style filiforme; stigmate à
3 lobes, plus long que les étamines. Capsule ovoïde-trigone.
Graines comprimées-anguleuses.

1. P. MARITIMUM *Lin. sp.* 418 ; *Dec. fl. fr.* 3, *p.* 230 ;
Red. lit. t. 8; *Clus. hist. t. p.* 167 , *ic.* — Bulbe gros, ovoïde,
à tuniques brunes ou grisâtres, réunies en grand nombre. Hampe
de 3-5 décim., dressée, comprimée, lisse, robuste, plus. courte
que les feuilles ; celles-ci glauques, un peu charnues, linéaires-
aiguës, planes, contournées, larges de 10-20 millim., au nombre
de 7-8, opposées sur 2 rangs. Fleurs grandes, exhalant une odeur

suave, nombreuses; les unes brièvement pédonculées, les autres presques sessiles, disposées en ombelle, entourées à la base d'une spathe membraneuse, à 2 valves lancéolées, plus longues que les ovaires et beaucoup plus courtes que le tube du périgone; bractéoles nombreuses, allongées, linéaires, filiformes. Périgone à tube, verdâtre, très-allongé, dilaté supérieurement, à divisions blanches, à côtes vertes, réfléchies; couronne largement tubuleuse, un peu évasée, à dents *triangulaires*, *plus courte* que les divisions. Etamines opposées aux divisions. Capsule grosse, obovale, à 3 angles obtus, couverte d'une membrane papyracée, à valves fauves, luisantes, et très-finement striées sur la face interne. Graines noires, *comprimées*, *cunéiformes*. Embryon court, excentrique.

Vulgairement *lis mathiole*, *scille blanche*. Le bulbe est émétique.

Hab. les sables maritimes, sur toute la plage du département. ♃ Fl. juillet–septembre.

CXX^e Fam. **ORCHIDÉES**

Orchideæ (Juss. gen. 64.)

Fleurs hermaphrodites, irrégulières. Périgone à tube adhérent à l'ovaire, à 6 divisions pétaloïdes, marcescentes; 3 extérieures, souvent dressées, voûtées, en forme de casque; 3 intérieures, dont les 2 latérales, les plus petites, rarement nulles, dressées, réunies aux extérieures; la médiane (*tablier*) étalée ou pendante, très-variable par sa forme et ses dimensions, quelquefois prolongée en éperon à la base. Etamines, 1 fertile et 2 latérales stériles, à filets soudés avec le style, formant la *colonne*, le *gynostème*; les 2 stériles réduites chacune à un mamelon charnu (*staminode*), quelquefois entièrement nulles; la fertile distincte ou non de la colonne. Anthère à 1-2 ou 4 loges, insérée au sommet ou sur le côté de la colonne; pollen aggloméré en masse très-compacte, céracée ou lâche-granuleuse, ordinairement pédicellée; stigmate situé à la partie supérieure extérieure de la colonne, en forme de tache glanduleuse. Fruit (capsule) trigone ou hexagone, uniloculaire, polysperme, s'ouvrant par 3 fentes longitudinales en 3 valves persistantes, cohérentes aux 2 extrémités, portant les placentas à leur milieu. Graines très-petites, très-nombreuses, à test très-lâche, réticulé; périsperme nul. Plantes herbacées, à racine composée de fibres fasciculées, ou de 2 tubercules entiers ou palmés; à tige simple, garnie de feuilles, ordinairement engaînantes, ou d'écailles; à fleurs en épi terminal, munies chacune d'une bractée.

1. { Tablier pourvu, à la base, d'un éperon court ou allongé........... 2.
{ Tablier dépourvu d'éperon.. .... 5.

2. { Plantes pourvues de feuilles........ 3.
   { Plantes sans feuilles, mais
     pourvues d'écailles.............. 4.

3. { Divisions externes du périgone
     conniventes, en casque, avec
     les 2 divisions internes..... 10ᵉ gʳᵉ. ACERAS.
   { Division supérieure externe
     seule connivente, en casque,
     avec les 2 divisions internes 11ᵉ gʳᵉ. ORCHIS.

4. { Éperon très-court, trilobé ; tige
     grêle, de 1-2 décim .... 8ᵉ gʳᵉ. CORALLORHIZA.
   { Éperon très-long, simple ; tige
     robuste, de 4-8 décim...... 7ᵉ gʳᵉ. LIMODORUM.

5. { Souche à fibres grêles ou char-
     nues........................... 6.
   { Souche à tubercules ovales ou
     globuleux, entiers ou palmés...... 12.

6. { Ovaires plus ou moins contour-
     nés...................... 3ᵉ gʳᵉ. CEPHALANTHERA.
   { Ovaires non contournés.............. 7.

7. { Tablier unilobé ou portant 2 gib-
     bosités latérales........ .... 8.
   { Tablier bilobé ou trilobé............. 10.

8. { Tablier portant à la base 2 gib-
     bosités ou une large fossette......... 9.
   { Tablier ni gibbeux ni creusé en
     fossette à la base.......... 1ᵉʳ gʳᵉ. SPIRANTHES.

9. { Racine grêle, rampante ; tige
     grêle, de 1-2 décim. ...... 2ᵉ gʳᵉ. GOODYERA.
   { Racine à fibres épaisses, non
     rampante ; tige raide, de 3-6
     décim.................... 4ᵉ gʳᵉ. EPIPACTIS.

10. { Plante ne portant que des
      écailles.................. 6ᵉ gʳᵉ. NEOTIA.
    { Plantes portant de véritables
      feuilles........................ 11.

11. { Tablier divisé en deux lobes
      étroits : tige munie de 2 feuil-
      les opposées.............. 5ᵉ gʳᵉ. LISTERA.
    { Tablier divisé en 3 lobes assez
      larges ; tige très-feuillée..... ...... EPIPACTIS PALUSTRIS.

12. { Ovaires contournés........ ..... 10ᵉ gʳᵉ. ACERAS.
    { Ovaires non contournés.............. 13.

13. { Divisions externes du périgone
      conniventes, en casque ; ta-
      blier mince, plan.......... 9ᵉ gʳᵉ. SERAPIAS.
    { Divisions externes du périgone
      étalées ; tablier épais, souvent
      convexe.................. 12ᵉ gʳᵉ. OPHRYS.

1ᵉʳ gʳᵉ. SPIRANTHE.   SPIRANTHES. (Rich. orch. europ. 28.)

Fleurs dirigées en avant, formant un angle droit avec l'ovaire
et disposées en épi tordu en spirale. Périgone à divisions conniventes, formant un tube presque bilabié ; tablier non saillant,

entier, à bords ondulés, dépourvu d'éperon et de gibbosités; à onglet très-court, plié en dessus , embrassant la colonne courte, prolongée inférieurement en une lamelle bifide, servant d'appui à l'anthère; celle-ci libre, sessile, persistante, aiguë, parallèle au stigmate. Pollen en masses sessiles, granuleuses. Ovaire non contourné, oblique. Souche à fibres épaisses, charnues, peu nombreuses, fusiformes ou oblongues.

1. {
Tige feuillée; feuilles étroites-lancéolées ; fibres fusiformes, allongées...................... ÆSTIVALIS.
Tige garnie de feuilles squamiformes; feuilles ovales-oblongues, en rosette radicale et latérale; fibres ovales ou oblongues................... AUTUMNALIS.
}

1. **Sp. ÆSTIVALIS** *Rich. l. c.; Gren. et Godr. fl. fr. 3, p. 267; Neottia æstivalis, Dec. fl. fr. 3, p. 258; Hall. helv. t. 41; Rchb. pl. crit. 2, fig. 337.* — Souche munie de 3-5 fibres charnues, *fusiformes, allongées.* Tige de 1-4 décim., grêle, *feuillée.* Feuilles *lancéolées-linéaires,* dressées, atténuées vers la base; les radicales disposées autour de la tige. Fleurs petites, blanchâtres, sessiles, inodores au soleil , d'une odeur suave le soir ; disposées en épi grêle, unilatéral, un peu lâche, légèrement contourné en spirale ; bractées lancéolées, acuminées, plus longues que l'ovaire. Tablier oblong, arrondi au sommet. Capsule oblongue, pubescente.

Hab. les prairies humides, à Alais, à Anduze, au Vigan, aux environs de Tresques ; les sables maritimes à Aigues-Mortes. ♃ Fl. juin-août.

2. **Sp. AUTUMNALIS** *Rich l. c.; Gren. et Godr. fl. fr. 3, p. 267; Neottia spiralis, Dec. fl. fr. 3, p. 257 ; Ophrys spiralis Lin. sp. 1340 ; Fl. dan. t. 387 ; Lob. ic. 186, fig. 1 , et obs. 89, fig. 2; Dalech. hist. ed. franc., 2, p. 427, fig. 1.* — Souche à 2-3 fibres, très-épaisses, charnues, *oblongues.* Tige de 1-3 décim., grêle, ne portant que des feuilles petites *squamiformes,* lancéolées, acuminées, appliquées, engaînantes. Feuilles radicales, *ovales ou oblongues,* aiguës, courtement pétiolées, disposées 3-4 *en rosette latérale,* étalées sur la terre. C'est du centre de cette rosette, alors détruite, que naîtra une tige l'année suivante. Fleurs petites, blanches, sessiles, à odeur de vanille, rapprochées en épi grêle, unilatéral, pubescent, contourné en spirale très-prononcée; bractées ovales-acuminées, un peu plus longues que l'ovaire, ovale, pubescent. Tablier obovale, échancré, cilié. Plante glaucescente.

Hab. les bois et les pelouses, aux environs du Vigan , de Nîmes, de Manduel, de Tresques, d'Aigues-Mortes. ♃ Fl. août-octobre.

2ᵉ gʳᵉ. GOODYERE. — GOODYERA. (R. Br. in ait. h. Kew. 5, p. 197.)

Fleurs dirigées en avant, disposées en épi unilatéral. Périgone
à divisions externes libres au sommet, *étalées ;* les internes *con-*
niventes avec la centrale externe ; tablier dépourvu d'éperon,
lancéolé, non saillant, terminé en *languette ascendante, con-*
cave bossu à la base. Colonne *à 2 cornes.* Anthère libre, sfipitée,
persistante. Pollen en masses indivises, à particules anguleuses.
Ovaire *non contourné.*

1. **G. REPENS** *R. Br. l. c.; Gren. et God. fl. fr.* 3, *p.* 268 ;
Neottia repens Dec. fl. fr. 3, *p.* 258 ; *Satyrium repens Lin. sp.*
1339; *Fl. dan. t.* 812; *Hall. helv. t.* 22, *fig. du milieu, les feuilles*
représentées par la fig. 11 ; *Lœs. pruss. t.* 68. — Racine grêle,
articulée, rameuse, rampante, stolonifère. Tige de 1-3 décim.,
dressée, pubescente, entourée à sa base de 4-6 feuilles, étalées,
ovales, un peu larges, subitement rétrécies en pétiole court,
engaînantes, marquées de nervures et de veines réticulées, purpurines; feuilles supérieures caulinaires linéaires-acuminées, assez
courtes, appliquées, engaînantes. Fleurs petites, blanchâtres,
sessiles, rapprochées unilatéralement en épi assez court, pubescent, glauduleux; bractées lancéolées-acuminées, dépassant
l'ovaire. Tablier entier, lancéolé.

Hab. les bois de pins vis-à-vis St-Sauveur, près de Camprieux et de
Lanuéjols. ♃ Fl. juillet-août.

**3ᵉ gʳᵉ. CEPHALANTHÈRE. — CEPHALANTHERA. (Rich. orch.
europ. 29.)**

Fleurs dressées, subsessiles. Périgone à divisions conniventes,
presque égales. Tablier dépourvu d'éperon, *concave-bossu* à la
base, échancré des deux côtés, contracté au milieu. Colonne
allongée. Anthère terminale, libre, *operculée*, à lobes contigus,
parallèles. Pollen en masses pulvérulentes, sessiles, *en 2 parties.*
Ovaire subsessile, plus ou moins *contourné.* Souche fibreuse.

1. { Ovaire pubescent; fleurs roses................. **RUBRA.**
   { Ovaire glabre; fleurs blanches................. 2.

2. { Bractées dépassant l'ovaire; fleurs d'un blanc
     jaunâtre..................................... **GRANDIFLORA.**
   { Bractées bien plus courtes que l'ovaire, au moins
     les supérieures; fleurs d'un beau blanc....... **ENSIFOLIA.**

1. **C. ENSIFOLIA** *Rich. l. c.* 38; *Gren. et Godr. fl. fr. p.* 268 ;
Epipactis ensifolia Dec. fl. fr. 3, *p.* 259 ; *Serapias syphophyllum*
Lin. suppl. 404; *Fl. dan. t.* 506; *Clus. hist.* 1, *p.* 273, *fig.* 2;
Tabern. ic. 725, *fig.* 1. — Tige de 2-4 décim., droite, raide,
garnie dans toute sa longueur de feuilles distiques, *lancéolées*

ou *linéaires-lancéolées*, acuminées, à nervures saillantes, rapprochées, longitudinales; les feuilles inférieures réduites à de simples gaines; celles du milieu plus longues et plus larges que les supérieures. Fleurs d'un beau blanc, ordinairement peu nombreuses, disposées en épi lâche; bractées *très-petites, plus courtes* que l'ovaire; les inférieures souvent plus longues. Périgone à divisions externes *aiguës,* les 2 internes *obtuses;* tablier taché de jaune ou de fauve au sommet, plus court que les divisions externes, à 3 lobes, dont le médian plus large que long, obtus et mucroné au sommet. Ovaire *glabre,* ainsi que les autres parties de la plante.

Hab. les bois, aux environs du Vigan, d'Uzès, d'Alais, de Tresques, de Valbonne. ♃ Fl. avril-juin.

2. **C. GRANDIFLORA** *Bab. man.* 296; *Gren. et Grod. fl. fr.* 3, *p.* 269; *Epipactis lancifolia Dec. fl. fr.* 3, *p.* 261; *Serapias grandiflora Lin. mant.* 471 (1771); *Hall. helv. l.* 45, (1795); *Moris. hist. s.* 12, *t.* 11, *fig.* 2; *Tabern. ic.* 724, *fig.* 2. — Cette espèce se distingue de la précédente: par sa tige un peu flexueuse, un peu plus forte; par ses feuilles ovales ou ovales-lancéolées, embrassantes; par ses fleurs plus grandes, moins nombreuses, d'un blanc jaunâtre; par ses bractées foliacées, plus longues que l'ovaire, ou les supérieures l'égalant; par les divisions de son périgone toutes obtuses; par son tablier rayé de jaune.

Vulgairement *elléborine.* La plante est employée quelquefois comme vulnéraire et détersive.

Hab. les mêmes lieux que la précédente. ♃ Fl. mai-juin.

3. **C. RUBRA** *Rich. orch. europ. p.* 38; *Gren. et Godr. fl. fr.* 3, *p.* 269; *Epipactis rubra Dec. fl. fr.* 3, *p.* 260; *Serapias rubra Lin. mant.* 490; *Hall. helv. t.* 46 (1795); *Clus. pann.* 276, *ic.; Moris hist. s.* 12: *t.* 11, *fig.* 5. — Tige de 2-5 décim., droite, un peu flexueuse, souvent grêle, garnie, dans toute sa longueur, de feuilles *lancéolées* ou *lancéolées-linéaires,* ordinairement acuminées, presque distiques, à nervures longitudinales saillantes; les feuilles inférieures réduites à de simples gaines. Fleurs assez grandes, *d'un rose plus ou moins foncé,* ordinairement peu nombreuses, disposées en épi lâche; bractées vertes, plus longues que l'ovaire. Périgone à divisions *acuminées;* tablier *ovale-acuminé,* marqué en dessus de lignes saillantes ondulées, aussi long que les divisions supérieures, contracté-trilobé vers son milieu. Ovaire et sommet de la tige *très-pubescents.*

Hab. les bois, aux environs de Gaujac, de Pouzilhac, de Tresques, à la Chartreuse de Valbonne, au serre de Bouquet; parmi les châtaigniers, au Vigan, à Alzon. ♃ Fl. juin-juillet.

.4ᵉ gʳᵉ. EPIPACTIS. — EPIPACTIS. (Rich. orch. europ. 61.)

Fleurs dirigées en avant, pédicellées. Périgone à divisions *ouvertes, campanulées*. Tablier dépourvu d'éperon, étalé, presque à 3 lobes, *contracté au milieu*, avec une saillie obtuse de chaque côté, concave, bossu à la base ; à lobe moyen *entier*, plus grand. Colonne courte, portant à son sommet l'anthère libre, obtuse, à lobes contigus, parallèles. Pollen en masses ovales, pulvérulentes. Ovaire droit, pédicelle contourné. Souche fibreuse.

1. | Feuilles inférieures ovales ; tablier acuminé......... LATIFOLIA.
   | Feuilles toutes lancéolées ; tablier obtus........... PALUSTRIS.

1. **E. LATIFOLIA** *All. ped.* 2, *p.* 151 ; *Gren. et Godr. fl. fr.* 3, *p.* 270 ; *Hall. helv. t.* 44 ; *Tabern. ic.* 724, *fig.* 1. — Tige de 4-8 décim., ordinairement robuste, droite, cannelée-anguleuse, pubescente supérieurement, feuillée dans toute sa longueur. Feuilles rapprochées, *plus longues que les entre-nœuds*, nerviées, *un peu rudes* ; les inférieures largement ovales ou ovales-oblongues, embrassantes ; les supérieures ovales-lancéolées, sessiles ou demi-embrassantes, toutes acuminées, les inférieures moins longuement ; gaînes étroites. Fleurs d'un vert rougeâtre, puis ferrugineuses, inclinées ou penchées, plus ou moins nombreuses, un peu odorantes, disposées en grappe allongée ; bractées herbacées, lancéolées ; les inférieures *plus longues que les fleurs*. Périgone à divisions externes *glabres*, plus longues que le tablier, arrondi, terminé en pointe courbée en avant. Ovaire turbiné, pubescent, plus long que le pédicelle.

Vulgairement *elléborine*. La plante est vulnéraire et détersive.

Hab. les bois et les pacages, aux environs du Vigan, de l'Espérou, de Nimes, de Tresques, au serre de Bouquet. ♃ Fl juin-août.

2. **E. PALUSTRIS** *Grantz, austr. p.* 462, *t.* 1, *fig.* 5 ; *Dec. fl. fr.* 3, *p.* 359 ; *Serapias longifolia Lin. mant.* 490 ; *Hall. helv. t.* 42, *ed. de* 1795 ; *J. Bauh. hist.* 3, *p.* 516, *fig.* 2. — Souche rampante, stolonifère. Tige de 3-7 décim., droite, anguleuse, pubescente supérieurement, feuillée, un peu nue sous la grappe. Feuilles dressées, *lancéolées*, aiguës, nerviées, embrassantes ; celles du milieu plus grandes ; les inférieures rudimentaires ou réduites à de simples gaînes, très-lâches. Fleurs d'un blanc verdâtre en dehors, rougeâtres en dedans ; à tablier blanc rayé de rouge, assez grandes, penchées, lâchement disposées en grappe unilatérale de 10-15 décim. ; bractées herbacées, étroitement lancéolées, presque toutes plus courtes que les fleurs. Périgone à divisions externes lancéolées-acuminées, carénées, *aussi longues que le tablier ou plus courtes que lui*. Tablier *ovale-arrondi*,

obtus, crénelé, plissé aux bords. Ovaire pubescent, *oblong*, grêle, atténué à la base et un peu au sommet, plus long que le pédicelle.

Hab. les marais et les pacages aquatiques, à Pujaut, à Aigues-Mortes, aux Imbres près de Tresques. (Gonnet.) ♃ Fl. juin-août.

5ᵉ gʳᵉ. **LISTÈRE. — LISTERA.** (R. Br. h. kew. ed. 5, p. 201.)

Périgone à divisions presque conniventes. Tablier étalé, *dirigé en bas*, dépourvu d'éperon et de *gibbosités à la base*, à 3 *lobes* profonds, linéaires, parallèles, beaucoup plus longs que les divisions supérieures. Colonne très-courte, acuminée. Anthères libres, sessiles, persistantes. Pollen en masses grenues, sessiles, presque à 2 lobes. Ovaire non contourné. Souche fibreuse.

1. **L. ovata** *R. Br. h. kew.* 5, p. 201; *Epipactis ovata Dec. fl. fr.* 3, *p.* 261; *Hall. helv. t.* 39, *ed. de* 1795; *Fuchs. hist.* 566, *ic.; Math. comm. ed* (*valg.*) 1225, *ic.* — Souches à fibres nombreuses, longues, fasciculées. Tige de 3-5 décim., droite, grêle, anguleuse, glabre inférieurement, pubescente supérieurement au-dessus des feuilles, munie, au-dessous du milieu de sa hauteur, de 2 feuilles *largement ovales*, opposées, sessiles, demi embrassantes, très-étalées, à nervures distantes, arquées, convergentes. Fleurs verdâtres, dressées; à pédicelles filiformes, plus longs que les bractées et presque aussi longs que les ovaires. Périgone à divisions externes ovales, concaves, conniventes; les internes linéaires.

Vulgairement *double-feuille*. La plante est vulnéraire et détersive.

Hab. les bois et les pacages humides, aux environs du Vigan, à Alzon, à l'Espérou, à Concoule. ♃ Fl. mai-juillet.

6ᵉ gʳᵉ. **NEOTTIE. — NEOTTIA.** (L. c Rich. orch. europ. 28.)

Périgone à divisions *conniventes, en casque*. Tablier *bifide* au sommet, un peu *concave et bossu* à la base, dépourvu d'éperon. Le reste comme dans le genre précédent.

1. **N. nidus-avis** *Rich. l. c.; Epipactis nidus-avis Dec. fl. fr.* 3, p. 260; *Ophrys nidus-avis Lin. sp.* 1339; *Hall. helv. t.* 40, *ed. de* 1795; *Lob., ic.* 195, *fig.* 1; *Clus. hist.* 270, *fig.* 1. — Racine composée de fibres brunes, très-nombreuses, cylindriques, entrelacées, formant une touffe serrée. Tige de 3-5 décim., ascendante, droite, assez robuste, anguleuse, roussâtre, garnie d'écailles membraneuses, engaînantes, de la même couleur. Fleurs roussâtres, étalées, un peu odorantes, disposées en épi cylindrique, oblong, assez compacte, interrompu à la base; pédicelle fructifère contourné, plus court que l'ovaire; bractées petites, mem-

braneuses, linéaires-acuminées, plus longues que le pédicelle mais beaucoup plus courtes que l'ovaire. Périgone à divisions courtes, obtuses. Tablier 2 fois plus long que les divisions, à 2 lobes obtus, divergeants.

Vulgairement *nid d'oiseau*. Cette plante est vulnéraire et détersive.

Hab. les bois de Salbous, près Campestre; à l'Espérou , à Concoule, à la chartreuse de Valbonne. ♃ Fl. mai–juillet.

7e gre. **LIMODORE. — LIMODORUM.** (L. c. Rich. orch. europ. 28.)

Périgone à divisions dressées-ouvertes. Tablier ascendant, *entier*, ongniculé, muni *d'un long éperon*. Anthère terminale, sessile, oblique, mobile, libre, à lobes parallèles, contigus. Pollen en masses *indivises*, pulvérulentes, sessiles. Ovaire non contourné. Souche fibreuse.

1. **L. ABORTIVUM** *Swartz*, *nov. act. holm.* 6, *p.* 80; *Dec. fl. fr.* 3, *p.* 263; *Orchis abortiva Lin. sp.* 1336; *Hall. helv. t.* 38; *fig. dext.*, *ed. de* 1795; *Jacq. austr. t.* 193. — Racine à fibres épaisses, allongées, fasciculées. Tige de 4-8 décim., droite, un peu flexueuse, robuste, dépourvue de feuilles, mais garnie d'écailles engaînantes. Fleurs grandes, dressées, lâchement disposées en grappe allongée. Bractées lancéolées-acuminées , nerviées, dépassant l'ovaire. Périgone à divisions externes ovales-lancéolées , conniventes; les intérieures plus étroites et plus courtes. Tablier ovale-entier, à bords ondulés, recourbé, prolongé inférieurement en éperon subulé, presque droit, environ de la longueur de l'ovaire; celui-ci assez gros, oblong, à pédicelle contourné. Plante toute teinte d'une couleur violette plus ou moins foncée.

Hab. les bois, dans tout le département. ♃ Fl. mai–juillet.

8e gre. **CORALLORHIZE.— CORALLORHIZA.** (Hall. helv. 2, p. 139.)

Périgone à divisions égales , semblables, conniventes-ouvertes, les 2 latérales extérieures, réfléchies, contiguës au tablier; celui-ci étalé, canaliculé, à 3 *lobes*, dont les latéraux très-petits; muni à sa base de 2 callosités et *d'un éperon très-court, obtus.* Colonne droite, demi-cylindrique, courte. Anthère libre, terminale, bilobée, *caduque*, dépourvue d'appendice. Pollen en masses granuleuses-céracées, à 2 lobes se recouvrant l'un l'autre. Ovaire droit, à pédicelle contourné.

1. **C. INNATA** *R. Br. hort. kew.* 209; *C. Halleri Rich. ann. mus.* 4; *Orphris corallorhiza Lin. sp.* 1339; *Cymbidium corallorhiza Dec. fl. fr.* 3, *p.* 263; *Hall. helv. t.* 48, *ed. de* 1795;

Clus. hist. 2; *p.* 120, *fig.* 2. — Racine à fibres blanchâtres, épaisses, comprimées, rameuses, lobées, en forme de corail. Tige de 15-25 centim., droite, grêle, dépourvue de feuilles, garnie de 2-3 écailles allongées, engaînantes, nues au sommet. Fleurs petites, verdâtres ou blanchâtres, peu nombreuses, disposées en épi court, lâche. Capsule réfléchie à la maturité, à pédicelle tordu. Plante d'un brun rougeâtre.

Hab. le bois de pins vis-à-vis St-Sauveur ; près de Camprieux. ♃ Fl. juin-août.

9ᵉ grᵉ. **ELLEBORINE.** — **SERAPIAS.** (Lin. gen. 1012, en part.)

Périgone à divisions externes *conniventes*, *en capuchon;* les 2 intérieures élargies à la base, subulées supérieurement. Tablier *non éperoné*, à 3 lobes; les 2 latéraux dressés, celui du milieu très-grand, recourbé en dehors. Anthère persistante, verticale, à 2 lobes parallèles, *continue avec la colonne*. Pollen en masses très-granuleuses, visqueuses, rétrécies en pédicelles. Colonne *longuement acuminée*, ovaire *non tordu*. Souche fibreuse et tuberculeuse. Tige garnie de feuilles.

1.
Bractées très-grandes, beaucoup plus longues que les fleurs; tablier pubescent; plantes de 3-4 décim.. **LONGIPETALA.**
Bractées plus courtes que les fleurs; tablier glabre; plante de 1-2 décim......................... **LINGUA.**

1. **S. LONGIPETALA** *Poll. ver.* 3, *p.* 30 (1822); *Gren. et Godr. fl. fr.* 3, *p.* 278; *S. pseudo-cordigera Moric. ven.* 374 (1820); *Sébast. et Maur. fl. rom. prod.* 312, *t.* 10, *fig.* 1, *et rom. pl. fasc.* 1, *t.* 14, *p.* 4, *fig.* 1. — Racine munie de 2 tubercules presque sessiles. Tige de 3-4 décim., assez robuste, quelquefois un peu flexueuse, garnie de feuilles lancéolées-étroites-aiguës, ordinairement étalées, engaînantes à la base, les supérieures rougeâtres, bractéiformes. Fleurs grandes, d'un pourpre foncé, disposées en épi lâche, un peu allongé, courbé au sommet. Bractées d'un pourpre clair, *très-grandes*, lancéolées-acuminées, à nervures très-prononcées, conniventes au sommet, *beaucoup plus longues que les fleurs*. Périgone à divisions intérieures, dont 2 élargies à la base et subitement resserrées en une pointe uninerviée, 2 fois de leur longueur; la troisième (le tablier) munie à la base d'un sillon et de 2 *gibbosités*, à 3 lobes; les 2 latéraux demi-ovales, dressés; le moyen *lancéolé*, acuminé, nervié, un peu rétréci à sa base, courbé, *pubescent à la face supérieure*, 2 fois de la longueur des latéraux. Colonne terminée en une pointe de sa longueur.

Hab. les bois de Cyguan près de Nîmes, à Alais, à Anduze, à Barjac. ♃ Fl. mai-juin.

2. **S. LINGUA** *Lin. sp.* 1344; *Dec. fl. fr.* 3, *p.* 256, *et* 5, *p.* 233; *St-Am. fl. agen. t.* 8 ; *Col. ecphr.* 1, *t.* 321; *Moris. hist. s.* 12, *t.* 14, *n°* 21 ; *Math. comm. ed. valgr. p.* 881, *fig. sinist.* — Cette espèce diffère de la précédente: par sa racine à 2 tubercules, dont un pédonculé; par sa tige grêle de 1-2 décim.; par ses fleurs plus petites, moins nombreuses, en épi court; par ses bractées beaucoup plus courtes que les fleurs; par les 2 divisions internes du périgone, insensiblement rétrécies en pointe trinerviée plus courte; par le tablier plus étroit, presque ongniculé à la base, ne portant qu'une seule gibbosité; par la pointe qui termine la colonne, de moitié plus courte.

Hab. les bois, les broussailles, les prairies sèches, au Vigan, St-Ambroix, Anduze, Alzon, Corconne. ♃ Fl. mai-juillet.

10° g^{re}. **ACERAS.** — **ACERAS.** (R. Br. h. kew. 191, en part.)

Périgone à divisions externes étalées ou conniventes, en voûte. Tablier étalé ou pendant, à 3 lobes, muni ou dépourvu d'éperon. Anthère persistante, dressée, continue avec la colonne. Pollen en masses granuleuses, visqueuses, rétrécies en pédicelles. Colonne *mutique*, ovaire tordu.

1. | Tablier dépourvu d'éperon................. **ANTHROPOPHORA.**
   | Tablier muni d'un éperon court ou long..... 2.

2. (Eperon très-court; tablier très-long; plante
   (à odeur fétide........................... **HIRCINA.**
) Eperon très-long; tablier court; plante ino-
   (dore...................................... **PYRAMIDALIS.**

1. **A. ANTHROPOPHORA** *R. Br. h. kew.* 191; *Gren. et Godr. fl. fr.* 3, *p.* 281; *Ophrys anthropophora Lin. sp.* 1343; *Dec. fl. fr.* 3, *p.* 255; *Hall. helv. t.* 23; *Vaill. bot. t.* 31, *fig.* 19-20; *Col. ecphr. p.* 320, *fig.* 1; *Garid. Aix, t.* 77. — Souche produisant, au-dessous de fibres cylindriques, 2 tubercules charnus, ovales ou arrondis. Tige de 2-4 décim., feuillée inférieurement, un peu nue sous l'épi. Feuilles radicales assez nombreuses, oblongues-lancéolées, étalées-dressées; celles de la tige, peu nombreuses, petites, engaînantes. Fleurs d'un jaune verdâtre, disposées en un épi allongé, assez lâche et assez étroit. Bractées membraneuses, lancéolées-acuminées, plus courtes que l'ovaire. Périgone à divisions externes en voûte, marqué d'une ligne rougeâtre au milieu et sur les bords. Tablier pendant, plus long que l'ovaire, dépourvu d'éperon, à 3 lobes linéaires; le médian plus large et plus allongé, à 2 lobes un peu écartés, filiformes comme les latéraux. Ovaires sessiles.

Vulgairement *homme-pendu.*

Hab. les bois et les prairies à Gaujac, à Valbonne, à Alais, aux bords du Gardon, à St-Nicolas, au pont du Gard. ♃ Fl. avril-juin.

L'*Aceras longibracteata Rchb. ic. Orchis longibracteata Dec. fl. fr.*, se trouve sur la montagne du Mont-Major, près d'Arles (Bouches-du-Rhône). Il se distingue par ses feuilles très-amples et ses bractées herbacées, plus longues que la fleur rougeâtre,

2. **A. HIRCINA** *Lindl. orch.* 282; *Satyrium hircinum Lin. sp.* 1337; *Orchis hircina Dec. fl. fr.* 3, *p.* 250; *Lamk. ill. t.* 726, *fig.* 1; *Seg. ver.* 2, *t.* 15, *fig.* 1; *Hall. helv. t.* 36, *fig. du milieu; Lob. obs. p.* 88, *fig.* 2, et 91, *fig.* 1. — Souche produisant, au-dessous de fibres cylindriques charnues, 2 tubercules ovales, charnus. Tige de 4-8 décim., droite, robuste, fistuleuse. Feuilles oblongues-lancéolées, amples, décroissantes, peu étalées. Fleurs à odeur de bouc, disposées en épi lâche, allongé, large. Bractées membraneuses, nerviées, linéaires-aiguës, *dépassant l'ovaire* et même la fleur. Périgone à divisions externes conniventes, voûtées, obtuses, d'un blanc verdâtre sale, marquées de lignes rougeâtres et ponctuées de rouge en dedans. Tablier à 3 divisions *linéaires:* les latérales ondulées sur les bords externes, la médiane *très-longue,* à 2-3 lobes obtus, quelquefois très-profonds, tordue en spirale; éperon très-court, en forme de bourse. Ovaire oblong, pédicéllé, 4 fois plus long que l'éperon.

Vulgairement *bouquin.* Les fleurs passent pour aphrodisiaques.

Hab. les bois, les pelouses, les prés, aux environs de Nîmes, de Manduel: dans les bois de Broussan, de Cygnan, d'Alais, d'Anduze, St-Nicolas, Bagnols. ♃ Fl. mai-juillet.

3. **A. PYRAMIDALIS** *Rchb. ic. t.* 13, *p.* 6, *t.* 9; *Gren. et Godr. fl. fr.* 3, *p.* 283; *Orchis pyramidalis Lin. sp.* 1332; *Dec. fl. fr.* 3, *p.* 246; *Mut. fl. fr. t.* 64, *fig.* 477; *Hall. helv. t.* 37; *Seg. ver. t.* 15, *fig.* 11. — Souche pourvue, en dessous des fibres, de 2 tubercules ovales ou arrondis. Tige de 2-4 décim., droite, fistuleuse, garnie de feuilles inférieurement, nue sous l'épi. Feuilles étroites, lancéolées-acuminées, les supérieures plus petites, engaînantes. Fleurs d'un pourpre clair, rarement blanches, disposées en épi serré, court, ovale ou oblong, obtus. Bractées trinerviées, linéaires-subulées, égalant l'ovaire, les inférieures le dépassant. Périgone à divisions égales: les externes ovales-lancéolées, *étalées,* la supérieure dressée. Tablier muni à sa base et en dessus de 2 petites cornes, divisé au sommet *en 3 lobes presque égaux,* oblongs, obtus, entiers ou dentés au sommet, marqués de lignes plus foncées. Eperon grêle, filiforme, arqué, égalant ou dépassant l'ovaire. Anthère à lobes parallèles, contigus.

Hab. les bois, les prés secs, les haies, au Vigan, à Montdardier, au serre de Bouquet, à la chartreuse de Valbonne, à Tresques, aux Imbres, au pont du Gard. ♃ Fl. mai-juillet

11e gre. ORCHIS.— ORCHIS. (Lin. gen. 1009, en partie.)

Périgone à divisions externes latérales, convergentes ou étalées, la supérieure connivente, avec les deux internes en forme de casque. Tablier à 3 lobes plus ou moins marqués, celui du centre entier ou bilobé, muni à sa base *d'un éperon* court, ou allongé, obtus ou aigu. Anthères à 2 lobes dressés, contigus et parallèles. Pollen en masses *distinctes, pédicellées*. Etamines stériles, petites, obtuses. Ovaire souvent tordu. Souche produisant, au-dessous de fibres cylindriques, 2 tubercules charnus, entiers ou palmés, quelquefois prolongés en pointe. Tige toujours garnie de feuilles. Toutes les espèces portent le nom vulgaire de *pentecôtes*.

1.	Tubercules entiers............................	2.
	Tubercules palmés ou plus ou moins divisés au sommet..	16.
2.	Eperon plus long que l'ovaire..................	3.
	Eperon de la longueur de l'ovaire ou plus court que lui..	4.
3.	Lobes de l'anthère contigus et parallèles........	**BIFOLIA,**
	Lobes de l'anthère écartés, divergents..........	**MONTANA.**
4.	Périgone à divisions externes latérales, étalées ou réfléchies....................................	5.
	Périgone à divisions externes conniventes, en casque.......................................	8.
5.	Fleurs jaunâtres..............................	**PROVINCIALIS.**
	Fleurs purpurines............................	6.
6.	Bractées uninerviées..........................	**MASCULA.**
	Bractées plurinerviées........................	7.
7.	Bractées plus courtes que l'ovaire, au moins les supérieures ; fleurs très-lâches..............	**LAXIFLORA.**
	Bractées toutes plus longues que l'ovaire ; fleurs un peu rapprochées...........................	**PALUSTRIS.**
8.	Tablier non divisé............................	**PAPILLONACEA.**
	Tablier trilobé...............................	9.
9.	Lobe médian du tablier entier, échancré ou à 2 lobes peu profonds...........................	10.
	Lobe médian du tablier à 2 lobes profonds......	12.
10.	Lobe médian entier ; fleurs serrées, à odeur fétide ou agréable..................................	**CORIOPHORA.**
	Lobe médian échancré ; fleurs lâches, inodores...	11.
11.	Bractées presque obtuses ; éperon de moitié plus court que l'ovaire............................	**MORIO.**
	Bractées aiguës ; éperon presque aussi long que l'ovaire.....................................	**PICTA.**
12.	Bractées égalant l'ovaire ou la moitié..........	13.
	Bractées 3-8 fois plus courtes que l'ovaire......	14.
13.	Fleurs petites, en épi serré et étroit, à la fin allongé, noirâtre au sommet.................	**USTULATA.**
	Fleurs médiocres, en épi court, ni étroit ni allongé, à la fin rose ou lilas.....................	**TRIDENTATA.**

<table>
<tr><td rowspan="2">14.</td><td>Tablier à lobe médian allongé, linéaire ou presque linéaire ; plantes de 3-5 décim..........</td><td>15.</td></tr>
<tr><td>Tablier à lobe médian plus ou moins large ; plante de 5-8 décim........................</td><td>PURPUREA.</td></tr>
<tr><td rowspan="2">15.</td><td>Lobe médian linéaire dans toute sa longueur, à lobules allongés linéaires...................</td><td>SIMIA.</td></tr>
<tr><td>Lobe médian linéaire vers la base, élargi vers le sommet, à lobules courts, obovales.........</td><td>MILITARIS.</td></tr>
<tr><td rowspan="2">16.</td><td>Eperon conique ou cylindrique, égalant l'ovaire ou plus court que lui........................</td><td>17.</td></tr>
<tr><td>Eperon grêle, subulé, beaucoup plus long que l'ovaire............................</td><td>CONOPSEA.</td></tr>
<tr><td rowspan="2">17.</td><td>Fleurs blanches ou verdâtres................</td><td>18.</td></tr>
<tr><td>Fleurs jaunes ou purpurines.................</td><td>19.</td></tr>
<tr><td rowspan="2">18.</td><td>Tablier sublinéaire, tridenté au sommet ; bractées 2 fois plus longues que l'ovaire ; fleurs verdâtres...........................</td><td>VIRIDIS.</td></tr>
<tr><td>Tablier à 3 lobes lancéolés ; bractées égalant l'ovaire ; fleurs blanches..................</td><td>ALBIDA.</td></tr>
<tr><td rowspan="2">19.</td><td>Fleurs en épi très-grêle, aigu ; tablier plus long que large.............................</td><td>ODORATISSIMA.</td></tr>
<tr><td>Fleurs en épi ovale ou oblong, obtus ; tablier aussi long que large.......................</td><td>20.</td></tr>
<tr><td rowspan="2">20.</td><td>Lobes latéraux du tablier plus ou moins réfléchis ; feuilles non tachées........</td><td>21.</td></tr>
<tr><td>Lobes latéraux du tablier non réfléchis ; feuilles tachées de noir....................</td><td>MACULATA.</td></tr>
<tr><td rowspan="2">21.</td><td>Fleurs jaunes, rarement purpurines, en épi court, lâche ; plante de 1-2 décim.............</td><td>SAMBUCINA.</td></tr>
<tr><td>Fleurs purpurines, en épi assez long, serré ; plante de 3-6 décim.....................</td><td>LATIFOLIA.</td></tr>
</table>

1. **O. PAPILLONACEA** *Lin. sp.* 1331 ; *Dec. fl. fr.* 3, *p.* 249 ; *O. rubra Lois. gall.* 2, *p.* 266 ; *Mut. fl. fr. t.* 65, *fig.* 488 ; *Timbal, mem. hybr. orch. t. fig.* 2.—Tubercules petits, ovoïdes, entiers, presque sessiles. Tige de 1-3 décim., droite, garnie dans toute sa longueur de feuilles lancéolées-aiguës ; les inférieures un peu étalées, les supérieures étroitement engaînantes. Fleurs 3-6, en épi large, très-lâche. Bractées membraneuses, lancéolées-aiguës, rougeâtres, nerviées, un peu plus longues que l'ovaire. Périgone à divisions externes lancéolées-aiguës, conniventes, un peu écartées au sommet, d'un rouge vif, avec des nervures plus foncées. Tablier indivis, très-grand, ordinairement *arrondi*, un peu plus large que long, crénelé ou denté, fortement rétréci à la base, d'un violet clair, avec des nervures rayonnantes *rouge foncé*. Eperon conique, ordinairement pendant, plus court que l'ovaire.

Hab. le bois de Cygnan, sur la route de St-Gilles. ♃ Fl. mai-juin.

2. **O. MORIO** *Lin. sp.* 1333 ; *Dec. fl. fr.* 3, *p.* 246 ; *Hall. helv. t.* 32, *fig. dext.* (1795) ; *Vaill. bot. par. t.* 31, *fig.* 13, 14 ;

Timbal, mem. hybr. orch., p. 13, *t.* 1, *fig.* 1; *Seg. ver. t.* 15, *fig.* 7; *Lob. ic.* 176, *fig.* 2 *et obs., p.* 88, *fig.* 1; *Tabern. ic.* 661, *fig.* 1. — Tubercules entiers, médiocres, arrondis. Tige de 10-25 centim., droite, un peu nue sous l'épi, le reste garni de feuilles oblongues-lancéolées, un peu aiguës, mais *non mucronées*; les inférieures étalées; les supérieures étroitement engaînantes. Fleurs 6-10, en épi court, lâche, toutes ouvertes en même temps. Bractées étroites-lancéolées, membraneuses, rougeâtres, à 3 nervures; les supérieures à une, *presque de la longueur de l'ovaire.* Périgone à divisions externes obtuses, conniventes, d'un rouge plus ou moins foncé, avec des veines vertes. Tablier rougeâtre, très-large, blanc vers son milieu et taché de points rouges ou lilas, à 3 lobes crénelés; celui du milieu échancré, plus court que les latéraux; ceux-ci ordinairement déjetés. Eperon un peu conique, élargi et tronqué à l'extrémité, horizontal ou ascendant, droit ou un peu courbé, *presque de moitié plus court que l'ovaire.*

Vulgairement *orchis bouffon, orchis des boutiques.* On retire de ses tubercules une fécule émolliente et nutritive, connue sous le nom de *salep.*

Hab. les bois, dans tout le département; rare dans la plaine, ♃ Fl. mai-juin

3. **O. PICTA** *Lois. fl. gall.* 2, *p.* 263, *t.* 26; *Godr. et Gren. fl. fr.* 3, *p.* 286. — Cette espèce diffère de la précédente: par ses feuilles aiguës et mucronées; par son épi plus grêle; par ses fleurs presque de moitié plus petites; par ses bractées décidément aiguës, un peu plus courtes que l'ovaire; par son tablier entouré d'une bande purpurine et taché de points rouges ou lilas plus nombreux; par son éperon presque aussi long que l'ovaire.

Hab. les bois de Campagne, de Broussan, de Cygnan, aux environs de Nîmes. ♃ Fl. avril-mai.

4. **O. USTULATA** *Lin. sp.* 1333; *Dec. fl. fr.* 3, *p.* 247; *Mut. fl. fr. t.* 64, *fig.* 480; *Vaill. bot. par. t.* 31, *fig.* 35-36; *Hall. helv., t.* 27, *fig.* 2 (1795); *Seg. veron. t.* 15, *fig.* 4; *Clus. hist.* 1, *p.* 268, *fig.* 1.—Tubercules entiers, ovales ou arrondis. Tige de 2-3 décim., droite, un peu nue sous l'épi. Feuilles oblongues-lancéolées, un peu étalées; les plus supérieures appliquées, engaînantes. Fleurs *très-petites*, en épi étroit, d'abord serré, ovale ou oblong, puis lâche et allongé. Bractées membraneuses, uninerviées, rougeâtres, plus courtes que l'ovaire. Périgone à divisions externes *libres*, ovales-aiguës, conniventes, en casque court, *d'un pourpre noirâtre*, dressé; les intérieures *linéaires-spatulées*. Tablier blanc, ponctué de rouge, à 3 divisions oblongues; les latérales presque horizontales, *tronquées et crénelées au sommet;* la médiane plus longue, presque pendante, à 2 lobes

courts, séparés par une petite pointe. Eperon *très-court*, obtus, pendant. Epi noirâtre au sommet, ayant un aspect brûlé.

Hab. les prés dans tout le département. ♃ Fl. avril-juin.

5. **O. CORIOPHORA** *Lin. sp.* 1332 ; *Dec. fl. fr.* 3, *p.* 246; *Mut. fl. fr. t.* 64, *fig.* 479; *Hall. helv. t.* 33, *fig. inf.* (1795); *Vaill. bot. par. t.* 31, *fig.* 30, 31, 32; *Lob. ic.* 177, *fig.* 2 *et obs.* 90, *fig. sup. dext.; Tabern. ic.* 672, *fig.* 2. — Tubercules médiocres, ovales ou arrondis. Tige de 2-4 décim., droite, un peu fistuleuse, garnie, jusque sous l'épi, de feuilles étroites, lancéolées aiguës; les supérieures appliquées, engaînantes; les plus supérieures demi-embrassantes. Fleurs petites, en épi serré, oblong, cylindrique. Bractées membraneuses, pâles, lancéolées-acuminées, univerviées, égalant ou dépassant peu l'ovaire. Périgone à divisions externes *acuminées*, soudées à la base et conniventes en casque, d'un rouge sale avec des raies vertes; les internes linéaires, adhérentes inférieurement aux externes. Tablier réfléchi, rougeâtre ou verdâtre, ponctué de rouge plus ou moins foncé, à 3 lobes; les latéraux réfléchis en arrière, crénelés; le médian *oblong, entier*, un peu plus long que les latéraux. Eperon conique, arqué, presque aigu, pendant, plus long que le tablier et plus court que l'ovaire. Fleurs exhalant une odeur de punaise.

VAR. B. *Fragrans Gren. et Godr. fl. fr.* 3, *p.* 287.—Tablier un peu plus allongé, à lobes latéraux plus profondément crénelés. Eperon un peu plus long. Odeur suave. *O. fragrans Poll. elem.* 2, *t. ult. fig.* 2.

Hab., la var. A, les prés, les pacages et les broussailles, à Montpezat, à la chartreuse de Valbonne, au Vigan, à Alais, à Villeneuve-lez-Avignon. La var. B, les sables maritimes, à Aigues-Mortes; les bords de l'étang de Pujaut. ♃ Fl. mai-juin

6. **O. TRIDENTATA** *Scop. carn.* 2, *p.* 190; *Gren. et Godr. fl. fr.* 3, *p.* 288; *O. variegata Dec. fl. fr.* 3, *p.* 248; *Mut. fl. fr. t.* 64, *fig.* 481; *Hall. helv. t.* 34, *fig. dext.* — Tubercules assez gros, oblongs. Tige de 10-25 centim., droite, nue sous l'épi. Feuilles oblongues-lancéolées, mucronulées, étalées. Fleurs en épi ovale ou oblong, serré, un peu large, puis un peu lâche et un peu allongé. Bractées membraneuses, blanchâtres, lancéolées-acuminées, uninerviées, plus courtes que l'ovaire ou l'égalant. Périgone à divisions externes blanchâtres, teintées de rose, à 3-5 nervures; les latérales arquées, la centrale droite, lancéolées, *acuminées*, conniventes en casque ovale, ouvert au sommet; les intérieures oblongues. Tablier pendant, d'un blanc rosé taché de points purpurins; ceux du milieu plus gros, à 3 lobes denti-

culés; les latéraux élargis et tronqués au sommet, rapprochés de celui du milieu *en forme de cœur renversé*, avec une petite pointe au fond de l'échancrure; à lobules plus ou moins marqués, divariqués, quelquefois nuls. Eperon subcylindrique, obtus, un peu arqué, pendant, *dépassant le milieu de l'ovaire*.

Hab. les bois de Cygnan, sur la route de Nimes à St–Gilles. ♃ Fl. mars-avril.

7. **O. simia** *Lamk. fl. fr.* 3, *p.* 507; *Dec. fl. fr.* 3, *p.* 249; *O. tephrosanthos Vill. Dauph.* 2, *p.* 32; *Coss. et Germ. fl. p. t.* 32, *fig. K; Vaill. bot. par. t.* 31, *fig.* 25-26; *Col. ecphr.* 1, *p.* 320, *fig.* 2.—Tubercules oblongs-arrondis. Tige de 2-4 décim., droite, nue au sommet. Feuilles oblongues-lancéolées-obtuses, submucronulées; les supérieures aiguës, engaînantes. Fleurs en épi serré, ovale ou oblong, un peu large, puis un peu lâche et un peu allongé. Bractées membraneuses, obscurément univerviées, beaucoup plus courtes que l'ovaire. Périgone à divisions externes oblongues-lancéolées, longuement acuminées, conniventes en casque ovale-aigu, ouvert au sommet, *d'un rose tendre*, avec des nervures plus foncées, marqué de points rouges en dedans; les divisions intérieures linéaires. Tablier ponctué, pendant, à 3 lanières linéaires; les latérales un peu arquées, la centrale 2 fois aussi longue, à 2 *lobes linéaires très-profonds*, séparés par une petite pointe 3-4 fois plus courte qu'eux. Eperon obtus, élargi au sommet, un peu arqué, dirigé en bas, environ de moitié plus court que l'ovaire.

Hab. les bois, au Vigan, à la chartreuse de Valbonne, à Tresques, Boussargues, Pauzilhac. ♃ Fl. avril-mai.

8. **O. militaris** *Lin. sp.* 1333 (*excl. var. B, C, D.*); *Godr. et Gren. fl. fr.* 3, *p.* 289; *O. galeata Dec. fl. fr.* 3, *p.* 249; *Coss. et Germ. fl. par. t.* 32, *fig. H; Mut. fl. fr. t.* 64, *fig.* 483; *Vaill. bot. part. t.* 31, *fig.* 22, 23, 24; *Hall. helv, t.* 27, *fig. sin* (1795). — Tubercules assez gros, ovales. Tige de 3-5 décim., droite, ordinairement robuste, nue supérieurement. Feuilles ovales-oblongues, les supérieures dressées, engaînantes, acuminées. Fleurs en épi assez gros, ovale ou oblong, un peu lâche. Bractées membraneuses, plus ou moins distinctement nerviées, beaucoup plus courtes que l'ovaire. Périgone à divisions externes assez largement ovales, lancéolées-acuminées, presque obtuses, soudées-conniventes, en casque ovale lancéolé, *d'un rose blanchâtre-cendré*, avec des nervures plus foncées, ordinairement marqué de points rougeâtres en dedans; les divisions intérieures linéaires. Tablier à 3 lobes écartés; les latéraux linéaires-allongés, le médian ponctué, plus long que les latéraux, *élargi*

vers le sommet et divisé en 2 lobules courts et divergents, *oblongs*, tronqués ou arrondis au sommet, séparés par une dent courte. Eperon obtus, élargi au sommet, un peu arqué, dirigé en bas, environ de moitié plus court que l'ovaire.

Mêmes propriétés que le N° 2.

Hab. les bois et les prairies, aux environs du Vigan; le bois de Salbous, à Alzon, à Anduze. ♃ Fl. mai–juin.

9. **O. PURPUREA** *Huds. fl. angl. ed.* 1 (1762), *p.* 334 ; *O. fusca Mut. fl. fr.* 3 , *p.* 237, *t.* 64. *fig.* 486 ; *Coss. et Germ. fl. par.* 550, *t.* 32, *G. fig.* 1-2 ; *O. militaris Dec. fl. fr.* 3, *p.* 248 ; *Vaill. bot. par. t.* 31, *fig.* 27, 28; *Hall. helv. t.* 30 (1795); *Clus. hist.* 1 , *p.* 267 ; *ic. Tabern.* 663 *fig.* 1. — Tubercules ovales, assez gros. Tige de 4-6 décim., droite, robuste, nue supérieurement. Feuilles ovales-oblongues, très-larges, d'un vert foncé luisant, rapprochées de la base, 1-2 supérieures acuminées, engaînantes. Fleurs en épi serré, gros, ovale ou oblong, obtus. Bractées membraneuses, très-courtes. Périgone à divisions externes, *brièvement acuminées*, presque obtuses, soudées-conniventes, en casque *court*, ovale, *d'un pourpre noir*, ponctué, nervié; les divisions intérieures linéaires. Tablier à 3 lobes, les latéraux linéaires, plus ou moins rapprochés du médian ; celui-ci blanc ou rosé, marqué de points petits, rougeâtres, brusquement ou insensiblement élargi dès la base, terminé par 2 lobes ordinairement très-larges, divergents, tronqués ou arrondis, dentelés, séparés par une petite pointe au fond de l'échancrure. Eperon large, obtus, un peu arqué, dirigé en bas, environ de moitié plus court que l'ovaire.

VAR. B, *Purpurea militaris.* Tablier à lobes latéraux écartés du lobe moyen; celui-ci s'élargissant insensiblement dès la base et se divisant au sommet en 2 lobules oblongs, très-divergents. *O. Purpurea militaris Gren. et Godr. fl. fr.* 3 , *p.* 290.

Hab. les bois, aux environs du Vigan, à Alzon, aux environs de Nîmes, dans le bois de campagne, à la Chartreuse de Valbonne, aux environs de Tresques. ♃ Fl. mai–juin.

10. **O. MASCULA** *Lin. sp.* 133 ; *Dec. fl. fr.* 3, *p.* 247; *Mut. fl. fr. t.* 65 , *fig.* 490; *Vaill. bot. par. t.* 31 , *fig.* 11-12 ; *Hall. helv. t.* 32 , *fig. sinist.* (1795); *Seg. veron. t.* 15 , *fig.* 6 ; *Lob. ic.* 176, *fig.* 1 , *et obs. p.* 87, *fig. dext.; Tabern. ic.* 660, *fig.* 2. — Tubercules assez gros, ovoïdes ou arrondis, fétides. Tige de 2-5 décim., droite. Feuilles assez larges, oblongues-lancéolées ou lancéolées, quelquefois tachetées de noir. Fleurs purpurines, rarement blanches, disposées en épi *lâche*, *allongé*. Bractées colorées, membraneuses, lancéolées-acuminées, à une nervure, environ de la longueur de l'ovaire. Périgone à divisions

externes ovales-oblongues, obtuses, aiguës ou acuminées, non
conniventes; les 2 latérales étalées, réfléchies au sommet. Tablier ponctué, *velu* en dessus, surtout à la base, à 3 lobes larges,
dentés; les latéraux obliquement tronqués, rarement aigus, un
peu réfléchis; le médian plus ou moins échancré, souvent un
peu plus long et un peu plus étroit que les latéraux. Eperon
épais, obtus, presque droit, *cylindrique*, horizontal, pendant
ou ascendant, *environ de la longueur de l'ovaire.*

Var. B, *O. speciosa* Gren. *et* Godr. *fl. fr. p.* 292. Périgone à
divisions externes longuement acuminées, d'un pourpre foncé.
O. speciosa, Host. *fl. austr.* 2, *p.* 527; *Mut. fl. fr. t.* 65, *fig.* 491.

Mêmes propriétés que le N° 2.

Hab. les prés et les bois, aux environs du Vigan, de l'Espérou, au serre
de Bouquet; la var. B, à Aulas (Diomède). ♃ Fl. avril-juin.

11. O. PROVINCIALIS *Balb. misc. alt. p.* 20, *t.* 2; *Dec. fl. fr.*
5, *p.* 329; *Mut. fl. fr.* 3, *p.* 23, *t.* 65, *fig.* 492. — Tubercules
médiocres, oblongs. Tige de 1-3 décim., droite ou flexueuse.
Feuilles *lancéolées-aiguës*, mucronulées, avec ou sans taches
brunes. Fleurs assez grandes, *jaunâtres, peu nombreuses, très-
écartées*, en épi court. Bractées jaunâtres, membraneuses, lan-
céolées-étroites-acuminées; les supérieures à une nervure, les
inférieures à 3, environ de la longueur de l'ovaire, les inférieures
le dépassant. Périgone à divisions externes lancéolées-obtuses,
nerviées, dressées, ouvertes. Tablier pubescent-papilleux en
dessus, principalement vers la base, veiné, à 3 lobes *très-pro-*
noncés, larges, dentelés; les latéraux obtus, déjetés en arrière;
le médian échancré. Eperon épais, obtus, cylindrique, arqué,
ascendant ou horizontal, *à peu près de la longueur de l'ovaire.*

Hab. les bords du Gardon, au moulin de la Beaume, près Nîmes; à
Anduze. ♃ Fl. avril-mai.

12. O. LAXIFLORA *Lamk. fl. fr.* 3, *p.* 504; *Déc. fl. fr.* 3,
p. 247; *Vaill. bot. par. t.* 31, *fig.* 33-34; *Seg. ver. t.* 15, *fig.* 8.
— Tubercules médiocres ou petits, oblongs ou arrondis. Tige de
3-5 décim., droite, feuillée dans toute sa longueur, tantôt grêle,
tantôt robuste. Feuilles linéaires-lancéolées-aiguës, pliées en
gouttière. Fleurs purpurines plus ou moins foncées, rarement
blanches, très-lâchement disposées en épi allongé. Bractées
membraneuses, souvent colorées, lancéolées-linéaires-acumi-
nées, nerviées, *égalant environ la longueur de l'ovaire.* Périgone
à divisions externes oblongues-obtuses, ouvertes, les 2 latérales renversées en arrière. Tablier large, à 3 lobes peu profonds;
les latéraux très-grands, arrondis au sommet, légèrement denticulés, repliés en arrière; le médian échancré au sommet, *plus*

court que les latéraux; quelquefois le tablier paraît bilobé par l'absence du lobe moyen. Eperon subcylindrique, obtus, tronqué ou échancré, horizontal ou ascendant, allongé, mais plus court que l'ovaire.

Hab. les prairies et les pacages humides, dans tout le département. ♃ Fl. mai–juin.

13. **O. PALUSTRIS** *Jacq. coll.* 1, *p.* 75; *Lecoq et Lamotte cat.* 348; *Gren. et Godr. fl. fr.* 3, *p.* 294; *Rchb. ic. vol.* 13, *t.* 40; *Jacq. ic. rar. t.* 181. — Cette espèce diffère de la précédente : par sa tige plus robuste et plus élevée (6-8 décim.); par ses fleurs plus nombreuses, plus serrées, et au moins 2 fois plus grandes; par ses bractées toutes plus longues que l'ovaire; par son tablier très-large, à lobe moyen, plus long que les latéraux ou les égalant; par sa floraison plus tardive.

Hab. les prairies et les pacages humides, le long du Rhône, à Lafosse, à Capette, à Franqueveau. ♃ Fl. juin–juillet.

14. **O. SAMBUCINA** *Lin. sp.* 1334; *Dec. fl. fr.* 3, *p.* 251, *Seg. ver. t.* 15, *fig.* 6; *Baumg. lips. t.* 2; *Jacq. austr. t.* 108; *Clus. hist.* 1, *p.* 269, *fig.* 2. — Tubercules oblongs, *brièvement bi-trilobés*, à lobes terminés en fibre allongée. Tige de 1-3 décim., droite, feuillée, fistuleuse ou solide. Feuilles lancéolées, rétrécies vers la base, élargies supérieurement, un peu obtuses, étalées; les supérieures dressées, aiguës. Fleurs *jaunes* ou purpurines, à odeur de sureau ou inodores, en épi *ovale, un peu lâche,* assez large. Bractées lancéolées, jaunâtres ou rougeâtres, nerviées, veinées, égalant ou dépassant les fleurs. Périgone à divisions externes obtuses, ouvertes; les latérales plus larges, déjetées en arrière. Tablier pubescent, papilleux, ponctué et veiné, arrondi, à 3 lobes peu prononcés, légèrement crénelés; les latéraux plus larges, souvent réfléchis; le médian échancré ou aigu. Eperon *conique,* renflé, *obtus,* descendant, environ de la longueur de l'ovaire.

Hab. les prés, mêlé avec la var. à fleur rouge, à l'Espérou, à Banahut, à l'Aigual, à Anduze. ♃ Fl. mai–juin.

15. **O. LATIFOLIA** *Lin. sp.* 1334; *Dec. fl. fr.* 3, *p.* 251, *Mut. fl. fr. t.* 65, *fig.* 496 (*fleur grossie*); *Vaill. bot. par. t.* 31, *fig.* 1 à 5; *Hall. helv. t.* 31, *fig. dext.* (1795); *Lob. obs. p.* 93, *fig. sinist. sup. et ic.* 191, *fig.* 2; *Tabern. ic.* 683, *fig.* 2. — Tubercules à 2-3 lobes profonds. Tige de 3-6 décim., droite, ferme, robuste, fistuleuse, feuillée dans toute sa longueur. Feuilles souvent tachées de noir, oblongues-lancéolées, ordinairement assez amples, élargies vers leur milieu, obtuses ou aiguës, engainantes-étalées; les supérieures lancéolées-acuminées,

dressées, demi-embrassantes. Fleurs roses ou purpurines, rarement blanches, disposées en épi dense, oblong, cylindrique, obtus ou aigu. Bractées herbacées, quelquefois rougeâtres au sommet, lancéolées-trinerviées, dépassant l'ovaire et souvent les fleurs. Périgone à divisions externes lancéolées-émoussées, étalées. Tablier assez large, ponctué et veiné de rouge, à 3 lobes plus ou moins distincts, crénelés; les 2 latéraux un peu refléchis. Eperon *cylindrique ou conique*, épais, obtus, pendant, presque aussi long que l'ovaire.

Vulgairement *pentecôte*..Mêmes propriétés que le N° 2.

Hab. les prairies humides, dans tout le département. ♃ Fl. mai-juin.

16. **O. MACULATA** *Lin. sp.* 1335; *Dec. fl. fr.* 3, *p.* 252; *Mut. fl. fr. t.* 66, *fig.* 499; *Vaill. bot. par. t.* 31, *fig.* 9-10; *Hail. helv. t.* 31, *fig. sinist.; Lob. obs. p.* 91, *fig. sinist. sup. et ic.* 189, *fig.* 1; *Tabern. ic.* 682, *fig.* 1. — Tubercules à 2-4 lobes, ordinairement profonds. Tige de 3-6 décim., droite, *pleine*, garnie presque dans toute sa longueur de feuilles assez espacées, le plus souvent marquées de taches noires, dressées-étalées, oblongues ou lancéolées, obtuses ou aiguës; les supérieures plus petites, acuminées, appliquées. Fleurs lilas, plus rarement blanches, marquées de veines ou de taches pourpres ou violettes, disposées en épi compacte, *oblong*-cylindrique-obtus. Bractées herbacées, *linéaires*-acuminées, trinerviées, de la longueur de l'ovaire; les inférieures le dépassant. Périgone à divisions externes lancéolées-ouvertes; les 2 latérales recourbées. Tablier *assez largement arrondi*, à 3 lobes peu profonds; les latéraux plus larges, crénelés, très-peu inclinés; le médian entier, aigu ou arrondi. Eperon obtus, cylindrique ou conique, descendant, plus court que l'ovaire.

Mêmes propriétés que le N° 2.

Hab. les bois et les prairies, dans tout le département. ♃ Fl. mai-juin.

17. **O. BIFOLIA** *Lin. sp.* 1331 (*excl. var.* 1'); *Dec. fl. fr.* 3, *p.* 245; *Mut. fl. fr. t.* 64, *fig.* 474; *Platanthera bifolia, Coss. et Germ. fl. par. p.* 555, *t.* 32, *fig.* E; *Hall. helv. t.* 35, *fig.* 2; *Cam. epit.* 625, *ic.; Lob. ic.* 178, *fig.* 2; *Seg. ver t.* 15, *fig.* 10. — Tubercules ovoïdes-oblongs, atténués en fibres allongées. Tige de 3-4 décim., droite, grêle, anguleuse, munie à la base de 2, rarement 3 feuilles, assez larges, ovales-oblongues-obtuses, atténuées en pétioles, et sur la tige de 2-3 sessiles, très-petites, lancéolées. Fleurs blanches, odorantes, lâchement disposées en épi allongé. Bractées herbacées, lancéolées-nerviées, de la longueur de l'ovaire. Périgone à divisions externes lancéolées-aiguës-étalées; celle du centre un peu plus large, obtuse,

dressée. Tablier linéaire-oblong-obtus, très-entier; éperon grêle, subulé, un peu renflé et comprimé au-dessous du sommet, arqué-ascendant, beaucoup plus long que l'ovaire. Anthère *petite, étroite*, à lobes *rapprochés* et *parallèles*.

Hab. les bois, les lieux herbeux, à Alais, à Anduze, au Vigan, à Villeneuve-lez-Avignon. ♃ Fl. mai-juin.

18. **O. MONTANA** *Schmidt. fl. boem.* (1793), *p.* 35; *O. bifolia, var.* ι΄ *Lin. sp.* 1331; *Platanthera chlorantha Coss. et Germ. fl. par. p.* 555, *t.* 32, *fig.* F; *Orchis chlorantha Mut. fl. fr. t.* 64, *fig.* 476; *Lob. ic. t.* 178, *fig.* 1, *et obs.* 88, *fig. infer. sinist.; Dod. pempt.* 237, *fig.* 2. — Cette espèce se distingue de la précédente: par sa tige plus élevée et plus robuste; ses feuilles et ses bractées plus larges; ses fleurs plus grandes, verdâtres, inodores, disposées en épi plus allongé et plus fourni; par son tablier lancéolé; son éperon plus long, horizontal; sa capsule arquée; et principalement par son anthère courte et large, *à lobes contigus au sommet et divergents à la base.*

Hab. les mêmes localités. J'en ai trouvé un pied au bord du canal, à Capette. ♃ Fl. mai-juin.

19. **O. CONOPSEA** *Lin. sp.* 1335; *Dec. fl. fr.* 3, *p.* 252; *Gymnadenia conopsea Coss. et Germ. fl. par.* 554; *Hall. helv. t.* 29, *fig. dext.; Vaill. bot. par. t.* 30, *fig.* 8; *Lob. ic.* 189, *fig.* 2 *et obs.* 91, *fig. sup. dext.; Tabern. ic.* 680, *fig.* 1. — Tubercules comprimés, à 3-4 lobes prolongés en fibres. Tige de 3-5 décim., droite, garnie de feuilles *lancéolées-étroites*, aiguës, pliées en gouttière; les plus supérieures petites, acuminées. Fleurs petites, purpurines, plus ou moins foncées, odorantes, en épi serré, assez long, cylindrique-aigu. Bractées herbacées, lancéolées, acuminées-trinerviées, égales à l'ovaire ou plus longues que lui. Périgone à divisions externes ovales-obtuses, très-ouvertes. Tablier *à* 3 *lobes* courts, ovales-obtus, presque égaux. Éperon *filiforme-subulé,* arqué, environ 2 *fois de la longueur de l'ovaire.*

Hab. les bois et les prairies, aux environs du Vigan; les bois de l'Aigual, de l'Espérou, de St-Sauveur. ♃ Fl. mai-juillet.

20. **O. ODORATISSIMA** *Lin. sp.* 1335; *Dec. fl. fr.* 3, *p.* 252, *Gymnadenia odoratissima Rich. mem. mus.* 4, *p.* 35; *Mut. fl. fr. t.* 66, *fig.* 501; *Hall. helv. t.* 28, *fig. à gauche* (1795); *Seg. ver.* 3, *t.* 8, *fig.* 6; *C. Bauh. prodr. p.* 30, *fig.* 2. — Tubercules comprimés, à 3-4 lobes prolongés en fibres. Tige de 3-4 décim., droite, grêle, garnie de feuilles; les inférieures rapprochées vers la base, dressées, linéaires-aiguës, pliées en gouttière; les supérieures petites, acuminées. Fleurs petites, d'un

rouge pâle, à odeur de vanille, disposées en épi *grêle*, long de
5-6 centim., cylindrique-aigu, serré supérieurement, lâche dans
le bas. Bractées herbacées, lancéolées-acuminées, à 3 nervures,
plus longues que l'ovaire et dépassant les boutons au sommet de
l'épi. Périgone à divisions externes oblongues-aiguës, très-
étalées. Tablier à 3 lobes obtus, entiers; le médian plus large et
plus long. Eperon grêle, subaigu, arqué, *de la longueur de
l'ovaire*, ou plus court que lui.

Hab. les bois de l'Espérou et de l'Aigual. ♃ Fl. mai-juin.

21. O. VIRIDIS *Crantz, austr.* 491 (1769); *Dec. fl. fr.* 3,
p. 253; *Mut. fl. fr.* 3, p. 245, t. 66, *fig.* 505; *Satyrium viride
Lin. sp.* 1337; *Lamk. ill. t.* 726, *fig.* 2; *Gymnadenia viridis
Coss. et Germ. fl. par.* 555; *Vaill. bot. par. t.* 31, *fig.* 6, 7, 8;
Hall. helv. t. 25, *fig. à droite; Lob. ic.* 185, *fig.* 2; *Læs. pruss.
t.* 59. — Tubercules un peu comprimés, à 3-4 lobes terminés en
fibre allongée. Tige de 1-2 décim., droite, fistuleuse, garnie de
feuilles espacées; *ovales-obtuses* ou aiguës; les supérieures lancéolées-aiguës. Fleurs verdâtres, disposées en épi lâche, oblong.
Bractées herbacées, étroites, lancéolées, *plus longues que les
fleurs.* Périgone à divisions externes ovales-lancéolées, *conniventes en casque;* les intérieures filiformes, élargies à leur base,
presque aussi longues que les extérieures. Tablier *sublinéaire*,
pendant, allongé, *à* 3 *dents;* la médiane beaucoup plus courte,
quelquefois presque nulle. Eperon très-court, *bursiforme.*

Hab. les prairies humides, à la baraque de Michel, près de l'Espérou.
♃ Fl. juin-juillet.

22. O. ALBIDA *Scop. carn.* 2, p. 201; *Dec. fl. fr.* 3, p. 253;
Satyrium albidum Lin. sp. 1338; *Gymnadenia albida Rchb. ic.*
vol. 13, p. 110, t. 67; *Hall. helv. t.* 25, *fig. à gauche; Mich.
gen. t.* 26, *fig.* 1. — Tubercules divisés, jusqu'à leur insertion,
en lobes allongés, ressemblant à un fascicule de fibres. Tige de
1-3 décim., droite, écailleuse à la base, garnie de feuilles peu
étalées, peu nombreuses; les inférieures *ovales-oblongues*, obtuses; les supérieures lancéolées-aiguës, plus petites. Fleurs
très-petites, *d'un blanc jaunâtre*, disposées en épi *dense, étroit,
cylindrique*, peu allongé. Bractées vertes, lancéolées-acuminées,
égalant l'ovaire ou le dépassant, à 3 nervures; la centrale plus
saillante. Périgone à divisions externes ovales-obtuses, conniventes en casque globuleux. Tablier trifide, à lobes latéraux
aigus, un peu divergents; le central un peu plus long, presque
obtus. Eperon obtus, *très-court.*

Hab. les prés humides, à l'Espérou, à la baraque de Michel. ♃ Fl.
juin-juillet

L'*orchis globosa Lin.*, indiqué par Gouan dans les bois de l'Aigual, n'a pas été trouvé par nous.

12ᵉ gʳᵉ. **OPHRYS. — OPHRYS.** (Lin. gen. 1011, en partie.)

Périgone à divisions extérieures étalées, les 2 intérieures dressées, très-petites. Tablier épais, étalé ou pendant, souvent relevé à la base d'une bosse de chaque côté, plane ou convexe, souvent velouté, entier ou à 3 lobes; le médian entier ou échancré. *Eperon nul.* Anthères dressées, à 2 lobes distincts dans toute leur longueur. Pollen divisé *en 2 masses distinctes, pédicellées. Ovaire non tordu.* Racine composée de fibres et de 2 tubercules inférieurs, entiers, subglobuleux.

1. { Tablier terminé par un appendice................. 2.
   { Tablier dépourvu d'appendice.................... 3.

2. { Tablier entier : appendice recourbé en dessus...... **ARACHNITES.**
   { Tablier trilobé : appendice recourbé en dessous.... **APIFERA.**

3. { Tablier entier ou obscurément trilobé............. **ARANIFERA.**
   { Tablier à 3 lobes prononcés..................... 4.

4. { Tablier entouré d'une marge large, glabre, jaune... **LUTEA.**
   { Tablier brunâtre, velouté ou pubescent jusqu'aux
   {   bords.. 5.

5   { 2 divisions internes du périgone brunâtres, fili-
   {   formes, veloutées, un peu allongées............ **MUSCIFERA.**
   { 2 divisions internes du périgone verdâtres, étroites,
   {   mais non filiformes, glabres, très-courtes........ **FUSCA.**

1. **O. ARANIFERA** *Huds. fl. angl. ed.* 2, *p.* 392; *Dec. fl. fr.* 5, *p.* 332; *O. pseudo-speculum. Dec. l. c.; Mut. fl. fr. t.* 67, *fig.* 519; *Coss. et Germ. fl. par. t.* 32, *fig. B; Vaill. bot. par. t.* 31, *fig.* 15-16. — Tige de 2-8 décim. Feuilles oblongues-lancéolées, courtes, étalées; les supérieures petites, lancéolées-aiguës, engaînantes. Fleurs peu nombreuses, distantes, en épi lâche. Bractées vertes, lancéolées-étroites, ordinairement plus longues que l'ovaire. Périgone à divisions externes oblongues-lancéolées-obtuses, roulées sur les bords en dedans, nerviées, d'un vert pâle; la centrale dressée, les deux latérales étalées; les 2 extérieures d'un vert plus foncé, plus courtes, *glabres ou presque glabres.* Tablier obovale ou arrondi, convexe, avec 2 bosses latérales plus ou moins saillantes, souvent effacées; élargi au sommet, *entier ou échancré sans appendice;* face supérieure d'un *brun rougeâtre ou grisâtre, veloutée, souvent jaunâtre aux bords, marquée, vers son milieu, de 2 bandes glabres et luisantes, noirâtres, parallèles, réunies par des raies transversales.* Colonne terminée par un *bec court.*

Var. B, *Atrata Gren. et Godr. fl. fr.* 3, *p.* 301. Tablier très-laineux, à 2 bosses très-saillantes et à 2 dents latérales. *O. atrata Lindl. bot. reg.* 1087.

Vulgairement *ophrys araignée, oiseau coquet*.
Hab. les bois, les pâturages dans tout le département. ⚃ Fl. avril-juin.

2. O. ARACHNITES *Reich. fl. mœn. franc. 2, p. 89; Dec. fl. fr. 5, p. 332; Coss. et Germ. fl. par. 558, t. 32, fig. D; Mut. fl. fr. t. 67, fig. 517, 518; Vaill. bot. par. t. 30, fig. 10, 11, 12, 13; Hall. helv. t. 24, fig. 1, 2, 3; Seg. ver. suppl. t. 8, fig. 1.* — Tige de 2-4 décim. Feuilles oblongues-lancéolées, dressées, étalées; les supérieures petites, lancéolées-aiguës, engaînantes. Fleurs peu nombreuses, distantes, en épi lâche. Bractées herbacées, oblongues-lancéolées, ordinairement plus longues que l'ovaire. Périgone à divisions externes obtuses, d'un rose pâle, à nervures vertes; la centrale dressée, les 2 latérales étalées, les 2 intérieures plus petites, subtriangulaires, verdâtres, supérieurement veloutées. Tablier large, ovale ou arrondi, convexe, *entier*, avec 2 bosses latérales à la base plus ou moins prononcées; *tronqué* et muni au sommet *d'un appendice* glabre, verdâtre, obscurément tridenté, *recourbé en dessus*; face supérieure du tablier veloutée, d'un brun rougeâtre, marquée, vers son milieu, *d'une tache jaunâtre, glabre, et de lignes symétriques*. Colonne terminée par un *bec court, droit*.

Hab. les bois et les coteaux herbeux, à Sumène, St-Ambroix, Anduze. ⚃ Fl. mai-juillet.

3. O. APIFERA *Huds. fl. angl. ed. 1, 340; Dec. fl. fr. 5, p. 333; Coss. et Germ. fl. par. 558, t. 32, fig. C; Mut. fl. fr. t. 66, fig. 512 et 513; Vaill. bot. par. t. 30, fig. 9 et A.* — Tige de 2-4 décim., robuste. Feuilles ovales-oblongues ou ovales-lancéolées, dressées-étalées; les supérieures petites, aiguës ou acuminées. Fleurs peu nombreuses, distantes, en épi lâche, un peu allongé. Bractées herbacées, lancéolées-aiguës, ordinairement plus longues que l'ovaire. Périgone à divisions externes elliptiques, obtuses, roses, à nervures vertes; les 2 intérieures bien plus petites, *subtriangulaires*, d'un rose verdâtre, veloutées. Tablier grand, ovale ou arrondi, *très-convexe, à 3 lobes*; les 2 latéraux courts, *subtriangulaires*, très-veloutés, insérés près de la base, rejetés en arrière et munis, à leur base et de chaque côté, d'une bosse hérissée; celui du milieu beaucoup plus grand, velouté, d'un brun rougeâtre, marqué, vers son milieu, d'une tache glabre, verdâtre, formée par des lignes symétriques, souvent interrompues par des lignes brunes; bord supérieur du tablier *recourbé en dessous avec l'appendice* glabre, aigu, verdâtre, qui le termine. Colonne terminée en *un bec long, flexueux*.

Vulgairement *ophrys abeille, oiseau coquet*.
Hab. les bois et les lieux herbeux, dans tout le département. ⚃ Fl. mai-juin.

4. **O. MUSCIFERA** *G. Huds. fl. angl. ed.* 1, 340; *Gren. et Godr. fl. fr.* 3, *p.* 304; *O. myoïdes. Dec. fl. fr.* 3, *p.* 255; *Coss. et Germ. fl. par.* 557, *t.* 32, *fig. A; Mut. fl. fr. t.* 66, *fig.* 509; *Vaill. bot. par. t.* 31, *fig.* 17-18; *Hall. helv. t.* 24; *Lamk. ill. t.* 727, *fig.* 1; *Lob. obs. p.* 91, *fig. infer. sinist.* —Tige de 2-4 décim., grêle, droite, presque nue supérieurement. Feuilles oblongues-lancéolées, dressées, étalées. Fleurs peu nombreuses, distantes, en épi grêle. Bractées herbacées, lancéolées, ordinairement plus longues que l'ovaire. Périgone à divisions externes d'un vert jaunâtre, ovales-lancéolées, obtuses, à 3 nervures; la moyenne dressée, les 2 latérales étalées en croix; les 2 intérieures très-grêles, *linéaires-filiformes*, noirâtres, dressées-divergentes, un peu veloutées en avant. Tablier oblong, presque plan, à 3 lobes; les 2 latéraux oblongs, courts, un peu *étroits, partant de près de la base;* celui du milieu plus long, plus large, *dilaté et à 2 lobes obtus au sommet, dépourvu d'appendice;* face supérieure veloutée, d'un brun rougeâtre, marquée, vers son milieu, d'une grande tache glabre, presque quadrangulaire, bleuâtre ou rougeâtre. Colonne à sommet *obtus.*

Vulgairement *ophrys mouche.*

Hab. les bois de l'Espérou et de Salbous. ♃ Fl. mai-juin.

5. **O. FUSCA** *Link, in schrad. diar.* 2, *p.* 325; *Gren. et Godr. fl. fr.* 3, *p.* 305; St-Am. *fl. agen.* 375, *t.* 8; *Mut. fl. fr. t.* 66, *fig.* 508; *Rchb. ic. vol.* 13, *t.* 92-93; *O. iricolor Desf. choix, ann. mus.* 10, *t.* 13. —Tige de 1-3 décim., droite. Feuilles ovales-oblongues, mucronulées, un peu glauques. Fleurs peu nombreuses, distantes, en épi court, lâche. Bractées herbacées, lancéolées, égalant ou dépassant l'ovaire. Périgone à divisions externes oblongues, verdâtres, trinerviées, un peu concaves; la moyenne dressée, courbée au sommet; les latérales étalées en croix, un peu concaves; les 2 intérieures oblongues-lancéolées, très-obtuses, verdâtres, presque d'un tiers plus courtes que les extérieures. Tablier grand, *oblong-cunéiforme,* convexe, muni vers la base de 2 bosses latérales, à 3 lobes; les 2 latéraux arrondis, un peu plus courts que celui du centre; celui-ci à 2 lobules arrondis au sommet, dépourvu d'appendice; face supérieure brune, *veloutée entièrement,* excepté vers le milieu, où elle est marquée de 2 grandes taches glabres, livides, oblongues, parallèles, confluentes vers la base, dépassant le milieu du tablier. Colonne courte, obtuse.

Hab. les bois, à Broussan, près de Nîmes; dans la pinède d'Aigues-Mortes. ♃ Fl. mai-juin.

6. **O. LUTEA** *Cav. ic.* 2, *p.* 46, *t.* 160; *Dec. fl. fr.* 5, *p.* 331,

Mut. fl. fr. t. 66, *fig.* 506; *Moris. hist. s.* 12, *t.* 13, *fig.* 15. —
Tige de 1-2 décim., grêle. Feuilles ovales-oblongues, mucronulées. Fleurs peu nombreuses, en épi court, lâche. Bractées
lancéolées-aiguës, verdâtres, égalant l'ovaire ou plus courtes
que lui. Périgone à divisions externes ovales-oblongues-obtuses,
quelquefois terminées par une petite échancrure, verdâtres, trinerviées; la moyenne dressée, courbée au sommet; les 2 latérales étalées en croix, un peu concaves; les 2 intérieures d'un
jaune verdâtre, linéaires-oblongues, presque de moitié plus
courtes que les extérieures. Tablier oblong ou arrondi, assez
ample, sinueux aux bords, *brusquement resserré à la base*, à 3
lobes arrondis; celui du centre un peu plus long, échancré, sans
appendice; face supérieure du tablier un peu convexe, relevée à
sa base de 2 callosités, *veloutée*, rougeâtre, *à bords larges*,
jaunes et glabres, marquée d'une bande centrale et longitudinale, glabre, blanchâtre à la base, puis rougeâtre jusqu'au
milieu, entière ou à 2 lobes. Colonne courte, obtuse.

Hab. dans la pinède d'Aigues-Mortes. ♃ Fl. avril-mai.

CXXI^e Fam. HYDROCHARIDÉES.

HYDROCHARIDEÆ. (L. c. Rich. mem. hist. sc. phys. 1811, p. 35.)

Fleurs dioïques, régulières, cachées dans une spathe avant le
développement. Périgone à 3 divisions inférieures herbacées, et
3 supérieures plus grandes, pétaloïdes, rarement nulles ou rudimentaires, crispées dans le bouton. Fleurs mâles renfermées
dans une spathe commune; divisions du périgone libres. Etamines 1-12, libres, insérées au fond du périgone; anthères bilobées, à déhiscence longitudinale. Ovaire rudimentaire, inséré
au centre du périgone. Fleurs femelles solitaires dans une spathe.
Divisions inférieures du périgone soudées inférieurement en tube
adhérent à l'ovaire. Etamines dépourvues d'anthères. Ovaire à
une ou plusieurs loges polyspermes. Style à 3-6 stigmates bifurqués. Fruit charnu, indéhiscent, mûrissant sous l'eau. Graines
nombreuses, à test coriace, fixées aux placentas pariétaux, soudés aux cloisons, devenus pulpeux. Périsperme nul. Embryon
droit, oblong ou cylindracé. Plantes herbacées, aquatiques,
vivaces, submergées ou nageantes. Feuilles radicales ou cauli-
naires-fasciculées, linéaires-planes ou suborbiculaires-réniformes.

1.
{ Fruit ovoïde-oblong, à 6 loges; feuilles
    orbiculaires... .... 1er g^{re}. HYDROCHARIS.
{ Fruit cylindrique, à 1 loge; feuilles pla-
    nes-linéaires. .... 2° g^{re}. VALLISNERIE.

1ᵉʳ gʳᵉ. MORRÈNE. — HYDROCHARIS. (Lin. gen. 1126.)

Fleurs mâles pédicellées, renfermées au nombre de 3 dans une spathe brièvement stipitée et à 2 parties membraneuses. Périgone à divisions inférieures ovales-oblongues; les supérieures pétaloïdes, beaucoup plus grandes. Étamines 9 fertiles et 3 stériles; filets *soudés à la base, bifides au sommet.* Fleurs femelles à pédicelle allongé, solitaires dans une spathe *simple*, sessile. Périgone à divisions inférieures ovales; à divisions supérieures pétaloïdes, portant chacune intérieurement, à la base, une écaille charnue. Étamines 6, à filets dépourvus d'anthères. Style court, à 6 stigmates, bifides, rayonnants. Capsule charnue, à 6 loges. Graines subglobuleuses, petites.

1. **H. morsus-ranæ** *Lin. sp.* 1466; *Dec. fl. fr.* 3, *p.* 266; *Lamk. ill. t.* 820; *Lob. ic.* 596, *fig.* 1, *et obs.* 324, *fig. infer. sinist.; Dod. pempt. p.* 583. — Tige submergée, plus ou moins longue, grêle, donnant naissance, de distance en distance, à des fascicules de feuilles et de fibres garnies, dans toute leur longueur, de fibrilles transparentes. Feuilles nageantes, longuement pétiolées, orbiculaires-réniformes, un peu épaisses, d'un vert luisant en dessus, plus pâles et souvent rougeâtres en dessous; stipules assez grandes, oblongues-lancéolées, adhérentes à la partie inférieure du pétiole. Fleurs mâles plus grandes que les fleurs femelles, se développant l'une après l'autre au sommet de pédicelles allongés, sortant d'une spathe à 2 parties, portée sur un pédoncule de la longueur des pédicelles. Périgone à divisions inférieures membraneuses aux bords; les supérieures suborbiculaires, très-ouvertes, blanches, jaunes à la base. Capsule ovoïde-oblongue.

Mêmes propriétés que celles du *nymphæa.*

Hab. les fossés et les étangs, aux environs de Nimes, de Manduel, de Bellegarde, de St-Gilles, de Beaucaire. ♃ Fl. juillet-août.

2ᵉ gʳᵉ. VALLISNÉRIE.   VALLISNERIA. (Mich. gen. 12-13, t. 10.)

Fleurs mâles très-petites, presque sessiles, serrées en spadice conoïde, entouré d'une spathe à 3-4 divisions, au sommet d'un pédoncule court, radical. Périgone à divisions inférieures ovales-concaves, soudées à la base, non imbriquées avant l'épanouissement; les intérieures au nombre de 4, pétaloïdes, dont 3 opposées aux divisions inférieures. Étamines 2-3, insérées sur un ovaire avorté. Fleurs femelles solitaires dans une spathe tubuleuse, cylindrique, bilobée au sommet, portée sur une hampe très-longue, filiforme, en spirale. Périgone à divisions soudées inférieurement en tube allongé, divisé au sommet en 3 lobes;

les intérieures filiformes, alternes avec les inférieures. Ovaire
uniloculaire, à placentas pariétaux. Style très-court, à 3 stigmates
pétaloïdes, très-grands, bifides au sommet, munis vers leur milieu d'un appendice triangulaire, aigu. Fruit charnu, cylindrique,
uniloculaire, polysperme, couronné par le limbe persistant du
périgone. Graines très-petites, ovales.

1. **V. SPIRALIS** *Lin. sp.* 1441; *Dec. fl. fr.* 3, *p.* 267; *Lamk.*
ill. t. 799; *Mich. gen. t.* 10, *fig.* 1-2. — Souche grêle, stolonifère, produisant, de distance en distance, des faisceaux de fibres
filiformes qui la fixent sur la vase. Au-dessus de chaque faisceau
de fibres naissent des feuilles plus ou moins nombreuses, larges
d'environ 1 centim., planes, allongées, linéaires, atténuées vers
la base, lâchement ciliées et légèrement crénelées vers le sommet,
minces, translucides, d'un vert tendre, finement nerviées et
veinées. Fleurs verdâtres ou rosées, à hampes axillaires : les
mâles à hampe droite, un peu épaisse, longue de 1-3 centim.;
les femelles à hampe se déroulant jusqu'à fleur d'eau, pour recevoir la poussière fécondante qui y flotte après s'être échappée des
fleurs mâles; après la fécondation, cette hampe s'enroule et va
fructifier au fond de l'eau.

Hab. les eaux du Rhône à Vallabrègues; le canal et les contre-canaux *à*
Bellegarde et à St-Gilles; les roubines à Franqueveau. ♃ Fl. mai-octobre.

CXXIIe FAM. **JUNCAGINÉES.**

JUNCAGINEÆ. (Rich. mem. mus. 1, p. 365.)

Fleurs hermaphrodites, régulières. Périgone à 6 divisions
libres ou un peu soudées à la base, herbacées, semblables. Étamines 6, insérées au-dessus de l'ovaire ou à la base des divisions
du périgone; anthères bilobées. Ovaire libre. Styles courts ou
nuls; stigmates 3-6, libres, rarement soudés ensemble. Capsule
à 3-6 carpelles distincts ou soudés, se séparant entre eux à la
maturité et s'ouvrant par l'angle interne. Graines **1-2** dans
chaque carpelle. Périsperme nul. Embryon droit. Plantes vivaces, herbacées, marécageuses, à feuilles linéaires ou demi-cylindriques, à fleurs herbacées en grappe ou en épi.

TROSCART. — TRIGLOCHIN. (Lin. gen. 453.)

Périgone à divisions libres, ovales, concaves, *caduques*. Étamines à filets très-courts, insérés à la base des divisions du périgone. Anthères insérées sur le filet *par le milieu de leur longueur.*
Stigmates barbus, formant une houpe au sommet de l'ovaire.
Capsule formée de 3-6 carpelles uniloculaires, monospermes,

soudés à un prolongement de l'axe, dont ils se séparent, à la maturité, par l'angle interne.

1. { Capsule à 6 carpelles........................ **MARITIMUM.**
{ Capsule à 3 carpelles........................... **2.**

2. { Souche bulbiforme ; tige de 10-15 décim.......... **BARELLIERI.**
{ Souche non bulbiforme ; tige de 1-5 décim........ **PALUSTRE.**

1. **T. PALUSTRE** *Lin. sp.* 482 ; *Dec. fl. fr.* 3, *p.* 192 ; *Lamk. ill. t.* 270, *fig.* 1 ; *Leers, herb. t.* 12, *fig.* 5 ; *Fl. dan. t.* 490 ; *J. Bauh.* 2, *p.* 508, *fig. infer.* — Souche *non bulbiforme*, stolonifère, à racines fibreuses, *dépourvue de tunique fibreuse.* Tige de 2-5 décim., dressée, grêle, nue, effilée, au moins 2 fois de la longueur des feuilles; celles-ci linéaires, demi-cylindriques, étroitement canaliculées en dessus, dilatées-membraneuses à la base, brièvement ligulées, naissant toutes par fascicules radicaux et opposés. Fleurs blanchâtres, petites, disposées en grappe spiciforme, grêle, allongée, lâche, à sommet un peu serré; pédicelles fructifères presque aussi longs que la capsule, *serrée* contre la tige, ainsi que le pédicelle. Capsule *linéaire-oblongue*, raide, anguleuse, *atténuée à la base*, s'ouvrant, à la maturité, de la base au sommet, en 3 carpelles linéaires-obtus, *subulés à la base.* Graines d'un brun verdâtre, linéaires, atténuées vers la base.

Hab. les pacages humides, au grau du Roi, près d'Aigues-Mortes. ♃ Fl. mai-juillet.

2. **T. BARELLIERI** *Lois. fl. gall. ed.* 1, *p.* 725, *et ed.* 2, *vol.* 1, *p.* 264 ; *Dec. fl. fr.* 5, *p.* 313 ; *Barr. ic. t.* 271 ; *J. Bauh.* 2, *p.* 508, *fig. dext.* — Souche *bulbiforme*, à racines fibreuses, *recouverte d'une tunique formée de fibres sèches, noirâtres*, solitaire, plus communément sociétaire. Tige de 1-4 décim., dressée, nue, moins grêle que celle de la précédente, naissant 2-3 de la même souche, un peu plus longue que les feuilles; celles-ci linéaires, moins étroites que celles de la précédente, presque charnues, demi-cylindriques, canaliculées en dessus, légèrement striées, dilatées-membraneuses vers la base. Fleurs violacées, petites, disposées en grappe courte, serrée, puis lâche et allongée, un peu raide à la maturité; pédicelles fructifères étalés-ascendants, environ de la longueur de la capsule; celle-ci oblongue-linéaire, *atténuée vers le sommet*, contractée à la base, à 3 angles et 3 sillons, s'ouvrant longitudinalement par le milieu en 3 carpelles linéaires-obtus à la base. Graines noires, linéaires, atténuées vers le sommet.

Hab. les pacages salants à Sylveréal, aux environs d'Aigues-Mortes. ♃ Fl. avril-mai.

3. **T. MARITIMUM** *Lin. sp.* 483; *Dec. fl. fr.* 3, *p.* 192; *Lamk. ill. t.* 270, *fig.* 2; *Fl. dan. t.* 306; *C. Bauh. theatr. p.* 82, *fig.* 2. — Souche oblique, un peu renflée par les restes membraneux, puis fibreux, des anciennes feuilles qui la couvrent, à racine fibreuse. Tige de 2-5 décim., dressée, assez robuste, nue, raide, plus longue que les feuilles; celles-ci linéaires, épaisses, charnues, demi-cylindriques, canaliculées en dessus, dilatées-scarieuses, engaînantes à leur base, portant une languette entière. Fleurs d'un vert jaunâtre, très-nombreuses, disposées en grappe spiciforme, *serrée*, longue de 10-15 centim. Pédicelles étalés-ascendants, un peu plus courts que la capsule ; celle-ci *ovale*, à 6 *angles*, à 6 *sillons et à* 6 *carpelles*, se détachant facilement dans toute leur longueur. Graines rousses, oblongues-étroites.

Hab les marais, à Franqueveau, à Saint-Gilles, à Sylveréal, aux environs d'Aigues-Mortes. ♃ Fl. mai-octobre.

CXXIII^e FAM. **POTAMÉES.**

POTAMEÆ (Juss. dict sc. nat., t.43, p. 93.)

Fleurs hermaphrodites ou unisexuelles, ordinairement monoïques. Périgone régulier, à 4 divisions herbacées, libres, nul ou remplacé par une spathe membraneuse. Étamines 1-4, insérées à la base des divisions du périgone, dans les fleurs qui en sont pourvues. Anthères sessiles ou à filets, à 1 ou à 2 lobes, à déhiscence longitudinale. Ovaire libre. Style 1 ou nul. Stigmate 1. Fruit ordinairement à 4 carpelles libres, monospermes, indéhiscents, à péricarpe drupacé ou coriace. Graines à test membraneux. Périsperme nul. Embryon plié, courbé ou enroulé. Plantes herbacées, radicantes, croissant dans l'eau, à feuilles alternes, rarement opposées, toutes submergées ou les supérieures flottantes. Fleurs axillaires ou terminales, solitaires, fasciculées ou en épis.

1.
- Fleurs hermaphrodites, en épi court ou allongé ; anthères 4 .... 1er g^{re}. POTAMOGETON.
- Fleurs monoïques axillaires, non en épi ; anthère 1.. .... 2.

2.
- Fleurs mâles sessiles, ou brièvement pédonculées ; anthère à filet allongé.... 2e g^{re}. ZANICHELLIA.
- Fleurs mâles longuement pédonculées ; anthère sessile...................... 3e g^{re}. ALTHENIA.

1er g^{re}. POTAMOT. — POTAMOGETON. (Lin., gen. 174.)

Fleurs régulières, *hermaphrodites*, disposées en épi ovale, oblong ou cylindrique. Périgone à 4 *divisions* herbacées, un peu onguiculées, libres, non imbriquées dans le bouton, portant sur les onglets 4 anthères presque sessiles, bilobées, à lobes séparés par un connectif épais ou filiforme, déhiscents par une fente longitudinale. Style nul ou très-court. Stigmate pelté, oblique. Fruit composé ordinairement de 4 carpelles libres, sessiles, monospermes, subdrupacés, à endocarpe osseux ou coriace. Tiges radicantes. Fleurs herbacées.

1. { Feuilles linéaires-étroites, allongées...... ..... 2.
{ Feuilles ovales, oblongues ou lancéolées........ 3.

2. { Feuilles longuement engaînantes à la base, rapprochées, presque distiques et parallèles...... **PECTINATUS.**
{ Feuilles non engaînantes, distantes, alternes.... **PUSILLUS.**

3. { Feuilles sessiles............................... 4.
{ Feuilles pétiolées..·.......................... 6.

4. { Feuilles largement ovales, fortement embrassantes **PERFOLIATUS.**
{ Feuilles oblongues-lancéolées, ou oblongues-linéaires, simplement sessiles, ou demi-embrassantes. .... 5.

5. { Feuilles alternes, tige un peu comprimée; carpelle terminé en bec aussi long que lui....... **CRISPUS.**
{ Feuilles opposées; tige cylindrique; carpelle terminé en bec très-court..................... **DENSUS.**

6. { Feuilles coriaces, opaques, longuement pétiolées. 7.
{ Feuilles minces, translucides, brièvement pétiolées....................................... **LUCENS.**

7. { Feuilles nageantes, arrondies ou un peu cordées à la base, où elles forment deux plis......... **NATANS.**
{ Feuilles flottantes, atténuées aux deux extrémités, dépourvues de plis à leur base........ **FLUITANS.**

1. **P. NATANS** *Lin. sp.* 182; *Dec. fl. fr.* 3. *p.* 183; *Lamk. ill. t.* 89; *Fl. dan. t.* 1025. — Tige simple, cylindrique, plus ou moins allongée, articulée. Feuilles d'un vert foncé, *toutes pétiolées;* les inférieures très-longuement, les supérieures nageantes, coriaces, rapprochées, presque opposées, *ovales* ou *oblongues*, obtuses ou un peu aiguës, souvent *un peu cordées* à la base, où elles forment 2 *plis saillants;* les inférieures submergées, plus étroites, lancéolées, toutes à nervures confluentes à la base et au sommet; stipules membraneuses, lancéolées-acuminées, embrassantes. Fleurs sessiles, disposées en épis cylindriques d'environ 5 centim., serrés ou un peu interrompus, portés sur des pédoncules de la grosseur de la tige, non renflés au sommet. Carpelles assez gros à la maturité, un peu comprimés, *à bords obtus.*

Hab. les eaux tranquilles, dans tout le département. ♃ Fl. juillet-août.

2. **P. FLUITANS** *Roth, tent. fl. germ.* 1,*p.*72 *et* 2,*p.* 202; *Dec. fl.fr.* 5,*p.* 310; *Rchb. ic. germ.* 7, *t.*48-49. — Cette espèce diffère

de la précédente : par sa tige rameuse, plus allongée ; par ses feuilles flottantes, plus petites, oblongues–lancéolées, atténuées aux deux extrémités, dépourvues de plis à leur base ; les submergées allongées, plus étroitement lancéolées ; par ses épis plus étroits et plus courts ; par ses carpelles frais, à carène très-peu saillante.

Hab. dans les petits ruisseaux des prairies, à Banahut, près de l'Espérou, à Concoule. ♃ Fl. juin–septembre.

3. **P. LUCENS** *Lin. sp.* 183 ; *Dec. fl. fr.* 3, *p.* 185 ; *Fl. dan. t.* 195 ; *J. Bauh. hist.* 3, *p.* 777, *fig.* 1. — Tige épaisse, cylindrique, très-rameuse, plus ou moins allongée, articulée. Feuilles minces, translucides, luisantes, alternes, rapprochées ; les florales opposées, toutes submergées, toutes ovales-lancéolées ou oblongues, *acuminées* ou *cuspidées*, atténuées à la base *en pétiole court*, ondulées et un peu rudes sur les bords. Stipules ordinairement plus longues que les entre-nœuds. Fleurs disposées en épis cylindriques assez gros, fleurissant hors de l'eau, longs de 3-5 centim., portés sur des pédoncules *très-épais, plus gros que la tige, renflés au sommet.* Carpelles assez gros, comprimés, à carène très-peu saillante.

Hab. les eaux tranquilles, dans tout le département. ♃ Fl. avril–août.

4. **P. PERFOLIATUS** *Lin. sp.* 182 ; *Dec. fl. fr.* 3, *p.* 186 ; *Fl. dan. t.* 196 ; *Læs. pruss. t.* 65 ; *Rchb. ic. germ. vol.* 7, *t.* 29. — Tige cylindrique, plus ou moins rameuse, souvent très-allongée. Feuilles d'un vert foncé, *ovales* ou *oblongues*, obtuses, *cordées et embrassantes* à leur base, nerviées, luisantes, translucides, ondulées, rudes sur les bords, toutes submergées. Stipules nulles ou détruites à la floraison. Fleurs en épis courts (2-3 centim.,) cylindriques, interrompus à la maturité, portés sur des pédoncules d'égale épaisseur, environ de la grosseur de la tige. Carpelles assez gros, comprimés, à bords obtus.

Hab. dans le Rhône, à Vallabrègue, à Beaucaire ; dans le canal à Bellegarde. ♃ Fl. juin–août.

5. **P. CRISPUS** *Lin. sp.* 183 ; *Dec. fl. fr., p.* 186 ; *Rchb. ic. germ. vol.* 7, *t.* 29 ; *Clus. pann. p.* 714-715, *ic.* ; *Lob. ic.*, 286, *fig.* 2 ; *J. Bauh. hist.* 3, *p.* 778, *fig. sinist.* — Tige comprimée, très-rameuse, dichotome, plus ou moins allongée, rougeâtre supérieurement. Feuilles sessiles, un peu embrassantes, *linéaires-oblongues*, obtuses ou brièvement mucronées, denticulées, *ondulées, crépues*, luisantes, translucides, marquées d'une nervure saillante longitudinale, toutes submergées. Stipules petites, membraneuses, détruites à la floraison. Fleurs en épis courts

(1-2 centim.), interrompus à la maturité, portés sur des pédoncules assez courts, d'égale épaisseur, environ de la grosseur de la tige, naissant à l'angle des bifurcations supérieures. Carpelles assez gros, ovoïdes, comprimés, à peine carénés, terminés *par un bec subulé, un peu courbé, environ de leur longueur.*

Hab. les eaux tranquilles, dans tout le département. ♃ Fl. juin-septembre.

6. **P. PUSILLUS** *Lin. sp.* 184; *Dec. fl. fr.* 3, *p.* 187; *Vaill. bot. par. t.* 32, *fig.* 4; *Coss. et Germ. fl. par. t.* 33, *fig. sup.; Lœs. pruss. t.* 67. — Tige grêle, filiforme, légèrement comprimée, très-rameuse. Feuilles toutes submergées, translucides, sessiles, linéaires-étroites, aiguës ou mucronulées, à 3-5 nervures, la centrale très-distincte. Fleurs peu nombreuses, en épis grêles, très-courts, interrompus à la maturité, portés sur des pédoncules 1-2 *fois de leur longueur.* Carpelles petits, irrégulièrement ovoïdes, un peu comprimés, lisses, sans bosse à la base, *terminés par un bec court, obtus.*

Hab. les eaux stagnantes et courantes, dans le Vistre ; au pont de Car, près de Nîmes, et dans les environs. ♃ Fl juin-août.

7. **P. PECTINATUS** *Lin. sp.* 183; *Dec. fl. fr.* 3, *p.* 187; *Vaill. bot. par. t.* 32. *fig.* 5; *Coss. et Germ. fl. par. t.* 34, *fig.* 4-5.—Tige grêle, à 2 tranchants, très-rameuse, plus ou moins allongée. Feuilles toutes submergées, engaînantes inférieurement; à gaînes surmontées de 2 oreillettes appliquées, dressées, linéaires-aiguës ou sétacées, allongées, très-rapprochées au sommet des rameaux, où elles paraissent distiques, un peu transparentes, un peu épaisses, marquées d'une nervure longitudinale, d'où partent des nervures transversales, distantes. Stipules soudées à la partie inférieure de la feuille, formant une gaîne qui embrasse la base des rameaux. Fleurs disposées par paires, en forme de verticilles; ceux-ci espacés, formant un épi interrompu, beaucoup plus court que le pédoncule, environ de la grosseur de la tige. Carpelles assez gros, ordinairement géminés, *demi-orbiculaires* ou irrégulièrement ovales, un peu comprimés, *lisses,* à bords obtus, terminés par *un bec court, obtus.*

Hab. dans les eaux du Vistre, aux environs de Nîmes, et dans celles des roubines et fossés, à Franqueveau et aux environs d'Aigues-Mortes. ♃ Fl. juillet-septembre.

8. **P. DENSUS** *Lin. sp.* 182; *Dec. fl. fr.* 3, *p.* 185; *Fl. dan. t.* 1264; *Engl. bot. t.* 397; *J. Bauh. hist.* 3, *p.* 777, *fig.* 2. — Tige rampante à la base, rameuse, dichotome, cylindrique. Feuilles ovales-lancéolées ou linéaires-lancéolées, ondulées sur les bords,

finement denticulées, trinerviées, minces, translucides, sessiles et embrassantes, toutes opposées et submergées, distiques, rapprochées, presque imbriquées au sommet des rameaux, souvent pliées et recourbées en dehors. Stipules à 2 oreillettes. Fleurs peu nombreuses, disposées en épi très-petit, obovale, porté sur un pédoncule d'égale épaisseur, court, recourbé, moins gros que la tige, naissant du milieu des bifurcations supérieures. Carpelles obovales, comprimés, largement carénés sur le dos, à bec court, recourbé. Péricarpe submembraneux.

VAR. A, *Densus.* Feuilles courtes, très-rapprochées sur les rameaux. *P. Densum Lin. sp.* 182.

VAR. B, *Laxifolius Gren. et Godr. fl. fr,* 3, *p.* 320. Feuilles oblongues-lancéolées; les inférieures distantes. *P. serratum Lin. sp.* 183; *P. oppositifolium Dec. fl. fr.* 3, *p.* 186.

Hab. les eaux tranquilles, les fossés, dans tout le département. 2͞ Fl. mai-septembre.

2° gᵣᵉ. ZANNICHELLIE. — ZANNICHELLIA. (Lin., gen. 1034.)

Fleurs *monoïques,* axillaires, sessiles ou brièvement pédicellées, solitaires ou réunies, mâles et femelles, à l'aisselle des feuilles, dans une spathe commune. Fleurs *mâles :* périgone *nul;* étamines 1, à filet *filiforme, allongé;* anthères à 2-4 lobes, séparés par un connectif épais, divergents à la base, à déhiscence longitudinale. Fleurs *femelles* ou *hermaphrodites :* périgone *membraneux campanulé,* très-court, inséré à la base de l'ovaire; étamine nulle ou solitaire; style persistant, assez long; stigmate pelté. Fruit composé de 4 carpelles, quelquefois de 2 ou de 6, rayonnants, libres, pédicellés ou presque sessiles, monospermes, coriaces, comprimés, arqués, à dos lisse ou crénelé, terminés par le style persistant, pelté. Plantes aquatiques.

1. { Anthères à 4 lobes; carpelles dressés, sessiles, en ombelle pédonculée........................... PALUSTRIS,
Anthères à 2 lobes; carpelles étalés, pédicellés, en ombelle sessile............................... DENTATA.

1. **Z. PALUSTRIS** *Lin. sp.* 1375; *Gren. et Godr. fl. fr.* 3, *p.* 320. — Tiges filiformes, très-rameuses, faibles, articulées, radicantes. Feuilles linéaires-sétacées, alternes ou opposées, ordinairement fasciculées au sommet des rameaux. Fleurs verdâtres, axillaires. Étamine à filet *très-long.* Anthères à 4 lobes. Carpelles petits, oblongs-linéaires, lisses ou crénelés, sessiles, *dressés,* réunis ordinairement 2 en ombelle pédonculée. Style égalant ou dépassant la moitié de la longueur des carpelles. Stigmate ovale, non papilleux. Plante submergée, d'un vert obscur.

Hab. les eaux tranquilles, aux environs de Bellegarde, de Saint-Gilles,
d'Aigues-Mortes. ♃ Fl. mai-août.

2. Z. DENTATA *Willd. sp.* 4, *p.* 181; *Gren. et Godr. fl.
fr.* 3, *p.* 320; *Z. repens Bor. fl. cent. ed.* 2, *p.* 486. — Cette espèce diffère de la précédente : par son étamine à filet court et à
anthères à 2 lobes; par ses carpelles pédicellés, étalés, ordinairement plus nombreux, en ombelles *sessiles;* par son style quelquefois aussi long que le carpelle; par son stigmate papilleux,
plus large. Plante submergée, d'un vert clair.

Hab. les eaux tranquilles, dans tout le département. ♃ Fl. mai-août.

3ᵉ gʳᵉ. **ALTHÉNIE. — ALTHENIA** (Petit, ann. sc., obs. 1, p. 451.)

Fleurs *monoïques, axillaires.* Fleur mâle longuement pédonculée, solitaire, située au-dessous des femelles; périgone *cupuliforme, tridenté;* anthère solitaire, sessile, courbée, unilobée,
à déhiscence longitudinale. Fleurs femelles à périgone nul,
réunies 3 au sommet du pédicelle, pourvues chacune d'une
bractée à leur base. Capsule *uniloculaire,* monosperme, comprimée, bordée d'une aile, *à 2 valves inégales,* ne s'ouvrant pas.
Style filiforme, allongé. Stigmate pelté, ovale, oblique. Plante
aquatique, ayant une grande affinité avec les *zanichellia.*

1. A. FILIFORMIS *Petit. am. soc. d'obs.* 1, *p.* 451, *t.* 12;
Mut. fl. fr. 3, *p.* 23, *t.* 63, *fig.* 473; *Zanichellia vaginalis Delile
herb.* — Souche filiforme, rampante, produisant, de distance en
distance, des tiges de 1-2 décim., grêles, dressées, flexueuses.
Feuilles filiformes, plus longues que les entre-nœuds, munies, à
leur base, d'une stipule membraneuse, blanchâtre, adhérente à
la feuille presque dans toute sa longueur, à sommet libre, fibreux
dans sa vieillesse. Carpelle terminé par un style plus long que lui.

Hab. dans les petits étangs d'eau salée, à Aigues-Mortes. ♃ Fl. mai-
septembre.

CXXIVᵉ Fam. **NAYADÉES.**

NAJADEÆ. (Link, handb. 1, p. 820.)

Fleurs monoïques ou dioïques. Périgone remplacé par une
spathe membraneuse. Fleur mâle à 1 étamine sans filet ou à filet
très-court; anthère unilobée ou quadrilobée. Fleur femelle : ovaire
libre, ovoïde, uniloculaire, adhérent à la spathe; styles 2-3, filiformes. Capsule monosperme, couverte par une spathe mem-
braneuse-celluleuse, coriace, persistante. Graine à test mince,
membraneux. Périsperme nul. Embryon droit. Plantes submergées dans l'eau douce.

1. { Fleurs dioïques, solitaires, axillaires ; anthères
      à 4 lobes..................................... 2° g^{re}. **NAYAS**.
    { Fleurs monoïques en glomérules axillaires; an-
      thères à 1 lobe.............................. 1er g^{re}. **CAULINIA**.

1er g^{re}. **CAULINIE.— CAULINIA**. (Willd., act. acad. Berol. (1798), p. 87.)

Fleurs monoïques, en glomérules axillaires. Fleur mâle à une étamine renfermée dans une spathe tubuleuse, renflée au milieu, ouverte et denticulée au sommet; anthère *oblongue-unilobée*, atténuée inférieurement en un filet épais. Fleur femelle: ovaire uniloculaire, monosperme, oblong, sessile, adhérent à la spathe. Capsule dure. Graine striée en long.

1. C. GRACILIS *Willd. sp. 4, p.* 182; *C. minor Coss. et Germ. fl. par.* 575; *Nayas minor Dec. fl. fr. 2, p.* 587; *Lamk. ill. t.* 799, *fig.* 2; *Mich. gen. t.* 8, *fig.* 3.— Tiges grêles, diffuses, dichotomes. Feuilles translucides, linéaires-étroites, raides, recourbées, sinuées-dentelées, à dents mucronées, munies à la base d'une gaîne membraneuse, denticulée-ciliée; les inférieures distantes, opposées ou ternées; les supérieures rapprochées en touffes. Fleurs petites. Fruits petits, cylindriques-lancéolés Styles 2, terminaux, persistants.

Hab. dans un bras du Rhône, à Tonnelle, près de Valabrègues. ① Fl. juillet-septembre.

2° g^{re}. **NAYADE. — NAYAS**. (Willd. act. acad. Berol. (1798). p. 87.)

Fleurs dioïques, solitaires, axillaires. Fleur mâle pédonculée, composée d'une étamine entourée d'une spathe divisée au sommet en 2-3 pointes subulées; anthère *tétragone*, brusquement apiculée, *à* 4 *loges et à* 4 *valves roulées en dedans* après la déhiscence. Fleur femelle sessile, composée d'un ovaire entouré d'une spathe. Capsule dure.

1. N. MAJOR *Roth. tent. 2, p.* 500; *Dec. fl. fr. 2, p.* 587; N. *marina a. Lin. sp.* 1441; *Lamk. ill. t.* 799, *fig.* 1; *Mich. gen. t.* 8, *fig.* 1-2. — Tiges cylindriques, rameuses, dichotomes, unies ou hérissées de pointes, fixées au fond de l'eau par des racines simples et rougeâtres. Feuilles linéaires-lancéolées, épaisses, translucides, ondulées-dentées, à dents raides, mucronées, munies à leur base d'une gaîne entière; les inférieures distantes, opposées, les supérieures ternées, rapprochées en touffe. Fleurs verdâtres, assez grandes. Capsule assez grosse, oblongue. Styles 3, terminaux, persistants. Plante d'un beau vert.

Hab. dans un bras du Rhône, à Tonnelle, près de Vallabrègues. ① Fl. juillet-septembre.

CXXV^e Fam. ZOSTÉRACÉES.

ZOSTERACEÆ, (Adr. de Juss., élém. bot., éd, 5, p. 432.)

Fleurs hermaphrodites, monoïques ou dioïques, disposées en cime, en corymbe ou alternativement, dans une spathe qui tient lieu de périgone. Fleurs mâles à 1-2-4 étamines, à filets rarement presque nuls; anthères à 1-2 lobes. Fleurs femelles à 1-2 carpelles libres, uniloculaires, monospermes; stigmate filiforme, étoilé ou pelté. Fruit capsulaire, bacciforme ou drupacé, bivalve, indéhiscent ou à déhiscence irrégulière, uniloculaire, monosperme. Graine à test membraneux; périsperme nul; embryon courbé.

1. Fleurs hermaphrodites, en cime rameuse ou réunies 2-9 sur un spadice à la fin allongé...... 2.
Fleurs monoïques ou dioïques, disposées sur deux rangs dans une spathe aplanie...... 3ᵉ gʳᵉ. ZOSTERA.

2. Tiges robustes, simples; feuilles radicales, rubanées; fruit bacciforme..... .... 1ᵉʳ gʳᵃ. POSIDONIA
Tiges filiformes, rameuses: feuilles linéaires, caulinaires; fruit carpellaire............ 2ᵉ gʳᵉ. RUPPIA.

1ᵉʳ gʳᵃ. POSIDONIE. — POSIDONIA. (Kœnig. ann. of. bot. 95, t. 6.)

Fleurs hermaphrodites. Spathe commune, foliacée, à 2 valves, renfermant 3-7 épis composés de 3-6 fleurs, portés par des spadices assez courts, munis à leur base d'une petite spathe à 2 valves. Périgone nul. Étamines 9, dont 6 *extérieures fertiles*, insérées sous l'ovaire, à filet *élargi*, acuminé; à anthères bilobées, fixées par la base, à déhiscence longitudinale; *les* 3 *intérieures stériles en forme d'écailles*. Capsule *bacciforme*, uniloculaire, monosperme. Stigmate globuleux-étoilé. Péricarpe *pulpeux*. Graine remplacée par un bourgeon nu, ovale-oblong, convexe d'un côté, sillonné de l'autre.

1. P CAULINI *Kœnig. l. c.; Gren. et Godr. fl. fr.* 3, *p.* 323; *Rchb. ic. Germ.* 7, *p.* 4, *t.* 5; *Caulinia oceanica Dec. fl. fr.* 3, *p.* 156; *Zostera oceanica Lin. mant.* 123; *Caul. diss. neap.* 1792, *ann. ust.* 6, *p.* 66, *t.* 4. — Souche très-longue, épaisse, articulée, écailleuse, radicante. Tige très-courte, garnie, au delà de sa longueur, de fibres roussâtres, épaisses, filiformes, reste des anciennes feuilles détruites. Feuilles d'un vert obscur, toutes radicales, opposées-distiques, étranglées un peu au-dessus de leur insertion, droites, très-longues, obtuses, rubanées, larges de 4-8 millim., du centre desquelle s'élève une hampe assez épaisse, de 1-2 décim., terminée par les fleurs disposées en cime dichotome.

Vulgairement *algue marine*; les feuilles sèches servent à emballer les vitres et les objets fragiles; ses fibres, feutrées ensemble par l'action des vagues forment, une boule nommée *œgagropile marine*, qui a beaucoup de rapport avec celle que l'on trouve souvent dans l'estomac des vaches.

Hab. les bords de la mer, à Aigues-Mortes. ♃ Fl. avril-mai.

2ᵉ gʳᵉ. RUPPIE. — RUPPIA. (Lin. gen. 175.)

Fleurs *hermaphrodites*, disposées sur 2 rangs, sur un spadice solitaire, axillaire, caché dans une gaîne d'où il sort, s'allonge et se roule en spirale après la fécondation. Périgone *nul*. Etamines 2 ; à anthères assez grosses, *bilobées*, presque sessiles, à lobes écartés à la base, à déhiscence longitudinale. Fruit composé ordinairement *de 4 carpelles distincts, assez longuement pédicellés*, disposés en deux séries superposées et séparées par un mérithale plus court que les pédicelles. Stigmates sessiles, peltés et ombiliqués.

1. **R. MARITIMA** *Lin. sp.* 184; *Dec. fl. fr.* 3, *p.* 183; *Mut. fl. fr. t.* 63, *fig.* 466; *Rchb. ic. germ.* 7, *t.* 17. — Tiges filiformes, rameuses, plus ou moins allongées, fixées au fond de l'eau par des fibres capillaires. Feuilles linéaires, très-étroites, presque capillaires, munies de stipules soudées à leur base et formant une gaîne assez courte, qui entoure les rameaux et la base des spadices. Anthères à 2 lobes *oblongs*. Carpelles *ovoïdes* obliques-dressés, couronnés par les stigmates persistants. Plante submergée, nageante.

Hab. les étangs et les roubines d'eau salée, aux environs d'Aigues-Mortes et dans tout le littoral. ♃ Fl. mai-septembre.

3ᵉ gʳᵉ. ZOSTÈRE. — ZOSTERA. (Lin. gen. 1002.)

Fleurs monoïques, *disposées longitudinalement sur 2 rangs, sur un spadice aplani sortant de la base des feuilles, ouvertes en long*, et faisant l'office de spathe. Périgone nul. Fleur *mâle:* anthère solitaire, presque sessile, *unilobée*, à déhiscence longitudinale. Fleur *femelle:* ovaire 1, uniloculaire, monosperme. Style simple; stigmates, 2. Fruit (*utricule*) à déhiscence irrégulière par un déchirement. Graine à test papyracé.

1. **Z. MARINA** *Lin. sp.* 1374; *Dec. fl. fr.* 3, *p.* 154; *Lamk. ill. t.* 737; *Phucagrostis minor Caul. ann. ust.* 10, *p.* 44, *t.* 2. — Souche rampante, noueuse d'espace en espace, fixée sur la vase par des radicules filiformes, simples, partant de chaque nœud. Tiges et rameaux comprimés, un peu allongés. Feuilles d'un vert foncé, très-longues, *obtuses*, rubanées, engaînantes à leur base, larges de 2-4 milim., à 3-5 nervures; celles qui portent le spadice sont *atténuées jusqu'à leur insertion*, puis, au-dessus de la spathe, prolongées en véritable feuille. Spadice assez large, li-

néaire-oblong-obtus, *replié en dessus par les bords*, portant sur sa face antérieure les anthères et les ovaires, disposés de manière à ce que 2 anthères alternent avec un ovaire pendant, pyriforme. Stigmates 2, filiformes, divergents, plus longs que le style. Graine blanchâtre, oblongue-subcylindrique, *à stries longitudinales*.

Var. B, *Angustifolia Horn.* Tiges plus grêles, à feuilles beaucoup plus étroites et moins longues que dans le type. *Z. angustifolia Rchb. ic. germ.* 7, *p.* 3, *t.* 3.

Hab. les eaux de la mer, à Aigues-Mortes ; la var. B, dans les eaux du Vistre, au pont Rouge, près le Caylar. ♃ Fl. juin-juillet.

CXXVIᵉ Fam. **LEMNACÉES.**

Lemnaceæ. (Dub. bot. 1, p. 533.)

Fleurs monoïques, rarement dioïques. 2 fleurs mâles, composées chacune d'une étamine, et une fleur femelle à un ovaire ; réunies dans une spathe monophylle, comprimée, mince, membraneuse, d'abord fermée, puis se déchirant irrégulièrement au sommet, à la floraison, en 2 portions disparaissant à la maturité. Périgone nul. Fleurs *mâles :* 1-2 étamines saillantes, insérées au-dessous de l'ovaire ; anthères bilobées, à lobes globuleux, distincts, à déhiscence transversale ou latérale. Fleur *femelle :* ovaire solitaire, libre, à 1 loge, à 1-7 ovules insérés au fond, dressés ou plus ou moins réfléchis ; style court ; stigmate obtus-concave, papilleux. Fruit uniloculaire, indéhiscent ou à déhiscence transversale, à péricarpe membraneux-hyalin, à 1-7 graines munies de côtes ; périsperme nul ; embryon droit. Très-petites plantes herbacées, nageant à la surface des eaux paisibles. Tiges dilatées en forme de feuilles (frondes), articulées comme si plusieurs feuilles inégales sortaient latéralement l'une de l'autre, lenticulaires ou oblongues, munies à la face inférieure, quelquefois spongieuse, de fibres radiculaires simples, pendantes, munies à leur extrémité d'une gaine persistante en forme de coiffe renversée. Fleurs sortant d'un des côtés des frondes.

LENTICULE. LEMNA. (Lin. gen. 1038.)

Caractères de la famille.

1. { Frondes minces, oblongues-lancéolées, pointues.... TRISULCA.
{ Frondes épaisses, ovales ou arrondies............. 2.

2. { Frondes munies chacune d'une seule fibre radicale. 3.
{ Frondes munies chacune de plusieurs fibres radicales, fasciculées .... POLYRHIZA.

3. { Frondes spongieuses en dessous................ GIBBA.
{ Frondes non spongieuses en dessous............. MINOR.

1. **L. TRISULCA** *Lin. sp.* 1376; *Dec. fl. fr.* 2, *p.* 588; *Lamk. ill. t.* 747, *fig.* 2; *Mich. gen. t.* 11, *fig.* 5. — Fibre radicale, *solitaire*. Frondes d'un vert clair, *minces, translucides, lancéolées-pointues,* nombreuses, denticulées supérieurement, à une nervure longitudinale, atténuées en un pétiole allongé en vieillissant, réunies 3 ensemble et disposées en croix ou en groupes dichotomes; la fronde ancienne reste sessile à l'insertion des pétioles des 2 frondes latérales, s'allongeant en se développant. Ovaire monosperme. Fruit indéhiscent. Plante submergée, puis nageante à la floraison.

Hab. les eaux du Vistre; à la Tour Charbonnière, près d'Aigues-Mortes. ① Fl. avril-mai.

2. **L. MINOR** *Lin. sp.* 1376; *Dec. fl. fr.* 2, *p.* 589; *Lamk. ill. t.* 747, *fig.* 4; *Mich. gen. t.* 11, *fig.* 3; *Vaill. bot. t.* 20, *fig.* 3. — Fibre radicale, *solitaire*. Frondes très-petites, vertes, *épaisses,* entières, planes sur les 2 faces, *obovales* ou *arrondies, sessiles,* réunies 3-4, dont 2 plus petites. Ovaire monosperme. Fruit indéhiscent. Plante nageante.

Hab. les fossés et les eaux tranquilles, dans tout le département. ① Fl. avril-juin.

3. **L. GIBBA** *Lin. sp.* 1377; *Dec. fl. fr.* 2, *p.* 589; *Lamk. ill.* 747, *fig.* 3; *Mich. gen. t.* 11, *fig.* 1-2. — Fibre radicale, *solitaire,* très-longue. Frondes vertes, rougeâtres en dessous dans un âge avancé, épaisses, entières, sessiles, obovales ou arrondies, un peu cunéiformes inférieurement, *renflées, spongieuses en dessous,* réunies 2-3, puis se détachant de bonne heure. Fruit à déhiscence transversale, contenant 2-7 graines. Plante nageante.

Hab. les fossés et les eaux tranquilles, dans tout le département. ① Fl avril-juin.

4. **L. POLYRHIZA** *Lin. sp.* 1377; *Dec. fl. fr.* 2, *p.* 590; *Lamk. ill. t.* 747, *fig.* 1; *Mich. gen. t.* 11, *fig.* 1; *Vaill. bot. t.* 20, *fig.* 2. — Fibres radicales, *nombreuses, fasciculées.* Frondes plus grandes que dans les autres espèces, vertes en dessus, *rougeâtres en dessous,* obovales ou arrondies, légèrement atténuées en coin à la base, sessiles, planes en dessus, un peu convexes et non spongieuses en dessous, *munies de nervures rayonnantes,* convergentes au sommet, réunies 3-4. Fruit à déhiscence transversale, contenant 2-7 graines. Plante nageante.

Hab. les eaux du Vistre, à la Tour Charbonnière, près d'Aigues-Mortes. ① Fl. mai-juin

Toutes les espèces de ce genre portent les noms vulgaires de *lentilles d'eau, lentilles de marais*.

CXXVII^e Fam. AROÏDÉES.

AROÏDEÆ. (Juss. gen. 23.)

Fleurs unisexuelles, monoïques, rarement hermaphrodites, sessiles autour d'un spadice charnu, recouvert par elles en totalité ou en partie, ordinairement enveloppé par une spathe simple en forme de cornet. Périgone nul. Fleurs mâles : étamines libres ou soudées entre elles, placées au-dessus du groupe des ovaires. Fleurs femelles : ovaires libres ou adhérents entre eux, uni-pluriloculaires, mono-polyspermes ; un style ou un stigmate sessile. Fruit bacciforme, succulent, monosperme ou polysperme. Graines arrondies ou anguleuses, à test coriace, souvent épais. Périsperme épais, farineux. Embryon droit ou renversé. Plantes herbacées, vivaces, à suc âcre, à tige ordinairement nulle, à feuilles sagittées ou cordées, à nervures ramifiées.

GOUET. — ARUM. (Lin. gen. 1028.)

Spathe membraneuse, ample, enroulée à la base, dilatée au milieu. Spadice portant à sa partie inférieure les ovaires, vers le milieu les étamines, puis les ovaires avortés ; la partie supérieure consistant en un prolongement claviforme, *dépourvu d'organes floraux*. Etamines disposées circulairement sur plusieurs rangs, ordinairement soudées 2 à 2, à filets courts, à anthères sessiles, bilobées, à déhiscence longitudinale ou transversale. Style nul. Stigmate sessile, déprimé-hémisphérique. Fruits bacciformes, succulents, uniloculaires, monospermes ou polyspermes, disposés circulairement sur plusieurs rangs. Graines subglobuleuses.

1. { Oreillettes des feuilles dirigées en bas ; spadice à partie supérieure rougeâtre...................... **MACULATUM.**
{ Oreillettes des feuilles divariquées ; spadice à partie supérieure jaunâtre........................... **ITALICUM.**

1. **A. MACULATUM** *Lin. sp.* 1370 ; *A. vulgare Dec. fl. fr.* 3, *p.* 152 ; *Fuchs. hist.* 69, *ic.* ; *Lob. obs.* 325, *fig. dext. et ic.* 597, *fig.* 2 ; *Moris. hist. s.* 13, *t.* 5, *fig.* 1 *infer.* — Souche assez grosse, blanche, tubériforme, garnie de fibres. Pédoncule radical, de 2-3 décim., nu, cylindrique, plus court que les feuilles, les égalant ou les dépassant. Feuilles *toutes* radicales, luisantes, d'un vert plus ou moins foncé, souvent parsemées de taches noires ou grises, hastées-sagittées, obtuses ou aiguës, à oreillettes obtuses ou aiguës, ordinairement dirigées *en bas*, quelquefois

un peu divariquées. Pétioles longs , dilatés en gaîne à la base.
Spadice droit, terminé en massue *violette* au sommet, *plus court
que la spathe, muni au-dessus des étamines de quelques rangées
d'appendices filamenteux.* Spathe d'un jaune verdâtre, ordinairement colorée en violet sur les bords et largement au sommet,
étranglée au-dessus du renflement de la base, puis ouverte en
cornet dilaté au milieu et terminé en pointe. Baies rouges à la
maturité, disposées en épi court et serré. Feuilles paraissant *au
printemps.* Spathe et la partie supérieure du spadice caduques à
la maturité.

Vulgairement, *pied de veau;* en patois, *figuieiroun.* Toute la plante est
vénéneuse; la racine est purgative et son suc caustique ; on se sert des
feuilles pour entretenir les vésicatoires.

Hab. les bois et les buissons, dans toute la partie élevée du département.
♃ Fl. avril-mai; fr. août.

2. A. ITALICUM *Mill. dict. N° 2 ; Dec. fl. fr. 3 , p.* 152 ;
Sabbati, hort. rom. 2 , t. 75. — Souche grosse, tubériforme,
garnie de fibres. Pédoncule radical, épais, de 10-15 centim., nu,
cylindrique, plus court que la spathe et que les feuilles ; celles-ci
toutes radicales, luisantes, d'un vert plus ou moins foncé, *souvent veinées de blanc*, quelquefois tachées de noir, plus grandes
que celles de l'espèce précédente, hastées-sagittées, obtuses ou
aiguës, à oreillettes larges, *divergentes.* Pétiole long , dilaté en
gaîne à la base. Spadice droit, terminé en massue *jaunâtre, plus
court que la moitié de la spathe , muni , au-dessus et au-dessous
des étamines , de quelques rangées d'appendices filamenteux.*
Spathe ample, verdâtre ou jaunâtre, étranglée au-dessus du renflement de la base, puis très-ouverte en cornet acuminé, *s'étalant* dans sa vieillesse. Baies d'un beau rouge à la maturité, disposées en épi oblong , serré. Feuilles paraissant *à l'automne.*
Spathe et la partie supérieure du spadice caduques à la maturité.

Mêmes noms vulgaires et mêmes vertus que la précédente.

Hab. les bois et les lieux incultes, les bords des champs et des fossés
dans toute la partie basse du département. Fl. avril-mai; fr. septembre-
octobre.

Malgré nos recherches, nous n'avons pas trouvé dans le département
l'*Arum dracunculus Lin.*, remarquable par sa tige de 8-10 décim., par
ses feuilles digitées-élargies en gaîne à la base, tachée comme le ventre d'un
serpent; par sa spathe très-grande, exhalant au soleil, et lorsqu'elle est
ouverte, une odeur très-fétide.

CXXVIIIe Fᴀᴍ. **TYPHACÉES.**
Tʏᴘʜᴀᴄᴇᴀᴇ. (Juss. gen. 25.)

Fleurs monoïques „ disposées en épi cylindrique ou en têtes
globuleuses; la partie supérieure de l'inflorescence mâle, et l'in-

férieure femelle. Fleurs mâles insérées autour de la partie supérieure de l'axe, entremêlées de soie ou d'écailles sans ordre.
Périgone nul. Etamines nombreuses, à filets libres ou soudés 2-4
ensemble, simples ou à 2-3 pointes au sommet. Anthères bilobées,
attachées par la base, à déhiscence longitudinale. Fleurs femelles à périgone remplacé par des soies très-nombreuses et claviformes dans les *typha*, ou par 3 écailles placées au-dessous de
l'ovaire dans les *sparganium*. Ovaire ordinairement libre, sessile
ou pédicellé. Style 1. Stigmate unilatéral, allongé. Fruit sec ou
farineux, uniloculaire, monosperme, terminé par le style persistant, à épicarpe se fendant d'un côté à la maturité; endocarpe
coriace, indéhiscent, adhérent à la graine suspendue. Périsperme
épais, charnu. Embryon droit.

1. | Fleurs en épi cylindrique ou ovoïde...... . 1er gre. **TYPHA**.
   | Fleurs en têtes globuleuses............. 2e gre. **SPARGANIUM**.

1er gre. **MASSETTE**. — **TYPHA**. (Lin. gen. 1040.)

Fleurs en chatons compactes, cylindriques, superposés, distants ou contigus, le supérieur mâle, l'inférieur femelle, munis
chacun d'une ou plusieurs bractées caduques. Style *allongé*,
capillaire. Fruit très-petit, à pédicelle *long, capillaire, muni de
longues soies* dilatées au sommet. Epicarpe se détachant de l'endocarpe à la maturité par une fente longitudinale.

1. { Tige florifère dépourvue de feuilles, mais munie
à la base de larges gaînes plus courtes que la
tige............................... **MINIMA**.
Tige florifère munie de feuilles plus longues
qu'elle............................... 2.

2. { Épi mâle et épi femelle contigus ou peu distants; feuilles planes; épi femelle épais, roux-
brun............................... **LATIFOLIA**.
Épi mâle et épi femelle espacés: feuilles convexes en dehors; épi femelle grêle, roux-
fauve............................... **ANGUSTIFOLIA**.

1. **T. LATIFOLIA** *Lin. sp.* 1377; *Dec. fl. fr. 3, p.* 148, *et
T media* 5, *p.* 302; *T. latifolia et angustifolia Lois. fl. gall.* 2,
p. 313; *Lamk. ill. t.* 748, *fig.* 1; *Fl. dan. t.* 645; *Tabern. ic.*
246, *fig.* 1. — Souche stolonifère. Tige de 1-2 mètres, droite,
raide, robuste, cylindrique, moelleuse. Feuilles largement et
très-longuement linéaires, dépassant la tige, atténuées et obtuses
au sommet, planes, striées-glaucescentes, spongieuses intérieurement, munies à leur base d'une gaîne longue, scarieuse sur les
bords, à oreillettes tronquées ou saillantes. Epi mâle et épi femelle cylindriques, contigus ou peu distants. Spathe membraneuse, blanchâtre, caduque. Fleurs mâles caduques, laissant
l'axe à nu pendant la maturation. Epi femelle très-serré, d'un
roux brun, épais, cylindrique, ordinairement très-long, *à axe*

dépourvu de poils. Stigmate *ovale ou lancéolé*. Fruit très-petit, ovale, oblong, atténué en pédicelle et surmonté d'une aigrette pédicellée.

Vulgairement, *masse d'eau, chandelle, quenouille, rame de jonc ;* en patois, *fusada, sagna.* Le duvet des fleurs femelles remplace le coton pour les brûlures ; l'infusion des racines est astringente : les jeunes tiges et les jeunes racines peuvent se confire au vinaigre et se manger en salade. On peut retirer de l'eau-de-vie des racines ; le duvet peut se feutrer et servir à la fabrication des chapeaux. Les tonneliers emploient les bases des feuilles et les interposent entre les douves pour mieux clore les tonneaux.

Hab. les contre-canaux, les fossés et les roubines, les étangs, dans tout le départemént. ♃ Fl. juin-août.

2. **T. ANGUSTIFOLIA** *Lin. sp.* 1377 ; *Dec. fl. fr.* 3, *p.* 748 ; *T. minor. Lois. fl. gall.* 2, *p.* 313 ; *Lamk. ill. t.* 748, *fig.* 2 ; *fl. Dan. t.* 815 ; *Moris. hist. s.* 8, *t.* 13, *fig.* 2, *infer.* — Cette espèce diffère de la précédente : par sa tige beaucoup moins robuste ; par ses feuilles plus étroites, un peu convexes à la face externe et un peu concaves à la face interne ; par ses épis plus étroits et plus distants ; par son épi femelle d'un roux fauve, *à axe muni de poils blancs colorés et épaissis au sommet ;* par le stigmate *filiforme.*

Mêmes noms vulgaires, mêmes vertus et même utilité que la précédente.

Hab. le canal et les contre-canaux, les fossés et les roubines à Nîmes, à Saint-Gilles, à Beaucaire. ♃ Fl. juin-août.

3. **T. MINIMA** *Hopp. cent.* 3 ; *Dec. fl. fr.* 3, *p.* 148 (*excl. syn.*) ; *Lob. ic.* 82, *fig.* 2 *et adv.* 41, *ic* ; *Moris. hist. s,* 8, *t.* 13, *fig.* 3, *infer.* — Souche stolonifère, produisant séparément des faisceaux de feuilles linéaires, très-étroites, canaliculées, atténuées vers le sommet en pointe obtuse, plus longues que la tige ou de sa longueur, et des tiges florifères de 3-6 décim., grêles, droites, raides, cylindriques, striées, un peu glauques, dépourvues de feuilles, mais munies inférieurement *de gaînes inégales, larges, embrassantes, quelquefois terminées par un rudiment de feuille bien plus court que la tige.* Epi mâle et épi femelle contigus ou peu distants, munis chacun à sa base d'une spathe membraneuse, blanchâtre, souvent plus longue que lui. Epi mâle cylindrique, à fleurs caduques, laissant l'axe nu et dépourvu de poils pendant la maturation. Epi femelle roux-brun, cylindrique dans sa jeunesse, puis oblong ou presque sphérique ; *axe garni de poils* fins, soyeux. Stigmate *linéaire, un peu épaissi au sommet.* Fruit très-petit, fusiforme, *longuement atténué* vers la base.

Hab. les bords sablonneux du Rhône, à Beaucaire, à Vallabrègues, au grau des Saintes-Maries. ♃ Fl. mai-juillet.

2ᵉ gʳᵉ. RUBANIER. — SPARGANIUM. (Lin. gen. 1041.)

Fleurs en capitules globuleux, unisexuels ; les mâles occupant la partie supérieure de l'inflorescence, et les femelles la partie inférieure, disposées en grappe simple ou rameuse. Capitules mâles dépourvus ou munis de très-petites bractées. Capitules femelles munis, la plupart, *de feuilles florales persistantes*. Etamines *libres*, très-nombreuses, à filets très-courts, mêlés avec des écailles nombreuses, élargies, entières ou bifides. Style court. Stigmate allongé. Fruits secs, *sessiles*, assez gros, anguleux, atténués vers la base, *où ils sont entourés chacun de 3-4 écailles*, terminés en bec raide, assez long, réunis en globule tuberculeux ; épicarpe épais, spongieux ; endocarpe osseux , cannelé, percé au sommet. Plantes aquatiques.

1. { Capitules disposés en panicules..................... **RAMOSUM.**
   { Capitules disposés en grappe simple..... .... **SIMPLEX.**

1. S. RAMOSUM *Huds. fl. angl.* 401 ; *Dec. fl. fr.* 3, *p.* 149 ; *Lob. ic.* 80, *fig.* 1, *et obs.* 41, *fig. infer. sinist.; Mat. comm. (valgr.)* 990, *ic.; Moris hist. s.* 8, *t.* 13, *fig.* 1 ; *C. Bauh. theatr. bot. p.* 227, *ic.* — Souche stolonifère. Tige de 8-10 décim., robuste , dressée, cylindrique, *rameuse au sommet*. Feuilles coriaces, longuement linéaires, larges de 15-20 millim , atténuées vers le sommet, obtus ; *triquètres à la base,* planes sur la face interne, munies d'une carène tranchante à la face externe, *concaves* sur les 2 faces latérales. Feuilles inférieures, plus longues que la tige. Capitules ordinairement sessiles, disposés en épis, formant ensemble une panicule rameuse, feuillée ; les capitules mâles petits, caducs à la maturité ; les femelles de la grosseur d'une petite noix. Fruits fauves, entourés d'écailles linéaires, *dilatées-arrondies et entières au sommet*, dépassant le milieu de leur longueur, terminés brusquement par une pointe raide, environ de la longueur de la moitié de leur étendue. Fleurs verdâtres.

Vulgairement, *choux de Dieu ;* en patois, *sagna.* Les feuilles sont astringentes, les racines sudorifiques, inusitées.

Hab. les fossés, les roubines, les étangs, dans tout le département. ♃ Fl. juin-août.

2. S. SIMPLEX *Huds. fl. angl.* 401 ; *Dec. fl. fr.* 3, *p.* 149 ; *Lob. ic.* 80, *fig.* 2 *et obs.* 41, *fig. infer. dextr.; Dalech. hist. ed. fr.* 1, *p.* 888, *ic.; C. Bauh. theatr.* 231 , *ic.; Moris. hist. s.* 8, *t.* 13, *fig.* 3 ; *Tabern. ic.* 247, *fig.* 1. — Souche stolonifère. Tige de 2-5 décim., dressée, simple. Feuilles linéaires, allongées, dépassant la tige, atténuées en pointe vers le sommet, obtus ou aigu ; triquètres à la base , *planes* sur les 2 faces latérales. Capitules disposés en épi *simple*, terminal, nu dans la partie supérieure, occupée par les capitule mâles, caducs, à la maturité; la partie inférieure munie de feuilles, à l'aisselle desquelles sont situés les capitules femelles, dont les inférieurs sont ordinairement pédonculés. Fruits fauves, unis, sans angles, *fusiformes*, *brièvement stipités*, entourés d'écailles oblongues-lancéolées, *un peu dilatées et dentées au sommet*, terminés par une pointe grêle, subulée, plus longue que la moitié de leur étendue. Fleurs jaunâtres. Cette plante devient flottante dans les eaux courrantes et prend des dimensions allongées.

Hab. les eaux du Vistre, au Cailar. ♃ Fl. juin–août.

CXXIXᵉ Fam. **JONCÉES.**

JUNCEÆ, (Dec. fl. fr. 3, p. 155.)

Fleurs hermaphrodites, régulières, rarement unisexuelles. Périgone à 6 divisions sur 2 rangs, persistantes, libres, égales, scarieuses ou herbacées. Etamines 6, rarement 3, ordinairement insérées à la base des divisions du périgone, auxquelles elles sont opposées; filets libres, subulés, dressés; anthères bilobées, à déhiscence longitudinale. Ovaire libre, sessile. Style 1. Stigmates 3, filiformes, poilus. Capsule à 3 loges polyspermes ou à 1 loge trisperme, à déhiscence correspondant aux valves ou aux cloisons. Graines nombreuses, fixées aux bords internes des cloisons, ou au nombre de 3, alors fixées à la base des valves dépourvues de cloisons. Embryon cylindracé, placé à la base d'un périsperme charnu. Plantes herbacées, à feuilles engaînantes, à fleurs en panicule ou en corymbe, rarement en épi, munies de bractées.

1. { Capsule à 3 loges polyspermes; feuilles glabres, cylindriques ou canaliculées, quelquefois réduites à des écailles........................ 1ᵉʳ gʳᵉ. JUNCUS.
Capsule à 1 loge à 3 graines; feuilles souvent poilues, planes............................. 2° gʳᵉ. LUZULA.

1ᵉʳ gʳᵉ. JONC. — JUNCUS. (Lin. gen. 437, en partie.)

Capsule à 3 *valves* à 3 *loges polyspermes*, chaque valve portant *une cloison au milieu*. Graines à test appliqué sur l'amande, rarement prolongé en appendice aux extrémités. Feuilles cylindriques ou un peu comprimées, souvent fistuleuses, renflées en forme de nœuds de distance en distance, quelquefois nulles et remplacées par des écailles engaînantes à la base de la tige. Fleurs en cimes ou en corymbes terminaux ou latéraux en apparence.

1. { Tiges nues ou garnies, seulement à la base, de feuilles ou de gaînes.................... 2.
Tiges garnies de feuilles.................... 14.

2. { Inflorescence terminale...................... 3.
{ Inflorescence d'apparence latérale.......... 6.

3. { Fleurs rapprochées en glomérules geminés
{ ou ternés............................... 4.
{ Fleurs en panicule lâche................ SQUARROSUS.

4. { Glomérules longuement depassés par trois
{ bractées foliacées ou par une seule....... 5.
{ Glomérules munis à leur base de bractéoles
{ scarieuses plus courtes qu'eux........... PYGMÆUS.

5. { Bractées foliacées, presque égales, dépassant
{ le glomérule; plante raide, de 1-2 décim... TRIFIDUS
{ Bractées foliacées, inégales, dont une seule
{ dépasse le glomérule; plante grêle, de 3-10
{ centim........................... CAPITATUS.

6. { Souche produisant des tiges fertiles et des
{ tiges stériles simulant des feuilles......... 7.
{ Souche ne produisant pas des tiges stériles,
{ mais des fascicules de feuilles........... TRIFIDUS.

7. { Tiges et feuilles raides terminées en pointe
{ vulnérante............................ 8.
{ Tiges et feuilles simples terminées en pointe
{ non vulnérantes. .... 9.

8. { Capsule subglobuleuse, aiguë, deux fois plus
{ longue que le périgone.................. ACUTUS.
{ Capsule elliptique, mucronée, ne dépassant
{ pas le périgone. .... MARITIMUS.

9. { Tiges de 1-2 décim., filiformes............ FILIFORMIS.
{ Tiges de 5-6 décim., non filiformes........ 10.

10. { Tiges glauques, profondément striée; moelle
{ interrompue........................... 11.
{ Tiges vertes, finement striées; moelle con-
{ tinue................................ 12.

11 { Fleurs en cime noirâtre, assez lâche; cap-
{ sule noire............................ GLAUCUS.
{ Fleurs en cime rousse ou blanchâtre, très-
{ lâche; capsule pâle ou brunâtre.......... PANICULATUS.

12. { Cime très-compacte; capsule surmontée d'un
{ mamelon portant le style................ CONGLOMERATUS.
{ Cime lâche; capsule obtuse ou déprimée au
{ sommet, d'où sort le style.............. 13.

13. { Étamines 3; capsule déprimée........... EFFUSUS.
{ Étamines 6; capsule obtuse............: DIFFUSUS.

14. { Feuilles à nœuds plus ou moins saillants.... 15.
{ Feuilles dépourvues de nœuds............ 21.

15. { Feuilles légèrement noueuses; étamines 3... SUPINUS.
{ Feuilles très-sensiblement noueuses; éta-
{ mines 6............................. 16.

16. { Périgone à divisions obtuses; capsule de la
{ longueur du périgone.................. OBTUSIFLORUS.
{ Périgone à divisions aiguës, au moins les ex-
{ térieures; capsule dépassant plus ou moins
{ le périgone........................... 17.

<table>
<tr><td rowspan="2">17.</td><td>Divisions du périgone toutes aiguës........</td><td>18.</td></tr>
<tr><td>Divisions extérieures du périgone aiguës ; les intérieures obtuses ou mucronulées.......</td><td>19.</td></tr>
<tr><td rowspan="2">18.</td><td>Divisions intérieures du périgone plus longues que les extérieures ; capsule à bec allongé, beaucoup plus longue que le périgone.</td><td>SYLVATICUS.</td></tr>
<tr><td>Divisions du périgone à peu près égales ; capsule à bec peu allongé, plus longue que le périgone.....................</td><td>LAGENARIUS</td></tr>
<tr><td rowspan="2">19</td><td>Divisions extérieures du périgone mucronées au sommet ; capsule ovoïde-trigone,......</td><td>20.</td></tr>
<tr><td>Divisions extérieures du périgone mucronées au-dessous de leur sommet; capsule ovoïde-oblongue. ....</td><td>ALPINUS.</td></tr>
<tr><td rowspan="2">20.</td><td>Capsules très-brillantes, brusquement mucronées ; tige ascendante...............</td><td>LAMPROCARPUS.</td></tr>
<tr><td>Capsules un peu luisantes, atténuées en pointe ; tige dressée...................</td><td>ANCEPS.</td></tr>
<tr><td rowspan="2">21.</td><td>Divisions du périgone très-obtuses........</td><td>22.</td></tr>
<tr><td>Divisions du périgone acuminées ou aiguës..</td><td>23.</td></tr>
<tr><td rowspan="2">22.</td><td>Cime un peu serrée ; capsule dépassant peu le périgone ; plante des lieux salants........</td><td>GERARDI.</td></tr>
<tr><td>Cime lâche ; capsule deux fois de la longueur du périgone ; plante des lieux non salants.</td><td>COMPRESSUS.</td></tr>
<tr><td rowspan="2">23.</td><td>Feuilles subcylindriques, fistuleuses ; tige de 8-10 décim. ; souche traçante............</td><td>MULTIFLORUS.</td></tr>
<tr><td>Feuilles canaliculées non fistuleuses ; tiges de 1-2 décim. ; racines fibreuses............</td><td>24.</td></tr>
<tr><td rowspan="2">24.</td><td>Feuilles à gaîne auriculée; capsule globuleuse, environ de la longueur du périgone.......</td><td>TENAGEIA.</td></tr>
<tr><td>Feuilles à gaîne non auriculée; capsule oblongue, de moitié plus courte que le périgone.</td><td>BUFONIUS.</td></tr>
</table>

1. **J. CONGLOMERATUS** *Lin. sp.* 464; *Dec. fl. fr.* 3, *p.* 163; *Lamk., ill. t.* 250, *fig.* 1; *J. Bauh. hist.* 2, *p.* 520, *fig. super. dextr.; Math. comm. (ed valg.)* 1036, *ic.* — Rhizomes traçants. Souche produisant des tiges nombreuses, fertiles et stériles, rapprochées en touffe, hautes de 5-8 décim., droites, vertes, cylindriques, cassantes, assez raides, *finement striées*, garnies intérieurement d'une moelle non interrompue, munies à leur base d'écailles engaînantes, *roussâtres, non luisantes*. Feuilles nulles. Fleurs à 3 étamines, agglomérées en cime compacte, brunâtre, paraissant latérale à cause de la bractée allongée-subulée qui la dépasse beaucoup et qui paraît le prolongement de la tige. Périgone à divisions étroites, aiguës. Capsule *obovale, déprimée au sommet, plus courte que le périgone, terminée par un mamelon où la base du style, presque nul, est insérée.*

Hab. les bords des fossés, les bois humides, dans toute la partie élevée du département. ♃ Fl. juin-juillet.

2. **J. EFFUSUS** *Lin. sp.* 464; *Dec. fl. fr.* 3, *p.* 163; *Leers, herb.*

t. 13, *fig*. 2 ; *Lob. ic.* 84, *fig.* 2, *et obs.* 43, *fig.* 2. — Cette espèce ne diffère de la précédente que par ses fleurs verdâtres, *en cime lâche*, et sa capsule *dépourvue de mamelon*, portant le style inséré au centre de sa dépression.

Hab. les mêmes lieux. ♃ Fl. juin–juillet.

3. **J. DIFFFUSUS** *Hoppe, Dec. gram. n° 155 ; Gren. et God. fl. fr. 3, p.* 339. — Rhizomes traçants. Tiges de 5-6 décim., *vertes*, jamais glauques, *très-finement striées*, garnies intérieurement d'une moelle non interrompue, munies à leur base d'écailles engaînantes, *luisantes, d'un rouge brundtre*. Feuilles nulles. Fleurs à 6 étamines, disposées en cime brunâtre, dressée, lâche, diffuse, très-longuement dépassée par la bractée qui prend naissance à sa base et qui paraît le prolongement de la tige. Périgone à divisions étroites, subulées. Capsule rousse ou brune, obovale-obtuse, surmontée par le style persistant, un peu plus courte que le périgone.

Hab. les lieux humides, fangeux, à Aulas, près du Vigan (Diomède). ♃ Fl. juin–septembre.

4. **J. GLAUCUS** *Ehrh. beitr.* 6, *p.* 83, *Dec. fl. fr.* 5, *p.* 307; J. *inflexus Leers, herb.* 88, *t.* 13, *fig.* 3; *Dec. fl. fr.* 3, *p.* 164; *Barr. ic. t.* 204; *Moris. hist. s.* 8, *t.* 10, *n°* 13; *Host, gram.* 3, *t.* 81; *Lob. ic.* 85, *fig.* 1. — Rhizomes traçants. Souche produisant des tiges nombreuses, fertiles et stériles, rapprochées en touffe, hautes de 5-6 décim., droites, d'une épaisseur médiocre, *glauques*, cylindriques, *profondément et largement striées*, tenaces, non cassantes, garnies intérieurement d'une moelle *interrompue, celluleuse,* munies à leur base d'écailles engaînantes, *d'un brun rougeâtre brillant*. Feuilles nulles. Fleurs à 6 étamines disposées en cîme noirâtre ou brunâtre, lâche ou compacte, à rameaux nombreux, diffus, très-longuement dépassée par la bractée qui prend naissance à sa base et qui paraît le prolongement de la tige. Périgone à divisions étroites, *subulées*, très-aiguës. Capsule brune ou noirâtre, luisante, *obovale-oblongue*, obtuse, mucronée, un peu plus courte ou un peu plus longue que le périgone.

Vulgairement, *jonc des jardiniers;* en patois, *jon dei froumagés.* On l'emploie pour lier les salades, etc., et pour faire écouler les fromages frais.

Hab. les bords des fossés et les lieux humides, dans tout le département. ♃ Fl. juin–août.

5. **J. PANICULATUS** *Hoppe, Dec. gram. n°* 156 ; *Gren. et God. fl. fr.* 3, *p.* 340. — Cette espèce a de très-grands rapports

avec la précédente; elle s'en distingue par ses tiges plus grêles;
par ses fleurs plus écartées; par sa panicule plus pâle, plus lâche,
à rameaux nombreux, plus allongés, souvent disposés en plusieurs cimes comme superposées.

Hab. les pacages voisins de la mer, à Aigues-Mortes. ♃ Fl. juin-août.
Je possède de cette espèce un seul échantillon, provenant de la localité
indiquée, communiqué par Delaveau.

6. J. FILIFORMIS *Lin sp.* 465 ; *Dec. fl. fr.* 3, *p.* 164; *Leers,*
herb. p. 89, *t.* 31, *fig.* 4 ; *Scheuchz. gram. t.* 7, *fig.* 11. — Rhizomes traçants. Tiges de 1-2 décim., vertes, filiformes, faibles,
finement striées, la plupart fertiles, ordinairement réunies en
fascicule, munies à leur base d'écailles engaînantes, roussâtres.
Feuilles nulles. Fleurs réunies en *petit nombre* en cime lâche, verdâtre, dépassée par la bractée qui prend naissance à sa base et qui
est aussi longue que la tige, ce qui fait paraître la panicule insérée
au milieu de la tige. Périgone à divisions *étroites*, *aiguës*, verdâtres. Capsule brunâtre, *subglobuleuse*, obtuse, brièvement
mucronée, presque plus longue que le périgone.

Hab. les prairies humides et tourbeuses de l'Espérou et de la Lozère,
commune de Concoule. ♃ Fl. juin-juillet.

7. J. ACUTUS *Var. v. Lin. sp.* 463 ; *Dec. fl. fr.* 3, *p.* 163 ;
C. Bauh. prodr. 21, *fig.* 2 ; *Moris. hist. s.* 8, *t.* 10, *fig.* 15. —
Souche à racine fibreuse, dépourvue de rhizomes, produisant des
tiges nombreuses, fertiles et stériles, disposées en touffe ordinairement très-fournie, hautes de 8-10 décim., robustes, raides,
lisses, cylindriques ou un peu comprimées. Feuilles peu nombreuses (1-2), radicales, engaînantes à la base, aussi longues que
les tiges, cylindriques ou un peu comprimées, de la même consistance, terminées comme les tiges stériles en pointe vulnérante. Fleurs disposées en cimes inégalement pédonculées,
très-fournies, munies à leur base de bractées coriaces, embrassantes à leur base, lancéolées, longuement acuminées, formant,
par leur réunion, une panicule dressée, plus ou moins compacte, munie à sa base de 2 bractées raides, inégales, terminées en pointe vulnérante, dilatées inférieurement en une gaîne
striée, embrassante; l'inférieure plus longue, égalant ou dépassant la panicule. Périgone à divisions extérieures lancéolées-
aiguës; les intérieures *ovales-obtuses*, scarieuses sur les bords et
au sommet, *une fois plus courtes que la capsule ;* celle-ci rousse,
luisante, ovale-oblongue-mucronée.

Hab. les lieux incultes et marécageux, à Bellegarde, Saint-Gilles, et tous
les pacages du littoral du département. ♃ Fl. mai-juin.

8. J. MARITIMUS *Lamk. dict.* 3, *p.* 264 ; *Dec. fl. fr.* 3, *p.* 162; *J. acutus, var. B. Lin. sp.* 463; *J. rigidus Desf. atl.* t, *p.* 312; *Moris. hist. s.* 8, *t.* 10, *fig.* 14. — Rhizomes traçants. Souche produisant des tiges fertiles et stériles de 8-10 décim., raides, cylindriques, presque lisses, moins grosses et d'un vert plus clair que celles de la précédente. Feuilles 1-2, radicales, cylindriques, presque aussi longues que la tige, à laquelle elles ressemblent beaucoup; terminées, ainsi que les tiges stériles, en pointes moins vulnérantes que dans le *J. acutus*, dilatées à la base en gaînes brunes, entourées avec les tiges par des écailles plus foncées. Fleurs en glomérules nombreux, disposés en cimes lâches, très-fournies, inégalement et longuement pédonculées, dressées, formant par leur ensemble une panicule ample, souvent interrompue, munie à sa base de 2 bractées raides, inégales, terminées en pointe piquante, dilatées inférieurement en une gaîne striée, embrassante; l'inférieure plus courte que la panicule ou la dépassant longuement. Périgone à divisions égales, *lancéolées*, les intérieures moins aiguës que les extérieures, verdâtres. Capsule rousse, petite, *oblongue-trigone*, mucronée, *environ de la longueur du périgone*.

Hab. les marais et les pacages, à Bellegarde, Saint-Gilles, et surtout le littoral du département. ♃ Fl. juin-octobre.

9. **J. TRIFUDUS** *Lin. sp.* 495; *Dec. fl. fr.* 3, *p.* 165; *Fl. dan.*, *t.* 107; *C. Bauh. prodr.* 22, *fig.* 2; *J. Bauh. hist.* 2, *p.* 522, *fig.* 1; *Lightf. fl. scot. t.* 9, *fig.* 1. — Rhizomes traçants. Souche ne produisant que des tiges et des fascicules de feuilles. Tiges de 1-3 décim., filiformes, striées, munies à la base d'écailles rousses, engaînantes, dont l'intérieure seulement se termine par un limbe filiforme, court ou mucroniforme. Fleurs brunes ou roussâtres, presque sessiles, solitaires ou réunies 2-3 en glomérule dressé, muni à la base de 3 *bractées foliacées, filiformes*, *dépassant très-longuement les fleurs*, dont une souvent subsessile à l'aisselle de la bractée inférieure, située ordinairement à 2-4 centim., plus bas que les autres : quelquefois une 4ᵐᵉ bractée plus fine et plus courte prend naissance à la base d'une des fleurs supérieures. Gaîne de la bractée inférieure munie de 2 oreillettes brunes, terminées par des poils blancs. Périgone à divisions égales, lancéolées-*acuminées*, brunes, luisantes, blanches, scarieuses supérieurement aux bords. Capsule ovale-trigone, acuminée, rousse, luisante. Tige paraissant *trifide* au sommet par la réunion des bractées.

Hab. les fentes des rochers, au sommet de l'Aigual, près de l'Espérou. ♃ Fl. juin-août.

10. **J. PYGMÆUS** *Thuill. fl. par.* 178; *Dec. fl. fr.* 3, *p.* 168;

Fl. dan. t. 1871 ; *Barr. ic. t.* 94. — Racine fibreuse. Tiges de 5-15 centim., dressées, lisses, filiformes, ordinairement réunies en touffe, souvent rougeâtres, munies ou dépourvues de feuilles. Feuilles linéaires, très-fines, canaliculées, légèrement noueuses, dilatées et engaînantes à leur base. Fleurs à 3 étamines, aggrégées en capitules axillaires sessiles et terminaux pédonculés, souvent prolifères, espacés, plus ou moins nombreux, quelquefois solitaires, munis à leur base de petites bractées scarieuses ; l'inférieur muni à sa base d'une feuille florale qui souvent dépasse le corymbe formé par la réunion des capitules. Périgone à divisions droites, *linéaires-acuminées*, striées, verdâtres, souvent rougeâtres, dépassant beaucoup la capsule ; celle-ci *oblongue-allongée*, trigone-aiguë.

Hab. les lieux où l'eau a séjourné, aux environs de Nîmes, de Manduel, à Broussan, à Jonquières. ① Fl. mai–septembre.

11. **J. capitatus** *Weigelt, obs.* 28 ; *J. ericetorum Dec. fl. fr.* 3, *p.* 164 ; *J. mutabilis Cav. ic.* 3, *t.* 296, *fig.* 2 ; *J. Bauh. hist.* 2, *p.* 523, *fig. sinist.* — Racine fibreuse. Tiges de 3-8 centim., dépourvues de feuilles, filiformes, anguleuses, ordinairement rapprochées en touffe, souvent rougeâtres, ainsi que les feuilles ; celles-ci *toutes radicales*, filiformes, canaliculées, unies, dépassant à peine le tiers de la tige. Fleurs à 3 étamines, aggrégées 3-8, en glomérules solitaires, terminaux, ou plus rarement en 2-3, rapprochés ou espacés, munis à leur base, au moins l'inférieur, d'une feuille florale qui les dépasse longuement, et de 2-3 bractées plus courtes, terminées en pointe herbacée. Périgone à divisions inégales ; les extérieures plus longues, *ovaleslancéolées, carénées, brusquement acuminées en pointe trèsacérée, recourbée en dehors*, dépassant beaucoup la capsule ; celle-ci ovale-subtrigone, presque globuleuse, un peu stipitée, brièvement mucronée, marquée de 3 sillons.

Hab. les lieux humides et sablonneux, au bois de Broussan, près de Nîmes ; les garrigues voisines, les environs de Dourbie, etc. ① Fl. mai–août.

12. **J. supinus** *Mœnch. enum. hass. p.* 296, *t.* 5 ; *Dec. fl. fr.* 3, *p.* 168 ; *J. uliginosus Mey. sin. p.* 29 ; *Lorey, Côte-d'Or, p.* 912, *t.* 6, *fig.* 1-2 ; *J. verticillatus Pers. sin.* 1, *p.* 384 ; *J. triandrus Vill. cat. Strasb. t.* 2, *fig.* 1 ; *Moris. hist. s.* 8, *t.* 9, *fig.* 10-11, N°s 3-4. — Rhizomes plus ou moins traçants. Souche *renflée*, cespiteuse. Tiges de 5 centim. à 4 décim., plus ou moins nombreuses, *renflées à la base*, gazonnantes, filiformes, droites, couchées-radicantes ou flottantes, garnies de feuilles courtes, filiformes, légèrement noueuses, canaliculées en dessus, arrondies en dessous, à gaînes membraneuses principalement sur les bords.

Fleurs verdâtres ou brunâtres, souvent prolifères, à 3 étamines, agglomérées en capitules plus ou moins fournis, *tantôt nus*, *tantôt entremêlés de petites feuilles*, sessiles et pédonculés, munis de petites bractées à leur base, dont l'inférieure est plus longue et foliacée, disposés en cime terminale irrégulièrement étalée. Périgone à divisions égales, plus ou moins étroitement lancéolées-aiguës ou obtuses, égales à la capsule ou un peu plus courtes qu'elle. Capsule brune ou verdâtre, oblongue-subcylindrique-trigone, tronquée, mucronée.

VAR. B, *repens Gren. et Godr. l. c.* Tiges couchées-radicantes. *J. uliginosus Lois Gall.* 1, *p.* 260.

VAR. C, *aquatilis Gren. et Godr. l. c.* Tiges allongées, flottantes, *J. fluitans Dec. fl. fr.* 3, *p.* 169; *Lorey, l. c. f.* 3.

Hab. les lieux humides, marécageux, les ruisseaux, à Peyremale, au Vigan, à l'Espérou, à Alzon, à Concoule. ♃ Fl. juin–septembre.

13. **J. LAMPROCARPUS** *Ehrh. calam. N°* 126; *Gren. et Godr. fl. fr.* 3, *p.* 345; *J. sylvaticus Dec. fl. fr.* 3, *p.* 169 (*en partie*); *J. articulatus; var. A. et B. Lin. sp.* 465; *Engl. bot. t.* 2143; *Moris. hist. s.* 8, *t.* 9, *fig. sup. dextr. N°* 2. — Rhizomes traçants. Tiges de 2–6 décim., plus ou moins nombreuses, *ascendantes ou couchées* circulairement, radicantes ou flottantes, garnies de feuilles fistuleuses, un peu comprimées, noueuses, finement striées, atténuées au sommet, dilatées en gaîne à la base. Fleurs à 6 étamines, réunies en glomérules ordinairement nombreux, plus ou moins fournis, bruns ou verdâtres, sessiles et pédonculés, disposés en cimes, formant ensemble un corymbe terminal. Bractées plus courtes que les glomérules; les inférieures souvent foliacées. Périgone à divisions *égales*, lancéolées: les extérieures aiguës, mucronées; les intérieures *obtuses*, scarieuses aux bords, *plus courtes que la capsule*; celle-ci ovale-trigone, à angles aigus, *brusquement* et brièvement *mucronée*, d'un brun noir ou roussâtre, *très-brillant*. Ce jonc porte souvent, au sommet des tiges ou près de la souche, des paquets de fleurs transformées en feuilles courtes imbriquées.

Hab. les pacages humides, à Saint-Gilles, Bellegarde, Pont-St.-Esprit, Peyremale, étang de Pujaut. ♃ Fl. juin–août.

14. **J. LAGENARIUS** *Gay, in Laharpe, mém. Soc. hist. nat.* 3, *p.* 130; *Gren. et Godr. fl. fr.* 3, *p.* 346; *J. repens in Guer. Vaucl. ed.* 2, *p.* 253; *Dec. fl. fr.* 5, *p.* 308. — Souche longuement stolonifère. Tiges de 3–8 décim., *longuement rampantes* dans les lieux très-humides, portant des rameaux naissant *en dehors de la base des feuilles*. Feuilles fistuleuses, noueuses, finement striées, atténuées vers le sommet, un peu comprimées,

ainsi que la tige, dilatées à la base en une gaîne lâche, souvent renflée; les feuilles inférieures souvent réduites à une gaîne simple ou terminée par une feuille rudimentaire. Fleurs brunâtres ou verdâtres, en glomérules assez fournis, sessiles et pédonculés, disposés en cimes inégalement pédonculées, formant par leur réunion un corymbe plus ou moins lâche, muni à sa base de plusieurs bractées, dont l'inférieure, la plus longue, atteint à peine le milieu du corymbe. Périgone à divisions *égales*, lancéolées-linéaires, *aiguës*, un peu striées, plus courtes que la capsule; celle-ci brune ou roussâtre, *ovoïde-lancéolée-trigone*, à angles aigus, *atténuée*, *mucronée*.

Hab. les fossés humides, à Manduel, à Pujaut, à Montfrain. ♃ Fl. juin-juillet.

15. **J. sylavticus** *Rchb. fl. mœno-franc. 2, p.* 181 (1778); *Dec. fl. fr. 3, p.* 169 (*en partie*); *J. acutiflorus Ehrh. beitr. 6, p.* 86; *Moris. hist. s. 8, t. 9, fig. 8, N*° 1; *Tabern. ic.* 223, *fig.* 1. — Rhizomes traçants. Tiges de 4-8 décim., *dressées*, garnies de feuilles un peu comprimées, fistuleuses, noueuses, très-longues, à nœuds espacés, presque lisses, longuement engaînantes à la base. Fleurs d'un brun clair, en glomérules de 4-12 fleurs, sessiles et pédicellés, disposés en cimes plus ou moins fournies, inégalement pédonculées, formant ensemble un corymbe lâche ou serré, muni à sa base de plusieurs bractées, dont l'inférieure est tantôt plus longue et tantôt plus courte que lui. Périgone à divisions étroites, lancéolées-*acuminées-aiguës*, recourbées au sommet; *les intérieures plus longues*, *beaucoup plus courtes que la capsule;* celle-ci d'un brun clair, allongée-pyramidale, à angles aigus, *longuement acuminée en bec aigu*.

Hab. les bois humides et les lieux marécageux; aux environs du Vigan, d'Alzon, de Cervillère. ♃ Fl. juin-août.

16. **J. anceps** *Laharpe, mon. in mem. Soc. nat. 3, p.* 126; *Gren. et Godr. fl. fr. 3, p.* 347; *Dub. bot. app.* 1035; *Mut. fl. fr. 3, p.* 330. *t.* 75, *fig.* 565. — Rhizomes traçants. Tiges de 5-10 décim., dressées, *comprimées*, *à 2 tranchants*, garnies de 3 feuilles distantes, *comprimées*, *à 2 tranchants*, fistuleuses, noueuses, légèrement striées, ainsi que la tige. Fleurs à 6 étamines, d'un brun clair, en glomérules petits, très-nombreux, sessiles et pédicellés, disposés en cimes inégalement pédonculées, formant ensemble un corymbe très-ample, dressé. Périgone à divisions *peu inégales;* les extérieures *finement mucronées;* les intérieures *obtuses*, membraneuses au sommet, *un peu plus courtes que la capsule;* celle-ci d'un brun roussâtre, ovale-trigone, atténuée en bec.

Hab. les fossés desséchés et les marécages, à Saint-Gilles, Bellegarde, Aigues-Mortes, l'étang de Pujaut ♃ Fl. juin-septembre.

17. **J. ALPINUS** *Will. Dauph.* 2, *p.* 233; *Dec. fl. fr.* 3, *p.* 170; *J. ustulatus Hoppe, anleit. p.* 30, *ic.* — Rhizomes traçants. Tiges de 5-20 centim., cylindriques, raides, dressées. Feuilles fistuleuses, noueuses, un peu comprimées, finement striées, ainsi que la tige, à gaîne carénée, membraneuse aux bords. Gaînes inférieures, souvent dépourvues de limbe ou terminées par une feuille rudimentaire. Fleurs d'un brun noirâtre, en glomérules de 3-6 fleurs, sessiles et pédicellés, ordinairement peu nombreux, disposés en cimes pauciflores inégalement et brièvement pédonculées, formant ensemble un corymbe *dressé*, ordinairement peu fourni. Périgone à divisions *égales*, plus courtes que la capsule; les intérieures *obtuses*, les extérieures *mucronées sous le sommet.* Capsule ovale-oblongue-obtuse, peu ou point mucronée.

Hab. les prairies tourbeuses de l'Espérou, à la Grandès; de la Lozère, commune de Concoule. ♃ Fl. juillet-septembre.

18. **J. OBTUSIFLORUS** *Ehrh. beitr.* 6, *p.* 83; *J. articulatus Dec. fl. fr.* 3, *p.* 169; *Engl. bot. t.* 2144. — Rhizomes longuement traçants. Tiges de 6-10 décim., dressées ou ascendantes, compressibles, munies à la base *de gaînes jaunâtres, obtuses ou terminées par un rudiment de feuille.* Feuilles au nombre de 2, distantes, presque cylindriques, fistuleuses, noueuses, obscurément striées, ainsi que la tige, longuement engaînantes à la base. Fleurs verdâtres ou jaunâtres, en glomérules nombreux, sessiles et brièvement pédicellés, disposés en cimes inégalement pédonculées, formant ensemble une panicule assez serrée, à rameaux secondaires réfléchis. Bractées foliacées; l'inférieure, la plus longue, ne dépassant pas la panicule. Périgone à divisions égales, oblongues-*obtuses*, environ de la longueur de la capsule; celle-ci roussâtre ou verdâtre, petite, *ovale-lancéolée*, trigone, à angles aigus, atténuée en bec.

Hab. les fossés et les marécages, aux environs de Nîmes, de Manduel, de Pujaut, etc. ♃ Fl. juin-août.

19. **J. SQUARROSUS** *Lin. sp.* 465; *Dec. fl. fr.* 3, *p.* 165; *Fl. dan. t.* 430; *Lœs. pruss. t.* 29; *Moris. hist. s.* 8, *t.* 9, *fig.* 14, *N°* 13. — Souche épaisse, *gazonnante*, à racines fibreuses, donnant naissance à 1-3 tiges de 2-4 décim., raides, droites, comprimées, presque anguleuses, *dépourvue de nœuds et de feuilles caulinaires*, finement striées, ainsi que les feuilles; celles-ci *toutes radicales*, plus courtes que la tige, d'un vert pâle, raides, linéaires-aiguës, canaliculées, engaînantes, nombreuses à la

base de la tige, souvent accompagnées de faisceaux stériles, formant *un gazon épais*. Fleurs brunâtres, *solitaires*, à bractées scarieuses, inégalement pédicellées, disposées en cimes peu fournies, inégalement pédonculées, formant ensemble une panicule étroite, terminale, interrompue, à rameaux dressés, *plus longue que les bractées foliacées* de sa base. Périgone à divisions lancéolées, presque égales, un peu aiguës, luisantes, blanches, scarieuses aux bords, égalant la capsule ou la dépassant peu. Étamines 6, à filets 4 *fois plus courts que les anthères*. Capsule obovale, obtuse, brièvement mucronée, brune, luisante.

. *Hab*. les prés humides, sablonneux et tourbeux, sur toute la chaîne de l'Espérou; à Concoule. ♃ Fl. juin-septembre.

20. **J. MULTIFLORUS** *Desf. alt.* 1, *p.* 313, *t.* 91; *Gren. et Godr. fl. fr.* 3, *p.* 349; *Mut. fl. fr.* 3, *p.* 329. — Rhizomes traçants. Tiges de 4-10 décim., droites, cylindriques, striées. Feuilles 1-4, espacées, *presque cylindriques*, atténuées en pointe *presque piquante, fistuleuses, sans nœuds*, égalant le corymbe ou plus courtes que lui. Fleurs verdâtres, solitaires, sessiles et subsessiles, rapprochées en petites cimes inégalement pédonculées, formant de petits corymbes partiels, inégalement pédonculés, composant par leur réunion un corymbe général, allongé-étroit, interrompu, à rameaux serrés, dressés, muni à sa base d'une bractée principale foliacée, plus courte que lui. Périgone à divisions égales, *lancéolées-naviculaires*, *acuminées-aristées*, scarieuses aux bords, carénées sur le dos, *dépassant un peu la capsule*; celle-ci brune, ovale-trigone, obtuse, mucronée. Plante ressemblant au *J. maritimus* par sa taille et son aspect, mais bien moins raide.

Hab. les bords des lieux humides, à Saint-Gilles (Requien), et probablement aux environ d'Aigues-Mortes. ♃ Fl. mai-juin.

21. **J. COMPRESSUS** *Jacq. en stirp. vind.* 60 et 235; *Gren. et Godr. fl. fr.* 3, *p.* 350; *J. bulbosus Lin. sp.* 2ᵉ ed. 466; *Dec. fl. fr.* 3, *p.* 167; *Host. gram.* 3, *t.* 89; *Leers, herb. t.* 13, *fig.* 7; *Barr. ic. t.* 747, *fig.* 1; *Moris. hist. s.* 8, *t.* 9, *fig.* 14, *N*º 11. — Rhizomes traçants, produisant des tiges de 2-5 décim., fermes, plus ou moins nombreuses, rapprochées ou espacées, dressées, *un peu comprimées*, légèrement striées, ainsi que les feuilles, souvent renflées à la base. Feuilles dressées, linéaires-étroites, canaliculées, souples, occupant la moitié inférieure de la tige, tantôt plus courtes qu'elle, tantôt la dépassant. Fleurs brunâtres, mêlées de vert, solitaires, sessiles et brièvement pédicellées, rapprochées en petites cimes peu fournies, inégalement pédonculées, formant ensemble un corymbe lâche ou un peu serré, à

rameaux dressés, muni à sa base de 2 bractées foliacées, don
l'inférieure, la plus longue, égale ou dépasse le corymbe. Périgone à divisions presque égales, *oblongues-obtuses, de moitié
plus courtes que la capsule;* celle-ci *presque globuleuse,* brune,
brièvement mucronée. Style *de moitié plus court que l'ovaire.*

Hab. les lieux humides, les fossés, aux environs de Nîmes, de St-Gilles,
du Vigan. ♃ Fl. juin–septembre.

22. J. GERARDI *Lois. fl. gall. ed.* 2, *p.* 260; *Dec. fl. fr.* 5,
p. 308; *J. bottnicus Wahlenb. fl. lap.* 82, *t.* 5; *Barr. ic. t.* 747,
fig. 2. — Cette espèce diffère de la précédente : par ses tiges
grêles, presque cylindriques, ordinairement plus élevées, jamais
renflées à la base; par les divisions de son périgone égalant
presque la capsule; et par son style de la longueur de l'ovaire.
Sa station, dans les lieux humides des terrains salés, doit servir
à le faire distinguer.

Hab. les pacages humides et les bords des marais, à St.-Gilles, à Bellegarde, à Aigues-Mortes. ♃ Fl. mai-août.

23. J. TENAGEIA *Lin. fil. suppl.* 208; *Dec. fl. fr.* 3, *p.* 167;
Host. gramm. 3, *t.* 91; *Vaill. bot. par. t.* 20, *fig.* 1. — Racines
fibreuses. Tiges de 1-2 décim., droites, très-grêles, subcylindriques, canaliculées, surtout inférieurement, ordinairement réunies en touffe plus ou moins fournie, munies de feuilles plus
courtes que la tige, linéaires-sétacées, dressées, canaliculées à la
base, 2 caulinaires et 1 radicale, à gaîne courte, munie de
2 *oreillettes* blanches, membraneuses. Fleurs brunâtres, sessiles,
solitaires, espacées, disposées unilatéralement le long des rameaux, formant des cimes lâches qui, par leur réunion, constituent une panicule lâche. Périgone à divisions *ovales-lancéolées,*
membraneuses aux bords; les extérieures aiguës, les intérieures
obtuses, mucronulées, *toutes environ de la même longueur que la
capsule;* celle-ci d'un brun roussâtre, luisante, *subglobuleuse,*
très-brièvement mucronulée.

Hab. les lieux humides, les bords des étangs : aux environs de Nîmes,
de Jonquières, de Sauve, de Peyremale. ① Fl. juin-août.

24. J. BUFONIUS *Lin. sp.* 466; *Dec. fl. fr.* 3, *p.* 167; *Host,
gram.* 3, *t.* 90; *Leers, herb. t.* 13, *fig.* 8; *Barr. ic. t.* 263, 264;
Moris. hist. s. 8, *t.* 9, *fig.* 14; *Math. comm.* 687, *fig.* 1; *Tabern.
ic.* 225, *fig.* 2. — Racines fibreuses. Tiges de 1-2 décim., plus
ou moins nombreuses, gazonnantes, inégales, grêles, dressées,
canaliculées, au moins à l'état sec, munies de fenilles dressées,
plus courtes que la tige, linéaires-sétacées, les unes radicales,
les autres 1-2 caulinaires, à gaîne dépourvue d'oreillettes. Fleurs

d'un vert blanchâtre, solitaires, rarement agglomérées, sessiles, espacées, disposées unilatéralement le long des rameaux, formant des cimes lâches qui, par leur réunion, constituent une panicule lâche. Périgone à divisions inégales : les intérieures plus courtes, les extérieures *plus étroites, linéaires-lancéolées, acuminées-subulées, environ 2 fois plus longues que la capsule ;* celle-ci *oblongue*-obtuse, non mucronée, d'un brun rougeâtre. Graines rougeâtres.

VAR. B, *fasciculatus Gren. et Godr. fl. fr. p.* 352. Fleurs fasciculées. Tiges et rameaux plus courts, plus serrés. *J. fasciculatus Bertol. fl. ital.* 4, *p.* 190.

Hab. les lieux humides et inondés l'hiver, dans tout le département ; la var. B à Broussan, au trou de Perussas. ① Fl. mai–août.

2ᵉ gʳᵉ. LUZULE. — LUZULA. (Dec. fl. fr. 3, p. 158.)

Fleurs à 6 étamines. Capsule *uniloculaire, à 3 graines,* à 3 valves *dépourvues de cloisons.* Graines munies d'un appendice plus ou moins saillant au sommet ou à la base. Plantes vivaces, herbacées, à souche cespiteuse ou stolonifère, à feuilles planes, graminiformes, à fleurs blanches ou brunâtres, disposées solitaires ou agglomérées en corymbe, en panicule ou en épi.

<table>
<tr><td rowspan="2">1.</td><td>Fleurs solitaires disposées en corymbe..........</td><td>2.</td></tr>
<tr><td>Fleurs en glomérules disposés en panicule, en ombelle ou en épi......................</td><td>3.</td></tr>
<tr><td rowspan="2">2.</td><td>Pédoncules fructifères réfléchis ; capsule obtuse ; feuilles radicales lancéolées................:....</td><td>PILOSA.</td></tr>
<tr><td>Pédoncules fructifères dressés ; capsule aiguë ; feuilles radicales étroites, linéaires............</td><td>FORSTERI.</td></tr>
<tr><td rowspan="2">3.</td><td>Fleurs disposées en grappe spiciforme, unique...</td><td>SPICATA.</td></tr>
<tr><td>Fleurs disposées en panicule ou en ombelle.......</td><td>4.</td></tr>
<tr><td rowspan="2">4.</td><td>Fleurs blanches ; feuilles florales dépassant la panicule.............................</td><td>NIVEA.</td></tr>
<tr><td>Fleurs brunâtres ; feuilles florales plus courtes que la panicule.............................</td><td>5.</td></tr>
<tr><td rowspan="2">5.</td><td>Glomérules pauciflores, en panicule décomposée ; graines sans appendice...................</td><td>SYLVATICA.</td></tr>
<tr><td>Glomérules multiflores, en ombelle simple ; graines appendiculées à la base...................</td><td>6.</td></tr>
<tr><td rowspan="2">6.</td><td>Souche rampante ; épillets penchés ; filets des étamines beaucoup plus courts que les anthères....</td><td>CAMPESTRIS.</td></tr>
<tr><td>Souche cespiteuses ; épillets dressés ; filets des étamines de la longueur des anthères............</td><td>MULTIFLORA.</td></tr>
</table>

1. **L. PILOSA** *Willd. en.* 1, *p.* 393 ; *L. vernalis Dec. fl. fr.* 3, *p.* 160 ; *Juncus pilosus Lin. sp.* 468 (*excl. var.*) ; *Leers, herb. t.* 13, *fig.* 10 ; *Lob. ic.* 16, *fig.* 1 ; *Moris. hist. s.* 8, *t.* 9, *fig.* 3, Nº 1. — Racine fibreuse. Souche gazonnante. Tiges de 2-3 décim.,

plus ou moins nombreuses, grêles, dressées. Feuilles linéaires-
lancéolées-aiguës, assez larges, garnies de longs poils blancs
sur les bords; les caulinaires plus courtes et plus étroites, garnies
de poils abondants à l'entrée de leur gaîne. Fleurs brunes, solitaires, longuement et inégalement pédonculées. Pédoncules portant 1-3 fleurs pédicellées; la centrale ou l'inférieure presque
sessile dans les rameaux à 2-3 fleurs, dressés, puis *réfléchis*,
disposés en corymbe très-lâche. Périgone à divisions égales,
lancéolées, *aiguës*, membraneuses, blanchâtres aux bords. Capsule verdâtre ou brunâtre, luisante, ovale-trigone, pyramidale,
obtuse, brièvement mucronée, *un peu plus longue que le périgone*. Graines munies au sommet d'un appendice membraneux,
courbé.

Hab. les bois, aux environs du Vigan, d'Alzon, de l'Espérou. ♃ Fl. mars-
mai.

2. **L. FORSTERI** *Dec. fl. fr.* 5, *p.* 304], *et ic. rar. t.* 2. —
Cette espèce diffère de la précédente : par ses feuilles toutes
linéaires, étroites; par ses pédoncules dressés, souvent chargés
de plus de 3 fleurs; par les divisions de son périgone acuminées,
de la longueur de la capsule ou un peu plus longues qu'elle ;
par ses graines munies d'un appendice droit.

Hab. les bois, dans tout le département. ♃ Fl. avril-juin.

3. **L. SYLVATICA** *Gaud. helv.* 2, *p.* 568; *L. maxima Dec.
fl. fr.* 3, *p.* 160 ; *Moris. hist. s.* 8, *t.* 9, *fig.* 4, *N*º 2; *J. Bauh.
hist.* 2, *p.* 493, *fig. super.*; *C. Bauh. theatr. p.* 102, *ic.* —
Souche dure, oblique, garnie de fibres. Tiges de 5-9 décim.,
droites, fermes. Feuilles largement lancéolées-linéaires, aiguës,
presque coriaces, *poilues aux bords et à l'entrée des gaines*,
plus courtes que la tige; les radicales *nombreuses*, les caulinaires
rares, distantes, à limbe *très-court*. Fleurs d'un brun rougeâtre
mêlé de blanc, 1-4 par glomérules, munis à leur base de petites
bractées scarieuses; les uns sessiles, les autres inégalement pédicellés, disposés en cimes inégalement pédonculées, formant
par leur réunion une panicule *très-rameuse, puis divariquée*,
munie à sa base de 2 bractées foliacées plus courtes qu'elle. Périgone à divisions lancéolées-acuminées, brunes, blanches, scarieuses aux bords. Etamines à filets beaucoup plus courts que
les anthères. Capsule brune, ovale-trigone, mucronée, de la
longueur du périgone. Graines noirâtres, dépourvues d'appendice, mais terminée par un très-petit mamelon de la même
couleur.

Hab. les bois, dans toute la partie élevée du département, aux bords du
Gardon. ♃ Fl. avril-juin.

4. **L. NIVEA** *Dec. fl. fr.* 3, *p.* 158; *Juncus niveus Lin. sp.*

468; *Leers, herb. t.* 13, *fig.* 9; *C. Bauh. theatr. p.* 106, *ic.*; *J. Bauh. hist.* 2, *p.* 492, *fig. dextr.*; *Dalech. hist. ed. gall., p.* 357, *fig. sinistr.* — Souche dure, oblique, *stolonifère.* Tiges de 4-6 décim., dressées, cylindriques, striées, feuillées, garnies à la base des restes bruns des anciennes feuilles. Feuilles linéaires, assez étroites, longuement acuminées, striées, poilues aux bords et plus abondamment à l'entrée de leur gaîne. Fleurs *d'un blanc de neige*, rapprochées en glomérules de 5-10, inégalement pédicellés, disposés en cimes inégalement pédonculées, formant par leur réunion une panicule étalée-dressée, presque ombelliforme, *longuement dépassée par les 2 feuilles florales* qui partent de sa base. Périgone à divisions inégales; les intérieures beaucoup plus longues, allongées, lancéolées-aiguës. Etamines à filets *de la longueur des anthères.* Style saillant, beaucoup plus long que l'ovaire. Capsule rousse, ovale-trigone, mucronée, *presque de moitié plus courte que le périgone.* Graines brunes, légèrement tuberculeuses, carénées du côté interne.

Hab. les bois, aux environs de l'Espérou et de Concoule. ♃ Fl. juin-septembre.

5. **L. CAMPESTRIS** *Dec. fl. fr.* 3, *p.* 161; *Juncus campestris var. A. Lin. sp.* 468; *J. nemorosus Host, gram.* 3, *t.* 97; *C. Bauh. prodr.* 15, *fig.* 2, *et theatr.* 103, *ic.*; *J. Bauh. hist.* 2, *p.* 493, *fig. infer. dextr.* — Souche *à rejets rampants.* Tiges de 1-2 décim., grêles, dressées, solitaires ou peu nombreuses, feuillées. Feuilles linéaires-acuminées, très-poilues, surtout à l'entrée de la gaîne, quelquefois presque glabres; les radicales nombreuses, cespiteuses, ordinairement plus courtes que la tige. Fleurs brunes, en épis courts, ovoïdes, sessiles, et inégalement pédonculés, ordinairement *penchés* à la maturité et peu nombreux, disposés en ombelle irrégulière, lâche ou serrée. Périgone à divisions lancéolées-acuminées, brunes, plus claires et membraneuses aux bords. Etamines égalant presque la capsule, *à filets beaucoup plus courts que les anthères.* Style très-saillant. Capsule d'un brun rougeâtre, ovale, obtuse, mucronée, un peu plus courte que le périgone. Graines tuberculeuses, d'un brun grisâtre, munies à la base d'un appendice laineux, conique.

Hab. les bois de Campagne, de Saint-Nicolas, près de Nîmes; aux environs du Vigan, à l'Espérou. ♃ Fl. avril-juin.

6. **L. MULTIFLORA** *Lej. fl. spa*, 1, *p.* 169; *Dec. fl. fr.* 5, *p.* 306; *Gren. et Godr. fl. fr.* 3, *p.* 356. — Cette espèce diffère de la précédente: par sa souche dépourvue de rejets traçants; par ses tiges plus élevées (3-5 décim.); par ses épillets ordinairement plus petits et plus nombreux, toujours dressés, même à la maturité; par ses étamines beaucoup plus courtes que la cap-

sule, à filets presque de la longueur des anthères; et par son
style très-caduc.

Hab. les bois, aux environs du Vigan, d'Alzon, de l'Espérou, de Concoule, ♃ Fl. mai-juin.

7. **L. spicata** *Dec. fl. fr.* 3, *p.* 161; *Juncus spicatus Lin.
sp.* 469; *Fl. lap. t.* 10, *fig.* 4; *Dan. t.* 270. — Souche gazonnante, à racines fibreuses-filiformes. Tiges de 1-3 décim., grêles,
dressées, ordinairement réunies en touffe. Feuilles linéaires,
étroites, canaliculées, poilues à l'entrée de la gaîne, un peu
moins au-dessus, le reste glabre : les radicales nombreuses,
trois fois plus courtes que les tiges; les caulinaires rares, distantes. Fleurs brunes, réunies en glomérules sessiles; les inférieurs brièvement pédicellés, disposés *en panicule spiciforme,
courbée.* Périgone à divisions presque égales, lancéolées-acuminées, scarieuses aux bords. Anthères 2 fois de la longueur
des filets. Style environ de la longueur de l'ovaire. Capsule noirâtre, ovale-arrondie, terminée par une petite pointe, reste
du style, tardif dans sa chute. Graines rousses, *dépourvues d'appendice.*

Hab. les pelouses et les pacages de l'Aigual et de l'Espérou. ♃ Fl. juin-
août.

CXXX^e Fam. **CYPÉRACÉES.**

Cyperoideæ. (Juss. gen. 26.)

Fleurs hermaphrodites ou unisexuelles, très-rarement dioïques, placées à l'aisselle d'une écaille, paillette ou glume, disposées en épis simples ou en épillets plus ou moins nombreux,
multiflores ou pauciflores. Ecailles imbriquées sur deux ou plusieurs rangs; les inférieures quelquefois stériles. Périgone nul ou
remplacé par des soies qui entourent l'ovaire, ou par un disque
membraneux qui entoure l'ovaire à sa base ou le couvre entièrement. Etamines 3, insérées sous l'ovaire. Anthères bilobées,
acuminées, fixées au filet par leur base, à déhiscence longitudinale. Style 1. Stigmates 3, plus rarement 2. Ovaire simple, libre,
uniloculaire, monosperme. Fruit (akène) indéhiscent-trigone,
subglobuleux ou comprimé, souvent acuminé par la base persistante du style. Graine dressée, à test mince, à péricarpe non
soudé. Périsperme farineux, très-épais. Embryon très-petit,
placé à la base du périsperme. Plantes herbacées, terrestres ou
en des lieux marécageux, à tige pleine, souvent triquètre, à
feuiles demi-cylindriques ou pliées-carenées, à gaîne non
fendue.

1. { Fleurs monoïques ou droïques; akènes renfermés dans une enveloppe ouverte au sommet................ 8e g^{re}. **CAREX**.
Fleurs hermaphrodites; akènes nus ou garnis de soie à la base................ 2.

2. { Akènes nus ou entourés de soies, plus courtes que les écailles de l'épi....... ... 3.
Akènes entourés de soies très-longues, d'un blanc brillant.......... 4e g^{re}. **ERIOPHORUM**.

3. { Écailles imbriquées sur deux rangs........ 4.
Écailles imbriquées en tout sens.......... 5.

4. { Écailles nombreuses; akènes dépourvus de soies à la base........... 1er g^{re}. **CYPERUS**.
Écailles 5-6; akènes munis de soies à la base.................. 2e g^{re}. **SCHÆNUS**.

5. { Écailles égales ou les inférieures plus grandes que les supérieures............. 6.
Écailles inférieures plus petites que les supérieures........ .... 7.

6. { Style articulé, dilaté à la base; fleurs en épillets simples.............. 6e g^{re}. **ELEOCHARIS**.
Style non articulé, non dilaté à la base; fleurs en plusieurs épillets, rarement en un seul................ 5e g^{re}. **SCIRPUS**.

7. { Style articulé; akènes entourés de soies à la base; plantes de 2-4 décim, grêles.................. 7e g^{re}. **RHYNCHOSPORA**.
Style non articulé; akènes dépourvus de soies à la base; plantes de 10-15 décim. robustes.... .... 3e g^{re}. **CLADIUM**.

1er g^{re}. SOUCHET. — CYPERUS. (Lin. gen. n° 66.)

Fleurs hermaphrodites, disposées en épillets multiflores, comprimés, réunis alternativement en petites grappes inégalement pédicellées, présentant un capitule ou des ombelles inégalement pédonculés, formant ensemble un corymbe ombelliforme; écailles nombreuses, carénées, imbriquées sur 2 rangs opposés, les 2-4 inférieures stériles. Style 1. Stigmates 3, *glabres*. Akène dépourvu de soies, comprimé ou trigone, mutique ou mucroné. Involucre formé de feuilles inégales.

1. { Souche traçante; plantes robustes, vivaces..... .. 2.
Racines fibreuses; plantes grêles, annuelles...... 4.

2. { Épillets en glomérules sessiles, disposés en capitule compacte; tige arrondie................ ...... **SCHŒNOIDES**
Épillets en ombelles pédicellées, formant ensemble un corymbe ombelliforme; tige triquètre....... 3.

3. { 3 stigmates; akènes triquètres; corymbe lâche, à rameaux dressés........................... **LONGUS**.
2 stigmates; akènes comprimés; corymbe resserré, à rameaux étalés........................ **MONTI**

4. { 2 stigmates; épillets jaunâtres.......... . ... **FLAVESCENS**.
3 stigmates; épillets brunâtres............ ...... **FUSCUS**.

1. C. LONGUS *Lin sp.* 67; *Dec. fl. fr.* 3 , *p.* 145; *Host. gram.*
3 , *t.* 76; *Jacq. rar.* 2, *t.* 297; *Scheuchz. gram. t.* 8 , *fig.* 12;
Fuchs. hist. 453 , *ic.; Math. comm.* (*Valgr.*), 26, *ic.* — Souche
épaisse, renflée inférieurement, à rhizomes écailleux longuement
traçants. Tiges de 6-10 décim., droites, triquètres, striées.
Feuilles d'un vert clair, très-longues, souvent plus courtes que
la tige, linéaires-acuminées, rudes aux bords et sur la carène.
Epillets d'un fauve clair ou rougeâtre, linéaires, ordinairement
allongés, étroits, subaigus, comprimés, sessiles, dressés, alternativement disposés en grappes terminales, assez serrées, inégalement pédicellées, formant des ombelles partielles, longuement
et inégalement pédonculées, constituant, par leur réunion, une
ombelle générale, ample, à rayons dressés. Ecailles florales
oblongues, obtuses ou aiguës, imbriquées sur 2 rangs opposés,
carénées, *striées sur les côtés*, fauves, vertes sur le dos, scarieuses aux bords. Akènes bruns, très-petits, obovales-trigones,
à angles tranchants, plus courts que les écailles. Racine aromatique.

Cette plante porte le nom patois de *triangle;* ses feuilles sont employées
pour rempailler les chaises ; sa racine est emménagogue, stomachique, mas-
ticatoire ; on s'en sert pour déterger les ulcères de la bouche.

Hab. les fossés et les marais, dans tout le département. ♃ Fl. juill.-août

2. C. FUSCUS *Lin. sp.* 69; *Dec. fl. fr.* 3, *p.* 145 ; *Host. gram.*
3, *t.* 73; *Fl. dan. t.* 179; *Leers, herb. t.* 1, *fig.* 2; *J. Bauh.*
hist. 2, *p.* 471, *fig. sup., dext.; Moris. hist. s.* 8, *t.* 11, *fig.* 38.
—Racine *fibreuse.* Tiges de 1-3 décim., dressées ou étalées, *trian-*
gulaires, réunies en touffe. Feuilles molles, linéaires-acuminées,
carénées, ordinairement plus courtes que les tiges. Epillets peu
allongés, linéaires-étroits, comprimés, sessiles, disposés en glomérules lâches ou serrés, brièvement et inégalement pédonculés,
formant une ombelle petite, irrégulière, à rayons étalés. Involucre à 3 feuilles étalées ou réfléchies, beaucoup plus longues
que l'ombelle. Ecailles florales ovales-oblongues, obtusinscules,
mucronulées, carénées, brunâtres, avec une raie verte sur le
dos, imbriquées sur 2 rangs opposés, un peu étalées à la maturité. Akènes blanchâtres, oblongs-trigones, à angles tranchants,
atténués aux 2 extrémités, un peu plus courts que l'écaille.

Hab. les fossés où l'eau a séjourné, les lieux humides, les bords des
ruisseaux, dans tout le département. ① Fl. juillet-octobre.

3. C. SCHŒNOIDES *Griseb. spic. fl. Rum et Bith.* 2, *p.* 421 ;
Gren. et Godr. fl. fr. 3, *p.* 360 ; *Schœnus mucronatus Lin. sp.*
63 ; *Dec. fl. fr.* 3, *p.* 144; *Host. gram.* 4, *t.* 70; *Scheuchz. agr. t.*
8, *fig.* 1 ; *C. Bauh. theat.* 91, *ic.; Lob. ic.* 87, *fig.* 1. — Souche
brune, écailleuse, *traçante,* stolonifère. Tige de 2-5 décim.,

raide, dressée, puis arquée, *subcylindrique,* presque lisse, glaucescente, ainsi que les feuilles ; celles-ci toutes radicales, linéaires-
étroites, acuminées, mucronées, un peu charnues, pliées en
gouttière, striées à la face supérieure, arquées en dehors, ordinairement plus longues que la tige. Epillets oblongs-lancéolés,
comprimés, sessiles, peu fructifères, disposés en glomérules
sessiles, réunis en *tête compacte, sphérique,* munie à sa base de
3 feuilles involucrales, inégales, dilatées à la base, très-étalées,
beaucoup plus longues que le capitule. Ecailles florales ovales,
acuminées-mucronées, carénées, *nerviées* sur les côtés, noirâtres à la base, jaunâtres supérieurement et sur les bords scarieux, disposées sur 2 rangs opposés ; les inférieures les plus
grandes. Akènes d'un brun verdâtre, obovales, trigones-obtus,
convexes sur 2 faces, un peu concaves sur une.

Hab. les sables maritimes, sur tout le littoral du département. ♃ Fl. mai-
juillet.

4. **C. MONTI** *Lin. fil. suppl.* 102 ; *Dec. fl. fr.* 3, *p.* 146 ; *Host.
gram.* 4, *t.* 67 ; *Rchb. ic. fig.* 666. — Souche *traçante,* stolonifère. Tige de 4-8 décim., dressée, molle, *triangulaire,* épaisse,
lisse sur les angles. Feuilles toutes radicales, assez larges, linéaires-
acuminées, pliées-carénées, rudes sur les bords, lisses sur la carène, ordinairement plus longues que la tige. Epillets allongés,
linéaires-comprimés, sessiles, très-étalés, alternativement disposés en grappes très-fournies, brièvement et inégalement pédonculées, formant des corymbes partiels pédonculés, les uns
longuement, les autres brièvement ; les uns étalés-dressés, les
autres *presque réfléchis,* constituant, par leur réunion, un corymbe général ombelliforme, plus ou moins *décomposé,* muni à
sa base de **3-5** feuilles involucrales planes, dont 2-3 beaucoup
plus longues que lui. Ecailles florales d'un brun rougeâtre, à
carène verte, ovales-obtuses, non mucronées, *nerviées* sur les
côtés, étroitement scarieuses aux bords, lâchement imbriquées
sur 2 rangs opposés. Stigmates 2. Akènes roux, ovales-comprimés.

Hab. sur les bords d'une branche du Rhône, à Vallabrègues ; sur les bords
du canal, à Sylveréal. ♃ Fl. juillet-septembre.

5. **C. FLAVESCENS** *Lin. sp.* 68 ; *Dec. fl. fr.* 3, *p.* 14$\frac{3}{4}$; *Lamk.
ill. t.* 38, *fig.* 1 (*excepté les 3 stigmates*); *Host. gram.* 3, *t.* 72 ;
Moris. hist. s. 8, *t.* 11, *fig.* 37 ; *C. Bauh. theatr. p.* 89, *ic.* —
Racine *fibreuse.* Tiges de 1-3 décim., dressées, grêles, *triangulaires,* ordinairement réunies en touffe, d'un vert pâle, ainsi
que les feuilles ; celles-ci presque toutes radicales, linéaires-
étroites, longuement acuminées, presque planes, carénées, tantôt

plus courtes, tantôt plus longues que les tiges. Epillets peu allongés, oblongs-linéaires, comprimés, sessiles, très-étalés, disposés en glomérules lâches ou serrés, inégalement pédonculés, formant une ombelle petite, irrégulière, à rayons peu allongés, quelquefois très-courts et rapprochés en corymbe compacte. Feuilles de l'involucre inégales, étalées ou réfléchies, dépassant longuement l'ombelle. Ecailles florales jaunâtres, ovales-oblongues, munies d'une carène, accompagnées *d'une nervure* de chaque côté, étroitement imbriquées sur 2 rangs opposés. Stigmates 2. Akènes fauves, *obovales-arrondis*, comprimés, beaucoup plus courts que l'écaille.

Hab. les lieux humides ou marécageux, dans tout le département. (1) Fl. juillet–septembre.

2ᵉ gʳᵉ. **CHOIN. — SCHOENUS**. (Lin. gen. 65.)

Fleurs hermaphrodites, disposées en épillets réunis en *glomérule serré*, terminal. Ecailles florales imbriquées sur 2 rangs opposés, *les inférieures plus petites, stériles.* Style 1, à base persistante. Stigmates 3, *pubescents.* Akènes trigones, munis à la base de 1–5 soies courtes, denticulées. Bractées, 2 embrassant la base du glomérule.

1. **SCH. NIGRICANS** *Lin. sp.* 64; *Dec. fl. fr.* 3, *p.* 142, *Lamk. ill. t.* 38, *fig.* 1; *Host. gram.* 3, *t.* 54; *Scheuchz. gram. t.* 7, *fig.* 12–14; *Moris. hist. s.* 8, *t.* 10, *fig.* 28. — Souche cespiteuse, à racine fibreuse, donnant naissance à des tiges de 3-5 décim., réunies en touffe, droites, raides, nues, cylindriques, striées, un peu dilatées au sommet, munies à la base de gaines d'un brun noirâtre ou rougeâtre, luisantes. Feuilles raides, étroites, subulées, striées, canaliculées, triquètres, à angle extérieur obtus, environ de la longueur de la tige, dilatées à la base en gaîne comprimée, carénée. Epillets d'un brun noirâtre, lancéolés-aigus, un peu comprimés, groupés 5-12 en glomérule compacte, terminal, muni à sa base de 2 bractées noirâtres, embrassantes, dont l'inférieure terminée en une pointe verte, raide, dressée ou oblique, presque piquante, dépassant ordinairement le glomérule. Ecailles florales d'un brun noirâtre, luisant, lancéolées-aiguës, pliées, à carène rude. Akènes blanchâtres, oblongs-trigones, mucronés, à faces convexes, à angles saillants, obtus. Plante glaucescente.

Hab. aux bords des fossés, dans les lieux humides; dans toute la partie basse du département; aussi aux environs d'Alais, d'Anduze, de Saint-Ambroix. ♃ Fl. mai–juillet.

3° g^{re}. **CLADIE. — CLADIUM.** (Patr. Brown, jam. 114.)

Fleurs hermaphrodites, disposées en petits épillets réunis en glomérules très-nombreux, pédonculés. Écailles florales peu nombreuses, imbriquées en tout sens; 1-2 supérieures fertiles, les inférieures stériles, plus petites. Style *non articulé, caduc, dilaté à la base, couvrant l'ovaire auquel il est adhérent.* Stigmates 2-3. Akène dépourvu de soies.

1. **C. MARISCUS** *R. Brown, prodr.* 92; *Gren. et Godr. fl. fr.* 3, *p.* 364; *Schœnus mariscus Lin. sp.* 62; *Dec. fl. fr.* 3, *p.* 143; *Lamk. ill. t.* 38, *fig.* 2; *Scheuchz. gram. t.* 8, *fig.* 7-11; *Moris. hist. s.* 8, *t.* 11, *fig.* 2 *du rang inférieur; Lob. ic.* 76, *fig.* 1. — Souche dure, épaisse, à rhizomes écailleux, traçants. Tiges de 10-15 décim., robustes, droites, raides, lisses, subcylindriques, trigones dans la panicule, fistuleuses, noueuses, feuillées dans toute leur longueur. Feuilles longues, raides, linéaires, longuement acuminées, presque triangulaires, scabres-coupantes sur les bords et la carène. Gaînes des feuilles caulinaires lâches. Épillets fauves, oblongs-aigus, en glomérules disposés en petites ombelles, inégalement pédonculées, disposées en ombelles plus grandes, axillaires et terminales, souvent géminées, formant ensemble une longue et ample panicule. Écailles florales ovales, carénées. Akènes d'un brun marron, luisant, ovoïdes, apiculés, solitaires dans chaque épillet.

Vulgairement *faux souchet, marisque.*

Hab. les marais, à Beaucaire, à Saint-Gilles, à Tresques, à Lunel. ♃ Fl juin–août.

4° g^{re}. **LINAIGRETTE. — ERIOPHORUM.** (Lin. gen. 68.)

Fleurs hermaphrodites, disposées en un seul épi terminal ou en plusieurs épillets inégalement pédonculés, penchés, réunis en panicule terminale. Écailles florales paléacées, presques égales, imbriquées en tous sens, les inférieures souvent stériles. Style 1, *non articulé,* caduc. Stigmates 3. Akènes subtrigones, munis à leur base de soies capillaires, lisses, argentées, très-nombreuses, beaucoup plus longues que l'épillet, s'étant *beaucoup accrues* après la floraison.

1. { Tige portant un seul épi terminal............ **VAGINATUM.**
{ Tige portant à son sommet plusieurs épis... 2.

2. { Pédoncules rudes, pubescents ou subtomenteux 3.
{ Pédoncules lisses et glabres................. **ANGUSTIFOLIUM.**

3. { Pédoncules rudes, pubescents ou subtomenteux; feuilles très-étroites; plante grêle .. **GRACILE.**
{ Pédoncules rudes, glabres; feuilles assez larges; plante assez forte.................. **LATIFOLIUM.**

1. **E. VAGINATUM** *Lin. sp.* 76 ; *Dec. fl. fr.* 3, *p.* 132 ; *Poit. et Turp. fl. par. t.* 49 ; *Host. gram.* 1, *t.* 39 ; *Fl. dan. t.* 236 ; *Scheuchz. agrost. t.* 7, *fig.* 1, 2, 3 ; *Moris. hist. s.* 8, *t.* 9, *fig.* 6 ; *C. Bauh. prodr.* 23, *ic. et théatr.* 188, *ic.* — Racine fibreuse. Tiges de 2-4 décim., dressées, à 3 angles peu prononcés inférieurement, garnies de 1-3 gaînes lâches, renflées, striées. Feuilles radicales, nombreuses, raides, triquètres, striées, rudes aux bords, étroites, allongées, mais plus courtes que la tige. Epi terminal, solitaire, droit, *ovale-oblong*, *sans bractées*. Ecailles membraneuses, lancéolées-acuminées, noirâtres inférieurement, blanchâtres aux bords et longuement au sommet. Akènes roussâtres, obovales, *subtrigones*, élargis et obtus au sommet, munis d'une très-petite pointe, entourés, à leur base, de soies nombreuses, *non crépues*, médiocrement allongées.

Hab. les marais tourbeux du Lengas à la Grandès-Haute, près de Saint-Guiral, et de la Lozère, près de Concoule. ♃ Fl. avril-juin.

2. **E. GRACILE** *Koch. ap. Roth. cat.* 2, *p.* 259 ; *Dec. fl. fr.* 3, *p.* 132 ; *Poit. et Turp. fl. par. t.* 53 ; *Host. gram.* 4, *t.* 74 ; *Fl. dan. t.* 1441. — Souche grêle, articulée, *longuement rampante*. Tiges de 2-3 décim., très-grêles, à 3 angles peu saillants, garnies de 1-2 feuilles courtes, étroites, dressées, triquètres ainsi que les radicales, peu nombreuses. Epillets peu nombreux, ovoïdes, petits, peu penchés, à pédoncules courts, inégaux, *rudes, pubescents.* Bractées brunes, blanches, scarieuses inférieurement aux bords, dilatées à la base, subulées-triquètres dans leur partie supérieure, plus courtes que la panicule, peu fournie. Ecailles ovales-lancéolées, subobtuses, membraneuses, nerviées, d'un vert mêlé de taches rougeâtres. Akènes bruns, oblongs, trigones, *obtus* au sommet, munis d'une très-petite pointe, entourés à leur base de soies abondantes assez longues, mais plus courtes que dans les espèces suivantes.

Hab. les prairies tourbeuses, dans toute la chaîne de l'Espérou, et celle de la Lozère, près de Concoule. ♃ Fl. mai-juin.

3. **E. ANGUSTIFOLIUM** *Roth. fl. germ.* 2, *p.* 63 ; *Dec. fl. fr.* 3, *p.* 131 ; *Engl. bot. t.* 564 ; *Poit et Turp. fl. par. t.* 51. — Souche traçante, stolonifère. Tige de 3-5 décim., dressée, striée, à 3 angles peu saillants. Feuilles raides, luisantes, étroites-allongées, longuement acuminées, canaliculées, triquètres au sommet, un peu rudes sur les bords, plus courtes que la tige. Epillets ordinairement nombreux, assez gros, inégalement pédonculés, excepté le central, qui est sessile ; pédoncules *lisses et glabres.* Bractées foliacées, plus courtes que la panicule. Ecailles brunes, oblongues-lancéolées, scarieuses aux bords et au sommet.

Akènes noirs, oblongs-trigones , *acuminés-aigus*, entourés , à leur base, de soies brillantes, abondantes, très-allongées à la maturité.

Var. B, *Congestum Mert. et Koch*. Epillets sessiles ou brièvement pédonculés. *E. vaillantii Poit. et Turp.*, *fl. par. t.* 52 ; *Vaill. bot. par. t.* 16, *fig.* 1 ; *E. intermedium Dec. fl. fr.* 5, *p.* 298.

Hab. les prairies tourbeuses, dans toute la chaîne de l'Espérou, et celles de la Lozère, près de Coucoule. ♃ Fl. avril-juin.

4. **E. LATIFOLIUM** *Hoppe, Taschenb.* 108 ; *Poit et Turp. fl. par. t.* 50 ; *E. polystachyon Dec. fl. fr.* 3, *p.* 131 ; *Lamk. ill. t.* 39, *fig.* 1 ; *Host. gram.* 4, *t.* 73 ; *Leers, herb. t.* 1, *fig.* 5. — Racine fibreuse. Tige de 4-8 décim., droite, striée, presque cylindrique, subtrigone. Feuilles un peu larges, lancéolées, assez courtes, presque planes, carénées, striées, triquètres au sommet, scabres aux bords, tachées de brun à l'entrée de la gaîne. Epillets nombreux, ovales, penchés ou pendants à la maturité , plus petits que ceux de l'espèce précédente, inégalement pédonculés, excepté le central qui est sessile, disposés en panicule. Pédoncules simples ou rameux au sommet, *chargés d'aspérités* dirigées en haut. Ecailles florales d'un brun verdâtre , lancéolées, un peu scarieuses aux bords, munies d'une nervure dorsale. Akènes bruns, ovales-oblongs, trigones-*obtus et dépourvus de pointe au sommet*, entourés à la base de soies abondantes, moins longues que dans l'espèce précédente.

Vulgairement *lin des marais*. Elle a été employée contre l'épilepsie ; on fait , avec les aigrettes mêlées avec du coton, des chapeaux, des mèches à brûler.

Hab. les prairies tourbeuses, sur toute la chaîne de l'Espérou, et celles des environs de Concoule. ♃ Fl. avril-juin.

5ᵉ gᵉ. SCIRPE. — SCIRPUS. (Lin gen. 67.)

Fleurs hermaphrodites, en épi solitaire ou en épillets rares ou nombreux, rapprochés en capitules ou disposés en corymbe. Écailles florales imbriquées en tous sens , les inférieures plus grandes que les supérieures, 1-2 inférieures stériles. Style *non articulé*, caduc, à 2-3 stigmates. Akènes lenticulaires ou trigones, munis à leur base, ou dépourvus, de 3-6 soies denticulées, plus courtes que les écailles florales.

1.	Un seul épi terminal......................	2.
	Un ou trois épillets latéraux en apparence, ou plusieurs épillets en corymbe ou en panicule.	4.
2.	Épi composé de plusieurs épillets distincts et distiques	COMPRESSUS
	Épi simple................................	3.

3. { Gaines des tiges prolongées en une petite pointe
foliacée. .... **CÆSPITOSUS.**
Gaines des tiges tronquées, dépourvues de pointe **PAUCIFLORUS.**

4. { Tige à 3 angles............................. **5.**
Tige arrondie............................... **8.**

5. { Tige feuillée. .... **6.**
Tige nue.................................... **7.**

6. { Épillets verdâtres, petits, en glomérules pédonculés, disposés en panicule décomposée..... **SYLVATICUS.**
Épillets assez gros, d'un brun roussàtre, sessiles, solitaires (*monostachys*), ou en glomérules pédonculées, formant une cime simple
ou composée... **MARITIMUS.**

7. { Tige de 10-15 décim., raide ; panicule formée
d'épillets aigus, la plupart pédicellés dans les
glomérules...................................... **TRIQUETER.**
Tige de 5-10 décim., souple ; panicule formée
d'épillets obtus, sessiles dans les glomérules. **POLLICHII.**

8. { Écailles florales, non plissées en long ; souche
vivace, rampante................................ **9.**
Écailles florales plissées eu long ; souche annuelle, fibreuse............................... **10.**

9. { Épillets réunis eu capitules sphériques, très-
compactes ; tiges de 5-10 décim., raides, non
spongieuses.................................... **HOLOSCHŒNUS.**
Épillets distincts, agglomérés, en capitules lâ-
ches; tiges de 1-2 mèt., épaisses, spongieuses. **LACUSTRIS.**

10. { Akènes striés en long ou ponctués ; tiges filiformes... **11.**
Akènes ridés en travers ; tiges non filiformes.. **SUPINUS.**

11. { Akènes striés en long................. .... **SETACEUS.**
Akènes finement ponctués............... ..... **SAVII.**

1. Sc. SYLVATICUS *Lin. sp.* 75; *Dec. fl. fr.* 3 , *p.* 138 ;
Lamk. ill. t. 38, *fig.* 2 ; *Host. gram.* 3, *t.* 68 ; *Leers. herb. t.* 1,
fig. 4; *C. Bauh. theatr. p.* 90, *ic.* ; *Lœs. pruss. t.* 33. — Souche
épaisse, *traçante*. Tige de 4-8 décim., *droite*, triquètre, lisse,
fistuleuse, feuillée. Feuilles larges, linéaires-aiguës , planes, carénées, rudes sur les bords et sur la carène, engaînantes à leur
base, ordinairement plus courtes que la tige. Épillets très-nombreux, d'un brun verdâtre, petits, courts, ovoïdes, en glomérules
sessiles et pédonculés, disposés en corymbes secondaires inégalement pédonculés, formant ensemble une panicule terminale,
très-rameuse, à rameaux trigones, *âpres au toucher*, garnie à la
base de larges bractées foliacées, inégales, rudes sur les bords et
sur la carène; l'inférieure, la plus longue, dépassant quelquefois
la panicule. Écailles florales *obtuses*, *uninerviées*, striées sur les
côtés, *mucronées*. Stigmates 3. Akènes d'un blanc jaunâtre,
ovoïdes-trigones, mucronés, munis à leur base de soies dentelées, les dépassant.

Hab. les bois et les prairies humides, aux environs du Vigan, à la chartreuse de Valbonne. ♃ Fl. mai-juillet.

2. Sc. maritimus *Lin. sp.* 74; *Dec. fl. fr.* 3, *p.* 137; *Host.
gram.* 3, *t.* 67; *Scheuchz. agr. t.* 9, *fig.* 9, 10; *C. Bauh. theatr.
p.* 86, *ic.; Lob. ic.* 20, *fig.* 1; *Tabern. ic.* 221, *fig.* 2. — Souche
à rhizomes traçants, *renflés, de distance en distance, en tubercules arrondis.* Tiges de 4-10 décim., droites, triquètres, feuillées, lisses ou un peu rudes sur les angles près du sommet, souvent croissant en touffe. Feuilles planes, très-longuement
linéaires, carénées, rudes sur les bords et la carène, ordinairement plus longues que la tige. Epillets fauves, ovales-oblongs
ou cylindriques, disposés en glomérules sessiles et pédonculés,
ou seulement sessiles; rarement un seul épillet terminal. Pédoncules inégaux, simples, *lisses,* trigones, disposés en ombelle
irrégulière, munie à sa base de 2-4 folioles involucrales, inégales, planes, carénées, dépassant longuement l'ombelle; l'inférieure, la plus longue, ordinairement dressée. Ecailles florales à
3 *pointes, la médiane plus longue, subulée.* Akènes d'un brun
roussâtre, luisant, ovoïdes-trigones, comprimés, mucronés, faiblement ponctués, munis à leur base de soies dentelées, très-
courtes, quelquefois nulles.

Vulgairement, en patois, *trianglé, blanquetta.*

Var. A, *Genuinus Gren. et Godr. fl. fr.* 3, *p.* 371. Glomérules disposés en ombelle.

Var. B, *Compactus Koch, syn.* 2e *part,* 858. Epillets sessiles,
en glomérule compacte. *Sc. compactus Koch. siles. t.* 15; *Sc.
tuberosus Desf. atl.* 1, *p.* 50.

Var. C, *Monostachys Dumort. fl. belg.* 144. Epillet solitaire.
Tige de 2-3 décim., grêle.

Var. D, *Macrostachys Koch, syn.* 2e *part,* 858. Epillets cylindriques, allongés, sessiles, agglomérés. *Sc. macrostachys
Willd. en. h. berol.* 1, *p.* 78; *Scheuchz. agr. t.* 9, *fig.* 7-8.

Hab. les marais, les bords des eaux, à Saint-Gilles, Bellegarde, Aigues-
Mortes; les bords du Gardon. ♃ Fl. juin-septembre

3. Sc. compressus *Pers. syn.* 1, *p.* 66; *Gren. et Godr. fl.
fr.* 3, *p.* 371; *Sc. caricis Dec. fl. fr.* 3, *p.* 137; *Schœnus compressus Lin. sp.* 65; *Host. gram.* 3, *t.* 57; *Poll. pal.* 1, *t.* 1,
fig. 2; *Leers, t.* 1, *fig.* 1; *Scheuchz. agr. t.* 11, *fig.* 6. — Souche
à rhizomes traçants. Tiges de 1-3 décim., dressées, lisses, striées,
feuillées, cylindriques à la base, nues et triquètres au sommet.

Feuilles un peu raides, linéaires-aiguës, striées, planes, légèrement carénées, rudes au sommet, sur les bords. Epillets nombreux, roussâtres, sessiles, rapprochés sur 2 rangs opposés, en
un épi oblong, terminal, comprimé, muni à sa base d'une,
rarement de deux feuilles bractéales, rudes, trigones au sommet,
plus longues ou plus courtes que l'épi. Ecailles florales oblongues-
lancéolées-aiguës, striées, pliées en carène. Stigmates 2. Akènes
brunâtres, ovales-subtrigones, comprimés, surmontés d'une
pointe, reste du style, munis à leur base de soies dentelées, à
pointes recourbées, plus longues qu'eux.

Hab. les bords des ruisseaux et les prairies humides, aux environs d'Uzès,
d'Alais, du Bouquet, de l'Espérou. ⚥ Fl. juin-août.

4. **Sc. HOLOSCHŒNUS** *Lin. sp.* 72; *Dec. fl. fr.* 3, *p.* 140;
Fl. dan. 454; *C. Bauh. théatr.* 174, *ic.; Moris. hist. s.* 8, *t.* 10,
fig. 17; *Scheuchz. agr. t.* 8, *fig.* 2, 3, 4, 5; *Dalech. hist. ed.
franc.* 1, *p.* 861, *fig.* 1. — Souche rampante, épaisse. Tiges de
5-10 décim., croissant en touffe, dressées, *cylindriques*, compressibles, assez fermes, garnies de moelle intérieurement, finement striées, glaucescentes, insensiblement atténuées vers le
sommet, munies à leur base de gaînes membraneuses, d'un brun
rougeâtre, luisant, souvent déchirées longitudinalement, laissant
d'un bord à l'autre un réseau de fibres lâches, terminées la plupart en une pointe raide, triquètre, quelquefois en une feuille
allongée. Epillets d'un brun verdâtre, plus ou moins nombreux,
réunis, très-serrés en capitules *globuleux*, *tuberculeux*, pédicellés, le central sessile, disposés en corymbes, ou solitaires au
sommet de pédoncules inégaux, formant ensemble une panicule
simple ou composée, munie à sa base de 1-2 bractées inégales,
dont une plus grande, raide, piquante, canaliculée inférieurement,
dressée, ou très-étalée, ordinairement plus longue que la panicule; la plus petite toujours étalée. Ecailles florales petites,
ovales-tronquées, submucronées, carénées, un peu hispidulées,
ciliées aux bords. Anthères mucronulées-*ciliées*. Stigmates 3, rarement 2. Akènes très-petits, bruns, très-finement ponctués,
ovales-arrondis, un peu comprimés, mucronulés, *nus à leur
base.*

VAR. B, *Australis Koch. syn.* 857. Capitules peu nombreux,
solitaires sur les pédoncules, le médian sessile. *Sc. australis
Lin. syst. p.* 85.

VAR. C, *Romanus Koch. l. c.* Capitules de la grosseur d'une petite cerise, sessiles, solitaires ou accompagnés d'un ou de deux
autres pédonculés, plus petits; bractées très-inégales, la plus longue

dressée ou horizontale, la petite réfléchie. *Sc. romanus L. sp.* 72.

Hab. les lieux humides, dans tout le département, mais plus rare dans la partie élevée. ♃ Fl. mai-août.

5. **Sc. LACUSTRIS** *Lin. sp.* 72 ; *Dec. fl. fr.* 3, *p.* 136 ; *Host. gram.* 3 , *t.* 61 ; *C. Bauh. theatr. p.* 178, *ic.*; *Tabern. ic.* 249 , *fig.* 1 ; *Moris. hist. s.* 8, *t.* 10, *fig.* 1. — Souche épaisse, traçante. Tiges de 1-2 mètres, solitaires, assez grosses, atténuées vers le sommet, *cylindriques*, finement striées, spongieuses, molles, nues, garnies à leur base de quelques gaînes squamiformes, rougeâtres, dont la supérieure se prolonge en une feuille courte ou un peu allongée, pointue, canaliculée. Epillets ovales-aigus, agglomérés en capitules inégalement pédonculés et sessiles ; les plus longs pédoncules souvent rameux, formant ensemble *un corymbe composé*, latéral en apparence ; rarement les glomérules sont tous sessiles. Bractées 1-2, raides, dont l'inférieure subulée, canaliculée, plus longue, dressée, plus courte que le corymbe, l'atteignant ou le dépassant. Ecailles florales rousses, ovales, échancrées, mucronées par le prolongement de la nervure dorsale, ciliées-scarieuses aux bords, rarement ponctuées de rouge. Stigmates 3. Akènes jaunâtres, obovales-arrondis, subtrigones, plancs du côté interne, convexes à l'extérieur, lisses, mucronulés, munis à leur base de soies denticulées, les dépassant.

Vulgairement, *jonc d'eau;* en patois, *bola;* employée comme litière et pour le fumier.

Hab. les étangs, les roubines, dans tout le département. ♃ Fl. mai-août.

6. **Sc. TRIQUETER** *Lin. mant. (non Dec.)* 29 ; *Sc. littoralis Dec. fl. fr.* 5, *p.* 300 ; *Delile, descrip. de l'Egypte, t.* 7, *fig.* 3 ; *Schrad. fl. germ.* 1, *t.* 5, *fig.* 7 ; *Mich. gen. t.* 3, *fig. infer. sinist.* — Souche traçante. Tiges de 10-15 décim., raides, dressées, à 3 *angles très-prononcés dans toute leur longueur, à faces planes* munies inférieurement, près de la base, de gaînes déchirées longitudinalement, avec les bords attachés l'un à l'autre par des fibres lâchement réticulées ; les supérieures prolongées en feuilles courtes, molles, triquètres. Epillets ovales-aigus, d'un brun ferrugineux, solitaires, sessiles et pédicellés, disposés en petits corymbes inégalement pédonculés, formant ensemble un corymbe général, lâche, peu penché. Bractées ordinairement 2, dont la plus longue, qui est inférieure, raide, droite, triquètre, dépasse souvent la panicule et lui donne un aspect latéral. Ecailles florales d'un brun clair sur les bords, un peu scarieuses, denticulées au sommet, ovales, légèrement échancrées avec une petite

pointe au fond de l'échancrure. Stigmates 2. Akènes lisses, roussâtres, luisants, obovales, plans du côté interne, convexes à
l'extérieur, mucronulés, munis à leur base de soies velues, en
pinceau au sommet.

Hab. les marais et les roubines, à Saint-Gilles, Bellegarde, Aigues-
Mortes. ♃ Fl. mai–juillet.

7. **Sc. Pollichii** *Gren. et Godr. fl. fr.* 3, *p.* 374 ; *Sc. triqueter Dec. fl. fr.* 3, *p.* 136 ; *Anders. cyp. t.* 1, *fig.* 15 ; *Host.
gram.* 3, *t.* 66 ; *Mich. gen. p.* 47, *n*° 2, *t.* 31. *fig. infer.* 2. —
Souche épaisse, jaunâtre, articulée, traçante. Tiges de 4-8 décim.,
molles, dressées, *à 3 angles aigus dans toute leur longueur, à
faces planes*, à base garnie de 2-3 gaines, dont la supérieure prolongée en feuille courte, linéaire-aiguë, triquètre. Epillets ovales-
obtus, roussâtres, disposés en glomérules sessiles et inégalement
pédonculés, formant ensemble un corymbe lâche ou compacte,
dressé ou peu étalé. Bractées 2, à la base du corymbe, inégales,
triquètres ; l'inférieure, la plus longue, dressée, dépasse ordinairement le corymbe et le fait paraitre latéral. Ecailles florales
obovales, lisses, rousses, plus pâles et fimbriées sur les bords, à
carène verte, prolongée en pointe courte au milieu de l'échancrure qui les termine. Stigmates 2. Akènes blanchâtres, lisses,
luisants, ovales-subtrigones, plans du côté interne, convexes à
l'extérieur, mucronulés, munis à leur base de soies denticulées
un peu plus longues qu'eux.

Hab. dans une lone du Rhône, à Vallabrègues. ♃ Fl. juillet-août.

8. **Sc. supinus** *Lin. sp.* 73 ; *Dec. fl. fr.* 3, *p.* 140 ; *Host.
gram.* 3, *t.* 64 ; *Schrad. germ. t.* 1, *fig.* 1 ; *Rchb. ic. fig.* 715.
— Racine *fibreuse*. Tiges de 1-3 décim., réunies en touffe plus ou
moins fournie, *étalées ou couchées, cylindriques*, striées, fistuleuses, un peu comprimées supérieurement, munies à leur base
de 1-2 gaines : l'inférieure à limbe rudimentaire, la supérieure
souvent prolongée en feuille acuminée, tantôt beaucoup plus
courte que la tige, tantôt aussi longue qu'elle. Epillets peu nombreux, ovales-oblongs-aigus, disposés en glomérules sessiles et
à pédoncules courts et inégaux, formant, par leur réunion, un
corymbe médiocre, latéral en apparence, à cause de la bractée
foliacée-dressée dont elle est munie à sa base et dont le prolongement fait paraitre le corymbe sortant du milieu de la tige.
Ecailles florales ovales, plissées en long, mucronulées par le
prolongement de la nervure dorsale verte. Stigmates 3. Akènes
noirâtres, ovoïdes-trigones, submucronulés, *ridés-ondulés en
travers*, privés de soies à leur base, où elles sont quelquefois rudimentaires.

Hab. les bords des eaux, à l'étang de Jonquières. ① Fl. juillet-août.

9. **Sc. setaceus** *Lin. sp.* 73; *Dec. fl. fr.* 3, *p.* 139; *Isolepis setacea R. Br. prod.* 1, *p.* 78; *Host. gram.* 3, *t.* 44 *et* 65; *Poit. et Turp. fl. par. t.* 68; *Rottb. cyp.* 47, *t.* 15, *fig.* 4, 5, 6; *Leers, herb. t.* 1, *fig.* 6; *Moris. hist. s.* 8, *t.* 10, *fig.* 23. — Racine fibreuse, quelquefois traçante. Tiges de 5-15 centim., *dressées*, simples, *filiformes*, striées, ordinairement gazonnantes, garnies à leur base d'une gaine simple ou prolongée en feuille canaliculée, plus ou moins longue, mais plus courte que la tige. Epillets ordinairement géminés, rarement ternés ou solitaires, petits, ovoïdes, sessiles, agglomérés au sommet de la tige, munis à leur base d'une bractée foliacée, sétacée, canaliculée, dressée, dilatée à la base et brune sur les bords, plus longue que les épillets, rarement plus courte, caduque à la maturité. Ecailles florales d'un vert brunâtre, ovales, mucronulées, à plusieurs nervures saillantes, étroitement scarieuses-blanchâtres sur les bords. Stigmates 3. Akènes petits, bruns, ovales-arrondis ou subtrigones, brièvement mucronés, *sillonnés en long*, privés de soies à leur base.

Hab. les lieux inondés l'hiver et les bords des eaux, dans tout le département. ① ou ♃ Fl. juin-septembre.

10. **Sc. savii** *Seb. et maur. fl. rom.* 22; *Gren. et Godr. fl. fr.* 3, *p.* 377; *Mut. fl. fr. t.* 75, *fig.* 568; *Sc. setaceus Lin. mant.* 321; *Rchb. ic. fig.* 714. — Cette espèce diffère de la précédente, dont elle est très-voisine: par ses tiges à gaines presque toujours rougeâtres; par ses épillets plus petits, munis à leur base d'une bractée, le plus souvent plus courte qu'eux; par ses akènes plus petits, totalement et très-finement ponctués.

Hab. les lieux humides et ombragés, à Ganges, à la chartreuse de Valbonne, à Aigues-Mortes. ① Fl. mai-juillet.

11. **Sc. pauciflorus** *Lightf. fl. scot.* 1077; *Gren. et Godr. fl. fr.* 3, *p.* 379; *Sc. bœothryon Lin. fil. suppl.* 103; *Dec. fl. fr.* 3, *p.* 135; *Host. gram.* 3, *t.* 58; *Dreves et Hayne. pl. d'Eur. t.* 94, 95. — Souche à rhizomes filiformes, *traçants*, produisant de nouvelles tiges. Tiges de 1-2 décim., gazonnantes, *droites*, filiformes, un peu raides, *cylindriques*, striées, nues, mais munies à leur base d'une gaine d'un brun rougeâtre, allongée, tubuleuse, *tronquée, dépourvue de feuille*. Epillet pauciflore, solitaire, terminal, droit, ovale ou oblong, sans bractée foliacée. Ecailles florales brunes, scarieuses, blanchâtres aux bords, *obtuses, mutiques*, marquées sur le dos *de nervures qui n'atteignent pas le sommet;* les 2 inférieures plus grandes que les autres,

plus courtes que l'épillet, qu'elles embrassent à la base. Stigmates 3. Akènes d'un blanc grisâtre, ovales-trigones, mucronés, finement striés, ponctués en long, munis à leur base de soies denticulées, les unes plus longues et les autres plus courtes qu'eux.

Hab. les prairies marécageuses et tourbeuses de l'Espérou, de Monjardin près de Lanuéjols. ♃ Fl. juin-juillet.

12. Sc. cæspitosus *Lin. sp.* 71; *Dec. fl. fr.* 3, *p.* 135; *Anders. cyp. p.* 8, *t.* 1, *fig.* 19; *Fl. dan. t.* 1861; *Scheuchz. agrost. t.* 7, *fig.* 18. — Cette espèce diffère de la précédente: par sa souche cespiteuse, compacte, oblique, dépourvue de rhizomes traçants; par ses tiges garnies à leur base de plusieurs gaînes brunes, persistantes, dont la supérieure, très-obliquement tronquée, se termine en une pointe courte, foliforme; par ses écailles florales inférieures surmontées d'une pointe épaisse, obtuse, qui n'est que le prolongement des nervures dorsales réunies; et, enfin, par ses akènes brunâtres, munis à leur base de soies beaucoup plus longues qu'eux.

Hab. les prairies tourbeuses, aux environs de l'Espérou; sur la Lozère, commune de Concoule, à Gourdouse. ♃ Fl. mai-juin.

6ᵉ gʳᵉ. **ELEOCHARIS. — ELEOCHARIS.** (R. Brown. prodr. 1, p. 224.)

Fleurs hermaphrodites, en épi simple terminal, à écailles florales inférieures stériles, plus grandes que les supérieures. Style *articulé, dilaté à la base, persistant.* Stigmates 2-3. Akènes comprimés ou trigones, munis à la base de 5-6 soies denticulées, plus courtes que les écailles de l'épi, rarement dépourvus de soies.

1. { Akènes un peu comprimés, lisses; tiges non capillaires; souche traçante......................... 2.
{ Akènes non comprimés, marqués de côtes longitudinales; tiges capillaires; racine fibreuse............ **ACICULARIS.**

2. { Écaille inférieure n'embrassant que la moitié de l'épi. **PALUSTRIS.**
{ Écaille inférieure embrassant entièrement la base de l'épi.. **UNIGLUMIS.**

1. E. palustris *R. Br. prodr.* 1, *p.* 80; *Gren. et Godr. fl. fr.* 3, *p.* 380; *Scirpus palustris Lin. sp.* 70; *Dec. fl. fr.* 3, *p.* 133; *Lamk. ill. t.* 38, *fig.* 1; *Host. gram.* 3, *t.* 55; *Leers, herb. t.* 1, *fig.* 3; *Lob. ic.* 86, *fig.* 1, *et obs.* 44, *fig.* 1. — Souche à rhizomes *traçants.* Tiges de 2-6 décim., dressées, plus ou moins touffues, molles, striées, cylindriques-comprimées, plus ou moins glauques, garnies à l'intérieur d'une moelle interrompue, munies à leur base d'une ou de deux gaînes, d'un brun rougeâtre, tronquées obliquement; les tiges qui naissent des rejets sont solitaires et stériles. Epi brun, plus ou moins foncé, oblong-obtus ou aigu,

solitaire, terminal, à écailles florales subaiguës, scarieuses, plus
pâles aux bords; l'inférieure plus courte, obtuse, *n'embrassant
que la moitié de la base de l'épi.* Stigmates 2. Akènes lisses,
jaunâtres, ovales - subtrigones , *un peu comprimés, à bords
obtus*, munis à leur base de 4-6 soies persistantes , plus longues
qu'eux.

Hab. les fossés, les prairies humides, les marais, dans tout le département. ♃ Fl. mai–juillet.

2. E. UNIGLUMIS *Koch. syn. ed. 1, p.* 738 ; *Gren. et Godr.
fl. fr. 3, p.* 380; *Scirpus uniglumis Link, Jahrb.* 3, *p.* 77 ;
Anders. cyp. p. 10, *t.* 2, *fig.* 23; *Mut. fl. fr. t.* 75, *fig.* 569. —
Cette espèce diffère de la précédente, dont elle est très–voisine :
par ses épis plus foncés, ordinairement moins allongés; par ses
écailles aiguës, dont l'inférieure obtuse embrasse presque toute
la base de l'épi.

Hab. les prés, à Broussan, près de Nîmes. ♃ Fl. mai–août.

3. E. ACICULARIS *R. Br. prodr.* 1, *p.* 80 ; *Scirpus acicularis
Lin. sp.* 71 ; *Dec. fl. fr.* 3, *p.* 138; *Anders. cyp. p.* 11, *t.* 2,
fig. 26; *Fl. dan. t.* 287 ; *Moris. hist. s.* 8, *t.* 10, *fig.* 37; *Bocc. sic.
t.* 20; *fig.* 4.—Racine fibreuse et traçante. Tiges de 5-10 centim.,
capillaires , inégales, anguleuses, gazonnantes, munies à leur
base d'une gaîne courte, membraneuse, tronquée obliquement.
Épi très-petit, droit, *ovale-aigu*, solitaire, terminal, à écailles
florales obtuses, carénées, étroitement scarieuses aux bords;
l'inférieure plus grande, largement pâle et scarieuse aux bords
et au sommet, *embrassant toute la base de l'épi.* Stigmates 3.
Akènes ovales-oblongs, blanchâtres, *finement sillonnés en long,*
munis ou dépourvus de soies à leur base.

Hab. les bords des ruisseaux, aux environs du Vigan, de Concoule.
① Fl. juin–septembre.

7° gᵣᵉ. RHYNCHOSPORE. — RHYNCHOSPORA. (Vahl. enum. 2, p. 229.)

Fleurs hermaphrodites, en épillets, disposés *en corymbes* pédonculés, axillaires et terminaux. Ecailles florales supérieures
fertiles, les inférieures plus petites, stériles. Style *articulé, dilaté
à la base, persistant.* Stigmates 2. Akènes ovales, comprimés ,
apiculés, munis à leur base de soies nombreuses, raides, dentelées, de leur longueur et *plus courtes que les écailles de l'épi.*

1. RH. ALBA *Vahl. en* 2 , *p.* 236 ; *Gren et Godr. fl. fr.* 3 , *p.*
383; *Schœnus albus Lin sp.* 65 ; *Dec. fl. fr.* 3 , *p.* 143; *Fl. dan.
t.* 320 ; *Host. gram.* 4 , *t.* 72 ; *Scheuchz. t.* 11 , *fig.* 11 ; *Moris.*

hist. s. 8, *t.* 9, *fig.* 39. — Racine *fibreuse*. Tiges de 2-4 décim., grèles, un peu raides, trigones, striées, réunies en touffe, garnies de feuilles linéaires-étroites, carénées, un peu scabres aux bords, dressées, plus courtes que la tige. Épillets oblongs-aigus, blanchâtres, devenant rougeâtres en vieillissant, disposés en petits glomérules brièvement pédicellés, réunis *en corymbes* serrés, terminaux et axillaires; ces derniers à pédoncules environ 2 fois de leur longueur. Bractées linéaires-foliacées, égalant ou dépassant le corymbe. Écailles florales oblongues, mucronées par le prolongement de la nervure dorsale, presque translucides, étroitement appliquées. *Style plus long* que les stigmates. Akènes obovales, un peu comprimés, convexes sur les 2 faces, longuement apiculés, atténués en coin à la base, blanchâtres, luisants, munis à leur base de 8-10 soies de leur longueur et de 2 plus longues.

Hab. les prairies tourbeuses, à Gourdouse, près de Concoule, et probablement dans celles des environs de l'Aigual. ♃ Fl. juin-août.

8° g^{re}. **CAREX** ou **LAICHE**. — **CAREX**. (Mich. nov. gen. 66.)

Fleurs monoïques, rarement dioïques, disposées en épis androgynes ou unisexuels, garnis d'écailles imbriquées en tous sens; fleurs mâles à 2-3 étamines; fleurs femelles à un style simple, caduc, à 2-3 stigmates filiformes, au sommet d'un ovaire monosperme, renfermé dans *un utricule membraneux, perforé au sommet*, persistant et se développant avec l'ovaire, en prenant la forme d'une capsule ovoïde ou arrondie, comprimée ou triquètre, terminée en bec bidenté ou bifide.

1.	Épi unique, simple, terminal..........	**PULICARIS** (1).
	Plusieurs épis rapprochés ou espacés..	2.
2.	Épis portant des fleurs mâles et des fleurs femelles, disposés en panicule ou en épi général composé..........	3.
	Épis unisexuels, les inférieurs femelles, un ou plusieurs supérieur, mâles....	15.
3.	Deux stigmates....................	4.
	Trois stigmates....................	**LINKII** (14).
4.	Épis très-nombreux, disposés en panicule lâche ou reserrée..............	**PANICULATA** (9)
	Épis distants ou réunis en épi général plus ou moins allongé, plus ou moins interrompu......................	5.
5.	Souche traçante....................	6.
	Souche cespiteuse..................	9.
6.	Épis mâles au sommet ou à la base....	7.
	Épis supérieurs et inférieurs femelles, les intermédiaires mâles..........	**DISTICHA** (4).
7.	Épis mâles au sommet..............	8.
	Épis mâles à la base..............	**SCHREBERI** (5).

8. { Utricules mûrs ovales-arrondis, à bec court et à deux pointes; tiges assez robustes...................... **DIVISA** (2).
Utricules mûrs ovales-lancéolés, à bec un peu allongé et à deux dents; tiges grêles............................. **SETIFOLIA** (3).

9. { Utricules mûrs étalés................. 10.
Utricules mûrs dressés.............. 13.

10. { Bractée inférieure prolongée en arête.. 11.
Bractée inférieure courte, en forme d'écaille .... **ECHINATA** (11).

11. { Épis inférieurs composés; tige robuste, épi général gros................... **VULPINA** (6).
Épis inférieurs simples; tige et épi général grêles....................... 12.

12. { Épis inférieurs très-écartés; utricules mûrs étalés-dressés............... **DIVULSA** (8).
Épis inférieurs peu écartés; utricules mûrs divariqués.................. **MURICATA** (7).

13. { Épis roussâtres, rapprochés au sommet de la tige...................... **LEPORINA** (10).
Épis verdâtres; les inférieurs plus ou moins espacés..................... 14.

14. { Épis inférieurs très-écartés, munis d'une bractée foliacée, allongée.......... **REMOTA** (13).
Épis inférieurs peu écartés, munis d'une bractée très-courte, squamiforme.... **CANESCENS** (12).

15. { Utricules à bec court, obtus.......... 16.
Utricules à bec allongé, bifide........ 35.

16. { Stigmates 2...... .... 17.
Stigmates 3... .... 19.

17. { Gaînes des feuilles à déchirure filamenteuse........................ **STRICTA** (16).
Gaînes des feuilles à déchirure non filamenteuse..................... 18.

18. { 1-2 épis mâles supérieurs; écailles femelles obtuses, mutiques, plus courtes que l'utricule.................. **GOODENOWII** (15).
Plusieurs épis mâles supérieurs; écailles femelles lancéolées-aiguës, plus longues que l'utricule................ **ACUTA** (17).

19. { Utricules glabres.................... 20.
Utricules pubescents................ 26.

20. { Bractée inférieure engaînante........ 21.
Bractée inférieure non engaînante..... **LIMOSA** (24).

21. { Souche cespiteuse .... 22.
Souche stolonifère. 23

22. { Gaînes des feuilles inférieures glabres; épis femelles très-longs........... **MAXIMA** (19).
Gaînes des feuilles inférieures velues; épis femelles courts............... **PALLESCENS** (21).

23. { 2-3 épis mâles..................... **GLAUCA** (18).
1 seul épi mâle .... 24.

24. { Écailles femelles blanches, scarieuses;
     épis étroits...................... **ALBA** (20).
     Écailles femelles brunes, à carène verte;
     épis assez épais. .... 25.

25. { Utricules ovoïdes, lisses, mats......... **PANICEA** (22).
     Utricules ovoïdes-trigones, striés, lui-
     sants. .... **OBOESA** (23).

26. { Bractées inférieures engaînantes....... 27.
     Bractées inférieures non engaînantes... 30.

27. { Épis femelles linéaires.............. 28.
     Épis femelles subglobuleux.......... **HALLERIANA** (31)

28. { Feuilles dépassant longuement la tige;
     plante de 5-8 centim., cespiteuse..... **HUMILIS** (32).
     Feuilles plus courtes que les tiges;
     plante de 10-15 cent., souche un peu
     rampante...................... 29.

29. { Épis un peu écartés; utricules de la
     longueur des écailles.............. **DIGITATA** (33).
     Épis rapprochés au sommet de la tige;
     utricules dépassant les écailles..... **ORNITHOPODA** (34).

30. { Bractée inférieure membraneuse à la
     base, terminée en pointe courte, verte. 31.
     Bractée inférieure entièrement foliacée. 34.

31. { Souche stolonifère................... 32.
     Souche cespiteuse, sans stolons....... 33.

32. { Écailles femelles brunes, ovales-lancéo-
     lées, à carène verte, prolongée en un
     mucron. .... **PRÆCOX** (25)
     Écailles femelles ovales, très-obtuses;
     brunes, avec une bordure blanche,
     ciliée au sommet....... .... **ERICETORUM** (29).

33. { Tige grêle, raide: feuilles assez larges, rai-
     des; épi femelle inf^r presque sessile. **POLYRHIZA** (26).
     Tige grêle, faible; feuilles étroites, mol-
     les; épis tous sessiles...... ...... **MONTANA** (30).

34. { Souche stolonifère: utricules presque
     tomenteux, subglobuleux........... **TOMENTOSA** (27).
     Souche cespiteuse, sans stolons; utri-
     cules brièvement pubescents, pyri-
     formes................. .... **PILULIFERA** (28).

35. { Utricules velus............... ...... **HIRTA** (49).
     Utricules glabres................ ... 36.

36. { Bractée inférieure engaînante. .... 37.
     Bractée inférieure non engaînante..... 46.

37. { Souche stolonifère................... **FRIGIDA** (35).
     Souche cespiteuse sans stolons........ 38.

38. { Épis femelles écartés .... 39.
     Épis femelles rapprochés du sommet de
     la tige, au moins les supérieurs. ... 43.

39. { Épis femelles linéaires-allongés, pen-
     chés ou pendants.................. **SYLVATICA** (36)
     Épis femelles oblongs ou subglobuleux,
     dressés, ou l'inférieur seulement pen-
     ché...................... .... 40.

40. { Épis femelles pauciflores, lâches...... DEPAUPERATA (37).
{ Épis femelles multiflores compactes... 41.

41. { Épi femelle supérieur sessile ; les autres pédonculés.................. .... HORNSCHUCHIANA (40).
{ Épis femelles tous pédonculés........ 42.

42. { Limbe de la bractée inférieure ordinairement plus long que l'épi dressé ... DISTANS (41).
{ Limbe de la bractée inférieure ordinairement plus court que l'épi penché.. LÆVIGATA (43).

43. { Bractées dressées................... 44.
{ Bractées étalées ou réfléchies........ 45.

44. { Épis femelles gros, allongés, longuement pédonculés, pendants........ PSEUDOCYPERUS (44).
{ Épis femelles médiocres, ovales ou oblongs, presque sessiles, dressés, quelquefois l'inférieur pédonculé.... EXTENSA (42).

45. { Utricules réfléchis à la maturité, à bec allongé, à la fin courbé...... .... FLAVA (38).
{ Utricules étalés, non réfléchis à la maturité, à bec un peu court, toujours droit. OEDERI (39).

46. { Utricules vésiculeux.......... ... . 47.
{ Utricules non vésiculeux............. 48.

47. { Tige et pédoncules lisses............. AMPULLACEA (45).
{ Tige scabre supérieurement ; pédoncules scabres..... .... VESICARIA (46).

48. { Écailles inférieures des épis mâles obtuses ; utricules à faces comprimées.. PALUDOSA (47).
{ Écailles des épis mâles toutes aristées : utricules à faces convexes......... RIPARIA (48).

1. C. PULICARIS *Lin. sp.* 1380; *Dec. fl. fr.* 3, *p.* 101; *Schk. car. t. A, nº 3; Host. gram. 4, t. 75; Leers, herb. t. 14, fig. 1 ; Schz. agrost. t. 11, fig. 9-10; Moris. hist. s. 8, t. 12, fig. 21.*— Souche cespiteuse, à racines capillaires. Tiges de 1-2 décim., grêles, cylindriques, lisses, cannelées, formant avec les feuilles des touffes plus ou moins fournies. Feuilles filiformes, sétacées, carénées, enroulées, un peu scabres au sommet, ordinairement plus courtes que les tiges. Epi simple, linéaire-aigu, solitaire, terminal, mâle supérieurement, femelle inférieurement. Ecailles des fleurs mâles *lancéolées-aiguës*, appliquées; celles des fleurs femelles presque obtuses, lâches, caduques, plus courtes que les utricules, toutes fauves, carénées, étroitement scarieuses aux bords. Stigmates 2. Utricules bruns, glabres, *luisants*, oblongs, un peu comprimés, atténués aux 2 bouts, terminés *en bec court*, dressés, ensuite étalés, puis réfléchis à la maturité.

Hab. les prairies tourbeuses de l'Espérou, de l'Aigual, de Saint-Sauveur. de Gourdouse. ♃ Fl. mai-juin.

2. C. DIVISA *Huds. fl. angl.* 1ʳᵉ *ed. p.* 348; *Dec. fl. fr.* 3, *p.* 105; *Schk. car. t. R et W, nº 61; C. schœnoides Desf. atl.* 2, *p*. 336; *Host. gram*. 1, *t*. 45. — Souche à rhizomes un peu épais, tortueux, durs, longuement rampants. Tiges de 2-8 'décim., droites, raides, trigones, nues et un peu rudes supérieurement, garnies, dans le bas, de feuilles étroites, linéaires, striées, carénées, un peu raides, atténuées-subulées, rudes vers le sommet, sur les bords et sur la carène, presque aussi longues que la tige. Epi terminal, composé d'épillets ovales ou oblongs, aigus, *mâles au sommet, femelles à la base,* rapprochés, alternes; l'inférieur souvent géminé ou terné, muni à sa base d'une bractée étroite, foliacée, carénée, longuement et finement acuminée, dépassant l'épillet et quelquefois l'épi. Ecailles femelles ovales, mucronées par le prolongement de la nervure dorsale, brunes, luisantes, de la longueur de l'utricule; celui-ci jaunâtre, ovale-arrondi, à face interne plane, l'externe convexe, *striée,* terminé en un *bec court,* à 2 *pointes* courtes. Akène jaunâtre, ovale-arrondi, comprimé, uni, entouré d'une bordure étroite. Plante polymorphe.

Hab. les marais maritimes et d'eau douce, dans tout le département. ♃ Fl. avril-juin.

3. **C. SETIFOLIA** *God. not. fl. Monsp.* 25; *Gren. et Godr. fl. fr.* 3, *p*. 390. — Cette espèce diffère de la précédente: par sa tige filiforme, bien moins élevée; par ses feuilles très-étroites, canaliculées; par son épi plus petit, composé d'épillets moins nombreux, plus étroits et plus rapprochés; par ses utricules plus petits plus allongés, à bec plus long, à 2 dents.

Hab. les rives des champs, dans tous les environs de Nîmes et la partie basse du département. ♃ Fl. avril-mai.

4. **C. DISTICHA** *Huds. fl. angl. ed.* 1re, *p*. 403; *Dec. fl. fr.* 3, *p*. 104; *Schk. car. t. B,* n° 7; *Host gram.* 1. *t*. 50; *Leers, herb. t*. 14, *fig*. 2. — Souche à rhizomes longuement traçants. Tiges de 3-5 décim., dressées, nues supérieurement, feuillées dans le bas, trigones, à angles scabres. Feuilles d'un vert clair, planes, longues, linéaires, triquètres au sommet, striées, scabres sur les bords et sur la carène, à gaînes inférieures rougeâtres. Epillets nombreux, ovales-lancéolés, disposés alternativement en un épi oblong, serré, quelquefois un peu lâche à la base, souvent distique, roussâtre, *les épillets femelles occupant le bas et le sommet de l'épi, les mâles sa partie intermédiaire;* presque toujours l'épi est terminé par un seul épillet femelle. Bractée inférieure lancéolée-acuminée en pointe aiguë, plus ou moins allongée, mais plus courte que l'épi, carénée, striée, brune et largement scarieuse à la base, sur les bords. Ecailles florales rousses, luisantes, plus pâles et scarieuses aux bords et au sommet, ovales-lancéolées, obtusiuscules. Stigmates 2. Utricules mûrs bruns, appli-

qués, ovales-oblongs, *atténués en bec bifide*, plan à la face interne, convexe à l'externe, *entourés d'une bordure étroite denticulée, striés sur les 2 faces*, plus longs que les écailles. Akènes elliptiques, comprimés, pâles-bruns.

Hab. les prairies et les pacages humides, aux environs de l'Espérou, de Concoule. ♃ Fl. mai-juin.

5. **C. SCHREBERI** *Schrank, baier. fl. 1, p.* 278 ; *Dec. fl. fr. 3, p.* 110 ; *Schk. car. t. B, n° 9 ; Host. gram. 1, t.* 46 ; *Seg. vero. 1, t. 1, fig.* 2. — Souche à rhizomes durs, épais, articulés, écailleux, longuement traçants. Tiges de 1-2 décim., dressées, trigones, grêles, légèrement scabres au sommet, striées, nues supérieurement, garnies à la base de feuilles linéaires, très-étroites, subulées, canaliculées, striées, glaucescentes, scabres aux bords, plus courtes ou plus longues que les tiges. Epillets 3-6, *mâles à la base*, roussâtres, dressés, rétrécis aux 2 extrémités, alternativement disposés en un épi court sur 2 rangs, interrompu vers la base, munie d'une bractée ovale, subulée, plus courte que l'épillet, scarieuse aux bords. Ecailles florales roussâtres, ovales-lancéolées, scarieuses aux bords, avec une nervure dorsale verte prolongée en pointe. Stigmates 2. Utricules mûrs roussâtres, *ovales-oblongs*, dressés, *atténués en bec bifide*, plans à la face interne, convexe à l'externe, striés, rudes sur les bords, *un peu saillants vers le sommet*, de la longueur des écailles. Akènes brunâtres, comprimés, ponctués.

Hab. parmi les gazons des bords des champs, aux environs de Nîmes, d'Anduze, de Sylveréal, d'Uzès, etc. ♃ Fl. mars-mai.

6. **C. VULPINA** *Lin. sp.* 1382 ; *Dec. fl. fr. 3, p.* 105 *et 5, p.* 288 ; *Schk. car. t. C. n°* 10 ; *Host. gram. 1, t.* 56 ; *Leers, herb. t.* 14, *fig.* 5 ; *Mich. gen. t.* 33, *fig.* 13-14. — Racine fibreuse. Tiges de 3-6 décim., droites, robustes, à 3 angles tranchants, très-rudes, coupants, presque ailés, à faces striées, creuses, croissant en touffe, garnies inférieurement de feuilles d'un vert clair, linéaires-élargies, acuminées, striées, scabres sur les bords et sur la carène, plus courtes ou plus longues que la tige. Epillets nombreux, ovoïdes, *femelles inférieurement*, disposés en épi oblong, ou allongé obtus, serré supérieurement, interrompu à la base ; les inférieurs ramifiés en épillets secondaires. Bractée des épillets inférieurs herbacée, ovale, scabre sur la carène, prolongée en un pointe filiforme, plus ou moins allongée. Ecailles florales roussâtres, vertes aux bords et au sommet, ovales-aiguës. Stigmates 2. Utricules mûrs, verdâtres, à la fin roussâtres, *ovales-acuminés*, en bec un peu allongé, *bifide*, finement denticulés sur les bords, plans à la

face interne, convexes à l'externe, *striés*, *étalés en étoile à la
maturité*, dépassant les écailles. Akènes bruns, luisants, arrondis,
ponctués.

Hab. les prés humides, les bords des fossés, dans tout le département.
♃ Fl. mai-juin

7. **C. MURICATA** *Lin. sp.* 1382 ; *Dec. fl. fr.* 3, *p.* 106 ; *C.
canescens Leers, herb. p.* 201, *n°* 712, *t.* 14, *fig.* 3 ; *Schk. t. E,
n°* 22 ; *Host. gram.* 1. *t.* 54. — Racine et feuilles comme la précédente. Tiges de 2-5 décim., un peu grêles, droites, raides,
cespiteuses, *à* 3 *angles émoussés*, rudes sous l'épi, à faces striées,
non creuses. Epillets assez nombreux, courts, disposés en épi
simple, oblong ; les inférieurs non ramifiés, un peu distants,
tous femelles à la base. Bractée inférieure lancéolée, terminée
par une pointe filiforme, allongée, quelquefois nulle. Ecailles florales d'un roux pâle, ovales-lancéolées, mucronées, scarieuses
aux bords. Stigmates 2. Utricules mûrs verdâtres, ovales-acuminés, en bec un peu allongé, bifide, *très-divergents*, rudes aux
bords, plans à la face interne, convexes à l'externe, *striés vers
la base des 2 faces*, dépassant les écailles. Akènes blanchâtres,
comprimés, presque arrondis, ponctués, non luisants.

Hab. les bois et les lieux humides, les bords des fossés, dans tout le département. ♃ Fl. mai-juillet.

8. **C. DIVULSA** *Good. trans. Linn.* 2, *p.* 160 ; *Dec. fl. fr.* 3,
p. 105 ; *Schk. car. t. W w et D d, n°* 89 ; *Host. gram.* 1, *t.* 55 ;
Mich. gen. t. 33, *fig.* 10. — Cette espèce diffère de la précédente:
par ses tiges presque toujours plus grêles et moins élevées ; par
ses feuilles ordinairement plus étroites ; par son épi *plus étroit
et plus long*, penché à la maturité ; par ses épillets moins fournis ; les inférieurs ordinairement *très-espacés*, *souvent ramifiés* ;
par ses écailles florales blanchâtres, à carène verte ; par ses utricules *demi-dressés*.

VAR. B, *brunea Nob.* Ecailles florales et utricules bruns.

Hab. les bois, les haies, les bords des ruisseaux : aux environs du Vigan,
d'Alzon, de Blandas, d'Aumessas, à la chartreuse de Valbonne, aux environs de Nîmes: la var. B à Trèves. ♃ Fl. avril-juin.

9. **C. PANICULATA** *Lin. sp.* 1383 ; *Dec. fl. fr.* 3, *p.* 108 ; *Schk.
car. t. D, n°* 20 ; *Host. gram.* 1, *t.* 58 ; *Mich. gen. t.* 33, *fig.* 7 ;
Scheuchz. prodr. t. 8, *fig.* 2. — Souche épaisse, fibreuse, cespiteuse, compacte. Tiges de 4-8 décim., dressées, robustes,
raides, croissant en touffe ordinairement très-fournie, *à* 3 *angles aigus et très-rudes, à faces planes*, striées, munies à la base
de gaînes brunes, luisantes, et à sa partie supérieure de feuilles

raides , largement linéaires-acuminées, planes ou carénées, les
plus jeunes pliées en long, striées, très-rudes sur les bords ,
presque aussi longues que la tige. Epillets très-nombreux, petits,
ovoïdes, *femelles inférieurement*, rapprochés en épis denses,
dressés, alternes, formant *une panicule* plus ou moins lâche.
Bractée inférieure verdâtre, ovale-lancéolée, carénée, acuminée
en pointe fine, variable en longueur. Ecailles florales ovales-aiguës, carénées, brunâtres, pâles et largement scarieuses aux
bords. Stigmates 2. Utricules mûrs *étalés*, petits, brunâtres,
ovoïdes, trigones, à face interne plane, lisse; les 2 externes plus
étroites, un peu renflés, *obscurément striés vers la base*, bordés
supérieurement d'une membrane étroite, denticulée, terminés en
bec *bidenté*, souvent allongé, presque de la longueur des écailles.
Akènes ovales, comprimés, ponctués.

Hab. les bois humides, les prés marécageux, les bords des ruisseaux
aux environs de l'Espérou, et sur toute la chaîne de l'Aigual , à Concoule.
♃ Fl. mai-juillet.

10. C. LEPORINA *Lin sp.* 1381 ; *C. ovalis Dec. fl. fr.* 3 , *p.*
110; *Schk. car. t. B, n° 8; Host. gram.* 1, *t.* 51; *Leers , herb. t.* 14,
fig. 6; *Scheuchz. t.* 10, *fig.* 15; *Moris. hist. s.* 8, *t.* 12, *fig.* 29 :
Tabern. ic. 220, *fig.* 2. — Souche dure, fibreuse, cespiteuse.
Tiges de 3-8 décim., droites, à 3 angles peu prononcés, striées,
fistuleuses, scabres au sommet; la partie inférieure lisse et garnie
de feuilles linéaires-acuminées, carénées, striées, scabres aux
bords. Epillets 4-6, *ovales-oblongs*, sessiles, alternes, *mâles à la
base*, disposés en épi terminal serré ou un peu lâche, muni à la
base d'une bractée roussâtre, ovale-lancéolée, courte, *en forme
d'écaille*. Ecailles florales lancéolées, mucronées, roussâtres,
à bords pâles, scarieux à carène verte. Stigmates 2. Utricules
mûrs verdâtres ou brunâtres, *dressés, ovales-lancéolés*, atténués en bec allongé, *bidenté*, plans à la face interne, convexes
à l'externe, *finement striés sur les 2 faces*, bordés d'une mem-
brane denticulée, aussi longs que les écailles. Akènes blanchâtres,
ovales-subtrigones, comprimés.

Hab. les prairies et les pacages humides, dans toute la partie élevée du
département. ♃ Fl. mai-juillet

11. C. ECHINATA *Murr. prodr. p.* 76; *C. stellulata Dec. fl.
fr.* 3, *p.* 112; *Schk, car. t. C, fig.* 14; *Host. gram.* 1, *t.* 53 ;
Leers, herb. t. 14, *fig.* 8. — Souche fibreuse, cespiteuse. Tiges
de 1-3 décim., grêles, droites, à 3 angles peu marqués, striées,
presque lisses, dépassant les feuilles, croissant en touffe. Feuilles
linéaires-étroites, striées, rudes au sommet, canaliculées. Epillets
peu nombreux, verdâtres ou brunâtres, courts, *ovales-arrondis*.

sessiles, alternes, *mâles à la base*, disposés en épi court, terminal, *lâche*, muni à sa base d'une bractée ovale-lancéolée, rarement prolongée en pointe foliacée. Ecailles florales ovales-aiguës, brunâtres, blanches, scarieuses aux bords et au sommet, traversées par une nervure verte. Utricules mûrs *étalés en étoile*, verdâtres ou brunâtres, *plans et lisses* à la face interne, *convexes et à nervures fines rayonnantes* à la face externe, atténués en bec assez long, à 2 dents *très-courtes*, munis *d'une bordure étroite, denticulée*, plus longs que les écailles. Akènes roux, ovales-comprimés, arrondis à la base.

Hab. les prés humides et tourbeux : aux environs du Vigan, d'Alzon, de l'Espérou, de Concoule. 2. Fl. mai-juillet.

12. **C. canescens** *Lin. sp.* 1383; *Anders. cyp.* 57, *t. 4*, *fig.* 39: *C. curta Dec. fl. fr.* 3, *p.* 111; *Schk. car. t. C*, *fig.* 13; *Host. gram.* 1, *t.* 48; *Lœs. pruss. t.* 32. — Souche fibreuse, presque rampante. Tiges de 2-4 décim., grêles, dressées, striées, à 3 angles aigus, scabres sous l'épi, croissant en touffe. Feuilles linéaires-étroites, striées, carénées, scabres aux bords, plus courtes que les tiges, quelquefois les dépassant. Epillets 4-7, blanchâtres ou verdâtres, *ovales-oblongs*, dressés, *mâles à la base*, sessiles, alternes, rapprochés en épi *un peu lâche* inférieurement, muni à sa base d'une bractée courte, ovale, roussâtre, scarieuse aux bords, rarement prolongée en pointe subulée. Ecailles florales ovales-aiguës, blanchâtres, scarieuses, traversées par une nervure verte, peu saillante. Stigmates 2. Utricules mûrs verdâtres, *dressés*, imbriqués, plans à la face interne, convexes à l'externe, *striés sur les 2 faces, ovales*, terminés par un bec court, *entier* au sommet, scabres sur les bords, plus longs que les écailles. Akènes roussâtres, ovales-comprimés.

Hab. les prairies tourbeuses et les bois humides ; sur toute la chaîne de l'Espérou 2. Fl mai-juin.

13. **C. remota** *Lin. sp.* 1383; *Dec. fl. fr.* 3, *p.* 112; *Schk. car. t. E*, *fig.* 23; *Host. gram.* 1, *t.* 52; *Leers, herb. t.* 15, *fig.* 1; *Mich. gen. t.* 33, *fig.* 15; *Moris. hist. s.* 8, *t.* 12, *fig.* 17. — Souche fibreuse, cespiteuse. Tiges de 3-5 décim., très-grêles, faibles, *penchées au sommet* après la floraison, striées, à 3 angles peu prononcés, lisses inférieurement, un peu rudes au sommet. Feuilles linéaires-étroites, atténuées en pointe longue, fine, planes, striées, rudes sur les bords, à carène lisse, molles, tombantes, plus longues que les tiges. Epillets 5-8, petits, *ovales-oblongs*, verdâtres ou jaunâtres, *mâles à la base;* les supérieurs nus, un peu rapprochés; *les inférieurs très-espacés*, munis à leur base *d'une bractée foliacée, plus longue que l'épi général*

formé par leur ensemble. Écailles florales ovales-lancéolées-aiguës, d'un blanc jaunâtre, scarieuses aux bords, à nervure dorsale verte. Stigmates 2. Utricules mûrs verdâtres, dressés, plans à la face interne, munie de 3 nervures courtes, convexes à l'externe, munie *de nervures rayonnantes et d'un léger sillon vers le sommet, ovales*, acuminés en bec court, rude, bidenté, plus longs que les écailles. Akènes jaunâtres, ovoïdes-comprimés.

Hab. les bois et les prairies humides : à la chartreuse de Valbonne , et dans toute la partie élevée du département. ♃ Fl. mai-juin.

14. **C. LINKII** *Schk. car.* 2, *p.* 39, *t. Bbb. fig.* 118 ; *Gren. et Godr. fl. fr.* 3 , *p.* 399 ; *C. gynomane Dec. fl. fr.* 5 , *p.* 289. — Souche un peu renflée, fibreuse, cespiteuse. Tiges de 2-4 décim., grêles, faibles, *trigones*, striées, flexueuses, courbées, lisses dans toute leur longueur, scabres entre les épillets, croissant en touffe, dépassant à peine les feuilles. Celles-ci linéaires, très-étroites, atténuées en pointe allongée, striées, lisses, *planes-carénées*. Épillets 2-4, *d'autant plus espacés qu'ils sont inférieurs*, oblongs, pauciflores, femelles et lâches à la base, sessiles ou presque sessiles, alternativement disposés en épi lâche et allongé, l'inférieur souvent porté sur un pédoncule filiforme allongé, partant de la base de la tige. Bractées *foliacées*, brièvement engaînantes, plus longues que l'épi. Écailles florales ovales-acuminées, fauves ou verdâtres, étroitement blanches-scarieuses aux bords, traversées par une nervure verte. Stigmates 3. Utricules mûrs brièvement stipités, oblongs-triquètres, verdâtres, bruns sur les angles, à face interne un peu ridée en travers, à faces latérales marquées d'une nervure verte arquée, à bec court, lisse, *tronqué obliquement*, tantôt à 2 dents, tantôt entier, plus courts que les écailles ou de leur longueur. Akènes ovales-triquètres, bruns, plus pâles sur les angles, très-finement ponctués.

Hab. les bois de Broussan, de Cygnan, de Campagnes, aux environs de Nîmes ; au pont du Gard, à Saint-Nicolas, à Aumessas. ♃ Fl. avril-mai.

15. **C. GOODENOWII** *Gay! ann. soc. nat. ser.* 2 , *tom.* 11, *p.* 191 ; *Godr. et Gren. fl. fr.* 3, *p.* 402 ; *C. cæspitosa Dec. fl. fr.* 3, *p.* 114 ; *Schk. car t. A a et B b. fig.* 85 ; *Anders. cyp. t.* 5, *fig.* 52 ; *Host. gram.* 1, *t.* 91. — Souche cespiteuse, *stolonifère*. Tiges de 2-8 décim., grêles, *à 3 angles aigus*, rudes sous l'épi et entre les épillets, à faces striées, croissant en touffe compacte ou peu fournie. Feuilles glaucescentes, striées, linéaires-étroites, plus courtes ou plus longues que les tiges, un peu rudes sur les bords et sur la carène, à gaîne *membraneuse* sur les bords de la déchirure. Épi mâle 1, terminal, rarement 2; épis femelles 3-4, inférieurs, dressés, rapprochés, sessiles, l'inférieur

quelquefois brièvement pédonculé ; rarement il existe un épi femelle porté sur un pédoncule filiforme, allongé, prenant naissance à la base de la tige ; *tous cylindriques :* les mâles allongés, les femelles plus courts, quelquefois mâles au sommet. Bractées inférieures foliacées, *dépourvues de gaînes*, munies à la base de 2 petites oreillettes noirâtres, arrondies. Écailles florales ovales-oblongues, obtuses ou un peu pointues, surtout dans les épis mâles, noirâtres avec une bordure blanchâtre, scarieuse, très-étroite, traversées par une nervure fine, verdâtre, quelquefois nulle. Stigmates 2. Utricules mûrs ordinairement verdâtres, oblongs, *arrondis aux 2 extrémités*, comprimés, plans à la la face interne, un peu convexe à l'externe, légèrement striés sur les 2 faces, à bec court, entier, dépassant les écailles, étroitement imbriqués sur 6-7 rangs. Akènes roux, ovales arrondis, comprimés, lisses.

Hab. les prairies tourbeuses ; aux environs de l'Espérou, de Genolhac, de Concoule ♃ Fl. mai-juillet.

16. **C. stricta** *Good. trans. linn. soc. 2, p.* 196, *t.* 21, *fig.* 9 ; *Dec. fl. fr. 3, p.* 114 ; *Schk. car. t. V, fig.* 73 ; *Host. gram. 1, t.* 94. — Cette espèce diffère de la précédente : par sa souche cespiteuse, dépourvue de stolons ; par ses tiges plus robustes, plus raides, plus hautes, dépassant souvent 1 mètre, *canaliculées sur 2 faces, surtout à la base*, formant des touffes *compactes, très-volumineuses ;* par ses feuilles plus largement linéaires, plus raides, d'un vert plus glauque, à gaînes *déchirées en filaments ;* par ses épis plus épais et plus longs ; par les oreillettes des bractées fauves, allongées ; par ses utricules plus larges et plus allongés, d'un aspect pulvérulent, plus longuement atténués en bec, à nervures plus prononcées.

Hab. les lieux marécageux, à Bellegarde, à Saint-Gilles, à Broussan, à Caudilhac ♃ Fl. avril-mai.

17. **C. acuta** *Fries, mant. 3, p.* 151 ; *Schk. car. p.* 77, *t. E e, F f, n°* 92 ; *Lin. sp.* 1388, *var B. ; C. gracilis Dec. fl. fr. 3, p.* 115 ; *Curt. lond. 4, t.* 62 ; *Host. gram. 1, t.* 95. — Souche cespiteuse, *stolonifère.* Tiges de 5-9 décim., dressées, striées, *à 3 angles aigus*, scabres supérieurement, *à faces planes*, croissant en touffe. Feuilles d'un vert clair, linéaires, striées, à gaîne *déchirée, membraneuse*, à bords scabres, à carène peu saillante, lisse. Épis mâles 1-3, supérieurs, rapprochés, dressés, ferrugineux, *cylindriques, allongés*, ainsi que les épis femelles ; ceux-ci au nombre de 3-4, plus ou moins écartés, dressés ou penchés, tantôt sessiles, tantôt pédonculés, souvent mâles au sommet. Bractées inférieures larges, foliacées, *dépourvues de*

gaîne, munies de deux oreillettes courtes, brunes ou fauves, dépassant la tige. Ecailles florales lancéolées-aiguës, rarement obtuses, noirâtres avec une nervure verte et une bordure blanchâtre très-étroite, plus étroites que les utricules et environ de leur longueur. Stigmates 2. Utricules mûrs, *oblongs comprimés, un peu renflés sur les 2 faces*, marqués de nervures effacées supérieurement, terminés en bec très-court, entier. Akènes roussâtres, arrondis, ponctués.

Hab. les prairies humides, aux environs d'Alzon, à Saint-Guiral, à Villeneuve-lez-Avignon. ♃ Fl. avril-juin.

18. **C. GLAUCA**, *Scop. carn.* 2, *p.* 223; *Dec. fl. fr.* 3, *p.* 120; *Anders. cyp.* 31, *t.* 7, *fig.* 79; *Host. gram.* 1, *t.* 90; *Schk. car. t. O. P. fig.* 57 *et* 77, *ZZ.* 113. — Souches à rhizomes traçants. Tiges de 2-5 décim., dressées ou penchées, striées, *à* 3 *angles obtus*, très-légèrement rudes au sommet et entre les épis, glauques ainsi que les feuilles; celles-ci linéaires, raides, striées, carénées, scabres aux bords, plus courtes que la tige, rarement plus longues. Epis mâles ordinairement 2, supérieurs, cylindriques-oblongs-aigus, droits, ferrugineux; épis femelles **2-3**, *cylindriques*, longuement pédonculés, penchés à la maturité ou presques sessiles, dressés, quelquefois les supérieurs mâles au sommet. Bractées inférieures *foliacées*, à gaîne courte, la plus inférieure égalant ou dépassant la tige. Ecailles florales ovales ou oblongues-obtuses, d'un brun rougeâtre, blanchâtres aux bords, avec une nervure verte prolongée en mucron. Stigmates 3. Utricules mûrs glabres, verdâtres ou brunâtres, un peu rugueux, *sans nervures, oblongs-comprimés, subtrigones*, à bec très-court, *presque entier*, égalant l'écaille. Akènes blanchâtres, ovoïde-strigones.

Hab. les prés, les bois, les bords des fossés, dans tout le département. ♃ Fl. avril-juin.

19. **C. MAXIMA** *Scop. carn.* 2, *p.* 229; *Dec. fl. fr.* 3, *p.* 125; *Schk. car. t.* Q, *n°* 00; *Host. gram.* 1, *t.* 100; *Moris. hist. s.* 8, *t.* 12, *fig.* 4. — Souche épaisse, à fibres dures, dépourvue de stolons. Tiges de 8-15 décim., robustes, droites, *à* 3 *angles lisses, à faces planes*, striées, rudes entre les épis supérieurs. Feuilles largement linéaires, très-longues, glaucescentes en dessous avec 2 sillons, planes, carénées, striées, scabres sur les bords et sur la carène, occupant la tige dans toute sa longueur, longuement engaînantes, plus courtes que la tige. Epi mâle solitaire, terminal, allongé, atténué aux deux extrémités, roussâtre; épis femelles 4-5, cylindriques, *très-longs, compactes*, distants, *arqués, pendants* à la maturité, sessiles en apparence

mais à pédoncules inclus dans la gaîne allongée des feuilles florales ; quelquefois les supérieurs sont mâles au sommet. Bractées
foliacées, les inférieures égalaut ou dépassant l'épi mâle. Ecailles
florales d'un brun rougeâtre, lancéolées, cuspidées par le prolongement de la nervure verte qui les traverse. Stigmates 3.
Utricules mûrs glabres, verdâtres, *oblongs-trigones*, unis sur
les faces, *à bec très-court*, *scarieux*, *tubuleux*, tronqué ou échancré, plus longs que l'écaille. Akènes blanchâtres, ovoïdes-trigones,
très-finement ponctués.

Hab. les bords des ruisseaux, à Anduze, Alais, la chartreuse de Valbonne, Tresques (Gonnet). ♃ Fl. avril-juin.

20. C. alba *Scop. carn.* 2, *p.* 216 ; *Dec. fl. fr.* 3, *p.* 124 ;
Schk. car. t. O, nº 55 ; Host. gram. 1, *t.* 59 ; *Scheuchz. gram.
t.* 10, *fig.* 3, 4, 5. — Souche *traçante*, *stolonifère*. Tiges de
2-3 décim., très-grêles, striées, *subtrigones*, lisses, garnies à
leur base de feuilles très-étroites, striées, d'un vert clair, un peu
rudes aux bords, gazonnantes, ordinairement plus courtes que la
tige. Epi mâle solitaire, linéaire-fusiforme, blanchâtre, sur un
pédoncule filiforme de 1-3 centim., sortant de la même gaîne
avec celui de l'épi femelle supérieur, qui le dépasse souvent ;
épis femelles 2-4, pédonculés, *très-pauciflores*, lâches, sortant de gaînes *argentées*, *membraneuses,* un peu penchés à la
maturité. Ecailles florales ovales, argentées, scarieuses, à nervure dorsale verdâtre. Stigmates 3. Utricules mûrs glabres,
verdâtres, *oblongs-trigones*, un peu renflés, *striés*, *atténués à
la base et au sommet en un bec court*, *tronqué obliquement*,
subbidenté, un peu membraneux au sommet, dépassant l'écaille.
Akènes blanchâtres, oblongs-trigones, aigus, brièvement stipités.

Hab. le bois de Salbous, près d'Alzon, et ceux de l'Espérou (Diomède).
♃ Fl. avril-juin.

21. C. pallescens *Lin. sp.* 1386 ; *Dec. fl. fr.* 3, *p.* 127 ;
Schk. car. t. K K, nº 99 ; Host. gram. 1, *t.* 74 ; *Leers. herb.
t.* 15, *fig.* 4 ; *Mich. gen. t.* 32, *fig.* 13. — Souche *gazonnante,
fibreuse.* Tiges de 3-5 décim., grêles, faibles, dressées, striées,
à 3 *angles* aigus, rudes-ciliés. Feuilles linéaires, striées, planes,
molles, carénées, pubescentes surtout sur les gaînes, scabres
aux bords, ordinairement plus courtes que la tige. Epi mâle solitaire, terminal, roussâtre, oblong-linéaire ; épis femelles 2-3,
ovales ou oblongs, *compactes*, pédonculés, rapprochés ou peu
espacés, ordinairement *penchés* à la maturité. Bractées *foliacées,*
à gaîne très-courte, l'inférieure dépassant l'épi mâle. Ecailles
florales femelles ovales, membraneuses, roussâtres ou verdâtres,

traversées par une nervure verte, prolongée en une petite pointe.
Stigmates 3. Utricules mûrs glabres, verdâtres, luisants, *obovales-renflés, subtrigones, légèrement striés, dépourvus de bec,*
dépassant peu les écailles. Akènes d'un vert blanchâtre, ovales-
triquètres.

Hab les prairies et les bois humides, aux environs du **Vigan**, à **Alzon**,
à l'**Espérou**, etc. ♃ Fl. mai–juin.

22. C. PANICEA *Lin. sp.* 1387 ; *Dec. fl. fr.* 3, *p.* 127 ; *Schk.
car. t. L l, n° 100 ; Host. gram.* 1, *t.* 79 ; *Leers, herb. t.* 15,
fig. 5 ; *Mich. gen. t.* 32, *fig.* 11. — Souche *traçante, stolonifère.*
Tiges de 2-4 décim., grêles, lisses, striées, *à* 3 *angles obtus,
à faces convexes.* Feuilles linéaires, glaucescentes, dressées, carénées, planes, raides, rudes aux bords, beaucoup plus courtes
que la tige. Epi mâle brunâtre, solitaire, terminal, oblong, atténué aux deux bouts; épis femelles 1-2, rarement 3-4, espacés,
pédonculés, *oblongs-cylindriques, lâches inférieurement,* dressés
ou penchés à la maturité. Bractées *foliacées,* munies d'une gaîne
assez courte, l'inférieure la plus longue, atteignant environ la
moitié de l'inflorescence. Ecailles florales ovales-obtuses, rarement aiguës, d'un brun rougeâtre ou noirâtre, avec une bordure
étroite blanchâtre, scarieuse, à nervure dorsale verte. Stigmates
3. Utricules mûrs glabres, d'un vert mat, puis bruns au sommet,
ovales, renflés, nerviés, *à bec court, obliquement tronqué,* subbidenté, dépassant l'écaille. Akènes brunâtres, ovoïdes-trigones,
obscurément et très-finement striés.

Hab. les prés humides et tourbeux, à **Bellegarde**, à **Saint-Gilles**, à la
chartreuse de **Valbonne**, aux environs du **Vigan**, à l'**Espérou**. ♃ Fl. avril–
juin.

23. C. OBESA *All. ped.* 2, *p.* 270 ; *C. nitida Dec. fl. fr.* 6,
p. 294 ; *C. alpestris Lamk. dict.* 3, *p.* 389 ; *Dec. fl. fr.* 3, *p.* 122 ;
C. verna Schk. car. p. 115, *t. L, n°* 46. — Souche *traçante,
stolonifère.* Tiges de 1-2 décim., grêles, dressées, un peu
courbées au sommet, striées, *à* 3 *angles* rudes. Feuilles glaucescentes, linéaires, raides, striées, planes, carénées, rudes supérieurement sur les bords, recourbées-étalées, plus courtes que
la tige. Epi mâle d'un roux pâle, solitaire, terminal, oblong-
linéaire; épis femelles 2-3, *oblongs ou ovoïdes,* brièvement pédonculés, dressés, un peu rapprochés, l'inférieur à pédoncule un peu
plus long que les autres. Bractée inférieure *foliacée,* engaînante,
scarieuse aux bords, à 2 *oreillettes* scarieuses; les supérieures
rudimentaires ou membraneuses. Ecailles florales ferrugineuses,
scarieuses aux bords, ovales-obtuses ou aiguës. Stigmates 3.
Utricules mûrs brunâtres, glabres, luisants, *ovoïdes-trigones,*

striés , brusquement contractés en un bec court, membraneux au sommet, à 2 dents courtes, dépassant les écailles. Akènes blanchâtres, ovoïdes-trigones , à faces déprimées.

Hab. les bois et les pelouses sèches, aux environs d'Uzès, d'Alais, d'Auduze, de Saint-Ambroix, du Vigan. ♃ Fl. mai–juin.

24. C. LIMOSA *Lin. sp.* 1386 ; *Dec. fl. fr.* **3**, *p.* 127 ; *Schk. car. t.* **X**, *n*° 78 ; *Host. gram.* 1, *t.* 89 ; *Scheuchz. gram. t.* 10 , *fig.* 13. — Souche *traçante, stolonifère.* Tiges de 2-4 décim., grêles, dressées, striées, à 3 angles aigus, un peu rudes au sommet et entre les épis. Feuilles linéaires, très-étroites, d'un vert un peu glauque, pliées, carénées, rudes sur les bords. Epi mâle terminal, solitaire, dressé, ferrugineux, linéaire-lancéolé-aigu; épis femelles 1-3 , les supérieurs peu distants, l'inférieur très-écarté, ovales ou oblongs, serrés, *penchés ou pendants;* pédoncules filiformes, lisses, l'inférieur beaucoup plus long que les supérieurs, l'épi inférieur manque quelquefois. Bractée inférieure peu allongée, foliacée, filiforme, plus courte que l'épi femelle, quelquefois le dépassant, à gaîne presque nulle, brunâtre, auriculée. Ecailles florales ovales, brunes, à nervure dorsale verte, prolongée en pointe. Stigmates 3. Utricules mûrs glabres, glauques-bleuâtres, *oblongs, comprimés, trigones,* obscurément nerviés, bordés d'une côte obtuse, à bec très-court, *tronqué*, environ de la longueur des écailles. Akènes roussâtres, luisants, ovoïdes-trigones.

Hab. les marais tourbeux, à Gourdouze, sur la Lozère, près de Çoncoule. ♃ Fl. mai–juin.

25. C. PRÆCOX *Jacq. austr.* 5, *p.* 23, *t.* 416; *Dec. fl. fr.* 3, *p.* 115; *C. umbrosa Host. gram. austr.* 1, *p.* 52, *t.* 69; *Schk. car. t.* **F**, *N*° 27; *Leers, herb. t.* 16, *fig.* 5; *Lob. ic.* 10, *fig.* 2. — Souche *traçante, stolonifère.* Tiges de 1-3 décim., dressées, souvent un peu courbées, un peu raides, à 3 angles obtus, un peu rudes au sommet. Feuilles cespiteuses, fermes, linéaires, un peu larges, dressées ou étalées-recourbées, planes, carénées, mais plus fortement au sommet, scabres aux bords et sur la carène, d'un vert pâle. Epi mâle terminal, solitaire, claviforme, roussâtre; épis femelles ordinairement 2, *ovales-oblongs,* rapprochés sous l'épi mâle, le supérieur presque sessile, l'inférieur pédonculé. Bractée inférieure dilatée à la base, presque engaînante, *membraneuse*, terminée en une pointe fine, herbacée, plus courte que l'épi femelle. Ecailles florales brunâtres, ovales-*mucronées*, à carène verte. Stigmates 3. Utricules mûrs brunâtres ou blanchâtres, *ovales-trigones, pubescents, atténués en bec court, presque entier*, dépassant à peine l'écaille. Akènes brunâtres, ovoïdes-trigones, à angles obtus, plus pâles, atténués à la base, tronqués au sommet.

Var. B, *umbrosa*. Tiges grêles, allongées. Feuilles égalant ou dépassant la tige. *C. umbrosa, Host., l. c.*

Hab. les terrains arides, les pelouses sèches, dans tout le département; la var. B, à Saint-Hippolyte-de-Montaigu. ♃ Fl. avril–juin.

26. **C. POLYRHIZA** *Wallr. sched.* 492; *Gren. et Godr., fl. fr.* 3, *p.* 413; *C. umbrosa Hoppe, car. p.* 67; *C. longifolia Host. gram.* 4, *p.* 48, *t.* 85.— Souche *cespiteuse, très-fibreuse*, garnie des restes des anciennes feuilles. Tige de 3–5 décim., à 3 angles, grêle, faible, rude au sommet, formant avec les feuilles des touffes épaisses. Feuilles linéaires-étroites, dressées, planes, rudes sur les bords, presque aussi longues que les tiges. Epi mâle solitaire, ferrugineux, claviforme; épis femelles ordinairement 2, obovales ou oblongs, rapprochés sous l'épi mâle, l'inférieur souvent un peu pédonculé. Gaîne et écailles florales comme dans l'espèce précédente. Utricules plus gros et plus velus, *atténués en bec plus long, brun à la* maturité, *tubuleux, scarieux, bidenté*.

Hab. les bois humides, aux environs de l'Espérou. ♃ Fl. avril–juin.

27. **C. TOMENTOSA** *Lin. mant.* 123; *Dec. fl. fr.* 3, *p.* 116; *Schk. car. t. F. Nº* 28; *Host. gram.* 1, *t.* 82; *Leers, herb. t.* 15, *fig.* 7. — Souche traçante, stolonifère. Tiges de 2-4 décim., grêles, raides, droites, striées, à 3 angles, un peu rudes au sommet. Feuilles linéaires-étroites, planes ou un peu roulées et rudes aux bords, plus courtes que les tiges, avec lesquelles elles croissent en touffes. Epi mâle solitaire, terminal, pédonculé, roussâtre, lancéolé-étroit; épis femelles ordinairement 2, *oblongs-obtus*, le supérieur sessile, l'inférieur brièvement pédonculé, peu écartés Bractées *foliacées*, dépourvues de gaîne, souvent étalées horizontalement; l'inférieure la plus longue, plus courte ou plus longue que l'inflorescence. Ecailles florales femelles *ovales-aiguës*, avec une nervure *verte, dorsale jusqu'au sommet.* Stigmates 3. Utricules mûrs *obovales-globuleux*, grisâtres, cotonneux, *à bec très-court*, presque entier, dépassant les écailles. Akènes blanchâtres, ovoïdes-trigones. On trouve quelquefois un épi femelle mâle au sommet.

Hab. les bois, les prairies et les pelouses, dans tout le département. ♃ Fl. mai–juin.

28. **C. PILULIFERA** *Lin. sp.* 1,385; *Dec. fl. fr.* 3, *p.* 117; *Schk. car. t. J, Nº* 39; *Host. gram. IV, t.* 84; *Moris. hist. s.*

8, *t. 12, fig.* 16.— Cette espèce diffère de la précédente : par sa souche non traçante, dépourvue de stolons ; par ses tiges courbées ou tombantes à la maturité ; par son épi mâle plus étroit, très-brièvement pédonculé ; par ses épis femelles subglobuleux, sessiles, plus rapprochés ; par ses écailles florales femelles, d'un brun moins foncé, avec une bordure blanche, scarieuse, étroite ; par ses utricules mûrs roussâtres, pubescents ; par ses akènes brunâtres, trigones-globuleux.

Hab. les bois, les pelouses sèches, aux environs de Nîmes, du Vigan, d'Alzon, de Concoule. ♃ Fl. avril-mai.

29. **C. ERICETORUM** *Poll. pal.* 2, *p.* 580; *Dec. fl. fr.* 3, *p.* 117; *Schk. car. t. J, N° 42; Host. gram. IV, t.* 83. — Souche *traçante, stolonifère.* Tiges de 1-2 décim., ascendantes, un peu arquées, à 3 angles obtus, presque lisses. Feuilles raides, un peu larges, linéaires-aiguës, planes, carénées, un peu rudes sur les bords et la carène, plus courtes que la tige. Epi mâle solitaire, terminal, presque sessile, oblong, presque en massue; épis femelles 1-3, ovales-oblongs, sessiles, rapprochés. Bractée inférieure embrassante, non engaînante, aristée, rarement foliacée, d'un brun rougeâtre à la base. Ecailles florales oblongues-*obtuses*, brunes, largement scarieuses, argentées aux bords, très-finement ciliées au sommet. Stigmates 3. Utricules mûrs pubescents, obovales-trigones, plus larges et très-obtus au sommet, bruns, à bec *très-court, tronqué,* dépassant peu les écailles. Akènes ovales-trigones, blanchâtres.

Hab. les pelouses sèches, à l'Aigual, près de l'Espérou. ♃ Fl. avril-mai.

30. **C. MONTANA** *Lin. fl. suec. ed.* 2, *p.* 328; *Dec. fl. fr.* 3, *p.* 116; *Schk. car. t. F, n°* 29; *Host. gram.* 2, *t.* 66. — Souche épaisse, dure, cespiteuse, *oblique, articulée.* Tiges de 2-4 décim., filiformes, faibles, penchées à la maturité, striées, à 3 angles peu prononcés, un peu rudes au sommet. Feuilles étroites-linéaires - aiguës, planes, molles, striées, carénées, un peu pubescentes, rudes sur les bords; les inférieures à gaînes rougeâtres. Epi mâle solitaire, terminal, brun, épaissi presque en massue, brièvement pédonculé; épis femelles ordinairement 2, rarement 1-3, *ovales,* sessiles, rapprochés. Bractée inférieure non engaînante, ordinairement entièrement *membraneuse,* brune, ou rarement verte, prolongée en pointe fine, *largement brune, membraneuse à la base.* Ecailles florales brunes, obovales-*obtuses* ou *échancrées-mucronées ;* les femelles souvent munies sur le dos d'une nervure verte très-fine. Stigmates 3. Utricules mûrs verdâtres, couverts d'une pubescence grisâtre, blanche et plus épaisse au sommet, souvent glanduleuse, *ovales-oblongs, trigones,*

atténués aux **2** *bouts*, *à bec très-court*, *échancré*, égalant à peu
près les écailles. Akènes blanchâtres, oblongs-trigones, rétrécis
à la base et au sommet.

Hab. les bois de Salbous, aux environs de Dourbie, de l'Espérou. ♃ Fl.
avril-juin

31. **C. HALLERIANA** *Asso, syn. n*° 922, *t.* 9, *fig.* 2; *Gren. et
Godr. fl. fr.* 3, *p.* 416; *C. gynobasis Dec. fl. fr.* 3, *p.* 118; *C.
diversiflora Host. gram.* 1, *p.* 53, *t.* 70; *Schk. car. t.* **G**, *n*° 35.
— Souche rameuse, cespiteuse, épaisse. Tiges de 2-3 décim.,
très-grêles, faibles, penchées à la maturité, striées, à 3 angles
obtus, scabres. Feuilles linéaires-étroites, raides, fasciculées, à
carène saillante en dessous, canaliculées en dessus, rudes sur
les bords et sur la carène, tantôt plus courtes que la tige, tantôt
l'égalant ou la dépassant. Epi mâle solitaire, terminal, brunâtre,
brièvement pédonculé, oblong-lancéolé, droit ou un peu oblique;
épis femelles 2-4, *ovales, pauciflores*; 2-3 supérieurs, *rapprochés
du mâle*, sessiles ou brièvement pédonculés; 1-2 inférieurs portés
sur de longs pédoncules filiformes, *radicaux*, rudes, *penchés*.
Bractées à gaînes très-courtes, membraneuses aux bords, surmontées *d'une pointe foliacée*, plus courtes ou plus longues que
l'inflorescence. Ecailles florales oblongues-lancéolées-aiguës,
brunes, à bordure blanche, scarieuse, et à 3 nervures vertes dorsales. Stigmates 3. Utricules mûrs d'un vert brunâtre, assez
gros, pubescents à la loupe, *oblongs-trigones*, *striés*, à bec court,
obliquement tronqué, presque entier, égalant à peu près l'écaille.
Akènes verdâtres ou brunâtres, oblongs-trigones.

Hab. les bois et pelouses sèches, dans tout le département. ♃ Fl. mars-
juin.

32. **C. HUMILIS** *Leyss. fl. hall.* 175; *Dec. fl. fr.* 3, *p.* 117;
C. clandestina Schk. car. t. **K**, *n*° 43; *Host. gram.* 1, *t.* 67. —
Souche épaisse, cespiteuse, compacte. Tiges de 5-10 centim.,
dressées ou ascendantes, grêles, striées, subtrigones, rudes supérieurement, garnies à leur base des feuilles desséchées de l'année
précédente. Feuilles raides, filiformes, striées, canaliculées,
scabres aux bords, dépassant les tiges, arquées, persistantes,
formant des gazons épais souvent très-larges. Epi mâle solitaire,
terminal, grêle, lancéolé, panaché roux et blanc; épis femelles
2-3 à 2-3 *fleurs, espacés*, pédonculés, *appliqués*. Bractées *membraneuses*, engaînantes, *obtuses au sommet*, roussâtres, scarieuses,
argentées aux bords, renfermant les épis femelles, exsertes à la
maturité. Ecailles florales ovales, roussâtres, scarieuses, argentées
aux bords, à nervure dorsale prolongée en *mucron*. Stigmates 3.
Utricules mûrs verdâtres, pubescents, *obovales-trigones*, tur-

binés, terminés par un bec très-court, entier, ordinairement un peu oblique, un peu plus courts que l'écaille. Akènes ovales-trigones, brunâtres.

Hab les terrains arides, sablonneux, à Blauzac, Alais, Anduze, Saint-Ambroix, le Vigan, Lanuéjols, ♃ Fl. avril-mai.

33. C. DIGITATA *Lin. sp.* 1383; *Lois. gall.* 2, *p.* 311 ; *Schk. car. t. H. n⁰* 38 ; *Host. gram. t.* 60 ; *C. Bauh. prodr.* 9, *fig* 2. —Souche oblique, fibreuse. Tiges de 1-2 décim., dressées, grêles, striées, presque cylindriques, presque lisses. Feuilles planes, linéaires-striées, carénées, un peu rudes aux bords, toutes radicales, d'un vert tendre, plus courtes que la tige, rarement les dépassant, munies de gaînes rougeâtres. Epi mâle solitaire, linéaire, assez court, blanc et roux, ordinairement sessile; épis femelles 2-3, pédonculés, *dressés*, lâches, à 6-8 fleurs, plus ou moins écartées, le supérieur *dépassant l'epi mâle à la maturité*. Bractées engaînantes, *membraneuses*, d'un brun rougeâtre, blanches-scarieuses au sommet, *obliquement tronquées* ou prolongées en pointe verte et auriculées, plus courtes que les pédoncules. Ecailles florales obovales, roussâtres, luisantes, blanches, scarieuses aux bords et au sommet, munies d'une nervure verte dorsale. Stigmates 3. Utricules mûrs brunâtres, brièvement pubescents, *obovales-trigones*, atténués aux 2 bouts, *mais plus longuement à la base, obscurément uninerviés sur les faces*, à bec court, un peu échancré, *de la longueur des écailles.* Akènes brunâtres, obovales-trigones, mucronulés.

Hab. les bois et les haies, aux environs du Vigan, d'Alzon, de l'Espérou. ♃ Fl. avril-mai.

34. C. ORNITHOPODA *Willd. sp* 4, *p.* 255; *Anders. cyp.* 28, *t.* 7, *fig.* 87 ; *C. pedata Dec. fl. fr.* 3, *p.* 119; *Schk. car. t. H, n⁰* 37. — Souche, tiges et feuilles comme la précédente, mais plus petites. Epis plus courts, *très-rapprochés* au sommet de la tige; les femelles *égalant le mâle, souvent incliné.* Pédoncules inclus dans des gaînes blanchâtres. Ecailles florales d'un roux très-pâle, *plus courtes* que les utricules, pourvus d'un bec très-court.

Hab. les bois, aux environs de l'Espérou et de l'Aigual. ♃ Fl. avril-mai.

35. C. FRIGIDA *All. ped.* 2, *p.* 270; *Dec. fl. fr.* 3, *p.* 124; *Schk. car. t. L, N⁰* 47. — Souche traçante, stolonifère. Tiges de 2-4 décim., grêles, faibles, *trigones*, striées, lissées, un peu rudes entre les épis, dressées, un peu courbées au sommet, croissant en touffes lâches. Feuilles linéaires-acuminées, planes,

striées, carénées, d'un vert tendre, assez courtes, peu nombreuses, un peu rudes sur les bords, occupant presque la moitié
inférieure de la tige. Epi mâle solitaire, terminal, d'un brun ferrugineux, oblong, brièvement pédonculé; épis femelles 3-4, compactes, bruns mélangés de vert, oblongs-cylindracés, dressés,
penchés ou pendants à la maturité, surtout l'inférieur, qui est
écarté et porté sur un pédoncule filiforme allongé, un peu rude;
les supérieurs rapprochés, brièvement pédonculés. Bractées
foliacées, presque aussi longues que l'inflorescence, munies d'une
longue gaîne. Ecailles florales linéaires - aiguës, d'un brun
foncé, munies d'une nervure dorsale verte, prolongée en mucron. Stigmates 3. Utricules mûrs bruns, glabres, lancéolés-tri-
gones, rudes aux bords, longuement atténués en bec *bifide,*
plus longs que l'écaille. Akènes bruns, oblongs-trigones, *longuement stipités.*

Hab. les bords des ruisseaux. à l'hort de Diou, près de l'Aigual ; au
valat de la Dauphine, près de l'Espérou. ♃ Fl. juin-août.

36. **C. SYLVATICA** *Huds. engl. fl. ed.* 1, *p.* 353; *C. patula,
Scop. carn.* 2, *p.* 226, *t.* 59; *Dec. fl. fr.* 3, *p.* 128; *C. capillaris
Leers, herb. N°* 720, *t.* 15, . 2 *fig*; *Schk. car. t. L, N°* 101;
Host. gram. 1, *t.* 84. — Souche oblique, noueuse, gazonnante,
Tiges de 3-5 décim., dressées, grêles, faibles, penchées, trigones,
striées, lisses, un peu rudes entre les épis, garnies de feuilles
largement linéaires, d'un vert clair, planes, carénées, molles,
scabres sur les bords et la carène, un peu plus courtes que les
tiges. Epi mâle solitaire, terminal, d'un roux pâle, linéaire-
aigu, allongé, atténué vers la base, dressé-pédonculé, quelquefois portant à sa base un petit épi du même genre ; épis femelles
3 -5, grêles, verdâtres, cylindriques-allongés, lâches, espacés,
dressés, puis penchés, portés sur des pédoncules filiformes et
rudes, d'autant plus longs qu'ils sont plus inférieurs, le supérieur
atteignant presque le sommet de l'épi mâle. Bractées foliacées,
engaînantes, un peu plus courtes que les épis femelles ou de
leur longueur. Ecailles florales membraneuses, d'un blanc sale,
lancéolées, munies d'une nervure dorsale verte, prolongée en
pointe. Stigmates 3. Utricules mûrs verdâtres, glabres, oblongs-
trigones, lisses, *atténués* en bec, grêle, allongé, bifide, dépassant
peu les écailles. Akènes brunâtres, oblongs-trigones.

Hab. les bois humides, aux environs du Vigan, à Bez, à la chartreuse de
Valbonne. ♃ Fl. avril-juillet.

37. **C. DEPAUPERATA** *Good. trans. Linn. soc.* 2, *p.* 181 ;
Dec. fl. fr. 6, *p.* 294 ;*Schk. car. t. M, N°* 50 ; *Willd. phyt.* 2,
t. 1, *fig.* 2. — Souche épaisse, oblique, gazonnante. Tiges de

3-8 décim., dressées, striées, lisses, même entre les épis, *à 3 angles obtus*, feuillées. Feuilles linéaires, planes, striées, molles, scabres, les inférieures à gaîne rougeâtre. Epi mâle solitaire, terminal, grêle, allongé, pédonculé, d'un roux pâle ; épis femelles 3-4, *à 3-5 fleurs, lâches*, écartés, *dressés*, à pédoncules rudes, grêles, dépassant la gaîne de la bractée, souvent l'inférieur très-saillant. Bractées foliacées, allongées, longuement engaînantes, atteignant souvent l'épi mâle. Ecailles florales oblongues-lancéo-lées, verdâtres, membraneuses aux bords, à carène dorsale prolongée en pointe. Stigmates 3. Utricules mûrs verdâtres, gros, *oblongs-subtrigones*, renflés, *nerviés*, glabres, *rétrécis vers la base*, terminés par un bec étroit, allongé, quelquefois oblique, obscurément bidenté, *scarieux au sommet*, dépassant de beaucoup les écailles. Akènes obovales-trigones, mucronés, ponctués, bruns, avec les angles moins foncés.

Hab. les bois, à Salbous, près d'Alzon ; les fentes des rochers, à Corconne. ♃ Fl. mai-juillet.

38. **C. FLAVA** *Lin. sp.* 1384 ; *Dec. fl. fr.* 3, *p.* 121 (*excl. var. B*) ; *Schk. car. t. H*, N° 36 ; *Host. gram.* 1, *t.* 63 ; *Leers, herb. t.* 15, *fig.* 6 ; *Moris. hist. s.* 8, *t.* 12, *fig.* 19. — Souche fibreuse, gazonnante, un peu rampante. Tiges de 1-4 décim., dressées, grêles, striées, *à* 3 *angles*, lisses. Feuilles linéaires-aiguës, d'un vert clair, dressées, planes, striées, carénées, lisses ou rudes sur les bords. Epi mâle solitaire, terminal, roussâtre, linéaire-oblong, pédonculé, dressé ; épis femelles 2-3, rarement 4-5, dressés, *ovales-oblongs* ou *subglobuleux*, 2 supérieurs rapprochés, dont un sessile, l'inférieur écarté, pédonculé. Bractées foliacées, étalées ou réfléchies à la maturité, l'inférieure dressée, égalant ou dépassant l'épi mâle, à gaînes d'autant plus courtes qu'elles sont plus supérieures. Ecailles florales lancéolées, jaunâtres ou brunâtres, à nervure dorsale verte *non prolongée au sommet de l'écaille.* Stigmates 3. Utricules mûrs jaunâtres à la maturité, serrés, imbriqués, *très-étalés*, *puis réfléchis*, glabres, *obovales-renflés*, *fortement nerviés*, lisses, terminés en bec allongé, un peu rudes aux bords, bifides, droits, *puis recourbés*, plus longs que les écailles. Akènes roussâtres, trigones, ponctués.

Hab. les prairies humides, aux environs de l'Espérou, du Vigan, d'Alzon, ♃ Fl. mai-août

39. **C. ŒDERI** *Ehrh. calam.* N° 79 ; *C. flava, var. B.*, *Dec. fl. fr.* 3, *p.* 121 ; *Schk. car. t. F*, N° 26 ; *Host. gram.* 1, *t.* 65. — Cette espèce diffère de la précédente, à laquelle elle ressemble beaucoup : par la petitesse de toutes ses parties ; par sa végétation continuelle ; par ses utricules étalés, *jamais réfléchis*, à bec plus court, *jamais recourbé*.

Hab. les bords des ruisseaux, les pacages tourbeux, aux environs du Vigan, de l'Espérou, d'Alzon. ♃ Fl. mai-août.

40. **C. HOHNSCHUCHIANA** *Hoppe, fl. p.* 599, *et Caric. germ. p.* 76; *Gren. et Godr. fl. fr.* 3, *p.* 425; *Anders. cyp.* 23, *t.* 8, *fig.* 95; *C. fulva Duby, bot. gall.* 493; *Kth. car. t. I, N°* 67, *à gauche.* — Souche cespiteuse, un peu stolonifère. Tiges de 3-6 décim., dressées, *trigones*, lisses ou un peu rudes au sommet. Feuilles linéaires-étroites, glaucescentes, planes, un peu raides, rudes sur les bords, de moitié plus courtes que la tige, munies à leur base d'une ligule brune, courte, tronquée, opposée à la feuille. Epi mâle solitaire, terminal, longuement pédonculé, oblong-lancéolé, dressé, brunâtre; épis femelles 2-3, *dressés*, ovales-oblongs, *étroitement imbriqués*, écartés, le supérieur ses sile, les autres pédonculés, l'inférieur plus longuement. Bractées longuement engaînantes, foliacées, dressées, dépassant l'épi femelle, l'inférieur égalant souvent l'épi mâle. Ecailles florales oblongues-lancéolées, subaiguës, brunâtres, scarieuses, blanchâtres aux bords, à nervure dorsale verdâtre, non prolongée au-dessus de l'écaille. Stigmates 3. Utricules mûrs glabres, verdâtres, *dressés, ovales-renflés, convexes sur les 2 faces, nerviés*, terminés en un bec droit, allongé, un peu rude sur les bords, terminé par 2 dents *scarieuses aux bords*, plus longs que les écailles. Akènes ovoïdes-trigones, lisses, brunâtres, plus clairs sur les angles.

Hab. les prés, aux environs du Vigan, de Saint-Gilles. ♃ Fl. mai-juin.

41. **C. DISTANS** *Lin. sp.* 1387; *Dec. fl. fr.* 3, *p.* 126; *Anders. cyp.* 23, *t.* 8, *fig.* 96; *Schk. car. t. T et Y y, fig.* 68. — Souche oblique, fibreuse, gazonnante. Tiges de 3-6 décim., dressées, *trigones, striées, lisses.* Feuilles linéaires, planes, striées, carénées, un peu raides, glaucescentes, rudes aux bords, plus courtes, que la tige, munies à leur base d'une languette oblongue, membraneuse, brunâtre, opposée à la feuille, et d'un autre très-courte, adhérente à la feuille à l'entrée de la gaine. Epi mâle solitaire, terminal, roussâtre, lancéolé-obtus, pédonculé, dressé; épis femelles 2-4, *dressés*, espacés, *ovales ou oblongs-cylindriques, serrés*, les supérieurs à pédoncules peu saillants hors de la gaine, l'inférieur plus longuement pédonculé. Bractées foliacées, à gaine très-longue, l'inférieure la plus longue, n'atteignant pas l'épi mâle. Ecailles florales brunâtres, ovales-obtuses, mucronulées par le prolongement de la nervure dorsale verte. Stigmates 3. Utricules mûrs brunâtres ou verdâtres, glabres, dressés, étroitement imbriqués, *ovales-trigones*, un peu renflés, munis de nervures dont *les latérales plus saillantes*, terminés en bec

court, étroit, *bifide, rude sur les bords*, plus longs que l'écaille.
Akènes jaunâtres, ovales-trigones, brièvement atténués à la base,
surmontés d'une petite pointe.

Hab. les prés et les pacages, les bords des fossés, dans tout le département. ♃ Fl. mai–juin.

42. **C. EXTENSA** *Good. trans. Linn. soc.* 2, *p.* 17, *t.* 21, *fig.*
7 ; *Dec fl. fr.* 6, *p.* 292 ; *Anders. cyp.* 26 , *t.* 7, *fig.* 91 ; *Schk.*
car. t. V *et* X *x, n°* 72 ; *Host. gram.* 1, *t.* 73. — Souche gazonnante, à fibres molles, d'un brun rougeâtre. Tiges droites,
striées, *arrondies-trigones, très-lisses*, flexueuses au sommet,
croissant en touffes. Feuilles glaucescentes, linéaires-étroites,
arrondies, canaliculées, striées, un peu rudes sur les bords,
presque raides, égalant à peu près la tige. Epi mâle solitaire,
terminal, ferrugineux, oblong-linéaire, très-brièvement pédonculé, un peu incliné ; épis femelles 2-5, *ovales ou oblongs, dressés;*
compactes, presque sessiles, rapprochés sous l'épi mâle : souvent
les tiges portent un épi inférieur pédonculé, très-écarté. Bractées
foliacées, engaînantes, dressées, dépassant longuement l'inflorescence. Ecailles florales ovales, brunâtres, membraneuses aux
bords, mucronées par le prolongement de la nervure dorsale
verte. Stigmates 3. Utricules mûrs verdâtres, glabres, ovales-
subtrigones, un peu étalés, munis *de nervures saillantes, atténués aux deux bouts*, terminés en bec court à 2 dents courtes,
plus longs que les écailles. Akènes ovales-trigones, blanchâtres,
obtus au sommet apiculé.

Hab. les sables maritimes, à Sylveréal , aux environs d'Aigues-Mortes.
♃ Fl. mai–juillet.

43. **C. LÆVIGATA** *Sm. trans. Linn. soc.* 5 , *p.* 272 ; *C. bili-*
gularis Dec. fl. fr. 6. *p.* 296; *Schk. car. t.* B *bb, n°* 116. — Souche
presque rampante. Tiges de 4-9 décim., dressées ou penchées,
grêles, trigones, striées, lisses, un peu rudes entre les épis.
Feuilles largement linéaires, acuminées, planes, striées, rudes en
dessous et sur les bords, à gaînes lâches, allongées, surmontées de
2 languettes, l'une extérieure courte et libre, l'autre intérieure plus
longue, adhérente à la base du limbe de la feuille. Epi mâle solitaire, terminal, roussâtre, linéaire, fusiforme, allongé, pédonculé ;
épis femelles 3-4, d'un brun verdâtre, *oblongs-cylindriques*, espacés, pédonculés, l'inférieur plus longuement, *penchés* à la maturité.
Bractées foliacées, très-longuement engaînantes, munies de 2
languettes comme dans les feuilles, à limbe plus court que l'épi femelle, quelquefois le dépassant. Ecailles florales oblongues-lancéolées, d'un brun clair, acuminées par le prolongement de la
nervure dorsale verte. Stigmates 3. Utricules mûrs dressés, ver-

dâtres, glabres, ponctués de brun, ovales-subtrigones, munis de *nervures saillantes, atténués* en un bec allongé, rudes sur les bords, à 2 pointes divergentes, dépassant peu les écailles. Akènes jaunâtres ou brunâtres, ovales-trigones, ponctués, obtus et apiculés au sommet.

Hab. les pacages, aux environs du Vigan, au cap de Coste, près l'Espérou. ♃ Fl. mai–juillet.

44. C. PSEUDOCYPERUS *Lin. sp.* 1387 ; *Dec. fl. fr.* 3, *p.* 128 ; *Schk. car. t. M m,* n° 102 ; *Host. gram.* 1, *t.* 85 ; *Lob. ic.* 76, *fig.* 2 ; *Dod. prempt.* 339, *ic.* — Souche épaisse, à fibres très-tenaces. Tiges de 4-9 décim., dressées, robustes, striées, *à 3 angles aigus, très-scabres.* Feuilles largement linéaires, longuement acuminées, planes, carénées, fortement striées, rudes sur les bords et sur les 2 faces, dépassant la tige. Epi mâle solitaire, terminal, linéaire-cylindrique, allongé, d'un vert roussâtre ; épis femelles 3-5, *épais, serrés,* longs, *cylindriques,* rapprochés vers l'épi mâle, pédonculés, l'inférieur écarté, plus longuement pédonculé, *tous pendants à la maturité.* Bractées foliacées dépassant beaucoup l'inflorescence, à gaîne courte dans les supérieures, allongée dans l'inférieure. Ecailles florales vertes, linéaires-subulées, ciliées-scabres, munie d'une nervure dorsale rude. Stigmates 3. Utricules mûrs d'un brun jaunâtre, vert dans leur jeunesse, glabres, *étalés, puis réfléchis, ovales-lancéolés,* un peu arqués, *convexes sur les 2 faces mais moins sur l'intérieure, fortement striés,* atténués en bec étroit, allongé, lisse, bifurqué, un peu plus longs que les écailles. Akènes fauves, ponctués, ovales-trigones, terminés par le style capillaire persistant, 2 fois de sa longueur.

Hab. les fossés, aux environs de Nîmes, de Manduel, de Bellegarde. ♃ Fl. juin–juillet.

45. C. AMPULLACEA *Good. trans. Linn. soc.* 2, *p.* 207 ; *Dec. fl. fr.* 3, *p.* 130 ; *Schk. car. t. T. t.* n° 107 ; *Host. gram.* 1, *t.* 99 ; *Leers, herb. t.* 16, *fig.* 2, II. — Souche à rhizomes traçants. Tiges de 4-6 décim., dressées, souples, fistuleuses, striées, *à 3 angles obtus,* lisses, un peu rudes sous les épis mâles. Feuilles glaucescentes, linéaires-étroites, pliées en carène, presque lisses sur les bords, ordinairement plus longues que la tige. Epis mâles 2-3, un peu espacés, d'un brun pâle, étroits, allongés, surtout le terminal ; épis femelles 2-3, distants, cylindriques-obtus, épais, très-compactes, *dressés, puis étalés,* à pédoncules lisses d'autant plus courts qu'ils sont plus supérieurs. Bractées foliacées, non engaînantes, excepté l'inférieure, dépassant de beaucoup l'inflorescence. Ecailles florales d'un brun rougeâtre, lancéolées, mu-

nies d'une nervure dorsale verte, quelquefois prolongée en
mucron. Stigmates 3. Utricules mûrs jaunâtres, luisants, imbriqués, *divergents, renflés, subglobuleux,* marqués de nervures
plus ou moins saillantes, terminés en bec étroit, bifurqué, dépassant les écailles. Akènes bruns, ovales-trigones, ponctués, terminés par le style persistant, 2 fois de leur longueur.

Hab. les prairies humides, au Boullou, près de l'Espérou ; les marais
tourbeux, aux Pises, près Saint-Guiral. ♃ Fl. juin-juillet.

46. **C. VESICARIA** *Lin. sp.* 1388; *Dec. fl. fr. 3, p.* 129;
*Schk. car. t. Ss, n° 106; Host. gram. 1, t. 98; Leers, herb.
t. 16, fig. 2.* III. — Cette espèce diffère de la précédente : par
sa tige à 3 angles *très-aigus, très-rudes* entre les épis ; par ses
feuilles planes, d'un vert gai ; par ses écailles florales verdâtres,
étroitement bordées de brun, lancéolées-aiguës ou cuspidées par
le prolongement de la nervure dorsale ; par ses utricules *toujours
dressés, plus gros,* oblongs-coniques, terminés par un bec plus
court ; par ses akènes oblongs-trigones.

Hab. les fossés, au Cailar; les prés humides, aux environs de l'Espérou.
♃ Fl. mai-juin.

47. **C. PALUDOSA** *Good. trans. linn. soc. 2, p.* 202; *Dec.
fl. fr. 3, p.* 130; *Schk. car. t. Oo et Vv. n°* 103; *Host. gram. 1,
t.* 92. — Souche à rhizomes longuement traçants. Tiges de 4-9
décim. droites, raides, striées, à 3 angles aigus, *scabres et coupants.* Feuilles vertes en dessus, glauques en dessous, assez
larges, longuement linéaires, acuminées, planes, carénées, très-
scabres sur les bords et sur la carène, surtout supérieurement, à
gaînes membraneuses, se déchirant en réseau filamenteux. Épis
mâles 2-3, rarement 4, supérieurs, oblongs, sessiles, rapprochés,
le terminal plus long, à écailles brunes, *les inférieures obtuses;*
épis femelles 2-4, *dressés,* cylindriques, espacés, sessiles et brièvement pédonculés, noirâtres. Bractées foliacées, dépourvues de
gaînes, plus longues que l'inflorescence. Écailles florales d'un
brun noirâtre, lancéolées-aiguës, scabres aux bords supérieurs,
munies d'une nervure verte prolongée au-dessus du sommet.
Stigmates 3. Utricules mûrs olivâtres, étroitement imbriqués,
un peu étalés à la maturité, *ovales ou oblongs, subtrigones-com-
primés,* nerviés, atténués en bec court, bidenté, égalant ou dépassant les écailles et plus larges qu'elles. Akènes bruns, plus
pâles sur les angles, ovales-trigones, ponctués.

VAR. B, *Kochiana Gaud. helv. 6, p.* 130. Utricules ovales-
oblongs. Écailles femelles acuminées en pointe longue, scabre.
C. kochiana, Dec. fl. fr. 6, p. 297.

Hab. les bords des fossés et des roubines, à Bellegarde, Saint-Gilles, Aigues-Mortes. ♃ Fl. mai-juin.

48. **C. RIPARIA** *Curt. fl. lond.* 4, *t.* 60; *Dec. fl. fr.* 3, *p.* 130 *et* 6, *p.* 297; *Schk. car. t. Qq. et Rr., nº* 105; *Anders. cyp.* 16, *t.* 8, *fig.*110; *C. crassa Host. gram.* 1, *t.* 93. — Cette espèce diffère de la précédente : par sa souche écailleuse; par ses tiges plus robustes, à 2 angles saillants, aigus et rudes vers le sommet, et un troisième moins saillant et lisse; par ses feuilles à nervures réticulées, à gaînes déchirées en filaments moins rapprochés; par ses épis mâles, plus épais, plus courts, à écailles rousses, toutes aristées; par ses épis femelles, plus courts, plus épais, à écailles munies de plusieurs nervures dorsales vertes : par ses utricules un peu plus gros, et par ses akènes lisses, moins colorés.

Hab. les mêmes localités. ♃ Fl. avril-juillet.

49. **C. HIRTA** *Lin. sp.* 1389; *Dec. fl. fr.* 3, *p.* 121; *Schk. car. t. Uu, nº* 108; *Host. gram.* 1, *t.* 96; *Leers, herb. t.* 16, *fig.* 3; *Moris. hist. s.* 8, *t.* 12. *fig.* 10. — Souche à rhizomes écailleux, longuement traçants. Tiges de 2-4 décim., trigones, lisses, striées, dressées, rudes entre les épis. Feuilles d'un vert clair, linéaires, acuminées, dressées, striées, carénées, rudes sur les bords, pubescentes, principalement sur les gaînes, rarement glabres, atteignant presque la hauteur des tiges. Épis mâles 2-3, inégaux, oblongs-aigus, rapprochés; le supérieur pédonculé, les deux inférieurs sessiles, à écailles d'un brun clair, pubescentes; épis femelles 2-3, *oblongs*, dressés, espacés, le supérieur écarté des épis mâles, à pédoncules presque entièrement renfermés dans les gaînes des bractées foliacées, dont l'inférieure atteint environ la hauteur de l'inflorescence. Écailles florales femelles roussâtres, ovales-oblongues, munies d'une nervure verte prolongée en pointe allongée et rude sur les bords. Stigmates 3. Utricules mûrs verdâtres ou blanchâtres, puis brunâtres, un peu gros, ovales-oblongs-coniques, nerviés, hérissés, acuminés en bec profondément bifide, dépassant l'écaille. Akènes jaunâtres, ovoïdes-trigones, stipités, terminés en pointe.

Hab. les lieux frais et humides. dans tout le département. ♃ Fl. mai-juillet

DE LA FLORE DU GARD

D'APRÈS L'HERBIER DE M. DE POUZOLS

par

M. COURCIÈRE

Ancien élève de l'École normale supérieure, agrégé, professeur de physique
au lycée de Nîmes

CXXXIᵉ Fam. **GRAMINÉES.**

GRAMINEÆ. (Juss. gen. 28.)

Les graminées sont des plantes généralement peu élevées, annuelles ou vivaces, et dans ce cas pourvues de rhizomes plus ou moins étendus, d'où naissent chaque année des tiges aériennes. Ces tiges, auxquelles on a donné le nom de chaumes, presque toujours fistuleuses, présentent de distance en distance des nœuds où s'insèrent les feuilles; elles sont ordinairement herbacées, mais quelquefois ont la texture ligneuse ; elles sont rarement rameuses ; leur forme est cylindrique, quelquefois comprimée, jamais triangulaire. Les feuilles sont alternes, distiques, s'insèrent sur toute la circonférence des nœuds et forment à leur base une gaîne enveloppant tout ou partie de l'entre-nœud supérieur, à bords libres et non soudés comme dans la famille précédente. Le limbe est presque toujours étroit, très-allongé, toujours entier, rarement atténué en pétiole au-dessus de la gaîne ; à sa base et sur sa face interne, la gaîne fournit un petit prolongement membraneux nommé *ligule*. Les fleurs sont le plus souvent hermaphrodites, quelquefois unisexuelles, et alors presque toujours monoïques; elles forment, par leur réunion, une inflorescence composée, dans laquelle on distingue des axes de plusieurs degrés; en effet, elles forment d'abord un premier ordre d'inflorescence que l'on désigne sous le nom d'épillet; à leur tour les épillets se disposent sur un axe commun de manière à simuler un épi, ou, portés sur des pédoncules plus ou moins rameux, ils constituent des grappes ou des panicules. L'épillet est formé d'un nombre plus ou moins grand, de fleurs de 1 à 20 ou même plus; il présente à sa base deux bractées nommées glumes, distiques comme les feuilles et ordinairement inégales ; l'une d'elles avorte quelquefois, et on remarque que c'est toujours l'inférieure qui est la plus petite ou qui disparaît. Les fleurs sont distiques sur l'axe de l'épillet et présentent deux bractées, dont la supérieure adossée à l'axe est parinerviée, et l'inférieure qui lui est opposée imparinerviée ; on les appelles glumelles, balles ou paillettes. Contrairement à ce qui a lieu pour les glumes, c'est presque toujours la glumelle supérieure qui est la plus courte et qui quelquefois avorte; sur un cercle plus intérieur se montrent encore deux autres petites bractées ordinairement collatérales, à la base de la glumelle inférieure, accompagnées très-rarement d'une troisième à la base de la glumelle supérieure. Elles portent le nom de glumellules ou paléoles. Plus intérieurement, dans la fleur, sont les étamines, ordinairement au nombre de trois: deux supérieures et une inférieure alterne avec les glumellules; elles sont composées d'un filet grêle et d'une anthère biloculaire, fixée par son milieu et dont les deux loges, d'abord parallèles, deviennent divergentes à la base et au sommet; leur déhiscence est longitudinale le plus souvent, quelquefois elle se fait par un pore terminal. Le pistil est toujours unique et surmonté de deux styles ordinairement écartés à leur base, assez souvent adnés et soudés sur une plus ou moins grande partie de leur longueur, et terminés chacun par un stigmate plumeux. Le fruit est un caryopse libre ou soudé avec les balles, indéhiscent, à péricarpe soudé avec la graine, contenant un périsperme épais, farineux, à la partie inférieure et externe duquel est adossé l'embryon.

1. Fleurs monoïques : les mâles en panicule terminale, les femelles en épis axillaires; styles longs d'au moins 1 décimètre...................... 1er gre. **ZEA.**
Fleurs non disposées comme ci-dessus; styles courts............................ 2.

2. Fleurs en capitules arrondis, hérissés de pointes raides.................. 10e gre. **ECHINARIA.**
Fleurs en épis ou en panicules............... 3.

3. Fleurs armées en dehors de petits aiguillons crochus.................. 11e gre. **TRAGUS.**
Fleurs glabres ou velues, mais non hérissées d'aiguillons crochus............... 4.

4. Épillets insérés dans des excavations du rachis................................. 62.
Épillets non insérés dans des excavations du rachis.... .... 5.

5. Fleurs ne s' talant pas pendant la floraison............................ 6.
Fleurs s'étalant pendant la floraison......... 16.

6. Épillets composés d'une fleur hermaphrodite solitaire, ou accompagnée de 1-2 fleurs mâles ou stériles............... 7.
Épillets contenant 2-6 fleurs hermaphrod.tes........................ 9e gre. **SESLERIA.**

7. Stigmates sortant au-dessous de la fleur ou sur les côtés.................... 8.
Stigmates sortant au sommet de la fleur.................................. 9.

8. Feurs disposées en panicule lâche.... 1er gre **LEERSIA.**
Fleurs en épis linéaires, portés 4-7 en ombelles au sommet des chaumes.. 14e gre. **CYNODON.**

9. Glumelle inférieure arrondie sur le dos; caryopse comprimé parallèlement à l'embryon............................ 10.
Glumelle inférieure carénée, caryopse comprimé par le côté.................... 11.

10. Épillets entourés à la base d'une ou plusieurs soies rudes, saillantes, et disposés en épis................. 12e gre. **SETARIA.**
Épillets nus à leur base, en panicule diffuse, oblongue, ou en épis digités. 13e gre. **PANICUM.**

11. { Glumes carénées........................ 12.
    { Glumes arrondies sur le dos........ 5ᵉ gʳᵉ. **MIBORA.**

12. { Glumes inégales......................... 13.
    { Glumes égales, ou presque égales........... 14.

13. { Épillets formés d'une seule fleur her-
    { maphrodite et disposés en épis com-
    { pactes........................... 6ᵉ gʳᵉ. **CRIPSIS.**
    { Épillets formés d'une fleur supérieure
    { hermaphrodite. et de 2 supérieures
    { stériles, disposés en épis lâches.... 4ᵉ gʳᵉ. **ANTHOXANTHUM.**

14. { Glumelles 2 ; la supérieure munie d'une
    { ou deux carènes rapprochées............. 15.
    { Glumelle unique, dépourvue de ner-
    { vures, ou munie de 3–5............. 8ᵉ gʳᵉ. **ALOPECURUS.**

15. { Une seule carène sur la glumelle su-
    { périeure...... .... 3ᵉ gʳᵉ. **PHALARIS.**
    { 2 carènes sur la glumelle supérieure.. 7ᵉ gʳᵉ. **PHLEUM.**

16. { Épillets géminés ou ternés, l'un ses-
    { sile et l'autre ou les deux autres pé-
    { dicellés .... 17.
    { Épillets épars, tous plus ou moins pé-
    { dicellés .... 20.

17. { Glumelle inférieure munie d'une ca-
    { rène dorsale. Épillets en panicule
    { spiciforme .... 18ᵉ gʳᵉ. **IMPERATA.**
    { Glumelle inférieure arrondie sur le
    { dos. Épillets en panicule simple, ou
    { pyramidale ou digitée...... .... 18.

18. { Épillets disposés en épis linéaires,
    { courts ou allongés, géminés ou digités. 15ᵉ gʳᵉ. **ANDROPOGEN**.
    { Épillets disposés en panicule pyrami-
    { dale ample... .... 19.

19. { Glumelles égales ; panicule très-
    { soyeuse, argentée............... 17ᵉ gʳᵉ. **ERIANTHUS**.
    { Glumelles très-inégales ; panicule non
    { soyeuse, panachée de vert et de
    { violet .... 16ᵉ gʳᵉ. **SORGHUM.**

20. { Styles allongés ; stigmates sortant sous
    { le sommet de la fleur .... 21.
    { Styles très-courts ou nuls ; stigmates
    { sortant à la base, ou sur les côtés,
    { ou au sommet de la fleur............... 22.

21. { Glumes presque égales, égalant les
    { fleurs ; glumelle inférieure bifide au
    { sommet. .... 19ᵉ gʳᵉ. **ARUNDO.**
    { Glumes très-inégales, plus courtes que
    { les fleurs ; glumelle inférieure acu-
    { minée-subulée.................. 20ᵉ gʳᵉ. **PHRAGMITES.**

22. { Glumelle inférieure aristée à la base,
    { sur le dos, au sommet ou au-des-
    { sous du sommet, ou terminée par
    { trois dents subulées, ... 23.
    { Glumelle inférieure quelquefois mu-
    { cronulée, mais non aristée............. 49.

23. { Arête insérée à la base, sur le dos, ou
       sous le sommet de la glumelle............ 24.
     Arête terminale, ou prenant naissance
       au fond d'une échancrure................ 40.

24. { Glumelle inférieure carénée ou nerviée....... 25.
     Glumelle inférieure dépourvue de ca-
       rène et de nervures................... 34.

25. { Épillets à une seule fleur hermaphro-
       dite, et quelquefois le rudiment d'une
       seconde.............................. 26.
     Épillets à 2-9 fleurs hermaphrodites,
       l'inférieure quelquefois mâle............. 30.

26. { Glumelle inférieure pourvue à sa base
       de poils plus ou moins longs............. 27.
     Glumelle inférieure dépourvue de poils
       à la base................... 26ᵉ gʳᵉ. **POLYPOGON**.

27. { Glumes aiguës ou mutiques.............. 28.
     Glumes terminées par une arête longue...... 29.

28. { Glumelle inférieure munie à sa base
       de poils très-longs............ 24ᵉ gʳᵉ. **CALAMAGROSTIS**.
     Glumelle inférieure munie à sa base de
       poils très-courts............ 23ᵉ gʳᵉ. **AGROSTIS**,

29. { Fleurs en panicule spiciforme, élargie
       au milieu, luisante, non soyeuse ... 25ᵉ gʳᵉ. **GASTRIDIUM**.
     Fleurs en épi ovale, très-serré, mou,
       d'un blanc soyeux............ 27ᵉ gʳᵉ. **LAGURUS**.

30. { Arête dorsale............ 39ᵉ gʳᵉ. **TRISETUM**.
     Arête insérée au-dessous du sommet
       de la glumelle inférieure ou au fond
       d'une échancrure..................... 31.

31. { Épillets composés de 3-5 fleurs.......... 32.
     Épillets composés de plus de 5 fleurs....... 33.

32. { Épillets à 2 fleurs, la supérieure mâle,
       disposés en panicule composée..... 40ᵉ gʳᵒ. **HOLCUS**
     Épillets à fleurs toutes hermaphrodites,
       disposées en panicule rameuse, spi-
       ciforme............ 41ᵉ gʳᵉ. **KOELERIA**.

33. { Épillets élargis au sommet pendant la
       floraison : glumelle inférieure carénée. 29ᵉ gʳᵉ. **BROMUS**.
     Épillets atténués vers le sommet pen-
       dant la floraison ; glumelle inférieure
       non carénée............ 60ᵉ gʳᵉ. **SERRAFALCUS**.

34. { Épillets à 1 fleur hermaphrodite........... 35.
     Épillets à 2-9 fleurs................... 36.

35. { Glumes carénées et mucronées....... 29ᵉ gʳᵉ. **ARISTELLA**.
     Glumes mutiques, arrondies sur le dos 31ᵉ gʳᵉ. **PIPTATHERUM**.

36. { Glumelle inférieure bifide ou dentée
       au sommet.......................... 37.
     Glumelle inférieure entière et aiguë
       au sommet............ 33ᵉ gʳᵉ. **CORYNEPHORUS**.

37. { Caryopse glabre................... 38.
     Caryopse velu..................... 39.

38. Épillets à deux fleurs hermaphrodites
   sessiles...................... 34ᵉ gʳᵉ. **AIRA.**
   Épillets à 2-3 fleurs, l'inférieure sessile,
   les supérieures pédicellées......... 35ᵉ gʳᵉ. **DESCHÁMPSIA.**

39. Glumelle inférieure coriace ; caryopse
   entièrement velu................. 37ᵉ gʳᵉ. **AVENA.**
   Glumelle inférieure herbacée, caryopse
   velu seulement au sommet........ 38ᵉ gʳᵉ. **ARRENATHERUM.**

40. Arête de la glumelle inférieure terminale, courte ou très-longue............... 41.
   Arête de la glumelle inférieure insérée
   au fond d'une échancrure................ 47.

41. Épillets composés d'une seule fleur
   complète...................... 28ᵉ gʳᵉ. **STIPA.**
   Épillets composés de plusieurs fleurs
   complètes .... 42.

42. Épillets agglomérés. presque sessiles,
   disposés en grappe rameuse ou spiciforme. .... 43.
   Épillets plus ou moins écartés, pédicellés, disposés en panicule rameuse .... 44.

43. Glumelle inférieure ovale – oblongue ;
   styles allongés ; stigmates courts en
   houppe; grappe courte......... .. 51ᵉ gʳᵉ. **OELUROPUS.**
   Glumelle inférieure lancéolée ; styles
   courts; stigmates allongés, plumeux;
   grappe un peu allongée........... 52ᵉ gʳᵉ. **DACTYLIS.**

44. Glumelle inférieure arrondie sur le dos...... 45.
   Glumelle inférieure carénée.............. 46.

45. Glumelle inférieure des fleurs supérieures munie d'une arête dorsale
   genouillée; caryopse libre.......... 36ᵉ gʳᵉ. **VENTENATA.**
   Glumelle inférieure des fleurs supé-
   rieures dépourvue d'arête; caryopse
   adhérent aux glumelles.. .... 58ᵉ gʳᵒ. **FESTUCA.**

46. Stigmates en houppe ; caryopse libre;
   panicule à rameaux étalés à angle
   droit........................... 53ᵉ gʳᵉ. **DIPLACHNE.**
   Stigmates plumeux ; caryopse adhérent
   aux glumelles ; panicule à rameaux
   dressés........................ 57ᵉ gʳᵉ. **VULPIA.**

47. Glumelle inférieure longuement barbue à la base; épillets à 1 fleur com-
   plète......................... 30ᵉ gʳᵉ. **LASIAGROSTIS.**
   Glumelle inférieure imberbe, ou garnie
   à la base de poils courts ; épillets à
   2-6 fleurs complètes................ .... 48.

48. Épillets assez longuement pédicellés,
   disposés en panicule assez lâche... 55ᵉ gʳᵉ. **DANTHONIA.**
   Épillets brièvement pédicellés, dispo-
   sés en panicule spiciforme ou ovale,
   compacte, unilatérale............. 56ᵉ gʳᵉ. **CYNOSURUS.**

49. { Épillets composés d'une fleur complète, souvent accompagnée d'un rudiment de fleur...................... 50.
     Épillets composés de 2-11 fleurs complètes................................ 53.

50. { Épillets disposés en épi composé, très-long; glumelle inférieure mucronée.. 22ᵉ gʳᵉ. **PSAMMA.**
     Fleurs en panicule rameuse; glumelle inférieure mutique, aiguë ou dentée au sommet........................... 51.

51. { Glumelle inférieure munie de poils courts à sa base........................ 52.
     Glumelle inférieure dépouvue de poils à sa base..................... 32ᵉ gʳᵉ. **MOLINIA.**

52. { Glumelle inférieure lancéolée-aiguë... 24ᵉ gʳᵉ. **SPOROLOBUSⱼ**
     Glumelle inférieure tronquée, dentée au sommet.................... 23ᵉ gʳᵉ. **AGROSTIS.**

53. { Glumelle inférieure carénée sur le dos........ 54.
     Glumelle inférieure arrondie sur le dos....... 59.

54. { Caryopse adhérent aux glumelles..... 50ᵉ gʳᵉ. **SCLEROPOA.**
     Caryopse libre... .... 55.

55. { Stigmates s'étalant au sommet de la fleur............................ 56.
     Stigmates s'étalant au dehors de la fleur., ... 57.

56. { Épillets pédicellés, composés de deux fleurs complètes, disposés en panicule lâche; plante de 3-5 décim..... 42ᵉ gʳᵉ. **CATABROSA.**
     Épillets presque sessiles, composés de 3-5 fleurs rapprochées, en épi serrés; plantes de 5-10 centim............ 43ᵉ gʳᵉ. **SCLEROCHLOA.**

57. { Épillets en panicule rameuse divariquée; glumes très-inégales......... 49ᵉ gʳᵉ. **SPHENOPUS.**
     Épillets en panicule rameuse non divariquée; glumes presque égales............. 58.

58. { Glumelle inférieure entièrement membraneuse; glumelle supérieure entière. 46ᵉ gʳᵉ. **ERAGROSTIS.**
     Glumelle inférieure herbacée, membraneuse aux bords; glumelle supérieure bifide............ .... 45ᵉ gʳᵉ. **POA.**

59 { Glumes à une nervure; stigmates en houppe............ .... 54ᵉ gʳᵉ. **MOLINIA.**
    Glumes à trois nervures; stigmates plumeux.. .... 60.

0. { Glumelle supérieure à 2 carènes ciliées; caryopse libre........................ 61
    Glumelle supérieure à 2 carènes non ciliées; caryopse adhérent à la glumelle interne... .... 47ᵉ gʳʳ. **BRIZA.**

61. { Glumelle inférieure membraneuse, à nervures effacées au sommet....... 43ᵉ gʳᵉ. **GLYCERIA,**
     Glumelle inférieure cartilagineuse, scarieuse au sommet, à nervures très-prononcées.................... 48ᵉ gʳᵉ. **MELICA.**

<table>
<tr><td>62.</td><td>Épillets 2-6 à chaque dent du rachis,........ 63.
Un seul épillet à chaque dent du rachis....... 64.</td></tr>
<tr><td>63.</td><td>Glumelle supérieure à carènes ciliées;
  épillets uniflores................... 61ᵉ gʳᵉ HORDEUM.
Glumelle supérieure à carènes rudes;
  épillets à 2-4 fleurs............... 62ᵉ gʳᵉ. ELYMUS.</td></tr>
<tr><td>64.</td><td>Épillets appliqués par le côté contre
  le rachis.......................... 65.
Épillets appliqués par l'une des faces,
  quelquefois un peu obliquement,
  contre le rachis .... 66.</td></tr>
<tr><td>65.</td><td>Épi raide, subulé; épillets toujours ca-
  chés dans les excavations du rachis. 76ᵉ gʳᵉ. LEPTURUS.
Épi souple, non subulé: épillets non ca-
  chés dans les excavations du rachis.. 67ᵉ gʳᵉ. LOLIUM.</td></tr>
<tr><td>66.</td><td>Épillets à une seule fleur complète......... 67.
Épillets à deux ou plusieurs fleurs com-
  plètes............................. 69.</td></tr>
<tr><td>67.</td><td>Un seul stigmate sortant au sommet
  de la fleur. .... 72ᵉ gʳᵉ. NARDUS.
Stigmates 2, sortant à la base de la fleur....... 68.</td></tr>
<tr><td>68.</td><td>Glumes égalant ou dépassant la fleur;
  caryopse libre.................... 76ᵉ gʳᵉ. LEPTURUS.
Glume unique, beaucoup plus courte
  que la fleur; caryopse adhérent aux
  glumelles......................... 71ᵉ gʳᵉ. PSILURUS.</td></tr>
<tr><td>69.</td><td>Glumelle inférieure munie d'une arête
  dorsale genouillée; caryopse glabre
  au sommet...................... 68ᵉ gʳᵉ. GAUDINIA.
Glumelle inférieure mutique ou munie
  d'une arête droite; caryopse pubes-
  cent au sommet.................... 70.</td></tr>
<tr><td>70.</td><td>Caryopse appendiculé. .... 71.
Caryopse non appendiculé................ 72.</td></tr>
<tr><td>71.</td><td>Épillets sessiles; glumes presque égales;
  glumelle supérieure échancrée ou
  tronquée au sommet.............. 65ᵉ gʳᵉ. AGROPYRUM.
Épillets très - brièvement pédicellés;
  glumes inégales: glumelle supérieure
  entière, arrondie au sommet....... 66ᵉ gʳᵉ. BRACHYPODIUM.</td></tr>
<tr><td>72.</td><td>Glumes égales ou peu inégales; épillets
  sessiles; caryopses velus au sommet........ 73.
Glumes inégales; épillets très-briève-
  ment pédicellés; caryopses glabres
  au sommet...................... 67ᵉ gʳᵉ. NARDURUS.</td></tr>
<tr><td>73.</td><td>Glumes herbacées, étroites, subulées,
  carénées, uninerviées............. 63ᵉ gʳᵉ. SECALE.
Glumes coriaces, ventrues, pluriner-
  viées................... .... 64ᵉ gʳᵉˢ TRITICUM.</td></tr>
</table>

Trib. 1ʳᵉ. ORYZEES. (ORIZEÆ, Kunth.)

Epillets comprimés par le côté, presque plan sur les faces, à
une seule fleur hermaphrodite, accompagnée quelquefois d'une

ou deux fleurs rudimentaires. Glumes nulles ou très-petites. Glumelle inférieure carénée. Stigmates sortant sur les côtés de la fleur. Caryopse comprimé par le côté, dépourvu de sillon.

1er g^{re}. LEERSIE. — LEERSIA. (Soland.)

Epillets uniflores, brièvement pédicellés, comprimés par le côté, à faces planes, disposés en panicule rameuse. Glumes nulles. Glumelles 2, égales, comprimées, carénées, dépourvues d'arète; l'inférieure beaucoup plus large. Glumellules 2, glabres. Étamines 3. Styles 2, courts. Stigmates longs, plumeux, surtout par les côtés de la fleur. Caryopse glabre, dépourvu de sillon, libre, mais enveloppé par les balles.

1. **L. ORIZOÏDES** *Soland.* — Souche traçante, stolonifère. Chaumes de 6-9 décim., dressés, courbés à la base, simples ou rameux, un peu comprimés, à nœuds hérissés. Feuilles planes, linéaires, lancéolés-acuminées, d'un vert clair, rudes sur les faces et sur les bords ainsi que sur les gaînes. Ligule brune, très-courte. Panicule rameuse, étalée, assez ample, à rameaux lâches, filiformes, flexueux, scabres, renfermée d'abord dans la gaîne de la feuille supérieure. Glumelles d'un vert jaunàtre, oblongues-aiguës, hérissées de poils raides sur les bords et sur la carène, où ils sont fasciculés.

Hab. les bords du Rhône, Vallabrègues. 2 Fl. août-septembre.

Trib. 2. PHALARIDÉES. (PHALARIDEÆ Kunth.)

Epillets hermaphrodites, polygames, rarement monoïques, à une seule fleur fertile, quelquefois accompagnée d'une ou deux fleurs mâles ou rudimentaires. Glumes le plus souvent égales et de même longueur que la fleur. Glumelle inférieure ordinairement carénée, rarement concave, luisante. Stigmates allongés dans la plupart, sortant au sommet de la fleur. Caryopse le plus souvent comprimé par le côté et dépourvu de sillon.

2e g^{re}. MAIS. — ZEA. (Lin.)

Epillets monoïques, les mâles et les femelles *dissemblables;* les mâles disposés en panicule spiciforme, les femelles étroitement rapprochés et disposés en épis *axillaires, solitaires, enveloppés étroitement dans des gaînes de feuilles.* — Epillets mâles à 2 fleurs presque sessiles. Glumes, concaves, mutiques. Glumelles mutiques: l'inférieure obtuse, tronquée; la supérieure bicarénée, bidentée. Glumellules 2, charnues, tronquées. Etamines 3. — Epillets femelles à une seule fleur fertile, accompagnée de 1-2 fleurs rudimentaires inférieures. Glumes 2, membraneuses, très-larges, obtuses ; l'inférieure enveloppant la supérieure. Glumelles plus larges que longues, charnues-membraneuses, enveloppant étroitement l'ovaire. Styles soudés, très-longs, sortant et pendants hors des bractées qui entourent l'épi femelle. Stigmates 2, pubescents. Caryopses subglobuleux, réniformes, lisses et crustacés à leur surface, dépourvus de sillon.

Z. MAÏS *Lin.* — Plante annuelle. Chaumes de 8-20 décim., dressé, robuste, lisse, plein. Feuilles planes, larges, pubescentes en dessus, ciliées sur les bords. Ligule courte, ciliée. Epis femelles solitaires, très-gros, cylindriques, sessiles, recouverts inférieurement par la gaîne de la feuille à l'aisselle de laquelle ils sont sessiles, et entourés de 4-9 bractées foliacées. Caryopses contigus, très-gros, luisants, disposés par séries longitudinales et comme incrustés dans l'axe épaissi de l'épi.

Hab. cultivé en plein champ dans presque tout le département. ① Fl. juin-septembre.

Cette plante est originaire de l'Amérique méridionale, où elle était cultivée avant l'arrivée des Européens. Elle est généralement connue en France sous le nom de *blé de Turquie.* On la cultive comme fourrage, en la semant en juin, ou pour les graines, en la semant au printemps. — Ses graines fournissent une farine peu nourrissante, que l'on mange sous forme de soupe, de bouillie ou de gâteau.

3ᵃ gʳᵉ. **PHALARIDE. — PHALARIS.** (P. de Beauv.)

Epillets pédicellés ou presque sessiles, comprimés par le côté, *à une seule fleur complète*, accompagnée inférieurement de 1-2 fleurs rudimentaires, disposés en panicule rameuse ou en grappe spiciforme, lâche ou compacte. Glumes 2, égales ou inégales, *comprimées*, munies d'une carène souvent ailée. Glumelle inférieure ordinairement aiguë et entière, *carénée ainsi que la supérieure.* Glumellules 2, glabres. Étamines 3. Styles 2, allongés, à stigmates plumeux, sortant au sommet de la fleur. Caryopse oblong, libre, mais enveloppé par les balles.

1. { Glumes à carène ailée: fleurs disposées en panicule spiciforme...................... ♀.
{ Glumes à carène non ailée ; fleurs disposées en panicule rameuse..................... ARUNDINACEA

2. { Aile de la carène large et entière ; panicule ovoïde ; racine annuelle et fibreuse........ CANARIENSIS
{ Aile de la carène large et dentelée ; panicule oblongue, cylindrique ; souche vivace, tuberculeuse................................. CÆRULESCENS.

1. **PH. CANARIENSIS** *Lin sp*. 79. — Plante de 4-8 décim. Racine fibreuse. Chaumes droits, cylindriques, feuillés jusqu'au sommet. Feuilles linéaires-acuminées, scabres sur les faces et sur les bords; les supérieures courtes et à gaînes renflées. Ligule mince, blanche, membraneuse. Panicule ovale ou ovale-oblongue, compacte, panachée de vert et de blanc. Glumes blanchâtres, ovales, élargies supérieurement, brusquement mucronées, munies d'une carène bordée de chaque côté d'une bande verte et *largement ailée dans la partie supérieure*. Glumelle inférieure lancéolée, garnie de poils appliqués, munie à sa base de deux écailles linéaires ciliées, *plus courtes de moitié que la fleur fertile*.

Hab. subspontané aux bords des champs cultivés, au Caylar, à Aimargues. ① Fl. mai-juin.

Cette plante, originaire de l'Inde, est cultivée dans quelques localités du département pour sa graine, qui sert de nourriture aux serins, et qui est connue sous le nom de *graine des Canaries*.

2. **PH. CERULESCENS** *Desf.; Ph. bulbosa Lois.; Ph. aquatica Bertol.* — Plante de 5-12 décim. Souche formée de 1-2 tubercules superposés, un peu gros, atténués au sommet, striés. Chaumes droits, feuillés jusqu'aux deux tiers de la hauteur. Feuilles linéaires étroites, acuminées, un peu rudes; les supérieures plus courtes que les inférieures. Gaine supérieure renflée. Panicule oblongue, compacte, atteignant quelquefois un décimètre de long, panachée de blanc, de vert et souvent de violet. Glumes blanchâtres ou violacées, lancéolées, munies d'une carène prolongée en pointe, bordée de vert, munie *dans sa moitié supérieure d'une aile large, dentelée au sommet*. Glumelle inférieure lancéolée, glabre, luisante, munie à sa base *d'une petite écaille* souvent avortée.

Hab. les bords du Vistre, à Nîmes. ♃ Fl mai-juillet.

3. **PH. ARUNDINACEA** *Lin. sp.* 80; *Arundo colorata Wild; Calamagronis colorata Dec.; Baldingera colorata Dumort.; Digraphis arundinacea Trin.* — Plante de 8-15 décim. Souche traçante. Chaumes droits, robustes, à nœuds brunâtres. Feuilles largement linéaires, acuminées, planes, rudes sur les bords. Ligule mince, blanche, membraneuse, large, obtuse. Panicule *rameuse*, allongée, *plus ou moins lâche*, ordinairement panachée de vert et de violet, à rameaux étalés pendant la floraison, redressés à la maturité. Glumes lancéolées - aiguës, à carène *non ailée*, avec une nervure de chaque côté. Glumelle inférieure lancéolée, glabre, luisante.

Hab. les bords des fossés et les marais, dans tout le département. ⚥
Fl. juin-juillet.

On cultive dans les jardins, comme plante d'agrément, une variété de
cette espèce à feuilles rayées de blanc, sous le nom d'*herbe à rubans*. *Ph.
variegata*.

4ᵉ gʳᵉ. FLOUVE. — ANTHOXANTHUM. (Lin.)

Epillets presque sessiles, comprimés par le côté, composés
d'une seule fleur hermaphrodite, accompagnée inférieurement
de *deux fleurs stériles*, disposés en une panicule lâche, spiciforme. Glumes carénées, mucronées, *l'inférieure de moitié plus
courte que la supérieure*, qui enveloppe les fleurs. Glumelle des
fleurs stériles solitaire, velue, échancrée, *munie d'une arête
dorsale*. Fleur fertile très-petite, à 2 glumelles membraneuses,
dépourvues d'arête dorsale. Etamines 2. Styles 2. Stigmates filiformes, plumeux, sortant au sommet de la fleur. Caryopse oblong-
aigu, presque cylindrique, glabre, lisse, luisant, libre, mais
étroitement renfermé dans les glumelles, dépourvu de sillon.

1. **A. ODORANTUM** *Lin. sp.* 40 ; *Phalaris ciliata Pourr.* —
Plante de 2-6 décim., odorante même après·la dessication.
Souche fibreuse, vivace. Chaumes dressés, croissant en touffes.
Feuilles d'un vert clair, linéaires-aiguës, peu allongées, planes,
glabres ou ciliées dans toute leur longueur, toujours velues à
l'entrée de la gaîne. Ligule oblongue, blanche, membraneuse.
Panicule en forme d'épi un peu lâche, oblong-cylindrique,
pointu, d'un vert jaunâtre. Glume supérieure pubescente, à trois
nervures, l'inférieure à une seule. Fleurs stériles *dépassant à
peine la fleur fertile ;* l'inférieure munie d'une arête dorsale
genouillée, finement striée et tordue inférieurement, prenant
naissance vers la base de la glumelle velue et ne dépassant pas la
glume supérieure ; la supérieure portant au-dessous du sommet
de la glumelle une arête droite, presque de moitié plus courte que
celle de la fleur inférieure. Fleur fertile petite, glabre.

Hab. les bois, les prairies et les pacages, dans tout le département. ⚥
Fl. mai-juin.

Cette plante fournit un très-bon fourrage, d'une odeur agréable ; mais sa
culture n'est pas productive.

5ᵉ gʳᵉ. MIGNONETTE. — MIBORA. (Adans.)

Epillets *uniflores*, presque sessiles, disposés en épis filiformes,
presque unilatéraux. Glumes oblongues, mutiques, tronquées,
dentelées, *arrondies sur le dos ou à peine carénées, presque*

égales. Glumelles 2, membraneuses; l'inférieure mutique, arrondie sur le dos, un peu plus grande que la supérieure, qui est marquée *de deux nervures peu saillantes*. Glumellules 2, glabres, très-petites. Etamines 3. Styles 2, non soudés. Stigmates filiformes, allongés, un peu poilus, terminaux. Caryopse oblong, comprimé par le dos, glabre, libre entre les glumelles et dépourvu de sillon.

1. **M. VERNA** *P. de Beauv.; Agrostis minima Lin. sp.* 93 ; *Chamagrostis minima Dec.; Knappia agrostidea Smit; Sturmia verna Pers.* — Plante de 4-10 centim., formant gazon. Racine fibreuse. Chaumes capillaires, nombreux, serrés à la base, étalés, nus supérieurement. Feuilles courtes, linéaires, canaliculées, obtuses. Ligule ovale-oblongue, saillante, entière. Fleurs en grappe *spiciforme* violette ou verte, linéaire, composée de 6-12 épillets petits, unilatéraux, *solitaires sur les dents du rachis légèrement flexueux.*

Hab. les champs, les vignes, les lieux sablonneux, dans tout le département. ① Fl. février-avril.

6ᵉ gʳᵉ. CRYPSIDE. — CRYPSIS. (Aiton.)

Epillets pédicellés, comprimés par le côté, *convexes sur les faces*, renfermant *une seule fleur hermaphrodite.* Panicule spiciforme. Glumes 2, *inégales*, ordinairement plus courtes que la fleur, comprimées-carénées. Glumelles un peu inégales, lancéolées-mutiques, plus longues que la glume, *toutes les deux unicarénées.* Glumellules nulles. Etamines 2 ou 3, allongées. Styles 2, allongés. Stigmates filiformes plumeux, sortant au sommet de la fleur. Caryopse glabre, libre, ovoïde, comprimé par le côté, dépourvu de sillon.

1. Chaumes étalés en cercle, rameux; panicule spiciforme, ovale-oblongue; 2 étamines............ **SCHOENOIDES.**
Chaumes dressés, simples; panicule spiciforme, serrée, hémisphérique; 3 étamines............ **ACULEATUS.**

1. **CR. SCHŒNOÏDES**, *Lam. et Dec.; Phleum schœnoïdes Lin. sp.* 88. — Plante de 1-3 décim. Racine fibreuse. Chaumes très-nombreux, comprimés-anguleux, inégaux, souvent rameux au sommet, *étalés-ascendants*, non entièrement recouverts par les gaînes des feuilles. Feuilles glauques, raides, très-aiguës, à la fin perpendiculaires au chaume. Gaînes courtes et lâches. Ligule remplacée par des poils. Panicule en forme d'épi court, *ovale-oblong, obtus*, serré, d'un blanc souvent violacé, enveloppé à sa base par la gaîne de la feuille supérieure. 3 étamines.

Hab. les lieux humides et sablonneux ; les environs de Nîmes. ① Fl.
août-octobre.

2. CR. ACULEATUS *Ait.; Schœnus aculatus Lin.* — Plante
de 6-20 cent. Racine fibreuse. Chaumes nombreux, rameux,
comprimés, couchés en cercle, non entièrement recouverts par
les gaînes des feuilles. Feuilles linéaires, courtes, raides, piquantes, perpendiculaires au chaume, velues sur les bords. Gaînes
courtes, ventrues, striées, violacées. Ligule remplacée par des
poils. Panicule en forme d'épi *court, en tête hémisphérique,*
serré, verdâtre, *entouré à la base par les gaines très-dilatées*
des feuilles supérieures, qui l'entourent en forme d'involucre.
Toujours 2 étamines.

Hab. les lieux sablonneux, humides ; Aigues-Mortes ① Fl. juillet-août.

7ᵉ gʳᵒ. FLÉOLE. — PHLEUM. (Lin.)

Panicule spiciforme, dense. Epillets presque sessiles, comprimés latéralement, *un peu convexes sur les faces, à une seule*
fleur hermaphrodite, rarement accompagnée d'une fleur supérieure rudimentaire. Glumes égales, plus longues que les fleurs,
comprimées, tronquées au sommet, à carène prolongée en une arête
courte, divergente. Glumelles plus petites que les glumes, membraneuses ; l'inférieure tronquée, aristée ou mutique ; la supérieure plus courte, bidentée, bicarénée ; glumelles 2, bilobées,
glabres. Etamines 3. Styles médiocres. Stigmates très-allongés,
plumeux, s'étalant au-dessus de la fleur. Caryopse glabre, libre,
enveloppé par les balles, comprimé par le côté, dépourvu de
sillon.

1. Glumes glabres. . . . . ASPERUM.
   Glumes plus ou moins longuement ciliées. . . . . 2.

2. Racine grêle, fibreuse, annuelle ; ligule
   oblongue. . . . . ARENARIUM.
   Racine vivace : ligule tronquée. . . . . 3.

3. Plante croissant en touffes ; panicule atténuée
   aux extrémités ; glumes simplement mucro-
   nées . . . . BOEHMERI.
   Plante à chaumes isolés ; panicule obtuse au
   sommet ; glumes aristées. . . . . 4.

4. Chaumes droits : souche courte et fibreuse. . . . PRATENSE. Var. A.
   Chaumes genouillés ; souche bulbeuse. . . . . PRATENSE Var. B.

1. PH. PRATENSE *Lin.* — Plante de 2-5 décim. Racine vivace, fibreuse. Chaumes dressés ou géniculés-ascendants, striés.
Feuilles planes, acuminées, rudes sur les bords. Ligule obtuse.
Panicule spiciforme, dense, cylindrique, obtuse, verdâtre. Glumes oblongues, *tronquées transversalement,* munies sur le dos

de nervures et d'une carène hérissée de cils raides et qui se prolonge en *une arête droite, de moitié plus courte*. Une seule fleur hermaphrodite, *sans fleur stérile rudimentaire*.

VAR. A, *Genuinum*. Racine à collet non renflé en tubercule.

Hab. les prairies humides, dans tout le département. ♃ Fl. mai–juillet.

VAR. B, *Nodosum*; *Ph. nodosum Lin.* — Racine à collet renflé en tubercule.

Hab. les lieux secs, les bords des routes, dans tout le département. ♃ Fl. mai–juillet.

2. **PH. BŒHMERI** *Wibel; Phalaris phleoïdes Lin.; Chilochloa bœhmeri P. de Beauv.* — Plante de 2-4 décim., gazonnante. Racine vivace, courte et fibreuse. Chaumes luisants, dressés ou ascendants. Feuilles courtes, planes, rudes sur le dos et les bords, blanchâtres sur les bords, *la supérieure très-courte, à gaine très-longue, un peu renflée*. Ligule courte, tronquée. Panicule spiciforme, cylindrique-oblongue, atténuée aux deux bouts, d'un vert blanchâtre ou violacé, quelquefois un peu interrompue à la base. Glumes oblongues, *obliquement tronquées, acuminées-mucronées, ponctuées, tuberculeuses*, munies d'une carène plus ou moins longuement ciliée. Une seule fleur hermaphrodite, *accompagnée du rudiment d'une deuxième fleur*.

Hab. les coteaux calcaires, les lieux secs, les bords des bois; aux envide Nîmes. ♃ Fl. mai–juillet.

3. **PH. ASPERUM** *Jacq.; Phalaris aspera Retz; Chilochloa aspera P. de Beauv.* — Plante de 1-3 décim. Racine fibreuse annuelle. Chaumes nombreux, souvent rameux à la base, dressés ou ascendants. Feuilles planes, linéaires-aiguës, rudes sur les bords, la dernière à gaine un peu renflée. Panicule d'un vert glauque, spiciforme, cylindrique, un peu atténuée au sommet. Glumes *cunéiformes*, épaissies au sommet, mucronées, *ponctuées, tuberculeuses*, à carène non ciliée. Une seule fleur hermaphrodite, *accompagnée du rudiment d'une seconde*.

Hab. les lieux secs et les champs, dans tout le département. ① Fl. avril–mai.

4. **PH. ARENARIUM** *Lin. sp.* 88; *Phalaris arenaria Dec.; Crypsis arenaria, Desf., Chilochloa arenaria P. de Beauv.* — Plante de 1-2 décim. *Racine fibreuse, annuelle.* Chaumes dressés, nombreux, souvent rameux à la base. Feuilles planes, linéaires, striées; la supérieure courte, à gaine un peu renflée. Ligule oblongue. Panicule spiciforme, cylindrique-oblongue, *atténuée aux deux bouts*, dense, d'un vert glauque. Glumes lancéolées-

aiguës, mucronées, *non tuberculeuses*, à carène épaisse, *lon-guement ciliée dans sa partie supérieure.*

Hab. les sables maritimes, Aigues-Mortes ; se trouve à Alais , à Anduze, à Tresques.

3ᵉ gʳᵉ. VULPIN. — ALOPECURUS. (Lin.)

Panicule spiciforme, dense. Epillets brièvement pédicellés, comprimés par le côté, *convexes sur une face, plans ou un peu concaves sur l'autre*, renfermant une seule fleur hermaphrodite. Glumes 2, presque égales, plus longues que la fleur, plus ou moins soudées à la base, *comprimées-carénées*, mutiques ou mucronées. Glumelle *unique (la supérieure avortée)*, ovale, ventrue, *à bords soudés dans sa partie inférieure*, portant une arète au-dessus de la base. Glumellules nulles. Etamines 3. Styles 2, souvent soudés. Stigmates allongés, poilus. Caryopse glabre, ovale, comprimé latéralement, dépourvu de sillon, libre, mais renfermé dans les balles.

1. Souche tuberculeuse ; glumes entièrement libres. **BULBOSUS**,
   Souche non tuberculeuse ; glumes plus ou moins soudées...................................... 2.

2. Glumes à peine soudées à la base, chaumes genouillés, couchés à la base, atteignant à peine 4 décim. .... **GENICULATUS**.
   Glumes soudées jusqu'au milieu ; chaumes ordinairement dressés, dépassant 4 décim. .... 3.

3. Rameaux de la panicule ne portant qu'un seul épillet .... **AGRESTIS**.
   Rameaux de la panicule portant 4-6 épillets.... **PRATENSIS**.

1. AL. PRATENSIS *Lin. sp.* 88. — Plante de 6-9 décim. Souche *cespiteuse*, épaisse ; *obliquement rampante*. Chaumes *dressés*, lisses. Feuilles linéaires-aiguës, très-rudes sur les bords ; les supérieures à gaine allongée, un peu renflée vers leur milieu. Panicule spiciforme, très-dense, cylindrique, un peu obtuse, d'un vert pâle ou quelquefois d'un violet foncé. Rameaux de la panicule courts, portant de 4 à 6 épillets. Glumes aiguës, velues, ciliées, *soudées jusqu'en leur milieu*. Arète de la glumelle insérée au-dessous de son milieu, rude et saillante.

Hab. les prairies et les lieux frais, dans tout le département. ♃ Fl. mai-juillet.

2. AL. AGRESTIS *Lin. sp.* 89.—Plante de 2-5 décim. Racine *annuelle, fibreuse.* Chaumes souvent fasciculés, dressés, grêles, un peu rudes sous la panicule. Feuilles linéaires-aiguës, planes, rudes. Panicule spiciforme, grêle, cylindrique, un peu lâche, atténuée à ses deux bouts ; rameaux courts, *ne portant qu'un* *épillet*. Glumes acuminées, soudées jusqu'en leur milieu, à carène brièvement ciliée. Arète de la glumelle insérée au-dessous de son milieu, rude et saillante.

Hab. les champs, les vignes, les prairies, dans tout le département. 2· Fl. mai-octobre.

3. AL. GENICULATUS *Lin. sp.* 89. — Plante de 2-6 décim. Racine *annuelle, fibreuse*. Chaumes *genouillés aux nœuds inférieurs*, couchés, puis redressés, lisses. Feuilles linéaires-étroites, planes, un peu rudes. Ligule oblongue. Panicule spiciforme, cylindrique-obtuse, à rameaux très-courts, portant 4-8 épillets. Glumes oblongues-obtuses, *soudées seulement à la base*, pubescentes, longuement ciliées sur la carène. Glumelle ovale-oblongue, portant au-dessous de son milieu une arète 2-3 fois plus longue que les glumes.

Hab. les marais, les lieux humides, le bord des fossés ; Aigues-Mortes, Bellegarde, Broussan, etc. ⊕ Fl. mai-septembre

4. AL. BULBOSUS *Lin. sp.* 1665. — Plante de 1-5 décim. Racine *vivace, renflée à son collet*. Chaumes solitaires, ascendants, glabres. Feuilles linéaires-étroites, un peu rudes aux bords. Ligule oblongue-obtuse. Panicule spiciforme, cylindrique, d'un vert grisâtre, à rameaux très-courts, souvent géminés, portant *un seul épillet*. Glumes oblongues-aiguës, brièvement ciliées sur la carène, *un peu soudées à la base*. Arète de la glumelle rude, insérée à la base et saillante.

Hab. les lieux humides : les prés marécageux de Broussan ; à la Sylve, près Sylveréal. 2· Fl mai-juin.

Trib. 3. SESLÉRIACÉES. (Sesleriaceæ Koch.)

Epillets comprimés par le côté, convexes sur les deux faces, à 2-6 fleurs hermaphrodites. Glumelle inférieure arrondie sur le dos. Stigmates sortant au sommet de la fleur. Caryopse comprimé par le dos ou subcylindrique.

9ᵉ gʳᵉ. SESLÉRIE. — SESLERIA. (Ard.)

Panicule spiciforme, serrée, ovoïde ou oblongue, ordinairement comprimée. Epillets sessiles ou subsessiles, contenant 2-4, rarement 6 fleurs hermaphrodites. Glumes 2, membranéuses, carénées, presque égales entre elles, et un peu plus courtes que les fleurs. Glumelles 2, membraneuses ; l'inférieure oblongue, tronquée, munie *sur la troncature* de 3-5 *dents mucronées ou aristées ;* la supérieure bicarénée, bifide. Glumellules 2. Étamines 3. Styles très-courts. Stigmates allongés, pubescents, sortant au sommet de la fleur. Caryopse comprimé par le dos, pubescent au sommet, portant une *légère dépression à la base de la face interne*, libre dans les balles.

1. S. CÆRULEA *Ard.; Cynosurus cœruleus Lin. sp.* 106.— Plante de 2-5 décim. Souche oblique, *fibreuse, vivace*, surmontée *par les gaines desséchées des anciennes feuilles*. Chaumes droits, longuement nus au sommet. Feuilles la plupart radicales, en touffes gazonnantes, linéaires, planes, brusquement rétrécies en pointe courte ; les caulinaires à gaine très-longue et à limbe court. Panicule spiciforme, ovale-oblongue, serrée, presque unilatérale. Epillets ovales, luisants, bleuâtres ou panachés de blanc et de bleu. Glumes presque égales ; l'inférieure mucronée. Glumelle inférieure tronquée, à 5 dents ; les latérales et la moyenne aristées ; les intermédiaires mutiques ; l'arête de la moyenne plus longue que celle des latérales, mais plus courte que la fleur.

Hab. les coteaux secs, calcaires ; Anduze. ♃ Fl. avril-mai.

10ᵉ gʳᵉ. ÉCHINAIRE.   ECHINARIA. (Desf.)

Panicule disposée en épi globuleux, serré. Epillets subsessiles, formé de 2-4 fleurs ; *les unes mâles, les autres hermaphrodites.* Glumes 2, membraneuses, *peu inégales;* l'inférieure *plus longue*, à 2-3 nervures brièvement aristées ; la supérieure à une seule nervure prolongée en arête courte. Glumelles membraneuses à la base ; l'inférieure arrondie sur le dos, divisée en 5 *lanières palmées, lancéolées, tubulées, raides, divergentes;* la supérieure bifide. Glumellules 2. Etamines 3. Styles 2, terminaux. Stigmates filiformes, très-allongés, glabres, sortant au sommet de la fleur. Caryopse libre, *subglobuleux, non comprimé.*

1. ECH. CAPITATA *Desf.; Cenchrus capitatus Lin.; Sesleria capitata Lam.* — Plante de 5-15 centim. Racine fibreuse, gazonnante. Chaumes grêles, fermes, nus au sommet. Feuilles linéaires-étroites. Ligule courte, tronquée. Epillets verdâtres, en capitule globuleux, dense, terminal, hérissé d'épines inégales, dirigées de tous côtés.

Hab. les lieux secs, pierreux ; les champs cultivés, les vignes, derrière la tour Magne, à Vaqueirolles ; les champs cultivés, à Campestre. ⚊ Fl. mai-juillet.

Trib. 4. PANICÉES. (PANICEÆ, Kunth.)

Epillets comprimés par le dos, plans sur l'une et convexes sur l'autre face, ne contenant qu'une fleur hermaphrodite et le rudi-

ment d'une fleur inférieure souvent mâle. Glumes plus délicates
que les glumelles ; souvent l'inférieure, très-rarement les deux
avortent. Glumelles plus ou moins coriaces ; l'inférieure arrondie sur le dos. Stigmates sortant au sommet au sous le sommet de la fleur. Caryopse comprimé par le dos.

11ᵉ gʳᵉ. BARDANETTE. — TRAGUS. (Haller)

Panicule disposée en grappe . spiciforme terminale. Epillets
brièvement pédicellés, comprimés par le dos, plans-convexes,
nus à la base, renfermant *une seule fleur hermaphrodite* et le
rudiment d'une seconde fleur inférieure réduite à la glumelle
externe. Glume *unique*, très-petite, membraneuse, appliquée sur
la face plane de l'épillet. La glumelle de la fleur rudimentaire
recouvre la face externe et convexe de l'épillet et tient lieu de
glume inférieure. Elle est coriace, convexe, munie de 5-7 *nervures hérissées de pointes épineuses*, et plus grande que la fleur
fertile. Glumelles de celle-ci 2, inégales, membraneuses, glabres.
Etamines 3. Styles 2, terminaux. Stigmates en houppe s'étalant
sous le sommet de la fleur. Caryopse oblong, convexe sur la
face externe et plan sur l'autre, non canaliculé, libre , mais
enfermé dans les balles.

1. **T. racemosus** *Haller.*; *Cenchrus racemosus Lin.*; *Lap-
pago racemosa Schreb.* — Plante de 1-3 décim. Racine fibreuse,
annuelle. Chaumes rameux, géniculés, couchés à la base, puis
ascendants, feuillés. Feuilles courtes, larges de 2-3 mill., *bordées de cils raides*. *Gaines ventrues*. Ligule supérieure poilue.
Panicule spiciforme, lâche, verte ou violacée. Enveloppe externe
de l'épillet chargée sur les nervures d'épines subulées, courbées
en crochet au sommet.

Hab. les lieux sablonneux, aux bords du Gardon, près Lafoux ; les bords
des chemins, à Manduel, les champs cultivés, à Conconne. ① Fl. juin–août.

12ᵉ gʳᵉ. SETAIRE. — SETARIA. (P. de Beau.)

Panicule spiciforme, compacte. Epillets brièvement pédicellés,
comprimés par le dos, plans-convexes, à 2 fleurs, l'inférieure
mâle ou stérile, la supérieure hermaphrodite, pourvus à leur base
d'*une* ou *plusieurs soies rudes, saillantes*. Glumes 2, membraneuses, inégales, concaves et mutiques. Glumelles de la fleur
fertile 2, coriaces, concaves, mutiques, égales, ponctuées ou
rugueuses. Glumelles de la fleur stérile 2, ou quelquefois 1, membraneuses. Glumellules 2, charnues, tronquées, glabres, collatérales. Etamines 3. Styles 2, terminaux, mais séparés à leur base.

Stigmates en houppe sortant au sommet de la fleur. Caryopse glabre, lisse, dépourvu de sillon, plan-convexe, libre dans les glumelles endurcies, qui l'enveloppent complétement.

1. { Épi gros et penché au sommet............... **ITALICA**.
   { Épi médiocre et jamais penché.............. 2.

2. { Épi entremêlé de soies rudes et accrochantes. **VERTICILLATA**.
   { Épi à soies non accrochantes................. 3.

3. { Soies vertes ou rougeâtres; feuilles à peu près
   {   glabres......................... .... **VIRIDIS**.
   { Soies d'un jaune fauve; feuilles parsemées de
   {   poils................................. **GLAUCA**.

1. **S. GLAUCA** *P. dé Beauv.; Panicum glaucum, Lin.; Panicum lævigatum, var. B, Lam.* — Plante de 2-6 décim. Racine fibreuse, annuelle. Chaumes dressés, inégaux, rameux, feuillés, rougeâtres à la base. Feuilles larges de 5-10 millim., acuminées, d'un vert glauque. Gaines glabres. Ligules poilues. Panicule cylindracée, un peu renflée au milieu, dense, que les soies qui entourent les épillets colorent en *jaune fauve*. Epillets obtus, naissant à l'aisselle d'un paquet de soies jaunes, à petits *aiguillons crochus, dirigés de bas en haut*. Glumelles de la fleur fertile striées transversalement.

Hab. les champs sablonneux; Manduel, Bellegarde, Monfrin, Sumènes. ① Fl juillet-septembre.

2. **S. VIRIDIS** *P. de Beauv.; Panicum viride Lin.; Panicum reclinatum Vill; Panicun lævigatum Lam.* — Plante de 2-6 décim. Racine annuelle, fibreuse Chaumes rameux à la base, dressés, feuillés, rudes sous la panicule. Feuilles linéaires, acuminées, vertes, à *nervure médiane plus claire*, rudes sur les bords; gaines pubescentes. Ligule remplacée par une touffe de poils. Panicule spiciforme, cylindrique, obtuse, non interrompue, à axe poilu. Epillets élliptiques-obtus, presque lisses, à l'aisselle d'un paquet de 4-6 soies un peu rudes, *non accrochantes*.

Hab. les lieux cultivés, dans tout le département. ① Fl. juillet-octobre.

3. **S. VERTICILLATA** *P. de Beauv.; Panicum verticillatum Lin.; Panicum asperum Lam.* — Plante de 4-6 décim. Racine fibreuse. Chaumes droits, rameux, un peu comprimés à la base, rudes sous la panicule. Feuilles étalées, longuement acuminées, vertes, *avec nervure principale blanchâtre*, rudes sus les bords. Gaines ciliées. Ligule poilue. Panicule spiciforme, obtuse, cylindrique, à rameaux très-courts, *comme verticillés, un peu espacés à la base*. Epillets elliptiques-obtus, munis à la base de 2-4 soies

vertes plus longues que les fleurs, à petits aiguillons crochus, dirigés de haut en bas.

Hab. les lieux cultivés; commun dans tout le département. FI. juillet-octobre.

4. **S. ITALICA** *P. de Beauv.*: *Panicum italicum Lin.*; *Panicum maritimum Lam.* — Plante de 5-10 décim. Racine annuelle. Chaumes droits, *non rameux*, rudes au sommet. Feuilles vertes avec *la nervure principale blanchâtre*, longuement acuminées, larges de 7-8 millim., rudes. Gaines pubescentes, presque laineuses sur les bords. Panicule spiciforme, longuement ovale, épaisse, *composée-lobée*; *penchée-arquée*, à axe laineux. Épillets obtus, munis à leur base de 1-3 bractées sétacées, plus longues que l'épillet, jaunâtres, à aiguillons dirigés en haut.

Hab., originaire de l'Inde, cultivée pour les graines qui servent de nourriture aux oiseaux, et naturalisée dans quelques points du département: Manduel. (I) FI. juillet-août.

1er g^{re}. PANIC. — PANICUM. (Lin.)

Panicule spiciforme ou diffuse. Épillets pédicellés, comprimés par le dos, plans-convexes, *nus à la base*, contenant deux fleurs, la supérieure hermaphrodite, l'inférieur neutre ou mâle. Glumes 2, membraneuses, concaves, inégales, l'inférieure très-petite, quelquefois nulle. Fleur inférieure à une ou deux glumelles, l'externe concave mutique. Fleur supérieure à 2 glumelles presque égales, *cartilagineuses*, mutiques. Glumellules 2, glabres. Étamines 3. Style 2, terminaux, séparés. Stigmates en houppe, à poils simples, denticulés, s'étalant au sommet de la fleur. Caryopse glabre, comprimé par le dos, dépourvu de sillon, étroitement embrassé par les glumelles, entre lesquelles il est libre.

1.	Épillets disposés en épis comme digités au sommet de la tige........................	2.
	Épillets en panicule diffuse........................	3.
2.	Feuilles et gaines pubescentes............	SANGUINALE.
	Feuilles et gaines glabres................	GLABRUM.
3.	Feuilles et gaines velues; panicule diffuse........	MILIACEUM.
	Feuilles et gaines glabres; panicule formée d'épis unilatéraux........................	CRUS-GALLI.

1. **P. MILIACEUM** *Lin*. — Plante de 3-10 décim. Racine fibreuse. Chaumes rameux, dressés, robustes, rudes au sommet. Feuilles larges, acuminées, rudes aux bords, à gaines *hérissées de longs poils sur les bords*. Panicule oblongue, penchée. Glumes inégales, membraneuses, mucronées, très-fortement nerviées, l'inférieure un peu écartée des fleurs, plus courte que l'autre.

Glumelles de la fleur stérile 2, membraneuses, l'inférieure 3-4 fois plus grande que la supérieure, bidentée au sommet; glumelles de la fleur fertile 2, crustacées, luisantes à la maturité.

Hab. originaire de l'Inde, cultivée sous le nom de *mil, millet,* et souvent sub-spontanéen, dans le voisinage des habitations. ⸗ Fl. juillet-août.

2. **P. CRUS-GALLI** *Lin.*; *Echinochloa crus-galli P. de Beauv.* — Plante de 4-8 décim. Racine fibreuse. Chaumes géniculés, un peu comprimés, feuillés. Feuilles linéaires acuminées, à bords ondulés, glabres. Ligule remplacée par une tache brune. Epillets ovoïdes, portés sur des pédoncules courts et ramifiés, disposés *en épis unilatéraux,* verdâtres ou violacés, alternes ou quelquef.⸗ géminés le long d'un axe rude, anguleux, *d'autant plus longs et écartés qu'ils sont plus inférieurs,* formant par leur ensemble une panicule diffuse. Glumes très-inégales, l'inférieure de moitié plus courte que la supérieure; celle-ci mucronée ou souvent aristée, égalant la fleur.

Hab. les lieux frais et les bords des eaux; commun dans tout le département. (i) Fl. juillet-septembre.

On trouve sur le même pied des fleurs à glumes munies d'arêtes très-longues, ou médiocres, ou nulles.

3. **P. SANGUINALE** *Lin.*; *Dactylon sanguinale Vill.*; *Digitaria sanguinalis, Scop.*; *Paspalum sanguinale, Lam.*; *Syntherisma vulgare Schrad.* — Plante de 3-6 décim. Racine fibreuse. Chaumes couchés à la base, ascendants. Feuilles courtes, étalées, acuminées, pubescentes, à gaines couvertes de poils ou glabres. Ligule membraneuse, courte, à bords frangés. Epillets lancéolés, disposés en 3-8 *épis simples partant du sommet de la tige,* souvent avec *un ou deux insérés plus bas,* dressés, puis divergents, de couleur verte ou souvent violacée. Glumes très-inégales, l'inférieure très-petite, la supérieure aiguë, striée, glabre ou finement velue. Glumelle unique de la fleur stérile, lancéolée-aiguë, fortement nerviée.

Hab. les terrains sablonneux cultivés; commun dans le département. ① Fl. juin-septembre.

4. **P. GLABRUM** *Gaud.*; *Digitaria glabra Ræm. et Schult.*; *Digitaria humifusa Pers*; *Digitaria filiformis Kœl.*; *Paspalum ambignum Dec.*; *Syntherisma glabrum, Schrad.* — Plante de 1-4 décim. Racine fibreuse. Chaumes nombreux réunis en touffes fournies et étalées. Feuilles courtes, largement linéaires, glabres. Gaines *glabres* ou portant *quelques poils sur leurs bords.* Ligule courte, frangée. Epillets petits, aigus, disposés en 2-4 épis plus

grêles et plus courts que dans l'espèce précédente, dressés, puis divergents, de couleur ordinairement violacée.

Hab. les terrains sablonneux, dans tout le département. (†) Fl. août-octobre.

TRIB. 5. SPARTINÉES. (SPARTINEÆ, Godr. et Gren.)

Epillets comprimés par le côté, biconvexes, à une seule fleur hermaphrodite. Glumelle inférieure carénée sur le dos. Stigmates sortant sous le sommet de la fleur. Caryopse comprimé par le côté.

14° g^{re}. CHIENDENT. — CYNODON. (Richard.)

Epillets uniflores avec le rudiment d'une seconde fleur, lancéolés, comprimés latéralement, disposés unilatéralement en 4-5 *épis linéaires*, portés *en ombelle au sommet de la tige.* Glumes 2, lancéolées, carénées, mutiques, plus courtes que la fleur. Glumelles 2, *égales*, l'inférieure lancéolée, carénée, entière et mutique, enveloppant la supérieure, pliée en deux et bicarénée. Glumellules 2, charnues, glabres. Etamines 3. Styles 2, courts. Stigmates sortant sous le sommet de la fleur. Caryopse libre, glabre, comprimé par le côté, dépourvu de sillon.

1. **C. DACTYLON** *Pers.*; *Panicum dactylon Lin.*; *Digitaria dactylon Scop.*; *Digitaria stolonifera Schrad.*; *Paspalum dactylon Dec.*; *Dactylon officinale Vill.* — Plante de 2-4 décim. Souche dure, longuement rampante, stolonifère. Chaumes florifères, genouillés, rameux à la base, dressés; chaumes non florifères, plus courts, rampants, munis de feuilles *courtes, rapprochées, distiques.* Feuilles glauques, raides, courtes, un peu velues au-dessous. Epillets verdâtres ou violacés, *imbriqués sur une seule série*, disposés en 4-7 épis linéaires, *ombellés.*

Hab. les lieux incultes et les bords des routes; très-commun. ♃ Fl juillet-septembre.

TRIB. 6. ANDROPOGONÉES. (ANDROPOGONEÆ Kunth.)

Epillets géminés, l'un sessile, l'autre pédicellé, à une seule fleur hermaphrodite ou mâle. Glumelles membraneuses, l'inférieure arrondie sur le dos. Styles allongés. Stigmates sortant sous le sommet de la fleur. Caryopse comprimé par le dos, dépourvu de sillon, lâchement entouré par les glumelles.

15° g^{re}. BARBON. — ANDROPOGON. (Lin.)

Epillets formant par leur réunion des épis *linéaires, solitaires, géminés ou fasciculés*, ou des panicules; géminés sur les dents de l'axe des épis, l'un *sessile hermaphrodite*, et l'autre *pédicellé mâle*, ou ternés au sommet de l'axe, un *sessile médian hermaphrodite*, et *deux pédicellés latéraux mâles*. Les uns et les autres dépourvus à leur base d'un involucre de soies. Les épillets pédicellés mâles, contenant une seule fleur mâle et *une fleur neutre, rudimentaire, inférieure, réduite à une seule glumelle*. Glumes 2, égales ou presque égales, mutiques. Glumelles de la fleur mâle souvent nulles. Les épillets sessiles contenant une fleur hermaphrodite et une fleur *inférieure, rudimentaire, réduite à la glumelle inférieure;* glumes 2, plus longues que les fleurs, l'inférieure souvent plus grande que l'autre et l'embrassant, *membraneuse*, entière ou bidentée au sommet, mutique, la supérieure concave, entière ou bidentée au sommet, mutique; glumelle de la fleur neutre, membraneuse, mince, plus longue que la fleur supérieure et *l'embrassant*; glumelles de la fleur hermaphrodite 2, l'inférieure mince, très-petite, *longuement, aristée*, quelquefois *réduite à l'arête*; à arête plus ou moins tordue inférieurement; la supérieure mutique, très-petite, manque souvent. Glumellules 2, tronquées. Étamines 3. Styles 2, terminaux. Stigmates plumeux, s'étalant sous le sommet de la fleur. Caryopse glabre, libre, oblong, comprimé par le dos.

1. { Épis digités au sommet du chaume................ ISCHÆMUM.
   { Épis non digités au sommet du chaume............ 2.

2. { Épis solitaires à l'extrémité des rameaux d'une pa-
   {   nicule non feuillée............................ GRYLLUS.
   { Épis géminés à l'extrémité des rameaux d'une pani-
   {   cule feuillée .... HIRTUM.

1. A. ISCHÆMUM *Lin.* — Plante de 3-6 décim., gazonnante. Souche rampante. Chaumes droits ou couchés à la base, grêles, souvent rameux, à nœuds purpurins. Feuilles glauques, linéaires, carénées, poilues. Ligule remplacée par une rangée de poils. 5-10 épis linéaires, verts ou purpurins, *portés en ombelle au sommet du chaume*. Axe de l'épi *couvert sur le côté de longs poils blancs, soyeux*. Glumes de l'épillet sessile hermaphrodite presque égales, l'inférieure velue à sa base et mutique; la supérieure ciliée sur la carène et mutique. Glumelles de la fleur fertile plus courtes que les glumes; la supérieure terminée *par une arête fine, genouillée, tordue et rude au-dessous du point de flexion*, quatre fois plus longue que le limbe.

Hab. les coteaux calcaires, les bords des chemins, les pelouses sèches; commun dans le département. ♃ Fl. juin-octobre.

2. A. GRYLLUS *Lin.; Apluda gryllus P. de Beauv.* Plante de 6-12 décim., gazonnante. Racine fibreuse. Chaumes dressés, raides, rudes au sommet. Feuilles acuminées, un peu rudes, munies de poils épars. Ligule remplacée par une rangée de poils. Panicule ample, diffuse, à rameaux semi-verticillés aux nœuds, longs, capillaires. Lisses, portant chacun à leur extrémité *un épi formé de 3 épillets*, le médian sessile, les deux latéraux pédicellés. Épillet sessile, muni à la base d'*une barbe brune*, à glumes presque égales, coriaces, jaunâtres ; l'inférieure munie de deux rangées de petites épines crochues ; la supérieure terminée par une arête droite, aussi longue qu'elle. Glumelle supérieure plus courte que les glumes, très-étroite, membraneuse sur les bords et prolongée en une arête *environ dix fois plus longue qu'elle*, genouillée et tordue, poilue au-dessous du point de flexion, rude au-dessus.

Hab. les lieux stériles : Saint-Nicolas, Dions Aigues-Mortes, Anduze, Alais, etc. ♃ Fl. juin-juillet.

3. **A. hirtum** *Lin.* — Plante de 6-15 décim., gazonnante. Racine fibreuse. Chaumes droits, raides, rameux au sommet, feuillés. Feuilles vertes, à *nervure médiane blanche*, allongées, étroites, acuminées, munies de quelques poils épars. *Gaine glabre.* Ligule courte, *ciliée.* Panicule feuillée, à rameaux géminés, rarement solitaires à l'aisselle de feuilles, assez espacées; ces rameaux, enveloppés à leur base dans la gaîne des feuilles, portent des *bractées distiques, espacées, rougeâtres,* couvertes de poils clair-semés, à l'aisselle desquelles naissent des ramuscules hérissés, légèrement *courbés en arc à leur partie supérieure.* Ceux-ci à leur tour portent à leur sommet des épis ordinairement *géminés,* l'un *sessile* et l'autre *brièvement pédonculé,* comprimés, longs de 2-3 centim., velus et enveloppés dans leur jeune âge dans le limbe plié de la bractée correspondant à leur axe. Ces épis sont formés d'épillets géminés sur les nœuds du rachis, l'un sessile, à fleur complète, l'autre pédicellé, à fleur mâle, et ternés à l'extrémité de l'axe, un sessile et deux pédicellés, les uns et les autres *couverts de poils longs et soyeux.* Les épillets sessiles ont leurs glumes égales, mutiques, et la glumelle supérieure de leur fleur plus courte que l'inférieure, *étroite, bidentée,* et portant dans l'échancrure de son sommet une arête *quatre fois plus longue qu'elle,* genouillée, tordue, pubescente au-dessous du point de flexion, et rude au-dessus.

Hab. les coteaux secs, stériles : Port-les-Bains. ⚇ Fl. juillet-septemb.

16ᵉ gʳᵃ SORGHO. SORGHUM (Pers.)

Panicule ample, rameuse, à rameaux verticillés sur les nœuds du rachis. Épillets à une seule fleur, *géminés ou ternés,* l'un ses-

sile, *à fleur complète*, l'autre ou les deux autres *pédicellés, à fleur
mâle, dépourvus à la base de leur pédicelle de poils soyeux*.
Glumes de la fleur sessile 2, égales, coriaces, mutiques, l'inférieure tridentée. Glumelle inférieure aiguë, mutique, la supérieure plus courte, bidentée, mutique ou portant au fond de
l'échancrure une arête. Glumellules nulles. Étamines 3. Styles
2, terminaux. Stigmates en houppe sortant sur les côtés de la
fleur. Caryopse glabre, libre, dépourvu de sillon.

1. **S. HALEPENSE** *Pers.; Holcus halepensis Lin.; Andropogon arundinaceus Lois.* — Plante de 1-2 mètres. Souche rampante. Chaumes droits, simples, robustes, pleins. Feuilles vertes,
avec la nervure principale blanche, larges, longuement acuminées, très-rudes sur les bords, à gaines comprimées. Panicule
grande, droite, rameuse, à épillets panachés de vert et de violet.
Glumes de la fleur sessile un peu velues. Glumelle inférieure
égalant les glumes, la supérieure plus courte, portant une arête
droite d'abord, puis courbée en dehors.

Hab. plante probablement introduite par la culture, mais naturalisée
dans quelques points du département : les prairies, aux bords du Gardon,
à Lafoux. On la cultive pour ses graines, qui servent de nourriture à la
volaille. ♃ Fl. juillet-septembre.

Obs. On cultive aussi quelques autres espèces de ce genre : le *Sorghum
vulgare*, avec la panicule duquel on confectionne des balais très-employés ;
le *Sorghum saccharatum*, duquel on a espéré pouvoir extraire du sucre
de canne. Les graines de ces plantes peuvent d'ailleurs servir d'aliment à
l'homme.

17ᵉ gᵉ. ERIANTHE.   ERIANTHUS. Richard.

Panicule ample, rameuse. Épillets les uns sessiles, les autres
pédicellés, *géminés aux nœuds des rameaux, l'un sessile et l'autre
pédicellé, ternés aux extrémités, le médian sessile et les deux
latéraux pédicellés*, tous *entourés à leur base de poils longs et
soyeux*, et contenant chacun *deux fleurs*, l'inférieure neutre, rudimentaire, et la supérieure complète. Glumes 2, presque égales,
plus longues que les fleurs. Fleur neutre réduite à une seule
glumelle, la fleur complète à 2 glumelles membraneuses ; l'inférieure plus grande, aristée, la supérieure mutique. Glumellules 2.
Étamines 1-3. Styles 2, allongés. Stigmates en houppe, sortant
sous le sommet de la fleur. Caryopse libre, glabre, comprimé
par le dos et dépourvu de sillon.

1. **ER. RAVENNE** *P. de Beauv.; Andropogon ravennæ Lin.
Saccharum ravennæ Dec.* — Plante de 1-2 mètres. Souche
rampante. Chaumes droits, robustes. Feuilles *longues de près
d'un mètre, larges d'un centimètre*, à nervure principale blan-

che, rudes sur les faces et surtout sur les bords, à ligule remplacée par des poils. Panicule ample, rameuse, de 2-3 décim. de long, *luisante*, *soyeuse*, *très-fournie*. Glumes violacées, glabres dans les épillets sessiles, couvertes dans les épillets pédicellés par des poils longs et soyeux qui naissent à leur base et sur leur pédicelle ; la supérieure carénée et prolongée en pointe sétacée, l'inférieure plane, à 2 nervures saillantes. Glumelles égales, membraneuses, l'inférieure aristée.

Hab. les terrains sablonneux, aux bords des rivières et de la mer : Aigues-Mortes. ♃ Fl. septembre-octobre.

Trib. 7. IMPÉRATÉES. (Imperateæ, God. et Gren.)

Épillets géminés, l'un sessile et l'autre pédicellé, à une seule fleur hermaphrodite. Glumelles membraneuses, l'inférieure carénée sur le dos. Styles allongés. Stigmates sortant au sommet de la fleur. Caryopse comprimé latéralement, libre dans les glumelles, dépourvu de sillon.

18ᵉ gʳᵉ. IMPÉRATA. — IMPERATA. (Cyrillo.)

Panicule rameuse, spiciforme. Épillets géminés, l'un sessile et l'autre pédicellé, entourés à leur base d'une involucre de poils soyeux, contenant deux fleurs, l'inférieure neutre et la supérieure hermaphrodite. Glumes 2, presque.égales, membraneuses, carénées, plus longues que les fleurs. Fleur inférieure réduite à une glumelle. Glumelles de la fleur fertile 2, toujours mutique. Glumellules nulles. Étamines 2. Styles 2, allongés, soudés à moitié. Stigmates plumeux, sortant au sommet de la fleur. Caryopse glabre, libre, comprimé latéralement, dépourvu de sillon.

1. **I. CYLINDRICA** *P. de Beauv.*; *Lagurus cylindricus Lin.*; *Sacchárum cylindricum Lam.* — Plante de 5-10 décim. Racine rampante, stolonifère. Chaumes droits, raides. Feuilles radicales longues, droites, fermes, rudes sur les bords, glauques, canaliculées; les caulinaires plus courtes, à ligule barbue. Panicule *dense*, *spiciforme*, *cylindrique*, d'un blanc soyeux. Glumes violacées ou blanches, égales, couvertes dans leur moitié inférieure de poils soyeux deux fois plus longs qu'elles. Glumelles membraneuses, inégales, la supérieure deux fois plus courte que l'autre.

Hab. les sables du bord de la mer et des rivières : Aigues-Mortes, le grau du Roi ; les bords du Gardon, au pont du Gard, à la Beaume ; les îles du Rhône ; à Valabrègues. ♃ Fl. juin-juillet.

Trib. 8. ARONDINACÉES. (Arundinaceæ Kunth.)

Épillets épars à 2-6 fleurs hermaphrodites. Glumelles membraneuses, l'inférieure carénée. Styles allongés. Stigmates sortant sous le sommet de la fleur.

19e gre. CANNE. — ARUNDO (Lin.)

Panicule ample, rameuse. Épillets pédicellés, comprimés latéralement, renfermant 2-5 *fleurs complètes*, espacées, *entourées à leur base de poils longs et soyeux*. Glumes 2, aiguës, égales, allongées, carénées, membraneuses, aussi longues que les fleurs, écartées l'une de l'autre à la maturité. Glumelles membraneuses, également ouvertes, l'inférieure bidentée au sommet, munie d'une arête insérée au fond de l'échancrure et couverte sur toute sa surface de longs poils soyeux, la supérieure plus courte, bicarénée. Glumellules 2, glabres, charnues. Étamines 3. Styles 2, allongés. Stigmates en houppe. Caryopse glabre.

1. **A. DONAX** *Lin.; Donax arundinaceus P. de Beauv.* — Plante de 3-4 mètres. Souche rampante, noueuse. Chaumes creux, *subligneux, épais, dressés*. Feuilles larges de 5-6 cent., longues, rudes sur les bords, lisses sur leurs faces, d'un vert glauque, quelquefois panachées de blanc, à ligule très-courte. Panicule grande, de 3-5 décim., *très-fournie, purpurine*. Épillets contenant 2-3 fleurs.

Hab. les lieux un peu humides, dans tout le département. On la cultive en palissade ; ses tiges servent à faire des cannes à pêche, des manches de quenouilles, etc. Elle est originaire de la partie orientale du midi de l'Europe. ♃ Fl. septembre-octobre.

20e gre. ROSEAU. — PHRAGMITES (Trin.)

Panicule ample, rameuse. Épillets pédicellés, comprimés par le côté, contenant 3-7 fleurs, dont l'inférieure mâle, nue à sa base, et les autres complètes et longuement barbues à leur base. Glumes 2, plus courtes que les fleurs, carénées, inégales. Glumelle inférieure membraneuse, acuminée, subulée, entière au sommet. Glumelle supérieure beaucoup plus courte, bicarénée. Glumellules 2. Étamines 3 ; Styles 2, allongés. Stigmates en houppe.

1. **P. COMMUNIS** *Trin.; Arundo phragmites Lin.* — Plantes de 1-2 mètres. Souches longues, rampantes. Chaumes droits,

raides, striées, feuillés. Feuilles larges, lancéolées-aiguës, glabres et lisses sur les faces, rudes aux bords, d'un vert glauque, rarement panachées. Ligule poilue. Panicule ample, très-fournie, dressée ou un peu penchée, de couleur plus ou moins brune. Glumes aiguës, entières, l'inférieure plus courte que l'autre. Glumelle inférieure longuement acuminée; la supérieure plus courte, bidentée.

Hab. commun dans les marais et sur les bords des rivières, dans tout le département. 2 Fl. août-septembre.

TRIB. 9. AGROSTIDÉES. (AGROSTIDEÆ Kunth.)

Épillets épars, à une seule fleur complète, rarement à plusieurs. Glumelles membraneuses, l'inférieure carénée. Styles nuls ou courts. Stigmates sortant à la base de la fleur. Caryopse ovoïde, muni d'un sillon, lâchement entouré par les glumelles.

21° g°. CALAMAGROSTIDE. — CALAMOGROSTIS. (Adans.)

Panicule ample, rameuse. Épillets pédicellés, comprimés latéralement, *convexes sur les deux faces*, contenant une fleur hermaphrodite, accompagnée quelquefois d'une seconde fleur rudimentaire. Glumes 2, allongées, carénées, mutiques, presque égales, *beaucoup plus longues que les fleurs*. Glumelle inférieure entourée à la base de longs poils soyeux, portant sur le dos ou dans une échancrure au sommet une arête droite, sétacée; la supérieure plus courte, pliée en deux, bicarénée. Glumellules 2, lancéolées, glabres. Étamines 3. Styles nuls. Stigmates sessiles, plumeux, sortant à la base de la fleur. Caryopse comprimé par le dos, pourvu d'un sillon peu profond.

Glumelle inférieure bifide, portant sur le dos, vers son milieu, une arête plus courte que les poils qui l'entourent; chaumes de 1-15 décim.	**EPIGEIOS**
1— Glumelle inférieure bifide, portant au fond de l'échancrure du sommet une arête aussi longue que les poils qui l'entourent, chaumes de 3-7 décim.	**LITTOREA**
Glumelle inférieure bifide, portant un peu au-dessus de sa base une arête deux fois plus longue que les glumes : poils entourant la base des fleurs quatre fois plus courts que le glumelle	**ARUNDINACEA**

1. **C. EPIGEIOS** *Dec.; Arundo epigeios Lin.* — Plante de 9-15 décim. Souche rampante. Chaumes droits, robustes. Feuilles raides, très rudes sur les bords, longuement acuminées, à ligule oblongue. Panicule raide, compacte, ordinairement violacée,

quelquefois verté, à rameaux nus à la base, rudes, naissant plusieurs ensemble sur les nœuds du rachis. Glumes lancéolées, acuminées en pointe subulée, rudes. Glumelles plus courtes que les glumes ; l'inférieure bifide, portant *sur le dos, vers son milieu, une arète droite, plus courte que les poils qui naissent à la base des fleurs, et qui atteignent presque la longueur des glumes.*

Hab. les bois humides : les bords du Rhône, à Condoulet, à Aramon, à Beaucaire ; les Pinèdes, à Aigues-Mortes, 2 Fl. juillet-août.

2. C. LITTOREA *Dec.; Arundo littorea Schrad.* — Plante de 3-7 décim. Souche rampante. Chaumes raides, dressés. Feuilles linéaires-étroites, rudes. Ligule ovale. Panicule allongée, lâche, dressée ou penchée au sommet, rameuse, violacée. Rameaux étalés, rudes, nus à la base. Glumes inégales, acuminées-subulées, rudes sur la carène. Glumelles plus courtes que les glumes ; l'inférieure bifide, portant *dans l'échancrure du sommet une arète droite, égalant la longueur des poils qui naissent à la base des fleurs et qui sont aussi longs que les glumes.*

Hab. les bords du Rhône ; Beaucaire, Tresques, les îles à Vallabrègues 2 Fl. juillet-août.

3. C. ARUNDINACEA *Roth.; Calamagrostis sylvatica Dec.; Agrostis arundinacea Lin.; Arundo sylvatica Schrad.* Plante de 5-8 décim. Souche rampante. Chaumes dressés, raides, feuillés. Feuilles linéaires-acuminées, rudes, un peu velues sur la face supérieure. Panicule étroite, allongée, spiciforme, quelquefois interrompue, panachée de violet, de vert et de jaune, rameuse. Rameaux courts, dressés, rudes, inégaux, les plus courts couverts d'épillets jusqu'à la base. Glumes lancéolées, membraneuses, un peu rudes sur la carène. Glumelles presque égales, un peu plus courtes que les glumes ; *l'inférieure bifide au sommet, portant près de à sa base une arète deux fois plus longue qu'elle, genouillée vers le sommet de l'épillet. Poils recouvrant la base des fleurs peu abondants et ne dépassant pas le milieu de la glumelle.*

Hab. les forêts des montagnes : Aumessas, les Loupies. 2 Fl. juillet-août.

22e gre. PSAMMA. — PSAMMA. (P. de Beauv.)

Ce genre ne diffère du précédent que par la présence constante d'une seconde fleur rudimentaire dans chaque épillet, l'absence d'une arète sur le dos ou dans l'échancrure du sommet de la glumelle inférieure, et par la profondeur du sillon creusé à la face interne du caryopse.

1. **P. ARENARIA** *Ræm. et Schult.; Psamma littoralis P. de Beauv.; Arundo arenaria Lin.; Calamagrostis arenaria Dec.* — Plante de 8-11 décim., gazonnante. Souche longue, rampante, noueuse. Chaumes droits, raides. Feuilles raides, d'un vert glauque, roulées par les bords en dessus, presque piquantes au sommet. Panicule serrée, spiciforme, cylindrique, jaunàtre, de 10-15 cent. de long. Glumes presque égales, carénées, lancéolées-aiguës; l'inférieure unie, la supérieure trinerviée. Glumelle inférieure plus courte que les glumes, quinquénerviée, bidentée et munie au fond de l'échancrure d'un court mucron. Poils entourant la base de la fleur atteignant le milieu de la glumelle.

Hab. les sables et les dunes, au bord de la mer ; au grau du Roi. 2 Fl. mai–juillet.

23ᵉ gʳ. AGROSTIDE. — AGROSTIS. (Lin.)

Inflorescence en panicule tantôt étalée, tantôt contractée. Épillets *à une seule fleur complète*, accompagnée, mais rarement, d'un petit appendice subulé, placé à la base et représentant une seconde fleur avortée. Glumes 2, plus ou moins inégales, ordinairement plus longues que la fleur, carénées, aiguës et mutiques. Glumelles 2, l'inférieure carénée, portant le plus souvent une arète dorsale; la supérieure bicarénée, *plus petite, souvent très-petite, quelquefois nulle.* Glumellules 2, glabres, entières. Étamines 1-3. Styles 2, très-courts. Stigmates plumeux, sortant à la base de la fleur. Caryopse glabre, libre, *non comprimé,* et superficiellement canaliculé sur la face interne.

<table>
<tr><td rowspan="3">1.</td><td>Fleurs à 2 glumelles; feuilles toutes planes..... 2.</td></tr>
<tr><td>Fleurs à une seule glumelle ; feuilles radicales, enroulées–jonciformes................. ..... CANINA.</td></tr>
</table>

1. Fleurs à 2 glumelles; feuilles toutes planes..... 2.
  Fleurs à une seule glumelle ; feuilles radicales, enroulées–jonciformes................. ..... **CANINA.**

2. Glume inférieure plus grande que la supérieure. 3.
  Glume inférieure plus petite que l'autre .... **INTERRUPTA.**

3. Panicule étroite, allongée, contractée pendant et après la floraison..................... **ALBA.**
  Panicule ovale, étalée après la floraison........ 4.

4. Glumes obtuses, pubescentes, rapprochées après la floraison... .... **VERTICILLATA.**
  Glumes aiguës, glabres, très-ouvertes après la floraison....... .... **VULGARIS.**

1. **A. ALBA** *Lin.* — Plante de 2-10 décim. Racine fibreuse, stolonifère. Chaumes plus ou moins rameux à la base, dressés ou ascendants, quelquefois radicants. Feuilles courtes, toutes planes-linéaires, rudes sur les bords. Gaîne supérieure longue. Ligule *obtuse-oblongue.* Panicule allongée, *contractée avant et après la floraison,* rameuse, à rameaux fasciculés en demi-verticilles alternes, grêles, rudes, inégaux ; les plus courts *couverts d'épil-*

lets jusqu'à leur base. Glumes lancéolées-aiguës, rudes sur la carène, rapprochées après la floraison. Glumelle inférieure plus courte que les glumes, à sommet denticulé, mutique ou rarement munie sous le sommet d'une courte arête. Glumelle supérieure de moitié plus courte que l'autre.

La panicule de cette espèce polymorphe est ordinairement blanchâtre, quelquefois violette. Une variété, désignée sous le nom de *gigantea*, se distingue par ses chaumes droits, robustes, raides; sa panicule ample, serrée, verdâtre, et ses feuilles plus larges. La variété *maritima* a ses chaumes dressés, grêles; sa panicule étroite, spiciforme, d'un blanc jaunâtre; ses feuilles plus étroites, plus courtes et glauques.

Hab. commun dans les prairies, les bois et sur les sables de la mer, dans tout le département. 2ᶜ Fl. juin–septembre.

2. A. VERTICILLATA *Vill.* — Plante de 1-4 décim. Racine fibreuse, émettant souvent des touffes stériles de feuilles. Chaumes dressés ou ascendants. Feuilles toutes planes, rudes sur les faces et les bords, courtes, linéaires-aiguës, un peu glauques. Ligule *courte, tronquée.* Panicule d'un vert blanchâtre, *étalée pendant et après la floraison*, ovale-oblongue, lobée. Rameaux inégaux, fasciculés en demi-verticilles alternes, rapprochés, les plus courts couverts d'épillets jusqu'à leur base. Glumes lancéolées-obtuses, légèrement pubescentes, fermées à la maturité. Glumelles *égales entre elles*, de moitié plus courtes que les glumes, l'inférieure toujours mutique.

Hab. au pied des murs et des rochers humides, Nîmes, Alais, Anduze, Saint-Ambroix, 2ᶜ Fl. juin-septembre.

3. A. VULGARIS *With.; A. capillaris Vill.* — Plante de 4-7 décim. Racine fibreuse, un peu rampante, émettant quelquefois des stolons. Chaumes dressés ou ascendants. Feuilles toutes planes, courtes, acuminées, rudes sur les bords. Ligule membraneuse, tronquée, courte. Panicule ovale-oblongue, violette, quelquefois blanchâtre, à rameaux rudes, flexueux, *nus à leur base*, semi-verticillés, *trichotomes, divergents en tous sens après la floraison.* Glumes presque égales, lancéolées-aiguës, glabres sur les faces, un peu scabres sur la carène, *largement ouvertes à la maturité.* Glumelles *très-inégales*, l'inférieure égalant presque les glumes, tronquée, dentelée au sommet, ordinairement mutique, quelquefois aristée; la supérieure deux fois plus courte, bicarénée, bifide.

Hab. commun dans les bois, les prés, les champs, dans tout le département. 2ᶜ Fl. juin-juillet.

4. A. CANINA *Lin.*; *Trichodium caninum Schrad.*; *Agraulus caninus P. de Beauv.* — Plante de 3-6 décim. Racine fibreuse, quelquefois stolonifère. Chaumes grêles, lisses, striés, genouillés, souvent radicants à la base. Feuilles radicales, *fasciculées, courtes, enroulées-jonciformes*; les caulinaires planes, rudes. Gaîne supérieure *allongée*, un peu rude au sommet. Ligule oblongue-obtuse. Panicule pyramidale, *étalée pendant la floraison, contractée avant et après*. Rameaux capillaires, disposés en demi-verticilles alternes, flexueux, rudes, longuement nus à la base, trichotomes. Epillets très-petits. Glumes inégales, *à la fin rapprochées*. Glumelle supérieure *nulle ou très-petite*; l'inférieure bifide au sommet et portant au-dessous de son milieu une arête légèrement genouillée, dépassant l'épillet.

La couleur de cette espèce polymorphe est assez variable ; elle est ordinairement violette, quelquefois rougeâtre, ou jaune paille ou panachée de vert et de blanc. Les feuilles sont vertes dans la forme ordinaire *genuina*, ou glauques dans la variété *glauca*.

Hab. commun dans les prés, les bois humides, les terrains siliceux. ♃ Fl. juillet-août.

5. A. INTERRUPTA *Lin.*; *Apera interrupta P. de Beauv.* — Plante de 3-7 décim. Racine fibreuse. Chaumes grêles, un peu couchés à la base ou dressés. Feuilles toutes planes, étroites, rudes, à ligule oblongue-saillante. Panicule étroite, allongée, contractée au sommet et comme interrompue à la base, d'un vert jaunâtre, à rameaux fasciculés en demi-verticilles alternes, dressés, inégaux, les plus courts seuls pourvus d'épillets jusqu'à la base. Glumes inégales, lancéolées-aiguës. Glumelles inégales, l'inférieure *un peu plus longue* que les glumes, entière, munie sous le sommet d'une arête fine, flexueuse, *quatre fois plus longue que l'épillet*.

Hab. les lieux sablonneux, Alais, Saint-Ambroix, Lanuéjols. ① Fl. juin-juillet.

24ᵉ gʳᵉ. SPOROLOBE. - SPOROLOBUS. (R. Brown.)

Epillets pédicellés, comprimés par le côté, biconvexes, renfermant *une seule fleur complète*, disposés en panicule rameuse ou en épi. Glumes 2, carénées-aiguës, inégales, l'inférieure *ne recouvrant pas toute la fleur*. Glumelles égales, l'inférieure brièvement barbue à la base, lancéolée-aiguë, mutique; la supérieure bicarénée. Glumellules 2. Etamines 2-3. Styles 2, terminaux. Stigmates plumeux, sortant à la base des fleurs. Caryopse libre, caduc.

1. **S. PUNGENS** *Kunth*; *Agrostis pungens Schreb.*; *Vilfa pungens P. de Beauv.* — Plante de 1-2 décim. Souche rampante, stolonifère. Chaumes d'abord.rampants sous terre, puis ascendants, fermes, rameux, très-feuillés. Feuilles alternes, *distiques*, d'un vert glauque, *à limbe divergent*, raide, *piquant*, roulé en dessus, un peu dentelé sur les bords. Gaîne large, un peu renflée, *squamiforme dans les feuilles inférieures, dépourvues de limbe*. Ligule remplacée par des poils. Panicule serrée, ovale-aigué, d'un vert pâle, contractée avant et après la floraison, à rameaux courts, rapprochés. Glumes presque égales, glabres. Glumelles égales entre elles et aux glumes.

Hab. les sables maritimes, les dunes, au grau du Roi. ♃ Fl. juillet-août.

25ᵉ gʳᵉ. GASTRIDION. — GASTRIDIUM. (P. de Beauv.)

Panicule *spiciforme*. Epillets brièvement pédicellés, comprimés par le côté, *globuleux à la base*, renfermant *une fleur hermaphrodite*. Glumes 2, acuminées, un peu inégales, plus longues que la fleur. Glumelle inférieure brièvement barbue à la base, tronquée-dentée au sommet, dépourvue ou munie d'une arête dorsale, genouillée, flexueuse. Glumelle supérieure très-petite, bicarénée. Glumellules 2, entières, glabres. Etamines 3. Stigmates *presque sessiles*, plumeux, sortant à la base de la fleur. Caryopse libre, mais enveloppé dans la portion inférieure des balles devenue cornée.

1. **G. LENDIGERUM** *Gaud.*; *Milium lendigerum Lin.*; *Agrostis lendigera Dec.*; *Agrostis ventricosa Gouan*; *Agrostis panicea Lam.* — Plante de 1-3 décim. Racine fibreuse. Chaumes raides, dressés ou ascendants, feuillés, souvent rameux à la base. Feuilles planes, étroites-aiguées, rudes sur les bords. Ligule saillante. Panicule spiciforme, *atténuée aux deux bouts*, lâche pendant la floraison, puis contractée, luisante et d'un *vert blanchâtre*. Glumes inégales, étroites, longuement acuminées, *renflées, coriaces, luisantes à la base*, scabres sur la carène. Glumelle inférieure plus courte que les glumes, tronquée, à 3-5 dents sétacées, et pourvue ou non d'une arête fine, flexueuse.

Hab. les lieux secs, les champs sablonneux, le bois des Espèces; les garrigues, près de Nîmes. ① Fl. mai–juillet.

26ᵉ gʳᵉ. POLYPOGON. — POLYPOGON. (Desf.)

Panicule spiciforme, dense. Epillets pédicellés, comprimés par le côté et renfermant *une fleur hermaphrodite*. Glumes 2, plus longues que la fleur, presque égales entre elles, obtuses ou échancrées, munies *l'une et l'autre* d'une arête sétacée, insérée au fond de l'échancrure ou un peu au-dessous du sommet. Glumelle inférieure *glabre à la base*, carénée, entière, aristée sous le sommet; glumelle supérieure plus petite, bicarénée, mutique. Glumellules 2, entières, glabres. Étamines 3. Stigmates presque sessiles, plumeux, sortant à la base de la fleur. Caryopse libre, ovoïde-oblong.

1.
{ Glumes entières ou obscurément divisées au sommet en deux lobes courts, obtus, entre lesquels s'insère l'arête.................... MONSPELIENSE.
Glumes nettement divisées au sommet en deux lobes longs et aigus, entre lesquels s'insère l'arête................................... MARITIMUM. }

1. **P. MONSPELIENSE** *Desf.; Alopecurus monspeliensis Lin.; Alopecurus paniceus Lam.; Phleum crinitum Schreb.* — Plante de 1-6 décim. Racine fibreuse. Chaumes dressés. Feuilles linéaires-étroites, planes, rudes sur les deux faces. Ligule lancéolée, lacérée. Gaine supérieure renflée. Panicule spiciforme, oblongue, dense, jaunâtre et soyeuse. Pédicelles des épillets articulés, *le dernier article épaissi, beaucoup plus court que le précédent.* Glumes égales, oblongues, *entières au sommet* ou bilobées, à *lobes courts* et *obtus*, pubescentes sur le dos et rudes sur la carène, toutes les deux portant au fond de l'échancrure ou au-dessous du sommet une arête fine, trois fois plus longue qu'elles.

Hab. les lieux humides, sur le bord de la mer et dans l'intérieur du département, sur le bord des ruisseaux; commun. ① Fl. mai-juin.

2. **P. MARITIMUM** *Wild.* — Plante de 1-3 décim. Racine fibreuse. Chaumes grêles, dressés. Feuilles linéaires-étroites, planes, courtes, rudes sur les faces. Ligule lancéolée. Gaine supérieure renflée. Panicule spiciforme, dense, plus allongée et plus grêle que dans l'espèce précédente, soyeuse, d'un vert jaunâtre. Pédicelles des épillets articulés, *le dernier article épaissi, plus court que le précédent.* Glumes égales, oblongues, bilobées, à *lobes aigus,* égalant *le tiers environ du limbe,* toutes deux munies d'une arête fine, trois fois plus longue qu'elles, insérée au fond de l'échancrure entre les deux lobes. Glumelle inférieure scarieuse, beaucoup plus courte que les glumes, obtuse, mutique.

Hab. les lieux humides et les pacages, sur le bord de la mer: Aigues-Mortes, Saint-Gilles, etc. ① Fl. mai-juin.

27ᵉ gʳᵉ. LAGURIER. — LAGURUS. (Lin.)

Panicule spiciforme, compacte. Epillets brièvement pédicellés, comprimés par le côté, renfermant *une fleur hermaphrodite*, accompagnée *du rudiment d'une seconde fleur*. Glumes 2, plus longues que les fleurs, carénées, égales, insensiblement *atténuées en une longue arête*. Glumelle inférieure barbue à la base, membraneuse, lancéolée, carénée, et terminée par *deux dents longuement aristées*, entre lesquelles s'insère une arête deux ou trois fois plus longue que la glumelle, genouillée au tiers environ de sa longueur et finement denticulée; glumelle supérieure plus courte, bicarénée, mutique. Glumellules 2, glabres. Etamines 3. Stigmates sessiles, plumeux, sortant à la base de la fleur. Caryopse libre, glabre, ovoïde-allongé, un peu comprimé par le dos.

1. **L. ovatus** *Lin.* — Plante de 1-5 décim. Racine fibreuse. Chaumes dressés, garnis de deux ou trois feuilles planes, d'un vert blanchâtre, mollement velues, ainsi que les gaines, dont la supérieure est un peu renflée. Ligule courte, pubescente. Panicule spiciforme, très-dense, *inégalement ovoïde*, molle, soyeuse, penchée à la maturité. Glumes égales, carénées, *étroites, velues,* *insensiblement atténuées en une longue arête plumeuse*. Arête dorsale de la glumelle supérieure genouillée, dépassant longuement les glumes.

Hab. les sables, au bord de la mer, et remonte dans l'intérieur du département, où on la retrouve dans les sables du Gardon : les pacages, à Aigues-Mortes, Saint-Gilles ; le pont du Gard. (Ⓣ) Fl. mai-juin.

Tʀɪʙ. 10. STIPACÉES. (Sᴛɪᴘᴀᴄᴇᴀᴇ Kunth.)

Epillets épars, à une seule fleur hermaphrodite. Glumelles à la fin carénées, l'inférieure non carénée. Styles courts ou nuls. Stigmates sortant sur le côté de la fleur. Caryopse fusiforme, non comprimé, muni d'un léger sillon sur la face interne, étroitement enveloppé par les balles.

28ᵉ gʳᵉ. STIPE. — STIPA. (Lin.)

Panicule plus ou moins rameuse et diffuse. Epillets pédicellés, comprimés latéralement, contenant une seule fleur hermaphrodite *stipitée*. Glumes 2, plus longues que la fleur, carénées, presque égales, *insensiblement atténuées en une pointe simulant une arête*. Glumelle inférieure *coriace, enroulée*, embrassant étroitement la supérieure et terminée par une arête *très-longue, articulée à la base*, *tordue sur elle-même* à la partie inférieure, jusqu'à un point *où elle s'infléchit;* glumelle supérieure plus courte, binerviée. Glumellules 2. Etamines 3 , à anthères *barbues* au sommet. Styles 2 , courts. Stigmates plumeux, sortant à la base de la fleur. Caryopse libre, glabre, étroitement enveloppé par les glumelles.

1. Arêtes de la glumelle longuement plumeuses à la partie supérieure..... .... PENNATA.
Arête non plumeuse................................. 2.

2. Arête de 5-6 centim., poilue inférieurement, nue supérieurement, et tortillée à la maturité .... TORTILIS.
Arête de 8-10 centim., pubescente inférieurement, nue à la partie supérieure, capillaire et droite même à la maturité................................ .... JUNCEA.

1. **St. tortilis** *Desf.* — Plante de 3-5 décim. Racine fibreuse, *annuelle.* Chaumes couchés-ascendants, *couverts jusqu'au sommet par les gaînes des feuilles.* Feuilles courtes, glauques, enroulées sur les bords, jonciformes. Ligule *très-courte,* tronquée, velue sur les bords. Panicule dressée, spiciforme, dense, *resserrée à la fin par l'entortillement des arêtes,* à rameaux courts, fasciculés par 4, 3, 2, sur les nœuds assez rapprochés du rachis. Glumes égales, plus longues que la fleur, membraneuses, étroites, atténuées en une pointe fine plus courte qu'elles. Glumelle inférieure velue à la base, terminée par une arête de 5-6 cent., tordue et pubescente à la partie inférieure, genouillée un peu au-dessous de son milieu, nue dans sa partie supérieure à la fin tortillée.

Hab. les garrigues, auprès de Nîmes (*Gren. et God.*). ① Fl. avril-mai.

2. **St. juncea** *Lin.* — Plante de 5-10 décim. Souche *vivace.* *cespiteuse,* fibreuse. Chaumes raides, dressés, *nus au sommet,* Feuilles assez longues, étroites, enroulées par les bords, jonciformes, d'un vert un peu glauque, rudes sur la face supérieure, qui porte aussi quelques poils épars. Panicule dressée, spiciforme, lâche, allongée, rameuse. Rameaux portant un ou plusieurs épillets, géminés ou solitaires, lisses et capillaires. Glumes presque égales, plus longues que les fleurs, verdâtres sur le dos, blanchâtres sur les bords, membraneuses, fragiles, atténuées en une *pointe sétacée plus longue qu'elles, quelquefois plus courte.* Glumelle inférieure velue à sa base, terminée par une arête de 8-10 centim., tordue et pubescente inférieurement, genouillée un peu au-dessous du milieu, capillaire, droite et glabre au-dessus.

Hab. les lieux secs et pierreux : garrigues, sur la route d'Uzès , la

Beaume, Saint-Nicolas, combe de Mangeloup, mas Charlot, etc. ♃ Fl. mai-juin.

3. St. pennata *Lin.* — Plante de 4-8 décim. Souche *vivace, cespiteuse*, fibreuse. Chaumes dressés, raides, *couverts jusqu'au sommet par les gaînes des feuilles*. Feuilles droites, glabres, étroites, longues de 2-3 décim., enroulées par les bords, jonciformes. Ligule ovale, pubescente. Panicule pauciflore, lâche, étalée, peu rameuse. Rameaux supérieurs courts, isolés, les inférieurs un peu plus longs, géminés ou ternés. Glumes lancéolées, carénées, un peu inégales, longuement atténuées en une *pointe plus longue qu'elles*. Glumelle inférieure velue à la base et sur les bords, glabre sur tout le reste, dépourvue de nervures, coriace, portant à son sommet une arête articulée à la base, tordue, *glabre* dans le tiers inférieur de la longueur, genouillée au-dessus et *longuement* plumeuse, atteignant près de 3 décim.

Cette plante est connue sous le nom de *plume*; on en recueille les fleurs, dont les arêtes, teintes de diverses couleurs, peuvent servir d'ornement.

Hab. les lieux secs et incultes, garrigues de la route d'Uzès, Campestre. ♃ Fl. mai-juin.

29ᵉ gᵣₑ. ARISTELLE. — ARISTELLA. (Bertol)

Panicule spiciforme. Epillets pédicellés, comprimés par le côté, contenant *une fleur hermaphrodite non stipitée*. Glumes 2, presque égales, plus longues que les fleurs, aiguës et mucronées. Glumelle inférieure coriace, arrondie, enroulée, mais laissant en dehors la glumelle supérieure, portant au-dessous de son sommet une arête *articulée à la base, ni tordue, ni genouillée;* glumelle supérieure plus courte, bidentée. Glumellules 2. Etamines 3. Anthères *glabres au sommet*. Styles 2, courts. Stigmates plumeux, sortant à la base de la fleur. Caryopse libre, glabre.

1. A. bromoides *Bertol.*; *Stipa aristella Lin.* — Plante de 5-10 décim. Souche *vivace, cespiteuse*. Chaumes raides, dressés, grêles. Feuilles allongées, étroites, enroulées sur les bords, jonciformes. Panicule spiciforme, dressée, étroite, lâche, rameuse. Rameaux portant un ou plusieurs épillets, géminés aux nœuds inférieurs, l'un court à 1-2 épillets, l'autre allongé pluriflore. Glumes égales, plus longues que les fleurs, trinerviées, d'un blanc verdâtre, acuminées, mucronées. Glumelle inférieure velue à la base, munie un peu au-dessous du sommet d'une arête capillaire, droite, longue de 10-12 millim.

Hab. les lieux stériles du département; les bois de Campagne, de Broussan, de Barjac, de Candilhac; le serre de Bouquet; les rochers , à Concoue. ♃ Fl.

30ᵉ gʳᵉ. **LASIAGROSTIDE. — LASIAGROSTIS. (Link.)**

Panicule ample, rameuse. Epillets pédicellés, comprimés par le côté, biconvexes, renfermant *une fleur hermaphrodite, brièvement stipitée.* Glumes 2, presques égales, plus longues que les fleurs, membraneuses, carénées, mutiques. Glumelle inférieure *longuement barbue à la base*, un peu coriace, arrondie sur le dos, bifide au sommet et portant au fond de son échancrure une arête non articulée; glumelle supérieure plus courte, bicarénée. Glumellules 3, glabres. Etamines 3, à anthères un peu velues au sommet. Styles 2, très-courts. Stigmates plumeux, sortant à la base des fleurs. Caryopse libre, glabre, fusiforme.

1. **L. CALAMAGROSTIS** *Link.; Agrostis calamagrostis Lin.; Calamagrotis argentea Dec.; Stipa calamagrostis Wahlenb.; Achnantherum calamagrostis P. de Beauv.* — Plante de 5-10 décim. Souche *vivace,* cespiteuse. Chaumes dressés, grêles, non rameux, feuillés jusqu'au sommet. Feuilles longues, raides, acuminées, enroulées par les bords. Ligule très-courte. Panicule longue, penchée au sommet, lâche, très-rameuse. Rameaux nombreux, fasciculés en demi-verticilles alternes, capillaires, *longuement nus à la base.* Glumes presque égales, lancéolées-acuminées, largement *scarieuses sur les bords et au sommet,* carénées, luisantes, finement ponctuées. Glumelle inférieure munie à sa base et sur les côtés *de longs poils soyeux argentés,* portant une arête jaunâtre, genouillée à la base, 2-3 fois plus longue que la glumelle.

Hab. les lieux montagneux et stériles: l'Espérou, Lanuéjols; entre les pierres d'une chaussée, dans l'île de la Bartelasse (*de Pouzolz*). ♃ Fl. juin-août.

31ᵉ gʳᵉ. **PIPTATHÈRE. — PIPTATHERUM. (P. de Beauv.)**

Panicule plus ou moins rameuse. Epillets comprimés par le dos, biconvexes, contenant une fleur complète. Glumes 2, presque égales, plus longues que la fleur, non carénées, concaves, *mutiques.* Glumelle inférieure coriace, luisante, portant à son sommet ou un peu au-dessous une arête *articulée ou caduque.* Glumelle supérieure égale à l'inférieure, entière et mutique au sommet. Glumellules 3. Etamines 3, à anthères *nues au sommet.* Styles très-courts. Stigmates plumeux, sortant à la base de la fleur. Caryopse libre, mais étroitement enfermé dans les balles.

1. { Arête de la glumelle inférieure insérée un peu au-dessous de son sommet; épillets petits, ovoïdes.. MULTIFLOXUM.
Arête de la glumelle terminale ; épillets deux fois plus gros, oblongs....................... PARADOXUM.

1. P. PARADOXUM *P. de Beauv.*; *Milium paradoxum Lin.*; *Urachne virescens Trin*; *Agrostis paradoxa Dec.* — Plante de 6-10 décim. Souche fibreuse. Feuilles acuminées, planes. Ligule courte, tronquée. Panicule allongée, penchée au sommet; nœuds du rachis espacés, portant 2-3 rameaux rudes, flexueux, longuement nus à la base, étalés pendant la floraison, puis redressés, portant chacun un petit nombre d'épillets. Epillets *oblongs*, verdâtres, 2 fois plus longs que ceux de l'espèce suivante. Glumes égales, lancéolées-aiguës. Glumelle inférieure plus courte que les glumes, velue, terminée par une arête 4-5 *fois plus longue* qu'elle, articulée, caduque.

Hab. les lieux stériles; au mas Charlot, près de Nîmes; les bois, au serre de Bouquet, à Alzon; Anduze, Aumessas, Saint-Hippolyte. 2 Fl. mai-juin.

2. P. MULTIFLORUM *P. de Beauv.*; *Milium multiflorum Lois.*; *Agrostis miliacea Lin.*; *Urachne parviflora Trin.*—Plante de 6-12 décim. Souche fibreuse. Chaumes dressés, raides, souvent rameux inférieurement. Feuilles assez longues, glabres, d'abord planes, puis enroulées par les bords. Ligule courte, tronquée. Panicule allongée, atteignant jusqu'à 3 décim., penchée au sommet; nœuds du rachis assez distants dans la partie inférieure, portant *un grand nombre de rameaux verticillés*, nus à leur partie inférieure, puis subdivisés, étalés pendant la floraison, redressés et appliqués ensuite. Glumes 2, inégales, lancéolées, mucronées. Glumelle inférieure plus courte que les glumes, glabre, obtuse, portant *un peu au-dessous de son sommet* une arête 2 *fois* plus longue qu'elle, articulée et caduque.

Hab. les bois, les lieux arides; le mas Charlot, les Angles. 2 Fl. juin—juillet.

32ᵉ gʳᵉ. MILLET. — MILIUM. (Lin.)

Panicule rameuse. Epillets pédicellés, comprimés par le dos, biconvexes, renfermant une fleur hermaphrodite. Glumes 2, presque égales entre elles et égales à la fleur, non carénées, concaves, *mutiques*. Glumelle inférieure coriace, recouvrant l'inférieure par ses bords, *non aristée*; glumelle supérieure aussi grande que l'inférieure, *émarginée au sommet, concave*. Glumellules 2. Etamines 3. Styles 2, courts. Stigmates plumeux, sortant à la base de la fleur. Caryopse glabre, ovale, étroitement renfermé dans les balles.

1. M. EFFUSUM *Lin.*; *Agrostis effusa Dec.* — Plante de 5-10 décim. Souche fibreuse, stolonifère. Chaumes allongés, grêles, dressés. Feuilles planes, linéaires-acuminées, molles, rudes sur les bords, d'un vert foncé. Panicule droite, à nœuds très-espacés, portant chacun un grand nombre de rameaux disposés en *verticilles complets*, capillaires, rudes, longuement nus à la base, *étalés pendant la floraison, puis réfléchis*. Glumes ovales-aiguës, verdâtres ou panachées de blanc et de violet.

Hab. les bois; le mont Cavalier à Nîmes, les bois de Banahut. 2 Fl. juin–juillet.

TRIB. 11. AVENACÉES. (AVENACEÆ Kunth.)

Epillets épars à 2-9 fleurs. Glumelles herbacées, l'inférieure arrondie sur le dos et munie d'une arête dorsale. Caryopse comprimé par le dos, creusé d'un sillon plus ou moins profond à la face interne.

33ᵉ gʳᵉ CORYNEPHORE. — CORYNEPHORUS. (P. de Beauv.)

Panicule rameuse. Epillets pédicellés, comprimés par le côté, biconvexes, *à 2 fleurs hermaphrodites*, l'inférieure *sessile*, la supérieure *stipitée*. Glumes 2, plus longues que les fleurs, membraneuses, carénées, presque égales, acuminées-aiguës, *mutiques*. Glumelle inférieure entière, portant sur le dos une arête *composée de deux parties*, une partie *balisaire cylindrique* et une partie *terminale en forme de massue, articulée sur l'inférieure*. Glumelle supérieure tridentée au sommet. Glumellules bifides, glabres. Etamines 3. Styles nuls. Stigmates plumeux, sortant à la base de la fleur. Caryopse oblong, glabre, étroitement enveloppé par les balles.

1. { Plante vivace; article supérieur de l'arête en massue allongée .... **2.**
{ Plante annuelle, article supérieur de l'arête brusquement dilaté en massue............. **ARTICULATUS.**

2. { Rameaux de la panicule inégaux; les plus courts couverts d'épillets jusqu'à la base........... **CANESCENS.**
{ Rameaux de la panicule égaux, nus dans leurs trois quarts inférieurs; à épillets étroitement fasciculés aux extrémités................. **FASCICULATUS**

1. C. CANESCENS *P. de Beauv.*; *Aira canescens Lin.* — Plante de 1-3 décim., formant un gazon épais. Souche fibreuse. Chaumes dressés ou ascendants, raides, à nœuds brunâtres. Feuilles radicales allongées, raides, rudes, glauques, roulées sur les bords, jonciformes, *les caulinaires très-courtes.* Panicule droite, oblongue, étroite à la maturité. Rameaux disposés en demi-verticilles, *couverts d'épillets presque jusqu'à la base,* d'abord étalés, puis *dressés-appliqués.* Epillets panachés de rose, de violet et de blanc, à la fin tout à fait blanchâtres; axe des épillets poilu sous les fleurs. Glumes aiguës, rudes sur les carènes. Arête de la glumelle dépassant à peine les glumes; article inférieur brun, cylindrique, le supérieur en *massue allongée,* pédonculée, blanchâtre; les deux articles séparés par un nœud entouré d'une colerette étroite, à bords découpés.

Hab. les terrains sablonneux; les champs cultivés, à l'Espérou, à Dourbies; les bois, à Broussan, au pont Saint-Nicolas; les bords de la Cèze, à Peyremale. ① Fl. juillet–août.

2. **C. ARTICULALUS** *P. de Beauv.; Aira articulata Desf.* — Plante de 2-3 décim., *non gazonnante. Racine annuelle, fibreuse.* Chaumes ascendants, *genouillés aux nœuds inférieurs.* Feuilles courtes, linéaires, d'abord planes, puis enroulées-sétacées. Ligule oblongue. Panicule dressée, *diffuse-étalée* pendant la floraison, contractée avant et après. Rameaux *géminés ou ternés* aux nœuds inférieurs, lisses et nus dans leur partie inférieure, rudes et plusieurs fois trichotomes supérieurement, chargés à leur extrémité d'épillets rapprochés. Epillets oblongs, panachés de vert, de violet et de blanc, à axe pourvu sous la fleur de poils *couvrant la moitié inférieure des glumelles.* Glumes lancéolées-aiguës, rudes sur la carène. Arête de la glumelle dépassant à peine les glumes; article inférieur brun, cylindrique, le supérieur en *massue courte, pédonculée,* blanchâtre; les deux articles séparés par un nœud entouré d'une colerette étroite, à bords frangés.

Hab. les terrains sablonneux et incultes, les bords de la mer, à Aigues-Mortes (*Gren. et God.*); les bois de Broussan (*de Pouzolz*). ① Fl avril-juin.

3. **C. FASCICULATUS** *Boiss. et Reut.* — Cette espèce a le port de la précédente et n'en diffère que: par ses rameaux plus longuement nus dans leur partie inférieure; par ses épillets plus étroitement rapprochés et plus petits; par les poils portés sur l'axe de l'épillet au-dessous des fleurs, ne couvrant que le sixième des glumelles, et par l'article terminant l'arête disposé en massue allongée, comme dans le *C. conescens.*

Hab. les bois de Broussan; les garrigues, près du mas de la Vache; les bords du Gardon, à Saint-Nicolas (*J. Boucoiran*). ① Fl. mai-juin.

34ᵉ gʳᵉ. **CANCHE** — **AIRA.** (Lin.)

Panicule ordinairement très-rameuse, trichotome. Epillets comprimés par le côté, biconvexes, renfermant deux fleurs complètes, *toutes deux sessiles*. Glumes 2, presque égales, membraneuses, carénées, dépassant les fleurs. Glumelle inférieure non carénée, bifide, portant souvent sur le dos une arête *ni articulée ni renflée en massue;* glumelle supérieure bicarénée, bidentée. Glumellules entières, glabres. Etamines 3. Styles courts ou presque nuls. Stigmates plumeux, sortant à la base de la fleur. Caryopse ovoïde, allongé, *soudé à la maturité aux glumelles devenues coriaces*.

1. { Épillets écartés les uns des autres............ 2.
   { Épillets rapprochés les uns des autres au sommet des rameaux........................ 3.

2. { Épillets de la longueur environ de leur pédicelle. **CARYOPHYLLEA.**
   { Épillets 5-6 fois plus courts que leur pédicelle. **ELEGANS.**

3. { Plante de 2-3 décim. : panicule à rameaux allongés, non spiciforme.................... **CUPIANA.**
   { Plante de 5-15 décim.; panicule à rameaux courts, droits, spiciforme............... **PRECOX**

1. A. CARYOPHYLLEA *Lin.; Avena caryophyllea Wigg.; Airopsis caryophyllea Fries.* — Plante de 1-2 décim., gazonnante. Racine fibreuse. Chaumes grêles, dressés, simples. Feuilles radicales, nombreuses, courtes, raides ; les caulinaires en petit nombre, rudes sur les gaînes. Panicule droite, indéfiniment trichotome, à rameaux capillaires, lisses inférieurement, rudes dans le reste de leur longueur, *étalés-dressés*, rarement *divariqués*. Epillets *à peu près aussi longs que leur pédicelle*, oblongs, luisants, à fleurs presque toujours aristées. Glumes presque égales, carénées, munies de quelques aiguillons crochus sur la carène, acuminées-aiguës. Glumelle inférieure ordinairement munie à la base de *deux petites touffes de poils*, acuminée, terminée par *deux dents courtement aristées*, et portant une arête inclinée vers le tiers inférieur de sa longueur et deux fois plus longue qu'elle.

Hab. commun dans les lieux sablonneux du département ⓵ Fl. mai-juin.

2. A. ELEGANS *Gaud.; A. capillaris Host.* — Plante de 2-3 décim. Racine fibreuse. Chaumes grêles, dressés. Feuilles courtes, rudes sur les gaînes, à ligule oblongue, à bords déchirés. Panicule droite, indéfiniment trichotome, à rameaux capillaires, nus et lisses dans leur partie inférieure, *divariqués à la maturité*.

Epillets *beaucoup plus courts que leur pédicelle*, petits, oblongs, luisants. Glumes carénées, rudes sur la carène, *obtuses au sommet*. Glumelle inférieure munie à la base de deux petites touffes de poils bidentées, à dents terminées par une arête sétacée, brunes, portant au quart inférieur de sa longueur une arête dépassant les glumes.

On trouve quelquefois sur le même pied des épillets dont la fleur inférieure seule est aristée.

Hab. les sables, au bord du Rhône. ① Fl. mai-juin.

3. **A. CUPIANA** *Guss.* — Plante de 2-3 décim., gazonnante. Racine fibreuse. Chaumes grêles, fasciculés. Feuilles radicales fines, filiformes; les caulinaires un peu plus larges, canaliculées. Gaines rudes. Ligule allongée, lacérée au sommet. Panicule dressée, indéfiniment trichotome, à rameaux étalés-dressés, non divariqués, longuement nus à la base. Epillets *très-petits, un peu plus longs que leur pédicelle, rapprochés au sommet de chaque rameau*, oblongs, luisants, contenant deux fleurs, *l'inférieure ordinairement mutique et la supérieure aristée*. Glumes carénées, rudes sur la carène, *très-ouvertes à la maturité*, obtuses, terminées par un petit mucron inséré au fond d'une légère dépression. Glumelle inférieure brune, *dépourvue à la base de deux touffes de poils*, portant au quart inférieur de sa longueur une arête dépassant *peu* les glumes.

Hab. les sables du bord de la mer, Aigues-Mortes. ♃ Fl. avril-mai.

4. **A. PRECOX** *Lin.; Avena precox P. de Beauv.* — Plante de 5-15 cent. Racine fibreuse. Chaumes nombreux, fasciculés, grêles, ascendants. Feuilles étroites, enroulées, filiformes. Ligule allongée, lacérée au sommet. Panicule *courte, spiciforme, contractée*, ovale, à rameaux dressés. Epillets un peu plus longs que leur pédicelle, oblongs, luisants, contenant deux fleurs ordinairement toutes deux aristées. Glumes aiguës, rudes sur la carène. Glumelle inférieure brune, ponctuée, rude, munie à la base de deux touffes de poils très-courts, à sommet bidenté, *à dents terminées par une soie assez longue*, portant au tiers inférieur de sa longueur une arête dépassant peu les glumes.

Hab. commun dans les lieux sablonneux; dans tout le département. ① Fl. avril-mai.

'35° g^re. DESCHAMPSIE. — DESCHAMPSIA. (P. de Beauv.)

Panicule rameuse. Epillets pédicellés, comprimés par le côté, biconvexes, renfermant *deux ou trois fleurs*, l'inférieure *sessile*.

et l'autre ou les deux autres *pédicellées*. Glumes 2, presque égales entre elles et aux fleurs, carénées. Glumelle inférieure tronquée, dentée au sommet, munie sur le dos d'une arête *ni articulée, ni renflée en massue*; glumelle supérieure bicarénée, bidentée. Glumellules entières, glabres. Etamines 3. Styles nuls. Stigmates sessiles, plumeux. Caryopse allongé-oblong, libre.

1.	Arête dorsale de la fleur droite......................	**2.**
	Arête dorsale de la fleur tordue, genouillée	**FLEXUOSA.**
2.	Feuilles radicales planes, très-longues; arête de la glumelle plus courte qu'elle....................	**CÆSPITOSA.**
	Feuilles radicales courtes, fines, enroulées-sétacées; arête de la glumelle, ou nulle, ou aussi longue qu'elle.	**MEDIA**

1. **D. CÆSPITOSA** *P. de Beauv.; Aira cœspitosa Lin.* — Plante de 5-10 décim., croissant en larges touffes. Souche fibreuse. Chaumes dressés, rudes uu sommet. Feuilles radicales très-longues, fasciculées, largement linéaires, *planes*, raides, rudes en dessus; les caulinaires plus courtes et plus larges. Panicule ample, dressée, très-étalée, à rameaux nombreux, disposés en demi-verticilles aux nœuds inférieurs, scabres, inégaux, les plus courts fleuris jusqu'à la base. Epillets plus longs que les pédicelles, petits, luisants; axe de l'épillet *barbu sous les fleurs.* Glumes aiguës, carénées, rudes sur la carène. Glumelles lisses, à bord supérieur *tronqué, denté*, muni d'une arête, naissant à sa base ou rarement vers son milieu, *plus courte qu'elle.*

Hab. les prés et les bois, l'Espérou, Manduel. ♃ Fl. juin-juillet.

2. **D. MEDIA** *Rœm. et Schult.; D. juncea P. de Beauv.; Aira media Gouan.; Aira juncea Vill.*—Plante de 3-10 décim., gazonnante. Souche oblique-fibreuse, émettant un grand nombre de rejets stériles, rapprochés. Chaumes nombreux, dressés, rudes au sommet. Feuilles radicales fasciculées, raides, *enroulées-sétacées, glauques*; les caulinaires à ligule *allongée, lacérée.* Panicule droite, ample, très-étalée pendant la floraison, à rameaux nombreux, disposés en demi-verticilles alternes, nus à la base. Epillets égalant ou dépassant la longueur de leur pédicelle, rapprochés au sommet des rameaux, luisants, versicolores; axe de l'épillet barbu sous les fleurs. Glumes aiguës, rudes sur la carène. Glumelle inférieure à sommet *tronqué-denté*, munie d'une arête *un peu plus longue qu'elle*, insérée au-dessous de son milieu.

La variété *subaristata* a ses glumelles inférieures dépourvues d'arête.

Hab. les bois et les lieux incultes; les garrigues du chemin d'Uzès; les pacages, à Campuget près Manduel, Saint-Guiral, les bords de l'étang de Pujaut. ♃ Fl. juin-juillet.

3. **D. flexuosa** *Nees; Aira flexuosa Lin.; Avena flexuosa, Mert. et Koch.* — Plante de 3-5 décim., gazonnante. Souche fibreuse. Chaumes dressés, nombreux, raides, rudes au sommet. Feuilles radicales *très-étroites, enroulées-sétacées;* les cauli- naires à ligule *oblongue, bifide.* Panicule droite ou un peu pen- chée au sommet. Rameaux étalées au moment de la floraison, puis dressés, capillaires, longuement nus inférieurement, rudes, flexueux, les inférieurs *géminés ou ternés.* Epillets plus courts que les pédicelles ou les égalant, versicolores; axe de l'épillet barbu sous les fleurs. Glumes lancéolées, rudes sur la carène. Glumelle inférieure ponctuée, rude, munie *vers la base* d'une arête *saillante, genouillée,* deux fois plus longue qu'elle.

Hab. les bois montueux, à l'Espérou, Valleraugue, l'Hort de Diou. ♃ Fl. juin-août.

36ᵉ gʳᵉ. VENTENATE. — VENTENATA. (Kœl.)

Panicule rameuse. Epillets pédicellés, contenant 2-3 fleurs complètes, comprimés latéralement. Glumes 2, inégales, cáré- nées. *Fleur inférieure :* glumelle inférieure herbacée, *carénée- lancéolée, dépourvue d'arête dorsale, à sommet entier, cuspidé;* la supérieure membraneuse, bicarénée, entière au sommet. *Fleurs supérieures :* glumelle inférieure *arrondie sur le dos, à sommet terminé par deux longues soies,* et munie d'une arête dorsale genouillée ; la supérieure bicarénée, presque entière au sommet. Glumellules glabres, entières. Etamines 2-3. Styles nuls. Stig- mates plumeux. Caryopse glabre, libre, à section semi-circulaire.

1. **V. avenacea** *Kœl.; Avena tenuis Dec.; Avena triaris- tata Vill.; Bromus triflorus Poll.; Holcus biaristatus Weber; Trisetum tenue Rœm. et Schult.; Gaudinia tenuis Trin.* — Plante de 2-4 décim. Racine fibreuse. Chaumes dressés, grêles. Feuilles étroités, *planes d'abord, puis enroulées,* rudes sur les bords. Ligule allongée-aiguë. Panicule dressée ou un peu pen- chée, lâche, très-étalée à la maturité; rachis à nœuds espacés. Rameaux allongés, capillaires, rudes, subverticellés par 3-5 sur les nœuds inférieurs, et portant à leurs extrémités 2-5 épillets, brièvement pédicellés. Glumes lancéolées, mucronées, fortement striées, largement scarieuses aux bords. Pédicelle des fleurs su- périeures brièvement barbu, celui de la fleur inférieure nu. Glumelle inférieure de la fleur inférieure assez semblable aux

glumes, plus faiblement striée, entière au sommet, prolongée en
une soie droite, égalant presque la moitié de la longueur de la
fleur; glumelle inférieure des fleurs supérieures arrondie sur le dos
dans le bas, carénée dans le haut, faiblement nerviée, à sommet
bifide, munie sur chaque dent d'une soie fine et portant sur le
dos une arête genouillée flexueuse, plus longue que la fleur.

Hab. les coteaux stériles, à l'Espérou, Campricux, Lanuéjols, Alzon.
① Fl. juin-juillet.

37° g^{re}. **AVOINE. — AVENA.** (Lin.)

Panicule rameuse. Epillets pédicellés à 2-9 fleurs complètes,
cylindriques à la partie inférieure, puis *comprimées latéralement dans le haut.* Glumes 2, inégales, carénées. Glumelle inférieure coriace, enroulée à la maturité autour de la graine, *arrondie sur le dos*, bifide au sommet, portant, au moins dans les
fleurs inférieures, une arête dorsale genouillée, tordue à la base.
Glumelle supérieure bicarénée. Glumellules glabres, entières.
Etamines 3. Stigmates sessiles, plumeux. Caryopse velu, oblong,
creusé d'un sillon étroit longitudinal sur la face interne, étroitement enveloppé par les glumelles, mais non soudé avec elles.

1.	Épillets pendants........................... 2.	
	Épillets dressés............................. 6.	
2.	Fleurs non articulées sur le rachis et ne se déta- chant pas à la maturité.................. 3.	
	Fleurs, au moins l'inférieure, articulées sur le rachis et très-caduques.................. 4.	
3.	Panicule égale, étalée, pyramidale........... **SATIVA.**	
	Panicule étroite unilatérale................. **ORIENTALIS.**	
4.	Toutes les fleurs articulées................. 5.	
	La fleur inférieure seule articulée........... **STERILIS.**	
5.	Panicule unilatérale; glumelle inférieure cou- verte de longs poils, blanchâtres, soyeux.... **BARBATA.**	
	Panicule étalée en tous sens; glumelle inférieure couverte de longs poils fauves.............. **FATUA.**	
6	Feuilles pubescentes, les inférieures garnies de poils étalés.............................. 7.	
	Feuilles glabres, même les inférieures .... 8.	
7.	Glumes des épillets violettes jusqu'au-dessus du milieu, l'inférieure trinerviée.............. **SESQUITERTIA.**	
	Glumes violettes seulement à la base, plus pe- tites, l'inférieure uninerviée. .... **PUBESCENS.**	

8.	Panicule allongée, étroite, rameuse; poils portés
	    par l'axe au-dessous des fleurs, ne dépassant
	    pas la base de la glumelle................. 9.	

	Panicule contractée, spiciforme, presque simple;
	    poils portés par l'axe au-dessous des fleurs
	    atteignant le dixième de la glumelle........ **PRATENSIS.**	

9. $\Big\{$ Épillets fortement comprimés ; sommet de la glumelle inférieure lacéré, mais non tronqué.. **AUSTRALIS.**
Épillets peu comprimés ; sommet de la glumelle inférieure tronqué et lacéré.......... **BROMOIDES.**

1. A. sativa *Lin.* — Plante de 5-10 décim. Racine fibreuse, annuelle. Chaumes dressés, glabres. Feuilles linéaires, planes, assez larges, rudes. Ligule courte, tronquée. Panicule ample, lâche, étalée en tous sens, pyramidale. Rameaux capillaires, disposés par 5-7 sur les nœuds inférieurs en demi-verticilles, lisses à la base, rudes au sommet, portant plusieurs épillets *pendants*. Epillets *ouverts à la maturité*, contenant 2 fleurs complètes ; axe de l'épillet glabre, si ce n'est à la base de la fleur inférieure, où se trouve, *de chaque côté de la glumelle inférieure, un petit faisceau de poils courts*. Glumes glabres, presque égales, acuminées, plus longues que les fleurs. Glumelle inférieure *glabre sur le dos*, un peu rude au sommet, *bidentée*, portant sur le dos, au-dessus du milieu, dans la fleur inférieure et rarement dans la supérieure, une arête *tordue-genouillée*, plus longue que la fleur.

Hab. cultivée en grand et souvent subspontanée ; patrie inconnue. ① Fl. juin-août.

2. A. orientalis *Schreb.* — Plante de 5-10 décim. Racine fibreuse. Chaumes dressés, glabres, robustes. Feuilles largement linéaires, acuminées, planes, rudes. Ligule courte, tronquée. Panicule *presque unilatérale*, dressée ou un peu penchée au sommet, contractée. Rameaux capillaires, rudes, portant un ou plusieurs épillets *pendants*, et disposés inférieurement en demi-verticilles. Epillets moins ouverts à la maturité que dans l'espèce précédente, à deux fleurs complètes ; axe de l'épillet glabre. Glumes glabres, acuminées, plus longues que la fleur. Glumelle inférieure *glabre*, *bidentée au sommet*, portant sur le dos, au-dessous du milieu, une arête droite ou peu flexueuse, *mais non tordue*, plus longue que la fleur. Cette arête manque le plus souvent à la fleur supérieure et quelquefois aussi à l'inférieure.

Hab. cultivée en grand, moins fréquemment que la précédente, et quelquefois subspontanée ; patrie inconnue. ♃ Fl. juillet-août.

3. A. sterilis *Lin.* — Plante de 5-10 décim. Racine annuelle, fibreuse. Chaumes dressés, robustes, striés, glabres, un peu poilus autour du dernier nœud. Feuilles largement linéaires, planes, rudes. Ligule courte, tronquée. Panicule *presque unilatérale*, lâche, dressée ou un peu penchée au sommet. Rameaux capillaires, rudes, portant un ou plusieurs épillets *pendants*, les inférieurs disposés en demi-verticilles par 2 ou plus. Epillets *très-grands et très-ouverts*, contenant 3-4 fleurs, les troisième et quatrième ordinairement rudimentaires et toujours à glumelle inférieure glabre et non aristée; axe de l'épillet *barbu seulement sous la fleur inférieure*, articulé au-dessus de la glume supérieure, ce qui permet aux fleurs *d'abandonner les glumes à la maturité et de laisser la panicule en apparence stérile.* Glumes glabres, acuminées, plus longues que les fleurs. Glumelle inférieure bidentée, *couverte de longs poils fauves, soyeux*, de la base au milieu, où est insérée une arête très-longue, légèrement *tordue inférieurement et genouillée* vers le sommet de la glumelle.

Hab. commune dans les champs sablonneux. ① Fl. juillet-août

4. **A. BARBATA** *Brotero*; *Avena hirsuta Roth.* — Plante de 3-8 décim. Racine annuelle, fibreuse. Chaumes dressés, glabres, striés. Feuilles largement linéaires, planes, un peu rudes. *Panicule unilatérale*, lâche, étalée, dressée, rameuse. Rameaux capillaires, portant un petit nombre d'épillets *pendants*, les inférieurs disposés en demi-verticilles. Epillets très-ouverts, à deux ou trois fleurs complètes, *toutes articulées et caduques;* axe de l'épillet velu. Glumes glabres, acuminées, plus longues que les fleurs. Glumelle inférieure couverte de la base au milieu de longs poils blanchâtres, soyeux, portant sur le dos une arête *tordue-genouillée* plus longue que la fleur, et bifide au sommet, chaque dent prolongée en une soie fine et droite.

Hab. les lieux stériles et sablonneux. ① Fl. juin–août.

5. **A. FATUA** *Lin.* — Plante de 6-12 décim. Racine fibreuse, annuelle. Chaumes droits, robustes, glabres. Feuilles larges, planes, striées, à gaînes lisses. Ligule courte, tronquée. Panicule étalée en tous sens, lâche, pyramidale, à rameaux capillaires, rudes, flexueux, semi-verticillés aux nœuds inférieurs. Epillets *pendants*, très-ouverts à la maturité, contenant deux ou trois fleurs complètes, toutes articulées et caduques; axe de *l'épillet entièrement velu.* Glumes glabres, acuminées, plus longues que les fleurs. Glumelle inférieure brune, rude supérieurement, terminée *par deux dents aiguës-sétacées*, plus ou moins couverte de la base au milieu de longs poils fauves, soyeux, et portant vers son milieu une arête brune, tordue à la partie inférieure, genouillée au milieu, plus longue que la fleur.

Hab. commune dans les moissons, sur le bord des champs cultivés. ① Fl. juin-août.

6. A. PUBESCENS *Lin.* — Plante de 3-6 décim. Souche oblique, fibreuse, *vivace*, souvent stolonifère. Chaumes genouillés, dressés, glabres. Feuilles *molles*, planes, les inférieures *couvertes, ainsi que les gaînes, de poils étalés*. Ligule oblongue, glabre. Panicule droite, peu étalée, peu rameuse, à rameaux capillaires, courts, portant ordinairement un seul épillet *non pendant*, disposés sur les nœuds inférieurs en demi-verticilles alternes. Epillets violacés à la base, d'un blanc argenté au sommet, comprimés, contenant 3-4 fleurs *non articulées, persistantes*; axe des épillets barbu sous chaque fleur. Glumes *scarieuses, diaphanes*, rudes sur la carène, inégales, l'inférieure à 1 nervure, la supérieure à 3, égalant presque les fleurs. Glumelle inférieure, rude sur le dos, *non velue, scarieuse, lacérée au sommet*, portant vers son milieu une arête brune, tordue, genouillée, plus longue que la fleur.

Hab. les prairies et les bois humides; les prairies, à Banahut, à Alzon. ♃ Fl. juin.

7. A. SESQUITERTIA *Lin.; Avena amethystina Dec.* — Cette espèce ressemble beaucoup à la précédente, avec laquelle on l'a souvent confondue. Elle s'en distingue cependant par les caractères suivants : chaumes plus robustes; panicule plus contractée; épillets plus gros, à 2-3 fleurs; glumes dépassant les fleurs, moins inégales, à tache inférieure violette plus grande, *toutes trinerviées, les nervures latérales* de la glume inférieure *dans le quart inférieur seulement du limbe.*

Hab. les coteaux arides, Campestre. ♃ Fl. juin.

8. A. AUSTRALIS *Parl.* — Plante de 6-8 décim. Souche fibreuse. Chaumes fasciculés, dressés, nus au sommet. Feuilles planes, glabres sur les faces et les gaînes, un peu rudes, surtout aux bords. Ligule allongée, glabre. Panicule rameuse, allongée, étroite, à rameaux courts, rudes, dressés, géminés ou ternés sur les nœuds du rachis, portant 2-3 épillets. Epillets panachés de vert et de blanc, à la fin jaunes, fortement comprimés, contenant 5-9 fleurs; axe des épillets portant sous chaque fleur, *l'inférieure exceptée, deux touffes latérales de poils courts, atteignant à peine la base de la glumelle.* Glumes lancéolées-aiguës, plus courtes que les fleurs, à 3 nervures. Glumelle inférieure à nervures peu visibles, parsemée sur le dos de points brillants et saillants, à *sommet lacéré, mais non tronqué.* Arête brune, tordue à la base, insérée un peu au-dessus de la glumelle et plus longue qu'elle.

Hab. les lieux stériles. ♃ Fl. juin.

Nous donnons la description de cette plante, sans indiquer les localités où on la rencontre dans le département, parce que dans l'herbier de M. de Pouzols, parmi les échantillons de l'*A. bromoides*, il y en a plusieurs qui doivent être rapportés à cette espèce.

9. A. BROMOIDES *Gouan.*; *Avena pratensis, var. B, Dec.* — Plante de 2-3 décim. Souche oblique, fibreuse, *vivace*. Chaumes fasciculés, dressés ou ascendants. Feuilles rudes sur les bords, glabres sur les faces ainsi que sur les gaines. Ligule allongée, glabre. Panicule allongée, étroite, à rameaux capillaires, rudes, dressés, portant 1-4 *épillets*, les inférieurs 1-3 sur chaque nœud. Épillets panachés de vert et de blanc, jaunes à la fin, *allongés, oblongs-coniques*, un peu *comprimés et ouverts à la maturité*, contenant 6-8 *fleurs* complètes; axe de l'épillet articulé-cassant entre chaque fleur, portant sous chaque fleur, *l'inférieure exceptée, deux touffes de poils courts*, atteignant à peine *la base de la glumelle*. Glumes lancéolées-aiguës, inégales, plus courtes que les fleurs. Glumelle inférieure parsemée sur le dos de points brillants, scarieuse, tronquée, lacérée au sommet, portant au-dessous de son milieu une arête brune plus longue que la fleur, tordue-genouillée.

Hab. les lieux stériles, les garrigues, auprès de Nîmes; les bois, au pont du Gard, au serre de Bouquet. ♃ Fl. mai-juin.

10. A. PRATENSIS *Lin.* — Plante de 5-8 décim. Racine oblique, fibreuse, *vivace*. Chaumes dressés, grêles, raides, longuement nus au sommet. Feuilles planes, rudes sur les bords et sur la face supérieure, glabres sur le reste, quelquefois enroulées. Ligule allongée. Panicule droite, contractée, *presque spiciforme*, lobée. Rameaux courts, rudes, dressés, portant 1-2 *épillets*, géminés aux nœuds inférieurs. Épillets luisants, panachés de vert et de violet, contenant 4-5 *fleurs*; axe de l'épillet muni sous les fleurs, la dernière exceptée, de poils courts, atteignant sous la seconde fleur *le dixième de la longueur de la glumelle*. Glumes acuminées, plus courtes que les fleurs. Glumelle inférieure ponctuée, rude, scarieuse, tronquée, lacérée au sommet, munie d'une arête dorsale brune, plus longue que la fleur, insérée vers le milieu de sa longueur.

Hab. les prés secs et les bois, les garrigues, aux environs de Nîmes, le serre de Bouquet, Blanzac. ♃ Fl. juin-juillet.

38ᵉ gʳᵉ. ARRHÉNATHÈRE. — ARRHENATHERUM. (P. de Beauv.)

Panicule rameuse. Epillets pédicellés, comprimés, biconvexes, renfermant 2 *fleurs*, dont l'inférieure le plus souvent mâle.

Glumes 2 , inégales, carénées. Glumelle inférieure herbacée , *carénée*, *bifide*, munie dans la fleur inférieure d'une arête dorsale longue, genouillée, et dans la fleur supérieure mutique ou portant au-dessous du sommet une arête très-courte. Stigmates sessiles. Caryopse *velu au sommet*, libre.

1. **A. ELATIUS** *Presl.; Arrhenatherum avenaceum P. de Beauv.; Avena elatior Lin.* — Plante de 8-15 décim. Souche fibreuse, rampante. Chaumes dressés ou ascendants, feuillés dans la partie inférieure. Feuilles longuement acuminées, glabres, un peu rudes. Ligule courte. Panicule droite ou un peu penchée, égale, étalée pendant la floraison, puis contractée. Rameaux capillaires, rudes, flexueux, disposés en demi-verticilles sur les nœuds un peu espacés du rachis. Glumes scarieuses, aiguës, la supérieure deux fois plus longue que l'inférieure, égalant presque les fleurs. Glumelle inférieure ponctuée, tuberculeuse, velue inférieurement dans la fleur supérieure, glabre dans l'autre. Arête de la fleur inférieure tordue, genouillée, insérée au-dessus du milieu de la glumelle et aussi longue qu'elle ; celle de la fleur supérieure très-courte, insérée un peu au-dessous du sommet, quelquefois nulle.

Il existe deux variétés de cette espèce : la variété *genuinum*, à racine non tuberculeuse, et la variété *bulbosum*, qui présente des renflements en chapelet sur sa souche.

Cette plante est connue des agriculteurs sous le nom de *fromental*, et sert à faire des prairies artificielles , très-estimées , à cause de leur longue durée.

Hab. commune dans les prairies et les bois. ♃ Fl. mai-juillet.

TRIB. 12. TRISETÉES. (TRISETEÆ God. et Gren.)

Epillets épars, contenant 2-6 fleurs complètes. Glumelles membraneuses, l'inférieure carénée, mutique ou aristée sur le dos. Styles très-courts ou nuls. Stigmates sortant à la base de la fleur. Caryopse comprimé par le côté, dépourvu de sillon.

39ᵉ gʳᵉ. TRISETUM. — TRISETUM. (Pers.)

Paniculle rameuse. Epillets pédicellés, comprimés par le côté, *dressés*, contenant 2-5 *fleurs*. Glumes inégales, carénées. Glumelle inférieure carénée, *bidentée au sommet, à dents acuminées-sétacées*, munie d'une arête dorsale, tordue-genouillée ; glumelle supérieure bicarénée, *bidentée*. Glumellules glabres. Étamines 2-3. Stigmates terminaux sessiles, sortant sur le côté de la fleur. Caryopse glabre, comprimé par le côté, dépourvu de sillon, libre.

1. **T. flavescens** *P. de Beauv.; Trisetum pratense Pers.; Avena flavescens Lin.* — Plante de 4-6 décim. Souche rampante, *stolonifère.* Chaumes grêles, dressés. Feuilles linéaires, planes, rudes sur les bords, pubescentes sur les faces et les gaînes inférieures. Ligule courte, tronquée. Panicule dressée ou un peu penchée au sommet, oblongue, lobulée, étalée pendant la floraison, puis contractée. Rameaux capillaires flexueux, un peu rudes, nus dans leur partie inférieure. Epillets luisants, jaunâtres, quelquefois panachés, contenant 2-3 fleurs portées sur un axe velu d'un côté et barbu sous les fleurs. Glumes presque entièrement scarieuses, très-inégales. Glumelle inférieure portant sur le dos une arête genouillée, longue de 7-9 millimètres, terminée par deux pointes très-aiguës.

Hab. les prés secs et les bois, Manduel, Broussan, l'Espérou. ♃ Fl. juin–juillet.

40° g^{re}. HOUQUE. — HOLCUS. (Lin.)

Panicule rameuse. Epillets pédicellés, comprimés latéralement, biconvexes, renfermant deux fleurs; l'inférieure complète, la supérieure mâle ou stérile. Glumes 2, carénées, presque égales. Glumelle inférieure carénée, *obtuse,* munie dans la fleur supérieure seulement d'une arête insérée un peu au-dessous du sommet; glumelle supérieure *tronquée, dentée.* Glumellules 2, glabres. Etamines 3. Styles 2, très-courts. Stigmates plumeux, s'étalant au dehors vers la base de la fleur. Caryopse comprimé par le côté, glabre, dépourvu de sillon, libre.

1. { Gaînes des feuilles velues; arête peu visible, dépassant à peine les glumes...................... LANATUS.
{ Gaînes des fleurs presque glabres; arête dépassant beaucoup les glumes .... MOLLIS.

1. **H. lanatus** *Lin.; Avena lanata Kœl.* — Plante de 5-9 décim. Souche courte, fibreuse. Chaumes dressés, velus aux articulations. Feuilles molles, linéaires, planes, *couvertes ainsi que les gaînes de poils mous, étalés.* Ligule oblongue. Panicule oblongue-ovale, contractée avant et après la floraison, étalée pendant la floraison, de couleur blanchâtre, plus ou moins violacée. Glumes lancéolées, pubescentes sur la carène, rudes sur le reste; la supérieure portant au sommet, au fond d'une échancrure, une arête courte. Glumelles luisantes; dans la fleur supérieure la glumelle inférieure porte sur le dos, vers le tiers supé-

rieur de sa longueur, une arête flexueuse, *se recourbant en crochet en dehors* par la dessication, *ne dépassant pas ou presque pas les glumes.*

Hab. les prés, les pâturages, les bords des fossés. ♃ Fl. juin–août.

2. H. MOLLIS *Lin.; Avena mollis Kœl.* — Plante de 4-6 décim. Souche longuement rampante. Chaumes dressés, velus ou pubescents aux nœuds. Feuilles linéaires, acuminées, glabres, rudes sur les bords. Panicule allongée, étroite, contractée avant et après la floraison, étalée pendant la floraison, d'un blanc roussâtre, mêlé de violet. Glumes aiguës, ciliées sur les carènes, pubescentes sur les nervures, la supérieure mucronée. Fleur supérieure pubescente à la base, munie d'une arête dorsale *saillante,* flexueuse et *non courbée en crochet en dehors par la dessication.*

Hab. les lieux sablonneux, humides ; *valat de la Dauphine.* ♃ Fl. juillet août.

41° g^{re}. KŒLERIE. — KŒLERIA. (Pers.)

Panicule rameuse, contractée-spiciforme. Epillets pédicellés, comprimés par le côté, contenant 2-7 fleurs. Glumes 2, membraneuses, carénées, plus ou moins inégales ; l'inférieure plus courte, à 1 nervure ; la supérieure à 3. Glumelle inférieure concave, *entière et mutique* ou *bidentée et aristée* ; glumelle supérieure bicarénée, *bidentée.* Glumellules 2, glabres. Etamines 3. Styles très-courts, terminaux. Stigmates plumeux, sortant à la base de la fleur. Caryopse oblong, comprimé par le côté, libre.

1. { Fleurs dépourvues d'arête...................... 2.
{ Fleurs à glumelle inférieure bidentée, aristée....... 3.

2. { Feuilles radicales planes, velues sur leur limbe et leur gaîne ; celle-ci ne se déchirant pas après la dessication pour former à la base des chaumes une enveloppe filamenteuse..................... **CRISTATA**.
{ Feuilles radicales enroulées-sétacées, glabres ; la gaîne des feuilles inférieures se déchirant à la dessiccation en lanières, pour former une enveloppe filamenteuse à la base des chaumes.............. **SETACEA**.

3. { Glumes presque égales, longuement ciliées sur la carène ; épillets à 1-2 fleurs.................... **VILLOSA**.
{ Glumes inégales, rudes sur la carène ; épillets à plus de 2 fleurs................................. **PHLEOIDES**.

1. K. CRISTATA *Pers.; Aira cristata Lin.; Poa cristata, Dec.; Festuca cristata Vill.* — Plante de 3-5 décim., gazonnante. Souche fibreuse, émettant de nombreux faisceaux stériles de feuilles. Chaumes droits, nus au sommet, recouverts à leur base par *les gaînes desséchées des feuilles inférieures entières et non lacérées*. Feuilles planes, linéaires, étroites, les inférieures pubescentes ou ciliées. Panicule spiciforme, oblongue-étroite, atténuée aux deux bouts, quelquefois interrompue à la base. Epillets serrés, glabres, panachés de vert et de blanc. Glumes presque égales, *plus courtes que les fleurs*, qui sont au nombre de 2-4. Glumelle inférieure acuminée, mutique ou mucronée.

Hab. les lieux secs et stériles; les garrigues, autour de Nîmes; les pacages de Causse-Noir. ♃ Fl. mai-juillet.

2. **K. setacea** *Pers.* — Plante de 2-4 décim., gazonnante. Racine fibreuse, *vivace*. Chaumes grêles, nus et plus ou moins pubescents au sommet, *renflés à leur base en forme de bulbe* et entourés *par les gaînes desséchées des anciennes feuilles déchirées en filaments grisâtres, flexueux, entrecroisés*. Feuilles radicales étroites, enroulées-sétacées, glabres, raides; les caulinaires rares, à limbe court, plan ou plié en gouttière. Panicule serrée, spiciforme, ovale ou oblongue, quelquefois interrompue à la base. Epillets presques sessiles, luisants, panachés de vert et de blanc, parfois de violet, contenant 2 *fleurs*. Glumes presque égales et à peu près de la longueur des fleurs, glabres. Glumelle inférieure acuminée, mutique ou mucronée, ciliée sur la carène; la supérieure rude sur la carène, terminée par deux dents aiguës inégales, assez longues.

Hab. les lieux stériles, le bois des Espèces, près de Nîmes, aux environs d'Alais, le serre de Bouquet; les bois de Salbous, près Campestre; le long des bois, à Blandas. ♃ Fl. juin-août.

3. **K. villosa** *Pers.* ; *Phalaris pubescens Dec.*; *Aira pubescens Desf.* — Plante de 1-4 décim. Racine fibreuse, *annuelle*. Chaumes dressés, nus et *glabres au sommet*. Feuilles molles, linéaires, planes, pubescentes sur les deux faces et les gaînes. Ligule tronquée, ciliée. Panicule spiciforme, très-serrée, *ovale-oblongue, continue*. Rameaux très-courts, pubescents. Epillets presque sessiles, panachés de vert et de blanc, renfermant 1-2 *fleurs*. Glumes presque égales, ciliées sur la carène, plus ou moins velues sur le reste, scarieuses aux bords, aiguës, *de même longueur que les fleurs*. Glumelle inférieure lisse, échancrée au sommet, tantôt mutique, tantôt portant au fond de l'échancrure une arête courte, fine.

Hab. les lieux sablonneux et humides; Beaucaire, Aigues-Mortes. ① Fl. mai-juin.

4. K. PHLEOIDES *Pers. ; Festuca phleoides Vill.; Festuca cristata Lin.* — Plante de 2-5 décim. Racine fibreuse, *annuelle.* Chaumes dressés, nus et *glabres au sommet.* Feuilles molles, planes, linéaires-aiguës, velues sur les deux faces et les gaînes. Ligule courte, tronquée, dentelée. Panicule très-serrée, spiciforme, *cylindracée,* quelquefois lobulée à la base. Epillets presque sessiles, luisants, panachés de vert et de blanc, contenant 2-5 *fleurs.* Glumes inégales, rudes sur la carène, plus ou moins velues sur le reste, scarieuses aux bords, *plus courtes que les fleurs.* Glumelle inférieure chagrinée, bidentée, portant au fond de l'échancure une arête fine, assez courte, presque nulle dans les fleurs supérieures.

Hab. commun dans le département, sur le bord des routes, des champs, dans les jardins, etc. ① Fl. mai-juin.

42ᵉ gʳᵒ. **CATABROSA. — CATABROSA.** (P. de Beauv.)

Panicule rameuse, étalée à la maturité. Epillets pédicellés, comprimés latéralement, renfermant 2 *fleurs, l'inférieure sessile, la supérieure pédicellée.* Glumes 2, membraneuses, courtes, concaves, mutiques, inégales ; la supérieure à sommet *arrondi, crénelé ou denticulé.* Glumelles 2, membraneuses, mutiques, presque égales, carénées ; l'inférieure *scarieuse, tronquée au sommet* ; la supérieure *tronquée ou émarginée.* Glumellules 2, entières, glabres. Etamines 3. Styles 2, très-courts ou nuls. Stigmates plumeux, sortant à la base de la fleur. Caryopse oblong, très-peu comprimé latéralement, dépourvu de sillon et libre entre les glumelles.

1. C. AQUATICA *P. de Beauv.; Aira aquatica Lin.; Poa airoides Dec.; Glyceria aquatica Presl.* — Plante aquatique, de 2-8 décim. Souche rampante, stolonifère. Chaumes couchés dans leur partie inférieure, *radicants aux nœuds.* Feuilles planes, largement linéaires-obtuses, molles, un peu glauques. Gaînes glabres. Ligule oblongue, courte. Panicule rameuse, à rameaux disposés en demi-verticilles alternes un peu espacés, inégaux et divisés, d'abord *dressés,* puis *étalés* et quelquefois *réfléchis.* Epillets petits, presque de même longueur que leurs pédicelles, rapprochés, verts ou violacés, à 1-2 fleurs. Glumes ouvertes à la maturité, *beaucoup plus courtes que les fleurs.* Glumelle inférieure glabre, munie sur le dos de 3 nervures saillantes, vertes.

Hab. les marais, les fossés, les lieux souvent submergés ; dans tout le département. ♃ Fl. juin-juillet.

Trib. 13. FUSTUCACÉES. (Fustucaceæ Kunth.)

Epillets épars, à fleurs hermaphrodites au nombre de 2 ou plus. Glumelles herbacées ; l'inférieure pourvue d'une arête ou mutique. Styles très-courts ou nuls. Stigmates sortant à la base de la fleur. Caryopse comprimé par le dos, muni d'un sillon sur la face interne.

43ᵉ gʳᵉ. GLYCERIE. —GLYCERIA. (R. Brown.)

Panicule plus ou moins rameuse, étalée. Epillets plus ou moins pédicellés, comprimés latéralement, contenant 3-10 *fleurs* complètes, à rachis ordinairement *articulé, cassant à la maturité*. Glumes 2, membraneuses, concaves, mutiques, inégales, plus courtes que les fleurs. Glumelle inférieure oblongue, *arrondie sur le dos*, scarieuse, crénelée ou lacérée au sommet, plurinerviée; la supérieure bicarénée, bidentée, ciliée sur les carènes. Glumellules 2, *soudées en partie ou libres*, tronquées, glabres. Etamines 3. Styles allongés ou courts, terminaux. Stigmates plumeux. Caryopse oblong, obtus, glabre.

1. Épillets cylindriques avant la floraison ; glumellules soudées............................... 2.
Épillets comprimés même avant la floraison ; glumellules libres.................................. 4.

2. Axe de la panicule creusé, au-dessus de chaque nœud, d'un enfoncement dans lequel est appliqué le rameau, réduit à un épillet sessile; plante ayant l'aspect d'un *lolium*.................... LOLIACEA.
Axe de la panicule non creusé................. 3.

3. Panicule unilatérale à rameaux inférieurs, disposés par 1-3.............................. FLUITANS.
Panicule pyramidale à rameaux disposés par 3-5. PLICATA.

4. Glumelle inférieure à 7 nervures ; styles allongés. AQUATICA.
Glumelle inférieure à 5 nervures ; styles courts... 5.

5. Feuilles enroulées sur les bords............... CONVOLUTA.
Feuilles planes................................. DISTANS.

1. G. fluitans *R. Brown.; Festuca fluitans Lin.* — Plante de 5-12 décim., aquatique. Souche fibreuse, vivace. Chaumes *couchés-radicants à la base*, puis dressés, comprimés. Feuilles planes, largement linéaires, molles, rudes sur les bords ; les inférieures flottant sur l'eau, très-allongées. Gaînes comprimées, *ne se déchirant pas en filaments à la maturité*. Ligule plus ou moins saillante, oblongue, souvent lacérée. Panicule droite, allongée, presque *unilatérale*, à rameaux souvent simples, capillaires, très-inégaux, nus à leur base, groupés par 2-3 sur les nœuds inférieurs, étalés à angle droit pendant la floraison.

Epillets fragiles, assez longuement pédicellés, d'un vert pâle, linéaires, d'abord *cylindriques*, *puis légèrement comprimés*, renfermant 7-11 fleurs. Glumes inégales, lancéolées-obtuses. Glumelle inférieure scarieuse, *aiguë, quelquefois mucronée*, à nervures saillantes. *Glumellules soudées.*

Hab. les fossés, les marais; commune. ♃ Fl. mai-juillet.

2. G. PLICATA *Fries.*; *Glyceria fluitans, var. B., Griseb.* — Cette plante se distingue de la précédente : par ses chaumes plus robustes, moins longuement rampants à la base; par les gaines de ses feuilles, *qui se déchirent en filaments à la maturité;* par sa panicule un peu penchée au sommet, à nœuds plus rapprochés, les inférieurs portant 4-5 rameaux; par ses rameaux d'abord dressés, puis étalés; par ses épillets moins comprimés et plus rapprochés, et par ses glumelles *plus largement scarieuses au sommet.*

Hab. les mêmes lieux que la précédente. ♃ Fl. mai-juillet.

3. G. LOLIACEA *Godr.*; *Festuca loliacea Huds.*; *Poa loliacea Kœl.*; *Lolium festucaceum Link.*; *Schœnodorus loliaceus Rœm et Schult.*; *Brachypodium loliaceum, Fries.* — Plante de 4-7 décim. Souche fibreuse, *vivace.* Chaumes ascendants ou dressés. Feuilles planes, linéaires, rudes aux bords. Gaînes *cylindriques.* Ligule très-courte. Panicule simple, droite, composée de 12-15 *épillets solitaires*, sessiles, distiques. Axe principal *creusé au-dessus des nœuds.* Epillets fragiles, linéaires-oblongs, à glumes *très-inégales dans les épillets latéraux*, presque *égales dans l'épillet terminal.* Glumelle inférieure lisse, scarieuse au sommet, à nervures peu saillantes; glumelle supérieure un peu plus longue que l'autre, bidentée.

Hab. les prairies humides, Jonquières. ♃ Fl. mai-juin.

4. G. AQUATICA *Wahlb.*; *Glyceria spectabilis Mert. et Koch; Poa aquatica Lin.* — Plante de plus de 1 mètre de haut. Souche rampante. Chaumes épars, cylindriques, feuillés. Feuilles glabres, lisses, larges de 1-2 centim, brusquement acuminées, marquées d'une tache brune à l'origine des gaines. Ligule courte. Panicule *très-ample*, allongée, atteignant jusqu'à 3 décim. de longueur, très-rameuse; à rameaux rudes, flexueux, nombreux et très-inégaux, disposés à chaque nœud en demi-verticilles alternes. Epillets assez longuement pédicellés, petits, oblongs, un peu comprimés, contenant 6-8 fleurs, d'un vert pâle ou panachés de vert ou de violet. Glumes un peu inégales. Glumelle inférieure obtuse, *à nervures saillantes.*

Hab. commun sur les bords des rivières, des fossés et dans les marais. ♃ Fl. juin-août.

5. G. convoluta *Fries; Festuca convoluta Kunth.* — Plante de 3-4 décim. Souche fibreuse. Chaumes dressés ou ascendants, fasciculés. Feuilles glauques, raides, enroulées par les bords. *Gaînes un peu lâches.* Ligule arrondie, saillante. Panicule dressée, pyramidale, oblongue, lâche, rameuse. Rameaux capillaires, flexueux, rudes, les plus longs nus à la base, *dressés pendant la floraison, puis étalés ou réfléchis*, disposés par 3-5 en demi-verticilles alternes sur les nœuds inférieurs. Épillets *peu fragiles*, écartés, plus longs que les entre-nœuds, oblongs, comprimés, panachés de vert et de violet, renfermant 6-10 fleurs. Glumes inégales, obtuses, lancéolées, scarieuses aux bords. Glumelle inférieure oblongue-obtuse, pubescente dans le bas, à *nervures peu visibles.*

Hab. les bords de la mer, à Aigues-Mortes. ♃ Fl. juin-juillet.

5. G. distans *Wahlen.; Poa distans Dec.* — Plante de 2-5 décim., glauque dans toutes les parties. Souche fibreuse. Chaumes ascendants. Feuilles linéaires, planes, rudes sur les bords et sur la face supérieure. Panicule dressée, lâche, rameuse. Rameaux capillaires, flexueux, longuement nus à la base, d'abord *dressés, étalés pendant la floraison, puis réfléchis*, disposés par 3-5 en demi-verticilles alternes sur les nœuds inférieurs. Épillets fragiles, brièvement pédonculés, oblongs-comprimés, de couleur verte ou panachés de vert et de violet, renfermant 3-6 fleurs *peu serrées.*

Hab. les bords de la mer, à Aigues-Mortes. ♃ Fl. mai-juin.

44ᵉ gʳᵉ. SCLEROCHLOA. — SCLEROCHLOA. (P. de Beauv.)

Panicule spiciforme. Épillets subpédicellés, renfermant 3-5 fleurs complètes, comprimés par le côté, appliqués obliquement sur l'axe par un de leurs bords. Glumes 2, inégales, carénées, plus courtes que les fleurs. Glumelle inférieure *carénée, tronquée ou émarginée* au sommet; la supérieure *tronquée*, bicarénée, ciliée sur les carènes. Glumellules 2, glabres, dentées au sommet. Étamines 3. Stigmates presque sessiles, terminaux, plumeux. Caryopse glabre et libre, *oblong-trigone, plan sur la face interne, contracté au sommet en bec bifide.*

1. S. dura *P. de Beauv.; Cynosurus durus Lin.; Poa dura Dec.; Festuca dura Vill.* — Plante de 6-10 décim. Racine fibreuse. Chaumes nombreux, fasciculés, étalés, comprimés, couverts par les feuilles jusqu'à la panicule. Feuilles planes, rudes sur les bords, glabres sur les faces. Panicule spiciforme, *simple ou presque simple*, droite, comprimée, ovale et compacte, *unilatérale*; les nœuds inférieurs et supérieurs du rachis, ne portant qu'*un seul épillet* presque sessile, et les nœuds médiants de *courts rameaux* chargés de 2-3 *épillets*. Epillets rapprochés, appliqués *par une de leur face* les uns contre les autres, panachés de vert et de blanc, renfermant 3-5 fleurs. Glumes largement scarieuses aux bords et au sommet, à *nervures saillantes*.

Hab. les lieux secs, aux environs de Nîmes. ① Fl. mai–juin.

45° g^{re}. **PATURIN. — POA.** (Lin.)

Panicule rameuse. Epillets pédicellés, contenant 2-8 fleurs, comprimés par le côté. Glumes 2, presque égales, herbacées, membraneuses aux bords, toutes deux trinerviées. Glumelle inférieure *carénée, entière* et mutique, *étroitement scarieuse aux bords et au sommet;* glumelle supérieure bicarénée, *bifide;* glumellules 2, glabres, entières ou bidentées. Etamines 3. Stigmates presque sessiles, écartés, plumeux. Caryopse libre et glabre, *oblong-trigone*, un peu *déprimé sur la face interne*

1.	Glumelle inférieure à 5 nervures à peine visibles..	2.
	Glumelle inférieure à 5 nervures saillantes.......	6.
2.	Racine fibreuse................................	3
	Racine rampante..............................	COMPRESSA.
3.	Souche à collet non renflé......................	4.
	Souche à collet renflé en bulbe.................	BULBOSA
4.	Panicule étalée, diffuse ou divariquée...........	ANNUA.
	Panicule dressée, contractée....................	5.
5.	Rameaux inférieurs de la panicule semi-verticillés; ligules presque nulles.....................	NEMORALIS.
	Rameaux inférieurs de la panicule géminés; ligules oblongues-aiguës.............................	ALPINA.
6.	Chaumes comprimés...........................	SUDETICA.
	Chaumes cylindriques.........................	7.
7.	Gaînes et chaumes lisses.......................	PRATENSIS.
	Gaînes et chaumes rudes.......................	TRIVIALIS.

1. **P. annua** *Lin.*—Plante de 15-20 décim. Racine fibreuse. Chaumes comprimés, lisses, droits ou souvent couchés à la base. Feuilles glabres, molles, planes, à gaînes comprimées, les radicales nombreuses, disposées en gazon. Ligules des feuilles caulinaires oblongues. Panicule presque unilatérale, lâche, *divariquée*, rameuse. Rameaux ordinairement géminés aux nœuds

inférieurs, *étalés à angle droit*. Epillets verdâtres ou violacés, contenant 2-4 fleurs. Glumes plus courtes que l'épillet, lisses ; l'inférieure *à une seule nervure*, *la supérieure à trois*. Glumelle inférieure à 5 nervures *à peine visibles*, lancéolée, glabre ou munie sur la carène et les bords, dans la moitié inférieure, de quelques poils soyeux.

Hab. très-commun partout. ① Fl. presque toute l'année en fleurs.

2. P. NEMORALIS *Lin.; Poacinerea Vill.* — Plante de 3-10 décim., à formes très-variables, gazonnante. Souche fibreuse. Chaumes grêles, faibles, à nœuds *espacés et découverts*. Feuilles étroites - aiguës, planes, rudes. Gaînes un peu comprimées. Ligules *presque nulles*. Panicule dressée ou un peu penchée au sommet, oblongue, *étalée pendant la floraison, puis contractée*. Rameaux capillaires, flexueux, disposés en demi-verticilles aux nœuds inférieurs. Epillets verdâtres, à 2-5 fleurs libres ou réunies par un *tomentum* laineux. Glumes plus courtes que l'épillet, aiguës, rudes sur la carène, *toutes deux à 3 nervures*. Glumelle inférieure obtuse, à sommet scarieux, blanchâtre, *à nervures à peine visibles*, munie dans la moitié inférieure, sur la carène et sur les-bords, de quelques poils soyeux.

Hab. les bois, dans presque tout le département. ♃ Fl. juin-juillet.

3. P. ALPINA *Lin.* — Plante de 1-2 décim., gazonnante. Souche fibreuse. Chaumes dressés, raides, nus au sommet. Feuilles linéaires, planes, brusquement acuminées, glabres sur les faces, rudes aux bords ; les caulinaires à limbe court. Panicule dressée, ovale, très-étalée pendant la floraison, peu contractée. Rameaux inférieurs capillaires, lisses, ordinairement géminés. Epillets ovales, panachés de vert et de violet, à 3-5 fleurs *non réunies par un tomentum laineux*, quelquefois *vivipares*. Glumes égalant à peine la moitié de la longueur de l'épillet, brièvement acuminées, *toutes deux à 3 nervures*. Glumelle inférieure fortement carénée, à nervures peu visibles, munie dans sa partie inférieure, sur la carène et les bords, de poils soyeux.

Hab. les pâturages des montagnes ; Espinassous, près Lanuéjols (Diomède).

4. P. BULBOSA *Lin.* — Plante de 1-3 décim., gazonnante. Souche fibreuse. Chaumes dressés, *renflés en bulbe à la base*. Feuilles planes, linéaires-aiguës, un peu rudes sur les bords. Panicule dressée, compacte, ovale, contractée avant et après la floraison. Rameaux courts, solitaires ou géminés. Epillets rapprochés au sommet des rameaux, ovales, panachés de blanc, de vert et de violet, à 4-6 fleurs *réunies à leur base par un tomentum laineux;* souvent l'axe de l'épillet se prolonge en bourgeon à feuilles allongées et flexueuses, ce qui fait paraître la panicule comme chevelue et frisée dans la variété *vivipare.* Glumes plus courtes que l'épillet, rudes sur la carène, *toutes deux à 3 nervures.* Glumelle inférieure aiguë, à nervures peu visibles, munie dans sa partie inférieure, sur la carène et les bords, de quelques poils soyeux.

Hab. les lieux incultes; commun. ♃ Fl. mai-juin.

5. P. COMPRESSA *Lin.*—Plante de 3-5 décim. Souche *dure, longuement traçante, stolonifère.* Chaumes couchés à la base, puis redressés, flexueux, nus supérieurement, *comprimés, à 2 angles aigus.* Feuilles courtes, planes, linéaires, lisses. Ligule courte, tronquée. Panicule dressée, oblongue-étroite, compacte, contractée avant et après la floraison. Rameaux géminés ou ternés aux nœuds inférieurs, rudes, courts, capillaires, flexueux, inégaux, les plus courts couverts d'épillets jusqu'à la base. Epillets ovales-lancéolés, verts ou panachés de violet, à 5-9 fleurs *non réunies par un tomentum laineux.* Glumes de moitié plus courtes que l'épillet, rudes sur la carène, *toutes deux à 3 nervures.* Glumelle inférieure obtuse, scarieuse au sommet, à nervures peu visibles, et munie dans sa moitié inférieure, sur la carène et les bords, de quelques poils soyeux.

Hab. les lieux secs, les champs sablonneux, les sables, etc.; dans les champs cultivés, le long du chemin d'Uzès; les rives de la Seyne. ♃ Fl. juin-juillet.

6. P. PRATENSIS *Lin.* — Plante de 3-8 décim. Souche longuement traçante, quelquefois stolonifère. Chaumes dressés, *cylindriques, lisses* et nus au sommet. Feuilles linéaires-aiguës, rudes sur les bords et la nervure dorsale, les radicales ordinairement planes comme les caulinaires, mais quelquefois *pliées ou enroulées-sétacées.* Panicule dressée, grande, étalée. Rameaux inférieurs rudes, flexueux, réunis par 3-5 sur les nœuds du rachis. Epillets verdâtres ou violacés, ovales, renfermant 3-5 fleurs *réunies à leur base par un tomentum laineux.* Glumes plus courtes que l'épillet, rudes sur la carène; *l'inférieure à 1 nervure, la supérieure à 3.* Glumelle inférieure blanche, scarieuse au sommet, *à 5 nervures saillantes,* aiguë, munie, sur la moitié inférieure de la carène et des bords, de poils soyeux.

Hab. commun dans les prairies et sur le bord des routes. ♃ Fl. mai-juin.

7. **P. TRIVIALIS** *Lin.; Poa scabra Ehr.* — Plante de 5-8 décim. Souche fibreuse, stolonifère. Chaumes dressés, *cylindriques*, nus et *rudes* au sommet. Feuilles longuement acuminées, planes, rudes sur les bords et les faces. Gaines rudes, *comprimées dans les faisceaux stériles.* Ligule *oblongue-aiguë.* Panicule grande, dressée ou un peu penchée au sommet, étalée, très-rameuse. Rameaux fins, rudes, nus à la base, disposés par 4-5 sur les nœuds inférieurs. Epillets ovales, verts ou violacés, à 3-4 fleurs *réunies à leur base par un tomentum laineux.* Glumes inégales, plus courtes que les épillets, lancéolées, rudes sur les nervures, *l'inférieure univerviée, la supérieure trinerviée.* Glumelle inférieure aiguë, *à 5 nervures saillantes*, glabres sur les bords, munie de poils soyeux sur la moitié inférieure de la carène.

Hab. commun dans les lieux herbeux et frais. ♃ Fl. juin-juillet

8. **P. SUDETICA** *Hœnke ; Poa sylvatica Vill.; Poa trinervata Dec.* — Plante de 5-10 décim., gazonnante Souche rameuse. Chaumes dressés, *comprimés.* Feuilles molles, *larges, brusquement acuminées* ; les radicales allongées, les caulinaires plus ou moins courtes, rudes sur les bords et la nervure dorsale. Gaines *fortement comprimées.* Ligule courte, obtuse. Panicule dressée, puis penchée au sommet, ample, plus ou moins compacte, étalée-diffuse, très-rameuse. Rameaux capillaires, rudes, flexueux, presque entièrement couverts d'épillets, disposés par 3-4 sur les nœuds inférieurs. Epillets ovales, verts ou rougeâtres, à 4-5 fleurs *non réunies par un tomentum laineux.* Glumes inégales, plus courtes que l'épillet, aiguës, rudes sur la carène; *l'inférieure univerviée, la supérieure trinerviée.* Glumelle inférieure lancéolée-aiguë, à 5 nervures saillantes, rudes, glabre sur tout le reste.

Hab. les bois montagneux, l'Espérou. ♃ Fl. juin-juillet.

46° g.**ERAGROSTIDE** — **ERAGROSTIS.** (P. de Beauv.)

Panicule rameuse. Epillets pédicellés, comprimés latéralement, à axe persistant après la chute des fleurs, contenant 4-5 fleurs. Glumes *peu inégales*, carénées; l'inférieure uninerviée, la supérieure trinerviée. Glumelle inférieure carénée, *entièrement membraneuse*, mutique ou mucronée, trinerviée; la supérieure bicarénée, *entière*. Glumellules 2, charnues, glabres, obtuses ou tronquées. Styles courts, terminaux. Stigmates plumeux, *sortant sur le côté de la fleur*. Caryopse *libre*, glabre, ovoïde ou globuleux, déprimé sur la face interne.

1.
- Pédicelles des épillets courts; fleurs étroitement imbriquées .... MEGASTACHYA
- Pédicelles des épillets longs; fleurs lâchement imbriquées .... 2.

2.
- Gaînes des feuilles hérissées de longs poils étalés........................... POÆOIDES.
- Gaînes des feuilles glabres................. PILOSA.

1. **E. MEGASTACHYA** *Link.; Briza eragrostis Lin.; Poa megastachya Dec.* — Plante de 1-3 décim. Racine fibreuse. Chaumes genouillés, dressés, très-étalés. Feuilles planes, acuminées, glanduleuses sur les bords. Gaînes comprimées, *glabres*. Ligule remplacée par deux faisceaux de poils. Panicule ovale, étalée, rameuse. Rameaux solitaires sur les nœuds du rachis, flexueux, glabres. Epillets *brièvement pédicellés*, oblongs, comprimés, luisants, panachés de vert et de violet, contenant 15-30 fleurs *étroitement imbriquées*. Glumes aiguës, rudes sur la carène. Glumelle inférieure ovale, obtuse, mucronulée, à nervures latérales saillantes.

Hab. les lieux sablonneux; commun dans tout le département. ① Fl. juin-juillet.

2. **E. POÆOIDES** *P. de Beauv.; Poa eragrostis Lin.* — Plante de 1-3 décim. Racine fibreuse. Chaumes genouillés, ascendants, étalés. Feuilles planes. Gaînes comprimées, *hérissées de longs poils étalés*. Ligule remplacée par des poils étalés en tous sens. Panicule plus allongée, plus lâche et moins raide que dans l'espèce précédente. Rameaux capillaires, *longuement nus dans leur partie inférieure*. Pédicelles des épillets *allongés*. Epillets verts-rougeâtres, renfermant 10-20 fleurs *lâchement imbriquées*.

Hab. les terrains sablonneux, Nîmes, le Vigan, Bellegarde, etc. ① Fl. juin-juillet.

3. **E. PILOSA** *P. de Beauv.; E. verticillata Ræm. et Schult.; Poa pilosa Lin.* — Plante de 1-3 décim. Racine fibreuse. Chaumes grêles, dressés ou un peu couchés à la base. Feuilles étroites, acuminées, planes, non glanduleuses sur les bords. Gaînes comprimées, *glabres*. Ligule remplacée par des poils étalés en tous sens. Panicule oblongue, étalée, rameuse. Rameaux capillaires, longuement nus à la base, flexueux, rudes, disposés 4-5 *en demi-verticilles* sur les nœuds inférieurs. Epil-

lets longuement pédicellés, *linéaires*, comprimés, petits, de couleur verte ou rougeâtre, renfermant 6-12 fleurs lâchement imbriquées. Glumes lancéolées, *uninerviées*. Glumelle inférieure rude sur la carène, munie de deux nervures latérales peu visibles.

Hab. les lieux sablonneux; les champs cultivés, à Franqueveaux, Montfrin, Manduel, etc. ① Fl. juin-août.

47ᵉ. gʳᵉ. BRIZE. — BRIZA. (Lin.)

Panicule simple ou rameuse. Epillets pédicellés, comprimés par le côté, ovales ou orbiculaires, renfermant 3-15 fleurs. Glumes *presque égales*, arrondies sur le dos, concaves, à 7-9 nervures. Glumelle inférieure *ventrue*, *arrondie sur le dos*, *en cœur à la base*, obtuse et mutique; la supérieure plus petite, *presque orbiculaire*, tronquée. Glumellules 2, ovales, glabres. Etamines 3. Style courts. Stigmates *plumeux*. Caryopse *adhérent à la glumelle interne*, comprimé par le dos, à surface interne un peu déprimée.

1. | Rameaux de la panicule indivis ou peu divisés; épillets très-grands .... **MAXIMA**.
| Rameaux de la panicule divisés; épillets plus petits... **2**.

2. | Épillets ovales en cœur; ligule courte, tronquée....... **MEDIA**.
| Épillets triangulaires en cœur; ligule allongée-lancéolée. **MINOR**.

1. B. MAXIMA *Lin.*; *Briza monspessulana Gouan*; *Briza rubra Lam.* — Plante de 2 5 décim. Racine fibreuse. Chaumes dressés. Feuilles linéaires, acuminées, rudes. Gaine de la feuille supérieure *un peu renflée*. Ligule *lancéolée, saillante*. Panicule *simple ou presque simple*, penchée au sommet, unilatérale, lâche. Rameaux capillaires, flexueux, *solitaires ou géminés*. Epillets très-grands, pendants, ovales-enflés, très-mobiles, contenant 10-15 fleurs imbriquées, blanchâtres, à la fin jaunes-rougeâtres. Glumes peu inégales, ovales-obtuses. Glumelle inférieure très-brièvement acuminée.

Hab. les lieux secs et pierreux; les garrigues, aux environs de Nîmes, Saint-Nicolas, le mas Charlot, la Beaume, Broussan; les champs incultes, au Vigan. ① Fl. mai-juin.

2. B. MEDIA *Lin.*; *Briza tremula Kœl.* — Plante de 2-5 décim. Souche fibreuse. Chaumes dressés. Feuilles courtes, linéaires-aiguës, planes, rudes. Gaine supérieure longue, un peu lâche. Panicule lâche, *dressée*, *diffuse*. Rameaux capillaires, allongés, lisses, *étalés*, *longuement nus à la base*, géminés sur

les nœuds inférieurs du rachis. Epillets pendants, oscillants, cordiformes, ovales, *à la fin plus larges que longs*, panachés de
vert et de violet, quelquefois jaunes, contenant 5-10 fleurs à la
fin écartées. Glumes presque égales, ovales, concaves, scarieuses
aux bords, *très-ouvertes, presque réfléchies à la maturité.*

Hab. les bois et les coteaux incultes; les dunes boisées, aux environs
d'Aigues-Mortes. ♃ Fl. juin-juillet.

3. **B. minor** *Lin.; Briza virens Dec.* — Plante de 1-3
décim. Racine fibreuse. Chaumes dressés. Feuilles linéaires, arquées, rudes. Ligule *allongée, lancéolée.* Panicule lâche, dressée,
diffuse. Rameaux allongés, capillaires, flexueux, étalés, longuement nus inférieurement, géminés sur les nœuds inférieurs du
rachis. Epillets petits, oscillants, longuement pédicellés, *non
pendants, triangulaires,* cordés à la base, contenant 5-7 fleurs
imbriquées, *rapprochées même à la maturité,* glabres, d'un vert
clair mêlé de pourpre. Glumes peu inégales, ovales, concaves,
scarieuses aux bords, étalées à angle droit à la maturité. Glumelle
inférieure obtuse.

Hab. les champs sablonneux incultes, Broussan, Cygnau, Aigues-Mortes.
① Fl. mai-juin.

48° g^{re}. MÉLIQUE. — MELICA. (Lin.)

Panicule spiciforme ou diffuse. Epillets pédicellés, comprimés
par le côté, renfermant 2-4 fleurs, dont les 2 *inférieures seules
fertiles.* Glumes 2, plus ou moins inégales, membraneuses,
mutiques, *concaves,* plus courtes que les fleurs ou les dépassant
un peu. Glumelle inférieure *cartilagineuse, scarieuse au sommet,*
qui est entier, *arrondie sur le dos, concave, à nervures saillantes;* la supérieure bicarénée, bidentée. Glumellules 2, charnues, glabres ou un peu ciliées au sommet. Etamines 3. Styles
très-courts, terminaux. Stigmates plumeux. Caryopse *libre,*
glabre, presque plan sur la face interne, qui est parcourue par
un sillon longitudinal.

1.	Glumelle inférieure munie sur les bords de longs poils saillants..........................	2.
	Glumelle inférieure dépourvue de poils........	4.
2.	Panicule spiciforme, égale, dense; glumelle infé-rieure bordée de poils depuis la base jusqu'au sommet.	3.
	Panicule lâche, unilatérale; glumelle bordée de poils jusqu'à son milieu seulement..........	BAUHINI.
3.	Panicule spiciforme, allongée; glumes inégales; caryopses bruns, lisses sur toute leur surface.	MAGNOLII.
	Panicule spiciforme, courte; glumes presque éga-les; caryopses bruns, lisses sur la face interne, finement chagrinés sur la face externe........	NEBRODENSIS.

	Épillets à 4 fleurs, les deux supérieures stériles;	
4.	feuilles enroulées-sétacées.................... **MINUTA**.
	Épillets à 3-2 fleurs ; feuilles planes........... ·5.
	Épillets à 3 fleurs , la supérieure stérile ; ligule	
	courte, arrondie...................... **NUTANS**.
5.	Épillets à 2 fleurs, la supérieure stérile ; ligule
	velue, brusquement prolongée en un appendice
	étroit, plus long qu'elle.................. **UNIFLORA**.

1. **M. MAGNOLII** *Godr. et Gren.*; *Melica ciliata Will.* — Plante de 4-10 décim. Souche un peu rampante. Chaumes dressés, lisses au sommet, *non fasciculés*. Feuilles linéaires-acuminées, *planes, puis un peu enroulées par les bords*, fermes, rudes sur les bords et la face inférieure. Gaînes striées. Ligule saillante, oblongue. Panicule spiciforme, étroite, *allongée*, atteignant près de 2 décim., *lobulée*. Rameaux inégaux, dressés, appliqués, disposés en demi-verticilles sur les nœuds du rachis, *un peu espacés*. Glumes blanchâtres, rudes, inégales, à 5 nervures, *dont la médiane seule bien distincte jusqu'au sommet, les autres seulement à la base;* l'inférieure *d'un tiers plus courte que l'autre*, ovale, lancéolée-aiguë; la supérieure plus étroite, acuminée. Glumelle inférieure des fleurs fertiles lancéolée, rude, ponctuée sur le dos, longuement ciliée sur les bords, de la base au sommet; la supérieure bidentée, courtement ciliée sur les carènes. Caryopse brun, très-luisant et *lisse sur toute la surface.*

Hab. les coteaux stériles, la tour Magne, les garrigues, autour de Nîmes; les champs cultivés, sur les montagnes du Vigau. ♃. Fl. mai-juillet.

2. **M. NEBRODENSIS** *Parl.* — Plante moins élevée, plus grêle que la précédente. Souche un peu rampante. Chaumes fasciculés, dressés. Feuilles étroites, *enroulées-sétacées*, fermes, rudes sur les bords et la face inférieure. Ligule *oblongue*. Panicule spiciforme, *courte, peu rameuse*. Rameaux courts, inégaux, disposés par 3-2 sur les nœuds du rachis, *moins espacés* que dans le *M. Magnolii*. Glumes *peu inégales*, lancéolées-acuminées, à 5-7 nervures, *visibles jusqu'au sommet*. Glumelle supérieure lancéolée-aiguë, ciliée sur les bords, de la base au sommet. Caryopse brun, luisant, lisse sur le dos, *finement chagriné sur la face interne.*

Hab. les coteaux stériles, les garrigues, près de Nîmes ; le bois des Espèces, les bois, le long de la route d'Uzès, etc. ♃ Fl. juin-juillet.

3. **M. BAUHINI** *Dec.* — Plante de 2-4 décim. Souche fibreuse. Chaumes fasciculés, dressés, raides, lisses ou un peu rudes au

sommet. Feuilles étroites, *enroulées-jonciformes*. Gaînes rudes, fortement striées. Ligule saillante, lancéolée. Panicule lâche, *unilatérale*, peu rameuse, étalée, puis contractée, à rameaux lisses à la base, un peu pubescents au sommet, solitaires ou géminés sur les nœuds inférieurs. Glumes ordinairement brunes, presque égales, ovales-lancéolées, acuminées. Glumelle inférieure des fleurs fertiles tuberculeuse sur le dos, à nervures saillantes, *longuement ciliée sur les bords, de la base au milieu*; la supérieure bicarénée, brièvement ciliée sur les carènes. Caryopse brun, luisant, *finement strié*.

Hab. les lieux stériles, dans les garrigues du chemin d'Alais, au bord du Gardon; sur le serre de Bouquet. ♃ Fl. avril-mai.

4. **M. minuta** *Lin.; Melica pyramidalis Lam.; Melica ramosa Dec.; Melica aspera Desf.* — Plante de 1-4 décim. Souche fibreuse. Chaumes dressés, fasciculés, grêles, quelquefois rameux inférieurement. Feuilles très-étroites, *enroulées-sétacées*, pubescentes en dessus, lisses en dessous. Gaînes rudes. Ligule allongée, *lacérée au sommet*. Panicule dressée, lâche, unilatérale, rameuse dans le bas, étalée, pyramidale pendant la floraison. Rameaux lisses, géminés aux nœuds inférieurs. Epillets pendants, contenant 4 *fleurs*, dont les deux supérieures stériles. Glumes plus ou moins colorées à leur base, scarieuses au sommet, inégales. Glumelle supérieure oblongue-scarieuse au sommet, à nervures saillantes, *glabre;* la supérieure ciliée sur la moitié supérieure de ses carènes. Caryopse brun, luisant, *finement ridé*, oblong-elliptique.

Hab. les lieux stériles, le serre de Bouquet, Anduze, Villeneuve. ♃ Fl. mai-juin.

5. **M. nútans** *Lin.* — Plante de 4-6 décim. Souche longuement rampante, stolonifère. Chaumes non fasciculés, grêles, dressés, rudes au sommet. Feuilles linéaires, *planes*, rudes aux bords. Ligule *courte, arrondie au sommet*. Panicule lâche, unilatérale, dressée, puis penchée, *presque simple*, à rameaux courts, appliqués, portant un ou deux épillets pendants, contenant 3 *fleurs*, dont les deux inférieures fertiles. Glumes plus ou moins colorées à la base, scarieuses au sommet et aux bords, inégales. Glumelle inférieure fortement nerviée, *glabre;* la supérieure entière au sommet, brièvement ciliée sur les carènes. Caryopse brun, luisant, lisse, elliptique.

Hab. les bois; Salbous, près Campestre. ♃ Fl. mai-juin.

6. **M. uniflora** *Retz.* — Plante de 4-6 décim. Souche lon-

guement rampante. Chaumes solitaires ou peu nombreux, grêles, dressés. Feuilles planes, linéaires-acuminées, molles, portant quelques poils à la surface supérieure. Gaîne *non fendue*. Ligule membraneuse, courte, à bord opposé à la feuille *prolongé en une pointe sétacée*. Panicule très-lâche, unilatérale, à rameaux étalés, plus allongés que dans le *M. nutans*, portant encore deux épillets. Epillets peu nombreux, assez longuement pédicellés, *dressés*, contenant 2 *fleurs*, dont *l'inférieure seule fertile*. Glumes colorées, scarieuses sur les bords, un peu inégales. Glumelle inférieure de la fleur fertile *glabre*, fortement nerviée.

Hab. les bois, Salbous, la chartreuse de Valbonne, Conconne. ♃ Fl. juin–août.

49° g^{re}. SPHENOPUS. — SPHENOPUS. (Lin.)

Panicule formée de rameaux plusieurs fois trichotomes. Epillets pédicellés, ovales, comprimés latéralement, contenant 2-4 fleurs. Glumes inégales, carénées; l'inférieure plus petite, uninerviée, la supérieure trinerviée. Glumelle inférieure *carénée-obtuse;* la supérieure bicarénée, *bidentée*. Glumellules 2, glabres. Etamines 3. Styles très-courts. Stigmates plumeux, sortant sur les côtés de la fleur. Caryopse *libre*, glabre, oblong, comprimé par le dos.

1. **S. gouani** *Trin.; Poa divaricata Gouan; Sclerochloa divaricata P. de Beauv.; Festuca expansa Kunth.* — Plante de 1-2 décim. Racine fibreuse. Chaumes grêles, dressés ou ascendants, genouillés. Feuilles étroites, enroulées-sétacées, glabres. Ligule saillante. Panicule d'abord contractée, puis divariquée, à rameaux capillaires nus à la base, indéfiniment trichotomes. Pédicelles courts, divergents, *épaissis sous l'épillet*. Epillets très-petits, verdâtres, contenant 4 fleurs écartées. Glumes très-inégales, membraneuses, obtuses. Glumelle inférieure un peu rude sur les carènes.

Hab. les sables maritimes inondés pendant l'hiver, Aigues-Mortes. ① Fl. avril–mai.

50° g^{re}. SCLEROPOA. — SCLEROPOA. (Gris.)

Panicule simple ou rameuse, presque unilatérale. Epillets subpédicellés, comprimés latéralement, appliqués obliquement contre l'axe par un de leurs bords, contenant 5-11 *fleurs*. Glumes presque égales, carénées, plus courtes que les fleurs. Glumelle

inférieure *carénée*, entière; la supérieure bidentée, à carènes
ciliées. Glumellules oblongues, glabres. Etamines 3. Styles nuls.
Stigmates sessiles, rapprochés, plumeux. Caryopse *adhérent aux
glumelles*, à sommet glabre et obtus.

1. | Panicule spiciforme, en grappe simple.... .... **LOLIACEA.**
    | Panicule ovale, composée ou décomposée.. .... 2.
2. | Panicule divariquée...,...................... **MARITIMA.**
    | Panicule non divariquée........... .. .. 3.
3. | Glumelle inférieure à carène rude, tranchante. ... . **HEMIPOA.**
    | Glumelle inférieure à carène obtuse............... **RIGIDA.**

1. S. MARITIMA *Parl.; Sclerochloa maritima Link.; Triti
cum maritimum Lin.; Festuca maritima Dec.; Festuca robusta
Mut.; Brachypodium maritimum Ram. et Schult.* — Plante de
1-3 décim., glauque. Racine fibreuse. Chaumes ascendants, genouillés, rameux. Feuilles courtes, linéaires, à la fin enroulées-
sétacées, raides, rudes aux bords. Ligule bilobée, lacérée. Panicule ovale, rarement simple, le plus souvent composée ou décomposée, subunilatérale, à la fin *divariquée*. Rameaux *terminés à
chaque bifurcation par un épillet brièvement pédicellé*, comme
les latéraux; axes et pédicelles *demi-cylindriques*, à bords
aigus, lisses sur la face plane, cannelés sur le dos; les axes
un peu concaves du côté des épillets, les pédicelles *épais*. Epillets
à la fin très-étalés, comprimés, renfermant 5-9 fleurs rapprochées, caduques. Glumes presque égales, aiguës, carénées, scarieuses sur les bords. Glumelle inférieure aiguë, carénée, *à
carène tranchante*, munie de chaque côté de deux nervures *rapprochées entre elles et des bords.*

Hab. les sables maritimes, les dunes, à Aigues-Mortes. ① Fl. mai-juin.

2. S. HEMIPOA *Parl.; Sclerochloa hemipoa Guss.; Festuca
hemipoa Delile.* — Plante de 1-4 décim. Racine fibreuse. Chaumes rougeâtres, genouillés, ascendants, nus et rudes sous la
panicule, rameux à la base. Feuilles courtes, linéaires, acuminées à la fin, un peu enroulées par les bords. Ligule saillante,
lacérée. Panicule ovale-allongée, aiguë, subunilatérale, composée, à nœuds espacés. Rameaux *étalés* à la maturité, *ne portant pas d'épillets aux bifurcations, géminés* sur les nœuds inférieurs, longuement *nus à la base*, inégaux, rudes. Epillets
alternes à l'extrémité des rameaux, plus courts que dans les
S. maritima et *rigida*, fortement comprimés, contenant 5-9
fleurs serrées, *non caduques*; pédicelles très-courts, *triangulaires-
aigus*, ainsi que les *entre-nœuds des axes*; ceux-ci *un peu concaves* du côté des épillets. Glumes égales, aiguës, à carène très-
rude, saillante, scarieuses sur les bords. Glumelle inférieure

aiguë, à carène rude, *tranchante*, munie de deux nervuras latérales épaisses.

Hab. les sables maritimes ; les dunes, à Aigues-Mortes ; les sables , à la
pinède de l'Abbé. ① Fl. mai–juin.

3. **S. RIGIDA** *Grise* ; *Sclerochloa Link* ; *Poa rigida Lin* ;
Festuca rigida Kunth. — Plante de 5-20 cent. Racine fibreuse.
Chaumes rougeàtres, dressés, raides, *lisses et feuillés* sous la
panicule, rameux à la base. Feuilles linéaires, à la fin enroulées sur les bords, rudes aux bords. Ligule saillante et lacérée.
Panicule oblongue-aiguë, subunilatérale, serrée, raide, composée. Rameaux dressés, appliqués, solitaires ou géminés aux
nœuds du rachis, *très-brièvement* nus à la base, *ne portant pas
d'épillets aux bifurcations*. Epillets presque sessiles, fortement
comprimés, dressés-étalés à la maturité, contenant 7-11 fleurs
un peu lâches, *non caduques* ; entre-nœuds des axes comprimés,
obscurément triangulaires, *rudes sur les angles, concaves* du
côté des épillets. Glumes un peu inégales, obtuses, carénées,
scarieuses aux bords. Glumelle inférieure obtuse ou mucronée, à
carène obtuse et à nervures latérales peu saillantes.

Hab. les murs, les bords des chemins, les lieux sablonneux ; très-commun. ① Fl. mai–juin.

4. **S. LOLIACEA** *God. et Gren.* ; *Catapodium loliaceum Link.* ;
Poa loliacea Huds. ; *Triticum Rottbolla Dec.* ; *Triticum loliaceum Sm.* ; *Brachypodium loliaceum Ræm. et Schult.* — Plante
de 5-10 cent. Racine fibreuse. Chaumes étalés-couchés, raides,
souvent rameux à la base. Feuilles planes, courtes, glabres,
rapprochées ; la dernière gaîne enveloppant souvent la base de la
panicule. Ligule saillante et lacérée. Panicule spiciforme, unilatérale, à rameaux *courts*, distiques, *rarement divisés*, et à *rachis
fortement creusé* du côté des rameaux. Epillets dressés-étalés,
serrés, panachés de vert et de blanc, comprimés, contenant 7-11
fleurs. Glumes vertes au milieu, blanches au sommet et à la
base. Glumelle inférieure obtuse, mutique, à carène *obtuse* et à
nervures latérales *peu visibles*.

Hab. les sables, au bord de la mer. ① Fl. mai–juin.

51ᵉ gʳᵉ. ÆLUROPE. — ÆLUROPUS. (Trin.)

Panicule spiciforme, presque simple et unilatérale. Epillets
très-brièvement pédicellés, comprimés par le côté, alternes,
appliqués par le côté contre l'axe, contenant 5-11 fleurs complètes. Glumes inégales, *carénées*, mucronées, plus courtes que

les fleurs. Glumelle inférieure carénée, brièvement *aristée;* la supérieure obtuse ou tronquée, bicarénée, rude sur les carènes. Glumellules bifides, glabres. Etamines 3. Styles 2, *allongés.* Stigmates *courts, en houppe.* Caryopse glabre, libre, convexe sur le dos, plan sur la face interne.

1. **Æ. LITTORALIS** *Parl.* ; *Dactylis littoralis Wild.* ; *Dactylis maritima Schrad.* ; *Poa littoralis Gouan.* — Plante de 3-5 décim. Souche fibreuse, stolonifère. Chaumes *longuement couchés à la base,* radicants aux nœuds, d'où partent un ou plusieurs rameaux courts et ascendants, les uns florifères, les autres stériles. Feuilles glauques, glabres même sur les gaines, raides, à limbe court, étalé-dressé, d'abord plan, puis enroulé par les bords, *distiques et rapprochées.* Ligule remplacée par des poils. Panicule spiciforme, composée ou presque simple, unilatérale, ovale ou oblongue, dense, quelquefois interrompue à la base. Rachis flexueux, rude; rameaux très-courts. Epillets glabres, verts pâles, quelquefois rougeâtres, renfermant 7-11 fleurs serrées. Glumes carénées mucronées, rudes sur les nervures, *la supérieure un peu ventrue.* Glumelle inférieure fortement nerviée, munie d'une arête très-courte.

Hab. les lieux humides des bords de la mer; les prés et les pacages, à Aigues-Mortes. ♃ Fl. mai-août.

52ᵉ gʳᵉ. DACTYLE. — DACTYLIS. (Lin.)

Panicule spiciforme, unilatérale, rameuse. Epillets presque sessiles, comprimés latéralement, appliqués par le côté contre l'axe. Glumes peu inégales, concaves-carénées, aiguës, mucronées, ordinairement *inéquilatères,* uninerviées. Glumelle inférieure *lancéolée,* concave, carénée à la partie supérieure, munie au sommet d'une *arête courte;* la supérieure bicarénée, bifide. Glumellules 2, charnues, glabres, inégalement bilobées. Etamines 3. Styles 2, terminaux, *courts.* Stigmates plumeux. Caryopse oblong, glabre, libre, subtrigone, à face interne un peu déprimée.

1.
{ Feuilles vertes ; les radicales détruites au moment
    de la floraison............................ GLOMERATA.
{ Feuilles glauques ; les radicales persistantes et
    formant gazon................................ HISPANICA.

1. **D. GLOMERATA** *Lin.*; *Bromus glomeratus Kœl.*; *Festuca glomerata Vill.* — Plante de 4-10 décim. Souche fibreuse. Chaumes dressés, robustes. Feuilles vertes, planes, rudes sur les

faces et les bords ; les radicales *détruites au moment de la floraison*. Panicule dressée, unilatérale, très-rameuse. Les rameaux
inférieurs s'allongent quelquefois et sont nus à leur base ; ordinairement ils restent courts et sont couverts d'épillets. Épillets
verdâtres, souvent violacés, ramassés en fascicules, serrés les
uns contre les autres, contenant 2-4 fleurs. Glumes peu inégales,
lancéolées-aiguës, ciliées sur la carène. Glumelle inférieure
acuminée, brièvement aristée, ciliée sur la carène et l'arête.

Hab. commun dans le département. ♃ Fl. juin-juillet.

2. D. HISPANICA *Roth.* — Cette espèce, assez semblable à la
précédente, est moins robustes et moins élevée ; ses feuilles sont
glauques et persistantes en gazon à la base ; la panicule est unilatérale, plus allongée, plus rarement discontinue ; les épillets
plus petits, à 2-3 fleurs ; la glumelle inférieure, ciliée sur les carènes, est *bilobée au sommet et porte une courte arête au fond
de l'échancrure*.

Hab. les sables, au bord de la mer ; les lieux secs, Manduel. ♃ Fl. juin-
juillet.

53° gre. DIPLACHNE. — DIPLACHNE. (P. de Beauv.)

Panicule rameuse. Epillets *pédicellés*, comprimés latéralement,
lâches, contenant 3-5 fleurs. Glumes inégales, herbacées, membraneuses aux bords, à 1-3 nervures. Glumelle inférieure *carénée*,
brièvement aristée au sommet ; la supérieure bicarénée, bifide.
Styles très-courts. Stigmates en houppe. Caryopse glabre, libre,
fusiforme.

1. D. SEROTINA *Link.* ; *Festuca serotina Lin.* — Plante de
5-8 décim. Souche *dure, rampante*. Chaumes *raides*, fasciculés,
violets vers les nœuds. Feuilles *étalées à angle droit*, distiques,
courtes, rudes, d'abord planes, puis enroulées sur les bords.
Ligule courte, tronquée. Panicule peu fournie, d'un violet noir.
Rameaux solitaires sur les nœuds du rachis, brièvement nus à la
base, étalés pendant la floraison. Epillets linéaires-oblongs, violacés, appliqués contre l'axe, contenant 2-4 fleurs lâches. Glumes
carénées-aiguës. Glumelle inférieure brièvement aristée.

Hab. les montagnes arides, le Vigan, Aulas (Diomède), Anduze (Loret).
♃ Fl. août-septembre.

54° gre. MOLINIE. — MOLINIA. (Schrank.)

Panicule rameuse, resserrée ou diffuse. Epillets pédicellés,

comprimés par le côté, renfermant 3-5 fleurs *lâchement distiques.* Glumes inégales, membraneuses, concaves, mutiques, plus
courtes que les fleurs, *uninerviées.* Glumelles presque égales,
l'inférieure *non carénée,* entière, *mutique* ; la supérieure bicarénée, obtuse, à carènes non ciliées. Glumellules 2, membraneuses, glabres. Etaminés 3. Styles 2, courts. Stigmates en
houppe, sortant vers la base de la fleur. Caryopse glabre, libre,
subcylindrique, surmonté de deux pointes, débris des styles.

1. **M. CÆRULEA** *Mœnch.; Molininia altissima Link.; Melica cærulea Lin.; Festuca cærulea Dec.* — Plante de 1 mètre et
plus. Souche fibreuse. Chaumes grêles, cylindriques, garnis à
leur base de quelques feuilles longues, étroites, fermes, planes,
très-rudes sur les bords, à la fin un peu enroulées. Panicule
allongée, étroite, à rameaux capillaires, flexueux, rudes, *géminés et divisés dès la base*, couverts d'épillets. Epillets verts
ou violacés, contenant 2-3 fleurs. Glumes plus courtes que les
fleurs, lancéolées, aiguës.

Hab. les prairies et les bois, les pacages, à Aigues-Mortes. ♃ Fl. juin-
septembre.

55e g^{re}. DANTHONIE. — DANTHONIA. (Dec.)

Panicule simple ou presque simple. Epillets *pédicellés,* d'abord
cylindriques, puis un peu comprimés par le côté, à 2-6 *fleurs*,
dont la supérieure rudimentaire. Glumes presque égales, membraneuses, concaves, un peu ventrues, égalant ou dépassant les
fleurs. Glumelles 2 : l'inférieure coriace, arrondie sur le dos, bifide au sommet, portant *entre les lobes mutiques ou subulés*,
tantôt *une arête fine, droite ou tordue*, un peu aplatie à la base,
tantôt une *troisième dent semblable aux latérales;* la supérieure
bicarénée, entière au sommet. Glumellules 2, glabres, charnues,
entières ou subbilobées. Etamines 3. Styles 2, courts, terminaux. Stigmates plumeux, sortant sur les côtés des fleurs. Caryopse glabre, libre, ovale-oblong, convexe sur la face externe,
plan, un peu déprimé sur la face interne, portant au sommet les
débris persistants des styles.

1. **D. DECUMBENS** *Dec.; Festuca decumbens Lin.; Poa decumbens Scop.; Bromus decumbens Kœl.; Triodia decumbens
P. de Beauv.* — Plante de 1-5 décim. Souche cespiteuse, gazonnante. Chaumes fasciculés, d'abord *décombants,* puis *dressés*
pendant la floraison. Feuilles planes, linéaires, munies de poils
épars sur leur surface ainsi que sur les gaines, les radicales sou-

vent aussi longues que les chaumes. Ligule remplacée par une rangée de longs poils. Panicule dressée, spiciforme, contractée, *simple ou peu rameuse*, formée d'un petit nombre d'épillets assez longuement pédicellés, verdâtres ou violacés, ovoïdes-oblongs. Glumes égalant ou dépassant les fleurs. Glumelle inférieure scarieuse aux bords, munie à la base de *deux faisceaux de poils courts*, et terminée au sommet par trois dents, dont la *médiane est le rudiment de l'arête*.

Hab. les bois et les prairies des montagnes, Concoule; les bruyères, à Parte, à Peyremale. ♃ Fl. juin-juillet.

56ᵉ gʳᵉ. CYNOSURE. — CYNOSURUS. (Lin.)

Panicule rameuse, *unilatérale, spiciforme ou ovale-compacte*. Épillets pédicellés, comprimés latéralement; les uns fertiles, renfermant 3-5 fleurs hermaphrodites; les autres *stériles*, *bractéiformes*, composés de glumes et de fleurs distiques, réduites à leur glumelle inférieure. Épillets fertiles : glumes 2, presque égales, lancéolées-carénées, brièvement aristées. Glumelle inférieure arrondie sur le dos, bidentée au sommet, *aristée dans le fond de l'échancrure;* la supérieure bicarénée, bidentée. Glumellules 2, entières, glabres. Étamines 3. Styles 2, très-courts, terminaux. Stigmates plumeux, sortant sur le côté et vers la base de la fleur. Caryopse oblong, non appendiculé, étroitement enveloppé par les balles et adhérent à la glumelle supérieure.

1. { Panicule étroite, allongée; épillets simplement mucronés.. CRISTATUS.
{ Panicule courte, ovoïde; épillets longuement aristés. ECHINATUS.

1. C. CRISTATUS *Lin*. — Plante de 3-8 décim. Souche fibreuse. Chaumes fasciculés, dressés, nus au sommet. Feuilles étroites, planes, lisses. Ligule courte, tronquée. Panicule *spiciforme*, *linéaire*, unilatérale, serrée. Rameaux courts, alternes, portant des épillets serrés. Épillets stériles à bractées rapprochées, mucronées, carénées, rudes sur les carènes; épillets fertiles petits, à 3-5 fleurs. Glumes presque égales, mucronées, univerviées. Glumelle inférieure lancéolée-oblongue, finement ponctuée, rude, quelquefois un peu pubescente dans la partie supérieure, portant au sommet, au fond d'une échancrure peu visible, une *arête courte, rude*.

Hab. les prairies, le Vigan, etc. ♃ Fl. juin-juillet.

2. C. ECHINATUS *Lin.; Chrysurus echinatus P. de Beauv.* — Plante de 2-8 décim. Racine fibreuse. Chaumes dressés, glabres. Feuilles larges, linéaires, glabres, rudes sur le dos et les bords. Panicule unilatérale, *ovale, dense*, à rameaux courts, rudes, portant à leur sommet des épillets brièvement pédicellés, fasciculés. Epillets stériles à bractées distiques, étroites, *aristées*, rudes sur la carène; épillets fertiles verts, à 2-3 fleurs. Glumes presque égales, membraneuses, brièvement aristées. Glumelle inférieure rude dans sa moitié supérieure, *bidentée* et portant entre les deux dents une *arête longue*.

Hab. les champs cultivés et les lieux stériles; assez commun dans la région moyenne du département. ① Fl. mai–juin.

57ᵉ gʳᵉ. VULPIE. — VULPIA. (Gmel.)

Panicule rameuse ou presque simple. Epillets pédicellés, multiflores, d'abord cylindriques à la base et coniques aigus au sommet, puis comprimés, élargis pendant la floraison. Glumes 2, plus ou moins inégales, membraneuses, carénées, l'inférieure plus petite, quelquefois presque nulle. Glumelle inférieure *carénée*, souvent *concave* et *fusiforme* à la maturité, entière ou plus rarement bidentée, prolongée en une arête *terminale;* la supérieure bicarénée, bidentée. Glumellules 2, bilobées, glabres. Etamines 1 ou 3. Stigmates sessiles, terminaux, rapprochés, ne s'étalant pas hors la fleur. Caryopse oblong, *appendiculé* et *glabre* au sommet, adhérent aux glumelles.

1.	Fleurs à une seule étamine...................	2.
	Fleurs à 3 étamines.......................	4.
2.	Glumelle inférieure plus ou moins velue sur sa face externe, longuement ciliée sur les bords.	MYUROS.
	Glumelle inférieure ponctuée, rude sur la face externe, non ciliée.....................	3.
3.	Panicule allongée, étroite; chaumes couverts entièrement par les gaines des feuilles.....	PSEUDO-MYUROS.
	Panicule courte, étroite; chaumes nus au sommet.....................................	SCIUROIDES.
4.	Épillets grands, oblongs–cunéiformes; panicule presque simple; glume supérieure au moins dix fois plus grande que l'autre. ...	BROMOIDES.
	Épillets petits; panicule composée; glume supérieure au plus quatre fois plus grande que l'autre............................	MICHELII.

1. V. PSEUDO - MYUROS *Soy.-Willm; Vulpia myuros. Gmel.; Festuca myuros Dec.* — Plante de 3-7 décim. Racine fibreuse, annuelle. Chaumes grêles, dressés, fasciculés, feuillés jusqu'au sommet. Feuilles étroites, un peu rudes, planes d'abord, puis enroulées. Gaine de la dernière *longue, un peu renflée*, et *enveloppant la base de la panicule.* Ligule courte, tronquée.

Panicule allongée, étroite, unilatérale, arquée. Rameaux dressés-appliqués, solitaires ou géminés, couverts d'épillets sur presque toute leur longueur; pédicelles des épillets courts, rudes. Epillets oblongs-aigus, glabres, quelquefois velus, verts d'abord, puis jaunâtres, contenant de 4 à 6 fleurs. Glumes très-inégales; l'inférieure *trois fois plus courte* que l'autre; la supérieure atteignant ou dépassant peu le milieu de la fleur opposée; toutes deux acuminées-aiguës, non aristées. Glumelle inférieure *non ciliée*, rude sur la face externe et munie d'une arête dressée, plus longue que la fleur; la supérieure brièvement bidentée. Une seule étamine.

Hab. les champs cultivés, les bords des chemins, dans presque tout le département. ① Fl. mai-juin.

2. **V. sciuroides** *Gmel.; Vulpia bromoides Dec.* — Cette plante se distingue de l'espèce précédente : par sa panicule *dressée*, plus courte, moins rameuse; par ses glumes moins inégales et plus longues; la supérieure atteint la *longueur de la fleur opposée;* par les chaumes nus au sommet.

Hab. les mêmes localités. ① Fl. mai-juin.

3. **V. myuros** *Reich.; Vulpia ciliata Link ; Vulpia pilosa, Gmel.; Festuca myuros Lin.; Festuca ciliata Dec.* — Plante de 2-4 décim. Racine fibreuse. Chaumes dressés, feuillés jusqu'à la panicule. Feuilles vertes, pubescentes en dessus, enroulées, la supérieure enveloppant souvent la base de la panicule. Ligule courte, *saillante d'un côté.* Panicule spiciforme, presque unilatérale, dressée, rameuse, contractée, étroite, d'abord verte, puis d'un roux fauve. Rameaux géminés sur les nœuds inférieurs: l'un court, à 1-2 épillets; l'autre plus long, simple ou quelquefois ramifié, à 5-6 épillets; solitaires sur les nœuds supérieurs, ou accompagnés d'un rameau rudimentaire, réduit à un seul épillet presque sessile. Epillets allongés, acuminés, contenant 4-6 fleurs, à axe brièvement *velu sous chaque fleur;* pédicelles courts, *larges, comprimés-ancipités*, rudes. Glumes glabres, très-inégales: la supérieure atteignant le milieu de la fleur superposée, l'inférieure très-courte, *atteignant à peine 1 millim. de long.* Glumelle inférieure acuminée, velue sur toute sa surface externe, ou seulement à sa base, mais toujours *longuement ciliée sur les bords*, prolongée en une arête fine, plus longue que la fleur; glumelle supérieure plus courte, obscurément bidentée. Une seule étamine.

Hab. les lieux incultes; très-commun dans tout le département. ① Fl. mai-juin

4. **V. BROMOIDES** *Reich.; Festuca bromoides Lin.; Festuca agrestis Lois.; Festuca uniglumis Dec.* — Plante de 2-4 décim. Racine fibreuse. Chaumes dressés ou ascendants, genouillés à la base. Feuilles d'un vert pâle, étroites, enroulées, pubescentes en dessus; la supérieure rapprochée de la panicule et *en enveloppant quelquefois la base.* Ligule courte, tronquée. Panicule spiciforme, unilatérale, tantôt grêle et lâche, tantôt dense et touffue, dressée, contractée, presque simple. Epillets *oblongs-coniques* d'abord, puis comprimés latéralement, ayant l'apparence de ceux des *bromus*, contenant 4-6 fleurs. Glumes très-inégales : la supérieure atteignant presque la longueur de la fleur superposée et *longuement aristée*; l'inférieure très-courte, quelquefois même nulle. Glumelle inférieure *glabre*, rude sur la carène et sur les bords, *non ciliée*, prolongée en une arête longue, rude; glumelle supérieure plus courte, bidentée. Trois étamines.

Hab. les lieux stériles, les bords de la mer; dans presque tout le département. ① Fl mai—juin.

5. **V. MICHELII** *Kiech.; Kœleria macilenta Dec.* — Plante de 1-3 décim. Racine fibreuse. Chaumes grêles, dressés. Feuilles d'un vert pâle, planes d'abord, puis *pliées*, pubescentes sur les deux faces; la supérieure *éloignée de la panicule.* Ligule courte, tronquée. Panicule spiciforme, subunilatérale, dressée, contractée, rameuse. Rameaux fasciculés 4-5 aux nœuds inférieurs, très-inégaux, plus ou moins ramifiés. Epillets panachés de vert et de blanc, contenant 2-4 fleurs; pédicelles *grêles, allongés*, rudes. Glumes très-inégales: la supérieure *atteignant ou dépassant le sommet de l'épillet*, brièvement aristée; l'inférieure 3 ou 4 fois plus courte, étroite, acuminée. Glumelle inférieure *enroulée par les bords*, terminée par *deux petites dents sétacées*, entre lesquelles s'insère une arête *courte*; glumelle supérieure plus courte, bifide au sommet. *Trois étamines.*

Hab. les lieux sablonneux de la région maritime du département; la Sylve, près de Sylveréal; Aigues-Mortes, Belle-côte, près de Bouillargues. ① Fl. mai-juin.

Obs. Une des étiquettes qui accompagnent le *V. bromoides*, dans l'herbier de M. de Pouzolz, porte, écrite de sa main, la note suivante : « On trouve aussi au pont du Gard le *Festuca incrassata* Salzmann. » Nous n'avons pas pu vérifier cette assertion, soit au moyen des échantillons laissés par son auteur, soit par nos propres recherches dans la localité citée. Cependant, par respect pour l'autorité de l'éminent auteur de cette Flore, nous ajoutons en note la description que MM. Grenier et Godron donnent de cette espèce dans leur *Flore française.*

V. INCRASSATA *Parl.; Festuca incrassata Salz* —Plante de 1-2 décim. Racine annuelle. Chaumes dressés, nus dans leur moitié supérieure. Feuilles vertes, étroites, linéaires, planes, un peu rudes en dessus. Ligule ovale-obtuse. Panicule ovale ou oblongue, presque unilatérale, *dressée*, étalée pendant la floraison, puis contractée, presque simple. Rameaux courts, portant 2-4 épillets, brièvement nus à la base, ordinairement solitaires aux nœuds, mais *présentant toujours à leur aisselle un épillet subsessile* qui remplace complétement les rameaux aux nœuds supérieurs; pédicelles très-inégaux, ancipités, rudes aux bords, à peine atténués à la base. Épillets oblongs, verdâtres, formés de 6-9 fleurs écartées les unes des autres; axe de l'épillet rude. Glumes lancéolées, acuminées, aiguës, inégales; la supérieure deux fois plus longue que l'inférieure, mais deux fois plus courte que la fleur. Glumelle inférieure glabre, *non ciliée*, acuminée, rude sur la carène, largement blanche, scarieuse vers le sommet, qui est entier ou brièvement bidenté et terminé par une arête flexueuse, *deux fois plus courte que la fleur*; glumelle supérieure brièvement bidentée. Une seule étamine.

Hab. à rechercher au pont du Gard. ① Fl. avril–mai.

58ᵉ gʳᵉ. FÉTUQUE. — FESTUCA. (Lin.)

Panicule rameuse. Epillets pédicellés, à 2 ou plusieurs fleurs, d'abord cylindriques, aigus, puis comprimés. Glumes 2, inégales, à 1 et 3 nervures, plus petites que les fleurs. Glumelle inférieure *concave, arrondie sur le dos*, aiguë, entière et munie au sommet d'une arête *terminale*, ordinairement courte, rarement avortée; glumelle supérieure bicarénée, bidentée, à carènes finement ciliées. Glumellules 2, glabres, entières. Étamines 3. Stigmates plumeux, subsessiles, terminaux. Caryopse glabre et *appendiculé* au sommet, courbé en gouttière et adhérent à la glumelle supérieure.

1.	Feuilles radicales enroulées–sétacées.........	2.
	Feuilles radicales planes...................	7.
2.	Glumelle inférieure faiblement scarieuse au sommet, fortement enroulée sur les bords..	3.
	Glumelle inférieure presque entièrement scarieuse au sommet, tardivement enroulée sur les bords............	PILOSA.
3.	Feuilles toutes conformes, enroulées-sétacées.	4.
	Feuilles radicales enroulées, les caulinaires le plus souvent planes.	6.
4.	Fleurs mutiques......................	TENUIFOLIA.
	Fleurs aristées....................	5.
5.	Feuilles longues, grêles, enroulées-sétacées..	OVINA.
	Feuilles ordinairement courtes, enroulées, carénées, presque pliées.................. ..	DURIUSCULA.
6.	Rhizome à rejets traçants; panicule dressée; feuilles un peu raides...................	RUBRA.
	Rhizome gazonnant; panicule un peu penchée; feuilles moins raides...........	HETEROPHYLLA.
7.	Feuilles radicales à gaîne s'élargissant et se recouvrant de manière à simuler un bulbe..	SPADICEA.
	Feuilles radicales à gaînes ne simulant pas un bulbe..............................	8.

8. { Panicule très-ample, penchée, large, lâche,
    très-rameuse........................ 9.
    Panicule maigre, dressée, ou un peu penchée,
    subunilatérale, lâche, étroite, peu rameuse.. **PRATENSIS.**

9. { Épillets ovales-lancéolés, comprimés : feuilles
    très-allongées, fermes, rudes sur les bords. **ARUNDINACEA.**
    Épillets oblongs, comprimés ; feuilles allongées,
    moins fermes, très-rudes sur les bords..... **GIGANTEA.**

1. **F. TENUIFOLIA** *Sibth.; Festuca capillata Lam.; Poa capillata Merat.* — Plante de 3-5 décim., formant des gazons serrés. Souche cespiteuse. Chaumes dressés, filiformes, anguleux et rudes au sommet. Feuilles *toutes conformes ;* les radicales dressées, longues, *enroulées, cylindriques,* presque *capillaires ;* les caulinaires à limbe plus court. Ligule courte, à *deux appendices latéraux* courts, *arrondis, saillants.* Panicule dressée, étroite, subunilatérale, contractée, peu rameuse. Rameaux courts, rudes, le plus souvent solitaires à chaque nœud, brièvement nus à la base, portant 3-5 épillets rapprochés. Epillets ovales, comprimés, verdâtres ou jaunâtres, à axe rude. Glumes inégales, aiguës. Glumelle inférieure lancéolée-linéaire, *mutique,* arrondie sur le dos, obscurémeut nervié ; glumelle supérieure bidentée au sommet.

Hab. les lieux sablonneux, les prairies et la lisière des bois ; probablement dans plusieurs endroits du département, quoique nous n'en ayons pas trouvé d'échantillons dans l'herbier de M. de Pouzols. ♃ Fl. mai-juin.

2. **F. OVINA** *Lin.* — Plante de 1-2 décim., formant des gazons serrés. Souche cespiteuse. Chaumes dressés, grêles, raides, anguleux au sommet. Feuilles radicales vertes, enroulées, filiformes, longues, fasciculées, à *gaine élargie ;* les caulinaires *conformes,* courtes, à ligule biauriculée. Panicule dressée, *oblongue,* subunilatérale, *étalée, plus rameuse que la précédente.* Rameaux rudes, presque toujours solitaires aux nœuds, brièvement nus à la base et portant 5-10 épillets rapprochés. Epillets *oblongs,* comprimés, panachés de brun et de violet, à axe un peu rude sous chaque fleur. Glumes inégales, très-aiguës. Glumelle inférieure lancéolée-linéaire, aiguë, *brièvement aristée,* arrondie sur le dos, mais un peu carénée dans son quart supérieur, obscurément nerviée ; glumelle supérieure courtement bidentée.

Hab. les lieux sablonneux, dans les montagnes, à l'Espérou (Diomède) ♃ Fl. mai-juin.

3. **F. DURIUSCULA** *Lin.* — Plante de 1-5 décim., formant des gazons serrés. Souche cespiteuse. Chaumes dressés, raides,

finement striés , nus, rudes et non anguleux au sommet. Feuilles
d'un vert glauque, dressées ou *courbées en dehors*, enroulées
par les bords , *comprimées latéralement* et carénées, raides et
plus ou moins rudes ; les radicales nombreuses, à *gaîne peu dilatée ;* les caulinaires à limbe court et à ligule courte, biauriculée.
Panicule dressée, étroite, oblongue, subunilatérale, étalée pendant la floraison, puis contractée , rameuse. Rameaux flexueux,
presque toujours solitaires sur les nœuds du rachis, les inférieurs nus à leur base, portant 5-7 épillets rapprochés. Épillets
elliptiques comprimés, formés de 3-5 fleurs lâchement distiques,
panachées le plus souvent de violet. Glumes très-inégales , aiguës, mucronées. Glumelle inférieure acuminée, *un peu carénée dans son quart supérieur*, à peine nerviée, terminée par
une arête plus courte qu'elle ; glumelle supérieure bidentée, un
peu pubescente au sommet.

Var. A, *Genuina ;* feuilles vertes.

Var. B, *Glauca Koch.*; *Festuca glauca Schrad.* — Feuilles
courtes, plante glauque dans toutes ses parties.

Hab. les prairies sèches et les lieux arides ; la var. A, dans tout le département ; la var. B, dans les montagnes du Vigan. ♃ Fl. mai-juillet.

4. **F. rubra** *Lin.* — Plante de 3-8 décim. Souche *longuement traçante*, émettant d'assez nombreux fascicules stériles de
feuilles. Chaumes dressés, raides, finement striés, longuement
nus au sommet. Feuilles *radicales enroulées-sétacées*, un peu
raides ; les *caulinaires plus larges*, *presque planes*, à ligule
courte, biauriculée. Panicule dressée, subunilatérale, oblongue,
étalée pendant la floraison, rameuse. Rameaux flexueux , rudes,
géminés aux nœuds inférieurs, nus dans leur moitié inférieure
et portant 2-6 épillets rapprochés. Épillets verdâtres ou violacés,
oblongs, contenant 5-9 fleurs ordinairement glabres, lâchement
distiques. Glumes très-inégales, acuminées, mucronées. Glumelle
inférieure un peu carénée dans son quart supérieur, *distinctement nerviée*, terminée par une arête moins longue qu'elle ; glumelle supérieure presque entière au sommet.

Hab. les prairies, les bords des chemins et les lisières des bois ; dans
tout le département. ♃ Fl. mai-juin.

5. **F. heterophylla** *Lamk.* — Plante de 5-10 décim.
Souche cespiteuse, émettant de nombreux fascicules stériles de
feuilles disposées en touffes. Chaumes dressés, raides , striés, non
anguleux au sommet. Feuilles radicales nombreuses, *enroulées
par les bords*, *comprimées;* les caulinaires *longues, planes*,

Ligule courte, biauriculée. Panicule *allongée, lâche*, un peu penchée, étalée pendant la floraison, rameuse. Rameaux fins et rudes, ordinairement géminés. Epillets verdâtres, oblongs, à 4-6 fleurs à la fin écartées. Glumes inégales, acuminées, mucronées. Glumelle inférieure lancéolée-aiguë, *obscurément nerviée*, terminée par une arête moins longue qu'elle ; la supérieure bidentée au sommet.

Hab. les bois et les lieux herbeux ombragés ; à la forêt de Valbonne , à Alzon. ♃ Fl. mai–juillet.

6. **F. PILOSA** *Hall.; Festuca rhetica Dec.; Festuca pœformis Host.; Schœnodorus pœformis Rœm. et Schult.* — Plante de 2-4 décim., gazonnante. Souche fibreuse. Chaumes dressés, grêles. Feuilles radicales fasciculées, *enroulées-sétacées*, dressées, fermes ; les caulinaires *plus larges, pliées.* Ligule oblongue. Panicule un peu penchée, oblongue, assez dense, rameuse, étalée. Rameaux capillaires, semi-verticillés aux nœuds inférieurs, nus dans leur moitié inférieure, portant 2-5 épillets rapprochés. Epillets ovales, contenant 3-5 fleurs, à axe portant un *faisceau de poils sous chaque fleur.* Glumes lancéolées-aiguës, inégales. Glumelle inférieure ovale-lancéolée, érodée ou brièvement mucronée au sommet, carénée dans son quart supérieur, faiblement nerviée, finement pubescente à la base, longuement scarieuse aux bords. *Ovaire glabre.*

Hab. les bois montueux ; Banahut, la baraque de Michel , à l'Espérou. ♃ Fl. juin–juillet.

7. **F. SPADICEA** *Lin.; Festuca aurea Lam.; Festuca compressa Dec.; Poa gerardi All.; Schœnodorus spadiceus Rœm. et Schult.* —Plante de 8-10 décim. Souche fibreuse. Chaumes dressés, nus au sommet. Feuilles radicales très-longues , dressées , raides, d'abord planes, puis enroulées par les bords, *subulées, piquantes au sommet ;* gaines comprimées , *s'élargissant à la base,* se recouvrant les unes les autres et formant *un renflement bulbiforme ;* les caulinaires à limbe court, *toujours plan.* Ligule ovale, bilobée. Panicule dressée, oblongue, étalée, puis contractée, peu rameuse. Rameaux solitaires ou géminés, courts, flexueux, à 3-5 épillets rapprochés. Epillets larges, comprimés, contenant 3-5 fleurs. Glumes lancéolées-aiguës, presque *entièrement scarieuses,* inégales. Glumelle inférieure aiguë, mutique ou mucronée, carénée au sommet, nerviée, finement ponctuée, matte, d'un jaune brun, scarieuse aux bords.

Hab. les bois, la chartreuse de Valbonne, Concoule, l'Espérou. ♃ Fl. mai–juillet.

8. F. ARUNDINACEA *Schreb.; Festuca elatior Smith.; Schœnodorus elatior Rœm. et Schult.* — Plante de 1 mètre et plus. Souche subcespiteuse, émettant des rhizomes un peu traçants et donnant ordinairement naissance à des faisceaux stériles de feuilles. Chaumes dressés, robustes. Feuilles planes, larges, raides, acuminées, rudes sur les bords et la face supérieure. Ligule tronquée, biauriculée. Panicule un peu penchée, *très-grande, étalée,* rameuse. Rameaux géminés, rudes, inégaux, nus à la base, et portant un grand nombre d'épillets écartés. Epillets verdâtres ou violacés, *ovales-lancéolés,* contenant 4-5 fleurs. Glumes lancéolées-aiguës, scarieuses aux bords; la supérieure plus large. Glumelle inférieure lancéolée, *mutique* ou *très-rarement brièvement aristée;* la supérieure oblongue, bifide au sommet.

Hab. le bord des eaux; commune dans tout le département. ♃ Fl. mai-juillet.

9. F. PRATENSIS *Huds.; Festuca elatior Lin.; Schœnodorus pratensis Rœm. et Schult.* — Plante de 5-8 décim. Souche cespiteuse, émettant de nombreux fascicules stériles de feuilles. Feuilles planes, larges, acuminées, raides, rudes sur les bords. Ligule *tronquée,* biauriculée. Panicule dressée ou un peu penchée, *allongée, lâche,* étalée pendant la floraison, *puis contractée,* rameuse. Rameaux ordinairement géminés et inégaux, le plus court ne portant qu'un seul épillet et l'autre nu dans sa partie inférieure et portant 3-6 épillets écartés. Epillets verdâtres, quelquefois violacés, contenant 5-10 fleurs. Glumes scarieuses aux bords, lancéolées; la supérieure plus large et obtuse. Glumelle inférieure oblongue-lancéolée, mutique, rarement mucronée, aristée.

Hab. le bord des eaux, les prairies fraîches; commune dans le département. ♃ Fl. juin-juillet.

10. F. GIGANTEA *Vill.; Bromus giganteus Lin.* —Plante de 1-2 mètres. Souche courte, cespiteuse. Chaumes robustes, dressés, *glabres.* Feuilles planes, larges, dressées, rudes sur les faces et *surtout sur les bords. Gaînes glabres.* Ligule tronquée, biauriculée. Panicule très-grande, lâche, diffuse, penchée, rameuse. Rameaux un peu pendants, géminés, longuement nus à la base. Epillets d'un vert clair, oblongs-lancéolés, contenant 3-8 fleurs. Glumes linéaires-acuminées, largement scarieuses aux bords. Glumelle inférieure oblongue-lancéolée, aristée *un peu au-dessous du sommet,* à arête grêle, un peu flexueuse, égalant environ deux fois sa longueur; la supérieure oblongue-lancéolée, brièvement bidentée au sommet.

Hab. les bois, la chartreuse de Valbonne. ♃ Fl. juin-août.

59ᵉ gʳᵉ. BROME. — BROMUS. (Lin.)

Panicule plus ou moins rameuse. Epillets pédicellés, multi-flores, d'abord cylindriques-subulés, puis comprimés, ordinairement élargis au sommet pendant la floraison. Glumes 2, membraneuses, carénées, acuminées, mutiques, plus ou moins inégales, plus courtes que les fleurs. Glumelles 2: l'inférieure plus grande, *carénée*, bifide ou bidentée au sommet, portant une arête insérée *un peu au-dessous du sommet*, rarement mutique ou mucronée; la supérieure membraneuse, bicarénée, à carènes ciliées de poils raides ou pubescentes, bidentée au sommet. Glumellules 2, oblongues, entières, glabres. Etamines 3, rarement 2 ou 1. Ovaire *velu supérieurement*. Stigmates 2, plumeux, sessiles, *insérés en avant et un peu au-dessous du sommet*, très-écartés. Caryopse oblong, comprimé par le dos, courbé en gouttière, *velu et appendiculé* au sommet, adhérent aux glumelles.

1.
- Épillets longuement aristés, ouverts pendant la floraison; glumelle supérieure bordée sur les carènes de cils raides............................ 2.
- Épillets moins longuement aristés, non élargis au sommet pendant la floraison; glumelle supérieure pubescente sur les carènes............. 6.

2.
- Arêtes toujours dressées...................... 3.
- Arêtes d'abord dressées, puis divariquées....... 5.

3.
- Glumes très-inégales, l'inférieure de moitié plus courte que l'autre........................ STERILIS.
- Glumes simplement inégales........................ 4.

4.
- Rameaux de la panicule lisses, mollement velus. TECTORUM.
- Rameaux de la panicule rudes, velus; épillets très-longs .... MAXIMUS.

5.
- Panicule oblongue, un peu lâche; glumes très-inégales............................... MADRITENSIS.
- Panicule obovée, très-compacte; glumes simplement inégales........................ RUBENS.

6.
- Panicule très-lâche, pendante; feuilles toutes conformes......................... ASPER.
- Panicule égale, dressée; feuilles de deux formes. ERECTUS.

1. B. TECTORUM *Lin.* — Plante de 2-6 décim. Racine annuelle, fibreuse. Chaumes grêles, dressés, pubescents au sommet. Feuilles planes, molles, pubescentes sur les faces et les gaînes. Ligule courte, lacérée. Panicule assez fournie, *unilaté-*

rale, *pendante*, rameuse. Rameaux grêles, assez longs, pendants, flexueux, *lisses*, semi-verticillés aux nœuds inférieurs. Épillets pubescents, rarement glabres, formés de 6-10 fleurs, dont les supérieures stériles, réduites à la glumelle inférieure. Glumes aiguës, largement scarieuses aux bords, l'inférieure plus courte que l'autre. Glumelle inférieure linéaire-acuminée, carénée, scarieuse et bifide au sommet. Arête droite, égalant environ *la longueur de la glumelle*.

Hab. les toits, les murs, les lieux secs et stériles ; dans tout le département. ① Fl. mai-septembre.

2. **B. STERILIS** *Lin.* — Plante de 4-7 décim. Racine fibreuse, annuelle. Chaumes dressés, lisses. Feuilles molles, étroites, pubescentes ou velues, ainsi que les gaines. Ligule courte, lacérée. Panicule ample, presque simple, *égale, étalée, penchée au sommet*. Rameaux fins, flexueux, *très-rudes*, semi-verticillés aux nœuds. Épillets oblongs, glabres ou pubescents, scabres, formés de 6-10 fleurs espacées, divergentes. Glumes très-aiguës et même subulées, l'inférieure de moitié plus courte que l'autre. Glumelle inférieure linéaire-acuminée, *fortement nerviée*, scarieuse et bifide au sommet. Arête droite, forte, très-rude, *dépassant plus ou moins la longueur de la glumelle*.

Hab. les lieux incultes, les vieux murs, les bords des routes ; dans tout le département ① Fl. mai-août.

3. **B. MAXIMUS** *Desf.; B. madritensis Dub.* — Plante de 5-10 décim. Racine annuelle, fibreuse. Chaumes dressés, fermes. Feuilles planes, velues ou pubescentes sur les deux faces et les gaines, rudes sur les bords. Ligule oblongue, lacérée. Panicule oblongue, étalée pendant la floraison, dressée ou pendante, peu rameuse. Rameaux *rudes*, semi-verticillés aux nœuds inférieurs. Épillets oblongs, *très-grands*, atteignant 7-8 cent., y compris les arêtes, *glabres*, contenant 4-6 fleurs. Glumes *simplement inégales*, acuminées, largement scarieuses aux bords. Glumelle inférieure acuminée, carénée, rude sur la carène et les nervures, bifide au sommet, munie d'une arête droite, ferme, *deux fois aussi longue qu'elle;* glumelle supérieure tronquée au sommet.

Hab. les lieux stériles, incultes ; dans tout le département. ① Fl. avril-mai.

4. **B. MADRITENSIS** *Lin.; B. polystachyus Dec.* — Plante de 3-7 décim. Racine annuelle, fibreuse. Chaumes dressés, fermes, glabres au sommet. Feuilles planes, pubescentes sur les faces et les gaines. Ligule oblongue, lacérée. Panicule oblongue, lâche, d'abord dressée, puis penchée, peu rameuse. Rameaux *presque*

lisses, au nombre de 2-4 à chaque nœud. Epillets cunéiformes, glabres ou légèrement pubescents, verts, panachés de violet, contenant 8-10 fleurs. Glumes aiguës, scarieuses au bord, l'inférieure de moitié plus courte que l'autre. Glumelle inférieure carénée, scarieuse au sommet, bifide, munie d'une arête plus longue qu'elle, *d'abord dressée*, *puis étalée*; glumelle supérieure entière. Ordinairement 2 *étamines*, quelquefois une seule.

Hab. les lieux stériles, incultes; dans la partie moyenne et basse du département. ⓘ Fl. mai-juin.

5. B. RUBENS *Lin.* — Plante de 2-3 décim. Racine annuelle, fibreuse. Chaumes dressés, fermes, nus et *pubescents* au sommet. Feuilles planes, courtes, pubescentes sur les faces et les gaines. Ligule oblongue, lacérée. Panicule obovée, *très-compacte*, *égale*, *dressée*, peu rameuse. Rameaux très-courts, *pubescents*, semi-verticillés aux nœuds inférieurs. Epillets cunéiformes, pubescents ou glabres, verts, panachés de violet, contenant 4-6 fleurs. Glumes aiguës, scarieuses aux bords, l'inférieure plus courte que l'autre. Glumelle inférieure acuminée, carénée, scarieuse et bifide au sommet, munie d'une arête droite, *d'abord dressée*, *puis étalée*.

Hab. les lieux stériles, les murs; dans tout le département. ⓘ Fl. mai-juin.

6. B. ASPER *Lin fil.;* *B. nemorosus Vill.;* *B. dumetorum Lam.* — Plante de 1-2 mètres. Souche *fibreuse*. Chaumes robustes, pubescents. Feuilles *toutes de même forme*, lancéolées-linéaires, rudes sur les bords et les faces, *velues sur les gaines*. Ligule tronquée. Panicule ample, lâche, étalée, *pendante*, rameuse. Rameaux allongés, grêles, *très-rudes*, géminés aux nœuds inférieurs. Epillets glabres ou peu velus, verts ou panachés de violet, contenant 7-8 fleurs. Glumes aiguës, carénées, rudes sur la carène, très-inégales. Glumelle inférieure carénée, rude sur les nervures, brièvement bidentée, à arête fine, *droite*, *jamais étalée*, de moitié plus courte qu'elle.

Hab. les bois montagneux, la chartreuse de Valbonne, Alzon, Salbous. ♃ Fl. juin-juillet.

7. B. ERECTUS *Huds.;* *B, perennis Vill.* — Plante de 7-10 décim. Souche cespiteuse. Chaumes raides, un peu velus près des nœuds. Feuilles *de deux formes*; les radicales *pliées*, carénées, ciliées; les caulinaires *planes*, plus larges. Panicule oblongue, égale, *non pendante*, rameuse. Rameaux fins, rudes, flexueux, semi-verticillés aux nœuds inférieurs. Epillets verts ou violacés, glabres ou peu velus, contenant 8-10 fleurs. Glumes aiguës, carénées, rudes, inégales. Glumelle inférieure carénée, nerviée, rude, bidentée et scarieuse au sommet. Arête fine, flexueuse, *dressée*, de moitié plus courte qu'elle.

Hab. les lieux secs et stériles, dans tout le nord du département. ♃ Fl. mai-juin.

60e g^{re}. SERRAFALCUS. — SERRAFALCUS. (Parl.)

Epillets pédicellés, multiflores, d'abord cylindriques-aigus, puis comprimés, rétrécis au sommet pendant la floraison, formant une panicule plus ou moins rameuse. Glumes presque égales, concaves, aiguës. Glumelle inférieure *demi-cylindrique, arrondie sur le dos* et quelquefois un peu déprimée sous le sommet; à sommet obtus, entier ou bifide, portant une arête *non terminale;* glumelle supérieure entière au sommet, bicarénée, ciliée. Glumellules 2, obtuses, entières, glabres. Etamines 3. Stigmates sessiles, plumeux, écartés, insérés *en avant et au-dessous du sommet* de l'ovaire. Caryopse courbé en gouttière, *appendiculé et velu* au sommet, adhérent aux glumelles.

1.	Fleurs contractées par les bords après la floraison, et ne se recouvrant plus...............	SECALINUS.
	Fleurs toujours imbriquées........	2.
2.	Arêtes non tordues, dressées..................	3.
	Arêtes tordues, divariquées...............	5.
3.	Panicule oblongue, égale, non penchée, très-rameuse...........................	4.
	Panicule subunilatérale, penchée, presque simple....	COMMUTATUS.
4.	Panicule à rameaux allongés, longuement nus à la base.	ARVENSIS.
	Panicule à rameaux du même nœud : les latéraux courts, divisés dès la base, le médian seul allongé, nu inférieurement...	MOLLIS.
5.	Panicule simple, pédoncules de 1-3 sur les nœuds du rachis........	6.
	Panicule plus ou moins rameuse, rameaux semi-verticillés sur les nœuds inférieurs du rachis..	7.
6.	Panicule étroite, un peu lâche, dressée–étalée, puis contractée; pédoncules courts..........	INTEREMDIUS.
	Panicule lâche, unilatérale, penchée; pédoncules longs, grêles, flexueux; épillets pendants.....	SQUARROSUS.
7.	Panicule lâche, ample, étalée, puis penchée et subunilatérale; rameaux ordinairement divisés.	PATULUS.
	Panicule oblongue, dressée, toujours contractée, presque simple......	MACROSTACHYS

1. S. SECALINUS *God.; Bromus secalinus Lin.* — Plante de

5-10 décim. Racine annuelle, fibreuse. Chaumes dressés, très-glabres. Feuilles linéaires, acuminées, planes, un peu velues, à gaînes glabres ou quelquefois pubescentes. Panicule lâche, d'abord dressée, puis penchée, subunilatérale, peu rameuse. Rameaux allongés, grêles. Epillets glabres ou pubescents, ovales-oblongs, comprimés, formés de 5-15 fleurs *d'abord imbriquées, puis contractées par les bords et ne se recouvrant plus les unes les autres.* Glumes presque égales : l'inférieure lancéolée-aiguë, la supérieure plus large. Glumelle inférieure ovale-oblongue, à bords régulièrement arqués, et *dépourvus d'angle obtus saillant,* d'abord concave, puis enroulée-cylindrique, à sommet obtus, presque entier ou émarginé ; arête insérée un peu au-dessous du sommet, droite ou flexueuse, égalant la longueur de la glumelle, quelquefois plus courte, rarement réduite à un court mucron ; glumelle supérieure égalant l'inférieure.

Hab. les moissons, les champs incultes ; dans tout le département. ① Fl. mai-juillet.

2. S. ARVENSIS *God.; Bromus arvensis Lin.* — Plante de 3-8 décim. Racine annuelle, fibreuse. Chaumes dressés, glabres, lisses ou un peu rudes au sommet. Feuilles linéaires, planes, molles, velues ou pubescentes, ainsi que les gaînes. Ligule courte, lacérée. Panicule lâche, égale, dressée, *très-étalée* après la floraison, très-rameuse. Rameaux fins, rudes, très-allongés. Epillets lancéolés, comprimés, glabres, un peu rudes, quelquefois pubescents, verts, souvent panachés de violet, formés de 5-10 fleurs *toujours imbriquées.* Glumes lancéolées, inégales. Glumelle inférieure oblongue, à bords formant vers le milieu de leur longueur un angle obtus plus ou moins saillant, étroitement scarieuse aux bords, bidentée ou presque entière au sommet ; arête dressée, très-fine, égalant la glumelle ; glumelle supérieure presque égale à l'inférieure.

Hab. les bords des chemins, les champs en friche, dans tout le département. ① Fl. juin-juillet.

3. S. COMMUTATUS *God. ; Bromus commutatus Schrad. ; Bromus pratensis Dec.* — Plante de 4-10 décim. Racine *bisannuelle,* fibreuse. Chaumes dressés, glabres. Feuilles linéaires, acuminées, planes, pubescentes sur les faces et les gaînes. Ligule courte, lacérée. Panicule lâche, étalée, penchée et *subunilatérale même pendant la floraison,* simple ou peu rameuse. Rameaux fins, flexueux, rudes. Epillets ovales, aigus, comprimés, glabres ou violets, formés de 8-10 fleurs, *toujours imbriquées.* Glumes inégales : la supérieure ovale-lancéolée, l'inférieure plus étroite, lancéolée. Glumelle inférieure elliptique, oblongue, scarieuse aux bords et au sommet, à bords formant vers le milieu un angle obtus saillant. Arète dressée, rude, égalant la glumelle.

Hab. moissons, prairies ; commun. ② Fl. mai-juin.

4. S. MOLLIS *Parl. ; Bromus mollis Lin.* — Plante de 2-7 décim. Racine annuelle, fibreuse. Chaumes dressés, glabres ou pubescents. Feuilles linéaires ; les inférieures, au moins, mollement velues, ainsi que leurs gaines. Ligule courte, tronquée. Panicule *oblongue, égale, contractée, compacte*, dressée, rameuse. Rameaux pubescents, semi-verticillés aux nœuds inférieurs, inégaux ; *les latéraux courts, divisés dès la base, le médian plus long et nu inférieurement.* Epillets mollement pubescents, quelquefois glabres, ovales-oblongs, un peu comprimés, contenant 6-12 fleurs. Glumes lancéolées-aiguës, mucronulées. Glumelle inférieure oblongue-ovale, à 7-9 nervures très-marquées, scarieuse sur les bords et au sommet, bifide, à bords formant un angle obtus saillant ; arète droite, *dressée*, un peu plus courte que la glumelle ; glumelle supérieure plus courte que l'inférieure.

Hab. les bords des chemins, les champs en friche, etc.; commun. ① Fl. mai-juillet.

5. S. PATULUS *Parl.; Bromus patulus Mert. et Koch.* — Plante de 3-6 décim. Racine bisannuelle, fibreuse. Chaumes dressés, glabres. Feuilles linéaires-acuminées, planes, pubescentes sur les faces et les gaines. Ligule saillante, lacérée. Panicule lâche, ample, étalée pendant la floraison, *puis penchée, subunilatérale*, très-rameuse. Rameaux rudes, flexueux, longuement nus à la base, *semi-verticillés aux nœuds inférieurs.* Epillets lancéolés-aigus, un peu comprimés, verts, panachés de violet, glabres ou pubescents, contenant 7-12 fleurs. Glumes inégales, lancéolées. Glumelle inférieure elliptique-oblongue, scarieuse sur les bords et au sommet, bifide, à bords formant vers le milieu un angle obtus, saillant. Arète très-fine, égalant la glumelle, à la fin *tordue, divariquée.*

Hab. les lieux stériles, les bords du Gardon à Alais. ① Fl. juin.

6. S. INTERMEDIUS *Parl.; Bromus intermedius Gren.* — Plante de 2-4 décim. Racine *annuelle*, fibreuse. Chaumes réunis en petit nombre, *grêles, dressés*, glabres. Feuilles linéaires-aiguës, velues, ainsi que les gaines. Ligule lancéolée, lacérée, saillante. Panicule *étroite*, oblongue, un peu lâche, *étalée*, puis *contractée*, *simple*. Rameaux réduits à des pédoncules capillaires, courts, *les plus longs atteignant à peine la longueur des épillets*, réunis de 1-3 sur les nœuds du rachis. Epillets linéaires-oblongs, verts ou violacés, velus, contenant 6-10 fleurs. Glumes aiguës. Glumelle inférieure elliptique-oblongue, scarieuse au sommet, bifide, à bords formant au-dessus du milieu un angle obtus moins évident que dans les espèces voisines. Arête aussi longue que la glumelle, *de bonne heure tordue* sur elle-même et *divariquée*.

Hab. les champs cultivés, à l'Espérou. ① Fl. mai-juin.

7. S. squarrosus *Parl.; Bromus squarrosus Lin.* — Plante de 2-3 décim. Racine bisannuelle, fibreuse. Chaumes glabres. Feuilles linéaires, planes, pubescentes sur les faces et les gaines. Panicule lâche, *unilatérale*, *penchée*, simple. Rameaux fins, allongés, flexueux, pubescents. Epillets ovales-aigus, comprimés, d'un vert pâle ou panachés de violet, glabres ou pubescents, pendants à la maturité, formés de 10-15 fleurs. Glume supérieure ovale-obtuse, souvent mucronée; l'inférieure lancéolée-aiguë. Glumelle inférieure oblongue, largement scarieuse aux bords et au sommet, bifide, à bords formant un angle obtus, saillant. Arête insérée au-dessous du sommet, *tordue*, *divariquée*, égalant la glumelle.

Hab. les lieux incultes, les garrigues, auprès de Nîmes. ① Fl. mai-juin.

8. S. macrostachys *Parl.; Bromus macrostachys Desf.* — Plante de 3-8 décim. Racine annuelle, fibreuse. Chaumes genouillés à la base, raides, *glabres même au sommet*. Panicule oblongue, dressée, *contractée même pendant la floraison*, presque simple. Rameaux semi-verticillés aux nœuds inférieurs : les uns plus courts que l'épillet qui les termine; les autres allongés, portant 2-3 épillets. Epillets plus ou moins longs, lancéolés-aigus, un peu comprimés, verts ou panachés de violet, glabres, *pubescents ou laineux*, formés de 10-15 fleurs. Glume supérieure ovale-obtuse et mucronulée; l'inférieure aiguë. Glumelle inférieure elliptique-oblongue, assez fortement nerviée, scarieuse au sommet, bifide, à bords formant un angle obtus, saillant vers leur milieu. Arête *insérée bien au-dessous du sommet*, tordue à la base et divariquée, un peu plus longue que la glumelle.

Hab. les lieux stériles, Saint-Gilles. ① Fl. mai.

TRIB. 14. HORDEACÉES. (HORDEACEÆ Godr. et Gren.)

Epillets réunis 2-6 sur chaque dent du rachis, à une ou plu-

sieurs fleurs hermaphrodites. Stigmates sessiles, sortant à la base
de la fleur. Caryopse demi-cylindrique, canaliculé ou sillonné à
la face interne.

61ᵉ gʳᵉ. ORGE. — HORDEUM. (Lin.)

Panicule en épi simple. Rachis souvent fragile à la maturité.
Épillets ternés, plus rarement géminés sur les dents du rachis,
plus ou moins comprimés par le dos, *uniflores* avec le rudiment
d'une seconde fleur souvent réduite au pédicelle, *plus rarement
biflores*, tous hermaphrodites, ou l'épillet moyen seul hermaphrodite et les latéraux mâles ou neutres, souvent pédicellés.
Glumes 2 pour chaque épillet, presque égales, subulées-aristées,
toutes placées en dehors sur le même plan, contiguës et simulant
à chaque nœud un demi-involucre à 6 folioles. Glumelles 2,
opposées au rachis: l'inférieure lancéolée, acuminée, arrondie sur
le dos, aristée ou quelquefois mutique dans les épillets latéraux;
la supérieure bicarénée, bidentée, ciliée sur les carènes. Glumellules 2, charnues, membraneuses, ciliées. Étamines 3. Stigmates
2, sessiles, plumeux, écartés, sortant sur les côtés et vers la base
de la fleur. Caryopse adhérent aux glumelles, oblong, convexe
sur la face externe, à face interne étroitement canaliculée, terminé au sommet par un appendice pubescent.

1. { Épillets tous hermaphrodites, fertiles, sessiles. 2.
Épillets latéraux de chaque groupe mâles ou
neutres, souvent rudimentaires, plus ou
moins pédicellés........................... 3.

2. { Épillets disposés longitudinalement sur 6 rangs,
dont deux opposés peu saillants, les 4 autres
saillants; épi comprimé.................... **VULGARE.**
Épillets disposés longitudinalement sur 6 rangs,
tous également saillants; épi cylindrique..... **HEXASTICHON.**

3. { Épi fortement comprimé à la maturité......... **DISTICHON.**
Épi presque cylindrique.................... 4.

4. { Glume externe des épillets latéraux sétacée;
les autres linéaires-lancéolées, ciliées....... **MURINUM.**
Toutes les glumes sétacées.................. **SECALINUM.**
Les deux glumes de l'épillet médian sétacées,
l'externe des épillets latéraux sétacée, l'interne lancéolée-linéaire, ciliée.............. **MARITIMUM.**

1. **H. VULGARE** *Lin.* — Plante annuelle de 5-10 décim.
Chaumes dressés, assez robustes. Feuilles planes, un peu rudes
en dessus. Épi robuste, dressé ou penché, un peu comprimé latéralement, à épillets disposés sur 6 *rangées longitudinales*, dont
deux opposées peu saillantes, et les 4 *autres proéminentes à la
maturité*. Épillets uniflores, ternés, tous hermaphrodites, sessiles,

Glumes linéaires, insensiblement atténuées en arête. Glumelle inférieure elliptique, mutique dans les épillets latéraux de chaque groupe, et portant dans chaque épillet médian une arête dressée, beaucoup plus longue que l'épi.

Hab. cultivée, et souvent subspontanée, surtout dans les terrains maigres, siliceux. ① Fl. mai-juin.

2. **H. hexastichon** *Lin.* —Plante annuelle de 6-10 décim. Chaumes dressés, assez robustes. Feuilles planes, larges, un peu rudes en dessus. Epi robuste, dressé ou penché à la maturité, à épillets disposés sur 6 *rangées longitudinales, toutes* également *saillantes à la maturité*, ce qui donne à l'épi l'aspect hexagonal. Epillets uniflores, ternés, tous hermaphrodites, sessiles. Glumes linéaires, subulées. Glumelle inférieure elliptique, mutique dans les épillets latéraux, et portant dans l'épillet médian une arête robuste, dressée.

Hab. cultivée, surtout dans les terrains maigres, siliceux, et souvent spontanée. ① Fl. juin-août.

3. **H. distichum** *Lin.* — Plante annuelle de 6-10 décim. Chaumes dressés, assez robustes. Feuilles planes, larges. Epi robuste, dressé ou penché, comprimé latéralement, formé d'épillets disposés sur 6 *rangées longitudinales*, dont 4 *déprimées*, formées par les épillets mâles, et 2 *seulement* proéminentes à la maturité, formées par les épillets hermaphrodites. Epillets uniflores, ternés : le médian *hermaphrodite*, aristé, à arête robuste, plus longue que l'épi ; les latéraux *mâles*, brièvement pédicellés, mutiques. Glumes linéaires-subulées.

Hab. cultivée, surtout dans les terrains maigres et siliceux, souvent spontanée. ① Fl. juin-août.

4. **H. murinum** *Lin.; Zeocritum murinum P. de Beauv.* — Plante annuelle ou bisannuelle. de 2-4 décim. Chaumes géniculés-ascendants, feuillés. Feuilles molles, planes, rudes sur les bords, plus ou moins velues, à gaînes glabres ; la supérieure à gaîne plus ou moins renflée, rapprochée de l'épi et en embrassant souvent la base. Epi d'abord dressé, puis un peu penché, *presque cylindrique*, à rachis fragile, flexueux, cilié sur les bords. Epillets uniflores, ternés : le moyen subsessile, *hermaphrodite;* les latéraux pédicellés, un *peu plus grands, mâles* ou *neutres ;* tous également ou longuement aristés. Glumes de l'épillet médian linéaires-lancéolées, ciliées, ainsi que la glume interne des épillets latéraux, dont la glume externe est *sétacée*, scabre.

Hab. le long des murs, les bords des routes, commun. ① ou ② Fl. mai-septembre.

5. **H. SECALINUM** *Lin.; Hordeum pratense Huds.; Zeocriton secalinum P. de Beauv.* — Plante vivace, à souche cespiteuse, émettant plusieurs tiges et des faisceaux stériles de feuilles. Chaumes de 5-7 décim., dressés, souvent un peu renflés en bulbe à la base, longuement nus au sommet. Feuilles étroites, planes, à gaines inférieures velues ou pubescentes. Epi plus grêle et plus court que dans le précédent. Epillets uniflores, ternés : le médian subsessile, *hermaphrodite*, assez longuement aristé ; les latéraux pédicellés, *mâles ou neutres*, mutiques ou quelquefois brièvement aristés. Glumes de tous les épillets de même forme, sétacées, scabres.

Hab. les prairies, les pâturages ; commun dans le département. ♃ Fl. juin-juillet.

6. **H. MARITIMUM** *With.; Hordeum geniculatum All.* — Plante annuelle de 2-4 décim. Chaumes géniculés-ascendants, fasciculés, feuillés dans toute leur longeur. Feuilles molles, planes, pubescentes sur les faces ; les inférieures à gaines velues, la supérieure à gaine glabre, un peu renflée. Epi dressé, court, presque cylindrique. Epillets uniflores, ternés : le médians *sessile, hermaphrodite* ; les latéraux pédicellés, *mâles*, grêles. Glumes aristées, celles des épillets médians et l'externe des latéraux sétacées, l'interne des latéraux semi-lancéolée-subulée. Glumelle inférieure des épillets médians terminée par une arête plus longue que celle des glumes ; dans les latéraux, la glumelle est dépassée par les glumes.

Hab. les lieux humides et sablonneux des bords de la mer, s'avance un peu dans l'intérieur des terres ; commun dans la partie b sse du département ; se retrouve sur la route d'Alais, près Nimes, et su. le bord du Gardon, à Alais. ① Fl. mai-juin.

62ᵉ gʳᵒ. ELYME. — ELYMUS. (Lin.)

Panicule spiciforme, simple. Epillets sessiles ou subsessiles, bi-pluriflores, géminés ou ternés sur chaque dent du rachis, *tous hermaphrodites*, appliqués contre l'axe. Glumes 2, presque égales, mutiques ou aristées, *toutes placées en dehors, au-dessous de l'épillet et sur le même plan,* contiguës et simulant à chaque nœud une espèce d'involucre unilatéral à 4 ou 6 folioles. Glumelle inférieure lancéolée, arrondie sur le dos, aristée ou mutique ; la supérieure bidentée, bicarénée, rude sur les carènes. Glumellules 2, charnues, ciliées. Etamines 3. Stigmates sessiles,

plumeux, écartés, insérés au-dessous du sommet, s'étalant hors
de la fleur. Caryopse adhérent aux glumelles, oblong, convexe
sur le dos, *largement canaliculé sur la face interne*, appendiculé au sommet, pubescent.

     Épillets géminés, 1-2 flores; glumes aristées, étalées. CRINITUS.
1.   Épillets ternés, biflores; glumes moins longuement
       aristées, dressées, soudées entre elles à leur base.. EUROPOEUS.

1. E. CRINITUS *Schreb.; Hordeum crinitum Desf.; Hordeum jubatum Dec.* — Plante *bisannuelle*, de 1-3 décim.
Chaumes grêles, ascendants. Feuilles étroites, planes, acuminées, velues sur la face supérieure. Ligule courte, tronquée. Epi
un *peu penché, serré*, à rachis flexueux et rude sur les bords.
Epillets *géminés*, quelquefois solitaires aux nœuds inférieurs,
1-2 flores. Glumes plus courtes que l'épillet, longuement aristées,
étalées. Glumelle inférieure rude, très-longuement aristée. *Arête
arquée en dehors.*

Hab. les collines sèches. ② Fl. mai-juin.

2. E. EUROPŒUS *Lin.; Hordeum sylvaticum Huds.; Hordeum europæum All.* — Plante *vivace*, de 5-10 décim. Souche
cespiteuse, peu traçante. Chaumes raides, pubescents aux nœuds.
Feuilles assez larges, planes, rudes, les inférieures velues, pubescentes, à poils réfléchis sur les gaines. Epi raide, *dressé, cylindrique, peu compacte*, à rachis flexueux, rude sur les bords.
Epillets ternés, biflores. Glumes rapprochées et un peu *cohérentes
à leur base*, linéaires, un peu élargies vers leur milieu, puis insensiblement atténuées en arète. Glumelle inférieure rude, munie d'une arète 1-2 fois plus longue qu'elle.

Hab. les bois montagneux. ♃ Fl. juin-juillet.

Trib. 15. TRITICÉES. (Triticeæ God. et Gren.)

Epillets solitaires sur les dents du rachis, à deux ou plusieurs
fleurs hermaphrodites. Styles nuls. Stigmates sortant à la base de
la fleur. Caryopse demi-cylindrique, canaliculé ou muni d'un
sillon sur la face interne.

63ᵉ gʳᵉ. SEIGLE. — SECALE. (Lin.)

Epillets solitaires, *sessiles* sur les dents du rachis, comprimés
latéralement, plans-convexes, formés de 2 fleurs opposées et
du rudiment d'une troisième réduite à son pédicelle, formant

par leur ensemble un *épi simple, distique*. **Glumes 2**, parallèles au rachis, latérales, étroitement lancéolées, carénées, plus courtes que les fleurs. **Glumelles 2**, presque égales : l'inférieure herbacée, carénée, inéquilatérale, ciliée sur la carène, prolongée en une longue arête; la supérieure membraneuse, bicarénée, glabre même sur les carènes. **Glumellules 2**, membraneuses, entières, ciliées. **Etamines 3**. **Stigmates** sessiles, rapprochés, plumeux, étalés. **Caryopse** oblong, convexe sur la face externe, concave et canaliculé sur la face interne, *poilu au sommet, libre* dans les glumelles.

S. CEREALE *Lin.*—Plante annuelle ou bisannuelle, de 8-25 décim. Chaumes dressés, un peu glauques ainsi que toute la plante. Feuilles assez larges, planes, rudes. Epi allongé, un peu penché à la maturité, comprimé, à rachis non fragile, barbu sur les bords. Glumes presque égales, linéaires-subulées. Glumelle inférieure à bord externe plus large et cilié au sommet, ainsi que la carène, et à bord interne plus mince et non cilié.

Hab. cultivé dans les terrains maigres et siliceux. ① ou ② Fl. mai.

64ᵉ gʳᵒ. FROMENT. — TRITICUM. (Lin.)

Epillets solitaires sur les dents du rachis, comprimés latéralement, plans-convexes, appliqués contre l'axe par la face plane, formés de 3-5 fleurs, dont les supérieures souvent rudimentaires, formant par leur ensemble un épi simple, plus ou moins compacte. **Glumes 2**, presque égales, *parallèles à l'axe,* ainsi que les glumelles, coriaces, *ventrues,* plurinerviées, tronquées ou arrondies au sommet, dentées ou aristées, plus courtes que les fleurs. **Glumelle** presque de même longueur : l'inférieure trèsconcave, *équilatère,* dentée ou aristée; la supérieure bidentée, bicarénée, ciliée sur les carènes. **Glumellules** ovales-oblongues, ordinairement entières et ciliées. **Etamines 3. Stigmates** sessiles, terminaux, plumeux, sortant sur les côtés et vers la base de la fleur. **Caryopse** oblong-obtus, velu au sommet et non appendiculé, et muni sur la face interne d'un sillon étroit, longitudinal.

<table>
<tr><td rowspan="2">1.</td><td>Glumes inéquilatères, carénées; glumelle inférieure comprimée latéralement au sommet................................ 2.</td></tr>
<tr><td>Glumes équilatères, arrondies sur le dos; glumelle inférieure non comprimée latéralement au sommet.............. ...... 4.</td></tr>
<tr><td rowspan="2">2.</td><td>Glumes obliquement échancrées au sommet en deux lobules, dont le supérieur mucroné............................ 3.</td></tr>
<tr><td>Glumes largement tronquées au sommet, munies de deux arêtes plus ou moins longues et d'une ou deux dents........ **VULGARI-OVATUM**.</td></tr>
</table>

3.   { Glumes carénées seulement au sommet.... **VULGARE.**
    { Glumes carénées presque jusqu'à la base.. **TURGIDUM.**

4.   { Arêtes des glumes étalées horizontalement;
       la médiane plus longue que les latérales. **5.**
    { Arêtes des glumes toujours dressées; les
       latérales plus courtes que la médiane... **TRIARISTATUM.**

5.   { Épi court ovale, formé de 3-4 épillets.... **OVATUM.**
    { Épi grêle, linéaire-allongé, formé de 5-7
       épillets............................. **TRIUNCIALE.**

1. T. VULGARE *Vill.; Tr. sativum Lam.* — Plante annuelle,
de 7-12 décim. Chaumes solitaires ou peu nombreux sur chaque
pied, dressés. Feuilles planes, rudes ou presque lisses sur la face
supérieure. Epi dressé, puis incliné, formé d'épillets plus ou
moins étroitement imbriqués sur plusieurs angs, *tetragone, ne se
séparant pas des chaumes à la maturité*, à rachis *non cassant.*
Epillets ordinairement à 4 fleurs, les deux inférieures seules
fructifères. Glumes ovales, ventrues, presque de même longueur,
carénées au sommet seulement, obliquement échancrées en deux
lobules, dont le supérieur est souvent aristé. Varie à épillets
blancs ou roux, glabres ou pubescents, à glumelles inférieures
longuement aristées (*T. æstivum Lin*), ou presque mutiques (*T.
hybernum Lin*).

Hab. cultivé en grand. Vulg. *froment.* ① Fl. juin-août.

2. T. TURGIDUM *Lin.* — Plante annuelle, de 9-12 décim.
Chaumes solitaires ou peu nombreux sur chaque pied, dressés:
Feuilles un peu rudes ou lisses sur la face supérieure. Epi dressé,
puis penché, à épillets étroitement imbriqués sur plusieurs rangs,
tetragone, à rachis *non fragile.* Epillets à 4 fleurs. Glumes ovales,
ventrues, obliquement tronquées, mucronées, *à carène très-visi-
ble jusqu'à la base.* Glumelle inférieure longuement aristée.

Hab. cultivé moins communément que le précédent. Vulg. *blé barbu,
gros blé, poulard.* ① Fl. juin-juillet.

3. T. VULGARI-OVATUM *God. et Gren.; Ægilops triti-
coides Requien.* — Plante annuelle, hybride du *Triticum vulgare* et du *Triticum ovatum God. et Gren.*, atteignant 3-5
décim. Chaumes dressés, nus au sommet. Feuilles courtes, planes, rudes, ciliées sur les bords et les nervures. Epi cylindrique,
glauque, *se séparant du chaume à la maturité*, formé de 7-9
épillets très-rapprochés, sur un rachis épais, velu sur les angles.
Epillets extrêmes stériles, petits; les intermédiaires ovoïdes,
contenant 4-5 fleurs, dont les deux inférieures seules fertiles.
Glumes égales, *inéquilatères et carénées*, blanches, membra-

neuses sur les bords, à nervures rudes, à sommet largement tronqué, portant deux arêtes inégales, plus ou moins longues, et ordinairement une dent latérale, quelquefois une seconde entre les deux arêtes. Glumelle inférieure concave, bidentée au sommet, munie d'une arête plus ou moins longue, insérée entre les deux dents.

Hab. les bords des champs de blé, Manduel, Marguerite. ① Fl. juin-juillet.

4. **T. ovatum** *Gren. et God.; Ægilops ovata Lin.* — Plante annuelle. Chaumes ascendants, rarement dressés. Feuilles linéaires, planes, ciliées sur les gaînes. Epi court, ovale, atténué supérieurement, *se détachant du chaume à la maturité*, formé de 3-4 épillets rapprochés. Epillets ovales-ventrus, contenant 2-4 fleurs, dont les deux supérieures mâles. Glumes ovales-ventrues, *équilatères*, rudes sur les nervures, à sommet largement tronqué et pourvu de 3-4 arêtes allongées, robustes, rudes dans toute leur longueur, *étalées horizontalement*, la médiane *plus longue que les latérales*. Glumelle inférieure trinerviée, à 3 dents aristées, les arêtes plus longues que la glumelle.

Hab. les coteaux arides, les lieux secs, les bords des chemins ; commun dans le département. ① Fl. mai-juin.

5. **T. triaristatum** *God. et Gren.; Ægilops triaristata .Wild.; Ægilops neglecta Requien.* — Plante intermédiaire entre le *T. ovatum* et le *T. triunciale*. Elle diffère du premier : par son épi plus allongé, à 4-6 épillets ; les épillets supérieurs étroits, les inférieurs plus gros ; par ses glumes portant seulement 2-3 arêtes, *les latérales plus longues que la médiane* ; et par ses chaumes plus élevés. Et du second : par son épi plus court, plus renflé inférieurement ; par ses épillets plus gros et ses chaumes moins élevés.

Hab. les mêmes localités que le précédent. ① Fl. juin.

6. **T. triunciale** *God. et Gren.; Ægilops triuncialis Lin.; Ægilops elongata Lam.* — Plante annuelle. Chaumes ascendants. Feuilles planes, velues sur les gaînes. Epi linéaire-allongé, cylindrique, atténué supérieurement, *se détachant du chaume à la maturité*, formée de 5-7 épillets rapprochés. Epillets velus ou scabres, oblongs, *non ventrus*, à 2-3 fleurs. Glumes égales, oblongues, tronquées, rudes sur les nervures, portant 2-3 arêtes, celles des épillets supérieurs plus longues que les autres, la *médiane plus longue que les latérales*. Glumelle inférieure à 3

dents mutiques ou aristées; la glumelle de la fleur supérieure munie d'arêtes très-longues et robustes, égalant en longueur celles des glumes.

Hab. les mêmes localités. ① Fl. juin.

65ᵉ grᵉ. AGROPYRE. — AGROPYRUM. (P. de Beauv.)

Epillets *sessiles*, contenant 5-10 fleurs, dont les supérieures mâles, solitaires dans des excavations du rachis, comprimés latéralement, *appliqués contre l'axe par une face*, formant un épi simple plus ou moins compacte. Glumes 2, lancéolées ou oblongues, *non ventrues*, concaves, rarement un peu carénées, à nervures peu saillantes ordinairement ou la moyenne plus saillante, à sommet entier, obtus ou acuminé, mutique ou quelquefois aristé. Glumelle inférieure concave, non ventrue, équilatère, obtuse ou aiguë, mutique ou aristée; la supérieure tronquée ou échancrée, bicarénée, à carènes ciliées. Glumellules lancéolées, entières, ciliées au sommet. Etamines 3. Stigmates sessiles, plumeux, rapprochés et étalés. Caryopse ordinairement adhérent aux glumelles, à face interne plane ou concave, muni au sommet d'un appendice *blanc, arrondi, velu.*

1. { Rachis de l'épi cassant à la maturité........... 2.
   { Rachis non cassant............................ 3.

2. { Plante non gazonnante....................... JUNCEUM.
   { Plante gazonnante........................... SCIRPEUM

3. { Souche plus ou moins longuement rampante .... 4.
   { Souche non rampante........................ CANINUM.

4. { Épillets appliqués obliquement contre l'axe; feuilles subulées, presque piquantes............... 5.
   { Épillets appliqués, dressés contre l'axe, feuilles non piquantes............................. 6.

5. { Glumes et glumelles lancéolées-aiguës : les glumes quelquefois aristées..................... PUNGENS.
   { Glumes et glumelles obtuses, presque tronquées. PYCNANTHUM.

6. { Chaumes fasciculés........................... 7.
   { Chaumes non fasciculés...................... REPENS.

7. { Feuilles d'un vert gai, couvertes sur toute leur surface de petits points saillants........... ACUTUM.
   { Feuilles glauques, portant de petits points saillants linéairement disposés sur les nervures........ 8.

8. { Glumes oblongues, mucronées ou aristées, fortement carénées, à nervures saillantes, atteignant toutes le sommet...................... CAMPESTRE.
   { Glumes obtuses, moins fortement carénées, à nervures peu saillantes, la médiane seule atteignant le sommet.. .... POUZOLZII.

1. **A. JUNCEUM** *P. de Beauv.; Triticum junceum Lin.* —

Plante de 3-8 décim., entièrement glauque. Souche *longuement
rampante*. Chaumes dressés, *non fasciculés*. Feuilles glauques,
allongées, enroulées par les bords, fermes et subulées au sommet, couvertes sur les faces d'une pubescence serrée. Epi raide,
plus ou moins allongé; rachis épais, rude sur les bords, *très-
cassant*. Epillets elliptiques, comprimés, plus longs que les entre-
nœuds dans le haut de l'épi, plus courts dans le bas. Glumes *d'un
tiers moins longues que l'épillet*, égales, lancéolées, *arrondies ou
tronquées au sommet*, blanches, scarieuses sur les bords, à 9-11
nervures *qui n'atteignent pas le sommet* et sont séparées par des
sillons finement gaufrés. Glumelle inférieure carénée, obtuse ou
obtusément mucronée; la supérieure brièvement ciliée sur les carènes.

   Hab. les côtes sablonneuses de la mer, Aigues-Mortes. ♃ Fl. juin-août.

   2. **A. scirpeum** *Pres.; Triticum scirpeum Guss*.—Plante de
5-10 décim. Souche *un peu rampante*. Chaumes dressés, *formant un épais gazon*. Feuilles vertes, enroulées sur les bords,
subulées et rudes au sommet. Epi très-allongé, grêle, dressé;
rachis *cassant à la maturité*. Epillets écartés les uns des autres,
fragiles, ovales-lancéolés, comprimés, égalant les entre-nœuds
dans le haut et de moitié plus courts qu'eux dans le bas de l'épi.
Glumes égalant *la moitié de la longueur de l'épillet*, égales,
arrondies au sommet, non carénées, blanches, scarieuses aux
bords, à 7-9 nervures peu saillantes, rapprochées et *n'atteignant
pas le sommet*. Glumelle inférieure *tronquée ou émarginée au
sommet*, non mucronée, à nervures *rapprochées par paires*; la
supérieure munie sur les carènes de cils fins, visibles seulement
à une forte loupe.

   Hab. les marais saumâtres, à Aigues-Mortes, Peccais. ♃ Fl. juin

   3. **A. acutum** *Ræm et Schult.; Triticum acutum Dec*. —
Plante de 4-6 décim. Souche *rampante*, émettant de courts stolons. Chaumes couchés, puis dressés, *fasciculés*. Feuilles d'un
vert gai, couvertes sur leur face supérieure de petits points plus
ou moins saillants. Epi lâche, dressé, à rachis *non cassant*. Epillets un peu écartés, mais plus longs que les entre-nœuds, ovales-
lancéolés, comprimés. Glumes égalant *la moitié de la hauteur
de l'épillet*, un peu inégales, carénées, blanches, scarieuses aux
bords et pourvue de 7 nervures, dont *la médiane seule atteint le
sommet*. Glumelle inférieure obtuse, mucronée ou quelquefois
brièvement aristée; la supérieure brièvement ciliée sur les carènes.

Hab. les sables du bord de la mer, Aigues–Mortes, Saint-Gilles. ♃ Fl. juin–juillet.

4. **A. pungens** *Rœm et Schult.; Triticum pungens Pers.* — Plante de 5-10 décim. Souche *rampante.* Chaumes dressés, *étroitement fasciculés.* Feuilles allongées, d'un vert glauque, raides, enroulées par les bords, *subulées et piquantes au sommet*, pourvues sur la face supérieure de nervures serrées, portant chacune une rangée de petites pointes. Epi raide, dressé, compacte, à rachis *non cassant.* Epillets très-rapprochés, *obliquement* appliqués contre l'axe, lancéolés, très-comprimés, *une ou deux fois* plus longs que les entre-nœuds. Glumes égales, égalant *la moitié de la longueur de l'épillet*, lancéolées-aiguës, mucronulées, blanches-scarieuses aux bords, pourvues de 7 nervures rapprochées, *atteignant toutes le sommet.* Glumelle inférieure aiguë, mucronulée, quelquefois aristée; la supérieure brièvement ciliée.

Hab. les sables des bords de la mer. ♃ Fl. juin–juillet.

5. **A. pycnanthum** *God et Gren.; Triticum glaucum Bréb.* — Plante de 4-6 décim. Souche *rampante*, émettant des touffes stériles de feuilles. Chaumes raides, dressés, *fasciculés, formant gazon.* Epi raide, plus ou moins compacte, *subtrigone*, à rachis *non cassant.* Epillets rapprochés dans le haut, quelquefois écartés dans le bas de l'épi, appliqués *obliquement* contre l'axe, ovales-oblongs, comprimés, une fois plus longs que les entre-nœuds et renfermant 5-7 fleurs. Glumes presque égales, égalant *presque la moitié de la longueur de l'épillet*, obtuses ou obtusément mucronées, carénées, blanches-scarieuses aux bords, à 5 - 7 nervures larges, serrées, *atteignant le sommet.* Glumelle inférieure *obtuse ou tronquée* au sommet, brièvement mucronulée; la supérieure ciliée sur les carènes.

Hab. les sables du bord de la mer. ♃ Fl. mai-juin.

6. **A. campestre** *God. et Gren.* —Plante de 6-12 décim. Souche *longuement rampante.* Chaumes dressés, *formant un gazon moins serré que le précédent.* Feuilles planes, longuement acuminées, étalées, distiques, glauques, munies sur la face supérieure de nervures très-rapprochées, armées d'un rang de petites pointes aiguës. Epi allongé, lâche, à rachis rude, *non cassant.* Epillets un peu écartés, surtout dans le bas de l'épi, appliqués contre l'axe, *oblongs*, comprimés, renfermant 5-8 fleurs. Glumes égales, *égalant presque la moitié de la longueur de l'épillet*, oblongues -*aiguës, mucronées ou aristées*, fortement carénées,

blanches-scarieuses sur les bords et munies de 5-7 nervures *atteignant toutes le sommet*. Glumelle inférieure obtuse, mucronulée ; la supérieure ciliée sur les carènes.

Hab. les champs et les lieux incultes, Broussan. ♃ Fl. mai-juin.

7. A. Pouzolzii *God. et Gren.* — Plante de 8-12 décim. grêle dans toutes ses parties. Souche *rampante*, émettant de courts stolons. Chaumes dressés, *fasciculés*. Feuilles d'un vert glauque, rudes aux bords, raides, planes, étalées, dressées, pourvues sur la face supérieure de nervures égales, équidistantes, et munies chacune d'une rangée de petits points à peine saillants. Epi allongé, lâche, dressé, atténué au sommet, à rachis rude aux bords, *non cassant*. Epillets petits, distiques, *écartés*, un peu *plus longs que les entre-nœuds* ; les inférieurs moins longs, ovales en cœur, comprimés, finement granuleux à une forte loupe. Glumes *d'un tiers plus courtes que l'épillet*, un peu inégales, *oblongues*, *obtuses ou obtusément mucronées*, *carénées*, blanches-scarieuses aux bords, à 7 nervures rapprochées, peu saillantes, *la médiane seule atteignant le sommet*, et plus saillante que les autres. Glumelle inférieure arrondie, *tronquée ou émarginée au sommet*, plus ou moins obscurément mucronulée ; la supérieure ciliée sur les carènes.

Hab. les bords des champs, Manduel, Aigues-Mortes. ♃ Fl. mai.

8. A. repens *P. de Beauv.; Triticum repens Lin.* — Plante de 5-10 décim. Souche *longuement rampante*, blanchâtre. Chaumes dressés ou ascendants, *non fasciculés*. Feuilles planes, assez raides, vertes ou quelquefois glauques, pourvues sur la face supérieure de nervures parallèles, un peu écartées et portant chacune une rangée de petits points saillants, et quelquefois de longs poils blanchâtres. Epi grêle, lâche, *comprimé*, à rachis rude sur les bords, *non cassant*. Epillets assez nombreux, rapprochés supérieurement et ordinairement écartés dans le bas de l'épi, oblongs, puis comprimés, contenant 4-5 fleurs. Glumes un peu *plus courtes que l'épillet*, presque égales, lancéolées, *acuminées, subulées*, concaves, *non carénées*, à 5-7 nervures *atteignant toutes le sommet*. Glumelle inférieure *acuminée-aiguë*, quelquefois munie d'une arête plus courte que les fleurs ; la supérieure brièvement ciliée.

Hab. commun dans tous les lieux cultivés. Vulg. *chiendent officinal*. ♃ Fl. juin-juillet.

9. A. caninum *Rœm. et Schult.; Elymus caninus Lin.; Triticum caninum Schreb.* — Plante de 5-9 décim. Souche cespi-

teuse, non *rampante*. Chaumes dressés, *fasciculés*. Feuilles larges, planes, d'un vert gai, à nervures scabres, munies d'une seule
rangée de petits points saillants, aigus. Epi étroit, long, dressé,
à rachis rude sur les bords, *non cassant*. Epillets peu nombreux,
rapprochés, ou les inférieurs écartés, contenant 3-7 fleurs, d'abord
lancéolés, puis comprimés. Glumes égales entre elles, *un peu
plus courtes que l'épillet, lancéolées-acuminées, aristées*, concaves, *non carénées*, à 3-5 nervures saillantes, rudes, *atteignant
toutes le sommet*. Glumelle inférieure lancéolée-acuminée, munie
d'une arête plus longue qu'elle; la supérieure finement ciliée.

Hab. les buissons, les lieux ombragés; commun. ♃ Fl. juin–juillet

66° g^{re}. **BRACHYPODE. — BRACHYPODIUM.** (P. de Beauv.)

Epillets *presque sessiles*, multiflores, d'abord cylindriques,
puis lancéolés, comprimés latéralement, obliquement appliqués
contre l'axe *par une des faces*, à fleurs hermaphrodites ou les
supérieures stériles, formant par leur réunion un épi simple et
distique. Glumes 2, *inégales*, membraneuses-herbacées, *lancéolées, plurinerviées*, plus courtes que l'épillet. Glumelle inférieure lancéolée, concave, équilatère, entière au sommet, mutique ou aristée; la supérieure entière, arrondie au sommet, bicarénée, à carènes ciliées. Glumellules oblongues, entières, ciliées.
Etamines 3. Stigmates sessiles, terminaux, plumeux, sortant sur
les côtés et à la base de la fleur. Caryopse oblong, à face externe
convexe, à face interne concave ou canaliculée, ordinairement
adhérent aux glumelles, *muni au sommet d'un appendice pubescent.*

1.	Feuilles très-étroites, enroulées-subulées, presque piquantes, étalées, distiques.................... **RAMOSUM.** Feuilles planes non subulées, piquantes......... 2.	
2.	Feuilles d'un vert foncé; chaumes non rameux à la base.......... .... **SYLVATICUM.** Feuilles d'un vert pâle ou glauque; chaumes plus ou moins rameux à la base............. 3.	
3.	Épi allongé, à plus de 5 épillets, contenant de 10 à 24 fleurs...................... **PINNATUM.** Épi court, à environ 5 épillets, contenant de 6 à 12 fleurs........................... **DISTACHYON.**	

1. **B. sylvaticum** *Schult.; B. gracile P. de Beauv.; Triticum sylvaticum Dec.; Bromus sylvaticus Lam.; Festuca sylvatica Kœl.* — Plante de 5-10 décim. Souche *cespiteuse*. Chaumes
grêles, *non rameux à la base*, longuement nus au sommet, *fasciculés*. Feuilles *d'un vert foncé, planes, molles*, ordinairement
tombantes, pubescentes, plus ou moins velues sur les gaînes.

Epi lâche, étroit, distique, un peu penché. Epillets verdàtres,
linéaires-oblongs, contenant 5-10 fleurs. Glumes un peu inégales,
lancéolées-aiguës. Glumelle inférieure aristée, à arète, dans les
fleurs supérieures, *plus longue qu'elles et se réunissant en pinceau.*

Hab. les bois ; le mas Charlot, près de Nîmes ; Alais, Alzon. ♃ Fl.
juillet-août.

2. **B. pinnatum** *P. de Beauv.; Triticum pinnatum, gracile,
genuense Dec.; Bromus pinnatus Lin.; Festuca pinnata Kœl.* —
Plante de 3-6 décim. Souche *à rhizomes traçants.* Chaumes raides, *fasciculés*, rameux à la base, longuement nus au sommet.
Feuilles dressées, raides, d'un vert pâle ou glauques, planes,
glabres, pubescentes ou un peu scabres, ainsi que les gaînes.
Epi raide, allongé, étroit, distique. Epillets verdàtres ou d'un vert
jaunâtre, assez gros, linéaires-oblongs, souvent arqués en dehors,
renfermant 10-24 fleurs. Arète des glumelles inférieures plus
courte qu'elles, droite et raide.

Hab. dans les broussailles des lieux incultes et pierreux, les garrigues.
♃ Fl. juin-juillet.

3. **B. ramosum** *Rœm. et Schult; Triticum cœspitosum Dec.;
Festuca cœspitosa Desf.* — Plante de 2-5 décim. Souche *cespiteuse, rampante.* Chaumes *fasciculés*, ascendants, raides,
rameux à la base et au-dessus, nus au sommet et légèrement
pubescents aux nœuds. Feuilles *étalées, distiques*, raides, glauques, étroites, *enroulées-subulées , presque piquantes*, assez
courtes. Epi raide, dressé, court, formé d'un petit nombre
d'épillets. Epillets alternes, rapprochés , glabres , linéaires-
oblongs, contenant 6-10 fleurs. Glumes acuminées, mucronées. Glumelle inférieure bien plus longue que la supérieure,
aiguë, munie d'une arète *beaucoup plus courte qu'elle.*

Hab. les broussailles des lieux incultes, les bords des champs et des
fossés de la plaine du Vistre. ♃ Fl. mai-juin.

4. **B. distachyon** *P. de Beauv.; Triticum ciliatum Dec.;
Bromus distachyus Lin.; Festuca ciliata Gouan.* — Plante de
1-3 décim., *annuelle.* Racine *fibreuse.* Chaumes dressés, raides,
peu ou point rameux à la base , nus et rudes au sommet. Epi
raide, dressé, court, formé de 1-5 épillets. Epillets alternes ,
rapprochés, ponctués , très-rudes, linéaires-lancéolées , contenant 6-12 fleurs. Glumes lancéolées-acuminées , brièvement
aristées. Glumelles égales en longueur, l'inférieure aiguë, munie
d'une arète plus longue qu'elle.

Hab. les lieux arides et les sables maritimes ; le bois des Espèces, près de Nîmes ; les garrigues du chemin d'Uzès, de Manduel, etc.; les pinèdes d'Aigues-Mortes. ① Fl. mai-juin.

67ᵉ gʳᵉ. IVRAIE. — LOLIUM. (Lin.)

Epillets *comprimés latéralement*, *appliqués contre l'axe* par le côté, à plusieurs fleurs, ordinairement toutes hermaphrodites, sauf la dernière, qui est ordinairement stérile ou rudimentaire; solitaires sur les dents du rachis, qui présente au-dessus de chaque nœud une excavation dans laquelle est d'abord presque entièrement caché l'épillet. Glumes 2, presque égales dans l'épillet terminal, unique dans les latéraux, herbacées, concaves, mutiques, plus courtes ou égalant à peine les fleurs. Glumelles 2: l'inférieure herbacée-membraneuse, *concave*, mutique ou aristée sous le sommet; la supérieure presque égale à l'autre, membraneuse, bicarénée, à carènes ciliées. Glumellules 2, charnues, aiguës, entières ou inégalement bilobées, glabres. Etamines 3. Stigmates 2, sessiles, terminaux, écartés, plumeux, surtout sur les côtés et à la base des fleurs. Caryopse oblong, muni au sommet d'un appendice *blanc*, *arrondi*, *glabre*, à face externe convexe et à face interne un peu concave, recouvert par les glumelles et *adhérent à la supérieure.*

1. { Épillets lancéolés......................... 2.
    { Épillets elliptiques... .... TEMULENTUM.

2. { Plante vivace, à souche produisant de nombreux
    {   faisceaux stériles de feuilles............... 3.
    { Plante annuelle, à racine fibreuse, ne produisant
    {   pas de rejets stériles...................... 4.

3. (Épillets appliqués contre l'axe pendant la florai-
    {   son; glumelle inférieure mutique.......... PERENNE.
    { Épillets étalés presque à angle droit pendant la
    {   floraison; glumelle supérieure de toutes les
    {   fleurs ou au moins des supérieures munie
    (d'une arête fine............................. ITALICUM.

4. (Épillets linéaires-lancéolés, plus ou moins étalés;
    {   les glumelles inférieures ordinairement aris-
    {   tées, contenant 10-20 fleurs................ MULTIFLORUM.
    { Épillets oblongs, étroitement serrés contre l'axe
    {   après la floraison; les glumelles inférieures
    (toujours mutiques, à 3-8 fleurs............. ITRICTUM.

1. L. PERENNE *Lin.* — Plante *gazonnante*, de 2-5 décim. Souche cespiteuse, émettant des *faisceaux stériles de feuilles.* Chaumes nombreux, dressés ou ascendants, quelquefois couchés à la base, lisses, nus au sommet. Feuilles linéaires, glabres, planes. Ligule courte. Epi simple, dressé. Epillets *appliqués contre l'axe*, oblongs, comprimés, contenant 3-15 fleurs.

Glumes plus courtes que l'épillet, lancéolées-obtuses. Glumelle inférieure mutique ou rarement aristée, munie de 5 nervures, dont les latérales saillantes et rudes.

VAR. A, *Genuinum.* Epi simple, rarement rameux, lâche. Plante robuste.

VAR. B, *Tenue.* — Epi grêle, lâche. Epillets contenant de 3-5 fleurs. Plante grêle.

VAR. C, *Cristatum.*— Epi large, ovale, à épillets rapprochés.

VAR. D, *Furcatum.* — Epi lâche. Epillets allongés, cylindriques, tordus sur eux-mêmes, arqués en dehors.

Hab. les prairies, les bords des chemins; commun partout. ♃ Fl. juin-octobre.

Cette plante, employée pour former les prairies artificielles et les gazons, est connue sous le nom de *ray-grass.*

2. **L. ITALICUM** *Braun.* — Plante de 4-20 décim. Souche *vivace,* émettant ordinairement des *faisceaux stériles de feuilles.* Chaumes plus ou moins fasciculés. Feuilles *enroulées par leurs bords avant leur complet développement,* un peu rudes sur les faces et les gaînes. Epi moins allongé que dans la forme ordinaire de l'espèce précédente. Epillets *étalés presque à angle droit pendant la floraison,* puis appliqués contre l'axe. Glume ordinairement plus courte que les fleurs. Glumelle inférieure pourvue à toutes les fleurs ou au moins aux supérieures, d'une arête fine, insérée sous le sommet.

Hab. les prairies et les lieux herbeux ; cultivé comme fourrage sous le nom de *ray-grass d'Italie.* ♃ Fl. juin-juillet.

3. **L. MULTIFLORUM** *Lam.* — Plante de 5-10 décim. Racine *annuelle, dépourvue de rejets stériles.* Chaumes plus ou moins fasciculés, robustes et lisses. Feuilles acuminées, planes, rudes sur les bords. Epi très-allongé, atteignant presque 5 décim. Epillets linéaires-*oblongs,* plus ou moins serrés contre le rachis, contenant 10-20 fleurs. Glume ordinairement *de moitié plus courte que l'épillet.* Glumelle inférieure ordinairement aristée, au moins dans les fleurs supérieures, rarement mutiques.

Hab. les lieux cultivés, Aigues-Mortes. ① Fl. mai-juin

4. **L. STRICTUM** *Presl.; L. rigidum Boreau.* — Plante de 2-5 décim. Racine *annuelle,* fibreuse, *ne produisant pas de rejets stériles.* Chaumes dressés ou ascendants, quelquefois rameux à la base, lisses. Feuilles linéaires, planes, étroites, la gaîne de la supérieure un peu renflée. Ligule courte, tronquée. Epi raide,

dressé, allongé, formé d'épillets nombreux, comprimés, serrés contre l'axe après la floraison, et renfermant 5-10 fleurs. Glumes *dépassant le milieu de l'épillet* ou *l'atteignant au moins*. Glumelle supérieure *mutique, mucronée* ou *rarement aristée dans les fleurs supérieures*.

Hab. les lieux cultivés. ① Fl. juin-juillet.

5. **L. TEMULENTUM** *Lin*. — Plante de 6-10 décim., robuste. Racine *annuelle*, fibreuse, *ne produisant pas de faisceaux stériles de feuilles*. Chaumes raides, dressés. Feuilles linéaires, planes, aiguës, rudes. Ligule tronquée. Epi dressé, raide, allongé. Epillets dressés, rapprochés, contenant 3-8 fleurs. Glume *plus longue que l'épillet*, aiguë, fortement nerviée. Glumelle inférieure plus ou moins longuement aristée; l'arête insérée sous le sommet, plus bas que dans les espèces précédentes.

Hab. les moissons, près de Nîmes, au mas Charlot, à Cavailhac. ① Fl. juin-juillet.

68ᵉ gʳᵉ. GAUDINIE. — GAUDINIA. (P. de Beauv.)

Epillets *sessiles*, contenant 4-10 fleurs, alternes, d'abord cylindriques, puis comprimés latéralement, *appliqués contre l'axe par une des faces* et formant un épi distique. Glumes 2, carénées, mutiques, plus courtes que les fleurs, inégales: l'inférieure beaucoup plus courte, trinerviée; la supérieure à 7 ou 9 nervures, obtuse. Glumelle inférieure *inéquilatère, carénée, comprimée par le côté*, scarieuse aux bords, brièvement bicuspidée, portant au-dessous du sommet une arête tordue-genouillée; glumelle supérieure bicarénée, bifide. Glumellules 2, concaves, subbilobées. Etamines 3. Stigmates 2, courts, sessiles, plumeux. Caryopse oblong, comprimé latéralement, canaliculé largement sur une face, convexe sur l'autre, libre entre les glumelles, *appendiculé au sommet*.

G. FRAGILIS *P. de Beauv.; Avena fragilis Lin*. — Plante de 2-5 décim. Racine fibreuse. Chaumes fasciculés, grêles. Feuilles planes, molles, poilues ainsi que les gaînes. Epi allongé, à *rachis fragile*. Epillets d'un vert pâle ou panachés de violet, pubescents ou velus. Glumes blanches-scarieuses aux bords; l'inférieure aiguë, de moitié plus courte que la supérieure. Glumelle inférieure lancéolée, acuminée, à arête plus longue que la fleur.

Hab. les lieux arides et sablonneux; les bords du canal, à Franqueveau; les prairies, au Vigan. ① Fl. mai-juin.

69ᵉ gʳᵉ. **NARDURUS.** — NARDURUS. (Rchb.)

Epillets *très-brièvement pédicellés*, contenant 5-7 fleurs her-maphrodites, *comprimés* et ovales pendant la floraison, alternes, solitaires dans les excavations du rachis , *appliqués contre l'axe par une des faces*, et formant un épi lâche et ordinairement simple. Glumes 2, inégales, herbacées, à 1-3 nervures. Glumelle inférieure, oblongue, *concave, équilatère*, mutique ou aristée; la supérieure bidentée, bicarénée, à carènes ciliées. Glumellules petites, oblongues, inégalement bilobées, glabres. Etamines 3. Stigmates 2, sessiles, terminaux, rapprochés, plumeux. Ca-ryopse oblong, courbé en gouttière, adhérent aux glumelles, *non appendiculé*.

1. { Épi unilatéral; glumes très-inégales ; l'inférieure plus petite, uninerviée, la supérieure trinerviée.. **TENELLUS.** Épi distique; glumes peu inégales, toutes deux tri-nerviées.. **LANCHEALII.**

1. N. TENELLUS *Reichenbach.; Festuca tenuflora Koch.* — Plante de 8-15 cent. Racine *annuelle*, fibreuse. Chaumes grêles, dressés ou ascendants, finement striés. Feuilles très-étroites, courtes, pubescentes en dessus, d'abord planes, puis enroulées par les bords. Epi simple, rarement composé, grêle , linéaire , ordinairement courbé en arc, *unilatéral*; rachis anguleux, flexueux, creusé au-dessus des nœuds. Epillets alternes, aussi longs que les entre-nœuds, contenant 3-7 fleurs. Glumes linéaires-acuminées, carénées, *inégales :* l'inférieure plus courte, *uniner-viée*; la supérieure *plus aiguë*, trinerviée. Glumelle inférieure *acuminée aiguë*, brièvement mucronée ou aristée.

VAR. A, *Genuinus.* — Fleurs brièvement mucronées. *Triticum unilaterale Dec.; Brachypodium unilaterale Rœm. et Schult.*

VAR. B, *Aristatus Parl.* — Fleurs aristées. *N. tenuiflorus Boissier.; Triticum nardus Dec.; Festuca tenuiflora Schrad.; Brachypodium tenuiflorum Rœm. et Schult.*

Hab. les lieux arides, Caissargues, Manduel, Villeneuve, Aumessas, St-Hippolyte-de-Montaigu. ① Fl. avril-mai.

2. N. LACHENALII *God.; Nardurus poa Boissier; Festuca lachenalii Koch.* — Plante de 1-3 décim. Racine annuelle, fibreuse. Chaumes dressés ou ascendants, plus forts que dans l'espèce précédente. Epi simple, rarement rameux, linéaire, dressé, raide, *non unilatéral*; rachis flexueux, creusé au-dessus des nœuds. Epillets alternes, dressés, égalant presque les entre-nœuds, verts, contenant 5-8 fleurs. Glumes *presque égales*, *trinerviées*, la supérieure obtuse. Glumelle inférieure mutique ou aristée.

Var. A, *Genuinus.* — Fleurs mutiques. *Triticum halleri Gaud.; Triticum poa Dec.*

Var. B, *Aristatus Boissier.* — Fleurs aristées. *Triticum tenuiculum Lois.; Triticum festucoides Mert.; Brachypodium tenuiculum Ræm. et Schult.*

Hab. les lieux sablonneux : les bords du Gardon, à Alais, le Vigan ; Avignon, Alzon, au Capellier. ① Fl. mai–juillet.

Trib. 16. ROTTBŒLLIACÉES. (Rottbœlliaceæ Kunth.)

Epillets solitaires sur chaque dent du rachis, à une seule fleur hermaphrodite. Styles nuls ou courts. Stigmates 2, sortant à la base de la fleur. Caryopse demi-cylindrique, canaliculé ou muni d'un sillon sur la face interne.

70e gre. LEPTURE. — LEPTURUS. (B. Brown.)

Epillets sessiles, solitaires, uniflores avec le rudiment d'une seconde fleur, formant par leur réunion un épi subulé. Glumes 2, ou une seule aux épis latéraux, coriaces, arrondies sur le dos, mutiques, *égalant la fleur ou plus longues qu'elle.* Glumelle inférieure membraneuse, acuminée, mutique ; la supérieure bicarénée, bidentée. Glumellules 2, ovales, entières. Etamines 3. Stigmates sessiles, plumeux. Caryopse libre, glabre, *linéaire-oblong, convexe en dehors, muni d'un sillon sur la face interne.*

1. | Une seule glume aux épillets latéraux........... CYLINDRICUS.
   | Deux glumes à tous les épillets................. 2.
2. | Épi raide arqué................................ INCURVATUS.
   | Épi grêle, droit ou flexueux.. .... FILIFORMIS.

1. **L. cylindricus** *Trin.; Rottbœllia cylindrica Bertol.; Rottbœllia subulata Dec.; Monerma subulata P. de Beauv.* — Plante de 1-4 décim. Racine *annuelle*, fibreuse. Chaumes *fasciculés*, dressés ou ascendants, genouillés, rameux à la base. Feuilles linéaires-acuminées, glabres, à ligule *ovale.* Epi raide, subulé, *dressé.* Epillets rapprochés, *appliqués* contre le rachis *par le côté et cachés dans les excavations de l'axe. Une seule glume aux épillets latéraux, plus longue que les fleurs,* convexe sur le dos, blanche-scarieuse sur les bords. L'épillet ter-

minal entouré de deux glumes presque égales. Glumelle inférieure acuminée.

Hab. les lieux sablonneux; île de la Bartelasse. ① Fl. mai–juin.

2. **L. INCURVATUS** *Trin.*; *Ægilops incurvata Lin.*; *Rottsbœl-
lia incurvata Dec.*; *Ophiurus incurvatus P. de Beauv.* — Plante
de 1-2 décim. Racine *annuelle*, fibreuse. Chaumes *fasciculés*,
ascendants, rameux à la base. Feuilles très-étroites, enroulées
par les bords à la maturité, à ligule courte, tronquée. Epi raide,
subulé, *arqué*. Epillets rapprochés, *appliqués* contre le rachis
par le côté et *cachés dans les excavations de l'axe*. Glumes 2,
à tous les épillets, coriaces, convexes, presque égales, mucronées, blanches-scarieuses sur les bords, *plus longues que l'épillet*. Elles sont extérieures dans les épillets latéraux, presque contiguës et opposées dans l'épillet terminal.

Hab. les sables et les lieux cultivés, sur le bord de la mer, Aigues-
Mortes, Bellegarde, etc. ① Fl. mai–juin.

3. **L. FILIFORMIS** *Trin.*; *Rosttbœllia filiformis Duby*; *Ophiurus filiformis Ræm. et Schult.* — Plante de 1-3 décim. Racine
annuelle, fibreuse. Chaumes grêles, filiformes, *fasciculés*, ascendants, *rameux à la base*. Feuilles très-étroites, enroulées à la
maturité. Ligule courte, *tronquée*. Epi grêle, subulé, dressé,
droit ou flexueux. Epillets rapprochés, *appliqués par le côté
contre l'axe et cachés dans les excavations du rachis. Deux
glumes* coriaces, convexes, aiguës ou presque obtuses, égalant
l'épillet. Elles sont externes et contiguës dans les épillets latéraux, opposées dans le terminal.

Hab. les bords de la mer, à Aigues-Mortes. ① Fl. mai–juin.

71ᵉ gᵉ. PSILURE. — **PSILURUS.** (Trin.)

Epillets *sessiles*, solitaires, quelquefois géminés, à deux fleurs :
l'une hermaphrodite, *sessile; l'autre* ordinairement incomplète,
pédicellée, formant par leur réunion un épi subulé. Glume unique, mutique, arrondie, *beaucoup plus courte que la fleur*. Glumelle inférieure linéaire-subulée, carénée, aristée; la supérieure
très-étroite, bidentée, bicarénée, à carènes ciliées. Glumellules 2,
bifides, glabres. Une seule étamine. Stigmates 2, sessiles, pubescents. Caryopse glabre, adhérent aux glumelles, *linéaire-trigone, l'angle dorsal peu saillant et la face interne plane et
large*.

P. NARDOIDES *Trin.*; *Nardus aristata Lin.*; *Monerma*

monandra P. de Beauv. — Plante de 2-3 décim. Racine annuelle, fibreuse. Chaumes dressés, filiformes. Feuilles courtes, raides, enroulées-sétacées. Ligule courte, tronquée. Epi très-allongé, fragile, filiforme, flexueux ou arqué. Epillets écartés, étroitement appliqués contre le rachis et entièrement cachés dans les excavations. Glume unique, latérale, très-petite, ovale, quelquefois avortée. Glumelle inférieure rude, assez longuement aristée.

Hab. les coteaux arides, Manduel, Caissargues, Anduze, le Vigan, Fort-les-Bains. ① Fl. mai-juin.

Trib. 17. NARDOIDÉES. (Nardoideæ Koch.)

Epillets solitaires sur chaque dent du rachis, à une seule fleur hermaphrodite. Style unique et un seul stigmate, sortant au sommet de la fleur.

72ᵉ gʳᵃ. NARD. — NARDUS. (Lin.)

Epillets sessiles, solitaires, uniflores, formant un épi grêle. *Glumes nulles*. Glumelle inférieure linéaire, *carénée*, aristée ; la supérieure entière, obtuse, bicarénée, glabre. Glumellules nulles. Etamines 3. Un seul style *terminal* et se prolongeant en un stigmate *allongé*, *filiforme*, *pubescent*. Caryopse glabre, libre dans les glumelles, *linéaire-trigone*, canaliculé sur la face interne.

N. stricta *Lin*. — Plante de 1-2 décim. Souche *vivace*, courte, horizontale, émettant *un grand nombre de fascicules stériles de feuilles, entourés de gaines squamiformes et rapprochés en touffe compacte*. Chaumes dressés, raides, à nœuds inférieurs très-rapprochés. Feuilles glaucescentes, glabres, raides, enroulées, subulées, ordinairement *arquées-étalées*. Epi raide, *unilatéral*, dressé. Epillets de couleur violacée, espacés, *d'abord appliqués, puis étalés*.

Hab. les prairies montagneuses, l'Aigual. ♃ Fl. mai-juin.

ENDOGÈNES CRYPTOGAMES

OU ACOTYLÉDONÉES VASCULAIRES

Plantes dépourvues d'organes sexuels, se reproduisant par des *spores*, c'est-à-dire par des embryons simples, ordinairement nus. Ces spores se développent dans des *sporanges*, où ils sont *entièrement libres*. Tiges et organes accessoires constitués par du tissu cellulaire et des vaisseaux.

1. { Tiges et feuilles articulées ; articulations
    entourées de gaines frangées.... CXXXIII^e f. ÉQUISÉTACÉES.
Tiges et feuilles non articulées.... CXXXII^e f. FOUGÈRES.

CXXXII^e Fam. FOUGÈRES,

FILICES. (Juss. gen. 14.)

Les fougères sont des plantes vivaces, très-rarement annuelles. Leur tige est dans nos pays un rhizome ordinairement rampant, le plus souvent souterrain ; elle se développe, soit par un bourgeon terminal s'allongeant horizontalement, et porte alors les feuilles plus ou moins espacées sur sa face supérieure ; soit par un bourgeon terminal dressé, s'allongeant verticalement, et produit dans ce cas des feuilles fasciculées. Les feuilles (frondes) sont toujours rétrécies à leur base en pétiole plus ou moins long, canaliculé en dedans, élargies en limbe quelquefois entier, mais le plus souvent divisé ; le limbe est dans quelques cas réduit à ses nervures ; leur vernation ou préfoliaison est ordinairement circinnée. Les sporanges, pédicellés ou sessiles, sont distribués sur la face inférieure des feuilles, portés le plus souvent sur les nervures secondaires, où ils constituent des groupes (*sores*) nus ou recouverts par un prolongement de l'épiderme (*indusium*) ; ils s'ouvrent à la maturité régulièrement ou irrégulièrement, et sont pourvus ou non d'un anneau élastique. Les

spores sont en grand nombre dans les sporanges, libres entre
eux et dépourvus d'organes appendiculaires.

1. { Sporanges portés sur la face inférieure des feuilles, non modifiées
ou à peine modifiées............ Trib. 3. POLYPODINÉES 5.
Sporanges portés sur les nervures
des feuilles, modifiées et simulant
un épi ou une panicule...... .... 2.

2. { Feuilles stériles non enroulées en
crosse pendant leur développement. Trib. 1. OPHYOGLOSSÉES 3.
Feuilles stériles enroulées en crosse
pendant leur développement..... Trib. 2. OSMONDÉES 4.

Trib. 1re. OPHIOGLOSSÉES.

3. { Sporanges libres, insérés sur les segments de la feuille réduits à leur
rachis et formant une panicule;
feuilles stériles pennatiséquées... 1er g^{re}. BOTRICHIUM.
Sporanges soudés entre eux, insérés
sur la partie supérieure du rachis
de la feuille indivis et formant un
épi; feuilles stériles entières..... . 2e g^{re}. OPHYOGLOSSUM.

Trib. 2. OSMONDÉES.

4. { Feuilles pennatiséquées; sporanges
portés sur les nervures des lobes
supérieurs des feuilles réduits à
leur rachis, formant une panicule
rameuse........ .... 3e g^{re}. OSMUNDA.

Trib. 3. POLYPODINÉES.

5. { Groupes des sporanges (sores) dépourvus d'indusium, et non recou-
verts par le bord replié des feuilles. S. trib. 1. POLYPODIÉES 9.
Sores ou pourvus d'un indusium ou
recouverts par les bords repliés des
feuilles.... .... 6.

6. { Sores naissant sur les bords des divisions des feuilles et recouverts
par leur bord modifié ou non, re-
plié.... .... S. trib. 5. PTÉRIDÉES 16.
Sores naissant sur la surface des
feuilles, loin des bords et munis
d'un indusium distinct.................. 7.

7. { Sores formant à la face inférieure des
feuilles une ligne continue de chaque côté de la nervure médiane;
indusium fixé par son bord exté-
rieur, libre sur l'autre.......... S. trib. 4. BLECHNÉES 15.
Sores naissant sur le trajet des ner-
vures secondaires ou de leurs ramifications; indusium à bord libre
du côté des nervures........ .... 8.

8. { Indusium fixé dans toute sa largeur
      à la face inférieure du limbe . . . . . S.trib.3. ASPLÉNIÉES 12.
      Indusium fixé sur une petite éten-
      due de son contour ou de sa sur-
      face inférieure, et libre sur le reste. S.trib.2. ASPIDIÉES 14.

S.-TRIB. 1. POLYPODIÉES.

9. { Sores oblongs-linéaires , entremêlés
      d'écailles scarieuses, et recouvrant
      ensemble toute la face inférieure
      des feuilles . . . . 10.
      Sores non entremêlés d'écailles sca-
      rieuses . . . . 11.

10. { Frondes pennatipartites . . . . 4ᵉ gʳᵉ. CETERACH.
      Frondes bipennatipartites . . . . 5ᵉ gʳᵉ NOTHOCLÆNA.

11. { Sores arrondis, disposés en séries
      régulières ou éparses . . . . 6ᵉ gʳᵉ. POLYPODIUM.
      Sores oblongs ou linéaires, épars . . . 7ᵉ gʳᵉ. GRAMMITIS.

S.-TRIB. 2. ASPIDIÉES.

12. { Indusium orbiculaire, pelté, inséré
      par un pédicelle central au milieu
      du sore . . . . 8ᵉ gʳᵉ. ASPIDIUM.
      Indusium fixé par une portion de son
      pourtour, replié ou non en dessous . . . . 13.

16. { Indusium suborbiculaire, fixé au mi-
      lieu du sore par un repli de son
      bord, qui, allant de la circonférence
      au centre, le rend réniforme . . . . . 9ᵉ gʳᵉ. POLYSTICHUM.
      Indusium lancéolé ou ovale, inséré
      par sa base au-dessous du sore,
      libre dans le reste de son étendue . 10ᵉ gᵉʳ. CYSTOPTERIS.

S.-TRIB. 3. ASPLÉNIÉES.

14. { Sores linéaires ou ovales , épars ou
      bisériés régulièrement ; indusium
      fixé par son bord externe, libre
      par l'autre, se repliant à la matu-
      rité . . . . 11ᵉ gʳᵉ. ASPLENIUM.
      Sores linéaires rapprochés par paires,
      de part et d'autre, des nervures se-
      condaires et formant des groupes
      parallèles, obliques à la nervure
      moyenne ; les deux indusium de
      chaque groupe simulant un indu-
      sium bivalve . . . . 12ᵉ gʳᵉ. SCOLOPENDRIUM.

S.-TRIB. 4. BLECHNÉES.

15. { Sores formant deux lignes continues
      parallèles de chaque côté de la ner-
      vure moyenne des feuilles . . . . 13ᵉ gʳᵃ. BLECHNUM.

S.-TRIB. 5. PTÉRIDÉES.

16. Sores formant une ligne continue tout autour des lobules des frondes, recouverts en partie par leurs bords, repliés et non modifiés, scarieux seulement sur leur marge.. 17ᵉ gʳᵉ. **CHEILANTHES.**

Sores formant une ligne plus ou moins interrompue, longeant les bords des lobes des feuilles, repliés et non modifiés................. 17.

17. Sores portés sur le bord replié des lobes des feuilles, arrondis et non confluents à la maturité......... 15ᵉ gʳᵉ. **ADIANTHUM**

Sores portés sur le limbe près des bords et recouverts par ces bords, repliés et modifiés.................... 18.

18. Sores formant aux bords des lobes des feuilles une ligne continue de chaque côté de la nervure médiane, recouverts par les bords repliés du limbe et devenus membraneux, simulant un véritable indusium.... 14ᵉ gʳᵉ. **PTERIS.**

Sores d'abord arrondis, puis confluents, longeant les bords des lobes des feuilles, qui les recouvrent en se repliant jusqu'à la nervure médiane..................... 16ᵉ gʳᵉ. **ALLOSURUS.**

TRIB. 1. OPHIOGLOSSÉES. (OPHIOGLOSSEÆ Coss. et Ger.)

Sporanges sessiles, disposés en épi ou en panicule au sommet des feuilles modifiées, s'ouvrant régulièrement en deux valves, dépourvus d'élatères. Indusium nul. Feuilles au nombre de deux et de deux formes : la fertile dépourvue de parenchyme ; la stérile foliacée, non enroulée en crosse avant son développement.

1ᵉʳ gʳᵉ. BOTRICHE. -- BOTRICHIUM. (Swartz.)

Sporanges *libres*, portés sur les rachis de la feuille *disposés en panicule ;* la feuille stérile *pennatiséquée.*

1. **B. lunaria** *Swartz.; Osmunda lunaria Lin.* — Plante de 5-20 cent. Souche courte, fibreuse. Feuille stérile, pennatiséquée. Lobes arrondis en croissant, entiers ou dentés. Feuille fertile *réduite à ses rachis pennés*, rapprochés en panicule.

Hab. les pâturages secs des montagnes. ♃ Fruct. mai-juillet.

2ᵉ gʳᵉ. OPHIOGLOSSE. — OPHIOGLOSSUM. (Lin.)

Sporanges soudés entre eux, portés sur le rachis *indivis* de la fronde fertile : feuille stérile *entière*.

1. O. vulgatum *Lin.* — Plante de 1 à 3 décim. Souche courte, fibreuse. Feuille stérile à limbe entier, ovale. Feuille fertile terminée par *un épi linéaire, aigu*, longuement pédonculé.

Hab. les lieux humides, Bellegarde, Saint-Pons-de-la-Calm. ⚥ Fruct. juin.

TRIB. 2. OSMONDÉES (Osmundeæ Coss. et Germ.)

Sporanges pédicellés, portés sur les nervures des lobes supérieurs des feuilles réduits à leur rachis, simulant une panicule, s'ouvrant régulièrement en deux valves, dépourvus d'élatère. Indusium nul. Feuilles enroulées en crosse avant leur développement.

3ᵉ gʳᵉ. OSMONDE. — OSMUNDA. (Lin.)

Sporanges subglobuleux, disposés en panicule à la partie *supérieure modifiée* des feuilles. Feuilles bipennatiséquées.

1. O. regalis *Lin.* — Plante de 5-10 décim. Souche épaisse, courte, émettant à son extrémité un faisceau de feuilles les unes stériles, les autres fertiles. Feuilles de 5-6 décim., très-amples, *bipennatiséquées*, à pétiole robuste, canaliculé, dépourvu de poils squamiformes. *Segments stériles* peu nombreux, presque opposés, à lobes un peu pétiolulés, amples, oblongs, indivis, entiers ou crénelés obliquement, tronqués à la base; *segments fertiles* à lobes rapprochés au sommet des feuilles en forme de panicule terminale.

Hab. les lieux marécageux, les bois, les bruyères humides ; Valleraugue (*Planchon*), Genolhac, Portes. ⚥ Fruct. mai-septembre.

TRIB. 3. POLYPODINÉES. (Polypodineæ Coss. et Germ.)

Sporanges pédicellés ou sessiles, munis d'un élatère et s'ouvrant irrégulièrement en travers à la maturité, groupés sur la face inférieure des feuilles, *non modifiées* ou *très-peu transformées*. Groupes des sporanges (sores) munis ou dépourvus d'enveloppe (indusium). Feuilles *enroulées en crosse avant le développement*.

S.-TRIB. 1. **POLYPODIÉES** *Coss. et Germ.*—Groupes des sporanges (sores) *dépourvus d'indusium, et non recouverts par le bord replié des frondes.*

4° gr°. CÉTÉRACH. -- ÇETERACH. (Bauh.)

Groupes des sporanges oblongs ou linéaires, épars ou régulièrement distribués sur la surface inférieure des feuilles, entremêlés d'écailles scarieuses, brunes, et à la maturité *recouvrant ensemble toute la surface inférieure des frondes.* Indusium nul. Feuilles pennatipartites.

1. **C. OFFICINARUM** *Wild.; Asplenium ceterach Lin.; Grammitis ceterach Swartz.* — Souche cespiteuse. Feuilles nombreuses, disposées en touffe, longues de 5-15 cent., étalées, *pennatipartites*, à segments alternes, courts, ovales, confluents à la base, épaisses, *couvertes en dessous* d'écailles roussâtres, brillantes.

Hab. les vieux murs, les rochers humides; commun dans tout le département. ♃ Fruct. mai-octobre.

5° gr°. NOTHOCLÆNA. - NOTHOCLÆNA. (R. Brown.)

Groupes des sporanges disposés en *série linéaire* continue ou discontinue, *longeant les bords des lobes des feuilles*, enveloppés par les poils écailleux qui en couvrent la face inférieure. Feuilles *bipennatipartites*.

1. **N. MARANTÆ** *R. Br ; Ceterach marantæ Dec.; Achrostichum marantæ Lin.* — Souche cespiteuse. Feuilles de 1-2 décim., lancéolées, *bipennatipartites*. Segments opposés, lancéolés, pennatiséqués. Lobes ovales-lancéolés, obtus, *verts en dessus*, couverts en dessous d'écailles d'abord blanchâtres, puis brunes.

Hab. les rochers humides, Anduze (*Planchon, le docteur Miergues*). ♃ Fruct. août-octobre.

6° gr°. POLYPODE. — POLYPODIUM. (Lin.)

Groupes des sporanges *arrondis*, épars ou disposés en séries régulières à la surface inférieure des feuilles, *non entremêlés d'écailles scarieuses*. Indusium nul. Feuilles *pennatipartites* ou *bi-tripennatiséquées*.

1. { Feuilles pennatipartites....................... **VULGARE.**
  { Feuilles bi-tripennatiséquées .... 2.
2. { Feuilles simplement pennatiséquées........... **PHEGOPTERIS.**
  { Feuilles bi-tripennatiséquées.................. 3.

3. { Feuilles oblongues dans leur pourtour, atténuées
        aux deux bouts.......................... **RHÆTICUM.**
        Feuilles triangulaires dans leur pourtour....... **ACULEATUS.**

1. P. VULGARE *Lin.* — Rhizome traçant, charnu, d'une saveur sucrée, couvert d'écailles brunes. Feuilles de 2-5 décim., *oblongues-lancéolées* dans leur pourtour. Pétiole long, glabre. Limbe *pennatipartite*, à lobes alternes, un peu confluents à la base, lancéolés-oblongs, obtus ou rarement aigus, entiers ou finement dentés; nervures secondaires des lobes ordinairement trifurquées, à ramifications *épaissies et transparentes au sommet, n'atteignant pas les bords du lobe.* Groupes des sporanges disposés sur deux rangs parallèles à la nervure moyenne des lobes, naissant à l'extrémité de la ramification intérieure des nervures secondaires.

Hab. les bois, les vieux murs; Nîmes, Manduel, Beaucaire, le pont du Gard, Saint-Nicolas, Notre-Dame de Rochefort, etc. ♃ Fruct. juin-octobre.

2. P. PHEGOPTERIS *Lin.* — Rhizome grêle, traçant. Feuilles de 2-5 décim, *oblongues-lancéolées-acuminées* dans leur pourtour. Pétiole long, plus ou moins couvert de poils squamiformes. Limbe *pennatiséqué*, cilié ou velu sur les deux faces, à segments opposés, les supérieurs confluents, *pennatifides*, à lobes obtus ou obscurément crénelés. Nervures secondaires *non épaissies à leurs extrémités et atteignant le bord de la fronde.* Groupes des sporanges naissant à l'extrémité des ramifications des nervures, près du bord des lobes.

Hab. les montagnes du Vigan. ♃ Fruct. juin-octobre.

3. P. RHÆTICUM *Lin.* — Rhizome épais, traçant. Feuilles de 5-8 décim. Pétiole court, recouvert d'écailles à la base. Limbe *oblong-lancéolé*, rétréci aux deux extrémités, *bipennatiséqué.* Segments alternes, lancéolés, *pennatifides*, à lobules petits, dentés, glabres. Nervures secondaires des lobes *non épaissies dans leur longueur et atteignant les bords de la feuille.* Groupes des sporanges disposés sur deux rangs parallèles à la nervure moyenne des segments.

Hab. les mêmes localités que le précédent (?) ♃ Fruct. juin-octobre.

4. P. DRYOPTERIS *Lin.* — Rhizome traçant, plus ou moins grêle. Feuilles de 2-4 décim. Pétiole plus long que le limbe, recouvert d'écailles à la base. Limbe *triangulaire* dans son pourtour, *bi-tripennatiséqué.* Segments inférieurs *triangulaires* dans leur ensemble; les supérieurs lancéolés-oblongs. Lobes lancéolés, à lobules obtus, crénelés, entiers dans la partie supérieure des feuilles. Nervures secondaires *non épaissies et atteignant le bord des lobules*. Groupes des sporanges naissant sur les nervures secondaires des lobules et rapprochés des bords de la feuille.

Hab. les vieux murs, les rochers humides; le Vigan, l'Espérou. ♃ Fr. juin-septembre.

7ᵉ gʳᵉ. GRAMMITE. — GRAMMITIS. (Swartz.)

Groupes des sporanges *oblongs ou linéaires, épars* sur la face inférieure des feuilles. Indusium nul. Feuille *bipennatiséquée*.

1. G. LEPTOPHYLLA *Swartz; Polypodium leptophyllum Lin.* — Rhizome petit, très-court, *annuel (Guss.)* Feuilles de 1-2 décim. Pétiole pourpré, aussi long que le limbe, glabre. Limbe *ovale-oblong* dans son ensemble, *bipennatiséqué*. Segments divisés en lobes *obovés-cunéiformes, incisés-dentés*. Groupes de sporanges formant d'abord des lignes étroites, qui finissent par occuper presque toute la face inférieure des lobules.

Hab. le Vigan. ① Fr. mars-mai.

S.-TRIB. 2 ASPIDIÉES *Coss. et Germ.* — Groupe des sporanges ordinairement *arrondis, naissant* à la face inférieure des feuilles *sur le trajet des nervures secondaires ou de leurs ramifications* non anastomosées, rarement à leur sommet. Indusium membraneux, inséré *par une petite étendue de son contour*, et libre dans le reste, ou *suborbiculaire ou réniforme à insertion centrale*.

8ᵉ gʳᵉ. ASPIDIE. — ASPIDIUM. (R. Brown.)

Groupes des sporanges *arrondis*, disposés en séries régulières ou épars. Indusium *orbiculaire, pelté, inséré par un pédicelle central* au milieu du sore, libre sur tout son pourtour. Feuilles uni ou bipennatiséquées.

1. | Feuilles simplement pennatiséquées............ LONCHITIS.
   | Feuilles bipennatiséquées .... ACULEATUM.

1. A. LONCHITIS *Swartz; Polypodium lonchitis Lin.; Polystichum lonchitis Dec.* — Rhizome court, épais. Feuilles de 2-5 décim., raides, coriaces. Pétiole court, recouvert d'écailles. Limbe lancéolé-oblong, rétréci aux deux extrémités, *pennatiséqué*. Segments *entiers*, brièvement *pétiolulés*, ovales-lancéolés, un peu *courbés en faux sur leur bord supérieur*, fortement *ciliés-spinuleux* sur les bords, subtronqués à la base auriculée à son angle supérieur. Groupes des sporanges formant deux séries linéaires parallèles à la nervure médiane des segments.

Hab. le Vigan. ♃ Fruct. juillet-août.

2. A. ACULEATUM *Swartz ; Polypodium aculeatum Lin.; Polystichum aculeatum Dec.* — Rhizome épais, couvert d'écailles scarieuses, larges. Feuilles plus ou moins nombreuses, en touffe, de 4-8 décim., persistant ordinairement pendant l'hiver. Pétiole court, chargé ainsi que le rachis de larges écailles scarieuses, rousses. Limbe oblong-lancéolé, atténué aux deux bouts, *bipennatiséqué.* Segments rapprochés, lancéolés-oblongs, acuminés, pennatiséqués. Lobes des segments oblongs-inéquilatères, confluents ou non à la base, dentés, indivis ou subbilobés, au moins les inférieurs. Lobule latéral en forme d'oreillette, regardant l'extrémité du segment. Dents des lobes *raides, cuspidées-aristées*, la terminale plus longue que les latérales. Groupes des sporanges disposés en deux séries linéaires à peu près régulières, parallèles à la nervure moyenne des lobes.

Hab. le Vigan. ♃ Fruct. juin–septembre.

9e g^{re}. POLYSTIC. — POLYSTICHUM.

Groupes des sporanges arrondis, épars ou disposés en séries régulières. Indusium membraneux, *suborbiculaire-réniforme, ombiliqué au centre,* replié en dessous du côté de l'échancrure et s'*insérant* par ce repli *au centre du groupe des sporanges,* libre dans tout le reste de son pourtour. Feuilles plus ou moins subdivisées.

1. { Rachis des feuilles couvert d'écailles scarieuses... 2.
{ Rachis des feuilles glabre...................... OREOPTERIS.

2. { Lobules des feuilles dentés-spinescents.......... SPINALOSUM.·
{ Lobules des feuilles à dents non épineuses....... 3.

3. { Lobules à dents aiguës mutiques................. FILIX-MAS.
{ Lobules à dents mucronées...................... CRISTATUM.

1. P. OREOPTERIS *Dec. ; Aspidium oreopteris Swartz.; Polypodium oreopteris Ehr.; Polypodium pteroides Vill.* — Rhizome épais, court. Feuilles de 5-10 décim., fasciculées en touffe. Pétiole court, muni d'écailles scarieuses, rousses. Limbe *à rachis glabre, couvert en dessous de points résineux jaunes, brillants,* oblong-lancéolé acuminé dans son pourtour, pennatiséqué. Segments un peu espacés, lancéolés-aigus, pennatipartites. Lobes des segments largement confluents à la base, oblongs, *presque obtus,* entiers ou obscurément crénelés. Groupes des sporanges disposés sous chaque lobe en deux séries linéaires parallèles à la nervure médiane, portés aux extrémités des nervures secondaires ou de leurs ramifications, *non confluents à la maturité.*

Hab. les lieux humides des bois montueux , les montagnes du Vigan. ♃
Fruct. juillet-août.

2. P. FILIX-MAS *Roth.; Aspidium filix-mas Swartz; Polypodium filix-mas Lin.; Nephrodium filix-mas Stremp.* — Souche
volumineuse, traçante, cespiteuse. Feuilles ordinairement nombreuses, en touffe de 5-12 décim. Pétiole assez court, couvert,
ainsi que le rachis et la face inférieure des feuilles, d'écailles
scarieuses, brunes. Limbe oblong-lancéolé-acuminé dans son
ensemble, pennatiséqué. Segments lancéolés-acuminés, pennatipartites, à 15-25 paires de lobes, *les inférieurs plus petits que les
moyens.* Lobes oblongs-obtus, *fixés* au rachis des segments *par
toute leur base*, crénelés-dentés, à dents aiguës-*mutiques*, les
supérieurs un peu confluents à leur base. Groupes des sporanges
peu nombreux, assez gros, disposés en séries *peu ou point régulières*, seulement à la partie inférieure des lobes.

Hab. les buissons et les haies, dans les chemins couverts de la région
septentrionale du département. ♃ Fruct. juin-septembre.

3. P. CRISTATUM *Roth.; P. callipteris Dec.; Aspidium cristatum Swartz.; Polypodium cristatum Lin.; Nepphrodium cristatum Stremp.* — Rhizome épais, court, cespiteux. Feuilles de
3-6 décim. peu nombreuses, en touffes. Pétiole plus ou moins
long, recouvert, ainsi que le rachis, d'écailles scarieuses, brunes.
Limbe oblong-lancéolé dans son pourtour, *pennatiséqué.* Segments un peu étalés, ovales ou triangulaires, lancéolés-acuminés, *pennatipartites* ou *pennatifides*, à 5-15 paires de lobes,
les inférieurs plus petits que les moyens. Lobes oblongs-obtus,
confluents, crénelés inférieurement, dentés supérieurement, à
dents *mucronées, non aristées.* Groupes des sporanges disposés
en deux séries linéaires, plus ou moins régulières, insérés vers
le milieu des ramifications inférieures des nervures secondaires.

Hab. les bois humides, dans les bois montueux du nord du département(?)
♃ Fruct. juillet-août.

4. P. SPINULOSUM *Dec.; Polypodium cristatum Vill.; Nephrodium cristatum Stremp.* — Souche épaisse, cespiteuse.
Feuilles de 3-8 décim. peu nombreuses, fasciculées, en touffe lâche.
Pétiole plus ou moins long, muni, ainsi que le rachis, d'écailles
scarieuses, brunes. Limbe ovale ou triangulaire, lancéolé-acu-
miné dans son pourtour, *bipennatiséqué.* Segments un peu écartés,
triangulaires, lancéolés, acuminés, les inférieurs presque aussi
grands que les moyens. Lobes *pennatifides* ou *pennatiséqués.*
Lobules dentés supérieurement, à dents conniventes, *cuspidées*

aristées. Groupes des sporanges assez petits, plus ou moins régulièrement bisériés le long de la nervure moyenne des lobules, insérés au-dessus du milieu de la ramification intérieure des nervures secondaires.

Hab. les bois humides, les rochers, les murs, le Vigan, Alzon. ♃ Fruct. juin-septembre.

10ᵉ gᵗᵉ. CYSTOPTÉRIDE. — CYSTOPTERIS (Bernh.)

Groupes des sporanges arrondis, épars ou disposés en séries linéaires. Indusium membraneux, mince, recouvrant lâchement les sores, *ovale* ou *lancéolé*, fixé *par sa base* sur la nervure qui porte le sore et *au-dessous de celui-ci*, libre sur tout le reste de son étendue et à extrémité *dirigée vers les bords des lobes du limbe*, se plissant et disparaissant à la maturité. Feuilles bi-tripennatiséquées.

1. **C. FRAGILIS** *Bernh.*; *Aspidium fragile Dec.*; *Polypodium fragile Lin.*; *Polypodium polymorphum Will.* — Rhizome plus ou moins traçant, épais, écailleux à la base des feuilles. Feuilles ordinairement peu nombreuses, de 1–4 décim., ne persistant pas pendant l'hiver. Pétiole assez long, vert ou brunâtre à la base, glabre et muni à la partie inférieure de quelques écailles brunes. Limbe oblong-lancéolé dans son ensemble, mince, d'un vert gai, *bi-tripennatiséqué*. Segments lancéolés, ou lancéolés-ovales, les inférieurs plus petits que les moyens. Lobes ou lobules de forme très-variée. Groupes des sporanges disposés en séries plus ou moins régulières à la face inférieure des lobes et près de leurs bords.

Hab. les rochers, les murs humides et ombragés; dans le nord du département. ♃ Fruct. juin-septembre.

S.-TRIB. 3 ASPLÉNIÉES *Coss. et Germ.* — Groupes des sporanges *linéaires ou oblongs*, naissant sur le trajet des nervures secondaires ou de leurs ramifications, *obliques par rapport à la nervure moyenne*. Indusium membraneux, fixé dans *toute sa largeur* à la nervure qui porte le sore, et *libre sur son autre bord*.

11° gᵗᵉ. DORBADILLE. — ASPLENIUM. (Lin.)

Groupes des sporanges linéaires ou oblongs, insérés sur les nervures secondaires ou sur leur ramification intérieure, *non rapprochés par paires*, arrondis et souvent confluents à la maturité. Indusium membraneux, inséré dans toute sa largeur sur la nervure secondaire qui porte le sore, libre de l'autre bord, *tourné vers la nervure moyenne du segment*. Feuilles *pennati-séquées* ou *bi-tripennatiséquées*.

1. Feuilles à 2-3 segments linéaires, entiers ou incisés, naissant au sommet des pétioles.......................... SEPTENTRIONALE.
Feuilles à segments nombreux, distribués le long du rachis................... 2.

2. Feuilles ovales, à segments moyens, plus longs que ceux des extrémités........ 3.
Feuilles triangulaires, à segments allant en décroissant de longueur de la base au sommet................. .... 6.

3. Feuilles bipennatiséquées.............. 4
Feuilles simplement pennatiséquées.... TRICHOMANES.

4. Segments des feuilles pennatifides ou pennatilobés seulement à la base; lobules à dents spinescentes.......... HALLERI.
Segments des feuilles pennatiséqués dans toute leur longueur; lobules à dents aiguës, mucronées, non spinescentes. .... 5.

5. Feuilles de 5-10 décimètres... .... FILIX-FÆMINA.
Feuille de 1-3 décimètres............ . LANCEOLATA.

6. Pétiole vert dans toute son étendue.... . RUTA-MURARIA.
Pétiole brun, au moins inférieurement.. 7.

7. Feuilles bipennatiséquées dans la partie inférieure et simplement pennatiséquée dans la partie supérieure............ BRYERII.
Feuilles bi-tripennatiséquées.......... ADIANTHUM-NIGRUM

1. **A. FILIX-FÆMINA** *Bernh.; Polypodium filix-fœmina Lin.; Athyrium filix-fœmina Roth.; Aspidium filix-fœmina Swartz.* — Souche épaisse, cespiteuse. Feuilles en touffe, de 5-12 décim., glabres, d'un vert gai. Pétiole plus court que le limbe, couvert à la base d'écailles brunâtres. Limbe oblong-lancéolé-acuminé dans son ensemble, bipennatiséqué. Segments nombreux, lancéolés et longuement acuminés, *ceux de la partie moyenne plus longs que ceux des extrémités*, tous pennatiséqués. Lobes des segments pennatiséqués ou pennatipartites, lancéolés-aigus. Lobules entiers ou dentés, à dents acuminées. Groupe des sporanges oblongs, puis arrondis, et enfin confluents. Indusium oblong, à *bord libre, fimbrié.*

Hab. les bois humides et les buissons; Valbonne, Saint-Jean-du-Gard, l'Espérou. ♃ Fruct. juin-septembre.

2. **A. HALLERI** *Dec.; Aspidium Halleri Wild.; Polypodium fontanum Lin.*—Souche épaisse, cespiteuse. Feuilles en touffe, de 1-2 décim., glabres, d'un vert gai. Pétiole plus court que le limbe, vert ou noirâtre à la base. Limbe linéaire-lancéolé ou

oblong-lancéolé, un peu coriace, pennatiséqué. Segments ovales, tronqués à la base, ceux de la partie moyenne plus longs que ceux des extrémités, *pennatiséqués, mais seulement à leur base.* Lobes *peu nombreux, contigus*, obovales-cunéiformes, denticulés, à dents mucronées-spinescentes. Groupes des sporanges oblongs, puis suborbiculaires, et enfin confluents, et alors couvrant presque toute la face inférieure des lobes. Indusium à *bord libre, entier.*

Hab. les rochers humides; le Vigan, Valleraugue, l'Espérou. ♃ Fruct. juin-octobre.

3. A. LANCEOLATUM *Huds.; Asplenium Billotii Schultz.* — Souche cespiteuse. Feuilles de 1-2 décim., d'un vert clair, glabres. Pétiole plus court que le limbe, brunâtre à la base. Limbe oblong-lancéolé dans son pourtour, *bipennatiséqué.* Segments ovales-lancéolés, aigus ou obtus, les moyens plus longs que ceux des extrémités, *pennatiséqués*, excepté ceux du sommet. Lobes ovales, crénelés, cunéiformes à la base et pétiolulés. Groupes des sporanges oblongs d'abord, puis arrondis, assez gros et enfin confluents. Indusium à *bord libre, non fimbrié.*

Hab. les rochers humides, les montagnes du Vigan. ♃ Fruct. mai-septembre.

4. A. TRICHOMANES *Lin.* — Souche cespiteuse. Feuilles nombreuses, en touffe, de 1-2 décim., glabres. Pétiole très-court. Rachis d'un brun noirâtre, luisant, convexe en dehors, plan en dedans, muni sur les angles d'un rebord mince, étroit, denticulé. Limbe *linéaire-oblong* dans son ensemble, *simplement pennatiséqué.* Segments nombreux, opposés, ovales-rhomboï-daux, crénelés, rarement incisés, *tronqués à la base*, obscuré-ment auriculés, *insensiblement pétiolulés.* Groupes des sporanges disposés obliquement à la nervure médiane et formant deux séries linéaires parallèles, linéaires, puis oblongs, et enfin con-fluents, recouvrant alors presque toute la partie inférieure des segments. Indusium à bord libre, *non fimbrié.*

Hab. les murs humides, les rochers ombragés ; commun dans le départe-ment. Vulgairement *capillaire.* ♃ Fruct. mai-septembre.

5. A. SEPTENTRIONALE *Swartz.; Acrostichum septentrionale Lin.* — Souche cespiteuse. Feuilles nombreuses, en touffe, de 5-15 cent., glabres. Pétiole plus long que le limbe, brun à la base, vert dans le reste de sa longueur. *Segments ordinairement au nombre de 2-3, linéaires, allongés, entiers ou incisés*, naissant au sommet du pétiole. Groupes des sporanges linéaires d'abord, puis élargis et couvrant toute la surface inférieure des segments et la débordant même quelquefois. Indusium à bord libre, *non fimbrié*.

Hab. les fentes des rochers granitiques; Valleraugue, Saint-Jean-du-Gard, Valbonne. ♃ Fruct. mai-septembre.

6. **A. BREYNII** *Retz.; Asplenium germanicum Weiss; Asplenium alternifolium Lois.* — Souche cespiteuse. Feuilles nombreuses, en touffe, de 5-15 cent., glabres. Pétiole long, grêle, luisant, noirâtre dans sa partie inférieure. Limbe *oblong-linéaire* dans son ensemble, *pennatiséqué*. Segments de 5-11, alternes, espacés, *allongés-cunéiformes*, incisés, dentés au sommet; les *inférieurs pétiolulés, pennatiséqués* en 3-4 segments; les *moyens subsessiles, bi-tripartites,* et les *supérieurs sessiles, confluents à la base.* Groupes des sporanges linéaires, allongés, puis confluents et couvrant alors la surface inférieure des lobes, excepté au sommet. Indusium à bord libre, *entier.*

Hab. les fentes des rochers; les Cévennes. ♃ Fruct juin-septembre.

7. **A. RUTA-MURARIA** *Lin.* — Souche cespiteuse. Feuilles nombreuses, en touffe, de 5-10 cent., glabres. Pétiole plus long que le limbe, vert même à la base. Limbe ovale-triangulaire dans son ensemble, uni-bipennatiséqué. Segments peu nombreux, 3-10, *atténués-pétiolulés, même les supérieurs;* les inférieurs pennatipartites. Lobes ou segments ovales, entiers ou crénelés. Groupes des sporanges d'abord linéaires, puis confluents et couvrant toute la face inférieure des lobes. Indusium à bord libre, *fimbrié.*

Hab. les murs et les rochers; commun dans le département. Vulgairement *rue des murailles.* ♃ Fruct. presque toute l'année.

8. **A. ADIANTHUM-NIGRUM** *Lin.* — Souche cespiteuse. Feuilles nombreuses, en touffe, de 1-3 décim., glabres. Pétiole aussi long que le limbe, d'un brun noirâtre, luisant dans la partie inférieure. Limbe *triangulaire-lancéolé-acuminé* dans son ensemble, coriace, luisant, d'un vert foncé en dessus, *bi-tripennatiséqué.* Segments lancéolés-aigus, décroissant de longueur de la base au sommet, ordinairement à lobes nombreux. Lobes *ovales-lancéolés.* Lobules *ovales-oblongs,* atténués en coin et entiers à la base, dentés au sommet. Groupes des sporanges d'abord linéaires, puis confluents et couvrant toute la face inférieure des lobes. Indusium à bord libre, *non fimbrié.*

Hab. les vieux murs, les fentes des rochers, etc., commun. Vulgairement *capillaire noir.* ♃ Fruct. juin-septembre.

12ᵉ gʳᵉ. SCOLOPENDRE. — SCOLOPENDRIUM. (Smith.)

Groupes des sporanges linéaires, parallèles entre eux et obliques à la nervure médiane des feuilles, naissant *entre deux nervures secondaires parallèles,* à la surface inférieure des feuilles, formés par la juxtaposition de deux sores développés, l'un *le long et au-dessus de la nervure inférieure,* et l'autre *le long et au-dessus de la nervure supérieure;* chaque sore est muni de son indusium fixé sur la nervure qui lui a donné naissance; les deux indusium d'un même groupe, *rapprochés par leur bord libre,* se séparent à la maturité et simulent *un indusium bivalve.* Feuilles indivises, plus ou moins en cœur à la base.

1. **S. OFFICINALE** *Smith.; Asplenium scolopendrium Lin.* — Souche cespiteuse, un peu renflée. Feuilles disposées en touffes, de 3-6 décim. Pétioles égalant le tiers ou le quart de la longueur du limbe, couverts d'écailles roussâtres. Limbe glabre, luisant, d'un beau vert, oblong-lancéolé, cordé à la base. Pour le reste, caractères du genre.

Hab. les vieux murs humides, les puits, les rochers ombragés, etc.; commun Vulg. *scolopendre, langue de cerf.* ♃ Fruct. juin-septembre.

S.-TRIB. 4. **BLECHNÉES** *Coss. et Germ.*—Groupes des sporanges formant à la face inférieure des feuilles une ligne continue de chaque côté de la nervure médiane, à laquelle elle est parallèle. Indusium fixé *par son bord extérieur, libre sur l'autre.*

12ᵉ gʳᵉ. BLECHNUM. — BLECHNUM. (Roth.)

Groupes des sporanges naissant à la face inférieure des feuilles, formant dans toute la longeur des segments deux lignes *continues, parallèles à la nervure médiane,* d'abord *distincts,* puis *confluents et couvrant tout le segment.* Indusium s'ouvrant *de dedans en dehors.* Feuilles pennatipartites, les fertiles à segments plus étroits que dans les autres.

1. **B. SPICANT** *Roth.; Blechnum boreale Swartz; Osmunda spicant Lin.* — Souche épaisse, cespiteuse. Feuilles nombreuses, en touffe, de 3-8 décim. Pétiole court dans les feuilles stériles, qui persistent pendant l'hiver, long dans les fertiles, peu nombreuses, qui ne persistent pas pendant l'hiver. Limbe oblong-lancéolé, étroit, pennatipartite. Segments un peu confluents à la base, coriaces-oblongs, entiers; ceux des feuilles fertiles étroits,

linéaires, non confluents, à bords réfléchis en dessous. Pour le reste, caractères du genre.

Hab. les lieux humides des bois montagneux, Saint-Jean-du-Gard, Portes, l'Espérou. ♃ Fruct. juin-août.

S.-TRIB. 5. PTÉRIDÉES *Coss. et Germ.* — Groupes des sporanges naissant *vers le bord de la face inférieure des feuilles*, à l'extrémité des nervures ou de leurs ramifications, isolés ou formant une ligne continue, recouverts par *le bord réfléchi des feuilles, peu modifié* ou *réduit à l'épiderme*, mais *dépourvus de véritable indusium*.

14ᵉ gᵣᵉ. PTÉRIDE. — PTERIS. (Lin.)

Groupes des sporanges naissant vers la base de la face inférieure des feuilles, formant *une ligne continue* bordant les lobes, recouverte par le *bord* réfléchi de la feuille, *réduit à l'épiderme*, et dépourvus de véritable indusium. Feuilles *bi-tripennatiséquées*.

1. **P. aquilina** *Lin.* — Rhizome longuement traçant, presque horizontal. Feuilles de 6-15 décim., très-grandes, coriaces. Pétiole très-long, robuste, brun-noirâtre dans sa partie inférieure, *profondément enfoncée dans le sol* et présentant, dans une coupe oblique de cette portion, *un dessin*, formé par les faisceaux ligneux, *rappelant par son aspect* la forme de *l'aigle à deux têtes des armes de l'Autriche*. Limbe *ovale-triangulaire* dans son pourtour, bi-tripennatiséqué. Segments opposés, pétiolulés, ovales-triangulaires-lancéolés. Lobes à lobules entiers, rapprochés. Lobules à bords réfléchis en dessous, ordinairement un peu pubescents en dessous. Pour le reste, caractères du genre.

Hab. les bois, les champs sablonneux et incultes, dans les terrains siliceux ; commun dans le département. Vulgairement *fougère commune*, *grande fougère*. ♃ Fruct. juillet-septembre.

15ᵉ gᵣᵉ. ADIANTHE. — ADIANTHUM. (Lin.)

Groupes des sporanges arrondis ou oblongs, disposés en ligne discontinue *au sommet des lobules des feuilles*, et sur leur *bord replié-appliqué en forme d'indusium*, et réduit à son épiderme, disposition qui fait paraître les sores comme portés sur un indusium *commun à plusieurs*, fixé par son bord externe au bord des lobules. Feuilles *bipennatiséquées*.

1. **A. capillus-veneris** *Lin.* — Souche cespiteuse. Feuilles nombreuses, en touffe, de 1-2 décim., glabres. Pétiole presque aussi long que le rachis, qui porte les segments des feuilles,

ainsi que lui grêle, luisant, d'un brun noir. Limbe linéaire-oblong dans son pourtour, une fois ou deux fois pennatiséqué. Segments minces, d'un vert clair, pétiolés, ainsi que leurs lobes, à pétioles capillaires. Lobes inéquilatères, cunéiformes et entiers à la base, arrondis et incisés au sommet. Pour le reste, caractères du genre.

Hab. les rochers et les murs ombragés et humides : commun dans le département. Vulgairement *capillaire de Montpellier.* ♃ Fruct. juin-juillet.

16ᵉ gʳᵉ. ALLOSORE — ALLOSURUS. (Bernh.)

Groupes des sporanges portés sur les bords des lobules des feuilles d'abord distincts, puis confluents et formant une *ligne continue autour des lobules,* entièrement *recouverts par le bord des lobules replié* jusque sur la nervure moyenne, *réduit à son épiderme,* et simulant un indusium *commun, à bord interne ondulé* et *s'ouvrant en se déchirant.* Feuilles *tripennatiséquées.*

1. A. crispus *Bernh.; Pteris crispa All.; Acrostichum crispum Vill.; Osmunda crispa Lin.* — Souche grêle, rampante. Feuilles nombreuses, en touffe, de 1-3 décim. Pétiole plus long que le limbe, grêle, lisse, comprimé. Limbe des feuilles stériles ovale-lancéolé dans son pourtour, tripennatiséqué. Segments ovales, pétiolulés ; lobes pennatiséqués, à lobules obovés-cunéiformes, incisés-dentés au sommet, à ramifications des nervures n'atteignant pas les bords. Limbe des feuilles fertiles plus allongé dans son pourtour, à lobules oblongs-obtus et entiers. Pour le reste, caractères du genre.

Hab. les fentes des rochers, dans les hautes montagnes ; les montagnes de la Lozère. ♃ Fruct. juillet-août.

17ᵉ gʳᵉ. CHEILANTHES. — CHEILANTHES. (Swartz.)

Groupes des sporanges formant une ligne qui contourne le bord des divisions des lobules, *recouverte en partie seulement* par le bord réfléchi des lobules, *membraneux seulement dans sa partie marginale.* Indusium nul. Feuilles tripennatiséquées.

1. CH. odora *Swartz ; Adianthum odorum* et *Adianthum fragrans Dec.; Polypodium fragrans Lin.*—Souche cespiteuse. Feuilles en touffe, de 5-15 cent. Pétiole un peu plus long que le limbe, glabre ou muni au sommet de quelques poils squamiformes, articulé sur la souche. Limbe ovale dans son pourtour, glabre, mince, tripennatiséqué. Segments ovales ou lancéolés, pétiolulés. Lobes pennatiséqués à lobules arrondis, entiers. Pour le reste, caractères du genre.

Hab. les montagnes, au Vigan. ♃ Fruct. avril-juin.

CXXXIII^e Fam. **ÉQUISÉTACÉES.**

EQUISETACEÆ. (Rich.)

Les équisétacées sont des plantes vivaces, terrestres ou aquatiques, à rhizome traçant, souvent rameux, quelquefois renflé en bulbe à la base des tiges. Leurs tiges sont cylindriques, lisses ou le plus souvent striées-cannelées dans le sens de leur longueur, articulées, simples ou portant aux articulations un verticille de rameaux. Elles sont enveloppées à chaque articulation d'une gaîne cylindrique, membraneuse, dentée, que l'on regarde comme formée par la soudure de feuilles rudimentaires en verticille, en dehors et au-dessous de laquelle prend naissance le verticille de rameaux quand il s'en produit. Les rameaux sont articulés et munis de gaînes, comme la tige, ordinairement simples, quelquefois rameux ; les ramuscules disposés en verticilles en dessous et en dehors des gaînes. Chaque entre-nœud de la tige présente à son centre une lacune cylindrique et des lacunes plus petites disposées sur deux rangs concentriques, les plus grandes correspondant aux sillons et les plus petites aux angles de la tige. Il est fermé au niveau des articulations extrêmes par un diaphragme, et sa partie solide est constituée par du tissu cellulaire et des vaisseaux annulaires rapprochés des lacunes. Les rameaux présentent la même structure ; quelquefois cependant la lacune centrale, et même les lacunes disposées circulairement n'existent pas. Les tiges et quelquefois les rameaux portent à leur sommet un épi ou cône terminal formé d'écailles verticillées, pédicellées, peltées, à la surface inférieure desquelles sont disposées en cercle, au nombre de 6-9, les sporanges, tous de même forme, s'ouvrant par une fente longitudinale. Les spores, qu'ils renferment en très-grand nombre, globuleuses, libres entre elles, portent à un point de leur surface *quatre appendices filiformes* disposés en croix, renflés à leur sommet, *s'enroulant* en hélice autour de la spore ou *se déroulant* suivant les alternatives de sécheresse et d'humidité [1].

(1) Nous empruntons, presque textuellement, à l'intéressant travail de M. Duval-Jouve, sur les *Équisetum de France*, publié dans le *Bulletin de la Société de Botanique*, t. V, p. 512-519, les caractères différentiels tirés de la longueur relative du premier entre-nœud des rameaux, et des coupes transversales des tiges et des rameaux.

1ᵉʳ gʳᵉ. PRÊLE. — EQUISETUM. (Lin.)

Caractères de la famille.

1. { Tige de deux formes, les unes fertiles, les autres stériles; rameaux dépourvus de lacune centrale...................... **2.**
Tiges de même forme, rameaux pourvus de lacune centrale...................... **3.**

2. { Tiges fertiles simples, se desséchant immédiatement après l'émission des spores..................... Sect. 1. **VERNALIA 4.**
Tiges fertiles, d'abord simples ou peu rameuses, à épi se desséchant après l'émission des spores, mais continuant à se développer comme les tiges stériles..................... Sect. 2. **SUBVERNALIA 5.**

3. { Tiges toutes semblables, les fertiles persistant après l'émission des spores, mais se desséchant à la fin de l'été; épi obtus..................... Sect. 3. **ÆSTIVALIA 6.**
Tiges toutes semblables, les fertiles persistant pendant l'hiver; épi acuminé-mucroné..................... Sect. 4. **HYEMALIA 7.**

Sᴇᴄᴛ. 1. VERNALIA. (A. Br.)

4. { Premier entre-nœud des rameaux, y compris sa gaîne terminale, plus long que la gaîne caulinaire de l'articulation qui le porte......... **ARVENSE.**
Premier entre-nœud des rameaux, y compris sa gaîne terminale, n'atteignant pas la naissance des dents de la gaîne caulinaire correspondante. **TELMATEIA.**

Sᴇᴄᴛ 2. SUBVERNALIA. (A. Br.)

5. { Premier entre-nœud des rameaux, y compris sa gaîne terminale, très-long, dépassant ou égalant au moins la gaîne caulinaire correspondante dans les rameaux stériles, un peu plus court dans les rameaux fertiles............. **SYLVATICUM.**

Sᴇᴄᴛ. 3. ÆSTIVALIA. (A. Br.)

6. { Premier entre-nœud des rameaux égal, y compris sa gaîne terminale, au tiers ou au plus à la moitié de la gaîne caulinaire; tiges à sillons peu marqués, à angles émoussés et à lacune centrale occupant $\frac{1}{6}$ environ de son diamètre...................... **PALUSTRE.**
Premier entre-nœud des rameaux atteignant, y compris sa gaîne terminale, la naissance des dents de la gaîne caulinaire; tiges à sillons et angles peu marqués sur le frais, à lacune centrale occupant les $\frac{4}{5}$ de son diamètre.... **LIMOSUM.**

Sect. 4. HYEMALIA. (A. Br.)

7.
$\left\{\begin{array}{l}\text{Premier entre-nœud des rameaux, y compris sa} \\ \text{gaîne terminale, atteignant au moins la moitié} \\ \text{de la gaîne caulinaire ; tiges et rameaux à 5-6} \\ \text{sillons, et angles assez marqués sur le frais...} \quad \textbf{VARIEGATUM.} \\ \text{Premier entre-nœud des rameaux, y compris sa} \\ \text{gaîne terminale, au plus égal au tiers de la} \\ \text{gaîne caulinaire ; tiges et rameaux à plus de} \\ \text{10 angles et sillons...................... 8.}\end{array}\right.$

8.
$\left\{\begin{array}{l}\text{Tiges à 18-20 sillons, à angles très-rudes......} \quad \textbf{HYEMALE.} \\ \text{Tige à 10-15 sillons, à angles moins rudes......} \quad \textbf{RAMOSUM.}\end{array}\right.$

Sect. 1. Vernalia *A. Br.* — *Tiges de deux sortes*, les unes fertiles, les autres stériles ; les fertiles *se developpant les premières, jamais vertes*, dépourvues de verticilles de rameaux, se desséchant après l'émission des spores ; les stériles *vertes, rameuses,* persistant jusqu'à l'hiver, à rameaux *depourvus de lacune centrale.* Gaîne des tiges à dents persistantes. Épi obtus.

1. **E. arvense** *Lin.*—Tiges de deux sortes : *les unes fertiles*, *les autres stériles.* Tiges fertiles de 1-2 décim., *dépourvues de verticilles de rameaux*, brunes, *se développant avant les autres*, *se desséchant après l'émission des spores.* Gaines tubuleuses, infundibuliformes, lâches, blanches à la base, brunâtres au sommet, divisées en 8-10 dents acuminées-lancéolées. Epi oblong-cylindrique-obtus, plus ou moins longuement pédicellé au-dessus de la dernière gaîne. Tiges stériles de 2-5 décim., grèles, vertes, profondément sillonnées, nues à la base, portant un grand nombre de verticilles de rameaux à la partie supérieure. Rameaux simples ou peu rameux, *tétragones*, sillonnés, à premier entre-nœud, y compris sa gaîne terminale, *plus long que la gaîne caulinaire de l'articulation* correspondante. Coupe de la tige à 10-12 angles et sillons *très-marqués*, à lacune centrale égalant environ *le tiers* du diamètre total ; lacunes secondaires (*opposées aux sillons*) obovales, leur grand axe dirigé suivant les rayons de la coupe et égal au rayon de la lacune centrale ; lacunes tertiaires (*opposées aux angles*) petites. Coupe des rameaux sans *lacunes*, à 4, rarement 5 angles *très-aigus*, à sillons *profonds*, *carénés*, les ramuscules, s'ils existent, sont trigones et semblables aux rameaux.

Hab. les champs humides, les berges des rivières, etc. ; commun dans le département. ♃ Fruct. mars-mai.

Obs. On rencontre quelquefois des tiges à verticilles de rameaux de cette espèce terminées par un épi.

2. **E. telmateia** *Ehr.; E. fluviatile Dec.; E. eburneum*

Roth. — Tiges de deux sortes : *les unes fertiles, les autres stériles*. Tiges fertiles de 1-4 décim., *dépourvues de verticilles de rameaux*, d'un blanc rougeâtre, se *développant avant les autres
et se desséchant après l'émission des spores*. Gaînes lâches, campanulées, infundibuliformes, brunâtres supérieurement, à 20-30
dents allongées, acuminées-subulées. Épi plus ou moins longuement pédicellé au-dessus de la dernière articulation, oblong-
cylindrique, obtus. Tiges stériles de 5-12 décim., et de plus de
1 centim. de diamètre, d'un blanc d'ivoire, *superficiellement*
sillonnées quand elles sont fraîches, portant un grand nombre
de verticilles de rameaux, à gaines plus courtes que dans les
tiges fertiles et presque cylindriques. Rameaux grêles, à premier entre-nœud *très-court* et *réduit presque à la gaîne terminale, atteignant la naissance des dents de la gaîne caulinaire*
correspondante, très-longs, très - nombreux, simples, quelquefois rameux dans les verticilles inférieurs, *tétragones*, à
angles *creusés d'un sillon profond*, ce qui donne aux rameaux
l'apparence octogone, à arêtes rudes. Coupes de la tige à angles
et sillons peu marqués sur la plante fraîche, à lacune centrale
très-vaste et occupant *les* 4/5 du diamètre total ; lacunes secondaires 25-36, obovales, rayonnantes ; lacunes tertiaires très-petites. Coupe du rameau à 4, quelquefois 5 côtés concaves, à
angles creusés en un large et profond sillon, ce qui simule 8 ou
10 angles ; lacune centrale *nulle ;* lacunes secondaires 4 *ou* 5,
assez grandes ; lacunes tertiaires en même nombre, très-petites
ou quelquefois oblitérées.

Hab. les bords des ruisseaux, les lieux humides et marécageux ; ♃
Fruct. mars-avril.

Obs. On rencontre quelquefois des tiges à verticilles de rameaux de cette
espèce terminées par un épi.

Sect. 2. **Subvernalia** *A. Br*.— *Tiges de deux sortes*, les unes fertiles,
les autres stériles ; *les fertiles se développant en même temps que les autres*,
jamais vertes, au moins dans leur jeunesse; *d'abord nues, mais émettant
des verticilles de rameaux après la maturité de l'épi*, et persistant jusqu'à
l'hiver, avec les tiges stériles; celles-ci vertes, rameuses, à rameaux *dépourvus de lacune centrale*. Gaînes des tiges à dents persistantes. Épi obtus.

3. **E. sylvaticum** *Lin*. — Tiges *de deux sortes: les unes
fertiles, les autres stériles*. Tiges fertiles d'abord dépourvues
de verticilles de rameaux, d'un jaune brunâtre, se développant
*en même temps que les autres, persistant après l'émission des
spores et la destruction des épis, et devenant alors semblables
aux feuilles stériles*. Gaînes lâches, longues, vertes inférieurement et divisées presque jusqu'au milieu en 3-4 dents entières ou

bi-trifides au sommet. Epi plus ou moins longuement pédicellé au-dessus de la dernière articulation, oblong-cylindrique-obtus. Tiges stériles de 2-6 décim., d'un vert blanchâtre, à peu près du même diamètre que les autres, superficiellement sillonnées, portant surtout dans leur partie supérieure un grand nombre de verticilles de rameaux. Gaines moins longues que dans les tiges fertiles et cylindriques, divisées supérieurement en 8-15 dents séparées ou disposées en 4 groupes ou lobes bi-trifides. Rameaux grêles, pendants, portant eux-mêmes des verticilles de ramuscules; *premier entre-nœud des rameaux*, y compris sa gaîne terminale, *dépassant beaucup la gaîne caulinaire correspondante* dans les verticilles supérieurs ou *l'égalant* dans les inférieurs. Coupe de la tige à angles et sillons peu prononcés, mais rendus très-sensibles par les aspérités qui s'élèvent du bord de chaque sillon, à lacune centrale occupant presque *la moitié* du diamètre total; lacunes secondaires 10-15, de médiocre grandeur, *ovales*, *transversales;* lacunes tertiaires petites. Coupe des rameaux *sans lacune*, à 4 (rarement 5) côtés très-concaves, à angles *coupés carrément*, brièvement hérissés sur les arêtes. Les ramuscules sont trigones avec la même disposition.

Hab. les lieux humides des bois, les bords des ruisseaux ombragés. ♃ Fruct. avril-mai.

Sect. 3. E. æstivalia *A. Br.* — Tiges toutes semblables, les fertiles persistant après l'émission des spores, mais se desséchant à la fin de l'été. Épi *obtus*.

4. **E. palustre** *Lin.; E. tuberosum Dec.* — Tiges *toutes de même forme et fertiles*, de 3-6 décim., vertes, persistant après l'émission des spores, ordinairement nues dans leur moitié inférieure et rameuses dans le reste, *creusées de 6-8 sillons*. Gaines assez lâches, un peu évasées à la partie supérieure, vertes, terminées par 6-8 (rarement 12) dents aiguës, brunâtres, blanchâtres-membraneuses aux bords. Rameaux verticillés par 8-12, grêles, allongés, simples, à 5 angles presque lisses, à premier entre-nœud très-court, *atteignant*, y compris sa gaîne terminale, *le tiers ou rarement la moitié de la gaîne caulinaire*. Epi plus ou moins longuement pédonculé au-dessus de la dernière articulation, cylindrique-obtus. Coupe de la tige à 6-8 angles saillants, émoussés, à sillons à peine marqués sur le frais, mais profonds sur la plante sèche, à lacune centrale à peu près égale à $\frac{1}{6}$ du diamètre total et aux lacunes secondaires, qui sont rondes, très-grandes et très-rapprochées les unes des autres et du pourtour extérieur; à lacunes tertiaires petites. Coupe des rameaux à 5 côtés, à peine concaves, à angles émoussés, à *lacune centrale égalant à peu*

près les lacunes secondaires, arrondies ; quelquefois l'extrémité des rameaux grêles est tétragone et ne présente que la lacune centrale.

Hab. les marais et les lieux humides ; Bellegarde , etc. ♃ Fruct. mai-août.

5. **E. limosum** *Lin.* (*add. E. fluviatile Lin.*) — Tiges *toutes semblables et fertiles*, de 5-15 décim., vertes, persistant après l'é-mission des spores, nues ou portant des rameaux dans leur partie supérieure, présentant 15-20 sillons peu marqués sur la plante fraîche. Gaînes cylindriques-appliquées, vertes, à 15-25 dents brunes ou brunâtres, à peine scarieuses sur les bords. Rameaux, quand ils existent, verticillés par 15-25, courts, simples, à 4-6 angles, à premier entre-nœud *n'atteignant pas, y compris la gaine terminale, ou atteignant à peine la base des dents de la gaine caulinaire.* Epi brièvement pédonculé, oblong, obtus. Coupe de la tige à angles peu marqués sur la plante fraîche, à *lacune centrale très-vaste*, occupant environ les ⁴/₅ du diamètre total ; lacunes secondaires 20-25, ovales, *allongées transversale-ment*, assez grandes vers le milieu de la tige, quelquefois obli-térées au sommet ; les lacunes tertiaires très-petites, mais per-sistant dans les parties où les secondaires sont oblitérées. Coupe des rameaux à 4-6 côtés, à peine concave, à angles émoussés, à *lacune centrale* ordinairement seule distincte.

Hab. les marais, les fossés, les étangs ; commun. ♃ Fruct. mai-août.

6. **E. hyemale** *Lin.* — Tiges *toutes semblables et fertiles*, de 6-15 décim., vertes, un peu glauques, persistant après l'émis-sion des spores, dressées, raides, présentant 15-20 sillons assez marqués, très-rudes sur les arêtes, dépourvues de verticilles de rameaux, ou portant après la destruction de l'épi ou après une mu-tilation quelques rameaux assez robustes, le plus souvent solitai-res, quelquefois par 2-4 au niveau des articulations inférieures. Gaînes cylindriques-appliquées, blanchâtres, noires à la base et au sommet, quelquefois entièrement noires, à 15-20 dents, marquées d'un sillon longitudinal ou de 4 stries, peu distinctes, terminées par un appendice lancéolé, membraneux, caduque. *Premier entre-nœud des rameaux très-court, réduit presque à la gaine, trois fois plus court que la gaine caulinaire.* Epi subsessile entouré à la base par la gaine de la dernière articu-lation, ovoïde-oblong, *apiculé.* Coupe de la tige à 15-20 angles et sillons assez marqués, à *lacune centrale très-grande*, son diamètre dépassant les ²/₃ du diamètre total ; lacunes secon-daires très-rapprochées du pourtour intérieur, arrondies ou

obovales-quadrangulaires, rayonnantes ; lacunes tertiaires très-
petites ou oblitérées. Coupe des rameaux à 8-10 angles très-
marqués ; *lacune centrale grande*, ayant trois ou quatre fois le
diamètre des lacunes secondaires.

Hab. les lieux sablonneux et humides. ♃ Fruct. en automne, quelquefois au printemps.

7. E. RAMOSUM *Schl.; E. ramosissimum Desf.* — Tiges
toutes semblables et fertiles, de 5-10 décim., d'un vert grisâtre,
persistant après l'émission des spores, dressées, raides, ordinairement *fasciculées au sommet d'un rhizome noirâtre*, présentant
10-15 sillons assez marqués, un peu rudes sur les arêtes, nues
ou le plus souvent portant, principalement aux articulations inférieures, des rameaux solitaires ou verticillés par 2-8. Gaînes
cylindracées, un peu renflées sous les dents, à 10-15 côtés convexes, superficiellement marquées, ainsi que les dents qui les
terminent, de 3-4 sillons longitudinaux, à dents courtes, brunes,
terminées par un appendice membraneux, persistant. Epi presque sessile, ovoïde, apiculé, enfermé à la base dans la dernière
gaîne dilatée, conique. *Premier entre-nœud des rameaux deux
ou trois fois plus court que la gaine caulinaire.* Coupe de la
tige à 10-15 angles et sillons arrondis, assez marqués, à lacune
centrale très-grande, dépassant les $^2/_3$ du diamètre total ; à lacunes secondaires arrondies ou un peu ovales, allongées transversalement, et à lacunes tertiaires petites. Coupe des rameaux
à 7-9 angles peu prononcés sur la plante fraîche, à *lacune centrale très-grande* et lacunes secondaires assez grandes.

Hab. commun dans la plaine de Nîmes, sur le bord des fossés et dans
les haies ; les bords du Rhône. ♃ Fruct. mai-juillet.

8. E. VARIEGATUM *Schl.*— Tiges *toutes semblables et fertiles*, de 1-3 décim., d'un vert grisâtre, persistant après l'émission des spores, dressées, raides, fasciculées, présentant 5-10
sillons assez marqués, rudes sur les arêtes, nues ou munies de
quelques rameaux, principalement aux nœuds inférieurs. Gaînes
cylindracées, un peu renflées sous les dents, à 5-8 côtes convexes, marquées de 3 sillons qui se prolongent sur les dents qui
les terminent ; celles-ci courtes, tachées de noir à la base et
terminées par un appendice membraneux, persistant. Epi court,
ovoïde, apiculé. *Premier entre-nœud des rameaux égalant au
moins la moitié de la gaîne caulinaire.* Coupe de la tige à 5-10
sillons et angles assez marqués, à *lacune centrale n'occupant pas
le tiers* du diamètre total ; lacunes secondaires obovales, rayonnantes, et lacunes tertiaires très-petites, souvent oblitérées dans

la partie supérieure des tiges. Coupe des rameaux semblable à
celle des tiges, sauf les dimensions.

Hab. les sables, aux bords duRhône. ♃. Fruct. juin-septembre.

Obs. Les prêles contiennent dans leur tissu une assez forte dose de
silice, qui leur donne la propriété de se conserver longtemps sans pourrir,
et une rigidité et une dureté telles, qu'elles résistent longtemps au frot-
tement; aussi se sert-on des espèces les plus communes pour polir le bois
et même les métaux. On forme dans ce pays, avec l'*E. ramosum.* des tam-
pons pour récurer la vaisselle. Toutes les espèces de prêles sont désignées
en patois sous le nom de *cassoudo.*

FIN.

FIN DE LA TABLE DU SECOND VOLUME.

MONTPELLIER, IMPRIMERIE GRAS.

MONTPELLIER. — J.-A. DUMAS, IMPRIMEUR,
place de l'Observatoire, 5.

www.ingramcontent.com/pod-product-compliance
Lightning Source LLC
LaVergne TN
LVHW010557180726
843502LV00001B/57